多孔介质多场耦合作用及其工程响应

赵阳升 著

科学出版社

北京

内 容 简 介

全书共22章，系统论述与介绍了多孔介质多场耦合作用这一新兴学科领域的理论、实验、工程技术的各个方面。本书先介绍了多孔介质固体、流体特性与普遍的守恒定律以及渗流力学、固体力学、传热传质学、热力学与反应动力学、逾渗理论、数值解法的核心内容，这些也是本书的基础理论。本书用 12 章的篇幅介绍了各种多孔介质多场耦合作用的实验方法、实验设备和新的物性规律，详细论述了其理论架构、各类耦合问题的理论、相关工艺与工程实例。书中内容囊括了作者及其学术团队二十多年的大量研究成果，也涵盖了国内外相关研究的最新进展。

本书可作为资源能源、土木、环境、地质、力学、物理学、化学等工程与科学领域的工程技术人员、研究者、本科生、硕士与博士研究生的重要参考书。

图书在版编目(CIP)数据

多孔介质多场耦合作用及其工程响应/赵阳升著. —北京：科学出版社，2010

ISBN 978-7-03-027573-8

Ⅰ. 多… Ⅱ. 赵… Ⅲ. 多孔介质-耦合-研究 Ⅳ. 0357.3

中国版本图书馆 CIP 数据核字 (2010) 第 087748 号

责任编辑：胡 凯 刘凤娟／责任校对：刘小梅
责任印制：吴兆东／封面设计：王 浩

科 学 出 版 社出版
北京东黄城根北街 16 号
邮政编码：100717
http://www.sciencep.com

北京虎彩文化传播有限公司 印刷

科学出版社发行 各地新华书店经销

*

2010 年 6 月第 一 版 开本：787 × 1092 1/16
2022 年 1 月第五次印刷 印张：30 1/2
字数：730 000

定价：198.00 元

(如有印装质量问题，我社负责调换)

序

我*高兴地拜读了太原理工大学赵阳升教授撰写的学术专著《多孔介质多场耦合作用及其工程响应》, 深感这是一本经过长期系统研究而精心完成的佳作, 实在难能可贵、可喜可贺!

多孔介质多场耦合作用问题是最近由固体力学、渗流力学、传热传质学、物理化学、反应理论等众多学科与多门工程科学相互交叉、融合而形成的一门新兴边缘学科。二十多年来, 赵阳升教授及其学术团队在承担国家杰出青年科学基金、国家自然科学基金重点项目和多项国家自然科学基金面上项目的基础上, 研发了一系列新的实验设备, 揭示出多个多孔介质多场耦合作用的表观现象及其演化规律, 如经修正的土体有效应力规律、三维应力条件下岩体裂隙和裂缝中气、液及气液二相流体的渗流规律、溶解渗流与热解渗流规律等。结合资源、能源开发与岩土工程建设, 书中提出了固气耦合、固液耦合、固流热耦合、固流热传质耦合的数学模型及其数值解法, 并使之直接应用于溶浸采矿、煤层气和地热开采、岩土边坡稳定、矿山地面沉陷、煤矿水害防治等多处场合, 提出了多项新工艺与新发明, 均在该书中得到反映, 进而给出了详尽的阐介与理论推演, 这在国内外学术界均属罕见, 具有相当的深度和新意。

该书是一本系统论述该学科领域, 并将理论、实验与工程技术结合为一体的力作, 全书体系与章节安排颇具匠心: 先说明了多孔介质固体和流体的特性与普遍守恒定律, 进而精练而简洁地阐介了渗流力学、固体力学、传热传质学、热力学与反应动力学、逾渗理论等的核心内容及其数值解法, 并将其作为该书的理论基础, 再后用大量篇幅详细论述了各种多孔介质多场耦合作用的实验方法、实验设备和新的物性规律; 用单独一章细致演引了多孔介质多场耦合作用的力学机理与理论架构, 最后更用 12 章的篇幅讨论了各类耦合问题的理论和工程响应规律, 以及由作者提出的诸类相关工艺与工程实例的方方面面。该书引用了课题组成员的丰硕成果, 也涵盖了国内外相关科技论文的部分最新进展。

赵阳升教授早年曾在同济大学我处攻读工学博士学位 (1989~1992), 主要从事多孔介质固气耦合作用方面的研究, 他完成的"煤体瓦斯耦合理论及其应用"的博士学位论文得到了评审专家的高度赞扬, 并于 1994 年完成了他在该学科领域的初作《矿山岩石流体力学》, 它也得到了业界同行的广泛好评与大量引用。嗣后二十多年来, 他潜心进取, 团结带领一支不断壮大的学术团队, 默默耕耘于这一新兴边缘学科的基础实验与理论创新, 孜孜不倦地在科学理论的指导与推动下谋求采矿工程技术的进步, 在这条艰难而又极富活力的道路上不断攀登, 并据以发展了多项该领域的新工艺与新设备, 获得了国家技术发明奖和多项省部级一等奖。这些工作凝结升华而成今日之巨篇, 应视其为一部在相关学科与工程领域深富学术内涵、又有重要理论与工程实用价值的专著。

我衷心祝贺该书的付梓问世, 深信它必将受到国内相关学科与工程领域广大科技工作者

---

* 孙钧先生, 同济大学资深荣誉教授, 中国科学院院士, 前国际岩石力学学会副主席暨中国国家小组主席, 中国岩石力学与工程学会名誉理事长, 中国土木工程学会顾问、名誉理事 (前副理事长)。

的热烈欢迎, 并从中深受教益。我期待着该书的早日出版, 并乐意写述以上一点文字, 是以为序。

孙钧

己丑年晚秋写于同济园

前　言

多孔介质多场耦合作用是固体力学、渗流力学、传热传质学、物理化学等学科与众多工程科学相互交叉而形成的新兴边缘学科。它是一门伴随着油气田开采、煤成气开采、煤地下气化、溶浸采矿、地热开采、水文地质、地下水动力学、环境科学、水利水电工程、水库诱发地震、海水入侵、岩体加固、地下水迁移引起的地基沉降变形、煤矿矿井突水与瓦斯突出、水上水下煤层开采、水力压裂等重要研究领域的发展而形成的一门综合性的、跨学科的边缘学科。它的研究对象是多孔介质和流体的变形、渗流、传热、传质、反应的相互作用; 独特的研究方法是建立在多孔介质多场耦合相互作用之上的理论、实验与工程措施的基础上; 固定的服务领域是资源与能源、土木、环境、地震等工程领域。

在研究这一大类工程问题方面, 单纯的固体力学 (岩体力学)、渗流力学、传热学、传质学、物理化学是在假设与估计其他相关物理场作用的基础上, 给出对工程实际的描述, 显然, 这存在较大的误差, 甚至错误。多孔介质多场耦合作用分支学科是通过考虑固体变形与流体渗流、热量传输、质量传输、化学反应与物质相变的相互作用, 给出工程实际性态的刻画与描述的, 可见远比单一场作用的研究方法广泛与深入。

章梦涛教授在 1990 年就在一篇文章中论述了变形与渗流相互影响的岩石力学发展战略问题, 指出: 研究内容应包括对岩体渗流规律的研究、流体流动对岩体物理力学性质和本构关系影响的研究。在研究方法上, 应该沿着现场观测、模型试验和理论分析相结合的思路, 进行综合研究、相互验证和相互补充, 同时开展数值摸拟试验工作。由作者撰写的《矿山岩石流体力学》较早地系统论述了这一新兴边缘学科的理论、本构规律和诸多工程应用领域。

实践推动了多孔介质多场耦合作用边缘学科的快速发展。

石油、天然气与煤成气开采, 都提出了许多复杂的多孔介质多场耦合作用的理论与工程问题。例如, 在研究油井的自喷时, 就需要考虑岩体与石油相互作用而形成的储油层的超高孔隙压; 为了提高油气田回采率而广泛进行水力压裂、油气层注水注热、注化学浆驱替, 就需要研究合理的压裂工艺以及固体变形与水、气、石油、热的相互作用。国内外为这项研究已投入了几十、几百亿元的研究经费, 也同步取得了较好的工程效果。

在环境科学中, 特别需要研究的是核废料的处置、高污染化学废料的处置以及化学流体通过传质过程与地下水相溶, 反馈危害到人类的生存环境问题。这一类问题的特点是, 核废料及化学废料对其周围的岩土体有较强的热破裂作用与化学腐蚀作用, 它一方面弱化了岩体的抗变形能力, 另一方面增大了岩体的渗透能力。近几十年来, 这些问题一直是世界各国关注和研究的重点。

在地震科学中, 由于区域地质体在地应力场的作用下发生变形及破坏 (发生地震), 在其变形过程中 (特别是岩体的剪胀变形阶段) 显著地影响到区域地质体中地下水的迁移与动态变化。因此, 地下水动态监测一直作为地震预报的主要手段之一。另外, 国内外已有大量水库诱发地震的实例, 这是由于水库蓄水后, 改变了区域应力场的局部平衡态而导致的一种结果。

在水利、水电工程中, 广泛进行了坝基、坝体、边坡与渗流相互作用的研究。1959 年法国马尔帕塞 (Malpasset) 拱坝在初次蓄水后即发生全坝溃决; 1963 年意大利瓦扬 (Vajiont) 拱坝上游左岸大滑坡; 1963 年我国梅山连拱坝右岸基岩出现大量漏水险情, 都是在设计时缺乏这些考虑所致。

近几十年, 国内外许多城市与矿区, 对地下水的超采导致地基沉降, 特别是沿海城市的海水入侵, 迫使众多国家都进行着相关的研究与工程工作。

在我国煤田中, 目前已发现大量的煤层位于富含水的奥陶纪灰岩之上, 或位于河流与湖泊之下。为了开采这些煤层, 世界上众多学者一直进行着相关的研究工作, 主要通过研究煤、岩体系统对水的隔离性能以及水对煤、岩体的破坏作用, 从而采取相应的封堵措施与突水的预测预报措施, 以保证煤炭的安全开采。

煤矿瓦斯突出与爆炸, 一直是煤炭开采中严重的隐患。在世界采矿史上, 发生瓦斯突出与爆炸的事件已达几十万次, 而瓦斯突出正是瓦斯气体与煤体系统失稳破坏发生的重大事件, 而煤层瓦斯 (或称煤层气) 的开采, 特别是低渗透煤层的煤层气的开采, 正是建立在多孔介质多场耦合作用的研究之上。

地热作为绿色的、可再生的资源, 被世界各国确定为维系社会可持续发展的新的绿色能源, 它分为天然热水资源与高温岩体地热资源, 其开采理论、工艺涉及岩体变形、破裂、多孔介质特征变化、地热流体的传输与相变等耦合作用。

固体矿物的流体化开采 (或称原位溶浸采矿), 是通过高温热解、化学溶解、萃取和生物等技术, 使固体矿物变为流体。它是一种非常方便与经济的开采方法, 已在铀矿、铜矿、盐类矿床开采中使用。近年来, 煤的地下气化、油页岩原位热解开采也发展十分迅速, 这类工程涉及固体的熔融、溶解、气化、热解、相变、生物作用等化学反应, 是关于多孔介质变形与宏细观结构变化、溶浸流体传输、传热与传质等更为复杂的物理与化学的耦合问题。

综上分析可见, 多孔介质多场耦合作用的各个方面的确是目前科学研究的热门课题。

从研究方法角度分析, 大致可以归结为以下几个方面:

① 研究描述各类问题的耦合数学模型, 例如, 岩体与水, 岩体与黏性流体, 岩体与气体, 固、气、液体的耦合模型, 变形与渗流, 传热传质的耦合作用模型, 并寻求其合适的求解方法 (大多采用数值方法)。② 我们的研究发现, 在评价与研究多孔介质材料性态时, 物理科学的逾渗概念、理论与方法是如此深刻和有用, 它可以回答孔隙率多少时, 孔隙裂隙的数量和形式如何组合时, 各类固体进入渗流的门槛值。研究流体 (水、天然气、化学流体) 与岩体等多孔介质材料的变形、渗流、传热传质等相互作用的本构规律, 其中不乏新型试验设备的研制, 例如, 有效应力规律 —— 岩体在化学流体、核废料作用下的岩体变形特性的改变、岩体渗流特性的改变、传热特性的改变、化学反应与相变及传质特性的改变等。③ 研究多孔介质多场耦合作用问题的新工艺与新方法, 以达到预期的工程目的。

作者及其研究团队潜心于这一领域的研究二十余年, 在一系列的国家自然科学基金项目 (国家杰出青年科学基金 (59625409), 国家自然科学基金重点项目 (50134040、50434020、50534030), 国家自然科学基金面上项目 (50174040、10102013、50304011、50434050、50404017、50506018、50706031、50804033、50874077、50874078)) 的资助下, 涉猎了诸多科学与工程领域, 较早或同步地与国内外同行进行着同样的理论和工程科学与技术问题的研究, 积累了许多相关的研究成果, 尤以岩石力学和资源与能源工程领域见长。本书较系统地介绍这一分支学科的理论、规律与工程技术的方方面面, 期望它能成为相关研究领域人员的一本好的参考书。本书凝结了研究团队成员多年来深入科学研究的心血, 他们是胡耀青、杨栋、梁卫国、冯增朝、常宗旭、万志军、张渊、曲方、吕兆兴、康志勤、康健、赵建忠、石定贤、康建荣、孙可明、张昌锁、徐素国、邢茂、郤保平、张宁、冯子军、赵金昌、李义、王瑞风、李志萍、文再明、康天合、宋选民、段康廉、靳钟铭、马光第、张文, 在此对他们的付出表示衷心的感谢, 也要感谢 2008 级硕士研究生李士勇同学为本书文字与图件整理所付出的大量劳动。感谢刘生玉博士撰写了第 8 章的初稿。本书引用了国内外许多学者的著作中的观点与图表, 在此也表示衷心的感谢。

作 者

2010 年 01 月

目　　录

第 1 章　固体介质宏细观组构、结构与特性

1.1　岩　　石

1.1.1　岩石和矿物

地球及其以外的物质可以分为固体圈、水圈和大气圈三个圈层结构, 如图 1.1.1 所示。地球的固体圈由地核、地幔和地壳组成, 如图 1.1.2 所示, 其中岩石是构成固体圈的最主要物质。岩石是由一种或几种造岩矿物按一定方式结合而成的矿物的天然集合体, 由图 1.1.3 可以清楚地看出, 组成岩石的各种不同的矿物颗粒。

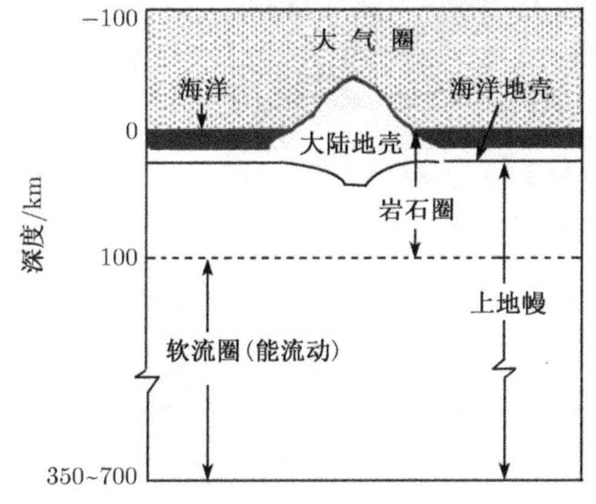

图 1.1.1　大气圈质量不到地球质量的百分之一, 水圈约占总质量的 1 ‰

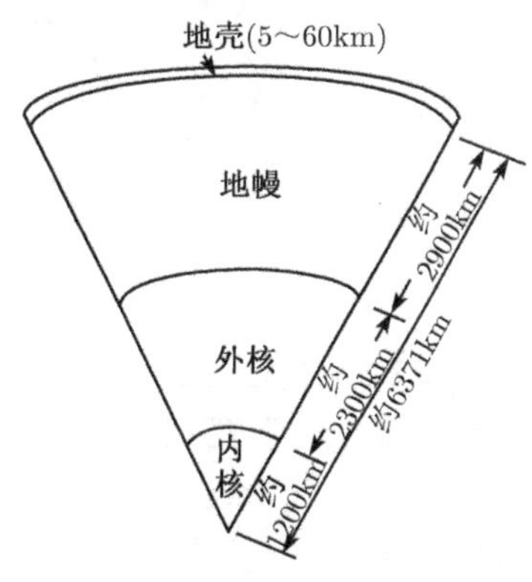

图 1.1.2　由地核、地幔和地壳组成的地球固体圈, 在地球总质量中, 固体圈占了 99%以上, 主要是由岩石和矿物组成的

1.1.2　岩石的分类

地壳岩石的成岩过程可以分为如下三种。

(1) 沉积过程: 地表岩石风化的产物经过风、流水的搬运, 在某些低洼地方沉积下来的过程。易溶解的岩石与矿物经过流水溶解、搬运和沉积, 也属于沉积过程的一种。

(2) 变质过程: 在地球内部高温或高压环境下, 已存在的岩石进一步发生各种物理、化学变化, 这些变化使其中的矿物重结晶或发生交互作用, 进而形成新的矿物组合的过程。

(3) 火成过程: 地壳深部的物质、熔融的岩浆侵入地层下或喷出地表, 发生结晶和固化的过程。

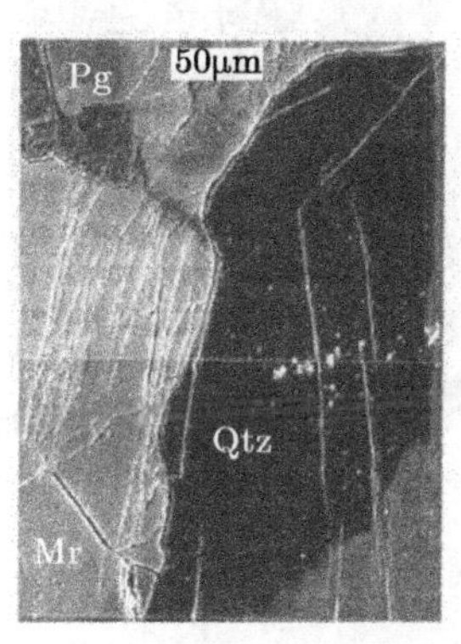

图 1.1.3　岩石薄片的光学显微镜照片

按岩石的形成可以分为三类：火成岩 (igneous rock)、沉积岩 (sedimentary rock)、变质岩 (metamorphic rock)。

火成岩 指火成过程形成的岩石, 又称岩浆岩, 是组成地壳的主要岩石。它包括酸性岩 (二氧化硅 >65%), 如花岗岩、流纹岩; 基性岩 (二氧化硅 <52%), 如辉长岩、玄武岩; 中性岩 (52%< 二氧化硅 <65%), 如闪长岩、安山岩。

沉积岩 指沉积过程形成的具有层状构造特征的岩石, 是地表分布最广的岩石 (图 1.1.4)。按矿物颗粒的大小及矿物的成分等因素, 可以将沉积岩分为砂岩、页岩和石灰岩三类。砂岩 (颗粒直径 0.0625~2mm); 页岩 (颗粒直径 <0.0625mm), 以黏土矿物为主要造岩矿物, 也包含细粒的石英、长石等, 是典型的不透水层; 石灰岩, 以方解石和白云岩为主要造岩矿物, 石英和长石含量较少。

图 1.1.4 沉积作用形成的沉积岩照片

变质岩 在变质过程中形成的岩石。在地球内部高温高压的环境下, 已存在的岩石会发生各种物理、化学变化, 使其中的矿物重结晶或发生交互作用, 进而形成新的矿物组合。这种变化可以在低于硅的熔点温度时发生, 已存在的矿物在固态下发生变化。例如, 石灰岩在热力变质作用下发生了矿物的重结晶, 这使矿物颗粒粒度不断增大, 即形成了大理岩。

1.1.3 决定岩石物理性质的主要因素

(1) 岩石的组成：包括组成岩石的矿物成分、岩石内部的孔隙、岩石的饱和状态、孔隙流体的性质等 (见图 1.1.5), 从图 1.1.5 上可以看到砂岩中的石英类矿物颗粒 (黑色) 以及它们之间的孔隙。砂岩孔隙体积可占岩石体积的 6%, 这些孔隙相互连通, 形成了流体流动的通道。

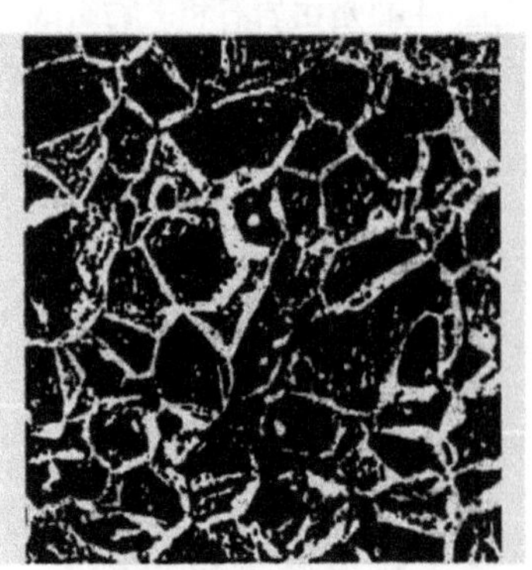

图 1.1.5 砂岩的扫描电子显微镜 (SEM) 照片

(2) 岩石内部的结构：矿物颗粒的大小、形状及胶结情况, 岩石内部的裂隙和其他不连续界面。

(3) 岩石所处的热力学环境：温度、压力和地应力等。

(4) 长期作用：地壳中的岩石在漫长的地质年代里, 其受力作用时间之长、变形时间之久, 是在其他材料研究中难以遇到的。岩石在短时间外力作用下表现为完全弹性体和脆性性质, 但在长时间外力作用下, 则表现为塑性、黏性和流变性等, 介质由脆性向延性过渡。

1.2 岩石孔隙的基本性质

1.2.1 孔隙率与有效孔隙率

孔隙率 (n) 是多孔介质的一种宏观性质。它定义为多孔介质 (一块岩石样品) 孔隙空间的体积 (U_v) 与总体积 (U_b) 之比:

$$n = U_\mathrm{v}/U_\mathrm{b} = (U_\mathrm{b} - U_\mathrm{s})/U_\mathrm{b} \tag{1.2.1}$$

式中, U_s 是总体积 U_b 内的固体体积, 孔隙率为无因次量。

不论孔隙是否相互连通, 在式 (1.2.1) 中取 U_v 为全部孔隙的体积, 则所得孔隙率称为绝对孔隙率或总孔隙率。然而从流体通过多孔介质流动的观点来看, 只有相互连通的孔隙才有意义, 因此有必要引进有效孔隙率的概念。有效孔隙率 n_e 定义为介质中相互连通的孔隙 (即有效孔隙) 的体积 $(U_\mathrm{v})_\mathrm{e}$ 与介质总体积之比:

$$n_\mathrm{e} = (U_\mathrm{v})_\mathrm{e}/U_\mathrm{b}, \qquad (U_\mathrm{v})_\mathrm{e} + (U_\mathrm{v})_\mathrm{ne} = U_\mathrm{v} \tag{1.2.2}$$

式中, $(U_\mathrm{v})_\mathrm{ne}$ 为无效体积, 即互不连通的孔隙的体积。除非另作说明, 本书中的孔隙率均指有效孔隙率而言。

另一类孔隙称为死端孔隙或滞流孔隙 (图 1.2.1), 它们看上去属于相互连通的一类孔隙, 但对流动几乎不起什么作用。由于具有收缩开口的几何形状, 这类孔隙中的流体实际上是不动的。

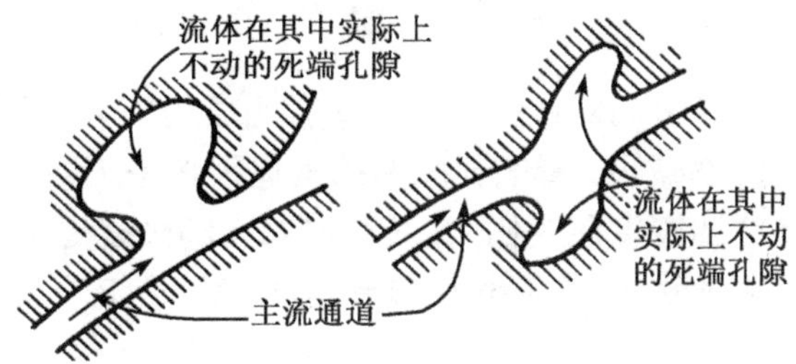

图 1.2.1 死端孔隙

许多研究者指出, 在细密结构的多孔介质 (如黏土) 中, 种种迹象表明, 在颗粒表面上存在着一层不动的、高黏滞水层 (如厚度小于 0.5μm), 因而有效孔隙率 (从流体通过多孔介质流动的观点来看) 要比实际测量的孔隙小得多。

在多孔介质中往往会遇到两类孔隙: 原生孔隙与次生孔隙。原生孔隙是在形成岩石的沉积过程中产生的, 而次生孔隙是在岩石形成以后受地质及化学作用产生的 (如裂隙、溶蚀通道等)。

孔隙比 (e) 定义为孔隙的体积与固体的体积之比:

$$e = \frac{U_\mathrm{v}}{U_\mathrm{s}} = \frac{n}{1-n}, \qquad n = \frac{e}{1+e} \tag{1.2.3}$$

$$U_\mathrm{v} = \frac{e}{1+e}U_\mathrm{b}, \qquad U_\mathrm{s} = \frac{1}{1+e}U_\mathrm{b}$$

1.2.2 孔隙率、结构和排列

绝大部分多孔介质是由大小不同的颗粒混合而成的。它们或者是松散的 (如干砂), 或者是压密胶结在一起的 (如砂岩)。细小颗粒的数量对孔隙率具有明显的影响。固结物质的孔隙率主要取决于胶结程度，而非固结物质的孔隙率则依赖于颗粒的形状、粒径分布和颗粒的排列方式。

要了解孔隙率对结构和排列的依赖关系，首先应当研究简单的模型，例如，研究由同样大小的圆球或圆棒按某些规则方式排列而成的模型。图 1.2.2 是几个典型例子及相应的孔隙率。最不紧密的排列为立方体排列 (图 1.2.2(a))，孔隙率等于 47.6%。最紧密的排列为斜方六面体排列 (即每个圆球与相邻的 12 个圆球相切)，孔隙率等于 25.96%。中间的排列方式，孔隙率介于这两个值之间。就等大的圆球而言，无论按哪种方式排列，孔隙率均与圆球的半径无关。

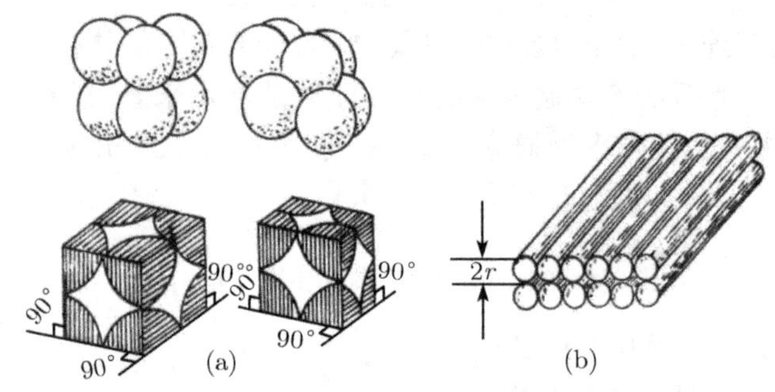

图 1.2.2　典型的有序多孔介质结构及相应的孔隙率 (Bear, 1983)

粒径分布对最终的孔隙率有明显的影响，因为小颗粒可以占据大颗粒之间的孔隙，从而使孔隙率减小。影响孔隙率的其他因素是压缩、固结和胶结。因为压缩力随深度变化，故孔隙率也随深度而变化，尤其是对黏土和页岩更是如此。当深度从 0m 增加到 1800m 时，砂岩的孔隙率从 52%减小为 41%。表 1.2.1 给出了几种岩石的孔隙率的典型数值。

表 1.2.1　常见岩石的某些物理性质

岩石类型		密度/(g/cm^3)	孔隙率/%	抗压强度/MPa	抗拉强度/MPa
火成岩	花岗岩	2.6 ~ 2.7	1	200 ~ 300	4~7
	闪长岩	2.7 ~ 2.9	0.5	230 ~ 270	
	玄武岩	2.7 ~ 2.8	1	150 ~ 200	
沉积岩	砂　岩	2.1 ~ 2.5	5 ~ 30	35 ~ 100	1~2
	页　岩	1.9 ~ 2.4	7 ~ 25	35 ~ 70	
	石灰岩	2.2 ~ 2.5	2 ~ 20	15 ~ 140	
变质岩	大理岩	2.5 ~ 2.8	0.5 ~ 2	70 ~ 200	4~7
	石英岩	2.5 ~ 2.6	1 ~ 2	100 ~ 270	
	板　岩	2.6 ~ 2.8	0.5 ~ 5	100 ~ 200	

1.2.3　孔隙率的测定方法

直接法　直接测定岩石样品的总体积、样品中的孔隙体积及样品中固体骨架的体积三种体积中的任意两种。

间接法　以测量孔隙空间的某种性质为基础。例如，测量充满样品孔隙空间导电流体的导电性或测量孔隙空间内流体对放射性微粒的吸收性等。

(1) 规则样品直接测量样品的尺寸即可，不规则样品测量体积利用体积法或重量法测量样品所置换的流体的体积, 测量时应避免流体进入样品的孔隙空间。

测量固体骨架的体积 U_s, 并由 U_s 求孔隙体积 U_v, 将测量总体积之后的样品压碎, 清除掉一切孔隙 (包括互不联通的孔隙), 然后根据比重瓶中的排液量确定固体骨架的体积, 也可以用固体的比重 (天然岩石的比重为 2.65~2.67g/cm^3) 除以固体的质量计算出固体骨架的体积。

(2) 水银注入法: 此法用于确定 U_b 和 U_v, 将样品置于装有水银的容器中, 样品所置换的水银的体积即为 U_b。用容积泵 (volumetric-pump) 增大水银的压力, 水银便渗入样品的孔隙空间。通过逐步增加压力, 不仅可以确定孔隙的总体积 U_v, 而且能确定整个毛细压力曲线。该方法对渗透性小的样品不适用, 因为需要的压力太高。

(3) 测量 U_b 的另一直接方法: 观测比重瓶装满水银时以及装满水银和试验样品时的重量变化。

(4) 测量 U_b 的重量分析法: 观测样品浸入流体时的失重。

(5) 测量孔隙率的统计方法: 在一张要测量孔隙率的固结多孔介质断面的放大显微照片上, 多次随意地投掷一根大头针。能够证明, 落入该断面孔隙空间内的随机点的概率就等于孔隙率。所以随着投掷次数的增加, 针尖落入孔隙空间的次数与总投掷次数之比趋于孔隙率的数值。

(6) 利用压缩室确定 U_s 的方法: 目前常用的几种装置全部都是基于 Boyle-Mariotte 气体定律。其主要部分是由一个阀门连接的两个压缩室。将试样置于体积为 U_1 的压缩室内, 该室中压力为 p_1。另一个压缩室的体积为 U_2, 其内的气体最初是被抽空的。拧开两压缩室之间的阀门使它们连通, 气体便发生等温膨胀。如果最终的压力为 p_2, 则

$$(U_1 - U_s)p_1 = (U_1 - U_s + U_2)p_2$$

或

$$U_s = U_1 - \frac{p_2}{p_1 - p_2}U_2$$

(7) 测量体积的 WashBurn-Bunting 孔隙计法: 在孔隙计中, 利用水银存储器造成部分真空, 通过测量从样品孔隙空间中分离出来的空气的体积 (在大气压下) 确定孔隙的体积。

(8) 气体膨胀法: 该方法是测量孔隙率最常用的方法。它依据的也是 Boyle-Mariotte 气体定律。试验在常温下进行。将样品置于体积为 U_1 的气室中, 该阶段气体的压力为 p_1, 然后使气体向另一个体积为 U_2 的气室膨胀。U_2 中的初始压力, 即与第一个气室接通以前的压力为 p_0, 两个气室的最终压力为 p_2。由 Boyle-Mariotte 定律可知, 几种常见岩石和沉积物的孔隙率如表 1.2.2 和表 1.2.3 所示。

表 1.2.2 典型岩石的孔隙率

岩石名称	孔隙率/%	岩石名称	孔隙率/%
花岗岩	0.04~0.61	页 岩	10~35
闪长岩	0.25	砂 岩	3~30
斑 岩	0.29~2.75	石灰岩	5~20
玄武岩	1.28	长英岩	3.04~3.74

表 1.2.3 几种常见沉积物的孔隙率数值 (Todd, 1959)

沉积物	孔隙率/%	沉积物	孔隙率/%
泥炭土	60～80	中细粒混沙	30～35
土壤	50～60	砾石	30～40
黏土	45～55	砂砾石	30～35
粉沙	40～50	砂岩	10～20
中粗粒混沙	35～40	页岩	1～10
均质沙	30～40	石灰岩	1～10

1.2.4 比面

1. 定义

多孔物质的比面 (M) 定义为单位体积多孔介质 ($U_{\rm b}$) 内所有颗粒的总表面积 ($A_{\rm s}$):

$$M = A_{\rm s}/U_{\rm b}, \quad [M] = {\rm L}^{-1} \tag{1.2.4}$$

举例来说, 由半径为 R 的等大圆球按立方体排列所组成的多孔物质, 其比面 $M = 4\pi R^2/(2R)^3 = \pi/2R$。因此细粒物质的比面显然要比粗粒物质的比面大得多。某些细粒多孔物质每单位体积内包含着巨大的表面积。例如, 砂岩的比面约等于 $1500{\rm cm}^2/{\rm cm}^3$。

而对于煤体来说, 其比面则更大, 无烟煤比面最大为 $287{\rm m}^2/{\rm g}$(湖南白沙煤田红卫煤矿煤样), 最小为 $3.63{\rm m}^2/{\rm g}$(湖南白沙煤田董溪煤矿煤样); 贫煤的比面基本上在 $90\sim190{\rm m}^2/{\rm g}$ 范围内变化; 瘦煤比面为 $80\sim130{\rm m}^2/{\rm g}$; 焦煤为 $50\sim120{\rm m}^2/{\rm g}$; 肥煤为 $10\sim20{\rm m}^2/{\rm g}$; 气煤比面是 $50\sim70{\rm m}^2/{\rm g}$; 长焰煤比面是 $90{\rm m}^2/{\rm g}$ 左右。它构成了煤成气的主要储集场所 (罗志明, 1989)。

有时候也用 "比面" 这一术语表示每单位固体体积中所有颗粒的表面积。这样, 如果用 $M_{\rm s}$ 代表此种意义下的比面, 则

$$M = A_{\rm s}/U_{\rm b} = A_{\rm s}(1-n)/U_{\rm s} = (1-n)M_{\rm s} \tag{1.2.5}$$

对于半径为 r 的等大圆球, 有

$$M = 4\pi r^2 \Big/ \frac{4}{3}\pi r^3 = 3/r \tag{1.2.6}$$

也可以对于单位孔隙体积定义比面 $M_{\rm v}$:

$$M = A_{\rm s}/U_{\rm b} = A_{\rm s}n/U_{\rm s} = nM_{\rm v}$$

$$M_{\rm v}/M_{\rm s} = (1-n)n \tag{1.2.7}$$

也可以对于物质的单位质量来定义比面, 例如, 对于砂岩这样定义的比面为 $0.5\sim5.0\ {\rm m}^2/{\rm g}$, 而对于页岩为 $100{\rm m}^2/{\rm g}$。

多孔物质的比面受孔隙率、颗粒排列方式、粒径及颗粒形状等因素的影响。举例来说, 圆盘形颗粒的比面要比圆球形颗粒大得多。

在研究多孔介质从流动的流体中吸收物质时, 比面起着重要作用。在过滤器、反应柱和离子交换柱的设计中, 比面也具有重要意义。

2. 比面的测量方法

下面介绍测量比面的几种方法。必须承认, 不同方法得到的结果是各不相同的, 因为用不同的方法测量的是意义不同的比面。在各种情况下, 我们都应当按照所要解决的问题来选择比面的定义及测量方法。

很明显, 天然多孔介质的比面只能用间接法或统计法来测量。下面就其中的几种方法做一简要介绍。

统计法 该法由 Chalkey 等 (1949) 提出, 用于测量固结多孔介质的比面。在一张放大的多孔介质断面的显微照片上, 多次随意地投掷一根长度为 l 的钢针。记录针尖落入孔隙空间的次数 (α) 及针与孔隙周界相交的次数 (β), 由式 (1.2.8) 可以求出比面:

$$M = 4n\beta m/l\alpha \tag{1.2.8}$$

式中, n 为孔隙率。这方法被认为是一种最适用的方法, 骨架的其他许多性质也可以用此法确定。

吸附法 这种方法是基于固体表面对气体或蒸气的吸附作用。如果假设固体所吸附的气体在固体整个表面上形成一个分子厚的均匀薄膜, 则根据吸附的气体量可以确定固体的表面积。

湿热法 此法是根据浸入液体的样品所释放的润湿热来计算固体表面面积。

3. 比面特征的模拟

单位质量的岩石 (特别是煤) 含有如此巨大的表面积, 从而具备了对吸附性很强的气体 (如 CO_2 和 CH_4) 的巨大储存能力。为了使以上特征更加清晰, 我们选择分形几何学中的门杰海绵, (图 1.2.3) 来比拟。这是一个看起来好像立方体的架子, 它具有无穷大的表面积, 但体积为零, 其二维形体就是谢尔平斯基地毯 (图 1.2.4), 其生成方法是把正方形的中央 1/9 割去, 再割去剩下的 8 个正方形的中央的 1/9, 依此类推。

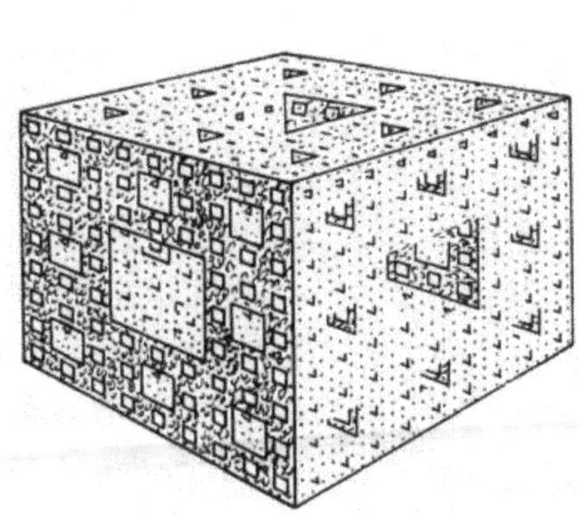

图 1.2.3 门杰海绵
(Mandelbrot, 1982)

图 1.2.4 谢尔平斯基地毯
(Mandelbrot, 1982)

1.3　煤体孔隙的分布特征

1.3.1　煤体孔隙的成因分类

Gan(1972) 等按孔隙的成因, 将煤体孔隙划分为分子间孔、煤植体孔、热成因孔、裂缝孔。郝琦 (1987) 将煤体孔隙划分为植物组织孔、气孔、粒间孔、晶间孔、铸模孔和溶蚀孔等。通过对大量的煤样的扫描电镜观测结果的研究, 张慧 (2001) 根据孔隙的成因将煤体孔隙划分为 4 个大类, 见表 1.3.1。原生孔是指煤沉积时已形成的孔隙, 主要是胞腔孔和屑间孔, 屑间孔也称为粒间孔或者粒状沉积结构孔。原生孔径一般为几到几十微米。变质孔是指煤在变质过程中发生各种物理化学反应而形成的孔隙, 包括链间孔 (其孔径为 0.01~0.1μm) 和气孔 (其孔径为 0.1~3μm)。外生孔是指, 煤在固结成岩后, 受各种外界因素作用而形成的孔隙。外生孔主要包括角砾孔 (孔径为 2~10μm)、碎粒孔 (孔径为 0.5~5μm) 和摩擦孔。矿物质孔是由于矿物质的存在而产生的各种孔隙, 矿物质主要为晶质矿物和非晶质无机成分, 孔的大小为微米级, 包括铸模孔、溶蚀孔和晶间孔。

表 1.3.1　煤体孔隙类型及成因 (张慧, 2001)

类　型		成　因
原生孔	胞腔孔	成煤植物本身所具有的细胞结构孔
	屑间孔	镜屑体、惰屑体和壳屑体等碎屑状颗粒之间的孔
变质孔	链间孔	凝胶化物质在变质作用下缩聚而形成的链之间的孔
	气　孔	煤变质过程中由生气和聚气作用而形成的孔
外生孔	角砾孔	煤受构造应力破坏而形成的角砾之间的孔
	碎粒孔	煤受构造应力破坏而形成的碎粒之间的孔
	摩擦孔	压应力作用下面与面之间摩擦而形成的孔
矿物质孔	铸模孔	煤中矿物质在有机质中因硬度差异而铸成的印坑
	溶蚀孔	可溶性矿物质在长期气、水作用下受溶蚀而形成的孔
	晶间孔	矿物晶粒之间的孔

1.3.2　煤体孔隙的孔径分类

1966 年 B. B. 霍多特按照煤体孔隙孔径的大小将其分为大孔 (孔径大于 1000nm)、中孔 (孔径为 100~1000nm)、小孔 (孔径为 10~100nm) 和微孔 (孔径小于 10nm) 四个级别。秦勇等 (1995) 通过对中国 16 个高煤级典型矿区的 50 个煤样的孔隙数据分析, 提出了适用于高煤级煤的孔隙结构的自然分类方法, 将高煤级煤孔径划分为微孔 (孔径小于 15nm)、过渡孔 (孔径为 15~50nm)、中孔 (孔径为 50~40nm) 和大孔 (孔径大于 400nm)。傅学海与秦勇等 (2003) 对中国 146 件煤样的孔隙数据进行了分析, 并根据甲烷在煤层中的扩散、渗流方式, 通过对比孔容和孔径的分形特征, 将孔隙分为小于 65nm 的扩散孔和大于 65nm 的渗透孔, 又进一步分别将扩散孔和渗透孔各划分为 3 个小类。

煤层中的气体在不同孔径的孔隙内运移的方式不同, 可根据运移方式的不同将孔隙按孔径划分, 见表 1.3.2。

表 1.3.2 根据煤层气运移特征的孔隙分类 (傅学海等, 2003)

孔隙分级	孔隙分类	孔径/nm	煤层气运移特征
扩　散	微孔	小于 8	表面扩散
	过渡孔	8~20	混合扩散
	小孔	20~65	Knudsen 扩散
渗　透	中孔	65~325	稳定的层流
	过渡孔	325~1000	剧烈层流
	大孔	大于 1000	紊　流

1.3.3 高精度显微 CT 试验系统

2007 年, 太原理工大学与中国工程物理研究院应用电子学研究所共同研制的 μCT225kv FCB 型高精度显微 CT 试验系统, 主要由微焦点 X 射线机、数字平板探测器、高精度工作转台和夹具、机座、水平移动机构、采集分析系统等结构部分组成, 其详细的机械系统结构见图 1.3.1 和图 1.3.2。数字平板探测器尺寸为 500mm×367mm×47mm, 成像窗口为 406mm×293mm (3200×2304 个探元), 有效窗口为 406mm×282mm (3200×2232 个探元), 探元尺寸为 0.127mm。显微 CT 系统的技术指标: 该系统可以实现对各种金属及非金属材料的三维 CT 扫描分析, 放大倍数为 1~400 倍, 岩石试件尺寸为 $\phi1\sim50$mm, 扫描单元分辨率为 0.194mm/放大倍数, 对于放大 400 倍的试件而言, 其扫描单元的尺寸为 0.5μm, 即可以分辨 $1\sim2$μm 的孔隙和 1μm 宽度的裂缝。转台旋转角度分辨率为 655~360step/r。重复定位精度小于 ±5s。X, Y 和 Z 方向全部采用数控移动, 可实现高精度的定位。系统检测有效范围及质量: 样品高度 ⩽300mm, 样品直径 $\phi1\sim300$mm, 样品质量 ⩽50kg, 密度分辨率 ⩽0.2%。

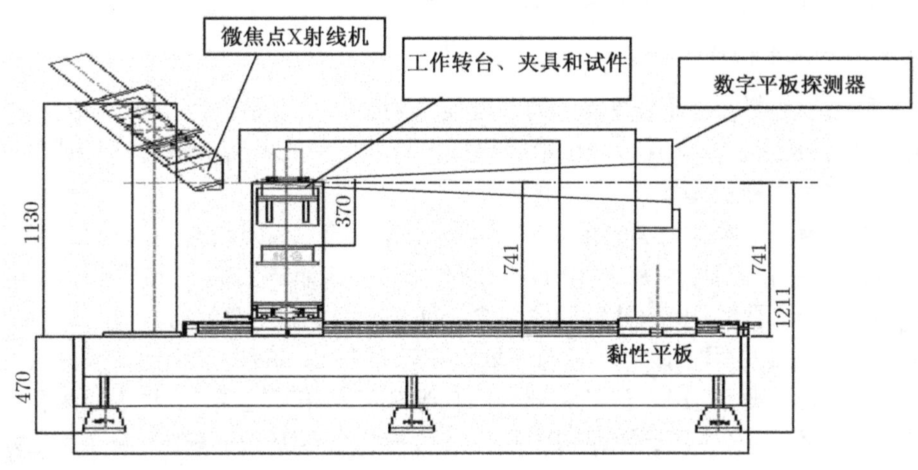

图 1.3.1 显微 CT 系统的结构图

目前, 国内最好的微焦点工业 CT 机 (李玉彬等, 2000; 仵彦卿等, 2000), 其 X 射线的靶点尺寸能达到 5μm, 空间分辨率仅为 10μm, 较太原理工大学的显微 CT 机的空间分辨率低 1/10。图像扫描时间为 18~300s/幅。国内最好的微焦点工业 CT 探测器的图像像素矩阵为 210, 显示灰度可达 212 阶, 而太原理工大学的显微 CT 使用探测器的图像像素矩阵为 214, 显示灰度可达 216 阶。由此可见, 本试验系统在各个性能指标上都达到了国内最好水平, 从而为

图 1.3.2 μCT225kvFCB 型高精度显微 CT 试验系统

金属、非金属材料以及岩石力学的细观研究提供了更好的试验设备。

显微 CT 试验系统采用微弱电流 (仅 0.01～3.00mA), 最小焦点尺寸为 3μm, 发出小锥束的 X 射线, 焦距仅为 4.5mm, 最大功率为 320W, 而进行放大倍数较大的试验时, 仅采用 20～30W 的小功率, 以保证小焦点。CT 扫描是利用 X 射线穿透物质的能力。CT 图片上, 黑色表示物质密度较低, 白色表示物质密度较高; 灰度片上, 每个像素点灰度值的变化表示扫描样品的密度变化, 灰度与密度是相对应的关系。由此可以通过各个方向的切片与单元分析, 清楚地看到岩石颗粒的形态分布以及孔隙裂隙的分布与连通情况。

1.3.4 煤体孔隙的空间分布状态

1. 基于 CT 图片扫描建立的三维数字煤样

三维数字煤样的建立, 是将 CT 扫描所得的数千张剖面图重新按照次序叠放在一起, 即可用 CT 剖面图重构三维图。本节以阳泉无烟煤的显微 CT 扫描图为例, 重建其三维的数字煤样, 并分析其孔隙的空间分布。利用显微 CT 图重建的三维数字煤样, 数字煤样为 200 个像素的立方体, 数字煤样图中包含的数据为每个像素点的灰度值, 对应于该点物质的密度, 灰度值越高, 该点处的煤密度越大, 在图中表现为颜色越白; 反之, 灰度值越低, 该处的密度越小, 颜色越黑, 灰度值为 0 时, 该点处为孔隙点, 为黑色。

2. 孔隙的空间结构及分布

根据三维数字煤样, 以每个像素点的灰度值来判断该像素是否为孔隙, 如果灰度值为 0, 则为孔隙, 否则为固体。这样就将一个数字煤样二值化为只由孔隙和固体所构成的模型。二值化后的三维数字煤样模型如图 1.3.3 所示。

用一个边长为一个像素大小的小立方体单元来模拟该像素点所对应的孔隙, 相互连通的孔隙构成一个孔隙团, 简称团, 每个团所包含的孔隙数目表示该团的大小。图 1.3.4 为图 1.3.3 中二值化模型的最大孔隙团, 该孔隙团中包含了 1 682 033 个孔隙单元。

从图 1.3.3 可看出, 尽管该尺度下的无烟煤孔隙率为 21.38%, 这个数值虽然较孔隙介质的逾渗阈值 31.116%要小很多, 但是大部分的孔隙都已是相互连通的, 且连通的孔隙基本充满了模型的整个区域, 其主要原因是煤中存在着大量的微裂隙 (这些微裂隙在三维数字煤样的表面明显可以看出), 在很大程度上这些裂隙的存在沟通了原本不会连通的孔隙团, 所以裂隙的作用非常明显, 裂隙对孔隙团大小的影响在第 9 章中介绍。

实质上在一个数字煤样中包含了上万个连通的孔隙团, 图 1.3.4 的孔隙团是其中最大的, 其他孔隙团所包含的孔隙均较少, 有的甚至只包含一个孔隙单元。除最大团之外, 这些孔隙团大小的分布如图 1.3.5 所示。从图 1.3.5 中可看出, 除最大团外, 其余孔隙团所包含的孔隙数非常小, 最大的也只包含 893 个孔隙单元, 在总共 15 000 多个孔隙团中, 包含的孔隙单元数少于 10 的就有近 13 000 个团, 所以在这个煤样中, 孔隙团大小的分布非常不均匀。

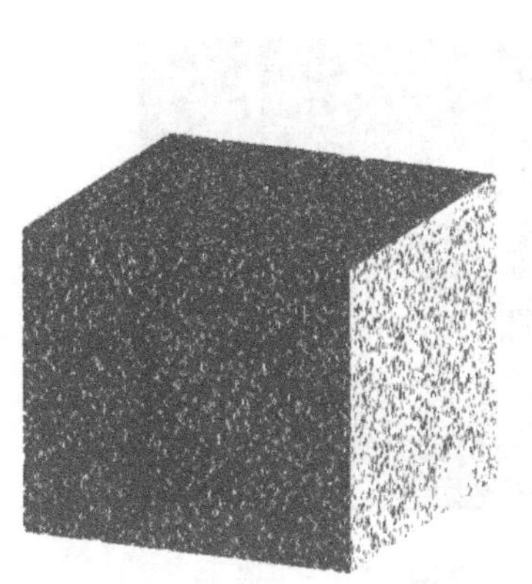

图 1.3.3 显微 CT 扫描结果二值化处理后的数字煤样

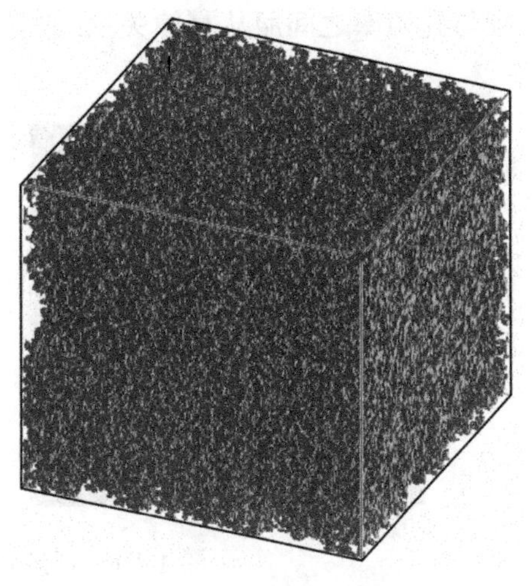

图 1.3.4 无烟煤样中最大孔隙团的分布形态 (包含 168 万个孔隙单元)

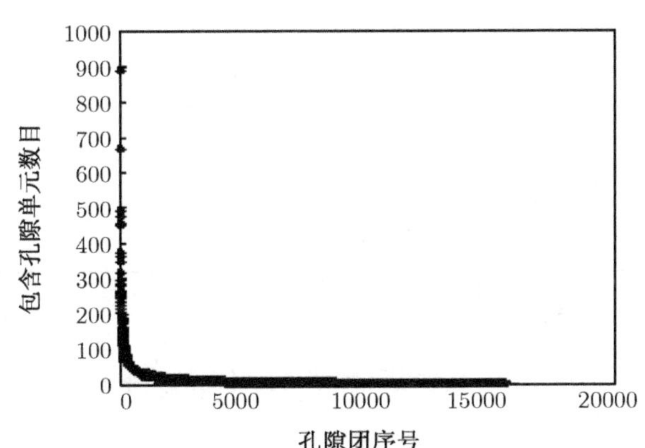

图 1.3.5 各个孔隙团包含孔隙数的分布图

1.4 几类砂岩的孔隙分布

1.4.1 砂岩孔隙的 CT 扫描分析

1. 粗砂岩孔隙率与尺度的关系

制取直径为 2.35mm、高度不小于 1cm 的圆柱体岩样, 进行显微 CT 扫描, 根据扫描图片对粗砂岩中的孔隙进行研究, 研究的方法同上。

粗砂岩岩样的 CT 扫描所得部分图片见图 1.4.1。扫描时所用电压为 70kV, 电流强度为 70μA, 放大倍数为 148 倍, 图片大小为 2041×2041 像素。从这些图片中随机抽取 20 张图片, 对这些图片做二值化处理, 统计二值化图片中的孔隙像素点, 统计结果除以统计区域内总像素点数目, 即可得到该尺度下粗砂岩的孔隙率, 改变放大倍数, 再对其进行重新统计, 即可得到不同尺度下粗砂岩所对应的孔隙率, 如图 1.4.2 所示。拟合图 1.4.2 中的曲线得到粗砂岩孔隙率与尺度间的关系式为 $n = 21.82\delta^{-1.9891}$, 拟合曲线的相关系数数值为 $R^2 = 0.9878$。由此可见，尺度与孔隙率之间服从幂律关系，也就是说，不同尺度下的孔隙容积是一种分形，具有自相似性。

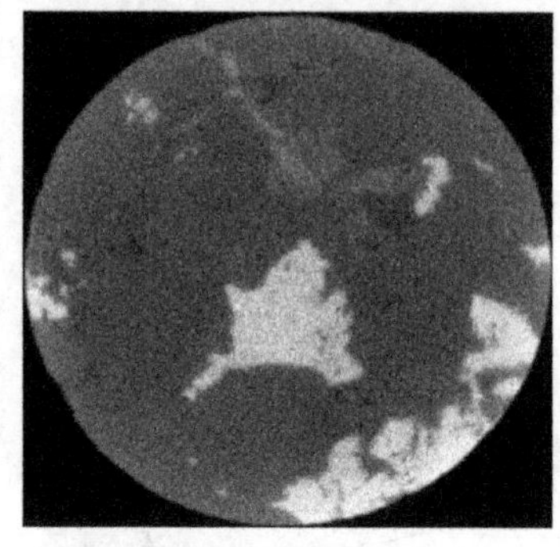
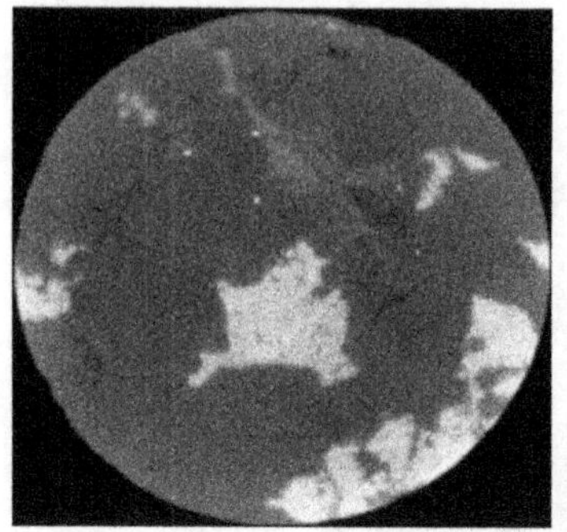

图 1.4.1　粗砂岩的显微 CT 剖面图

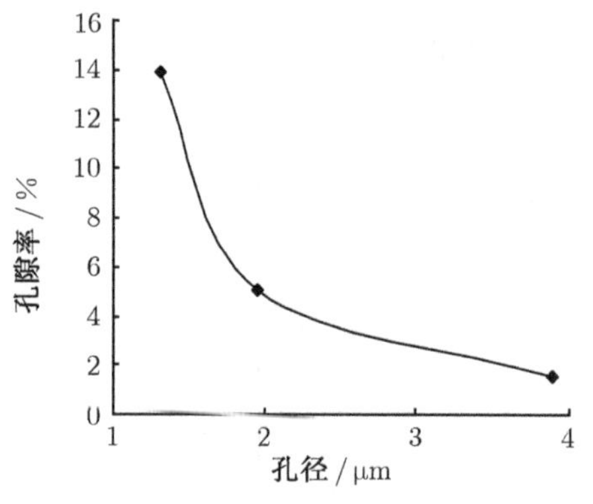

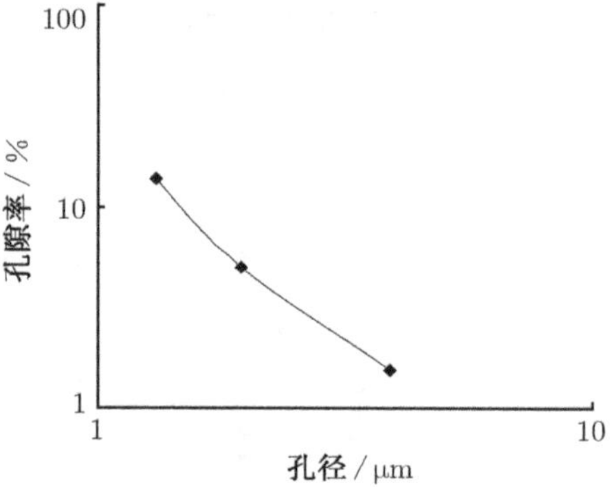

图 1.4.2　粗砂岩孔隙率与孔径间的关系曲线

2. 中砂岩孔隙率与尺度关系

中砂岩岩样直径为 2.35mm，高度为 1cm，CT 扫描图片见图 1.4.3，图片大小为 2041×2041 像素，扫描时电压为 70kV，电流强度为 70μA，放大倍数 148 倍。统计计算三种不同尺度所对应的中砂岩的孔隙率，得到粗砂岩孔隙率与尺度间的关系式为 $n = 15.482\delta^{-2.1252}$，拟合曲线的相关系数数值为 $R^2 = 0.971$。孔隙率与相应尺度的关系为幂律关系。

图 1.4.3　中砂岩的显微 CT 剖面图

3. 细砂岩孔隙率与尺度关系

细砂岩的显微 CT 扫描图片见图 1.4.4, 图片尺寸为 2041×2041 像素, 扫描电压为 70kV, 电流 70μA, 放大倍数 148 倍。统计图中的孔隙点所占像素数量, 计算出相应尺度下的孔隙率, 获得 $n = 9.1174\delta^{-1.8871}$, 由此式可见孔隙率与尺度之间仍服从幂律关系, 拟合曲线相关系数数值为 $R^2 = 0.971$。

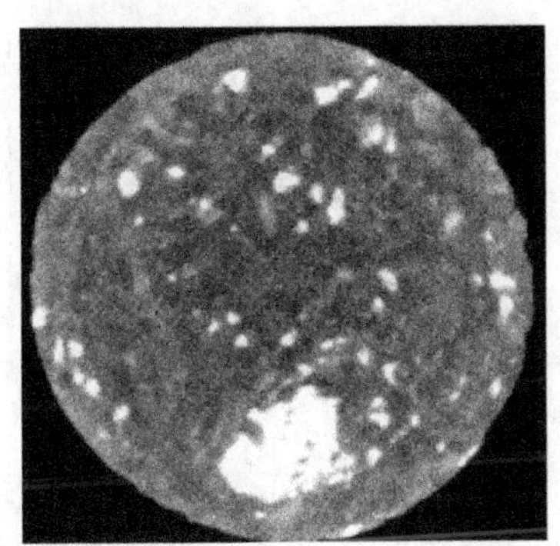
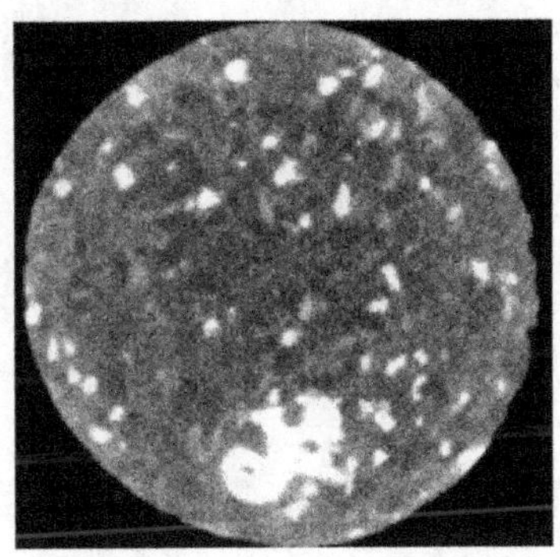

图 1.4.4 细砂岩的显微 CT 剖面图

1.4.2 粗、中、细砂岩中最大孔隙团空间随机分布状态

以三种砂岩的 CT 扫描剖面图建立砂岩的三维数字岩样, 砂岩岩样的尺寸大小为 $300 \times 300 \times 200 = 1800$ 万个像素, 每个像素点的大小为 1.31μm, 各类砂岩的三维数字岩样见图 1.4.5。

(a)粗砂岩

(b)中砂岩

(c)细砂岩

图 1.4.5 砂岩三维数字岩样图

对三维数字岩样二值化, 从岩样中分割出孔隙像素点, 以边长为 1 个像素的小立方体单元来代替孔隙像素点, 判断数字岩样中孔隙的连通状态, 计算出最大孔隙团, 并绘制出最大孔隙团在三维空间中的随机分布形状, 粗砂岩、中砂岩、细砂岩中最大孔隙团在空间中的分布分别见图 1.4.6、图 1.4.7、图 1.4.8。图 1.4.6~1.4.8 中的孔隙团为砂岩的三维数字岩样所包含孔隙团中包含孔隙数量最多的孔隙连通团, 各图中的孔隙均为孔径大于或等于 1.31μm 的孔隙。这些最大孔隙团的大小和分布代表了不同类别砂岩中孔隙的空间分布状态。粗砂岩、中砂岩以及细砂岩中最大孔隙团在岩样中的分布是不同的, 从数量上来看, 6 块粗砂岩岩样中, 最大孔隙团所包含的孔隙数量最大, 平均为 154.5 万。从空间形态上看, 其在粗砂岩岩样

中也占据了较大的空间, 因为粗砂岩岩样各组分颗粒的粒度较大, 颗粒与颗粒间形成了较大的孔隙空间, 所以其中大孔径的孔隙较多; 而在细砂岩中, 最大孔隙团所包含的孔隙数量平均仅为 16.3 万, 其在岩样空间中只占有非常小的一块区域; 中砂岩中, 最大孔隙团所包含的孔隙数量则位于粗砂岩与细砂岩之间, 其平均值为 43.7 万。

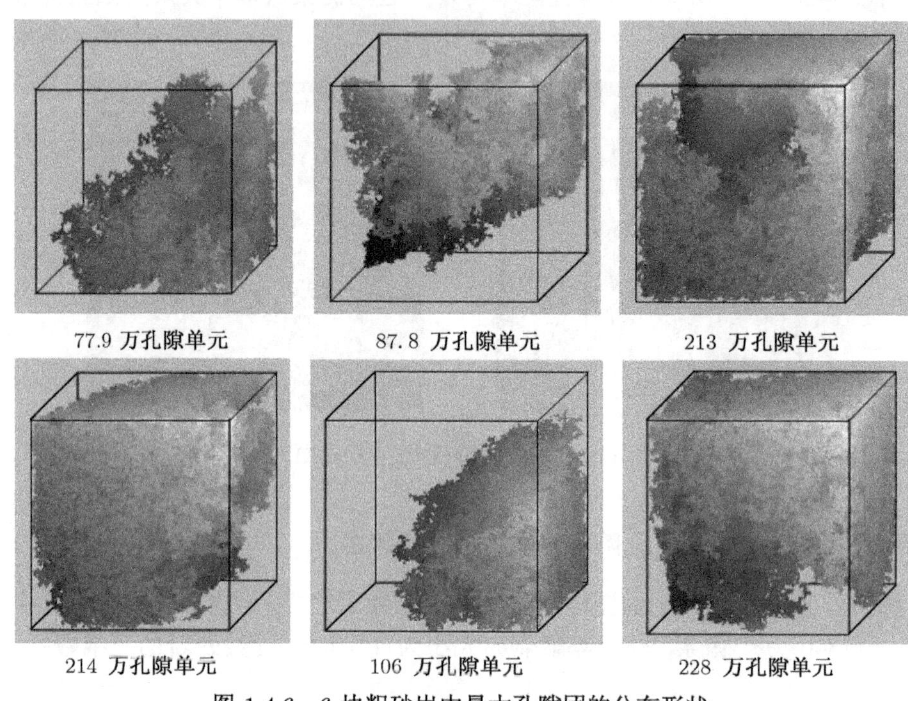

图 1.4.6　6 块粗砂岩中最大孔隙团的分布形状

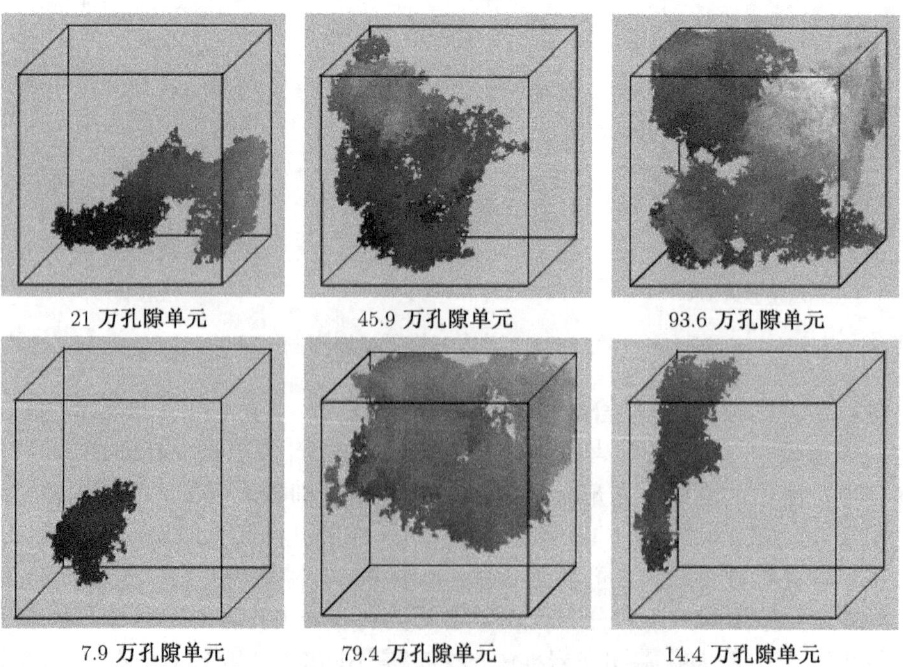

图 1.4.7　6 块砂岩中最大孔隙团的分布形状

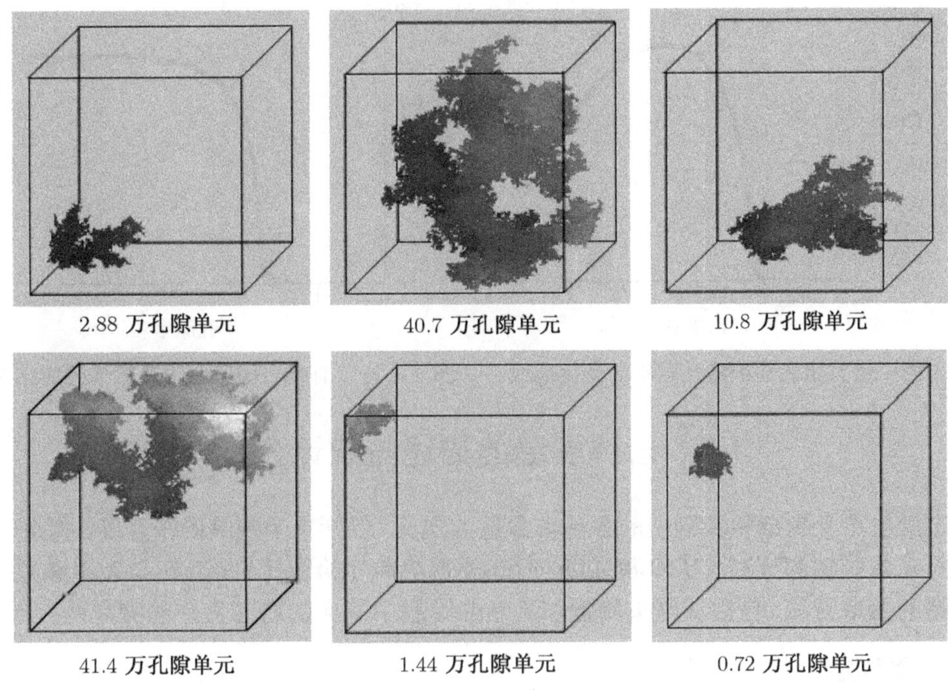

图 1.4.8 6 块细砂岩中最大孔隙团的分布形状

1.4.3 孔隙率对连通团数量和孔隙团表面积的影响

从图 1.4.9 中可看出, 随着孔隙率的增加, 连通团的数量先增加后减小, 在孔隙率为 0.2 附近达到最大值。说明当孔隙率大于 0.2 时, 随着孔隙数量的增加, 大量的孔隙开始相互连通而合并成为更大的团, 从而导致了连通团数量的显著减小。

从图 1.4.10 中可以看出, 随着孔隙率的提高, 最大团的表面积增加, 当孔隙率大于逾渗阈值 0.3116 时, 最大团的表面积开始急剧增大, 在孔隙率为 0.55 附近时其表面积达到最大值, 然后随着孔隙率的增加而减小。图 1.4.11 说明了, 当孔隙率在 0.3~0.4 这一范围内变化时, 有效表面积率的值变化剧烈, 大于 0.4 时变换趋于平缓; 当孔隙率等于 0.55 时有效表面积率达到了 0.98, 大于 0.6 时有效表面积率基本不再变化。

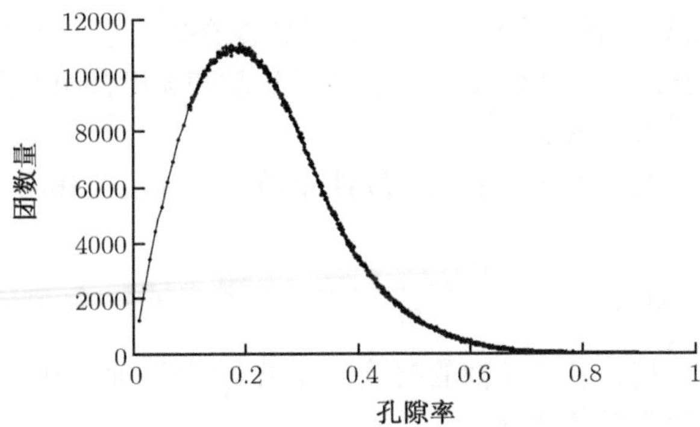

图 1.4.9 团的数量随孔隙率的变化曲线

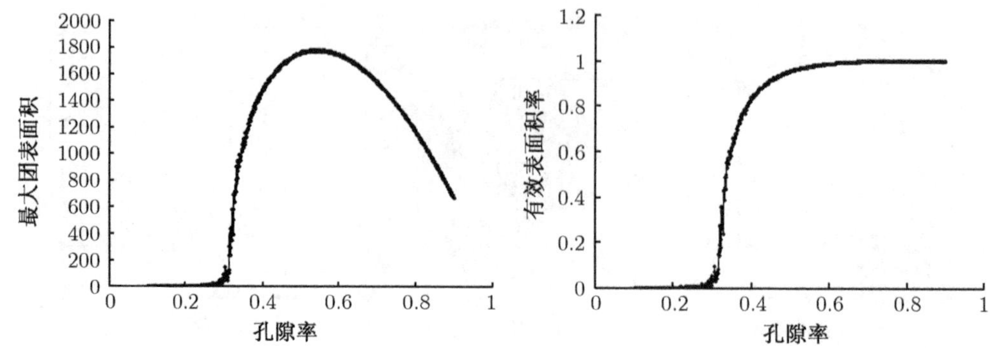

图 1.4.10 最大团表面积随孔隙率的变化曲线　　图 1.4.11 有效表面积率随孔隙率的变化曲线

1.5 岩体裂缝的描述与统计分析

本节给出单个裂缝和裂缝组的各基本参数的定义, 包括单个裂缝的张开度、大小、性质、方向性及多条裂缝的分布、密度和强度; 对基质岩块单元给予评价; 介绍与裂缝参数有关的参量数据的获取方法, 包括从露头测量和从钻井过程中取得的岩芯直接的测量两种方法。

1.5.1 分类和定义

1. *从描述准则出发的分类方法*

(1) 天然裂缝和人工诱发裂缝: 天然裂缝是发生在岩石中的任何破裂或者裂隙, 它包括那些根据擦痕面和矿化作用的存在而被辨认的裂隙; 而人工诱发裂缝是在取岩芯时 (如沿着层面的破裂) 或由于错误地处理岩芯时产生的裂隙。

基于它们的外貌和形态, Stearns 精心地做了裂缝分类的描述。① 明确的天然裂缝包括那些部分或全部为岩脉物质所充填的裂缝, 还有那些张开的且在平面上与部分或全部被充填的裂缝相平行的裂缝; ② 人工诱发裂缝通常包括新鲜、干净的裂缝, 它平行或垂直于岩心轴, 是在取岩芯时岩心的弯曲或扭曲所造成的。

(2) 可测量的和不可测量的裂缝: 可测量的裂缝是那些可以用宽度、长度、方向性 (倾角和走向) 定义的看得见的裂缝; 而不可测量的裂缝只是痕迹通过岩芯并终止在岩芯里的裂缝, 还有另外一些不可测量的裂缝, 是因为它们过于密集和不规则, 或者是因为没有评价的准则。

(3) 大裂缝和微裂缝: 这两类之间的差别主要是裂缝的尺寸, 一般宽度大于 100μm, 并具有可观长度的一类裂缝称为大裂缝; 而微裂缝是指长度和宽度都很有限的一类裂缝, 在一些文献中称前者为裂缝, 后者为裂隙。

(4) 张开的裂缝和闭合的裂缝: 它主要取决于循环水和沉淀作用, 硬石膏与矿物等能够堵塞裂缝。

2. *基于地质准则的裂缝分类*

(1) 与褶皱相关的裂缝: 沿褶皱轴的裂缝称为纵向裂缝, 垂直于褶皱轴的裂缝称为横向裂缝, 与褶皱轴斜交的称为对角裂缝。

(2) 裂缝和应力状态: 如果裂缝是与单一应力状态或多种应力状态有关, 它们被划分为

共轭裂缝和非共轭 (正交的) 裂缝。裂缝体系是由相互平行的裂缝所组成的; 而裂缝网络则是由不同裂缝体系所组成的。

(3) 与地层有关的裂缝: 裂缝的大小和密度的变化取决于其所在层的岩性与厚度。按与地层的相关性, 将裂缝划分为一级裂缝与二级裂缝两类。一级裂缝是指穿切若干层岩石的裂缝, 二级裂缝是指仅局限于一层岩石里的裂缝。

1.5.2 裂缝的基本参数

裂缝的各种特征在空间变化下是相当复杂和不规则的, 因此, 研究描述裂缝的方法大致归纳如下：从考虑单一裂缝的局部基本特征开始, 再进而考察多重裂缝体系, 在各组裂缝中间建立相关关系时, 通过对比来确定趋势和外推参数。

单一裂缝参数指的是裂缝的固有特征, 诸如裂缝的张开度 (宽度)、大小、性质和方向 (产状)。多重裂缝参数指的是裂缝的排列 (几何状态)、裂缝的分布和密度。单一和多重裂缝的性态直接决定了岩体性态。

1. 单一裂缝参数

(1) 裂缝的张开度: 也可由裂缝壁之间的距离来表示。张开度取决于 (在油藏条件下) 深度、孔隙压力和岩石类型。裂缝张开度为 10 ~ 200μm, 但统计资料已表明最常见的范围是 10 ~ 40μm(图 1.5.1)。

裂缝的张开度是靠显微镜检查薄片获得的。这种方法被认为是最有效的, 因为这是仅有的能直接测量裂缝张开度大小的一种方法。在薄片上的 n 个张开处测量其宽度, 然后将所得结果进行平均。依此对多个薄片进行测量, 得到的结果将再一次平均, 最后用薄片面和裂缝之间的角 θ 来修正。当每次测量时, 如果这个角是变化的, 则在计算中应用一个 $0\sim\pi/2$ 的随机变化关系, 因此:

$$\bar{b}_{真实}=\bar{b}_{实测}\times\cos\theta \tag{1.5.1}$$

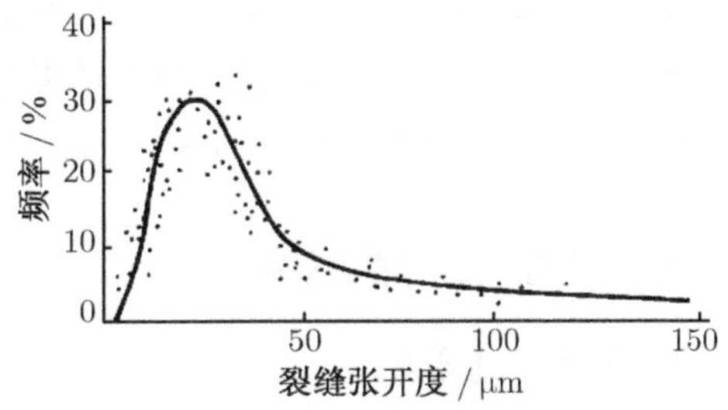

图 1.5.1 张开度的统计频率曲线
(高尔夫拉特范, 1989)

对于一个随机分布, 平均值 $\bar{b}_{真实}$ 是测得的 b 的平均值的函数:

$$\bar{b}_{真实}=\bar{b}_{实测}\times\frac{2}{\pi} \tag{1.5.2}$$

从评价裂缝张开度得到的资料指出, 张开度的大小通常小于 0.1mm, 即小于 100μm。

(2) 裂缝的大小：指的是裂缝的长度和岩层厚度之间的关系, 特别是当这些参数需要做出定性的评价时尤其有用。在这种情况下, 裂缝可被评价为较小的、中等的和较大的。

① 较小的裂缝的长度小于单个生产层的厚度。

② 中等的裂缝穿过较多层。

③ 较大的裂缝延伸极大, 经常达数十甚至数百米。

较小的裂缝相当于先前定义过的二级裂缝, 而中等裂缝和较大的裂缝相当于一级裂缝。

按照 Ruhland 的观察, 较小的裂缝通常具有较小的张开度并经常被充填, 而较大的裂缝具有大的张开度并很少被矿化或被充填。

(3) 裂缝的性质: 主要涉及观察中的裂缝张开度、充填情况和裂缝壁特性的状态。通常按下列各项来讨论。

① 张开度: 张开、节理、闭合。

② 充填: 矿物充填。

③ 闭合状况: 由均匀的或扩散的材料充填。

④ 裂缝壁: 多褶皱的、光滑的、磨光的、蠕变的。

(4) 裂缝的方向: 把单一裂缝和环境联系起来的参数。裂缝平面可以用两个角 (正像在经典的地质实践中那样), 即倾斜方位角 δ 和倾角 ω(图 1.5.2) 来定义。

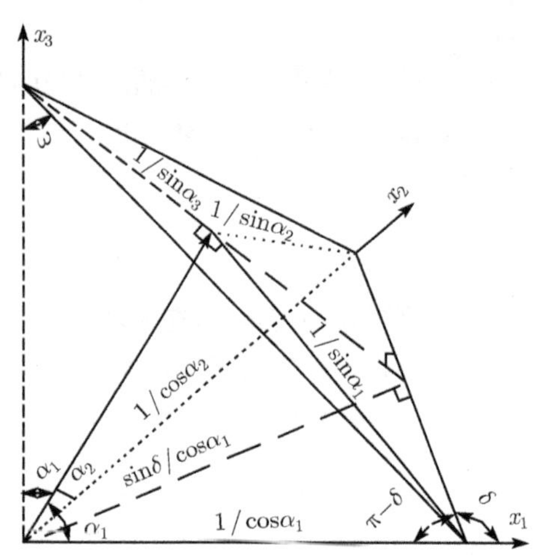

图 1.5.2 在一个笛卡儿坐标内定向的裂缝

δ: 方位解; ω: 倾角

平面的方向也可由相应的 x_1, x_2, x_3 和单元矢量之间的夹角 $\alpha_1, \alpha_2, \alpha_3$, 来确定。方向 x_1, x_2 和 x_3 是指向东、北和沿地面法向, 因此,

$$\begin{aligned}\cos\alpha_1 &= \sin\delta \times \cos\omega \\ \cos\alpha_2 &= -\cos\delta \times \cos\omega \\ \cos\alpha_3 &= \sin\omega\end{aligned} \tag{1.5.3}$$

对比各种单一裂缝的方向, 可得出: 所有平行裂缝属于一个裂缝体系。在一个岩体里, 如果辨认出更多的、互相连通的裂缝体系, 则这些体系将组成岩体裂缝网络。

2. 多重裂缝参数

(1) 裂缝的分布: 在一个包括两个或更多的裂缝体系的裂缝网络里, 每一个裂缝体系通常是在一定的应力状态下产生的。由于相同的应力状态而产生的一对共轭裂缝是一个例外情况。于是裂缝的分布用破裂系数的等级来表示。如果在各裂缝体系中有连续的通路且各体系是彼此相等的, 则这个系数将是较强的。如果在各裂缝体系中的相互连通受到阻隔, 并且如果一个体系的破裂作用压倒了其他体系, 则破裂的等级将是较弱的。

以图 1.5.3 中的两个正交的裂缝体系为例。在情形①中, 两个体系的裂缝密度相等, 并是连续地相互连通的, 这就相应于强的等级裂缝。在情况④中, 被阻隔的裂缝网络, 相应于弱的裂缝等级。在情形②和③中, 两个体系中的一个占支配地位, 而另一个被部分阻隔, 其破裂的等级可评为一般的。

(2) 基质岩块单元 (圈闭的体积): 在各个方向上切割岩石的裂缝, 划分出了被称为基质岩块单元或简称基质岩块的岩体单元。因为环绕着任何单一岩块存在着一个连续界面 (由裂缝网络形成), 各个单一岩块将和其毗邻的岩块在水动力学上是分开的。因此, 这样考虑是正确的, 即各个岩块单元实际上是圈闭在裂缝网络之内。这些岩块是通过倚靠点互相接触的,然而, 在岩块之间的水动力联系仍然是被隔断的。

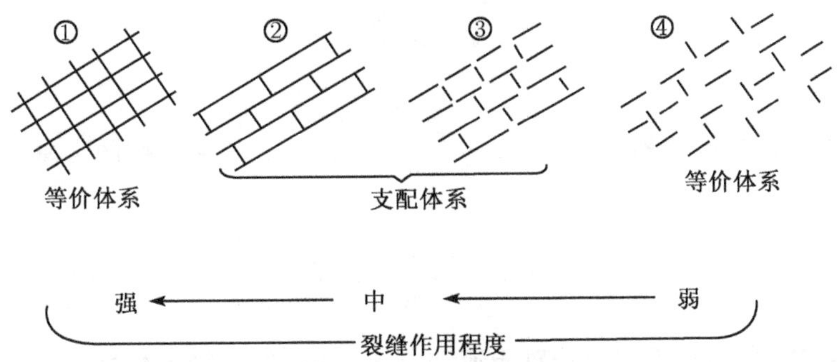

图 1.5.3　正交裂缝体纱的各种组合和裂缝等级的定性评价 (高尔夫拉特范, 1989)

基质岩块是由裂缝体系的倾向、走向和分布的形状、体积及高度来确定的。基质岩块的形状是不规则的, 在实际工作中, 岩块单元被简化为简单的几何体积, 诸如立方体或拉长的或高平的平行六面体。

Ruhland 通过简化的几何模型所描述的各种岩块形状示于表 1.5.1 中。可见, 形状的定性描述能和各个岩块的基本尺寸联系起来; 岩块单元的空间方面, 可进一步与构造作用以及这种或那种应力的支配作用联系起来。根据表 1.5.1 的模型, 可以陈述如下。

表 1.5.1　基质岩块单元的描述

情形	岩块形状	比值	$\frac{L}{c}$	$\frac{I}{c}$	$\frac{L}{I}$	尺　度		
						100cm	10~100cm	10cm
①		$a<$ b	1/5 1/5	 1	1 1/5	柱状	小柱状	细铅火柴
②		1/5	1/2	1		大的岩块平行六面体	中等岩块平行六面体	小的岩块平行六面体
③			1			边长以米计的立方体	边长以分米计的立方体	边长以厘米计的立方体
④		2	5		1	板状	中等板状	小板状
⑤		$a>$ $b<$ $c>$	5 5	 1/5 5/2	1 5 2	片状 条板状	中等片状 中等片状 中等条板状	小片状 薄片状 尺　状

① 柱状岩块单元 (情形①和②): 主应力平行于层面, 形成较高的裂缝密度。

② 平坦的岩块单元 (情形④和⑤): 主应力垂直于层面, 形成较高的裂缝密度。

③ 立方体岩块单元 (情形③): 正交的等价应力起作用。此外, 如果裂缝的方向已知, 则对结构构造作用的进一步了解可以成为可能。

(3) 裂缝密度: 通过各种相对的比值说明岩石破裂的程度。如果这一比值是对体积而言, 则裂缝密度称为体积裂缝密度。如果这比值是对面积或长度而言的, 裂缝密度被称为面积或线性裂缝密度。这些密度的分析表达式如下。

体积裂缝密度: 裂缝总表面积 S 与基质总体积的比值

$$V_{\mathrm{fD}} = \frac{S}{V_{\mathrm{B}}} \tag{1.5.4}$$

面积裂缝密度: 指裂缝累计长度 $l_{\mathrm{t}} = \sum_{1}^{n} l_i = n_{\mathrm{f}} \times l$ 和流动截面上基质总面积 S_{B} 的比值

$$A_{\mathrm{fD}} = \frac{n_{\mathrm{f}} \times l}{S_{\mathrm{B}}} = \frac{l_t}{S_{\mathrm{B}}} \tag{1.5.5}$$

线性裂缝密度: 指与一直线 (垂直于流动方向) 相交的裂缝的数目 (n) 和此直线长度的比值

$$L_{\mathrm{fD}} = \frac{n_{\mathrm{f}}}{L_{\mathrm{B}}} \tag{1.5.6}$$

线性裂缝密度也称为裂缝率、裂缝频率或线性频率。

所有三种裂缝密度都以长度的倒数表示。裂缝体积密度是静态参数 (类似于孔隙度), 而面积密度和线性密度都与流体流动的方向有关。

① 裂缝间隔是经常用于替代线性密度的一个参数, 这个参数表示在两个依次连续出现的裂缝之间的基质长度, 这样线性密度的倒数的值是

$$e = \frac{1}{L_{\mathrm{fD}}} \tag{1.5.7}$$

该值常常用介于 $L_{\mathrm{fD\,max}}$ 和 $L_{\mathrm{fD\,min}}$ 之间的一个平均值 $\bar{e}$ 表示。

② 立方体的裂缝密度: 如果一个基质岩块是一个边长为 a 的立方体形, 且使流体的流动平行于水平面 (图 1.5.4), 其结果将如下。

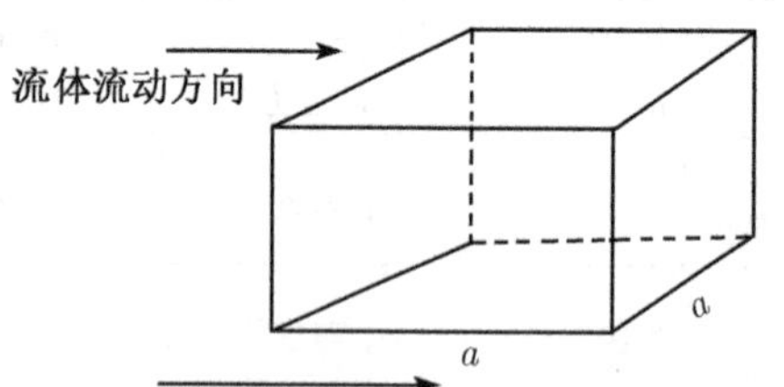

图 1.5.4　围绕一个立方体基质岩块单元的水平流动

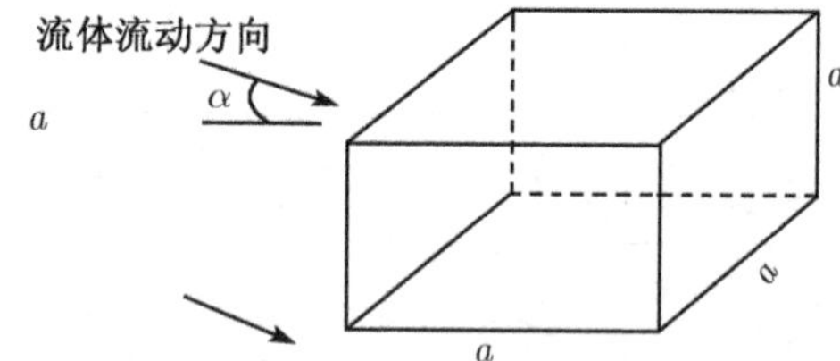

图 1.5.5　环绕一个立方体基质岩块单元的流动
流动方向和立方体底面之间的角度为 α

体积裂缝密度:

$$V_{\mathrm{f}} = \frac{6a^2}{a^3} = \frac{6}{a} \tag{1.5.8}$$

面积裂缝密度: 因为流动是水平的, 流体将与两个长度为 a 的裂缝接触, $n \times l = 2a$。横截面面积是 a^2, 因此

$$A_{\mathrm{fD}} = \frac{n \times l}{s} = \frac{2a}{a^2} = \frac{2}{a} \tag{1.5.9}$$

线性裂缝密度: 在一条正交于水平的流动方向的垂线上, 仅有两条裂缝将与此垂线相交, 因此, 介于两条裂缝之间的基质长度为 a, 则

$$L_{\mathrm{fD}} = \frac{n_{\mathrm{f}}}{L_{\mathrm{B}}} = \frac{2}{a} \tag{1.5.10}$$

如果在一个立方体基质岩块中, 流动方向与立方体底面形成 θ 角 (图 1.5.5), 则面积裂缝密度和线性裂缝密度将需要根据 θ 角来修正:

$$\begin{aligned} V_{\mathrm{fD}} &= \frac{6a^2}{a^3} = \frac{6}{a} \\ A_{\mathrm{fD}} &= \frac{2a\cos\theta}{a^2} = \frac{2}{a}\cos\theta \\ L_{\mathrm{fD}} &= \frac{2}{a\cos\theta} \end{aligned} \tag{1.5.11}$$

③ 一个裂缝体系的裂缝密度: 如果参考平面 ox 的方向与 n 根裂缝的裂缝体系 (其中全部裂缝是平行的) 形成一个 θ 角, 则面积裂缝密度是

$$A_{\mathrm{fD}} = \frac{\cos\sum_{1}^{n} l}{S} \tag{1.5.12}$$

线性裂缝密度:

$$L_{\mathrm{fD}} = \frac{n}{\cos\theta \times L} \tag{1.5.13}$$

④ 裂缝网络的裂缝密度: 如果在裂缝网络里有 m 个裂缝体系, 并且如果每个裂缝体系与流动平面组成一个 θ 角, 则密度参数将作为所有裂缝体系的密度的总和而求得。

体积裂缝密度为

$$V_{\mathrm{fD}} = \sum_{1}^{m} \frac{A_{\mathrm{fD}i}}{\cos\theta_i} \tag{1.5.14}$$

面积裂缝密度为

$$A_{\mathrm{fD}} = \sum_{1}^{m} (L_{\mathrm{fD}i} \times \cos\theta_i) \tag{1.5.15}$$

用式 (1.5.15) 可把体积裂缝密度简化为

$$V_{\mathrm{fD}} = \sum_{1}^{m} L_{\mathrm{fD}i} \tag{1.5.16}$$

如果在被考察的裂缝中间很难识别裂缝体系的话, 则应考虑一个 (随机的) 裂缝分布, 其中基本关系是对所有的单一裂缝而言的。在这种情况下, 面积裂缝密度将是

$$(A_{\mathrm{fD}})_i = (V_{\mathrm{fD}})_i \cos\theta_i \tag{1.5.17}$$

在体积裂缝密度和面积裂缝密度这两个参数之间, 将得出下面关系:

$$A_{\mathrm{fD}} = \frac{2}{\pi} V_{\mathrm{fD}} \tag{1.5.18}$$

3. 裂缝强度

Ruhland 提出裂缝强度的参数。用以确定在破裂过程中, 各层的固有特征 (渗透率、孔隙度、胶结作用等)、层的厚度及其构造部位 (构造顶部、中心或底部) 所起的作用。

按照 Ruhland 的研究, 裂缝强度参数表示了裂缝频率 (FF) 和岩层厚度频率 (THF) 的比值:

$$\mathrm{FINT}=\frac{裂缝频率}{厚度频率}=\frac{\mathrm{FF}}{\mathrm{THF}} \tag{1.5.19}$$

如果只存在厚度为 L_B 的一个层, 则强度在实际上类似于线性裂缝密度 (方程 (1.5.6)):

$$L_\mathrm{fD}=\frac{n_\mathrm{f}}{L_\mathrm{B}}$$

裂缝强度既可以应用于张开裂缝, 也可以应用于闭合裂缝, 在特殊情况下, 可以用于裂缝的整体, 因此

总裂缝强度	$\mathrm{FINT_f}=\mathrm{FF_t}/\mathrm{THF_t}$
张开裂缝强度	$\mathrm{FINT_o}=\mathrm{FF_o}/\mathrm{THF_o}$
闭合裂缝强度	$\mathrm{FINT_c}=\mathrm{FF_c}/\mathrm{THF_c}$

(1.5.20)

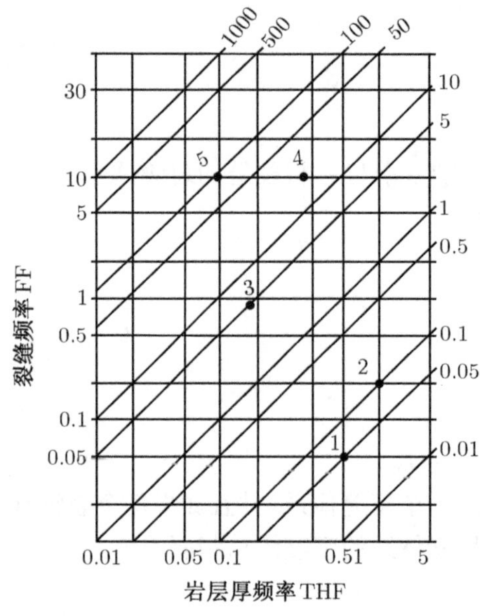

图 1.5.6　估算破裂过程的裂缝强度图
(高尔夫拉特范, 1989)

假如把 FF 和 THF 这两个系数绘在 lg-lg 图上 (图 1.5.6), 其中裂缝强度相同的点落在一条斜率为 1 的直线上。沿着这条线, FINT 的增加和减少与垂直裂缝频率和层厚的比例相关。

正如 Ruhland 提到的那样, 裂缝强度参数通常在 0.01 和 100 之间变化, FINT 的大小很重要, 因为这可使下面所表示的、对破裂过程进行定性评价成为可能。

裂缝强度	裂缝形式	类别
$\mathrm{FINT}\leqslant 0.05$	裂缝带	1
$\mathrm{FINT}\approx 0.1$	中等裂缝带	2
$\mathrm{FINT}=5\sim 10$	强裂缝带	3
$\mathrm{FINT}=20\sim 50$	非常强裂缝带	4
$\mathrm{FINT}\geqslant 100$	角砾岩	5

以裂缝类别 1~5 两个频率参数 FF 和 THF 为例估算破裂过程的裂缝程度图见图 1.5.6。

1.5.3　裂缝的测量

裂缝的探测和评价是野外工作的各个阶段如勘探、钻井、测井、取芯和测试中所获得资料的结果。其中的某些结果是直接资料, 诸如勘探阶段在露头上的观察, 在实验室里的岩芯实验以及在测井过程中应用井下电视等。而另一类是间接资料 (布朗等, 1992) 是在钻井测试、测井等各种操作中获得的。

在露头上和在岩芯上的直接评价 (在现场或实验室) 主要是指确定单一裂缝的基本性质, 如宽度、方向、长度等。此外, 为评价它们的连通性、几何形态和分布, 以及最后评价它们的密度和强度, 需对裂缝组进行考察。

1. 露头裂缝

在露头上研究裂缝包括收集各种资料, 如层位的相对位置, 裂缝体系的方向, 各个体系中裂缝的数目、岩性、裂缝形态等, 在一个横穿所研究的地区剖面上, 这些资料最好通过用常规的方法布置的观测点得到。

测量裂缝最容易的方法是用一皮尺在与裂缝体系方向无关的任何方便的方向上对露头作测量。根据裂缝体系的方向和对方位角的测量, 算出皮尺线与垂直于裂缝的平面 (AB) 之间的夹角是可能的。裂缝密度 L_{fD} 将由与直线 AB 相交的裂缝的数 n_{f} 得到 (图 1.5.7)。沿着 AB 线长度将通过角 α 校正到皮尺的方向, 在这种情况下线性裂缝密度是

$$L_{\mathrm{fD}} = \frac{n_{\mathrm{f}}}{L/\cos\alpha} \tag{1.5.21}$$

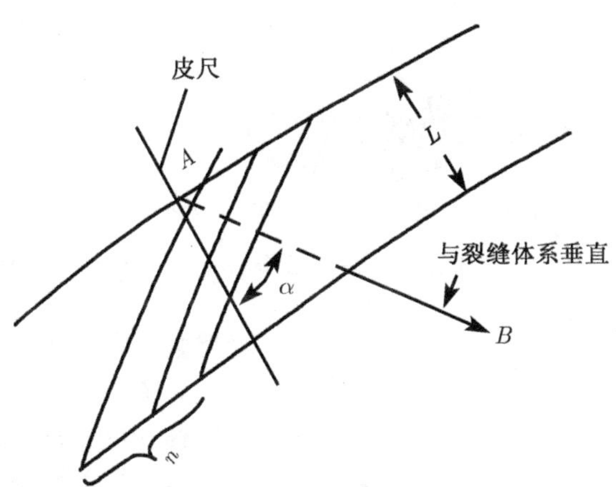

图 1.5.7 在一个露头上评价裂缝密度

为了使不同的裂缝体系规范化, 把岩层走向旋转到一个共同的走向, 即参考走向。为了辨认趋于环绕背斜的倾向和走向结成组的裂缝的类型, 从更多的观测点收集资料是重要的。如果在多数观测点处地层的倾角超过 5°, 它们应被旋转到一个水平面上, 以便使观察统一化。

2. 通过岩芯试验来评价裂缝

从岩芯试验可以指望得到最多的资料, 诸如可测量裂缝的宽度、倾向和走向以及不可测量裂缝的充填物质等。一个复合岩芯资料示于图 1.5.8 上。岩芯的方向可以通过在岩芯上画出与定位零线组成 110°(图 1.5.8) 角度的线而确定。

为了避免在真实的层理面与岩芯中的任何显然的断裂面之间引起混乱, 估算岩芯层理面及其倾角是重要的。

如果发现一种高度破裂的物质 (碎石、角砾岩), 必须根据岩芯长度估计裂缝百分数 (见图 1.5.8)。

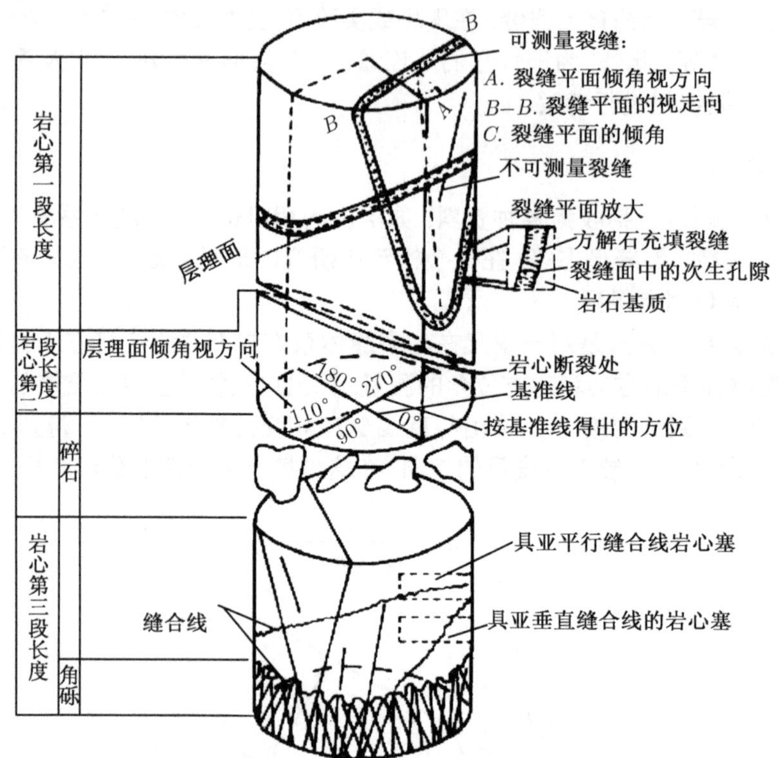

图 1.5.8 一个裂缝油藏的复合岩芯资料 (高尔夫拉特范, 1989)

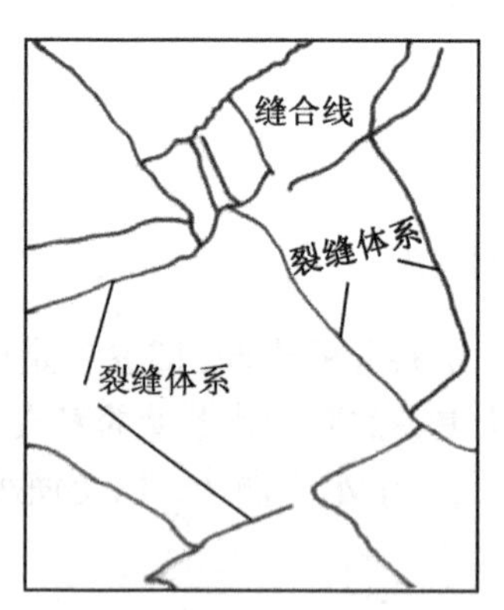

图 1.5.9 一张裂缝岩芯的照片素描

裂缝类型 (无疑的或可能的) 是通过肉眼的检验确定的。图 1.5.9 裂缝是平行的, 并充填着运移来的流体。裂缝能张开, 然后为流体所充填 (图 1.5.9), 闭合且以方解石充填 (图 1.5.8), 或部分张开。评价裂缝的特征 (如张开的或被充填的) 和对物质的性质的评价, 在进一步描述裂缝网络时是必不可少的。

缝合是另一个十分重要的岩芯特征, 应该用一种类似于描述裂缝的方法来描述。裂缝方向的观察是必要的, 图 1.5.8 所示缝合线的取向大致垂直或平行于岩层的层理方向, 而当裂缝的连通关系中断时, 与裂缝相交切。

1.6 岩体裂缝系统二维分形分布规律

1.6.1 岩体裂缝分布的分形方法

前面已对岩体裂缝的传统描述方法作了介绍。但岩体裂缝系统相当复杂, 在绝大多数情况下, 人们只能观察到一些露头或钻孔岩芯, 而待分析的岩体内部的绝大部分资料却是未知的。这正是岩石力学分析结果导致失误的根本原因。现在我们提出这样的问题, 岩体内部裂缝分布是否存在规律性, 若存在又是何种规律支配呢, 应采用何种研究方法更为合适?

20 世纪 70 年代末至 80 年代初, 混沌与分形几何学科的创立, 普里高津《从混沌到有序》哲学著作的问世, 使世界科学进入了非线性科学时代。而分形几何学正是这一非线性科学的数学 (Mandelbrot, 1982), 它是通过分数维数来描述自然界不规则的事物, 并在更深刻的层次上, 揭示了不规则的自然界所遵循的 "自相似性"(self-similar) 规律, 即 "尺度对称性" 或 "尺度变换不变性" 规律。很快, 国内外众多学者将该理论引入岩石力学学科。归纳这些相类似的研究, 大致可分为如下两类: 一类是研究裂隙面 (凹凸不平) 的不规则性的分形特征, 如谢和平等 (1989) 的工作; 另一类是研究裂隙赋存的规律, 这一类又可以分为两种, 其一是研究岩体中裂缝系统的分布形式 (form), 其二是研究岩体中裂缝系统的分布密度及其随尺度的变化规律。这一方面的研究, 大都与损伤断裂相关。

Barton 等 (1985) 研究了 Yuccas 二维裂缝网络的分形特征, Aviles 等 (1987) 研究了 San Andress 断层的特点, 结果表明: 某大尺度区域与该区域中子区域的裂缝分布形式完全相同, 如图 1.6.1 所示。这一结果说明, 我们在一个小的局部区域中所获得的裂缝分布结论与力学规律, 可以外推到大尺度。

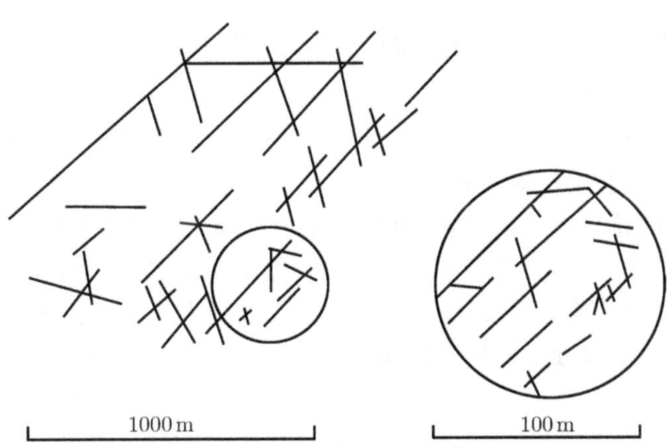

图 1.6.1 裂缝分布形式 (form) 的尺度对称性

1992 年, 赵阳升提出了研究岩体裂缝条数随尺度的变化规律的方法 —— 岩体裂缝分形方法, 这一方法的基本思想是, 小尺度岩体裂缝数 (指长度与尺度相当的裂缝) 与大尺度岩体裂缝数存在一种自相似 (self-similar) 关系。它的核心是研究煤岩体中不同尺度的网格中裂隙条数的分布规律。在介绍该方法之前, 首先阐述一下分形几何学中盒维数 (box dimension 或 mass dimension) 的定义及计算方法 (Feder, 1987)。

$\mathbf{R}^n$ 空间中子集 F 有下盒计数与上盒计数维数分别由下式给出:

$$\dim_{\mathrm{B}} F = \overline{\lim_{\delta\to 0}} \frac{\lg N_\delta(F)}{-\lg\delta}$$

$$\dim_{\mathrm{B}} F = \lim_{\delta\to 0} \frac{\lg N_\delta(F)}{-\lg\delta} \tag{1.6.1}$$

且 F 的盒计数维数为

$$\dim_B F = \lim_{\delta \to 0} \frac{\lg N_\delta(F)}{-\lg \delta} \tag{1.6.2}$$

这里的 $N_\delta(F)$ 为覆盖 F、半径为 δ 的闭球列的最小个数, 或覆盖 F、边长为 δ 的正立方体的最小个数。事实上, 盒计数的计算维数方法可以适用于任意 n 维空间: 在 R_1 空间中, 盒子是长度为 δ 的线段; 在 R_2 空间中, 盒子为边长为 δ 的正方形; 在 R_3 空间中, 盒子是边长为 δ 的正立方体。

岩体裂隙的分形研究方法大致可归纳如下。

(1) 将岩块切割出一平面。

(2) 画出边长为 L_0 的一个正方形网格, 作为初始分形尺度, L_0 可选任意尺寸, 一般取 100mm, 200mm 与 300mm。然后统计位于该正方形网格中的长度大于或等于 L_0 的裂纹条数。

(3) 在第二次划分分形网格时选 $\delta = L_0/2$ 的尺度划分 L_0 网格成 4 个边长为 $L_0/2$ 的正方形网格, 并统计位于每个网格中的长度大于或等于 $L_0/2$ 的裂纹条数, 分别记录在各子网格中, 累加这一分形尺度的裂纹条数, 作为该尺度的裂纹总条数。

(4) 依此类推, 分别在长度 L_0 的正方形中, 画出长度为 $\delta = L_0/2^{n-1}$ 的正方形网格, 作为第 n 次的分形网格, 然后统计每个网格中的长度大于或等于 δ 的裂纹条数, 记录并累加, 作为该尺度对应的裂纹条数。

(5) 上述不同尺度网格下的裂纹条数, 构成了岩石平面裂纹分布条数的集合 $F(F_1, F_2, F_3, \cdots, F_n)$。在每一尺度 δ_i 下对于每一条位于单个正方形网格中的长度大于或等于 δ 的裂纹, 用一个边长为 δ 的正立方体去覆盖。例如, 在 $\delta = L_0$ 时, 网格中有长度 $\geqslant \delta$ 的裂纹两条, 则可以用两个边长为 $\delta = L_0$ 的正立方体去覆盖。在 $\delta = L_0/2$ 时, 其落在各个子网格中的裂纹条数与对应的覆盖盒子图如图 1.6.2 所示。在第 i 级网格中, 累加覆盖每一子网格中裂纹的盒子数, 即可得到第 i 级分形网格中覆盖的盒子总数 N_i, 则计算盒维数的公式为

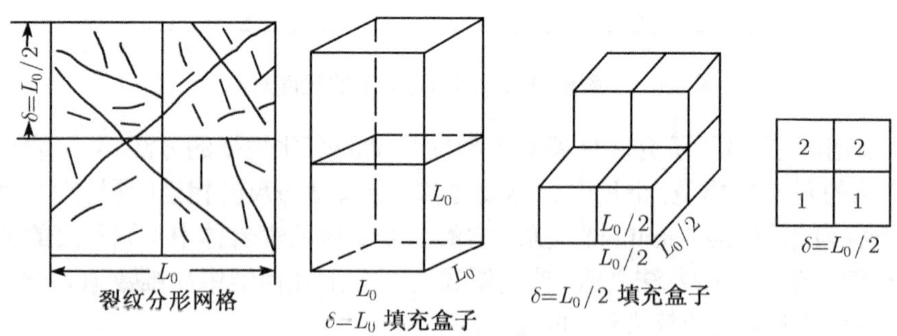

图 1.6.2 裂纹分形网格示意图

$$D = \lim_{\delta \to 0} \frac{\lg N_\delta(F)}{-\lg \delta} \tag{1.6.3}$$

取每级尺度 δ 的对数作横轴, 每级分形尺度下覆盖裂纹的盒子数的对数作纵轴, 其直线的斜率即为该种煤岩体裂纹分布的分形维数 (图 1.6.3)。

实际上覆盖每一尺度 δ 下每一子网格中裂纹条数的三维盒子数，完全等价于每一子网格中的裂纹条数，因此除去上面从分形几何角度严格论述本研究的合理性外，以下只提及裂纹条数随尺度的变化。由此方法计算的盒子维数反映了裂纹的分布密度，也反映了裂纹分布密度随尺度的变化。

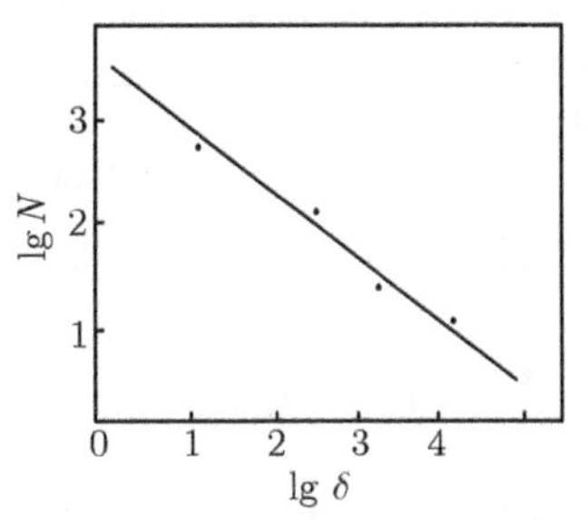

图 1.6.3 岩体裂纹分布分形曲线

在以上方法的基础上，若采用更粗略的方法，统计每一尺度下损伤网格的数量 (这里损伤网格按如下标准确定，若某一子网格中，含有一条以上长度大于或等于分形尺度 δ 的裂纹，则认为该网格是损伤的)，由此得到每一分形尺度 δ_i 下的破坏网格数 N，则其分形维数为

$$\dim_{\mathrm{B}} F = \frac{\lg N_i}{-\lg \delta} \tag{1.6.4}$$

以上两种方法所反映的岩体裂隙情况是不同的。本书所提出的方法较普通的统计破坏单元的方法更为合理，它不仅反映了损伤单元的数量，而且也反映了每一单元的损伤程度。若从分形几何方法来区别，后者采用的是二维分形盒子，前者采用的是三维分形盒子。

1.6.2 岩体裂缝走向不分组的分形规律与无标度区

1. 岩体裂缝分布的尺度不变性

通过对汾西矿务局两渡矿、轩岗矿务局黄甲堡矿和太原东山煤矿三个矿井的地质构造的分析，并采集岩样进行室内观测与统计，研究结果见表 1.6.1 和表 1.6.2。从表可见岩样和地质体的裂隙裂缝数量分布分维值是基本相等的，这说明它们具有明显的尺度不变性。

表 1.6.1 岩体裂缝统计分析表

数据源	初始尺度	裂缝数量 (平均)					分维值
	L_0/m	L_0	$L_0/2$	$L_0/4$	$L_0/8$	$L_0/16$	D_{a}
东山煤矿地质纲要图	2000～2400	3	7.5	20.0	46.0	97.5	1.2004
东山煤矿 2#煤断层图	300～400	1	3.7	10.0	28.3	64.7	1.4958
东山煤矿 15#煤断层图	600	1	3.5	10.5	22.75	54.25	1.4198
汾西两渡矿崔家沟 2#煤断层图	550	3	11	28.7	73.0	157.0	1.4192
汾西两渡矿河溪沟 2#煤断层图	1200	1	4.33	14.70	36.7	90.3	1.5743
轩岗黄甲堡矿 2#煤断层图	500	0.2	1.2	5.6	16.20	42.0	1.6052
轩岗黄甲堡矿 2#煤断层图	270		0.5	3.2	10.5	30.2	1.6570
轩岗矿务局地质纲要图	24000	0.5	6	20	45.5	122.5	1.5790

表 1.6.2 岩样裂隙统计分析表

岩样	初始尺度	裂缝数量 (平均)					分维值
	L_0/mm	L_0	$L_0/2$	$L_0/4$	$L_0/8$	$L_0/16$	D_{a}
东山煤矿 L2 灰岩	120	0.1	2	9	25	69	1.680
东山煤矿凝灰岩	100	0.25	2.25	8.0	20.0	47.0	1.4988
东山煤矿 L1 灰岩	60	1	2.75	6.7	19.0	43.0	1.4198
两渡矿泥岩	100	1.58	4.33	11.4	30.3	70.5	1.3802
两渡矿砂质泥岩	80		0.9	3.3	11.2	31.2	1.6253
两渡矿灰岩 1	150	0.8	2.5	7.25	21.1	67.87	15190
两渡矿灰岩 2	100	0.875	3.5	9.5	23.37	55.0	1.4259

表 1.6.3　不同初始尺度下岩体裂缝统计分形维数比较表

岩　体	分维值 (D) /初始尺度 (L_0/m)			
东山煤矿	1.2004/ 2400	1.4198/600	1.4958/400	1.6298/0.1
汾西两渡矿	1.5743/ 1200	1.4192/ 550	—	1.4876/0.1
轩岗矿务局	1.5790/24000	1.6052/ 550	1.6570/ 270	—

2. 煤体裂隙分布的尺度不变性

我们先后对二十余个矿井进行了煤层裂缝的现场观测、煤样裂隙、煤光块微裂纹的观测, 观测与统计结果分述如下。

(1) 现场观测: 在煤矿井下选择典型煤层剖面, 例如, 回风巷或运输巷, 初始观测尺度取为 1m×1m 或 0.5m×0.5m 的区域, 观测与分析结果见表 1.6.4。

表 1.6.4　煤体裂隙现场原位观测统计分析表

煤矿与煤层工作面号	初始尺度 L_0/m	测点数	裂隙数量 (平均)				分维值 D_a
			L_0	$L_0/2$	$L_0/4$	$L_0/8$	
忻州窑矿 8902	0.5	7	2.29	9.57	32.29	96.0	1.6973
凤凰山矿 2341	0.5	8	3.75	13.00	47.63	140.0	1.5820
阳泉一矿 8701	1.0	6	2.00	9.833	29.83	100.7	1.6640
王庄矿 6111	0.5	6	3.67	11.17	35.50	111.75	1.6130
水峪矿 6102	1.0	7	4.50	15.00	55.17	163.5	1.4828

(2) 室内煤样裂隙观测与统计: 从全国二十余个矿井采集不同种类的煤层煤样, 在室内进行煤样裂隙分布的宏观统计分析, 初始观测尺度为 $L_0 = 100\text{mm}$, 依次按照 $L_0/2^{n-1}$ 划分网格, 统计每一个格中的裂隙数量, 其结果见表 1.6.5。

表 1.6.5　煤样裂隙观测统计表

序号	名称	煤层	试件数	裂隙数量 (平均)					分维值 D_a
				L_0	$L_0/2$	$L_0/4$	$L_0/8$	$L_0/16$	
1	大同忻州窑矿	$11^{\#}$ 煤	9	2.0	5.80	17.4	38.2	—	1.4502
2	兖州鲍店	$3^{\#}$ 煤	12	1.67	5.83	15.2	39.3	—	1.4049
3	永红	$3^{\#}$ 煤	9	2.6	8.1	27.0	88.6	—	1.6380
4	兖州南屯	$3^{\#}$ 煤	9	2.22	5.78	17.11	40.3	—	1.3813
5	兖州兴隆庄	$3^{\#}$ 煤	13	2.46	7.07	19.0	46.6	—	1.4390
6	阳泉一矿	$3^{\#}$ 煤	6	6.67	18.5	44.0	133.5	350.0	1.4490
7	乌达三矿	$12^{\#}$ 煤	12	11.5	41.60	128.0	319.0	—	1.6500
8	汾西水峪矿	$10^{\#}$ 煤	9	5.44	13.30	35.90	107.0	—	1.4590
9	西山西铭矿	$8^{\#}$ 煤	9	2.22	6.80	20.30	67.7	—	1.6585
10	潞安王庄矿	$3^{\#}$ 煤	9	1.89	6.11	18.70	59.1	—	1.6920
11	兖州东滩矿	$3^{\#}$ 煤	14	2.21	5.79	16.0	38.3	—	1.3272
12	西山西曲矿	$8^{\#}$ 煤	12	2.83	10.0	42.80	127.5	358.1	1.7574
13	晋城古书院矿	$3^{\#}$ 煤	9	2.11	7.33	25.30	79.4	233.7	1.6826
14	鹤壁 5 矿	二 $_1$ 煤	12	3.83	12.4	37.10	109.4	292.0	1.6826
15	霍县白龙矿	$1^{\#}$ 煤	10	1.50	4.90	14.20	44.4	—	1.6825
16	西山官地矿	$9^{\#}$ 煤	9	1.780	6.11	21.40	66.0	—	1.7990
17	加乐泉矿	$2^{\#}$ 煤	9	2.0	7.33	24.10	59.7	—	1.6043

(3) 煤样微裂纹的显微观测：为了揭示岩体裂隙分布规律随尺度的不变性, 又进行了煤光块裂纹的显微观测, 观测区域初始尺度 $L_0 = 1\text{mm}$, 第三级网格尺度 $L_3 = 0.25\text{mm}$。观测了 25 250 个区域, 统计出了 10 万条裂纹。其规律清楚地说明, 裂纹数量随尺度变化在更小的尺度下也是成立的, 从而将分形的无标度区向下延伸到 1/10mm 级。其观测结果见表 1.6.6。

表 1.6.6 煤光块微裂纹分形统计表

煤 样	观测样品数	微 裂 纹 数 (平均)			分维值
		L_0/mm	$L_0/2$	$L_0/4$	D_a
大同 11# 煤	1548	0.3443	0.9160	2.4115	1.4074
西山镇城底矿 8# 煤	648	0.5247	1.6930	4.7330	1.7333
西曲 8# 煤	1380	0.500	1.4956	3.8174	1.6340
阳泉 3# 煤	1862	0.3153	0.8539	2.1540	1.6005
鹤壁 2# 煤	2728	0.4402	1.2078	3.2324	1.5181
西铭 8# 煤	2375	0.3886	1.2438	3.5158	1.6335
荫营 15# 煤	1260	0.2960	0.8873	2.6063	1.8449
唐安 3# 煤	834	0.2494	0.6523	1.6163	1.3655
永红 3# 煤	3150	0.0952	0.2793	0.6127	1.4471
晋城 3# 煤	2240	0.0970	0.2384	0.5737	1.2752

(4) 不同初始观测尺度煤体区域裂缝、裂隙、裂纹数量分析对比。将表 1.6.4~1.6.6 的结果汇总为表 1.6.7。从表 1.6.7 可见, 尽管选择初始观测尺度 L_0 相差较大 (0.1~500mm), 跨越 4 个数量级, 但所得的同一煤样、煤体、煤光块的分形维数是十分接近的, 这充分说明：煤体裂缝、裂隙、裂纹数量分布特征具有一种特殊的内在规律性, 那就是尺度不变性规律。

表 1.6.7 不同初始尺度煤样裂隙分维值对比

煤层	分 维 值 D_a			
	500~1000mm	100mm	0.1mm	均 值
忻州窑矿 11#	1.6973	1.4502	1.4074	1.5183
晋城 3# 煤	1.5802	1.6826	1.2752	1.5127
阳泉 3# 煤	1.6664	1.4490	1.6005	1.5720
潞安王庄 3# 煤	1.4828	1.4590	—	1.4709
水峪矿 10# 煤	1.4828	1.4590	—	1.4709
永红 3# 煤	—	1.6380	1.4471	1.5426
鹤壁 2# 煤	—	1.6180	1.5181	1.5681

1.6.3 岩体裂隙走向分组的分形规律

1. *岩样裂隙走向分组的分形规律*

我们先后从太原市东山煤矿、汾西矿务局两渡煤矿采集岩样, 在室内进行岩样裂隙走向分组的分形裂隙数量统计, 分形观测与统计结果见表 1.6.8 和表 1.6.9。

从表 1.6.8 和表 1.6.9 可见, 岩样裂隙走向分组后, 同样遵循分形规律, 但不同走向分组的裂隙其分形维数并不相同。

表 1.6.8 东山煤矿岩样走向分组裂隙分形统计平均结果

岩样	裂缝走向/(°)	分形维数 (平均)	采样地点
灰岩	主 100	1.7095	1 采区
	次 170	1.3732	
凝灰岩	25	1.4534	13# 煤下 3 采区运巷
	主 105~115	1.4967	
	次 15~35	1.2639	
L_1 灰岩	主 100 ~ 115	1.0634	13# 煤下 3 采区风巷
	次 10	1.3551	

表 1.6.9 汾西两渡煤矿岩样走向分组裂隙分形统计平均结果

岩样	裂缝走向/(°)	分形维数 (平均)	采样地点
泥岩	主 30~45	1.3003	45 运输巷
	次 80~95	1.2059	
炭质泥岩	主 30~50	1.3481	45 运输巷
	次 85	1.2925	
	130 ~ 145	1.4636	
灰岩	主 40~50	1.2630	水井岩芯 230m 处
	次 95	1.4534	
	145	1.1629	
灰岩	主 45~60	1.3074	水井岩芯 190m 处
	次 95	1.6418	
	145 ~ 155	1.1793	

2. *岩体断层走向分组的分形规律*

我们先后对太原市东山煤矿、轩岗矿务局两渡煤矿进行了地质剖面、井下采掘空间构造断层调查和观测, 并收集有关资料和矿区地质图及井下采掘平面图, 并将所有断层资料标在地质图上, 通过对地质图断层的分形统计研究, 将分组与不分组断层分形结果对比列为表 1.6.10。

表 1.6.10 分组与不分组断层分形结果对比

地 质 体	分 维 值		
	不分组	分 组	
		主 75° ~100°	次 25° ~60°
东山煤矿 12# 煤层断层	1.4958	1.3876	1.4953
15# 煤层断层	1.4719	1.3477	1.7506
平 均	1.4839	1.3677	1.6230
		主 20° ~45°	次 60° ~70°
汾西崔家沟 2# 煤层断层	1.4581	1.4751	1.3139
河溪沟 2# 煤层断层	1.5743	1.5068	1.4754
平 均	1.5162	1.4910	1.3947
		主 30° ~60°	次 70° ~100°
轩岗矿区黄甲堡煤矿 2# 煤层断层	1.6056	1.5998	1.2429
轩岗矿区黄甲堡煤矿 5# 煤层断层	1.5527	1.4023	1.4159
轩岗矿区地质纲要图	1.5790	1.4994	1.6950
平 均	1.5791	1.5005	1.4513

1.6.4 二维裂缝分布的分形仿真

1. 分形仿真理论

前面所述大量工作证明：无论是按构造分组还是不分组，岩体裂隙分布形式和数量都非常好地遵循了分形规律。这一结论正是进行岩体裂隙分布三维分形仿真的理论基础。

为建立裂隙网络的三维分形模型，引入如下假设。

(1) 岩体中的裂隙面可视为空间平面，其与三个正交观测面的交线即为裂隙。

(2) 在岩体中，一定区域内相互平行的观测面上，裂隙网络的分形分布规律相同，即它们的分形维数 D 和 n_0 值相同。

(3) 裂缝位置按随机分布。

在上述假设下，进行裂缝分布分形仿真的控制参数为① 裂隙的组数 g; ② 初始量测尺度 L_0; ③ 三个相互正交平面 OXZ, OYZ, OXY 上裂隙分布的分形维数值 D_y, D_x, D_z 和系数 n_{0y}, n_{0x}, n_{0z} 值; ④ 平面 OXZ 上每组裂隙与 x 轴正方向的夹角的平均值 θ 及其变化幅度 α_x 和平面 oyz 上每组裂隙与 y 轴正方向的夹角的平均值 ϕ 及其变化幅度 α_y。

有关裂缝数量 —— 尺度分布的分形研究，存在一个深层次的理论问题，就是裂缝位置分布的不确定性，为模拟岩体的三维裂隙分布，才引入假设 (3)，即裂隙位置分布的随机性。

在一裂隙面的法向矢量 $\boldsymbol{n}$ 确定后，只要知道此裂隙面与 Z 轴的交点 a，这个裂隙面便可唯一确定，同时，这个裂隙面在三个观测面上形成的裂隙迹线就可唯一确定。统计结果表明：对于同组裂隙，a 点在 Z 轴上的分布是一种平稳的随机分布，即将 a 点的 Z 坐标值看成沿中心点 o 呈不确定分布的一组随机数。在考察岩体的裂隙面分布时，一般将其分为几组，每组裂隙面的方向 $\boldsymbol{n}$ 及这组裂隙面的方向的变化幅度 α 通过测得的参数 θ, ϕ, α_y 和 α_x 较容易算得，在 α 范围之内，$\boldsymbol{n}$ 的变化也为平稳随机分布。对于三个方向的观测面来说，不同尺度下的裂隙数 $N(L)$ 符合分形规律，满足关系式 $N(L) = n_0L^{-D}$(其中 L 为量测尺度)，在同一尺度下，迹长 L_i 的变化也可看成是一种平稳的随机分布。这样，通过测定的参数结合其随机性就可最终实现裂隙分布的三维分形仿真。本程序采用可视化界面，如图 1.6.4 所示，以分形仿真理论为基础，采用筛分修正的模拟方法，编制了岩体裂隙分布的三维分形仿真程序，程序流程图如图 1.6.5 所示。

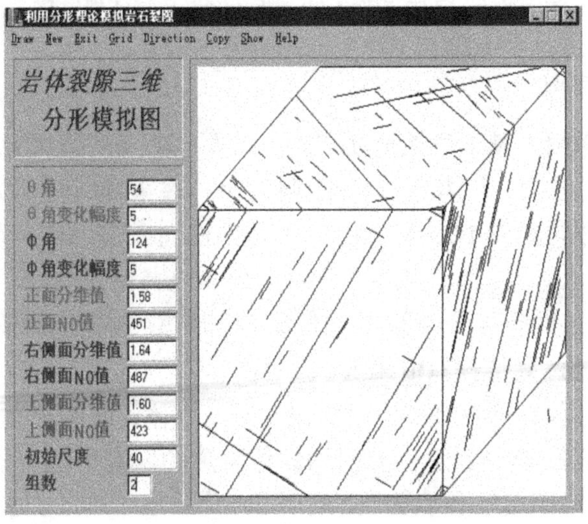

图 1.6.4 三维分形仿真程序主控界面

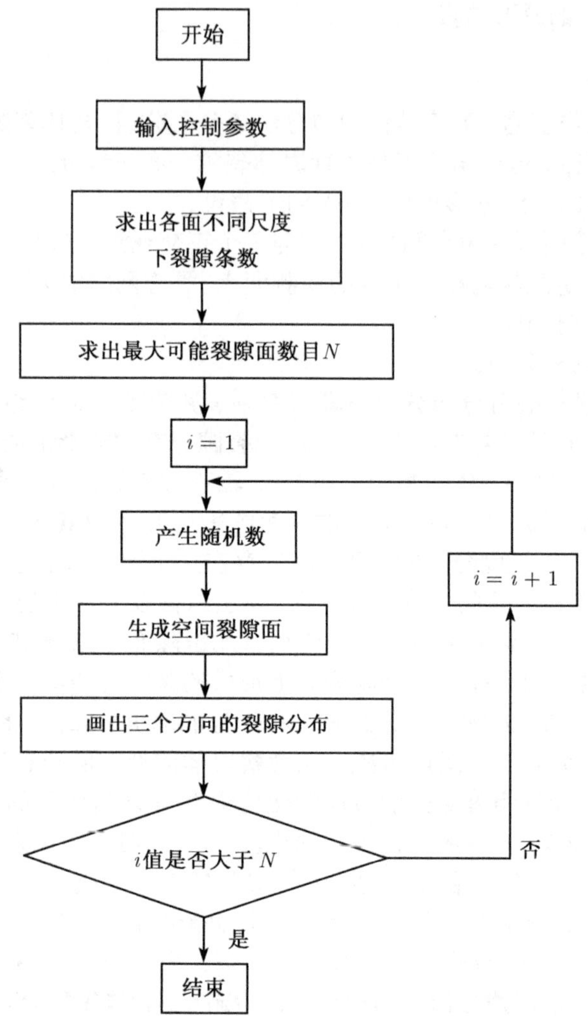

图 1.6.5　岩体裂隙分布三维分形仿真程序流程图

2. *裂隙网络模拟实例*

本书以煤体为例介绍本模拟方法的实用性。潞安矿务局五阳煤矿 75 采区 7505 采煤工作面四周煤壁裂隙比较发育。作者在这里采煤样八块, 在采样时标明方向, 加工时取正面法向方向, 即 Y 轴的正方向约为 NE140° 左右, 右侧面法向方向, 即 X 轴正方向为 NE50° 左右, Z 轴正方向垂直于水平面向上。裂隙组数 $g=2$, 取初始尺度 $L_0=20\text{cm}$, 分四级统计, 取平均值, 然后求得每组各面裂隙分布的分形维数 D 和系数 n_0 值, 并按所取坐标系测得每组裂隙的 θ, ϕ, α_y 和 α_x 值, 具体参数值见表 1.6.11。

根据这些参数采用本书模型可模拟出工作面所在煤体的裂隙分布, 如图 1.6.6 所示。根据这一模拟结果可以直观地看到工作面四周煤体裂隙的发育情况, 估算其连续性、完整性和方向性, 从而对煤体的稳定性和渗透性进行评价, 为提出合理的支护方式和防水措施提供依据。

表 1.6.11 7505 工作面煤壁裂隙分维参数统计表

不同组裂隙面	不同的观测面	分形维数 D	系数 n_0	θ	ϕ	α_x	α_y
第一组	正面 右侧面 上面	1.7974 1.7368 1.8421	95.25 72.542 102.57	58	118	5	3
第二组	正面 右侧面 上面	1.7162 1.6964 1.84149	70.045 65.567 95.385	31	63	3	6

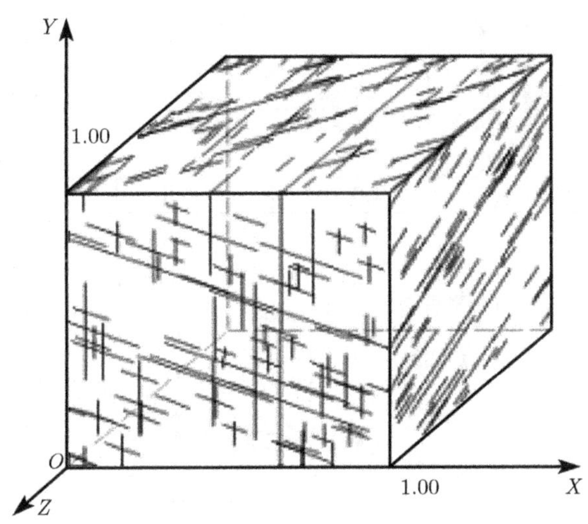

图 1.6.6 煤体裂隙分布模拟图

1.6.5 岩层裂缝数量分形分布相关规律

我们重点进行了介休 1002#、1006# 和东山煤矿试 6-1 号三个钻孔的岩芯裂缝分形观测, 1002# 孔岩芯深度为 320~590m, 共计 37 个岩层, 1006# 孔岩芯深度为 309~561m, 计 25 个岩层, 试 6-1 号岩芯 60m, 计 16 个岩层, 分别对各岩层岩芯按平行与垂直层理面, 切出三个正交的平面, 并统计各平面的裂隙数量随尺度的变化, 进而获取分形维数。同时对各岩层岩石做力学性质参数测定, 部分观测结果见表 1.6.12。

为寻求不同岩层裂隙分布的相关规律, 分别对反映岩石裂隙分布的分形维数与反映岩层变形特性的参量单轴抗压强度 (R)、弹性模量 (E) 和强度模量积 (Q)(即岩层岩石的抗压强度与弹性模量的乘积 $Q = E \times R$)(赵阳升, 王笑海, 杨栋, 1997) 进行相关性分析, **结果表明: 岩层岩石强度模量积与裂缝数量分布的分形维数 (D) 具有很好的相关性。而岩层岩石强度或弹性模量与裂缝数量分布的分形维数 (D) 的相关性则较差。**在进行岩体质量评价的研究时, 狄尔 (D. U. Deere) 等提出采用弹性模量与抗压强度的比值 (强度模量比) 作为评价岩体质量的指标, 国内外研究者根据大量资料分析, 确认同时考虑岩石的强度和变形的方法较为符合岩体实际, 但注意到强度模量比仅是反映岩石致密、疏松、软、硬的情况, 而强度模量积能从工程角度上反映岩石质量的好坏, 并被我国水电系统作为岩体工程分级的指标。按观测的分形维数与强度模量积的相关性做相应的曲线拟合, 绘制为图 1.6.7 和图 1.6.8, 拟合结果汇总为表 1.6.13。

表 1.6.12 介休 1002# 钻孔岩石裂缝数量分形维数与力学参数观测与实验结果

地层	岩层	深度/m	分形维数(水平)	分形维数(垂直)	单轴抗压强度/MPa	强度模量积/(10^3MPa^2)
二叠纪	灰色粉砂岩	378.1~381.5	1.8662	1.8748	79.26	5482.4
	灰色粉砂岩	392~397.5	1.8466	1.7041	87.53	6486.8
	深灰色中砂岩	420.3~423.6	1.7496	1.7382	67.09	4351.8
	深灰色细砂岩	426.2~427.2	1.6985	1.5670	71.34	4805.1
	灰色砂质泥岩	428.5~434.7	1.2369	1.1450	43.92	1831.6
	灰色细砂岩	434.7~437.8	1.3719	1.3512	53.07	2904.4
	深灰色中砂岩	444.3~447.8	1.7724	1.7271	75.92	3768.1
	深灰色泥岩	459.2~462.5	1.3783	1.2943	43.29	2586.2
石炭纪	深灰色石灰岩	511.5~520.3	1.6485	1.6138	61.47	3764.4
	浅灰色中砂岩	562.5~565.2	1.9926	1.8770	86.22	6416.1
奥陶纪	石灰岩	566.2~589.8	1.6083	1.5746	54.82	3193.0

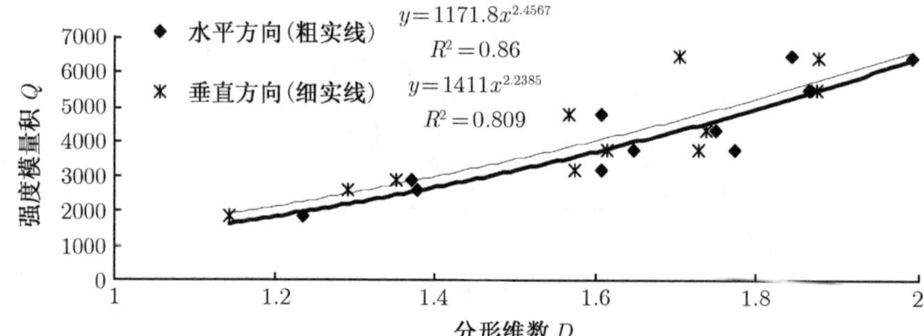

图 1.6.7 1002 孔水平与铅垂方向分形维数 D 与强度模量积 Q 的相关曲线

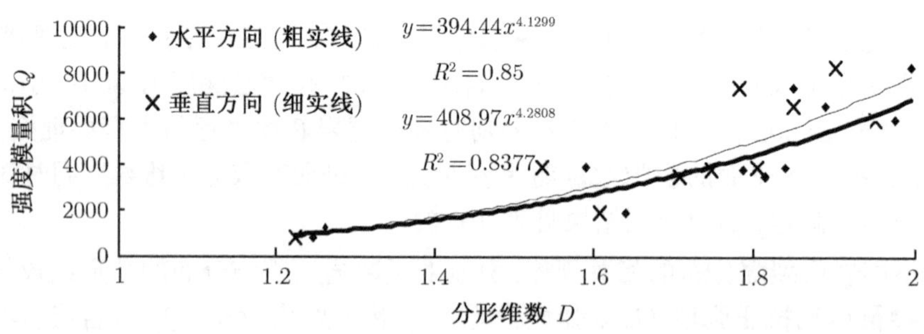

图 1.6.8 1006 孔水平与铅垂方向分形维数 D 与强度模量积 Q 的相关曲线

表 1.6.13 各岩层岩石强度模量积与裂隙数量分形维数的相关规律

钻孔	方向	相关曲线	相关系数
1002#	水平	$Q = 1171.8D_{\rm h}^{2.4567}$	86%
1002#	垂直	$Q = 1408D_{\rm v}^{2.2383}$	80.9%
1006#	水平	$Q = 394.4D_{\rm h}^{4.1299}$	85%
1006#	垂直	$Q = 409D_{\rm v}^{4.2808}$	83.8%
试 6-1 号	水平	$Q = 343.8D_{\rm h}^{4.4809}$	93.18%

1.7 岩体裂缝面的三维分形分布

裂隙二维分形理论在岩土工程研究中得到了较好的应用，它在岩土工程问题的研究中发挥了重要作用。但是，工程岩体是真实的三维空间实体，在进行所有相关岩体稳定性和渗流问题分析时，必须清楚地知道裂缝面的三维分布特征，如数量、位置、倾角、方位角等，以及起控制作用的裂缝面相关参数，而岩体裂缝的二维分形分布规律和理论就无法提供这些参数。

但在三维情况下，岩体中裂缝面呈空间展布，隐藏于岩体内部，根本无法直接观测，若用物理探测方法，诸如电阻法、弹性波法、声波法，由于裂缝面较多，也很难分辨。因此，至今没有找到一种了解和掌握岩体中裂缝面空间分布、数量及随尺度变化的有效方法。这就是岩体裂缝面数量分布多少年未能给出可信规律的根本原因。

1.7.1 岩体裂缝面数量分布的三维分形分析方法

岩体裂缝面数量分布的分形理论的核心是岩体中不同的观测尺度下的裂缝面数量在岩体中的分布规律。依然采用分形几何学中容量维的定义和方法给出裂缝面数量分布容量维数的定义如下：

$$D = -\lim_{\delta \to 0} \frac{\lg N(\delta)}{\lg \delta} \tag{1.7.1}$$

式中，δ 为量测尺度；$N(\delta)$ 是在该量测尺度下的裂缝面数量。以下为上述定义下的裂缝面数量分布三维分形观测与统计方法。

(1) 选定边长为 L_0 的立方体，统计出 $\delta = L_0$ 尺度时岩体中面积大于或等于 δ^2 的裂缝面的数量 N_0。

(2) 在第二次时选取 $\delta = L_0/2$ 的尺度划分 L_0 尺度岩体为 8 个边长为 $L_0/2$ 的正方体块，统计位于每一个子正方体块中，面积大于或等于 δ^2 的裂缝面的数量，分别记录在各子正方体块中，累加这一尺度下的裂缝面数量，作为该尺度的裂缝面的数量 N_1。

(3) 依此类推，分别统计边长 $\delta = L_0/2^k$ 的 $2^{3\times k}$ 个子立方体中，面积大于或等于 δ^2 的裂缝面的总数 N_k，作为 $\delta = L_0/2^k$ 尺度的裂缝面的数量 N_k。

(4) 上述不同尺度下的正立方体网格，统计出的裂缝面的总数，构成了不同尺度下岩体裂缝面的分布个数的集合：

$$N_k(k = 0, 1, 2, \cdots, n), \quad \delta_k = L_0/2^k \tag{1.7.2}$$

将上述集合点绘制于 $\lg\delta$–$\lg N(\delta)$ 平面内，即可获得 $\lg N(\delta) = -D\lg\delta + \lg(N_{S_0})$ 直线，如图 1.7.1 所示，该直线的斜率为裂缝面数量分形维数 D_S，截距 $\lg N(\delta)$ 即为裂缝面数量分布的初值的对数。

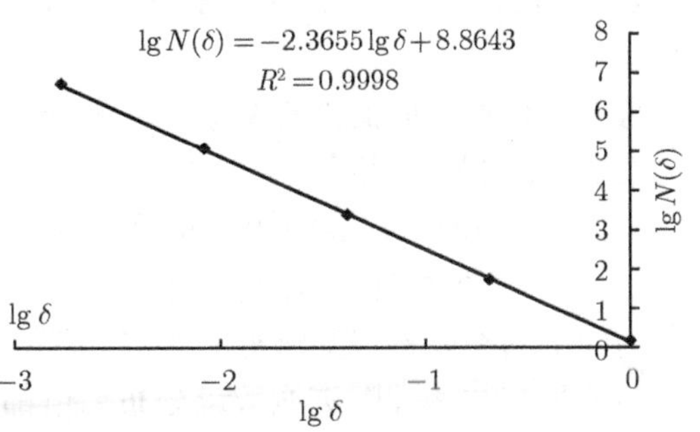

图 1.7.1 岩体裂缝面数量分布的分形曲线

在上述定义下，关于岩体裂缝面数量分布的分形规律做如下讨论，即考虑两种特殊情况。

(1) 假设：整个岩体中，只有一个 $L_0 \times L_0$ 的裂缝面，则有如下观测结果。

裂缝面数量分布分形规律可以写为 $N_S = L^{-2}$, 它表示裂缝面数量分布分形维数 $D_S = 2$ 裂缝面数量分布初值 $N_{S_0} = 1$。这种情况是裂缝面数量分布的特殊情况, 它表明, 裂缝面数量分布的分形维数 D_S 大于或等于 2。

(2) 假设: 整个岩体中, 任何一级的子立方体网格均充填有一个裂缝面, 其裂缝面数量分布分形规律可以写为 $N_S = L^{-3}$。它表示裂缝面数量分布分形维数 $D_S = 3$, 裂缝面数量分布初值 $N_{S_0} = 1$。这种情况是裂缝面数量分布的另一特殊情况, 它表明, 裂缝面数量分布的分形维数 D_S 小于或等于 3。

上述两种特例说明岩体裂缝面数量分布三维分形维数 D_S 一般介于 2~3。为讨论方便, 引入如下定义: ① 定义 $N_{S_0} = 1$ 的状态为裂隙面数量分形分布的标准状态; ② 定义裂缝面位置与方向都随机分布为**裂缝强随机分布**; ③ 定义裂缝方向分组分布, 只有位置随机的裂缝分布为**裂缝弱随机分布**。

1.7.2 强随机分布的裂缝面数量的三维分形分布规律

为清晰地表述岩体裂缝面空间展布形态及数量尺度分布规律, 做如下假设。

(1) 假设岩体裂缝面为圆盘型平面, 其位置可由圆心坐标和倾角及方位角确定, 裂缝的大小可由圆盘的半径确定。

(2) 岩体中裂缝面的分布情况可由岩体裂缝面数量分布分形维数 D_S 和初值 N_{S_0}, 裂缝面倾角 ST 和方位角 SP 决定, 坐标的选取和建立如图 1.7.2 所示。

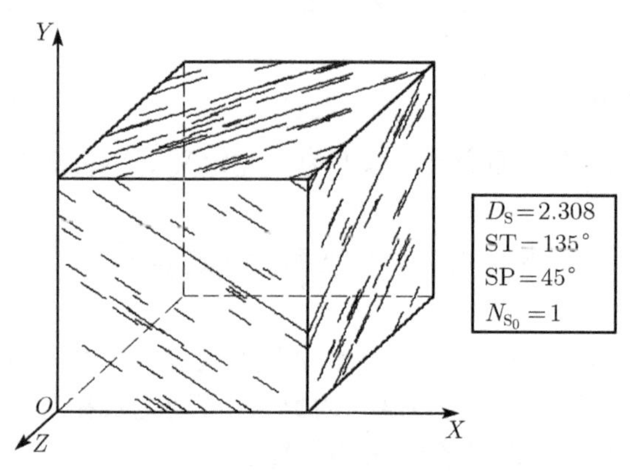

图 1.7.2 坐标的选取与参数示意图

已知 D_S 和 N_{S_0} 的情况下, 可以在岩体裂缝面完全随机分布和岩体裂缝面走向分组分布两种情况下, 生成岩体三维裂缝面, 分别统计平行于 XOZ, YOZ, XOY 平面的剖面上不同尺度的裂隙, 通过研究分析岩石剖面裂缝迹线的二维分布规律, 即可以证明岩体三维裂缝面数量分形分布规律。以下数值实验均取 $N_{S_0} = 1$ 的标准状态分析。

考虑岩体裂缝面的分形维数 D_S 和 N_{S_0} 确定, 岩体裂缝面位置、倾角和方位角均随机分布的情况, 通过数值实验方法生成岩体的三维裂缝面, 进而获取并统计平行于 XOZ, YOZ, XOY 平面的剖面上的裂隙迹线总数, 分析岩石裂隙二维分形分布规律。

当 $D_S = 2.255$ 时, 三组正交平面上各取 21 个剖面计算它们各自的裂隙迹线数量, 并证明各剖面上的裂隙迹线数量分布很好地符合分形规律, 其相关系数都大于 0.95, 并且不同剖面上的分形维数和裂隙迹线数量分布初值都相差不大, 最大相对误差分别为 4.4%和 22.1%。同时发现三种不同剖面方向上的平均裂隙迹线数量也很好地满足分形规律, 如图 1.7.3, 分形维数和裂隙迹线数量分布初值如下。

XOY 剖面: $D_{1a} = 1.2428, N_{1a} = 0.8416, R^2 = 0.9841$。

YOZ 剖面: $D_{1a} = 1.2371, N_{1a} = 0.8664, R^2 = 0.9844$。

XOZ 剖面：$D_{1a}=1.2401, N_{1a}=0.8463, R^2=0.9770$。

平均 $D_{1a}=1.2400, N_{1a}=0.8514$。

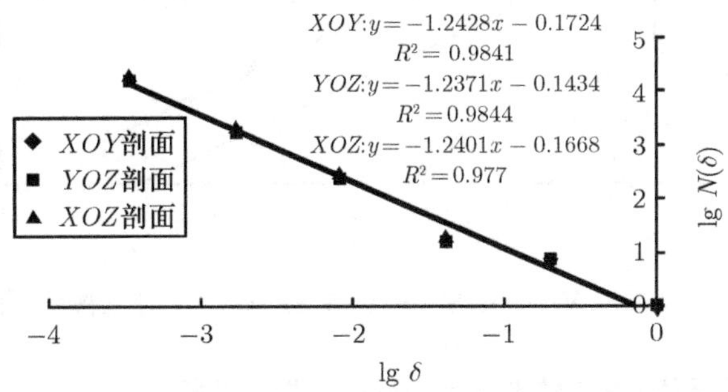

图 1.7.3 $D_S=2.255$ 时三种剖面的分形曲线

上述数值实验证明, 可以得出如下结论。

对于岩体裂缝面位置、方位角、倾角均随机分布的情况下, 岩体中任何剖面的裂隙迹线数量均很好地服从分形分布规律, 这就证明了岩体裂缝面数量服从三维分形分布规律。

1.7.3 弱随机分布的裂缝面数量服从三维分形分布规律

根据岩体裂缝面的产状的方位角和倾角进行分组, 走向方位角的变化范围是 $0°\sim180°$。确定方法如下：走向方位角方向与 X 负半轴相同为锐角, 反之为钝角。倾角的变化范围是 $0°\sim180°$, 以裂缝面的倾斜方向与 XOZ 平面上 X 的负方向相同为锐角, 反之为钝角。其位置仍服从随机分布。

研究两组裂缝面的情况, 依然研究标准情况, 其分形几何参数如下：

$$D_{S_1}=2.6550,\quad \mathrm{ST}_1=15.5°,\quad \mathrm{SP}_1=70.5°,\quad N_{S_01}=1,\quad L_{01}=1$$
$$D_{S_2}=2.7050,\quad \mathrm{ST}_2=80.5°,\quad \mathrm{SP}_2=65.5°,\quad N_{S_02}=1,\quad L_{02}=1$$

数值模拟给出了三个方向上剖面的裂缝迹线数量, 并论证各种剖面上的裂隙都满足分形规律, 相关系数都大于 0.95, 见图 1.7.4 和图 1.7.5。

岩体裂缝面走向分组分布时, 岩体中任何剖面的裂隙迹线数量均服从分形分布规律, 从而证明了在走向分组分布情况下, 岩体裂缝面数量服从三维分形分布规律。

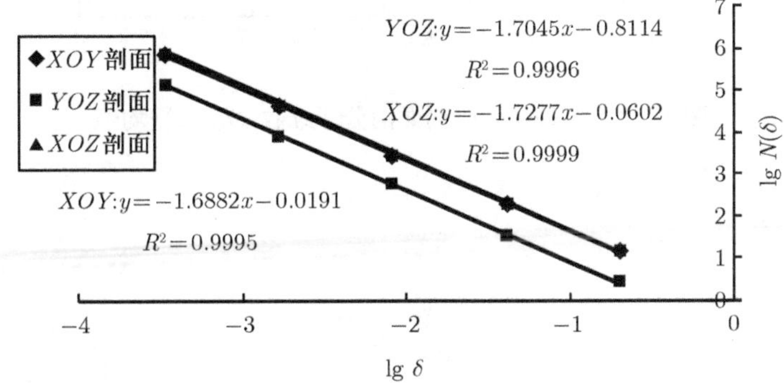

图 1.7.4 $D_S=2.705, N_{S_0}=1, \mathrm{ST}=80.5°, \mathrm{SP}=65.5°$ 时三种剖面的分形曲线

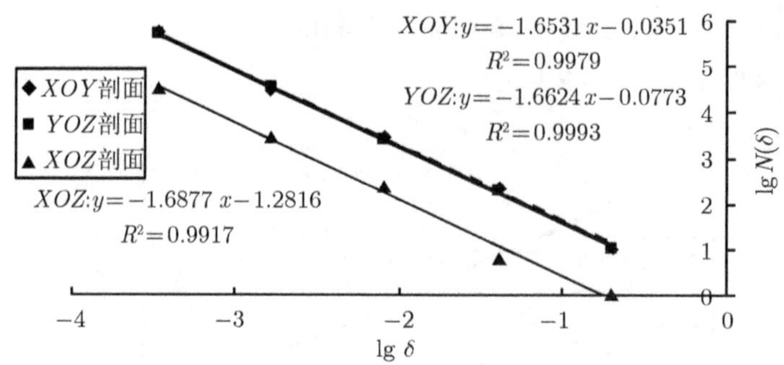

图 1.7.5 $D_S = 2.655, N_{S_0} = 1, \mathrm{ST} = 15.5, \mathrm{SP} = 70.5$ 时三种剖面的分形曲线

1.7.4 强随机分布裂缝面数量二维与三维分形参数相关规律

在岩体裂缝面数量的分形维数 D_S 和分布初值 N_{S_0} 确定, 岩体裂缝面位置与方向都随机分布, 进行了大量数值实验, 给出了标准状态下, 裂隙面数量分布分形维数 D_S 对应的三个正交方向上一组剖面上平均裂隙迹线数量分形维数和初值 D_{1a} 和 N_{1a}, 绘制为图 1.7.6, 分析二维与三维分形参数的相关规律。

计算各种不同的 D_S 时岩体的三种剖面的 D_{1a} 值, 并计算了每一个 D_S 下三种剖面的 D_{1a} 的平均值, 最大相对误差分别为 1.54%和 11.6%, 作出图 1.7.6, 可得出如下结论。

岩体裂缝面的位置与方向均随机分布时, 任何分形维数 D_S 下岩体的三种剖面分形分布规律是相同的。因此, 可以取岩体的三种剖面的分形几何参数的平均值作为岩体某一分形维数 D_S 下对应的二维分形几何参数。分析得出了三维分形维数 D_S 和二维分形维数 D_L 的关系:

$$D_S = D_L + 1 \tag{1.7.3}$$

见图 1.7.6, 其相关系数为 $R^2 = 0.9965$, 可靠性很高。

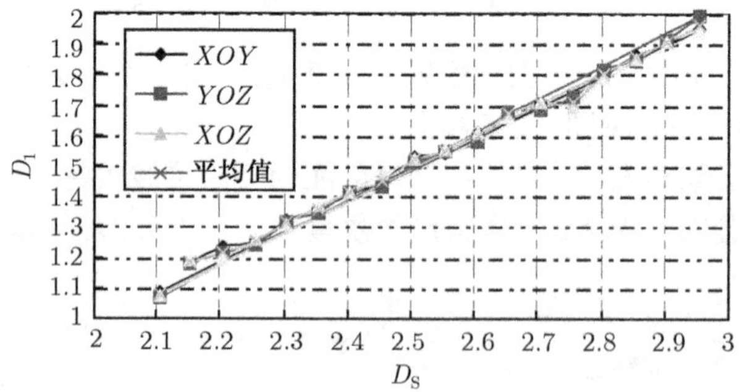

图 1.7.6 各种 D_S 时剖面的分形维数 D_L 与平均值

第 2 章　流体的组构与特性

2.1　流　　体

2.1.1　流体的物理属性

流体 (包括气体与液体) 与固体是物质的不同表现形式, 它们都具有物质的三个基本属性: 首先, 流体或固体都是由大量分子组成的集合体, 任何单个分子, 甚至较多分子都不能称为流体或固体, 例如, 在标准大气压下, 1cm^3 的空气中含有 3×10^{19} 个气体分子; 其次组成流体或固体的分子在不停地随机运动, 例如, 空气中的每个分子每秒大约与其他分子碰撞几十亿次, 与容器壁碰撞 10^{24} 次, 分子与分子之间存在着分子力的作用; 再次, 相隔一定距离的固体和流体分子能聚集在一起而不分散, 是因为分子之间存在着分子力的作用, 实验表明, 分子力由吸引力和排斥力两部分组成, 如图 2.1.1 所示, 吸引力阻碍拉伸, 排斥力对抗压缩。

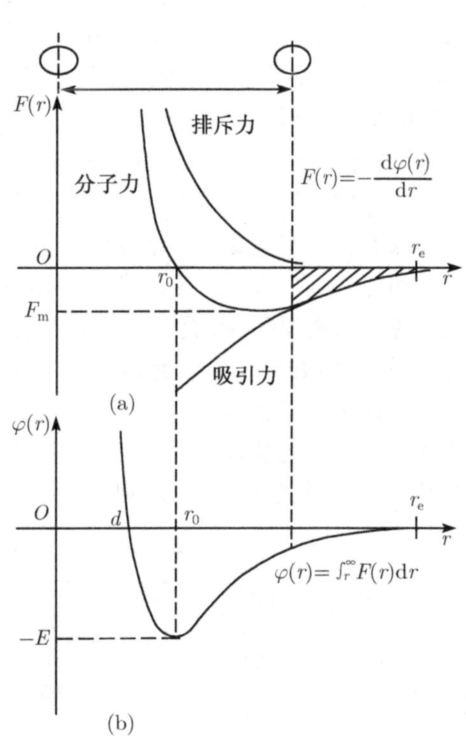

图 2.1.1　分子之间的吸引力、排斥力和分子力随距离变化的一般形式 (a) 和相应的分子间相互作用的势能曲线 (b)

气体、液体与固体有较大的差异, 就同样体积的分子数目而言, 气体少于液体, 液体少于固体, 同样分子距上的分子力, 气体小于液体, 液体小于固体, 因而气体的分子运动有较大的行程, 液体较小, 而固体分子只能围绕自身位置做微小的振动。最终宏观表现为固体有一定的体积和一定的形状, 液体有一定的体积而无一定的形状, 气体既无一定的体积也无一定的形状。

流体的宏观表象与固体的宏观表象之间的基本区别是流体有易流动性, 固体不管整体如何运动, 只发生比较小的变形。相反, 液体 (或气体) 能够有任意大的变形, 亦即流体在宏观平衡状态下不能承受剪切力。任何微小的剪切力都会导致流体连续变形、平衡破坏、产生流动, 另一个区别是流体不能承受拉应力, 因而流体内部永远不存在抵抗拉伸变形的拉应力。

2.1.2　流体质点的概念

前面述及流体是由大量分子组成的集合体, 因此流体的属性均指大量分子集合体的统计的宏观属性, 亦即大量分子的统计平均特性, 为此引入流体质点的概念。

流体质点指的是流体中宏观尺寸非常小, 而微观尺寸又足够大的任意一个大量分子集合体的抽象的物理实体, 因而流体质点具有一定的物理量属性, 即流体质点质量, 它指的是划定的质点体积所包含的分子质量之和; 流体的密度指的是质点质量与质点体积之比; 流体质点的温度是所包含分子热运动的统计平均值; 流体质点的压强是所包含分子热运动互相碰撞从而在单位面积上产生的压力的体积平均值。流体质点的形状可以任意划定, 因而质点与质点之间可以完全没有空隙, 流体所在的空间中, 质点紧密毗邻, 连绵不断。

当引入流体质点的概念之后, 已使组成流体的最小物质壳体由流体分子上升为流体质点, 实际上, 质点并没有相对确定的几何形状与物理量属性, 多数情况下是抽象的微小的物质壳体。

2.1.3 流体的分类

流体按组分划分可以分为单组分流体、双组分流体和多组分流体。所谓单组分流体是指具有单一化学组分的流体, 如水、甲烷气体以及各种完全溶混组成的新的流体分子的流体, 如 NaCl 水溶液等。双组分流体, 或多组分流体是指两种及以上化学组分的混合物, 它们在一定的物理条件下, 完全均匀混合, 可以用统计的方法来研究其混合后的宏观物理特性, 例如, 空气中的氧气和氮气、CO 和 CO_2 等, 但在另外物理条件下它们就可能分离, 单一化学组分的流体聚集在一起, 原先完全混合的多组分流体充满的空间转变为多个具有清晰界面的单一组分流体分别占据了空间的不同部位或空间区域。

按照流体的相态划分, 可以分为液相和气相, 称为液体或气体, 流体的相态在物理上是随温度和压力而转变的, 各种流体的相态转变统计是不同的, 表 2.1.1 给出了几种常见流体的相态转变的物理条件。为了建立连续介质流体力学, 进行了大量流体 (含液体与气体) 的剪切实验, 将流体划分为牛顿流体与非牛顿流体。前面述及的多组分流体实际上是由几种化学成分的流体完全溶混在一起的一类流体, 而与此相对的还有一类流体, 称为不溶混流体, 它是几种化学成分的流体之间不溶混, 存在明显分界面和界面张力, 如水和油、油和气的混合流体就是不溶混流体。按上述观点, 又将流体分为溶混与不溶混流体两大类。

表 2.1.1 一些物质的临界参数和三相点数据

物质	T_c/K	$p_c/(10^5\text{Pa})$	$V_{mc}/(10^{-6}\text{m}^3\cdot\text{mol}^{-1})$	T_c/K	$p_3/(10^5\text{Pa})$	$V_{m3}/(10^{-6}\text{m}^3\cdot\text{mol}^{-1})$
O_2	155	50	73	54	9.0015	24
N_2	126	34	90	63	0.12	17
H_2	33	13	65	14	0.072	25
He	5.35	2.34	58	—	—	—
CO_2	304	74	94	216	5.10	42
H_2O	647	221	599	273.16	0.006	18

在石油开采中的水驱油、水驱气工程现象均是不溶混流体的流动问题。而聚合物驱油有些属于溶混, 有些属于不溶混流体。在盐类矿物溶浸开采中, 盐溶于水后的传输则属于溶混流体的传输, 但在高浓度溶液中, 由于物理化学条件的变化, 盐和水分离, 则会形成不溶混流体的传输, 这是一类十分复杂的问题。

2.2 流体的基本性质

流体的性质主要涉及流体的密度、黏度及压缩系数等几个方面。

2.2.1 流体的密度

流体的密度 (ρ) 定义为流体单位体积的质量。一般说来, 它随压力 (p) 和热力学温度 (T) 而变化, 其间的关系可用状态方程表示:

$$\rho = \rho(p, T) \text{ 或 } f(\rho, p, T) = 0 \tag{2.2.1}$$

在物理单位制 (M, L, T) 中, ρ 的量纲是 $\mathrm{M} \cdot \mathrm{L}^{-3}$, 而在工程单位制 (F, L, T) 中, 其量纲为 $\mathrm{F{\cdot}T^2{\cdot}L^{-4}}$。下面介绍一下方程 (2.2.1) 的几种特殊情形。

状态方程通常是相当复杂的, 但在特殊情况下具有简单的形式。对于理想气体, 状态方程所取的形式是

$$\rho = p/RT, \quad \partial\rho/\partial p = \rho/p, \quad \beta = (1/\rho)\partial\rho/\partial p = 1/p \tag{2.2.2}$$

式中, T 取为常数 (等温条件); β 为气体压缩系数; R 为气体常数 (通用气体常数除以气体的分子质量)。R 与比定压热容 c_p 及比定容热容 c_v 的关系是

$$R = c_v(c_p/c_v - 1) \tag{2.2.3}$$

对于实在气体, 方程 (2.1.2) 用下式代替:

$$\rho = p/Z(p, T)RT \tag{2.2.4}$$

式中, $Z(p,T)$ 称为压缩因子或 Z 因子, 它表示对理想气体定律的偏离。对于等温过程, Z 仅为 ρ 的函数。对于理想气体, $Z = 1$。

单组分体系能够以固相、液相及气相三种形式存在, 其中每一相具有不同的状态方程。说明单相组分特性的一种方法就是图 2.2.1 所示的压力–温度图。图上的三条曲线将 p-T 平面分成三区, 每区相当于单独一相。每条曲线表示平衡时相邻两相能够共存的 p 和 T 值。三条曲线的交点称为三相点。在图 2.2.1 中, 如果满足沿曲线 BC 部分所规定的压力–温度条件, 则平衡时液体和蒸气共存, 否则只能有一相存在。所考虑的物质在该曲线以上仅以液体形式存在, 而在曲线以下以蒸气形式存在。

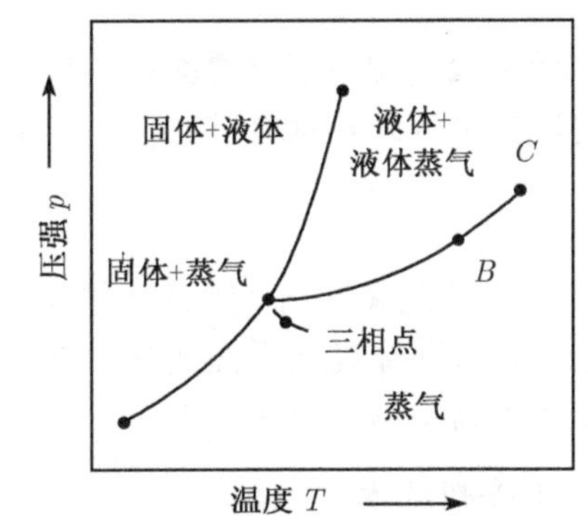

图 2.2.1 单相组分的压力–温度图

p-T 曲线的终点 C 称为体系的临界点。对于单组分体系, 临界点定义为流体的两相 (即液体和气体或蒸气) 尚能共存的最大压力和温度值。

流体的另一个性质是重率 (γ)。重率定义为流体单位体积的重量:

$$\gamma = \rho g \tag{2.2.5}$$

式中, g 是重力加速度。在物理单位制及工程单位制中, γ 的量纲分别为 $\mathrm{M} \cdot \mathrm{L}^{-2} \cdot \mathrm{T}^{-2}$ 和 $\mathrm{F} \cdot \mathrm{L}^{-3}$。

流体的第三个性质称为比重或相对密度 (δ)(量纲为一)。液体的比重定义为 4°C 时液体密度与纯水密度之比。有时, 工程师们也采用华氏 60° 作为标准温度。就气体而论, 比重定义为在上述规定的温度下气体密度与氢气或空气密度之比。

在厘米 • 克 • 秒 (c·g·s) 制中, 密度的单位是 $\mathrm{g/cm^3}$, 重率的单位是 $\mathrm{dyn/cm^3}$。

2.2.2 流体的黏度

1. 牛顿流体

流体不同于固体，只要施加切应力流体就会连续变形。事实上，流体可定义为任何切应力的存在都能引起连续变形的物质。我们把流体的这种连续变形称为“流动”，而把流体阻止任何变形的性质称为黏滞性。因此，黏滞性是处于运动状态的流体阻止其产生切变的性质的度量。

假设 τ_{yx} 表示沿着 $+x$ 方向作用于外法线指向 $+y$ 方向的流体面上的切应力，即 y 值较大处的物质沿 $+x$ 方向对 y 值较小处的物质所施加的切应力。于是，对于 p 点 (图 2.2.2)，则有

$$\tau_{yx}=\mu\partial u/\partial y \tag{2.2.6}$$

对于速度梯度不变的特殊情形，$\partial u/\partial y$ 可用 u/b 来代替。比例常数 μ 称为流体的动力黏度。

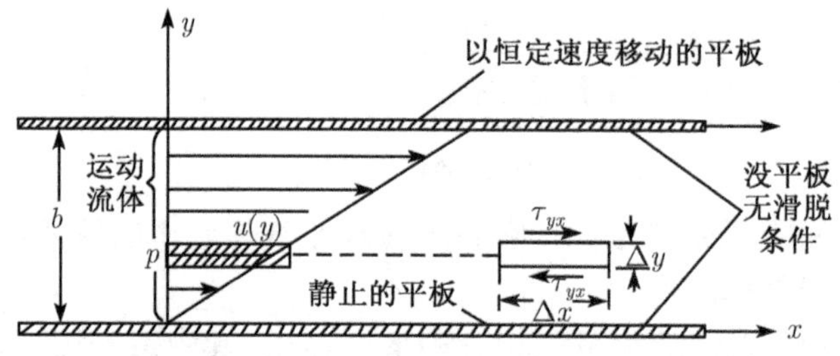

图 2.2.2 说明黏滞性的两平行平板之间的流动

方程 (2.2.6) 表明，单位面积的切应力与局部速度梯度成正比。若把 τ_{yx} 定义为 y 值较小处的流体沿 $+x$ 方向施于 y 值一定的流体面上的切应力，则方程 (2.2.6) 变为

$$\tau_{yx}=-\mu\partial u/\partial y \tag{2.2.7}$$

方程 (2.2.7) 所定义的 τ_{yx} 的另一种解释是，它表示穿过 y 为常数的任一平面的 x 动量流，即分子沿 $+y$ 方向穿过该平面所携带的动量。方程 (2.2.7) 称为牛顿黏滞定律。性状服从该定律的流体称为牛顿流体。

2. 非牛顿流体

所有的气体及其简单的液体都是牛顿流体。不服从方程 (2.2.7) 的流体称为非牛顿流体。在非牛顿流体中，我们可以举出以下几种。

(1) Bingham 塑性流体。切应力和切变率之间为直线关系。当切变率为零时显示一屈服应力。这意味着必须超过一定的切应力，流体才开始流动。

(2) 假塑性流体。特点是切应力和切变率关系曲线的斜率逐渐减小，即 μ 随切变率的增大而减小。

(3) 胀流性流体。此种流体的视黏度 (曲线的斜率) 随切变率增大而增大。

上述三种流体 (图 2.2.3(a)) 都是与时间无关的非牛顿流体。某些流体更为复杂，它们的黏度不仅取决于切变率，而且取决于施加切变率的时间。这样的流体一般有两种 (图 2.2.3(b))。

(4) 触变性流体。视黏度取决于剪切的时间和切变率。触变性指的是剪切率恒定时，流体的黏度随剪切作用时间的增长而减小的属性。

(5) 流变性流体。在这种流体中, 分子结构由剪切形成, 其性状与触变性流体相反。

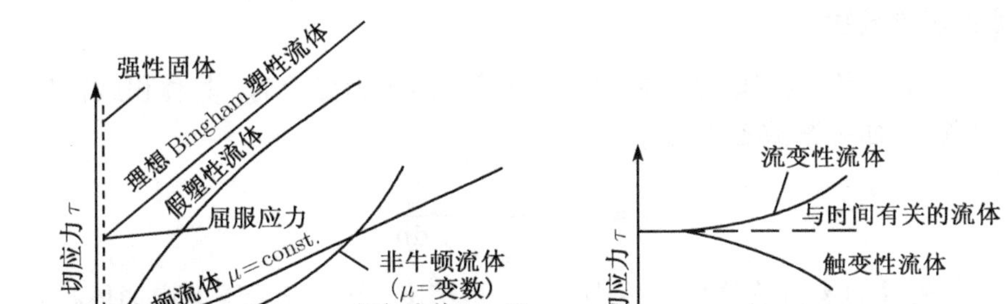

图 2.2.3 非牛顿流体的性状 (Bear, 1983)

(a) 与时间无关的流体; (b) 与时间有关的流体

3. 单位

动力黏度的量纲是 $\mathrm{M \cdot L^{-1} \cdot T^{-1}}$ 或 $\mathrm{F \cdot L^{-2} \cdot T}$。

在厘米 • 克 • 秒制中, 动力黏度的单位是: $\mathrm{dyn{\cdot}s/cm^2 = (g{\cdot}cm/s^2){\cdot}(s/cm) = g{\cdot}cm^{-1}{\cdot}s^{-1}}$。这个单位称泊 (P)。常用的另一个单位是厘泊 (cP), 1cP=0.01P 在 20°C 时, 水的动力黏度为 1.0cP。

目前动力黏度使用的国标单位是帕斯卡 • 秒 (Pa· s), 其换算关系为

$$1\mathrm{P} = 0.1\mathrm{Pa \cdot s}$$

流体动力学中经常出现的运动黏度或称为分子运动黏度 ν 是比值 μ/ρ。在 MLT 及 FLT 单位制中, ν 的量纲是 $\mathrm{L^2{\cdot}T^{-1}}$。在厘米 • 克 • 秒制中, 运动黏度的单位是 $\mathrm{cm^2/s}$。$1\mathrm{cm^2/s}$ 称为 1St

表 2.2.1 常见气体的物理性质 (标准大气压, 20°C)

气体	空气	二氧化碳	一氧化碳	氦	氢	甲烷	氮	氧
分子质量 m/g	28.96	44.01	28.01	4.008	2.016	16.04	28.01	32.00
气体常数 R/(J/kg·K)	287	188.9	296.5	2077	4124	518.3	296.2	259.8
比定压热容 c_p/(J/kg·K)	1005	814.7	1032	5192	14180	2191	1032	660.0
比定容热容 c_v/(J/kg·K)	717.2	621.2	734.7	3115	10060	167.2	734.8	471.1
绝热指数 k	1.400	1.304	1.404	1.667	1.410	1.310	1.404	1.401
密度 $\rho/(\mathrm{kg/m^3})$	1.205	1.84	1.16	0.166	0.0839	0.668	1.16	1.33
动力黏度 $\mu/(\mathrm{Pa \cdot s})$	0.18×10^{-4}	0.148×10^{-4}	0.182×10^{-4}	0.197×10^{-4}	0.09×10^{-4}	0.134×10^{-4}	0.176×10^{-4}	0.2×10^{-4}
运动黏度 $\nu/(\mathrm{m^2/s})$	14.9×10^{-6}	8×10^{-6}	15.7×10^{-6}	118×10^{-6}	107×10^{-6}	20×10^{-6}	15.2×10^{-6}	15×10^{-6}

常用单位为 cSt 如表 2.2.1 给出了几种常见的气体的物理性质。

2.2.3 流体的压缩系数

压缩系数 (β) 就是当物质承受的法向压力或法向张力变化时, 其体积或密度变化的度量。对于等温条件, 压缩系数定义为

$$\beta = -\frac{1}{U}\frac{\mathrm{d}U}{\mathrm{d}p} = \frac{1}{\rho}\frac{\mathrm{d}\rho}{\mathrm{d}p} \tag{2.2.8}$$

式中, U 是一定质量的物质的体积; p 是压力; ρ 是密度; 负号表示压力增加体积减小。压缩系数的倒数称为弹性模量 E:

$$E = -\frac{\mathrm{d}p}{\mathrm{d}U/U} = \frac{\mathrm{d}p}{\mathrm{d}\rho/\rho} \tag{2.2.9}$$

因此, 对于均质流体, 不可压缩即意味着 $\mathrm{d}\rho/\mathrm{d}p = 0$, 即 $\rho =$ 常数。

假如忽略溶质浓度的变化, 则流体的密度依赖于压力和温度, 所以等温条件下的压缩系数一般定义为

$$\beta = (\partial\rho/\partial p)/\rho, \quad T = \text{常数}$$

此外, 还有膨胀系数, 或称等压热膨胀系数。当压力 p 保持不变时, 膨胀系数 β_p 定义为

$$\beta_p = (\partial\rho/\partial T)/\rho, \quad p = \text{常数}$$

在以上两个定义中, 采用偏导数只是强调在定义 β 时, T 保持不变, 而在定义 β_p 时, p 保持不变。对于依赖于压力的 β, 由方程 (2.2.8), 得

$$U = U_0 \exp\left[-\beta(p - p_0)\right]$$

或

$$\rho = \rho_0 \exp\left[\beta(p - p_0)\right] \tag{2.2.10}$$

式中, U_0 和 p_0 分别为参考压力 p_0 时的体积和密度。对于小的 $(p - p_0)$ 值, 状态方程 (2.2.10) 可以用其级数展开式的第一项来近似:

$$\rho = \rho_0\left[1 + \beta(p - p_0)\right] \tag{2.2.11}$$

状态方程 (2.2.10) 描述绝大多数液体的性状都是很精确的。

对于等温条件下的理想气体, 其状态方程就是 Boyle-Mariotte 定律:

$$pU = (m/M)RT \quad \text{或} \quad \rho \equiv m/U = (M/RT)p \tag{2.2.12}$$

式中, m 是体积为 U 的气体的质量, M 是气体的分子质量, R 是气体常数, T 是热力学温度。由方程 (2.2.12) 得

$$\mathrm{d}\rho/\mathrm{d}p = M/RT \quad \mathrm{d}\rho/\mathrm{d}p = \rho/P \tag{2.2.13}$$

比较方程 (2.2.13) 和 (2.2.8) 可以看出, 在 $T=$ 常数的条件下, $\beta = 1/p$, 即压缩系数不为常数而等于气体压力的倒数。按照类似方法可得 $\beta_p = 1/T$。

对于实在气体, 可以引进实验确定的 Z 因子校正对方程 (2.2.12) 的偏离。

2.3 地下水与含水层

地下水指地面以下的所有的水, 它包括饱和带、非饱和带、无压含水层和承压含水层等地层中的水。含水层是具有下述两种性质的地层或岩层: ① 含有水; ② 一般的野外条件下允许大量的水在其中运动。与含水层相反, 弱透水层是一种导水速度十分缓慢的半透水层, 通常称为越流地层。非含水层是既不含水又不导水的地层。

2.3.1 垂直剖面上的地下水分布

地面以下的水在垂直剖面上的分布可以按照空隙空间中含水的相对比例划分成两个带: 饱和带与充气带。饱和带中的全部空隙充满着水。充气带位于饱和带之上, 其中同时包含着气体 (主要是空气及水蒸气) 和水。

图 2.3.1 表示地面以下水的分布概况。水 (如大气降水或灌溉水) 自地面渗入, 在重力作用下向下运动和聚集, 最后在某些不透水地层之上充满岩石中所有相互连通的空隙。这样就在不透水地层之上形成了饱和带。饱和带的上界面为潜水面, 潜水面是一个其表面上压力等于大气压力的面。如果井孔打入基本上为水平流动的含水层中, 则井孔中的水面就是潜水面。实际上, 饱和带要高出潜水面一定距离, 这距离的大小与土的种类有关。井泉和某些河流靠来自饱和带的水补给。

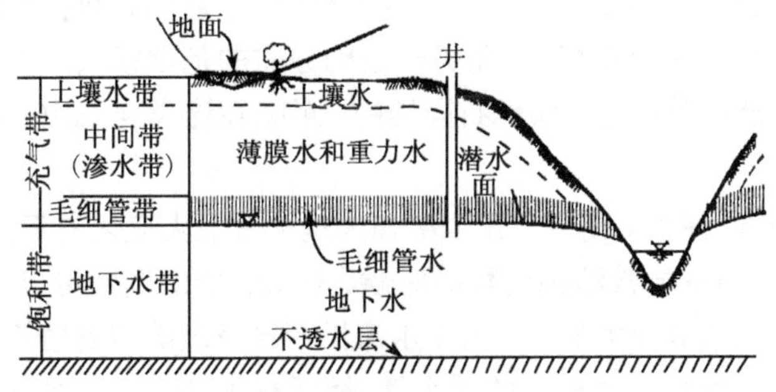

图 2.3.1 地面以下水的分布

充气带从潜水面延伸至地面。它通常由三个亚带, 即土壤水带、中间带 (或渗水带) 和毛细管带组成。

土壤水带邻近地表, 向下延伸通过植物根系带。该带水分分布不仅受降水、灌溉、空气温度及湿度季节性变化和日变化等地表条件的影响, 而且受埋藏浅的潜水位的影响。在渗水期 (如降水)、地面洪泛和灌溉时期, 该带水向下运动, 而蒸发与植物的蒸腾作用则使该带的水向上运动, 在过量渗水的短时期内, 该带土壤可以暂时完全为重力水所饱和。

在土壤表面没有供水的情况下, 经长期排水之后残留于土中的水分的含量称为野外容水率。在野外容水率以下的土壤中包含着毛细管水。毛细管水靠表面张力保持在土壤颗粒周围形成连续水膜。此种水在毛细作用下运动, 对植物有用。当水分含量小于吸湿度的时候, 土壤中所含的水称为吸着水。所谓吸湿度就是在 20°C 时使原来的干土与相对湿度为 50% 的大气接触所能吸收的最大水分含量。由于吸着水形成极薄的薄膜牢固地黏附在土颗粒表面,因而对植物无用。

中间带自土壤水带的下缘延伸至毛细管带的上缘; 如果潜水面太高, 致使毛细管带扩展到土壤水带, 或甚至达到地表时, 中间带便不复存在; 中间带中停滞着的水 (即薄膜水) 靠附着力及毛细力保持在孔隙中。重力水可以暂时通过停滞带向下运动。

毛细管带自潜水面向上扩展。其厚度取决于土的性质及孔隙大小的均匀性。毛细上升高度从粗粒物质中零变化到细粒物质 (如黏土) 中的 2~3m 或更高。通常, 毛细管带内的水分含量随着距潜水面高度的增加而逐渐减小。稍高出潜水面的孔隙实际上是饱和的, 再向上, 只有较小的、连通的孔隙含水, 在更高的地方, 能被水饱和的只是那些连通的最小的孔隙。因此, 毛细管带的上界具有不规则形状。实用上取某个平均的光滑曲面作为毛细管带的上界面, 而在这曲面以下可以认为土是饱和的 (比方说大于 75%)。

在毛细管带中, 压力小于大气压力, 水可以发生水平流动及垂直流动。当潜水面以下饱和带的厚度比毛细管带大得多时, 通常忽略毛细管带中的流动。但在许多排水问题中, 非饱和带中的流动具有重要意义。

很明显, 上述的水分分布剖面是从孔隙大小的多变性、透水地层的存在以及暂时性渗入水的运动等复杂情况概括出来的。

2.3.2 含水层的分类

大多数含水层是由非固结或部分固结的砂砾石组成, 它们分布在废河道、古河道、平原和山谷之中。一些含水层的面积有限, 而另一些则分布的范围很大, 它们的厚度也可以从几米变化到几百米。砂岩和砾岩是砂和砾石固结的产物。在这类岩石中, 由于颗粒被胶结在一起, 故渗透性减小。

在世界的许多地方, 厚度、密度、孔隙率和渗透性有很大变化的石灰岩地层是重要含水层, 尤其在大部分原生石灰岩被溶蚀迁移的时候。石灰岩中的洞穴可以从微小的原生小孔变化到形成地下河道的大裂缝及大洞穴。由于水流沿断层及裂隙溶解岩石, 因而随着时间的推移, 它们被不断扩大, 从而增大了岩石的透水性, 最后石灰岩地区发展为岩溶 (喀斯特) 地区。火山岩可以构成含水层。玄武岩是相当好的含水层。玄武岩含水层的孔隙也许比松散砂砾石含水层小, 但由于大多数孔穴具有连通的特点, 故其渗透性可以比砂砾石含水层大很多倍。以岩床、岩脉和岩颈等形式出现的许多浅层浸入岩, 渗透性都很小, 其中绝大多数不透水, 因此可以作为地下水流的阻隔边界。

黏土及黏土与粗粒物质的混合物, 虽然孔隙率一般很高, 但由于孔隙小, 故为相对不透水层。含水层可以看成是受降水和河流自然补给或通过井孔及其他人工方式补给的地下水水库。含水层中的水可以通过泉和河流自然地排泄, 也可以用人工方法从井中排出。含水层的厚度及其垂向尺寸通常比所研究的水平长度小得多。

含水层可以根据潜水面是否存在划分为无压含水层和承压含水层两大类。地表水和大气降水通过承压含水层在地表出露的地区, 或通过不透水层在地下尖灭而使承压含水层变为无压含水层的地区流入承压含水层。这样的地区通常称为补给区。潜水含水层又称为无压含水层, 它是一种具有潜水面的含水层, 潜水含水层的上部边界就是潜水面, 潜水面以上为毛细管带。在地下水研究中毛细管带通常是忽略不计的。

不论是承压含水层还是无压含水层均能通过其上或 (和) 其下的封闭地层获得水或漏失水, 这种含水层称为越流含水层。虽然这类封闭地层具有较高的渗透阻力, 但是当它们在大范围内与所研究的含水层接触时, 大量的水可以通过它们流入或流出含水层。在各种情况下, 越流量与越流方向均受弱透水地层两侧测压水头差的控制。显然, 在每一种具体条件下, 确定含水层上覆的某个地层是不透水层, 还是弱透水层或仅仅是渗透性与所考虑的含水层不同的另一种透水地层并不是一件容易的事。通常, 考虑成弱透水层的地层 (即越流层) 都比主含水层的厚度小。

位于弱透水地层之上的潜水含水层 (或其一部分) 是一种有越流的潜水含水层。至少有一个弱透水封闭层的承压含水层 (或其一部分) 称为有越流的承压含水层。

图 2.3.2 表示几种含水层和观测孔。上部为潜水含水层, 其下看两个承压含水层。在补给区, 含水层 B 变为潜水含水层。含水层 A, B 和 C 的一部分是有越流的, 越流方向及流量的大小取决于每个含水层的测压水面高度。由于潜水位和承压水头高度的变化, 各含水层承压和无压部分之间的界线可以随时间而变化。潜水含水层的一种特殊情形是上层滞水含水层 (图 2.3.2)。当在潜水面和地面之间分布有局部不透水 (或相对不透水) 时, 在这种不透水地层之上就会形成另一种地下水体 —— 上层滞水含水层。沉积物中的土及亚黏土透镜体上经常有薄的上层滞水含水层, 有时这些含水层只能存在一个比较短的时间, 因为上层滞水可以流入下部的潜水含水层。

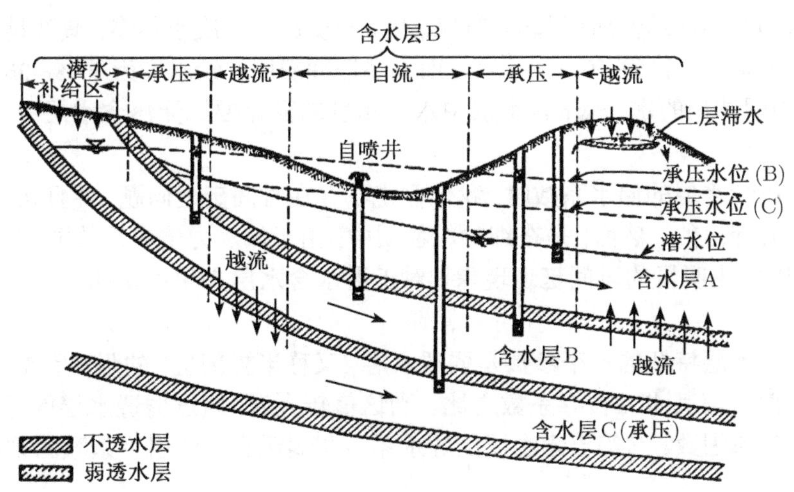

图 2.3.2 含水层的类型

2.3.3 含水层的性态

含水层的导水、储水和给水度是含水层的主要性质, 以下是对其定义。

水力传导系数表示在水力梯度作用下含水层传导地下水的能力, 它是多孔介质和其中流动着的流体的一种组合性质。如果含水层中的流动基本上为水平流动, 则含水层的导水系数表示通过含水层整个厚度的导水能力。导水系数等于含水层的水力传导系数与含水层厚度的乘积, 量纲为 L^2/T, 单位为 m^2/h。

含水层的储水系数表示存储在含水层中的水量变化和相应的测压面高度变化之间的关系。承压含水层的储水系数定义为水头降低 (或升高) 一个单位时, 从水平横截面为一个单位的含水层垂直柱体中释出 (或存入) 的水的体积。

在潜水含水层中, 除了降低的是潜水面这一点以外, 上面给出的储水系数定义本质上没有变化, 但是, 造成含水层柱体内储存水量变化的机理却不相同。在潜水含水层的情况下, 水实际上是由于潜水位降低而从空隙空间中排出并为空气所代替, 然而重力排水并不能排出包含在空隙空间中的全部水。一定量的水在分子引力与表面张力的支持下能够抗住重力而保持在固体颗粒之间的空隙中。因此, 潜水含水层的储水系数比孔隙率小, 其差称为持水率 (土样中反抗重力作用而保持下来的水分与土样总体积之比)。为了反映这种现象, 通常把潜水含水层的储水系数称为给水度, 但是, 应当注意, 不要把有效孔隙率的这种用法和讨论流体通过多孔介质流动的有效孔隙率相混淆, 如图 2.3.3 所示。

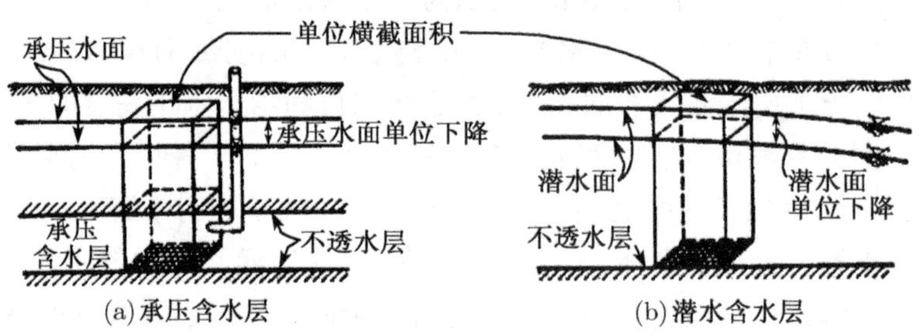

图 2.3.3 定义储水系数的示意图

由含水层和水的压缩性所引起的弹性储水系数要比给水度小得多。具体地说, 大多数承压含水层的储水系数变化为 $10^{-3} \sim 10^{-5}$, 而大多数冲积层的给水度为 10%~25%。这说明排出 (或注入) 相同体积的水, 承压含水层中水头高度的变化要比无压含水层中水位高度的变化大得多。

在定义承压含水层的储水系数时, 我们假定不存在时间延迟问题, 并且认为水是随着水头的下降而瞬时释出的。然而, 是在细颗粒物质中, 由于低水力传导系数限制着水自储存中释放, 因而可以发生明显的时间延迟现象。对于潜水含水层来说也是如此, 因为疏干过程需要一定的时间。

表示越流含水层特征的一个参数是弱透水层 (又称半封闭层) 的阻力系数。阻力系数定义为弱透水层厚度与其水力传导系数之比。当这值较大时, 通过弱透水层的越流量则较小。另一个参数称越流因数。它等于含水层的导水系数与弱透水层的阻力系数的乘积的平方根。

2.4 石油、天然气与煤层气

2.4.1 石油与天然气

1. *原油的物性*

石油与天然气是重要的能源资源、宝贵的战略资源和优良的化工原料, 石油和天然气是一些分子结构相似的碳氢化合物的混合物和少量非碳氢化合物的混合物, 在标准状态下, 以气、液、固三种物质状态存在, 很少以固态存在。石油天然气主要由烷烃、环烷烃和芳香烃等构成, 其中烷烃是常规天然油气藏中最多的组分, 烷烃又称为石蜡族烃, 其化学通式为 C_nH_{2n+2}, 表 2.4.1 为碳原子数与烷烃物质的相态的关系。表 2.4.2、表 2.4.3 和表 2.4.4 为世界和我国部分油田地面原油的性质。

表 2.4.1 碳原子数与烷烃相态的关系表

碳原子数	1~4	5~16	>16
烷烃相态	气体 (天然气)	液体 (石油)	固态 (石蜡)

表 2.4.2 世界部分油田地面原油性质 (秦积舜等, 2001)

原油 \ 性质	相对密度 D_4^{20}	运动黏度 /($cm^2 \cdot s^{-1}$)	凝固点 /°C	含蜡量/%	胶质 /%	沥青质/%	含硫量/%	残碳 /%
哈西–迈乌得油田 (阿尔及利亚)	0.804	2.76(20°C)	45.56	2.40	0	0.03	0.13	0.83
基尔库克油田 (伊拉克)	0.844	4.61(20°C)	−36	3.9	—	1.5	1.95	3.8
欣塔油田 (印度)	0.855	23.7(50°C)	43.3	29.3	—	19.5	0.08	—
玻牟油田 (尼日利亚)	0.865	4.4(37.7°C)	17.78	5.1	—	—	0.16	—
阿尔贾里油田 (伊朗)	0.852	7.70(21°C)	—	中等	—	0.60	1.42	—
帕那油田 (加拿大)	0.8388	—	10.0	—	—	—	0.29	1.76
东德克萨斯油田 (美国)	0.8315	4.10	—	—	—	—	—	—
罗马什金若油田 II_1(前苏联)	0.868	7.3(50°C)	−28.89	4.3	—	—	1.61	—

表 2.4.3 部分油田原油物性参数

油层	油层温度 /°C	油层压力 /MPa	泡点压力 /MPa	溶解汽油比 /(m^3/m^3)	体积系数	收缩率 /%	压缩系数 /($10^{-4}MPa^{-1}$)
大庆油田某层	45	7~12	6.4~11	45	1.09~1.15	8.3~13.0	7.7
华北油田某层	90	16	13	7	1.10	8.5	10.4
胜利油田某层	65	23	19	27.5	1.0955	8.4	7.3
中原油田某层	109	37	24.6	69	1.21	17.4	18.3

2. 单组分体系的石油天然气特征

以乙烷为例说明: 图 2.4.1 中单调曲线 AC 表达了乙烷气液两相平衡的温度和压力条件, 曲线 AC 左上方的区域是乙烷以液相形式存在的压力与温度的区域。AC 曲线右下方为气相区域, D 区为超临界区域, 曲线 AC 及其微小的邻域内为气液二相区域。

由此可见, 当温度、压力变化时, 油藏的石油天然气会发生相态的变化。油田开发是一个近似的等温降压过程, 当油藏的压力降低时, 石油天然气的轻烃组分就会和重烃组分分离, 而变成气相, 将水或其他驱替剂注入油藏时, 油藏压力升高, 气相物质又转变到液相, 这种相态变化的过程是以气体从油中分离和气体溶解到油中的方式表现的。

表 2.4.4　我国部分油田地面原油性质 (泰积舜等, 2001)

原油＼性质	相对密度 D_4^{20}	运动黏度/$(cm^2 \cdot s^{-1})$		凝固点 /°C	含蜡量 /%	胶质 /%	沥青质 /%	含硫量 /%	残碳 /%	馏分组成 (质量分数)/%		
		50°C	70°C							初值点	< 200°C	< 300°C
大庆油田 S 区 P_S层	0.8753	17.40	—	24	28.6	12.3	—	0.15	2.5	88	14	28
胜利油田 T 区 S_2层	0.8845	37.69	17.95	33	17.9	18.3	3.1	0.47	5.5	79. 5	9	20
孤岛油田 G 层	0.9547	427.5	157.5	−12	0	27.5	6.6	2.25	8.95	15. 8	1.9	11.2
大港油田 M 层	0.9174	51.97	25.55	−12	6.17	13.98	6.27	0.13	4.81	97	4.0	20.5
克拉玛依油田	0.8699	19.23	—	−50	2.04	12.6	0.01	0.13	3.7	58	18	35
玉门油田 L 层	0.8530	12.9	−62.2	−15.5	8.3	22.6	—	—	—	—	—	—
汉江油田 W 区 C_3层	0.9744	—	—	21	3.8	51	9.6	11.8	9.5	89	5	21.8
辽河油田 C 区 S_1层	0.9037	37.4	—	−7	4.73	17.6	0.15	0.26	6.4	—	—	—
川中油田	0.8394	12.3	—	30	18.1	3.4	—	—	—	—	—	—
任丘油田 P_Z层	0.8893	63.5	—	33	22.6	20.7	—	2.35	—	148	—	—

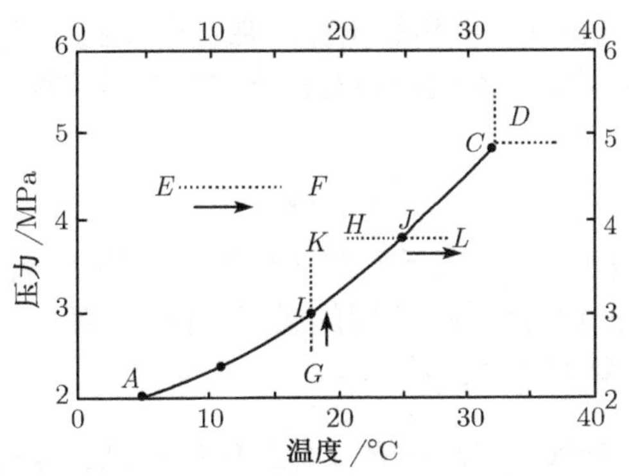

图 2.4.1　乙烷的 P-T 相图

此图为 Brown 在 1948 年所制

亨利发现, 温度一定时, 气体在单位体积液体中的溶解量与压力成正比, 即

$$R_S = \alpha p \tag{2.4.1}$$

称为亨利定律, 式中 R_S 表示压力为 p 时, 单位体积液体中溶解的气量 m^3/m^3; p 表示压力(绝对)MPa; α 表示溶解系数, $m^3/(m^3 \cdot MPa)$, 其物理含义是温度一定时单位压力下单位体积液体中溶解的气体量, 它的数值反映了气体在液体中的溶解能力。图 2.4.2 为 40°C 时单组分烃在相对密度 0.873 的原油中的溶解曲线。图 2.4.3 表示的是一定量的天然气在石油构成的两相体系中的溶解过程。

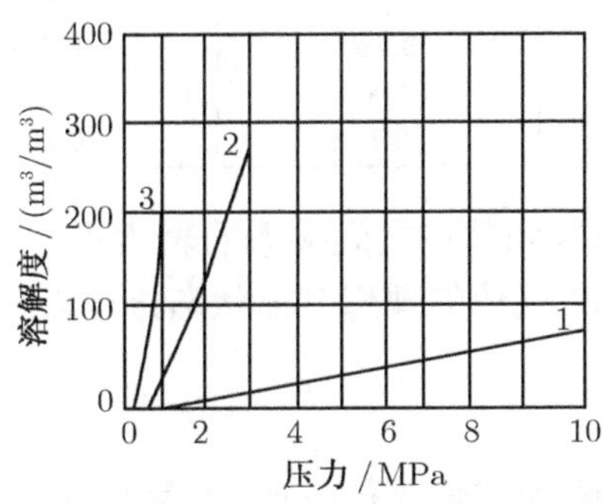

图 2.4.2　40°C 时单组分烃在相对密度 0.873 的原油中的溶解曲线

(卡佳霍夫, 1956)

1- 甲烷; 2- 乙烷; 3- 丙烷

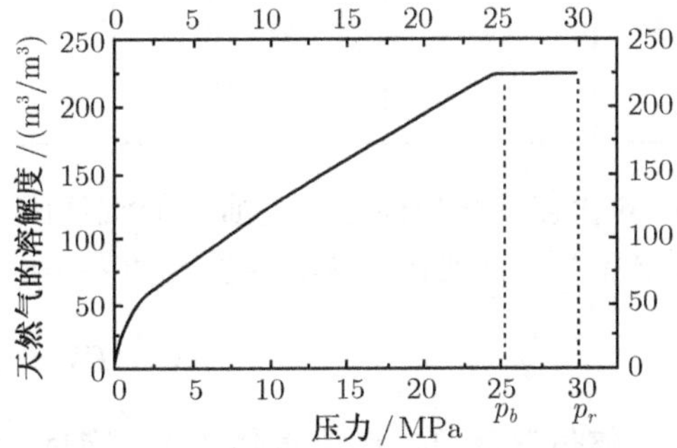

图 2.4.3　天然气在石油中的溶解度与压力关系曲线

此图为 Bugcik 在 1957 年所制

3. 天然气的物性

天然气是以石蜡族低分子饱和烃为主的烃类气体和少量非烃类气体组成的混合物, 在天然气的组分中, 甲烷占绝大部分, 还有少量的乙烷、丙烷、丁烷、戊烷及少量的非烃类气体, 如硫化氢、二氧化碳、一氧化碳、氮气、氧气和水蒸气。天然气有时含有微量的稀有气体, 如氦气和氩气等。在标准状态下, 甲烷、乙烷、丙烷、丁烷均是气体, 除甲烷外, 其他烃类气体均可以通过液化装置液化, 故又称为天然液烃, 而戊烷及以上的轻质油称为天然汽油。

天然气的组成对天然气物理性质和品质有重要影响, 表示其组成通常有三种方法, 即质量组成、体积组成和摩尔组成。天然气的相对密度定为在标准状态下, 天然气密度与干燥空气密度的比值:

$$\gamma_{\mathrm{g}} = \rho_{\mathrm{g}}/\gamma_{\mathrm{a}} \tag{2.4.2}$$

式中, γ_{g} 表示天然气的相对密度; ρ_{g} 表示天然气的密度, $\mathrm{kg/m^3}$; γ_{a} 表示空气的密度, $\mathrm{kg/m^3}$。

天然气是一种多组分的混合气体, 不同的温度条件下, 有不同组分的气体发生相变, 表 2.4.5 给出了常见组分的主要物理–化学性质。

表 2.4.5　天然气中常见组分的主要物理–化学性质 (秦积舜等, 2001)

组分	分子式	相对分子质量	临界温度/K	临界压力/MPa	沸点 (标压)/°C
甲烷	CH_4	16.043	190.55	4.604	−161.52
乙烷	C_2H_6	30.070	305.43	4.880	−88.58
丙烷	C_3H_8	44.097	369.82	4.249	−42.07
正丁烷	$n\text{-}C_4H_{10}$	58.124	425.16	3.797	−0.49
异丁烷	$i\text{-}C_4H_{10}$	58.124	408.13	3.648	−11.81
正戊烷	$n\text{-}C_5H_{12}$	72.151	469.6	3.369	36.06
异戊烷	$i\text{-}C_5H_{12}$	72.151	460.39	3.381	27.84
己烷	C_6H_{14}	86.178	507.4	3.012	68.74
丙烷	C_7H_{16}	100.205	540.2	2.736	98.42
氦气	He	4.003	5.2	0.277	−268.93
氮气	N_2	28.013	126.1	3.399	−195.80
氧气	O_2	31.999	154.7	5.081	−182.962
氢气	H_2	2.016	33.2	0.297	−252.87
二氧化碳	CO_2	44.010	304.14	7.382	−78.51
一氧化碳	CO	28.010	132.92	3.499	−191.49
硫化氢	H_2S	34.076	373.5	9.005	−60.31
水汽	H_2O	18.015	647.3	22.118	100.00

气体的状态方程是描述一定质量的气体压力、温度和体积之间关系的表达式, 一般情况下, 采用玻意耳、查理和阿伏伽德罗定律导出的 1kmol 气体的理想气体状态方程为

$$PV = RT \tag{2.4.3}$$

式中, T 为气体温度, K; P 为气体压力 (绝对)MPa; V 为气体体积, $\mathrm{m^3}$; R 为通用气体常数, $(\mathrm{MPa \cdot m^3})/(\mathrm{kmol \cdot K})$。

理想气体的状态方程适用于低压下的实际气体, 不能满足高压下的实际气体。针对实际气体, 对理想气体状态方程做了适当修正, 即

$$PV = ZRT \tag{2.4.4}$$

式中, Z 为压缩因子, 定义为一定温度和压力下, 一定质量气体实际占有的体积与相同条件下理想气体占有的体积之比:

$$Z = V_{\text{实际}}/V_{\text{理想}} \tag{2.4.5}$$

对于理想气体 $Z = 1$, 对于实际气体 $Z < 1$ 或 $Z \geqslant 1$。

图 2.4.4 是由实验方法测得的甲烷的压缩因子等温线。

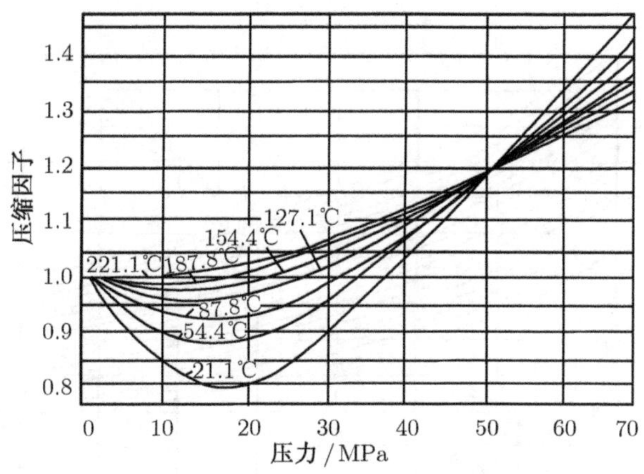

图 2.4.4　甲烷的压缩因子等温线

此图为 Katz 在 1941 年所制

4. *石油和天然气的黏度*

气体与液体不同, 其黏度与压力、温度及气体的组成有关, 低压条件下, 天然气的黏度几乎与压力无关。由图 2.4.5 和 2.4.6 可见, 在压力不变时, 气体的黏度随温度的增加而增加, 气体的黏度随气体相对分子质量的增大而减小, 在低气压范围内, 分子碰撞直径变化不大, 故低压范围内, 气体碰撞直径变小, 所以气体的黏度随温度升高而增加。

原油的黏度反映流动过程中原油内部的摩擦阻力, 它取决于它的化学组分、溶解汽油比、压力和温度等, 表 2.4.6 是大庆油田和胜利油田部分脱气原油的黏度。

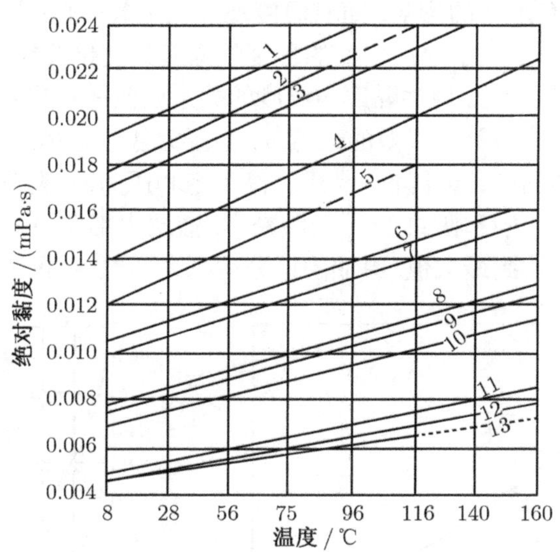

图 2.4.5　大气压下单组分烃黏度曲线

此图为 Carr 等在 1954 年所制

1-H_e; 2- 空气; 3-N_2;4-CO_2; 5-H_2S; 6-CH_4; 7-C_2H_6; 8-C_3H_8;

9-i-C_4H_{10}; 10-n-C_4H_{10}; 11-n-C_8H_{18}; 12-n-C_9H_{20}; 13-n-$C_{10}H_{22}$

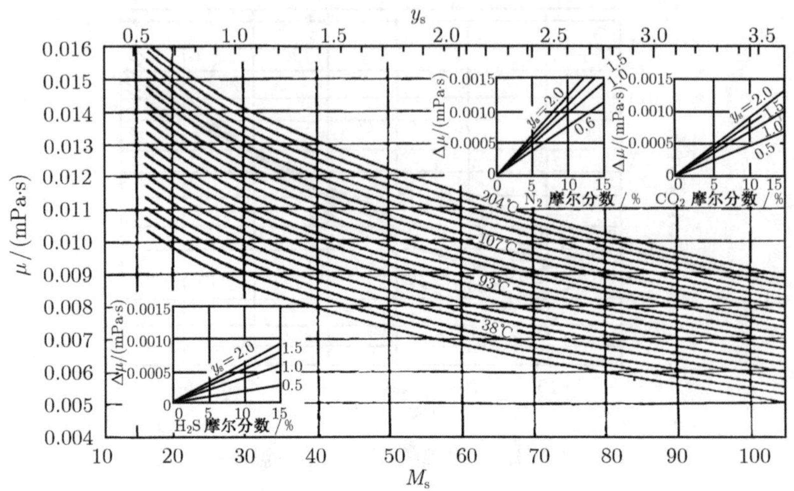

图 2.4.6　大气压下天然气的黏度曲线

表 2.4.6　大庆、胜利油田脱气原油的黏度 (秦积舜等, 2001)

项目 \ 层位及井号	葡萄花 葡萄花层	查树岗 萨尔图层	喇叭庙 葡萄花层	辛 -1	坨 -2	管 -3	辛 -2	辛 -6
相对密度	0.8393	0.8575	0.8630	0.8876	0.9337	0.9414	0.9421	0.9534
胶质沥青的质量分数/%	6.8	13.0	16.5	27.6	36.7	41.9	49.5	64.5
黏度/(mPa·s)	10.8	18.9	22.8	58.5	490	885	512.0	640.0

温度对原油的黏度有重要的影响, 随着温度增加, 液体分子的运动速度增大, 分子间引力减小, 黏度下降。图 2.4.7 表示地层原油的黏度随温度的变化曲线, 图 2.4.8 表示原油黏度与压力、温度的关系, 从图可见, 原油黏度与温度的关系近似呈对数变化、地层原油黏度对压力也十分敏感, 因为原油中溶解有大量的天然气, 当压力低于饱和压力时, 随压力的上升, 轻烃气体溶于油中, 使原油黏度急剧降低, 当压力高于饱和压力时, 随压力上升, 已没有气体溶入油中, 原油受压力作用, 密度增加, 分子间距减小, 液层内部摩擦力增大。当压力等于饱和压力时, 原油中溶解气量达到最大值, 原油的组分达到最佳组合, 因而此时的原油黏度最低。

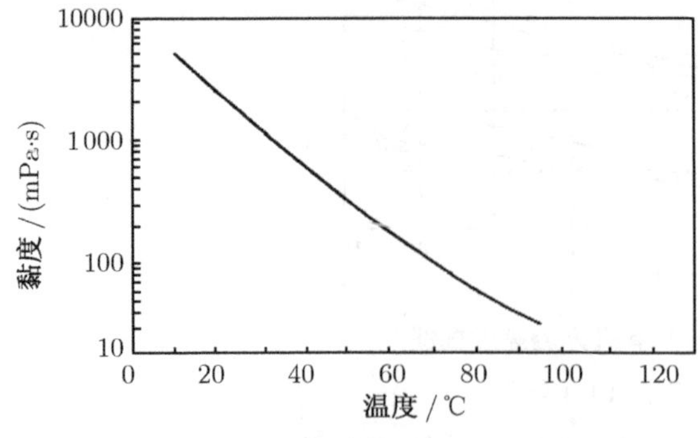

图 2.4.7　原油的黏度随温度的变化曲线

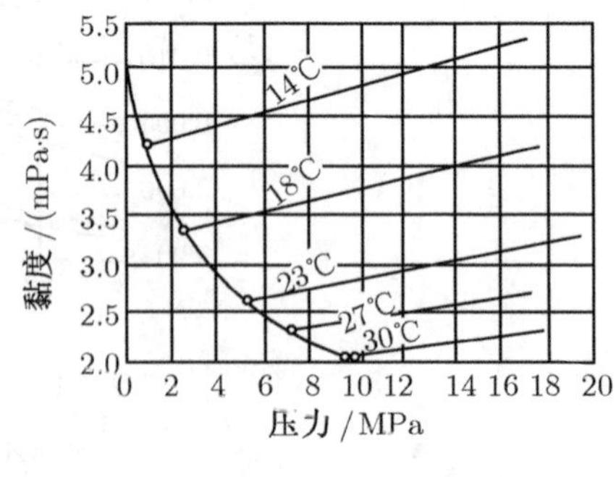

图 2.4.8　原油黏度与压力、温度的关系

(卡佳霍夫, 1956)

5. 油气储层

油气资源储存于地下油气藏中, 油气藏是由油气储层、隔层、夹层及覆盖层等以特定层序组合构成的, 油气储层包括储油气的岩石, 以及其中的流体, 储油气岩石中的流体是指储存于岩石孔隙的石油、天然气和水。目前世界范围内发现的油气资源储量 99% 以上集中在地表以下几百米到几千米的沉积岩层中, 其沉积岩又以碎屑储集层和碳酸盐岩储集层为主。

碎屑岩储集层是分布最广的油气储层, 它包括砂砾岩、粗砂岩、中砂岩、细砂岩和粉砂岩, 以及胶结较差的砂岩等各类砂岩储层。占世界总储量的 50% 的油气资源储存于碳酸盐岩储层, 主要分布在波斯湾地区, 储层的共同特性是孔隙发育, 且渗透性好, 它也是评价储层的重要指标。

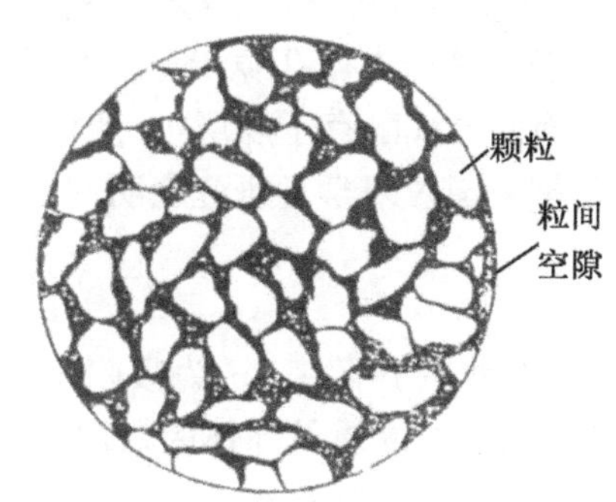

图 2.4.9　粒间孔隙镜下示意图

储层岩石的孔隙形态多种多样, 孔隙类型主要受岩石类型所控制, 碎屑岩中常见的孔隙主要有粒间孔、溶蚀孔、晶间孔, 杂基内的微孔等, 碳酸盐岩中常见的孔隙主要有原生孔、溶蚀孔、生物钻孔、收缩孔和裂缝孔隙等。图 2.4.9~2.4.12 给出了几种孔隙示意图。

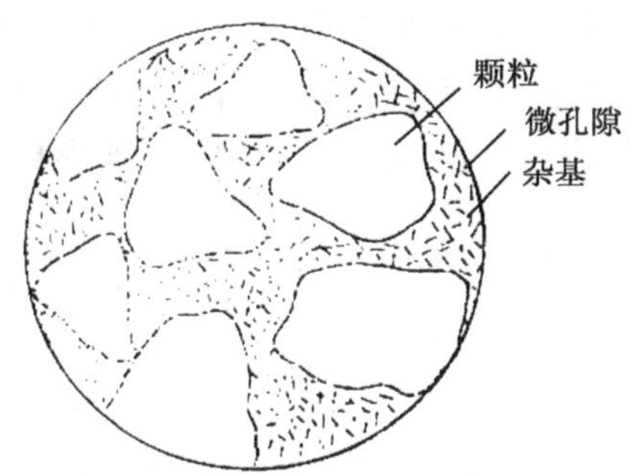

图 2.4.10　杂基微孔隙镜下示意图

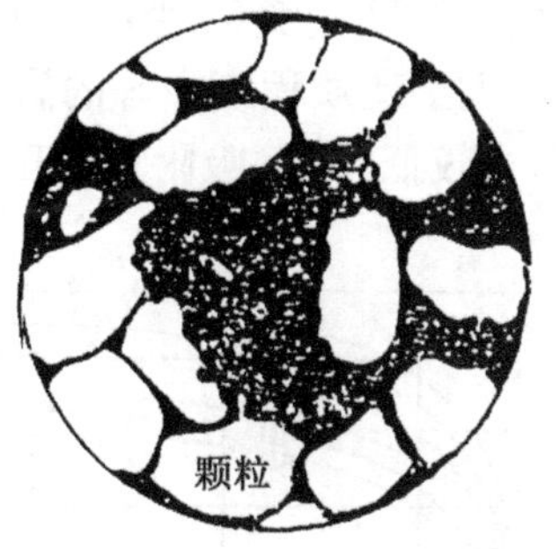

图 2.4.11　砂岩内溶孔示意图

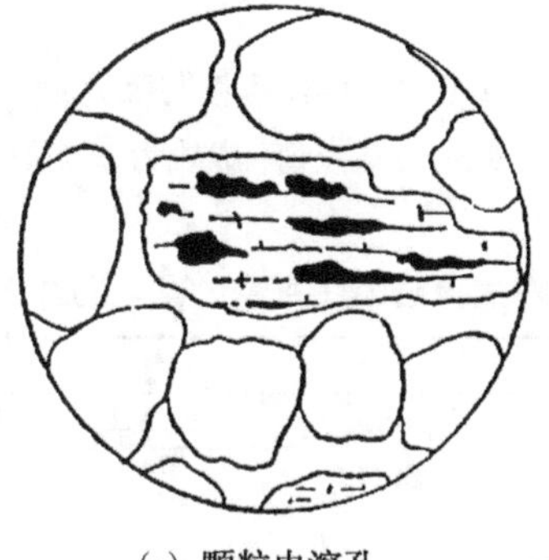
(a) 颗粒内溶孔

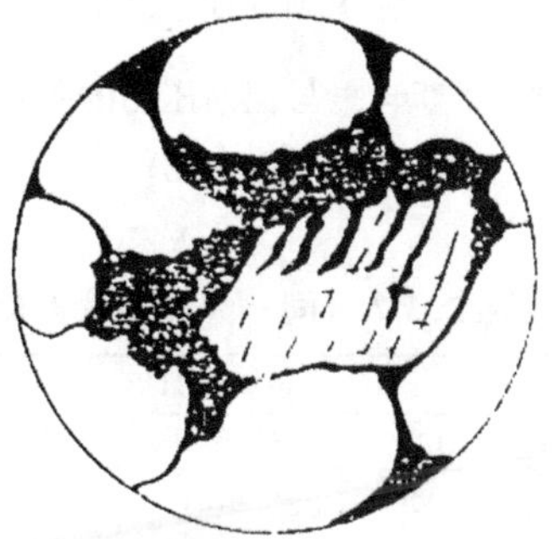
(b) 黏土内溶孔

图 2.4.12　颗粒内溶孔和黏土块内溶孔示意图

2.4.2 煤层气

煤层气又称瓦斯, 是煤在高温高压下变质过程中的产物, 褐煤的热解模拟实验证明, 褐煤在热解作用的变质过程中, 产出了大量煤层气, 其变质到无烟煤时, 1 吨煤产生 300 多方煤层气, 但今天的无烟煤层中实际赋存的一般也仅有几十方, 其余气体在长期的地质演化变迁中, 都溢散到大气或迁移到其他储集层中了。这种产生于煤的变质, 又赋存于煤层中的气体, 我们称之为煤层气。煤层气的主要成分是甲烷, 大量煤层实测, 其甲烷含量大约 90% 以上, 其余为氮气、氧气、二氧化碳等, 与天然气不同, 是几乎不含二碳以上的烃类气体。

由于煤是一类微孔隙十分发育的多孔介质, 而且煤层气吸附性又很强, 因此, 煤层气主要以吸附的方式赋存于煤层中, 大约占总量的 90%, 其余以游离态的方式赋存。

多年来国内外学者研究表明, 煤层气在煤中的赋存服从朗缪尔方程, 即

$$Q = n\rho + ab\rho/(1 + bp) \tag{2.4.6}$$

式中, n 为煤的孔隙率, p 为吸附平衡时的瓦斯压力, 单位 MPa; a 为极限吸附量, 表示在给定温度下, 单位质量固体的极限吸附量, 该值一般为 $(15\sim55)\mathrm{m}^3/\mathrm{t}$; b 为吸附常数, 一般为 $(0.5\sim5)\mathrm{MPa}^{-1}$, ρ 为密度。

由此可见, 煤层气的游离量取决于煤层的孔隙率和孔隙压力。如图 2.4.13 瓦斯含量与压力的关系曲线。而吸附量决定于煤的吸附常数 a 和 b, 煤层气的吸附量总体上说, 煤体煤层气的吸附量随温度的升高而降低, 但目前仅见到较低温度下吸附量的报道, 见表 2.4.7。吸附量随煤变质程度呈抛物线变化, 图 2.4.14 所示, 在同样的瓦斯压力下, 变质程度高和低的煤的吸附气体能力大于变质程度中等的煤的消费能力。吸附量随气体的压强上升而增加, 呈对数规律变化, 压力较低时, 其吸附量受压强作用十分敏感, 而压强高时, 则影响较缓。

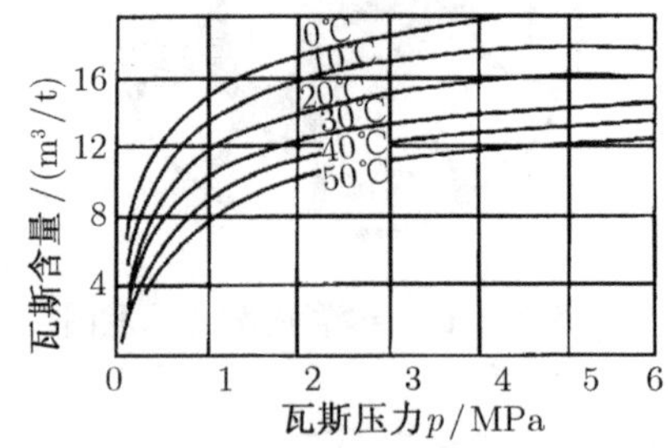

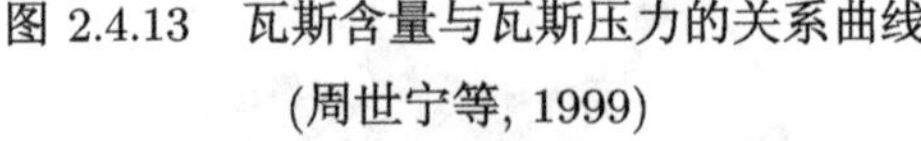
图 2.4.13 瓦斯含量与瓦斯压力的关系曲线 (周世宁等, 1999)

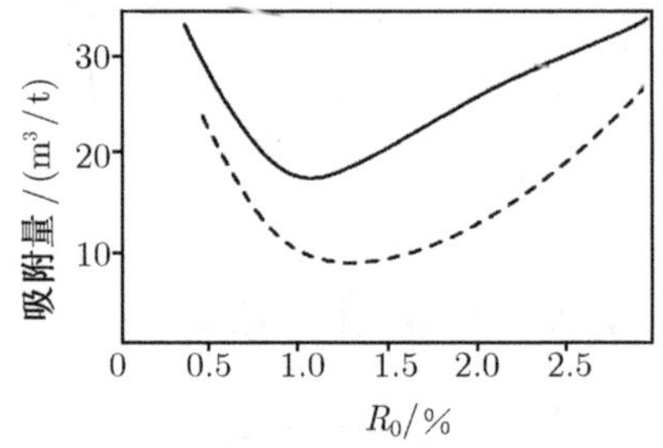

图 2.4.14 煤化程度与吸附量关系曲线 实线为高点值, 虚线为低点值

表 2.4.7 同一煤样不同温度的等温吸附试验结果 (钟玲文等, 2002)

实验温度 /°C	HJH-8			YQ4-15		
	$V_L/(\mathrm{cm}^3/\mathrm{g})$	P_L/MPa	吸附量/$(\mathrm{cm}^3/\mathrm{g})$	$V_L/(\mathrm{cm}^3/\mathrm{g})$	P_L/MPa	吸附量/$(\mathrm{cm}^3/\mathrm{g})$
25	17.05	3.11	12.27	36.33	1.59	30.30
35	17.60	4.03	11.70	35.85	2.04	28.59
45	18.18	4.71	11.44	36.12	2.56	27.36
50	16. 94	4.35	10.97	34.61	2.57	26.20

2.5 超临界流体

当流体的温度和压力处于它的临界温度和临界压力以上时, 称该流体处于超临界状态。如图 2.5.1 所示某纯流体的相图, AT 段表示气固平衡的升华曲线; BT 段表示液固平衡的熔融曲线; CT 表示气液相饱和曲线, T 点表示气固液三相共存的三相点。

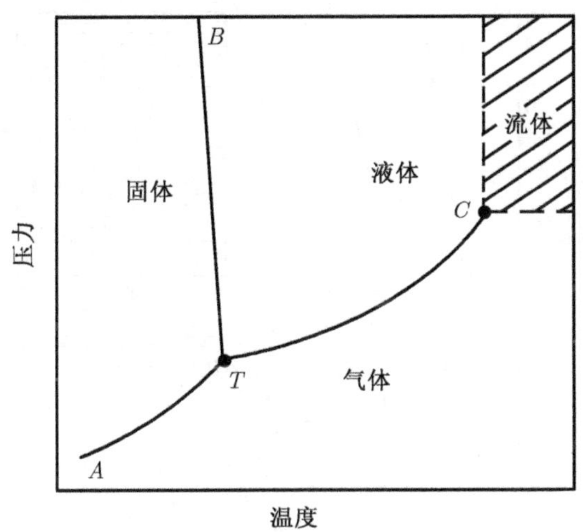

图 2.5.1 纯流体的压力–温度图

将纯流体沿气液饱和线升温, 当达到图中 C 点时, 气液的分界面消失, 体系的性质变得均一, 不再分为气体和液体, 我们称 C 点为临界点, 与该点对应的温度和压力分别称为临界温度 T_c 和临界压力 P_c。多数烃类的临界压力为 4MPa。把临界点以外的阴影区域称为超临界区域。

当物质处于其临界温度 (T_c) 和临界压力 (P_c) 以上状态时, 向该状态气体加压, 气体不会液化, 只能密度增大, 具有类似液态的性质, 同时还保留了气体的性质, 此种状态的流体称为超临界流体 (super-critical fluid, SCF)。表 2.5.1 给出了超临界流体的密度、扩散系数和黏度与一般气体、液体的对比。从表可见, 超临界流体的密度是气体的数百倍, 与液体相当; 其黏度接近于气体, 比液体小 2 个数量级; 扩散系数介于气体和液体之间, 大约是气体的 1/100, 液体的数百倍。因而超临界流体既具有液体溶质溶解性比较大的特点, 又具有气体易于扩散和运动的特性, 传质速率大大高于液相过程。也就是说, 超临界流体兼具有气体和液体的性质, 更重要的是在临界点附近, 压力和温度微小变化都可以引起流体密度的很大变化, 并相应地表现为溶解度的变化。因此, 人们可以利用超临界流体的这种属性实现许多工业过程。

表 2.5.1 气体、液体和超临界流体的性质

性 质	气 体	超 临 界 流 体		液 体
	101.325kPa, 15~30°C	T_c, P_c	T_c, $4P_c$	15~30°C
密度/(g/cm^3)	$(0.6\sim2)\times10^{-3}$	0.2~0.5	0.4~0.9	0.6~1.6
黏度/[g/(cm·s)]	$(1\sim3)\times10^{-4}$	$(1\sim3)\times10^{-4}$	$(3\sim9)\times10^{-4}$	$(0.2\sim3)\times10^{-2}$
扩散系数/(cm^2/s)	0.1~0.4	0.7×10^{-3}	0.2×10^{-3}	$(0.2\sim3)\times10^{-5}$

目前工业过程中常用的是二氧化碳超临界流体, 如图 2.5.2 所示。二氧化碳的临界压力

为 7.39MPa 和临界温度为 31.06°C, 临界密度 448g/cm^3, 二氧化碳超临界流体密度的区域可以在很宽的范围内变化, 从 150g/L 增加到 900g/L, 因为溶解能力随密度的增加而增加, 从而满足工业的萃取要求, 达到最好的工业目的。此外二氧化碳便宜易得, 且无毒性, 可看成惰性气体, 并易于分离, 因此很多工业过程使用二氧化碳。

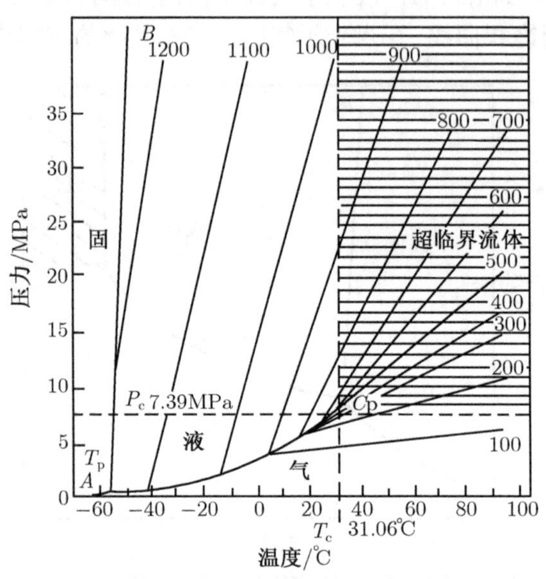

图 2.5.2 纯二氧化碳压力与温度和密度关系

各直线数值为 CO_2 密度, 单位: g/cm^3

第 3 章　连续介质理论与普遍的守恒定律

3.1　连续介质理论

3.1.1　多孔介质与连续介质

面对千姿百态、种类繁多的自然界和复杂的物质世界, 如何来研究, 如何提出具有共性的理论, 这是科学界所面临的重大难题。全世界科学的先哲们, 用他们天才的智慧和惊人的胆识, 从复杂的、运动着的物质世界, 找到了共性的东西, 并抽象出了科学的概念, 提出了科学的理论, 才奠定了科学的基础。这个基础是如此之牢固, 以至于对今天如此越垒越高、越建越大的科学大厦, 没有出现丝毫的基础薄弱; 另一方面, 这套科学理论是如此之完美, 以至于在建造科学大厦的同时, 从未发生过分支学科间的矛盾。同步可以扩充基础和建造高楼, 这些独具匠心的发现与发明, 为后人赞叹, 介质的概念、连续介质理论就是这些独具匠心的科学发现之一。

站在科学的高度, 从繁杂的、运动的物质世界中, 抽象简化出本质的、具有共性的科学特征的一种抽象物质或科学概念就称为介质。也就是说介质的概念已完全脱离了具体的物质, 它既不是金属, 也不是岩石; 既不是水, 也不是空气, 但却包含了具体物质的本质属性。

在复杂的自然界, 我们遇到了一大类物质, 它是多孔的, 而且其中有流体赋存和传输, 如土壤、矿层、含有孔隙与裂缝的岩石、过滤纸、砂过滤器等, 都是多孔的材料或物质, 其中有水、气等赋存和传输, 如地下水含水层、油气储层、煤层气储层等, 抽象称为 "多孔介质"。它们都具有多孔、且孔中有流体赋存和运移的共同特点, 我们将此类物质称为 "多孔介质"。但一块具有孤立孔眼或孔洞的固体不能看成多孔介质, 而那些含有溶沟、溶洞的石灰岩地层却可以看成 "多孔介质"。多孔介质的共同特征是① 在多孔介质占据的空间内, 固体骨架相应遍布整个多孔介质, 固体骨架构成的孔隙与裂隙比较狭窄, 比面较大, 且孔隙是随机分布的; ② 其孔隙空间至少一部分是相互连通的。它们为流体的流动提供了通道; ③ 至少在孔隙的部分空间中存在一相流体, 这就是多孔介质的完整特征。

综合以上特征, 可以给出多孔介质的定义: **以固体颗粒为背景, 含有大量赋存与传输的流体的连通孔隙的一类介质, 称为多孔介质。**

描述物质运动历来就有两种方法或两种思想, 即微观运动方法和宏观运动方法。大量的研究证明, 从分子角度或从颗粒角度研究物质的宏观特性是行不通的。例如, 纳维尔于 1889 年从分子角度导出的固体变形运动方程, 近代物理力学都极力想从分子水平给出宏观特征, 但都是不可行的。因此寻求一个适当的尺度和方法, 恰当地表征物质宏观运动特性, 就是 "连续介质" 方法或理论。

连续介质的基本思想来源于多个方面: 首先, 牛顿物理学及其微积分学都是建立在连续的数学、连续的时空、连续的物质观之上, 也就是说近代许多理论是 "连续的" 科学理论; 其次, 连续性是人们在更粗略的宏观水平上, 对物质性态的一种抽象与简化, 是从统计平均意义上来处理看待物质形态变化的一种方法, 但无论如何不要忘记 "连续性" 或连续介质的假设是一种处理问题的方法, 而并非物质的本质; 再次 "连续性" 是相对的, 当用人们的肉眼去观察金属、岩石、水, 人们会毫不犹豫地认为它们是连续的。当用高放大倍数的显微镜去观察金属、岩石时, 人们不再认为它们是连续的; 寻求一个适当的尺度与方法, 恰当地表征物质宏观运动特性, 就是连续介质理论的基本任务。如果不从分子水平, 而是采用统计的方法导出许多分子组成的一个系统或集体的运动信息, 通过宏观的观测与实验, 给出统计意义下的平均宏观参数, 这种宏观的方法就是连续介质的方法。这种表征许多分子颗粒组成的一个系统或集体的体积, 即是适当的尺度, 被称为表征体积单元 (REV)。

3.1.2 流体简化作连续介质的方法

把流体处理为连续介质的基础是质点的概念, 一个质点是包含在一个小体积中的许多分子的集合体。质点的尺度大小要比单个分子的平均自由程大得多, 但和所考虑的流体范围相比又足够小。这样通过在质点中所包含的分子上取流体和流动的平均性质就得到流体性质的数值, 然后把这些数值与质点的质心联系起来, 这样在流体所占区域里的每一点上都存在着一个具有一定动力和运动性质的质点。

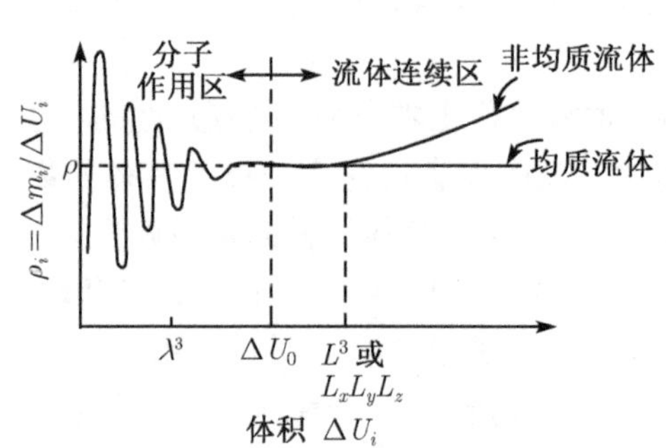

图 3.1.1 流体密度的定义

流体的密度是流体力学中一个非常重要的物理属性或物理概念, 以下介绍在连续介质概念下流体密度的定义。密度是物质的质量 Δm 和它所占有的体积 ΔU 的比值。我们考虑流体中的一点 P, 并取以 P 点为质心的体积 ΔU_i, 其包含的流体质量为 Δm_i, 则体积 ΔU_i 中流体的平均密度为 $\rho_i = \Delta m_i/\Delta U_i$, 则我们取不同尺度的体积 ΔU_i, 会有不同的密度 ρ_i, 图 3.1.1 所示即表示流体密度的定义。当 ΔU_i 逐渐变小时, 发现 ρ_i 剧烈波动; 当 ΔU_i 大于某一数值的一段区间内, ρ_i 变得十分稳定, 且数值相同; 当连续增大 ΔU_i 时, ρ_i 又发生较大的变化。我们把 ρ_i 趋于稳定的区段的最小尺度记为 ΔU_0, 把 ΔU_0 称为特征体积。当 ΔU_i 远离 ΔU_0 时, 流体的密度没有意义, 则 P 点流体的密度可定义为

$$\rho(P) = \lim_{\Delta U_i\to\Delta U_0} \rho_i = \lim_{\Delta U_i\to\Delta U_0} (\Delta m_i/\Delta U_i) \tag{3.1.1}$$

这里特别注意, 体积的极限量 ΔU_i 趋向于 ΔU_0, 而不是趋于 "0", 这与微分的概念是不一致的。若 Δu_i 趋向于 "0", 则密度没有意义。特征体积 ΔU_0 称为数字点 P 处的流体物理点或物质点。通过上述方法, 由分子集合体组成的物质就为一种充满整个空间的连续的介质所代替。这样便得到一种假想的介质, 对于该介质其中的每一点都可以定义相应的密度值, 结果形成了空间的连续函数 ρ, 由连续的密度定义, 即从质量守恒、质量输运等角度, 建立了针对流体的连续介质力学或连续介质理论。

3.1.3 多孔介质的连续介质理论与方法

与流体相比, 多孔介质简化成连续介质, 建立多孔介质的连续介质理论似乎更为困难一些。与单纯的流体相比, 多孔介质的特征体积尺度似乎要更大一些。我们采用类似于流体密

度的研究与定义方法来研究与定义多孔介质的孔隙率, 流体速度与比流量。

为了建立多孔介质的连续介质理论, 仿照建立流体连续介质理论的方法确定多孔介质中一点 P 的表征体积单元的大小。首先, 表征体元应当远比整个流动区域的尺寸小, 否则平均的结果就不能代表在 P 点发生的现象, 其次表征体元和单个孔隙比较又必须足够大, 必须包含足够数目的孔隙, 这样才可以按连续介质的概念要求进行有意义的统计平均。像流体密度一样, 我们研究多孔介质孔隙率的定义。

设 P 是多孔介质区域内的一个数字点, 今考虑一个比单个孔隙或颗粒大得多的体积 ΔU_i, 设 ΔU_i 为一球体, P 是它的质心, 在该 ΔU_i 内的孔隙体积为 ΔU_v, 两者的比值即为多孔介质的孔隙率, 表述为

$$n_i = (\Delta U_v)/\Delta U_i \tag{3.1.2}$$

逐渐地由大向小改变 ΔU_i 的尺寸, 就可以获得一系列 $n_i(\Delta U_i)$, 见图 3.1.2(孔隙率与表征体元的定义)。在图 3.1.2 中, 我们把孔隙率 n_i 趋于稳定的最小体积确定为 ΔU_0, 当体积 ΔU_i 小于 ΔU_0 时, 甚至远小于 ΔU_0 时, 孔隙率随体积变化而大幅摆动, 甚至于到更小体积时出现了孔隙率为 “0” 和为 “1” 的情况, 这说明 ΔU_i 与单个孔隙的体积相当, 取得太小, 根本就不具有统计平均的意义。当体积 ΔU_i 大于 ΔU_0 很多时, 对于非均质的多孔介质而言, 其孔隙率也随着 ΔU_i 的增大而变化, 这种情况就更为复杂了。

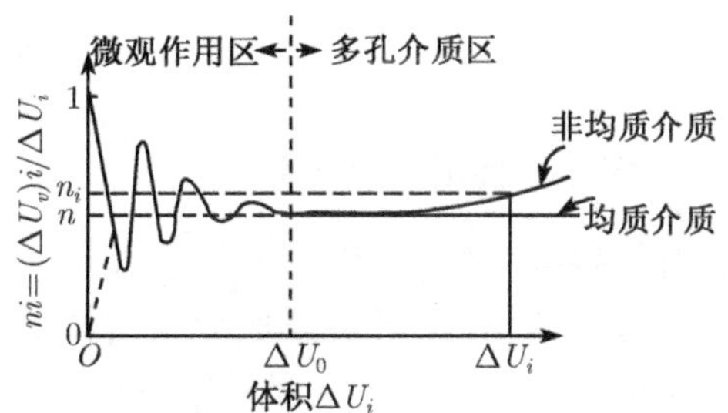

图 3.1.2 孔隙率及表征体元的定义

多孔介质在 P 点的体孔隙率 $n(P)$ 则定义为 $\Delta U_i \to \Delta U_0$ 时, 比值 n_i 的极限

$$n(P) = \lim_{\Delta U_i \to \Delta U_0} \frac{(\Delta U_v)_i}{\Delta U_i} \tag{3.1.3}$$

对于 $\Delta U_i < \Delta U_0$ 的微观作用区, 没有能代表 P 点孔隙率的单一数值。所以, 体积 ΔU_0 就是多孔介质在数字点 P 处的表征体积单元, ΔU_0 就是表征体元的尺度或称为特征尺寸。显然 $\Delta U_i \to 0$ 时上式的极限没有意义, 而从表征体元的定义看, 这个体积增减几个孔隙对孔隙率不会有影响。如此取每一个数字点 P 都可以得到对应的孔隙率 n, 结果形成了空间的连续函数 $n(P)$。这样, 通过引入表征体积单元与孔隙率的概念, 实际的多孔介质就为一种假想的连续介质所代替, 而且在多孔介质中, 描述孔隙率的表征体积单元也同样可以描述多孔介质的其他参量, 如速度、比流量等, 而且其表征体积单元的特征尺寸不变。

在流动发生的多孔介质区域内, 假设 $(\Delta A_j)_0$ 表示在以 P 点为中心的 REV 的面向 I_j 方向的一个表征面元 REA, 通过 (ΔA_j) 的流体质点具有方向和大小都不相同的速度矢量, 我们把孔隙内流体质点的这些速度称为局部速度或微观速度。则通过表征体元 REV 的 (ΔA_j) 的总流量由下式确定:

$$Q_{j\text{o}} = \int_{(\Delta A_{vj})_0} V_j \mathrm{d}A_{vj} \tag{3.1.4}$$

V_j 即为通过 $(\Delta A_j)_0$ 面上的 ΔI_j 方向的速度分量, $V_j = V \cdot I_j$ 则把在 I_j 方向上通过 $(\Delta A_j)_0$

的比流量 q_{jo} 定义为

$$q_{jo} = Q_{jo}/(\Delta A_j)_0 \tag{3.1.5}$$

即比流量 q_{jo} 等于总流量 Q_{jo} 除以 REA 的总面积。

实际上这里介绍的多孔介质的连续介质的方法, 就是用一种假想的连续介质代替实际的多孔介质, 对于这种假想的连续介质的任一点, 都可以把运动变量和动力参量看成是空间坐标和时间的连续函数。由于多孔介质是由固体骨架和孔隙内的流体组成的一类物质, 也就是说它是由固相和流体相所组成, 流体相有时候有液体、气体, 也有不溶混的两种液体组成, 因此为了表征不同的物理量, 许多时候我们就必须用若干重叠的连续介质代替多孔介质, 而其中的每一种连续介质代表一相, 且充满整个多孔介质区域, 在空间中的每一点我们可以规定这些连续介质中任一介质的性质, 在这些连续介质中还可以发生交互作用。

3.2　岩体介质性态的分类

3.2.1　裂隙岩体的特征体积

对于裂隙岩体, 人们也进行了大量的研究, 企图寻找出裂隙岩体的表征体元。人们为表征现场岩体的特性, 希望采取大块岩样的实验, 按照这个想法得到图 3.2.1 的曲线。Hudson 等 (1989) 认为: 随着岩样尺寸的变化, 所得出的岩石特性参数也是不相同的, 但当岩样尺寸达到一定尺度时, 其参数趋于定值, 这时的岩样体积称之为表征体积, 表征体积实质上也是岩样的临界尺寸。

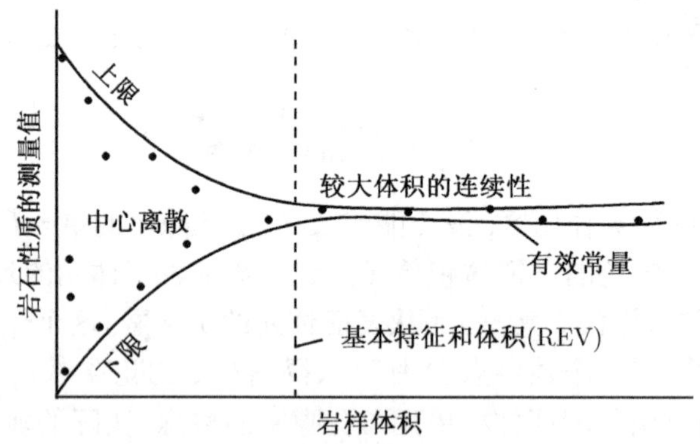

图 3.2.1　岩石尺寸对测量结果的影响

张有天 (1990) 认为, 裂隙岩体的 REV 很大, 甚至不存在 REV。Witherspoon 等 (1980) 认为, 三维裂隙网络连通性好, 其 REV 值比二维的小。总之, 许多研究表明, 裂隙岩体是否存在 REV 尚有较大的争议。

裂隙岩体表征体积单元的思想可用图 3.2.2 清楚表述, 从图可见, 仅当所研究的区域包含有足够多的裂隙时, 其表征岩体性态的物理量就趋于定值。通过上述讨论可见, 岩体表征体积单元在多孔介质多场耦合作用研究中具有相当重要的地位。以下我们将从表征体积单元尺度粗略地论述各类岩体所应遵循的研究方法。

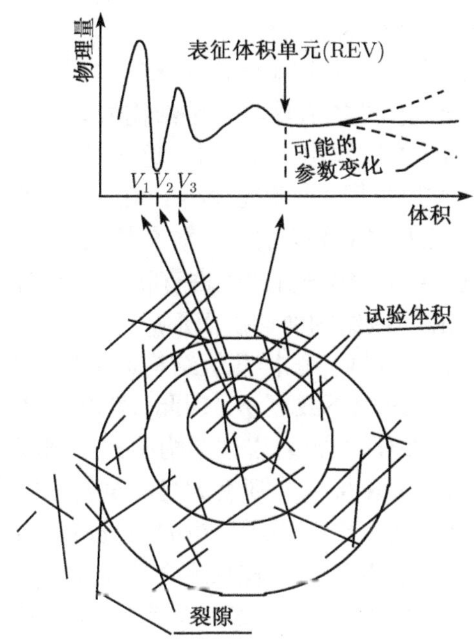

图 3.2.2 裂隙岩体表征体积单元 (Elsworth, 1989)

3.2.2 岩石骨架介质类型

孙广忠 (1988) 在岩体结构力学理论中, 从结构面特征与规模出发, 将岩体分为块裂结构岩体、完整结构岩体、碎裂结构岩体与散体结构岩体四种基本类型, 并进而根据各类岩体的力学作用机制归纳为三种岩体介质类型, 即块裂介质、碎裂介质与连续介质。

大量研究表明, 对一个具体的工程问题进行分析与研究时, 所应选择的研究方法取决于岩体表征体积单元尺度与工程尺度的相互关系。国际岩石力学采矿科学杂志主编 Hudson 对此有很好的论述, 作为工程材料的岩体与土体和金属材料有巨大不同, 土体与金属材料的颗粒尺寸与工程尺寸相比小得多, 故二者均可以按连续介质考虑, 但岩体的基质块体尺寸恰与工程尺寸相当, 因此, 必须充分考虑非连续面的特性对工程性态的影响, Hudson(1989) 用图 3.2.3 作了解释。

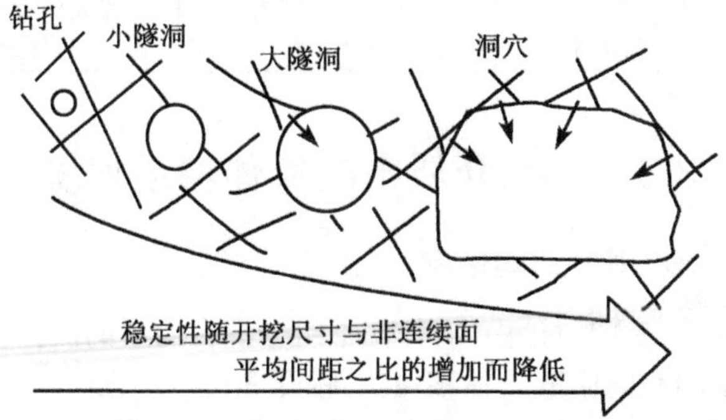

图 3.2.3 岩石结构和洞室相互作用的尺寸效应 (Hudson, 1989)

从图中四个不同尺寸的洞室, 人们也许认为它们的破坏情况是不一样的, 因为大洞室遇到的破裂面比小洞更多, 相应的破裂区也就更大。

为此, 以下论述介质类型划分时, 我们始终围绕表征体元与工程尺度来论述。

连续介质类岩体主要包含散体结构岩体与完整结构岩体, 前者是一种类土材料, 后者则由孔隙与不相互连通的微裂隙起控制作用。因此对于这一类岩体介质, 其表征体积单元很小, 也可以说, 表征体积单元 (REV) 的线性尺度远远小于相应的工程尺度 (小于 $1/10^4$), 故无论是研究固体变形、流体渗透, 还是二者相互作用 (如有效应力规律) 都可以用多孔介质的连续方法来处理。这一类岩体在岩体工程分析中也占有相当的比例, 不应被忽视。

碎裂介质岩体主要是由Ⅲ, Ⅳ级结构面切割而形成的一类岩体结构。这一类结构面延展较短, 结构面的长度大都在几十米以内, 这样几组结构面交错、切割而形成的碎裂介质结构岩体的基质岩块的尺度大都在几米以下或更小。因此, 可以肯定, 这一类岩体的表征体积单元不会太大, 孙广忠 (1981) 在报道两个板岩岩体结构的抗压强度与抗剪强度实验时, 说明其强度稳定的起始尺寸基本为 60cm 或 0.3m^3, 还有大量的试验可以说明, 这一类岩体的表征体积单元尺度并不大。多孔介质多场耦合作用所分析的工程范围较一般的岩石力学范围更大, 碎裂介质岩体表征体积单元的线性尺度与工程尺度之比小于 1/100, 体积尺度则小于 $1/10^6$, 因此对于这一类岩体, 我们认为可以按等效连续介质来研究。与连续介质不同之处是表征体元遵循的物性方程更多地由裂隙介质特征来表征。

块裂介质岩体主要是与工程规模相当的结构面所切割而构成的一类岩体结构, 也就是被切割的基质岩块尺寸与工程尺寸相当, 或表征体积单元的线性尺度与工程尺度之比大于 $1/10^2$。对于这一类岩体介质, 只能按照岩体结构力学方法处理。在进行多孔介质耦合固定作用分析时, 固体变形方法应采用基质连续体与结构面变形分析相结合的方法。其流体渗流分析也是如此, 结构面用裂隙渗流的处理方法, 基质岩块用连续介质的渗流方法。其耦合作用的分析方法, 基质单元采用连续介质有效应力分析, 结构采用结构的有效应力分析。

归纳以上所述, 在进行多孔介质多场耦合作用分析时, 根据表征体积单元的线性尺度与工程尺度之比值, 岩体介质可以分为三类, 如表 3.2.1 所示。表中所给: L_{REV}/工程尺度的具体分类指标值可以通过误差分析证明其合理性。

表 3.2.1 岩体介质性态分类表

结构分类	介质类型	L_{REV}/工程尺度	采取的研究方法
完整与散体岩体	连续介质	$< 10^{-4}$	连续介质力学分析方法
碎裂岩体	拟连续介质	$10^{-2} \sim 10^{-4}$	修正的连续介质力学分析方法
块裂岩体	块裂介质	$> 10^{-2}$	岩体结构力学分析方法

3.3 多孔介质中的流体输运速度

3.3.1 多组分流体的质量、体积平均速度

我们研究多组分流体, 专门讨论由 N 种化学组分混合而成的流体体系中的某一 α 组分。在多组分流体体系占据的空间中取一体积 $\mathrm{d}U$, 假设 $\mathrm{d}m_\alpha$ 和 $\mathrm{d}m$ 分别是这体积内 α 组分和流体体系的瞬时质量, 于是可以把 α 组分的质量密度 ρ_α 定义为流体单位体积内 α 组分的质量:

$$\rho_\alpha = \mathrm{d}m_\alpha/\mathrm{d}U \tag{3.3.1}$$

$$\rho = \sum_{\alpha=1}^{N} \rho_\alpha = \sum_{\alpha=1}^{N} (\mathrm{d}m_\alpha/\mathrm{d}U) = \left(\sum_{\alpha=1}^{N} \mathrm{d}m_\alpha\right) \Big/ \mathrm{d}U = \mathrm{d}m/\mathrm{d}U \tag{3.3.2}$$

式中, ρ 是流体体系的密度。

由于是多组分体系, 其中某一 α 组分质点的速度分布, 以及迹线与流体体系质点的速度分布和迹线并不相同。有时还要用到 α 组分的质量百分数 w_α 的定义, α 组分的质量百分数定义为单位质量的流体体系中所包含的 α 组分的质量

$$w_\alpha = \rho_\alpha/\rho, \quad \sum_{\alpha=1}^{N} w_\alpha = 1 \tag{3.3.3}$$

相对于固定坐标系而言, α 组分在一点 P 的速度 V_α 就是 $\mathrm{d}U$ 内 α 组分的各个分子统计平均速度, 其质量平均速度定义为

$$V^* = \left(\sum_{\alpha=1}^{N} \rho_\alpha V_\alpha\right) \Big/ \sum_{\alpha=1}^{N} \rho_\alpha = \left(\sum_{\alpha=1}^{N} \rho_\alpha V_\alpha\right) \Big/ \rho = \sum_{\alpha=1}^{N} V_\alpha w_\alpha \tag{3.3.4}$$

式中, V^* 表示单位质量流体流动的速度。

$$\rho V^* = \left(\sum_{\alpha=1}^{N} \rho_\alpha v_\alpha\right) \tag{3.3.5}$$

ρV^* 表示单位体积流体的动量。

多组分体系的体积平均速度 V' 定义为

$$V' = \sum_{(\alpha)} \rho_\alpha u_\alpha v_\alpha \tag{3.3.6}$$

式中, u_α 是部分比容, 其定义为 $u_\alpha = \partial U/\partial m_\alpha$, 这里有

$$\sum_{\alpha=1}^{N} (\partial U/\partial m_\alpha)(\mathrm{d}m_\alpha/\mathrm{d}U) = \sum_{\alpha=1}^{N} \rho_\alpha u_\alpha = 1 \tag{3.3.7}$$

体积平均速度 V' 主要用于溶液的体积随浓度变化的情况。

为了方便讨论多孔介质物质输运的情况, 引入一个更广义概念 —— 物质的外延量或称广延量 (entensive property), 它是依赖于和它相关联的物质的质量的一种物理量, 如体积、能量、动量和动能都是外延量的例子, 外延量本身可以是纯量、向量和任意秩的张量。用 G 表示流体体系的外延量。对于多组分体系也可以考虑某一种组分的外延量, 例如, α 组分的外延量 G_α、它的速度 $V_{G\alpha}$ 与以质量为基本物理量给出的外延量相对应, 也可以用体积或其他量为基本物理量给出相应的外延量的定义。

我们可以引入 G(或 G_α) 的密度 g 或 g_α。g 或 g_α 定义为流体体系或 α 组分的单位体积所具有的外延体积量 G 或 G_α 的数量。因此, 对于给定的体积 U, 我们有

$$G_\alpha(x,t) = \int_{(U(x))} g_\alpha(x',t)\mathrm{d}U(x') \tag{3.3.8}$$

式中, x 和 x' 表示 U 的质心的坐标和 U 中某一任意点的坐标, 两者都是相对于固定坐标系而言的。用此概念则将多组分体系的外延量 G 的速度 V_G 定义为

$$V_G = \sum_{(\alpha)}(g_\alpha V_{G\alpha}) \Big/ \sum_{(\alpha)} g_\alpha \tag{3.3.9}$$

式中, $V_{G\alpha}$ 是 G_α 的传输速度。

3.3.2 实质导数

按照 Lagrange 法跟踪一个任意性质的流体质点时, 为了表示该性质对时间的偏导数, 将使用符号 $\mathrm{D}(\,)/\mathrm{D}t$, 它称为物质导数, 或实质导数 (substantial devivative), 或称为全导数。

今考虑 G_α 质点的一种性质 $B_\alpha(x,y,z,t)$。例如, 速度 V^* 或密度 ρ。利用隐函数的求导规则, 得

$$\frac{\mathrm{D}B_\alpha}{\mathrm{D}t} = \frac{\partial B_\alpha}{\partial x}\frac{\partial x}{\partial t} + \frac{\partial B_\alpha}{\partial y}\frac{\partial y}{\partial t} + \frac{\partial B_\alpha}{\partial z}\frac{\partial z}{\partial t} + \frac{\partial B_\alpha}{\partial t} \tag{3.3.10}$$

由此简化写为

$$\frac{\mathrm{D}B_\alpha}{\mathrm{D}t} = \frac{\partial B_\alpha}{\partial t} + (V_{G\alpha})_x\frac{\partial B_\alpha}{\partial x} + (V_{G\alpha})_y\frac{\partial B_\alpha}{\partial y} + (V_{G\alpha})_z\frac{\partial B_\alpha}{\partial z} \tag{3.3.11}$$

采用向量形式, 方程 (3.3.11) 可写成

$$\frac{\mathrm{D}B_\alpha}{\mathrm{D}t} = \frac{\partial B_\alpha}{\partial t} + V_{G\alpha}\mathrm{grad}\ B_\alpha \equiv \frac{\partial B_\alpha}{\partial t} + (V_{G\alpha}\cdot\boldsymbol{\nabla})B_\alpha \tag{3.3.12}$$

式 (3.3.12) 的右端是两项之和, 第一项 $\partial B_\alpha/\partial t$ 称为局部导数, 在非稳定流动中, 它表示在空间的固定点上 B_α 随时间的变化率; 第二项称为对流导数, 它表示所考虑的质点从一个地方对流到 B_α 数值不同的另一个地方所造成 B_α 的变化。例如, 对于密度 ρ 和 ρ_α, 其速度为 V^* 和 V_α, 则方程可以写为

$$\frac{\mathrm{D}\rho}{\mathrm{D}t} = \frac{\partial \rho}{\partial t} + V^*\cdot\mathrm{grad}\ \rho$$

$$\frac{\mathrm{D}\rho_\alpha}{\mathrm{D}t} = \frac{\partial \rho_\alpha}{\partial t} + U_\alpha\cdot\mathrm{grad}\ \rho_\alpha \tag{3.3.13}$$

3.4 普遍的守恒定律

这里以多组分流体并按照连续介质方法, 假定每种组分本身都是充满整个空间的连续介质, 讨论普遍的守恒定律。

考虑流体的某种外延量 G_α(如质量、动量等), 设它具有一定的初始数量, 在 t 时刻被包含在由曲面 S 所包围的一部分空间体积 U 内 (图 3.4.1)。如果研究 G_α 的初始量在其运动过程中的情况, 则通常它所占有的体积是连续变化的, 因此有 $U=U(x,t)$(Lagrange 法)。G_α 随时间的变化率可以表示为 $\mathrm{D}G_\alpha/\mathrm{D}t$。

在 t 到 $t'=t+\mathrm{d}t$ 的一段时间里, 物质体积 (体系) 运动并且变形, 它在 $t+\Delta t$ 时刻的位置和形状如图 3.4.1 的虚线所示。体系在 t 时刻 (联系着体积 U 及曲面 S) 和 $t+\Delta t$ 时刻

(联系着体积 U' 及曲面 S') 是由三个区域构成的：$U=U_1+U_2$, $U'=U_2+U_3$。其中区域 U_2 为 U 和 U' 所共有。对于该运动体系来说，G_α 的时间变化率可表示为

$$\left.\frac{\mathrm{D}G_\alpha}{\mathrm{D}t}\right|_{\text{体系}}=\lim_{\Delta t\to 0}\left\{\frac{[(G_\alpha)_2+(G_\alpha)_3]_{t+\Delta t}-[(G_\alpha)_1+(G_\alpha)_2]_t}{\Delta t}\right\} \tag{3.4.1}$$

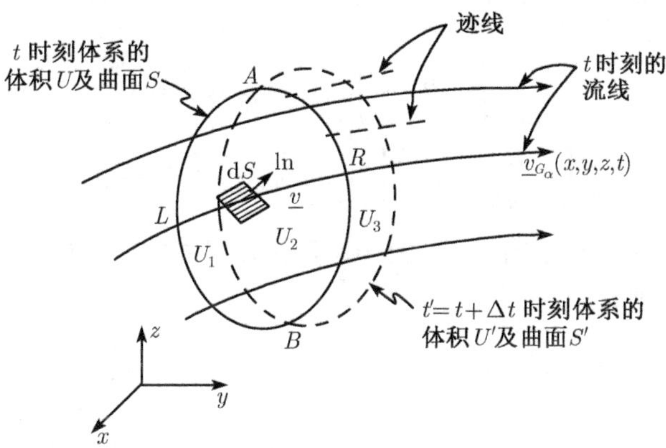

图 3.4.1　推导运输定理所采用的符号

方程 (3.4.1) 可以写成

$$\left.\frac{\mathrm{D}G_\alpha}{\mathrm{D}t}\right|_{\text{体系}}=\lim_{\Delta t\to 0}\left\{\frac{[(G_\alpha)_2]_{t+\Delta t}-[(G_\alpha)_2]_t}{\Delta t}\right\}+\lim_{\Delta t\to 0}\frac{[(G_\alpha)_3]_{t+\Delta t}}{\Delta t}-\lim_{\Delta t\to 0}\frac{[(G_\alpha)_1]_t}{\Delta t} \tag{3.4.2}$$

式中, $(G_\alpha)_i=\int_{(U_i)}g_\alpha \mathrm{d}U,\quad i=1,2,3$。

当 $\Delta t\to 0$ 时, 体积 $U_2\to U_0$, 因此在取极限后, 方程 (3.4.2) 右端的第一项即变为

$$\lim_{\Delta t\to 0}\left\{\frac{[(G_\alpha)_2]_{t+\Delta t}-[(G_\alpha)_2]_t}{\Delta t}\right\}=\frac{\partial}{\partial t}(G_\alpha) \tag{3.4.3}$$

根据 $(G_\alpha)_3$ 的定义, 有

$$\frac{[(G_\alpha)_3]}{\Delta t}\approx\frac{1}{\Delta t}\int_{ARB}g_\alpha V_{G\alpha}(t)\bigg|_{ARB}\cdot\mathrm{d}S\Delta t$$

则方程 (3.4.2) 右端的第二个积分的被积函数近似表示为 G_α 在 Δt 时间内通过 U_2 和 U_3 所共有的曲面 ARB 的平均出流率。当 $\Delta t\to 0$ 时, 比值 $(G_\alpha)_3/\Delta t$ 即变为 G_α 通过控制体积 U 的曲面 ARB 的精确出流率。类似地, 方程 (3.4.2) 右端的最后一个极限表示 G_α 通过 U_1 和 U_2 所共有的曲面 ALB 流入 U 的精确入流率。方程 (3.4.2) 的最后两项组合起来表示 G_α 在 t 时刻通过 U 的整个曲面 S 的净入流率。如果利用与曲面 S 的面元相垂直的单位外法线向量, 则净入流率可表示为

$$\int_{(s)}g_\alpha V_{G\alpha}\cdot\mathrm{d}S$$

则方程 (3.4.2) 变为

$$\left.\frac{\mathrm{D}G_\alpha}{\mathrm{D}t}\right|_{\text{体系}}=\frac{\partial}{\partial t}\int_{(u)}g_\alpha dU+\int_{(s)}g_\alpha V_{G\alpha}\mathrm{d}S \tag{3.4.4}$$

方程 (3.4.4) 左端, 表示体系运动时 G_α 的变化, 右端表示 t 时刻体积 U 内的变化和通过表面 S 的流量。而且速度 $V_{G\alpha}$ 是相对于固定坐标架的。

在 u 内不存在源和汇的情况下, G_α 的变化只能由通过曲面 S 的净出流量的变化而引起, 由此得到

$$\int_{(u)}\frac{\partial g_\alpha}{\partial t}\mathrm{d}U+\int_{(s)}g_\alpha V_{G\alpha}\cdot\mathrm{d}S=0 \tag{3.4.5}$$

$$\int_{(u)}\frac{\partial g_\alpha}{\partial t}\mathrm{d}U+\int_{(u)}\mathrm{div}(g_\alpha V_{G\alpha})\mathrm{d}U=0 \tag{3.4.6}$$

如果因内部作用 (如化学作用), 所论外延量在 U 内每单位体积以 I_α 的速度不断产生, 则也引起 G_α 的变化, 则有

$$\int_{(u)}\frac{\partial g_\alpha}{\partial t}\mathrm{d}U+\int_{(s)}g_\alpha V_{G\alpha}\cdot\mathrm{d}S=\int_{(u)}I_\alpha\mathrm{d}U \tag{3.4.7}$$

方程 (3.4.7) 说明, U 内 G_α 的增长速度等于所考虑的 α 组分的该种性质通过曲面 S 进入 U 中的速度和 U 内产生该种性质的速度之和。

对方程 (3.4.7) 中的曲面积分应用高斯定理, 则此方程可以改写成如下形式:

$$\int_{(u)}\left[\frac{\partial g_\alpha}{\partial t}+\mathrm{div}(g_\alpha V_{G\alpha})-I_\alpha\right]\mathrm{d}U=0 \tag{3.4.8}$$

因为体积 U 是任意的, 要方程 (3.4.8) 对所有的体积都成立, 其被积函数必须等于零。因此获得

$$\frac{\partial g_\alpha}{\partial t}+\mathrm{div}(g_\alpha V_{G\alpha})-I_\alpha=0 \tag{3.4.9}$$

方程 (3.4.9) 就是 α 组分的一种性质的普遍的守恒方程。

3.5 流体连续介质的质量、动量和能量守恒方程

本节介绍由方程 (3.4.9) 表示的普遍守恒方程导出的流体的各种外延量的守恒方程。

1. 一种组分的质量守恒方程

对于多组分体系的 α 组分来说, 令 $g_\alpha=\rho_\alpha$ 和 $V_{G\alpha}=V_\alpha$, 代入方程 (3.4.9) 得

$$\frac{\partial\rho_\alpha}{\partial t}+\mathrm{div}(\rho_\alpha V_\alpha)=I_\alpha \tag{3.5.1}$$

式中, I_α 是流体体系中单位体积中由于化学反应而产生的 α 组分的质量速度, 其量纲为 $\mathrm{M}_\alpha\cdot\mathrm{L}^{-3}\cdot\mathrm{T}^{-1}$。方程 (3.5.1) 就是 α 组分的质量守恒方程。该方程用全导数的形式表述为

$$\frac{\mathrm{D}\rho_\alpha}{\mathrm{D}t}+\rho_\alpha\mathrm{div}\ V_\alpha=I_\alpha \tag{3.5.2}$$

若无化学反应, 则 I_α 为 0, 则方程 (3.5.2) 变为

$$\frac{\mathrm{D}\rho_\alpha}{\mathrm{D}t}+\rho_\alpha\mathrm{div}\ V_\alpha=0 \tag{3.5.3}$$

2. 流体体系的质量守恒方程

多组分体系的质量守恒方程推导, 可以采用对多组分体系的所有 α 组分求和, 我们得到

$$\frac{\partial \rho}{\partial t}+\operatorname{div}(\rho V^*)=0 \tag{3.5.4}$$

这就是流体体系的连续性方程, 也称为质量守恒方程。它表示 Euler 空间坐标系中的质量守恒。方程 (3.5.4) 也可以写成以下的两种形式:

$$\frac{\partial \rho}{\partial t}+\rho\operatorname{div} V^*+V^*\operatorname{grad}\rho=0 \tag{3.5.5}$$

$$\frac{D\rho}{Dt}+\rho\operatorname{div} V^*=0 \tag{3.5.6}$$

3. α 组分的线性动量守恒方程

如果把普遍守恒方程中的外延量 g_α 取作动量 (线性动量), 即 $g_\alpha=\rho_\alpha V_\alpha$, 它表示每单位体积混合物中 α 组分的动量, 则有 $I_\alpha=I_{\mathrm{m}\alpha}, V_{G\alpha}=V_{\mathrm{m}\alpha}$, 代入方程 (3.4.9), 则得到

$$\frac{\partial(\rho_\alpha V_\alpha)}{\partial t}+\operatorname{div}(\rho_\alpha V_\alpha V_{\mathrm{m}\alpha})=I_{\mathrm{m}\alpha} \tag{3.5.7}$$

式中, $I_{\mathrm{m}\alpha}$ 表示动量密度 $\rho_\alpha V_\alpha$ 产生的速率, $V_{\mathrm{m}\alpha}$ 是 α 组分的动量在流体区域里传播的速度。

令 $J_{\mathrm{m}\alpha}=\rho_\alpha V_\alpha V_{\mathrm{m}\alpha}$, 表示 α 组分相对于固定坐标的动量通量, $J^*_{\mathrm{m}\alpha}=\rho_\alpha V_\alpha V^*_{\mathrm{m}\alpha}=\rho_\alpha V_\alpha(V_{\mathrm{m}\alpha}-V^*)$ 是 α 组分的相对质量平均速度的动量通量, 则有

$$J_{\mathrm{m}\alpha}=\rho_\alpha V_\alpha V^*+J^*_{\mathrm{m}\alpha} \tag{3.5.8}$$

将式 (3.5.8) 代入式 (3.5.7), 则有

$$\frac{\partial(\rho_\alpha V_\alpha)}{\partial t}+\operatorname{div}(\rho_\alpha V_\alpha V^*)+\operatorname{div}(J^*_{\mathrm{m}\alpha})=I_{\mathrm{m}\alpha} \tag{3.5.9}$$

4. 流体体系的线性动量守恒方程

令普遍的守恒方程 (3.4.9) 中的外延量 $g_\alpha=\rho V^*, V_{G\alpha}=V_{\mathrm{m}}$ 表示动量质点的速度, $I_\alpha=\sum\limits_\alpha \rho_\alpha F_\alpha$, F_α 是作用在 α 组分质点上的、每单位质量 α 组分的外力, 这是牛顿第二定律的结果, 它说明动量密度产生的速率等于所有外力的合力。将各量代入普遍守恒方程 (3.4.9) 我们得到

$$\frac{\partial(\rho V^*)}{\partial t}+\operatorname{div}(\rho V^* V_{\mathrm{m}})=\sum_\alpha \rho_\alpha F_\alpha \tag{3.5.10}$$

令 $J_{\mathrm{m}}=\rho V^* V_{\mathrm{m}}$ 表示相对于固定坐标架的动量通量, $J^*_{\mathrm{m}}=\rho V V^*_{\mathrm{m}}=\rho V^*(V_{\mathrm{m}}-V^*)$ 是相对于 V^* 的动量通量, 则有

$$J_{\mathrm{m}}=\rho V^* V^*+J^*_{\mathrm{m}} \tag{3.5.11}$$

将方程 (3.5.10) 和 (3.5.11) 合并得

$$\frac{\partial(\rho V^*)}{\partial t}+\operatorname{div}(\rho V^* V^*)+\operatorname{div} J^*_{\mathrm{m}}=\sum_\alpha \rho_\alpha F_\alpha \tag{3.5.12}$$

式 (3.5.12) 说明, 动量和质量一样, 也是同时以两种方式被输运, 一是由流体的总体运动所产生的通量 (ρV^*V^*), 由方程左端第二项表示; 二是由分子运动所引起的扩散通量, 由方程左端第三项表示。

方程 (3.5.11) 中 J_{m}^* 表示分子运动所引起的扩散通量, 它等于流体压力张量的负值, 即等于二秩对称应力张量 σ 的负值, 其分量为 σ_{ij}。

$$J_{\mathrm{m}}^* = -\sigma \tag{3.5.13}$$

通常 $\boldsymbol{\sigma}$ 分为两部分, 一是压力 p 的贡献, 二是黏滞力 P 的贡献, 则应力张量 σ_{ij} 可表示为

$$\sigma_{ij} = -p\delta_{ij} + P_{ij} \tag{3.5.14}$$

δ_{ij} 为 Kronecker 记号, P_{ij} 为动量的第 i 个分量在第 j 个方向的通量, 如此得到

$$J_{\mathrm{m}} = \rho V^*V^* + p\delta - P \tag{3.5.15}$$

将式 (3.5.14) 代入式 (3.5.12), 则得到用压力和黏滞力表示的动量守恒方程:

$$\frac{\partial(\rho V^*)}{\partial t} + \mathrm{div}(\rho V^*V^*) + \mathrm{div}(p\delta) - \mathrm{div}\ P = \sum_{(\alpha)} \rho_\alpha F_\alpha \tag{3.5.16}$$

方程 (3.5.16) 可以进一步写成如下的形式, 称为 Cauchy 方程:

$$\rho\frac{\mathrm{D}V^*}{\mathrm{D}t} = -\mathrm{grad}\ p + \mathrm{div}\ P + \sum_{(\alpha)} \rho_\alpha F_\alpha \tag{3.5.17}$$

式中, $\rho\dfrac{\mathrm{D}V^*}{\mathrm{D}t}$ 表示单位体积的质量乘以加速度; $-\mathrm{grad}\ p$ 表示单位体积的压力; $\mathrm{div}\ P$ 表示单位体积的黏滞力; $\sum\limits_{(\alpha)} \rho_\alpha F_\alpha$ 表示单位体积力。

流体的动量守恒方程 (3.5.17) 称为流体的 Cauchy 运动方程, 它实际上是连续介质的牛顿第二运动定律, 它表示单位体积的流体的质量与加速度的乘积等于压力、黏滞力及所有外体积力之和。

如果流体没有黏滞力时, 则 $\mathrm{div}\ P = 0$, 则 Cauchy 方程简化为

$$\rho\frac{\mathrm{D}V^*}{\mathrm{D}t} = -\mathrm{grad}\ p + \sum_{(\alpha)} \rho_\alpha F_\alpha \tag{3.5.18}$$

这就是著名的 Euler 运动方程。

如果流体服从牛顿流体的黏滞定律, 即为牛顿流体,

$$p = -\mu\frac{\partial V_i}{\partial x_i} \tag{3.5.19}$$

代入方程 (3.5.17), 则得到 N-S 方程 (Navier-Stokes 方程):

$$\rho\frac{\mathrm{D}V^*}{\mathrm{D}t} = -\mathrm{grad}\ p + \mathrm{div}\left(-\mu\frac{\partial V_i}{\partial x_i}\right) + \sum_{(\alpha)} \rho_\alpha F_\alpha \tag{3.5.20}$$

用张量形式写为

$$\rho\frac{\mathrm{D}V^*}{\mathrm{D}t}=-p_{ii,i}-(\mu V_{i,i})_{,j}+\sum_{(\alpha)}\rho_\alpha F_\alpha \tag{3.5.21}$$

若 ρ 和 μ 均为常数, 则 N-S 方程简化为

$$\rho\frac{\mathrm{D}V^*}{\mathrm{D}t}=-p_{ii,i}+\mu(V_{i,i})_{,j}+\sum_{(\alpha)}\rho_\alpha F_\alpha \tag{3.5.22}$$

$$\rho\frac{\mathrm{D}V^*}{\mathrm{D}t}=-\mathrm{grad}\,p+\mu\boldsymbol{\nabla}^2V+\sum_{(\alpha)}\rho_\alpha F_\alpha \tag{3.5.23}$$

原则上讲, 如果给出了 N-S 方程 (三个), 质量守恒方程, ρ 和 μ 的状态方程 (两个) 以及流动区域外边界上的适当条件, 即可以导出流动区域内的速度分布及压力分布。

第 4 章　流体在多孔介质中的传输理论

本章重点介绍多孔介质渗流力学的基础理论, 包括不变形与可变形介质中的质量守恒方程、承压含水层中的流动、流函数与势函数。考虑到应用的方便, 详细介绍了渗流问题的初边值条件及一个简单的应用问题。上述内容都属于多孔介质的渗流力学范畴, 而又是多孔介质多场耦合作用的基础。

4.1　不变形多孔介质中的质量守恒

4.1.1　基本连续性方程

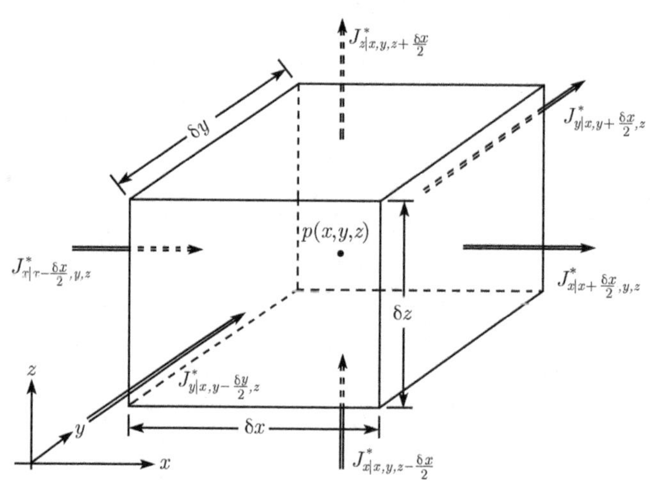

图 4.1.1　控制体的质量守恒

多孔介质中的流体渗流理论是建立在表征体积单元 (REV)(又称控制体积单元) 之上的。它的选择既不能大又不能小, 它是表征一定的物理量具有统计平均意义的临界体积单元。本节将通过研究直角坐标系 (x-y-z) 或 (x_1-x_2-x_3) 中的一个小控制体, 得到质量守恒方程或连续性方程。如果介质是各向异性的, 我们假定 (除非另有规定)x-y-z 是渗透率的主方向, 而对应的主值分别为 k_x, k_y 和 k_z。

假定围绕多孔介质区域中的点 $P(x,y,z)$ 有一个尺寸为 δx-δy-δz(其边分别平行于坐标轴 x-y-z) 的控制体。令向量 J^* 表示密度为 ρ 的流体质量通量 (单位时间通过单位面积的质量), 设 J^* 在 x, y, z 方向上的分量分别为 J_x^*, J_y^*, J_z^* 参见图 4.1.1, 在一短时段 δt 内, 通过该控制体的两个垂直于 x 方向的表面, 流入超出流出的量可用它们的差值表示:

$$\left[J_x^*\big|_{x-(\delta x/2),y,z} - J_x^*\big|_{x+(\delta x/2),y,z}\right]\delta y\delta z\delta t$$

或者近似地在 P 点周围按 Taylor 级数展开, 并忽略其 $(\delta x)^2$ 阶和更高阶的项, 得

$$-(\partial J_x^*/\partial x)\delta x\delta y\delta z\delta t$$

对另外两个方向重复上述过程, 然后相加, 我们得到通过该控制体表面流入超过流出的数量为

$$-\left(\frac{\partial J_x^*}{\partial x}+\frac{\partial J_y^*}{\partial y}+\frac{\partial J_z^*}{\partial z}\right)\delta x\delta y\delta z\delta t$$

按照质量守恒原理, 该量必等于 δt 期间此控制体内质量的变化, 即 $\partial(n\rho\Delta U_0/\partial t)\delta t$, 其中 $\Delta U_0=\delta x\delta y\delta z=$ 常数, 是控制单元的体积。因此, 我们得

$$-\left(\frac{\partial J_x^*}{\partial x}+\frac{\partial J_y^*}{\partial y}+\frac{\partial J_z^*}{\partial z}\right)=\frac{\partial(\rho n)}{\partial t}$$

或

$$\operatorname{div}J^*+\frac{\partial(\rho n)}{\partial t}=0 \tag{4.1.1}$$

质量通量 J^* 现在可表示为

$$J^*=\rho q=\rho nV^* \tag{4.1.2}$$

式中, ρ 和 q 表示平均值。根据方程 (4.1.1), 我们得到

$$\frac{\partial(\rho q_x)}{\partial x}+\frac{\partial(\rho q_y)}{\partial y}+\frac{\partial(\rho q_z)}{\partial z}+\frac{\partial(\rho n)}{\partial t}=0;$$

$$\operatorname{div}(\rho q)+\frac{\partial(\rho n)}{\partial t}=0 \tag{4.1.3}$$

对于不变形的介质, $n=$ 常数, 于是方程 (4.1.3) 变为

$$\operatorname{div}(\rho q)+n\frac{\partial\rho}{\partial t}=0 \tag{4.1.4}$$

将推广的达西定律 (本构方程, 或能量守恒方程) 代入方程 (4.1.3) 得

$$\frac{\partial}{\partial x}\left(\rho k_x\frac{\partial\varphi}{\partial x}\right)+\frac{\partial}{\partial y}\left(\rho k_y\frac{\partial\varphi}{\partial y}\right)+\frac{\partial}{\partial z}\left(\rho k_z\frac{\partial\varphi}{\partial z}\right)+\frac{\partial(\rho n)}{\partial t}=0 \tag{4.1.5}$$

式中, φ 为势函数。

4.1.2 不可压缩流体渗流的控制方程

在不可变形的介质中, 如果流体是不可压缩的, 即 $\rho=\text{const.}$, 我们得到

$$\frac{\partial q_x}{\partial x}+\frac{\partial q_y}{\partial y}+\frac{\partial q_z}{\partial z}=0 \quad \text{或} \quad \operatorname{div}q=0 \tag{4.1.6}$$

式 (4.1.6) 也可以写成:

$$\frac{\partial}{\partial x}\left(k_x\frac{\partial\varphi}{\partial x}\right)+\frac{\partial}{\partial y}\left(k_y\frac{\partial\varphi}{\partial y}\right)+\frac{\partial}{\partial z}\left(k_z\frac{\partial\varphi}{\partial z}\right)=0$$

或

$$\frac{\partial}{\partial x_i}\left(k_i\frac{\partial\varphi}{\partial x_i}\right)=0 \tag{4.1.7}$$

如果流体是不可压缩的, 而且介质是均质的, 则式 (4.1.7) 为

$$k_x\frac{\partial^2\varphi}{\partial x^2}+k_y\frac{\partial^2\varphi}{\partial y^2}+k_z\frac{\partial^2\varphi}{\partial z^2}=0 \tag{4.1.8}$$

因为 $\varphi = z + p/\gamma$, 又有 $k_x \dfrac{\partial^2 p}{\partial x^2} + k_y \dfrac{\partial^2 p}{\partial y^2} + k_z \dfrac{\partial^2 p}{\partial z^2} = 0$ (4.1.9)

如果流体不可压缩, 且介质是均质各向同性的, 则有

$$\nabla^2 \varphi = \frac{\partial^2 \varphi}{\partial x^2} + \frac{\partial^2 \varphi}{\partial y^2} + \frac{\partial^2 \varphi}{\partial z^2} = 0 \tag{4.1.10}$$

$$\nabla^2 p = \frac{\partial^2 p}{\partial x^2} + \frac{\partial^2 p}{\partial y^2} + \frac{\partial^2 p}{\partial z^2} = 0 \tag{4.1.11}$$

方程 (4.1.10) 与 (4.1.11) 说明, 在均质、各向同性、不可变形的介质中, 不可压缩流体的渗流场中势的分布 $\varphi(x, y, z, t)$ 和压力分布 $p(x, y, z, t)$ 均服从 Laplace 方程。这类方程广泛用来描述通过多孔介质的流动问题, 如地下水流动等。此外, 方程 (4.1.10) 中不包含 k 这一事实, 完全类似于弹性力学平面问题中的用应力函数表示的平面应力与平面应变问题, 它说明, 对于这类问题, φ 的分布完全取决于流动区域的几何形状, 一旦获得 $\varphi(x, y, z, t)$, 流量 q 就仅仅依赖于渗透系数 k。换句话说, 当缺乏渗透系数 k 的资料时, 可以从 $\varphi(x, y, z, t)$ 导出 q/k。

4.1.3 可压缩流体渗流的控制方程

将气体的状态方程与达西定律代入式 (4.1.3), 将得到等温状态下气体的流动方程:

$$\frac{\partial}{\partial x}\left(\frac{k_x}{2\mu}\frac{1}{Z(p)}\frac{\partial p^2}{\partial x}\right) + \frac{\partial}{\partial y}\left(\frac{k_y}{2\mu}\frac{1}{Z(p)}\frac{\partial p^2}{\partial y}\right) + \frac{\partial}{\partial z}\left(\frac{k_z}{2\mu}\frac{1}{Z(p)}\frac{\partial p^2}{\partial z}\right) = n\frac{\partial}{\partial t}\left(\frac{p}{Z(p)}\right) \tag{4.1.12}$$

若对于理想气体, 则 $Z(p) = 1$, 如果介质是均质和各向同性的, 且假定 μ 为常量, 则 (4.1.12) 式可以简化成

$$\nabla^2 p^2 = \frac{n\mu}{2k}\frac{\partial p}{\partial t}$$

$$\nabla^2 p^2 = \frac{n\mu}{kp}\frac{\partial p^2}{\partial t} \tag{4.1.13}$$

方程 (4.1.12) 与 (4.1.13) 清楚说明, 可压缩流体在多孔介质中流动遵循的是一个非线性的控制方程。

4.2 可压密介质中的质量守恒

为讨论方便, 这里假定介质完全被单相的、可压缩的或不可压缩的均质流体所饱和。同前面一样, 研究图 4.1.1 所示控制体元的质量守恒。

考虑到固体介质的可变形性, 将方程 (4.1.3) 改写为

$$\frac{\partial(\rho q_x)}{\partial x} + \frac{\partial(\rho q_y)}{\partial y} + \frac{\partial(\rho q_z)}{\partial z} + n\frac{\partial \rho}{\partial t} + \rho\frac{\partial n}{\partial t} = 0 \tag{4.2.1}$$

4.2.1 固体骨架的可压缩性

固体骨架在总应力 σ 与流体静压力 p 作用下, 在一维状态下 (考虑垂向) 的有效应力 σ' 可表示为

$$\sigma = \sigma' + p \quad (\text{设压应力为正}) \tag{4.2.2}$$

为方便研究, 引入多孔介质的体积压缩系数的定义。

饱和多孔介质的体积压缩系数定义为单位应力或单位孔隙压变化所引起的多孔介质的整体体积的相对变化, 分别表示为

$$\alpha_{\mathrm{b}}' = -\frac{1}{u_{\mathrm{b}}}\frac{\mathrm{d}u_{\mathrm{b}}}{\mathrm{d}\sigma}\Big|_{p=\mathrm{const.}}$$

$$\alpha_{\mathrm{b}}' = -\frac{1}{u_{\mathrm{b}}}\frac{\mathrm{d}u_{\mathrm{b}}}{\mathrm{d}p}\Big|_{\sigma=\mathrm{const.}} \tag{4.2.3}$$

实际上岩体骨架的变形由固体颗粒体积 u_{s} 的变形与孔隙体积 u_{p} 的变形两部分组成, 则相应的压缩系数分别定义为

$$\alpha_{\mathrm{s}} = -\frac{1}{u_{\mathrm{s}}}\frac{\mathrm{d}u_{\mathrm{s}}}{\mathrm{d}p}\Big|_{\sigma=\mathrm{const.}}$$

$$\alpha_{\mathrm{p}} = -\frac{1}{u_{\mathrm{p}}}\frac{\mathrm{d}u_{\mathrm{p}}}{\mathrm{d}p}\Big|_{\sigma=\mathrm{const.}} \tag{4.2.4}$$

所以当 $\sigma = \mathrm{const.}$ 时, 我们有

$$u_{\mathrm{b}} = u_{\mathrm{s}} + u_{\mathrm{p}}$$

$$\frac{\mathrm{d}u_{\mathrm{b}}}{\mathrm{d}p} = \frac{\mathrm{d}u_{\mathrm{s}}}{\mathrm{d}p} + \frac{\mathrm{d}u_{\mathrm{p}}}{\mathrm{d}p}$$

又

$$u_{\mathrm{s}} = (1-n)u_{\mathrm{b}}, \quad u_{\mathrm{p}} = nu_{\mathrm{b}} \tag{4.2.5}$$

则

$$\alpha_{\mathrm{b}} = (1-n)\alpha_{\mathrm{s}} + n\alpha_{\mathrm{p}} \tag{4.2.6}$$

在一般情况下, 固体颗粒体积的变形很小, 即 $(1-n)\alpha_{\mathrm{s}} \ll \alpha_{\mathrm{b}}$, 故一般认为, $\alpha_{\mathrm{b}} = n\alpha_{\mathrm{p}}$, 即骨架的压缩系数等于孔隙率与孔隙压缩系数的乘积。

4.2.2 只有垂向压密的问题

假定岩体只有垂直方向上是可压密的, 用有效应力 σ' 的变化来定义岩石的压缩系数 α 为

$$\alpha = -\frac{1}{u_{\mathrm{b}}}\frac{\partial u_{\mathrm{b}}}{\partial \sigma'} \tag{4.2.7}$$

也可以写为

$$\alpha\frac{\partial \sigma'}{\partial t} = -\frac{1}{u_{\mathrm{b}}}\frac{\partial u_{\mathrm{b}}}{\partial t}$$

因为固体颗粒的变形很小, 可以忽略, 故

$$u_{\mathrm{s}} = (1-n)u_{\mathrm{b}} = \mathrm{const.} \tag{4.2.8}$$

对式 (4.2.8) 关于时间 t 求导数则有

$$\frac{\partial u_{\mathrm{s}}}{\partial t} = -u_{\mathrm{b}}\frac{\partial n}{\partial t} + (1-n)\frac{\partial u_{\mathrm{b}}}{\partial t} = 0 \tag{4.2.9}$$

$$\frac{\partial n}{\partial t} = \frac{(1-n)}{u_{\mathrm{b}}}\frac{\partial u_{\mathrm{b}}}{\partial t} = -(1-n)\alpha\frac{\partial \sigma'}{\partial t} \tag{4.2.10}$$

由于 $\sigma' = \sigma - p$, 代入式 (4.2.10) 得

$$\frac{\partial n}{\partial t} = -(1-n)\alpha\left(\frac{\partial \sigma}{\partial t} - \frac{\partial p}{\partial t}\right) \tag{4.2.11}$$

像固体压缩系数一样, 流体的压缩系数定义为 $\beta = \left(\frac{1}{\rho}\right)\frac{\mathrm{d}\rho}{\mathrm{d}p}$, 则按照流体的状态方程:

$$\frac{\partial \rho}{\partial t} = \frac{\beta\rho\partial p}{\partial t} \tag{4.2.12}$$

将式 (4.2.12) 与 (4.2.11) 代入式 (4.2.1), 并假设 $\sigma = \mathrm{const.}$, 则有

$$\mathrm{div}(\rho q) = -\rho\left[\beta n + \alpha(1-n)\right]\frac{\partial p}{\partial t} \tag{4.2.13}$$

方程 (4.2.13) 左端可以解释为单位时间内单位体积介质中流体质量的变化, 右端解释为单位时间内单位体积介质中吸收或释放的流体质量。记右端项系数为 S_{op}, 即

$$S_{\mathrm{op}} = \rho\left[\beta n + \alpha(1-n)\right]$$

并称 S_{op} 为比质量储存系数, 量纲为 L^{-1}。它表示孔隙压降低 (或增加) 一个单位压力时, 单位体积多孔介质中释放 (或储存) 的流体质量。若以测压水头或势 φ^* 置换压力 p, 则可以给出与势相联系的比质量储存系数

$$S^*_{\mathrm{o}\varphi^*} = \rho^2 g\left[\beta n + \alpha(1-n)\right]$$

将达西渗流物性方程 $q = k\mathrm{grad}\varphi = \frac{k}{\rho g}\mathrm{grad}p$ 代入式 (4.2.12) 得

$$\mathrm{div}\left(\frac{k}{g}\mathrm{grad}p\right) = -\rho\left[\beta n + \alpha(1-n)\right]\frac{\partial p}{\partial t}$$

展开上式

$$\frac{\partial}{\partial x}\left(k\frac{\partial p}{\partial x}\right) + \frac{\partial}{\partial y}\left(k\frac{\partial p}{\partial y}\right) + \frac{\partial}{\partial z}\left(k\frac{\partial p}{\partial z}\right) = -\rho g\left[\beta n + \alpha(1-n)\right]\frac{\partial p}{\partial t} \tag{4.2.14}$$

对于均质各向同性体, 则有

$$k\boldsymbol{\nabla}^2 p = -\rho g\left[\beta n + \alpha(1-n)\right]\frac{\partial p}{\partial t} \tag{4.2.15}$$

方程 (4.2.14) 与 (4.2.15) 就是只考虑垂向压密情况下的渗流控制方程。

4.2.3 三相与三维的压密问题

考虑一种比较复杂的情况, 即三相 —— 固体 (用下标 s 表示)、液体 (下标 l) 和气体 (下标 g) 组成的多孔介质渗流问题。并引入以下假设: ① 该多孔介质是各向同性的均质弹性体; ② 其渗流符合达西定律; ③ 介质几乎完全被饱和, 其中气体很少; ④ 气体与液体的渗流速度相当。

令 ρ_{s}, ρ_{l} 和 ρ_{g} 分别表示固体、液体和气体的密度。则比质量流量 J 与比体积流量 q 的关系由下式表示:

$$J_{\mathrm{s}} = \rho_{\mathrm{s}} q_{\mathrm{s}}, \quad J_{\mathrm{l}} = \rho_{\mathrm{l}} q_{\mathrm{l}}, \quad J_{\mathrm{g}} = \rho_{\mathrm{g}} q_{\mathrm{g}} \tag{4.2.16}$$

多孔介质的总体积 u_{b} 中包含的固体体积 $u_{\mathrm{s}} = (1-n)u_{\mathrm{b}} = n_{\mathrm{s}}u_{\mathrm{b}}$, 若液体的饱和度为 S_{r}, 则液体的体积是 $u_{\mathrm{l}} = nS_{\mathrm{r}}u_{\mathrm{b}} = n_{\mathrm{l}}u_{\mathrm{b}}$, 而气体的体积为 $u_{\mathrm{g}} = (1-S_{\mathrm{r}})nu_{\mathrm{b}} = n_{\mathrm{g}}u_{\mathrm{b}}$。

则各相的质量守恒方程为

$$\mathrm{div}J_{\mathrm{s}}+\frac{\partial(n_{\mathrm{s}}\rho_{\mathrm{s}})}{\partial t}=\mathrm{div}J_{\mathrm{s}}+\frac{\partial[(1-n)\rho_{\mathrm{s}}]}{\partial t}=0$$

$$\mathrm{div}J_{\mathrm{l}}+\frac{\partial(n_{\mathrm{l}}\rho_{\mathrm{l}})}{\partial t}=\mathrm{div}J_{\mathrm{l}}+\frac{\partial(nS_{\mathrm{r}}\rho_{\mathrm{l}})}{\partial t}=0$$

$$\mathrm{div}J_{\mathrm{g}}+\frac{\partial(n_{\mathrm{g}}\rho_{\mathrm{g}})}{\partial t}=\mathrm{div}J_{\mathrm{g}}+\frac{\partial[(1-S_{\mathrm{r}})n\rho_{\mathrm{g}}]}{\partial t}=0 \tag{4.2.17}$$

按照达西定律, 并假定:

$$V_{\mathrm{l}}-V_{\mathrm{s}}=-\frac{k}{n_{l}}\mathrm{grag}\varphi^{*}=-\frac{k}{S_{\mathrm{r}}n}\mathrm{grad}\varphi^{*} \tag{4.2.18}$$

式中 $\varphi^{*}=z+p/\rho g$ (对于不可压流体):

$$g\varphi^{*}=gz+\int_{p_0}^{p}\frac{\mathrm{d}p}{\rho(p)}$$

V_{l} 与 V_{s} 分别表示液体和固体相对于固定坐标的速度。尽管渗透系数 k 与饱和度 S_{r}、液体密度 ρ_{l} 和孔隙率 n 有关, 为方便计, 我们仍假设渗透系数 k 为常数。方程 (4.2.18) 也能够表示液体相对于固体颗粒的比流量 q_{r}:

$$q_{\mathrm{r}}=(V_{\mathrm{l}}-V_{\mathrm{s}})S_{\mathrm{r}}n=-k\mathrm{grad}\varphi^{*} \tag{4.2.19}$$

把式 (4.2.18) 与式 (4.2.19) 代入式 (4.2.17) 中的各式, 并考虑基本假设则有

对于固体: $\mathrm{div}\,[(1-n)V_{\mathrm{s}}]+\dfrac{\partial(1-n)}{\partial t}=0$

对于液体: $\mathrm{div}(S_{\mathrm{r}}n\rho_{\mathrm{l}}V_{\mathrm{l}})+\dfrac{\partial(S_{\mathrm{r}}n\rho_{\mathrm{l}})}{\partial t}=0$

对于气体: $\mathrm{div}\,[(1-S_{\mathrm{r}})n\rho_{\mathrm{g}}V_{\mathrm{s}}]+\dfrac{\partial[(1-S_{\mathrm{r}})n\rho_{\mathrm{g}}]}{\partial t}=0$ (4.2.20)

按照假设, 并忽略二阶项, 经过繁复的推导, 可以得出三维三相情况下, 液体的运动方程:

$$\frac{k}{\rho_{l}g}\boldsymbol{\nabla}^{2}p=\mathrm{div}V_{\mathrm{s}}+n\beta'\frac{\partial p}{\partial t} \tag{4.2.21}$$

式中, $\beta'=\beta+(1-S_{\mathrm{r}})/p$ 和 $1-S_{\mathrm{r}}\ll 1$。当 p 与其初值相差不大时, β' 变为常量。$(1-S_{\mathrm{r}})/p$ 一项表示气体的作用。

若忽略气体的存在, 则 $q_{\mathrm{r}}=n(V_{\mathrm{l}}-V_{\mathrm{s}})$ 和 $\rho=\rho_{l}$, 则式 (4.2.21) 转变为

$$\frac{k}{\rho g}\boldsymbol{\nabla}^{2}p=\mathrm{div}V_{\mathrm{s}}+n\beta\frac{\partial p}{\partial t} \tag{4.2.22}$$

可见方程 (4.2.21) 与 (4.2.22), 除了 β 和 β' 的差别外, 其余都是相同的。但方程 (4.2.21) 与 (4.2.22) 中, 均含有压力 p 与固体位移速度 V_{s} 两个独立的变量, 这就是考虑固体变形与不考虑固体变形的差别。

由于 $V_{\mathrm{s}}=\dfrac{\partial u}{\partial t}$, $\quad e=\mathrm{div}u=\varepsilon_{x}+\varepsilon_{y}+\varepsilon_{z}$, $\quad \mathrm{div}V_{\mathrm{s}}=\dfrac{\partial e}{\partial t}$

式中, u 为固体位移量, 将此代入式 (4.2.21), 则有

$$\frac{k}{\rho_l g}\nabla^2 p=\frac{\partial e}{\partial t}+n\beta'\frac{\partial p}{\partial t} \tag{4.2.23}$$

方程 (4.2.23) 是液体流动的控制方程, 由于方程中含有孔隙压 p 与体积变形 e, 因此完整的描述流动还需要补充固体骨架的弹性变形方程。

根据三维情况下的太沙基有效应力公式:

$$\sigma'_{ij}=\sigma_{ij}-p\delta_{ij}$$

式中, σ'_{ij} 和 σ_{ij} 分别表示有效应力张量与总应力张量。利用有效应力表示为简便省略 “′” 的应力平衡方程为

$$\begin{aligned}\frac{\partial\sigma_x}{\partial x}+\frac{\partial\tau_{xy}}{\partial y}+\frac{\partial\tau_{xz}}{\partial z}&=\frac{\partial p}{\partial x}\\ \frac{\partial\tau_{yx}}{\partial x}+\frac{\partial\sigma_y}{\partial y}+\frac{\partial\tau_{yz}}{\partial z}&=\frac{\partial p}{\partial y}\\ \frac{\partial\tau_{zx}}{\partial x}+\frac{\partial\tau_{zy}}{\partial y}+\frac{\partial\sigma_z}{\partial z}&=\frac{\partial p}{\partial z}\end{aligned} \tag{4.2.24}$$

引入广义胡克定律: 并用位移表示式 (4.2.24), 则有

$$\begin{gathered}\mu\nabla^2 u_{xi}+(\lambda+\mu)\frac{\partial e}{\partial x_i}=\frac{\partial p}{\partial x_i}\\ \frac{k\nabla^2 p}{\rho_l g}=\frac{\partial e}{\partial t}+n\beta'\frac{\partial p}{\partial t}\\ e=\mathrm{div}u\end{gathered} \tag{4.2.25}$$

式中, λ 和 μ 为拉梅常数, $\lambda=\nu E/(1+\nu)(1-2\nu)$, $\mu=E/[2(1-\nu)]$; 方程组 (4.2.25) 含有五个变量, p, e, u_x, u_y, u_z, 它就是固体与液体耦合作用方程组。若对方程 (4.2.25) 的每一个方程分别关于 x, y, z 求导并相加, 则得到一组新的方程:

$$\begin{cases}(\lambda+2\mu)\nabla^2 e=\nabla^2 p\\ \dfrac{k\nabla^2 p}{\rho_l g}=\dfrac{\partial e}{\partial t}+n\beta'\dfrac{\partial p}{\partial t}\end{cases} \tag{4.2.26}$$

方程组 (4.2.26) 中仅含有变量 e 与 p, 这些方程首先由 Biot(1940) 导出。若对方程组 (4.2.26) 的第一个方程积分, 得

$$(\lambda+2\mu)e=p+f(x,y,z,t),\quad \nabla^2 f=0$$

当 $f\equiv 0$ 时, 则方程 (4.2.26) 的第二个方程变为 (Verruijt, 1969)

$$\frac{k}{\rho_l g}\nabla^2 p=(\alpha'+n\beta')\frac{\partial p}{\partial t} \tag{4.2.27}$$

式中, $\alpha'=\dfrac{1}{\lambda+2\mu}$, 显然方程 (4.2.27) 与 (4.2.15) 具有相同的形式。

这样, 按照达西定律和广义胡克定律成立的假设, 在不引进储存系数定义的前提下, 建立了可变形介质中的流动理论。尽管如此, 在地下水水文学的领域中引入储存系数的定义仍然是方便的。

4.3 承压含水层和越流含水层中的流动

4.3.1 承压含水层中的流动

本节的讨论, 忽略含水层厚度 b 随空间的变化, 因为这种变化量与含水层厚度本身相比要小得多, 以此为基础引入以下含水层参数。

含水层的导水系数定义为：在近似水平的流动中, 当水力梯度为一个单位时, 通过整个含水层厚度的单位宽度的流量。故导水系数等于垂线上平均水力传导系数与该含水层厚度之乘积：

$$T = \bar{k}b, \quad \bar{k} = \frac{1}{b}\int_0^b k(z)\mathrm{d}z \tag{4.3.1}$$

在非均质含水层中 $T = T(x, y)$, 显然导水系数是水力传导系数 (渗透系数) 与含水层厚度之乘积, 其量纲为：L^2/T, 单位一般为 m^2/h 或 m^2/d。

含水层的储水系数 S(量纲为一) 定义为：含水层垂线上的平均测压水头下降 (或上升) 一个单位时, 从单位水平面积含水层中释放或储存的水的体积 (Δu_{w}), 即

$$S = \frac{\Delta u_{\mathrm{w}}}{\Delta A \Delta \varphi} \tag{4.3.2}$$

承压含水层的储水性能是因骨架与水的弹性而造成的。对于非均质的含水层, S 是位置的函数, 但假定不是时间的函数。这样上节所定义的比储水系数 S_{S}(量纲 L^{-1}), 与储水系数 S 的关系为

$$S = S_{\mathrm{S}}b$$

按照上述定义, 我们研究图 4.3.1 所示的承压含水层中的流动问题。研究控制体元 $b \cdot \Delta x \cdot \Delta y$ 在中水流的质量守恒得

$$\begin{aligned}&\Delta t \left\{ \Delta y \left[q_x(x - \frac{\Delta x}{2}, y) - q_x(x + \frac{\Delta x}{2}, y) \right] + \Delta x \left[q_y(x, y - \frac{\Delta y}{2}) - q_y(x, y + \frac{\Delta y}{2}) \right] \right\} \\ =& S\Delta x \Delta y \left[\varphi(t + \Delta t) - \varphi(t) \right]\end{aligned} \tag{4.3.3}$$

方程 (4.3.3) 两端除以 Δx, Δy, Δt, 并取极限得

$$-(\frac{\partial q_x}{\partial x} + \frac{\partial q_y}{\partial y}) = S\frac{\partial \varphi}{\partial t} \tag{4.3.4}$$

按达西定律：

$$q = -T\mathrm{grad}\varphi \tag{4.3.5}$$

则式 (4.3.4) 变为

$$\mathrm{div}(T\mathrm{grad}\varphi) = S\frac{\partial \varphi}{\partial t} \tag{4.3.6}$$

在各向异性含水层中, $\boldsymbol{T}$ 是二秩张量。如果 x 和 y 是主方向, 且其导水系数主值分别为 T_x 和 T_y, 则方程 (4.3.6) 变为

$$\frac{\partial}{\partial x}\left(T_x\frac{\partial \varphi}{\partial x}\right) + \frac{\partial}{\partial y}\left(T_y\frac{\partial \varphi}{\partial y}\right) = S\frac{\partial \varphi}{\partial t} \tag{4.3.7}$$

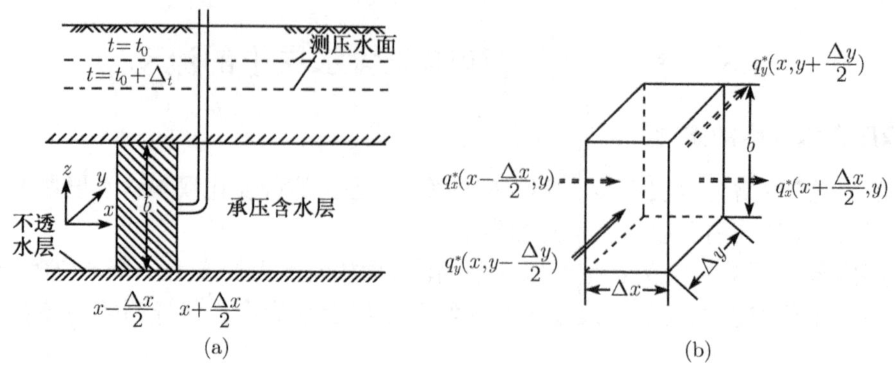

图 4.3.1　承压含水层中的流动 (Bear, 1983)

如果介质是各向同性的, 则得

$$\frac{\partial}{\partial x}\left(T\frac{\partial\varphi}{\partial x}\right)+\frac{\partial}{\partial y}\left(T\frac{\partial\varphi}{\partial y}\right)=S\frac{\partial\varphi}{\partial t}$$

$$T\boldsymbol{\nabla}^2\varphi+\mathrm{grad}\varphi\cdot\mathrm{grad}T=S\frac{\partial\varphi}{\partial t} \tag{4.3.8}$$

对于均质各向同性含水层, T 为常数, 因而式 (4.3.8) 变为

$$T\boldsymbol{\nabla}^2\varphi\equiv T\left(\frac{\partial^2\varphi}{\partial x^2}+\frac{\partial^2\varphi}{\partial y^2}\right)=S\frac{\partial\varphi}{\partial t} \tag{4.3.9}$$

比较式 (4.3.8) 与 (4.2.15), 可知两个方程具有完全相同的形式, 但方程 (4.3.9) 的缺点是右端的储水系数的物理含义不清楚, 但在实用上是可以的。

4.3.2　越流含水层中的流动

在实际工程中经常遇到越流含水层的情况, 如图 4.3.2 所示, 图中有主含水层与弱透水层 ($k'\ll k$)。另外, 我们假定主含水层中的流动基本上是水平的, 因此, 根据流线的折射定律, 弱透水层中的流动基本上是垂直的。通常弱透水层又为另一含水层所上覆, 该含水层中测压水头的分布可能受主含水层流动的影响, 也可能不受其影响。此外, 也可能还有其他类型的越流含水层。

依照体积守恒 (忽略水密度的微小变化), 可写出方程:

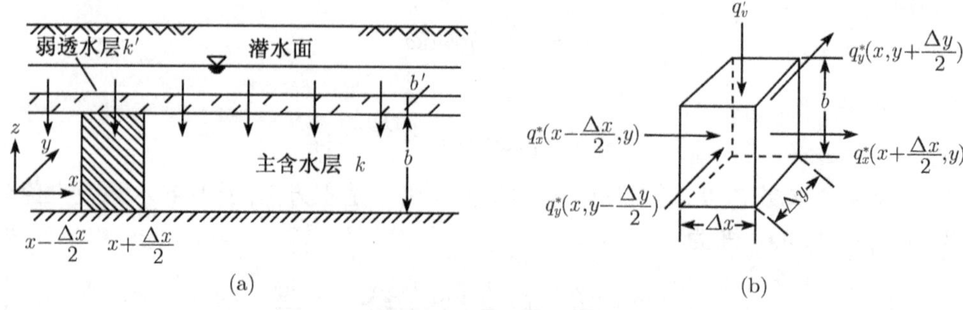

图 4.3.2　越流含水层中的流动 (Bear, 1983)

$$\Delta t\left\{\Delta y\left[q_x^*\left(x-\frac{\Delta x}{2},y\right)-q_x^*\left(x+\frac{\Delta x}{2},y\right)\right]+\Delta x\left[q_y^*\left(x,y-\frac{\Delta y}{2}\right)-q_y^*\left(x,y+\frac{\Delta y}{2}\right)\right]+q_v'\Delta x\Delta y\right\}$$
$$=S\Delta x\Delta y\left[\varphi(t+\Delta t)-\varphi(t)\right]$$

若取极限 Δx, Δy, $\Delta t \to 0$, 并考虑到 $q_v' = -K'(\partial\varphi'/\partial z)$, 其中 φ' 是弱透水层中的测压水头, 则对于均质各向同性的主含水层有

$$T\left(\frac{\partial^2\varphi}{\partial x^2}+\frac{\partial^2\varphi}{\partial y^2}\right)+K'\frac{\partial\varphi'}{\partial z}=S\frac{\partial\varphi}{\partial t} \tag{4.3.10}$$

式中, $\partial\varphi'/\partial z$ 在层界面处取值。

在弱透水层中, 由于我们假定只有垂直流动, 故得

$$K'\frac{\partial^2\varphi'}{\partial z^2}=S'\frac{\partial\varphi'}{\partial t} \tag{4.3.11}$$

式中, S' 是弱透水层的储水系数。显然, 在层界面处我们有 $\varphi=\varphi'$。如图 4.3.2 所示, 在弱透水层上面常常存在其势保持为 φ_0 的另一含水层。在这种情况下可用 $q_v' = K'(\varphi_0-\varphi)/b'$ 表示垂直越流量。于是方程 (4.3.10) 变为

$$T\nabla_{xy}^2\varphi+\frac{\varphi_0-\varphi}{\sigma'}=S\frac{\partial\varphi}{\partial t} \tag{4.3.12}$$

式中, $\sigma'=b'/K'$ (量纲 T) 是弱透水层的阻力。若将方程 (4.3.12) 改写为

$$\nabla_{xy}^2\varphi+\frac{\varphi_0-\varphi}{\lambda^2}=\frac{S}{T}\frac{\partial\varphi}{\partial t} \tag{4.3.13}$$

则我们得到称为越流因数的另一个越流参数 $\lambda=(T\sigma')^{\frac{1}{2}}$, 该参数确定越流量的区域分布。

4.4 流函数与势函数

流函数与势函数是渗流力学中用到的基本概念。因此本书拟从应用角度对这些内容作粗略的介绍。

在任意时刻, 渗流场中每一点处均有一个确定方向的流速 (或比流量) 向量。如果瞬时曲线上每一点的切线方向也是流体在该点的速度方向, 则称此曲线为**流线**。因此, 流线的数学表达式可以写为

$$q\mathrm{d}r=0$$

或

$$\frac{\mathrm{d}x}{q_x(x,y,z,t_0)}=\frac{\mathrm{d}y}{q_y(x,y,z,t_0)}=\frac{dz}{q_z(x,y,z,t_0)} \tag{4.4.1}$$

式中, t_0 表示某一时刻; d_r 是沿流线的弧长元素。方程 (4.4.1) 对于各向同性和各向异性的介质均成立。若将流速 q 用势函数代替, 则式 (4.4.1) 变为

$$\frac{\mathrm{d}x}{K_x\dfrac{\partial\varphi}{\partial x}}=\frac{\mathrm{d}y}{K_y\dfrac{\partial\varphi}{\partial y}}=\frac{\mathrm{d}z}{K_z\dfrac{\partial\varphi}{\partial z}} \tag{4.4.2}$$

对于各向同性介质 $K_x = K_y = K_z = K$。则式 (4.4.2) 可进一步简化为

$$\frac{\mathrm{d}x}{\partial\varphi/\partial x} = \frac{\mathrm{d}y}{\partial\varphi/\partial y} = \frac{\mathrm{d}z}{\partial\varphi/\partial z} \tag{4.4.3}$$

则方程 (4.4.3) 确定了一个垂直于等势面的空间曲线。这些曲线就是**流线**。这是流线的另一种定义。

方程 (4.4.1) 在二维情况下, 简化为

$$\frac{\mathrm{d}x}{q_x} = \frac{\mathrm{d}y}{q_y} \quad 即 \quad q_y\mathrm{d}x - q_x\mathrm{d}y = 0 \tag{4.4.4}$$

该方程的解为

$$\varPsi = \varPsi(x, y) = \text{const.} \tag{4.4.5}$$

此方程描绘流线的瞬时几何形状。方程 (4.4.4) 为函数 $\varPsi = \varPsi(x, y)$ 的恰当微分的条件是 $\dfrac{\partial q_x}{\partial x} = \dfrac{\partial q_y}{\partial y} = 0$, 该式正是连续性方程 $\mathrm{div}q = 0$, 它描写的是不可变形介质中不可压缩流体的流动 (即 $\dfrac{\partial(\rho n)}{\partial t} = 0$), 因此这里定义的流函数 $\varPsi$ 仅对上述情形才有意义。

由于 $\varPsi$ 是一个恰当微分, 因此沿着任意流线有

$$\mathrm{d}\varPsi = \frac{\mathrm{d}\varPsi}{\partial x}\mathrm{d}x + \frac{\mathrm{d}\varPsi}{\partial y}\mathrm{d}y = q_y\mathrm{d}x - q_x\mathrm{d}y = 0 \tag{4.4.6}$$

依此方程, 可得比流量分量的关系式:

$$q_x = -\frac{\partial\varPsi}{\partial y} \quad q_y = \frac{\partial\varPsi}{\partial x} \tag{4.4.7}$$

函数 $\varPsi = \varPsi(x, y)$ (沿流线 $\varPsi$ 为常量, 即 $\mathrm{d}\varPsi = 0$) 称为二维流动的流函数 (量纲 L^2/T)。有时亦称 $\varPsi$ 为 Lagrange 流函数。

对于均质各向同性介质区域中的流动, 令 $q = -\mathrm{grad}\varPhi$, $\varPhi = k\varphi$, 在二维情况下, 式 (4.4.7) 简写为

$$\frac{\partial\varPhi}{\partial x} = \frac{\partial\varPsi}{\partial y}, \quad \frac{\partial\varPhi}{\partial y} = -\frac{\partial\varPsi}{\partial x} \tag{4.4.8}$$

式 (4.4.7) 和式 (4.4.8) 即是著名的关于均质各向同性介质中二维流动的 Cauchy-Riemann 条件。

由方程 (4.4.8) 可见, 在均质各向同性介质中, 等势线 ($\varPhi$ 线) 垂直于等流线 ($\varPsi$ 线)。上述方程也可以写成

$$q_x = -\frac{\partial\varPhi}{\partial x} = -\frac{\partial\varPsi}{\partial y}, \quad q_y = -\frac{\partial\varPhi}{\partial y} = \frac{\partial\varPsi}{\partial x} \tag{4.4.9}$$

对于非均质各向同性的情形, 方程 (4.4.8) 写为

$$K\frac{\partial\varphi}{\partial x} = \frac{\partial\varPsi}{\partial y}, \quad K\frac{\partial\varphi}{\partial y} = -\frac{\partial\varPsi}{\partial x} \tag{4.4.10}$$

此方程也可以写为

$$q_x = -K\frac{\partial\varphi}{\partial x} = -\frac{\partial\varPsi}{\partial y}, \quad q_y = -K\frac{\partial\varphi}{\partial y} = \frac{\partial\varPsi}{\partial x}$$

在均质各向同性介质中, 还可以定义另一个流函数 $\psi = \Psi/k$, 则 Cauchy-Riemann 条件可以写为

$$\frac{\partial \varphi}{\partial x} = \frac{\partial \psi}{\partial y}, \quad \frac{\partial \varphi}{\partial y} = -\frac{\partial \psi}{\partial x} \tag{4.4.11}$$

对于各向异性的介质, x, y, z 为主方向时, 有

$$K_x \frac{\partial \varphi}{\partial x} = \frac{\partial \Psi}{\partial y} = -q_x, \quad K_y \frac{\partial \varphi}{\partial y} = -\frac{\partial \Psi}{\partial x} = -q_y \tag{4.4.12}$$

这里 $\mathrm{grad}\varphi \cdot \mathrm{grad}\Psi \neq 0$ (因为 $K_x \frac{\partial \varphi}{\partial x}\frac{\partial \Psi}{\partial x} + K_y \frac{\partial \varphi}{\partial y}\frac{\partial \Psi}{\partial y} = 0$), 故等势线 $\varphi = \mathrm{const.}$ 与流线 $\Psi = \mathrm{const.}$ 不正交。

多孔介质中流动问题的解通常以测压水头分布的形式给出, 对于稳定流动, $\varphi = \varphi(x, y, z)$, 对于非稳定流动则是 $\varphi = \varphi(x, y, z, t)$。根据这些分布, 我们可以确定三维流中的等势面 (或等压面) $\varphi = \varphi(x, y, z)$=const. 或二维流中 (如在 x 和 y 平面上) 的等势线 $\varphi = \varphi(x, y)$=const. 在非稳定流动中, 这些等势面或等势线随时间而变化, 但是在任何给定瞬时, 总可以得到确定的一族曲面或曲线。

在二维流中, 等势线与流线的组合称为流网。在各向同性均质介质中, 我们可以采用 φ 和 ψ 这一对, 也可采用 Φ 和 Ψ 这一对。在一般情况下, φ=const. 和 ψ=const. (或者 Φ= 常数和 Ψ 为常数) 两族曲线是互相正交的。如果介质是各向异性的或者是非均质的, 则只能采用 Φ 和 Ψ。当介质是均质而各向异性时, 首先把所给的区域变换成等价的各向同性区域以获得变换区域的流网, 然后再把流网变回到原来的区域。其结果是, 所得流线与等势线不正交。显然, 这是由于在各向异性介质中 q 和 J 不共线这一事实造成的。图 4.4.1 表示一个各向异性介质中不正交的流网, 等势线上的数字是比值 φ/H 的百分数, 而流线上的数字给出 Ψ/Q 的百分数。

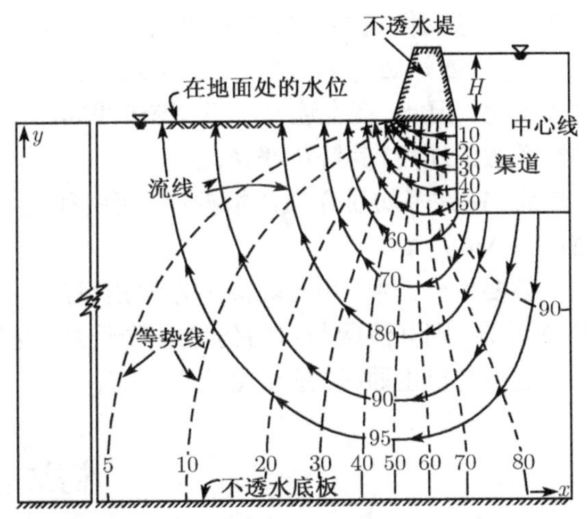

图 4.4.1 各向异性介质中的流网 (Todd, 1959)

图 4.4.2 表示均质各向同性介质中具有两个流管的部分流网。流网通常是这样画的, 即使得任意两相邻等势线之间的势差 $\Delta\varphi$ 为常量, 任意两条相邻流线之间的流函数差 $\nabla\psi$ 也是常量 (等于通过流管的流量 $\Delta Q/K$)。由于流线的作用如同流管的隔水边界一样, 故

$$\Delta Q = K \Delta n_1 \frac{\Delta \varphi}{\Delta s_1} = K n_2 \frac{\Delta \varphi}{\Delta s_2}$$

式中, ΔQ 是通过单位厚度的流量 (量纲 $\mathrm{L}^2 \cdot \mathrm{T}^{-1}$)。

因此

$$\frac{\Delta n_1}{\Delta s_1} = \frac{\Delta n_2}{\Delta s_2} \tag{4.4.13}$$

即在均质介质中, 矩形两侧边的比值 $\Delta n/\Delta s$ 在整个流网中必须保持为常量。

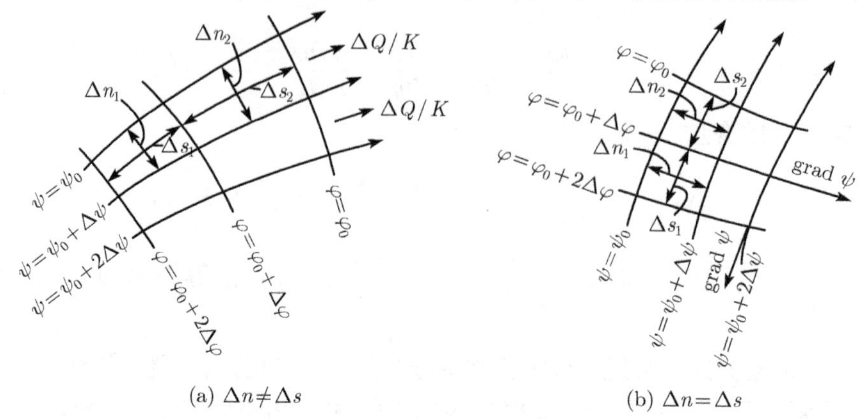

(a) $\Delta n \neq \Delta s$　　　(b) $\Delta n = \Delta s$

图 4.4.2 流网的一部分 (Bear, 1983)

当介质是非均质时, 我们有

$$K_1 \Delta n_1 \frac{\Delta\varphi}{\Delta s_1} = K_2 n_2 \frac{\Delta\varphi}{\Delta s_2}, \qquad \frac{K}{\Delta s_1/\Delta n_1} = \frac{K}{\Delta s_2/\Delta n_2} \tag{4.4.14}$$

因而曲线矩形两侧边的比值是变化的。若在某流网中 $\Delta n \approx$const.(即, 流线几乎平行), 我们得 $K_1/K_2 = \Delta s_1/\Delta s_2$ 或 $K_1/K_2 = (\Delta\varphi_2/\Delta s_2)/(\Delta\varphi_1/\Delta s_1)$。这意味着水力传导系数与水力梯度成反比。因此, 在上述情况下, 等势线间距宽的地段对应高水力传导系数, 反之, 在低水力传导系数的地段, 其等势线密。

然而, 在许多均质介质的情况中, 流网往往绘成近似的曲线正方形 (图 4.4.2(b))。此时, 有 $\Delta s_i = \Delta n_i$。

有必要指出, 对于用 Laplace 方程描述的均质的、各向同性的稳定流动场, 如果边界条件由 Φ 给定, 则其流网与水力传导系数无关。这种情况的流网仅仅取决于流场的几何形状。当一条边界是自由面时, 这个结论也成立。

4.5 初边值条件

4.5.1 解的适定性问题

微分方程描述同一类物理现象的普遍规律, 显然它本身并不包括说明现象所处特殊条件及物理量特定值的任何信息。所以, 任何偏微分方程都有无穷多个可能的解, 而其中每一个解都对应着物理现象的一种特定情况。

要从众多的、可能的解中得到一个与所研究的问题相符合的特解, 必须提供微分方程所没有包括的附加信息。附加信息和偏微分方程一起决定一个特定问题的解。附加信息应当包括如下说明: ① 物理现象所在区域的几何形状; ② 对物理现象有影响的全部参数和系数 (如介质的参数和流体的参数); ③ 描述所研究系统初始状态的初始条件; ④ 该系统与周围系统的相互作用, 即研究区域边界上的条件。

本节讨论限于以下三个方程。

Laplace 方程: $\nabla^2\varphi = 0$

Poisson 方程：$\nabla_{xy}^2\varphi+N/T=0$

热传导方程： $T\nabla_{xy}^2\varphi=\dfrac{S\partial\varphi}{\partial t}$

在解一个特定的物理问题, 例如在解流体通过某一多孔介质区域的流动问题时, 我们需要从无数个可能的解中选择出唯一的一个解, 这个解满足由研究区域边界上的物理状况所决定的某些附加条件。这些附加条件就称为**边界条件**, 这种问题则称为**边值问题**。当问题中的自变量包括时间时 (非稳定流动), 我们必须对所有 $t\geqslant0$ 时间给出边界条件。此外, 在物理过程开始的某一特定时刻, 研究区域上所有的点还必须满足某些称之为**初始条件**的条件。因此, 这种问题叫做**初值问题**。

工程实际中给出的初边值条件总是与工程实际之间有一定的误差, 因此欲使给出的数学问题及其解答与物理实际相吻合, 需满足下述三个条件。

① 解必须存在 (存在性)。

② 解必须是唯一确定的 (唯一性)。

③ 解对完解条件存在着连续依赖关系 (稳定性)。

简单地说, 第一, 要求表示解确实存在; 第二, 要求规定问题的完备性 —— 不应当存在不确定性和多义性, 除非它们为物理状况所固有; 第三, 要求说明当给定的边界条件及初始条件在足够小的范围内变化时应当导致解的任意小的变化。最后这个条件对近似解 (如数值解) 同样成立。我们要求满足方程的微小误差仅仅起因于近似解对真解的微小偏离。如果初边值条件的微小误差不能导致解的微小误差, 就应当意识到我们对物理现象所列出的数学模型是不合理的。

任何满足上述三个要求的问题称为**适定问题**。

4.5.2 给定势的边界

在这类边界的所有点上势是给定了的。对于三维的情形可以写成:

$$\varphi=\varphi(x,y,z)\quad\text{或}\quad\varphi=\varphi(x,y,z,t)\qquad\text{在}S\text{上}\tag{4.5.1}$$

对于二维的情形可以写成

$$\varphi=\varphi(x,y)\quad\text{或}\quad\varphi=\varphi(x,y,t)$$

或

$$\varphi=\varphi(s)\quad\text{或}\quad\varphi=\varphi(s,t)\qquad\text{在 }C\text{ 上}\tag{4.5.2}$$

当流动区域和流体连续地连接时, 出现的就是这种类型边界。当从边界两侧趋于这类边界的每一点时, 所得压力 p 和高度 z 均相同, 因此每一边界点处的测压水头 $\varphi=z+p/\gamma$ 和连接边界的液体中的测压水头相同。在地下水流中, 饱和多孔介质与河流、湖泊或海洋之间的界面就是这种类型的边界。

式 (4.5.1) 和 (4.5.2) 的一种特殊情况是

$$\varphi=\varphi_0=\text{const.}\quad\text{在}S\text{或}C\text{上}\tag{4.5.3}$$

在此情况下, 边界为等势面 (在二维流动中为等势线)。例如, 在具有自由表面的静止液体中, 所有点的测压水头均相同, 因此该测压水头就是多孔介质和这个液体连续体界面上所有点的边界条件。图 4.5.1 的 AB 和 MN 段属于这种类型的边界。在式 (4.5.3) 中, 测压水头可以随时间变化, 即 $\varphi=\varphi_0(t)$。

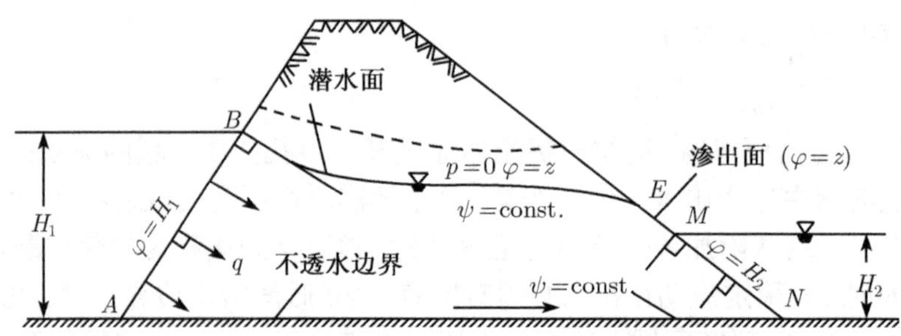

图 4.5.1 土坝的边界和边界条件 (稳定流动, 各向同性介质)(Bear, 1983)

在偏微分方程理论中, 只出现这类边界的问题称为 **Dirichlet 问题或第一边值问题**。例如, 我们可以说 Laplace 方程的 Dirichlet 问题。

4.5.3 给定通量的边界

在这类边界的所有点上, 垂直于边界面 (在二维流中为边界线) 的通量是作为位置 (在非稳定流中还有时间) 的函数给出的:

$$q_n = q \cdot ln = q(x, y, z)$$

或

$$q_n = q(x, y, z, t) \tag{4.5.4}$$

式中, q_n 是 q 垂直于边界的分量; ln 表示内法线方向。在各向同性介质中, 此类边界可借助势 φ 来表示:

$$\nabla\varphi \cdot ln \equiv \partial\varphi/\partial n = f(x, y, z, t) \tag{4.5.5}$$

式中, $f(x, y, z, t)$ 是关于边界上所有点的已知函数; n 是沿 ln 测量的距离。

一种特殊情况是**不透水边界** (图 4.5.1 的 AN 段)。在这种边界上通量处处等于零。因此

$$\begin{cases} q \cdot ln = q_n = 0 & \text{对各向异性介质} \\ \nabla\varphi \cdot ln = \partial\varphi/\partial n & \text{对各向同性介质} \end{cases} \tag{4.5.6}$$

在偏微分方程的理论中, 只存在给定通量 (借助 φ) 边界条件的问题称为 **Neumann 问题或第二边值问题**。在二维流动中, 它等价于用 $\varPsi$ 表示的第一边值问题。

当势和势的法向导数在边界上以组合形式;

$$\frac{\partial\varphi}{\partial n} + \lambda(x, y, z)\varphi = f(x, y, z)$$

或

$$\frac{\partial\varphi}{\partial n} + \lambda(s)\varphi = f(s) \tag{4.5.7}$$

给出时, 出现的是**第三边值问题, 或称 Cauchy 边值问题**。式 (4.5.7) 中的 λ 和 f 均为已知函数。在渗流力学中很少遇到第三边值问题。

一般说来, 经常遇到的是混合边值问题。在这类问题中, 一部分边界为 Dirichlet 条件, 而另一部分边界则为 Neumann 条件。

Dirichlet, Neumann 和 Cauchy 类型的问题也出现在物理学的其他分支里 (如势传导和电流), 然而在流体通过多孔介质的流动问题中, 由于重力的作用及毛细管现象的存在还常常出现其他一些条件, 但实际上它们只不过是上述第一和第二类边界条件的特殊情况。

4.6 裂隙岩体的渗流模型

裂隙岩体中的渗流研究, 自 20 世纪 60 年代开始, 至今已有几十年的历史, 从理论本身来讲已趋向于相对成熟, 并已得到了社会的广泛承认。尽管现在仍有大量的研究工作, 但大都是围绕裂隙分布规律、描述方法以及裂隙岩体渗流模型的数值解法等方面进行的。

归纳裂隙岩体的渗流理论, 大致可分为以下两种类型。

① 裂隙网络渗流模型。这种理论认为岩体是由裂隙与孔隙共同组成渗流通道的 "双重介质" 模型, 认为裂隙岩体中裂隙系统渗透性强, 空隙性差; 而岩块孔隙系统则是孔隙发育, 而渗透性差。因此其研究方法是分别将裂隙系统与孔隙系统看成连续体, 先单独研究, 再考虑裂隙系统与岩块孔隙系统的水力交换。这一类模型的典型代表有 Barenblantt (1964), Warren 和 Root(1963) 等。

② 拟连续介质模型。这种理论认为岩块孔隙系统在岩体渗流中占的份量很小, 可以忽略, 从而把岩体看成单纯地按一定几何规律分布的裂隙介质, 考虑到裂隙的方位、密度、张开度及位置等几何参数, 确定裂隙岩体的渗透参数, 并以此来作为基本参数建立裂隙岩体的渗流模型。这方面研究的典型代表有 Romm(1966) 和 Snow(1969; 1965)。

4.6.1 裂隙网络渗流模型

Barenblalltt 等提出的渗流模型是裂隙网络渗流理论的基础。本节详细介绍其理论的各个方面。

Barenblalltt 引入三个假设。

① 岩体在原生孔隙的基础上, 被广泛随机分布的裂隙切割成形状和大小均不相同的岩块, 且原生孔隙与裂隙都均匀分布于整个区域上, 从而形成了两个重叠的连续体。但是岩体的裂隙孔隙率远比岩块的孔隙率低, 而裂隙的渗透率则远比孔隙的渗透率高。在渗流场中每一点均存在两个流体压力, 即孔隙压力和裂隙压力。流体在岩体中的渗流表现出两个系统之间的压力差和剧烈的质量交换。

② 根据量纲分析原理导出的两个系统之间的质量交换量 (也称源函数)。

$$Q_{\mathrm{pf}} = \frac{\rho C K_{\mathrm{f}}}{\mu}(p_1 - p_2) \tag{4.6.1}$$

式中, C 是与岩块的比面成正比的裂隙性岩体的特征系数; μ 是流体的动力黏度; ρ 是流体密度; K_{f} 是裂隙渗透系数; p 是指流体压力, 下标 1 和 2 分别表示岩块孔隙系统与裂隙系统, 以下同。式 (4.6.1) 表示单位体积岩石在单位时间内从孔隙流到裂隙的流量 Q_{pf}。

③ 假设裂隙岩体对于裂隙与孔隙二类介质而言, 仍然是均质和各向同性的, 且裂隙流与孔隙流均服从达西定律, 则流体渗流的本构方程为

$$q_1 = -\frac{K_1}{\mu}\mathrm{grad}p_1$$

$$q_2 = -\frac{K_2}{\mu}\mathrm{grad}p_2 \tag{4.6.2}$$

式中, q 是流速 (比流量); K 是渗透率。

质量守恒方程为

$$\frac{\partial(\Phi_1\rho)}{\partial t}+\mathrm{div}(\rho q_1)+Q_{\mathrm{pf}}=0$$

$$\frac{\partial(\Phi_2\rho)}{\partial t}+\mathrm{div}(\rho q_2)+Q_{\mathrm{pf}}=0 \tag{4.6.3}$$

式中, Φ 是空隙度。

考虑到流体与介质 (基质岩块与裂隙) 的可压缩性这一事实, 我们采用压缩系数的方法处理。假设流体的压缩系数:

$$\beta=\frac{1}{\rho}\frac{\mathrm{d}\rho}{\mathrm{d}p}$$

则

$$\frac{\mathrm{d}\rho}{\mathrm{d}t}=\beta\rho\frac{\partial p}{\partial t}$$

设基质岩块的压缩系数为 α_1, 裂隙的压缩系数为 α_2, 按照有效应力原理, 则作用于岩块与裂隙上的压力分别为

$$p_1-p_2 \quad 与 \quad -(p_1-p_2)$$

代入式 (4.6.3) 第一项, 则有

$$\frac{\partial(\Phi_1\rho)}{\partial t}=\frac{\partial\Phi_1}{\partial t}\rho+\Phi_1\frac{\partial\rho}{\partial t}=\Phi_1\beta\rho\frac{\partial p_1}{\partial t}+\rho\alpha_1\left(\frac{\partial p_1}{\partial t}-\frac{\partial p_2}{\partial t}\right) \tag{4.6.4}$$

并将式 (4.6.1)、式 (4.6.2) 与式 (4.6.4) 分别代入式 (4.6.3), 有

$$\frac{K_1}{\mu}\Delta p_1=(\Phi_1\beta+\alpha_1)\frac{\partial p_1}{\partial t}-\alpha_1\frac{\partial p_2}{\partial t}+\frac{CK_1}{\mu}(p_1-p_2)$$

$$\frac{K_2}{\mu}\Delta p_2=(\Phi_2\beta+\alpha_2)\frac{\partial p_2}{\partial t}-\alpha_1\frac{\partial p_1}{\partial t}+\frac{CK_2}{\mu}(p_1-p_2) \tag{4.6.5}$$

若流体为水, 并用比储水系数 S_{s} 表示介质与流体的压缩系数, 并忽略两介质系统压力对骨架压缩的影响, 则有

$$K_1\Delta p_1=S_{\mathrm{s}1}\frac{\partial p_1}{\partial t}+\frac{CK_1}{\mu}(p_1-p_2)$$

$$K_2\Delta p_2=S_{\mathrm{s}2}\frac{\partial p_2}{\partial t}+\frac{CK_2}{\mu}(p_1-p_2) \tag{4.6.6}$$

式 (4.6.6) 即是承压含水层中水渗流的控制方程。

Barenblantt 模型尽管考虑了裂隙与孔隙系统渗流的差异, 但它假设二者均为各向同性、均质, 与实际相差较大, 特别是裂隙系统也是如此。Warren 与 Root 对此提出了改正, 他们将岩体中随机分布裂隙表示为正交裂隙网络分隔的相同的长方体所拼成的理想模型。并假设渗透主轴与每一方位裂隙组平行, 垂直于各主轴的裂隙组等间距分布, 裂隙宽度不变, 但是沿着各主轴的裂隙组的间距与宽度可以不同。这就是说这是一个均质各向异性的模型。Warren 还同时忽略了通过岩块的流动。在方程 (4.6.6) 的基础上, 给出 Warren 模型方程:

$$(\Phi_1\beta+\alpha_1)\frac{\partial p_1}{\partial t}+\frac{CK_1}{\mu}(p_1-p_2)=0$$

$$\frac{K_x}{\mu}\frac{\partial^2 p_1}{\partial x^2}+\frac{K_y}{\mu}\frac{\partial^2 p_1}{\partial y^2}+\frac{K_z}{\mu}\frac{\partial^2 p_1}{\partial z^2}=(\Phi_2\beta+\alpha_2)\frac{\partial p_2}{\partial t}-\frac{CK_2}{\mu}(p_1-p_2) \tag{4.6.7}$$

对于地下水流, 式 (4.6.7) 简化为

$$S_{s1}\frac{\partial p_1}{\partial t}+\frac{CK_1}{\mu}(p_1-p_2)=0$$

$$K_x\frac{\partial^2 p_1}{\partial x^2}+K_y\frac{\partial^2 p_1}{\partial y^2}+K_z\frac{\partial^2 p_1}{\partial z^2}=S_{s1}\frac{\partial p_2}{\partial t}-CK_2(p_1-p_2) \tag{4.6.8}$$

Streltsova 在 Bareablantt 模型的基础上考虑了裂隙岩体的弹性效应, 并提出了一些修正。

Wittke 提出了更为复杂的裂隙岩体渗流模型。他假设裂隙岩体的渗透空间是由裂隙个体所组成的裂隙网络所组成。规定模型中的岩体可以同时分割成几种渗透介质单元, 根据守恒方程, 每种单元都可以列出各自满足的方程。

考虑下列三组方程。

(1) 在裂隙汇交点, 流体流入与流出的节点流量代数和为零:

$$\sum_{N_j} Q_i=0,\quad j=1,2,\cdots,n \tag{4.6.9}$$

式中, N_j 是第 j 个节点基本单元中相交的裂隙总数。

(2) 裂隙将岩体分割为 r 块, 则可以将分割各基质岩块的裂隙看成一多边形的闭合回路, 而各个回路的压差之代数和为零:

$$\sum_{K_j} L_i I_i=0,\quad j=1,2,\cdots,m \tag{4.6.10}$$

式中, L_i 为第 i 个回路的长度, I_i 为第 i 回路的压力梯度, K_j 为包围第 j 个多边形的基本单元总数。

(3) 沿水位降落方向的裂隙将岩体分割为不规则的基本单元, 而每个单元中只有唯一的裂隙形成的弯曲通道:

$$\sum_{S_j} L_i I_i=\Delta H,\quad j=1,2,\cdots,r \tag{4.6.11}$$

式中, ΔH 是流入边界至流出边界的总压力差, S_j 是构成第 p 个多边形基本单元的总数, i 是该单元弯曲路径的代号。

以上三组方程联立有

$$\begin{cases}\sum\limits_{N_j} Q_i=0\\ \sum\limits_{K_j} L_i I_i=0\\ \sum\limits_{S_j} L_i I_i=\Delta H\end{cases} \tag{4.6.12}$$

共有 $n+m+r$ 个方程, 就构成了此模型的控制方程。Wittke 在提出这一模型时, 采用回路压力梯度与结点流量作基本变量, 从而大大增加了待求解的未知量个数。若采用结点压力 (或势)p_i 作为基本变量, 采用裂隙单元渗透系数与压力梯度表示节点流量, 则可发现 Wittke 的方程有许多是相关的。对此王思志 (1993a; 1993b) 做了很好的研究, 但作者认为王恩志的研

究由于引进了许多新的术语而显得十分难懂, 为此作者从另外一个角度简化 Wittke 所提出的模型。

研究任一裂隙单元 k, 其两端点的结点号为 i, j, 设裂隙宽度为 b_k, 长度为 L_k, 孔隙度为 Φ_k, ρ 为流体密度, 则单元 k 的流量为

$$q_k = -\frac{b_k^2}{12\mu}(p_i - p_j)/L_k \tag{4.6.13}$$

设有 m 个裂隙单元汇聚的结点为 i, 并通过 m 个单元与另外 m 个结点 k_i 相联系。研究结点 i 的流量的平衡, 我们知道结点本身不具有储存流体的能力, 因此, 按照质量守恒方程, 结点的总流量的代数和为零, 即

$$\sum_{k=1}^{m} q_k = 0$$

$$-\frac{\rho}{12\mu}\sum_{k=1}^{m}\frac{b_k^2(p_i - p_{ki})}{L_k} = 0 \tag{4.6.14}$$

式中, p_i 表示结点 i 的水压; p_{ki} 表示联系结点 i 的第 k 个单元的另一个结点的水压。若考虑各裂隙单元的储存流体性能, 且结点具有源或汇, 用 W_i 表示, 则上式可以写为

$$\sum_{k=1}^{m}\left(\frac{\partial(\rho\Phi_k)}{\partial t} - \frac{\rho}{12\mu}b_k^2\frac{p_i - p_{ki}}{L_k}\right) + W_i = 0 \tag{4.6.15}$$

研究所有的结点则构成了求解 n 个节点水头的 n 个方程, 显然这一方程组既考虑了裂隙的储存能力, 又直接用结点压力表示了裂隙网络渗流控制方程, 而且便于采用有限元等现代计算方法求解, 并克服了 Wittke 模型的缺点。

陶振宇等将 Wittke 模型列入拟连续介质模型系列 (周维垣, 1990), 而作者则认为这一模型应属于裂隙网络模型系列, 故书中作了这样的编排。

4.6.2 拟连续介质渗流模型

Romm 最早提出了这一模型, 并且奠定了这一研究的基础, Romm 假设岩体的基质岩块孔隙很不发育, 则岩块储存与通过流体的能力均很弱。因此流体仅在裂隙网络中流动, 并且认为流体在裂隙中的流动仍服从达西定律。Romm 引入与 Warren 同样的假设, 即按同一方位分布的裂隙有固定的裂隙间距与张开度, 而不同方位可以不同, 这实际上是均质各向异性模型, 所不同的只是描述方法。Romm 采用与多孔介质描述方法类似的等效渗透张量描述裂隙渗透特征, 即根据裂隙内的流体运动规律, 把裂隙岩体当成连续介质考虑, 即认为流体是在整个岩体中流动, 将裂隙流体的流动速度转换为假想连续地充满裂隙岩体的流动速度, 称为等效 (或当量) 渗流速度。他以单条裂隙流动方程为推导的出发点, 继而考虑一组裂隙与多组相交裂隙的情况。

单条裂隙的流体渗流方程为

$$q_{\mathrm{f}} = -\frac{b^2}{12\mu}\boldsymbol{\nabla}\varphi \tag{4.6.16}$$

若是一组裂隙, 则第 i 条裂隙区域当量流量为

$$u_i = b_i f_i q_{\mathrm{f}} \tag{4.6.17}$$

式中, $q_{\rm f}$ 是一条裂隙的渗流速度; b_i 是第 i 条裂隙的宽度; f_i 是第 i 条裂隙的线性密度 (即单位长度上的裂隙数目)。将式 (4.6.16) 代入式 (4.6.17) 则有

$$u_i = -\frac{b_i^3}{12\mu} f_i \boldsymbol{\nabla}\varphi \tag{4.6.18}$$

总流量是 n 条裂隙分流量 u_i 之和

$$u = -\frac{1}{12\mu_i}\sum_{i=1}^{n} b_i^3 f_i \boldsymbol{\nabla}\varphi \tag{4.6.19}$$

式 (4.6.19) 亦可以写作

$$u = -\frac{k_{\rm e}}{\mu}\boldsymbol{\nabla}\varphi$$

即

$$k_{\rm e} = \frac{1}{12}\sum_{i=1}^{n} b_i^3 f_i \tag{4.6.20}$$

式 (4.6.20) 称为裂隙组的等效渗透系数。

若该组裂隙与坐标轴的方向余弦分别用 α_1, α_2, α_3 表示, 则各向异性的渗透张量可以用矩阵表示

$$\boldsymbol{k}_{\rm f} = \begin{bmatrix} k_{\rm e}(1-\alpha_1\alpha_1) & -k_{\rm e}\alpha_1\alpha_2 & -k_{\rm e}\alpha_1\alpha_3 \\ -k_{\rm e}\alpha_2\alpha_1 & k_{\rm e}(1-\alpha_2\alpha_2) & -k_{\rm e}\alpha_2\alpha_3 \\ -k_{\rm e}\alpha_3\alpha_1 & -k_{\rm e}\alpha_3\alpha_2 & k_{\rm e}(1-\alpha_3\alpha_3) \end{bmatrix} \tag{4.6.21}$$

则式 (4.6.19) 可以用矩阵表示为

$$\boldsymbol{u} = -\frac{1}{\mu}\boldsymbol{k}_{\rm f}\boldsymbol{\nabla}\varphi \tag{4.6.22}$$

若选择各向异性的主方向与坐标轴重合, 则有

$$\boldsymbol{k}_{\rm f} = \begin{bmatrix} k_{\rm e}(1-\alpha_1^2) & 0 & 0 \\ 0 & k_{\rm e}(1-\alpha_2^2) & 0 \\ 0 & 0 & k_{\rm e}(1-\alpha_3^2) \end{bmatrix} \tag{4.6.23}$$

若裂隙岩体含有 m 组不同的裂隙组时, 则有

$$\boldsymbol{k}_{\rm f} = \begin{bmatrix} \sum\limits_{j=1}^{m} k_{{\rm e}j}(1-\alpha_{1j}^2) & -\sum\limits_{j=1}^{m} k_{{\rm e}j}\alpha_{1j}\alpha_{2j} & -\sum\limits_{j=1}^{m} k_{{\rm e}j}\alpha_{1j}\alpha_{3j} \\ -\sum\limits_{j=1}^{m} k_{{\rm e}j}\alpha_{2j}\alpha_{1j} & \sum\limits_{j=1}^{m} k_{{\rm e}j}(1-\alpha_{2j}^2) & -\sum\limits_{j=1}^{m} k_{{\rm e}j}\alpha_{2j}\alpha_{3j} \\ -\sum\limits_{j=1}^{m} k_{{\rm e}j}\alpha_{3j}\alpha_{1j} & -\sum\limits_{j=1}^{m} k_{{\rm e}j}\alpha_{3j}\alpha_{2j} & \sum\limits_{j=1}^{m} k_{{\rm e}j}(1-\alpha_{3j}^2) \end{bmatrix} \tag{4.6.24}$$

式中, j 为裂隙组号; $\alpha_{ij}(i=1, 2, 3, j=1, 2, \cdots, m)$ 分别为第 j 组裂隙与坐标轴 i 的方向余弦。

由上述推导可知, Romm 模型与前面给出的多孔介质渗流方程不同之处, 就是用裂隙等效渗透张量代替了孔隙渗透张量, 其他均相同, 其控制方程不再给出。

第 5 章　固体力学基础

多孔介质在应力作用下发生变形，使得多孔介质的孔隙大小与形状发生变化，进而影响多孔介质的动量、质量、热量的传输。

因此，固体变形力学始终是多孔介质多场耦合作用的基础，而弹性力学又是固体力学的基础，因此非常有必要对弹性力学的最基本的理论做一简要介绍，这就是本章写作的动机。

弹性力学是固体力学的一个分支，它是研究弹性体受外力作用或温度改变等原因而产生的应力、形变和位移的科学。如果把弹性力学定义中的 "弹性体" 三个字改为 "固体"，则可以看成是一般固体力学的定义，即固体力学是研究固体受外力作用或温度改变等原因而发生的应力、形变和位移的科学。这里的固体在科学层次就包括了 "弹性体"、"塑性体"、"流变体" 等，其发生的变形包括弹性、塑性、流变等应力、形变和位移，而后两者即属于塑性力学、流变力学的研究范畴，但它们仍然是以弹性力学为基础的，基本的分析方法都是弹性力学的分析方法，这也是本书仅介绍弹性力学，而不介绍其他固体力学分支的原因。

弹性力学的四个基本假设：① 固体材料是连续介质；②物体为均质和各向同性的；③ 物体变形属于小变形；④ 物体原来是处于一种无应力的自然状态。

5.1　应力分析及应力平衡方程

5.1.1　应力

作用在物体上的外力可以分为面力和体力两类。作用在弹性体表面上的力称为面力，如机械传动力等，作用在物体内各部分的力称为体力，如重力、惯性力等。

物体在外力的作用下要发生变形。伴随变形，物体内部所产生的相互作用力称为内力，一般来说，内力在截面上不一定是均匀分布的，为了了解内力在截面上的分布规律，引入 "应力" 的概念。它定义为物体内部包含 "点" 的微面积 ΔA，作用于该面积 ΔA 上的内力 ΔP，则当 $\Delta A\to 0$ 时，其比值的极限值

$$\sigma=\lim_{\Delta A\to 0}\frac{\Delta P}{\Delta A}$$

称为该点的应力。它是一个有大小和方向的物理量，其量纲是 $\mathrm{F\cdot L^{-2}}$，一般用 MPa 或 $\mathrm{kg/cm^2}$ 表示。

物体内各点的应力状态可用点的应力状况来描绘，其关键是围绕该点取出一个微正六面体，它也称为单元体或微元体，则该点的应力状态可用一三阶矩阵表示：

$$\boldsymbol{\sigma}=\begin{bmatrix}\sigma_x & \tau_{xy} & \tau_{xz}\\ \tau_{yx} & \sigma_y & \tau_{yz}\\ \tau_{zx} & \tau_{zy} & \sigma_z\end{bmatrix}$$

作用在一点的 3 个微分面上的应力矢量分解以后共得到 9 个分量, 它们作为一个整体称为应力张量, 可以表示为

$$\boldsymbol{\sigma}_{ij}=\begin{bmatrix}\sigma_x & \tau_{xy} & \tau_{xz}\\ \tau_{yx} & \sigma_y & \tau_{yz}\\ \tau_{zx} & \tau_{zy} & \sigma_z\end{bmatrix}$$

应力 σ_{ij} 的脚标 i, j 为 x, y, z 变化, 其中 $\sigma_{ij}(i=j)$ 为正应力, $\tau_{ij}(i\neq j)$ 为剪应力。

5.1.2　应力平衡微分方程

如从处于平衡状态的弹性体中取出一边长为 $\mathrm{d}x, \mathrm{d}y, \mathrm{d}z$ 的单元体来考察, 使此单元体的各棱边 $\mathrm{d}x, \mathrm{d}y, \mathrm{d}z$ 分别与所取坐标轴 x, y, z 平行, 如图 5.1.1 所示。设过单元体 O 点三个互相垂直微面上的应力分量分别为

$$\sigma_{ij}=\begin{bmatrix}\sigma_x & \tau_{xy} & \tau_{xz}\\ \tau_{yx} & \sigma_y & \tau_{yz}\\ \tau_{zx} & \tau_{zy} & \sigma_z\end{bmatrix}$$

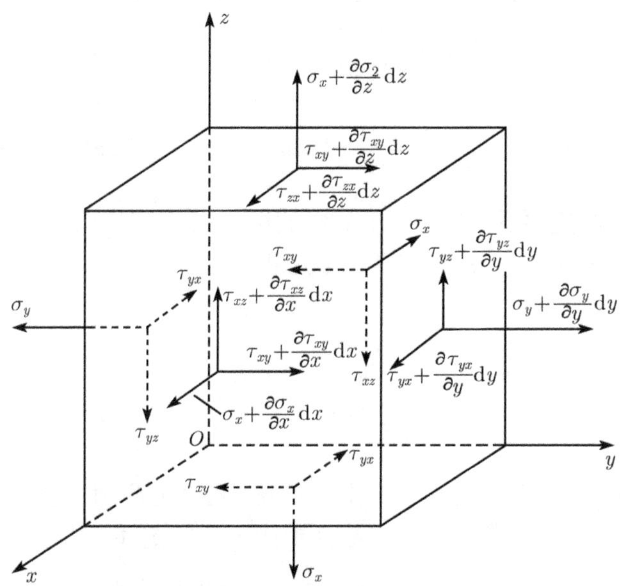

图 5.1.1　微分单元体应力分布

由于应力是坐标 (x, y, z) 的函数, 当坐标分别有 $\mathrm{d}x, \mathrm{d}y, \mathrm{d}z$ 增量时, 应力也将有增量。因此与上述三个微面分别平行的另外三个微面上的应力, 根据 Taylor 级数展开, 并略去二次以上的微量项后, 分别应为

$$\left.\begin{array}{lll}\sigma_x+\dfrac{\partial\sigma_x}{\partial x}\mathrm{d}x, & \tau_{yx}+\dfrac{\partial\tau_{yx}}{\partial x}\mathrm{d}x, & \tau_{zx}+\dfrac{\partial\tau_{zx}}{\partial x}\mathrm{d}x\\ \tau_{xy}+\dfrac{\partial\tau_{xy}}{\partial y}\mathrm{d}y, & \sigma_y+\dfrac{\partial\sigma_y}{\partial y}\mathrm{d}y, & \tau_{zy}+\dfrac{\partial\tau_{zy}}{\partial y}\mathrm{d}y\\ \tau_{xz}+\dfrac{\partial\tau_{xz}}{\partial z}\mathrm{d}z, & \tau_{yz}+\dfrac{\partial\tau_{yz}}{\partial z}\mathrm{d}z, & \sigma_z+\dfrac{\partial\sigma_z}{\partial z}\mathrm{d}z\end{array}\right\}$$

在图 5.1.2 所示单元体中, (a) 和 (b) 两组应力分量和体力分量 f_x, f_y, f_z 组成空间平衡力系。由沿 x 轴的力的平衡条件 $\sum X = 0$, 可得

$$\begin{aligned}&\left(\sigma_x + \frac{\partial \sigma_x}{\sigma x}\mathrm{d}x\right)\mathrm{d}y\mathrm{d}z - \sigma_x \mathrm{d}y\mathrm{d}z - \left(\tau_{xy} + \frac{\partial \tau_{xy}}{\partial y}\mathrm{d}y\right)\mathrm{d}z\mathrm{d}x \\ &-\tau_{xy}\mathrm{d}z\mathrm{d}x + \left(\tau_{xz} + \frac{\partial \tau_{xz}}{\partial z}\mathrm{d}z\right)\mathrm{d}x\mathrm{d}y - \tau_{zx}\mathrm{d}x\mathrm{d}y + f_x \mathrm{d}x\mathrm{d}y\mathrm{d}z = 0\end{aligned} \tag{5.1.1}$$

展开式 (5.1.1), 并略去高阶微量项后, 可得式 (5.1.2) 的第一式, 同理由 $\sum Y = 0$、$\sum Z = 0$ 的力的平衡条件可得式 (5.1.2) 的第二式和第三式:

$$\left.\begin{aligned}\frac{\partial \sigma_x}{\partial x} + \frac{\partial \tau_{xy}}{\partial y} + \frac{\partial \tau_{xz}}{\partial z} + f_x = 0 \\ \frac{\partial \tau_{yx}}{\partial x} + \frac{\partial \sigma_y}{\partial y} + \frac{\partial \tau_{yz}}{\partial z} + f_y = 0 \\ \frac{\partial \tau_{zx}}{\partial x} + \frac{\partial \tau_{zy}}{\partial y} + \frac{\partial \sigma_z}{\partial z} + f_z = 0\end{aligned}\right\} \tag{5.1.2}$$

方程 (5.1.2) 称为应力平衡微分方程。

再由过微面 xOy 的中心并与 z 轴平行的轴的力矩平衡条件 $\sum M_x = 0$, 可得

$$\begin{aligned}&\left(\tau_{xy} + \frac{\partial \tau_{xy}}{\partial y}\right)(\mathrm{d}z\mathrm{d}x)\,\mathrm{d}y/2 + \tau_{xy}(\mathrm{d}z\mathrm{d}x)\,\mathrm{d}y/2 \\ &-\left(\tau_{yx} + \frac{\partial \tau_{yx}}{\partial x}\mathrm{d}x\right)(\mathrm{d}z\mathrm{d}y)\,\mathrm{d}x/2 - \tau_{yx}(\mathrm{d}z\mathrm{d}y)\,\mathrm{d}x/2 = 0\end{aligned} \tag{5.1.3}$$

展开上式, 并略去高阶微量项后, 可得式 (5.1.4) 的第一式。同理, 由 $\sum M_y = 0$ 和 $\sum M_z = 0$ 的力矩平衡条件, 可得式 (5.1.4) 的第二式、第三式:

$$\left.\begin{aligned}\tau_{xy} = \tau_{yx} \\ \tau_{yz} = \tau_{zy} \\ \tau_{xz} = \tau_{zx}\end{aligned}\right\} \tag{5.1.4}$$

由此可见, 六个剪应力分量成对相等, 公式 (5.1.4) 称为剪应力互等定律。

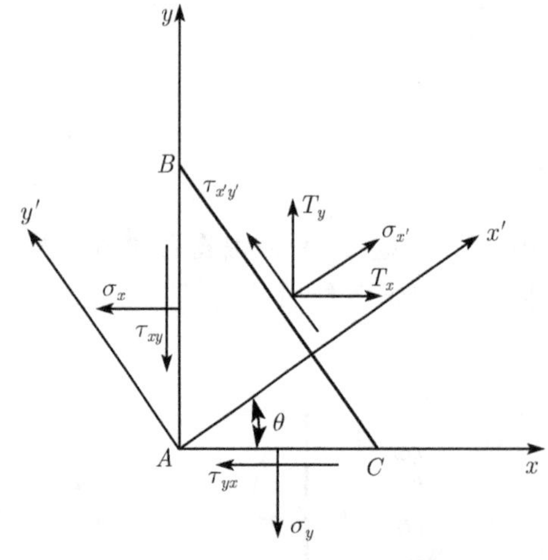

图 5.1.2 一点的应力状态

5.1.3 斜面上的应力

在平面状态下, 如图 5.1.2, 如果 $\sigma_x, \sigma_y, \tau_{xy}$, 则 BC 面上的正应力 σ_x' 与剪应力 $\tau_{x'y'}$ 可用已知量表示。由于 θ 角的任意性, 则当 BC 面趋于 A 点时, 即可求得 A 点处的应力状态。同样, 在三维情况下, 假定物体在任一点 P 的六个应力分量 σ_x, σ_y, σ_z, $\tau_{yz} = \tau_{zy}$, $\tau_{zx} = \tau_{xz}$, $\tau_{yx} = \tau_{xy}$ 为已知, 试求经过 O 点的任一斜面上的应力。为此, 在 O 点附近取一个平面 ABC, 平行于这一斜面, 并与经过 O 点而平行于坐标面的三个面形成一个微小的四面体

$OABC$, 如图 5.1.3。当平面 ABC 趋近于 O 点时, 平面 ABC 上的应力就成为该斜面上的应力。

命平面 ABC 的外法线为 N, 其方向余弦为

$$\left.\begin{aligned}\cos(N,x)=l\\ \cos(N,y)=m\\ \cos(N,z)=n\end{aligned}\right\}$$

$$\left.\begin{aligned}X_N=l\sigma_x+m\tau_{yx}+n\tau_{zx}\\ Y_N=m\sigma_y+n\tau_{xy}+l\tau_{zy}\\ Z_N=n\sigma_z+l\tau_{xz}+m\tau_{yz}\end{aligned}\right\}\tag{5.1.5}$$

三角形面 ABC 上的正应力为 σ_x, 则由投影可得

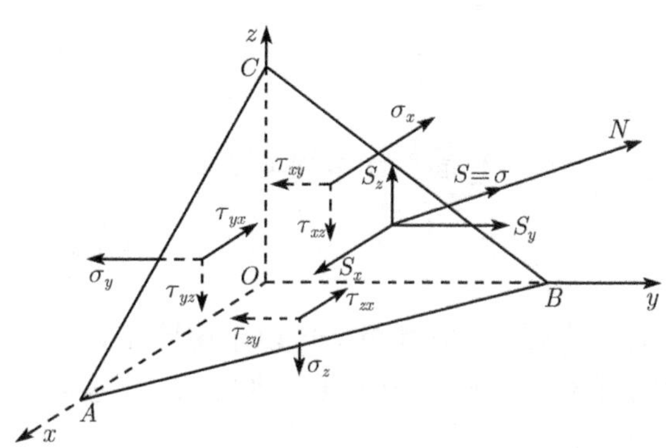

图 5.1.3 斜面应力分量分布图

$$\sigma_N=lX_N+mY_N+nZ_N$$

把式 (5.1.5) 代入, 并分别用 τ_{yz}, τ_{zx}, τ_{xy} 代替 τ_{zy}, τ_{xz}, τ_{yx} 即得

$$\sigma_N=l^2\sigma_x+m^2\sigma_y+n^2\sigma_z+2mn\tau_{yz}+2nl\tau_{zx}+2lm\beta\tau_{xy}\tag{5.1.6}$$

三角形 ABC 上的剪应力为 τ_N, 则

$$S_N^2=\sigma_N^2+\tau_N^2=X_N^2+Y_N^2+Z_N^2\tag{5.1.7}$$

$$\tau_N^2=X_N^2+Y_N^2+Z_N^2-\sigma_N^2\tag{5.1.8}$$

由式 (5.1.7) 和 (5.1.8) 可见, 在物体的任意一点, 如果已知六个应力 σ_x, σ_y, σ_z, τ_{zy}, τ_{zx}, τ_{xy}, 就可以求得任一斜面上的正应力和剪应力, 可以说六个应力分量完全决定了一点的应力状态。

5.1.4 主应力

在通过弹性体内某点任意方向的斜面上, 一般来说都作用有正应力和剪应力。现在我们可以找到在单元体中只有正应力而无剪应力作用的平面, 这样的平面称为主平面。主平面上的应力称为主应力, 主应力的方向称为主轴向。

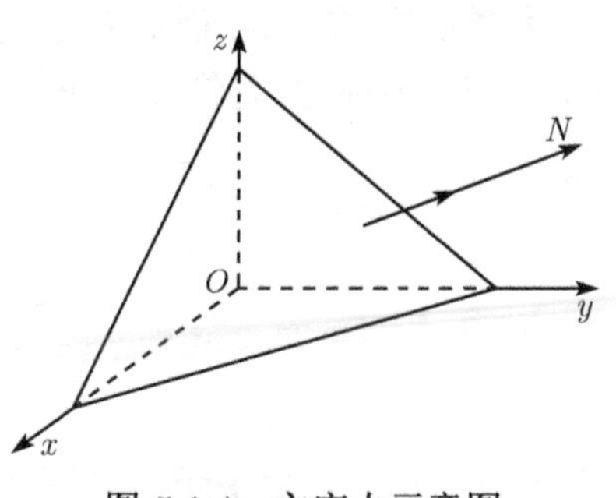

图 5.1.4 主应力示意图

取微四面体, 以 N 表示所求微面的外法线方向, 其方向余弦为 l, m, n, 并以 σ_N 表示所求微面上的正应力值, 如图 5.1.4 所示 (为清楚起见, 另三个微面上的应力分量, 图 5.1.4 中未示出), 因 σ_N 与 N 重合, 它沿 x, y, z 轴向的三个分量为

$$\left.\begin{aligned}\sigma_{xN}=\sigma_N l\\ \sigma_{yN}=\sigma_N m\\ \sigma_{zN}=\sigma_N n\end{aligned}\right\}\tag{5.1.9}$$

以 σ_N 代换 P_N 将式 (5.1.9) 代入式 (5.1.5) 得

$$\left.\begin{array}{l}(\sigma_x-\sigma_N)l+\tau_{xy}m+\tau_{xz}n=0\\ \tau_{yx}l+(\sigma_y-\sigma_N)m+\tau_{yz}n=0\\ \tau_{zx}l+\tau_{zy}m+(\sigma_z-\sigma_N)n=0\end{array}\right\}\tag{5.1.10}$$

同时方向余弦之间存在下列关系:

$$l^2+m^2+n^2=1\tag{5.1.11}$$

因此由以上两个方程组便可以求出四个未知量 l, m, n 和 σ_N, 又由式 (5.1.11) 知 l, m,n 不能同时为 0, 故要使方程组有非零解, 其系数行列式的值必须为零, 即

$$\begin{vmatrix}\sigma_x-\sigma_N & \tau_{xy} & \tau_{xz}\\ \tau_{yx} & \sigma_y-\sigma_N & \tau_{yz}\\ \tau_{zx} & \tau_{zy} & \sigma_z-\sigma_N\end{vmatrix}=0\tag{5.1.12}$$

行列式 (5.1.12) 展开即为 σ_N 的三次代数方程:

$$\sigma_N^3-\Theta_1\sigma_N^2+\Theta_2\sigma_N-\Theta_3=0\tag{5.1.13}$$

式中

$$\left\{\begin{array}{l}\Theta_1=\sigma_x+\sigma_y+\sigma_z\\ \Theta_2=\sigma_x\sigma_y+\sigma_y\sigma_z+\sigma_x\sigma_z-\tau_{xy}^2-\tau_{yz}^2-\tau_{xz}^2\\ \Theta_3=\sigma_x\sigma_y\sigma_z-\sigma_x\tau_{yz}^2-\sigma_y\tau_{xz}^2-2\tau_{xy}\tau_{xz}\tau_{yz}\end{array}\right.$$

Θ_1, Θ_2 和 Θ_3 分别称为第一、第二和第三应力不变量。求解方程 (5.1.13) 可获得三个实根, 即为三个主应力, 将求得应力代入式 (5.1.10), 可获得 l, m, n, 即为该主应力对应的方向余弦。

5.2 应变分析及变形协调方程

5.2.1 应变

任何物体在外力的作用下都要发生两种变化: 一种是位置的改变, 即整体做刚体移动与转动, 这种移动和转动不改变物体内任意两点的距离; 另一种是形状的改变, 即物体内各点之间的距离发生了变化, 这种变化称为变形。前者属于理论力学研究的范畴, 而后者才是弹性力学或广义地讲固体力学研究的范畴。在物体发生变形时, 其内部各点的位移并不相同, 因此位移分量也是坐标 x, y,z 的函数:

$$\begin{array}{l}U=U(x,y,z)\\ V=V(x,y,z)\\ W=W(x,y,z)\end{array}\tag{5.2.1}$$

围绕弹性体内任一点 M, 选取一边长为 $\mathrm{d}x$, $\mathrm{d}y$, $\mathrm{d}z$ 的单元体, 如图 5.2.1 所示。其形状发

生变化, 只有两种情况, 即各边伸长或缩短, 两直角边夹角发生改变, 则该单元体三个方向的线应变或称正应变, 以及角应变或称剪应变与位移的关系为

$$\left.\begin{aligned}\varepsilon_x&=\frac{\partial u}{\partial x} \qquad \gamma_{xy}=\gamma_{yx}=\frac{\partial u}{\partial y}+\frac{\partial v}{\partial x}\\ \varepsilon_y&=\frac{\partial v}{\partial y} \qquad \gamma_{yz}=\gamma_{zy}=\frac{\partial v}{\partial z}+\frac{\partial w}{\partial y}\\ \varepsilon_z&=\frac{\partial w}{\partial z} \qquad \gamma_{zx}=\gamma_{xz}=\frac{\partial w}{\partial x}+\frac{\partial u}{\partial z}\end{aligned}\right\} \tag{5.2.2}$$

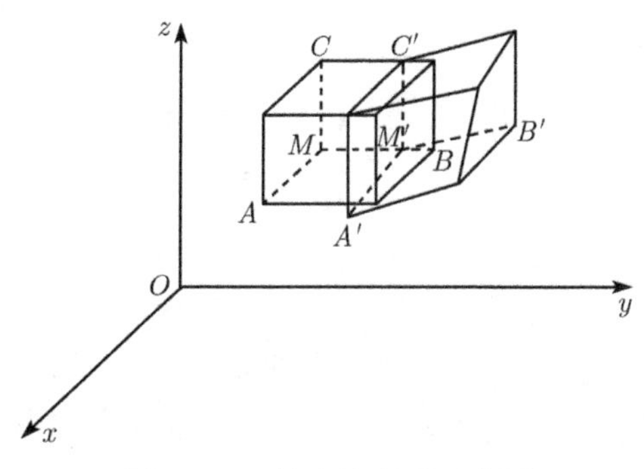

图 5.2.1 单元体变形示意图

方程 (5.2.2) 称为几何方程, 也称为 Cauchy 方程。

类似于应力, 点 M 的应变依然是一个二阶应变张量, 可以写为

$$\boldsymbol{\varepsilon}_{ij}=\begin{bmatrix}\varepsilon_x & \varepsilon_{xy} & \varepsilon_{xz}\\ \varepsilon_{yx} & \varepsilon_y & \varepsilon_{yz}\\ \varepsilon_{zx} & \varepsilon_{zy} & \varepsilon_z\end{bmatrix} \tag{5.2.3}$$

按照张量记号的含义: 当 $i=j$ 时, ε_{ij} 为正应变, $i\neq j$ 时为剪应变。剪应变 $\varepsilon_{ij}=\dfrac{1}{2}r_{ij}, i\neq j$。

5.2.2 应变分量的坐标变换式

取原坐标系为 $Oxyz$, 转轴后的坐标系为 $Ox'y'z'$, $x'y'z'$ 坐标轴分别对 x, y, z 坐标轴的方向余弦各以 l_1,m_1,n_1, l_2,m_2,n_2, l_3,m_3,n_3 表示, 则

$$\begin{bmatrix}\varepsilon_{x'} & \varepsilon_{x'y'} & \varepsilon_{x'z'}\\ \varepsilon_{y'x'} & \varepsilon_{y'} & \varepsilon_{y'z'}\\ \varepsilon_{z'x'} & \varepsilon_{z'y'} & \varepsilon_{z'}\end{bmatrix}=\begin{bmatrix}l_1 & m_1 & n_1\\ l_2 & m_2 & n_2\\ l_3 & m_3 & n_3\end{bmatrix}\begin{bmatrix}\varepsilon_x & \varepsilon_{xy} & \varepsilon_{xz}\\ \varepsilon_{yx} & \varepsilon_y & \varepsilon_{yz}\\ \varepsilon_{zx} & \varepsilon_{zy} & \varepsilon_z\end{bmatrix}\begin{bmatrix}l_1 & l_2 & l_3\\ m_1 & m_2 & m_3\\ n_1 & n_2 & n_3\end{bmatrix} \tag{5.2.4}$$

即

$$\boldsymbol{\varepsilon}'_{ij}=\boldsymbol{T}\boldsymbol{\varepsilon}_{ij}\boldsymbol{T}^{\mathrm{T}}$$

式中, $\boldsymbol{T}$ 称为坐标变换矩阵。

确定主应变及主应变方向的方程为

$$\left.\begin{aligned}(\varepsilon_x-\varepsilon)l+\varepsilon_{xy}m+\varepsilon_{xz}=0\\ \varepsilon_{yx}l+(\varepsilon_y-\varepsilon)m+\varepsilon_{yz}n=0\\ \varepsilon_{zx}l+\varepsilon_{zy}m+(\varepsilon_z-\varepsilon)=0\end{aligned}\right\} \tag{5.2.5}$$

$$l^2+m^2+n^2=1$$

则要求系数行列式的值为零, 即

$$\begin{vmatrix}\varepsilon_x-\varepsilon & \dfrac{1}{2}\gamma_{xy} & \dfrac{1}{2}\gamma_{yz}\\ \dfrac{1}{2}\gamma_{xy} & \varepsilon_y-\varepsilon & \dfrac{1}{2}\gamma_{yz}\\ \dfrac{1}{2}\gamma_{zx} & \dfrac{1}{2}\gamma_{yz} & \varepsilon_z-\varepsilon\end{vmatrix}=0$$

即

$$\varepsilon^3 - \theta_1\varepsilon^2 + \theta_2\varepsilon - \theta_3 = 0 \tag{5.2.6}$$

式中

$$\begin{cases} \theta_1 = \varepsilon_x + \varepsilon_y + \varepsilon_z \\ \theta_2 = e_x e_y + e_y e_z + e_z e_x - \dfrac{1}{4}(\gamma_{xy}^2 + \gamma_{yz}^2 + \gamma_{xz}^2) \\ \theta_3 = e_x e_y e_z + \dfrac{1}{4}(\gamma_{xy}\gamma_{yz}\gamma_z - e_x\gamma_{yz}^2 - e_y\gamma_{zx}^2 - e_z\gamma_{xy}^2) \end{cases}$$

$\theta_1, \theta_2, \theta_3$ 称为第一、二、三应变不变量。由方程 (5.2.6) 求解获得三个实根, 即为三个主应变 ε_1, ε_2, ε_3 对每一个实根可对应求得一组方向余弦, 即为主轴方向。并将三个主应变之和 $\theta = \varepsilon_x + \varepsilon_y + \varepsilon_z = \varepsilon_1 + \varepsilon_2 + \varepsilon_3$ 称为体积应变。

5.2.3 变形协调方程

假设物体是连续的, 变形后依然是连续的, 因此六个应变分量 ε_x, ε_y, ε_z, γ_{xy}, γ_{yz}, γ_{zx} 必然存在一定的关系。首先把 (5.2.2)Cauchy 方程的右端第一式和第二式分别对 x 和 y 求二阶偏导数, 然后相加, 再利用右端第三式, 即可获得

$$\frac{\partial^2\varepsilon_x}{\partial y^2} + \frac{\partial^2\varepsilon_y}{\partial x^2} = \frac{\partial^2\gamma_{xy}}{\partial x\partial y} \tag{5.2.7}$$

再把方程 (5.2.2) 的右端第一、第二和第三式分别对 x 和 y 求一阶偏导数, 然后把它们的后两式相加, 减去它们的前一式, 然后再对 x 求一阶偏导数, 即可得

$$2\frac{\partial^2\varepsilon_x}{\partial y\partial z} = \frac{\partial}{\partial x}\left(-\frac{\partial\gamma_{yz}}{\partial x} + \frac{\partial\gamma_{xz}}{\partial y} + \frac{\partial\gamma_{xy}}{\partial z}\right) \tag{5.2.8}$$

轮换 x, y, z, 分别可得式 (5.2.7) 和 (5.2.8) 相对应的其他两式。这样, 总共得到了 6 个关系式, 综合如下:

$$\left.\begin{aligned} &\frac{\partial^2\varepsilon_x}{\partial y^2} + \frac{\partial^2\varepsilon_y}{\partial x^2} = \frac{\partial^2\gamma_{xy}}{\partial x\partial y} \\ &\frac{\partial^2\varepsilon_x}{\partial z^2} + \frac{\partial^2\varepsilon_z}{\partial x^2} = \frac{\partial^2\gamma_{xz}}{\partial x\partial z} \\ &\frac{\partial^2\varepsilon_z}{\partial y^2} + \frac{\partial^2\varepsilon_y}{\partial z^2} = \frac{\partial^2\gamma_{yz}}{\partial y\partial z} \\ &\frac{\partial}{\partial x}\left(-\frac{\partial\gamma_{yz}}{\partial x} + \frac{\partial\gamma_{xz}}{\partial y} + \frac{\partial\gamma_{xy}}{\partial z}\right) = 2\frac{\partial^2\varepsilon_x}{\partial y\partial z} \\ &\frac{\partial}{\partial y}\left(\frac{\partial\gamma_{yz}}{\partial x} - \frac{\partial\gamma_{xz}}{\partial y} + \frac{\partial\gamma_{xy}}{\partial z}\right) = 2\frac{\partial^2\varepsilon_y}{\partial x\partial z} \\ &\frac{\partial}{\partial z}\left(\frac{\partial\gamma_{yz}}{\partial x} + \frac{\partial\gamma_{xz}}{\partial y} - \frac{\partial\gamma_{xy}}{\partial z}\right) = 2\frac{\partial^2\varepsilon_z}{\partial x\partial y} \end{aligned}\right\} \tag{5.2.9}$$

方程 (5.2.9) 即称为变形协调方程, 也称为圣维南方程。此方程也是变形连续的充分和必要条件, 当六个应变分量满足变形协调方程, 则可以保证得到单值、连续的位移函数, 即保证变形不会出现 “撕裂” 和 “重叠”。

5.3 应力与应变关系

固体在外力的作用下发生变形, 同时在物体内部产生了应力, 应力与变形之间的关系呢? 由物体的物理特征决定的, 它们之间的关系决定了固体力学的属性。

在弹性范围内, 当应力应变之间是线性关系时, 为线性弹性力学的范畴; 当应力与应变之间是非线性关系时, 为非线性弹性力学的范畴。若变形有弹性与塑性, 则称为弹塑性力学; 若变形是以塑性为主, 则称为塑性力学; 若物体发生随时间的永久变形, 则称为流变力学。实际上无论对于固体力学的哪个分支, 其应力、应变、变形协调及应力平衡方程都是相同的, 差别仅在于应力应变的本构关系。

这里仅给出一种最简单的应力应变关系, 即胡克定律。

实验测试证明, 在弹性范围内, 材料在简单拉伸或压缩作用下, 应力应变之间是线性关系, 即 $\sigma = E\varepsilon$, 这一关系称为胡克定律。

在三维应力状态下, 一点处的应力状态由 6 个应力分量来确定, 而同一点附近的应变状态则由 6 个应变分量来确定, 对于均质的线性弹性体, 按照线性关系, 则应力–应变可以写成如下的线性关系式:

$$\left.\begin{aligned}\sigma_x &= C_{11}e_x + C_{12}e_y + C_{13}e_z + C_{14}\gamma_{xy} + C_{15}\gamma_{zx} + C_{16}\gamma_{yz}\\ \sigma_y &= C_{21}e_x + C_{22}e_y + C_{23}e_z + C_{24}\gamma_{xy} + C_{25}\gamma_{zx} + C_{26}\gamma_{yz}\\ \sigma_y &= C_{31}e_x + C_{32}e_y + C_{33}e_z + C_{34}\gamma_{xy} + C_{35}\gamma_{zx} + C_{36}\gamma_{yz}\\ \tau_{yz} &= C_{41}e_x + C_{42}e_y + C_{43}e_z + C_{44}\gamma_{xy} + C_{45}\gamma_{zx} + C_{46}\gamma_{yz}\\ \tau_{zx} &= C_{51}e_x + C_{52}e_y + C_{53}e_z + C_{54}\gamma_{xy} + C_{55}\gamma_{zx} + C_{56}\gamma_{yz}\\ \tau_{xy} &= C_{61}e_x + C_{62}e_y + C_{63}e_z + C_{64}\gamma_{xy} + C_{65}\gamma_{zx} + C_{66}\gamma_{yz}\end{aligned}\right\} \tag{5.3.1}$$

这样应力–应变之间的表达式即称之为广义胡克定律。

式 (5.3.1) 中的系数 $C_{mn}(m,\ n{=}1,\ 2,\ \cdots,\ 6)$ 称为弹性系数, 共有 36 个。假设物体为均质, C_{mn} 为常数, 即不是点的坐标的函数, 当物体产生弹性变形时, 则在物体内积聚了弹性应变能, 其值等于应力沿应变方向做功的和:

$$\delta A = \sigma_x\delta\varepsilon_x + \sigma_y\delta\varepsilon_y + \sigma_z\delta\varepsilon_z + \tau_{xy}\delta\gamma_{xy} + \tau_{zx}\delta\gamma_{zx} + \tau_{zy}\delta\gamma_{zy} \tag{5.3.2}$$

设 δw 表示单位体积应变能的增量, 根据应变能定理, δw 应等于单位体积内各力所得功 δA, 即

$$\delta w = \delta A \tag{5.3.3}$$

按照弹性能定理与能量守恒原理可以证明 $C_{mn} = C_{nm}$, 即说明在极端各向异性时, 其弹性常数也只有 21 个是独立的。

通过以下三种情况的分析, 可以逐步减少独立的弹性常数的个数。

(1) 沿着任意两个相等方向的弹性性质不变, 则线性本构方程简化为

$$\begin{aligned}\sigma_x &= C_{11}\varepsilon_x + C_{12}\varepsilon_y + C_{13}\varepsilon_z\\ \sigma_y &= C_{12}\varepsilon_x + C_{22}\varepsilon_y + C_{23}\varepsilon_z\\ \sigma_z &= C_{13}\varepsilon_x + C_{23}\varepsilon_y + C_{33}\varepsilon_z\\ \tau_{xy} &= C_{44}\gamma_{xy}\\ \tau_{xz} &= C_{55}\gamma_{xz}\\ \tau_{yz} &= C_{66}\gamma_{yz}\end{aligned} \tag{5.3.4}$$

即有 9 个独立的弹性常数。

(2) 沿着两个正交的方向, 弹性性质不变, 则线性本构方程简化为

$$\begin{aligned}\sigma_x &= C_{11}\varepsilon_x + C_{12}(\varepsilon_y + \varepsilon_z)\\ \sigma_y &= C_{11}\varepsilon_y + C_{12}(\varepsilon_x + \varepsilon_z)\\ \sigma_z &= C_{11}\varepsilon_z + C_{12}(\varepsilon_y + \varepsilon_x)\\ \tau_{xy} &= C_{44}\gamma_{xy}\\ \tau_{xz} &= C_{44}\gamma_{xz}\\ \tau_{yz} &= C_{44}\gamma_{yz}\end{aligned}\tag{5.3.5}$$

(3) 沿着两个相交或任意角度交的两个方向弹性性质不变, 则线性本构方程简化为

$$\begin{aligned}\sigma_x &= \lambda\theta + 2\mu\varepsilon_x\\ \sigma_y &= \lambda\theta + 2\mu\varepsilon_y\\ \sigma_z &= \lambda\theta + 2\mu\varepsilon_z\\ \tau_{xy} &= \mu\gamma_{xy}\\ \tau_{xz} &= \mu\gamma_{xz}\\ \tau_{yz} &= \mu\gamma_{yz}\end{aligned}\tag{5.3.6}$$

式中,

$$\lambda = \frac{E\nu}{(1+\nu)(1-2\nu)}, \qquad \mu = \frac{E}{2(1+\nu)}$$

上式左边两个常数称为拉梅常数, E 称为材料的弹性模量; ν 称为材料的泊松比。这就说明对于各向同性体, 只有两个独立的弹性常数。

$$\begin{aligned}&\theta = \varepsilon_x + \varepsilon_y + \varepsilon_z \quad \text{称为体积变形}\\ &\Theta = \sigma_x + \sigma_y + \sigma_z \quad \text{称为体积应力}\\ &\Theta = K\theta\end{aligned}$$

式中, K 称为体积弹性模量, $K = \dfrac{E}{3(1-2\nu)}$

用应力来表示应变, 则广义胡克定律又可以写为

$$\begin{aligned}\varepsilon_x &= \frac{1}{E}[\sigma_x - \nu(\sigma_y + \sigma_z)]\\ \varepsilon_y &= \frac{1}{E}[\sigma_y - \nu(\sigma_x + \sigma_z)]\\ \varepsilon_z &= \frac{1}{E}[\sigma_z - \nu(\sigma_x + \sigma_y)]\\ \gamma_{xy} &= \frac{\tau_{xy}}{G}\\ \gamma_{xz} &= \frac{\tau_{xz}}{G}\\ \gamma_{yz} &= \frac{\tau_{yz}}{G}\end{aligned}\tag{5.3.7}$$

式中, $G = \dfrac{E}{2(1+\nu)}$ 称为剪切弹性模量。

上面的论述一共给出了 6 个弹性常数, 即拉梅弹性常数 λ 和 μ; 体积弹性模量 K 与剪切弹性模量 G; 反映拉伸压缩的弹性模量 E; 横向牵连变形的泊松比 ν。无论如何对于均质

各向同性材料而言, 仅有两个独立的弹性常数, 一般采用容易得到的 E 和 ν, 其他弹性常数均可用 E 和 ν 的某种关系所表示。

5.4 弹性力学问题的数学模型及解法

5.4.1 数学模型

对于一个完整的弹性力学问题的表述, 必须同时满足以下几组基本方程, 为简化计全部采用张量形式表示。

1) 应力平衡方程 (动量守恒方程)

$$\sigma_{ij,j}+f_i=0 \quad (i,j=1,2,3) \tag{5.4.1}$$

对于弹性动力学问题, 可以写为

$$\sigma_{ij,j}+f_i=\rho\frac{\partial^2 u_i}{\partial t^2} \tag{5.4.2}$$

2) 几何方程 ——Cauchy 方程 (质量守恒方程)

$$\varepsilon_{ij}=\frac{1}{2}(u_{i,j}+u_{j,i}) \quad (i,j=1,2,3) \tag{5.4.3}$$

变形协调方程 —— 圣维南方程, 为式 (5.2.9)。

3) 本构方程 —— 广义胡克定律 (能量守恒方程)

用应力表示应变的关系式:

$$\varepsilon_{ij}=\frac{1+\nu}{E}\sigma_{ij}-\frac{\nu}{E}\delta_{ij}\varTheta \quad (i,j=1,2,3) \tag{5.4.4}$$

用应变表示应力的关系式为

$$\sigma_{ij}=\frac{E}{1+\nu}\varepsilon_{ij}+\frac{E\nu\varTheta}{(1+\nu)(1-2\nu)}\delta_{ij}, \quad \theta=\varepsilon_{ii} \tag{5.4.5}$$

4) 边界条件

(1) 应力边界条件, 亦称第二类边界条件:

$$\begin{aligned} X_N&=\sigma_x l+\tau_{xy}m+\tau_{xz}n \\ Y_N&=\tau_{yx}l+\sigma_y m+\tau_{yz}n \\ Z_N&=\tau_{zx}l+\tau_{zy}m+\sigma_z n \end{aligned} \tag{5.4.6}$$

(2) 位移边界条件, 亦称第一类边界条件

$$U=\overline{u}, \quad V=\overline{v}, \quad W=\overline{w} \quad (\text{在}S_u\text{上})$$

在弹性力学问题中, 很少遇到第三类边界条件, 即混合边界条件。

5.4.2 弹性力学问题的解法

(1) 定解问题。弹性力学问题是给定作用在物体全部边界或内部的外界作用 (温度、体力等), 求解物体内因此产生的应力变形和位移场, 表示上述处于弹性阶段的物体应力与变形共有 15 个未知量, 它满足 15 个微分方程, 因此这是一个封闭的方程组, 也是一个静定方程组。再加上边界条件, 证明所得到的解是唯一的、稳定的。

(2) 基本解法。弹性力学问题的求解方法, 有位移法、应力法和混合法。由于应力法是将应力作为基本未知量, 来求解边值问题, 故称为应力法。由于应力是由位移的导数所表示, 因此求解时, 常数位移难以引入, 从而使得解难以确定。因此, 应力法在大规模分析计算中很少采用, 仅在一些特殊情况时采用。

位移法是以位移做基本变量的一种求解方法, 位移在弹性力学问题中是最基本的变量, 物体内任一点的位移或变形, 应力均可以用位移的线性组合或一阶导数的线性组合来表示。尤其是有限元法中, 主要采用位移法, 因此位移法被作为当今最主要的求解固体力学的方法。位移法求解弹性力学问题时, 主要是将几何方程代入本构方程, 即用位移的导数来表示应力。进而将其代入应力平衡方程, 即可得到用位移表示的应力平衡方程:

$$\left.\begin{aligned}(\lambda+G)\frac{\partial\theta}{\partial x}+G\boldsymbol{\nabla}^2u+f_x=0\\(\lambda+G)\frac{\partial\theta}{\partial y}+G\boldsymbol{\nabla}^2v+f_y=0\\(\lambda+G)\frac{\partial\theta}{\partial z}+G\boldsymbol{\nabla}^2w+f_z=0\end{aligned}\right\}\tag{5.4.7}$$

用张量表示可以写为

$$(\lambda+\mu)u_{j,ji}+\mu u_{i,ij}+f_i=0\tag{5.4.8}$$

此方程称为拉梅–纳维 (Lame-Navier) 方程。该方程中包含了三个未知量 u, v, w, 再辅以位移表示的边界条件, 即构成用位移法求解弹性力学问题的完整数学模型。

在用位移法求解弹性力学问题中, 并未用到变形协调方程, 实际上这种方法中变形协调方程是自然满足的。

5.4.3 圣维南原理与叠加原理

(1) 圣维南原理。在工程实际中, 我们对某些边界上作用的外力的确切分布并不清楚, 而只知道某一段边界上的合力或合力矩, 那么用等效的力系去表述或代替原来并不十分确切和清楚的力系是否允许, 二者会带来多大的误差, 这就是圣维南原理要解决的问题。作用于弹性体表面某一不大的局部面积上的力系, 为作用在同一局部面积上的另一静力等效力系所代替, 则载荷的这种重新分布只在离载荷作用处很近的地方, 才使应力的分布发生显著的变化, 在离载荷较远处只有极小的影响, 这就是圣维南原理, 它又称为局部应力原理。从混沌学理论分析, 圣维南原理主要适用于线性系统, 对于非线性系统应该认真分析后再用。

(2) 叠加原理。对于小变形线性弹性力学系统而言, 第一组力系 T' 作用在点 M 产生的应力 σ', 第二组力系 T'' 作用在点 M 产生的应力 σ'', 之和 $\sigma=\sigma'+\sigma''$ 与第一、二组力系 $T'+T''$ 作用在 M 点产生的应力 σ 的合力相等, 即 $\sigma=\sigma'+\sigma''$。这就是应力叠加原理, 它仅适用于小变形线性弹性系统, 对于这种系统而言与外力加载顺序无关, 只决定于最终的加载结果。

5.5 弹性力学的平面问题

在平面问题中有两类最基本的问题, 即平面应变问题和平面应力问题。

5.5.1 平面应变问题

有一等截面的长结构物, 且作用的载荷沿长度方向不变, 这就相当于在长度方向有一刚性约束, 取长度方向为 z 轴, 则有 $W=0$。因而横截面的位移 u 和 v 仅为 x 和 y 的函数, 而与 z 无关。由此, 沿长度方向任取一个与 Oxy 面平行且厚度等于 1 的薄片作为模型分析于是有

$$\left.\begin{aligned}\varepsilon_x&=\frac{\partial u}{\partial x}\\ \varepsilon_y&=\frac{\partial v}{\partial y}\\ \gamma_{xy}&=\frac{\partial u}{\partial y}+\frac{\partial v}{\partial x}\\ \varepsilon_z&=\gamma_{xz}=\gamma_{yz}=0\end{aligned}\right\}\tag{5.5.1}$$

将此代入应力平衡方程、变形协调方程和本构方程, 即可以得到平面应变问题的数学模型。

许多工程问题可以简化为平面应变问题, 如水坝坝体、隧道、很长的辊辊轴、输运管线等, 如图 5.5.1 所示。

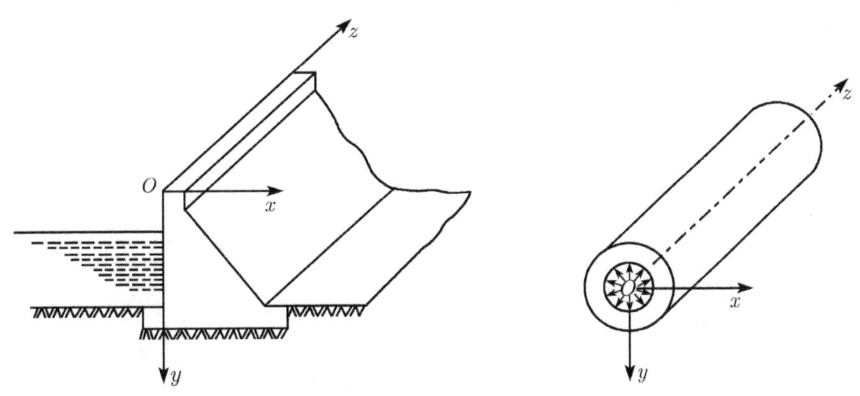

图 5.5.1 水坝坝体和隧道的平面应变模型

5.5.2 平面应力问题

对于一类问题, 其一个方向的尺寸远小于另两个方向的尺寸, 且作用载荷与该平面平行。此种情况下, 物体内各点的应力分量 σ_z, τ_{zy}, τ_{zx} 均为零, σ_x, σ_y, τ_{xy} 产生在与 oxy 平面平行的平面内, 且沿 z 轴保持不变 (与 z 无关), 如图 5.5.2 所示, 即

$$\left.\begin{aligned}\sigma_z&=\tau_{yz}=\tau_{zx}=0\\ \sigma_x&=\sigma_x(x,y)\\ \sigma_y&=\sigma_y(x,y)\\ \tau_{xy}&=\tau_{xy}(x,y)\end{aligned}\right\}\tag{5.5.2}$$

上式即为平面应力问题。

如此对空间问题简化, 即可得到平面应力问题的数学模型。

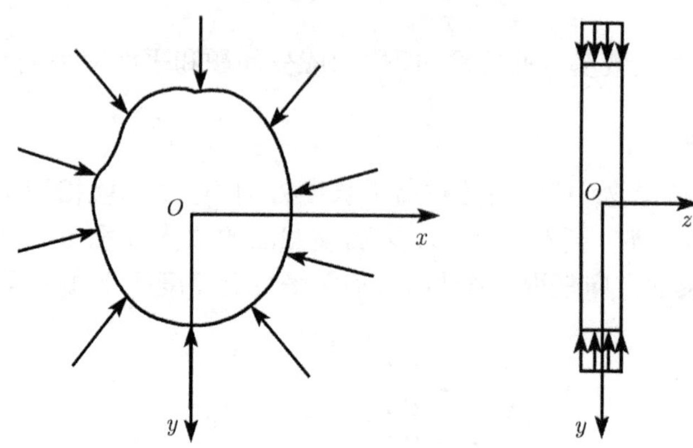

图 5.5.2　平面应力模型

第6章　传　热　学

6.1　热量传输概述

传热学是研究由温度差引起的热量传输规律的科学。凡是有温度差的地方, 就有热量自发地从高温物体传向低温物体, 或从物体的高温部分传向低温部分。传热学在工农业生产和生活中有着极为广泛的用途。

6.1.1　热量传输方式

热量传输有三种基本方式：导热、对流和热辐射。

(1) 导热。物体各部分之间不发生相对位移时, 依靠分子、原子及自由电子等微观粒子的热运动而产生的热量传输称为导热, 或热传导。固体内部热量从温度较高的部分传输到温度较低的部分, 以及温度较高的固体把热量传输给与之接触的温度较低的另一固体, 这些都是导热现象。

(2) 对流传热。流体的宏观运动使流体各部分之间发生相对位移、冷热流体相互掺混所引起的热量传输过程是对流传热。有三种对流换热方式：① 自然对流, 由于流体冷热各部分的密度不同而引起的; ② 强制对流, 流体的流动是由水泵、风机或其他压差作用所造成的; ③ 有相变的对流换热, 液体在热表面上沸腾, 以及蒸气在冷表面上凝结的对流换热。

对流换热服从牛顿对流换热公式：

$$q = h(T_{\mathrm{w}} - T_{\mathrm{f}});\ q = h(T_{\mathrm{f}} - T_{\mathrm{w}});\ q = h\Delta T \tag{6.1.1}$$

式中, h 是表面传热系数, $\mathrm{W/(m^2, K)}$; q 是热流密度, $\mathrm{W/m^2}$; T 是温度; T_{w} 及 T_{f} 分别为壁面温度和流体温度。从对流换热角度讲, 水的对流换热比空气强烈; 有相变的换热优于无相变的换热; 强制对流高于自然对流换热。

(3) 热辐射。物体通过电磁波来传输能量的方式称为辐射。物体会因各种原因发出辐射能, 其中因热的原因而发出辐射能的现象称为热辐射。辐射与吸收过程的综合结果就造成了以辐射方式进行的物体间的热量传输, 称为辐射换热。

导热、对流与辐射三种传热方式有较大的区别：导热与对流方式仅在有物质的条件下才能实现; 而辐射在真空状态下仍可以传输, 而且传输最有效。

6.1.2　传热过程与传热系数

在复杂的传热系统中, 热量由温度高处传输到低处的整个环节, 称为传热过程。在工程分析中, 常常忽略过程的每一个细节, 而用一个简单的传热系数概括之, 这种描述方法和理论也称为传热方程, 其系数称为传热系数。如图 6.1.1 所示, 从高温热流体到低温流体经历的传热过程, 可描述为

$$\Phi = Ah_1(T_{\mathrm{f1}} - T_{\mathrm{w1}})$$

$$\Phi = \frac{A\lambda}{\delta}(T_{\mathrm{w1}} - T_{\mathrm{w2}})$$

$$\Phi = Ah_2(T_{w2} - T_{f2}) \tag{6.1.2}$$

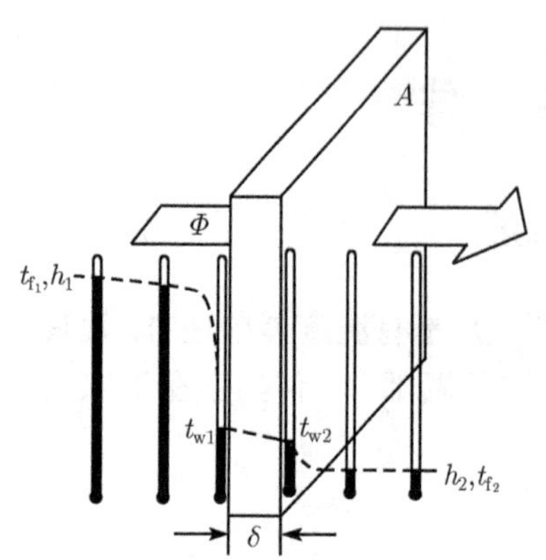

图 6.1.1 传热过程的剖析

三式相加, 消去温度 T_{w1} 和 T_{w2} 得到

$$k = \frac{1}{\dfrac{1}{h_1} + \dfrac{\delta}{\lambda} + \dfrac{1}{h_2}}, \quad \frac{1}{k} = \frac{1}{h_1} + \frac{\delta}{\lambda} + \frac{1}{h_2} \tag{6.1.3}$$

式中, k 为传热系数, $W/(m^2 \cdot K)$; Φ 是热流量, W。

$$\Phi = \frac{A(T_{f1} - T_{f2})}{\dfrac{1}{h_1} + \dfrac{\delta}{\lambda} + \dfrac{1}{h_2}} \tag{6.1.4}$$

$$\Phi = Ak(T_{f1} - T_{f2}) = Ak\Delta T \tag{6.1.5}$$

由此得到: 在一个串联的热量传输过程中, 如果各个环节的热流量都相等, 则各串联环节的总热阻等于各串联环节的热阻之和。

用传热系数表示, 其传热方程可以简写为

$$\Phi = Ak(T_{f1} - T_{f2}) = Ak\Delta T \tag{6.1.6}$$

6.2 热传导定律与理论

6.2.1 导热基本定律

1. 温度场

像重力场、速度场一样, 物体中存在着温度的场, 称为温度场; 温度场空间内各点的温度是空间坐标和时间的函数, $T = f(x, y, z, t)$。当物体内温度不随时间变化时, 即 $T = f(x, y, z)$, 称为稳态温度场 (定常); 当物体内温度随时间变化时, 即 $T = f(x, y, z, t)$, 称为非稳态温度场 (非定常)。

2. 傅里叶导热基本定律

1822 年法国科学家傅里叶 (Fourier, 1768~1830) 在大量实验基础上提出: 单位时间内通过给定截面的热量, 正比例于垂直于该截面方向上的温度变化率和截面面积, 而热量传输的方向则与温度升高的方向相反,

$$q_x = -\lambda \frac{\partial T}{\partial x}, \quad \vec{q} = -\lambda \mathrm{grad} T, \quad q_i = -\lambda T_{,i} \tag{6.2.1}$$

式中, q 是单位面积的热流量, 称为热流密度, W/m^2; λ 是导热系数, $W/(m \cdot K)$, 它是与材料性质和温度有关的参数; grad T 是温度梯度。这就是著名的热传导定律。根据傅里叶定律, 测定的几种材料的导热系数见表 6.2.1, 导热系数对温度的依变关系见图 6.2.1。

表 6.2.1 几种材料的导热系数表

材料	T/°C	λ/(W·m^{-1}·K^{-1})
空气	38	0.018
水蒸气	100	0.0245
—	0	0.561
水	20	0.604
—	100	0.68
纯铜	20	386
纯铁	20	72.2
沥青	20～25	0.74～0.76
水泥	24	0.76
玻璃	20	0.78
大理石	—	2.08～2.94
松木	30	0.112
石棉	51	0.166

6.2.2 导热控制方程

导热微分方程推导：在笛卡儿坐标系下，研究一表征体积单元 (如图 6.2.2) 的热量传输，导入热流量为

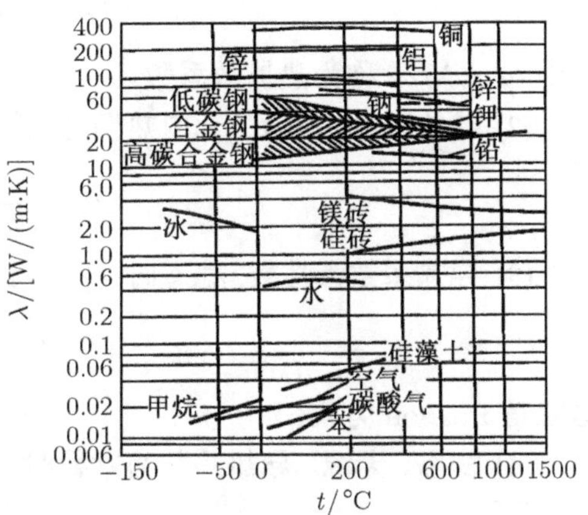

图 6.2.1 导热系数对温度的依变关系

$$\Phi_x = -\lambda\frac{\partial T}{\partial x}\mathrm{d}y\mathrm{d}z$$

$$\Phi_y = -\lambda\frac{\partial T}{\partial y}\mathrm{d}x\mathrm{d}z$$

$$\Phi_z = -\lambda\frac{\partial T}{\partial z}\mathrm{d}x\mathrm{d}y$$

$$\begin{aligned}\Phi_{x+\mathrm{d}x} &= \Phi_x + \frac{\partial \Phi}{\partial x}\mathrm{d}x\\ &= \Phi_x + \frac{\partial}{\partial x}\left(-\lambda\frac{\partial T}{\partial x}\mathrm{d}y\mathrm{d}z\right)\mathrm{d}x\end{aligned}$$

$$\begin{aligned}\Phi_{y+\mathrm{d}y} &= \Phi_y + \frac{\partial \Phi}{\partial y}\mathrm{d}y\\ &= \Phi_y + \frac{\partial}{\partial y}\left(-\lambda\frac{\partial T}{\partial y}\mathrm{d}x\mathrm{d}z\right)\mathrm{d}y\end{aligned}$$

$$\Phi_{z+\mathrm{d}z} = \Phi_z + \frac{\partial \Phi}{\partial z}\mathrm{d}z = \Phi_z + \frac{\partial}{\partial z}\left(-\lambda\frac{\partial T}{\partial z}\mathrm{d}y\mathrm{d}x\right)\mathrm{d}z$$

微元体热能增量为 $\rho c\dfrac{\partial T}{\partial t}\mathrm{d}x\mathrm{d}y\mathrm{d}z$

微元体热源为 $Q\mathrm{d}x\mathrm{d}y\mathrm{d}z$

按照能量守恒：导入热量＋微元体内热源生成热 = 导出热量＋微元体热能增量，得导热微分方程为

$$\begin{aligned}\rho c\frac{\partial T}{\partial t} &= \frac{\partial}{\partial x}(\lambda\frac{\partial T}{\partial x}) + \frac{\partial}{\partial y}(\lambda\frac{\partial T}{\partial y}) + \frac{\partial}{\partial z}(\lambda\frac{\partial T}{\partial z}) + Q\\ \rho c\frac{\partial T}{\partial t} &= (\lambda T_{,i})_{,i} + Q\end{aligned} \tag{6.2.2}$$

以下几种特例情况的讨论。

(1) 导热系数为常数时, 式 (6.2.2) 简化为

$$\frac{\partial T}{\partial t}=\frac{\lambda}{\rho c}(\nabla^2 T)+\frac{Q}{\rho c} \tag{6.2.3}$$

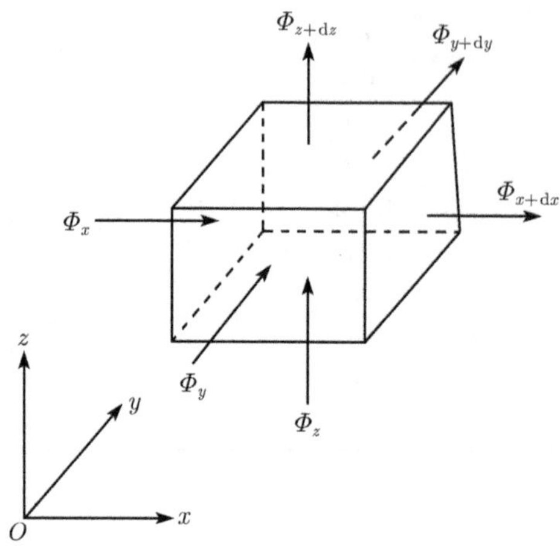

图 6.2.2 微元平行六面体的热导分析

式中, $a=\lambda/\rho c$ 称为热扩散系数。

(2) 导热系数为常数, 无内热源时, 式 (6.2.2) 简化为

$$\frac{\partial T}{\partial t}=\frac{\lambda}{\rho c}(\nabla^2 T) \tag{6.2.4}$$

(3) 导热系数为常数, 稳态时, 式 (6.2.2) 简化为

$$(\nabla^2 T)+\frac{Q}{\lambda}=0 \tag{6.2.5}$$

这就是 Poisson 方程。

(4) 稳态、无源、导热系数为常数时的热传导方程, 式 (6.2.2) 简化为

$$(\nabla^2 T)=0 \tag{6.2.6}$$

这就是 Laplace 方程。

热传导方程中的热扩散率 $a=\lambda/\rho c$, 其中分子 λ 为导热系数, 分母 ρc 为物体的热容系数。由此可见, 导热系数 λ 越大, 传热越快; 热容系数越大, 则传热越慢。需要注意, 导热方程不适用于温度极低 (如绝对零度附近), 也不适用于热流密度极大的热量传递过程 (如激光加工过程), 此类情况称为非傅里叶导热过程。

导热问题的常用边界条件有以下三类。

第一类边界条件: $t>0$, $T_\mathrm{w}=f_1(t)$ 在 S_1, 或 L_1 边界上; 这类边界又称为给定温度边界条件, 或强制边界条件。

第二类边界条件: $t>0$, $-\lambda(\mathrm{d}T/\mathrm{d}n)_\mathrm{w}=f_2(t)$ 在 S_2 或 L_2 上; 这类边界又称为给定热流密度值的边界; n 为表面的外法线方向。

第三类边界条件: $-\lambda(\mathrm{d}T/\mathrm{d}n)_\mathrm{w}=h(T_\mathrm{w}-T_\mathrm{f})$ 在 S_3 或 L_3 边界上; 在非稳态导热时, 式中 h 及 T_f 均为时间的已知函数。

6.3 对流传热定律与理论

6.3.1 对流换热概述

对流换热指的是流体流过固体壁面情况下所发生的热量交换。影响对流换热有五个因素。① 流体流动的起因：自然对流换热或强制对流换热。② 有无相变：流体无相变是由流体显热的变化实现的；而流体有相变的换热则是由流体相变热 (潜热) 的释放或吸收起主要作用。③ 流体的流动状态：层流与湍流，湍流换热较强烈些。④ 换热表面的几何因素：指换热表面的形状、大小、换热表面与流体运动方向的相对位置，以及换热表面的状态 (光滑或粗糙)。⑤ 流体的物理性质：流体的密度 ρ、动力黏度 η、导热系数 λ、比定压热容 c_p，都会影响流体中速度的分布及热量传递，其表面换热系数为 $h=f(u,l,\rho,\eta,\lambda,c_p)$。

对流换热大致有两种类型：无相变发生的对流换热，又细分为强制对流换热、自然对流换热和混合对流换热；有相变发生的对流换热，它又细分为凝结换热和沸腾换热。

6.3.2 对流换热的控制方程

对流换热的数学描述包括对流换热微分方程组及定解条件，以下介绍对流换热微分方程的推导分析过程。

引入如下假设：① 流动是二维的；② 流体为不可压缩的牛顿流体；③ 流体物性为常数、无内热源；④ 黏性耗散产生的耗散热可以忽略不计。

考虑能量守恒方程与傅里叶导热定律。

根据热力学第一定律，有

$$\Phi=\frac{\partial U}{\partial t}+(q_{\mathrm{m}})_{\mathrm{out}}h_{\mathrm{out}}-(q_{\mathrm{m}})_{\mathrm{in}}h_{\mathrm{in}} \qquad (6.3.1)$$

式中，Φ 为热流量；q_{m} 为质量流量；h 为流体的比焓；U 为微元体的热力学能.

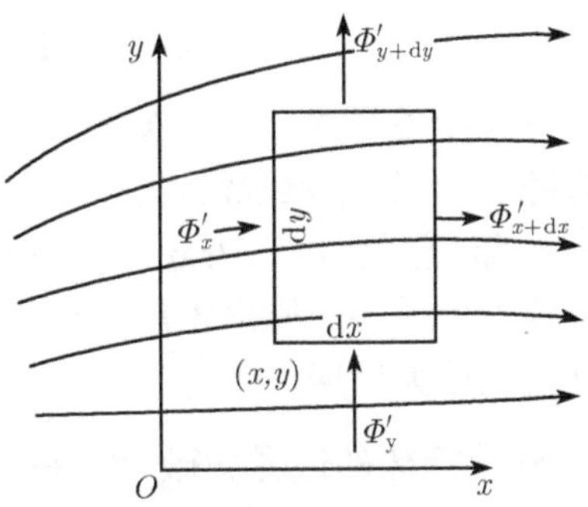

图 6.3.1 对流换热微分方程推导中的微元体

dt 时段导热进入微元体 (图 6.3.1) 的热量为

$$\Phi\mathrm{d}t=\lambda\left(\frac{\partial^2T}{\partial x^2}+\frac{\partial^2T}{\partial y^2}\right)\mathrm{d}x\mathrm{d}y\mathrm{d}t \qquad (6.3.2)$$

热力学能的增量：

$$\Delta U=\rho c_p\mathrm{d}x\mathrm{d}y\frac{\partial T}{\partial t}\mathrm{d}t \qquad (6.3.3)$$

流体流进流出微元体的焓差：

$$H_x=\rho c_p uT\mathrm{d}y\mathrm{d}t$$

$$H_{x+\mathrm{d}x}=\rho c_p\left(T+\frac{\partial T}{\partial x}\mathrm{d}x\right)\left(u+\frac{\partial u}{\partial x}\mathrm{d}x\right)\mathrm{d}y\mathrm{d}t$$

$$H_{x+\mathrm{d}x}-H_x=\rho c_p\left(u\frac{\partial T}{\partial x}+T\frac{\partial u}{\partial x}\right)\mathrm{d}x\mathrm{d}y\mathrm{d}t$$

$$H_{y+\mathrm{d}y} - H_y = \rho c_p \left(v\frac{\partial T}{\partial y} + T\frac{\partial v}{\partial y} \right) \mathrm{d}x\mathrm{d}y\mathrm{d}t$$

$$(q_{\mathrm{m}})_{\mathrm{out}}h_{\mathrm{out}} - (q_m)_{\mathrm{in}}h_{\mathrm{in}} = \rho c_p \left[\left(u\frac{\partial T}{\partial x} + v\frac{\partial T}{\partial y} \right) + T\left(\frac{\partial u}{\partial x} + \frac{\partial v}{\partial y} \right) \right] \mathrm{d}x\mathrm{d}y\mathrm{d}t$$

$$= \rho c_p \left(u\frac{\partial T}{\partial x} + v\frac{\partial T}{\partial y} \right) \mathrm{d}x\mathrm{d}y\mathrm{d}t$$

合并即得到二维、常物性、无内热源的能量守恒微分方程:

$$\frac{\partial T}{\partial t} + u\frac{\partial T}{\partial x} + v\frac{\partial T}{\partial y} = \frac{\lambda}{\rho c_p}\left(\frac{\partial^2 T}{\partial x^2} + \frac{\partial^2 T}{\partial y^2}\right) \tag{6.3.4}$$

对流换热的完整的微分方程如下。

质量守恒方程:

$$\frac{\partial u}{\partial x} + \frac{\partial v}{\partial y} = 0$$

动量守恒方程 (N-S 方程):

$$\begin{cases} \rho\left(\dfrac{\partial u}{\partial t} + u\dfrac{\partial u}{\partial x} + v\dfrac{\partial u}{\partial y}\right) = F_x - \dfrac{\partial p}{\partial x} + \eta\left(\dfrac{\partial^2 u}{\partial x^2} + \dfrac{\partial^2 u}{\partial y^2}\right) \\ \rho\left(\dfrac{\partial v}{\partial t} + u\dfrac{\partial v}{\partial x} + v\dfrac{\partial v}{\partial y}\right) = F_y - \dfrac{\partial p}{\partial y} + \eta\left(\dfrac{\partial^2 v}{\partial x^2} + \dfrac{\partial^2 v}{\partial y^2}\right) \end{cases}$$

能量守恒方程:

$$\frac{\partial T}{\partial t} + u\frac{\partial T}{\partial x} + v\frac{\partial T}{\partial y} = \frac{\lambda}{\rho c_p}\left(\frac{\partial^2 T}{\partial x^2} + \frac{\partial^2 T}{\partial y^2}\right)$$

上述 4 个方程含 4 个未知数: u, v, p, T, 方程是封闭的。但由于 N-S 方程的复杂性和非线性的特点, 一直很难求解。

1904 年, 普朗特 (L.Prandtl) 提出边界层的概念才使得对流换热方程简化, 并得到发展。波尔豪森把边界层的概念推广到对流换热问题, 提出了热边界层的概念, 使对流换热问题的分析解得到更大发展。

6.3.3 对流换热的边界层微分方程

1. 流动边界层

普朗特假设: 黏滞性起作用的区域仅仅局限在靠近壁面的薄层内如图 6.3.2 所示。在薄层外, 由于速度梯度很小, 黏滞性造成的切应力可以忽略不计, 则该区域中的流动可简化做理想流体的无旋流动, 使数学上求解比理想流体的流动容易得多。在薄层内, 运用数量级分析方法对 N-S 方程做实质性的简化, 从而获得不少黏性流动问题的解析解。

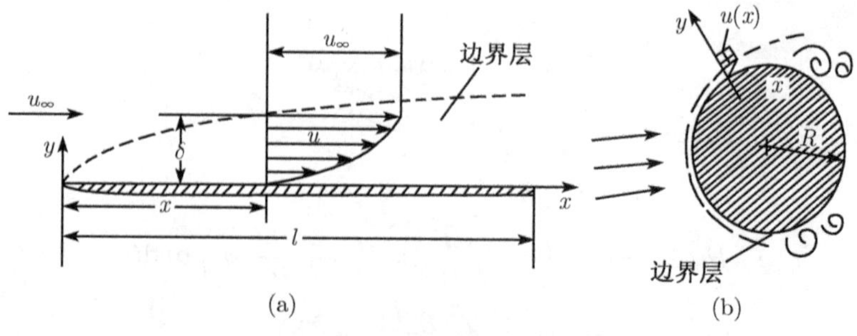

图 6.3.2 边界层示意图

这种在固体表面附近流体速度发生剧烈变化的薄层称为**流动边界层**或速度边界层。流动边界层的厚度规定为达到 99% 的主流速度的距离 δ。

边界层内黏性流体的动量方程简化:

$$u\frac{\partial u}{\partial x}+v\frac{\partial u}{\partial y}=-\frac{1}{\rho}\frac{\mathrm{d}p}{\mathrm{d}x}+v\frac{\partial^2 u}{\partial y^2} \tag{6.3.5}$$

该方程的特点是: ① 方程中略去主流方向 u 的二阶导数项; ② 略去了关于速度 v 的动量方程; ③ 认为 p 关于 y 的偏导数等于 0, 在边界层中用 $\mathrm{d}p/\mathrm{d}x$ 代替了偏导数 $\dfrac{\partial p}{\partial x}$。

边界层的发展过程 (特性) 如下。

(1) 层流边界层: 流体掠过平板时, 一开始, 边界层很薄, 由于黏滞力的作用, 向内部传递, 逐渐加厚, 但在 x_c 之前, 一直保持层流的性质, 这时称为层流边界层, 速度分布为抛物形状。见图 6.3.3。

(2) 湍流边界层: 边界层厚度增加, 内部惯性力和黏滞力的对比, 自 x_c 处起, 向惯性力大的方向发展, 使边界层逐渐变得不稳定, 称为湍流边界层。

$$x_\mathrm{c}=Re_\mathrm{c}v/u_\infty,\quad Re_\mathrm{c}=(2\times10^5-3\times10^6)$$

x_c与L相比很小, 差几个数量级.

(3) 层流底层: 湍流边界层的底部, 紧靠壁面处的极薄层, 黏滞力仍占主导地位, 保持层流状态, 称为层流底层 (黏性底层), 速度梯度较大。

(4) 缓冲层: 湍流核心与层流底层的过渡区, 称为缓冲层。

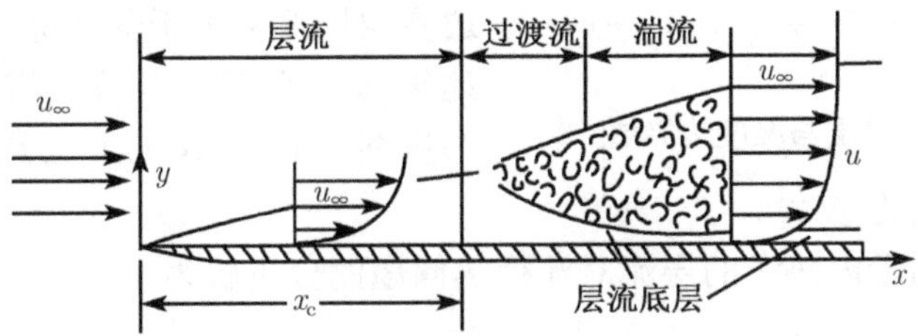

图 6.3.3 掠过平板时边界层的形成和发展

2. 对流换热边界层

固体表面附近流体温度发生剧烈变化的薄层, 称为热边界层或温度边界层见图 6.3.4。厚度记为 δ_T。厚度确定为外边界温度是主流温度的 99%。

$$\frac{\partial T}{\partial t}+u\frac{\partial T}{\partial x}+v\frac{\partial T}{\partial y}=\frac{\lambda}{\rho c_p}\left(\frac{\partial^2 T}{\partial x^2}+v\frac{\partial^2 T}{\partial y^2}\right) \tag{6.3.6}$$

$$1\,(1/1)\quad \delta\,(1/\delta)\quad (1/1)/1\quad (1/\delta)/\delta$$

热边界层能量方程简化: 使等号前后有相同的数量级, 热扩散率必须具有 δ^2 的数量级。换热边界层微分方程组如下。

质量守恒方程: $\dfrac{\partial u}{\partial x}+\dfrac{\partial v}{\partial y}=0$

动量守恒方程：$u\frac{\partial u}{\partial x}+v\frac{\partial u}{\partial y}=-\frac{1}{\rho}\frac{\mathrm{d}p}{\mathrm{d}x}+v\frac{\partial^2 u}{\partial y^2}$

能量守恒方程：$u\frac{\partial T}{\partial x}+v\frac{\partial T}{\partial y}=\frac{\lambda}{\rho c_p}\left(v\frac{\partial^2 T}{\partial y^2}\right)$

热边界层与对流边界层的相对厚度。对上述微分方程组附加定解条件即可求解,

$$y=0时,\quad u=0,\quad v=0,\quad T=T_{\mathrm{w}}$$
$$y\to\infty时,\quad u=u_\infty,\quad T=T_\infty$$

对于平板, 分析求解上述方程, 得到局部表面换热系数 h_x 的表达式:

$$h_x=0.332\frac{\lambda}{x}\left(\frac{u_\infty x}{v}\right)^{\frac{1}{2}}\left(\frac{v}{a}\right)^{\frac{1}{3}} \tag{6.3.7}$$

$$\frac{h_x x}{\lambda}=0.332\left(\frac{u_\infty x}{v}\right)^{\frac{1}{2}}\left(\frac{v}{a}\right)^{\frac{1}{3}} \tag{6.3.8}$$

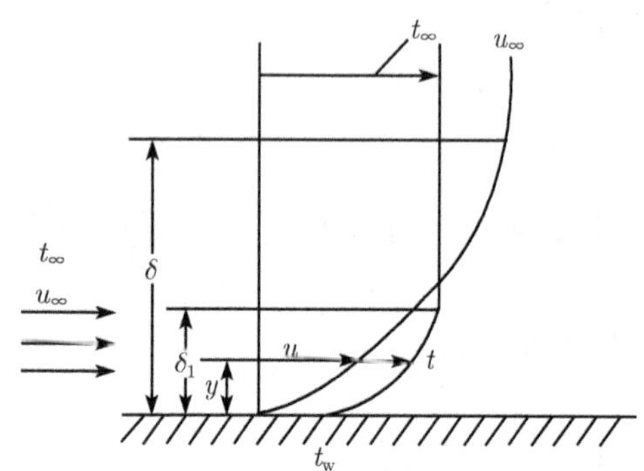

图 6.3.3 速度边界层与温度边界层

等式中 $v/a=c_p\eta/\lambda=\delta/\delta_{\mathrm{t}}$ 称为普朗特数, 记为 Pr, 为量纲为一的数, 它表征对流边界层厚度与热边界层厚度之比, 它反映了流体中动量扩散与热扩散能力的对比。除液态金属 Pr 等于 0.01 的数量级外, 常见流体 Pr 为 0.6~4000, 各种气体 Pr 为 0.6~0.7。液态金属的流动边界层厚度远小于热边界层厚度; 高 Pr 的油类, 速度边界层厚度远大于热边界层厚度。$u_\infty x/v$ 是当地坐标 x 为特征长度的雷诺数 Re, 记为 Re_x, 为量纲一的数; $h_x x/\lambda$ 也是量纲一的数, 称为努塞尔 (Nusselt) 数, 记为 Nu_x。

外掠等温平板的无内热源的层流对流换热问题的分析解为

$$Nu_x=0.332Re_x^{\frac{1}{2}}Pr^{\frac{1}{3}} \tag{6.3.9}$$

这种以特征数形式表示的对流换热计算式称为特征数方程, 习惯上称准则方程或关联式。

6.4 热辐射基本定律

辐射是电磁波传递能量的现象。由于热的原因而产生的电磁波辐射称为热辐射。热辐射的电磁波是物体内部微观粒子热运动状态改变时激发出来的。热辐射换热就是指物体之间的相互辐射和吸收的总效果。当物体与环境处于热平衡时, 其表面上的热辐射仍在不停地运动, 但其辐射换热量等于零。

当热辐射的能量投射到物体表面时, 发生吸收、发射与穿透, 分别表示为 α, ρ, τ; 有 $\alpha+\rho+\tau=0$。

我们通常将 α=1 的物体称为绝对黑体; 把发射比 ρ=1 的物体称为绝对白体, 或镜体; 把穿透比 τ=1 的物体称为绝对透明体, 或透明体。

斯特藩–玻耳兹曼热辐射定律 单位时间内单位表面积向其上的半球空间的所有方向辐射出去的全部波长范围内的能力称为辐射力，记为 E, W/m^2. 黑体的辐射力与热力学温度 (K) 的关系由斯特藩–玻耳兹曼热辐射定律所描述：

$$E_{\mathrm{b}}=\sigma T^4=C_0\left(\frac{T}{100}\right)^4 \quad \mathrm{W/m^2} \tag{6.4.1}$$

式中, σ 是斯特藩–玻耳兹曼常量, 等于 $5.67\times10^{-8}\mathrm{W/(m^2\cdot K^4)}$; C_0 称为黑体辐射系数, 其值为 $5.67\mathrm{W/(m^2\cdot K^4)}$; E_{b} 下标 b 表示黑体。这一定律又称为辐射四次方定律, 是热辐射工程计算的基础, 四次方定律表明, 随着温度的上升, 辐射力急剧增加。

光谱辐射力 单位时间内单位表面积向其上的半球空间的所有方向辐射出去的在包含波长 λ 在内的能量称为光谱辐射力, 记为 $E_{\mathrm{b}\lambda}$, $\mathrm{W/(m^2{\cdot}m)}$, 或者 $\mathrm{W/(m^2\cdot \mu m)}$, 这里分母中的 m表示单位波长的宽度, 通常采用 μm。

普朗克定律, 黑体的光谱辐射力随波长的变化由以下的普朗克定律所描述：

$$E_{\mathrm{b}\lambda}=\frac{c_1\lambda^{-5}}{\mathrm{e}^{c_2/(\lambda T)}-1} \tag{6.4.2}$$

式中, $E_{\mathrm{b}\lambda}$ 为黑体光谱辐射力, W/m^3; λ 为波长, m; T 为黑体热力学温度, K; e 为自然对数的底; c_1 为第一辐射常数, $3.9419\times10^{-16}\mathrm{W{\cdot}m^2}$; c_2 为第二辐射常量, $1.4388\times10^{-2}\mathrm{m{\cdot}K}$。

黑体的光谱辐射力随着波长的增加, 先是增大, 然后又减小 (图 6.4.1)。光谱辐射力最大处的波长 λ_{m} 与温度 T 之间存在着如下关系：

$$\lambda_{\mathrm{m}}T=2.8976\times10^{-3}\mathrm{m\cdot K}=2.9\times10^{-3}\mathrm{m\cdot K} \tag{6.4.3}$$

此式表达的波长 λ_{m} 与温度 T 成反比的规律称为维恩 (Wien) 位移定律。

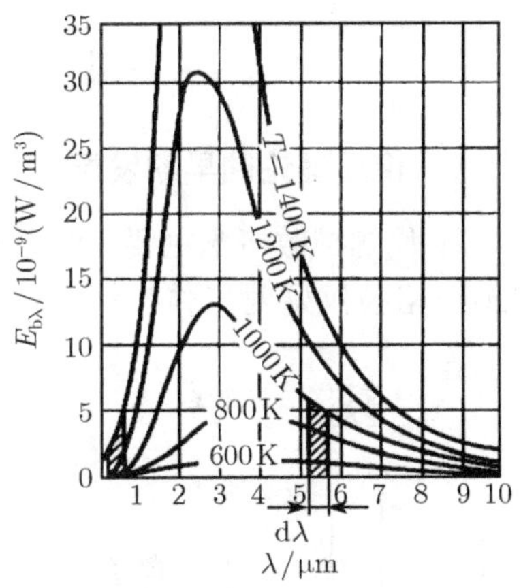

图 6.4.1 普朗克定律的图示

图 6.4.1 所示的光谱辐射力曲线下的面积就是该温度下黑体的辐射力：

$$E_{\mathrm{b}}=\int_0^{\infty}E_{\mathrm{b}\lambda}\mathrm{d}\lambda=\int_0^{\infty}\frac{c_1\lambda^{-5}}{\mathrm{e}^{c_2/\lambda T}-1}\mathrm{d}\lambda \tag{6.4.4}$$

即为普朗克定律与斯特藩–玻耳兹曼热辐射定律的关系。黑体的定向辐射强度是一个常量, 与空间方向无关, 这就是黑体辐射的朗伯定律, 即

$$\frac{\mathrm{d}\varPhi(\theta)}{\mathrm{d}A\mathrm{d}\varOmega\cos\theta}=I \tag{6.4.5}$$

第7章 传质理论

传质亦即质量传输, 是极为普遍的一类工程与科学现象。任何人都看到过烟囱冒烟, 在寒冷的晴天, 烟会升得很高才散开并逐渐消失, 在大风的天气, 烟会快速消散, 快到似乎从未存在过。在清水中滴入一滴红墨水, 过一定时间, 红墨水被完全地溶混, 而变成浅红色的水。在泾河与渭河的入口处, 可以清晰地分辨两股清水与浊水, 当流过几千米后则再也无法分辨二者, 而溶混为一种稍浅一些的浊水。这些就是举不胜举的扩散与传质现象。

传质广泛见于环境工程、生物工程、化学工程、冶金工程、溶浸采矿工程, 传质的动力是浓度梯度的存在。其方式可以分为扩散传质与对流传质两大类。有些时候, 这两种方式同时存在, 有些时候是某一种方式存在。

在多孔介质中, 传质现象也十分普遍, 钙芒硝矿用水溶解中, 溶浸多孔介质的表面高浓度的卤水与淡水的混合; 铀矿的强酸溶浸; 海水入侵后, 淡水与海水的交界区就发生着传质与溶混; 高浓度的污染废液排入地下后, 在含水层中传质, 而使较大区域的地下水污染等。

7.1 传质的基本方式与传递定律

7.1.1 传质理论的早期发展

现代的扩散概念主要来源于托马斯 · 格拉汉姆 (Thomas Graham) 和阿道夫 · 费克 (Adolf Fick), 格拉汉姆对气体扩散的研究大部分是在 1828~1833 年进行的。他使用的主要装置如图 7.1.1 所示, 此装置称为 “扩散管”, 是由一根直玻璃管在其一端封上灰泥制成。玻璃管内充满氢气, 另一端用水密封。氢气通过灰泥扩散到管外, 同时空气经灰泥扩散入玻璃管。由于氢气的扩散速度快于空气, 管中的水平面将随扩散的进行而上升。1833 年, 格拉汉姆发现: “相接触的两种气体的扩散或互溶是通过无限小体积间的位置互换, 每种气体的扩散反比于该气体密度的平方根”。格拉汉姆还进行了液体扩散实验, 他发现, 液体中的扩散至少比气体中慢几千倍, 并且扩散过程随实验的进程而放慢, 所以 “扩散必定是逐渐衰减”。1833 年, 格拉汉姆得出 “扩散的量基本上正比于……扩散溶液中的盐量”。

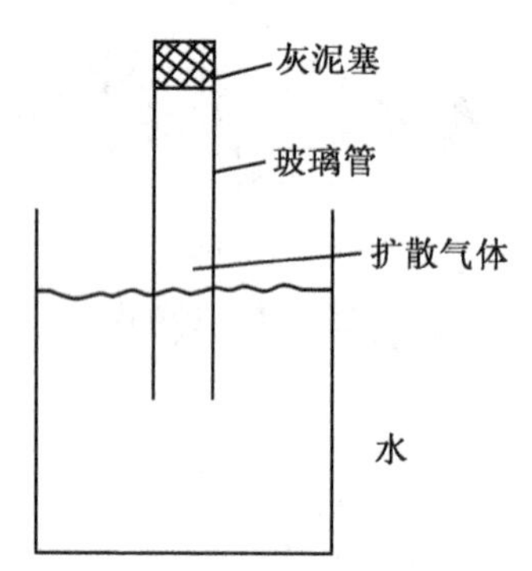

图 7.1.1 格拉汉姆的气体扩散管

费克生于 1829 年, 他的主要科学成就源于他对生理学的研究, 他在力学 (特别是关于肌肉功能方面)、流体力学、血液流变学、人体视觉和人体恒温功能等方面的工作都很杰出。费克第一篇关于扩散的论文中, 他结合定性的理论、粗略的类比及定量的数据, 对格拉汉姆的实验归纳整理, 1855 年, 费克得出 “溶解物的扩散……完全受分子力的影响, 其规律如同……热在导体中的传播规律和电传播的规律”, 于是, 费克由与傅里叶工作的类比很快推出

了扩散定律:

$$J_1 = D\frac{\partial C}{\partial z} \tag{7.1.1}$$

式中, J_1 是单位体积的通量; C 是浓度; 而 z 为距离; 费克称其中的 "D" 为决定于物质本性的常数, 即扩散系数。这就是费克第一定律。

费克比照傅里叶的方式导出了更具一般性的守恒方程式:

$$\frac{\partial C}{\partial t} = D\left(\frac{\partial^2 C}{\partial z^2}\right) \tag{7.1.2}$$

这就是一维非稳态扩散的基本方程, 称为费克第二定律。

7.1.2 扩散传质

正如费克所描述的, 在客观上静止的气体、液体, 甚至固体混合物中, 如果其组分的浓度不均匀, 随着时间的推移而其浓度趋于一致的这种现象称为分子扩散。发生分子扩散运动的能量来源或动力是浓度差异 (梯度)。

对于由组分 A 和 B 组成的混合物, 如不存在主体滚动时, 由组分 A 浓度梯度所引起的扩散通量可表示为

$$J_{\rm A} = D_{\rm AB}\frac{{\rm d}c_{\rm A}}{{\rm d}z} \tag{7.1.3}$$

式中, $J_{\rm A}$ 为组分 A 的扩散摩尔通量, 即单位时间内组分 A 通过与扩散方向相垂直的单位面积的摩尔数, $\rm kmol/(m^2 \cdot s)$; $c_{\rm A}$ 为组分 A 的摩尔浓度, $\rm kmol/m^3$; z 为扩散方向上的距离, m; $D_{\rm AB}$ 为组分 A 在组分 B 中的扩散系数, 量纲 $\rm L^2 \cdot T^{-1}$, 单位常用 $\rm m^2/s$。该定律可以用文字表述为: "浓度梯度引起的某方向的质量通量与该方向的浓度梯度成正比, 其比例系数称为扩散系数。" 方程 (7.1.3) 表示在总浓度 C 不变的情况下, 无其他驱动力的作用下, 由于组分 A 的浓度梯度 $\frac{{\rm d}c_{\rm A}}{{\rm d}z}$ 所引起的分子传质通量的物理关系。扩散方向与浓度梯度方向相反, 即分子扩散总是朝着浓度降低的方向进行。

上述扩散的物理起因可以这样解释: 在气体混合物中, 如果组分的浓度各处不均匀, 则由于气体分子的不规则运动, 单位时间内组分由高浓度区迁移到低浓度区的分子数目将多于由低浓度区迁移到高浓度区的分子数目, 造成由高浓度区向低浓度区的净分子运动, 而使该组分在两处的浓度逐渐趋于一致, 这种不依靠宏观的混合作用而发生的质量传输现象就是分子扩散或分子传质。这种类型的传质迁移是分子水平的物质混合。由此可以认为, 向巨大的物质发生分子扩散更容易一些, 速度更高一些, 相反, 则更困难一些, 气体扩散高于液体, 液体高于固体。

7.1.3 扩散传质的速度与通量

费克第一定律, 仅适用于表达由于组分浓度梯度所引起的分子传质的通量。但一般在进行分子扩散的同时, 各组分的分子微元或质点都处于运动状态, 而存在宏观运动速度。由于速度和通量与组分浓度的表示方法有关, 以下先介绍浓度。

1. *浓度*

在多组分混合物中, 某组分的浓度可采用单位体积所含该组分的数量表示。例如, 组分的浓度可采用质量密度 $\rho_{\rm A}, \rho_{\rm B}, \cdots$, $\rm kg/m^3$ 或摩尔浓度 $c_{\rm A}, c_{\rm B}, \cdots$, $\rm kmol/m^3$ 表示。由组分 A 和 B 组成的双组分混合物, 其总密度 ρ 和总浓度 c 为

$$\rho = \rho_A + \rho_B$$
$$c = c_A + c_B \tag{7.1.4}$$

此外, 各组分的浓度又可用质量分数 α_A 和 α_B 表示, 定义

$$\alpha_A = \rho_A/\rho$$
$$\alpha_B = \rho_B/\rho$$

则有

$$\alpha_A + \alpha_B = 1$$

组分的浓度又可用摩尔分数 x_A 和 x_B 表示, 定义

$$x_A = c_A/C$$
$$x_B = c_B/C$$

则有

$$x_A + x_B = 1$$

密度与摩尔浓度之间的关系为

$$\rho_A = c_A M_A \tag{7.1.5}$$

质量分数 α_A 与摩尔分数 x_A 之间的关系为

$$x_A = \frac{\alpha_A/M_A}{\alpha_A/M_A + \alpha_B/M_B} \tag{7.1.6}$$

$$\alpha_A = \frac{x_A M_A}{x_A M_A + x_B M_B} \tag{7.1.7}$$

式中, M_A 和 M_B 分别为组分 A 和 B 的相对分子质量。

当混合物的质量浓度或摩尔浓度变化不大时, 使用质量分数 α_A, α_B 或摩尔分数 x_A, x_B 比较方便。双组分混合物的浓度表示法汇总于表 7.1.1 中。

表 7.1.1　双组分混合物的浓度表示法

项目	质量基准	摩尔基准
定义式	ρ_A 和 ρ_B 组分的质量浓度, kg/m^3 $\rho = \rho_A + \rho_B$ 总质量浓度, kg/m^3 $\alpha_A = \rho_A/\rho$ 组分 A 的质量分数	c_A 和 c_B 组分的摩尔浓度, $kmol/m^3$ $c = c_A + c_B$ 总摩尔浓度, $kmol/m^3$ $x_A = c_A/C$ 组分 A 的摩尔分数
关系式	质量分数α_A 和 α_B $\alpha_A + \alpha_B = 1$ $\alpha_A = \frac{x_A M_A}{x_A M_A + x_B M_B}$ $d\alpha_A = \frac{M_A M_B dx_A}{(x_A M_A + x_B M_B)^2}$	摩尔分数 x_A 和 x_B $x_A + x_B = 1$ $x_A = \frac{\alpha_A/M_A}{\alpha_A/M_A + \alpha_B/M_B}$ $dx_A = \frac{dM_A}{M_A M_B(\alpha_A/M_A + \alpha_B/M_B)^2}$

注: $M = \rho/C$, 混合物的平均摩尔质量 kg/kmol 的混合物, $\rho_A = c_A M_A$。

2. *扩散速度与平均速度*

在多组分系统中, 各组分之间进行分子扩散时, 由于各组分的扩散性质不同, 它们的扩散速度也有所差别。各组分之间将会出现宏观的相对运动速度。各组分的分子移动是因浓度梯度所引起的微观分子扩散和整个流体的宏观流动的合运动。若从体系外的静止坐标系来看,

看到的是两者的叠加移动速度。然而在流体内部的动坐标系, 整体是静止的, 只能看到分子的扩散运动。因此, 对于不同的坐标系, 有不同的表示扩散速度的方法。

(1) 组分通过静止坐标的通量以质量通量表示, 如两组分 A 和 B 相对于静止坐标的质量通量为 n_A 和 n_B, kg/(m^2 · s), 则相对于静止坐标的统计速度 u_A 和 u_B, m/s, 可表示为

$$u_A = \frac{n_A}{\rho_A},\ u_B = \frac{n_B}{\rho_B}$$

如通过静止坐标的混合物的总质量通量以 n 表示, kg/(m^2 · s)

$$n = n_A + n_B = \rho_A u_A + \rho_B u_B$$

由于混合物的总密度为 ρ, 又设混合物相对于静止坐标的质量平均速度为 u, 故可得

$$n = n_A + n_B = \rho_A u_A + \rho_B u_B = \rho u$$

质量平均速度表示式为

$$u = \frac{1}{\rho}(\rho_A u_A + \rho_B u_B) \tag{7.1.8}$$

(2) 组分通过静止坐标的通量以摩尔通量表示, 设组分 A 和 B 相对于静止坐标的摩尔通量为 n_A 和 n_B, kg/(m^2 · s), 它们相对于静止坐标的统计速度仍为 u_A 和 u_B, m/s, 于是得到通过静止坐标的总摩尔通量:

$$n_A + n_B = c_A u_A + c_B u_B \tag{7.1.9}$$

如通过静止坐标的混合物的总摩尔通量以 N 来表示, 由于混合物的总浓度为 C, 又设混合物相对于静止坐标的摩尔平均速度为 u_m, 故可得

$$n = n_A + n_B = Cu_m = c_A u_A + c_B u_B \tag{7.1.10}$$

则有

$$u_m = \frac{1}{C}(c_A u_A + c_B u_B) \tag{7.1.11}$$

由于 u 和 u_m 是以两种不同的通量为基准定义的, 故两者在数值上一般并不相等。质量平均速度 u 或摩尔平均速度 u_m 是多组分混合物中各组分共有的速度, 它们可作为衡量各组分扩散速度的基准。某一组分相对于质量平均速度 u 或摩尔平均速度 u_m 的速度称为该组分的扩散速度。扩散速度指的是某组分在存在浓度梯度的情况下进行分子扩散时, 该组分分子移动的统计速度。将双组分混合物的速度表示法汇总在表 7.1.2 中。表中, $(u_A - u)$ 为组分 A 相对于质量平均速度 u 的扩散速度, $(u_A - u_m)$ 为组分 A 相对于摩尔平均速度 u_m 的扩散速度。

表 7.1.2 双组分混合物的速度表示法

定义式	u_A, 组分 A 相对于静止坐标的扩散速度 $u_A - u$, 组分 A 相对于质量平均速度 u 的扩散速度 $u_A - u_m$, 组分 A 相对于摩尔平均速度 u_m 的扩散速度 $u = \frac{1}{\rho}(\rho_A u_A + \rho_B u_B) = \alpha_A u_A + \alpha_B u_B$, 质量平均速度 $u_m = \frac{1}{C}(c_A u_A + c_B u_B) = x_A u_A + x_B u_B$, 摩尔平均速度

3. 扩散通量与主体流动通量

费克第一定律的摩尔通量的公式, 描述了组分 A 在等温、等压体系中的扩散规律, 如果扩散仅在 z 方向进行, 该经验公式为

$$J_{\mathrm{A}}=-D_{\mathrm{AB}}\frac{\mathrm{d}c_{\mathrm{A}}}{\mathrm{d}z} \tag{7.1.12}$$

式中, J_{A} 表示具有恒定总浓度 C 的双组分混合物中, 组分 A 以扩散速度 $(u_{\mathrm{A}}-u_{\mathrm{m}})$ 进行扩散的摩尔通量, $\mathrm{kmol/(m^2\cdot s)}$。

费克定律也可以采用质量通量来表示。对于具有恒定总密度 ρ 的双组分混合物, 形式为

$$J_{\mathrm{A}}=-D_{\mathrm{AB}}\frac{\mathrm{d}\rho_{\mathrm{A}}}{\mathrm{d}z} \tag{7.1.13}$$

式中, J_{A} 为组分 A 以扩散速度 $(u_{\mathrm{A}}-u)$ 进行扩散时的质量通量, $\mathrm{kg/(m^2\cdot s)}$; $\mathrm{d}\rho_{\mathrm{A}}/\mathrm{d}z$ 为组分 A 的质量浓度梯度; D_{AB} 为组分 A 在组分 B 中的扩散系数。

不难证明, 式 (7.1.12) 与 (7.1.13) 中的 D_{AB} 具有相同的数值。一般情况下, 总浓度 C 或总密度 ρ 不一定为常数, 此时, 式 (7.1.12) 与 (7.1.13) 又可用摩尔分数 x_{A} 或质量分数 α_{A} 表示成下述更普遍的形式:

$$J_{\mathrm{A}}=-CD_{\mathrm{AB}}\frac{\mathrm{d}x_{\mathrm{A}}}{\mathrm{d}z} \tag{7.1.14}$$

$$j_{\mathrm{A}}=-\rho D_{\mathrm{AB}}\frac{\mathrm{d}\alpha_{\mathrm{A}}}{\mathrm{d}z} \tag{7.1.15}$$

又有

$$J_{\mathrm{A}}=c_{\mathrm{A}}(u_{\mathrm{A}}-u_{\mathrm{m}}) \tag{a}$$

$$j_{\mathrm{A}}=\rho_{\mathrm{A}}(u_{\mathrm{A}}-u) \tag{b}$$

将式 (a) 和 (b) 代入式 (7.1.14) 和 (7.1.15) 得

$$J_{\mathrm{A}}=c_{\mathrm{A}}(u_{\mathrm{A}}-u_{\mathrm{m}})=-CD_{\mathrm{AB}}\frac{\mathrm{d}x_{\mathrm{A}}}{\mathrm{d}z}$$

或写成

$$c_{\mathrm{A}}u_{\mathrm{A}}=-CD_{\mathrm{AB}}\frac{\mathrm{d}x_{\mathrm{A}}}{\mathrm{d}z}+c_{\mathrm{A}}u_{\mathrm{m}} \tag{c}$$

又将式 (7.1.11) 的两侧乘以 c_{A} 得

$$c_{\mathrm{A}}u_{\mathrm{m}}=\frac{c_{\mathrm{A}}}{C}(c_{\mathrm{A}}u_{\mathrm{A}}+c_{\mathrm{B}}u_{\mathrm{B}})=x_{\mathrm{A}}(c_{\mathrm{A}}u_{\mathrm{A}}+c_{\mathrm{B}}u_{\mathrm{B}}) \tag{d}$$

将式 (d) 代入式 (c), 得

$$c_{\mathrm{A}}u_{\mathrm{A}}=-CD_{\mathrm{AB}}\frac{\mathrm{d}x_{\mathrm{A}}}{\mathrm{d}z}+x_{\mathrm{A}}(c_{\mathrm{A}}u_{\mathrm{A}}+c_{\mathrm{B}}u_{\mathrm{B}}) \tag{e}$$

又因为 $N_{\mathrm{A}}+N_{\mathrm{B}}=c_{\mathrm{A}}u_{\mathrm{A}}+c_{\mathrm{B}}u_{\mathrm{B}}$, 代入式 (e), 由此解出

$$N_{\mathrm{A}}=-CD_{\mathrm{AB}}\frac{\mathrm{d}x_{\mathrm{A}}}{\mathrm{d}z}+x_{\mathrm{A}}(N_{\mathrm{A}}+N_{\mathrm{B}})=-CD_{\mathrm{AB}}\frac{\mathrm{d}x_{\mathrm{A}}}{\mathrm{d}z}+x_{\mathrm{A}}N \tag{7.1.16}$$

式中, $-CD_{\mathrm{AB}}\dfrac{\mathrm{d}x_{\mathrm{A}}}{\mathrm{d}z}$ 为浓度梯度通量, 是由浓度梯度所引起的摩尔通量 J_{A}; $x_{\mathrm{A}}N$ 为主体流动

通量, 是由流体主体流动所引起的摩尔通量 $c_A u_m$。

式 (7.1.16) 表明, 在双组分 A 和 B 的混合物中, 组分 A 相对于静止坐标的通量由两部分组成, 一部分为以摩尔平均速度为基准的分子扩散通量 J_A, 另一部分为由流体主体流动所引起的通量 $x_A N$。

同理亦可导出双组分混合物中组分 A 相对于静止坐标的质量通量 n_A 的表达式为

$$n_A = -\rho D_{AB}\frac{d\alpha_A}{dz} + \alpha_A(n_A + n_B) \tag{7.1.17}$$

即

$$n_A = -\rho D_{AB}\frac{d\alpha_A}{dz} + \alpha_A n \tag{7.1.18}$$

式 (7.1.18) 表明, n_A 由两部分组成, 一部分为以质量平均速度为基准的分子扩散通量 j_A, 另一部分为由流体主体流动所引起的质量通量 $\alpha_A n$。

上述的式 (7.1.14)~(7.1.18) 均为费克第一定律的表达式。式中 J_A, j_A, N_A 和 n_A 是根据不同基准而定义的通量, 扩散系数 D_{AB} 具有同一数值。至于用上面式中的哪一个, 需根据具体情况而定。一般而言:

(1) 在动量传递中, 多采用 n_A 或 j_A 来表达通量;

(2) 而在质量传递和化学反应过程中, 由于参与作用的组分量以摩尔表示较为方便, 故多采用 N_A 或 J_A 表示通量;

(3) 又由于在工程实际中, 多采用静止坐标, 故常采用 n_A 或 N_A 表示通量;

(4) 而在测定扩散系数时, 只考虑由浓度梯度引起的扩散, 故又常采用 J_A 或 j_A 表示通量。

现将双组分混合物分子传质时组分 A 的总通量、扩散通量和主体流动通量的定义式和费克第一定律的表达式汇总于表 7.1.3。表 7.1.4 给出双组分混合物扩散通量。

表 7.1.3 双组分混合物中扩散时组分 A 的通量

项 目	A 的总通量 (相对于静止坐标)	A 的扩散通量 (相对于平均速度)	A 的主体流动通量 (相对于静止坐标)
质量基准	$n_A = \rho_A u_A$ $n_A = j_A + \alpha_A n$	$j_A = \rho_A(u_A - u)$ $j_A = -\rho D_{AB}\frac{d\alpha_A}{dz}$	$\alpha_A n = \rho_A u$ $\alpha_A n = \alpha_A(\rho_A u_A + \rho_B u_B)$
摩尔基准	$N_A = c_A u_A$ $N_A = J_A + n_A N$	$J_A = c_A(u_A - u_m)$ $J_A = -CD_{AB}\frac{dx_A}{dz}$	$x_A N = c_A u_m$ $x_A N = x_A(c_A u_A + c_B u_B)$

表 7.1.4 双组分混合物总的扩散通量的关系式

质量基准	摩尔基准	质量基准	摩尔基准
$n = n_A + n_B = \rho u$ $j_A + j_B = 0$ $n_A = N_A M_A$	$N = N_A + N_B = Cu_m$ $J_A + J_B = 0$ $N_A = n_A/M_A$	$n_A = j_A + \rho_A u$ $j_A = n_A - \alpha_A(n_A + n_B)$	$N_A = J_A + c_A u_m$ $J_A = N_A - x_A(N_A + N_B)$

7.1.4 对流传质

对流是包括由流体的整体运动 (平流) 和流体的分子随它流动引起的质量传递。对流就其物理起因而言, 分为强迫对流与自然对流; 强迫对流是指由外部产生的流体流动中的对流输运, 如鼓风机、水泵引起的流体流动。自然对流是指没有受迫条件下, 流体仍产生的一类对流输运, 如密度差异、温度差异、浓度差异所引起的流动。对流传质是指流体的整体运动和分子扩散一起引发存在浓度梯度的组分间的传输。这一定义清楚地说明了如下几点: 这种传质存在流体的整体运动, 这种整体运动是由强迫对流、温度、密度差异引起的自然对流; 其次是这类传质一定存在组分间浓度差异而引起的分子扩散。而作者理解: 分子扩散依然是对流扩散的本质和核心, 若对流扩散中不存在分子扩散, 则不能称其为扩散, 因为所谓扩散就是指组分间在分子水平的均匀混合, 而流体的宏观流动无论是层流还是紊流, 都难以达到流体组分间的分子水平的混合, 尽管紊流状态比层流状态流体间混合程度高且混合速度快。流体的整体运动加速了分子扩散, 而根本不可能代替了分子扩散。有些著作中定义对流传质为"运动流体与固体表面之间, 或不互溶的两运动流体之间发生的质量传输称为对流传质。" 作者认为这种定义与前述定义相比就偏于笼统而不够准确。

事实上, 扩散总是会产生对流, 但扩散引起的对流是非常广的, 其起因是组分间浓度差。而对流传质指的对流是非浓度差引起的对流而导致的传质。

对流传质定律可以用下式表达:

$$N_{\mathrm{A}} = k_{\mathrm{c}} \Delta c_{\mathrm{A}} \tag{7.1.19}$$

式中, N_{A} 为对流传质摩尔通量 $\mathrm{kmol/(m^2 \cdot s)}$; Δc_{A} 为组分 A 在界面处浓度与流体主体平均浓度之差, $\mathrm{kmol/m^3}$; k_{c} 为对流传质系数, m/s。式 (7.1.19) 既适用于层流运动情况, 也适用于紊流运动情况, 只是在不同情况下 k_{c} 的数值不同。但该对流传质定律主要描述的是存在静止层面或相对静止层面之间的对流传质现象, 因此 k_{c} 与界面的几何形状、流体的物性、流型及浓度差异等因素有关, 其中流型的影响最显著。事实上, 式 (7.1.19) 给出的对流传质公式也可以用浓度梯度来表示。但无论用何种形式表示, 由于对流传质中组分间的相对位置变化很快, 这种对流传质定律应用较少, 除非在一些相对固定的传质边界层问题中具有实用价值。

7.2　传质微分方程

7.2.1　传质的质量守恒方程

采用 Euler 观点, 在流场中取一固定体积和位置的控制微元体 $\mathrm{d}x\mathrm{d}y\mathrm{d}z$, 如图 7.2.1 所示。

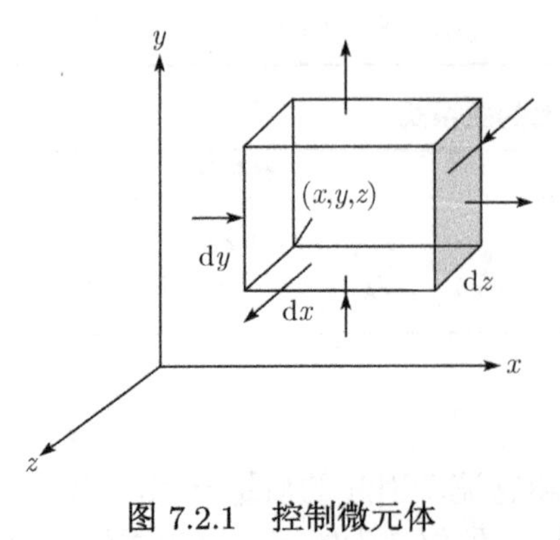

图 7.2.1　控制微元体

在固定体积、固定位置的流体微元中, 引起组分 A 的质量变化有三个方面, 应用质量守恒定律作组分 A 的微元质量衡算, 有恒等式

$$\begin{bmatrix}\text{输出微元体组分 A}\\\text{的质量流率}\end{bmatrix} - \begin{bmatrix}\text{输入微元体组分 A}\\\text{的质量流率}\end{bmatrix} - \begin{bmatrix}\text{化学反应生成}\\\text{组分 A 的速率}\end{bmatrix} + \begin{bmatrix}\text{微元体内组分 A}\\\text{的累积流率}\end{bmatrix} = 0 \tag{7.2.1}$$

假设流体流动的质量平均速度为

$$\boldsymbol{u} = u_x \boldsymbol{i} + u_y \boldsymbol{j} + u_z \boldsymbol{k}$$

组分 A 由于流体流动所产生的质量通量为

$$\rho \boldsymbol{u}=\rho_{\mathrm{A}} u_x \boldsymbol{i}+\rho_{\mathrm{A}} u_y \boldsymbol{j}+\rho_{\mathrm{A}} u_z \boldsymbol{k}$$

组分 A 由于浓度梯度所产生扩散的质量通量为

$$\boldsymbol{j}=j_{\mathrm{A}x} \boldsymbol{i}+j_{\mathrm{A}y} \boldsymbol{j}+j_{\mathrm{A}z} \boldsymbol{k}$$

沿 x 方向上, 组分 A 输出与输入流体微元的质量流率差, 即净质量流率为

$$\begin{aligned}&\left[(\rho_{\mathrm{A}} u_x+j_{\mathrm{A}x})+\frac{\partial(\rho_{\mathrm{A}} u_x+j_{\mathrm{A}x})}{\partial x} \mathrm{d}x\right] \mathrm{d}y \mathrm{d}z-(\rho_{\mathrm{A}} u_x+j_{\mathrm{A}x}) \mathrm{d}y \mathrm{d}z \\ =&\left[\frac{\partial(\rho_{\mathrm{A}} u_x)}{\partial x}+\frac{\partial j_{\mathrm{A}x}}{\partial x}\right] \mathrm{d}x \mathrm{d}y \mathrm{d}z\end{aligned} \tag{7.2.2}$$

同理, 可得组分 A 沿 y 和 z 方向上的净质量流率分别为

$$\left[\frac{\partial(\rho_{\mathrm{A}} u_y)}{\partial y}+\frac{\partial j_{\mathrm{A}y}}{\partial y}\right] \mathrm{d}x \mathrm{d}y \mathrm{d}z \tag{7.2.3}$$

$$\left[\frac{\partial(\rho_{\mathrm{A}} u_z)}{\partial z}+\frac{\partial j_{\mathrm{A}z}}{\partial z}\right] \mathrm{d}x \mathrm{d}y \mathrm{d}z \tag{7.2.4}$$

组分 A 在流体微元中累积的质量流率为

$$\frac{\partial \rho_{\mathrm{A}}}{\partial t} \mathrm{d}x \mathrm{d}y \mathrm{d}z \tag{7.2.5}$$

此外, 由于有化学反应发生, 组分 A 或为生成物或为反应物。为此, 令单位体积中 A 的生成质量速率为 r_{A}, 当 A 为生成物时, r_{A} 为正值, 当 A 为反应物时, r_{A} 为负值。由此可得微元体内由于化学反应生成组分 A 的质量流率为

$$r_{\mathrm{A}} \mathrm{d}x \mathrm{d}y \mathrm{d}z \tag{7.2.6}$$

将式 (7.2.2)~(7.2.6) 代入式 (7.2.1), 可得组分 A 的微分质量衡算方程为

$$\frac{\partial(\rho_{\mathrm{A}} u_x)}{\partial x}+\frac{\partial(\rho_{\mathrm{A}} u_y)}{\partial y}+\frac{\partial(\rho_{\mathrm{A}} u_z)}{\partial z}+\frac{\partial \rho_{\mathrm{A}}}{\partial t}+\frac{\partial j_{\mathrm{A}x}}{\partial x}+\frac{\partial j_{\mathrm{A}y}}{\partial y}+\frac{\partial j_{\mathrm{A}z}}{\partial z}-r_{\mathrm{A}}=0 \tag{7.2.7}$$

展开写成

$$\begin{aligned}&\rho_{\mathrm{A}}\left(\frac{\partial u_x}{\partial x}+\frac{\partial u_y}{\partial y}+\frac{\partial u_z}{\partial z}\right)+u_x \frac{\partial \rho_{\mathrm{A}}}{\partial x}+u_y \frac{\partial \rho_{\mathrm{A}}}{\partial y} \\ &+u_z \frac{\partial \rho_{\mathrm{A}}}{\partial z}+\frac{\partial \rho_{\mathrm{A}}}{\partial t}+\frac{\partial j_{\mathrm{A}x}}{\partial x}+\frac{\partial j_{\mathrm{A}y}}{\partial y}+\frac{\partial j_{\mathrm{A}z}}{\partial z}-r_{\mathrm{A}}=0\end{aligned} \tag{7.2.8}$$

将式 (7.2.8) 中密度的偏导数表示为全导数, 可写为

$$\rho_{\mathrm{A}}\left(\frac{\partial u_x}{\partial x}+\frac{\partial u_y}{\partial y}+\frac{\partial u_z}{\partial z}\right)+\frac{\mathrm{D} \rho_{\mathrm{A}}}{\mathrm{D} t}+\frac{\partial j_{\mathrm{A}x}}{\partial x}+\frac{\partial j_{\mathrm{A}y}}{\partial y}+\frac{\partial j_{\mathrm{A}z}}{\partial z}-r_{\mathrm{A}}=0 \tag{7.2.9}$$

上述各式中的通量 j_{A} 为分子扩散项, 根据费克第一定律有

$$\begin{cases} j_{\mathrm{A}x} = -D_{\mathrm{AB}}\dfrac{\partial \rho_{\mathrm{A}}}{\partial x} \\ j_{\mathrm{A}y} = -D_{\mathrm{AB}}\dfrac{\partial \rho_{\mathrm{A}}}{\partial y} \\ j_{\mathrm{A}z} = -D_{\mathrm{AB}}\dfrac{\partial \rho_{\mathrm{A}}}{\partial z} \end{cases} \tag{7.2.10}$$

将式 (7.2.10) 中的三式分别对 x, y, z 求偏导数, 得

$$\begin{cases} \dfrac{\partial j_{\mathrm{A}x}}{\partial x} = -D_{\mathrm{AB}}\dfrac{\partial^2 \rho_{\mathrm{A}}}{\partial x^2} \\ \dfrac{\partial j_{\mathrm{A}y}}{\partial y} = -D_{\mathrm{AB}}\dfrac{\partial^2 \rho_{\mathrm{A}}}{\partial y^2} \\ \dfrac{\partial j_{\mathrm{A}z}}{\partial z} = -D_{\mathrm{AB}}\dfrac{\partial^2 \rho_{\mathrm{A}}}{\partial z^2} \end{cases} \tag{7.2.11}$$

将式 (7.2.11) 代入式 (7.2.9) 得到

$$\rho_{\mathrm{A}}\left(\frac{\partial u_x}{\partial x} + \frac{\partial u_y}{\partial y} + \frac{\partial u_z}{\partial z}\right) + \frac{\mathrm{D}\rho_{\mathrm{A}}}{\mathrm{D}t} = D_{\mathrm{AB}}\left(\frac{\partial^2 \rho_{\mathrm{A}}}{\partial x^2} + \frac{\partial^2 \rho_{\mathrm{A}}}{\partial y^2} + \frac{\partial^2 \rho_{\mathrm{A}}}{\partial z^2}\right) + r_{\mathrm{A}} \tag{7.2.12}$$

写成矢量形式:

$$\rho_{\mathrm{A}}\boldsymbol{\nabla}\cdot\boldsymbol{u} + \frac{\mathrm{D}\rho_{\mathrm{A}}}{\mathrm{D}t} = D_{\mathrm{AB}}\boldsymbol{\nabla}^2\rho_{\mathrm{A}} + r_{\mathrm{A}} \tag{7.2.13}$$

以上两式即为双组分系统通用的传质微分方程的形式。同理可写出组分 B 的传质微分方程:

$$\rho_{\mathrm{B}}\boldsymbol{\nabla}\cdot\boldsymbol{u} + \frac{\mathrm{D}\rho_{\mathrm{B}}}{\mathrm{D}t} = D_{\mathrm{AB}}\boldsymbol{\nabla}^2\rho_{\mathrm{B}} + r_{\mathrm{B}} \tag{7.2.14}$$

若混合物的总密度 ρ 恒定 (即 $\rho = \rho_{\mathrm{A}} + \rho_{\mathrm{B}}$ 为常数), 对于不可压缩流体, 则由连续性方程知 $\boldsymbol{\nabla}\cdot\boldsymbol{u} = 0$ 则式 (7.2.12) 和 (7.2.13) 分别简化为

$$\frac{\mathrm{D}\rho_{\mathrm{A}}}{\mathrm{D}t} = D_{\mathrm{AB}}\left(\frac{\partial^2 \rho_{\mathrm{A}}}{\partial x^2} + \frac{\partial^2 \rho_{\mathrm{A}}}{\partial y^2} + \frac{\partial^2 \rho_{\mathrm{A}}}{\partial z^2}\right) + r_{\mathrm{A}}$$

或

$$\frac{\mathrm{D}\rho_{\mathrm{A}}}{\mathrm{D}t} = D_{\mathrm{AB}}\boldsymbol{\nabla}^2\rho_{\mathrm{A}} + r_{\mathrm{A}} \tag{7.2.15}$$

式 (7.2.15) 即为双组分系统的质量传递微分方程, 或称为对流扩散方程, 亦称组分 A 的连续性方程。该式适用于双组分混合物的密度 ρ 为常数, 有分子扩散并伴有化学反应的非稳态三维传质过程。

如改用摩尔平均速度 u_{M} 和摩尔通量进行推导时, 亦可得组分 A 和 B 混合物总浓度 C 为常数时的质量传递微分方程如下:

$$\frac{\partial c_{\mathrm{A}}}{\partial t} + u_{\mathrm{m}x}\frac{\partial c_{\mathrm{A}}}{\partial x} + u_{\mathrm{m}y}\frac{\partial c_{\mathrm{A}}}{\partial y} + u_{\mathrm{m}z}\frac{\partial c_{\mathrm{A}}}{\partial z} = D_{\mathrm{AB}}\left(\frac{\partial^2 c_{\mathrm{A}}}{\partial x^2} + \frac{\partial^2 c_{\mathrm{A}}}{\partial y^2} + \frac{\partial^2 c_{\mathrm{A}}}{\partial z^2}\right) + R_{\mathrm{A}} \tag{7.2.16}$$

式 (7.2.16) 左边项用随体导数表示, 方程写成矢量形式:

$$\frac{\mathrm{D}c_{\mathrm{A}}}{\mathrm{D}t}=D_{\mathrm{AB}}\boldsymbol{\nabla}^2\boldsymbol{c}_{\mathrm{A}}+R_{\mathrm{A}} \tag{7.2.17}$$

式中, R_{A} 为有化学反应存在的情况下, 单位体积中组分 A 的生成摩尔速率, $\mathrm{kmol/(m^2\cdot s)}$。质量传递微分方程式 (7.2.17) 适用于双组分混合物的总摩尔浓度 C 为常数、有分子扩散并伴有化学反应时的非稳态三维传质过程。

7.2.2 传质微分方程的特例

1. 无化学反应情况

对于不可压缩流体又没有化学反应, 即 $\boldsymbol{\nabla}\cdot\boldsymbol{u}=0$, $R_{\mathrm{A}}=0$, $r_{\mathrm{A}}=0$, 方程 (7.2.15) 和 (7.2.17) 可简化为

$$\frac{\mathrm{D}\rho_{\mathrm{A}}}{\mathrm{D}t}=D_{\mathrm{AB}}\boldsymbol{\nabla}^2\rho_{\mathrm{A}} \tag{7.2.18a}$$

$$\frac{\mathrm{D}c_{\mathrm{A}}}{\mathrm{D}t}=D_{\mathrm{AB}}\boldsymbol{\nabla}^2 c_{\mathrm{A}} \tag{7.2.18b}$$

考虑不可压缩流体又没有化学反应的稳定流动, 有 $\boldsymbol{\nabla}\cdot\boldsymbol{u}=0$, $R_{\mathrm{A}}=0$, $r_{\mathrm{A}}=0$, 且 ρ_{A} 随体导数中的当地加速度 $\partial\rho_{\mathrm{A}}/\partial t=0$, 方程式 (7.2.18) 简化为

$$(\boldsymbol{u}\cdot\boldsymbol{\nabla})\rho_{\mathrm{A}}=D_{\mathrm{AB}}\boldsymbol{\nabla}^2\rho_{\mathrm{A}} \tag{7.2.19a}$$

$$(\boldsymbol{u}\cdot\boldsymbol{\nabla})c_{\mathrm{A}}=D_{\mathrm{AB}}\boldsymbol{\nabla}^2 c_{\mathrm{A}} \tag{7.2.19b}$$

2. 质量传递, 且介质不运动情况

对于不可压缩流体又没有化学反应的情况, 有 $\boldsymbol{\nabla}\cdot\boldsymbol{u}=0$, $R_{\mathrm{A}}=0$, $r_{\mathrm{A}}=0$, 如果考虑质量传递且介质不运动 $\boldsymbol{u}=0$, 即为固体或停滞流体的情况, 其对流导数为 0, 式 (7.2.19) 可简化为

$$\frac{\partial\rho_{\mathrm{A}}}{\partial t}=D_{\mathrm{AB}}\boldsymbol{\nabla}^2\rho_{\mathrm{A}} \tag{7.2.20a}$$

$$\frac{\partial c_{\mathrm{A}}}{\partial t}=D_{\mathrm{AB}}\boldsymbol{\nabla}^2 c_{\mathrm{A}} \tag{7.2.20b}$$

方程 (7.2.20) 也称为费克第二定律。该方程适用于描述固体、静止液体与流体所组成的二元体系内的扩散, 它与非稳态热传导方程形式一致, 在数学上也称为传导方程或输运方程。

3. 稳态下的分子扩散情况

在稳态下进行分子扩散时, 由于 ρ_{A} 和 c_{A} 都不是时间的函数, 即 $\dfrac{\partial\rho_{\mathrm{A}}}{\partial t}=0$ 和 $\dfrac{\partial c_{\mathrm{A}}}{\partial t}=0$, 于是式 (7.2.20) 又可进一步简化为

$$\boldsymbol{\nabla}^2\rho_{\mathrm{A}}=0 \text{ 或 } \Delta\rho_{\mathrm{A}}=0 \tag{7.2.21a}$$

$$\boldsymbol{\nabla}^2 c_{\mathrm{A}}=0 \text{ 或 } \Delta c_{\mathrm{A}}=0 \tag{7.2.21b}$$

在双组分系统中进行分子扩散时, 式 (7.2.21a) 为以组分 A 质量浓度表示的 Laplace 方程, 式 (7.2.21b) 为以组分 A 摩尔浓度表示的 Laplace 方程。它们与热传导中以温度表示的 Laplace 方程类似。

7.2.3 传质问题的初边界条件

1. 初始条件

初始条件给出的是初始时刻的浓度分布, 其单位是摩尔浓度或质量浓度, 一般情况下初始浓度为常数, 即

$$c_{\mathrm{A}}(t=0)=c_{\mathrm{A0}} \tag{7.2.22a}$$

$$\rho_{\mathrm{A}}(t=0)=\rho_{\mathrm{A0}} \tag{7.2.22b}$$

初始时刻的浓度分布为空间变量的函数:

$$c_{\mathrm{A}}(t=0)=f(M) \tag{7.2.23a}$$

$$\rho_{\mathrm{A}}(t=0)=f(M) \tag{7.2.23b}$$

2. 边界条件

(1) 给定表面处的浓度: 以一维问题为例, 可以有以下表示方法。用摩尔浓度表示,

$$c_{\mathrm{A}}(t,0)=c_{\mathrm{A_{w}}},,\quad c_{\mathrm{A}}(t,\infty)=c_{\mathrm{A}_{\infty}} \tag{7.2.24}$$

(2) 给定表面处的质量通量:

$$N_{\mathrm{A}}=N_{\mathrm{A1}}\quad \text{或}\quad j_{\mathrm{A}}=j_{\mathrm{A1}} \tag{7.2.25}$$

在工程上常常需要给出由于非渗流表面而导致的零通量的位置, 或是其通量值按 (7.2.26) 式描述所示的位置, 即

$$\begin{aligned} j_{\mathrm{A}z}\Big|_{\text{表面}} &= -\rho D_{\mathrm{AB}}\frac{\partial \alpha_{\mathrm{A}}}{\partial z}\Big|_{z=0} \\ j_{\mathrm{A}z}\Big|_{\text{表面}} &= -\rho D_{\mathrm{AB}}\frac{\partial x_{\mathrm{A}}}{\partial z}\Big|_{z=0} \end{aligned} \tag{7.2.26}$$

(3) 相界面上的边界条件: 相际传质时, 相与相之间具有相界面, 若忽略界面上阻力, 在界面上的通量相等, 分别用上标 I 和 II 表示不同的相, 下标 i 表示相界面, 则有如下边界条件。

组分 A 的质量在相界面处相等,

$$N_{\mathrm{A}z}^{(\mathrm{I})}\Big|_{i}=N_{\mathrm{A}z}^{(\mathrm{II})}\Big|_{i} \tag{7.2.27}$$

不可渗透固体壁面上, 有

$$N_{\mathrm{A}z}\Big|_{i}=0\quad \text{或}\quad \frac{\partial c_{\mathrm{A}}}{\partial z}\Big|_{i}=0 \tag{7.2.28}$$

当流体经过一个质量扩散的表面时, 由于对流扩散的作用, 这个表面就向流体进行传质, 在边界上的质量通量为

$$N_{\mathrm{A}i}=k_{\mathrm{c}}(c_{\mathrm{A}i}-c_{\mathrm{A}\infty}) \tag{7.2.29}$$

式中, k_{c} 为对流传质系数; $c_{\mathrm{A}\infty}$ 为组分 A 在主流体中的浓度; $c_{\mathrm{A}i}$ 为组分 A 靠近传质表面的浓度。

(4) 给定化学反应的速率：对于界面上非均相化学反应，表面速率为

$$r_{Ai} = kc_A^n|_i \tag{7.2.30}$$

式中，k 为反应速率常数；n 为反应级数。

如当扩散组分 A 经过一个瞬时反应而在边界上消失，该组分的浓度一般可假设为零值，即

$$c_A(t,0) = 0$$

如组分 A 经第一级化学反应在边界上消失，那么可写成

$$N_{A1} = k_1 c_{A1} \tag{7.2.31}$$

式中，k_1 为第一级反应速率常数。

7.3 气体、液体与固体中的扩散系数

7.3.1 气体中的扩散系数

在常压常温下，气相中的扩散系数见表 7.3.1，其值介于 0.1～1cm^2/s，其值基本与压力成反比，压力加倍则使扩散系数减半。扩散系数随温度的 1.5～1.8 次方而变，因此当温度上升到 300K 时，扩散系数提高 3 倍，水蒸气在空气中的扩散系数约为 0.3cm^2/s，即 1s 内，扩散穿过 0.5cm，1min 内，穿过 4cm，1h 内，穿过 30cm。

表 7.3.1 常压下气体中的扩散系数实验值

气体对	温度/K	扩散系数/(cm^2/s)	气体对	温度/K	扩散系数/(cm^2/s)
空气 -CH_4	282	0.196	CH_4-H_2O	307.7	0.292
空气 -C_2H_5OH	273.0	0.102	CO-N_2	295.8	0.212
空气 -CO_2	282	0.148	^{12}CO-^{14}CO	373	0.323
	317.2	0.177	CO-H_2	295.6	0.743
空气 -H_2	282	0.710	CO-D_2	295.7	0.549
空气 -D_2	296.8	0.565	CO-He	295.6	0.702
空气 -H_2O	289.1	0.282	CO-Ar	295.7	0.188
空气 - 苯	298.2	0.096	CO_2-H_2	298.2	0.646
空气 - 甲苯	299.1	0.086	CO_2-N_2	298.2	0.165
空气 - 氯苯	299.1	0.074	CO_2-O_2	296	0.156
空气 - 苯胺	298.2	0.074	CO_2-He	298.4	0.597
空气 - 硝基苯	299.1	0.086	CO_2-Ar	276.2	0.133
空气 -2- 丙醇	299.1	0.099	CO_2-CO	315.4	0.185
空气 - 丁醇	299.1	0.087	CO_2-H_2O	307.4	0.202
空气 -2- 丁醇	299.1	0.089	CO_2-N_2O	298.1	0.117
空气 -2- 戊醇	299.1	0.071	CO_2-SO_2	263	0.064
空气 - 乙酸乙酯	299.1	0.087	$^{12}CO_2$-$^{14}CO_2$	312.8	0.125
CH_4-Ar	307.2	0.218	CO_2- 丙烷	298.1	0.087
CH_4-He	298	0.675	CO_2- 氧化乙烯	298.0	0.091
CH_4-H_2	298.0	0.726	H_2-N_2	297.2	0.799

续表

气体对	温度/K	扩散系数/(cm^2/s)	气体对	温度/K	扩散系数/(cm^2/s)
H_2-O_2	316	0.891	N_2- 正葵烷	363.6	0.084
H_2-D_2	288.2	1.240	N_2- 苯	311.3	0.102
H_2-He	317	1.706	O_2-He	298.2	0.737
H_2-Ar	317	0.902		298.2	0.718
H_2-Xe	341.2	0.751	O_2-He	317	0.822
H_2-SO_2	285.5	0.525	O_2- H_2O	308.1	0.282
H_2-H_2O	307.1	0.915	O_2-CCl_4	296	0.075
H_2-NH_3	298	0.783	O_2- 苯	311.3	0.101
H_2- 丙烷	296	0.424	O_2- 环己烷	288.6	0.075
H_2- 乙烷	298.0	0.537	O_2- 正己烷	288.6	0.075
H_2- 正丁烷	287.9	0.361	O_2- 正庚烷	303.1	0.071
H_2- 正己烷	288.7	0.290	O_2-2, 2, 4- 三甲基戊烷	303.0	0.071
H_2- 环己烷	288.6	0.319	He-D_2	295.1	1.250
H_2- 苯	311.3	0.404	He-Ar	298	0.742
H_2-SF_6	286.2	0.396	He-H_2O	298.2	0.908
H_2- 正庚烷	303.2	0.283	He-NH_3	297.1	0.842
H_2- 正葵烷	364.1	0.306	He- 正己烷	417.0	0.157
N_2-O_2	316	0.230	He- 苯	298.2	0.384
	298.2	0.260	He-Ne	341.2	1.405
	312.6	0.277	He- 甲醇	423.2	1.032
	333.2	0.305	He- 乙醇	298.2	0.494
空气 -He	282	0.658	He- 丙醇	423.2	0.676
空气 -O_2	273.0	0.176	He- 己醇	423.2	0.469
空气 - 正己烷	294	0.080	Ar-Ne	303	0.327
空气 - 正庚烷	294	0.071	Ar-Kr	303	0.140
	293.2	0.220	Ar-Xe	329.9	0.137
N_2-He	317	0.794	Ar-NH_3	295.1	0.232
N_2-Ar	316	0.216	Ar-SO_2	263	0.077
N_2-NH_3	298	0.230	Ar- 正己烷	288.6	0.066
N_2-H_2O	298.2	0.293	Ne-Kr	273.0	0.223
N_2-SO_2	263	0.104	乙烯 -H_2O	307.8	0.204
N_2- 乙烯	298.0	0.163	乙烯 - 正己烷	294	0.038
N_2- 乙烷	298	0.148	N_2O- 丙烷	298	0.086
N_2- 正丁烷	298	0.096	N_2O- 氧化乙烯	298	0.091
N_2- 异丁烷	298	0.090	NH_3-SF_6	296.6	0.109
N_2- 正己烷	288.6	0.076	氟利昂 -12-H_2O	298.2	0.105
N_2- 正辛烷	303.1	0.073	氟利昂 -12- 苯	298.2	0.039
N_2-2, 2, 4- 三甲基戊烷	303.3	0.071	氟利昂 -12- 乙醇	298.2	0.475

注: 数据来自 (Hirschfelder et al., 1954), (Marrero et al., 1972) 及 (Reid et al., 1977)。

7.3.2　液体与固体中的扩散系数

液体的扩散系数举例见表 7.3.2, 其中大部分数值接近于 $10^{-5}cm^2/s$(Cussler, 1976; Reid 1977)。对于一般有机溶剂、汞甚至熔化铁水都是这样。这些扩散系数约比稀薄气体中扩散系数小 10 000 倍。

表 7.3.2 在 25°C 水中无限稀释溶质的扩散系数

溶质	扩散系数 $/(10^{-5}cm^2/s)$	溶质	扩散系数 $/(10^{-5}cm^2/s)$	溶质	扩散系数 $/(10^{-5}cm^2/s)$
氩	2.00	丙烷	0.97	乙酸	1.21
空气	2.00	氨	1.64	丙酸	1.06
溴	1.18	苯	1.02	苯甲酸	1.00
二氧化碳	1.92	硫化氢	1.41	甘氨酸	1.06
一氧化碳	2.03	硫酸	1.73	缬氨酸	0.83
氯	1.25	硝酸	2.60	丙酮	1.16
乙烷	1.20	乙炔	0.88	尿素	$(1.380-0.0782C_1+$
乙烯	1.87	甲醇	0.84		$0.00464C_1^2)^2$
氦	6.28	乙醇	0.84	蔗糖	$(0.5228-0.265C_1)^1$
氢	4.50	1-丙醇	0.87	卵清蛋白	0.078
甲烷	1.49	2-丙醇	0.87	血红蛋白	0.069
氧化氮	2.60	正丁醇	0.77	脲酶	0.035
氮	1.88	苯甲醇	0.82	血鲜蛋白原	0.020
氧	2.10	甲酸	1.50		

注：数据来自 (Cussler, 1976) 及 (Sherwood et al., 1975)。

固体中典型的扩散系数值列于表 7.3.3(cussler, 1976; Smithells, 1976), 这个数值比液体中的扩散系数小上千倍, 比气体中的扩散系数小上千万倍, 其数值范围很宽。在气体中多数扩散系数的差别在 10 倍以内, 液体中的扩散系数的差别也大致如此, 而固体中的扩散系数的差别可超过 10^{10}, 如镉在铜中的扩散系数比铝在铜中的扩散系数大 10^{15} 倍。

表 7.3.3 固体中的扩散系数

体系	$T/°C$	扩散系数 $/(cm^2/s)$	体系	$T/°C$	扩散系数 $/(cm^2/s)$
氢在铁中	10	1.66×10^{-9}	锑在银中	20	3.5×10^{-21}
	50	11.4×10^{-9}	锌在铝中	500	2×10^{-9}
	100	124×10^{-9}	银在铝中	50	1.2×10^{-9}
氢在镍中	85	1.16×10^{-8}	铋在铅中	20	1.1×10^{-16}
	165	10.5×10^{-8}	铝在铜中	20	1.3×10^{-30}
一氧化碳在镍中	950	4×10^{-8}	镉在铜中	20	2.7×10^{-15}
	1050	14×10^{-8}	碳在铁中	800	1.5×10^{-8}
铝在铜中	850	2.2×10^{-9}	O	1100	45×10^{-8}
铀在钨中	1727	1.3×10^{-11}	氦在 SiO_2	20	4.0×10^{-10}
铯在钨中	1727	95×10^{-11}		500	7.8×10^{-8}
钇在钨中	1727	820×10^{-11}	氢在 SiO_2	200	6.5×10^{-10}
锡在铅中	285	1.6×10^{-10}		500	1.3×10^{-8}
金在铅中	285	4.6×10^{-10}	氦在耐热玻璃中	20	4.5×10^{-11}
金在银中	760	3.6×10^{-10}		500	2×10^{-8}

注：数据来自 (Barrer, 1941; 美国金属协会, 1973)。

第 8 章　热力学与反应动力学

物理化学是以研究化学现象和物理现象之间的相互联系为基础，探求化学运动中具有普遍性的基本规律的学科。物理化学运用数学、物理学等基础科学的理论和实验方法，研究化学变化，包括相变化和 p, V, T 变化中的平衡规律和速率规律，以及这些规律与物质微观结构的关系。

物质通常呈气、液或固三种聚集状态。物质的任一均匀状态称为相，物质的相变化及化学变化可统称为物理化学变化。研究物质的相变化及化学变化，主要是研究变化的可能性和变化的速率这两个基本问题。所谓变化的可能性指的是一定条件下变化可能进行的方向，以及变化可能达到的限度。一定条件下物质变化的限度是该条件下的平衡状态。物质总是向着平衡态的方向变化，达到平衡态就达到了变化的限度。化学热力学的主要任务就是研究物质变化的平衡规律，即当系统的一个平衡态由于条件改变而变为另一个平衡态时，能量、体积和各物质的数量变化的规律。当物质变化时，就涉及变化所需的时间，就必须研究变化的速率，即热量、动量和物质的传递，以及化学反应中的各物质的数量随时间变化的规律。

8.1　热力学基础

热力学是物理学的一个组成部分，按字面意义仅涉及热与机械能之间的联系，但是实际内容不受此限制。更完整地说，它是研究自然界中与热现象有关的各种状态变化和能量转化规律的科学。热力学不考虑物质的微观结构，其基本定律完全由宏观现象归纳得出，是联系宏观性质之间关系的普遍规律。经过长期实践总结出的热力学四个基本定律应用于化学变化、相变化和 pVT 变化，形成于热力学的一个分支 —— 化学热力学，它提供了在宏观层次研究平衡问题的普遍方法。

化学热力学主要解决化学变化的方向和限度问题，具体而言就是解决：① 在指定的条件下一个化学反应能否朝着预定的方向进行；② 如果该反应能够进行，则它将达到什么限度；③ 外界条件如温度、压力、浓度等对反应有什么影响；④ 如何控制外界条件，使我们所设计的新的反应途径能按所预定的方向进行；⑤ 对于一个给定的反应，能量的变化关系如何，它究竟能为我们提供多少能量。

8.1.1　热力学状态和状态函数

物理化学中将所研究的对象 (物质和空间) 称为系统，把与系统密切相关的周围部分称为环境。根据系统与环境间是否有物质交换或能量交换，把系统分为三类：① 敞开系统 (open system)：系统与环境之间既有能量交换，也有物质交换；② 封闭系统 (closed system)：系统与环境之间只有能量交换，而无物质交换；③ 孤立系统 (isolated system)：系统与环境之间既无物质交换，也无能量交换。

在热力学中，用系统的宏观性质，如系统中物质的质量 m、压力 p、温度 T、体积 V、浓度 C、黏度 η 等，来描述系统的热力学状态，这些宏观性质就称为系统的热力学性质。热力学状态指系统一切性质的总和, 除非特别指明, 状态即指平衡态。换言之, 系统的热力学状态是系统中所有热力学性质的综合表现。当系统所有的性质都一定时, 系统的状态就一定; 而任何一个性质发生变化, 状态就发生变化, 状态分为平衡态和非平衡态。

由状态 (平衡态) 单值决定的性质, 统称为状态函数, 热力学状态函数基本特征: 状态一定, 状态函数也一定; 状态函数的改变值仅决定于系统开始时的状态 (始态) 和终了时的状态 (终态), 与变化所经历的具体途径无关。

系统从一个状态变到另一个状态, 这种变化称为过程, 系统在变化过程中所经历的具体步骤称为途径。在热力学中可以将常遇到的过程分为三大类。① 简单物理变化过程: 既无相变也无化学变化, 仅仅是系统的一些状态函数, 如 p, T, V 发生变化的过程。② 相变化过程: 系统相态发生变化的过程。如液体的蒸发过程、固体的熔化过程、固体的升华过程以及两种晶体之间相互转变的过程。③ 化学变化过程: 系统内发生了化学变化的过程。

四个基本的可以直接观察或测量的状态函数包括压力 p、体积 V、温度 T 和物质的量 n。系统状态函数之间的定量关系式称为状态方程。习惯上仅将联系 p, T, V, n 的方程称为状态方程。例如, $pV = nRT$。

系统的热力学性质分为广度性质和强度性质。

广度性质 (extensive property): 又称为容量性质, 这种性质的数值与系统中所含物质的量成正比, 具有简单加和性, 即系统的某一广度性质的数值等于各部分这种性质的数值的简单加和, 如质量 m、体积 V、内能 U、熵 S、焓 H、等压比热容 c_p 等。

强度性质 (intensive property): 这种性质的数值与系统所含物质的量无关。强度性质不具有加和性, 例如, 温度 T、压力 p、浓度 C 等。显然, 广度性质除以系统的物质的量后就与系统的量无关, 而变成了强度性质, 如摩尔体积 V_{m}、摩尔内能 U_{m} 等。

8.1.2 热力学定律

在研究自然界中与热现象有关的各种状态变化和能量转化的过程中由经验归纳出四个热力学定律, 包括热力学第零定律, 阐述热平衡特点; 热力学第一定律, 能量转化在数值上守恒; 热力学第二定律, 阐述热和功的本质差别; 热力学第三定律, 趋于绝对零度时, 恒温过程的熵便趋于零。

热力学第零定律即是热平衡原理, 其表述为体系与环境达到热平衡时, 两者温度相等。温度是达到热平衡的标志, 若体系与环境的温度不同, 热量将从高温流向低温; 若体系与环境的温度相同, 则无热量的传递。

热力学第一定律的本质是能量守恒定律。它表示系统的热力学状态发生变化时, 系统的热力学能与过程的热和功的关系。热力学第一定律指一个过程的热效应和功效应的代数和等于系统状态函数 U 的变化, 与途径选择无关。其通用的数学表达如下:

$$\Delta U = U_2 - U_1 = Q + W \tag{8.1.1}$$

其中, U 为热力学能, 指系统内部分子间相互作用的位能、分子的动能、转动能、分子内部原子间的振动能、电子运动的能量、核的运动的能量等的总和。由于温度的不同, 而在系统与环境之间交换或传递的能量就是热, 用 Q 表示。把除热以外的其他各种形式被传递的能量称为功, 用 W 表示。

热力学第一定律的数学表达式的微分式为

$$dU = \delta Q + \delta W \tag{8.1.2}$$

因为热力学能是状态函数, 数学上具有全微分性质, 微小变化可用 dU 表示; Q 和 W 不是状态函数, 微小变化用 δ 表示。

按照状态函数的性质, 状态函数的组合仍然是一个状态函数。由于 U, p, V 都是状态函数, 所以其组合也是一个状态函数。为此定义一个新的状态函数, 称为焓 (enthalpy), 用符号 "H" 表示, 即

$$H = U + pV \tag{8.1.3}$$

焓是广度性质的状态函数, 其单位为焦。焓的引入是为了使用方便, 因为在等压、不做非膨胀功的条件下, 焓变等于等压热效应, 容易测定, 从而可求得其他热力学函数的变化值。焓的引入为反应热效应、相变热、溶解热和稀释热的计算提供了极大方便, 许多难以直接测定的化学反应热效应, 可以由较容易获得的反应热求出。通常化学手册所收录的热力学数据是 298.15K 下的数据, 其他反应温度条件下进行的反应焓变, 可以借助反应焓与温度的函数关系求算。同样, 相变焓通常在手册中给出纯物质在熔点下的熔化焓和在正常沸点下的蒸发焓数据, 其他温度下的相变焓数据, 可以通过某已知温度下的相变焓及相变前后两种相的热容随温度变化的函数关系进行计算。

热力学第二定律是自然界的根本规律, 它是从无数的实际过程中抽象出的基本规律。热力学第二定律可解答化学变化和自然界发生的一切过程进行的方向性及其限度问题。

为了方便运用热力学第二定律确定化学变化的方向和限度, 热力学函数熵 (entropy) 的引入, 使只要求出函数值的变化, 就可以精确地确定任何过程进行的方向和限度。熵函数可以定量确定化学反应及其他任何过程进行的方向和限度。熵的定义是

$$\Delta S = \int \delta Q_{\mathrm{R}}/T \tag{8.1.4}$$

式 (8.1.4) 的物理含义为体系的熵变等于可逆过程的热温熵之和。

$\delta Q_{\mathrm{R}}/T$ 这样一个函数的微小变化沿闭合回路的积分等于零, 积分与路径无关, 所以 $\delta Q_{\mathrm{R}}/T$ 是系统的一个状态函数的全微分。这个状态函数称为熵, 用符号 "S" 表示, 即熵是系统的状态函数, 其变化值只与始末态有关, 与途径无关。对于绝热过程, $Q = 0$。在绝热条件下系统发生一个变化后系统的熵值永不会减小, 这个结论称为熵增原理, 用下式表示:

$$\text{对于绝热体系}, Q = 0, \ dS \geqslant \frac{\delta Q}{T} = 0, \text{因此有 } dS \geqslant 0 \ (\text{绝热体系})$$

上式为熵判别式, 是热力学最重要的判别式, 也称为熵增原理。在绝热过程中, 若过程是可逆的, 则系统的熵不变。若过程是不可逆的, 则系统的熵增加。绝热不可逆过程向熵增加的方向进行, 当达到平衡时, 熵达到最大值。在任何一个隔离系统中, 若进行了不可逆过程, 系统的熵就要增大, 一起能自动进行的过程都引起熵的增大。

熵判据虽然从原理上可以解决一切自然过程的方向和限度问题, 但使用起来不方便。用熵作为判据时, 系统必须是隔离系统, 也就是说必须同时考虑系统和环境的熵变, 这很不方便。通常反应总是在等温与等压或等温与等容条件下进行, 引入新的热力学函数, 利用系统自身状态函数的变化, 来判断自发变化的方向和限度, 可以由熵函数发展出亥姆霍兹函数和吉布斯函数:

$$A = U - TS \tag{8.1.5}$$

式中, A 称为亥姆霍兹函数, 又称为亥姆霍兹自由能 (Helmhotlz free energy)。亥姆霍兹自由能用于等温等容过程。

$$G = U + pV - TS = H - TS \tag{8.1.6}$$

式中, G 称为吉布斯函数, 又称为吉布斯自由能 (Gibbs free energy)。吉布斯自由能用于等温等压过程。

由熵判据 $\mathrm{d}S - \frac{\delta Q}{T} \geqslant 0$, 可以推导出吉布斯函数判据:

$$\mathrm{d}G_{T,P} \leqslant 0 \quad (\text{恒温, 恒压, 非体积功}\delta W' = 0) \tag{8.1.7a}$$

或

$$\Delta G_{T,P} \leqslant 0 \quad (\text{恒温, 恒压, 非体积功}W' = 0) \tag{8.1.7b}$$

$\Delta G_{T,P} < 0$ 时为自发过程; $\Delta G_{T,P} = 0$ 时达到平衡, 可逆; $\Delta G_{T,P} > 0$ 时为不自发不可逆过程。同样, 对于等温等容过程, 可以推导出亥姆霍兹函数判据。

吉布斯自由能在化学领域中具有广泛的应用, 一般化学反应在恒温恒压下进行, 因此只要求算某化学的吉布斯自由能的变化, 即可由其数值的符号来判断反应的方向和限度。

热力学第二定律只能求 ΔS, 不能得到熵的绝对值, 需要人为规定一些参考点为零点, 来求熵的相对值。在绝对零度时, 任何完整系统的熵等于零, 即热力学第三定律。

8.1.3 热力学基本方程

8.1.2 节提到的 U, H, S, A, G 五个热力学状态函数, U 和 H 主要解决能量计算问题, S, A 和 G 主要解决过程的方向性问题, 它们都是物质的特性。连同可以直接测量的 p, V, T, 可以将它们的变化用热力学基本方程相互联系起来。

对于组成恒定、不做非膨胀功的封闭体系, 将 $\mathrm{d}S = \frac{\delta Q}{T}$ 代入热力学第一定律 $\mathrm{d}U = \delta Q + \delta W = \delta Q - p\mathrm{d}V$, 可得

$$\mathrm{d}U = T\mathrm{d}S - p\mathrm{d}V \tag{8.1.8}$$

式 (8.1.8) 将能量守恒原理和体系熵的定义集中于一个方程中, 是热力学第一定律和热力学第二定律的联合表达式。此方程是热力学基本方程中最基本的一个。同样, 通过 H, A, G 的定义式可以推导出如下热力学基本方程:

$$\mathrm{d}H = T\mathrm{d}S + V\mathrm{d}p \tag{8.1.9}$$

$$\mathrm{d}A = -S\mathrm{d}T - p\mathrm{d}V \tag{8.1.10}$$

$$\mathrm{d}G = -S\mathrm{d}T + V\mathrm{d}p \tag{8.1.11}$$

热力学基本方程式为微分式, 表示无限相邻的两平衡态间热力学函数之间的关系; 热力学基本方程式中全为状态函数, 故只与体系的状态有关, 与途径无关, 故热力学基本方程式可用于任何过程始末态的热力学函数值的求算; 在具体求算一宏观过程的状态函数的变化值时, 有必要寻找连接始末两态的任意可逆过程, 沿此过程积分从而求出热力学函数的改变值。

基本方程的另一个意义在于: 可利用能够直接测定的物质特性, 即 pVT 关系和热容, 来获得那些不能直接测定的 U, H, S, A, G 的变化; 反之, 如知道 U, H, A, G 的变化规律, 即那些广义的状态方程, 可得到所有的其他热力学信息。

8.1.4 偏摩尔量和化学势

简单体系的热力学理论不适用于有相变化和化学反应的体系, 需要将其推广到复杂体系。复杂体系的热力学性质不是体系中各组分相应性质的简单加合。描述简单体系状态只需两个独立变量, 而描述多组分体系的状态, 需要更多的状态函数。对于含有 r 个组分的多组分体系, 当已知体系的 T, p 和每个组分的含量 $n_1,\cdots,n_r$, 此体系的状态即可唯一确定:

$$Z=Z\left(T,p,n_1,n_2,\cdots,n_r\right) \tag{8.1.12}$$

求 Z 的全微分:

$$\mathrm{d}Z=\left(\frac{\partial Z}{\partial T}\right)\mathrm{d}T+\left(\frac{\partial Z}{\partial P}\right)\mathrm{d}p+\sum\left(\frac{\partial Z}{\partial n_i}\right)_{T,p,n(j\neq i)}\mathrm{d}n_i \tag{8.1.13}$$

对于恒温, 恒压过程, 式 (8.1.13) 变为

$$\mathrm{d}Z=\sum\left(\frac{\partial Z}{\partial n_i}\right)_{T,p,n(j\neq i)}\mathrm{d}n_i \quad (\mathrm{d}T=0,\quad \mathrm{d}p=0) \tag{8.1.14}$$

定义 $Z_{i,m}=\left(\frac{\partial Z}{\partial n_i}\right)_{T,p,n(j\neq i)}$, $Z_{i,m}$ 是 i 物质的偏摩尔量。

偏摩尔量是强度性质, 所以偏摩尔量的数值只与体系中各组分的浓度有关, 而与体系的大小无关。多组分体系的热力学量等于各个组分的摩尔数与其相应的偏摩尔量乘积的总和。将偏摩尔吉布斯自由能称为化学势, 用符号 “μ_i” 表示, 即 $\mu_i=(\partial G/\partial n_i)_{T,p,n(j\neq i)}$。化学势也是一种偏摩尔量, 因为 G 的偏摩尔量在化学中特别重要, 在计算中常常出现, 人们特别定义它为化学势。

对于多组分体系, 体系的状态可以视为温度、压力和各组分物质的量的函数, 偏摩尔量的引入可以得到广义的吉布斯关系式: $\mathrm{d}G=-S\mathrm{d}T+V\mathrm{d}p+\sum\mu_i\mathrm{d}n_i$。广义的吉布斯关系式适用于有化学反应的多组分体系。同样, 对 U, H, F 等函数也可作类似的推广。

8.2 化学平衡和相平衡

8.2.1 化学平衡

任何化学反应都有正反两个方向, 从微观上看, 这两个方向总是同时进行, 当系统中反应物和产物的种类和数量在宏观上不随时间改变, 即正反两方向反应的速率相等时, 即达到了化学平衡状态。找出一定条件下的化学平衡状态, 求出平衡组成, 化学反应的方向和限度问题就解决了。

对一个化学平衡的系统, 将系统中反应物和产物的浓度性质以一定方式组合, 是一个仅与温度和反应系统本身有关的常数, 称为平衡常数, 平衡常数可以通过热性质数据计算的方法得到。化学平衡研究的任务包括平衡组成的计算, 判断反应进行的方向和影响平衡移动的因素。

对一处于恒温恒压下封闭体系的如下反应:

$$aA+bB+\cdots=cC+dD+\cdots$$

当反应进行了一极小量, 各反应物分别为 $d[C]$, $d[D]$, $-d[A]$, $-d[B]$。因各物质的计量系数不同, 以上各量也不尽相同。为了对反应进程有统一的表示, 定义:

$$\mathrm{d}\xi = -\mathrm{d}n_{\mathrm{A}}/a = -\mathrm{d}n_{\mathrm{B}}/b = \mathrm{d}n_{\mathrm{C}}/c = \mathrm{d}n_{\mathrm{D}}/d \tag{8.2.1}$$

式中, ξ 为反应进度。

反应进度一般地表示为 $\mathrm{d}\xi = \mathrm{d}n_i/\nu_i$。$i$ 为反应体现的某一组分; ν_i 为组分的计量系数, 产物为正, 反应物为负。

当反应体系中进行了极微小的量, 有

$$\mathrm{d}G = -S\mathrm{d}T + V\mathrm{d}p + \sum \mu_i \mathrm{d}n_i \tag{8.2.2}$$

设反应在恒温恒压下进行

$$\mathrm{d}G = \sum \mu_i \mathrm{d}n_i \quad (\mathrm{d}T = 0, \quad \mathrm{d}p = 0) \tag{8.2.3}$$

将反应进度代入, 得

$$\mathrm{d}G = \left(\sum \mu_i \nu_i\right) \mathrm{d}\xi \tag{8.2.4}$$

所以有

$$\left(\frac{\partial G}{\partial \xi}\right)_{T,p} = \sum \nu_i \mu_i \tag{8.2.5}$$

定义 $\Delta_{\mathrm{r}}G_{\mathrm{m}} = (\partial G/\partial \xi)_{T,p} = \sum \nu_i \mu_i$。$\Delta_{\mathrm{r}}G_{\mathrm{m}}$ 为一确定温度、压力和反应进度时化学反应的摩尔反应吉布斯自由能函数。$\Delta_{\mathrm{r}}G_{\mathrm{m}}$ 并不是某一实际体系反应 1mol 物质时吉布斯自由能变化, 而是在恒温恒压下, 体系中进行极微量化学反应引起的体系吉布斯自由能变化与反应进度变化之比 $(\mathrm{d}G/\mathrm{d}\xi)_{T,p}$。一般化学反应在等温等压条件下进行, 在这种条件下, 可用吉布斯自由能作为过程方向的判据。

$\Delta_{\mathrm{r}}G_{\mathrm{m}} < 0$ 反应自动正向进行;

$\Delta_{\mathrm{r}}G_{\mathrm{m}} > 0$ 反应自动逆向进行;

$\Delta_{\mathrm{r}}G_{\mathrm{m}} = 0$ 反应达到平衡。

若反应体系是一均相体系, 则反应不可能向某一方进行到底, 反应体系一定会达到某一平衡点, 当反应达到化学平衡时, 体系的吉布斯自由能 G 的值处于最低点, 体系达到稳定状态。此时, 体系向任一方向进行, 体系的吉布斯自由能都会升高。

对于理想气体反应:

$$dD + eE = gG + rR$$

$$\Delta_{\mathrm{r}}G_{\mathrm{m}} = \sum \nu_i \mu_i = \sum \nu_i \left(\mu_i^0 + RT\ln\left(\frac{p_i}{p^0}\right)\right)$$

即 $$\Delta_{\mathrm{r}}G_{\mathrm{m}} = \Delta_{\mathrm{r}}G_{\mathrm{m}}^0 + RT\ln\left[\left(\frac{p_G}{p^0}\right)^g \left(\frac{p_R}{p^0}\right)^r \Big/ \left(\frac{p_D}{p^0}\right)^d \left(\frac{p_E}{p^0}\right)^e\right] = \Delta_{\mathrm{r}}G_{\mathrm{m}}^0 + RT\ln Q_p \tag{8.2.6}$$

其中, $Q_p = \prod (p_i/p^0)^{\nu_i}$, 是反应的比压力; $\Delta_{\mathrm{r}}G_{\mathrm{m}}^0$ 为化学反应在温度 T 下的标准摩尔吉布斯函数。

当反应体系达到化学平衡时, 有

$$\Delta_{\mathrm{r}}G_{\mathrm{m}} = \Delta_{\mathrm{r}}G_{\mathrm{m}}^0 + RT\ln Q_p = 0 \tag{8.2.7}$$

式中, $\Delta_r G_m^0 = -RT \ln K_p^0$, 其中 $K_p^0 = \prod[(p_i/p^0)^{\nu_i}]_{eq}$, 为化学平衡常数, 也称为热力学平衡常数或标准平衡常数, 它是量纲为一的纯数。K_p^0 的值取决于 $\Delta_r G_m^0$, 而 $\Delta_r G_m^0$ 的值是各组分处于标准状态时的化学势代数和, 故 K_p^0 只是温度的函数, 与体系的压力无关,

$$\Delta_r G_m = \Delta_r G_m^0 + RT \ln Q_p = RT \ln(Q_p/K_p^0) \tag{8.2.8}$$

化学反应的方向可用平衡常数来判断:

当 $K_p^0 > Q_p$ 时, $\Delta_r G_m < 0$ 反应自发正向进行;

当 $K_p^0 < Q_p$ 时, $\Delta_r G_m > 0$ 反应自发逆向进行;

当 $K_p^0 < Q_p$ 时, $\Delta_r G_m = 0$ 反应达到化学平衡。

标准平衡常数可以通过下式求得,

$$\ln K_p^0 = -\frac{\Delta_r G_m^0}{RT} \tag{8.2.9a}$$

$$K_p^0 = \exp\left(-\frac{\Delta_r G_m^0}{RT}\right) \tag{8.2.9b}$$

实验直接测定平衡常数是一种基本的方法, 但是在可能的条件下, 人们尽可能通过已知的热力学数据求反应的平衡常数。从式 (8.2.9) 可以看出, 求平衡常数可以归结为求反应的 $\Delta_r G_m^0$, 式 (8.2.9) 的意义在于可以通过已知的热力学数据求算出反应的平衡常数, 进而就可计算出平衡时反应体系中各组分的组成。各种物质的标准摩尔生成焓、标准摩尔熵、标准摩尔生成吉布斯自由能等已经汇集成册, 通过查阅物质的有关热力学数据表, 即可得到这些数值。通常由这些标准热力学函数求出化学反应的 $\Delta_r G_m^0$, 由 $\Delta_r G_m^0$ 可求出反应的平衡常数。

式 (8.2.9) 不仅适用于理想气体化学反应, 也适用于高压下真实气体、液态混合物及液态溶液中的化学反应。如对真实气体反应的化学平衡, 只需要引入逸度, 同样可以通过平衡常数来计算平衡时反应物和产物的组成。

影响化学平衡的因素主要有温度、压力等。温度是通过影响标准平衡常数影响化学平衡。通常由标准热力学函数求得的标准平衡常数是 25°C 下的值。恒压下温度对平衡常数的影响如下式:

$$[\mathrm{d}\ln K^0/\mathrm{d}T]_p = \Delta_r H_m^0/RT^2 \tag{8.2.10}$$

此式称为范托夫 (van't Hoff) 方程, 表明了温度对标准平衡常数的影响与反应的标准摩尔反应焓 $\Delta_r H_m^0$ 有关。由范托夫方程可以看出: 当 $\Delta_r H_m^0 > 0$, 即反应为吸热反应, 温度升高则 K^0 增大, 对正向反应有利; 当 $\Delta_r H_m^0 < 0$, 即反应为放热反应, 温度升高则 K^0 减小, 已达平衡的化学反应将向生成反应物的方向移动, 换言之, 降温对正向反应有利; 当 $\Delta_r H_m^0 = 0$ 时, 温度对平衡无影响。

压力与标准平衡常数无关。反应系统压力的改变不会影响标准平衡常数, 但会改变平衡组成, 使平衡发生移动。压力对理想气体体系反应和高压下的气相反应的影响是 $\sum \nu_i > 0$ 时, 降低压力有利于正向反应的进行; $\sum \nu_i < 0$ 时, 增加压力对正向反应有利; $\sum \nu_i = 0$ 时, 改变压力对平衡无影响。压力对凝聚相的反应体系的影响很小。

8.2.2 相平衡

相是系统中具有完全相同的物理性质和化学组成的均匀部分, 相变化过程是物质从一个相转移到另一相的过程。相平衡状态是它的极限, 此时宏观上没有任何物质在相间传递。按

不同的相态, 相平衡可分为气液平衡、气固平衡、液液平衡、液固平衡、固固平衡等。相平衡理论有着广泛的应用, 比如熔融的岩石中形成矿物, 从盐水和卤水中析出各种盐类。

相平衡是研究一个多相系统达到相平衡时, 温度、压力和各相组成间的关系。这种关系可表示为相律 (phase rule), 表示相平衡系统的独立变量数与相数、独立组分数之间关系的规律; 相图 (phase diagram), 以 T, P, x 为坐标作图, 称为相图, 能直观地表达多相系统的状态随温度、压力、组成等强度性质变化而变化的图形。

相律: 热力学体系达到相平衡时, 体系的相数, 物种数和体系的独立变量数 (即体系的自由度) 之间所服从的规律。

体系的自由度: 体系达到热力学平衡时, 为了描述体系状态所需要的最少热力学量的数值, 称为体系的自由度。对相平衡体系的自由度一般是指在不改变相的形态和数目时, 可以独立改变的强度热力学量的数目。相律的数学表达式如下:

$$F = C - P + 2 \tag{8.2.11}$$

其物理含义是, 体系的自由度 F 等于体系的物种数 C 减去相数 P 再加上环境变量数 2(温度和压力)。

在某些特殊条件下, 环境变量不仅仅为温度和压力, 可能存在其他变量, 故相律一般地可表达为

$$F = C - P + n \tag{8.2.12}$$

n 为环境变量数, 一般 $n = 2(T, P)$。上述方程相律表达式只适用于不发生化学反应的体系。若物种间发生化学反应, 则相律表达式须进行修正。如果体系某相的组分浓度之间存在某种函数关系 (浓度限制关系), 每存在一个独立的浓度限制关系, 体系的自由度就要减去 1。

相图可以直观而全面地反映体系相的组成及其随环境条件的改变所发生的变化。

单组分相图: 单组分体系的相律表达式为 $F = 3 - P$。任何热力学体系至少有一相, 所以单组分体系的独立变量数最多为 2, 若用图形来表示, 是二维的平面图。单组分体系相图的坐标一般取温度 T 和压力 p。

图 8.2.1 所示为水的相图, 相图中的任何一点称为相点, 每个相点均代表体系的某一平衡状态。相图中有点、线和面。相点落在面中时, 体系自由度 F 为 2, 相数 P 为单相; 相点落在线上时, 体系自由度 F 为 1, 相数 P 是 2, 为两相平衡; 相点落在交点时, 体系自由度 F 为零, 相数 P 是 3, 为三相共存。OC 线称为水的饱和蒸气压曲线, 表示水和水蒸气的平衡; OB 线称为冰的饱和蒸气压曲线, 表示冰和水蒸气的平衡; OA 线称为冰的熔点曲线, 表示冰和水的平衡。图中 OA, OB, OC 三条线将图面分为三个区域, 这是三个不同的单相区。每个单相区表示一个双变量系统, 温度和压力可以同时在一定范围内独立改变而无新相出现。应用相图可以说明系统在外界条件改变时发生相变化的情况。

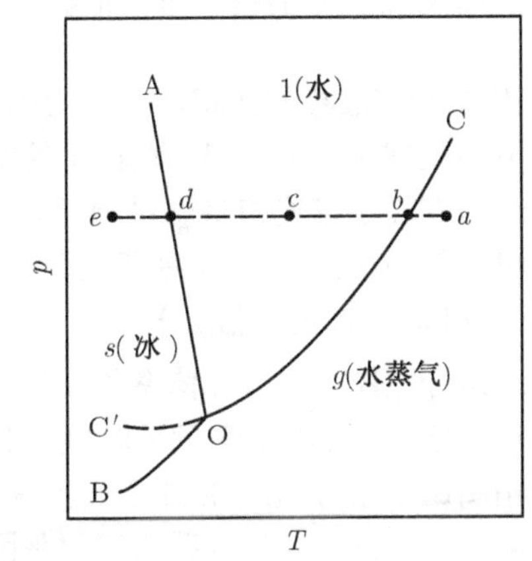

图 8.2.1 水的相图

两组分相图: 两组分体系的相律表达式为 $F = 4 - P$。两组分体系的独立变量数最多为 3, 需要用三维图像才能完整描绘两组分体系的状态。两组分体系的相图常常固定某因素不

变 (如温度或压力), 用二维平面相图表示体系状态的变化情况。两组分体系的相图常为恒压相图, 即 p 一定, T-x 图; 恒温相图, 即 T 一定, P-x 图。

物质具有气液固三种形态, 相图中也应该反映物质气相、液相、固相间的关系和相互的变化。双液系相图描述的是两组分体系气、液相态与浓度、温度和压力之间的关系, 双液系相图只是两组分相图中的一部分, 描述了温度较高区域的相变化。两组分体系气液平衡相图中最有规律和最重要的相图是理想液态混合物的气–液平衡相图。理想溶液各组分在全部浓度范围内均遵守拉乌尔定律, 主要掌握了两组分的饱和蒸气压数据, 其相图可以计算出来。实际的溶液体系多为非理想溶液, 称为真实液态混合物。两组分体系非理想溶液存在多种类型, 包括完全互溶、部分互溶和完全不互溶的双液系。

固–液凝聚体系的相图随压力的变化不大, 一般可以不考虑压力的影响。两组分固液相图, 除了几种最简单的类型以外, 一般均较复杂, 这是因为两组分不仅液态时可能部分互溶, 固态时可能有晶型转变, 而且它们之间还可以生成一种或多种化合物。两组分凝聚体系相图主要包括固相完全不互溶相图、固相部分互溶相图、有化合物生成的相图、不稳定化合物相图、二元盐水体系相图等。

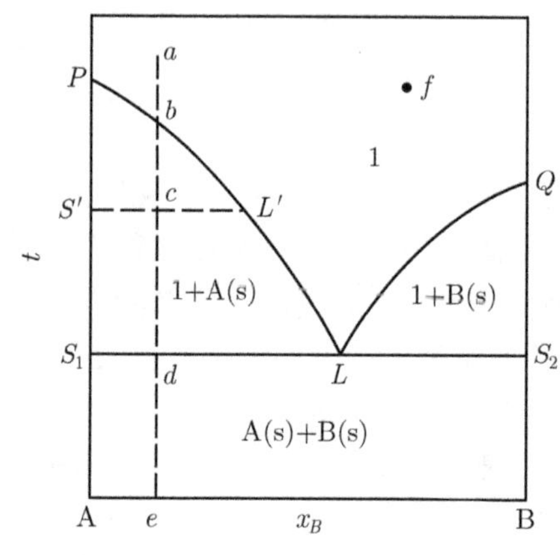

图 8.2.2 固相完全不互溶相图

图 8.2.2 所示为固相完全不互溶相图。图中 P 点和 Q 点分别为组分 A 和 B 的凝固点, PL 线称为 A 的凝固点降低曲线, 表示析出固体 A 的凝固点温度与液相组成的关系。同理, QL 线为 B 的凝固点降低曲线。PL 线和 QL 线以上的区域是单一的熔液区, $F=2$。S_1LS_2 为三相线, $F=0$; 固体 A、B 和熔液 L 三相达平衡, 温度和三个相的组成保持不变, 只有冷却到熔液相 L 完全凝固后, 温度才下降。熔液相 L 完全凝固后形成的固体 A 和 B 的两种固态的机械混合物在加热到该温度时可以熔化, 此温度称为低共熔点。PL 线和 S_1L 线之间的区域是固体 A 和熔液相的两相区, QL 线和 LS_2 线之间的区域是固体 B 和熔液相的两相区, S_1S_2 线以下的区域是固体 A 和固体 B 的两相区。在系统总组成不变的情况下, 系统点为 a 的步冷曲线: ab 段是熔液相降温过程, 到达 b 点开始析出固体 A; 在 bd 段, 随温度降低固体 A 不断析出, 液相中 A 的含量逐渐减少, 至点体系呈三相平衡, d 点以下为两固相平衡; de 段是固体 A 和固体 B 的降温过程。

三组分相图: 三组分体系的相律表达式为 $F=5-P$。要完全地描述三组分体系, 需要 4 个独立变量。这 4 个变量是温度、压力及该相中两个组分的相对含量。一般来说三组分系统的相图比二组分系统相图要复杂得多。按聚集状态不同, 可分为气液平衡、液液平衡和液固平衡。一般的三组分体系的相图是固定体系的温度和压力, 考察体系组成变化时的相图变化情况。此时, 体系最大自由度 $F=2$, 用平面图就可以描绘相的变化。对于凝聚体系, 压力的影响可忽略不计; 但温度的影响是相当大的, 为了表示温度对三组分体系相图的影响, 需以立体相图表示。图 8.2.3(a) 为三组分系统中 A 和 B 组分间的相互溶解度随温度升高而增加, 以致完全互溶的立体相图。图中 AA′B′B 平面上的 L_1KL_2 曲线代表 A、B 两组分部分互溶的相对溶解度曲线。L_1kL_2 线, $L_1'k'L_2'$ 线, 分别代表从低温到高温 t 和 t' 两个不同温度下的三组分溶解曲线, k 和 k' 分别代表在两个温度下的会溶点, $kk'K$ 线是这些会溶点的连线。温度对相图的影响用立体图表示很直观, 但应用起来不方便, 因此常将立体图投影在平面上, 用一个平面上不同温度下的等温线表示, 每一条线代表一个等温界面, 所代表的温度在线上注明 (图 8.2.3(b))。

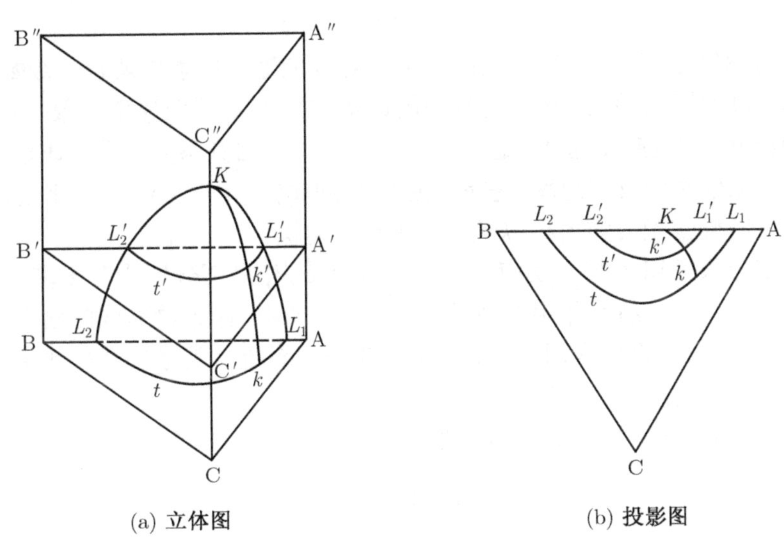

(a) 立体图 (b) 投影图

图 8.2.3 三组分系统一对液体部分互溶液–液平衡随温度变化相图

8.3 化学反应动力学

不论是相变化还是化学变化, 既要研究变化的可能性, 也要研究变化的速率。化学动力学研究浓度、压力、温度以及催化剂等各种因素对反应速率的影响; 还研究反应进行时要经过的反应步骤, 即反应的机理。

8.3.1 反应速率方程

反应速率方程 (动力学方程) 是在其他因素固定不变的条件下, 定量描述各种物质的浓度对反应速率影响的数学方程。

从微观上看, 在化学反应过程中, 反应物分子一般总是经过若干个简单的反应步骤, 才最后转化为产物分子的。每一个简单的反应步骤为一个基元反应, 基元反应是由反应物一步生成产物的反应, 没有可由宏观实验方法探测到的中间产物。复合反应是由两个以上的基元反应组合而成的反应。基元反应速率方程可根据质量作用定律直接写出。基元反应的速率与反应物浓度的幂乘积成正比, 其中各浓度的方次为反应方程中相应组分的分子个数, 就是质量作用定律。

基元反应的速率与反应物浓度的乘方之积成正比, 且浓度项的指数等于相应的化学计量数的绝对值。

对于基元反应:

$$\alpha\text{A} + \beta\text{B} + \gamma\text{C} + \cdots \rightarrow \text{产物}$$

其速率方程为

$$-\mathrm{d}C_{\mathrm{A}}/\mathrm{d}t = kC_{\mathrm{A}}^{\alpha}C_{\mathrm{B}}^{\beta}C_{\mathrm{C}}^{\gamma}\cdots \tag{8.3.1}$$

其中 $-\mathrm{d}C_{\mathrm{A}}$ 是反应物 A 的消耗速率, $C_{\mathrm{A}}, C_{\mathrm{B}}, C_{\mathrm{C}}$ 指反应物浓度, 浓度项的指数 α, β, γ 等于相应的化学计量数的绝对值, 称为这些反应组分的分级数, 反应的总级数 n 为各分级数的代数和:

$$n = \alpha + \beta + \gamma + \cdots \tag{8.3.2}$$

总级数可简称级数, 其大小表示反应物浓度对反应速率的影响程度。级数越大, 则反应速率受反应物浓度的影响越大。速率方程中的比例常数 k 是反应速率常数, 反应速率常数 k 是基元反应的特性, 并随温度而变, 是一个与浓度无关的比例系数。反应速率常数代表各有关浓度均为单位浓度时的反应速率, 它是反应本身的属性。同一温度下, 比较几个反应的 k, 可以大略知道它们反应能力的大小, k 越大, 则反应越快。

质量作用定律只适用于基元反应。对于非基元反应, 只有分解为若干基元反应时, 才能对每个基元反应逐个运用质量作用定律。但在反应机理中, 如果物质同时出现两个或两个以上的基元反应中, 则对该物质应用质量作用定律时应当注意: 其净的消耗速率或净的生成速率是这几个基元反应的总和。

如化学计量反应: $\mathrm{A} + \mathrm{B} \rightarrow \mathrm{Z}$ 的反应机理为

$$\mathrm{A} + \mathrm{B} \xrightarrow{k_1} \mathrm{X}$$

$$\mathrm{X} \xrightarrow{k_{-1}} \mathrm{A} + \mathrm{B}$$

$$\mathrm{X} \xrightarrow{k_2} \mathrm{Z}$$

则有

$$-\frac{\mathrm{d}C_{\mathrm{A}}}{\mathrm{d}t} = -\frac{\mathrm{d}C_{\mathrm{B}}}{\mathrm{d}t} = k_1 C_{\mathrm{A}} C_{\mathrm{B}} - k_{-1} C_{\mathrm{X}} \tag{8.3.3}$$

$$-\frac{\mathrm{d}C_{\mathrm{X}}}{\mathrm{d}t} = k_1 C_{\mathrm{A}} C_{\mathrm{B}} - k_{-1} C_{\mathrm{X}} - k_2 C_{\mathrm{X}} \tag{8.3.4}$$

$$\frac{\mathrm{d}C_{\mathrm{Z}}}{\mathrm{d}t} = k_2 C_{\mathrm{X}} \tag{8.3.5}$$

一定温度下的速率方程如上式, 被称为是速率方程的微分形式, 它明显地表示出了浓度对反应速率的影响。但在实际运用时, 常常需要了解在反应过程中反应物或产物的浓度随时间的变化情况, 或者了解反应物达到一定的转化率所需的反应时间。这就需要将微分形式积分, 得到反应物的浓度与时间的函数关系式 $C = f(t)$。这样的关系式称为速率方程的积分形式, 速率方程的微分形式和积分形式从不同的侧面反映出化学反应的动力学特征。

在化学反应速率方程中, 动力学参数只有 k 和 n, 速率方程的确定需要确定这两个参数。方程的形式只取决于 n, k 是式中的一个常数, 确定速率方程的关键是确定反应级数。要确定反应级数, 需要知道化学反应的 C_{A}-t 关系, 由此可以求得 n, 进而求得 k。

8.3.2 典型复杂反应

在实际问题中遇到的化学反应, 绝大多数都是由两个或两个以上基元反应所组成的复杂反应。下面是几种典型的复杂反应的机理与其速率方程之间的关系, 以及这些典型复杂反应的特点。

对峙反应：在正、逆两方向都能进行的反应称为对行反应, 又称为对峙反应。从理论上说, 一切反应都是可以在正、逆两个方向进行的, 但当反应系统远离平衡态时, 逆反应往往是可以被忽略的。下面是一个简单的正逆反应均为一级反应的对行反应, 反应方程式可写成:

$$A \underset{k_{-1}}{\overset{k_1}{\rightleftarrows}} B$$

设 k_1 和 k_{-1} 分别为正、逆反应的速率常数。反应开始时, A 的浓度为 C_{AO}, 产物 B 的浓度为零。当反应进行到 t 时刻, 反应物 A 消耗的浓度为 x, 并转变成产物 B, A 的浓度变为 $C_A = C_{AO} - x$, B 的浓度变为 $C_B = x$。一级对行反应的速率为正向和逆向反应速率之差, 速率方程的微分形式为

$$v = -\frac{dx}{dt} = k_1 C_{AO} - (k_1 + k_{-1})\, x \tag{8.3.6}$$

将 (8.3.6) 式整理并积分, 得

$$\ln C_{AO} - \ln\left(C_{AO} - \frac{k_1 + k_{-1}}{k_1} x\right) = (k_1 + k_{-1})\, t \tag{8.3.7}$$

由于正反应的速率随反应物浓度的降低而不断减慢, 而逆反应的速率随产物浓度的增高而不断加快, 所以对峙反应进行的结果必然因正、逆反应速率趋于相等而达到动态平衡。若平衡产物浓度为 x_e, 反应物浓度为 $C_{AO} - x_e$, 此时 $dx/dt = 0$, 对应的速率方程的积分式为

$$\ln\frac{x_e}{x_e - x} = (k_1 + k_{-1})t \tag{8.3.8}$$

对峙反应有以下几个特点。① $\ln\{x_e - x\}$ 与 t 呈线性关系, 图 8.3.1 是羟基丁酸 25°C 时在水中转变为内酯的动力学曲线, 由直线斜率可以得到 $k_1 + k_{-1}$。利用平衡常数与 k_1 和 k_{-1} 的关系, 可以求得 k_1 和 k_{-1}。② 反应完成一半所需要的时间为 $\ln 2/(k_1 + k_{-1})$, 与初始浓度 C_{AO} 无关。

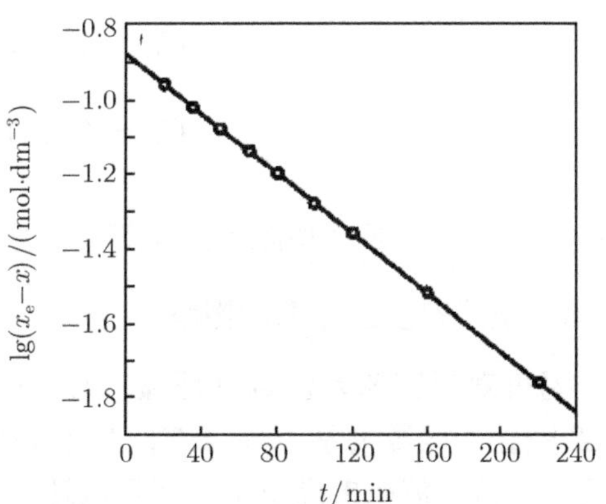

图 8.3.1 羟基丁酸转变动力学曲线

对于正、逆反应为其他级数的对峙反应, 同样可以建立速率方程, 并得到相应的积分形式。

连串反应：有很多化学反应是经过连续几步才完成的, 前一步反应的产物是下一步反应的反应物, 如是依次连续进行, 这种反应称为连串反应。连串反应最简单的形式是

$$A \xrightarrow{k_1} B \xrightarrow{k_2} C$$

反应开始时, 反应系统中只有物质 A, 其初始浓度为 C_{AO}, 反应进行到 t 时刻, 三种物质的浓度分别为 C_A, C_B 和 C_C, 任一时刻 A, B, C 的浓度之和为 $C_A + C_B + C_C = C_{AO}$。积分整理, 任一时刻 A, B, C 的浓度分别是

$$C_A = C_{AO} e^{-k_1 t} \tag{8.3.9}$$

$$C_B = C_{AO}\frac{k_1}{k_2 - k_1}(e^{-k_1 t} - e^{-k_2 t}) \tag{8.3.10}$$

$$C_C = C_{AO}\left(1 - \frac{k_2 e^{-k_1 t} - k_1 e^{k_1 t}}{k_2 - k_1}\right) \tag{8.3.11}$$

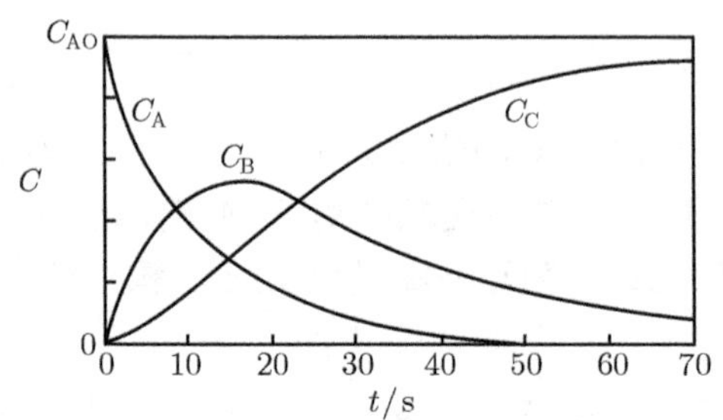

图 8.3.2 一级连串反应的 C-t 图

图 8.3.2 是连串反应 A, B, C 三种物质浓度随反应时间变化曲线, 其显著的特征是中间物 B 的浓度在反应过程中出现极大值。

由 $\frac{dc_B}{dt} = 0$ 可得到

$$C_{B,max} = C_{AO}\left(\frac{k_1}{k_2}\right)^{k_2/(k_2-k_1)} \tag{8.3.12}$$

平行反应: 反应物同时独立地参与两个或多个反应, 如此组合的反应称为平行反应, 又称联立反应。

最简单的一级平行反应的形式是

$$A \begin{cases} \xrightarrow{k_1} B \\ \xrightarrow{k_2} C \end{cases}$$

上述一级平行反应的速率方程的积分形式为

$$C_A = C_{AO}e^{-(k_1+k_2)t} \tag{8.3.13}$$

$$C_B = C_{AO}[1 - e^{-(k_1+k_2)t}]\frac{k_1}{k_1 + k_2} \tag{8.3.14}$$

$$C_B = C_{AO}[1 - e^{-(k_1+k_2)t}]\frac{k_2}{k_1 + k_2} \tag{8.3.15}$$

平行反应的特征是产物浓度之比等于反应速率系数之比, 即 $\frac{C_B}{C_C} = \frac{k_1}{k_2}$。

8.3.3 温度对反应速率的影响

温度对反应速率影响就是温度对反应速率常数的影响, 也就是要找出速率常数 k 随温度 T 变化的函数关系, $k = f(T)$。实验表明, 大多数化学反应的反应速率常数随温度的升高而迅速增大。范托夫提出了如下反应速率常数 k 与温度的关系的经验规则:

$$\frac{k_{T+10°C}}{k_T} = 2 \sim 4 \tag{8.3.16}$$

这个规则表明: 在常温范围内, 温度每升高 10°C, 反应速率增至原速率的 2~4 倍。这说明温度对反应速率的影响远远超过浓度对反应速率的影响。

精确地描述 k-T 相互关系的是阿伦尼乌斯方程 (Arrhenius equation), 其微分式和积分式为

$$\frac{d\ln k}{dT} = \frac{E_a}{RT^2} \tag{8.3.17a}$$

$$\ln k = -\frac{E_a}{RT} + \ln k_0 \tag{8.3.17b}$$

式中, k_0 称为指前因子, 又称为频率因子, 其单位与 k 相同; E_a 称为阿伦尼乌斯活化能, 它是一个大于零的正数, $\mathrm{J \cdot mol^{-1}}$。若有一系列不同温度 T 下的速率常数 k 值, 可作 $\ln k$-$1/T$ 图, 形成一直线, 由直线的斜率和截距可求得活化能和指前因子。大多数的化学反应的活化能为 $(40\sim400)\mathrm{kJ \cdot mol^{-1}}$。

阿伦尼乌斯认为, 普通的反应物分子之间并不能发生反应而生成产物分子。为能发生化学反应, 普通分子必须吸收足够的能量先变成活化分子, 活化的反应物分子之间才可能发生反应, 生成产物分子。阿伦尼乌斯将普通分子变成活化分子需要吸收的能量称为活化能。化学反应一般总需要有一个活化的过程, 也就是一个吸收足够的能量以克服反应能峰的过程。通过升高温度, 增加分子动能来使分子活化, 所以一定温度下, 反应活化能越大, 则具有活化能量的分子数就越少, 因而反应就越慢。对于一定的反应活化能, 若温度越高则具有活化能量的分子数就越多, 因而反应就越快。托尔曼 (Tolman) 较严格地证明了上述所定义的阿伦尼乌斯活化能 E_a 确实等于活化分子平均能量与普通分子平均能量之差。这说明由 k-T 数据按阿伦尼乌斯方程算出的 E_a, 对基元反应来说的确具有能峰的意义。也可以说, 若某反应速率常数随温度变化的关系符合阿伦尼乌斯方程, 则可认为该反应是一个需要翻越能峰为 E_a 的反应。

第9章 逾渗理论

9.1 逾渗现象

逾渗是极为普遍的一个物理与数学概念，最早由布罗德本特 (S.K.Broadbent) 和哈梅斯里 (J.M. Hammersley) 于 1957 年提出。从数学角度讲，描述的是在一个二维或三维有限或无限区域，划分许多大小相等的精细单元，每一个属性被随机地确定为 0 或 1，如在物理学上，“0” 表示固体的孔隙，“1” 表示固体的颗粒。随着 “0” 属性单元占单元总数的概率 P 的增加，其组成的连通团的数量和大小都在急剧地变化，当其概率 P 达到某一临界值 P_c 时，连通团的数量迅速减小，不同大小的团迅速连通成更大的连通团，使团的数量减小，最大连通团迅速增大，并跨越了有限区域的边界，如图 9.1.1 所示。科学界把这类数学和相关的物理问题定义为逾渗。

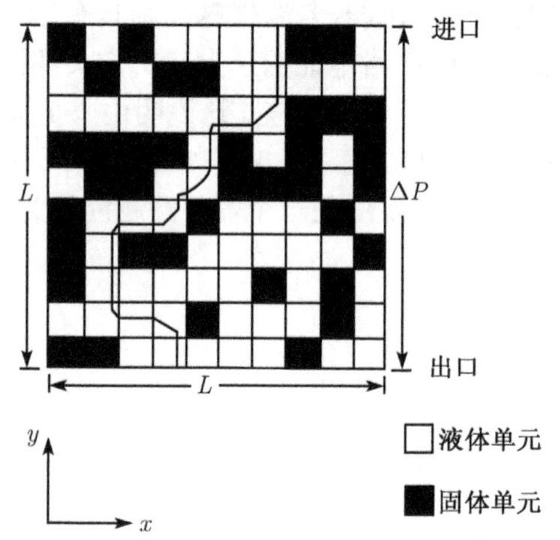

图 9.1.1 流体在二维多孔介质逾渗结构中的流动

由此可见，逾渗是用概率的理论与方法研究与表征一类随机介质由量变到质变的临界条件与临界现象的物理与数学理论，从 1957 年至今的几十年中，逾渗在物理学、数学、自然、工程科学等领域受到重视和应用。

在多孔介质理论中，当介质的孔隙逐渐地随机增加，其孔隙率逐渐增加到某一临界值 P_c 时，多孔介质就由完全的不渗透介质转变为渗透介质。在导电与绝缘材料特性中，当材料中的导电颗粒数随机地增加时，占总数的概率 P 增加，当 P 达到某一临界值时，该材料则由绝缘材料转变成导电材料，反之亦然，同样此种方法也用于磁体材料和其他材料。在自然界，对于一个果园，一片森林，当每棵树之间的间距较大时，其病虫害的传播就十分困难，当株距较小时，其病虫害的传播就十分容易。群体中疾病传播的控制与流行的预测；通信或电阻网络的连接或不连接；超导体和绝缘体的复合材料的导通或绝缘；聚合物的凝胶化；核物质中的夸克的禁闭或非禁闭；螺旋状星系中恒星的随机形成；稀磁体的顺磁或逆磁；表面上的液氦薄膜的正常或超流；非晶态半导体迁移率的局部态或扩展态；非晶态半导体中的变程跳跃等都属于逾渗现象。

在数学上的研究主要是各种类型网格划分下，逾渗门槛值及逾渗团的结构，如四边形网格、三角形网格、四面体网格和六面体网格等，这些数学方法也同样可用于各类物理现象的描述。

很多人把 “逾渗” 与 “渗流” 混淆，事实上，逾渗 (percolation) 与渗流 (seepage) 有着本质的区别，就多孔介质理论而言，逾渗是研究多孔介质由完全不渗透到渗透的临界条件和临界状态的连通团结构形状及相关现象的科学。而渗流则是研究流体在渗透介质中流动规律与现象的科学。

9.2 单纯孔隙介质的逾渗

9.2.1 定义与方法

在多孔介质理论中, 逾渗现象可以这样形象的描述: 在可渗透的多孔介质中, 当介质中的孔隙逐渐被随机地堵塞时, 多孔介质的孔隙率下降, 当孔隙率下降到某一临界值 n_c 时, 介质就由渗透状态转变为完全不渗透的状态。反之, 当孔隙介质的孔隙率由零逐渐增大到某一临界值 n_c 时, 介质就由完全不渗透转变为可渗透。介质的渗透性随孔隙率的增加而发生质的转变, 称为逾渗转变; 介质发生逾渗转变时的孔隙率被称为逾渗阈值; 单位面积或体积的介质中最大孔隙连通团的面积或体积所占的比率定义为逾渗概率。显然, 当介质的孔隙率等于逾渗阈值时, 最大的孔隙连通团连通了介质对称的两个边界 (上下或左右等边界), 这样的连通团称为逾渗团。

从20世纪70年代开始, 国际物理学界对单一孔隙介质的逾渗进行了广泛而深入地研究。主要的研究有: Stauffer(1991) 和 Essam(1980) 采用概率论及分形几何学的方法对单一孔隙介质的逾渗机理与规律进行研究, 建立了由孔隙和固体颗粒组成的正方形或立方体点阵的单一孔隙介质的逾渗模型。理论与实验证实: 正方形网格划分的单一孔隙介质逾渗模型的逾渗阈值是 59.27%; 正立方体划分的单一孔隙介质逾渗模型的逾渗阈值是 31.16%。由于该模型的普适性和对自然现象描述的精确性, 其不仅应用于单一孔隙介质渗流领域, 而且还广泛地应用于其他众多相关领域, 如稀释磁体、聚合物凝胶化、多孔硅烧结过程以及超导体研究等。

逾渗模型分为两类基本模型: 格点逾渗模型 (又称座逾渗) 和键逾渗模型。考虑一个无限大正方形晶格, 设每个格点 (或键) 的占据概率为 n, 概率越小, 被占格点 (或键) 只能零散地分布在整个晶格中, 很少有可能形成由多个被占格点 (或键) 连成一个团。这里的 “格点团” 是在其内部, 每个被占格点的最近邻必有被占格点, 而 “键团” 是其内部每个被占键的两端, 至少有一端与其他被占键相连。简而言之, 团是被占格点或键的相连集合 (不论是格点还是键团)。随着概率 n 的增加, 晶格中就会出现有限大小的团, 这里团的大小指团中被占格点 (或键) 的多少。其中最大的团称为最大团。并根据最大团定义逾渗概率:

$$P_{(p)} = \frac{M(L)}{L^{\mathrm{d}}} \tag{9.2.1}$$

式中, $P_{(p)}$ 为逾渗概率; $M(L)$ 为线度为 L 的最大团中被占格点 (或键) 的数量; L^{d} 为晶格中格点或键的总量。

通常, 引入一个量 —— 关联长度 ξ, 来粗略地描述团的平均尺寸。如前面分析, 当 $n < n_c$ 时, 只有有限大小的团, 因而团的平均尺寸较小, 是有限值; 当 $n = n_c$ 时, 出现无限大的团, 团的平均尺寸达到无限大; 但当 $n > n_c$ 时, 尽管仍存在渗流团, 但关联长度 ξ 却迅速地减小, 如图 9.2.1 所示。这是由于在计算 ξ 时已经扣除了渗

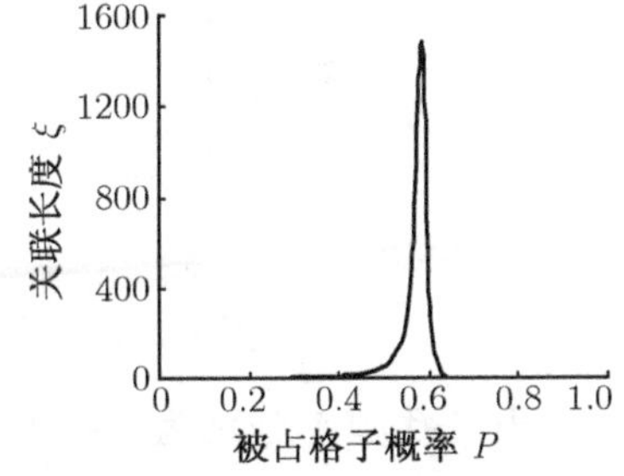

图 9.2.1 被占格子概率与关联长度的关系

流团, 只计算未连通的孤岛。关联长度 ξ 在 n_c 附近的行为可描述为

$$\xi \propto |P-P_c|^{-v} \propto s^{-v} \tag{9.2.2}$$

v 称为关联长度临界指数。根据前面的描述, 在有限系统中, 关联长度 ξ 也可按照下列表达式计算

$$\xi=\begin{cases}\dfrac{\sum\limits_m i_m m^2}{\sum\limits_m i_m m}, & n \leqslant n_c \\ \dfrac{\sum\limits_m i_m m^2-m_{\max}^2}{\sum\limits_m i_m m}, & n > n_c\end{cases} \tag{9.2.3}$$

式中, m 是团的大小; i_m 是大小为 m 的团的数量; $m_{\max}$ 为最大团的大小。ξ 也可理解为逾渗团的平均大小。

一般而言, 给定网格上键比座的邻近数大。例如, 四方网格中, 一个键可以连接 6 个近邻键, 而一个座只能连接 4 个邻近座。故大的键集团就更容易生成, 也就是说键逾渗值比座逾渗值低 (四方网格的键逾渗值等于 0.5, 座逾渗值等于 0.593)。以上所考虑的都是纯键或纯座的逾渗。如果一个网格中, 键的被占概率为 q, 座的被占概率为 r, 则称之为键–座逾渗。如果 $q=0$ 或 $n=0$ 时, 键–座逾渗就还原为座逾渗或键逾渗。

从多孔介质的逾渗现象来看, 被占的座或键的概率与邻近座或键的概率是独立的, 不存在相互影响。在研究材料的渗流问题时, 座逾渗、键逾渗和键–座逾渗都代表了介质的随机分布的孔隙, 并不能形成一个方向尺度远远大于另外一个 (二维结构) 或两个 (三维结构) 方向尺度的裂隙结构。

9.2.2 二维孔隙介质逾渗规律

对于单一孔隙介质, 计算不同孔隙率时的逾渗概率, 图 9.2.2 为逾渗概率随孔隙率的变化曲线, 从图中可以见, 孔隙率在快达到 60% 时逾渗概率有一个突然的增加, 该点就称为逾渗门槛值或者逾渗阈值。

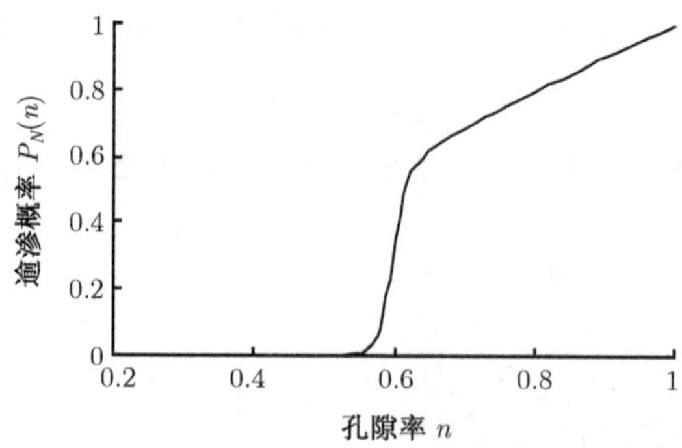

图 9.2.2 逾渗概率随孔隙率变化曲线

图 9.2.3 示出了孔隙率分别为 58.03% 和 59.7% 时, 逾渗模型连通团的分布。可以看出, 当孔隙率为 58% 时, 正方形区域内没有横跨两个对应边界的团, 最大连通团也仅限于区域的一小部分; 而当孔隙率达到 60% 时, 最大团二维跨越了模型的两个对应的边界, 发生了逾

渗转变。大量的计算发现，二维孔隙介质发生逾渗转变的临界孔隙率，即逾渗阈值为 $n_c = 59.275\%$。

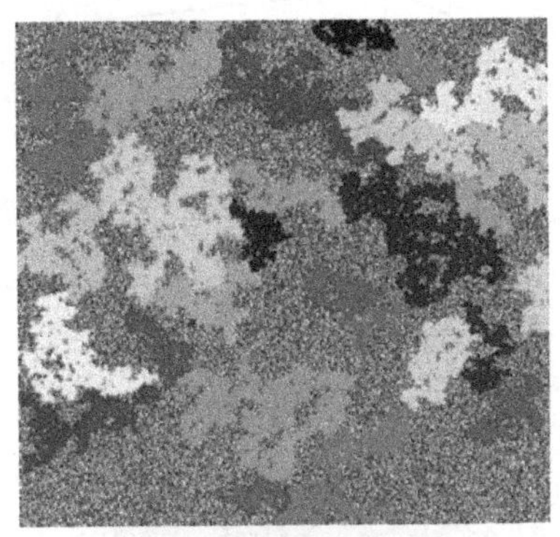

$n = 58.03\%$

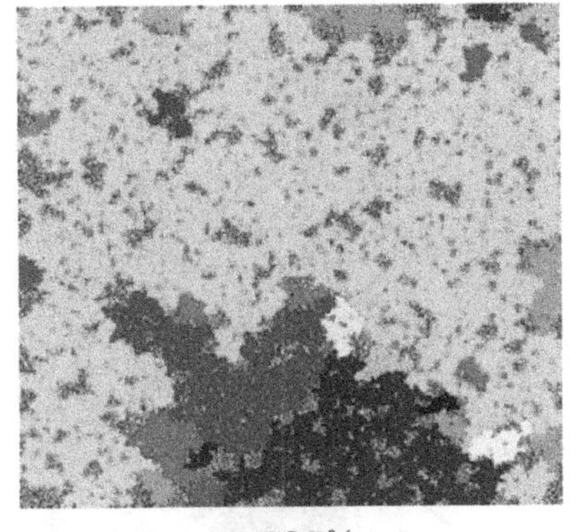

$n = 59.7\%$

图 9.2.3 二维单纯孔隙介质的逾渗团分布

不同灰度表示不同大小的团

9.2.3 三维孔隙介质逾渗规律

采用正六面体单元将介质离散为 N 个单元，并随机的赋予“0”、“1”属性，“0”表示孔隙。计算随着孔隙率增加，介质的逾渗概率变化，即可绘出图 9.2.4 的三维孔隙介质逾渗概率随孔隙率的变化曲线。

由图可见，当孔隙率为 0.3~0.38 时，曲线的斜率非常大，也就是说在这一区域内，随着孔隙率的增加，逾渗概率快速增加，渗透性提高；当孔隙率大于 0.38 时逾渗概率随孔隙率线性增加，这一区域的斜率较小，也是逾渗概率的平稳增加阶段；当孔隙率小于 0.3 时，逾渗概率基本为零。这一曲线表明，欲使孔隙介质的渗透性明显提高，就必须使孔隙率达到逾渗阈值，只要大于阈值，很小的增量也会显著提高渗透性能。这种特征，也可以从图 9.2.5 中连通团大小在孔隙率为 0.3~0.34 的敏感变化得到直观的认识。

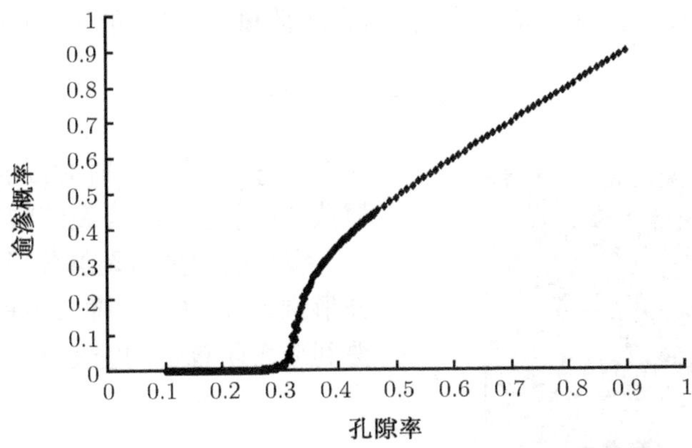

图 9.2.4 三维孔隙介质逾渗概率与孔隙率的关系曲线

在图 9.2.5 中，当孔隙率较小时，孔隙介质中的最大团所包含的单元数目很小，最大团也被局限在一个很小的空间区域中，并没有形成连通模型两个相对面的渗流通道，此时的介质的逾渗概率基本为 0，为不可渗透介质。而当孔隙率大于临界逾渗阈值 0.3116 时，最大团的尺寸就非常大了, 出现了贯穿模型的渗流通路, 此时的孔隙介质变为可渗透介质。

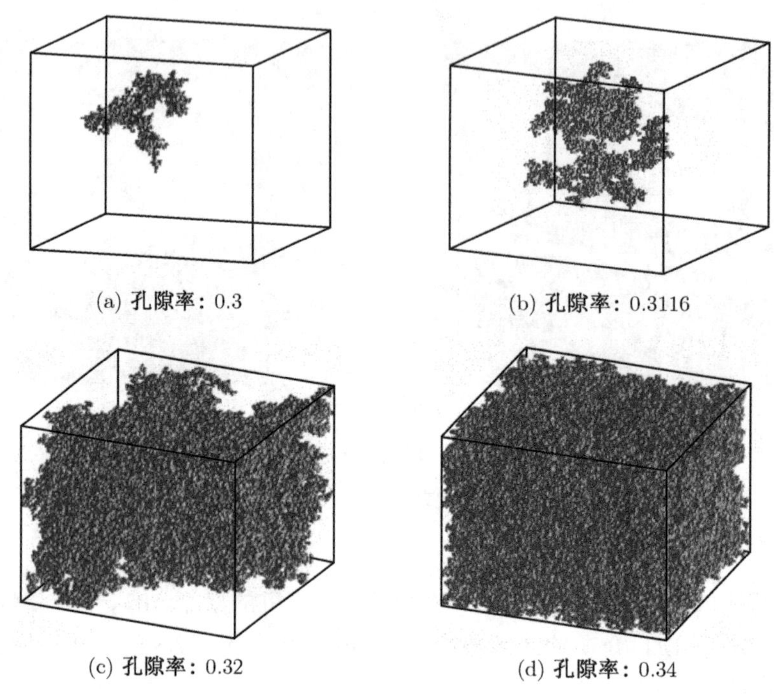

(a) 孔隙率：0.3　　(b) 孔隙率：0.3116

(c) 孔隙率：0.32　　(d) 孔隙率：0.34

图 9.2.5　三维孔隙介质中最大团随机分布形状

9.3　孔隙裂隙双重介质的逾渗

9.3.1　孔隙裂隙双重介质的逾渗研究方法

对于孔隙裂隙双重介质, 裂隙也构成了介质中的空隙点。裂隙的增加必然使正方形区域的空隙增多, 并和孔隙一起构成渗流团。根据裂隙数量与尺度的分形几何规律:

$$N_\delta = N_0 \cdot \delta^{-D} \tag{9.3.1}$$

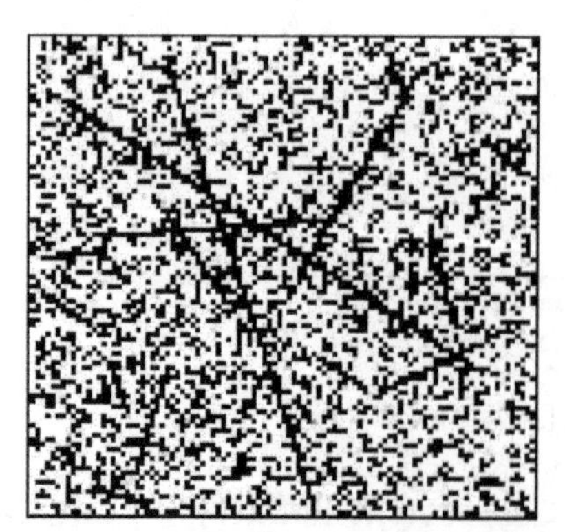

图 9.3.1　二维四方网格的孔隙裂隙模型

式中, N_δ 为尺度 δ 时对应的裂隙数量; N_0 为裂隙数量的初值; D 为裂隙的分形维数。

裂隙的数量与裂隙分形分布初值 N_0 和裂隙分形维数 D 有关, 随二者的增大而增多。由此得到最大团包含的空隙数的表达式:

$$M(L) = f(n, N_0, D) \tag{9.3.2}$$

同理, 在有限尺度网格中, 孔隙裂隙双重介质的渗透概率为

$$P_N(n, N_0, D) = M(n, N_0, D)/L^2 \tag{9.3.3}$$

其临界概率为

$$P_c = \text{Sup}\{n, N_0, D: P_\infty(n, N_0, D) = 0\} \tag{9.3.4}$$

由此得到无限尺度的网格中, 当 $n \leqslant n_c$ 时, 有 $P_\infty = 0$, n 为孔隙裂隙双重介质的孔隙率。在有限尺度的网格中, 最大团仅限于区域内部非常小的范围, 当 $n > n_c$ 时, 最大团占据区域的绝大部分面积。

在上述严格的数学定义下, 给出孔隙裂隙双重介质逾渗的研究方法。

(1) 对于孔隙: 将 L_0 尺度的正方形网格划分成 $L \times L$ 个正方形格子, 按照不同的孔隙率, 将孔隙随机分布在上述网格中, 凡被孔隙占据的格子, 即设定为 0, 表示该格子为空隙。不含孔隙的格子, 即认为是固体颗粒格子, 即设定为 1, 表示该格子为实的, 不渗透的。

(2) 对于裂隙: 采用二维裂隙迹线数量与方位随机分布的分形几何学研究方法, 裂隙数量尺度服从分形关系式 (9.3.1)。确定其 N_0 与 D, 按式 (9.3.3) 生成各级尺度的裂隙, 并按位置与方位随机地分布于上述网格中。当裂隙落入网格的某一格子中, 其长度大于格子尺度的 1/2, 即认为该格子为孔隙网格, 记为 0。否则即为实的, 不渗透的网格。非常类似于孔隙, 按照裂隙分布分形规律, 在网格中也生成了实的和空的子网格分布。

(3) 将孔隙和裂隙在网格中的 [0,1] 分布按 $0+0=0$, $0+1=1$, $1+1=1$ 的准则叠加, 最后形成了孔隙裂隙共存时, 整个网格中的 [0,1] 分布。

编制计算机程序, 寻找网格中各个连通团或渗透团构成的格子号码及其数量, 进而确定组成最大渗透团的格子数量 $M(L)$, 则各格子落入最大渗透团的概率即为 $P(n, N_0, D) = M(L)/L^2$。改变介质中孔隙率 n、裂隙分形维数 D 及初值 N_0, 即可获得对应的最大连通团出现时, $P(n, N_0, D)$ 的临界曲线, 及其连通团的分布规律。

9.3.2 二维单一裂隙多孔介质的逾渗规律

当介质中孔隙率 $n = 0$ 时, 对应的孔隙裂隙介质中没有孔隙, 只有裂隙, 则该介质成为裂隙介质。取裂隙分布初值 $N_0 = \mathrm{e}$ ($\mathrm{e} = 2.71828$), 裂隙的分形维数分别为 1.6 和 1.68 的两种裂隙介质模型, 其逾渗和连通团的分布如图 9.3.2 所示。可以看出, 由于 $N_0 = 2.71828$, 使得正方形区域内存在 2 条或 3 条横跨边界的裂隙, 从而使得即使裂隙的分形维数较小时, 区域内也会出现跨越团。但是, 比较 $D = 1.6$ 与 $D = 1.68$ 两个图形可以看出, 当分形维数由 1.6 增加到 1.68 时, 最大连通团急剧增大, 并占据了区域的绝大部分面积。即对于 $N_0 = \mathrm{e}$ 的裂隙介质, 发生逾渗转变的临界分形维数 D_c 介于 1.6~1.68。

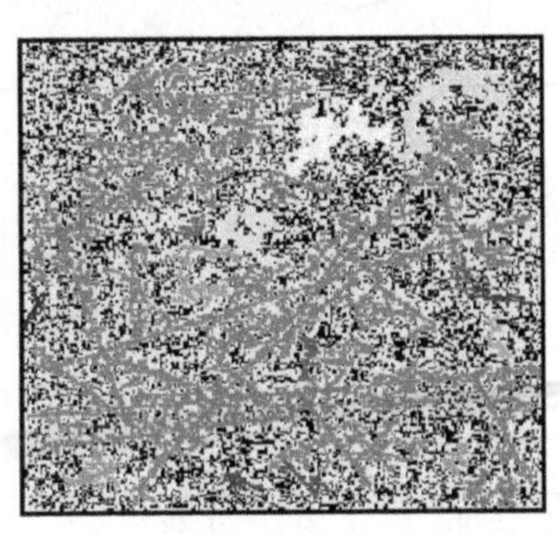

D=1.6

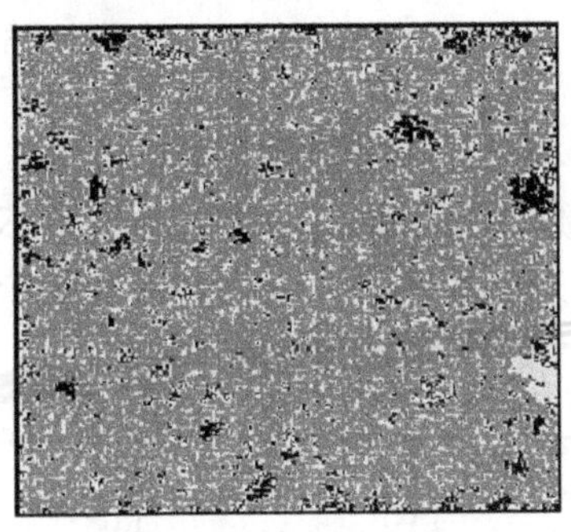

D=1.68

图 9.3.2 裂隙介质的渗透团分布 ($n = 0, N_0 = \mathrm{e}$)

9.3.3 二维孔隙裂隙双重介质的逾渗规律

若取孔隙率 $n = 30\%$, 裂隙分形分布的初值 $N_0 = \mathrm{e}$, 裂隙分形维数 D 分别取 1.50 和 1.60, 在该双重介质内孔隙裂隙共存。通过计算得到了它们的连通团分布, 见图 9.3.3。由图可见, 当分形维数由 1.50 增大到 1.60 时, 最大连通团的大小发生跳跃性增长。由此可以判定, 孔隙裂隙双重介质的逾渗现象是一种极其普遍的自然现象, 其中包括不含裂隙的孔隙介质及不含孔隙的裂隙介质等特殊情况。表 9.3.1 列出了上述模型的连通团序列的大小排序, 比较发生逾渗转变前后两种情况最大连通团的大小可以看出, 随着孔隙和裂隙数量的增加, 介质必然发生逾渗转变, 转变后的最大连通团所包含孔隙的个数增加 3 倍以上。而其他次大的连通团所包含的空隙数量急剧减少。

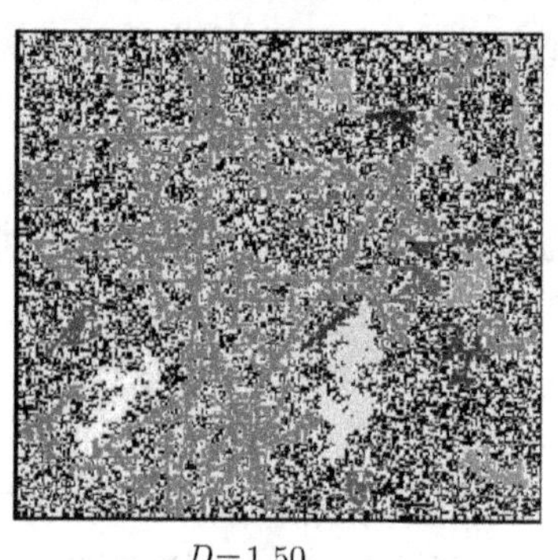

D=1.50

D=1.60

图 9.3.3 孔隙–裂隙双重介质的连通团分布 ($n = 0.3, N_0 = \mathrm{e}$)

表 9.3.1 孔隙裂隙双重介质连通团序列、大小及其渗透概率(网格总数为 L^2=62 500 个)

连通团序列	孔隙介质 ($N_0 = 0$)		裂隙介质 ($n = 0, N_0 = \mathrm{e}$)		孔隙裂隙双重介质 ($n = 0.3, N_0 = \mathrm{e}$)	
	$n = 0.58$	$n = 0.60$	$D = 1.60$	$D = 1.68$	$D = 1.50$	$D = 1.60$
Ⅰ	3873	25161	10176	33381	8379	29390
Ⅱ	2178	1483	391	177	320	461
Ⅲ	2178	707	382	136	295	360
Ⅳ	1774	641	213	110	290	244
Ⅴ	1730	594	187	76	260	243
Ⅵ	1576	529	182	61	236	226
Ⅶ	1283	411	177	48	222	162
渗透概率	0.06197	0.40276	0.16282	0.53410	0.13406	0.47024

孔隙裂隙双重介质逾渗阈值。

(1) 当介质中孔隙率 n=0 时, 对应于不同裂隙分布初值 N_0 下, 二维四方网格的最大连通团出现的分形维数临界点 D_c 为表 9.3.2 所示。

表 9.3.2 孔隙率 n=0 时, 不同裂隙分布初值 N_0 对应的临界分形维数值

N_0	1	e	e^2	e^3	e^4
D_c	1.90	1.68	1.55	1.32	1.05

根据表 9.3.2 绘制图 9.3.4, 该图说明, 裂隙介质逾渗转变的临界阈值是分形维数与分布

初值的组合。裂隙介质逾渗的临界分形维数与临界分形维数服从对数关系：

$$D_c = 1.912 - 0.2061(N_0) \tag{9.3.5}$$

相关系数 R^2=0.9873. 图 9.3.5 是当介质中孔隙率为 0 时, 裂隙介质的逾渗概率随裂隙分布初值 N_0 和分形维数 D 的变化曲线。从曲线可以看出, 当 N_0 较小时, 裂隙介质的逾渗转变现象明显; 当 N_0 较大时, 裂隙介质的逾渗概率曲线平缓, 逾渗转变的临界点逐渐模糊。

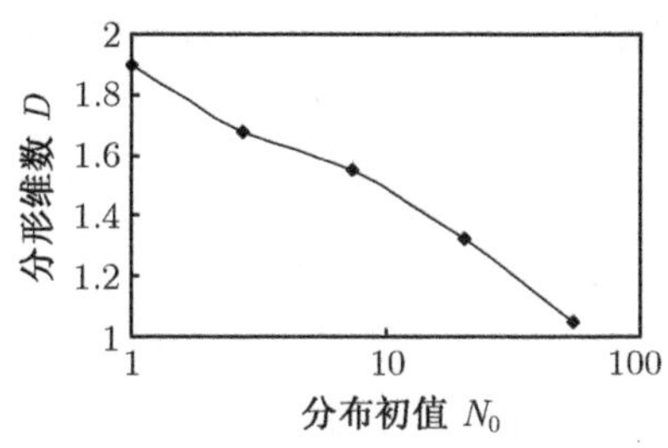

图 9.3.4 孔隙率 $n=0$ 时, 临界分形维数曲线

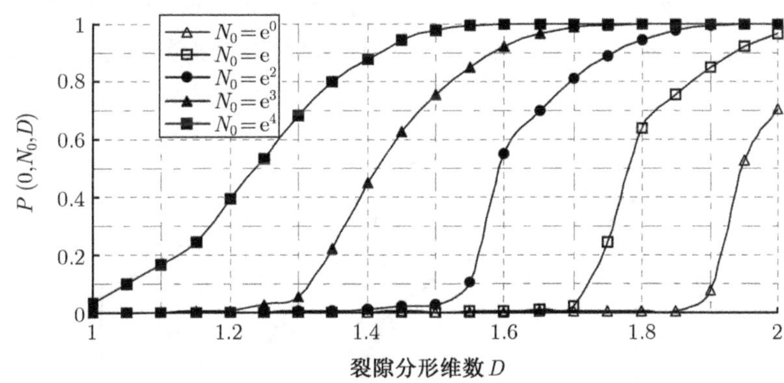

图 9.3.5 逾渗概率随裂隙分形维数 D 和初值 N_0 的变化曲线 $(n=0)$

(2) 对于裂隙分形维数 $D=1$ 的孔隙裂隙介质, 表 9.3.3 是随着孔隙率 n 变化的临界裂隙分形分布初值 N_0。

表 9.3.3 裂隙分形维数 $D=1$ 时, 不同裂隙分布初值 N_0 对应的临界孔隙率值

N_0	1	e	e^2	e^3	e^4
n_c	0.59	0.57	0.53	0.52	不存在

根据表 9.3.3 绘制图 9.3.7, 可以清楚可出, 随着裂隙分布初值的增加。出现逾渗转变时的孔隙率临界值在逐渐减小。图 9.3.6 是逾渗概率随孔隙率的变化曲线。当分形维数 $D=1$

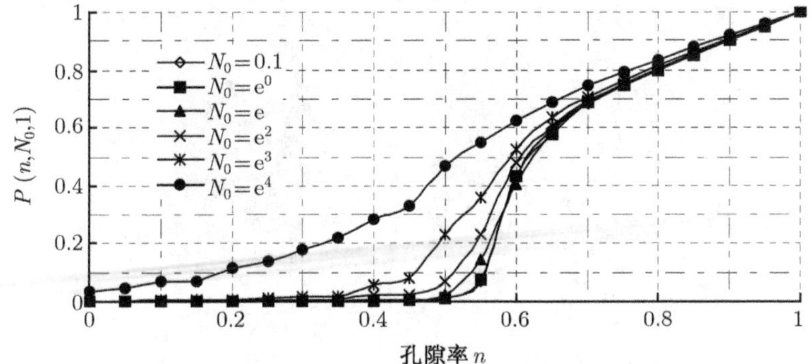

图 9.3.6 逾渗概率随孔隙率 n 及裂隙初值 N_0 的变化曲线 $(D=1)$

时, 空隙点属于最大连通团的概率随裂隙分形分布初值 N_0 的增加, 其对应的临界孔隙率 n_c 逐渐减小, 当 $N_0 \geqslant e^4$ 以后, 其空隙点属于最大连通团的概率随孔隙率变化大致呈线性关系, 不再存在临界点 n_c。

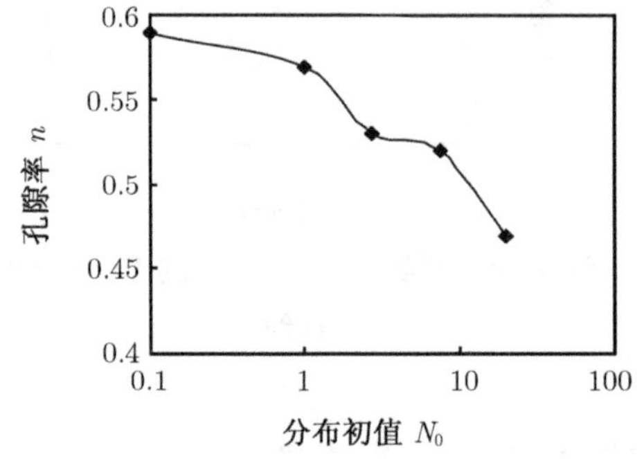

图 9.3.7 分形维数 $D = 1$ 时, 临界孔隙率曲线

通过数值实验, 我们获得了孔隙裂隙介质发生逾渗转变时的临界孔隙率 n_c、临界分形维数 D_c 的组合。构成了裂隙分形维数与孔隙率的 D-n 平面内临界曲线 (图 9.3.8)。由图 9.3.8 可以看出, 在裂隙分形维数 D 与孔隙率 n 构成的 D-n 平面内, 随着 N_0 的减小, 临界曲线逐渐变得平缓, 并趋向于 $n_c = 0.59275 \pm 0.00003$ 的直线; 当 $N_0 = 1$, $D = 1$ 时, 其对应的临界孔隙率 $n_c = 0.59$, 与材料中存在单纯的孔隙率结果非常类似。

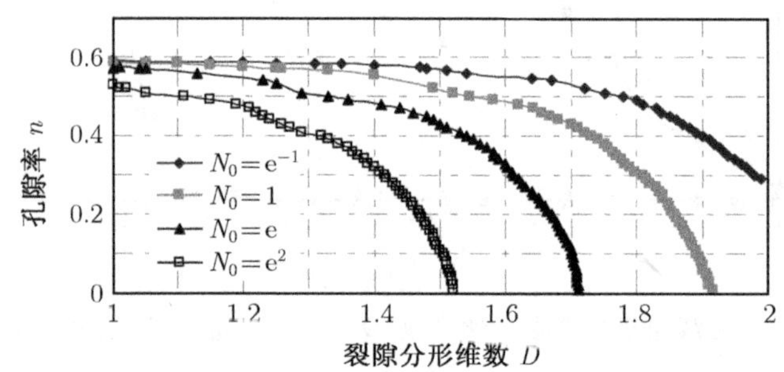

图 9.3.8 孔隙–裂隙双重介质在 D-n 平面内的逾渗临界曲线

9.3.4 三维孔隙裂隙双重介质逾渗模型

对单纯的孔隙介质的逾渗模型而言, 要建立一个三维模型非常简单, 用一个非常小的立方体单元来表征孔隙, 并假设孔隙在模型区域内位置的分布服从均匀随机分布, 一个三维的孔隙介质的逾渗模型就建立了。图 9.3.9 为三维孔隙介质的逾渗模型及最大团在空间中的随机形态。

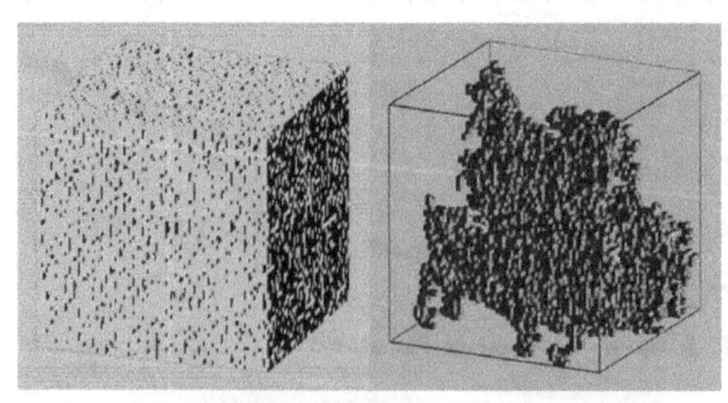

孔隙介质模型　　最大团形状

图 9.3.9 三维孔裂介质逾渗模型与最大团随机分布形状

为了建立三维分形裂隙逾渗模型, 我们还需要在三维分形裂隙网络模型的基础上做以下几点假设。

(1) 不考虑裂隙面的凹凸形状, 用平面来近似裂隙面。

(2) 裂隙面为圆盘, 圆盘中心点坐标在三维空间中服从均匀随机分布, 裂隙平面的法向量可根据实际情况来设定。

参照二维孔隙裂隙双重介质的研究方法, 给出三维孔隙裂隙双重介质的逾渗研究方法。① 对于孔隙, 将 L_0 尺度的正方体划分为 $L \times L \times L$ 个正方体格子, 按照孔隙率数位, 随机地赋予各单元 "0"、"1" 属性。② 对于裂隙, 采用裂隙数量的三维分形分布规律与研究方法, (参考 1.1.7 节) 生产各级尺度的裂隙, 并按位置与方位随机地分布于正方体网格中。当落入网格的裂隙面积大于 $1/(2L^2)$ 时, 即认为该格子为孔隙单元, 记为 1。否则即为实的, 不渗透的单元。与孔隙相类似, 按照三维裂隙分布分形规律, 在网格中也生成了实的和空的单元网格系统。

(3) 将孔隙单元和裂隙单元在网格中的 [0,1] 分布按 $0+0=0, 0+1=1, 1+1=1$ 的准则叠加, 则最后形成了孔隙裂隙共存整个网格中的 [0,1] 分布。

9.3.5 三维孔隙裂隙双重介质逾渗规律模拟研究

1. 三维孔隙裂隙双重介质逾渗规律

类似于上面所述, 为了研究裂隙分布初值 N_0 与临界孔隙率 n_c 间的相关关系, 取裂隙分形维数 D 为常数 2, N_0 的值分别取: $e^0, e^{0.5}, e^1, e^{1.5}, e^2, e^{2.5}, e^3, (e=2.71828)$, 孔隙率 n 以步长 0.02 从 0 逐渐增加到 1。然后计算 N_0 和 n 取不同值时的逾渗概率, 结果绘于图 9.3.10。

从图 9.3.10 中可看出: 在分形维数 D 为 2 的条件下, 当 $N_0 \leqslant e^{2.5}$ 时, 每条逾渗曲线都有临界孔隙率 n_c, 且随着 N_0 的增加, 临界孔隙率逐渐减小; 而 $N_0 = e^3$ 所对应的逾渗曲线没有临界孔隙率存在, 逾渗概率随着孔隙率的增加线性增加。所以当 $N_0 \geqslant e^3$ 时没有临界孔隙率存在。回归分析每条逾渗曲线的临界孔隙率 n_c 与裂隙分布初值 N_0 相关关系, 得到裂隙分形维数为 2 时临界孔隙率 n_c 与裂隙分布初值的 N_0 关系式:

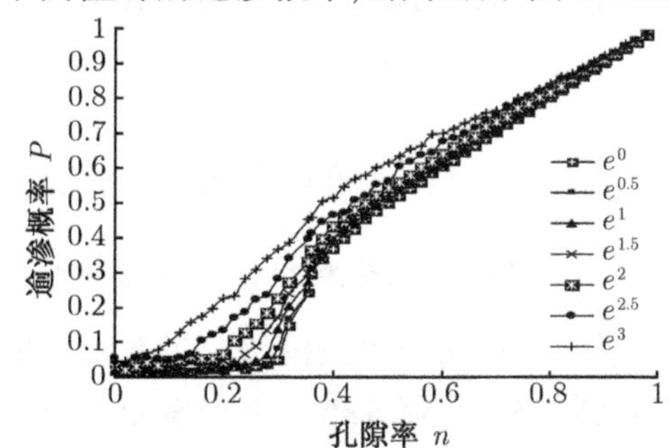

图9.3.10 裂隙分布初值 N_0 取不同值时逾渗概率随孔隙率的变化曲线

$$n_c = n_c^P - 0.0167N_0 + 0.0103 \tag{9.3.6}$$

式中, $n_c^P = 0.3116$, 为三维纯孔隙介质的逾渗阈值, 相关系数 $R^2 = 0.9899$。

取裂隙分布初值 $N_0 = e$, 孔隙率 n 取不同值时, 裂隙分形维数 D 以步长 0.02 从 2 增加到 3, 逾渗概率的变化曲线如图 9.3.11。

逾渗曲线图 9.3.11 说明孔隙率从零到 0.25 的各条曲线都有明显的逾渗概率跳跃性增长点, 对应裂隙分形维数 D 有明显的临界值 D_c 存在, 且随着孔隙率的增加, D_c 减小, 当孔隙率大于 0.3 时, 逾渗概率随裂隙分形维数 D 的增加而线性增加, 此时没有临界值存在, 不发生逾渗转变。

取裂隙分布初值 $N_0 = \mathrm{e}$, 裂隙分形维数 D 取不同值, 孔隙率 n 以步长为 0.02 从 0 递增到 1 时, 逾渗概率的变化曲线如图 9.3.12 所示。

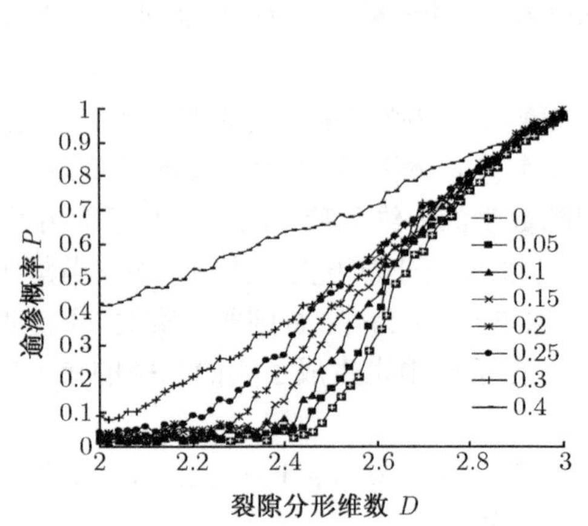

图9.3.11　孔隙率 n 取不同值时逾渗概率随裂隙分形维数 D 的变化曲线

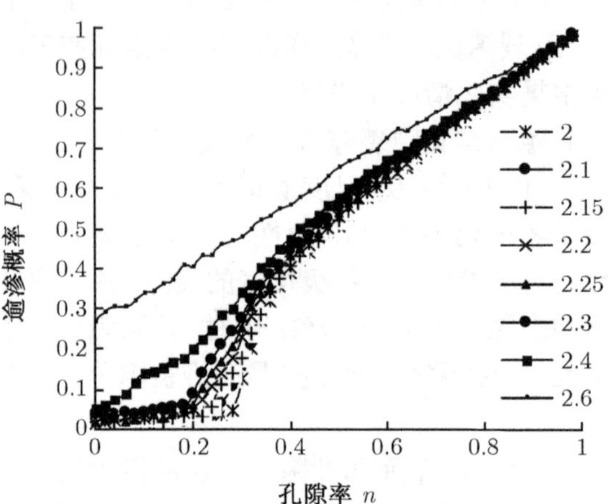

图9.3.12　裂隙分形维数 D 取不同值时逾渗概率随孔隙率的变化曲线

图 9.3.12 中裂隙分形维数 D 取 2 到 2.3 之间的值时, 曲线均有逾渗概率发生跳跃性增长的临界点, 这几条曲线都有对应的临界孔隙率存在。而 D 取 2.4 和 2.6 的两条曲线上, 没有明显的临界孔隙率存在, 逾渗概率值随着孔隙率的增加而线性增加。对图中的数据做回归分析, 得到临界孔隙率 n_{c} 与分形维数 D 间的关系式:

$$n_{\mathrm{c}} = n_{\mathrm{c}}^{P} - 2 \times 10^{-9} \exp(7.6564D) \tag{9.3.7}$$

式中, $n_{\mathrm{c}}^{P} = 0.3116$ 为孔隙介质的临界孔隙率, 相关系数 $R^2 = 0.9858$。

2. 三维孔隙裂隙双重介质逾渗阈值

以上分别研究了三维情况下孔隙介质、裂隙介质及孔隙裂隙双重介质的逾渗规律, 要想知道孔隙率、裂隙分布初值和裂隙分形维数的相关关系, 这些研究还是不够的, 为了得到这三者间的相互关系, 需要对以上的研究结果做细致的整理和总结。

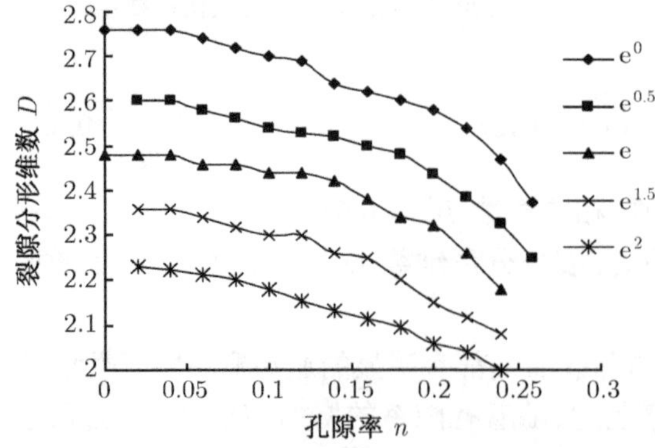

图 9.3.13　孔隙裂隙双重介质在 n-D 平面内的临界曲线

计算裂隙分布初值 N_0 取不同值时, 不同孔隙率所对应的临界裂隙分形维数 D_{c}, 这里 N_0 分别取 e^0, $\mathrm{e}^{0.5}$, e, $\mathrm{e}^{1.5}$, e^2, 数值计算所得临界裂隙分形维数值见图 9.3.13。

图 9.3.13 中的曲线为孔隙率 n 与裂隙分形维数 D 在平面 n-D 内的临界曲线, 其意义是: 在相应的 N_0 值下, 点 (n, D) 如果出现在临界曲线的上方, 则出现逾渗转变; 如果出现在临界曲线的下方, 则不发生逾渗转变。

通过以上研究, 并借鉴式 (9.3.6) 和 (9.3.7), 孔隙率 n 与裂隙分布初值 N_0 呈线性关系, n 与裂隙分形维数 D 服从指数关系, 而裂隙分形维数 D 与裂隙分布初值 N_0 也服从指数关系。故可设:

$$n = kN_0 \cdot \delta^{-D} \tag{9.3.8}$$

孔隙裂隙双重介质的逾渗阈值可表示为

$$n_c = n_c^P - n = n_c^P - kN_0 \cdot \delta^{-D} \tag{9.3.9}$$

所以孔隙率 n 与裂隙分布初值 N_0 的函数关系式可表示为

$$f(n, N_0) = \ln[(n_c^P - n)/N_0] \tag{9.3.10}$$

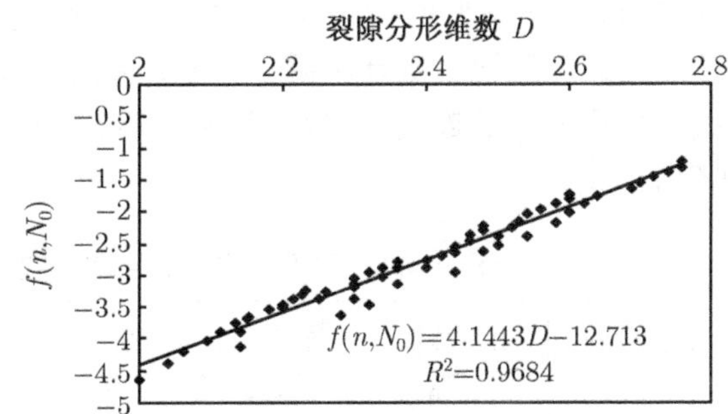

图 9.3.14 三维孔隙裂隙双重介质临界曲线

利用式 (9.3.10) 重新计算图 9.3.13 中各点的值, 绘制函数 $f(n, N_0)$ 的值与分形维数 D 间的关系曲线, 如图 9.3.14 所示。

拟合曲线得到孔隙裂隙双重介质临界逾渗曲线公式:

$$f(n, N_0, D) = n_c^P - n - N_0 \exp(-12.713) \exp(4.1443D) \tag{9.3.11}$$

式中, n_c^P 为三维孔隙介质逾渗阈值 0.3116; n 为孔隙率; N_0 为三维裂隙分布初值; D 为三维裂隙分形维数。

图 9.3.14 中的曲线也正好证明了式 (9.3.8) 的正确性。

根据式 (9.3.11) 就可以计算三维情况下, 孔隙率、裂隙分形分布初值和裂隙分形维数取不同值时所对应的逾渗状态, 而且当函数 $f(n, N_0, D)$ 的值大于或等于零时, 孔隙裂隙双重介质中不会出现贯穿模型两个相对面的最大团, 介质不会发生逾渗转变; 相反, 当函数 $f(n, N_0, D)$ 的值小于零时, 孔隙裂隙双重介质中就会出现贯穿模型两个相对面的最大团, 此时孔隙裂隙介质转变为可渗透介质。

9.4 煤体瓦斯逾渗机理

煤体是一种孔隙裂隙双重介质材料, 煤在变质、演化生成的过程中, 产生大量的甲烷气体, 其中绝大部分已缓慢迁移至其他储层, 或逸散于大气中, 剩余的少量甲烷气体以物理吸附与游离方式赋存于煤层中。奇怪的是, 这些赋存于煤体中的甲烷气体在绝大多数情况下, 极难抽放。即使对于渗透性好的煤层, 其抽放率也较低。部分煤层甲烷气体, 在开采破煤过程中, 才散发至采掘空间, 甚至少部分甲烷在煤炭运输或地面储存、选矿的进一步破煤过程中才释放出来, 这让人们十分费解。煤层瓦斯赋存与运移的机理成为公认的世界难题。

采用孔隙与裂隙双重介质的逾渗理论模型及其研究方法, 对煤体瓦斯赋存与运移这一特殊但却重要的问题, 做一些探讨, 以期对瓦斯在煤层中赋存、扩散与迁移的机理做深刻的解释。

9.4.1　二维孔隙介质连通团分布规律与渗流机理

选定区域的尺度为 10mm×10mm, 划分成 256×256 = 65536 个子网格, 进行不同孔隙率情况下的数值实验, 给出了一组不同孔隙率对应的连通团分布特征, 见表 9.4.1、图 9.4.1、图 9.4.2。从图 9.4.1 可清楚地看出, 在平面状态下, 孔隙率在 30%时, 连通团数量达到了极值; 当孔隙率低于 30%时, 随孔隙率增加, 连通团个数随之增加; 当孔隙率高于 30%时, 随着孔隙率增加, 连通团个数逐渐减少, 这说明孔隙率大于 30%后, 随着孔隙率增加, 孔隙之间大幅度连通, 形成大的连通团, 以致连通团数减少; 当孔隙率达到 65%时, 最大连通团孔隙占到总孔隙的 90%以上。

表 9.4.1　孔隙介质中, 连通团数和最大团特征随孔隙率的变化规律

孔隙率/%	孔隙总数	连通团数	最大团概率	最大团孔隙数	最大团孔隙与总孔隙比	连通团平均孔隙数
5	3276	2896	0.00006	4	0.0012	1.1312
10	6553	5204	0.00014	9	0.0013	1.2592
15	9830	6930	0.00020	13	0.0013	1.4185
20	13107	7930	0.00023	15	0.0011	1.6528
25	16384	8276	0.00040	26	0.0016	1.9797
30	19660	8356	0.00070	46	0.0023	2.3528
35	22937	7815	0.00104	68	0.0029	2.9350
40	26214	6961	0.00131	86	0.0033	3.7658
45	29491	5733	0.00337	221	0.0075	5.1440
50	32768	4294	0.00696	456	0.0139	7.6311
55	36044	3043	0.08194	5370	0.1489	11.84
57	37355	2499	0.10220	6698	0.1793	15.00
58	38010	2224	0.12490	8185	0.2153	17.00
59	38662	1984	0.36190	23711	0.6132	19.50
60	39321	1904	0.39569	25932	0.6594	20.65
65	42598	1018	0.59114	38741	0.9084	41.84
70	45875	564	0.68062	44605	0.9723	81.338
75	49152	287	0.74336	48717	0.9911	171.26
80	52428	92	0.79800	52298	0.9972	569.86
85	55705	38	0.84930	55660	0.9991	1465.90

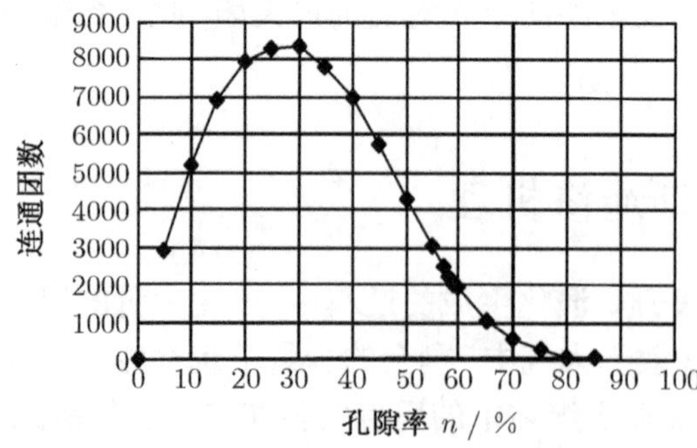

图 9.4.1　连通团数随孔裂率的变化

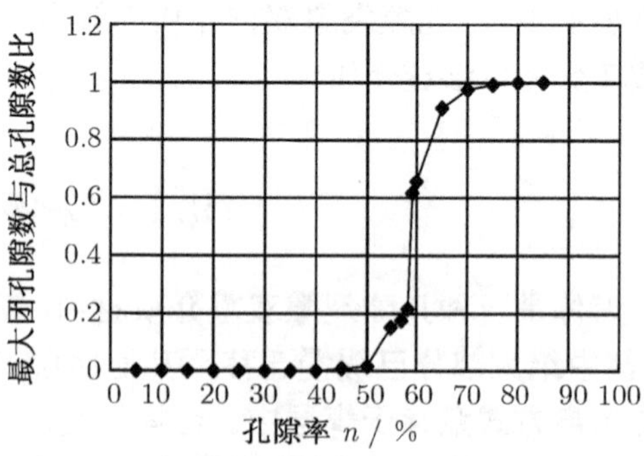

图 9.4.2　最大团孔隙比随孔隙率的变化

从图 9.4.2 可以看出, 当孔隙率低于 50%时, 最大连通团所包含的孔隙数与总孔隙数的比值均低于 1%, 而其余的连通团所包含的孔隙数与总孔隙的比值则更小。由此可知, 由于瓦斯是在煤层演化期生成, 并原地储存的, 对绝大部分煤体来说, 其孔隙率低于 10%, 远低于 50%, 这说明, 煤体中孔隙是单独的、极小的连通团。这就是煤体渗透率低, 瓦斯极难抽放的

根本原因。当煤体被破碎，仅可以使那些与破碎通道连通的孔隙中的瓦斯排出，欲使煤中瓦斯全部排出，必须使煤体破碎成很细的碎块，这就是割煤、选煤甚至在地面储运过程中逸散瓦斯的机理。从图 9.4.2 还可以看到，当孔隙率在 50%~59% 一段，最大连通团所含孔隙率所占的比例逐渐增加，在 59% 时，陡然增加，其最大团孔隙数与总孔隙的比值达到 60%，该陡增点一般称为逾渗门槛值，在二维情况下，详细的物理研究确定该门槛值为 59.275%。

9.4.2　二维孔隙裂隙双重介质连通团分布规律与逾渗机理

煤体是一种孔隙裂隙双重介质材料，不是单纯的孔隙介质材料，采用单纯孔隙介质的分析方法，必然存在较大误差，甚至可能出现错误。这里采用孔隙裂隙双重介质，进行分析。依然将区域划分为 256×256 = 65536 个单元，区域尺度取 10mm×10mm，并取孔隙数量分布初值 N_0=1，进行数值实验，结果汇总为表 9.4.2，并按表 9.4.2 数据作图 9.4.3~9.4.5。

表 9.4.2　孔隙裂隙介质、连通团数和最大团特征随孔隙率和裂隙分布的变化规律

裂隙数量分维	孔隙率/%	孔隙与裂隙总数	孔隙数	裂隙空隙数	连通团数	最大团含空隙数	最大团孔隙与总孔隙比	连通团平均孔隙数
1.05	5	3694	3276	446	2928	54	0.0146	1.2616
	15	10197	9830	446	6709	131	0.0128	1.5198
	25	16701	16384	446	8242	153	0.0092	2.0263
	35	23215	22937	446	7844	261	0.0112	2.9595
	45	29740	29491	446	5601	502	0.0168	5.3098
	50	33011	32768	446	4309	1558	0.0472	7.0669
1.45	5	7211	3276	4161	3445	114	0.0158	2.0931
	15	13374	9830	4161	6433	192	0.0144	2.0789
	25	19519	16384	4161	7344	254	0.130	2.6578
	35	25626	22937	4161	6549	368	0.0143	3.9130
	45	31771	29491	4161	4663	1417	0.0446	6.8134
	50	34855	32768	4161	3427	2717	0.0780	10.1700
1.55	05	10038	3276	7096	3878	728	0.0725	2.5844
	15	15830	9830	7096	6133	930	0.0587	2.5811
	25	21708	16384	7096	6613	1158	0.0533	3.2826
	35	27584	22937	7096	5632	1923	0.0697	4.8977
	45	33359	29491	7096	3912	5448	0.1633	8.5270
	50	36277	32768	7096	2869	12845	0.3543	12.6400
1.65	5	14677	3276	12016	4171	279	0.0190	3.5188
	15	19951	9830	12016	5387	455	0.0228	3.7000
	25	25363	16384	12016	5484	928	0.0366	4.6200
	35	30737	22937	12016	4327	2052	0.0668	7.1000
	45	36039	29491	12016	2741	15308	0.4248	13.1500
	50	38749	32768	12016	1991	25791	0.6656	19.4600

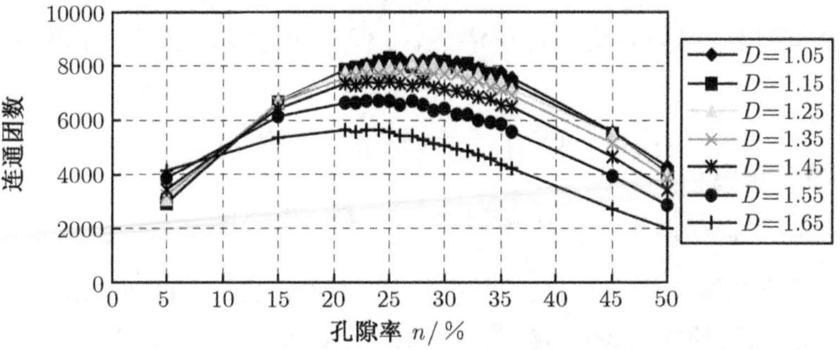

图 9.4.3　不同裂隙分维下连通团数随孔隙率的变化

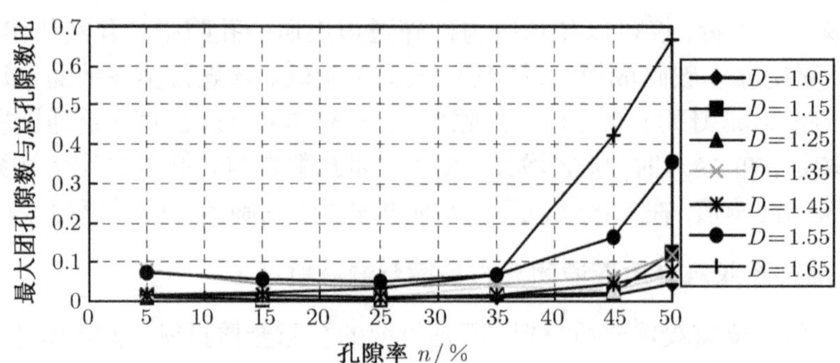

图 9.4.4 不同裂隙分维下最大连通团孔隙比随孔隙率的变化

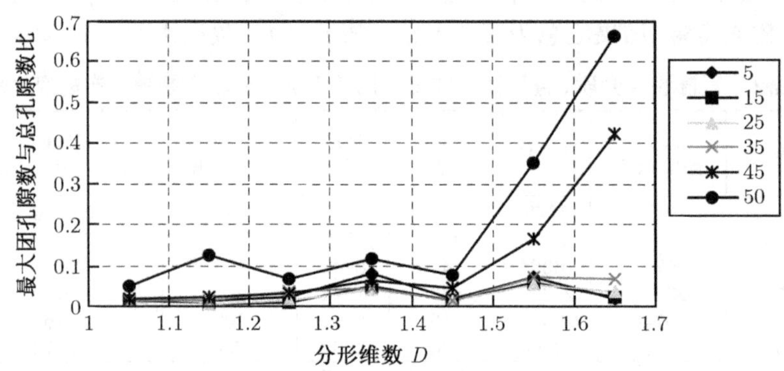

图 9.4.5 最大团孔隙比随裂隙分形维数的变化

从图 9.4.3 可见, 孔隙与裂隙并存的介质中, 在同一孔隙率下, 随着裂隙分形维数的增加, 连通团数量减少, 最大连通团出现点也由 30%逐渐降低到 20%左右。从图 9.4.4 可见, 由于裂隙分布分形维数的不同, 最大连通团孔隙比随孔隙率增加, 出现了明显的变化。从图 9.4.4 和图 9.4.2 的比较发现, 在含裂隙的情况下, 最大连通团孔隙比明显增加的孔隙率点提前。当裂隙分形维数 $D > 1.5$ 时, 在孔隙率为 35%以后, 最大连通团孔隙比开始明显增加, 但其变化率不像图 9.4.2 所示的孔隙率为 59%时门槛值点处陡峭。从图 9.4.5 可见, 不同孔隙率下, 最大连通团孔隙比随裂隙分形维数而增加, 尤其是孔隙率大于 40%时, 其最大连通团孔隙比在分形维数 $D = 1.45$ 开始, 增加非常快, 非常像一个门槛值点。这就启示我们, 孔隙裂隙双重介质材料, 逾渗门槛值及其规律, 不能单纯套用物理学中单纯孔隙介质的规律。裂隙和孔隙二者共同组合作用的指标, 决定了孔隙裂隙双重介质材料的逾渗门槛值与规律。因而, 在评价煤层渗透性时, 二者必须同时考虑。在提高煤层渗透性方面, 要大面积提高裂隙数量, 提高裂隙分形维数和初值, 就可以提高煤层渗透性, 但必须达到门槛值, 否则, 效果很微弱。

9.5 油页岩热解的逾渗研究

9.5.1 油页岩孔隙结构随温度的变化规律

将经历不同温度热解的油页岩样, 在显微 CT 上扫描成像, 取研究范围为不同温度下油页岩内部 900×900 像素的正方形区域, 共 81×10^4 个像素, 真实大小为 0.49mm×0.49mm, 单个像素的真实大小为 0.54μm×0.54μm。研究区域内油页岩的孔隙结构极不规则, 需要用一个统一的标准对其进行衡量，进行统计分析。因此，为了研究方便，可以把形状各异的孔隙都等效为圆形的孔隙，对于单个孔隙，其等效孔隙直径可以按下式计算：

$$d = 2\sqrt{\frac{S \cdot A}{\pi}}$$

式中，d 为等效孔隙直径；S 为单个不规则孔隙内像素点的个数；A 为单个像素的真实大小，$A = 0.54\mu m \times 0.54\mu m$。

在把不规则孔隙等效为圆形孔隙的基础上，利用我们编制的专用 CT 孔隙结构参数计算分析软件，对不同等效孔径的孔隙进行了统计，并将所得的原始孔隙结构参数数据进行整理，得到了油页岩研究区域内孔隙数量、孔隙占有面积、平均孔径和孔隙率在不同温度下的数值，见表 9.5.1。

表 9.5.1 不同温度下油页岩孔隙结构参数汇总表

温度/°C	孔隙数量	孔隙占有面积/mm^2	平均孔隙直径/μm	孔隙率/%
20	8716	0.019055	1.5156	7.95
100	8622	0.018519	1.5044	8.26
200	8836	0.019403	1.5181	8.1
300	8952	0.018792	1.5237	7.73
400	9929	0.028337	1.7015	11.75
500	10340	0.030220	1.7270	12.51
600	10212	0.029696	1.7185	12.29

从表 9.5.1 数据可见，从常温到 300°C，研究区域内油页岩的孔隙数量、孔隙占有面积、平均孔径和孔隙率都没有发生大的变化，仅有一些小范围的波动；当加热温度超过 300°C 后，油页岩的孔隙数量、孔隙占有面积、平均孔径和孔隙率都在同步急剧增长，表现出相同的特点，所有曲线都迅速变得陡峭，呈线性规律增加；500°C 以后，曲线稍微有所回落，各项孔隙结构参数虽然有所降低，但其绝对量很小。根据上述变化情况，可将 300°C 确定为油页岩孔隙结构参数变化的分界点。

油页岩中包含大量的有机质，在升温过程中，会发生热解气化反应，以流体的形式排出，从而改变了油页岩的孔隙结构，下面给出不同升温阶段，油页岩孔隙结构变化机理。

(1) 常温至 300°C 的低温阶段。在该温度段油页岩中的吸附水以及黏土矿物中的层间水受热蒸发，并伴随一些极少量易挥发的成分和一些孔隙中吸附的气体一起受热逸出，有可能使原来被这些水和气体占据的孔隙空间得到释放和连通；同时油页岩中的基质，尤其是一些有机成分，整体在温度作用下变得较软，使孔隙发生挤压变形，对孔隙结构造成了一定的影响，加之受热应力的作用，平均孔径、孔隙率等参数都会有一些小范围的变化，这是多种因素综合作用的结果。此时，油页岩中主要发生的是物理变化，因此，从常温至 300°C 的低温阶段，油页岩的孔隙结构参数整体变化不大，但仍存在小幅度的波动。

(2) 300～ 500°C 的中温阶段。常温状态下，油页岩中的“油母质”以固态的形式赋存于油页岩中，当温度超过 300°C 后，“油母质”中不同键能的化学键在很短的时间内快速断裂，热分解为比原来体积大几百倍页岩油和烃类气体，并排出。因此，在 300 ～ 500°C 范围内，原来“油母质”占据的空间就成为新生孔隙，造成孔隙数量急剧增加，且在油页岩内部普遍发育。加之，页岩油和气态产物受热后，体积急剧膨胀，在油页岩内部产生很大的局部张应力，产生了典型的“扩孔”和“打开新孔”的作用，使原有孔隙体积增加的同时，会使一些结构较薄弱的孔壁发生破裂, 促成孔隙之间的贯通连接, 形成了许多规模较大的连通结构, 从而使孔隙数量、平均孔径等都发生了质的增加。另外, 当温度上升较高时, 孔隙和岩石骨架之间将产生很大的热应力, 使孔隙发生变形和错动, 对孔隙结构造成了一定的影响, 但其贡献远比热解化学反应小。所以, 从 300~ 500°C 的中温阶段, 由于受热解化学反应的控制, 油页岩中大量挥发分的产出使得油页岩的孔隙数量、孔隙占有面积、平均孔径、孔隙率都普遍迅速增长。

(3) 500~600°C 的高温阶段。在该温度段, 油页岩的热分解化学反应基本结束, 90%的挥发分已经析出, 少量挥发分很难产生较强的 “扩孔” 压力, 主要沿着前期产生的破裂通道 “自由逸出”, 因而少量挥发分的析出对孔隙和孔壁的作用微弱, 不会对孔隙的结构造成太大的影响。另外, 油页岩主要由一些含水黏土矿物组成, 且含有少量固定碳 (一般为 6%左右)。在 500~600°C 的高温阶段, 黏土矿物中的部分结晶水会产生高温失水现象, 与此同时, 固定碳也发生较明显的高温碳化结焦现象, 故造成了基质岩石颗粒的松动崩解和一些孔壁的坍塌, 堵塞了部分孔隙, 一定程度上减少了孔隙的体积, 这是造成孔隙结构参数同步出现少量回落的主要原因。

9.5.2 不同热解温度下油页岩孔隙结构的三维逾渗规律

1. 油页岩三维数字 CT 岩芯的建立

欲根据 CT 扫描结果, 获取孔隙的三维空间分布形态, 需要以下三个步骤: 三维数字 CT 岩芯的建立; 图像二值化及孔隙提取; 孔隙团的三维重绘。得到了孔隙的分布情况后, 就能对油页岩中的孔隙特征进行详细研究。

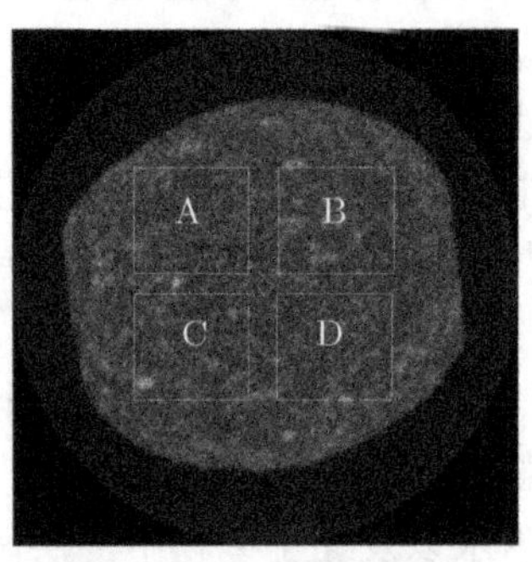

图 9.5.1 油页岩三维数字 CT 岩芯的提取位置

三维数字 CT 岩芯, 是将 CT 扫描得到的数千个剖面的各类灰度值按空间坐标位置放置, 而建立的。本节利用不同温度下油页岩的显微 CT 图像, 重建了三维数字 CT 岩芯, 以分析其中的孔隙分布。利用显微 CT 图像, 重建了如图 9.5.1 中所标明的 A, B, C, D 四个区域的三维数字岩芯。建立好的数字岩芯大小为 400 × 400 × 400 个像素, 其真实尺寸为 0.216×0.216×0.216mm^3 的正方体。不同温度下的油页岩三维数字 CT 岩芯见图 9.5.2, 为灰度图像。

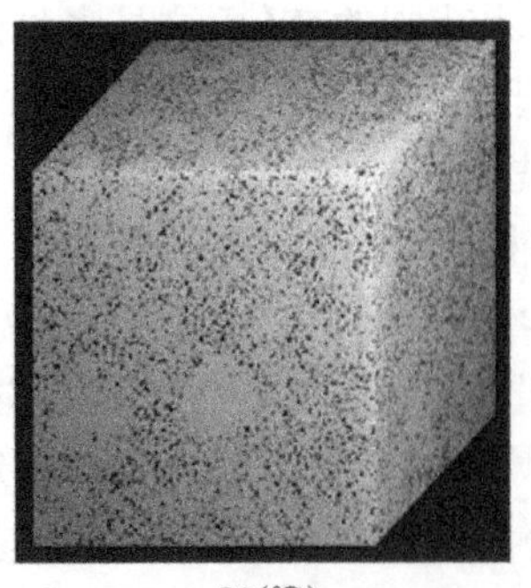

20(℃)

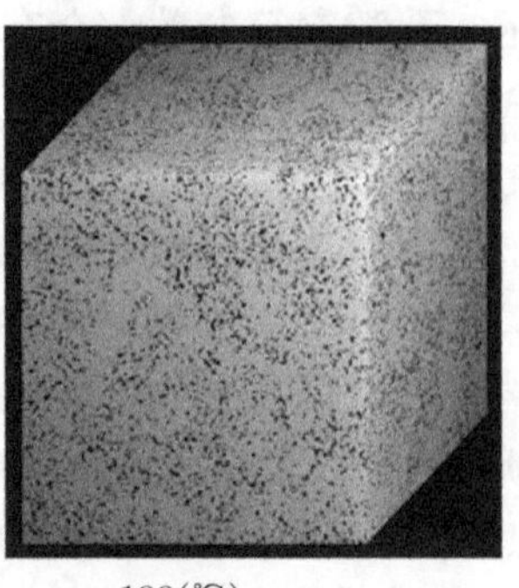

100(℃)

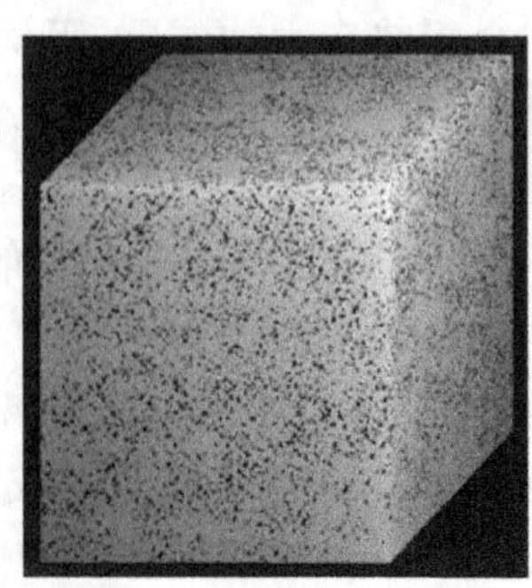

200(℃)

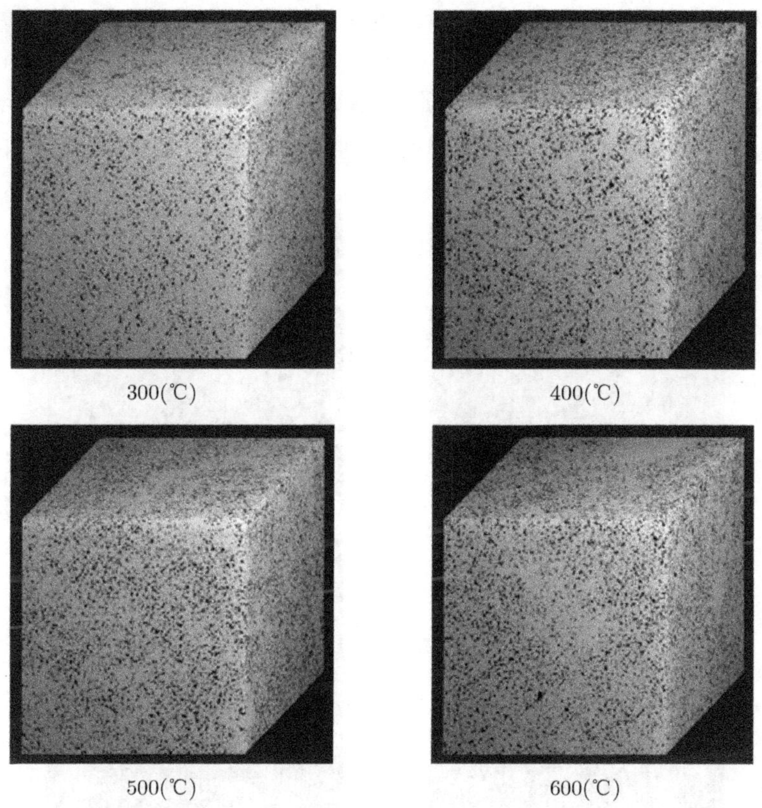

图 9.5.2 不同温度下油页岩三维数字 CT 岩样 ($0.216 \times 0.216 \times 0.216 \text{mm}^3$)

对三维数字 CT 岩样做二值化处理，就变成只由孔隙像素和固体骨架像素构成的数字模型。统计相互连通的孔隙像素就结合为一个孔隙团，并得到了孔隙连通团序列。每个孔隙团所包含孔隙像素的多少来表示该孔隙团的大小。

2. *不同温度下油页岩逾渗结果分析*

表 9.5.2 列出了不同温度下油页岩三维数字 CT 岩芯逾渗概率的计算结果。不同温度下油页岩三维数字 CT 岩芯中的最大孔隙团在 A, B, C, D 四个分析区域内的立体分布状态见图 9.5.3，共 28 幅图像。由图 9.5.3 中可以看出，从常温到 300°C，油页岩中的最大孔隙团的规模很小，仅含有少量像素单元，在 4 000~34 000，而且均被局限在一个很小的空间区域内，并没有

表 9.5.2 不同温度下油页岩三维数字 CT 岩芯逾渗概率的计算结果

温度/°C	孔隙率/%	最大团表面积/$10^6\mu\text{m}^2$	最大团体积/$10^3\mu\text{m}^3$	逾渗概率/%
20	7.95	1.347	3.075	0.0305
100	8.26	0.633	1.418	0.0141
200	8.10	0.493	1.106	0.0110
300	7.73	0.549	1.226	0.0122
400	11.75	89.697	204.523	2.0295
500	12.51	126.35	289.12	2.8689
600	12.29	105.89	244.13	2.4224

形成连通模型两个相对面的渗流通道, 此时油页岩的逾渗概率很低, 渗透性很差。而从 300°C 到 400°C, 油页岩中的最大孔隙团的规模急剧增大, 含有很多像素单元, 在 780 000~2 530 000, 而且最大孔隙团均都贯穿了模型的渗流通道, 流体可以从其中的一个面渗透到另一个面, 证明油页岩在 300~400°C 确实存在一个逾渗阈值, 此时油页岩的逾渗概率较高, 渗透性很好。

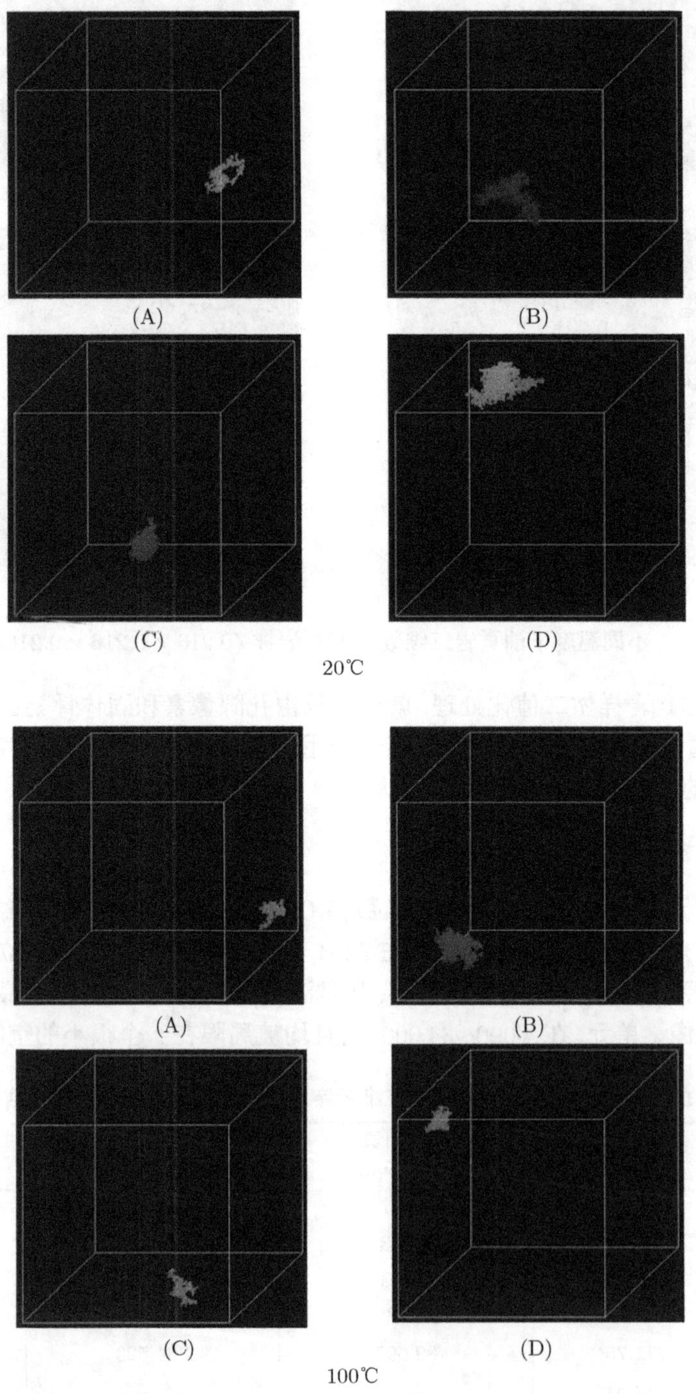

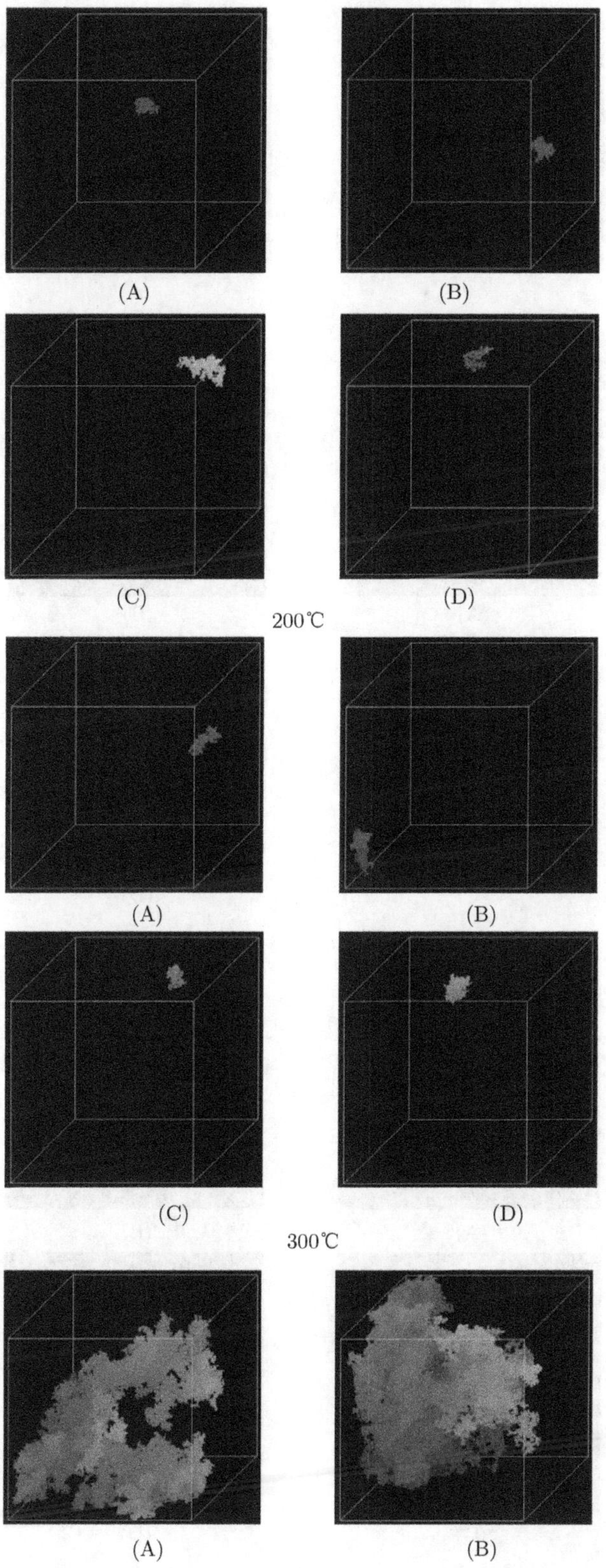

图 9.5.3 不同温度下油页岩中最大孔隙团的空间分布形状

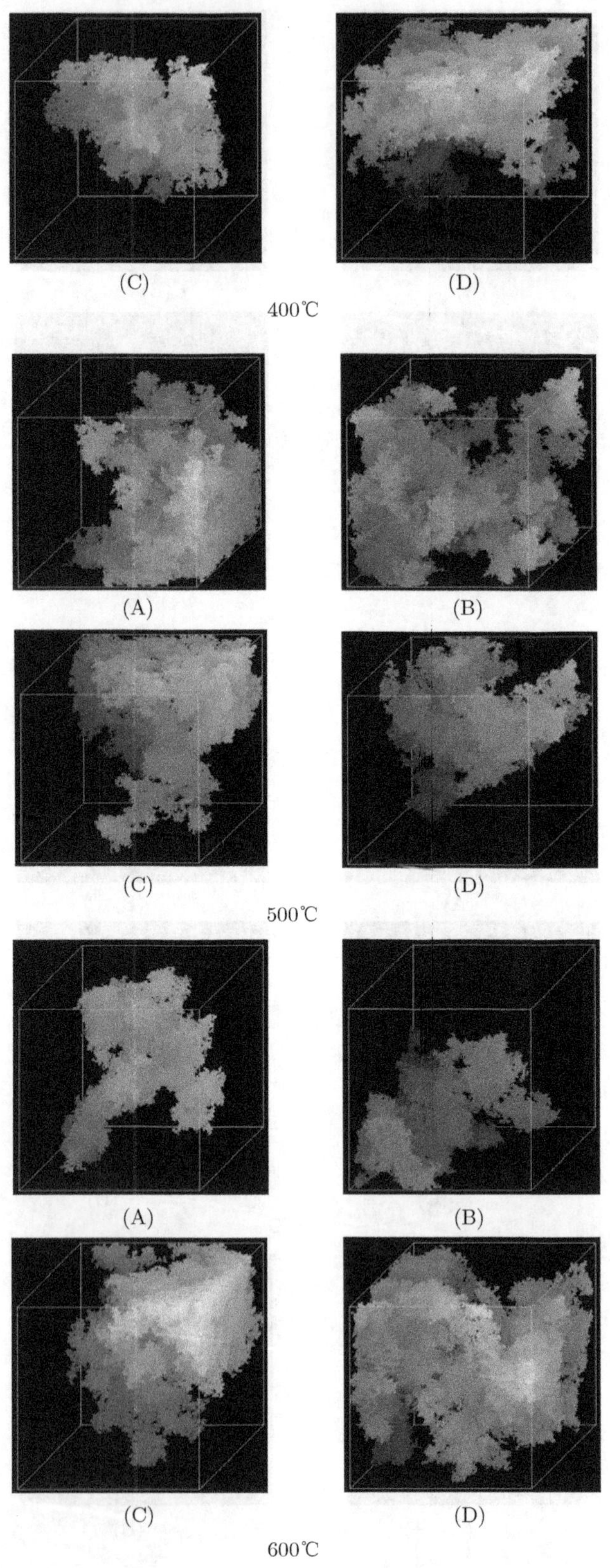

图 9.5.3　不同温度下油页岩中最大孔隙团的空间分布形状 (续)

图 9.5.4 为不同温度下油页岩最大孔隙团体积、表面积的变化曲线。从曲线形态上看，从常温到 300°C，最大孔隙团的体积和表面积非常小，基本上处于 0 附近；而从 300° 开始，曲线都迅速变得十分陡峭，最大孔隙团的体积和表面积迅速增加，到 500° 时已达到了 $289.12\times10^3\mu m^3$ 和 $126.35\times10^6\mu m^2$，分别比常温到 300°C 增加了近 280 倍和 130 倍，增幅明显。500~600°C，最大孔隙团的体积和表面积略有下降。

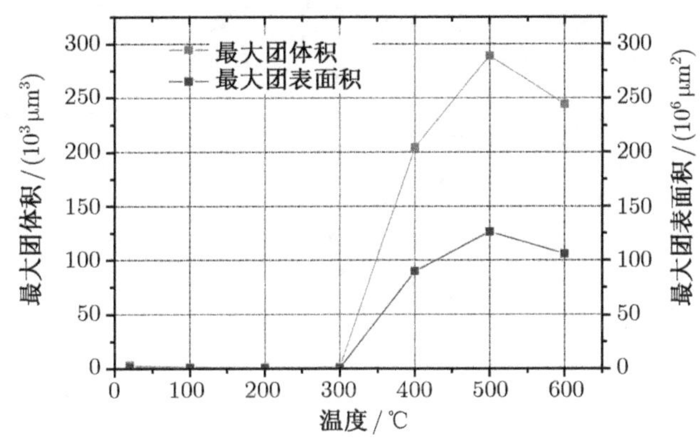

图 9.5.4 不同温度下油页岩最大孔隙团体积、表面积的变化曲线

图 9.5.5 为逾渗概率随温度的变化曲线。由图可见当温度处于 300~400°C，油页岩存在逾渗阈值，且逾渗阈值处于 8%~12%。因此表明，当油页岩的孔隙率低于 8%时，孔隙团的连通性很差，造成流体难于渗透；而当油页岩的孔隙率高于 12%时，孔隙团的连通性很好，热解流体的渗流通道会变得十分通畅，易于产出，较低的逾渗阈值大大降低了油页岩开发利用的难度。

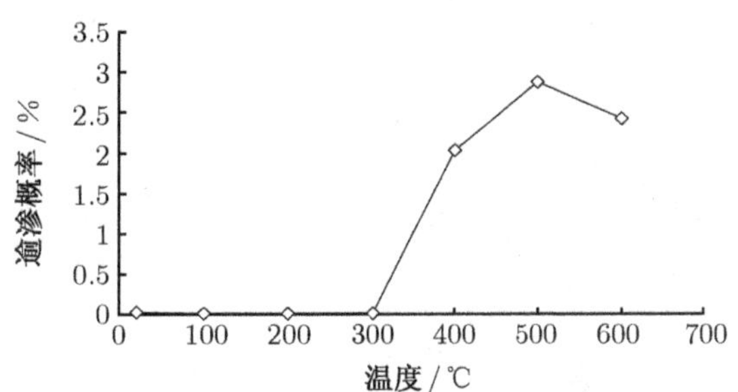

图 9.5.5 不同温度下油页岩逾渗概率变化曲线

同时我们可以发现：油页岩发生逾渗转变的逾渗阈值 (8%~12%) 远低于理想均质多孔介质的逾渗阈值 (31.16%)，分析认为主要是由于天然岩石存在十分明显的非均质性。图 9.5.6 为多孔介质的理想均质与非均质模型。从图中可以看出，虽然两模型均具有相同的孔隙率，但

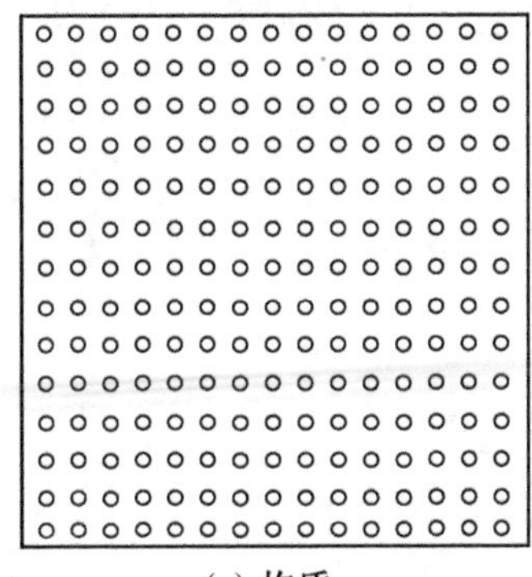

(a) 均质

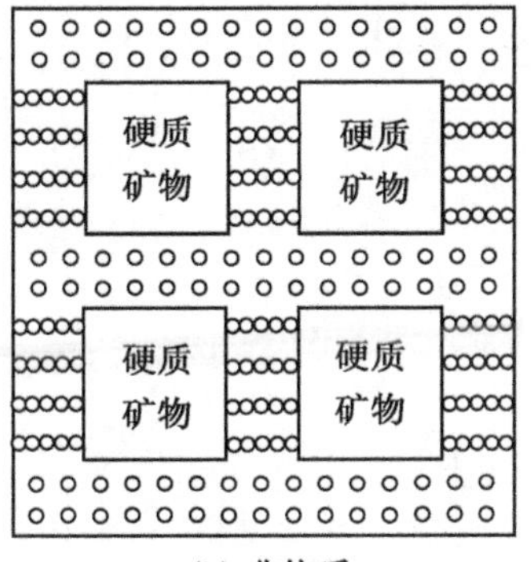

(b) 非均质

图 9.5.6 均质与非均质的多孔介质模型

非均质模型中含有许多硬质矿物 (质地非常致密, 可认为其内部并不具有孔隙结构), 致使许多孔隙被挤压到了其四周, 形成许多的含密集孔隙的区域, 因而孔隙间极易发生连通, 形成许多大规模的孔隙团, 这是天然岩石逾渗阈值远远低于理想均质多孔介质的逾渗阈值的主要原因。

第 10 章　连续介质理论的离散分析方法

10.1　离散分析的发展

多孔介质多场耦合作用的几乎全部定解问题, 或由于区域形状较为复杂, 或由于控制方程较为复杂, 或由于非线性非均质等各种原因, 难以给出严格解。因此又发展了近似解法, 只要近似程度足以满足工程实际的要求, 近似解的价值就一点也不低于严格解。其实, 推导任何一个物理问题的控制方程时, 不免要做一些简化假定, 定解条件本身也带有或多或少的近似性, 所谓严格解说到底也还是近似的。由此, 寻求一类控制方程的近似解, 亦即数值解是有重大意义的。

求解物理问题的定解问题的数值方法, 可以分为两大类: 一类是用差分代替微分, 直接将微分方程变为差分方程, 亦即代数方程求解, 这种方法实际上是将定解问题的控制区域用 Δx-Δy 的规则网格全部离散化处理, 在该离散网格上给出定解问题的近似解; 另一类是变分方法, 它是把定解问题转化为变分问题, 通过求变分问题的近似解而获得待求物理问题的定解问题。

求解物理定解问题的变分方法来源于变分原理。它描述的是, 自然界中任何一个物体的平衡态都可以由某一泛函的极值导出。例如, 弹性力学的平衡方程可以由最小位能原理的极值导出。在求解物理定解问题的变分时, 瑞利–里茨 (Rayleigh-Ritz) 提出了一种 “尝试函数法”, 即选择适当的函数序列, 用这些函数序列的线性组合构造函数, 各系数均为待定常数, 将此代入泛函, 并经过变分的极值演算, 即可求得各待定常数, 由此即可获得定解问题的近似解, 这实际上就是变分问题的近似解法, 或者数值解法。

1956 年, 特纳 (Turner)、克拉夫 (Clough)、马丁 (Martin) 和托普 (Topp) 把位移法用到平面应力问题中, 对飞机结构进行分析, 他们把结构划分成三角形和矩形单元, 而每个单元的解则是利用每一单元中近似的位移函数或插值函数给出, 由此形成单元刚度矩阵与整体刚度矩阵的线性代数方程组, 求解即可获得各个节点的位移与力。1960 年, 克拉夫首次引入了 “有限单元法” 这一术语, 这些初期的有限元法是建立在虚功原理或最小势能原理上的, 它们完全可以看成是瑞利–里茨变分近似方法的推广。瑞利–里茨法是在全域上给出插值函数而获得近似解的, 而有限元法则是在分片区域上给出插值函数, 进而集成获得近似解, 因此它比一般的瑞利–里茨法要来得更加灵活与易变。

有限元法的数学基础是变分原理和分割近似原理, 人们熟知, 方砖可以砌出圆井, 直锯可以锯出弯板, 把一根连续曲线分段以直代曲而得到近似的折线, 分割越细, 逼真度越高, 这就是分割近似法或称分片插值法。有限单元法就是在变分原理的基础上, 运用分割近似的手段来形成解题方法, 它把复杂的结构整体分割为有限多个基本单元, 即点、线、面、体等单元, 并将待解函数在每个单元进行分片插值, 通常是极简单的线性或低次的多项式插值, 而总体泛函就合理地简化为单元泛函的累加和, 从而把无限多个自由度的二次泛函极值问题离散化为有限多个自由度的普通多元二次函数的极值问题, 后者又等价于线性代数方程组, 然后进行解算。

由于变分原理和微分插值的有机结合, 有限元法成功地吸取了传统的能量法和差分法的优点, 它在形式上相当单调刻板化, 便于在计算机上实现标准化, 而实质上却又灵活机动, 特别适合于几何上、物理上比较复杂的问题。有限元法把无限与有限、连续与间断等两对立面辩证地统一于一体而建立完整的理论基础, 能对方法的可靠性给出符合实际要求的理论保证, 基本弥合了长期存在的理论与实践之间的差距。有限元法是由我国和西方一些国家沿着不同的道路各自独立地创造和发展起来的求解微分方程的一种现代化系统化的数值方法。已程度不同地推广到几乎一切工程行业和许多科学技术领域, 成为现今工程分析的一种日常工具, 是当代计算数学的一项重大成就。

本书仅对所涉及的有限元法和有限差分法做简单的概括性的介绍, 更主要的是介绍这些分析方法本身的科学思想。

10.2 有限差分法

有限差分法的基本概念是用差分代替微分。导数或称为微分:

$$y' = \frac{\mathrm{d}y}{\mathrm{d}x} = \lim_{\Delta x \to 0} \frac{\Delta y}{\Delta x} = \lim_{\Delta x \to 0} \frac{y(x+\Delta x) - y(x)}{\Delta x} \tag{10.2.1}$$

是无限小的微分 $\lim\limits_{\Delta x \to 0} \Delta y$ 除以无限小的微分 $\lim\limits_{\Delta x \to 0} \Delta x$ 的商。它可以近似为

$$\frac{\mathrm{d}y}{\mathrm{d}x} = \frac{\Delta y}{\Delta x} = \frac{y(x+\Delta x) - y(x)}{\Delta x} \tag{10.2.2}$$

即有限小的差分 Δy 除以有限小的差分 Δx 的商, 这称为差分。这种表示也称为向前差分。

按照同样的想法, 导数 y' 还可以近似为

$$\frac{\mathrm{d}y}{\mathrm{d}x} = \frac{\Delta y}{\Delta x} = \frac{y(x) - y(x-\Delta x)}{\Delta x} \tag{10.2.3}$$

称为向后差分。或近似为

$$\frac{\mathrm{d}y}{\mathrm{d}x} \approx \frac{\Delta y}{\Delta x} = \frac{y(x+\Delta x) - y(x-\Delta x)}{2\Delta x} \tag{10.2.4}$$

称为中心差分。

近似式 (10.2.2) 和 (10.2.3) 相当于把 Taylor 级数:

$$y(x+\Delta x) = y(x) + (\Delta x)y' + \frac{1}{2\times 1}(\Delta x)^2 y'' + \cdots$$

$$y(x-\Delta x) = y(x) - (\Delta x)y' + \frac{1}{2\times 1}(\Delta x)^2 y'' + \cdots$$

截断于 $(\Delta x)y'$ 项, 把 $(\Delta x)^2$ 项以及更高幂次的项全部略去, (10.2.4) 则相当于把泰勒级数

$$y(x+\Delta x) - y(x-\Delta x) = 2(\Delta x)y' + \frac{2}{3\times 2\times 1}(\Delta x)^3 y'' + \cdots$$

截断于 $2(\Delta x)y'$ 项, 把 $(\Delta x)^3$ 项以及更高幂次的项全部略去, 因此式 (10.2.4) 的截断误差小于式 (10.2.2) 和 (10.2.3)。

二阶导数可近似为差分的差分：

$$\begin{aligned}\frac{\mathrm{d}^2y}{\mathrm{d}x^2}\approx&\frac{1}{\Delta x}\left[\frac{\mathrm{d}y}{\mathrm{d}x}|_{x+\Delta x}-\frac{\mathrm{d}y}{\mathrm{d}x}|_x\right]\\ \approx&\frac{1}{\Delta x}\left[\frac{y(x+\Delta x)-y(x)}{\Delta x}-\frac{y(x)-y(x-\Delta x)}{\Delta x}\right]\\ =&\frac{1}{(\Delta x)^2}\left[y(x+\Delta x)+y(x-\Delta x)-2y(x)\right]\end{aligned}\tag{10.2.5}$$

这相当于把 Taylor 级数：

$$y(x+\Delta x)+y(x-\Delta x)=2y(x)+(\Delta x)^2y''+\frac{2}{4\times3\times2\times1}(\Delta x)^4y^{[4]}+\cdots$$

截断于 $(\Delta x)^2y''$ 项，把 $(\Delta x)^4$ 项以及更高幂次的项全部略去。

偏导数也可仿照式 (10.2.2)～(10.2.5) 近似为差分。这样一来，微分方程就成了差分方程。

例如，在闭曲线 C 所围区域 S 上 (图 10.2.1) 求解二维 Laplace 方程

$$u''_{xx}+u''_{yy}=0$$

的边值问题。用方格网覆盖在 xy 平面上，方格边长为 ξ。把方格的节点坐标记为 $(x_i,\ y_i)$，仿照式 (10.2.5)，二维 Laplace 方程可近似为

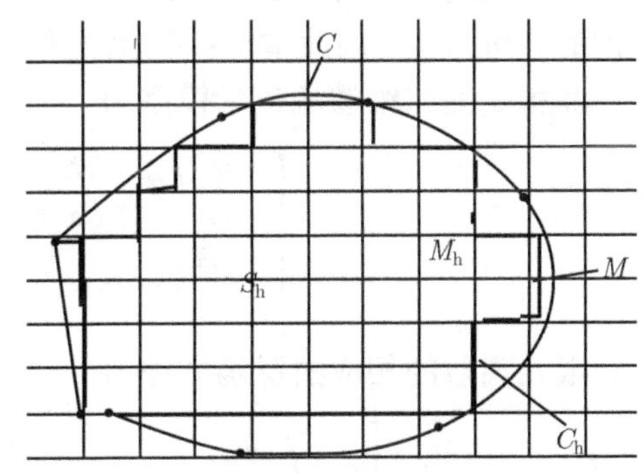

图 10.2.1　差分网格

$$\begin{aligned}&\frac{1}{\xi^2}\left[u(x_{i+1},y_k)+u(x_{i-1},y_k)-2u(x_i,y_k)\right]\\ &+\frac{1}{\xi^2}\left[u(x_i,y_{k+1})+u(x_i,y_{k-1})-2u(x_i,y_k)\right]=0\end{aligned}$$

即

$$u(x_i,y_k)=\frac{1}{4}[u(x_{i+1},y_k)+u(x_{i-1},y_k)+u(x_i,y_{k+1})+u(x_i,y_{k-1})]\tag{10.2.6}$$

就是说 u 在每一节点的值等于 u 在四邻节点的值的平均。于是，把边界线 C 近似为折线 C_h，区域 S 近似为 S_h。函数 u 在 C_h 上节点 M_h 的值可近似地认为就等于 u 在 C 上最邻近的点 M 的值，后者根据边界条件是已知的。至于 u 在 S_h 内各节点的值则是待求的未知数。对于每一个这样的节点，按照 (10.2.6) 可写出一个代数方程。这样，得到代数方程组，方程的个数等于 S_h 内节点数，也就等于未知数的个数。用电子计算机求解这种代数方程组是很方便的。再如，在区间 (0,1) 上求解一维波动方程：

$$u_{ii}-a^2u_{xx}=0\tag{10.2.7}$$

把整个区间分为 J 个“步子”，每一步长度 $\xi=1/J$，取时间的步长为 τ，仿照式 (10.2.5)，一维波动方程可近似为

$$\frac{u(x_i,t_{k+1})+u(x_i,t_{k-1})-2u(x_i,t_k)}{\tau^2}=a^2\frac{u(x_{i+1},t_k)+u(x_{i-1},t_k)-2u(x_i,t_k)}{\xi^2}$$

即

$$u(x_i,t_{k+1})=2\left(1-\frac{a^2\tau^2}{\xi^2}\right)u(x_i,t_k)+\frac{a^2\tau^2}{\xi^2}[u(x_{i+1},t_k)+u(x_{i-1},t_k)-u(x_i,t_{k-1})] \quad (10.2.8)$$

因此, 只要知道某个时刻 t_k 及其以前时刻的 u 在各个地点 x_i 的值, 代入式 (10.2.8) 的右边, 就得到下一时刻 t_{k+1} 的 u 在各个地点 x_i 的值 $u(x_i, t_{k+1})$, 对时间的步长 τ 的限制是

$$\frac{a\tau}{\xi}\leqslant 1 \quad (10.2.9)$$

10.3 有 限 元 法

传热问题与渗流问题均归结为数学上的抛物型方程, 即热传导方程与渗流方程具有完全相同的方程形式。因此本节拟以此类方程为基础, 详细介绍有限元法的基本理论。

非稳定的二维渗流数学模型为

$$\begin{cases}\dfrac{\partial}{\partial x}\left(T_{xx}\dfrac{\partial h}{\partial x}\right)+\dfrac{\partial}{\partial y}\left(T_{yy}\dfrac{\partial h}{\partial y}\right)=S\dfrac{\partial h}{\partial t}+W\\ T\dfrac{\partial h}{\partial x}=-g\end{cases} \quad (10.3.1)$$

其有限元离散的相应的泛函方程为

$$I(h)=\frac{1}{2}\int_{(D)}\left[T_{xx}\left(\frac{\partial h}{\partial x}\right)^2+T_{yy}\left(\frac{\partial h}{\partial y}\right)^2+2\left(S\frac{\partial h}{\partial t}+W\right)h\right]\mathrm{d}x\mathrm{d}y+\int_{(L)}gh\mathrm{d}L \quad (10.3.2)$$

将所研究的区域采用三角形线性插值单元与四边形等参单元离散, 前者作为辅助单元。

对于四边形四节点等参单元, 首先将整体坐标系 Oxy 下的任意四边形单元, 变换到局部坐标系 $O\xi\eta$ 下, 成为边长为 1 的正方形 (图 10.3.1), 其坐标变换式为

$$x=x(\xi,\eta),\quad y=y(\xi,\eta)$$

在四边形上将水头用插值函数 $H(\xi,\eta)$ 表示:

$$H=\sum_{i=1}^{4}N_iH_i \quad (10.3.3)$$

式中, N_i 为插值函数, $N_i=\dfrac{1}{4}(1+\xi_i\xi)(1+\eta_i\eta)$, (ξ_i,η_i) 分别为节点 i, j, k, l 的坐标。

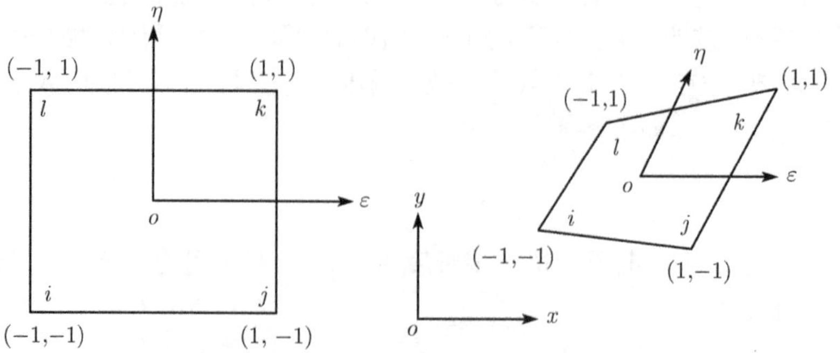

图 10.3.1 Oxy 与 $O\xi\eta$ 坐标系下的等参单元

$$节点\ i,\ (\xi,\eta)=(-1,-1)\quad N_i=\frac{1}{4}(1-\xi)(1-\eta)$$

$$节点\ j,\ (\xi,\eta)=(1,-1)\quad N_j=\frac{1}{4}(1+\xi)(1-\eta)$$

$$节点\ k,\ (\xi,\eta)=(1,1)\quad N_k=\frac{1}{4}(1+\xi)(1+\eta)$$

$$节点\ l,\ (\xi,\eta)=(-1,1)\quad N_l=\frac{1}{4}(1-\xi)(1+\eta)$$

坐标变换式为

$$X=\sum_{i=1}^{4}N_iX_i\quad Y=\sum_{i=1}^{4}N_iY_i \tag{10.3.4}$$

则

$$\begin{bmatrix}\dfrac{\partial h}{\partial x}\\ \dfrac{\partial h}{\partial y}\end{bmatrix}=\begin{bmatrix}\dfrac{\partial \xi}{\partial x} & \dfrac{\partial \eta}{\partial x}\\ \dfrac{\partial \xi}{\partial y} & \dfrac{\partial \eta}{\partial y}\end{bmatrix}\begin{bmatrix}\dfrac{\partial h}{\partial \xi}\\ \dfrac{\partial h}{\partial \beta\eta}\end{bmatrix}=\boldsymbol{J}^{-1}\begin{bmatrix}\dfrac{\partial h}{\partial \xi}\\ \dfrac{\partial h}{\partial \eta}\end{bmatrix} \tag{10.3.5}$$

记 $\boldsymbol{N}=[N_1,N_2,N_3,N_4]$。

$$\begin{bmatrix}\dfrac{\partial h}{\partial \xi}\\ \dfrac{\partial h}{\partial \eta}\end{bmatrix}=\frac{1}{4}\begin{bmatrix}\xi_1(1+\eta_1\eta) & \xi_2(1+\eta_2\eta) & \xi_3(1+\eta_3\eta) & \xi_4(1+\eta_4\eta)\\ \eta_1(1+\xi_1\xi) & \eta_2(1+\xi_2\xi) & \eta_3(1+\xi_3\xi) & \eta_4(1+\xi_4\xi)\end{bmatrix}\begin{bmatrix}h_1\\ h_2\\ h_3\\ h_4\end{bmatrix} \tag{10.3.6}$$

将式 (10.3.6) 代入式 (10.3.5), 并记其系数矩阵为 $\boldsymbol{B}$, 则

$$\begin{bmatrix}\dfrac{\partial h}{\partial x}\\ \dfrac{\partial h}{\partial y}\end{bmatrix}=\boldsymbol{B}[h_1,h_2,h_3,h_4]^{\mathrm{T}} \tag{10.3.7}$$

将式 (10.3.7) 代入泛函方程式 (10.3.2), 并关于 $\boldsymbol{h}$ 求一阶导数, 且写成单元求和的形式:

$$\begin{aligned}\delta I(h)=&\sum_{i=1}^{n}\int_{\mathrm{e}_i}\boldsymbol{B}^{\mathrm{T}}\boldsymbol{K}\boldsymbol{B}|\boldsymbol{J}|\mathrm{d}\xi\mathrm{d}\eta\boldsymbol{h}\\ &+\int_{\mathrm{e}_i}\left[S\frac{\partial h}{\partial t}+W\right]\boldsymbol{N}^{\mathrm{T}}|\boldsymbol{J}|\mathrm{d}\xi\mathrm{d}\eta+\int_{(L\mathrm{e}_i)}g\boldsymbol{N}^{\mathrm{T}}\mathrm{d}L\end{aligned} \tag{10.3.8}$$

式中, n 为单元总数; $\boldsymbol{K}$ 为渗透物性矩阵, $\boldsymbol{K}=\begin{bmatrix}T_{xx} & 0\\ 0 & T_{yy}\end{bmatrix}$。离散方程为

$$\boldsymbol{Th}+\boldsymbol{S}\left(\frac{\partial h}{\partial t}\right)+\boldsymbol{H}=\boldsymbol{D} \tag{10.3.9}$$

式中, $\boldsymbol{T}$, $\boldsymbol{S}$, $\boldsymbol{H}$ 分别为传导矩阵、储量矩阵与列矢量, 其相应的单元矩阵分别为

$$\begin{aligned}\boldsymbol{T}_{\mathrm{e}}&=\int_{-1}^{1}\int_{-1}^{1}\boldsymbol{B}^{\mathrm{T}}\boldsymbol{K}\boldsymbol{B}|\boldsymbol{J}|\mathrm{d}\xi\mathrm{d}\eta\\ \boldsymbol{B}_{\mathrm{e}}&=f_1\int_{-1}^{1}\int_{-1}^{1}\boldsymbol{N}^{\mathrm{T}}\boldsymbol{N}|\boldsymbol{J}|\mathrm{d}\xi\mathrm{d}\eta\\ \boldsymbol{H}_{\mathrm{e}}&=f_2\int_{-1}^{1}\int_{-1}^{1}\boldsymbol{N}^{\mathrm{T}}|\boldsymbol{J}|\mathrm{d}\xi\mathrm{d}\eta+g\int_{L\mathrm{e}}\boldsymbol{N}^{\mathrm{T}}\mathrm{d}L\end{aligned} \tag{10.3.10}$$

式中各量均为 (ξ,η) 的函数, 需按数值积分方法计算。

对于三角形线性插值单元, 其离散方程与式 (10.3.9) 相同, 而其单元矩阵更为简单:

$$\boldsymbol{T}_{\mathrm{e}}=\frac{1}{4\cdot\varDelta}\begin{bmatrix} T_{xx}b_i^2+T_{yy}c_i^2 & T_{xx}b_ib_j+T_{yy}c_ic_j & T_{xx}b_ib_k+T_{yy}c_ic_k \\ \text{对} & T_{xx}b_j^2+T_{yy}c_j^2 & T_{xx}b_jb_k+T_{yy}c_jc_k \\ & \text{称} & T_{xx}b_k^2+T_{yy}c_k^2 \end{bmatrix} \tag{10.3.11}$$

$$\boldsymbol{S}_{\mathrm{e}}=\frac{S}{3}\cdot\varDelta\begin{bmatrix} \frac{1}{2} & \frac{1}{4} & \frac{1}{4} \\ \frac{1}{2} & \frac{1}{2} & \frac{1}{4} \\ \frac{1}{4} & \frac{1}{4} & \frac{1}{2} \end{bmatrix} \tag{10.3.12}$$

$$\boldsymbol{H}_{\mathrm{e}}=\left(\frac{W}{3}\varDelta+\frac{g}{2}L_2\right)\begin{bmatrix} 1 \\ 1 \\ 1 \end{bmatrix} \tag{10.3.13}$$

以下为这一类问题的计算步骤。

(1) 输入原始数据, 对时间增量作循环。

(2) 对单元作循环, 判断单元类型。

(3) 调用形成四边形单元导水矩阵、储水矩阵、列矢量的子程序; 调用形成三角形单元导水矩阵、储水矩阵、列矢量的子程序。

(4) 累加形成总体导水矩阵、储水矩阵与列矢量, 并重复 (2)~(3) 步。

(5) 求解渗流方程组。

(6) 重复执行 (2)~(5) 步, 直至结束。

第 11 章　多孔介质多场耦合作用的本构规律

11.1　岩石的基本力学特性

11.1.1　岩石的全程应力应变曲线

岩石的全程应力应变曲线在岩石力学中占有重要的地位, 遗憾的是这条曲线直到 1966 年才被人们所认识, 并在以后的二十多年中, 随着刚性伺服控制试验机和先进的测试记录仪器的出现与发展, 国内外进行了大量的试验研究后, 才对此有了更为深入的了解。图 11.1.1 为页岩的单轴压缩全程应力应变曲线。按照现在的研究成果, 岩石全程应力应变曲线可以分为四个阶段。① OA 区段, 该段曲线微向上弯曲, 是岩石微裂隙被压实的结果。② AB 区段, 该段曲线很接近直线, 属于弹性变形。③ BC 区段, B 点通常在峰值应力的三分之二处, B 点为屈服应力点, 该段曲线的斜率随着应力的增加逐渐减少到零, 属于塑性强化阶段, 有时称为非线性弹性段。④ CD 段, 从 C 点开始, 曲线斜率为负, 称为残余强度阶段。该阶段, 应力不会增加, 变形却增长很快。

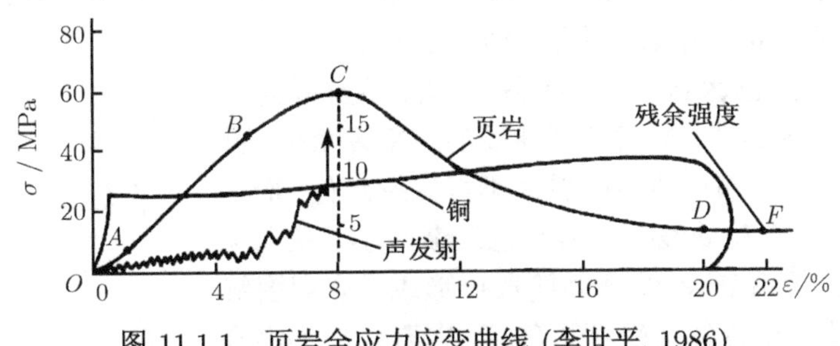

图 11.1.1　页岩全应力应变曲线 (李世平, 1986)

近代岩石力学的研究, 揭示了岩石变形过程中的微观破裂机制及其声发射和体积变形特征。

若在对圆柱体岩石试件进行压缩试验过程中, 同时测量其纵向应变 ε_z 和横向应变 ε_t, 则可据此计算得到相应的体积应变, 即 $\Delta V/V=\varepsilon_z+2\varepsilon_t$。图 11.1.2 为宾纽斯基 (Bieniawski) 在普通试验机上对石英岩进行单轴压缩试验所得到的应力 σ 与 ε_z, ε_t 和 $\Delta V/V$ 的关系曲线。图中线应变的长度以缩短为正, 体应变以体积缩小为正。这些曲线可分为四个区域, 它们分别表示岩石在整个变形过程中微破裂活动和扩展的四个阶段。

第 I 阶段, 也称为压密阶段, 岩石中原有的孔穴和裂隙由于受压而逐渐合拢, 结果使 ε_z, ε_t 和 $\Delta V/V$ 随 σ 而增长的速率逐渐降低, $\sigma\sim\varepsilon_z$ 的曲线向上弯。岩石试件的整体受力结构逐步形成, 都反映了这个阶段的强化作用占支配地位。待到裂隙完全闭合, 即进入第 II 阶段。

第 II 阶段, 由于闭合裂隙面上的摩擦力限制了微裂隙面的相对错动, 变形主要是弹性的, 因而 ε_z, ε_t 和 $\Delta V/V$ 都与 σ 呈线性关系。这一阶段可称为线性弹性阶段。靠近方位最不利的裂隙两端, 会出现拉应力。当这里的拉应力超过岩石材料的抗拉强度时, 即在裂隙两端形成分叉的张裂隙时, 裂隙面也因所受剪应力超过摩擦力而开始错动。在这一阶段, 从声发射检测和微裂纹观察结果看, 表现为微裂纹随机地不断地加密, 但微裂纹产生所表现的声发射能量, 总的来说, 是维持在低水平。按能量原理, 变形曲线斜率理应随着弱化的作用而减缓, 但由于这些裂纹处于孤立状态, 且扩展强度不大, 这种弱化作用能通过强化作用而完全补偿, 因而曲线斜率不变。当破裂始动后, 变形进入第III阶段。

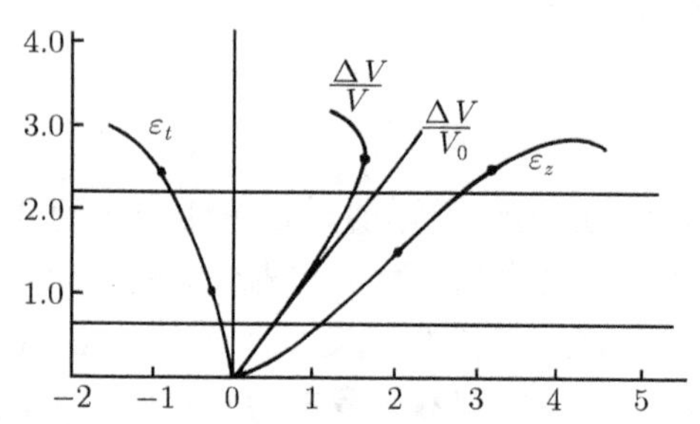

图 11.1.2 石英岩受单轴压缩时 $\varepsilon_z, \varepsilon_t$ 和 $\Delta V/V$ 与 σ 的关系曲线图 (陶振宇, 1981)

$x - \Delta V/V, \varepsilon_z(10^{-3}), y - \sigma(\text{kbar})$

第III阶段, 岩石的变形曲线为非线性变形阶段, 曲线斜率逐渐变缓。在本阶段, 裂纹由随机分布逐步地向宏观裂缝过渡, 毛刺现象与声发射频度加密, 声发射能量增大, 都反映了在本阶段裂纹扩展与产生数量及次数的急剧增长。由于裂纹的密集、搭接而向宏观裂缝发展, 在变形过程中产生裂纹面之间的滑动, 从而使 ε_t 以高于 ε_z 的速率加速增长, 导致 $\Delta V/V$ 的增长速率逐渐减小。进而 σ-$\Delta V/V$ 曲线斜率变负, 产生扩容现象。本阶段弱化作用由于裂纹的密集、搭接和宏观裂缝的产生而表现明显的强化作用, 已不能保持变形曲线呈直线状态, 但通过应力转移能使裂纹与裂缝的扩展达到一定程度就稳定。强化作用与弱化作用达到了部分均衡。所以本阶段亦称为裂缝稳定扩展阶段。

第IV阶段, 岩石内部已形成宏观裂缝带, 在普通压力试验机上, 岩石裂缝的扩展已达到非稳定状态, 因此有人将本阶段称为裂缝非稳定扩展阶段。岩石变形曲线的斜率为负值, 并随变形量增大而变化。卸荷曲线的斜率不再保持定值, 而是随着变形量的增长, 卸荷曲线初期斜率也逐渐减小。从弱化作用与强化作用的关系来看, 由于本阶段已形成了宏观裂缝带, 岩石的受力骨架在总体上受到了破坏, 岩石内部的潜在力量在裂缝带四周已经基本耗尽, 试件内部起承载作用的有效面积也随着裂缝扩展而减小, 所以, 在本阶段是弱化作用占支配地位。通过以上论述, 可以清楚地看到扩容现象与微破裂活动之间的关系。上述各阶段的变形性态从图 11.1.3 与图 11.1.4 清楚可见。

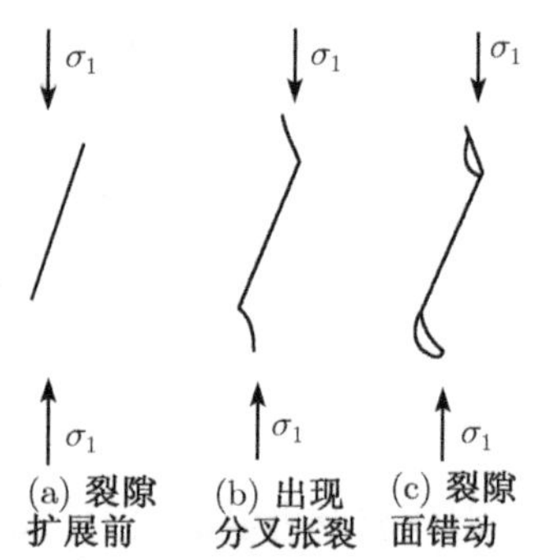

图 11.1.3 裂缝扩展过程示意图 (陶振宇, 1981)

当对岩石试件进行压缩试验时, 若在试件表面装设 AE 接收探头, 将所得到的信号进行适当的放大和处理, 则可探测出试件在变形直至破坏的全过程中微破裂活动的情况。图 11.1.5 为舒尔兹在单轴压缩试验中对两种典型岩石进行 AE 测定的结果。一种岩石是孔隙率仅为 0.9% 的较致密的花岗岩, 另一种是孔隙率高达 41% 的流纹凝灰岩。所用仪器装置的频率响应为 $10^2 \sim 10^6$Hz。图中 σ_D, ε_z, C_o 和 n 分别是应力差、轴向应变、岩石的单轴压缩强度和破裂事件频度, 尽管两种岩石的强度有很大差别, 但它们的微破裂事件频度 n 随应变 ε_z 而变化的曲线都有一定的共性, 并与压缩变形曲线有良好的对应关系。

从声发射 $n \sim \varepsilon_z$ 曲线理解上述各阶段, 将更为清晰, 在 $n \sim \varepsilon_z$ 曲线的初始阶段, 曲线为

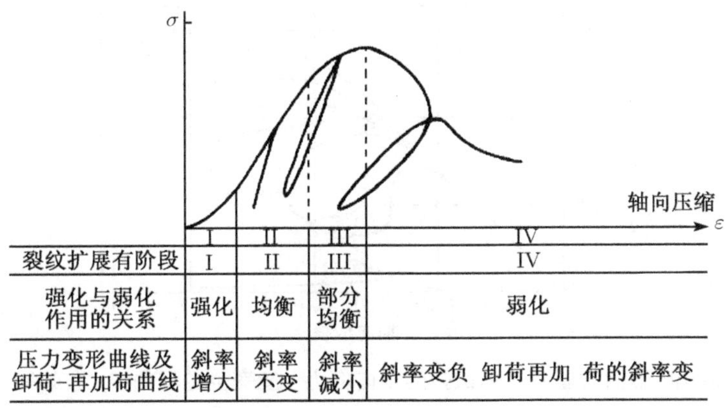

图 11.1.4 岩石的应力应变全曲线与裂纹扩展阶段 (程鸿鑫, 1986)

跳跃式的, 跳跃的幅度随孔隙率增大而增大。这相当于孔隙与裂隙闭合的第一阶段。随后有一个相对平静期, 几乎没有记录到什么破裂事件。这个平静期即相当于微裂隙闭合后线性的第II阶段。微破裂活动之所以平静下来, 是由于孔隙和微裂隙也已完全闭合, 却又尚未发生错动和扩展的缘故。当应力约等于 2/3 单轴强度时, 稳定裂隙扩展开始并增强, 而微破裂活动急剧增加, 最后进入第IV阶段。

在围压下的压缩试验结果表明, 围压并不影响岩石的扩容, 且微破裂除了在初始阶段缺乏活动性之外, 其他时刻与单轴压缩结果相当一致。

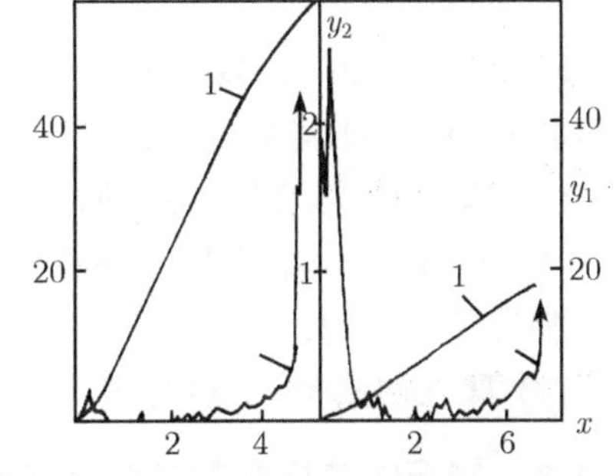

图 11.1.5 两种典型岩石受压破坏过程中微破裂的活动情况 (陶振宇, 1981)
x- 轴向应变 $\varepsilon_z(10^{-3})$; y_1- 事件的频度 n(次/秒); y_2- 应力差 σ_D(kbar); 1- $\sigma_D \sim \varepsilon_z$ 的关系线; 2-$n \sim \varepsilon_z$ 关系线

11.1.2 三轴应力下岩石的特性

岩石材料与金属材料的另一个巨大不同点是三轴特性与单轴特性的不同, 不像金属材料, 用一个广义胡克定律即可以由一维推广到三维。因此人们为了揭示岩石的三维特性, 经历了几十年的研究, 研究了假三轴试验机 (中国 1965 年完成; 国外 1905 年完成)、真三轴试验机 (中国 1977 年完成; 国外 1965 年完成), 并进而研制了应力、位移、声发射、声穿透的电测及自动记录和自动绘图仪。全自动化的电子计算机程序控制的三轴应力试验机、高温高压三轴试验机, 乃至动力三轴试验机均已问世, 这些设备的出现, 使人们对岩石的基本特性有了相当深入的了解。

图 11.1.6 说明三轴压缩下岩石性状的另一些重要特点。Wawersik 和 Fairhurst(1970) 得到了田纳西大理岩轴向应力 (σ_a)– 轴向应变 (ε_a) 的数据。这些数据和其他岩石的相类似的数据表明, 伴随着围压的增加, 可能有如下情况。

(1) 峰值强度增加。

(2) 由于采用了塑性变形机制 (包括碎裂扩散流动和颗粒滑动效应), 所以, 存在着由典型脆性向完全延性过渡的阶段。

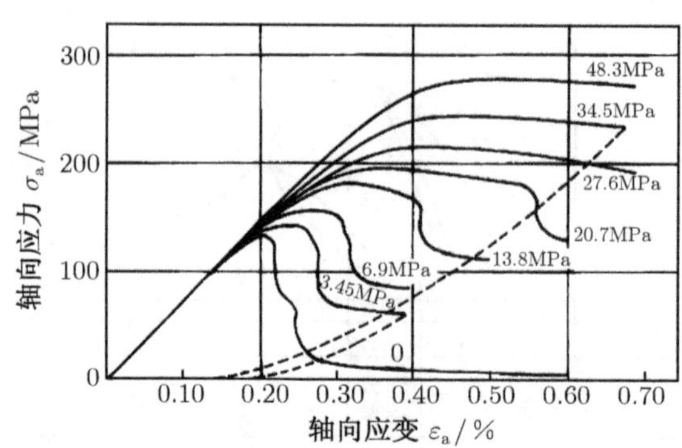

图 11.1.6　田纳西大理岩三轴试验的轴向应力 – 应变全过程曲线 (布朗等, 1992)

曲线上的数字表示围压 (Wawersik et al., 1970)

(3) σ_a 和 ε_a 曲线峰值区变得平滑宽阔。

(4) 峰值后的应力降 (降至残余强度) 减小, 当围压 σ_3 值很高时消失。

峰值后强度降低消失、性状变为完全延性 (图 11.1.6 中 σ_3=48.3MPa) 时的围压称为**脆性 – 延性过渡压力**, 过渡压力随岩石类型而变化。一般来说, 许多硅质火成岩和变质岩, 如花岗岩和石英岩, 在室温下当围压达到 1000MPa 或 1000MPa 以上时仍为脆性。

(5) 真三轴试验揭示出中间主应力 σ_2 对岩石破坏有一定的影响作用。

(6) 证明当 σ_2 小于某一临界值 σ_{2c} 时, 岩石的 E, Φ, C 均随 σ_2 增加而增加; 当 σ_2 大于某一临界值 σ_{2c} 时, 岩石的 E, Φ, C 均随着 σ_2 增加而减小。

(7) 真三轴试验还说明, σ_2 的变化导致岩石破坏形式的变化。

11.1.3　岩石的破坏机制与强度准则

在许多岩石力学著作中, 对强度理论的强调远胜于破坏机制。实际上, 强度理论仅是破坏机制的数学表示, 因此应更重视对岩石破坏机制的认识与研究。

岩石在外力作用下, 首先产生不同形式的变形, 继而产生微细裂纹和破裂, 如果破裂不断发展, 则将导致岩石破坏。影响破坏的因素主要有应力状态、温度、围压、孔隙压、应变率等。

岩石破坏的类型可分为脆性与塑性破坏。脆性破坏指的是岩石在载荷作用下没有发生显著变形而突然发生的破坏; 塑性破坏指的是岩石在载荷作用下发生较大的变形 (或认为出现永久变形) 以后才发生的破坏。而从另一个角度讲, 又可以划分为拉破坏与剪破坏两种类型。拉破坏指的是作用于岩石上的拉应力超过了岩石的抗拉强度而产生的破坏, 其特征是沿破裂面出现张开破坏, 即发生了相对的法向位移。剪破坏指的是其剪应力超过抗剪强度而产生的破坏, 其特征是破坏面之间产生了相对错动。一般说来, 拉破坏属于脆性破坏, 剪破坏属于塑性破坏。

张金铸等 (1979) 通过真三轴试验, 揭示出中间主应力 σ_2 由 $\sigma_2 = \sigma_3$ 向 $\sigma_2 = \sigma_1$ 发展, 导致岩石破坏方式变化的规律如下:

$\sigma_2/\sigma_3 < 4$	主要为剪切破坏, 破坏角$\theta \approx 22°$;
$4 \leqslant \sigma_2/\sigma_3 \leqslant 8$	主要为拉剪破坏, 破坏角$\theta \approx 15°$;
$\sigma_2/\sigma_3 > 8$	主要为拉裂破坏. 破坏角$\theta \approx 0°$。

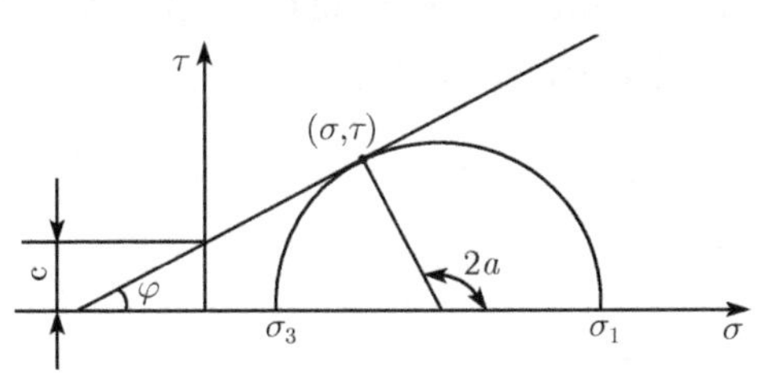

图 11.1.7 Coulomb 强度曲线图

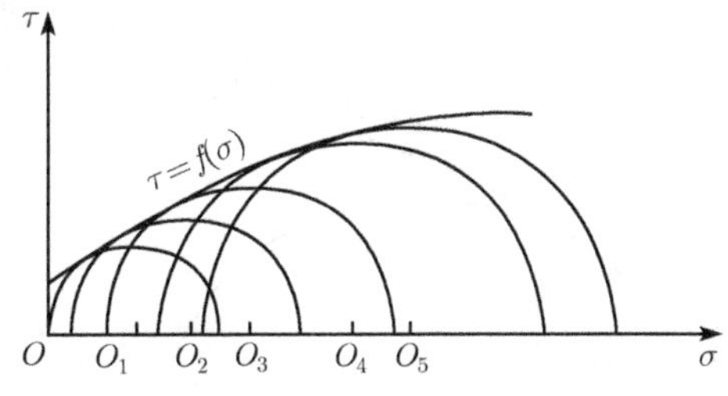

图 11.1.8 Mohr 强度曲线

将上述破坏机制用应力状态及其他材料参数表示, 即是所谓的强度条件 (破坏准则或破坏判据)。研究岩石在复杂应力状态下的破坏规律及强度条件的理论称为岩石强度理论。

1. 库仑–莫尔 (Coulomb-Mohr) 强度准则

Coulomb 准则假定: 岩石的剪切破裂发生在某一平面产生的破坏剪应力超过了材料的内聚力和乘以常数的平面法应力。其数学表达式为

$$|\tau| = C + \sigma \tan\varphi \tag{11.1.1}$$

或

$$\sigma_1 = \frac{1+\sin\varphi}{1-\sin\varphi}\sigma_3 + R_C \tag{11.1.2}$$

式中, C 为内聚力或黏结力, 是无正压力时的抗剪强度; φ 为内摩擦角; R_C 为岩石单轴抗压强度, $R_C = \dfrac{2C\cos\varphi}{1-\sin\varphi}$。

莫尔准则假定: 岩石破坏形态和破裂面上剪应力的大小都取决于该面上的法向应力, 是法向应力的函数。其数学表达式为

$$|\tau| = f(\sigma) \tag{11.1.3}$$

Coulomb-Mohr 强度准则都认为岩石破坏方式是剪切破坏, 破坏是沿一个平面发生的剪切破坏, 且该平面通过中间主应力 σ_2 的方向; 这两个准则都认为破坏与 σ_2 无关。莫尔准则是依据破坏应力圆的包络线给出的 (图 11.1.8), 因此也可以将 Coulomb 准则看成 Mohr 准则的线性近似 (图 11.1.7), 这两个准则都较好地符合了岩石的破坏特征, 在岩石力学中得到了广泛的应用。

2. 格里菲斯 (Griffith) 强度准则

格里菲斯强度理论认为材料内部存在许多细微的裂纹, 裂纹的作用使得裂纹周围产生应力集中。所有这些应力集中都是靠近裂纹尖端处应力最大, 当这些拉应力值达到该点材料的抗拉强度时, 就会从裂纹尖端处开始发生破裂。格里菲斯准则实际上是脆性破坏准则, 它假定岩石内部裂纹的形状近似于一个扁平的椭圆孔, 按半无限弹性介质中单个孔洞的平面应力问题处理, 从而根据弹性理论导出格里菲斯强度条件:

$$\tau^2 = 4R_t(R_t - \sigma_y) \tag{11.1.4}$$

式中, τ 和 σ_y 分别为椭圆裂纹周边上的剪应力和正应力; R_t 为单轴抗拉强度。

格里菲斯强度理论更好地符合了岩石抗拉强度比抗压强度低得多这一事实, 如图 11.1.9 所示。但由于在实际应力状态下, 裂缝处于闭合状态, 可以承受剪力, 从而提高了强度, 因此,

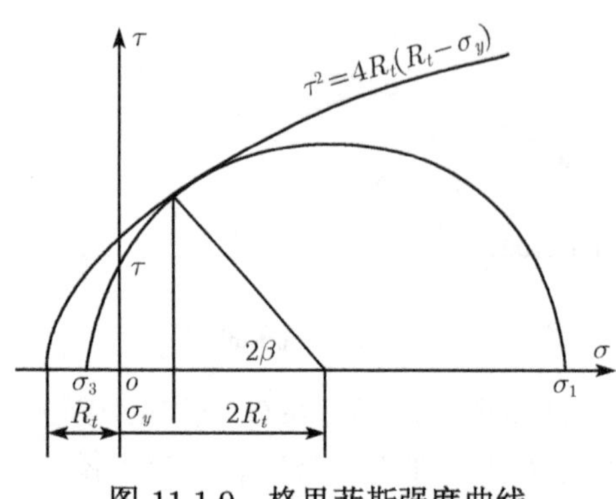

图 11.1.9　格里菲斯强度曲线

默雷尔 (S.A.F Murrell) 于 1963 年提出了推广的格里菲斯准则, 其数学表达式为

$$(\sigma_1-\sigma_2)^2+(\sigma_2-\sigma_3)^2+(\sigma_3-\sigma_1)^2$$
$$=24R_t+(\sigma_1+\sigma_2+\sigma_3)$$

或

$$\tau_{\text{oct}}^2=8R_t\sigma_{\text{oct}} \tag{11.1.5}$$

它是一个通过原点, 与平面 $\sigma_1=R_t$, $\sigma_2=-R_t$, $\sigma_3=-R_t$ 相切, 以等倾线 $\sigma_1=\sigma_2=\sigma_3$ 为轴的旋转抛物体。若简化到单轴状态, $\sigma_1=R_t, \sigma_2=\sigma_3=0$ 则

$$R_{\text{c}}=12R_t \tag{11.1.6}$$

它说明岩石材料的单轴抗压强度为其抗拉强度的 12 倍。

11.1.4　不连续面的性状

岩体是由岩块、结构面和结构面内充填物构成的结合体。在岩体结构控制下, 岩体的变形与破坏是复杂的。我们一般把岩体内开裂的和易于开裂的地质界面称为结构面。很大程度上, 结构面的力学特征控制了岩体的变形与破坏特征, 而且结构面也是构成岩体渗流的主要通道, 因此认识结构面的力学性状对于岩石流体力学的研究尤为重要。

结构面的力学性质主要表现在三个方面: ① 法向应力作用下产生的法向变形; ② 在剪应力作用下产生的剪切变形; ③ 抗剪强度。

法向变形: 在研究软弱结构面时, 采用应力应变关系反映软弱结构面的力学特性。由实测的变形曲线 (图 11.1.10) 可知, 其应力应变曲线呈指数形曲线, 可用下式表达,

$$U=U_0(1-\mathrm{e}^{-\sigma/K_n}) \tag{11.1.7}$$

式中, U_0 为软弱面的最大压缩变形量; K_n 为软弱结构面的法向压缩刚度。若 U 的单位取 cm, σ 单位取 MPa, 则 K_n 单位取 MPa/cm。

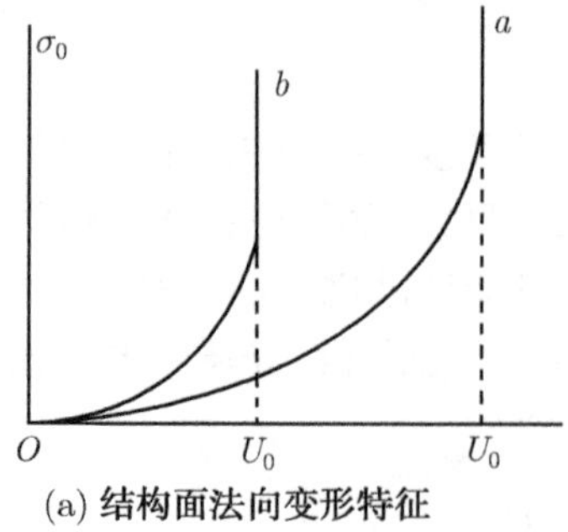

(a) 结构面法向变形特征

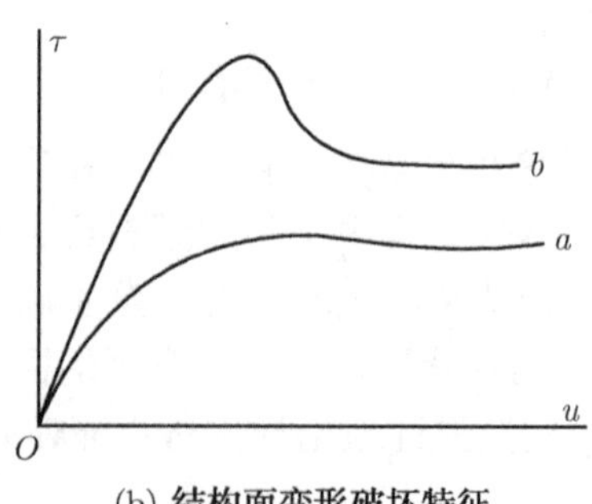

(b) 结构面变形破坏特征

图 11.1.10　结构与变形破坏特征

剪切变形: 在一定的法向应力作用下, 结构面在剪应力作用下产生的变形 (图 11.1.10) 用剪切刚度表示其力学特征,

$$K_n=\frac{\partial\sigma}{\partial U} \tag{11.1.8}$$

法向力不同, 其 K_n 可能不变, 此时称为常刚度; 也可能刚度随法向应力改变, 称变刚度。若结构面比较坚硬, 其 K_n 为前者, 若结构面松软, 则多属于后者。

结构面的抗剪强度可以用 Coulomb 准则:

$$\tau = \sigma_n \tan\varphi + C \tag{11.1.9}$$

式中, φ 和 C 为结构面的内摩擦角和内聚力。若结构面是岩石突台的相互啮合, 则结构面的性态更为复杂。一般说来, 低法向应力时, 剪切有位移和剪胀; 高法向应力时, 突台剪断, 抗剪强度变成残余抗剪强度。

表征结构面的另一个重要参数是粗糙度。粗糙度是指不连续面相对于其平均面的固有表面不平整度和波纹度。不连续面岩壁的粗糙度对其抗剪强度具有潜在的重要影响, 尤其是在未移动的和具有内锁构造的结构面 (如未充填的节理) 的情况下。粗糙度的重要性随着裂缝张开度、充填厚度或已发生的剪切位移的增加而减小。

表征岩石结构面粗糙度情况的粗糙度系数 JRC 为

$$\mathrm{JRC} = \frac{\arctan(\tau/\sigma_n) - \varphi_{\mathrm{b}}}{\lg(\sigma_{\mathrm{c}}/\sigma_n)} \tag{11.1.10}$$

式中, τ 为峰值强度; σ_n 为法向应力; σ_{c} 为单轴抗压强度; φ_{b} 为残余摩擦角, 一般为 $25^\circ \sim 35^\circ$, 平均值取 30°。Barton 等 (1985) 提出将 JRC 分为 10 级, 取值 1~20(表 11.1.1), 并为国际岩石力学学会建议方法所采用。

表 11.1.1　JRC 分级及数值

节理节剖面线特征	示意图	JRC 等级	JRC 值
平面 (齿) 状		$1 \sim 5$	$1 \sim 10$
波 (齿) 状		$6 \sim 8$	$10 \sim 16$
不规则起伏齿状		$9 \sim 10$	$16 \sim 20$

用粗糙度系数, 则结构面峰值抗剪强度 τ 可用如下经验公式表示:

$$\tau = \sigma_n \tan\left[(\mathrm{JRC})\lg(\sigma_{\mathrm{c}}/\sigma_n) + \varphi_{\mathrm{b}}\right] \tag{11.1.11}$$

若结构面内被水充满, 则 σ_n 和 τ 均采用有效应力。

11.2　岩体渗流的物性方程

11.2.1　线性渗流的物性方程

1. 达西实验定律

1856 年, H.Darcy 曾就法国 Dijon 城的水源问题研究了水在直立均质砂柱中的流动。图 11.2.1 所示为达西所采用的实验装置。根据实验, 达西断定: 流量 Q (单位时间的体积) 与不变的横断面积 A 及水头差 $(h_1 \sim h_2)$ 成正比, 而与长度 L 成反比 (符号定义见图 11.2.1)。将这些结论合并在一起就得到著名的达西公式:

$$Q = KA(h_1 - h_2)/L \tag{11.2.1}$$

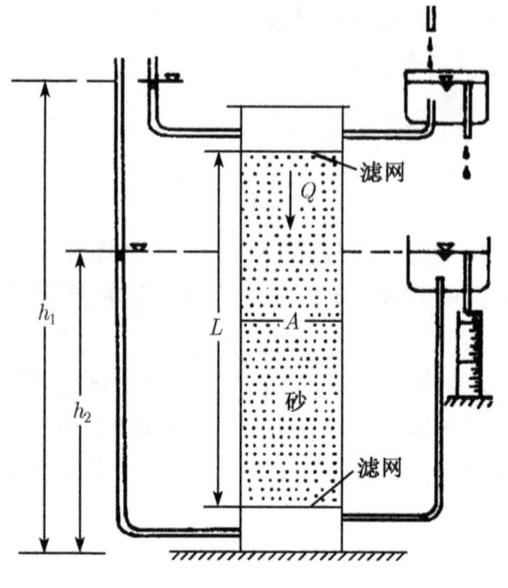

图 11.2.1　达西的实验

式中, K 是比例系数, 称为渗透系数; h_1 和 h_2 是相对于某个任意水平基准面测量的高度。

容易看出, 这里的 h 是测压水头, 而 (h_1-h_2) 是经过长度为 L 的砂柱的测压水头差。因为测压水头系用水头表示的单位重量流体的压能与势能之和, 所以应当把 $(h_1-h_2)/L$ 理解为水力梯度。如果用 $J=(h_1-h_2)/L$ 表示水力梯度, 而把比流量 q 定义为与流动方向垂直的每单位横截面积的流量 $(q=Q/A)$, 则

$$q=KJ \tag{11.2.2}$$

式 (11.2.2) 系达西公式 (即达西定律) 的另一形式。

2. 达西定律的推广

实验导出的运用于均质不可压缩流体的达西定律仅限于一维流动。对于三维流动, 达西定律在形式上的推广应当是

$$\boldsymbol{q}=K\boldsymbol{J}=-K\mathrm{grad}\varphi \tag{11.2.3}$$

式中, $\boldsymbol{q}$ 是比流量向量, 在笛卡儿坐标系中它沿 x, y, z 方向的分量分别为 q_x, q_y, q_z; φ 是势函数; $\boldsymbol{J}=-\mathrm{grad}\varphi$ 是水力梯度, 它在 x, y, z 方向的分量分别为 $J_x=-\dfrac{\partial\varphi}{\partial x}$, $J_y=-\dfrac{\partial\varphi}{\partial y}$, $J_z=-\dfrac{\partial\varphi}{\partial z}$。当流动发生在均质各向同性介质中时, K 是一个不变的标量, 因此, 方程 (11.2.3) 可以写成

$$\begin{aligned} q_x&=KJ_x=-K\frac{\partial\varphi}{\partial x}\\ q_y&=KJ_y=-K\frac{\partial\varphi}{\partial y}\\ q_z&=KJ_z=-K\frac{\partial\varphi}{\partial z} \end{aligned} \tag{11.2.4}$$

或者说对于任意方向的流动, 如果该方向用单位向量 $\boldsymbol{S}$ 表示, 则

$$q_s=-K\frac{\partial\varphi}{\partial\boldsymbol{S}} \tag{11.2.5}$$

对于非均质各向同性介质 $(K=K(x,y,z))$ 中的三维流动, 上列方程仍然成立。

达西定律是表示比流量分量和水力梯度分量之间的单一线性关系, 因此达西定律推广到各向异性介质, 其比流量与水力梯度的关系为

$$\begin{aligned} q_x&=K_{xx}J_x+K_{xy}J_y+K_{xz}J_z\\ q_y&=K_{yx}J_x+K_{yy}J_y+K_{yz}J_z\\ q_x&=K_{zx}J_x+K_{zy}J_y+K_{zz}J_z \end{aligned} \tag{11.2.6}$$

式 (11.2.6) 也可用矩阵表示:

$$\begin{bmatrix} q_x \\ q_y \\ q_z \end{bmatrix} = \begin{bmatrix} K_{xx} & K_{xy} & K_{xz} \\ K_{yx} & K_{yy} & K_{yz} \\ K_{zx} & K_{zy} & K_{zz} \end{bmatrix} \begin{bmatrix} J_x \\ J_y \\ J_z \end{bmatrix}$$

式中, $\boldsymbol{K}$ 称为渗透张量, 显然渗透张量 $\boldsymbol{K}$ 具有与应力张量完全相同的形式, 它也是一个对称张量, 即 $K_{ij} = K_{ji}$, 渗透张量的主张量可以通过求解下列行列式得到

$$|K_{ij} - \boldsymbol{K}\delta_{ij}| = 0 \tag{11.2.7}$$

展开式 (11.2.7) 得

$$\boldsymbol{K}^3 - I_1\boldsymbol{K}^2 - I_2\boldsymbol{K}^1 - I_3 = 0 \tag{11.2.8}$$

式中

$$I_1 = K_{11} + K_{22} + K_{33}$$

$$I_2 = \frac{1}{2}(K_{22}K_{33} - K_{23}K_{32} + K_{11}K_{33} - K_{13}K_{31} + K_{11}K_{22} - K_{12}K_{21})$$

$$I_3 = \det|K_{ij}|$$

特征方程的根 K_1, K_2, K_3 称为渗透张量 $\boldsymbol{K}$ 的主值。其对应的方向 l, m, n 称为渗透主方向。若将渗透张量变换到渗透主方向, 则渗透矩阵可以写为

$$\boldsymbol{K}'_{ij} = \begin{bmatrix} K_1 & 0 & 0 \\ 0 & K_2 & 0 \\ 0 & 0 & K_3 \end{bmatrix} \tag{11.2.9}$$

显然选择主渗透方向作为坐标轴会使渗透张量变得非常简单。因此在进行岩石流体力学分析时, 一般均选择渗透主轴作为坐标轴。

3. 达西定律的适用范围

许多研究者都曾指出, 随着比流量的增大, 达西定律便不再成立, 即比流量 q 和水力梯度 J 之间不再是线性关系。因此, 有必要确定达西定律的适用范围。

在通过管道的流动中, 区分层流和紊流所采用的准则是雷诺数 (Re), 雷诺数是量纲为一的数, 它表示惯性力与黏滞力之比。管道中层流与紊流之间的临界雷诺数为 2100, 对于多孔介质中的流动, 可以采用类比方法将雷诺数定义为

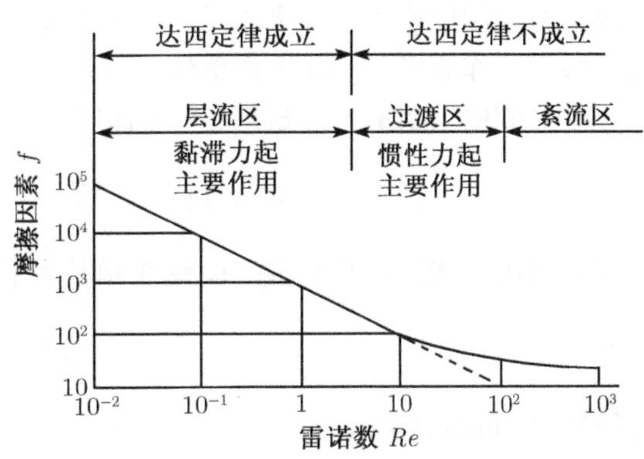

图 11.2.2 多孔介质中流动分类示意图 (Bear,1983)

$$Re = qd/v \tag{11.2.10}$$

式中, d 是多孔介质的某种长度尺寸; ν 是流体的运动黏度。这里只简单地说明一下在通过多孔介质的流动中, 能够予以区别的三种区域 (图 11.2.2)。

(1) 层流区。这是低雷诺数时的流动情形 (也就是在 d 和 ν 为常数的条件下低流速的情形)。在此区内黏滞力起主要作用, 线性达西定律成立。该区上限的雷诺数在 1~10。

(2) 过渡区。随着雷诺数的增大我们会观测到一个过渡区。在该区的下部, 从黏滞力起主要作用的层流状态逐渐变为惯性力支配流动的另一种层流状态。而在该区的上部流动则逐渐变为紊流。惯性力起主要作用的层流区一般称为非线性层流区。某些研究者认为, 非线性层流区上限的雷诺数为 100。

(3) 紊流区。当 Re 很大时我们就观测到紊流区。

达西定律仅在层流区成立。

4. 水力传导系数与渗透率

达西定律表达式中, 所包含的比例系数 K 称为水力传导系数或渗透系数。在各向同性介质中, 我们将水力传导系数定义为单位水力梯度的比流量。水力传导系数是一个表示多孔介质输运流体能力的物理量 (量纲为 L/T)。所以, 它与流体及骨架的性质有关。相应的流体性质为密度 (ρ) 及动力黏度 (μ) 或它们的组合形式 —— 运动黏度 ν, 而相应的骨架性质主要是粒径 (或孔径) 分布、颗粒 (或孔隙)、形状、比表面、弯曲率及孔隙率。从达西定律的理论推导或量纲分析可以看出, 水力传导系数可表示为

$$K = k\gamma/\mu = kg/\nu \tag{11.2.11}$$

式中, k(量纲 L^2) 称为多孔骨架的渗透率或内在渗透率, 它仅与骨架性质有关; γ/μ 表示流体性质的作用。达西定律亦可以写为

$$q_i = -K\frac{\partial \varphi}{\partial x_i} = -(k\rho g/\mu)\partial(p/\rho g)/\partial x_i \tag{11.2.12}$$

对于水, 则

$$q_i = -(k/\mu)\partial p/\partial x_i \tag{11.2.13}$$

实践中所使用的水力传导系数 K 的单位是各式各样的, 水文工作者喜欢用 m/s 作单位; 而土壤科学工作者常用 cm/s 作单位。

在米制中, 渗透率 k(量纲 L^2) 的单位是 cm^2 或 m^2。对于 20°C 的水有以下换算关系:

$$K = 1\mathrm{cm/s} \ \ 相当于 \ \ k = 1.02\times 10^{-5}\mathrm{cm}^2 \tag{11.2.14}$$

工程中常用的渗透率单位是 D。这个单位是根据公式

$$k = (Q/A)\mu/(\Delta P/\Delta x)$$

得到的, D 可定义为

$$1\mathrm{D} = \frac{[1(\mathrm{cm}^3/\mathrm{s})/\mathrm{cm}^2]\cdot 1\mathrm{cP}}{1\mathrm{atm/cm}} \tag{11.2.15}$$

因此, 如果完全充满介质空隙空间的、黏度为 1cP 的一种单相流体, 在每厘米一个大气压力或与此相当的水力梯度作用下通过截面积为 $1\mathrm{cm}^2$ 的流量为 $1\mathrm{cm}^3/\mathrm{s}$, 则我们说这介质的渗透率为 1D。

在公式 (11.2.15) 中, $1\mathrm{cP}=10^{-2}\mathrm{P}=10^{-2}\mathrm{D\cdot s/cm^2}$, $1\mathrm{atm}=1.0312\times10^{6}\mathrm{D/cm^2}$。对于 20°C 的水而言, 由达西换算成面积单位的公式是

$$1\mathrm{D} = 9.8697\times 10^{-9}\mathrm{cm}^2$$

$$= 9.613 \times 10^{-4} \text{cm/s}$$

在许多情况下, D 太大, 因而常用单位是 10^{-3}D 记为 mD。

表 11.2.1(Irmay, 1954) 列出了渗透系数和渗透率的一些典型数值。表中的 K 是根据美国农垦局的方法, 用水力传导系数的分级单位表示的,

$$K_{\mathrm{c}} = -\lg K(\text{cm/s})$$

表 11.2.1　渗透率的典型数值(Irmay, 1954)

<table>
<tr><td>渗透率</td><td colspan="3">渗透的</td><td colspan="3">半渗透的</td><td colspan="3">不渗透的</td></tr>
<tr><td>含水层</td><td colspan="3">好</td><td colspan="4">差</td><td colspan="2">不</td></tr>
<tr><td rowspan="2">土</td><td>洁净的砾石</td><td colspan="2">洁净的砂或砂砾石</td><td colspan="4">极细的砂、粉砂、黄土、垆坶、碱土</td><td colspan="2"></td></tr>
<tr><td colspan="2"></td><td colspan="2">泥炭</td><td colspan="3">层状黏土</td><td colspan="2">未风化黏土</td></tr>
<tr><td>岩石</td><td colspan="2"></td><td colspan="3">含油岩石</td><td colspan="2">砂岩</td><td>完好的岩灰岩、白云岩</td><td>角砾岩花岗岩</td></tr>
</table>

lg$K$/mD　8　7　6　5　4　3　2　1　0　-1　-2　-3　-4　-5

11.2.2　裂隙介质中的流动定律

当岩体介质中裂缝展布长, 而又不密集时, 裂隙介质表征体积单元很大, 其尺度达百米甚至更大, 我们称这一类岩石介质为块裂介质, 对于这一类介质所拟采用的研究方法是裂隙 (结构面) 与基质岩块 (结构体) 耦合的分析方法。

从 20 世纪 50 年代起, 苏联学者就开始对裂隙水力学做试验研究, 其后经过许多学者如 Romm(1966)、Snow(1965; 1969)、Louis(1974)、Witherspoon 等 (1980) 的努力, 基本搞清了裂隙岩体渗流的规律。

1. 单一裂缝水力学模型

(1) 等宽度裂隙模型。对壁面光滑的细小缝隙, 水流运动规律为 (Louis,1974)

$$q = K_{\mathrm{f}} J_{\mathrm{f}} \quad (\text{层流}) \tag{11.2.16}$$

式中, q 为平均流速; K_{f} 为裂隙渗透系数; J_{f} 为裂隙内水力梯度。其渗透系数为

$$K_{\mathrm{f}} = \frac{gd^2}{12\nu} \tag{11.2.17}$$

式中, g 为重力加速度; d 为裂缝宽度; ν 为运动黏滞系数。实际岩体中的裂隙面粗糙不平, 并常有充填物阻塞。Louis 将式 (11.2.17) 作了如下修正:

$$K_{\mathrm{f}} = \frac{\beta gd^2}{12\nu C} \tag{11.2.18}$$

式中, β 为裂隙内连通面积与总面积之比, 称为连通系数; C 为裂隙面相对粗糙度修正系数。

$$C = 1 + 8.8 \left(\frac{\varDelta}{2d}\right)^{1.5} \tag{11.2.19}$$

式中, Δ 为裂隙不平整度。

(2) 沟槽流模型。由于裂隙宽度很小, 绝大部分水流集中在缝宽较大的少数沟槽内, Tsang(1987) 把这一现象称为沟槽现象, 而提出沟槽流模型, 其渗透系数采用

$$K_{\mathrm{f}}=\frac{gd^3}{12\nu} \tag{11.2.20}$$

渗流方程可以写为

$$q=\frac{gd^3}{12\nu}J_f \tag{11.2.21}$$

即 q 与裂隙的宽度 d 的立方成比例, 称之为立方定理。

2. 裂隙岩体介质 (裂隙组) 的渗透规律

Romm(1966) 假定裂隙岩体为拟连续介质体, 水在整个岩体中的流动用达西定律的形式:

$$\boldsymbol{q}=K_{\mathrm{f}}\frac{d}{L}J \tag{11.2.22}$$

式中, d 为裂隙的宽度; L 为裂隙间距。将式 (11.2.17) 代入式 (11.2.22) 则得裂隙组的渗透系数为

$$K_{\mathrm{e}}=\frac{gd^3}{12\nu L} \tag{11.2.23}$$

对于宽度不等, 不平行的裂隙流可以采用渗透张量变换与加权等方法处理。

Louis 认为裂隙组的渗透系数应为

$$K=K_{\mathrm{f}}\frac{d}{L}+K_{\mathrm{m}}\quad(\text{层紊流均适用}) \tag{11.2.24}$$

式中, L 仍为裂隙平均间距; K_{m} 为基质岩块的渗透系数。

大量实验表明, 裂隙所受的应力对其渗透系数影响很大, Snow(1969) 提出了如下裂隙渗流公式:

$$K_{\mathrm{h}}=K_0+A\left(\frac{\rho gd^2}{4\mu L}\right)\left(\frac{\sigma-\sigma_0}{K_{\mathrm{n}}}\right) \tag{11.2.25}$$

式中, K_{h} 为水平裂隙的渗透系数; K_0 为初始应力 σ_0 作用下的渗透系数; d 为裂隙的张开度, K_{n} 为裂隙法向刚度; A 为系数; L 为裂隙间距。

3. 裂隙岩体渗透系数的确定

裂隙岩体的渗透系数确定, 可归结为实验室方法与现场测试方法。目前广泛采用的是现场测试方法, 大致有单孔压水试验法、三段压水试验法、修正渗透张量的压水试验法。这几种方法都是通过现场钻孔的压水试验测试结果来间接确定裂隙岩体渗透系数的。尽管这些方法得到了世界的公认, 但作者认为, 由于其试验耗资大, 且数据离散度较高, 所得到的参数仅限于特定的地质环境, 因此很难作为一种科学的方法而普遍推广。

单一裂缝渗透系数的室内实验可以采用如图 11.2.3 所示的设备与方法进行。

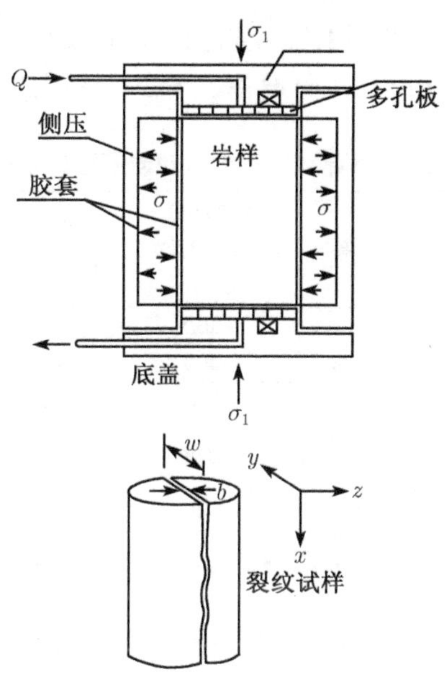

图 11.2.3 裂隙渗透系数三轴仪简图 (Elsworsh,1989)

11.3 流固耦合作用下渗流规律

11.3.1 应力与孔隙压作用的渗流特征

对于那些表征体积单元不大的拟连续介质岩体, 可应用对达西定律的修正方法进行研究, 因为这类介质的渗流通道是裂隙与孔隙共同构成的。所谓修正, 就是把渗透系数 K 看成应力与孔隙压的函数, 通过大量实验给出其关系式, 国内外对此进行了大量的现场与实验室研究工作。

Jones(1975) 提出了碳酸钙岩石裂隙渗透系数 K 的经验方程为

$$K = K_0[\lg(P_{\rm h}/P)]^3 \tag{11.3.1}$$

式中, K_0 为常数; $P_{\rm h}$ 为裂隙闭合时的有效应力 $k=0$。

1976 年 Louis 和 Peuga 根据大量在裂隙岩体中各种深度的钻孔抽水试验结果, 得出应力对渗透系数影响的经验公式为

$$\begin{aligned} K &= K_0 \exp(-a\sigma) \\ \sigma &= \gamma H - p \end{aligned} \tag{11.3.2}$$

式中, K_0 为地表渗透系数; γH 为覆盖岩层的重量; p 为水压力; a 为系数, 取决于岩石的裂隙性态。

Christopher 等 (2003) 研究了循环加卸载下围压对岩石渗透性的影响, 见表 11.3.1。

11.3.2 体积应力与孔隙压共同作用下的渗流规律

1987~1994 年, 赵阳升等系统地研究了各种煤体的水力传导系数规律。研究表明, 煤体介质是一种裂隙结构的岩石材料, 其研究方法可以采用拟连续介质力学的研究方法。它是通

过测量在三轴应力作用下煤样渗透系数而获得的。这种实验方法对大多数裂隙较发育的岩石也是适用的。下面较详细地介绍此实验设备、方法及获得的规律。

表 11.3.1　循环加载下围压对岩石渗透性的影响

断层岩石区域	断层岩石类型	试件编号	距离断层 MTL 的位置/m	试件长度/mm	渗透率/10^{-18}m^2		
					50 MPa	100 MPa	200 MPa
Ryoke 糜棱岩	盖骨状	E25-x	−400	12.1	4.5	0.653	0.0258
	糜棱岩	E25-z	−400	18.0	1.92	0.193	0.034
不规则碎裂糜棱岩	胶结碎屑岩	E17	−245	31.0	701	23.1	1.44
	人工碎裂 胶结碎屑岩	E17 refrac	−245	31.0	8600	2660	501
	角砾状岩石	E27	−140	23.2	228	19	2.69
碎裂岩	胶结叶状碎裂岩 碎裂岩	A16	−2	26.7	235	0.367	0.00903
	松散叶状 碎裂岩	A16	−0.1	32.3	1340	36.8	0.665
	细圆颗粒状碎屑	A3b	−0.04	73.8	11700	3430	55.6
	粗糙白	Cb	−0.03	14.5	1100	28	0.94
	色碎屑	6a	−0.02	12.3	2075	55.58	
逆滑错动区域	超细粒	4a-x	0.01	16.4	54	0.0006	0.00355
	碎屑	4a-z	0.01	11.1	48.6	0.00312	
	极细碎屑	4b	0.04	15.3	299	0.389	
	细碎屑	4c	0.08	29.0	163	0.3048	
Sambagawa 叶状碎屑岩	叶状碎屑岩	6c	0.1	13.6	134	4.19	
	叶状碎屑岩	6d	0.2	28.4	55	1.536	
	叶状碎屑岩	13E	0.8	12.7	20.83	3.07	
	叶状碎屑岩	A3a	1.2	46.9	299	21.8	0.719
	叶状碎屑岩	F7a	4.5	23.7	4330	214	6.72
Sambagawa 片岩	变泥质片岩	D1	80	31.7	187	0.983	0.211
小断层	粗糙碎屑岩	5-1	200	12.0	549	48.5	

实验设备是 1988 年山西矿业学院研制的煤岩三轴渗透试验台, 取名为 MDS–200 型渗透试验台, 其结构见图 11.3.1。该设备的核心是 “三轴渗透仪”。考虑到拟连续介质岩体表征体积单元较大, 因此, 在研制该渗透仪时选择岩样尺寸为 100mm×100mm×200mm 的长方体试件, 它可以包括比较多的裂隙。设备的另外一个特点是轴压、侧压与水压均设置了稳压器, 用以稳定试验过程中的各个压力, 以防止压力波动降低数据的可信度。

煤岩体渗透试验的关键是煤岩样侧压与胶套侧壁之间的密封问题, 这是研究者最关心的, 也是最难的。实验使侧压大于孔隙压, 按照力的平衡原理, 孔隙压将无法打开接触面, 从而达到侧向密封的目的。为了证明以上结论的正确性, 曾作了侧壁无渗透的证明试验, 证明 $p \leqslant \sigma_2 - 0.5$ 时, 侧壁绝对不渗漏。试验中为保险起见, 均取 $p \leqslant \sigma_2 - 1$。

试验方法: 首先将煤岩样置入三轴应力渗透系数测量仪内, 将轴压、侧压加到预定的初值, 为防止实验过程中注入水压的变化对围压和轴压的影响, 使实验精度下降, 同步将侧压和轴压系统保压, 这是此类实验所必不可少的, 并同时测量煤体变形; 然后, 加水压 1~2MPa,

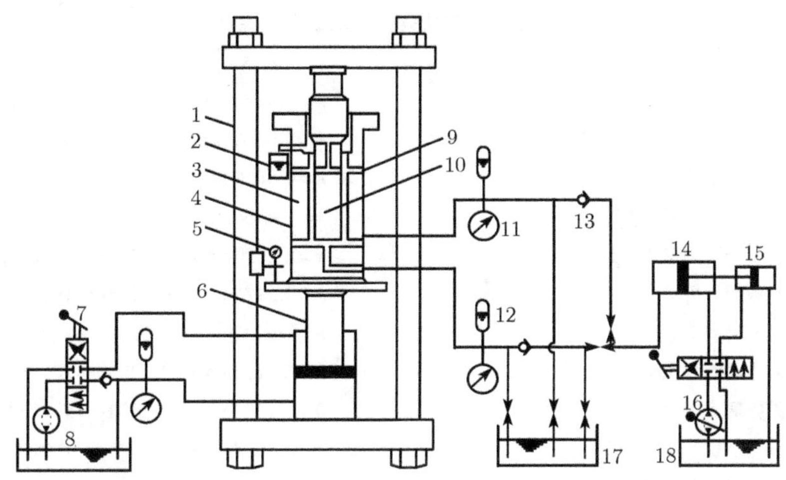

图 11.3.1 煤岩渗透试验台原理图 (MDS-200 型)

1- 加载机架; 2- 量杯; 3- 三轴渗透仪; 4- 皮套; 5- 千分表; 6- 加载油缸; 7- 操作阀; 8- 电动油泵; 9- 放气口; 10- 试件; 11- 压力表; 12- 蓄能器; 13- 单向阀; 14- 注水油缸; 15- 吸水油缸; 16- 手动油泵; 17- 水箱; 18- 油箱

浸湿煤岩样 3 小时以上, 排除实验中岩样吸水误差, 再进行测定渗透系数的实验。考虑到实验数据的离散性, 建议对实验煤岩样, 选取三个典型地质单元的地点取样, 每个点取一组岩样, 共三块。这样三组九块试样的试验结果, 在指数意义下取平均值, 并进行拟合, 即可以获得与实验较为吻合的渗透系数公式。1987~1994 年, 我们先后对二十多个煤矿的煤层煤样进行了实验测定, 通过实验数据的分析, 给出了煤样渗透系数与体积应力、孔隙压的指数规律, 为方便计, 渗透系数转化为渗透率表示。其拟合的渗透率公式为

$$k = a\exp(-b\Theta + cp) \tag{11.3.3}$$

式中, a, b, c 分别为拟合常数; k 为渗透率, mD; p 为平均孔隙水压, MPa; $\Theta = \sigma_1 + \sigma_2 + \sigma_3$ 为体积应力, MPa。各矿煤样试验数据拟合结果见表 11.3.2。

在详细分析各试验资料的基础上, 得出其渗透率初值 a, 它主要由孔隙率与裂隙条数 N 共同决定, 一般说来, 裂隙条数 N 与孔隙率高的煤体, 其渗透率初值 a 大, 而系数 b 与 c 则取决于岩样的强度与变形模量, 一般说来, 呈反比关系变化。

显然, 式 (11.3.3) 较 Louis 等提出的式 (11.3.2) 更为普遍。Louis 提出的渗透系数公式的变量采用有效应力 $\sigma = \gamma H - p$, 这一公式存在两点不足: 一是表示一维应力状态; 二是该有效应力仅适用于土体一类多孔介质材料。另外该结论是通过大规模的工业性试验给出的, 对于具体的岩层, 很难确定其系数, 而式 (11.3.3) 则可以通过较为简单的实验获得。

11.3.3 体积应力、剪应力与孔隙压对煤体渗透性的影响

赵阳升等 (1994a) 考虑到应力与孔隙压对渗透性的影响主要表现在孔隙和裂隙张开度的变化, 提出了体积应力与孔隙压影响的岩石渗透系数公式, 清楚表明: 煤体的渗透系数 k 随体积应力 Θ 的增加呈负指数规律衰减, 即随煤层埋藏深度的增加而减小; 随孔隙水压力 p 的增加呈正指数规律增加。

表 11.3.2　各矿煤样渗透率拟合曲线表

煤层	渗透率拟合曲线方程/mD
1 西山矿务局西铭矿 8# 煤	k=1.9426exp(−0.1990Θ+0.5508p)
2 晋城矿务局古书院矿 3# 煤	k=0.0842exp(−0.0432Θ+0.1168p)
3 潞安矿务局王庄矿 3# 煤	k=0.2519exp(−0.1028Θ+0.1467p)
4 汾西矿务局水峪矿 10# 煤	k=1.445exp(−0.1224Θ+0.2017p)
5 大同矿务局忻州窑矿 11# 煤	k=2.1690exp(−0.1244Θ+0.1266p)
6 阳泉矿务局一矿 3# 煤	k=2.2173exp(−0.1553Θ+0.1987p)
7 鸡西矿务局滴道矿	k=7.9491exp(−0.2213Θ+0.2628p)
8 乌达矿务局苏海图矿 12# 煤	k=5.1777exp(−0.1259Θ+0.1367p)
9 鹤壁矿务局五矿二 1 煤	k=1.1350exp(−0.1334Θ+0.1284p)
10 古交矿区西曲矿 8# 煤	k=0.6806exp(−0.0678Θ+0.0281p)
11 兖州矿务局兴隆庄矿 3# 煤	k=0.2105exp(−0.1261Θ+0.2165p)
12 兖州矿务局南屯矿 3# 煤	k=0.0606exp(−0.1220Θ+0.1469p)
13 兖州矿务局鲍庄矿 3# 煤	k=0.1740exp(−0.1317Θ+0.1249p)
14 兖州矿务局东滩矿 3# 煤	k=0.2525exp(−0.1611Θ+0.2905p)
15 西山矿务局官地矿 9# 煤	k=3.1968exp(−0.1958Θ+0.1887p)
16 霍州矿务局团柏矿 1# 煤	k=4.9010exp(−0.1187Θ+0.0697p)
17 霍州矿务局团柏矿 2# 煤	k=9.2402exp(−0.0908Θ+0.0141p)
18 霍州矿务局南下庄矿 2# 煤	k=2.4798exp(−0.0805Θ+0.0451p)
19 霍州矿务局白龙矿 1# 煤	k=2.6752exp(−0.1303Θ+0.1500p)
20 霍州矿务局曹村矿 11# 煤	k=1.3575exp(0.1041Θ+0.1031p)
21 霍州矿务局辛置矿 10# 煤	k=3.1716exp(−0.1020Θ+0.0784p)
22 荫营矿 15# 煤	k=0.5525exp(−0.0993Θ+0.0540p)
23 高平市唐安矿 3# 煤	k=0.4078exp(−0.1629Θ+0.0234p)
24 太原煤气公司加乐泉 2,3# 煤	k=0.9717exp(−0.0906Θ+0.1399p)

剪应力对渗透性的影响, 在学术界一直存有争议。通过对实验数据的再剖析, 发现原来的实验实际上包含了剪应力的作用, 为此对实验结果进一步的分析来研究剪应力对渗透性的影响, 剪应力采用八面体剪应力。将煤体渗透率与体积应力、孔隙压、剪应力按指数规律拟合为如下公式:

$$k = a\exp(-b\Theta + cp + d\tau_8) \tag{11.3.4}$$

式中, a, b, c, d 分别为拟合常数; k 为渗透率, mD; p 为平均孔隙压, MPa; $\Theta = \sigma_1 + \sigma_2 + \sigma_3$ 为体积应力, MPa; τ_8 为八面体剪应力, $\tau_8 = \dfrac{1}{3}\sqrt{(\sigma_1 - \sigma_2)^2 + (\sigma_2 - \sigma_3)^2 + (\sigma_3 - \sigma_1)^2}$, MPa。

各矿煤样试验数据拟合结果详见表 11.3.3。

将煤体的渗透率 k 与体积应力 Θ 进行拟合, 如图 11.3.2 所示, 渗透率 k 随体积应力 Θ 增大呈负指数规律下降。当体积应力增大时, 煤体被压缩, 颗粒之间越来越紧密, 孔隙变小, 孔隙之间的连通性变差, 煤体的渗透率降低。当体积应力增加到一定程度时, 上述变化要显著减慢。这一事实表明, 当体积应力较小时, 煤体的渗透率受体积应力作用较为敏感, 当体积应力较大时, 对渗透性的影响敏感性降低, 整体上呈负指数规律衰减。

表 11.3.3 渗透率拟合曲线方程

煤层	孔隙率/%	考虑体积应力与孔隙压的渗透率拟合曲线方程 $k=a\exp(-b\Theta+cp)$	复相关系数 R_1	考虑体积应力、八面体剪应力与孔隙压的渗透率拟合曲线方程 $k=a\exp(-b\Theta+cp+d\tau_8)$	复相关系数 R_2
乌达矿务局苏海图矿 12# 煤	5.91	$k=5.3372\cdot\exp(-0.1270\Theta+0.0711p)$	0.9880	$k=5.3506\exp(-0.1269\Theta+0.0707p+0.0020\tau_8)$	0.9880
太原煤气总公司加乐泉 2#, 3# 煤	6.75	$k=0.9718\cdot\exp(-0.0906\Theta+0.0700p)$	0.9924	$k=0.9756\exp(-0.0903\Theta+0.0696p+0.0052\tau_8)$	0.9924
西山矿务局官地矿 9# 煤	6.79	$k=3.1967\cdot\exp(-0.1658\Theta+0.1887p)$	0.9472	$k=3.2628\exp(-0.1269\Theta+0.1642p+0.0196\tau_8)$	0.9473
兖州矿务局南屯矿 3# 煤	3.26	$k=0.0549\cdot\exp(-0.1129\Theta+0.0348p)$	0.9186	$k=0.0555\exp(-0.1121\Theta+0.0377p+0.0114\tau_8)$	0.9187
阳泉矿务局一矿 3# 煤	6.07	$k=1.3051\cdot\exp(-0.1184\Theta+0.0794p)$	0.8883	$k=1.3040\exp(-0.1195\Theta+0.0804p+0.0081\tau_8)$	0.8884
兖州矿务局东滩矿 3# 煤	2.56	$k=0.2537\cdot\exp(-0.1611\Theta+0.0437p)$	0.9872	$k=0.2655\exp(-0.1563\Theta+0.1351p+0.0558\tau_8)$	0.9887
鹤壁矿务局五矿 2# 煤	7.58	$k=0.9964\cdot\exp(-0.1173\Theta+0.0481p)$	0.9777	$k=1.0289\exp(-0.1133\Theta+0.0421p+0.0456\tau_8)$	0.9792
兖州矿务局鲍店矿 3# 煤	2.76	$k=0.1729\cdot\exp(-0.1241\Theta+0.0528p)$	0.9719	$k=0.1825\exp(-0.1185\Theta+0.0158p+0.0663\tau_8)$	0.9747
霍州矿务局白龙矿 1# 煤	6.28	$k=2.5482\cdot\exp(-0.1291\Theta+0.0797p)$	0.9826	$k=2.3762\exp(-0.1344\Theta+0.0905p+0.0676\tau_8)$	0.9857
霍州矿务局辛置矿 10# 煤	5.29	$k=2.7699\cdot\exp(-0.0999\Theta+0.0622p)$	0.9449	$k=2.5860\exp(-0.1051\Theta+0.0739p+0.0658\tau_8)$	0.9496
汾西矿务局水峪矿 10# 煤	7.35	$k=06991\cdot\exp(-0.0875\Theta+0.1072p)$	0.8422	$k=0.6569\exp(-0.0923\Theta+0.1142p+0.0594\tau_8)$	0.8464
晋城矿务局古书院矿 3# 煤	4.10	$k=0.6794\cdot\exp(-0.1418\Theta+0.1842p)$	0.9006	$k=0.7112\exp(-0.1212\Theta+0.1778p+0.2659\tau_8)$	0.9056
西山局西铭矿 8# 煤	7.74	$k=3.1629\cdot\exp(-0.2116\Theta+0.4782p)$	0.8885	$k=2.6512\exp(-0.2258\Theta+4989p+0.1744\tau_8)$	0.8959
大同矿务局忻州窑矿 11# 煤	8.11	$k=1.9276\cdot\exp(-0.1155\Theta+0.0584p)$	0.9142	$k=2.2542\exp(-0.1034\Theta+0.0406p+0.1496\tau_8)$	0.9278
霍州矿务局南下庄矿 2# 煤	8.38	$k=2.1378\cdot\exp(-0.0775\Theta+0.0403p)$	0.9302	$k=1.9276\exp(-0.0854\Theta+0.0563p+0.1001\tau_8)$	0.9477
潞安矿务局王庄矿 3# 煤	10.0	$k=0.1701\cdot\exp(-0.0782\Theta+0.0777p)$	0.8680	$k=0.1550\exp(-0.0870\Theta+0.0952p+0.0973\tau_8)$	0.8853
霍州矿务局曹村矿 11# 煤	6.87	$k=1.1983\cdot\exp(-0.1018\Theta+0.0684p)$	0.9551	$k=1.0349\exp(-0.1269\Theta+0.1129p+0.1417\tau_8)$	0.9769
古交矿区西曲矿 8# 煤	4.48	$k=0.4895\cdot\exp(-0.1018\Theta+0.0433p)$	0.8335	$k=0.6574\exp(-0.1269\Theta+0.0951p+0.2357\tau_8)$	0.8541
兖州矿务局兴隆庄矿 3# 煤	2.48	$k=0.2047\cdot\exp(-0.1185\Theta+0.0741p)$	0.9040	$k=0.2367\exp(-0.1034\Theta+0.0475p+0.1776\tau_8)$	0.9275
霍州矿务局团柏矿 1# 煤	6.27	$k=4.1616\cdot\exp(-0.1145\Theta+0.0504p)$	0.9352	$k=3.3475\exp(-0.1310\Theta+0.0841p+0.21050\tau_8)$	0.9696
霍州矿务局团柏矿 2# 煤	5.93	$k=8.290\cdot\exp(-0.0894\Theta+0.0231p)$	0.9331	$k=6.7924\exp(-0.1045\Theta+0.0540p+0.1926\tau_8)$	0.9773

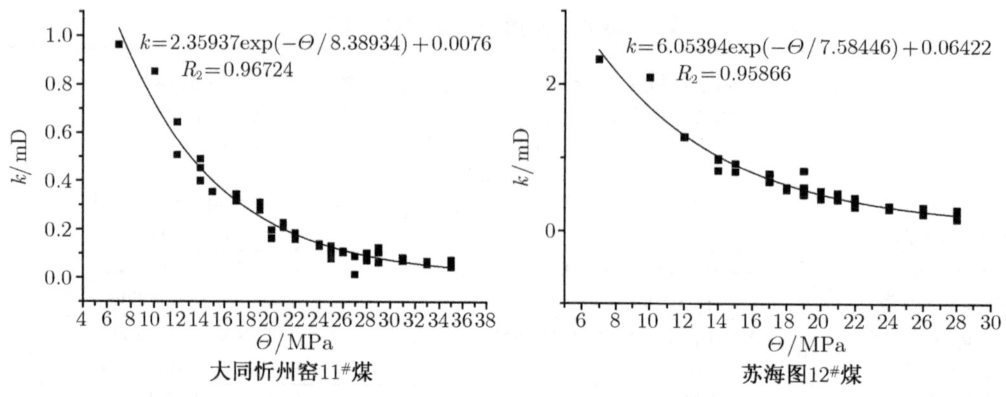

图 11.3.2 体积应力对渗透性影响的分析

图 11.3.3 为渗透率 k 与八面体剪应力的拟合曲线, 从图 11.3.3 可见, 整体上剪应力 τ_8 对渗透率 k 的影响较小。仅在剪应力 τ_8 小于 1.5MPa 区间, 渗透率受剪应力影响偏大。当剪应力大于 1.5MPa 时, 渗透率受剪应力影响很小, 呈现波动变化。由图 11.3.2 和 11.3.3 可见, 在同时考虑体积应力和剪应力的影响时, 拟合后的复相关系数 R_2 比单纯考虑体积应力的复相关系数 R_1 略有增加, 在分析的 21 个矿的煤样中, 复相关系数不变的有 2 项, 复相关系数增加率小于 1%的有 11 项, 大于 1%小于 2%的有 3 项, 大于 2%小于 3%的有 3 项, 大于 3%小于 4.7%的有 2 项, 说明剪应力是有一些影响的, 但相比之下很小。分析表 11.3.3 拟合常数 d 的正负号, 在 21 组数据中, 有 11 组为负, 10 组为正, 波动性较大, 也说明了剪应力对渗透率的影响不大, 在许多情况可以忽略。

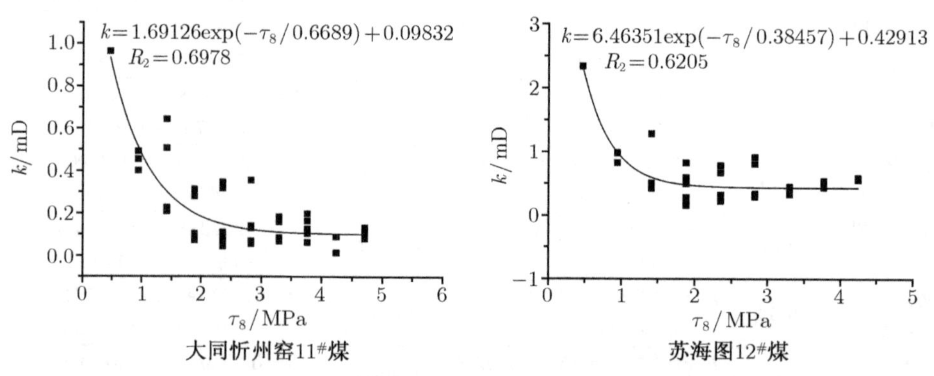

图 11.3.3 八面体剪应力对渗透性影响的实验曲线

11.3.4 三维应力下侧向应力对裂缝渗透系数影响的实验与理论分析

岩体裂缝的渗流规律始终是国际多孔介质传输与岩石力学界关注与研究的课题, 就含单一裂缝的岩体模型而言, 除受作用于裂缝的法向应力之外, 还同时受平行于裂缝的两个侧向应力的作用, 两个侧向应力是否对裂缝渗流有影响, 其影响规律如何, 是岩石力学界一直未能解决的问题, 甚至形成了模糊的认识。所见到的关于裂缝渗透、水力传导性的应力影响的实验参考文献, 均是仅施加围压, 或单一的作用于裂缝的法向应力。而关于裂缝法向应力对渗透性的影响早已十分清楚, 并被学术界认可。当前的问题是平行于裂缝的两个侧向应力如何影响裂缝的渗透性。

Bai 等 (1999) 对三维应力作用下裂缝渗透性变化也进行了一些研究, Elsworth 和 Xiang (1989), Bai 和 Elsworth(1994) 提出了用法向变形与剪切变形表述的渗透系数变化式, 清楚说明裂缝法向变形和切向变形对裂缝渗透性的影响的显著性。Bai 等 (1999) 进一步对上述公式做解析推演, 给出了用三维应力表达的 i 方向的裂缝渗透系数公式。该公式表明, 平行于裂缝的两个侧向应力与法向应力的作用完全相反, 亦即平行于裂缝的两个侧向应力越大, 渗透系数越大。Zhang 等 (2007) 进一步对三维应力的影响的 i 方向的裂缝渗透系数公式做了更清晰的表述:

$$K_{\mathrm{f}i}=K_{\mathrm{f}0i}\left\{1-\left(\frac{1}{K_{nj}b_j}+\frac{1}{K_{nj}s_j}+\frac{1}{E_r}\right)[\Delta\sigma_j-\nu_r(\Delta\sigma_k+\Delta\sigma_i)]\right\}^3 \tag{11.3.5}$$

这一公式就更清楚地说明, 平行于裂缝的侧向应力的作用与法向应力完全相反。即法向应力使裂缝渗透系数减小, 而侧向应力使得裂缝渗透系数增大。上述结果与我们关于三轴应力下作用单一裂缝的渗透系数试验结果是矛盾的, 也与常规判断矛盾。

1. 3D 应力对裂缝渗流的影响规律

分析如图 11.3.4 所示物理模型, 该模型由裂缝和两个基质岩块所组成, 为便于分析单一裂缝的渗流规律, 假设基质岩块不渗透。平行于裂缝两个方向的变形是通过求解含裂缝在内的两个基质岩块的一个静不定问题得到的, 由于裂缝很薄, 因此可以认为裂缝的侧向变形等于两个基质岩块的横向变形。

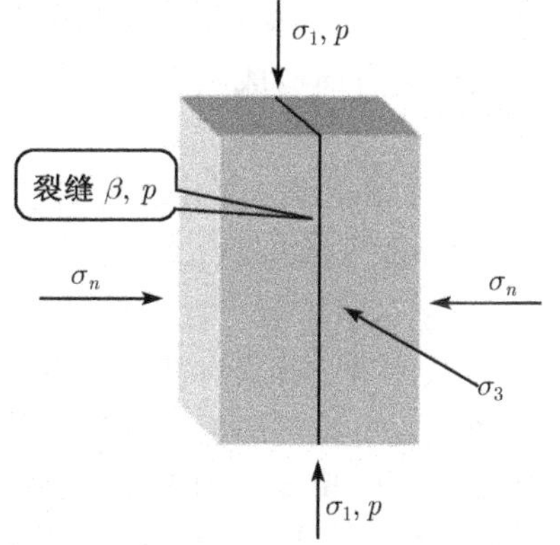

图 11.3.4 三维应力作用下的岩体单一裂缝渗流模型

进一步按照裂缝变形的本构方程有 (周维垣, 1990)

$$u=d_0\left[1-\exp\left(-\frac{\sigma_n}{k_n}\right)\right] \tag{11.3.6}$$

并得到变形后的裂缝宽度为

$$d=d_0-u=d_0\exp\left(-\frac{\sigma_n}{k_n}\right) \tag{11.3.7}$$

并假设裂缝的法向与横向变形均以负指数规律的形式对渗透系数初值产生影响, 可以给出如下的形式:

$$K_{\mathrm{f}}=K_{\mathrm{f0}}\exp(-b\varepsilon_n-c\varepsilon_{\mathrm{s}}) \tag{11.3.8}$$

在上述几个假设下, 推得三维应力下的侧向与法向变形, 进而获得

$$K_{\mathrm{f}}=K_{\mathrm{f0}}\exp\left\{-b\left[\frac{\sigma_n-\beta p}{k_n}\right]-c\left[\frac{1-\nu_{\mathrm{r}}}{E_{\mathrm{r}}}(\sigma_1+\sigma_3)-\frac{2\nu_{\mathrm{r}}}{E_{\mathrm{r}}}\sigma_n\right]\right\} \tag{11.3.9}$$

式中, K_{f0} 与 K_{f} 分别为裂缝不受力状态和受力状态下的渗透系数; b 和 c 分别为法向与侧向应力对裂缝的影响系数; β 为裂缝连通系数; k_n 为裂缝的法向刚度; σ_n 为裂缝法向应力; σ_1 和 σ_3 分别为裂缝的两个侧向应力; E_{r} 与 ν_{r} 分别为裂缝岩石基质岩块的弹性模量与泊松比; p 为裂缝流体压力。式 (11.3.9) 即为三维应力作用下, 考虑法向应力与侧向应力影响的裂缝渗透系数解析表达式。若令 (11.3.9) 式中的 $\sigma_1=\sigma_3=0$, 即为单向应力状态的渗透系数计算

式：

$$k_{\mathrm{f}} = k_{\mathrm{f0}} \exp\left[-b\left(\frac{\sigma_n - \beta p}{k_n}\right) + c\frac{2\nu_{\mathrm{r}}}{E_{\mathrm{r}}}\sigma_n\right] \tag{11.3.10}$$

从式 (11.3.10) 可以看出，裂缝的渗透系数随法向应力的增加而减小，但要减去法向应力引起的侧向变形的影响，随有效孔隙压力的增加而增大。当存在裂缝的侧向应力时，随裂缝侧向应力的增加其渗透系数也在减小，而不是 Bai 等 (1999) 和 Zhang 等 (2007) 给出的相反的结论，其原因是三维应力对裂缝变形的作用机理认识的差异，他们将包含裂缝和裂缝两侧的两个基质岩块当作一体，使用胡克定律研究和推导裂缝两侧的侧向应力对裂缝变形的影响，就导出了 Bai 等 (1999) 和 Zhang 等 (2007) 的结论。而本书则将裂缝看作为两个基质岩块外部的可变形介质研究，于是就给出相反的结论。

2. 3D 应力作用下单一裂缝渗流的实验结果

(1) 试样及制备。试样为石灰岩与煤样，石灰岩样采自中国山西太原东山煤矿井下，煤样采自中国山东兖州矿业集团东滩煤矿。试样尺寸为 100mm×100mm×200mm，石灰岩样加工成完整的实验样品后，采用劈裂方式，沿长度方向劈成两半，然后再拼到一起，形成一条含单一张性裂缝的石灰岩试样。煤样加工成 100mm×100mm×200mm 的试样后，采用直接剪切方式，沿长度方向剪成两半，形成一条剪切裂缝，然后再拼到一起，形成一个含单一剪切裂缝的煤样。

(2) 实验结果。采用太原理工大学的 MDS-200 型三轴渗透试验机进行实验。根据实验数据绘制为图 11.3.5~11.3.8，由图可见，在围压分别等于 3MPa, 4MPa, 5MPa 的情况下，煤体裂缝的导水系数随平行于裂缝的侧向应力的增加而减小，即使围压不同，影响幅度也基本相等。从图可见，石灰岩裂缝的导水系数依然是随平行于裂缝的侧向应力的增加而单调减小。但与煤相比，其侧向应力的影响程度稍小一些。由不同围压下的平行于裂缝的侧向应力的影响曲线可见，侧向应力对裂缝渗透系数的影响全部是应力越大，渗透系数越小，而没有任何一个相反的结论。这证明 Bai 等 (1999) 和 Zhang 等 (2007) 给出的理论结果是不正确的。

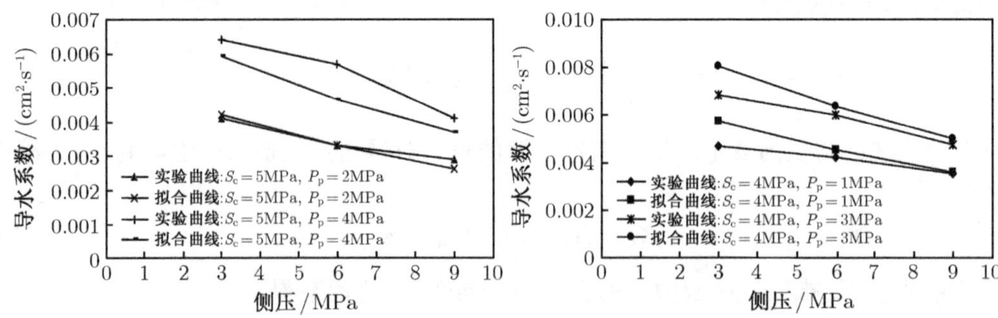

图 11.3.5 煤体导水系数受侧压的影响曲线

图 11.3.6 煤体导水系数受侧压的影响曲线

图 11.3.7 和图 11.3.8 所示为石灰岩裂缝试样在固定轴向应力 (即其中的一个侧向应力) 的条件下，围压变化与裂缝导水系数的相关曲线，从图可见，围压对裂缝导水系数的影响依然是围压增加，导水系数减小，而且影响程度要比单一的侧向应力大很多，这说明法向应力的作用更大一些，也说明在三维应力下的裂缝渗透系数研究中，必须区别法向应力与侧向应力。

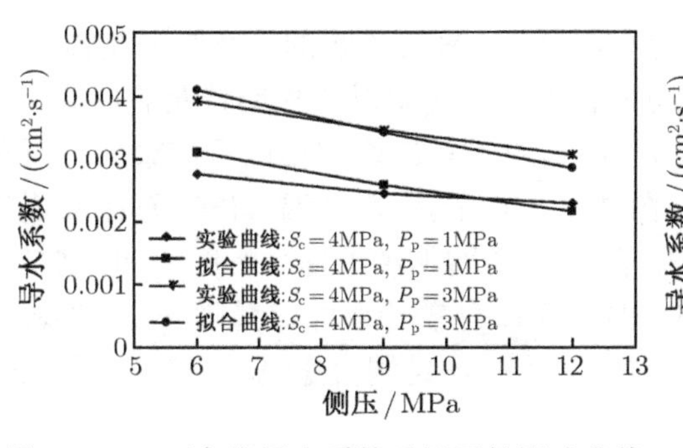

图 11.3.7 石灰岩导水系数受侧压的影响曲线

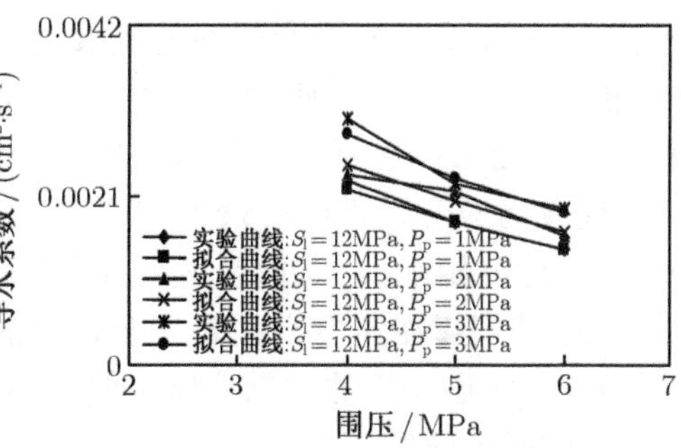

图 11.3.8 石灰岩导水系数受侧压的影响曲线

采用最小二乘法, 依据理论表达式 (11.3.9) 对实验结果做拟合分析, 其各个力学参数见表 11.3.4, 即可以分别获得煤和石灰岩裂缝的渗透系数的近似表达式。

表 11.3.4 实验煤样和石灰岩样的力学参数

岩样	裂缝初始张开度 d_0/cm	基质岩块泊松比 ν_r	裂缝连通系数 β	裂缝法向刚度 k_n /(MPa/cm)	基质岩块杨氏模量 /MPa	裂缝描述
太原东山煤矿奥陶纪石灰岩	0.01026	0.3	0.93396	1500	50000	张拉裂缝
兖州 $3^{\#}$ 煤	0.0186	0.35	0.4696	1000	10000	剪切裂缝

三维应力作用下, 煤体裂缝的渗透系数公式为

$$K_{\mathrm{f}} = 0.052757\exp\left[-0.0792\sigma_n + 0.170226p - 0.263004\left(\sigma_1 + \sigma_3\right)\right] \tag{11.3.11}$$

其相关系数为 85.56%。

三维应力作用下, 石灰岩裂缝的渗透系数公式为

$$K_{\mathrm{f}} = 0.00881\exp\left[-0.060304\sigma_n + 0.138253p - 0.102345\left(\sigma_1 + \sigma_3\right)\right]$$

其相关系数为 95.68%。

将煤和石灰岩在三维应力下的渗透系数的理论分析公式的拟合结论, 绘制到相应的实验图上, 获得不同侧向应力与围压的理论与实验结果对比图 (图 11.3.5~11.3.8), 由图可见, 理论与实验十分吻合。

11.3.5 蠕变、破裂等不可恢复变形下的渗透性变化研究

Korsnes 等 (2008) 研究了北海南部碳酸岩 (chalk) 石油储层平行与垂直层理的渗透率, 以及流变变形对渗透率的影响, 为清晰与简洁起见, 本书根据 R.L.Korsnes 等的实验结果, 绘制了蠕变与渗透率的关系图, 如图 11.3.9 所示, 实验揭示出该碳酸岩渗透性存

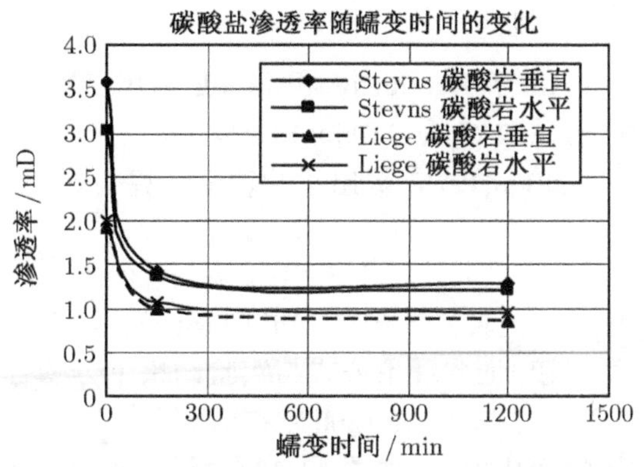

图 11.3.9 北海南部碳酸岩 (chalk) 平行与垂直层理渗透率随蠕变时间的变化

在明显的各向异性, 且随蠕变时间的延续, 渗透率降低, 但显著影响的蠕变时间是前 400 分钟。类似的研究还较少, 蠕变对渗透性的影响还需做更多的实验以寻求更普遍的规律。

朱珍德等 (2003) 进行了三峡永久船闸高边坡闪云斜长花岗岩和山西万家寨坝址石灰岩在经历全程应力应变过程中渗透性的变化, 如图 11.3.10 所示, 特别揭示出岩石在邻近峰值强度时, 渗透性开始增大, 峰值强度后的变形段, 随变形的增加渗透性大幅度增加, 这是岩石破裂所致, 这种规律在定性方面是完全正确的, 但是难以有较普遍的定量规律, 因为岩石破裂形态差异较大, 破裂后的大部分情况似乎不再服从层流, 而是湍流态流动, 缪协兴等 (2004) 也做了较多的类似研究。

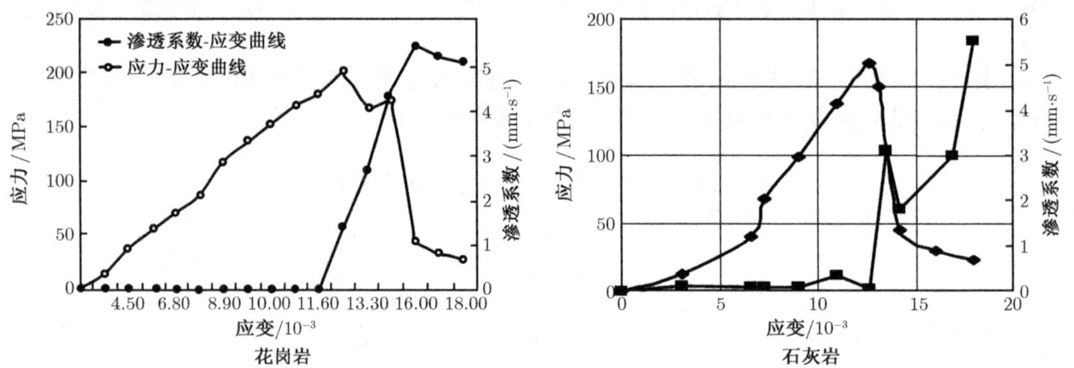

图 11.3.10 全应力 – 应变过程的渗透性变化曲线 (朱珍德等,2003)

11.3.6 岩石细观渗流规律的研究

对于不含裂隙的多孔介质而言, 其渗透性主要决定于岩石材料的孔隙率, 因此国际界做过许多的相关研究工作, 给出若干较为普遍形式的公式:

$$k = f_1(s)f_2(n)d^2 \tag{11.3.12}$$

式中, s 是一个表示颗粒 (或孔隙) 形状影响的无量纲参数; $f_1(s)$ 称为形状因数; $f_2(n)$ 称为孔隙率因数; d 是颗粒的有效粒径。通常用 C 表达形状与孔隙率因数的乘积, 则有

$$k = Cd^2 \tag{11.3.13}$$

1943 年 Krumbein 和 Monk 给出了粒径与渗透率的关系图曲线, 如图 11.3.11 所示, 其对应的系数 C 为 0.617×10^{-11}。

Dullien(1975) 提出了渗透率计算公式:

$$k_{\text{calc}} = nD_{\text{m}}^2/106$$

式中, k_{calc} 是渗透率; n 是孔隙率; D_{m} 是 Dullien 模型的孔隙直径, 并与 14 种砂岩的渗透率进行比较, 证明理论公式与实验结果十分吻合, 如图 11.3.13 所示。

Villar 与 Lloret(2004) 在研究了核废料处置的屏障层的特性, 揭示膨润土的渗透性随孔隙比的变化规律, 如图 11.3.12 所示, 由气体测出的渗透率随孔隙比呈指数规律变化, 其数值从 $10^{-12} \sim 10^{-16}\text{m}^2$, 而由水测得的渗透率随孔隙比的变化范围为 $10^{-19} \sim 10^{-21}\text{m}^2$, 服从对数规律变化。

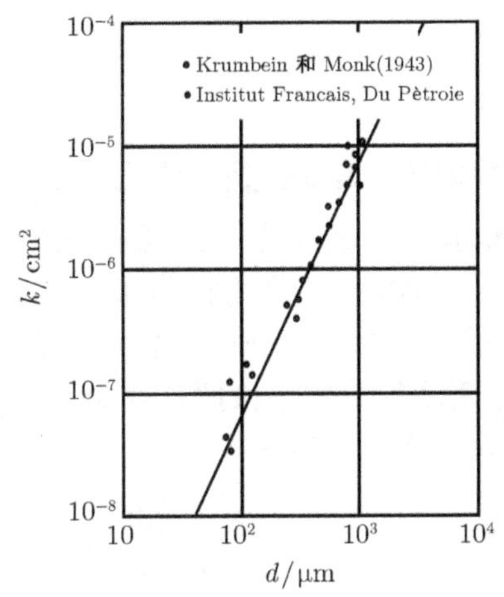

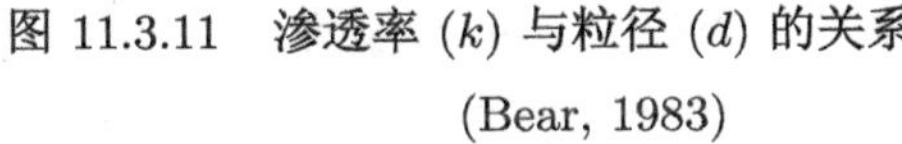
图 11.3.11 渗透率 (k) 与粒径 (d) 的关系 (Bear, 1983)

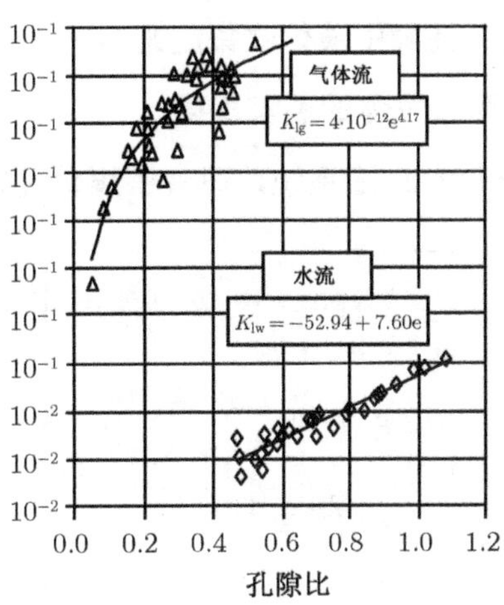

图 11.3.12 渗透率随孔隙比的变化 (Villar et al., 2004)

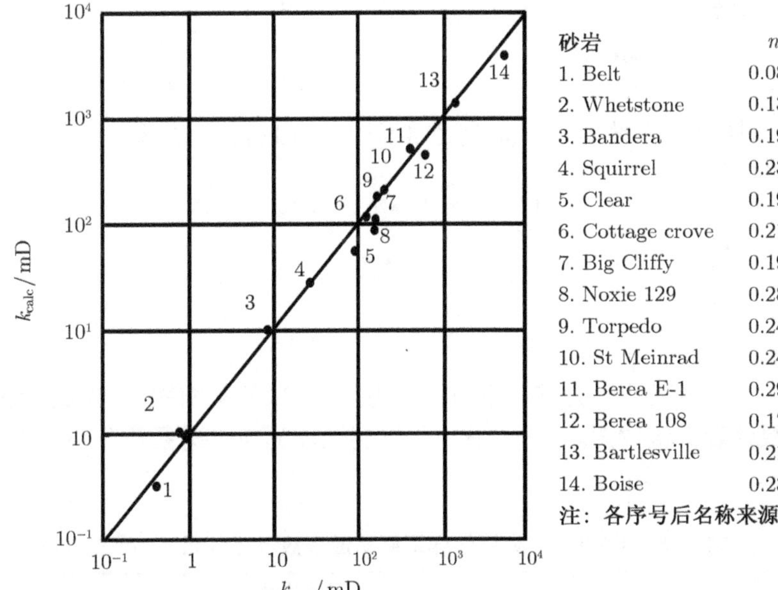

图 11.3.13 砂岩渗透率的实验与计算比较 (Dullien, 1975)

在饱和负离子水渗透的情况下，未处理的 FEBEX 膨润土的孔隙渗透率可以根据修改的 Kozeny 规律得到，即

$$k = k_0 \frac{\phi^3}{(1-\phi)^2} \frac{(1-\phi_0)^2}{\phi_0^3} l \tag{11.3.14}$$

式中，k_0 是原有的符合 ϕ_0 的渗透系数。图 11.3.14 给出了在室温下富含饱和负离子水的 FEBEX 膨润土的渗透规律。在孔隙率 $\phi_0 = 0.40$ 时系数 $k_0=1.9\times10^{-21}\mathrm{m}^2$。FEBEX 膨润土的渗透规律类似于花岗岩含负离子水 (盐水, 0.02%) 的渗透规律。在膨润土的试件中孔隙弯曲度是由不同组分的干密度确定的。当体积分子不断膨胀时，试件的体积也随之不断增加，

利用干燥器将孔隙中液体收集起来。

11.3.7 吸附性气体的渗流规律

赵阳升 (1992) 还系统地研究了煤体瓦斯渗透性规律。其试验是在前述 MDS-200 型三轴渗透试验台上进行的, 煤样规格依然为 100mm×100mm×200mm, 采用排水取气法收集瓦斯气体。在设定的每一个轴压, 侧压及孔隙压下进行试验, 所测得的结果按照达西定律整理, 其透气系数的计算公式为

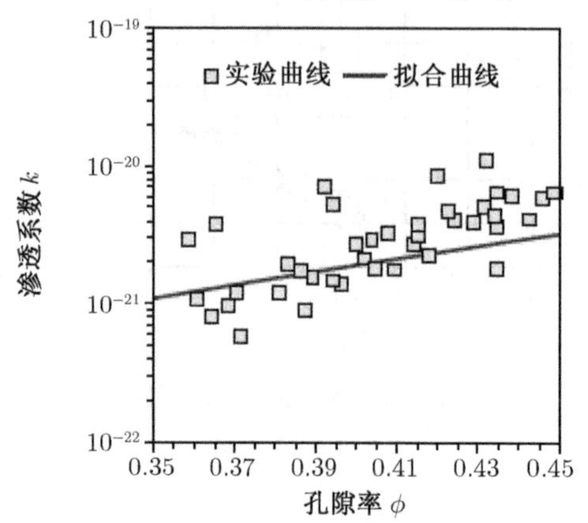

图 11.3.14 饱和渗透系数随孔隙率的变化, 实验数据和适合固有渗透规律的模型 (Villar, 2004)

$$q = -\frac{k}{\mu}\cdot\frac{\mathrm{d}p}{\mathrm{d}x} \tag{11.3.15}$$

式中, q 为流速, $\mathrm{cm^3/cm^2s}$; k 为渗透率, D; μ=1.087×10^{-4}P; p 为压力, $\mathrm{kg/cm^2}$; x 为长度, cm。当瓦斯以流速 q 通过一定面积 A 时, 即得到在一定时间的流量:

$$Q = qA$$

Q 为 $(p_1+p_2)/2$ 时的流量, 设 Q_0 为 p_0 等于 1 个大气压时的流量, 则

$$Q = 2p_0Q_0/(p_1+p_2)$$

$$Q = -\frac{k}{\mu}\cdot\frac{\mathrm{d}p}{\mathrm{d}x}\cdot A$$

$$k = 2\mu p_0Q_0L/(p_1^2-p_2^2)A \tag{11.3.16}$$

式中, p_1 为试件入口处压力; p_2 为试件出口处压力; A 为试件截面积; L 为试件长度。为方便计, 采用渗透系数处理实验数据。阳泉矿区 $3^{\#}$ 煤层煤样瓦斯渗透系数分别列为表 11.3.5, 并绘制为图 11.3.15。

表 11.3.5 阳泉 $3^{\#}$ 煤层煤样瓦斯渗透系数测定结果 单位: $\mathrm{cm^2\cdot(atm\cdot s)^{-1}}$

轴压/MPa	侧压/MPa	孔隙压/MPa						
		0.5	1.0	1.5	2.0	3.0	4.0	5.0
3.0	2.0	0.24739	—	—	—	—	—	—
6.0	3.0	—	0.07850	—	—	—	—	—
	4.0	—	0.04221	0.03249	0.03186	—	—	—
9.0	4.0	0.03376	0.02614	0.02357	0.02355	—	—	—
	5.0	0.02544	0.02148	0.01735	0.01712	0.01895	—	—
	6.0	—	0.01699	0.01380	0.01286	0.01290	0.01334	—
12.0	5.0	—	0.01262	0.01113	0.01072	0.01139	—	—
	6.0	0.01617	0.01141	0.01009	0.009540	0.009375	0.009629	—
	7.0	0.01255	0.00915	0.007746	0.007342	0.007424	0.007664	0.008087
	8.0	0.011417	0.007838	0.006863	0.006109	0.005962	0.006054	0.006238

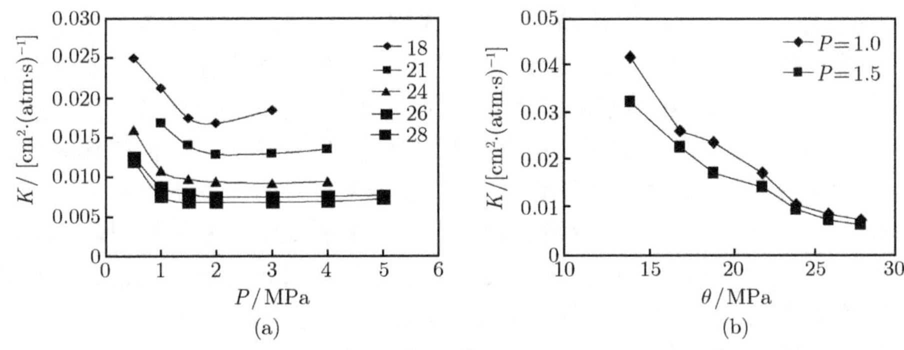

图 11.3.15 阳泉 $3^{\#}$ 煤层煤样渗透系数随体积应力和孔隙压的变化曲线

根据表 11.3.5 的实验数据, 绘制气体渗透系数与孔隙压和体积的相关曲线图, 如图 11.3.15 所示, 从图 11.3.15(a) 可见, 渗透系数随体积应力增加呈负指数规律衰减。从图 11.3.15 中发现, 孔隙压存在一个临界点, 而且这一临界点因煤样不同随体积应力增加而略有变化, 当气压低于临界点时, 渗透系数随气压增加而减少; 高于该临界点时, 渗透系数随气压增加而增加。

经过深入的物理机制分析, 认为这种现象主要是由于气体的强吸附性和孔隙压引起的变形共同作用的结果。孔隙压引起的变形作用结果, 无疑表现为随着孔隙压的增加, 气体渗透系数增加的规律。由于矿物气体强烈的吸附作用, 无论对于大的还是小的孔隙或裂隙, 其渗流通道表面一定要吸附一层气体, 这就像河流两岸的黏滞层, 而减小了渗流通道的面积。根据瓦斯气体的吸附规律, 其含量可用 $c = p^{\eta}$ 给出, 随着孔隙压的增加, 气体含量增加, 但以吸附形式赋存的气体量却在减少。从渗流角度分析, 吸附于孔隙裂隙渗流通道表面的气体厚度随气压呈幂函数增加。正好表现为使渗透系数按负幂函数衰减的规律。参考三轴应力下水的渗流规律:

$$k = k_0 \exp(b\Theta + cp)$$

考虑到气体吸附作用, 则渗透系数随孔隙气压和体积应力变化表示成下列形式:

$$K = K_0 p^{\eta} \exp[b(\Theta - 3\alpha p)] \tag{11.3.17}$$

式中, K 和 K_0 分别为渗透系数与渗透系数初值; Θ 为体积应力; p 为孔隙压; b 和 c 分别为体积应力和孔隙压对渗流的影响系数; α 称为 Biot 有效应力系数; η 为吸附作用系数。以式 (11.3.17) 对实验数据进行拟合, 可以得到表 11.3.6 的结论, 其相关系数为 95%。

表 11.3.6 阳泉 $3^{\#}$ 煤煤样瓦斯渗透系数测定平均结果

煤样	渗透系数规律
阳泉 $3^{\#}$ 煤层	$K = 0.2096p^{-0.7342}\exp[-0.1323(\Theta - 3\times 0.7p)]$
永红 3#煤层	$K = 0.2314p^{-0.5002}\exp[-0.1874(\Theta - 3\times 0.5p)]$

对应公式 (11.3.17), 以阳泉 $3^{\#}$ 煤层瓦斯气体渗透率规律为例, 解释各参数的含义。$K_0 = 0.2096\text{cm}^2/(\text{atm}\cdot\text{s})$, 它表示在无应力状态下, 煤样瓦斯气体渗透系数; $\eta = -0.7342$, 它反映气体的吸附作用, 由流体和物体表面固有物理化学性质决定; $b = -0.1323$, 它表示三轴应力对渗透性的影响, 称之为有效体积应力影响系数; $\alpha = 0.7$, 它表示孔隙压有效作用系数, 由岩体孔隙裂隙发育程度决定, $0 < \alpha < 1$。

本书给出了以式 (11.3.17) 表达的三维应力作用下的瓦斯气体渗透系数规律, 它由 3 项组成, 第 1 项为初始渗透系数, 第 2 项为气体吸附作用, 第 3 项为有效体积应力作用。

究其原因, 可作如下讨论。煤体瓦斯渗透性取决于煤样孔隙与裂隙发育程度, 即固体骨架的性态, 其次还取决于流体的性质。由于瓦斯气体有很强的吸附性, 而气体的吸附性与气压有关, 呈现指数规律变化。当孔隙压较低时, 孔隙压对固体骨架变形以及对裂隙与孔隙张开度的影响不大, 随着孔隙压增加, 吸附在煤体孔隙、裂隙表面的气体分子厚度增加, 使渗透通道减小, 气体分子之间的传递阻力增加, 这一现象称之为 Klinbenberg 效应。处在凝聚状态的瓦斯分子, 其表面流动 (滑移黏性流) 能引起 Klinbenberg 效应。在瓦斯压力低的情况下, 瓦斯边界层沿着固体表面运动。当瓦斯压力增加时, 这些边界层就变成静止的。然后就显示出煤体透气性的显著下降。Harpalani 证明, 除非在瓦斯压力低的情况下, 否则就分辨不出此类效应。因此煤体瓦斯渗透率随作用于煤体的孔隙压增加而减小的变化规律, 仅反映了低气压的情况, 如林柏泉等 (1987) 的结论。当孔隙压较高时, 一方面 Klinbenberg 效应逐渐消失, 瓦斯吸附性不再增长; 另一方面孔隙压力增高, 使裂隙孔隙的张开度增加, 从而在高孔隙压下, 随着孔隙压增加, 煤体瓦斯渗透率增加。过去之所以未发现这一规律, 看来主要原因是孔隙压偏低, 即使在较高孔隙压下发现个别例子, 也被认为是实验误差所致而忽略掉。经过大量的煤体水力传导系数规律的研究工作, 也曾发现过在孔隙压较低时 (1.5MPa 以下), 因水的吸附性而引起的水力传导系数随孔隙压增加而减小的现象, 但由于水的吸附性较弱, 而忽略未计。

11.3.8 三维应力作用下裂缝中气体渗流规律

作者在国家杰出青年科学基金的资助下, 进行了三维应力作用下单一裂缝中气体渗流规律的实验研究。试件取自阳泉 $3^{\#}$ 煤层的煤样, 试件尺寸为 100mm×100mm×200mm。采用直剪方法把试件剪出一条裂缝, 再经过特殊处理成包含一条裂缝的试件, 对其进行三轴应力下的渗流实验。试件受力状态如图 11.3.4 所示。

根据达西定律, 对实验结果进行处理可得

$$K_{\mathrm{f}} = \frac{2p_0Q_0L}{A(p_1^2 - p_2^2)} \tag{11.3.18}$$

式中, Q_0 为 p_0 为 1 个大气压时的裂缝气体排量; L 为裂缝渗流方向的长度; p_1 和 p_2 分别为裂缝入口和出口端的气体压力, 此处 $p_2 = p_0$; $A = L'd$ 为气体在裂缝内的渗流面积, L' 为垂直于裂缝渗流方向的宽度, d 为裂缝的张开度。

由于裂缝的张开度难以测量, 因此采用传导系数 T_{f} 对数据进行分析, 即

$$T_{\mathrm{f}} = K_{\mathrm{f}}d \tag{11.3.19}$$

将式 (11.3.18) 代入式 (11.3.19), 得

$$T_{\mathrm{f}} = \frac{2p_0Q_0L}{L'(p_1^2 - p_2^2)} \tag{11.3.20}$$

按照式 (11.3.20) 分别对气体为 CO_2 和 CH_4 时的实验数据进行整理, 结果见表 11.3.7 和 11.3.8。表中应力以裂缝为参照给出裂缝面的法向应力为 σ_n, 平行于裂缝面的切向应力为 σ_1 和 σ_3。

表 11.3.7 气体为 CO_2 时裂缝传导系数测定平均结果 单位: $10^{-3}cm^2/s$

应力/MPa		孔隙压力/MPa						
$\sigma_n=\sigma_3$	σ_1	1.0	2.0	2.5	3.0	3.5	4.0	4.5
3	3	0.444	0.306	0.202				
3	6	0.291	0.269	0.231				
3	9	0.247	0.238	0.213				
4	3	0.253	0.214		0.199	0.194		
4	6	0.220	0.213		0.186	0.189		
4	9	0.216	0.206		0.165	0.181		
5	3	0.215	0.190		0.176		0.171	0.197
5	6	0.191	0.177				0.152	0.161
5	9	0.173	0.154		0.162		0.138	0.142

表 11.3.8 气体为 CH_4 时裂缝传导系数测定平均结果 单位: $10^{-3}cm^2/s$

应力/MPa		孔隙压力/MPa						
$\sigma_n=\sigma_3$	σ_1	0.5	1.0	1.5	2.0	2.5	3.0	3.5
1	3	0.669						
1	6	0.521						
1	9	0.527						
2	3	0.326	0.222	0.275				
2	6	0.253	0.181	0.262				
2	9	0.287	0.165	0.183				
3	3	0.296	0.188		0.153	0.206		
3	6	0.280	0.190		0.120	0.144		
3	9	0.245	0.179		0.125	0.141		
4	3	0.218	0.133		0.088		0.073	0.115
4	6	0.152	0.118		0.076		0.056	0.092
4	9	0.118	0.105		0.072		0.053	0.086

从表中可见, 在应力 $\sigma_n=\sigma_3$ 的作用下, 增加切向应力 σ_1, 裂缝传导系数明显地减少。图 11.3.16 所示是气体为 CH_4 和 CO_2 时的传导系数随平行裂缝的切向应力 σ_1 的变化曲线, 由图可直观地看出, 切向应力对传导系数具有较大的影响, 而现有理论模型根本无法解释这一实验结果。经深入分析, 作者认为其原因是沿裂缝的 2 个侧向变形导致裂缝渗透性的改变。

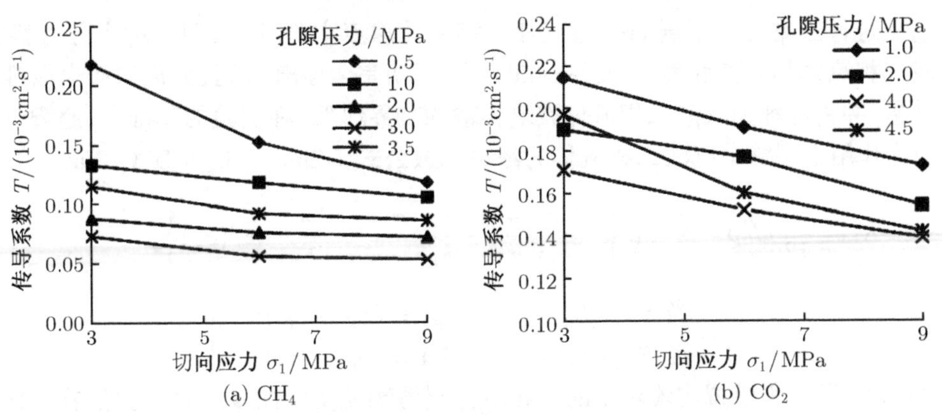

(a) CH_4 (b) CO_2

图 11.3.16 传导系数随侧向应力 σ_1 的变化曲线

本节由理论到实验的分析得出一个明确的结论：① 裂缝切向变形对裂缝渗流有重要影响, 而不是仅受法向变形的影响。其影响规律也类似于法向变形, 同样是负指数规律; ② 在三维应力作用下, 单一裂缝气体的渗透系数公式为

$$K_{\mathrm{f}} = K_{\mathrm{f0}} \left(\frac{p}{p_0}\right)^{\eta} \exp\left\{-b\left(\frac{\sigma_n - \beta p}{K_n}\right) - c\left[\frac{1-\nu}{E_{\mathrm{r}}}(\sigma_1 + \sigma_3) - \frac{2v_{\mathrm{r}}}{E_{\mathrm{r}}}\sigma_n\right]\right\} \tag{11.3.21}$$

11.3.9 气液二相流体渗流规律

二相流体渗流又分为液液、气液两种渗流, 液液渗流指的是两种不溶混的液体, 例如, 油与水、驱替溶剂与油等, 这类流体的渗流一般用相对渗透率来表达, 如油水二相流体的相对渗透率为 (见图 11.3.17)：

$$k_{\mathrm{ro}} = k_{\mathrm{o}}/k, \quad k_{\mathrm{rw}} = k_{\mathrm{w}}/k \tag{11.3.22}$$

在二相流体渗流中最为复杂的是气液二相流体的渗流, 这类渗流中, 由于气体的可压缩性, 导致此种流动十分不稳定, 而且在孔隙与裂隙通道中又相互阻塞, 经常发生流动停滞状态, 有时又进入一种紊流状态, 其机理与规律到目前尚不清楚。目前公认的多孔介质气液二相流体相对渗透规律如图 11.3.18 所示。

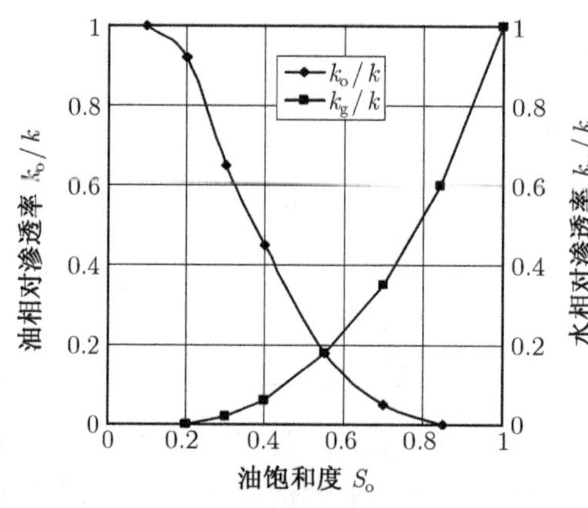

图 11.3.17 油水二相流体相对渗透率与饱和度的关系曲线

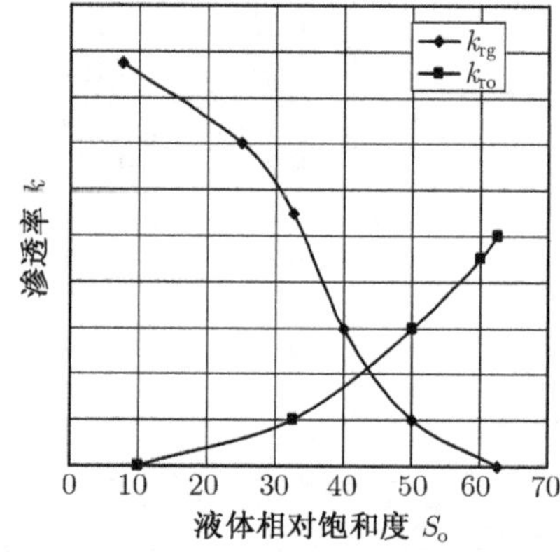

图 11.3.18 油气二相流体相对渗透率与饱和度的关系曲线

我们在进行三维应力下岩石裂缝气液二相流体渗流实验时, 发现一种十分奇特的现象, 即当气液二相流体相对饱和度在 40%～60%时, 流动完全停滞, 而且无论如何也很难打破这种停滞状态, 并将此称为气液二相流体裂缝传输的临界现象, 在实验的基础上, 赵阳升等提出了三维应力作用下裂缝中气液二相流体的渗透系数公式 (Zhao Y S, Hu Y Q, Yang O, 1999)：

$$K_{\mathrm{f}} = \frac{g}{12\nu} d_0^2 p^{-\eta S_{\mathrm{g}}^2} \exp\left\{-\frac{2[\sigma_n + \mu(\sigma_1 + \sigma_3) - \beta p]}{k_n} + \alpha f(S_{\mathrm{g}})\right\} \tag{11.3.23}$$

$$\text{当 } S_{\mathrm{g}} > S_{\mathrm{gc}}, \qquad f(S_{\mathrm{g}}) = (S_{\mathrm{g}} - S_{\mathrm{gc}})^2$$

$$\text{当 } S_{\mathrm{g}} > S_{\mathrm{gc}}, \qquad f(S_{\mathrm{g}}) = (S_{\mathrm{gc}} - S_{\mathrm{g}})$$

图 11.3.19 所示为模拟实验获得的二相流体裂缝渗流实验曲线, 从图可见, 在 40%～60%的饱和度时, 其渗透率为 0。此混沌现象的机理为在 40%～60%的饱和度临界区域中, 由气体

颗粒与液体颗粒组成的团的大小与数量急剧变化, 导致流动十分不稳定, 流体的流向剧烈地改变, 致使流动的动力丧失殆尽。

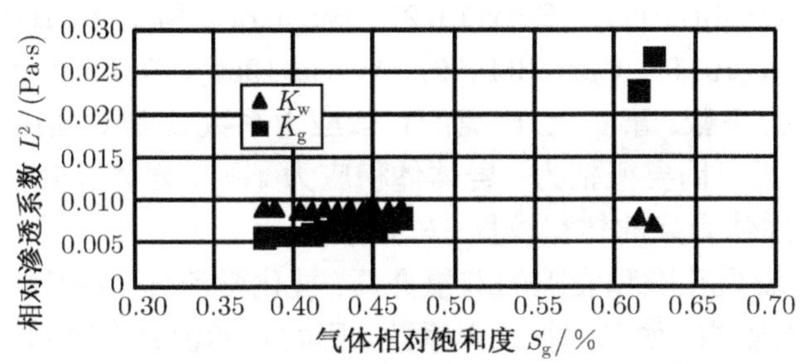

图 11.3.19 气水相对渗透系数随气体相对饱和度的变化曲线

入口压强 0.23MPa, 缝宽 =0.05mm, S_g=46.6%~61.4%

11.4 有效应力规律

太沙基 (1943) 在研究饱和土的固结, 水与土壤的相互作用的基础上, 提出了著名的有效应力原理。这一原理是土力学区别于固体力学的基本原理, 在三维情况下可以写为

$$\boldsymbol{\sigma}'_{ij} = \boldsymbol{\sigma}_{ij} - p\delta_{ij} \tag{11.4.1}$$

式中, $\boldsymbol{\sigma}'_{ij}$ 为有效应力张量; $\boldsymbol{\sigma}_{ij}$ 为总应力张量; p 为孔隙压; δ_{ij} 为 Kroneker 符号,

$$\delta_{ij} = \begin{cases} 1 & i = j \\ 0 & i \neq j \end{cases} .$$

这一原理解决了如下主要问题: ① 饱和土壤中两个受力体系的两种应力 (有效应力和孔隙压力) 的相互作用关系; ② 土体变形与两种应力的关系; ③ 土体强度与两种应力的关系。

1941 年, Biot(比奥) 在三维固结情况下给出有效应力规律, 即

$$\sigma'_{ij} = \sigma_{ij} - \alpha p\delta_{ij} \quad (0 < \alpha < 1) \tag{11.4.2}$$

式中, α 为有效应力系数或称为比奥系数。在岩土力学中如何确定 α 值已是人们长期关注的问题。

在比奥有效应力理论 (1941) 的基础上, 比奥系数应按下面的公式选取:

$$\alpha = \frac{2(1+\nu)G}{3(1-2\nu)H} = \frac{E}{3(1-2\nu)H} = \frac{K}{H} \tag{11.4.3}$$

式中, ν 为泊松比, G 为多孔介质剪切模量, E 为弹性模量, K 为多孔介质体积模量, H 为另一个比奥不变量。

Gesstsma(1957) 和 Skempton(1960) 在实验的基础上, 提出了如下关系, 即

$$\alpha = 1 - \frac{K}{K_s} \tag{11.4.4}$$

式中, K 为固体颗粒体积模量。在式 (11.4.9) 中, 当 $K_s \geqslant K$, $K \approx H$, 得 $\alpha = 1$, 并且得到太沙基有效应力原理是适用的, 并与土体相似。

太沙基 1943 年提出一种将 α 等于多孔介质的孔隙率的理论来确定 α。测试的结果是 $\alpha \approx 1$ 时为土体质量, 太沙基解释说这是由于有效孔隙率 $n_e \approx 1$ 和颗粒的边界相联系。

其他研究者如 Verruijt(1969)、Bear(1972)、Hugakorn 和 Pinder(1983)、Liggett 与 Liu (1983)、Nur 和 Byerlee(1971)、Carroll(1979)、Walsh(1981)、Robin (1973)、Skempton(1960) 等也提出一些有效应力系数。事实上, 比奥的有效应力系数 α 是对固体孔隙水压力影响的表征。影响 α 的主要因素可简要概括为: 岩体体积应力 (Θ)、岩体孔隙率 (n)、孔隙的连通度 (n_e)、孔隙压力 (p)、固体骨架的体积模量 (K,K_s)。

工程岩土介质一般为孔隙和裂隙的双重介质, 被化学流体, 如甲烷、二氧化碳、石油等浸透, 并受很多因素的影响。如何选择比奥系数、影响它的因素有哪些、如何影响, 这些都是科学上困难的课题 (赵阳升, 1995; Boricenko,1985; Ettinger,1979;)。从 1990 年到 1996 年, 对受瓦斯影响的煤体的有效应力规律进行了实验研究, 并得到了影响它的主要因素和规律, 这些规律对研究煤层中瓦斯抽放和瓦斯突出来说是很重要的。

实验采用 MDS-200 型煤岩渗透试验台, 煤样采自中国的六个煤矿, 煤样为 100×100×200mm。这些煤样包括了所有种类的煤, 如气煤、肥煤、瘦煤、焦煤、贫煤和无烟煤。

各煤样有效应力系数与体积应力和孔隙压的实验结果如图 11.4.1 所示。

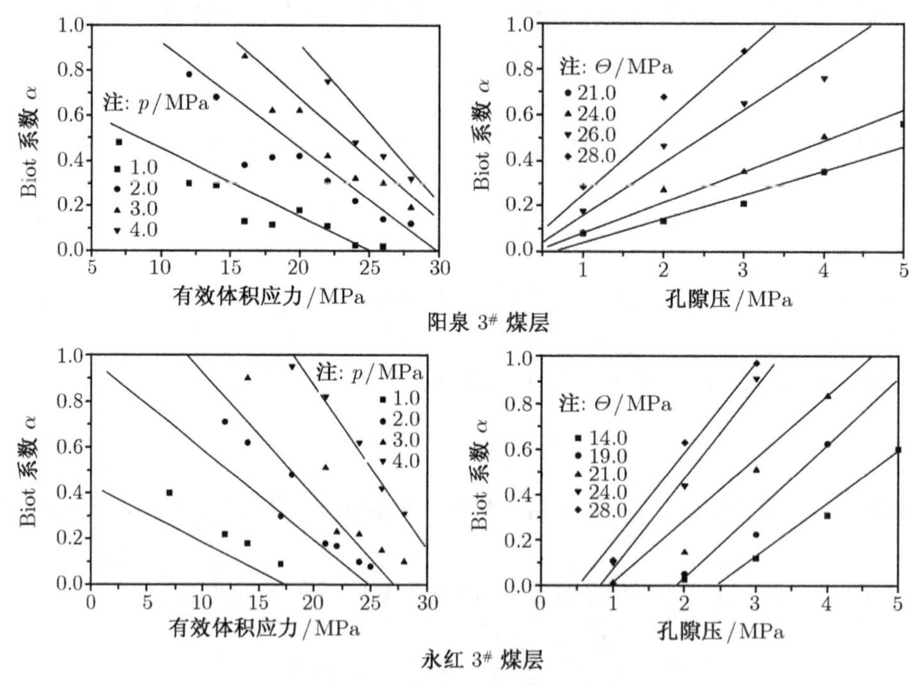

图 11.4.1 α-p 和 α-Θ 的平均关系

对阳泉 $3^{\#}$ 煤层煤体、沁水永红煤矿 $3^{\#}$ 煤层、兖州矿务局 $3^{\#}$ 煤层、乌达矿务局 $3^{\#}$ 煤层、西曲 $8^{\#}$ 煤层和鹤壁的 $2^{\#}$ 煤层的比奥系数进行了分析, 可以清楚地看到它们的比奥系数 α、体积应力 Θ 和孔隙压力 p 之间存在明显的相关性。考虑到适用性, 将其用双线性函数进行了拟合, 方程是

$$\alpha = a_1 + a_2\Theta + a_3 p + a_4\Theta p \tag{11.4.5}$$

式中, α 为比奥系数, $\alpha = p_{ef}/p_t$, a_i(i=1,2,3,4) 是拟合常数, Θ 和 p 为总体积应力和孔隙压力,

均为 MPa。

表 11.4.1　比奥系数拟合方程

煤样/品种	拟合方程	相关系数
乌达 12#/气煤	$\alpha=0.0564-0.0081\Theta+0.2534p+0.0045\Theta p$	0.93
兖州 3#/肥煤	$\alpha=0.0154-0.0053\Theta+0.1725p+0.0039\Theta p$	0.91
西曲 8#/焦煤	$\alpha=0.0420-0.0042\Theta+0.2480p+0.0038\Theta p$	0.98
鹤壁 3#/瘦煤	$\alpha=0.0354-0.0062\Theta+0.1653p+0.0030\Theta p$	0.97
阳泉 3#/贫煤	$\alpha=0.3409-0.0155\Theta+0.3096p+0.0060\Theta p$	0.95
永红 3#/无烟煤	$\alpha=0.1352-0.0143\Theta+0.3929p+0.0083\Theta p$	0.92

从表 11.4.1 的拟合数据, 我们可以看出实验结果与拟合方程式很吻合。因此, 可以得出结论, 在瓦斯的影响下煤体的比奥系数符合双线性函数的规律, 且这个结论适合所有种类的煤。

根据这一结论, 在气体孔隙压力下有效应力规律符合比奥有效应力方程:

$$\sigma'_{ij}=\sigma_{ij}-\alpha p\delta_{ij} \tag{11.4.6}$$

式中, α 可以用体积应力和孔隙压力表示为

$$\alpha=a_1+a_2\Theta+a_3p+a_4\Theta p \tag{11.4.7}$$

有效体积应力 Θ' 可表示为 $\Theta'=\Theta-3\alpha p$, 将此式代入式 (11.4.7), 我们得到有效体积应力表示的比奥系数方程:

$$\alpha=\frac{a_1+a_2\Theta'+a_3p+a_4\Theta'p}{1+3a_2p+3a_4p^2} \tag{11.4.8}$$

比奥系数公式的数值特征　为了详细地分析比奥系数公式的数值特征和变化规律, 分别根据上述有效体积应力, 取侧压系数 λ=0.5。画出试验结果的比奥系数图 11.4.2。当 $p>p_{\rm c}$ 时, 煤体处于压裂状态。我们将 $p=p_{\rm c}$ 作为煤体压裂的分界线。整个区域被 $\alpha=0$ 线、压裂分界线和 $\alpha=1$ 线分成四部分。它们被称为孔隙压无作用区、正常的作用区、压裂区和类土作用区, 它们分别受孔隙压力的影响。从图 11.4.2 可见, 对阳泉 3# 煤层, 当作用于煤上的有效体积应力大于 40MPa, 孔隙压力低于 10MPa 时, 孔隙压力基本对煤无影响。对大多数煤层, 在压裂的状态下 α 接近于 1。当煤体破裂到一定程度并且裂隙完全连通时, $\alpha=1$ 和太沙基有效应力公式是相符的。比奥有效应力公式适用于压裂区和正常作用区。

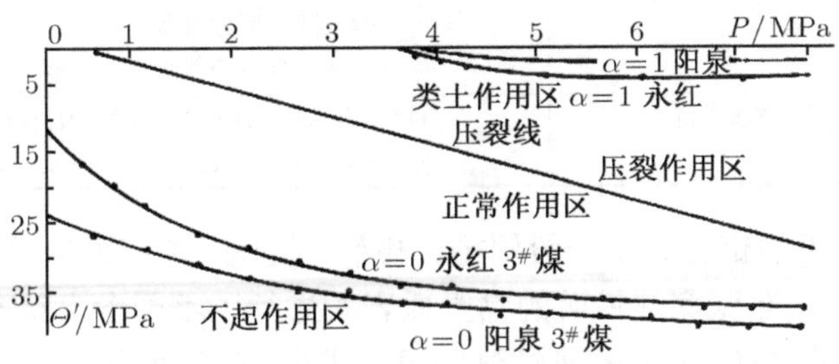

图 11.4.2　有效应力系数系数分区特性

孔隙压力和体积应力对比奥系数影响的分析　实验表明, 比奥有效应力系数不是一个常数, 而是一个岩体的体积应力和孔隙压的双线性函数。体积应力的增加, 孔隙和裂隙逐渐

闭合, 导致了连通度的减小和 α 的减小。当 $\Theta > \Theta_{cri}, \alpha = 0$ 时, 对一个固定的孔隙压力, 存在一个临界的体积应力 Θ_{cri}。随着孔隙压力的增加, 孔隙和裂隙张开, 导致了连通度和 α 的增大。实验结果表明, 孔隙压力比体积应力的影响更大, 也就是说, 孔隙压力将增加孔隙度, 同时也增加了连通度, 它有很大的影响并且是符合太沙基原理的。

11.5 流体作用下的岩体特性

孔隙与裂隙流体的存在对天然岩体有很强的弱化作用。多年来, 国内外许多学者对此进行了广泛而深入的研究, 但是由于流体与岩体包括的内容十分广泛, 因此, 这方面的研究远未穷尽, 应该说所获得成果仅是该项研究的很小一部分。此外, 由于岩体组分的复杂, 每个研究者所进行的实验又十分有限, 因此, 该部分成果除定性的方面外, 定量的描述远未达成共识, 本书也只能简单介绍其中部分内容。

11.5.1 水对岩体性态的影响

水对岩体的影响, 归纳起来有两种作用: 第一种是水对岩体的力学作用, 主要表现在静水压的有效应力作用, 动水压的冲刷作用; 第二种是水对岩体的物理与化学作用, 包括软化、泥化、膨胀与溶蚀作用, 这种作用的结果是使岩体性状逐渐恶化, 以致发展到使岩体变形、失稳、破坏的程度。本节主要介绍第二种作用。

首先分析水对岩体软化作用的机制。岩石是一种多矿物体, 不同岩石所含矿物成分也不相同, 因而也决定了其遇水软化膨胀的性态不同。大部分岩体中含有黏土质矿物, 这些矿物遇水软化泥化, 降低了岩体骨架的结合力, 从而表现为各方面的软化性态。对于石英和其他硅酸盐, 受水的作用而强度降低的现象, 一般认为是 SiO 键因水化作用削弱的结果。此外还有一大类软弱膨胀岩, 中国科学院曲永新 (1994) 对此作了深入研究, 将其划分为五类, 见表 11.5.1。

表 11.5.1 岩石遇水软化机理(曲永新,1994)

岩石名称	软化机理
1. 沉积型泥质膨胀岩	① 弱胶结泥质面的干燥活化 (吸力势提高) ② 黏土矿物 (蒙脱石) 吸水膨胀 (粒间膨胀与层间膨胀)
2. 蒙脱石化火成岩	风干失水活化 (吸力势增加), 蒙脱石吸水晶层扩展引起
3. 蒙脱石化凝灰岩	① 凝灰岩在碱性环境下蒙脱石化作用 (脱玻作用) ② 干燥活化, 吸水膨胀
4. 断层泥类膨胀岩	应力松弛条件下吸水膨胀, 流变
5. 含硬石膏, 无水芒硝类膨胀岩	① $CaSO_4+H_2O \rightarrow CaSO_4 \cdot 2H_2O$(体积增加 60%) ② $Na_2SO_4+10H_2O \rightarrow Na_2SO_4 \cdot 10H_2O$(增加 98 倍)

水对岩石软化作用的定量表示一般用杨氏模量、抗压、抗剪强度等参数。

李成江 (1989) 对山东张家洼铁矿的黏土质岩石进行了不同含水状态下的全曲线及流变曲线的实验研究。试验是在 Instron 刚性试验机上进行的。实验结果表明:

$$E = \frac{6345.1}{W - 1.75} - 1167.6$$

$$\sigma_c = 30.36 - 4.93W \tag{11.5.1}$$

式中, E 为杨氏模量, MPa; σ_c 为单轴抗压强度, MPa; W 为含水率, %。

吴海青 (1989) 进行了北京矿务局房山矿砂岩、花岗岩与煤在饱水与不饱水状态下排水与不排水情况下的实验, 试验在中国科学院地球物理研究所多功能岩石三轴流变仪上进行。试验结果列为表 11.5.2 与表 11.5.3。从表中数据可清楚看到, 不同饱水度与水压对岩石的强度, 杨氏模量、泊松比的削弱作用。

表 11.5.2 房山砂岩不饱和孔隙水试验(吴海青,1989)

岩样号	饱和度	$E/10^4$MPa	σ_c/MPa	ν
1	0	2.44	98.2	0.21
2	30	2.33	98.7	0.21
3	60	2.17	90.0	0.23
4	100	2.04	79.4	0.27
5	0	4012	253.8	0.23
6	30	4.00	219.8	0.27
7	60	3.48	319.8	0.25
8	100	3.23	160.7	0.28

表 11.5.3 饱和孔隙水试验(吴海青,1989)

岩样	σ_c/MPa	$E/10^4$MPa	σ_c/MPa	ν	注
砂岩 1	8.3	3.20	157.2	0.39	不排水
砂岩 2	8.05	3.20	182.4	0.37	不排水
砂岩 3	7.4	3.47	181.1	0.30	不排水
砂岩 4	0.0	3.48	219.8	0.25	无孔隙
花岗岩 1	8.75	3.51	255.5	0.25	不排水
花岗岩 2	6.4	3.33	268.1	0.22	不排水
花岗岩 3	6.6	3.77	264.2	0.22	不排水
花岗岩 4	0.0	4.88	360.0	0.24	干
煤 1	5.0	1.05	51.0	0.25	不排水
煤 2	5.0	1.08	66.0	0.22	不排水
煤 3	0.0	1.41	85.0	0.18	干

赵阳升、靳钟铭等 (1988) 曾对砂岩浸水软化特性进行了实验研究, 并经过相关性分析, 得出砂岩含水率 W_c 与单轴抗压强度 R_c 的关系式为

$$R_c = 72.27 - 12.12W_c \tag{11.5.2}$$

阜新矿院朱之芳等 (1985) 等曾对煤样浸水软化特性进行了实验研究。实验结果如表 11.5.4, 从表清楚可见, 煤样饱和含水以后, 其力学性质均有不同程度的削弱。该实验特别揭示出水对煤岩体冲击倾向的削弱, 为煤层注水防治冲击地压提供了依据。

表 11.5.4 抚顺龙凤矿煤样浸水后特性(朱之芳等,1985)

煤层	抗压强度/MPa		冲击倾向		杨氏模量/MPa		泊松比	
	自然	饱和水	自然	饱和水	自然	饱和水	自然	饱和水
三分层	10.4	7.91	0.94	1.08	1938.8	1071.4	0.25	0.35
四分层	11.73	7.91	0.74	1.28	3214	1071.4	0.30	0.28
五分层	14.6	12.3	0.96	1.09	3316	1429	0.28	0.35
六分层	17.8	8.41	1.20	1.25	2429	612.2	0.30	0.40

胡耀青和赵阳升等 (1989a; 1989b; 1989c) 曾研究了煤样在不排水三轴情况下, 孔隙水压对煤样特性的影响, 结果见表 11.5.5。杨氏模量 E(MPa) 与孔隙水压 p(MPa) 的关系为

$$E = a - bp \tag{11.5.3}$$

并将系数 b 与孔隙率 n 作了相关分析, 其关系式为

$$b = 118.42 - 30.70n \tag{11.5.4}$$

式中, n 为孔隙率。显然孔隙率愈高, 孔隙压对杨氏模量 E 的软化愈剧烈。当 n=3.85%时, b=0, 说明当煤体孔隙率低于 3.85%时, 水压对煤体变形特性的影响很微弱。

表 11.5.5　几种煤样遇水后变形特性(胡耀青等,1989c)

煤样	拟合曲线/MPa
大同 11# 煤	$E = 3654 - 162P$
晋城 3# 煤	$E = 2395 - 71P$
汾西 10# 煤	$E = 2368 - 117P$
阳泉 3# 煤	$E = 2248 - 43P$
潞安 3# 煤	$E = 3999 - 210P$

Hawkins 与 McConnell(1992) 针对取自 21 个地方的 35 种矿岩, 其矿岩的年代从前寒武纪 (Pre-Cambrin) 到白垩纪, 研究了含水率对强度和变形特性影响的相关规律。Vasarhelyi(2003) 发现矿岩干燥状态的单轴抗压强度与饱水状态的单轴抗压强度 (在图 11.5.1 中用 UCS 表示) 之间呈线性关系:

$$\sigma_{\text{csat}} = 0.759\sigma_{\text{c0}}(R^2 = 0.906) \tag{11.5.5}$$

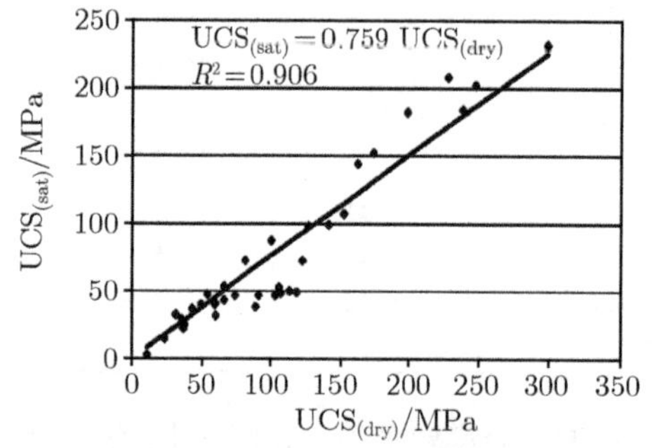

图 11.5.1　35 种矿岩干燥状态的单轴抗压强度与饱水状态的单轴抗压强度曲线 (Hawkins et al., 1992)

Hawkins 与 McConnell(1992) 针对上述矿岩还发现矿岩的单轴抗压强度与含水率呈负指数规律变化:

$$\sigma_{\text{c}}(w) = a\text{e}^{-bw} + c \tag{11.5.6}$$

式中, $\sigma_{\text{c}}(w)$ 是单轴抗压强度; w 是含水率; a, b, c 是拟合系数见表 11.5.6。

由式 (11.5.6) 可知, 干燥状态下岩石的单轴抗压强度为 $\sigma_{\text{c0}} = a + c$; 完全饱和状态下其单轴抗压强度为 $\sigma_{\text{csat}} = c$。

周瑞光等 (1996) 进行了山东龙口北皂矿含油泥岩和泥岩的透水软化特性试验, 揭示出蒙脱石泥岩的变形模量和单轴抗压强度随含水率增加大致呈负指数规律变化, 如图 11.5.2 所示。当含水率达到 3%~5%时, 其单轴抗压强度和弹性模量仅是不含水状态的 20%~40%。含水率对该泥岩的软化程度之剧烈是其他岩石所不能比的, 其原因是其中的蒙脱石遇水膨胀所致。而该矿的含油泥岩遇水软化程度就相对弱了许多, 随含水率增加, 极限软化系数约为 0.5, 如图 11.5.3 所示。

表 11.5.6 几种矿岩单轴抗压强度随含水率变化的拟合参数表(Hawkins et al., 1992)

矿岩名称	拟合系数			相关系数
	a	b	c	
Donestone quartzite (DQ)	39.03	1.9601	184.23	0.93
Brownstone(LORS)	29.34	0.7646	105.23	0.78
Millstone grit-type D(MGD)	12.30	0.6821	96.27	0.71
Holcombe brook grit(HBGB)	36.13	0.7794	48.65	0.88
Thornhill rock-type A(TRA)	45.73	1.5942	40.29	0.97
Crackington Formation(CF)	84.01	6.4167	230.98	0.91
Pennant-type A (PnA)	83.76	0.2306	51.02	0.86
Pennant-type B (PnB)	28.81	0.5506	49.37	0.62
Pennant-type C (PnC)	47.12	1.5439	47.65	0.95
Pennant-type A (PrA)	7.01	0.0752	56.30	0.70
Pennant-type B (PrB)	4.16	0.4061	28.90	0.87
Pennant-type C (PrC)	17.27	1.0675	67.75	0.85
Pennant-type D (PrD)	20.37	1.2629	87.29	0.88
Greensand-type A(G)	6.14	0.1104	2.97	0.93
Greensand-type A-Dogger(D)	19.12	0.2567	45.79	0.77

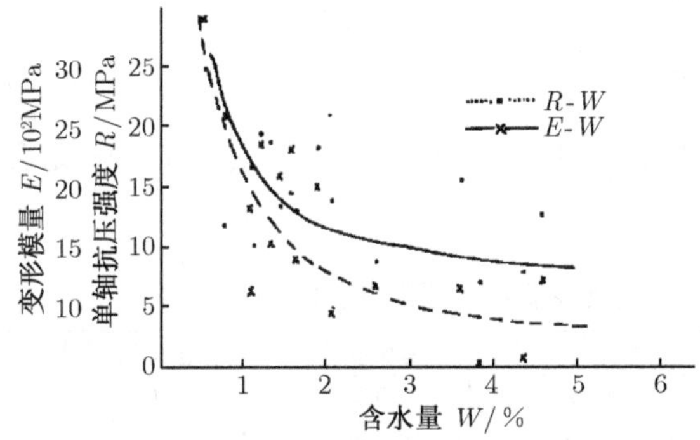

图 11.5.2 埋深大于 305m 的泥岩单轴抗压强度 (R)、变形模量 (E) 与含水量 (W) 的关系

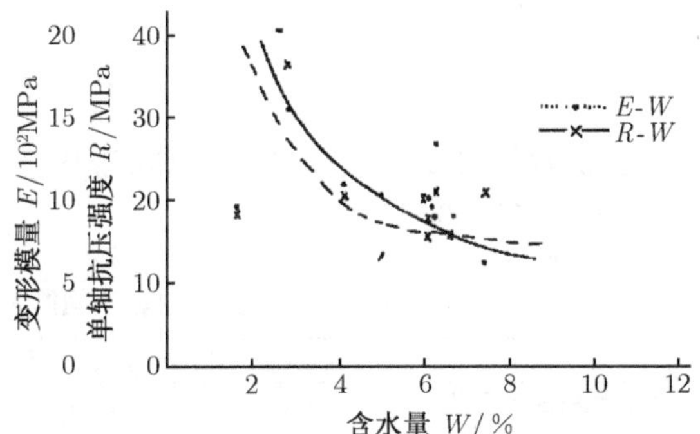

图 11.5.3 泥岩单轴抗压强度 (R)、变形模量 (E) 与含水量 (W) 的关系

曾云 (1994) 进行了甘肃盘逾岭隧洞砖红色矿岩、褐红色泥质矿岩和砖红色矿质泥岩遇水软化的三轴压力试验研究, 揭示出上述三种岩石单轴抗压强度 σ_c、割线模量 E_a、切线模量 E_t、抗剪强度 c、内摩擦角 φ 软化系数下降百分数, 见表 11.5.7。由此可见, 此软化程度随岩石中含泥率增加而增加。

表 11.5.7 饱和后各项强度指标下降百分数(曾云, 1994)

岩石	砖红色砂岩	褐红色泥质砂岩	砖红色泥质岩
σ_c	27.343.2	35.462.6	79.188.7
E_a	39.053.3	50.872.9	80.087.0
E_t	49.059.7	46.870.5	80.489.8
C	40	55	64.0
ϕ	11	6	51.0

朱珍德等 (2005) 对南京红山窑水利枢纽工程的红砂岩进行了软化与膨胀实验, 测定了不

同吸水率 (%) 与不同载荷情况下岩石经有限膨胀试验后的力学参数变化规律, 如图 11.5.4、图 11.5.5 所示, 可见红砂岩强度随吸水率增加而剧烈衰减。

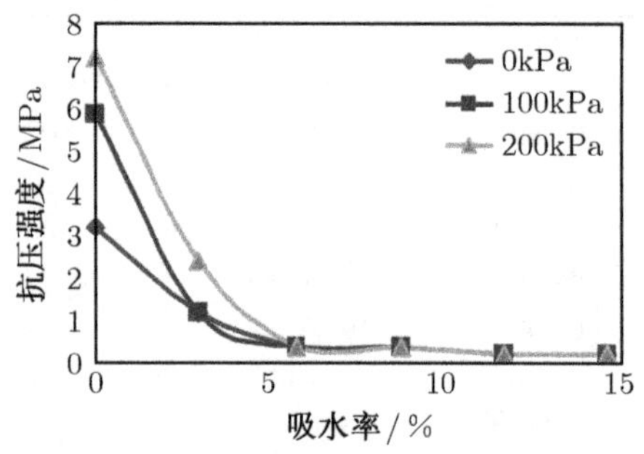

图 11.5.4 抗压强度 – 吸水率关系曲线 (朱珍德等, 2005)

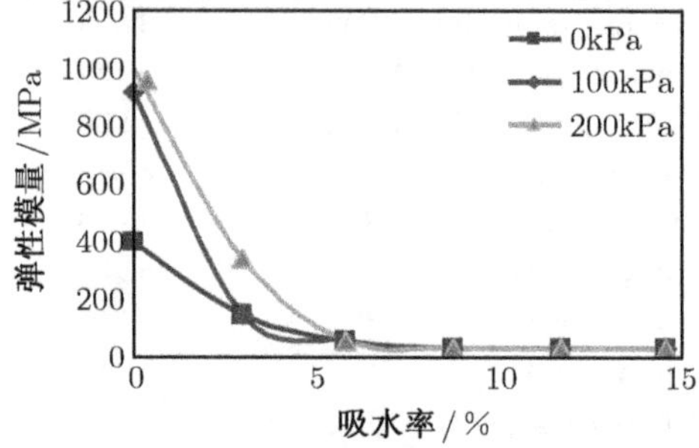

图 11.5.5 弹性模量 – 吸水率关系曲线 (朱珍德等, 2005)

周翠英等 (2005) 采集广东东深洪水改造工程的石马河流域的浅黄色粉砂质泥岩和灰白色粉砂质泥岩进行了饱水一年的岩石抗压强度实验, 拟合给出其单轴抗压强度随时间呈指数规律变化, 即

$$R = A\exp(B/t) \tag{11.5.7}$$

浅黄色粉砂质泥岩 $R = 0.367\exp(1.517/t)$, 灰白色粉砂质泥岩 $R = 0.577\exp(0.798/t)$。见表 11.5.8 和图 11.5.6。

表 11.5.8 各类型软岩不同饱水时间抗压强度表(周翠英等, 2005)

岩石类型	天然状态	饱水 1 个月	饱水 3 个月	饱水 6 个月	饱水 12 个月
浅黄色粉砂质泥岩	4.510	1.682	0.594	0.921	0.423
灰白色粉砂质泥岩	1.447	1.161	1.071	0.672	0.468
泥质粉砂岩	19.504	18.257	56.775	39.234	39.098

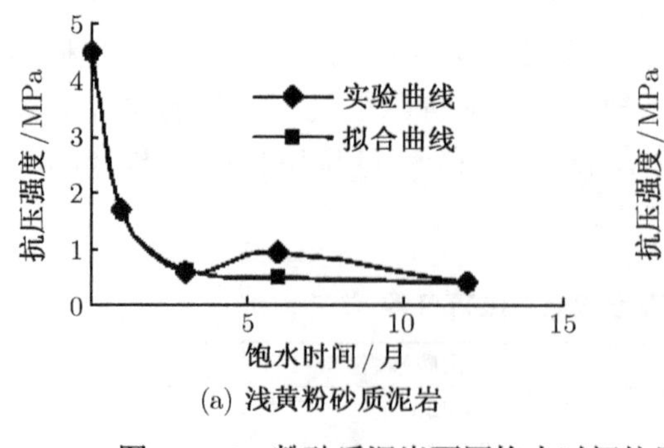

(a) 浅黄粉砂质泥岩

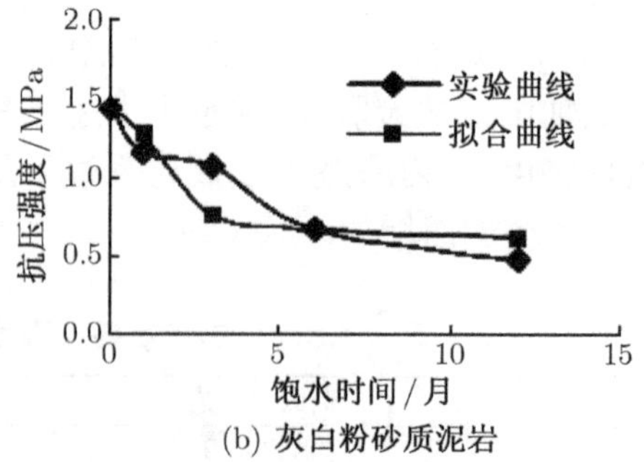

(b) 灰白粉砂质泥岩

图 11.5.6 粉砂质泥岩不同饱水时间抗压强度曲线图 (周翠英等, 2005)

尽管以上试验分析方法的着眼点不同, 但是都说明岩石在水的作用下, 强度与变形模量均有不同程度的降低。降低的程度取决于构成岩石的矿物成分。鉴于此方面的资料不全, 建议工程上采用如下经验公式。

饱和水含水率 W_c 对岩石单轴强度 σ_c 的影响：

$$\sigma_c = a - bW_c \tag{11.5.8}$$

饱和水含水率 W_c 对杨氏模量 E 的影响：

$$E = \frac{a}{W_c} - b \tag{11.5.9}$$

孔隙水压 p 对杨氏摸量 E 的影响：

$$E = a - bp \tag{11.5.10}$$

式中, a 和 b 分别为不同的拟合常数。

11.5.2 孔隙瓦斯对煤体特性的影响

作为研究煤与瓦斯突出的重要基础, 孔隙瓦斯对煤体特性的影响早已为国内外学者所注目, 并进行了大量的研究工作。瓦斯气体 (甲烷) 是一种吸附性很高的气体, 大量气体 (90%以上) 以吸附形式附存于煤体颗粒表面, 因而大大地降低了煤体颗粒之间的黏结力, 从而导致煤体吸附瓦斯后强度显著降低。Vinokurova 和 Ketslakh(1985) 进行了几种气体对无烟煤弹性模量影响的实验, 如表 11.5.9。

表 11.5.9 不同气体对无烟煤弹性模量 E/GPa 的影响(Vinokurova et al., 1985)

煤样号	空气	N_2He	CH_4	混合气体	CO_2
1	10.0	10.0	10.0	7.5	5.0
2	6.0	6.0	7.5	—	—
3	4.4	4.4	5.0(3.7)+	4.3	3.7
4	2.1	2.1	2.7	1.6	—

注：1. 表中瓦斯吸附 2.5 小时的测试结果, +(37) 为吸附 2 天的测试结果;

2. 混合气体 ($CH_4$70%, $N_2$28%, $CO_2$15%, He0.5%);

3. 试验时, 空气压强 0.1MPa, 其余气体压强均为 5.6MPa。

该试验结果说明, 气体吸附能力对煤体的强度影响很大, 像 N 和 He 等惰性气体几乎无影响, 而像 CO_2 等高吸附气体则有显著影响。遗憾的是该项研究因为吸附时间太短, 而未能揭示瓦斯对煤的弱化性能。日本的氏平增之 (1986) 研究了氮气的影响, 结果得出氮气孔隙压对煤的强度有影响的结论。这与上述研究相矛盾, 但详细分析氏平增之的试验资料, 很难看出是氮气本身的影响而很可能是孔隙压的作用。

姚宇平等 (1988) 分别研究了热压型煤、成型煤与原煤样在 N_2, CH_4 与 CO_2 气体作用下的变形性态, 同样给出了煤吸附瓦斯后, 强度降低等结论, 但文中未能给出清晰的定量表述。

赵阳升与贺军 (1991)、梁冰 (1994) 等又先后分别研究了沁水永红煤矿无烟煤与北票台吉矿无烟煤 ($10^{\#}$ 煤) 在孔隙瓦斯作用下的变形特性, 如图 11.5.7~11.5.9 所示。梁冰还用内时理论对上述实验进行了分析, 得出了体积应力、体积变形、偏应力、偏应变之间的关系。

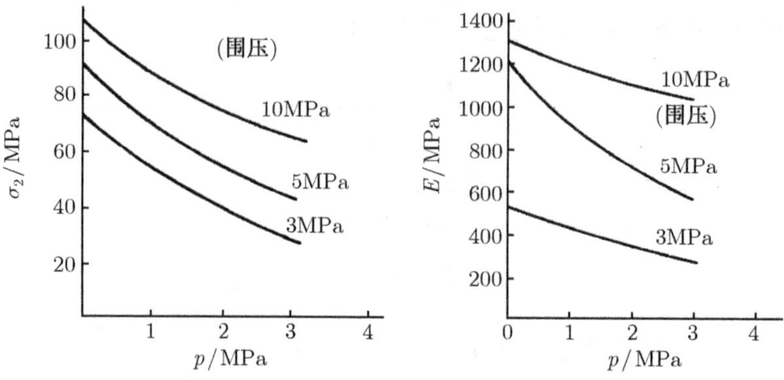

图 11.5.7　峰值强度与孔隙压力之间的关系　　图 11.5.8　弹性模量与孔隙压力之间的关系

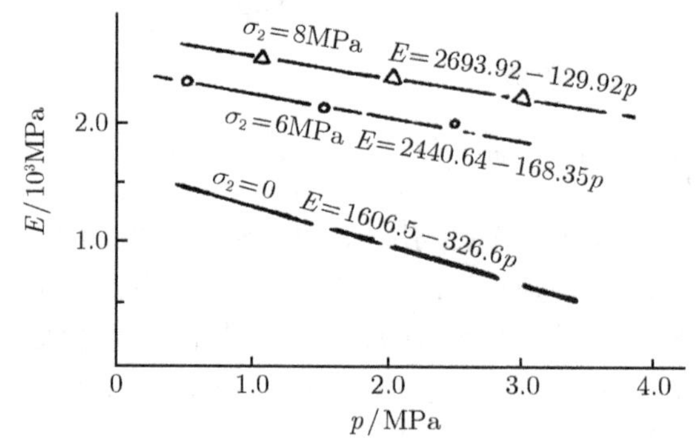

图 11.5.9　永红煤样 E 与 p 的关系

综合上述成果, 作者认为, 用孔隙瓦斯压与杨氏模量的线性经验式 $E=a-bp$ 作为煤与瓦斯相互作用基本关系式, 简单易行, 至少可以在一段时间内适用。

11.6　THMC 耦合作用特性试验机研制

为了深入研究和揭示各种岩石在温度、应力、流体和物理化学作用下的各种耦合作用规律, 作者于 2000~2008 年, 主持研制了 “20 MN 伺服控制高温高压岩体三轴试验机”。该试验机可用于探索深部采矿、煤炭地下直接液化与气化、地热开采、煤层气开采、深部油气开采、核废料处置、矿山安全、建筑安全等极为广泛的工程领域的深刻科学规律与自然现象, 可为能源与资源开发提供新的思路。

(1) 试验机的主要研究功能。包括: ① 研究高温高压或常温下, 岩体变形特性、强度特性、固流热耦合特性、流变特性、渗透特性、热传导特性; ② 研究热与应力复合作用下, 固体矿物 (煤、油母页岩等) 相变、熔融、传热传质、液化、气化, 化学反应等特性与规律; ③ 研究高温高压下, 岩体变形与钻机具的相互作用与水力压裂规律等。

(2) 试验机的主要技术参数: ① 轴压为 10 000kN; ② 侧压为 10 000kN; ③ 试样最大轴压 318 MPa, 最大侧向固体传压 250MPa(假三轴围压), 最大孔隙压力 250MPa; ④ 试样尺寸: ϕ200mm×400mm; ⑤ 钻机最大行程 450mm, 施加静压 200kN, 回转扭矩 500N·m; ⑥ 试样最高加热稳定温度 600°C; ⑦ 轴压和侧压保压时间为 360h 以上, 轴压和侧压力波动不大于 ±0.3%; ⑧ 高温三轴压力室具有高精度的温度稳定控制功能, 温度控制灵敏度偏差不大

于 ±0.3%; ⑨ 应力、变形、进出水口孔隙压力、温度、钻机扭矩等参数全自动采集; ⑩ 试验机总体刚度不小于 9×10^{10}N/m。

(3) 试验机的构成与各部件的关键技术。该试验机主要由主机加载系统、高温三轴压力室及温控系统、辅机装料系统以及测试系统 4 个部分组成。主机加载系统是实验机的力源机构, 高温三轴压力室及温控系统是放置煤 (岩) 试样的机构, 同时产生设定的试样温度和应力环境; 辅机装料系统是专门用于高温三轴压力室内煤 (岩) 试样安装的设备; 测试系统则是用于实验过程中煤 (岩) 试样温度、载荷、变形、渗透率及声发射等方面的测试。

1. 主机加载系统

主机加载系统主要由以下三部分构成。

(1) 主机框架 (图 11.6.1): 采用四柱立式结构, 加压方式为 "下顶式", 即压头由下向上移动对试样加压。主机轴压和侧压均为 10 000KN。为确保试验机的刚度, 轴压和侧压压头全部采用变径结构, 即在进入压力室的压头部分轴压采用直径为 200mm 的压头, 侧压采用内径为 210mm, 外径为 300 mm 的环形压头, 压力室之外, 采用较大直径的压头逐渐过渡, 从而保证试验机整体刚度大于 10^{10}N/m, 以达到刚性试验机要求。

图 11.6.1　20 MN 伺服控制高温高压岩体三轴试验

(2) 液压系统是主机动力的来源, 如图 11.6.2 所示。采用 3 台液压泵产生压力, 泵站工作压力为 25MPa。为了达到伺服控制的目的, 采用德国 MOGO 公司生产的精密比例伺服阀, 精密伺服控制产生轴压和侧压的缸体动作。

(3) 主控制台: 主机动作的主要操作均在此完成, 如图 11.6.3 所示。采用计算机与控制台按钮控制相结合的操作方式。其中, 实验由电脑程序自动控制, 而主机压头的调试动作、托料缸动作等由按钮操作完成。轴压与侧压各自独立加载, 加载方式有恒载荷加载、恒载荷速率加载、恒位移加载、恒位移速率加载、锯齿波加载等。加载参数可根据需要任意设定。

图 11.6.2　主机液压系统

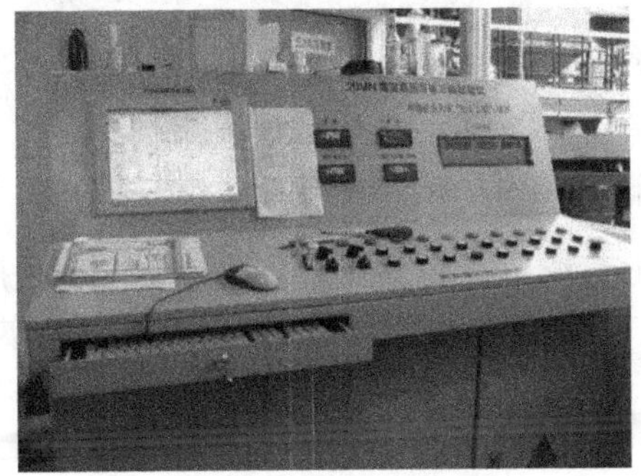

图 11.6.3　主控台

2. 高温三轴压力室

高温三轴压力室是该试验机的核心部件, 是产生实验所需温压环境的重要机构, 如图

11.6.4 所示, 高温三轴压力室总体呈厚壁圆筒状, 采用热塑模具钢 (H13) 加工制作, 该钢材相变温度为 800°C。采用内外 2 层筒体, 内外套缩套结构采用过盈配合, 经特殊工艺处理嵌套在一起。这样方可保证筒体承受 250MPa 的高压而不致屈服破坏。筒体高度为 960mm, 外径为 1060mm, 内径为 300mm。

高温三轴压力室内的加热、温度控制以及温度量测由温控柜完成, 如图 11.6.5 所示。

图 11.6.4　高温三轴压力室

图 11.6.5　温控柜

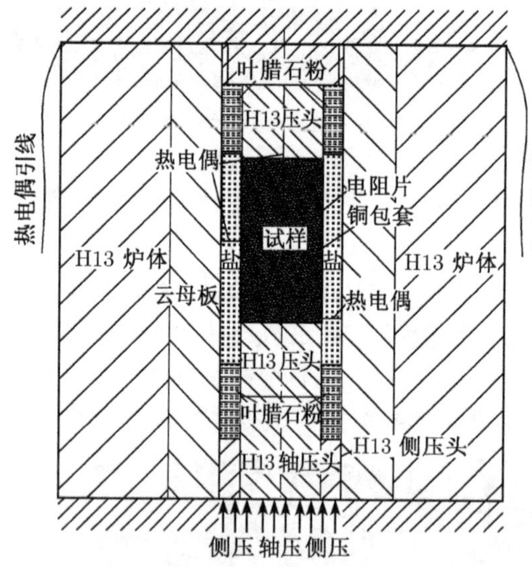

图 11.6.6　高温三轴压力室工作原理图

高温三轴压力室工作原理如图 11.6.6 所示。煤 (岩) 试样表面包裹电阻合金片, 电阻片与煤 (岩) 试样上下部的 H13 压头导通, 从温控柜流出的直流电流经电阻合金片, 电阻片发热加热煤 (岩) 试样及周围的盐环 (叶蜡石环), 产生所需的温度环境。

高温三轴压力室工作原理如图 11.6.6 所示。煤 (岩) 试样表面包裹电阻合金片, 电阻片与试样上下部的 H13 压头导通, 从温控柜流出的直流电流经电阻合金片, 电阻片发热加热煤 (岩) 试样, 及周围的盐环 (叶蜡石环), 产生所需的温度环境。

3. 温控加热系统

温控柜将 380V 的三相动力电经变压和整流, 输出直流电对高温三轴压力室加热。采用低电压、高电流加热方式, 设计最大输出电压为 30V, 最大输出电流 1700A, 最大输出功率为 51kW。

4. 辅机装料系统

辅机装料系统是专门用于安装煤 (岩) 试样的设备如图 11.6.1 所示。采用四柱立式结构, 设计最大压力 2000kN, 泵站工作液压为 25MPa。有 3 个液压缸: 中心缸、侧压缸和下缸, 分别用于施加轴压以稳定和下压煤 (岩) 试样与压头复合体, 施加侧压以压实盐环 (叶蜡石环), 并托住和顶起试样与压头复合体。

5. 测试系统

(1) 试样变形量测。试样变形可通过测量主机轴压头和侧压头的位置来计算, 量测仪器为长春精密光学仪器仪表厂生产的光栅尺, 测读精度为 0.005mm。试样载荷测定采用精密压力计测定液压缸上下腔内的液压, 再利用缸体有效直径换算成压头的压力。

(2) 试样温度测量。在靠近试样圆周的上、中、下部位各自约成 120° 布置 3 只热电偶, 量测试样表面温度, 为了增加测量的准确度及可靠度, 在试样中部再增加一只热电偶, 中部的 2 只热电偶对称布置。将热电偶导线接入温控柜内的测温表, 可测量各点的温度。测温表的测试数据可通过通讯接口输入电脑, 同时实时显示温度值。通过 4 只测温表中设定的一只温度值, 温控柜自动调节输入电流来控制高温压力室内的温度。

(3) 渗透率测量。测量仪器有充气工具、高压气瓶以及流量计等。测试用的工作气体为普通氮气; 流量计有皂膜流量计和转子流量计, 分别在气体流量小和流量大时使用, 也可以采用排水取气法测量排气量 (主要用于煤试样产气量的量测)。

(4) 声发射测试。采用沈阳计算机技术研究设计院生产的 AE–04 四通道声发射检测系统。前放增益 40dB, 带宽 0.005~1MHz, 主放增益 9~60dB, 传感器灵敏度不低于 −60dB, 标配谐振频率 140kHz。该系统功能较强、处理参数多; 具有线定位、区域定位及方形定位等功能, 可收集处理每个事件的 AE 参数: 振铃计数、能量计数、事件持续时间及幅度等。

11.7 热力 (TM) 耦合作用特性

热力耦合作用是极为广泛的一类问题, 在一般的热力耦合分析中, 最基本的是耦合作用的物理力学规律, 由于热的作用, 岩石介质晶体颗粒发生变化, 粒间结合力降低, 并产生大量的微破裂, 甚至宏观破裂, 其力学的表现则是材料的强度及变形特性的改变, 如弹性模量与泊松比等。在此方面国内外学者做了大量的实验, 就实验方法而言, 大致为两种, 其中绝大多数采用将岩石用高温箱加热到设定温度, 冷却后再进行相关力学特性参数测定; 另一种方法是采用高温三轴试验机进行加热和力学特性同步测定。限于试验机的性能, 绝大多温度较低, 在 200°C 以内, 近年来也做过一些 600°C 以上的实验。

11.7.1 高温下岩石的力学特性

苏承东等 (2008) 进行了不同高温后粗砂岩单轴压缩实验, 揭示出了单轴抗压强度与弹性模量随温度的变化趋势, 单轴抗压强度变化不明显, 弹性模量在 500°C 后降幅较大, 大约 44.8%。谌伦建 (2005) 研究了煤系地层砂岩随温度变化的规律, 发现高温状态下砂岩单轴抗压强度随温度变化规律为 400°C 前变化较小, 400°C 后呈线性衰减, 如图 11.7.1(a) 所示, 而高温后的砂岩则在 400°C 前, 随温度升高略有增加, 400°C 出现一个较大的上升, 400°C 后逐渐衰减, 超过 1000°C 出现明显的衰减, 如图 11.7.1(b) 所示。看来这两种实验方法出现了对高温下岩石力学特性认识的较大偏差。作者主张还是要加强实时温度状态下的实验研究。因为高温状态下岩石细观上发生了许多变化, 如易熔融的岩石颗粒软化了, 而冷却后则又固化了, 这也是两种实验方式产生不同结果的原因所在。

尹光志等 (2009) 研究了高温后砂岩在常规三轴围压条件下的变形特性, 由图 11.7.2~

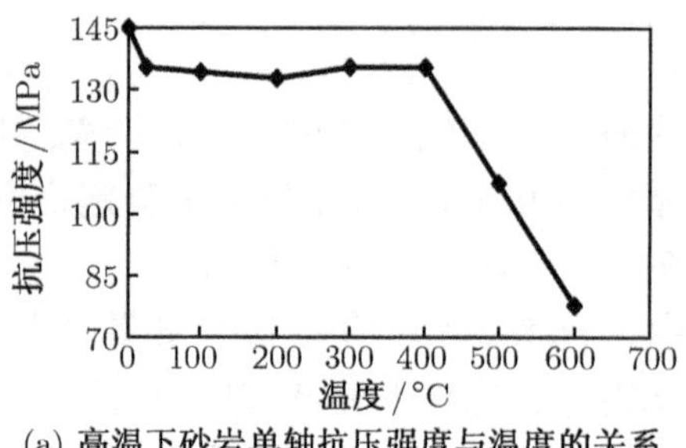

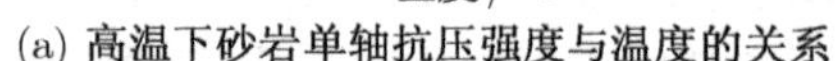

(a) 高温下砂岩单轴抗压强度与温度的关系

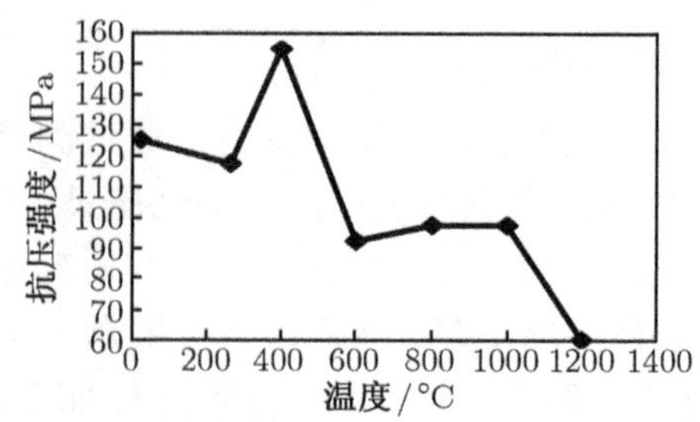

(b) 高温后砂岩单轴抗压强度与温度的关系

图 11.7.1 砂岩强度随温度的变化实验结果

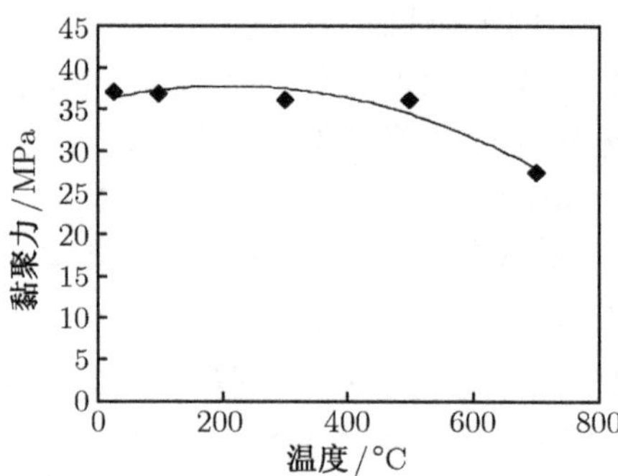

图 11.7.2 常规三轴压缩下粗砂岩试样黏聚力与温度关系

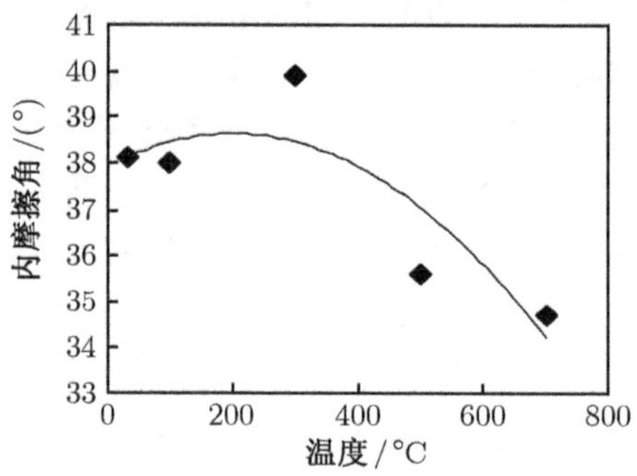

图 11.7.3 常规三轴压缩下粗砂岩试样内摩擦角与温度关系

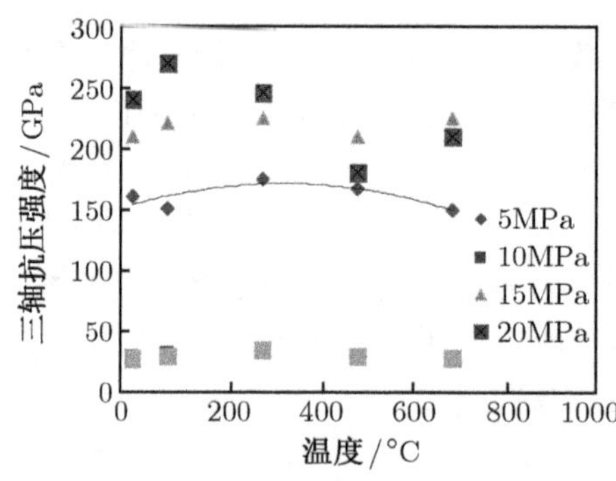

图 11.7.4 围压一定时粗砂岩试样三轴抗压强度与温度关系

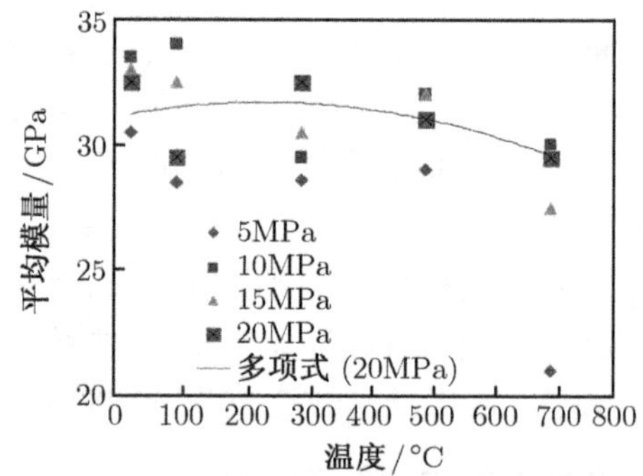

图 11.7.5 围压一定时粗砂岩试样平均模量与温度关系

11.7.5(尹光志等, 2009) 分析得出, 在常规三轴围压条件下, 经历不同温度作用后, 粗砂岩试样的内聚力、内摩擦角、三轴抗压强度及平均模量在 300°C 前随着温度升高呈二次非线性增加; 300°C 后, 随着加热温度的升高, 内聚力、内摩擦角、三轴抗压强度及平均模量呈二次非线性减小, 上述参数在 25°C 时分别为 36.903MPa, 38.10°, 209.79MPa, 31.59GPa, 增加到 300°C 时分别为 37.256MPa, 39.85°, 221.59MPa, 32.27GPa; 当温度达到 700°C 时, 分别为 27.45MPa, 34.60°, 197.17MPa, 27.22GPa。

孟召平等 (2006) 采用美国 TerraTek 公司生产的岩石三轴实验系统, 进行了三叠系和石炭系砂岩在温度作用下的力学特性实验, 温度为常温到 150°C, 见表 11.7.1。

表 11.7.1 不同年代砂岩力学特性与温度关系(孟召平等, 2006)

地层岩石	单轴抗压强度/MPa	弹性模量/GPa
三叠系砂岩	$\sigma_1 = -0.0124T + 20.764$ 相关系数 0.83	$E = -0.003T + 3.2973$ 相关系数 0.93
石炭系砂岩	$\sigma_1 = -0.1053T + 35.707$ 相关系数 0.69	$E = -0.0127T + 7.5135$ 相关系数 0.62

砂岩单轴抗压强度与温度的关系：$\sigma_1 = \sigma_c - k_1 T$。

砂岩弹性模量与温度的关系为：$E = E_0 - k_2 T$。

Cao 与 Ian (1996) 进行了 Carrara marble(石灰岩) 在 500°C 范围内循环加热的剪切模量实验研究, 图 11.7.6 所示为剪切模量随温度变化的实验曲线, 基本呈线性衰减, 到 500°C 大约降低到 82%。Ian (1987) 和 Simmons 等 (1971) 进行了单晶材料剪切模量随温度增加而衰减的实验。

1. 高温作用下岩石的变形性态

孙天泽 (1996) 采用 3GPa 固体传压高温高压三轴流变仪进行了橄榄岩和辉长岩在高温下的特性实验, 试件尺寸：ϕ10mm×25mm, 从图 11.7.7 可见, 在围压相同情况下, 随温度增加岩石发生了剧烈的软化或塑性化, 弹性逐渐丧失。

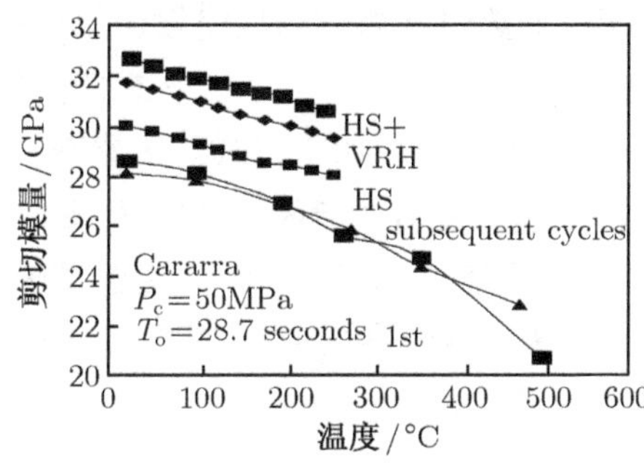

图 11.7.6 石灰岩的剪切模量随温度变化 (Jackson et al.,1987)

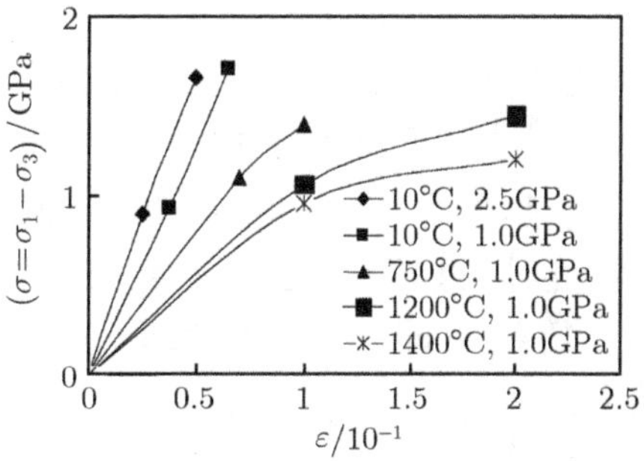

图 11.7.7 温度对橄榄岩石力学性质的影响

北野晃一等 (1988) 综合评述了高温下岩石力学特性 (图 11.7.8~11.7.12), 花岗岩的单轴抗压强度和抗拉强度都随温度增加而降低, 在 300°C 时单轴抗压强度大多数降低到常温值的 70%~80%, 而在 500°C 时下降到 30%~60%, 抗拉强度大致也有相同的结果。其原因是花岗岩的矿物颗粒间的线膨胀系数不同, 因而受热变形不同, 导致产生许多新裂纹。而安山岩在较大温度区间, 其单轴抗压强度与抗拉强度则随温度上升而增加, 或大体不变。其原因是安山岩由玻璃质微小颗粒组成, 因而几乎不出现因矿物颗粒热膨胀率的不同所引起的微裂纹, 而外尾等人认为：是因为加热产生了类似黏土烧制的现象。凝灰岩的单轴抗压强度随温度上升而增加, 或大体不变, 与安山岩类似。花岗岩的弹性模量随温度上升而下降, 300°C 的弹性模量降低至常温值的 40%~80%, 500°C 时降至 20%~50%。而安山岩的弹性模量有时随温度上升而增加, 有时几乎不变。花岗岩和安山岩的泊松比与温度的关系, 由于 200°C 以上很难测定, 所以实验数据很少, 但随温度上升, 花岗岩的泊松比呈下降趋势, 而安山岩似乎变化不大。

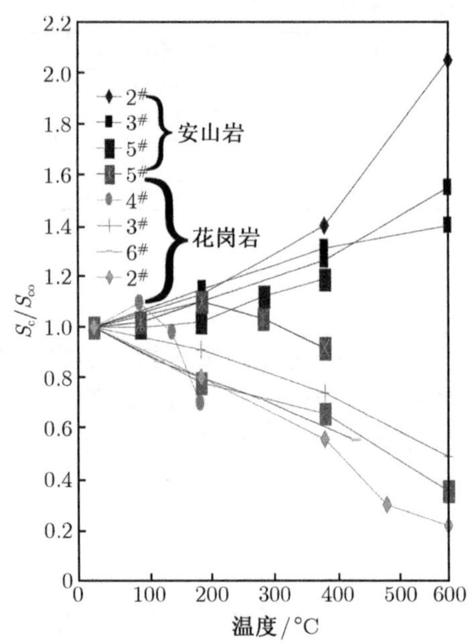

图 11.7.8　花岗岩和安山岩单轴压缩强度与温度的关系

2. 花岗岩在不同温度下的弹性模量

万志军等 (2008) 在设定的温度和固定围压 (25MPa) 的条件下, 对试件轴向加载, 据此获得花岗岩体在不同温度下的弹性模量。图 11.7.13 所示是 2# 花岗岩试样弹性模量随温度升高的变化, 以及与朱合华 (2006) 的实验结果的对照情况。由图 11.7.13 中 2# 试样实验结果可见, 弹性模量随温度升高而减小, 可以划分为以下三个阶段。

(1) 常温到 200°C 的低温段, 花岗岩弹性模量随温度升高而下降缓慢。

(2) 200~400°C 的中低温段, 随着温度的进一步升高, 花岗岩弹性模量减小速率大大增加, 弹性模量约减小了 19.7%。

(3) 温度 400~600°C 的高温段, 花岗岩的弹性模量随着温度的升高基本保持不变。

3. 温度对岩石强度的影响

岩石在加热时其内部结构将发生物理的或化学的变化, 因而岩石在加热条件下的强度特性与常温条件下有很大差别。实验表明, 岩石加热强度特性的变化除了和温度有关外, 还和加热方式、升温速度、加压方式等因素有关。

岩石在加热条件下的强度变化有两种情况: 其一是岩石加热后的强度变化, 即把岩石加热到某一温度时, 测定其在这一温度下的抗压、抗拉强度等; 二是岩石冷却强度, 即先把岩石加热到某一温度, 立即进行自然冷却 (缓慢) 或急剧冷却, 然后再测定其强度。此处研究的是前一种情形。

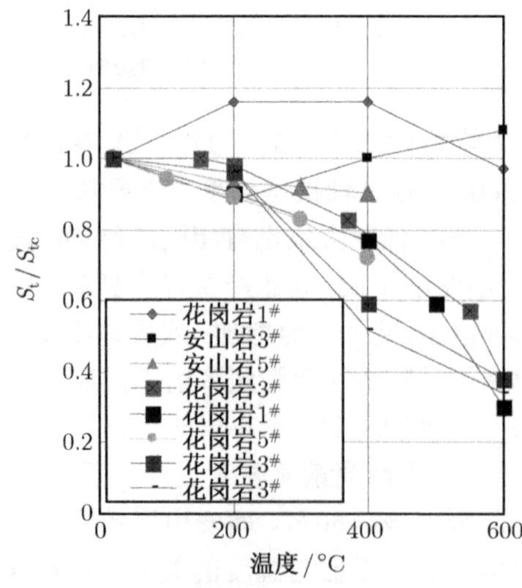

图 11.7.9　花岗岩和安山岩拉张强度与温度的关系

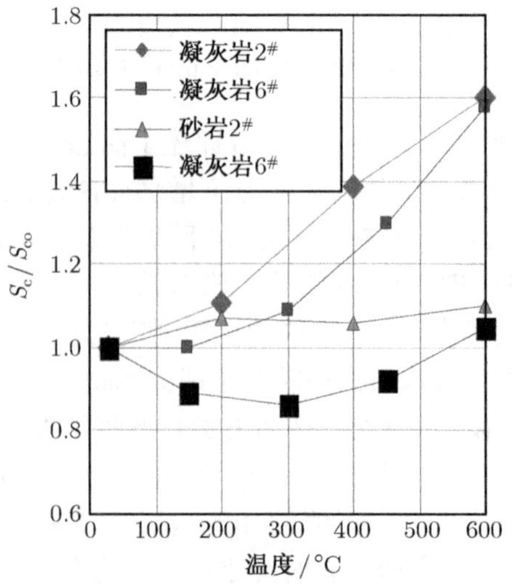

图 11.7.10　凝灰岩和砂岩单轴压缩强度与温度的关系

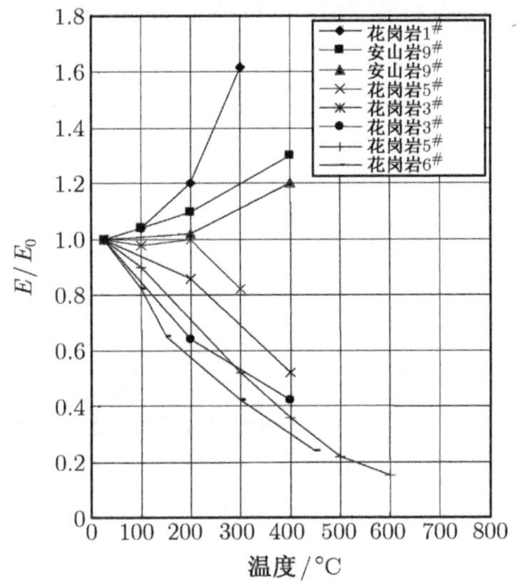

图 11.7.11 花岗岩和安山岩静弹性系数与温度的关系

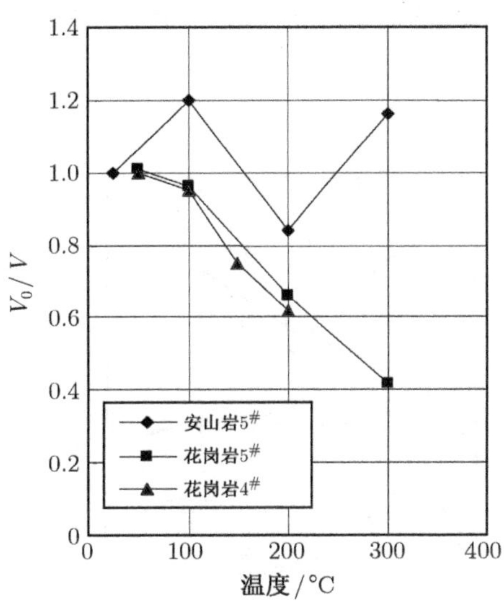

图 11.7.12 花岗岩和安山岩泊松比与温度的关系

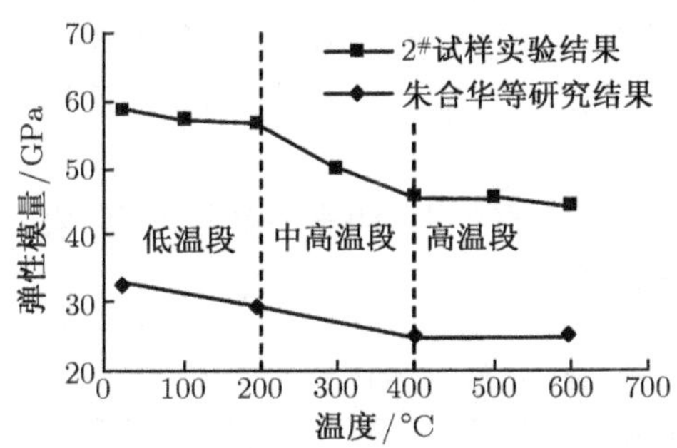

图 11.7.13 不同温度下花岗岩的弹性模量

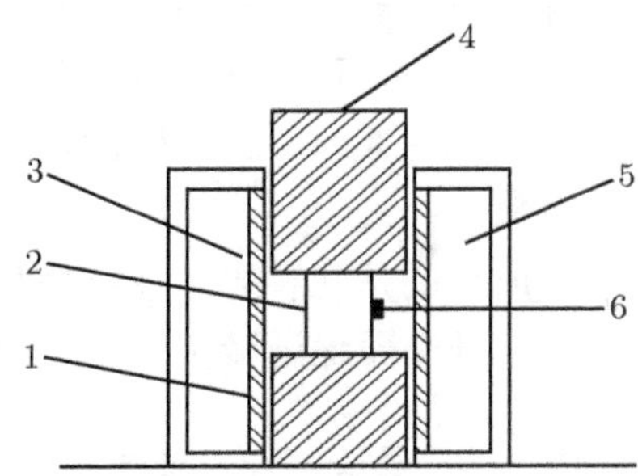

图 11.7.14 岩石高温强度试验装置 (林睦曾, 1991)

1- 托架; 2- 试件; 3- 电炉丝; 4- 压力机; 5- 加热炉, 6- 热电偶

(1) 试验装置：加热试验装置如图 11.7.14 所示, 由材料试验机、加热电炉和温控系统组成。

(2) 试验条件：① 升温速率为 50°C/10min; ② 试验炉内温度从常温 20°C 升高到 1000°C 时, 其温升间隔为 200°C; ③ 当试验炉内温度达到所要求温度时, 立即进行强度试验; ④ 加载速率：压缩试验时, 取 5~10kg/(cm^2·s), 拉伸试验时取 1~5kg/(cm^2·s)。

(3) 温度对岩石强度的影响：如图 11.7.15 所示, 花岗岩、石灰岩等结晶质岩石, 随加热温度的升高, 压缩强度明显下降; 砂岩等非结晶岩石压缩强度随温度的升高, 变化不大; 而安山岩等岩石的强度则有相当大的提高。

4. 温度对岩石弹性模量的影响

图 11.7.16 所示为各种岩石的杨氏模量随温度升高而变化的情况。由图可以看出, 安山岩、花岗岩、石英粗面岩等的杨氏模量 E 在 300°C 以下随温度升高而急剧减小, 但超过

300°C 后, 杨氏模量几乎保持一定值。而凝灰岩和陶石等岩石随温度的升高, 弹性模量变化不大。

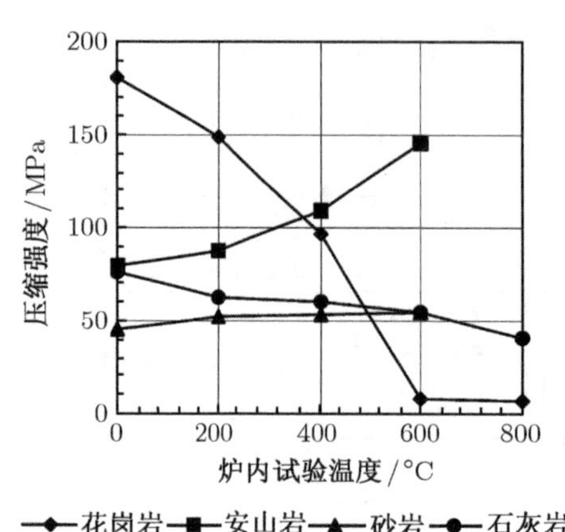

图 11.7.15　岩石的炉内试验温度与强度的关系

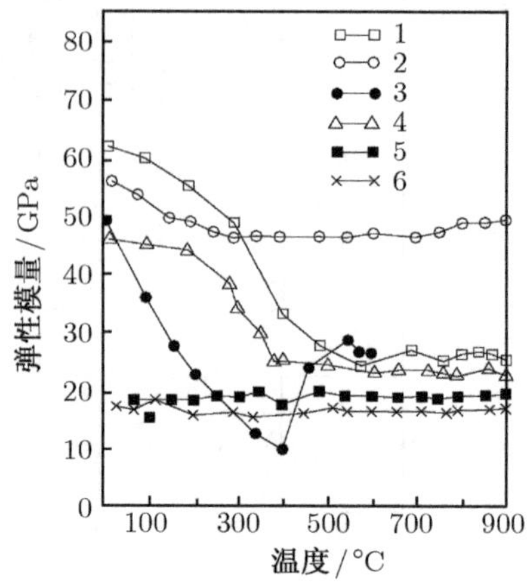

图 11.7.16　*E-T* 关系曲线 (林睦曾, 1991)

1、2- 安山岩; 3- 花岗岩; 4- 石英粗面岩; 5- 陶石; 6- 凝灰岩

温度对各类岩石杨氏模量的影响不尽相同。化学成分相同的岩石, 杨氏模量受温度的影响是相近的。SiO_2 类岩石, 杨氏模量随温度增加而逐渐减小, 例如, 温度由 20°C 升到 600°C, 杨氏模量减小 20%～30%, 对于无水碳酸盐类岩石, 在温度小于 800°C 的条件下, 杨氏模量基本上是个常数。

表 11.7.2 所示的是几种岩石杨氏模量随温度升高而变化的数值。由表中数据看出, 岩石杨氏模量随温度升高而逐渐减小, 但减小的规律是不相同的。

表 11.7.2　各种温度下岩石的杨氏模量(徐小荷等, 1984)

岩石名称	$E/(9.8\times10^3\text{MPa})$							
	20°C	100°C	200°C	300°C	400°C	500°C	575°C	600°C
石英岩	7.1	6.5	6.15	5.2	4.3	3.5	2.5	4.5
菱铁矿	11.8	10.8	9.7	8.5	7.4	6.2	5.0	3.8
白云石	4.15	3.65	2.9	2.3	1.19	—	—	—
辉绿岩	4.45	4.4	4.15	4.0	3.8	3.6	3.45	3.3
石灰岩	4.3	4.05	3.9	3.85	3.82	3.8	3.75	3.7
页岩	4.2	4.17	4.15	4.11	4.05	3.95	3.85	3.8
石英岩	8.85	8.7	8.55	8.05	7.4	6.1	3.8	—
灰色花岗岩	7.0	6.5	5.2	3.65	2.65	1.8	1.18	1.1
花岗闪长岩	3.9	3.85	3.68	3.3	2.8	2.2	1.8	1.7

5. 高温及三轴应力下煤试样弹性模量变化

图 11.7.17 给出了不同温度下煤样的弹性模量变化情况。低温时, 在 15MPa 围压作用下, 煤样弹性模量较大, 如 50°C 时为 14.35 GPa; 但随着温度的升高, 弹性模量急剧下降。整个变化过程规律性很强, 对变化曲线进行拟合, 其相关系数很高, 达到 0.94288。拟合公式为

$$E_c = 19.60109 \exp\left(-\frac{T}{199.235\,49}\right) - 1.54964 \tag{11.7.1}$$

由此可见, 随着温度的升高, 煤被热解, 而使其承载能力逐步下降, 表现为煤样弹性模量随温度升高而下降, 且服从负指数规律。

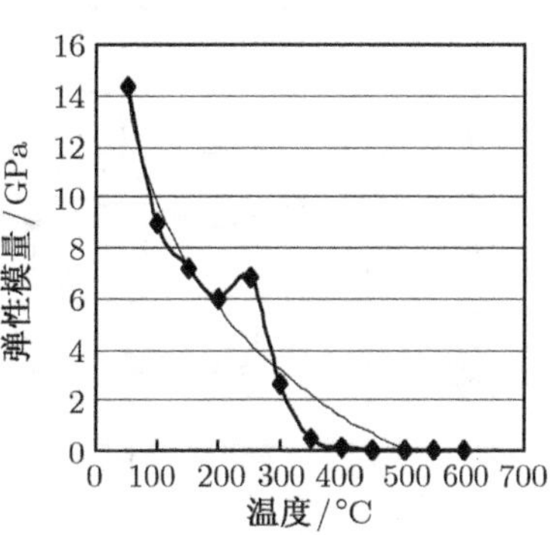

图 11.7.17 不同温度下, 兖州气煤试样弹性模量

11.7.2 岩石的热学特性

1. 线膨胀系数

花岗岩的线膨胀系数和温度的关系表示于图 11.7.18。常温下花岗岩的线膨胀系数在 $(5\sim10)\times 10^{-5}/°C$ 的范围内。在 400°C 以下随着温度的上升大体呈线性增加, 达到常温值的 4 倍左右。一旦超过 400°C, 线膨胀系数进一步增加, 特别是在 537°C 附近石英从 α 型向 β 型转变时, 体积会极速膨胀 (北野晃一等, 1988), 因此显示出非常大的值。

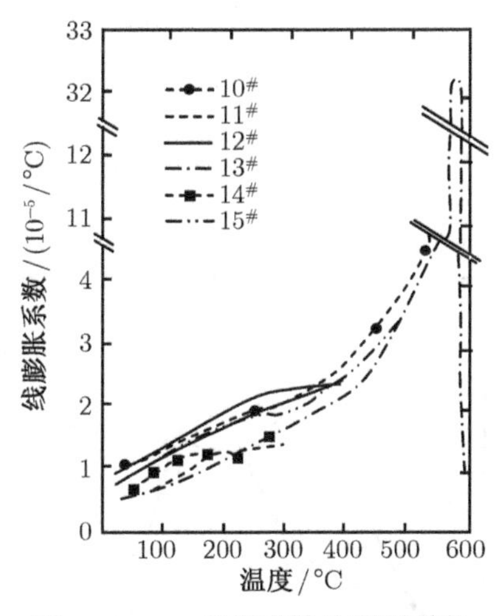

图 11.7.18 花岗岩的热膨胀系数与温度的关系

图 11.7.19 表示花岗岩的线膨胀系数和围压及温度关系的测定实例, 由图可见, 存在围压的情况, 其线膨胀系数随温度的升高变化不很敏感, 尽管测试温度较低, 但与图 11.7.18 差异还是很大的。

前新第三纪矿岩和页岩的线膨胀系数随温度的变化见图 11.7.20。常温下的线膨胀系数为 $(6\sim10)\times 10^{-6}/°C$, 与花岗岩的值大体相同。虽然线膨胀系数随温度上升而增加, 但不及花岗岩显著。

通过花岗岩样在 $\sigma_1 = 25\text{MPa}$, $\sigma_2 = \sigma_3 = 25\text{MPa}$ (相当于 1000m 埋深的静水应力条件) 的热膨胀变形实验研究, 可以总结出如下规律: 在三维静水应力下 (如 1000m 埋深), 花岗岩的热变形可以分为以下三个阶段。

(1) 常温到 120°C 的低温缓慢变形阶段, 花岗岩热膨胀变形较小, 其线膨胀系数为 $0.5\times10^{-5}/°C$, 见图 11.7.21 和图 11.7.22。

(2) 在 120~450°C 的中高温快速变形段, 花岗岩的热膨胀变形速率持续增加, 如 $2^{\#}$ 花岗岩试样的热变形特征见表 11.7.3 和图 11.7.21、图 11.7.22 的相应区段。

(3) 450°C 以上的高温平缓变形阶段, 花岗岩的线膨胀系数急速减小, 热膨胀变形减小, 图 11.7.20 的后期变形曲线, 其热应变曲线变得平缓。其机理是高温下花岗岩内部矿物晶体发生了变化, 部分矿物出现熔融, 或发生相变。

(4) 这里揭示出在 1000m 埋深应力条件下, 花岗岩的线膨胀系数在 $0.067\times10^{-5}\sim1.44\times 10^{-5}/°C$ 之间变化, 而北野晃一等 (1988) 报道花岗岩的线膨胀系数在 $0.5\times10^{-5}\sim32.4\times 10^{-5}/°C$, 最大值相差 20 余倍。这就是三轴应力下测定和自由状态下测定结果的区别所在。在自由状态下, 岩石受热发生热破裂, 微裂纹、小裂纹张开度均比较大, 因而测出的线膨胀系数较大, 而三轴应力下, 由于应力的作用, 热破裂裂纹张开受到限制, 因而表现的线膨胀系数较小。

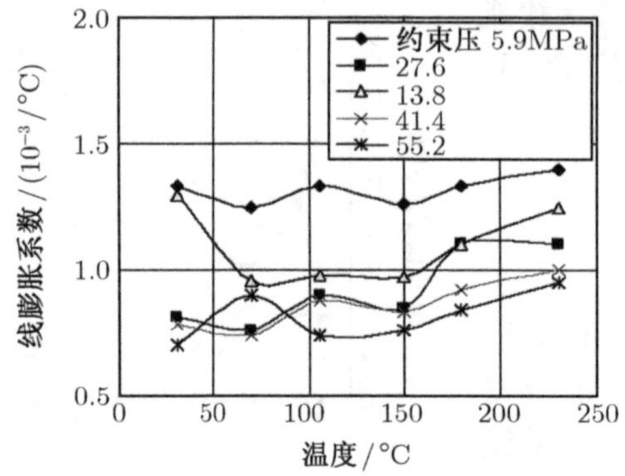

图 11.7.19　Westerly 花岗岩的热膨胀系数与温度的关系

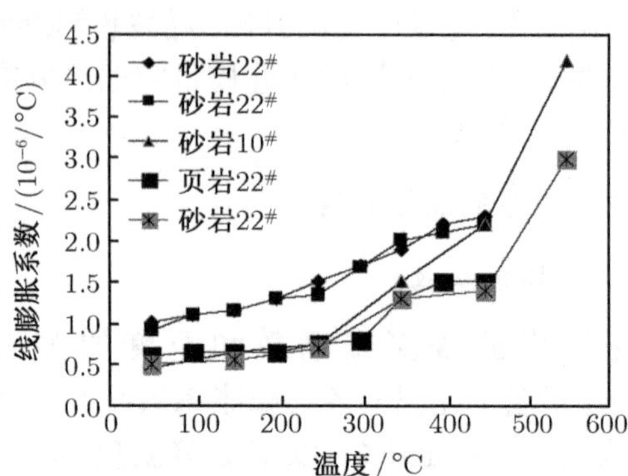

图 11.7.20　前新第三纪砂岩和页岩热膨胀系数与温度的关系

表 11.7.3　不同温度时的应变与线膨胀系数

温度/°C	轴向应变	线膨胀系数/°C^{-1}
200	0.00219512	7.13×10^{-6}
300	0.00462195	8.87×10^{-6}
400	0.00701220	1.33×10^{-5}
450	0.00878049	1.44×10^{-5}
500	0.01029268	6.93×10^{-6}

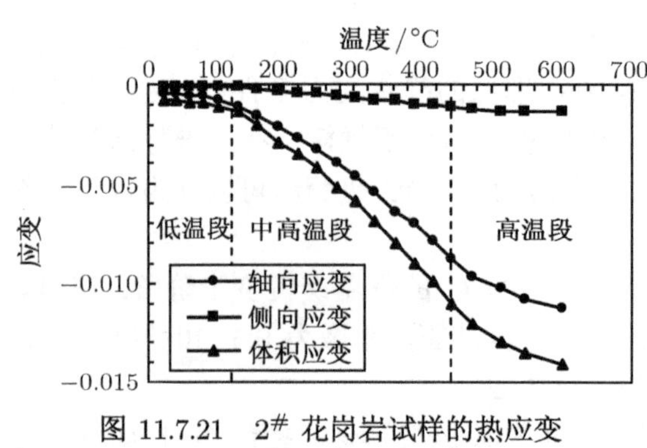

图 11.7.21　2# 花岗岩试样的热应变

$\sigma_1 = \sigma_2 = \sigma_3 = 25$MPa

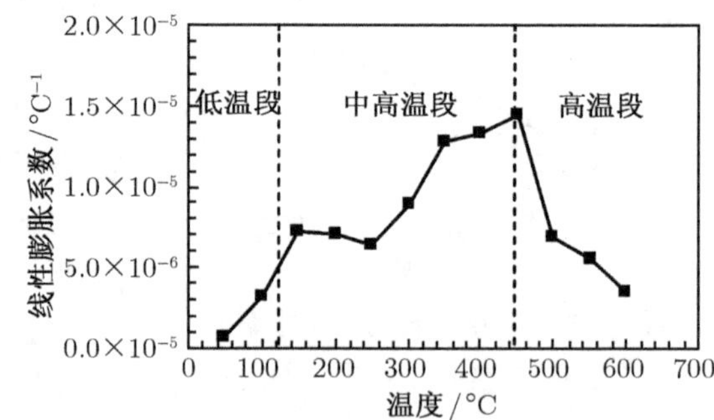

图 11.7.22　不同温度下 2# 花岗岩试样的线性热膨胀系数

$\sigma_1 = \sigma_2 = \sigma_3 = 25$MPa

2. 热传导率

岩石的热传导率受温度与岩石组分、孔隙率及含水饱和度等影响较大。图 11.7.23 给出了花岗岩热传导率随温度的变化关系。常温下花岗岩的热传导率在 $(5\sim11)\times10^{-1}$cal/(cm·s·°C) 的范围内, 含石英越多, 相对来说热传导率越大, 如图 11.7.24 所示。随着温度上升, 热传导率变小, 300°C 时在 $(4\sim7)\times10^{-3}$cal/(cm·s·°C); 500°C 时在 $(3\sim7)\times10^{-3}$cal/(cm·s·°C) 的范围内。常温下热传导率相对大的岩石, 在低温区域 100~200°C 内热传导率下降较大。

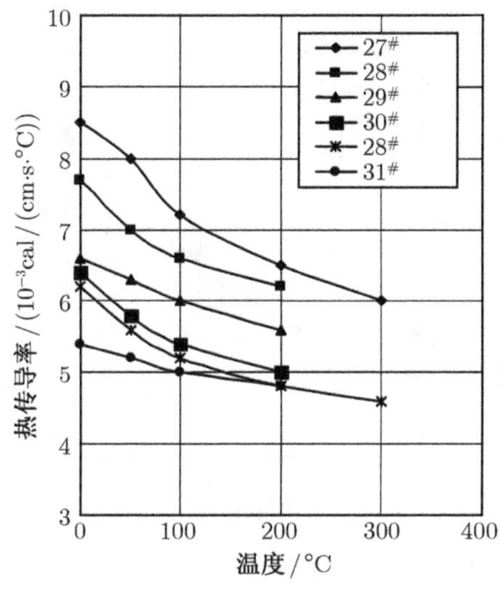

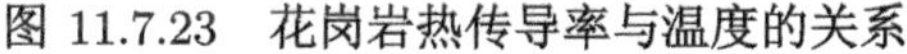

图 11.7.23 花岗岩热传导率与温度的关系

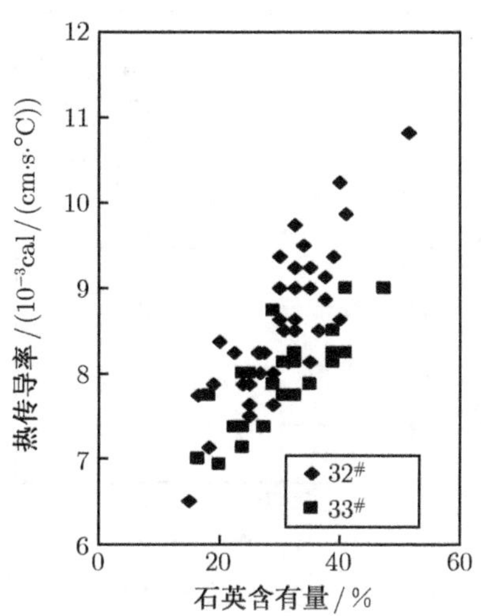

图 11.7.24 花岗岩热传导率与石英含量的关系

砂岩和凝灰岩在常温下的热传导率离散大主要是由孔隙率不同造成的。如图 11.7.25 和图 11.7.26 所示。砂岩和凝灰岩的孔隙率增大, 热传导率就降低。如果比较孔隙率相同的砂岩和凝灰岩, 则是砂岩的热传导率大。例如, 孔隙率为 10%时, 砂岩的热传导率为 $(7\sim16)\times 10^{-3}$cal/(cm·s·°C), 而凝灰岩 $(4\sim6)\times10^{-3}$cal/(cm·s·°C)。

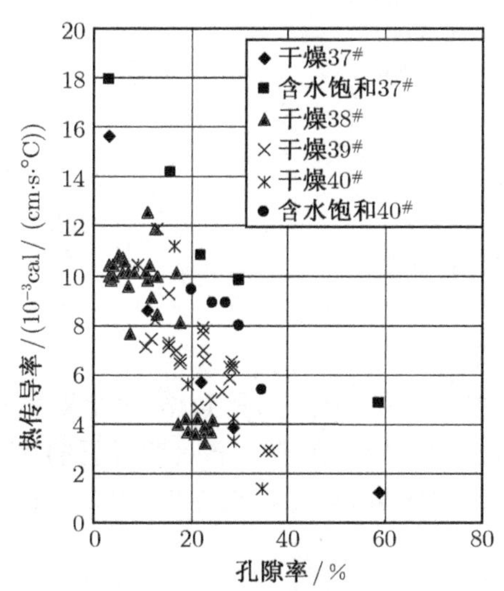

图 11.7.25 砂岩热传导率与孔隙率的关系

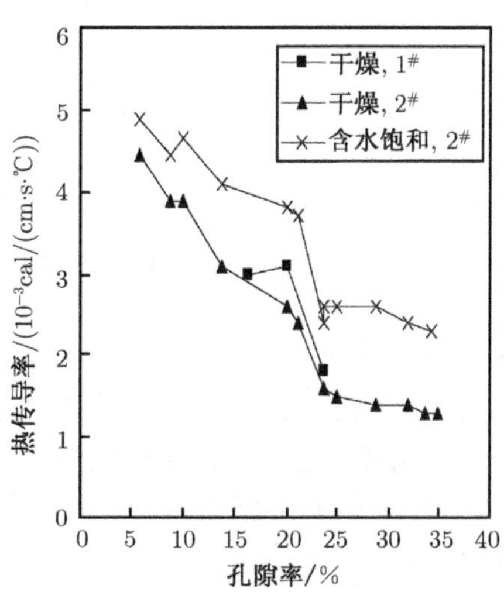

图 11.7.26 凝灰岩热传导率与孔隙率的关系

测定砂岩热传导率和温度关系的实例, 如图 11.7.27 所示, 但实例并不多, 但可发现热传导率是随温度上升而下降的。另一方面, 黏板岩的热传导率对温度的依赖性不太大。

Villar 等 (2008) 研究了膨润土含水饱和度与热传导系数的相关规律, 如图 11.7.28 所示, 从图可知, 随着饱和度的增加, 其热传导系数随之增加, 大致呈线性增加, 由饱和度为零时的 0.5W/(m·°C), 提高到饱和度为 100%时的 1.1W/(m·°C), 增加一倍多。

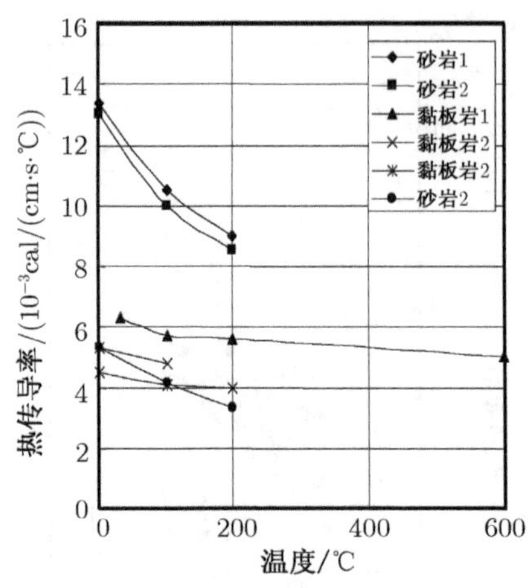

图 11.7.27 砂岩和黏板岩热传导率与温度的关系

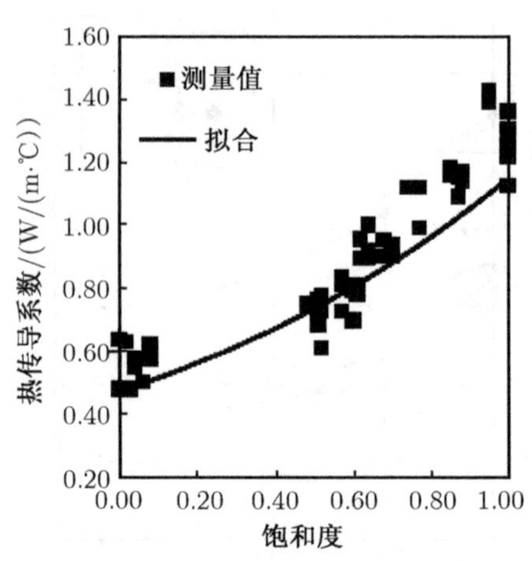

图 11.7.28 膨润土含水饱和度与热传导系数的关系

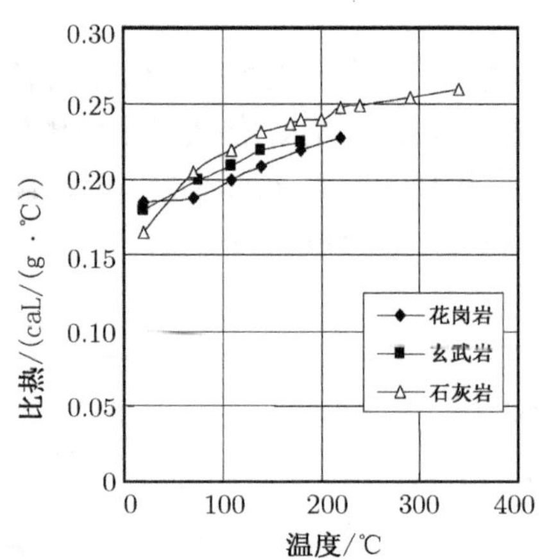

图 11.7.29 岩石比热与温度的关系

3. *岩石的比热*

花岗岩、玄武岩、砂岩和石灰岩的比热与温度之间的关系示于图 11.7.29(北野晃一等, 1988)。由图可见, 几乎没有因岩石的种类不同而引起的差异。在常温下四种岩石的比热在 0.17~0.21 的范围内。随着温度上升而增加, 在 300°C 时比热为 0.24~0.27; 在 500°C 时比热为 0.27~0.30。

11.8 THM 耦合作用下岩石渗透特征

赵阳升、张渊、万志军 (2008) 进行了高温高压下岩石渗透特征的实验研究, 实验采用他们自主研制 “20 MN 伺服控制高温高压岩体三轴试验机”, 花岗岩试样采自中国山东平邑, 商品名 “鲁灰花岗岩”, 长石砂岩采自河南永城煤矿的顶板。试样尺寸为 ϕ200mm×400mm。实验方法为: 首先施加到设定的轴压和围压后, 稳定压力不变, 采用手动方式对试样加温, 加温速率 5°C/h 左右; 设定温度点为 (50°C, 100°C, 150°C, 200°C, $\cdots$, 600°C)。加热到设定温度,保温 2h, 注入氮气, 通过气体流量测定岩石渗透率。测定完渗透率后, 继续加温到下一级温度, 如此到实验完成为止。

对永城长石砂岩, 施加轴压 6MPa, 侧压 5MPa, 在保压的前提下加热, 并同步测量各个温度及孔隙压下的岩石的渗透率 k, 表 11.8.1 为长石砂岩 1# 试件在不同温度和孔隙压下的渗透率。将表 11.8.1 数据绘制为图 11.8.1。

表 11.8.1　长石砂岩渗透率 k 随温度的变化

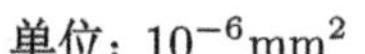
单位: $10^{-6}\mathrm{mm}^2$

温度/°C	孔隙压/MPa					
	0.2	0.4	0.6	0.8	1.0	1.2
25	—	0.067497	0.073249	0.084728	—	—
50	—	0.068765	0.068806	0.065461	—	—
100	—	0.047099	0.056643	0.068274	—	—
150	—	0.073035	0.081729	0.108567	0.123508	0.149307
200	0.54224	3.630009	4.335646	4.771642	5.391946	5.702581
250	1.703025	3.772444	4.752242	4.758365	5.249246	5.349801
300	0.72483	3.013998	3.588493	3.971042	4.153253	4.230434
350	0.223607	0.821575	1.478207	1.580413	1.690303	1.711791
400	0.923159	0.421123	0.733948	1.113058	1.123127	1.133968
450	—	0.773301	0.631996	0.952498	0.958099	1.096146
500	1.01426	0.941222	1.267043	1.236403	1.602669	1.737015
550	1.521977	1.508501	2.043239	1.986783	2.099501	2.132289
600	1.715471	2.163311	2.843283	3.033705	3.087701	3.142757

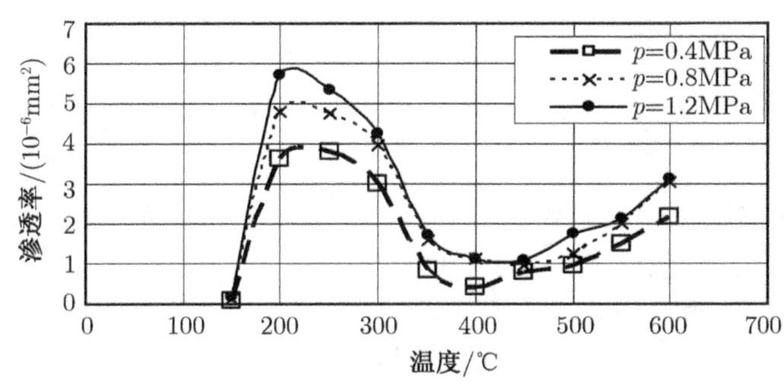

图 11.8.1　永城长石砂岩渗透率随温度的变化曲线

详细分析表 11.8.1 和图 11.8.1, 可以得出: 岩石的渗透率随温度升高的同时也在逐渐增大。在温度达到 200°C 左右, 砂岩的渗透率急剧增大。说明在砂岩的渗透率变化过程中, 存在一个临界温度 —— 门槛值温度。当低于门槛值温度时, 砂岩渗透率变化缓慢, 而一旦临近或者达到门槛值温度, 渗透率快速增加, 与原始状态相比渗透率由 $0.073249\times10^{-3}\mu\mathrm{m}^2$ 增加到 $4.752242\times10^{-3}\mu\mathrm{m}^2$, 增加了 65 倍, 此后在一个较大的温度区间, 岩石的渗透率仍维持在一个较高水平, 虽然在温度继续升高过程中有所下降, 但与岩石的最初状态比较仍较高, 岩石渗透率在下降过程中达到最低值时, 仍比初始状态的岩石渗透率增加了 7 倍, 说明经过热破裂作用的岩石渗透率处于较高的水平。

由图 11.8.1 可见, 砂岩在 150°C 之前, 其渗透率非常小, 与原始状态无异, 但当温度达到 150°C 以后, 其渗透率急剧升高, 在 200~250°C 达到峰值区域, 之后随着温度继续升高, 其渗透率反而下降, 到达 400°C 达到了最低点, 在 400~450°C 一段, 渗透率维持不变, 但较原始状态其渗透率依然高出 10 倍左右。从 450°C 开始, 随着温度继续升高, 渗透率又继续升高, 到 600°C 试验终止。其本质是由砂岩的热破裂特征决定的。渗透率随温度的客观变化, 实际上反映了砂岩热破裂的细观特征的变化规律, 张渊等 (2000) 做了细观研究。花岗岩也有类似的规律。

陈颙等 (1999) 研究了碳酸岩和花岗岩的热破裂规律, 揭示出都存在热破裂门槛值温度如图 11.8.2, 其宏观地表现在声发射事件数在门槛值温度前很少, 而从门槛值开始, 其声发射事件的强度与频度剧烈增加。而且其渗透率也有完全相同的变化规律, 当岩石加热到门槛值温度后, 其渗透率增加很大。

北野晃一等 (1988) 介绍了花岗岩和砂岩渗透率随温度变化的特性, 其实验的温度区间为常温到 250°C 的区间。花岗岩从常温到 100°C 的范围内, 随温度增加渗透率基本不变, 100~250°C 渗透率随温度增加而增加。而砂岩由常温到 200°C 的温度区间, 随温度增加渗透率略有降低。由于高温高压状态下的岩石渗透率的测试非常困难, 因此国内外主要的成果还是集中在较低温度下。梁冰等 (2005) 也研究了高温后岩石的渗透率变化如图 11.8.3 所示。

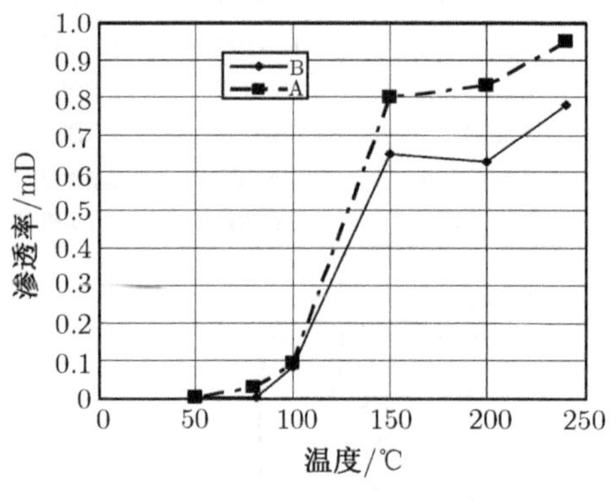

图 11.8.2　碳酸盐岩渗透率随温度变化热开裂温度 110~120°C (陈颙等, 1999)

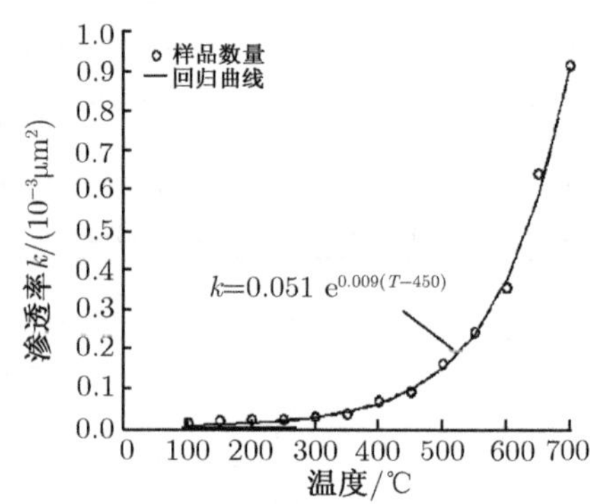

图 11.8.3　岩石渗透率与温度的关系 (梁冰等, 2005)

11.9　THMC 耦合作用的本构规律

多孔介质中的传输, 多年来主要集中于原生孔隙裂隙状态的渗流, 但对于许多工程而言, 由于温度、化学反应等的作用 (梁卫国, 2007), 许多岩石、矿物的孔隙裂隙结构、数量都发生了很大变化, 从而直接影响和改变了流体的传输规律, 这一类研究甚少。

11.9.1　气煤热解的 THMC 耦合作用本构规律

煤是一种极为重要的矿物资源, 关于煤的原生孔隙结构特征做过大量的研究, Zhang (2001), Chen(2001), Yuri(2001) 做过系统的研究。煤在热解过程中, 会发生一系列复杂的物理变化和化学变化 (Butterfield,1995; Charland et al., 2003; 石必明, 2000; 向银花, 2002; Vladimir et al., 1990)。在常温到 300°C 的低温段, 煤中的水分蒸发, 其中的原生气体解析排出, 极少量易挥发的成分被热解而排出, 煤体基质整体上在温度作用下, 变得较软, 加之由于应力与温度的作用, 其孔隙大小和结构形状也会发生一些小的变化。但在 300~600°C 的高温段, 煤中的有机质大量被热解, 变成焦油和气体而排出, 同步煤体也发生热破裂, 这样在煤体中就产生了大量新的孔隙与裂隙, 从而导致煤体渗透性增加和渗流规律的改变。因此可以说这是一类更为复杂的多孔介质传输的问题。这里主要给出气煤从常温到 600°C 的热解过程中, 渗透系数变化规律, 孔隙体积、孔径与比表面积的变化规律, 以及不同温度段的产气规律, 通过对比分析, 给出热解反应的一类多孔介质的传输规律。

1. 气煤热解过程中产气量与渗透性的实验研究

实验设备采用中国矿业大学 20MN 伺服控制高温高压岩体三轴试验机, 进行不同三轴应力和不同温度条件下大煤样的渗透率与热解规律的测定, 以揭示气煤热解过程中的渗流规律。实验煤样取自中国山东兖州兴隆庄煤矿 500m 井下的气煤原煤大煤样, 加工成直径 ϕ200mm、高 400mm 的圆柱形煤样。

实验方法: 先将实验煤样加工到实验要求精度, 装入高温高压三轴试验机, 施加轴压 12.5MPa, 围压 15MPa。保压 3h 后, 测定常温状态下煤样的渗透率, 然后缓慢升温, 每增加 50°C, 即保温 5h, 测定煤体在此温度下的热解气体产率, 到完全不排出热解气体为止, 如图 11.9.1 所示。然后以不同的孔隙压注入氮气, 同步测定氮气的流量, 在确定的时间段内, 每个孔隙压下, 一般测定 8~10 次。即可获得各个温度下的渗透率变化。本试验机有非常好的保温和保压功能, 从而保证了实验结果的可靠性和精度。

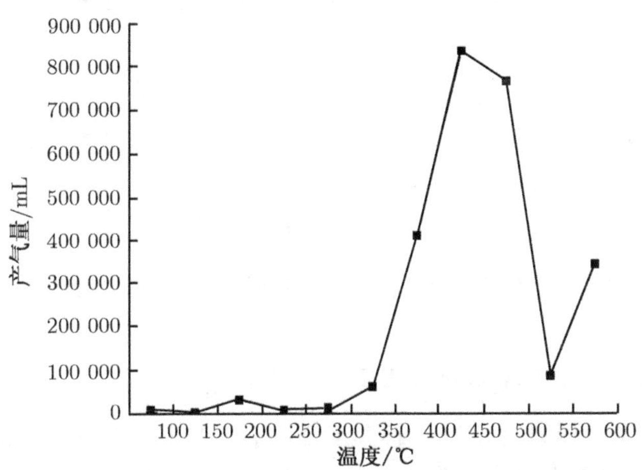

图 11.9.1 3# 煤体三轴应力下, 热解过程中产气量随热解温度的变化曲线

根据实测的在不同孔隙压力下、不同温度点流过大煤样的 N_2 流量, 计算获得 500m 深度围岩应力下, 热解过程中的渗透率, 其结果见表 11.9.1 所示。图 11.9.2 所示是在不同孔隙压力下, 煤体渗透率从室温 (20°C) 到最高温度 (600°C) 时, 煤体渗透率随着温度的变化曲线图。

根据图 11.9.2 的曲线特征, 可以划分为三个特征阶段, 给出如下讨论。

(1) 常温到 300°C 的低温段, 煤体的渗透率随温度的增加, 呈现一种波动状态, 但波动幅度很小, 说明煤体在热的作用下, 内部水分蒸发, 其孔隙裂隙大小, 连通情况在不断调整, 但并无实质性的变化。

(2) 300~400°C 的中温段, 渗透率增加幅度较大, 而且呈指数规律增加, 在 400°C 之后就近似成线性规律增加, 这都说明这是煤体热解过程中发生质变的一个阶段。

(3) 400~600°C 的高温段, 由于高温的作用, 煤体发生了较为剧烈的热解化学变化, 产生了大量的气体和部分煤焦油, 使煤体的孔隙体积增加, 从而导致渗透率的快速增加。

表 11.9.1 不同热解温度下, 煤体三轴应力渗透率 k 测定结果 单位: $10^{-3}\mu m^2$

温度/°C \ 孔隙压/MPa	1	2	3	4
20	2.6366	2.0454	1.4555	1.4636
100	17.836	18.401	17.548	14.692
150	5.310	5.633	5.564	6.418
200	13.729	30.754	35.732	63.111
250	14.473	21.081	21.999	23.888
300	3.105	3.045	3.843	5.369
350	7.749	19.268	18.744	29.839
400	108.814	317.528	338.338	214.889
450	432.470	210.838	356.236	246.988
500	955.037	431.673	—	—
550	1050.919	998.960	—	—
600	1896.740	1900.774	—	—

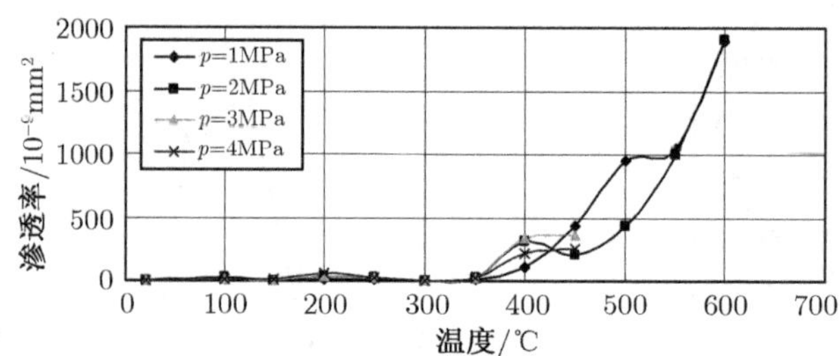

图 11.9.2 煤体渗透率随热解温度变化规律 (围压 18.75MPa、轴压 12.5MPa)

2. 不同热解温度下, 煤孔隙体积与比表面积的演化

采用压汞法测定了该煤样在不同热解温度下的孔隙体积与比表面积, 得到了平均孔隙直径、总孔隙表面积、总孔隙体积、孔隙率在不同热解温度时的参数, 见表 11.9.2 和表 11.9.3。

从表中数据看, 煤的平均孔径、总孔隙体积、孔隙率在 300°C 之前的低温段, 几乎没有什么变化。当加热温度超过 300°C 后, 煤的孔隙直径、总孔隙体积、孔隙率都在增加。而总的孔隙比表面积在 300~400°C 增加较多, 400°C 以后仅有微小波动。

表 11.9.2 兖州气煤压汞法测定孔隙体积与比表面积的实验结果表

加热温度/°C	总空隙体积/(cm^3/g)	空隙总表面积/(m^2/g)	平均空隙直径/μm	孔隙率/%
20	0.0578	6.18	0.0374	0.0751
300	0.0457	7.9930	0.0229	0.0606
400	0.2173	10.9288	0.0795	0.2289
500	0.2828	11.5628	0.0978	0.2858
600	0.4125	11.4679	0.1439	0.3669

表 11.9.3 煤热解过程中，各种尺度孔隙体积变化与分布规律

温度/°C	总孔隙体积/(cm^3/g)	微孔		小孔		中孔		大孔	
		孔隙体积/(cm^3/g)	百分比/%	孔隙体积/(cm^3/g)	百分比/%	孔隙体积/(cm^3/g)	百分比/%	孔隙体积/(cm^3/g)	百分比/%
常温	0.0578	0.0058	10.04	0.0169	29.24	0.0044	7.61	0.0307	53.11
300	0.0457	0.0086	18.82	0.0198	43.33	0.0063	13.78	0.011	24.07
400	0.2173	0.0107	4.92	0.032	14.73	0.0223	10.26	0.1523	70.09
500	0.2828	0.012	4.24	0.0318	11.25	0.0285	10.08	0.2105	74.43
600	0.4125	0.0104	2.52	0.03	7.27	0.0496	12.03	0.3225	78.18

为了便于研究，将孔隙按照其孔径的大小进行分级，孔隙分级的标准采用 χодот分类方案：① 微孔，直径小于 10nm；② 小孔，直径为 10~100 nm；③ 中孔，直径为 100~1000 nm；④ 大孔，直径大于 1000 nm。

将表 11.9.2 和表 11.9.3 数据结合，绘制出各种孔隙体积和渗透率的变化曲线如图 11.9.3。通过图 11.9.3 分析，可以看到：煤体渗透性的变化显著地依赖于中孔和大孔的体积的变化，特别是大孔孔隙体积的变化对渗透性影响更为显著，依然可以按 3 个温度段来分析讨论，在低温段，孔隙体积和渗透率都没有多大变化，但在 300~400°C 的中温段，大孔体积增加很快，达到了 15%，同步煤体的渗透率也有一较大的增长，而且在 300~400°C 的中温阶段，呈指数规律增长。在 400~600°C 的高温段，大孔体积线性增加，渗透率也同步线性增大，说明渗流主要发生在大于 1μm 尺度的孔隙空间。

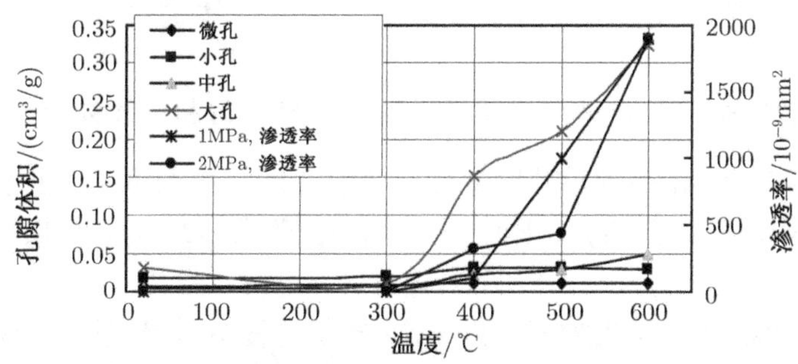

图 11.9.3 不同热解温度下孔隙体积随孔径的分布规律

3. 不同热解温度下，煤孔隙比表面积的演化规律

煤的比表面积是指煤中孔隙的内表面积，煤的比表面积是研究煤孔隙结构的主要参数，通过煤的表面积以及孔隙体积的分析，可以了解到煤细观的孔隙裂隙的一些内部特征。表 11.9.4 所示是经过不同温度热解的煤，其总表面积以及不同孔径表面积所占的比例，图 11.9.4 所示是根据表中的数据绘制的表面积分布图。

从上述图表中的数据可知，无论是常温原煤还是经过热解以后的煤，微孔和小孔是组成煤表面积的主要孔隙，两者之和要占到总表面积的 90%以上，而中孔和大孔占的比例非常小。从图 11.9.4 可见，无论是微孔、小孔，还是中孔或大孔，其比表面积仅略有一些变化，有些略有增加，有些略有下降，也可能是测试误差所致。从 300~400°C，煤的各级孔隙的比表面积都在增大，特别是微孔和小孔，比面增加幅度较大。而从 400~600°C，大孔、中孔和小孔的比面

增加幅度较大, 但绝对数值并不大。而微孔的比面在 400~500°C 略有增加, 500°C 以上微孔比面下降。这说明由于煤的高温热解作用, 煤细观上是向孔隙增大方向发展。

表 11.9.4　不同热解温度下, 煤各种尺度孔隙的比表面积分布规律

温度/°C	总表面积/(m^2/g)	微孔		小孔		中孔		大孔	
		表面积/(m^2/g)	百分比/%	表面积/(m^2/g)	百分比/%	表面积/(m^2/g)	百分比/%	表面积/(m^2/g)	百分比/%
20	6.18	2.7853	45.07	3.3096	53.55	0.0769	1.25	0.0082	0.13
300	7.993	3.9994	50.03	3.8746	48.48	0.1127	1.41	0.0063	0.08
400	10.929	4.8515	44.39	5.6776	51.95	0.3248	2.97	0.075	0.69
500	11.563	5.3392	46.17	5.7522	49.75	0.3831	3.31	0.0885	0.77
600	11.468	4.799	41.85	5.9807	52.15	0.5537	4.83	0.1346	1.17

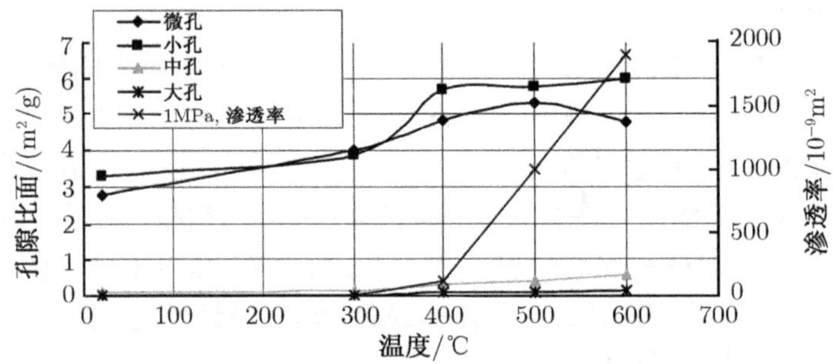

图 11.9.4　不同热解温度下, 煤孔隙比表面积变化曲线

4. 不同热解温度作用下, 煤体渗透率与孔隙细观结构的相关性分析

(1) 不同热解温度下, 渗透率与孔隙率的相关性分析。表 11.9.5 给出不同热解温度下煤的孔隙参数以及模拟原位煤体热解过程中渗透率的数值, 图 11.9.5 是根据这些数值绘制的变化曲线。

详细分析图 11.9.5, 可以给出如下几点结论: 热解过程中, 渗透性的变化与孔隙率的变化对应关系可以分为三个阶段: ① 常温到 300°C 的低温阶段, 该段内, 孔隙率一直保持一个较低水平, 即 6%~7.5%, 渗透率很低, 保持在 $2\times10^{-3}\sim3\times10^{-3}$μm; ② 300~400°C 的中温热解阶

表 11.9.5　中国兖州兴隆庄煤孔隙参数及煤体渗透率实验结果对照表

热处理温度/°C	总孔隙体积/(cm^3/g)	总孔隙表面积/(m^2/g)	平均空隙直径/μm	孔隙率/%	渗透率 $k/10^{-3}μm^2$	
					1MPa	2MPa
20	0.0578	6.18	0.0374	0.0751	2.366	2.0454
300	0.0457	7.9930	0.0229	0.0606	3.1050	3.0450
					7.749	19.268
400	0.2173	10.9288	0.0795	0.2289	108.814	317.528
					432.470	210.838
500	0.2828	11.5628	0.0978	0.2858	955.037	431.673
					1050.919	998.960
600	0.4125	11.4679	0.1439	0.3669	1896.740	1900.774

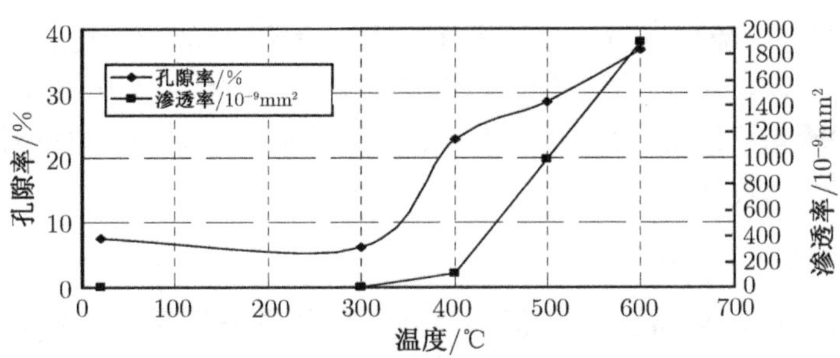

图 11.9.5　煤体渗透率与煤孔隙率相关曲线

段，该段内，煤的孔隙率和孔隙体积大幅度增加，由 6%～7.5%，骤然增加到 23%，跨过了孔隙裂隙双重介质的逾渗门槛值 (冯增潮等，2005；2007)，其渗透率增大 30～100 倍；③ 400～600°C 的高温热解阶段，该段内孔隙率线性增加，而渗透率也线性增加，孔隙率由 23% 增加到 36.69%，完全跨过了单一孔隙介质三维逾渗门槛值，而渗透率较 400°C 时增大 6～18 倍。

(2) 煤体渗透率与煤比表面积的相关性分析。根据煤热解过程中，煤孔隙比表面积与渗透率的实验数据绘制图 11.9.4，从图 11.9.4 可见，其相关规律与特征依然可以分为三个阶段：① 常温至 300°C 的低温阶段，孔隙比表面积仅有微小变化，渗透率变化亦十分微弱；② 300～400°C 的中温阶段，煤的总的比表面积增加很多，渗透率增加也较快；③ 400～600°C，煤的小孔与微孔表面积波动，而大孔和中孔表面积增加较多，总表面积波动略有增加，渗透率增加很大，说明煤孔隙表面积变化与渗透率变化没有明确的相关性。

(3) 煤体渗透率与各种尺度的孔隙体积的相关性分析。图 11.9.6 所示为不同热解温度下平均孔隙直径与渗透率的相关曲线，由图可见，在 300～400°C 的热解温度段，煤的平均孔隙直径增加很快，其孔径的大小接近中孔的边界。温度在 400～600°C 的温度段，渗透率线性增加，孔隙平均直径持续增大，由 400°C 的 80nm，增加到 600°C 的 144nm，说明孔隙平均直径达到了中孔层次。由此可见，煤中的平均孔隙直径对煤体渗透性起决定性影响作用，说明煤体中良好的渗流主要发生在平均孔隙直径在 100nm 以上的通道中。

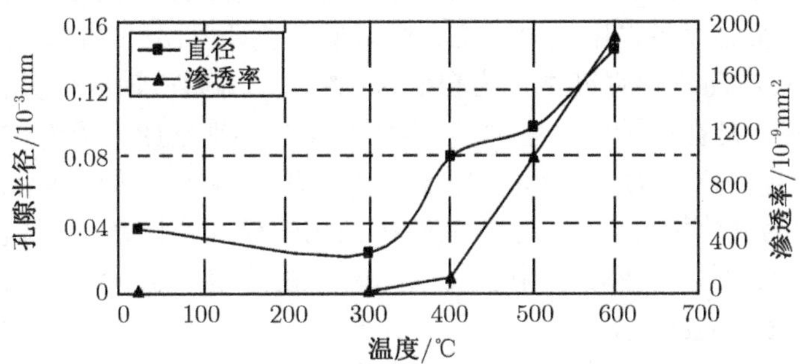

图 11.9.6　不同热解温度下，煤体平均孔隙直径与渗透率的相关曲线

11.9.2　钙芒硝盐岩溶解渗透力学特性

钙芒硝 ($Na_2SO_4 \cdot CaSO_4$) 是一种特殊的岩盐，化学成分为硫酸钠与硫酸钙的化合物，由于其化学成分的复杂性，其物理力学特性不同于一般的岩盐。对于氯化钠、硫酸钠等单一矿物组分岩盐，一般表现为较强的溶解性、低渗透率以及力学特性稳定的特征。而对于钙芒硝

岩盐，由于其矿物组分中硫酸钠与硫酸钙溶解特性的差异，其渗透特性及力学特性均随其中矿物溶解的变化而变化。为揭示钙芒硝这些特殊物理力学特性的变化情况，我们在实验室进行了钙芒硝溶解渗透相互作用规律，以及溶解前后力学特性的研究，初步揭示了钙芒硝岩盐溶解渗透力学特性变化特征及规律。

1. 溶解渗透互进作用机理

由于水分子 (H_2O) 氢氧离子分布的不对称性，使其成为两端分别带正负电的偶极分子。当盐类矿物与水接触时，组成结晶格架的离子被水分子带有相反电荷的一端所吸引，当水分子对离子的引力足以克服结晶格架中离子间的引力时，盐类矿物结晶格架遭到破坏，离子进入水中，盐类矿物被水溶解。

图 11.9.7　钙芒硝盐岩溶解渗透互进作用

渗透作用为流体在溶质浓度梯度、压力梯度或两者共同作用下通过多孔介质的运动。钙芒硝盐岩本质上为孔隙不发育、低渗透的介质，在高压水的浸泡下，在与水接触端面上，可溶于水的硫酸钠溶解，硫酸钙则视条件与水发生反应，且以固体骨架形式保留存在。

端面可溶盐的溶解缺失，为内部盐类物质的溶解提供了通道。在渗透压力的作用下，淡水或低浓度盐水直达孔隙前端，继续溶解硫酸钠，孔隙逐步深入扩展，溶解持续进行；如此溶解渗透相互促进作用，将其中硫酸钠矿物全部或部分溶解，在岩体内的不溶物硫酸钙间形成孔隙。这样，溶解渗透的互进作用将不渗透的钙芒硝盐岩变成为以硫酸钙 (或水合物) 为固体骨架的可渗透多孔介质。从而改变和影响着钙芒硝盐岩的物理力学特性。如图 11.9.7 所示为钙芒硝盐岩溶解渗透互进作用前后试件对比图。

2. 钙芒硝盐岩的溶解渗透特性

试验样品均采自四川彭山地下 160m 深处的钙芒硝矿藏，采用高径比为 2:1 的 ϕ100mm×50mm 的圆柱试件。实验设备采用太原理工大学采矿工艺研究所的 MDS-200 型三轴渗透仪。实验方法为：溶解渗透前三轴强度试件为自然含水状态，溶后三轴压缩实验试件给定一定孔隙水压；溶解渗透实验是在三轴压力室中，按照钙芒硝的实地地应力场给定初始三维应力，然后从试件的一端给定注水压力，进行溶解渗透，试件两端溶解渗透连通后，周期性测试试件渗透率随溶解时间的变化情况。盐岩由于其组织结构的极其致密性，在常态下为低渗透或不渗透岩类，钙芒硝盐岩也不例外。但由于其中的硫酸钠易溶于水，使钙芒硝盐岩的渗透性因硫酸钠矿物的溶解而发生改变。

实验研究发现，在一定载荷条件下，钙芒硝盐岩的渗透率与溶解液浓度、溶解时间及渗透压力相关。实验中，试件所受压力为符合盐类矿床地应力场特征的静水压力状态，轴压、围压均为 2.0MPa，初始渗透压力 1.0MPa，在封闭的三轴压力室中进行溶解渗透，直至 45h 后试件全长溶解渗透连通，开始有水渗出，测量其渗透率。之后进行多次封闭、压力浸泡溶解，并测量不同溶解时间阶段的渗透率，初步揭示了钙芒硝盐岩溶解渗透特性。具体结果见表 11.9.6～11.9.8。

表 11.9.6 溶解渗透作用下钙芒硝盐岩渗透率变化表 单位：10^{-8}cm^2

时间/h	渗透压力/MPa			
	0.5	0.6	0.7	0.8
45	0.0153	0.0232	0.0228	0.0311
49	0.0204	0.0346	0.066	0.0897
53	0.0235	0.0592	0.0775	0.1234
70	0.0377	0.065	0.0872	0.1672

图 11.9.8 所示为钙芒硝盐岩在不同渗透压下渗透率随时间的变化曲线。由图可见，钙芒硝盐岩的溶解渗透率是时间的函数，在 4 种不同渗透压作用条件下，钙芒硝盐岩的渗透率均随时间的增长而提高，这是矿物溶解、渗透通道逐步畅通的结果所致。随试件浸泡时间的增长，在达到饱和浓度之前，硫酸钠矿物的溶解持续不断进行，在钙芒硝盐岩体内溶解渗透形成的孔隙通道逐步畅通，硫酸钙固体骨架逐步凸现。

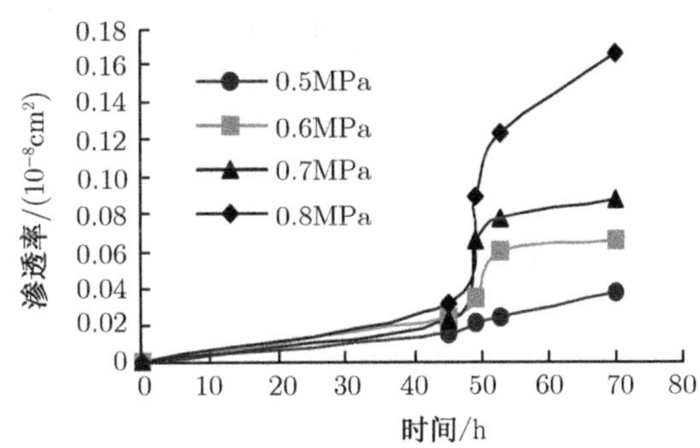

图 11.9.8 钙芒硝盐岩渗透率与时间关系曲线

在钙芒硝溶解渗透连通初始阶段 (45~50h)，图 11.9.8 中曲线斜率较大，渗透率快速增长，说明硫酸钠溶解速度快，孔隙变化明显；在溶解 50h 之后，渗透率与时间关系曲线趋于平缓，说明钙芒硝盐岩体内硫酸钠溶解速度减缓，硫酸钙间的孔隙变化缓慢。

随渗透压的提高，钙芒硝盐岩的渗透率也不断提高，在 49h 时,0.5MPa 和 0.8MPa 渗透压作用下的渗透率分别为 0.0204×10^{-10}cm^2 和 0.0897×10^{-10}cm^2，后者是前者的 4.4 倍；溶解渗透 70h 后，在相同渗透压作用下的渗透率分别为 0.0377×10^{-10} cm^2 和 0.1672×10^{-10} cm^2，比值提高到 4.43 倍。

3. 钙芒硝盐岩溶解渗透力学特性

由于溶解渗透的作用，钙芒硝盐岩体内的矿物成分及数量发生了改变，其中硫酸钠矿物含量减少，硫酸钙矿物与水发生化合反应，生成二水硫酸钙或十水硫酸钙。组成成分及结构的改变，必然导致其力学特性变化的发生，溶解渗透前后力学实验结果对此作了很好的说明。

图 11.9.9 和图 11.9.10 所示为钙芒硝盐岩溶解渗透前后的三轴压缩强度曲线。在溶解渗透前强度测定中，围压保持在 2.0MPa 水平，渗透压为 0.0MPa；在溶解渗透后强度测定中，围压为 2.0MPa 水平不变，渗透压给定为 0.9MPa。由图可见，溶解渗透 49h 之后，钙芒硝盐岩的强度降幅很大，由溶解渗透前的 46.53MPa，降低为溶解渗透后的 11.42MPa，降幅达 75.45%；与此同时，三维压力作用下的弹性模量也由 43.7MPa 降低为 0.834MPa，充分表明了溶解渗透之后盐岩体内结构的变化，由原来的致密不渗透介质变为渗透性能极好的多孔介质。

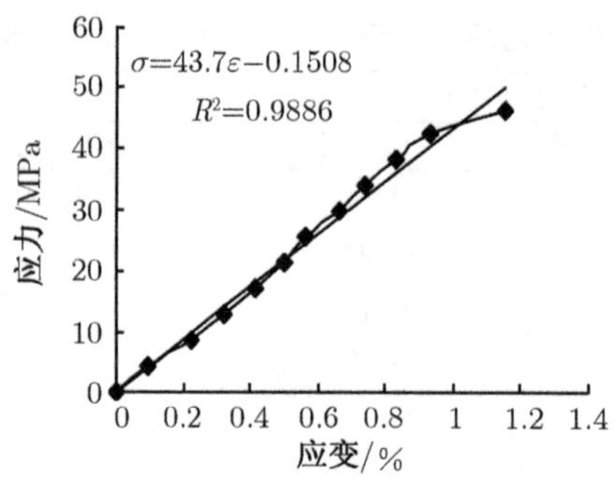

图 11.9.9　钙芒硝盐岩溶解渗透前三轴强度曲线

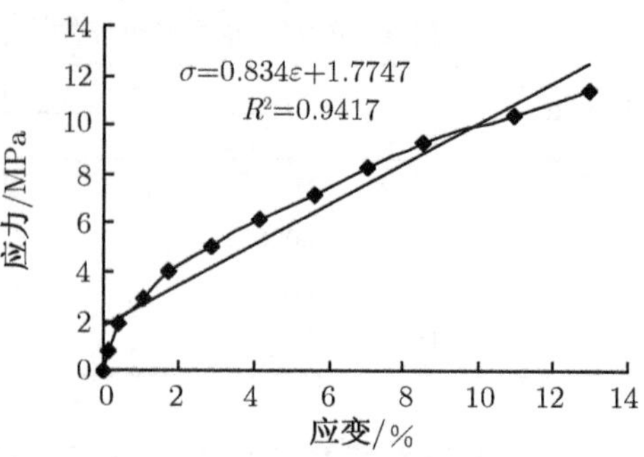

图 11.9.10　钙芒硝盐岩溶解渗透 49h 后三轴强度曲线

第 12 章　多孔介质多场耦合作用的理论架构

12.1　理 论 架 构

多孔介质多场耦合作用是由固体力学、流体力学、传热学、传质学、物理化学与反应理论等基础学科与众多工程科学相互交叉而形成的新兴边缘学科。

按照上述定义, 这一边缘学科的理论主要涉及多孔介质固体和其中传输的流体的多物理场之间的耦合作用, 其控制方程中包含了场与场之间的耦合作用项, 本构方程中也包含了多物理场与物理量之间的相互作用关系。针对一类具体工程的多场耦合作用的数学模型, 至少由两个以上控制方程组成, 因此其求解也变得极为困难, 即使采用现代数值方法, 也需要认真研究其求解策略, 也需要研究其解的适应性及多场耦合作用带来的新问题。

多孔介质多场耦合作用的理论架构包括了以下四个方面。

(1) 耦合作用的本构规律, 主要研究某一物理场的本构规律和控制方程的形式受其他物理场的作用而发生的变化。例如, 固体力学中的力学参数受温度场和化学反应的影响, 固体应力场因流体或化学作用而由弹性力学描述改变为塑性力学、渗流力学和散体力学描述。这是该边缘学科中最难的、最需要花钱和最需要做的工作, 离开了它, 所有的耦合作用都将是空中楼阁。

(2) 多孔介质多场耦合作用控制方程组或称数学模型, 主要研究某一物理场方程中因变量或源汇项受其他物理场作用的变化的数学描述, 也包括本构规律的影响在控制方程中的反映。我们把相关物理场因变量之间存在耦合作用的问题称为强耦合作用, 而把仅有参数耦合, 也就是方程的系数项有作用的或单向作用称为弱耦合作用。例如, 固流耦合控制方程中, 在固体变形方程中含有流体压力梯度的作用项, 在流体控制方程项中含有由于固体体积变形作用项, 这类问题就称为强耦合作用。又如, 在仅有传导传热的固热耦合问题中, 固体变形方程中含有温度作用项, 而热传导方程中则含有固体位移项, 这种单向的影响称为弱耦合作用。

这类控制方程包含了必不可少的几个物理场控制方程, 许多时候还应包含一个耦合控制方程。例如, 固流耦合问题中的有效应力方程、固热耦合问题中的热膨胀变形方程、渗流传质耦合问题中的密度与浓度的关系方程。

(3) 多孔介质多场耦合作用控制方程组的求解方法、求解策略以及数值仿真理论与技术。

(4) 借助于耦合数学模型和数值模拟理论与技术, 对此类工程问题的工程方案制订、工程决策的判断和工程与科学规律的掌握, 也包括对复杂物理规律的研究与认识。

上述四个方面即构成了多孔介质多场耦合作用的整体架构, 如图 12.1.1 所示。

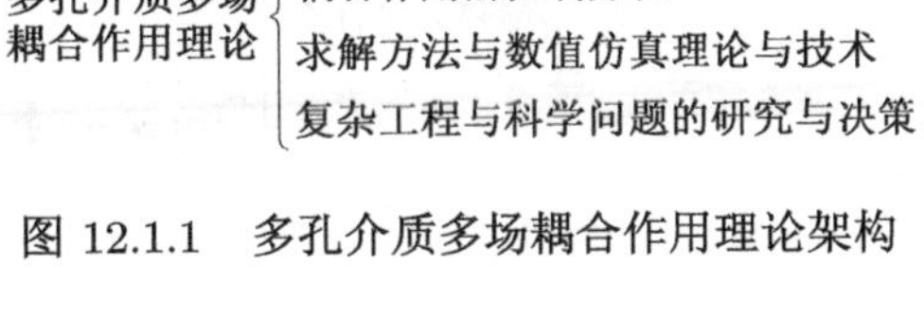

多孔介质多场耦合作用理论
- 耦合作用的本构方程
- 耦合作用的控制方程
- 求解方法与数值仿真理论与技术
- 复杂工程与科学问题的研究与决策

图 12.1.1　多孔介质多场耦合作用理论架构

12.2　多孔介质多场耦合作用的机理分析

12.2.1　其他物理场对固体介质性态的影响

涉及该交叉学科的物理实体或物理介质是多孔介质固体, 它是一种固体, 但含有大量孔隙、裂隙, 甚至大裂缝。有些情况, 可以简化作均质各向同性的固体介质处理。有些情况就不能如此简化, 而必须简化作裂隙介质固体来处理。有些情况, 固体仅发生弹性变形, 有些情况, 固体就发生不可恢复的永久变形, 这种永久变形不仅包括瞬时产生的剪性变形, 还包括长时间产生的流变变形。

就固体介质或固体力学而言, 流体在其中的存在与传输, 涉及许多方面, 流体的物理作用与化学作用导致固体骨架力学特性的改变, 这是最常见的一类问题。例如, 水的存在、瓦斯的存在使得岩石固体的弹性模量降低和强度降低, 这一类作用有时是可逆的, 有时是不可逆的。当把这些流体排出时, 固体就可恢复到原始不存在流体的状态, 例如, 水、瓦斯对岩石的作用基本可以看成可逆的。而水对土体的作用很多时候就是不可逆的。流体对多孔介质的冲蚀作用, 也常常导致固体性态参数的不可恢复的变化。

在多孔介质多场耦合作用中, 最为复杂的另一类作用是由于流体的物理化学作用, 使固体的某一些成分, 甚至很多成分发生了化学反应而变成流体。有些情况它们仅占整个固体的极少部分, 这种作用仅会导致固体介质力学参数的改变。例如, 弹性模量、泊松比和强度等。固体的力学性态依然可以用弹性力学描述。有些情况, 这种反应就占整个固体的很大部分, 这时固体介质的力学性态就发生了变化, 需要用塑性力学, 甚至散体固体力学来描述。

热对固体介质力学性态本身的作用主要表现为两类: 一类是热破裂作用, 即由于热的作用使固体产生了大量的宏观、细观, 甚至微观的裂纹, 从而直接改变了固体的力学特性参数; 另一类是高温作用使岩土固体的某些组分发生熔融与相变, 从而使固体的力学介质性态改变。一般来说, 热对固体介质性态的影响均是不可逆的。

归纳以上分析, 可以给出多孔介质多场耦合作用中, 其他物理场对固体介质力学性态的影响主要为第一类是可逆的, 仅为力学特性参数改变的作用; 第二类是不可逆的, 力学特性参数改变的; 第三类是不可逆的, 而且是力学介质性态的改变, 如图 12.2.1 所示。

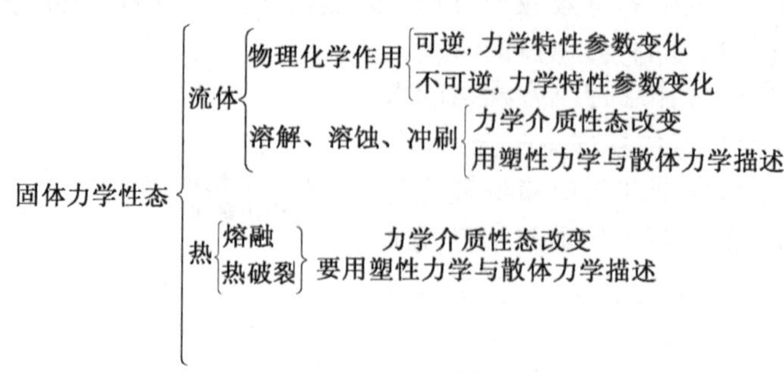

图 12.2.1　其他物理场对固体介质性态的影响关系

12.2.2 其他物理场对渗流的影响

渗流力学介质性态的影响同固体力学相似。其他物理场对流体在多孔介质中传输的影响与作用主要表现在如下方面。

描述流体在多孔介质中的动量传输的理论称为渗流力学或渗流理论。其本构规律主要是反映流体的压力梯度与流量或比流量的关系，即 $q = K\dfrac{\partial p}{\partial x}$，法国科学家达西最早研究地下水在砂土介质中的流动时，提出了比流量与压力梯度成线性规律的达西定律，从而奠定了渗流力学的基础。

事实上，流体在多孔介质中的传输是极为复杂的一类物理与工程现象，达西渗流描述的仅是其中最简单的，但又是较多的一类流体在多孔介质中的传输现象。首先，由于多孔介质的性态差异和流体性态的差异，流体在多孔介质中的传输可分为层流与湍流两大类。对于层流的多孔介质传输而言，其流动可分为线性流与非线性流，或达西流与非达西流。流体传输性态取决于多孔介质的固体骨架形态，即孔隙、裂隙的宏观结构特征及其连续性态；也取决于流体的性态，即流体的黏度。

从物理角度分析，如图 12.2.2 所示，固体应力场对渗流本构的主要作用为，使固体骨架孔隙裂隙变小，或闭合，或形态改变，从而导致渗透系数的改变；另一类是固体应力场导致固体骨架的破裂，发生永久变形与塑性破坏，它可能产生两个方面的作用，一个是单纯的渗透系数的变化，另一个是流体的传输不再是达西流，而变为非达西流，甚至湍流。

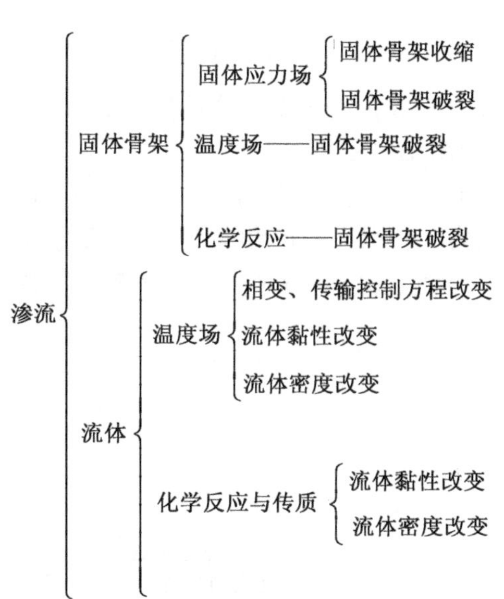

图 12.2.2 其他物理化学作用对渗流的影响

热对渗流的作用表现为对固体骨架的作用与对流体的作用两个方面。热使固体破裂或熔融，从而导致渗透系数的变化，传输通道的变化。热使流体的黏度改变，从而导致渗透系数的变化；热使流体发生相变，导致整个渗流控制方程的改变。

对渗流影响最大的是流体的物理化学溶解、熔融和冲刷，它直接导致多孔介质固体骨架的孔隙裂隙形态的大小、连通状况的变化，甚至导致固体骨架的完全溶解。这种作用还表现为对流体密度与黏度的影响。

12.2.3 其他物理场对热量传输特性的影响

热量的传输有三种方式，即热传导、对流传热与辐射传热。本节主要涉及前两者。固体应力对导热的作用表现为正反两方面，处于弱增状态，随着固体应力的增加，固体密度增加，导热系数也增加；固体应力使固体屈服破坏后，则导热系数、导热效率大幅降低。而对对流传热的影响正好相反。其实质是固体应力对多孔介质动量传输的影响。

渗流与传质对热量传输特性的影响很小。同渗流一样，流体的物理化学溶解与溶蚀作用主要是固体骨架变化而引起的导热系数变化和对流传热系数与传热条件的变化。另一方面这类化学反应的放热吸热作用直接导致热量传输源汇项的变化, 从而影响热量传输, 如图 12.2.3 所示。

传热
- 传导传热
  - 弹性段, 固体应力增加, 热传导系数增加
  - 屈服段, 固体应力增加, 热传导系数减小
- 对流传热
  - 物理化学溶解溶蚀, 对流传热系数与性态改变
  - 反应放热吸热, 改变源汇项

图 12.2.3 其他物理场对传热的影响

12.2.4 其他物理场对传质特性的影响

传质
- 温度场→分子扩散系数改变
- 固体应力场→对流扩散系数改变
- 渗流场→对流扩散系数改变

图 12.2.4 其他物理场对传质的影响

质量传输主要有两种传输方式, 即分子扩散, 浓度差产生的分子水平的扩散; 对流传质, 由于流体的宏观运移, 而产生的浓度差异的传输。温度场、固体应力场和渗流场对传质都有较大的影响。一般来说, 温度越高, 分子运动越快, 则分子扩散越快, 即温度对分子扩散有较大影响。固体应力场与渗流场的作用主要是通过对多孔介质中流体传输速率与传输流性态来改变对流传输的效率和传质规律的, 这一类研究还很少, 如图 12.2.4 所示。

流体的物理化学作用和化学反应作用主要表现为传质的源汇项的剧烈变化, 以及在源的邻域内存在很大的浓度梯度, 可能会影响到传质扩散控制方程的改变, 但相关的研究很少。

综合上述, 多孔介质多场耦合作用的本构规律概括为图 12.2.5。

多孔介质多场耦合作用的本构规律
- 单一或复合的流体、热、化学反应用作下固体基质与裂缝的变形与破坏的本构规律
- 单一或复合的应力、热、化学反应、传质作用下, 固体介质中流体渗流的本构规律
- 应力、渗流、传质、化学反应作用下, 传导传热与对流传热的本构规律
- 热、化学反应、渗流作用下的传质本构规律
- 物理场因变量之间耦合控制的本构规律

图 12.2.5 多孔介质多场耦合作用的本构规律

12.3 多孔介质多场耦合作用的耦合数学模型

本书所涉及的多场主要是固体应力场、渗流场、温度场和浓度场, 涉及的介质是多孔的固体及其中的流体两类介质, 所涉及的耦合作用包括场之间的物理作用, 也涉及两类介质与

介质之间的物理化学作用和化学反应。在实际的工程中，这类耦合问题可能涉及两种介质，也可能仅涉及其中的一种介质；可能涉及其中两个场之间的作用，也可能涉及其中三个场，或四个场之间的耦合作用。这些控制方程中包含了耦合作用的本构规律，也包含了场与场因变量之间的直接作用，也包含了对物理场源汇项的作用项，更有甚者是这类耦合作用有可能导致控制方程的完全变化。例如，由渗流变成湍流，由弹性力学控制方程变为塑性或散体非连续介质力学的控制方程。但无论如何，这类耦合数学模型在“上位”的科学层面上，可以写成如图 12.3.1 所示的形式。

多孔介质多场耦合数学模型
- 固体变形控制方程（含固体基质、裂缝，也包括弹性力学方程、塑性力学方程、流变力学方程，甚至散体力学方程）
- 多孔介质流体动量传输方程（含达西流、非达西流和湍流，含固体基质与裂缝、多相多组分流体）
- 传热学控制方程（含传导传热与对流传热）
- 传质控制方程（含分子扩散与对流扩散）
- 耦合控制方程（溶解、化学反应及物理作用导致的因变量的相关规律）

图 12.3.1　多孔介质多场耦合作用数学模型的组成

12.4　解耦策略与方法

多孔介质多场耦合作用的数学模型一般都至少有两个物理场的控制方程组成，在多数情况下就由三个物理场，甚至四个物理场的控制方程组成，含有两个以上的微分方程和含有多个因变量。在多数情况下是非稳态的，因此求解十分困难。早期的耦合作用问题的求解策略，有不少学者采用将几个物理场的控制方程看成一个整体方程来求解的方法。例如，最简单的平面的固热耦合模型，一般含有 u, v, T 三个因变量和 x, y, z 三个自变量，由三个偏微分方程组成。无论是采用有限元方法，还是有限元差分方法求解，这些方法都将其看成是一个完整的方程进行离散和数值求解。由于两个物理场之间仅通过耦合项联系，因此其整体系数矩阵在两个物理场相耦合的角上，大部分是零：

$$\begin{bmatrix} A_u & o \\ o & A_T \end{bmatrix} \begin{bmatrix} u \\ T \end{bmatrix} = \begin{bmatrix} F_1 \\ F_2 \end{bmatrix} \tag{12.4.1}$$

这种求解策略经常导致解的不确定，且系数矩阵巨大而无法计算。在多数情况下，这个物理场的变量不是同一层次的变量。例如，固流耦合中固体变形采用位移做变量，而渗流场采用压力做变量，因为流体压力与固体应力是同一层物理量，亦即是位移的导数，两个不同层次的物理量在同一方程中求解则带来许多物理上的麻烦。

上述求解策略的另一个缺点是不能利用已有的研究成果。例如，固流耦合中固体力学和渗流力学的计算软件，对于每一类问题都需要研究新的解法，编制新的软件，因此这类方法仅在早期的耦合问题求解中采用，见文献 (Desai, 1974)。

本书要介绍的耦合控制方程的求解策略是, 将各物理场均看成独立的子系统, 利用各物理场的已有成果进行单独求解, 在 t_0 时刻耦合迭代求解, 从而保证计算精度; 再计算 $t_1 = t_0 + \Delta t$ 时刻各种物理场的相关解, 再进行各种物理场方程的迭代计算, 如此循环即可获得耦合数学模型的解。照这一求解策略, 为保证计算精度, 可以采用两种方法: 第一, 将时间段细分, 即适当选择时间增量; 第二, 在同一时间段内, 两组方程迭代求解多次, 再进行下一个时间增量段的计算, 作者较早地采用了这一求解策略 (赵阳升, 1992)。上述求解策略已在现代耦合问题求解中广泛使用, 它克服了整体系统求解方法的缺点。

由于耦合问题的方程中含有非线性项, 它给方程离散求解带来不便, 甚至根本无法求解, 作者在 1988 年求解固体变形与气体渗流的耦合数学模型时, 就遇到气体渗流方程中同时含有 p 与 p^2 的一次和二次项, 采用将 p^2 设为另一个变量 F 的方法, 则方程中出现了 $\sqrt{F}$, 也是无法求解。作者在完成博士论文时提出了 **"沿时间序列的线性近似方法"**, 此方法是, 在 $t = t_0$ 时刻点上, 将非线性项做泰勒展开, 取零次项与一次项, 用以求解 $t = t_0$ 时域的耦合方程, 继而用此方法计算 $t = t_1$ 时刻解, 如此循环延续, 即可求得非线性耦合问题的解。此方法也是处理非线性耦合方程普遍可采用的近似方法。

"沿时间序列的线性近似方法" 与 **"多物理场独立迭代耦合求解的方法"**, 即构成了多孔介质多场耦合作用数学模型的完整求解策略与求解方法。

关于耦合问题解的适定性研究很少, 白其峥、秦惠增、赵阳升等曾做过固气耦合模型适定性的数学证明 (赵阳升, 秦惠增, 白其峥, 1994)。作者认为对于大量的工程与物理问题, 这类解是适定的。而仅对于那些非线性方程, 或发生异常变化的工程问题可能出现不适定, 例如, 固气耦合数学模型控制的煤与瓦斯突出现象就是不适定的。解的适定问题很大程度上取决于模型的简化和边界条件、初始条件的选取。在实际应用中要认真正确地处理。

在求解这类复杂的耦合问题时, 空间采用有限元方法, 时间采用有限差分方法结合, 这就涉及计算软件的编程技术与技巧。无论如何, 这类问题所涉及的计算量都在百万计算节点以上, 除去计算软件技巧外, 更需要强大的计算机硬件支持, 其数据量巨大, 也需要前后处理技术与软件的发展, 才可以完成多孔介质多场耦合作用问题的求解以及对相关工程的研究。

第 13 章　固体变形与液体渗流耦合作用及其应用

岩土工程问题中最常见的是岩体与水的相互作用：如坝体与水的相互作用，坝体与坝基内水的入渗，水下水上的采煤与水的突出，自然与人工边坡由于降雨入渗而引起的滑坡，水库诱发地震、地下水超采而导致地面沉降等。早期的研究都是仅考虑单一的固体应力作用下的变形，或单一的水渗流作用，而大量的实践证明，这样的考虑与实际相差较远，例如，Brekke 等将坝基岩体裂隙假设为两组必要的裂隙系统，计算了在自然、灌浆和排水情况下不考虑水作用的应力场和固流耦合分析的应力场，比较结果发现，对自然的和灌浆的情况有：① 耦合分析的上浮力比非耦合分析的上浮力高 15%；② 坝址下耦合分析的平均水力势比非耦合分析的平均水力势高 10%；③ 耦合分析的渗流速度要比非耦合分析的低 10%。由此可见，进行耦合分析的研究是许多工程问题的客观和紧迫要求。

13.1　连续介质固体变形与水渗流耦合作用模型及解法

13.1.1　数学模型

首先研究可简化为连续介质的岩体水力学问题，引入以下基本假设。

(1) 岩体固体服从弹性力学的所有基本假设，即遵守广义胡克定律：$\sigma_{ij}=\lambda\delta_{ij}e+2\mu\varepsilon_{ij}$。但研究表明，其杨氏模量、泊松比及其他固体变形参数，均不同程度地受流体的物理化学作用，可表示为 $E=f(p,\eta)$，$\nu=g(p,\eta)$，其中 p 为孔隙压，η 为与流体特性有关的参数。

(2) 岩体中水渗流规律在微段压力梯度上遵循达西定律：$\Delta q_i=k_{ij}\Delta p_{,j}$，在整个区段，$k_{ij}=k_{ij}(\Theta,p)$。

(3) 岩体孔隙与裂隙被单相的水所饱和。

(4) 岩体在孔隙流体的作用下，遵循修正的有效应力规律：$\sigma_{ij}=\sigma'_{ij}+\alpha p\delta_{ij}$，$\alpha$ 称为有效应力系数。

实践证明，α 是孔隙压 p 和体积应力 Θ 的函数，$\alpha=f(p,\Theta)$。

(5) 饱和多孔介质的体积变形由两部分组成，即岩石固体骨架的变形与孔隙的变形；$\alpha_{\rm b}=(1-n)\alpha_{\rm s}+n\alpha_{\rm p}$，假设 $(1-n)\alpha_{\rm s}\ll n\alpha_{\rm p}$，故饱和多孔介质的体积变形等于孔隙的变形，式中 $\alpha_{\rm b}$, $\alpha_{\rm s}$, $\alpha_{\rm p}$ 分别为整体变形、固体骨架变形与孔隙变形。

在以上假设下，研究任一控制体积单元的水的质量守恒：

$$\mathrm{div}(\rho q)=\frac{\partial(n\rho)}{\partial t}-W_1=\rho\frac{\partial n}{\partial t}+n\frac{\partial\rho}{\partial t}-W_1 \tag{13.1.1}$$

按假设 (5) 得 $\dfrac{\partial e}{\partial t}=\dfrac{\partial n}{\partial t}$，水的微可压缩性，$\dfrac{\partial\rho}{\partial t}=\beta\rho\dfrac{\partial n}{\partial t}$，则

$$\mathrm{div}(\rho q)=-\beta\rho n\frac{\partial p}{\partial t}-\rho\frac{\partial e}{\partial t}-W_1$$

$$\frac{\partial}{\partial x}\left(k_x\frac{\partial p}{\partial x}\right)+\frac{\partial}{\partial y}\left(k_y\frac{\partial p}{\partial y}\right)+\frac{\partial}{\partial z}\left(k_z\frac{\partial p}{\partial z}\right)=\beta n\frac{\partial p}{\partial t}+\frac{\partial e}{\partial t}+W_1 \tag{13.1.2}$$

式中, ρ 为水的密度; n 为孔隙率; q 为渗流速度; W_1 为源汇项; β 为水的压缩系数; e 为体积变形; k 为渗透系数; p 为水压。

方程 (13.1.2) 即为考虑固体骨架可变形的岩体渗流方程。

岩体应力平衡方程为

$$\sigma_{ij,j}+F_i=0$$

按假设 (4) 并用位移表示上式, 则有

$$(\lambda+\mu)u_{j,ji}+\mu u_{i,jj}+F_i+(\alpha p)_{,i}=0 \tag{13.1.3}$$

式中, σ_{ij} 为总应力张量; u 为位移; F 为外力; α 为有效应力; λ 和 μ 为拉梅常数。

连续介质的岩体水力学模型的控制方程为

$$\begin{cases}(k(\Theta,p)p_{,i})_{,i}=\beta n\dfrac{\partial p}{\partial t}+\dfrac{\partial e}{\partial t}+W\\(\lambda(p,\eta)+\mu(p,\eta))\,u_{j,ji}+\mu(p,\eta)u_{i,jj}+F_i+(\alpha p)_{,i}=0\end{cases} \tag{13.1.4}$$

这一数学模型与非耦合模型相比, 有如下不同之处。

(1) 考虑了水与固体的相互作用, 在渗流方程中增加了一项 $\partial e/\partial t$。

(2) 岩体变形方程中增加了一项 $(\alpha p)_{,i}$。

(3) 渗透系数是体积应力及孔隙压的函数。

(4) 岩体变形特性参数受孔隙水压及流体化学作用的影响。

13.1.2 连续介质岩体水力学模型的有限元解法

像这样一类复杂的耦合问题, 最佳的求解策略是将固体变形与水渗流分别看成两个系统迭代求解, 这样可以借用已有的程序块来编制计算机源程序。这样方程 (13.1.4) 的泛函及其离散均可按固体与流体分别进行。其具体方法为按时间顺序, 将 $t=t_0$ 时刻的固体变形 (体积变形 e 与体积应力 Θ) 代入渗流方程, 求得 $t_1=t_0+\Delta t$ 时刻, 区域内各点的水压 $p(t_0+\Delta t)$, 将该值代入固体变形方程, 求得 $t_1=t_0+\Delta t$ 时刻的体积变形 $e(t_0+\Delta t)$ 与体积应力 $\Theta(t_0+\Delta t)$。再将 e 与 Θ 代入渗流方程, 求得 $t_2=t_1+\Delta t$ 时刻的水压 $p(t_2)$。如此循环, 即可获得所求解答。按照这种方法求解, 可采用两种方法保证计算精度: 第一, 将时间区段细分, 即适当选择时间增量 Δt; 第二, 在同一时间段内, 两组方程迭代求解多次, 再进行下一个时间增量段的计算。其计算程序框图见图 13.1.1。

方程组 (13.1.4) 的第一式, 可以按照前述非稳定渗流的有限元方法求解, 只需将 $\partial e/\partial t+W$ 在每次计算时看成常数。每步计算时, 应用体积应力 Θ 与孔隙压 p 计算新的渗透系数 $k(\Theta,p)$。而对于方程组 (13.1.4) 的第二式, 与一般的弹性力学方程相比, 增加了一项 $(\alpha p)_{,i}$, 采用上述迭代求解策略, 该项即可以按载荷参量处理。

也可以将等效孔隙压 αp 按非线性分析的初应力法处理。其方法是并不将孔隙压反映在固体变形方程中, 去寻找统一的泛函方程, 而是将孔隙压作为初应力, 则其相应的等效附加载荷为

$$\{F_{\mathrm{p}}\}=\sum\int_{(e)}\boldsymbol{B}\{\alpha p\}\,\mathrm{d}v \tag{13.1.5}$$

每步计算时，累加入方程右端项即可。

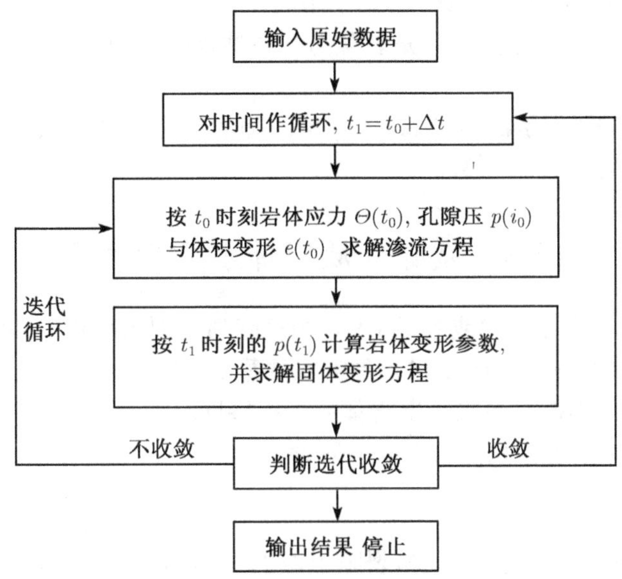

图 13.1.1 岩石水力学问题计算程序框图

13.2 拟连续介质岩体水力学模型

从前面分析可知，拟连续介质岩体力学分析实际上是建立在连续介质岩体力学分析之上的，二者相比有如下不同点：① 拟连续介质岩体 REV 更大一些；② 其力学参数是建立在裂隙岩体基础上的统计表征，如水力传导系数、有效应力，实际上杨氏模量、泊松比等参数也是如此。鉴于以上差异，下面略为详细地给出这类模型。

基本假设如下。

(1) 岩体是由渗透性很弱的基质岩块与裂隙组成的，其变形与渗流均可用拟连续介质力学的方法描述，且假设为均质各向同性 (Romm 假设) 或均质各向异性 (Warren 假设)。

(2) 岩体固体变形服从弹性力学的所有规律，但其各参数均用当量参数代替，基质岩块的变形远小于裂隙的变形。

(3) 岩体渗流服从达西定律：

$$q_i=-K_e p_i$$

式中，$K_e=-\dfrac{1}{12}\sum\limits_{i=1}^{n}b_i^3 f_i$ 称为当量渗透系数，根据当量渗透系数，可得当量裂隙宽度 $b_e=\sqrt{12K_e}$。

(4) 遵循修正的有效应力规律：$\sigma_{ij}=\sigma'_{ij}+\alpha p\delta_{ij}$。

在以上假设下可以获得拟连续介质岩体水力模型：

$$\begin{cases}(K_{ei}(\Theta,p)p_{,i})_{,i}=\beta n\dfrac{\partial p}{\partial t}+\dfrac{\partial e}{\partial t}+W\\(\lambda+\mu)u_{j,ji}+\mu u_{i,jj}+F_i+(\alpha p)_{,i}=0\\K_{ei}(\Theta,p)=\dfrac{1}{12}(b_e-\varepsilon)^2\end{cases}\tag{13.2.1}$$

式中, ε 为垂直于裂隙方向的应变。

方程组 (13.2.1) 同 (13.1.4) 相比, 有如下不同:

① 渗透系数计算公式不同; ② n 是裂隙与孔隙体积的总和, 称为孔隙率; ③ 有效应力系数 α 不同。

方程组 (13.2.1) 的数值解法与式 (13.1.4) 解法基本相同, 不同之处是每步计算终了时, 都应根据单元应变调整单元渗透系数。

13.3 裂隙介质岩体水力学模型

裂隙介质岩体不存在 REV, 或者说 REV 的尺度与工程尺度相当, 对于这一类介质岩体, 只能采取岩体结构力学的研究方法, 也就是将岩体看成由若干个基质岩块与裂隙组成的结构体。考虑其相互作用的均衡关系来决定岩体的工程特性。

为了理论本身的完备性, 我们引入以下假设。

1. 基本假设

(1) 裂隙介质岩体是由基质岩块与裂隙组成的结构体。基质岩块是均质各向同性的弹性体。

(2) 与裂隙相比较, 基质岩块的储水与透水性能均特别弱, 因而忽略或不考虑基质岩块的储水性与透水性。

(3) 裂隙渗流服从达西定律 $q=-k_{\mathrm{f}}\dfrac{\partial p}{\partial s}$, 其中 $k_{\mathrm{f}}=-b^2/12$

(4) 裂隙变形规律服从 Goodman 节理模型。

(5) 裂隙的有效应力规律为 $\sigma'=\sigma-p_{\mathrm{f}}$。基质岩块仅受固体应力的作用。

2. 数学模型

在以上假设下, 可以获得如下裂隙介质岩体水力学模型:

$$\left.\begin{array}{ll}\text{裂隙水流方程} & \dfrac{\partial \phi_k}{\partial t}+\dfrac{\partial}{\partial s}\left(k_{\mathrm{f}}\dfrac{\partial p}{\partial s}\right)+W=0\\ \text{基质岩块变形方程} & (\lambda+\mu)u_{j,ji}+\mu u_{i,jj}+F_i=0\\ \text{裂隙变形方程} & \begin{cases}\sigma_n'=K_n\varepsilon_n & \varepsilon_n=\delta_n/b\\ \sigma_s'=K_s\varepsilon_s & \varepsilon_s=\delta_s/b\end{cases}\\ \text{裂隙有效应力方程} & \begin{cases}\sigma_n'=\sigma_n-p_{\mathrm{f}}\\ \sigma_s'=\sigma_s\end{cases}\\ \text{渗透系数方程} & k_{\mathrm{f}}=\dfrac{1}{12}(b-\delta_n)^2\end{array}\right\} \tag{13.3.1}$$

方程 (13.3.1) 即为裂隙介质岩体水力学模型。式中, s 为沿裂隙长度的坐标; W 为源汇项; ϕ_k 为裂隙比空隙度; b 为裂隙宽度; σ_n 与 σ_s 分别为裂隙法向与切向位移; k_{f} 为裂隙渗透系数。

13.4 煤层注水工程

13.4.1 煤体渗透特性分类

煤体是一种孔隙、裂隙都较发育的双重介质, 二者共同构成了煤体的渗透通道, 因此寻求反映其孔隙、裂隙发育特征的指标, 对煤体渗透特性进行分类, 这对煤层渗水与瓦斯抽放无疑有很好的指导意义。因煤体中孔隙的形状及其连通性十分复杂, 目前尚难以定量描述。因此, 选择孔隙率作为度量煤体孔隙发育程度的指标, 只能在一定程度上反映煤体的渗透特性。

如何定量反映煤体中裂隙发育程度, 则是更加困难的事情。我们利用分形几何学理论与方法, 深入研究了反映不同尺度下裂纹条数的规律, 并证明符合 $N = N_0\delta^{-D}$ 的关系。由该关系式可知, 欲很好地描述裂纹条数分布规律, 必须给出两个指标, 即分形维数 D 与典型代表尺度下 (如 1m 尺度) 的裂隙条数。考虑到煤层的实际, 选择代表尺度为 1m 时的裂纹条数 $N_{1\mathrm{m}}$, 另一个指标选择分形维数 D, 它是反映裂隙密度随尺度变化的一个重要指标。当 $N_{1\mathrm{m}}$ 相同, 而 D 较大时, 则随尺度的减小, 其裂隙密度也较大。显然, 这一指标直接反映了微裂隙发育程度, 微裂隙的多少既决定渗透性能, 也决定了润湿性能。因此它也能反映煤体渗透特性的大小。

尽管上述指标可以在一定程度上反映煤体的渗透特性, 但综合反映煤体渗透性能的指标还是煤体渗透系数, 它是煤体中孔隙、裂隙发育程度及其连通性能的综合指标。通过大量的实验, 我们已证明煤体渗透系数与作用于煤体上的轴压、侧压与孔隙压呈指数规律变化, 即

$$k = a\exp(-b\Theta + cp) \tag{13.4.1}$$

对于煤层注水来说, 当采深 (垂直压力) 一定时, 侧压也随之确定, 取煤样的侧压系数 $\lambda = 0.5$, 则两个水平应力 $\sigma_2 = \sigma_3 = 0.5\sigma_1$。考虑注水时的压强不超过最小主应力这一事实 (否则就成了水力压裂), 选择 $P_{\max} = 0.5\sigma_1$, 则相应深度下的煤层渗透系数为

$$k = a\exp(-2b\gamma H + c\gamma H/2) = a\exp[(-2b + c/2)\gamma H] \tag{13.4.2}$$

根据煤层埋藏深度的变化, 最后计算其算术平均值, 作为该深度下的煤体渗透系数。

但在做煤体渗透系数实验时, 唯一存在的问题是实验煤样的离散性。为此在进行煤体渗透特性的分类时, 必须兼顾煤体孔隙率与裂隙发育程度, 这就决定了我们要选择煤体渗透系数 k、孔隙率 n、1m 尺度下煤体裂隙条数 $N_{1\mathrm{m}}$ 与煤体裂隙条数分形维数 D 四个指标作为分类指标。用模糊数学方法, 综合考虑以上四个指标的作用。

为了将上述四个指标具体化, 根据多年来对煤体渗透性研究的成果与大量煤层注水经验和在大量资料分析的基础上, 制成表 13.4.1, 作为综合评价的基础。

最后, 在上述预给分的基础上, 进行分类、分级, 结合煤层注水工程的实际情况, 确定各类、各级的标准为表 13.4.2。

按照煤样渗透系数、孔隙率、裂隙条数 (1m 尺度) 与裂隙条数的分形维数四个指标提出了本分类方案, 这一方案基本上从不同的角度综合反映了煤体的渗透特性, 用该分类方案对我国 18 个局矿煤层进行了渗透性分类, 结果列为表 13.4.3。以下粗略地就分类结果的合理

性做一讨论。按照分类结果, 晋城矿务局 3# 煤层、兖州矿务局四个矿的 3# 煤层均属于渗透性极差的Ⅴ类煤层, 多年的生产实践均已证明。该两局煤层注水效果均特别差, 这与重庆煤炭科学研究所及 1988 年山西矿业学院为晋城矿务局古书院矿进行煤层注水的可行性评价研究结果是十分吻合的。按照分类结果, 潞安矿务局王庄矿 3# 煤层属于渗透性中等的Ⅲ类Ⅲ级煤层, 1988~1989 年山西矿业学院曾在该矿进行煤层注水软化顶煤的工业性试验, 取得了较好的效果。但注水过程中发现注水较为困难, 一般注水压力需为 7.0MPa 及以上。而内蒙乌达矿务局 12# 煤层, 分类结果为渗透性较好的Ⅱ类Ⅰ级煤层。根据 1992 年作者对该矿的详细调研, 证明该煤体渗透性确实很好, 其注水及抽放煤层瓦斯的效果均较好。

表 13.4.1 煤体渗透性模糊分类单因素指标

类别	渗透率 $\log_{10}k$/md		孔隙率 n/%		裂隙分维 D		裂隙条数 N_{1m}	
	平均值 M	范围	平均值 M	范围	平均值 M	范围	平均值 M	范围
Ⅰ (很好)	0.6	0.775~0.425	10.0	9.25~10.75	1.75	1.7~1.8	18	16~20
Ⅱ (好)	0.25	0.425~0.075	8.5	7.75~9.25	1.65	1.6~1.7	14	12~16
Ⅲ (中)	−0.1	0.095~ — 0.275	7.0	6.25~7.75	1.55	1.5~1.6	10	8~12
Ⅳ (差)	−0.45	−0.275~ — 0.625	5.5	4.75~6.25	1.45	1.4~1.5	6	4~8
Ⅴ (极差)	−0.80	−0.625~ — 0.975	4.0	3.25~4.75	1.35	1.3~1.4	2	0~4
权重	0.5		0.25		0.125		0.125	

表 13.4.2 煤体渗透特性分级标准

评定得分		80~100	60~80	40~60	20~40	0~20
类别		Ⅰ	Ⅱ	Ⅲ	Ⅳ	Ⅴ
级别	Ⅰ	93.3~100	73.3~80	53.3~60	33.2~40	13.2~20
	Ⅱ	86.7~93.3	66.7~73.3	46.7~53.3	26.6~33.2	6.7~13.2
	Ⅲ	80~86.7	60~66.7	40~46.7	20~26.6	0~6.7

表 13.4.3 各煤矿煤层分类结果

煤层名称	分类指标					分值	分类结果
	k/md	lg/k	n/%	D	N_{1m}		
乌达 12# 煤	3.715	0.57	5.91	1.650	26.9	74.305	Ⅱ类Ⅰ级
西铭矿 8# 煤	1.57	0.20	7.74	1.6585	4.7	60.613	Ⅱ类Ⅲ级
古书院矿 3# 煤	0.0749	−1.126	4.1	1.6826	4.75	16.139	Ⅴ类Ⅰ级
王庄矿 3# 煤	0.181	−0.7423	10.0	1.6920	3.72	41.653	Ⅲ类Ⅲ级
水峪矿 10# 煤	0.8754	−0.058	7.35	1.4590	17.50	56.890	Ⅲ类Ⅰ级
忻州窑矿 11# 煤	0.9637	−0.016	8.11	1.4502	7.40	54.097	Ⅲ类Ⅰ级
阳泉一矿 3# 煤	1.3076	0.1165	6.07	1.449	22.80	58.562	Ⅲ类Ⅰ级
鹤壁五矿二 1 煤	0.3724	−0.4290	7.58	1.6180	9.10	44.435	Ⅲ类Ⅲ级
西曲矿 8# 煤	0.5218	−0.2825	4.48	1.7547	5.443	38.284	Ⅳ类Ⅰ级
兴隆庄矿 3# 煤	0.0872	−1.059	2.48	1.4392	8.95	13.107	Ⅴ类Ⅱ级
南屯矿 3# 煤	0.0418	−1.379	3.26	1.3813	6.94	10.994	Ⅴ类Ⅱ级
鲍店矿 3# 煤	0.0584	−1.234	2.76	1.4049	6.57	11.114	Ⅴ类Ⅱ级
东滩矿 3# 煤	0.0670	−1.174	2.56	1.3237	10.5	12.016	Ⅴ类Ⅱ级
官地矿 9# 煤	1.8318	0.2629	6.79	1.7991	2.73	60.00	Ⅱ类Ⅲ级
荫营矿 15# 煤	0.3450	−0.4621	3.22	1.7600	6.05	30.192	Ⅳ类Ⅱ级
白龙矿 1# 煤	1.6058	0.2057	6.28	1.6826	21.42	65.768	Ⅱ类Ⅲ级
加乐泉 2, 3# 煤	0.8501	−0.0705	6.75	1.6043	5.68	49.796	Ⅲ类Ⅱ级
唐安矿 3# 煤	0.2176	−0.6623	5.5	1.4862	9.5	28.548	Ⅳ类Ⅱ级

总之, 分类方案与生产实际是吻合的, 而且可以预期这一结果将对我国煤矿煤层注水起

到积极而有效的指导作用。

13.4.2 煤层注水防治冲击地压工程

煤层压力注水法作为防治煤矿冲击地压的主要工程措施, 20 世纪 80 年代, 在我国抚顺龙凤矿、四川天池矿、大同忻州窑矿等的试验研究中, 都取得了极好的效果。各矿的现场注水方法与一般的煤层注水方法相同, 一般均采用超前深孔预注水方法。其详细的注水工艺及参数选择以大同忻州窑矿 9# 煤层 8309 工作面与 11# 煤层 8305 工作面煤层注水防治冲击地压为例作一些说明, 实验时间为 1987~1988 年。

现以 9# 煤层 8309 工作面为例说明。忻州窑矿位于大同煤田东北部, 开采侏罗纪煤层, 侏罗纪大同组含煤 20 余层, 可采 12 层。试验面煤层倾角 2°~5°, 平均埋藏深度 280m, 煤层厚度 1.05~1.5m, 平均 1.35m。直接顶为 7~9m 的灰白色中粗砂岩, 坚硬不易冒落, 老顶为 9~14m 的灰白色细–中粒砂岩。由于过去大同矿务局多采用刀柱法开采, 因而上覆煤层开采后残留大量煤柱, 致使下层煤经常造成应力集中区而发生冲击地压。试验面为高档普采面, 单一长壁全部垮落法回采, 工作面长 100m, 走向长 850m。根据分析, 确定了 3# 煤层残留煤柱造成的应力集中带, 作为重点防治冲击地压的区域, 采用煤层超前预注水防治冲击地压, 方案如图 13.4.1 所示, 注水的技术参数为表 13.4.4。取得了很好的注水防治冲击地压的效果。大同矿务局 11# 煤层属侏罗纪地层, 为气煤, 低硫低灰。针对圈定的冲击地压危险区域, 提出并实施了煤层预注水方案, 使严重受冲击地压威胁的该工作面煤体全部安全采出。注水方案为孔间距 15m, 孔深 40m, 注水压力 1.9~2.5MPa。该煤层分类结果为渗透性中等的III类 I 级煤层, 其注水孔终压为 5.0MPa, 实际观测注水压力在 2~4MPa 范围内, 由此可见, 其分类结果与工程实际是基本吻合的。

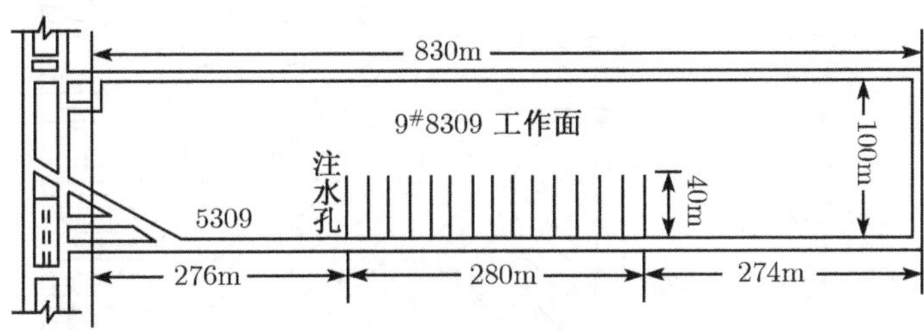

图 13.4.1 忻州窑矿煤体预注水平面示意图

表 13.4.4 注水参数一览表

项目	参数	单位	参数
施工参数	孔深	m	40
	孔距	m	20
	孔径	mm	42
	封孔深度	m	8
	封孔直径	mm	80
	钻机俯角	°	03
	与顺槽水平转角	°	90
注水参数	每孔注水量	t	25
	注水湿润天数	d	大于 44
	注水泵流量	m^3/h	小于 2
	注水压力	MPa	1.5~1.8

13.4.3 煤层注水防治煤尘

根据我们对官地煤矿 9# 煤层的渗透系数测定及渗透特性分类的研究, 认为 9# 煤层属于导水性较好的Ⅱ类Ⅲ级煤层, 采用煤层注水, 完全可以取得较好的降尘效果。1990~1994 年, 先后进行了 9# 煤层 19201 工作面和 19315 工作面的煤层注水试验。9# 煤层 19201 工作面煤厚最大 3.5m, 最小 3.3m, 煤质为贫煤。根据试验与渗透性分类结果, 在 19201 工作面选择的注水参数见表 13.4.5。

表 13.4.5 19201 工作面高压后注水参数表

注水孔长/ m	封孔参数/ m	孔间距/ m	每孔注水量/ m	注水泵	注水压力/ MPa	渗透半径/m
80~85	8~10	15	124	KBZ-100/150	8.5	9

根据现场实际情况, 我们选择了 100 余米的试验区, 打了 7 个钻孔, 其实际钻孔参数和注水量见表 13.4.6。注水泵采用石家庄煤机厂生产的 KBZ-100/150 型注水泵。该泵的性能为最高泵压 15MPa, 流量 Q=6m^3/h。为了检测注水效果, 并了解水在煤层中的湿润规律, 在工作面开采过程中, 采集注水区域煤样, 测定其含水量。将其含水率增值绘制为图 13.4.2。

表 13.4.6 19201 工作面煤层实际钻孔参数与注水量

孔号	1	2	3	4	5	6	7
倾角/(°)	+0.5	+1.5	0	+0.5	+0.5	0	−1.5
深度/m	82.5	80	60	82.5	82.5	60	72
注水量/t	—	270	30	223.4	101	87	123

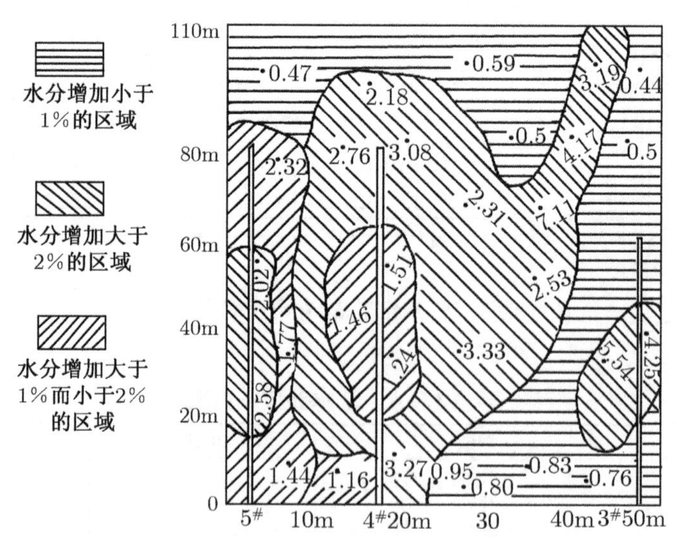

图 13.4.2 注水后煤体含水率增加的分布示意图

由以上的水分增加实测分布可归纳如下几点结论。

(1) 水在煤体中分布很不均匀, 具有明显的条带性与区域性, 其原因是煤体中裂隙、孔隙和软弱夹层分布不均匀所致。

(2) 两顺槽周围煤体的含水率普遍较低, 原因在于注水期与回采期相隔时间长, 而又没能补注, 造成靠近顺槽的煤体的水分流失, 另外两顺槽中风流又带走部分水分。

(3) 从所研究的区域来看, 水分增加 2%以上的区域占总区域的 40%多, 水分增加大于 1%而小于 2%的区域占 40%左右, 其余为水分增加小于 1%的区域。

(4) 从总体来看, 煤体含水量的增加平均提高 1.8%。

与此同时, 我们对工作面煤尘进行了测定, 测定结果表明, 注水可使工作面呼吸性粉尘降低 65%, 使呼吸尘降至 $10mg/m^3$。全尘降低 64.8%, 降至 $100mg/m^3$ 左右。另外, 19315 工作面试验表明, 全尘下降 61.4%, 呼吸尘下降 70%左右, 最高达 79.5%。由此可见, 煤层注水可以大幅度地降低煤尘, 改善工作面的环境条件。

13.4.4 煤层注水软化中硬煤试验放顶煤开采

1988 年山西矿业学院和潞安矿务局提出了用煤层高压预注水法软化煤层, 实现中硬煤放顶煤开采的方法。山西矿业学院在进行大量而详细的煤体水力学特性试验的基础上, 提出了潞安矿务局王庄煤矿 3# 煤层 4309 工作面煤层注水的软化顶煤方案。经过 1988~1992 年试采, 成功地实现了中硬煤放顶煤开采, 并很快在潞安矿务局全局推广, 使用至今。

试验面为潞安矿务局王庄煤矿 3# 煤层 4309 工作面。工作面长度 120m, 推进长度平均 521m, 煤层倾角 5°~7°, 厚度 7.02m, 煤层埋藏深度 144m。工作的主要设备为 ZFD/4000 型开天窗掩护式放顶煤液压支架, 有效工作高度 2.8~3.0m。天窗口尺寸为 800mm×2000mm, Max-300/3.5 型双滚筒无链牵引采煤机和 SGZC-730/320 型侧卸式刮板运输机。

1988 年, 山西矿业学院对王庄矿 3# 煤层进行了煤体水力学特性试验, 试验结果见表 13.4.7。

表 13.4.7 王庄矿 3# 煤岩体力学特性

煤种	单轴抗压强度/MPa		平均主裂隙间距/mm	孔隙率	软化系数	含水率/%		
	注水前	注水后				原煤	浸泡	注水
无烟煤	$\frac{12-26}{17.18}$	$\frac{6-13}{10.5}$	134.1	10%	0.61	1.76	3.46	2.96

煤体渗透率规律为 $k = 0.2519\exp(-0.1028\Theta + 0.1467p)$, md。

按照山西矿业学院提出的煤体渗透性分类标准, 该矿 3# 煤层为导水性中等偏差的Ⅳ类Ⅰ级煤层, 完全可以用深孔预注水方案。通过注水可使煤体强度降低 38%~45%, 即将普氏系数 f=1.5~2.5 的中硬煤软化为 f=1.0 左右, 从而实现放顶煤开采。

1. 煤层注水方案及实施

(1) 注水钻孔布置。根据工作面巷道布置条件及工作面倾斜长度, 正常区注水孔采用在 4311 工作面顶层集中回风巷单侧布孔法。机采高度 2.8m, 放顶煤高度 4.2m 左右。考虑钻机在顶层巷中作业方便, 将钻孔布置在距顶板 1.5m 左右处。考虑煤层倾角及钻杆下沉率, 原则上使钻孔平行于煤层顶板, 沿煤层倾斜向下。在断层区采用双侧布孔法, 从本工作面底层两顺槽分别向顶煤打注水仰孔, 各注水孔的布置见图 13.4.3。

(2) 钻孔长度及水平转角。为了使注水孔与煤层中两组呈 X 形分布的主裂隙 (一组方位角为 61°, 倾角 58°, 另一组方位角 54°, 倾角 41°) 斜交, 以及使工作面推进过程中逐渐接近钻孔的软化区, 确定注水孔的水平转角为 70°~75°。根据一般要求, 注水孔长度与工作面斜长的比例大体上为 2/3 左右, 确定钻孔长度为 70~75m, 这样可以防止水很快渗到机巷, 影响走向方向上煤体的湿润。

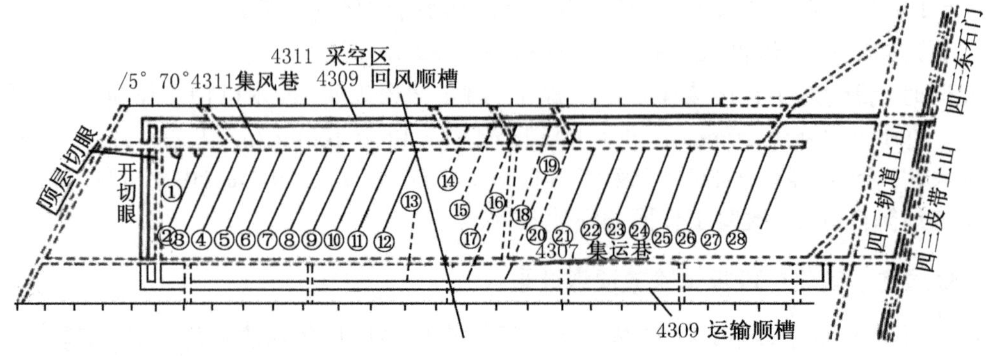

图 13.4.3　4309 工作面软化顶煤层注水孔布置图

(3) 钻孔。采用 YDX-40 型导轨式 2kW 岩石电钻接杆钻孔, 孔径 42mm, 封孔孔径为 89mm 以上。

(4) 封孔。采用水泥砂浆封孔法。先敷设注水管, 然后借风压把注浆器内的水泥砂浆送入注水孔。封孔部位凝固三天后进行注水。封孔是一个重要环节, 决定封孔长度的因素有注水压力、煤层的裂隙发育程度、煤壁破碎带的深度、煤的透水性及钻孔方向等。由于注水巷为修复的原 4311 集中回风巷, 掘巷时间已很长、煤壁破碎带的深度较大, 根据超声波对其松动圈的测定结果, 确定封孔长度为 7.0m。布置在底层巷道的封孔, 考虑到顶层空巷的影响, 其封孔长度取 25m。

(5) 现场实施。使用 5D-2/150 型煤层注水泵, 流量为 $2m^3/h$, 电机功率为 3kW, 动压注水系统如图 13.4.4 所示。采用双泵双孔交替反复注水法, 即一台泵一个孔, 两台泵同时两个孔, 间隔交替复注水法。

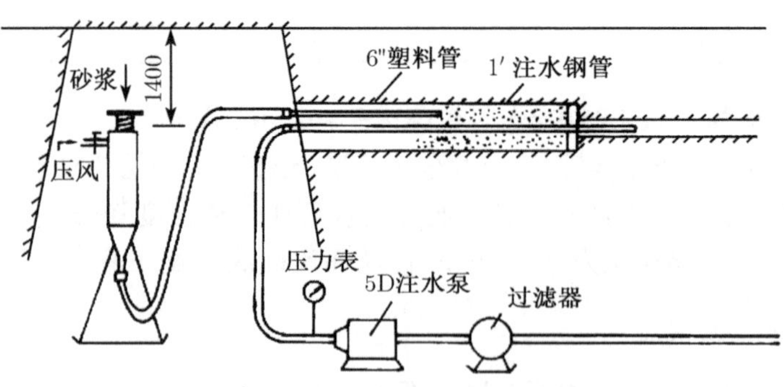

图 13.4.4　封孔、注水系统示意图

自 1988 年 10 月开始组织实施, 每天 1~2 班, 注水时间 10h 以上。每班记录注水孔号、注入水量及注水压力。截至 1990 年 1 月份已注完 11 个孔, 注水压力实际观测为 3.5~7.0MPa, 与实验数据是吻合的。

2. 预注水软化顶煤效果分析

为了解煤层注水对顶煤放落的作用, 在 4309 工作面进行了顶煤含水率取样测定, 不同注水量下顶煤放出率的分析及灭尘几方面的综合研究。

该试验区段位于 6, 7, 8 三个注水孔区段, 考虑到各注水孔在所试区段所占比例 (见图 13.4.3), 加权得到该区域实际注水量为 190.7t/孔, 平均注水量为 9.1t/m。顶煤取样实测水分为 2.35%, 比原煤提高 0.69%, 按实验室获得的煤体强度与煤体含水率的关系式: $\sigma_c = 28.38 - 6.96n$, 煤体强度降低为 11.98MPa, 在采用三刀间隔分段放顶煤的回采工艺下, 顶煤回收率为 75.2%。

1989 年 12 月 11 日 ~12 月 21 日进一步组织试验, 试验区段位于 9#, 10#, 11# 注水孔区段。考虑各孔在所试采区段所占的比例, 加权得该区域实际注水量为 84.7t/孔, 平均注水量为 16.8t/m, 顶煤实测注水后的含水率为 2.71%(平均值), 见表 13.4.8。顶煤强度降低为 9.5MPa, 即 $f < 1.0$, 仍采用三刀间隔分段放煤的回采工艺, 顶煤回收率达 78.97%。

表 13.4.8 注水区段采样注水率测定表

日期	11	14	16	18	20
取煤样质量/kg	263	789	655	726	781
含水率/%	2.6	2.22	3.08	2.46	3.24

在以上两种注水量不同的情况下, 平均注水量由 9.1t/m, 提高到 16.8t/m, 煤体实测含水率由 2.35%提高到 2.71%, 煤体强度由 11.98MPa, 下降为 9.575MPa, 使顶煤回收率由 75.2% 提高到 78.97%, 净提高 3.77%。若按此比例采用二刀间隔分段放煤, 可以预计顶煤回收率达到 84.2%。由此可得结论, 煤层注水对于 4309 工作面中硬煤层顶煤的破碎与放落起了关键作用。

13.5 承压水上采煤的裂隙介质固流耦合理论

带压开采底板突水是在矿井工程地质与水文地质条件下, 采掘扰动和奥灰水压共同作用的结果, 只有工程地质、水文地质具备突水的前提下, 采掘活动才有可能诱发突水, 所以突水是固流耦合作用的结果, 是围岩应力场与渗流场在采掘扰动下耦合作用的结果, 孤立地考虑固体的作用或流体的作用必然导致对工程的错误判断。

底板突水的固流耦合作用, 可以忽略化学作用和一般的物理作用, 仅考虑它的力学作用, 即水对围岩的作用表现为对围岩应力场的改变与对围岩裂隙、孔隙通道的冲刷, 而围岩特性对渗流场的作用表现为渗透系数的改变与水压力的变化。这两种场相互作用、相互影响, 最后导致突水。

13.5.1 带压开采三维裂隙介质固流耦合数学模型

对于岩体基质岩块, 有

渗流方程:

$$K_x \frac{\partial^2 p}{\partial x^2} + K_y \frac{\partial^2 p}{\partial y^2} + K_z \frac{\partial^2 p}{\partial z^2} = S\frac{\partial p}{\partial t} + \frac{\partial e}{\partial t} + W \tag{13.5.1}$$

变形方程:

$$(\lambda + \mu)U_{j,ji} + \mu U_{i,jj} + F_i + (\alpha p)_{,i} = 0 \tag{13.5.2}$$

式中, S 为储水系数; W 为源汇项; e 为体积变形; p 为水压; α 为 Biot 有效应力系数。

对于裂缝, 有

渗流方程:

$$K_{s1}\frac{\partial^2 p}{\partial s_1^2}+K_{s2}\frac{\partial^2 p}{\partial s_2^2}=S_n\frac{\partial p}{\partial t}+\frac{\partial e'}{\partial t}+W \tag{13.5.3}$$

变形方程:

$$\delta_n=(\sigma_n-p)b/D_n,\quad \delta_s=\sigma_s b/D_s \tag{13.5.4}$$

有效应力方程:

$$\sigma_{ij}=\bar{\sigma}_{ij}+\alpha p\delta_{ij} \tag{13.5.5}$$

式中, $e'=\delta_n+\delta_s$ 为裂隙的体积变形; S_n 为裂隙的储水系数; D_s 和 D_n 为无厚度节理裂隙单元单位长度的切向刚度和法向刚度。

$$\begin{aligned}&\text{应力边界条件: }\sigma_{\mathrm{D}}=\sigma_0,\quad D\ni L_2\\&\text{位移边界条件: }\delta_{\mathrm{D}}=\delta_0,\quad D\ni L_1\\&\text{定水头条件: }h_{\mathrm{D}}=h_0,\quad D\ni L_1\\&\text{定流量条件: }\frac{\partial h}{\partial n}=g,\quad D\ni L_2\end{aligned}$$

方程 (13.5.1)~(13.5.5) 和边界条件组成了带压开采三维固流耦合的数学模型。

13.5.2　带压开采数值模拟

采用前面给出的固流耦合数学模型及计算方法, 对太原东山煤矿一采区左翼进行带压开采数值模拟, 模拟区域见图 13.5.1 中粗黑线的区域, 其中设计 I# 工作面长 200m, II# 工作面长 80m, III# 工作面长 60m, 工作面的倾斜长度 I# 为 500m、II# 和III# 为 400m, 煤柱 20m, 断层煤柱 60m, 为了揭示主要规律, 考虑到中部区域变化规律基本相似, 其计算模型简化为图 13.5.2, 其中 I# 工作面取其一半, 按 100m 计算, 在工作面推进方向上, 去掉其中间部分, 都按 200m 计算, 这样简化可以揭示其整体规律而节省计算时间, 与相似模拟不同的是断层的位置, 即 F_{12} 断层大体与 III# 工作面平行。

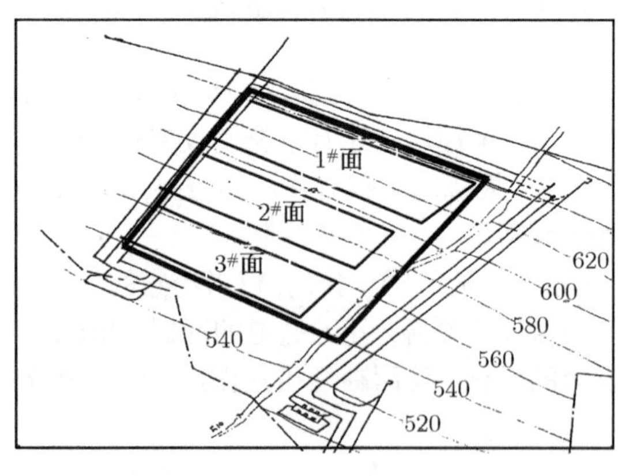

图 13.5.1　一采区左翼模拟区域图

边界条件: 根据计算区域及现场实际条件, 顶面取均布载荷, $q=10.0$MPa (相当于 400m 的采深), 底面为固定边界条件, 前面与左面为侧向约束条件, 如在 XOZ 面, Y 方向的位移固定, 而其他方向可以自由移动。另外两个面为给定应力边界条件, 如后面给定其 X 向的载荷为 5.0MPa, 即取侧压系数为 0.5, 右面给定其 Y 方向的载荷也为 5.0MPa。对于流场底部取不渗透边界条件, 而在三个含水层的左侧 (XOZ 面) 为定水头边界条件, 水压分别为奥灰岩含水层 4.1MPa, 本溪组含水层 1.85MPa, 太原组含水层 0.85MPa。

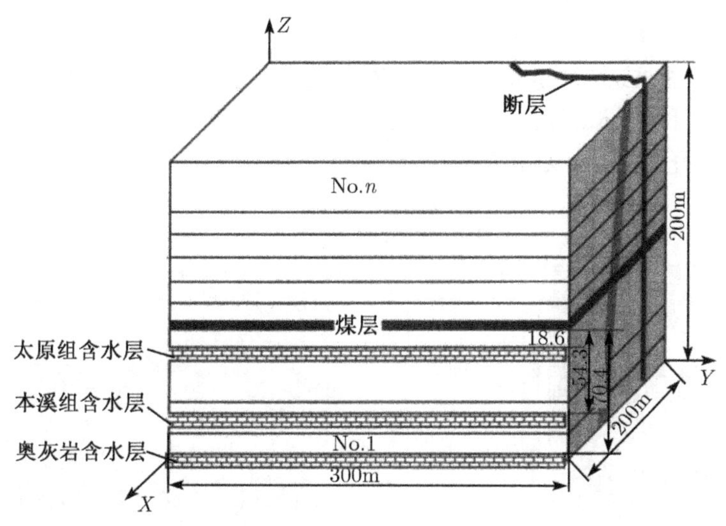

图 13.5.2 有限元计算模型

采用空间 8 节点六面体等参单元剖分和计算, 有限元的前处理主要为网格剖分, 为了适应单元开挖的要求, 采用裂隙介质三维固流耦合有限元计算程序, 其前处理的主要特点是可根据地层的特性进行分块剖分, 每一块中包含其单元特性、力学特性, 这样在计算时可省去大量原始数据的输入, 减轻输入工作量, 根据简化模型, 把计算模型进行网格剖分, 共剖分 15 000 个单元, 15 350 个结点, 根据现场情况, 开采三个工作面, 煤柱宽度为 20m, 计算时每个工作面的开采步距定为 20m, 即每开采 20m, 计算一次围岩应力, 整个区域开采完毕, 需计算 30 次, 而在此期间, 流场可按时间步长进行多次循环, 如每天开采 4m, 那么 20m 需 5d 的时间, 按 10h 的等步长计算, 需计算 12 次, 即围岩应力场计算一次, 渗流场计算 12 次作为一个大循环。

13.5.3 顶板围岩应力的分布规律

与实际模拟实测数据分析相似, 即取距煤层顶面 7.5m 的岩层进行分析 (实际为 5~10m 的岩层, 因此层单元网格就为 5m), 图 13.5.3 和 13.5.4 画出了垂向应力随工作面开采的应力分布情况。从几个图中可归纳出如下结论。

(1) 应力集中最大的区域是在工作面前方 10~15m, 但其最大应力集中系数随工作面距切眼的距离不同而有所变化, 当工作面推进到 20m 时, 其最大应力集中系数为 1.43, 工作面推进到 60m 时, 为 1.65, 推进到 100m 时, 为 1.85, 之后其最大应力集中系数变化范围不大, 稳定在 1.85 左右。

(2) 随着工作面的推进, 工作面周边的应力集中区 (大于原岩应力区) 的范围在不断地扩大, 当 I# 工作面开采完毕时, 除采空区外, 整个模拟区域的应力普遍升高。

(3) 当工作面推进到距切眼 40m 之后, 采空区顶板出现拉应力区, 其范围、大小随工作面的推进距离不同而变化, 如 I# 工作面推进 40m 时, 其最大拉应力为 −6MPa 左右, 属破坏区, 而其范围在工作面推进方向上就为 40m, 即紧贴煤壁, 距煤柱 5m 左右, 但当工作面推进 100m 之后, 最大拉应力值的变化幅度不太明显。

(4) 煤柱始终处于受压状态, 其应力状态随工作的开采而不断变化, 尤其是孤岛煤柱的出现, 其应力达到最高峰。

(5) 当Ⅲ# 工作面推进到 140m 以前 (距断层 40m), 工作面前方的应力集中系数变化不太明显, 但当Ⅲ# 工作面推进 140m 以后其应力集中系数逐步降低, 过断层及 (Ⅲ# 工作面推进 180m) 其后续开采时, 应力由最高值 14.8MPa 降到 2MPa 左右, 即应力产生大幅度的降低。

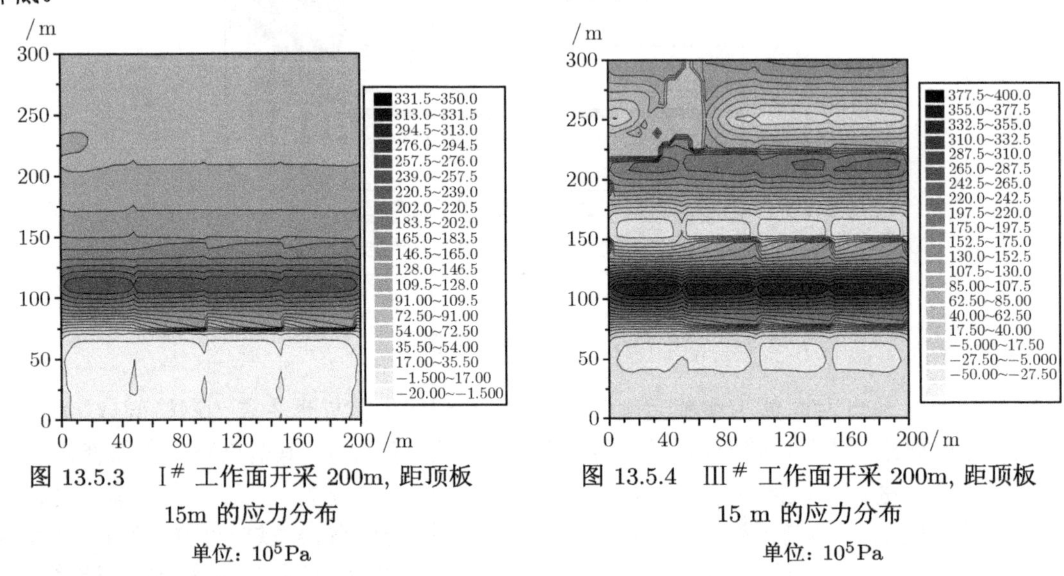

图 13.5.3　Ⅰ# 工作面开采 200m, 距顶板 15m 的应力分布

单位：10^5Pa

图 13.5.4　Ⅲ# 工作面开采 200m, 距顶板 15 m 的应力分布

单位：10^5Pa

13.5.4　底板围岩应力分布规律

与顶板应力分析相似, 取距煤层底板 10m(8~13m) 左右的底板层位分析其应力变化状态, 见图 13.5.5~13.5.8, 可归纳出如下几点结论。

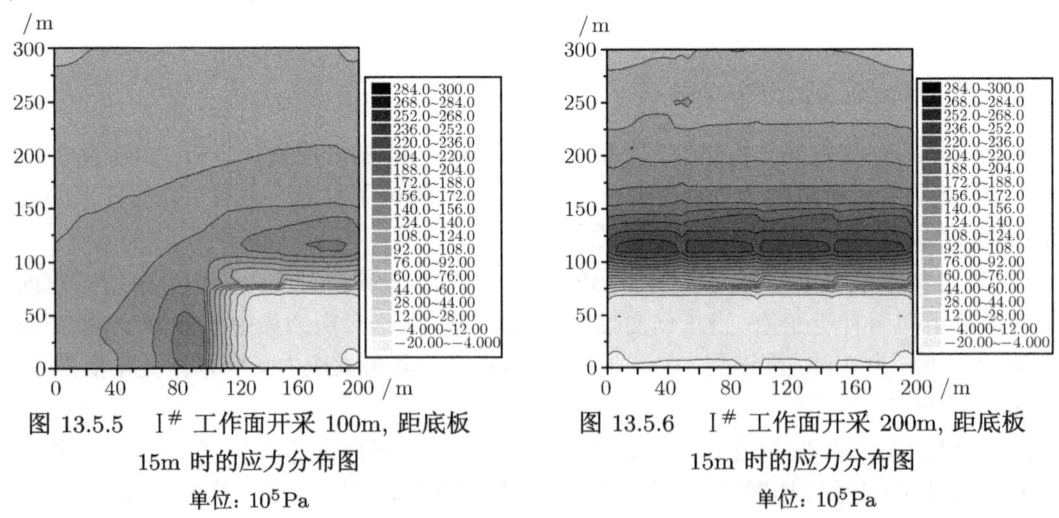

图 13.5.5　Ⅰ# 工作面开采 100m, 距底板 15m 时的应力分布图

单位：10^5Pa

图 13.5.6　Ⅰ# 工作面开采 200m, 距底板 15m 时的应力分布图

单位：10^5Pa

(1) 顶板与底板的应力分布规律相似, 但其数值有所变化 (与顶板相同层位的应力比较), 如Ⅰ# 工作面开采 60m, Ⅱ# 工作面开采 80m 之前, 顶底的应力分布几乎为对称形式, 但随着工作面的推进, 其值发生了变化, 对于拉应力的范围, 底板为 15m 左右, 而顶板在 20m 左右, 如按最大拉应力准则判断, 底板的破坏深度为 10m 左右, 而顶板为 15m 左右, 也就是说顶板的破坏要比底板严重。

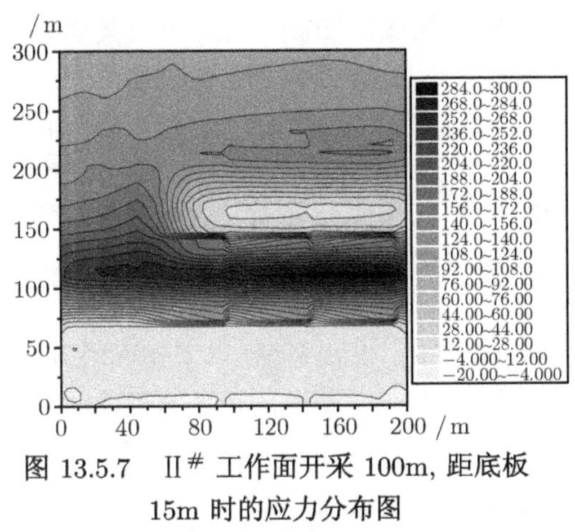

图 13.5.7 II# 工作面开采 100m, 距底板 15m 时的应力分布图

单位: 10^5Pa

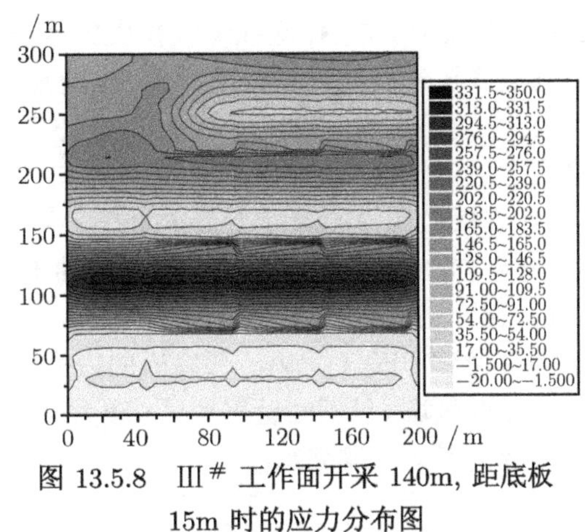

图 13.5.8 III# 工作面开采 140m, 距底板 15m 时的应力分布图

单位: 10^5Pa

(2) 煤柱始终处于受压状态, 且 I# 煤柱的应力集中程度要比 II# 煤柱大, I# 最大为 2.5, II# 为 2.1, 这也反映了工作面长度对煤柱受力的影响。

(3) 当III# 工作面开采 140m 以前 (距断层 40m), 工作面前方的应力集中系数变化不太明显, 但当III# 工作面推进 140m 以后其应力集中系数逐步降低, 过断层及 (III# 工作面推进 180m) 其后续开采时, 应力由最高值 18.6MPa 降到 2.0MPa 左右, 即应力产生大幅度的降低, 可见它与顶板的变化规律基本一致。

(4) 统一分析顶底板的应力变化趋势, 可以得出: III# 工作面推进到 140m 左右时 (图 13.5.8), 断层就受到扰动, 开始活化, 过断层时, 其破坏最严重, 释放大部分应力, 这与试验现象基本一致。

为了从另一个方向 (垂向) 分析其应力状态, 在 II# 工作面的中部取一纵剖面 A-A 进行分析顶底板应力随工作面开采的变化规律。

图 13.5.9~13.5.12 画出了 I# 工作面的中部纵剖面 A-A 随工作面开采 σ_z 的应力分布图, 计算分析可得出如下几点结论。

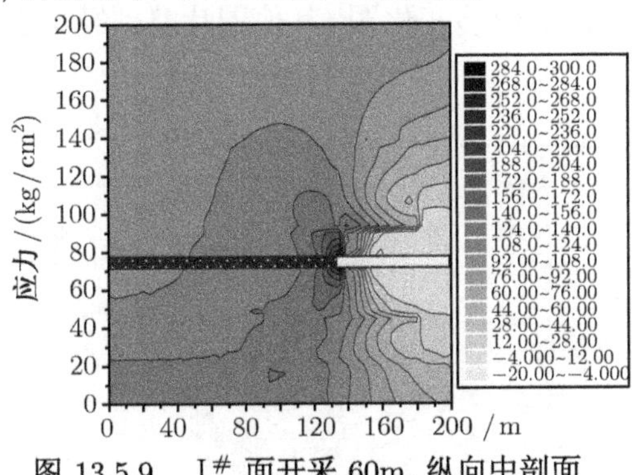

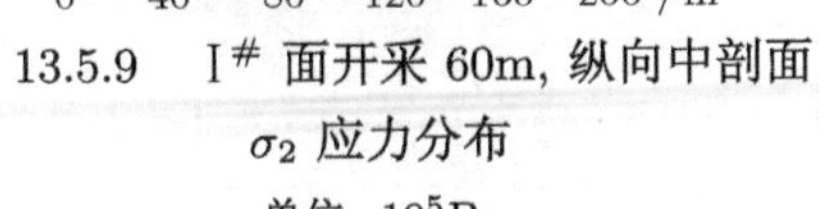

图 13.5.9 I# 面开采 60m, 纵向中剖面 σ_2 应力分布

单位: 10^5Pa

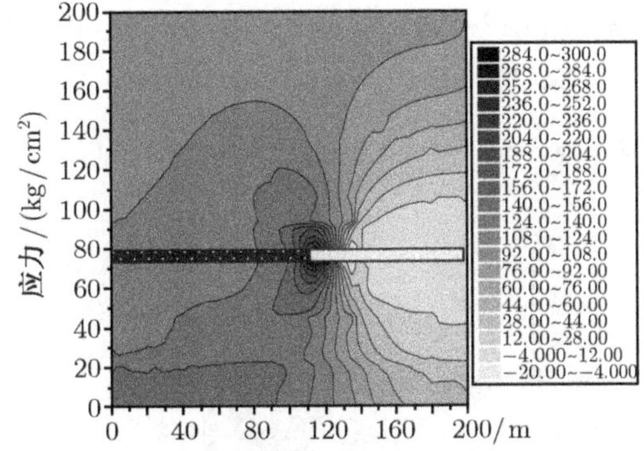

图 13.5.10 I# 面开采 80m, 纵向中剖面 σ_2 应力分布

单位: 10^5Pa

(1) 顶底板的应力分布规律基本上是一致的, 但当工作面推进到一定距离之后 (I# 工作面开采 60m, II# 工作面开采 80m), 顶底板的应力出现一些细小的差别, 在此之前顶底板的拉应力区是一致的, 拉应力的范围是从工作面后方 5m 左右开始一直到采空区, 最大拉应力

区紧接煤层底面; 之后, 底板最大拉应力区下移, 即在距煤层底面 10m 左右, 分析其原因, 主要是煤层底板岩石的力学特性所致, 也就是说破坏最严重的区域不一定是最近的底板。

(2) 从总体来看, 底板最大拉应力区出现在距工作面后方 15m 左右, 且随着工作面的推进其应力不可恢复, 即一直处于受拉状态。

(3) 底板拉应力的深度在工作面开采到一定程度 (Ⅰ# 工作面开采 60m, Ⅱ# 工作面开采 80m, Ⅲ# 在 100m) 之前是随着工作面的推进而逐渐加深, 之后基本稳定 (Ⅰ# 面 12m, Ⅱ# 面 10m, Ⅲ# 在 7m)。

(4) 在整个开采过程中, 顶底板的应力一直处于动态变化, 也就是说, 本工作面的开采会影响其临近区域 (包括临近采空区) 应力的分布, 所以突水不一定发生在开采的工作面, 在其临近区域也可能诱发突水事故。

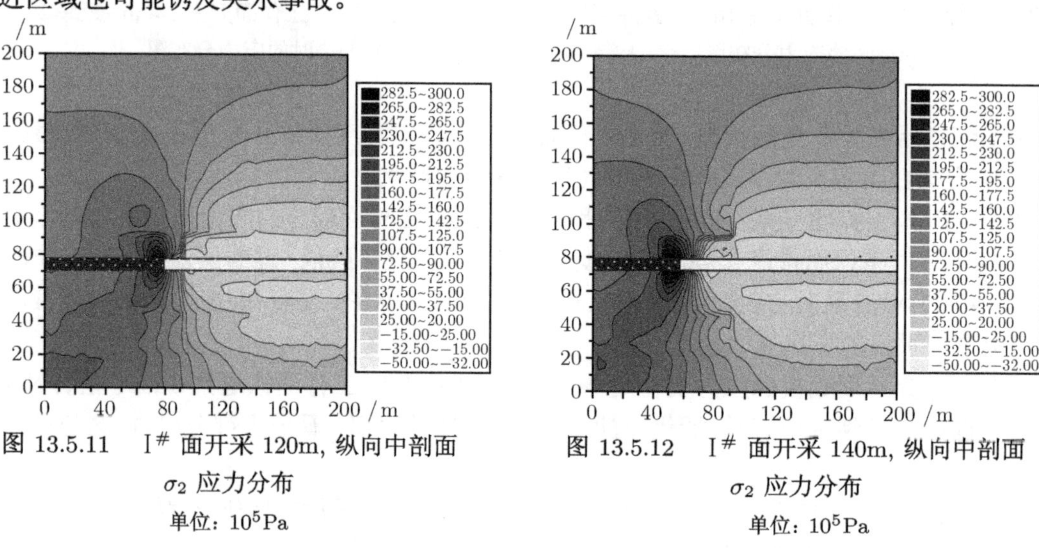

图 13.5.11 Ⅰ# 面开采 120m, 纵向中剖面 σ_2 应力分布

单位: 10^5Pa

图 13.5.12 Ⅰ# 面开采 140m, 纵向中剖面 σ_2 应力分布

单位: 10^5Pa

13.5.5 底板围岩位移分布规律

与底板应力分析相似, 取距煤层底板 10m(8~13m) 左右的底板层位分析其位移变化规律, 图 13.5.13~13.5.16 画出了部分位移随工作面开采的位移变化图 (其他图片略), 经综合分析, 可得出如下结论。

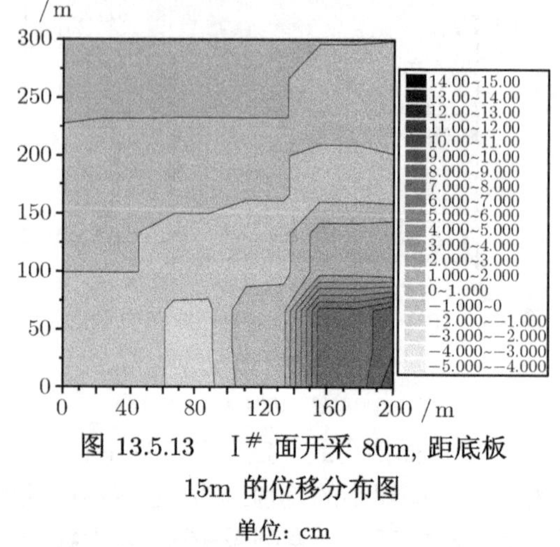

图 13.5.13 Ⅰ# 面开采 80m, 距底板 15m 的位移分布图

单位: cm

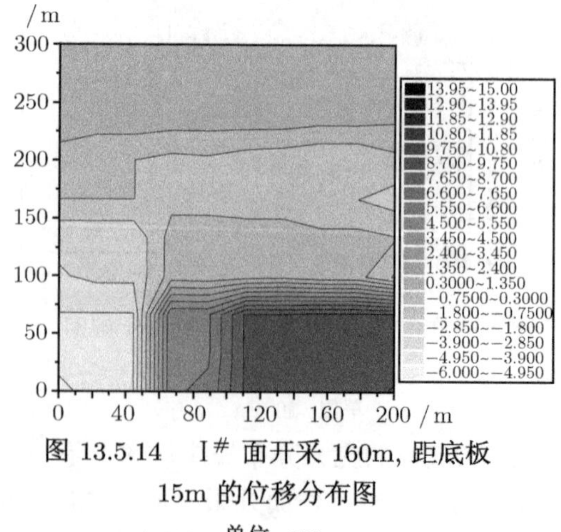

图 13.5.14 Ⅰ# 面开采 160m, 距底板 15m 的位移分布图

单位: cm

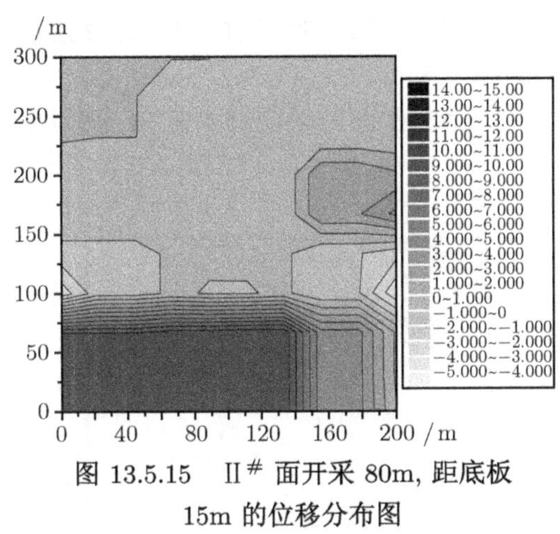

图 13.5.15 II# 面开采 80m, 距底板 15m 的位移分布图

单位：cm

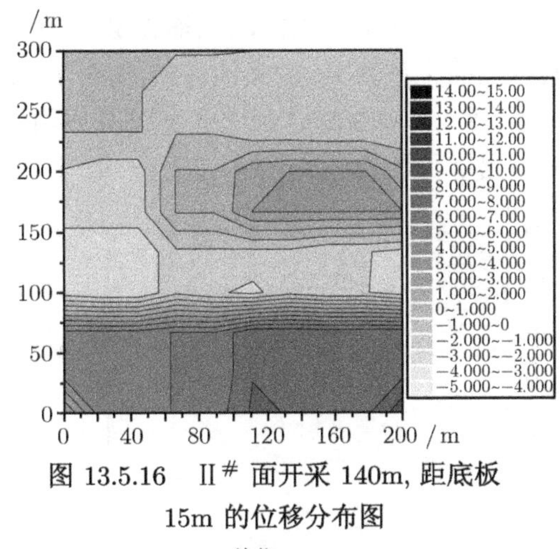

图 13.5.16 II# 面开采 140m, 距底板 15m 的位移分布图

单位：cm

(1) 底板的位移与其对应的应力是一致的, 即位移也是随着工作面的推进而变化, 对于 I# 面, 60m 之前随着工作面的推进, 底板向上的位移逐渐增大 (底鼓), 60m 之后基本保持稳定, 最大位移为 7.5cm 左右, 随着 II# 和 III# 面的推进, 其位移又发生进一步的变化, 产生波动, 但其总体趋势是向上的位移在增大, 从图 13.5.15 可看出, 当 II# 工作面开采 80m 时, I# 工作面的位移增大到 9cm 左右, 当 II# 工作面开采到 140m 时 (图 13.5.15), I# 工作面的位移又降到 8cm 左右, 当 III# 工作面开采 80m 时, I# 工作面的位移又增大到 9cm 左右, 产生这种现象的原因有两个, 一是随着工作面的开采, 顶底板产生周期性的破坏, 导致底板位移产生周期性波动, 另一原因是随着工作面开采, 太原组水位产生了变化, 太原组含水层距煤层底板只有 18.5m, 水位的升降会导致底板位移的升降, 尤其是当 III# 面开采到 160m 左右时, 太原组水位从原来的 0.85MPa 上升到 0.95MPa 左右, 水压的作用使得底板位移增大。

(2) 从图 13.5.13~13.5.16 中可看出, 底板向上的位移发生在距工作面后方 5m 左右的采空区侧, 最大位移产生在距工作面 15m 之后的采空区侧, 在工作面前后 5m 左右产生最大压缩位移 (图中的负值), 即底板产生向下的位移。

(3) 煤柱在整个开采期间, 一直处于受压状态, 在煤柱及其周边 3m 的范围, 底板处于压缩状态, 随着孤岛煤柱的出现, 其压缩位移也越大, 如 I# 工作面开采完毕, I# 煤柱的最大压缩位移为 −1cm 左右, II# 工作面开采完毕, 最大压缩位移为 −2.5cm 左右。

(4) 从几幅图中可看到, 底板上升的最大位移量随着工作面宽度不同, 其值也不同, 工作面越宽, 底鼓越严重, 如 I# 工作面为 9cm 左右, II# 为 7cm 左右, III# 在 6cm 左右。

(5) 当 III# 工作面开采到 160m 时, 其前后都出现了严重的底鼓, 说明断层已处于破坏状态, 当工作面过断层 (III# 工作面开采 180m) 时, 底鼓范围进一步增大, 开采完毕, 断层两盘的位移可达 9cm 左右, 结合其应力分布可知：当 III# 工作面开采到 140m 左右时 (距断层 40m), 断层就开始活化, 随着工作面的推进, 断层开始破坏, 推进到断层时, 其破坏最严重。

13.5.6 太原组含水层水位随工作面开采的变化规律

太原组含水层距煤层底板 18.6m, 实际水压 0.85MPa, 渗透系数为 0.43m/d, 断层的初始渗透系数为 0.000001m/d, 几乎为不导水断层, 但其渗透系数假设服从平方定律, 即 $k=\dfrac{\gamma_{\mathrm{w}}e^2}{12\mu}$,

γ_w 为水的密度; μ 为水的动黏滞系数; e 为断层两盘发生的相对法向位移, 可通过断层两盘对应结点的位移算出, 而其他区域的渗透系数设为定值。

图 13.5.17~13.5.20 画出了部分太原组含水层水位随工作面开采的分布规律, 通过综合分析得出以下结论。

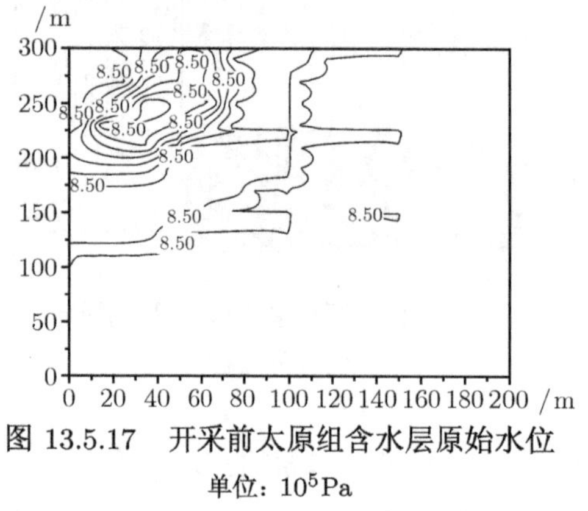

图 13.5.17　开采前太原组含水层原始水位

单位: 10^5Pa

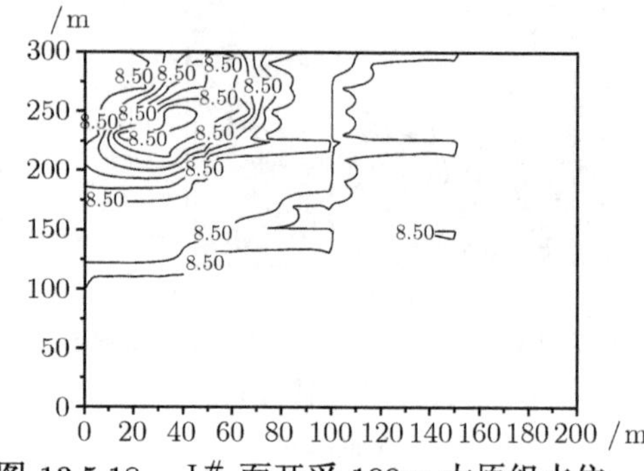

图 13.5.18　I# 面开采 100m 太原组水位

单位: 10^5Pa

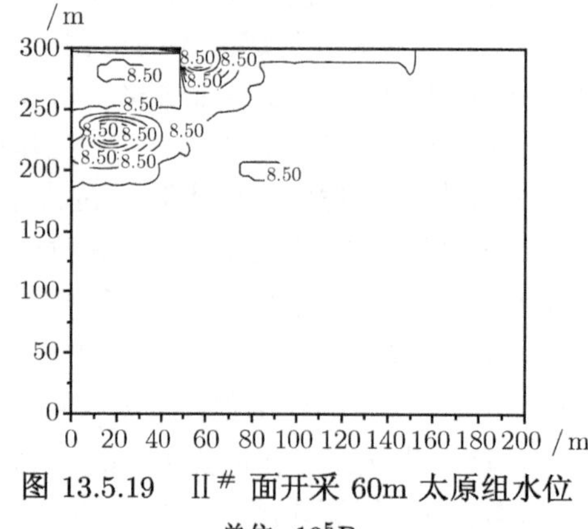

图 13.5.19　II# 面开采 60m 太原组水位

单位: 10^5Pa

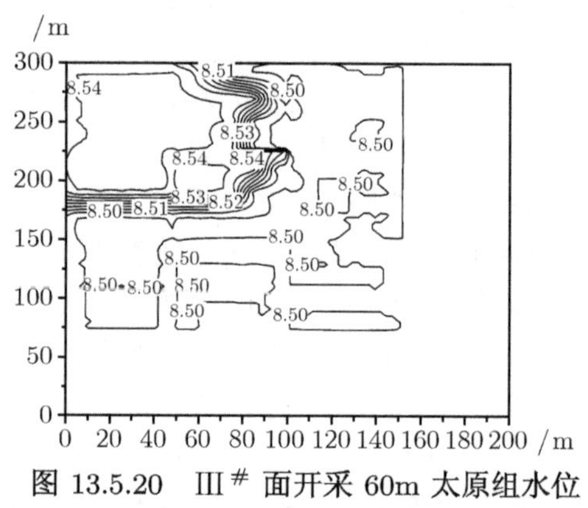

图 13.5.20　III# 面开采 60m 太原组水位

单位: 10^5Pa

(1) I# 和II# 工作面开采期间, 水位基本保持恒定, 当III# 工作面开采到 140m 左右时 (距断层 40m), 水位才有明显的变化, 但变化的区域只在断层的临近区域, 说明开采活动使得断层破坏, 位移增大, 渗透系数增大, 水位逐步升高。

(2) 当III# 工作面推进到 180m 时, 其水位进一步升高, 由原始水位 0.85MPa 上升到 10MPa 左右, 说明本含水层已与下部本溪组含水层沟通, 但其升高的区域只在断层临近的区域, 其值没有达到与本溪组相当的水位, 其原因是在断层处产生了突水, 水的泄露不可能使其水位上升到相当的本溪组水位, 在相似模拟实验过程中也看到了有水渗出的现象。

13.6　固流耦合相似模拟理论与技术

相似模拟技术是研究具体工程规律的一个重要方法, 研究历史较长, 也相对成熟。在单纯采矿与岩土工程的固体变形的相似模拟方面, 出版的书籍及相关的论文已非常多。单纯的渗流问题的模拟研究也较多, 但一般均采用电模拟方法, 仅有很少的砂型模拟研究。固流耦合问题的相似模拟非常复杂, 首先, 固流耦合的相似理论研究尚未见到; 其次, 模拟材料必须同时满足固体变形和渗透性相似两类条件, 这就给相似材料研制带来相当难度, 也未见到相关研究; 最后, 其涉及模拟设备的密封及其测试手段。

13.6.1 固流耦合相似理论

采用均质连续介质的固流耦合数学模型:

$$K\frac{\partial^2 p}{\partial x^2}+K\frac{\partial^2 p}{\partial y^2}+K\frac{\partial^2 p}{\partial z^2}=S\frac{\partial p}{\partial t}+\frac{\partial e}{\partial t}+W \tag{13.6.1}$$

$$\sigma_{ij,i}+F_i+(\alpha p)_{,j}=0 \tag{13.6.2}$$

考虑胡克定律, 将方程 (13.6.2) 用位移表示, 并考虑塑性力作用:

$$\left.\begin{aligned}
&G\nabla^2 u+(\lambda+G)\frac{\partial e}{\partial x}+X+p\frac{\partial \alpha}{\partial x}+\alpha\frac{\partial p}{\partial x}=\rho\frac{\partial^2 u}{\partial t^2}\\
&G\nabla^2 v+(\lambda+G)\frac{\partial e}{\partial x}+Y+p\frac{\partial \alpha}{\partial x}+\alpha\frac{\partial p}{\partial x}=\rho\frac{\partial^2 v}{\partial t^2}\\
&G\nabla^2 w+(\lambda+G)\frac{\partial e}{\partial x}+Z+p\frac{\partial \alpha}{\partial x}+\alpha\frac{\partial p}{\partial x}=\rho\frac{\partial^2 w}{\partial t^2}
\end{aligned}\right\} \tag{13.6.3}$$

式中, X,Y,Z 为体积力; ρ 为密度; p 为水压力;

$$\nabla^2=\frac{\partial^2}{\partial x^2}+\frac{\partial^2}{\partial y^2}+\frac{\partial^2}{\partial z^2}, \text{ 为 Laplace 算子;}$$

$$G=\frac{E}{2(1+\mu)}, \text{ 剪切弹性模量;}$$

$$\lambda=\frac{\mu E}{(1+\mu)(1-2\mu)}, \text{ 拉梅常数;}$$

$$e=\frac{\partial u}{\partial x}+\frac{\partial u}{\partial y}+\frac{\partial u}{\partial z}, \text{ 体积应变;}$$

上述方程对原型 ($'$) 及模型 ($''$) 均适用。

设$G'=C_G G''$; $E'=C_E E''$; $x'=C_l x''$; $\lambda'=C_\lambda \lambda''$; $e'=C_e e''$; $u'=C_u u''$; $X'=C_\gamma X''$; $\rho'=C_\rho \rho''$; $t'=C_t t''$; $p'=C_p p''$; $\alpha'=C_\alpha \alpha''$。同时, $\dfrac{\partial e'}{\partial x'}=\dfrac{1}{C_l}\dfrac{\partial e''}{\partial x''}$; $\nabla^2 u'=\dfrac{C_u}{C_l^2}\nabla^2 u''$; $\dfrac{\partial^2 u'}{\partial t'^2}=\dfrac{C_u}{C_t^2}\dfrac{\partial^2 u'}{\partial t''^2}$。

将上述关系代入原型方程 (13.6.3) 的第一个方程, 得

$$\begin{aligned}
&C_G G''\frac{C_u}{C_l^2}\nabla^2 u''+C_\lambda \lambda''\frac{C_e}{C_l}\frac{\partial e''}{\partial x''}+C_G G''\frac{C_e}{C_l}\frac{\partial e''}{\partial x''}+C_\gamma X''\\
&\quad+C_\alpha \alpha''\frac{C_p}{C_l}\frac{\partial p''}{\partial x''}+C_p p''\frac{C_\alpha}{C_l}\frac{\partial \alpha''}{\partial x''}=C_\rho \rho''\frac{C_u}{C_t^2}\frac{\partial^2 u''}{\partial t''^2}
\end{aligned}$$

因原型与模型均应符合式 (13.6.3), 所以有

$$C_G\frac{C_u}{C_l^2}=C_\lambda\frac{C_e}{C_l}=C_G\frac{C_e}{C_l}=C_\gamma=C_\alpha\frac{C_p}{C_l}=C_p\frac{C_\alpha}{C_l}=C_\rho\frac{C_u}{C_t^2}$$

由此可推出以下公式。

(1) 模型相似：$C_G = C_E = C_\lambda$。

(2) 几何相似：$C_u = C_e C_l$; 当 $C_e = 1$ 时, 有 $C_u = C_l$。

(3) 重力相似：$C_E = C_\gamma C_l$。

(4) 应力相似：$C_\sigma = C_\gamma C_l$。

(5) 惯性力 (时间) 相似：$C_t = \sqrt{C_l}$。

当取有效应力系数 α 等于 1 时有水压力相似。

(6) 水压力相似：$C_p = C_\gamma C_l$。

根据因次分析法可推出载荷相似。

(7) 载荷相似：$C_h = C_r C_l^3$。

对于方程 (13.6.1) 可设：

$K' = C_K C''$; $S' = C_S S''$; $Q' = C_Q Q''$; $y' = C''^y_l$; $z' = C''^z_l$ 代入方程 (13.6.1) 可得

$$\frac{C_K C_p}{C_x^2} K'' \frac{\partial^2 p''}{\partial x''^2} + \frac{C_K C_p}{C_y^2} K'' \frac{\partial^2 p''}{\partial y''^2} + \frac{C_K C_p}{C_z^2} K'' \frac{\partial^2 p''}{\partial z''^2}$$

$$= C_s S'' \frac{C_p}{C_t} \frac{\partial p''}{\partial t''} + \frac{C_e}{C_t} \frac{\partial e''}{\partial t''} + C_w W''$$

与原型相比应有 $\dfrac{C_K C_p}{C_x^2} = \dfrac{C_K C_p}{C_y^2} = \dfrac{C_K C_p}{C_z^2} = C_s \dfrac{C_p}{C_t} = \dfrac{C_e}{C_t} = C_w$。由于 $C_e = 1$; $C_p = C_\lambda C_l$; $C_t = \sqrt{C_l}$; $C_x = C_y = C_z = C_l$, 所以有源汇项相似。

(8) 源汇项相似：$C_W = \dfrac{1}{\sqrt{C_l}}$。

(9) 储水系数相似：$C_s = \dfrac{1}{C_\gamma \sqrt{C_l}}$。

(10) 渗透系数相似：$C_K = \dfrac{\sqrt{C_l}}{C_\gamma}$。

13.6.2 固流耦合相似材料配制

经过大量的试验研究, 对底板典型的岩层进行了固流耦合作用下相似材料的配比试验, 主要材料为水泥、砂子、石子、石膏、滑石粉、克晒嬴, 对于软弱隔水层, 如铝土泥岩, 采用红胶泥来模拟。试件做成 50mm×100mm 的圆柱试件, 分别进行强度及渗透试验, 直到选出合理的为止, 其材料配比方法及对应的强度与渗透参数见表 13.6.1 与表 13.6.2。

表 13.6.1 中砂子的级配统一用：0.5~1.0mm, 1.5%; 0.25~0.5mm, 20%; 0.1~0.5mm, 70%; 0.01~0.1mm, 5%。表 13.6.2 中砂子的级配同表 13.6.1, 石子统一用 2mm 的粒径。

13.6.3 三维固流耦合模拟试验设备

图 13.6.1 为太原理工大学 “211” 工程研制的 (型号) 三维固流耦合相似模拟试验台, 其模拟尺寸为 3m×2m×2m, 轴向加载力 900 000kgf (1kgf=9.80665N), 1:30 的模拟比例下, 最大模拟采深 1200m, 侧向加载靠约束产生, 两个侧面装有有机玻璃板, 可进行表面位移的观测, 可以进行单纯岩体固体变形的三维相似模拟, 其显著的特点是可以进行固流耦合模拟试验。揭示固流耦合作用下, 岩体变形与渗流规律。

表 13.6.1 底板隔水层相似材料配比试验结果

序号	类别	砂子/g	石膏/g	滑石/g	水泥/g	水/g	克哂羸/g	强度/MPa	岩石名称
1	质量/g	135	55	95	25	30			粗砂岩
	体积/cm^3	90	76	90	75				
	体积比	27	23	27	23				
	质量比	40	16	28	7.3	8.5	0.2	1.01	
2	质量	68	55	95	25	30			细砂岩
	体积/cm^3	102	40	90	75				
	体积比	33	13	29	25				
	质量比	25	20	35	9.8	10	0.2	3.12	
3	质量/g	135	40	95	25	30			中砂岩
	体积/cm^3	90	29	90	75				
	体积比	32	10	32	26				
	质量比	40	14	29	7.7	9.2	0.1	4.51	
4	质量 g	135	55	50	25	30			粉砂岩
	体积/cm^3	90	40	56	75				
	体积比	34	16	21	29				
	质量比	46	18	17.3	8.5	10	0.2	2.15	

表 13.6.2 底板含水层相似材料配比试验结果

序号	类别	砂子/g	石膏/g	滑石/g	水泥/g	水/g	石子/g	强度/MPa	渗透系数/(md)	岩石名称
1	质量/ g	135	25	30	15	20	30	2.3	0.062	石灰岩 1
	体积/ cm^3	90	18	34	45		20			
	体积比	44	8	16	22		10			
	质量比	52	10	12	6	8	12			
2	质量/ g	135	35	45	10	20	20	2.3	0.019	石灰岩 2
	体积/ cm^3	90	25	50	30		13			
	体积比	43	12	24	15		6			
	质量比	50	13	17	4	8	8			

1. 多点位移及应力测试系统

应力的测试相对简单, 采用在模拟煤层的顶底板中埋设压力盒, 引线通过侧边槽钢缝中引出, 即可采用应变仪进行测试和数据采集。而底板位移的测试系统就比较复杂, 无现成的设备可用, 所以针对带压开采工程的模拟方案, 研制了一套测试设备, 见图 13.6.2。该系统由位移传动机构、位移计和应变仪组成, 传动机构由直径为 0.2mm 的钢弦、刚性套管及导向轮组成, 整个测试设备置于试验台的地下室, 然后通过地面的应变仪进行数据采集, 图 13.6.3 和图 13.6.4 是位移计的制作过程图位移传动装置。

2. 水位观测系统

图 13.6.5 为水位观测系统, 由铜管直接插入底板含水层, 然后用软管引出, 通过测量软管水位的高度来反映底板含水层水位的变化。采用稳压装置保持含水层的水位。

3. 采煤系统

图 13.6.6 为我们研制的简易联合刨煤机, 主体框架由槽钢组成, 可根据模拟工作面的宽度进行人工调整, 四周装有导向轮, 用以传动皮带, 皮带的一部分装有齿形的割煤装置及输

送装置, 共同完成割煤、运煤、工作面及巷道支护工作。

图 13.6.1 三维固流耦合模拟实验台

图 13.6.2 多点位移测试系统

图 13.6.3 位移传感器的制作过程

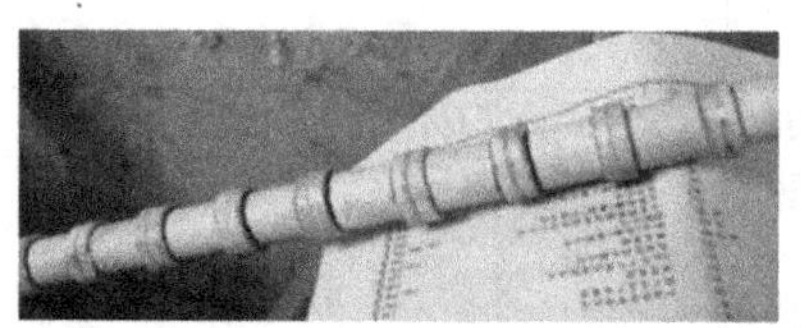

图 13.6.4 位移传动装置

图 13.6.5 水位观测系统

图 13.6.6 简易联合刨煤机

4. 加载系统

轴向加载系统, 由 6 个 150t 的油缸组成, 由电动泵、手动泵及稳压装置供给油压, 总的加载力可达到 900 000kgf (1kgf=9.80665N), 固定于模拟架的顶部, 同时模拟架的顶部装有加载板, 由 40mm 厚的钢板及加强筋组成, 油缸的力通过加载板传递到模拟材料, 用以模拟垂向地应力, 侧向靠约束施加侧向力。

13.6.4 带压开采固流耦合模拟试验研究

1. 太原市东山煤矿一采区下山工程地质特征

(1) $15^{\#}$ 煤层力学性态在本区域中, $15^{\#}$ 煤层埋藏稳定, 平均厚度 6.33m, 煤的单轴抗压强度 1.8MPa, 抗拉强度为 0.15MPa。煤层裂隙发育, 开采时常有片帮发生。

(2) $15^{\#}$ 煤层顶底板特性。$15^{\#}$ 煤层顶板均为石炭纪上统山西组和石炭纪下统太原组沉积岩地层, 岩性以砂岩、泥岩、石灰岩为主, 间隔分层分布, 厚度不等; $15^{\#}$ 煤层底板为石炭统上统太原组和中统本溪组地层, 其岩层厚度、岩性及力学特性见表 13.6.1。

2. 一采区下山水文地质特征

(1) 奥灰含水层特征在一采区所属下山开采区域及其所属邻域内, 可用和可供参考的水文地质钻孔的奥灰水抽水试验成果为峰峰组地层, 单位涌水量 16.4L/(s·m), 渗透系数 45.7m/d; 上马家沟组地层, 单位涌水量 16.6L/(s·m), 渗透系数 20.115m/d。

(2) 太原组与本溪组含水性态及其与奥灰水的水力联系我们对六采区试 6-1 号钻孔揭示: 太原组与本溪组灰岩层均含水丰富, 单位涌水量较大, 太原组为 0.44t/(h·m), 本层水压为 0.85MPa, 渗透系数为 0.4128m/d。本溪组含水层, 单位涌水量为 0.252t/(h·m), 渗透系数为 0.125m/d。该含水层水压较高, 本层达 1.85MPa。本溪组与峰峰组奥灰水很可能有一定的水力联系, 在带压开采中, 应给予高度重视。

3. 模拟的工程实例概述

本试验的模拟区域为太原市东山煤矿的一采区, 一采区位于矿区的中部, 开采水平为 +450~+650, 盖山厚度为 300~400m, 平均 350m。以 F_{12} 断层分为左右两部分, 本试验模拟其左翼, 即 +560~+650 水平。模拟断层一条, 采用 1:100 的相似比, 见图 13.6.7, 从下向上模拟三个工作面, 其工作面长度分别为 60m, 80m, 100m。其顶底板柱状岩性及相应的配比方案见表 13.6.1, 根据模拟架的尺寸, 其模拟区域简化为图 13.6.8 所示的平面布置图, 其总的模拟宽度为 300m, 工作面的长度为 200m, 煤柱宽度 20m。

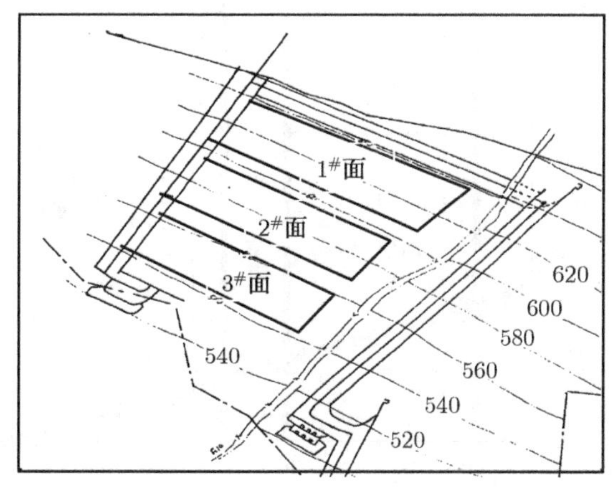

图 13.6.7 一采区左翼示意图

4. 测点的布置方案

煤层顶底板压力盒及位移计布置在距煤层顶板 15m 的岩层中埋设 20 个压力盒, 编号为 $1_1^{\#}$—$20_1^{\#}$, 测定顶板压力的变化, 在距煤层底板 10m, 20m, 30m 的岩层中也分别埋设 20 个压力盒, 编号为 $1_2^{\#}$—$20_2^{\#}$, $1_3^{\#}$—$20_3^{\#}$, $1_4^{\#}$—$20_4^{\#}$, 测定底板应力的变化, 在距煤层底板

5m、10m、15m、20m 的岩层中分别埋设 20 个位移传感器, 编号 $\mathrm{I}_1^{\#}$— $\mathrm{I}_{20}^{\#}$, $\mathrm{II}_1^{\#}$— $\mathrm{II}_{20}^{\#}$, $\mathrm{III}_1^{\#}$— $\mathrm{III}_{20}^{\#}$, $\mathrm{IV}_1^{\#}$— $\mathrm{IV}_{20}^{\#}$, 图 13.6.9 为太原组、本溪组水位观测孔布置平面图, 每层布置 9 个观测孔, 其位置见图上的 1~9, 编号为 w_1^1—w_9^1, w_1^2—w_9^2, 其中太原组含水层距煤层底板 18.6m, 本溪组含水层距煤层底板 54.3m, 奥陶灰岩含水层距煤层底板 70.4m, 在各层的中部布置一个注水孔 (相当于源), 以保持各层恒定的水压, 其中奥灰岩含水层实际水压 4.1MPa, 本溪组含水层实际水压 1.85MPa, 太原组含水层实际水压 0.85MPa。通过预埋管道给各含水层注水, 并通过观测孔测定开采过程中整个区域水位的变化规律。

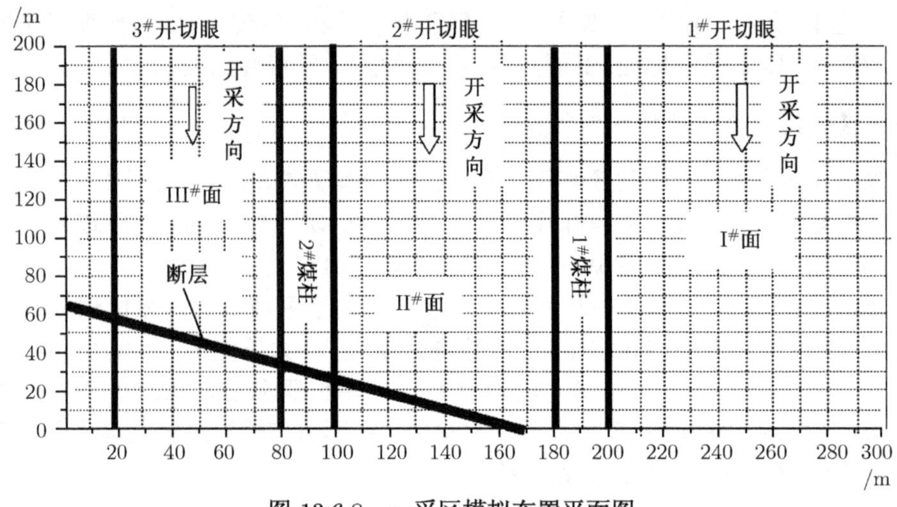

图 13.6.8 一采区模拟布置平面图

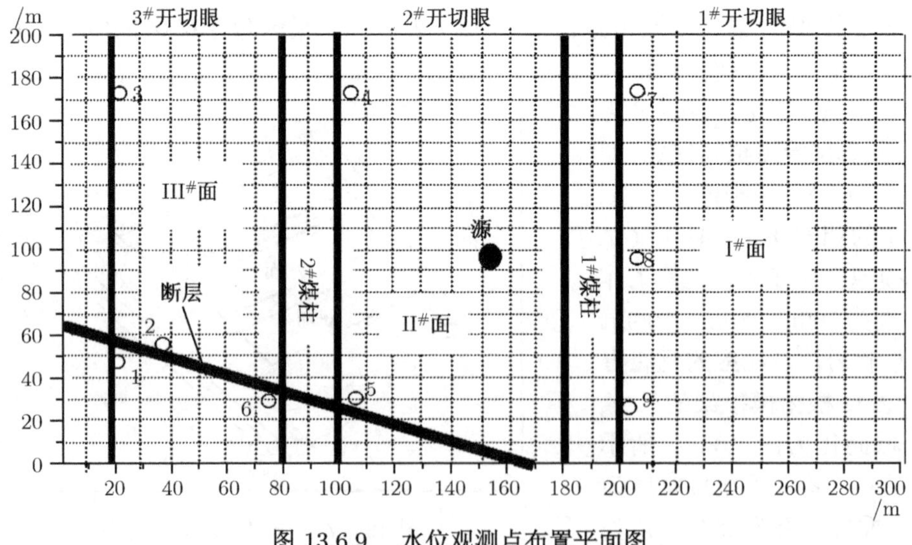

图 13.6.9 水位观测点布置平面图

5. 模拟试验

1) 模拟模型的制作

根据计算好的相似材料配比 (表 13.6.3) 进行人工装载, 并按设计好的位置布置压力、位移、水位传感器, 在模型架的两侧装有有机玻璃板, 用以观测变形破坏, 本试验的难点是承压

表 13.6.3 顶底板岩性及相似材料配比方案

地层	厚度/m	累计深度/m	岩性	渗透相似 k/(m/d)	压力相似 p/MPa	水泥/kg	滑石/kg	石膏/kg	砂子/kg	水 kg	克晒赢/g
石炭系上统太原组	11.5	200	互砂岩			117	234	248	633	138	3
	6.70	188.5	细砂岩			67	239	137	171	68	1
	8.40	181.8	粗砂岩			63	240	137	343	73	1
	4.30	173.4	页岩			22		22	395	44	1.5
	8.90	169.1	中砂岩			70	263	127	363	84	1
	3.80	160.2	页岩			20		20	345	38	0.5
	4.10	156.4	砂质泥岩			(0.246) 红黏土 0.2m^3+ 石膏 33kg					
	4.70	152.3	泥岩			(0.282) 红黏土 0.2m^3+ 石膏 60kg					
	11.9	147.6	粉砂岩互层			103	210	218	558	121	2
	3.00	135.7	细砂岩			30	107	61	76	30	0.6
	10.98	132.7	粗砂岩			82	314	179	448	95	2.24
	5.23	121.7	粉砂岩			45	91	96	254	53	1.07
	3.00	116.5	细砂岩			30	107	61	76	30	0.61
	2.39	113.5	砂页岩			11		12	220	24	0.4
	2.8	111.1	页岩			14		15	257	29	0.57
	7.65	108.3	中砂岩			60	226	109	312	75	1.56
	3.82	100.69	页岩			20		20	351	35	0.78
	1.09	97.87	L2 灰岩			10		39	51	12	0.4
	5.80	95.78	砂页岩			30		30	532	52	1.2
	3.30	89.98	细砂岩			33	118	67	84	34	0.67
	3.48	87.68	页岩			18		18	320	30	0.2
	3.43	83.2	L1 灰岩			30		122	161	35	0.2
石炭系上统太原组	6.00	76.77	煤			云母 30	72		144	36	
	4.40	72.77	泥岩			(0.24) 红黏土 0.15m^3+ 石膏 72kg					
	1.40	68.37	细砂岩			14	50	29	36	14	0.29
	1.37	66.97	粉砂岩			12	24	25	64	14	0.28
	6.11	65.42	细砂岩			61	218	125	156	62	1.25
	1.70	59.31	粗砂岩			13	48	28	69	15	0.346
	3.61	57.61	石灰岩	0.062	0.0056	27	98	56	120	29	石子 0.21m^3
	4.77	55.0	粉砂岩			41	84	88	224	49	0.97
	5.53	49.23	铝质泥岩			红黏土 0.162m^3					
	6.70	43.7	粉砂岩			58	118	123	314	68	1.37
	5.75	37	细砂岩			58	205	117	148	58	1.17
	4.55	31.25	粗砂岩			34	129	74	185	58	0.92
石炭系中统本溪	3.50	26.7	泥岩			(0.21) 红黏土 0.2m^3+ 石膏 7.2kg					
	2.40	23.2	泥灰岩			(0.144) 红黏土 0.14m^3+ 石膏 10kg					
	2.70	21.8	石灰岩	0.019	0.0123	23	67	43	70		石子 0.16m^3
	4.10	19.1	泥岩			(0.246) 红黏土 0.2m^3+ 石膏 33kg					
	4.50	15.0	细砂岩			45	161	92	115	46	0.91
	3.00	10.5	粉砂岩			28	56	58	149	32.4	0.64
	1.50	7.5	铝质泥岩			红黏土 0.09m^3					
峰峰组	3.00	6	石灰岩	0.21	0.028	石子 0.17m^3+10kg 石膏					
	1	3	隔水层			红黏土 0.16m^3					
	2	2	底基			(0.12) 红黏土 0.05m^3 + 石膏 100kg + 橡胶套					

注: 合计, 水泥, 1239kg (约 1 方); 石膏, 2845kg (约 3.15 方); 滑石, 3240kg (约 3.2 方); 砂子, 7560kg (约 5 方); 石子, 0.54 方; 红黏土, 1.5 方; 克晒赢, 30kg。

水的模拟, 即在模拟架内要加水, 这样涉及一个水的密封问题, 为此, 我们设计了一个与模拟架配套的橡胶套, 其尺寸为 3m×2m×1m, 即模拟的煤层底板全部用橡胶套密封, 以防止水外泄 (图 13.6.10), 其中水位及位移传动引线通过橡胶套底部打的孔穿出, 并用强力柔性胶密封, 以防止水流入模型架的下室, 影响试验, 对于压力传感器的引线直接通过模型架侧边的槽钢缝中引出。在模拟架的下室装有位移传感器及水位传感器的连接装置, 引到地面用以测试。在模型的装载过程中, 对橡胶套及测试机构 (位移、水位传动装置) 与相似材料的接触面用红胶泥包裹, 以防止压力水沿设备的表面渗透而相互连通。对于断层的模拟, 我们采用了简易的方法, 即每装一层, 按照设计好的位置进行切槽, 并填入渗透性相似的材料来模拟断层的渗透。整个模拟模型的制作工作量较大, 历时 5 个多月, 才准备就绪。

(a) 模型装载过程的照片

(b) 模拟开采过程的照片

图 13.6.10 模拟模型制作与模拟开采过程的照片

2) 开采模拟

开采前, 按设计要求加载轴压并稳压, 尤其是水压, 经过较长时间才能稳定, 在整个开采期, 轴压、含水层的注水压力一定要保持恒定, 以防止波动降低测试数据的可信度。

模拟试验模型准备就绪后, 从模拟架的侧面拆卸一根槽钢, 作为开切眼, 然后掘进巷道, 架设刨煤机, 即可进行煤层的开采, 在开采的同时, 随时记录顶底板的应力、位移及含水层的水位变化, 并通过拍照, 微型摄像仪记录顶底板、巷道、采场的变形破坏规律。

6. 带压开采矿压与渗流规律的相似模拟研究

1) 顶板应力与变形规律分析

图 13.6.11 和图 13.6.12 为顶板初次、二次垮落时走向冒落情况, 当工作面推进到 15m 时, 顶板第一次垮落, 垮落厚度 4.3m, 从摄像仪记录的图像可看到, 顶板呈梁式承载结构。当工作面推进到 55m 时, 顶板二次垮落, 最大冒高 9.4m, 与此同时, 顶板产生变形, 出现裂隙, 顶板产生大面积的台阶式垮落, 从摄像仪观测二次垮落时倾斜方向采空区垮落状态。当开采 121m 时, 顶板第三、第四次垮落照片, 最大冒高 24.4m (其中第三次垮落时, 工作面开采 87m, 最大冒高 17.7m), 垮落岩层上覆顶板的跨距越来越小, 且控顶距也越来越小 (碎胀), 第四次垮落时, 由于控顶距太小摄像设备已无法工作, 只能从侧面 (走向方向) 观测, 不仅垮落的岩石产生层状破断, 而且其上覆顶板也产生了明显的离层与裂隙。从试验过程中明显地看出 (图 13.6.13、图 13.6.14), 采空区冒落岩层被压实, 大的裂缝、离层闭合, 在整个试验过程中, 顶板一直在缓慢的沉降。

2) 底板应力及其变形规律

以 $\mathrm{I}^{\#}$ 工作面为例且取典型的点 $2^{\#}, 4^{\#}, 5^{\#}$ 点为例进行分析, 其中 $2^{\#}$ 点距开切眼 20m, 距 $1^{\#}$ 煤柱 25m。图 13.6.15 绘出了 $2_2^{\#} \sim 2_4^{\#}$、点的应力随 $\mathrm{I}^{\#}$ 工作面开采的变化规律, 下标

2#, 3#, 4# 分别代表距煤层底面 10m, 20m, 30m 的位置。计算结果归纳为如下几点: ① 当工作面推进到距测点 20m 左右时, 其应力升高到高于原岩应力 (14MPa 左右), 当远离测点 10m 以后, 其应力突然下降。同时看出, 工作面底板前后 5m 产生最高应力集中, 距工作面 10m 左右的采空区侧应力释放。② 应力集中系数及其分布规律大体与顶板类似, 工作面两侧高于中部, 如距煤层底板 20m 时, 2# 点的最高应力集中系数为 1.28, 4# 点为 1.48, 5# 点为 1.24。结合其他点的数据, 其共性是最高应力集中系数所处的层位在距煤层底面 20m 的底板岩层中, 即在太原组奥灰岩含水层之下的粉砂岩中, 其抗压与抗拉强度分别为 30.17MPa 和 1.10MPa, 此岩层强度高、变形小, 不易破坏, 这是其应力集中系数比较高的原因之一, 但距煤层底面 10m 的岩层为细砂岩, 其强度也较高, 而其最高应力集中系数低于距煤层底面 20 m 的岩层, 说明该岩层部分破坏或其上覆岩层破坏, 释放了部分应力所致, 由此可以推断煤层底板的破坏就在 10m 左右, 否则, 距煤层底面 10m 的应力集中系数在岩性相差不大的情况下, 应该大于距煤层底面 20m 的岩层。③ 随工作面的开采, 底板应力一直处于变化中, 距煤层底面 10m 的应力下降幅度最大, 但其波动幅度不大, 主要原因是底板已破坏。而距煤层底板 20m 的应力波动范围最大, 其原因在于开采过程中, 底板的变形, 这使得底板承压含水层的水压处于动态变化, 而水压的升降反应比较灵敏, 且此层粉砂岩距太原组石灰岩含水层只有 5m 左右, 直接影响本层应力的变化, 造成应力变化的频度、幅度都比较大。

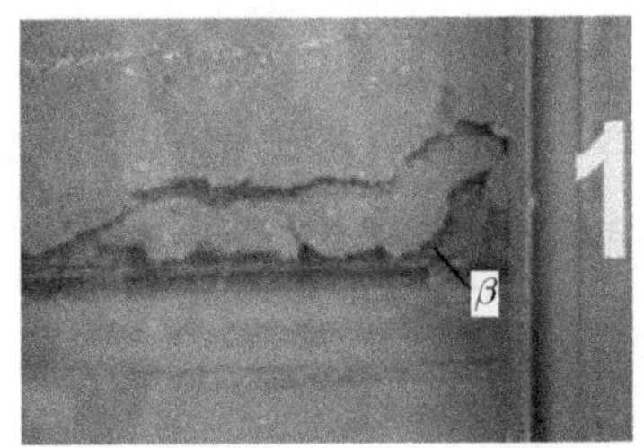

图 13.6.11 顶板一、二次垮落走向冒落图

图 13.6.12 顶板二次垮落时, 采空区及顶板破坏图

图 13.6.13 顶板五、六次垮落走向图

图 13.6.14 I# 面全部采完走向垮落图

3) 采动引起含水层水位变化的规律

图 13.6.16 和图 13.6.17 分别绘出了 2#, 6#, 8# 点 (图 13.6.9) 太原组、本溪组含水层水位随采动的变化情况。

(1) 由图 13.6.16 看出, 在III# 工作面推进到 100m 之前, 太原组含水层在原水位 0.85MPa 的基础上产生小幅度的上下波动, 此含水层距煤层底板 28m。前面讨论底板应力与位移的变化规律时 (图 13.6.15) 曾提到距煤层底板 20m 左右的层位, 其应力、位移产生频繁的波动, 造成这种现象的原因是顶底板的周期性破坏所致, 而太原组含水层水位也发生同样的现象,引起这种现象的主要原因是固流耦合作用的结果, 即顶底板应力周期性的变化, 引起围岩周期性的破坏, 导致其影响区域水位周期性的升降, 尽管含水层有定水位的补给源, 但由于渗透能力的差异, 水位不可能很快恢复到原始状态, 因而主要以变力的形式作用于围岩, 使围岩的应力与位移产生相应的变化, 二者相互作用, 相互影响, 这就是固流耦合作用的结果。

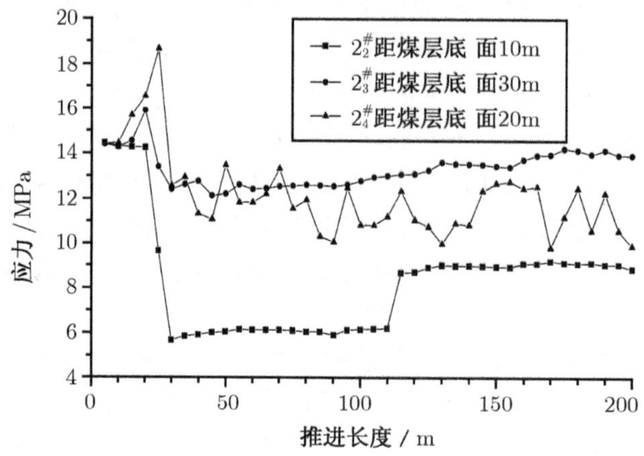

图 13.6.15 $2^{\#}$ 点不同深度应力随 I$^{\#}$ 面开采的变化规律

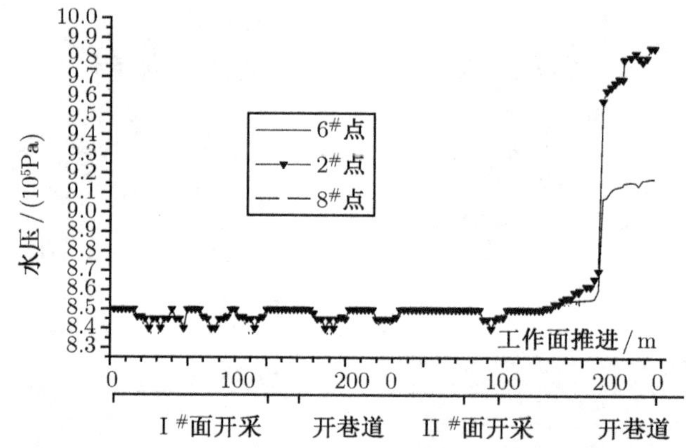

图 13.6.16 太原组 $2^{\#}$、$6^{\#}$、$8^{\#}$ 点水位 (水压) 随采动的变化曲线

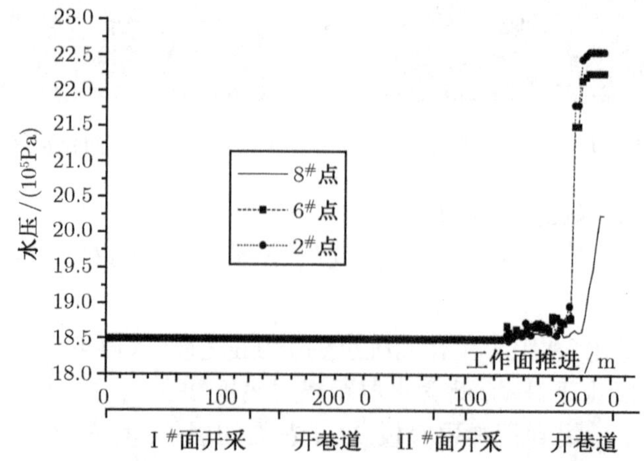

图 13.6.17 本溪组 $2^{\#}$、$6^{\#}$、$8^{\#}$ 点水位 (水压) 随采动的变化曲线

(2) 由图 13.6.17 本溪组含水层水位的变化趋势来看, 在Ⅲ# 工作面推进到 100m 之前几乎不产生明显的变化, 本溪组含水层距底板 54.3m, 上覆应力与位移的变化不足以引起本含水层水压的变化, 此是两含水层变化的主要区别, 这说明固流耦合作用的程度是有其范围的, 在实际工程中, 要根据具体情况分析是否考虑固流耦合作用, 如本试验的顶板就可完全不考虑其固流耦合作用。

(3) 由图 13.6.16~ 图 13.6.17 可看出其共性是当Ⅲ# 工作面推进到 100m 左右时 (距断层 40m), 2# 和 6# (紧靠断层的两侧) 点的水位就开始缓慢的升高, 而 8# 点在Ⅲ# 工作面推进到 150m, 过断层左右时水位才开始升高。当Ⅲ# 工作面推进到 100m(距断层 40m) 左右时, 断层活化, 其渗透能力提高, 两含水层已与底部奥灰岩含水层沟通, 发生了水力联系, 这就是突水的孕育期, 即突水前兆。

(4) 当Ⅲ# 工作面推进到 150m 左右时 (过断层), 两含水层的水位突然升高, 太原组 2# 点由原始水压 0.85MPa, 上升到 0.99MPa, 6# 点上升到 0.92MPa, 8# 点上升到 0.88MPa, 本溪组 2# 点由原始水压 1.85MPa 上升到 2.25MPa, 6# 点上升到 2.22MPa, 8# 点上升到 2.02MPa。可见此时由于断层两盘的相互错动, 使得渗透能力产生突跃的变化, 导致突水事故。另一方面可看出两含水层 8# 点水位上升的值要比 2# 和 6# 点的小, 产生水力梯度, 这主要是 8# 点距突水点较远, 突水点水的泄露所造成的。

13.7 边坡稳定性分析

边坡大致可以分为两类: 一类是自然边坡 (或称天然边坡), 它包括各类山体、土塬在极为复杂的各类自然因素作用下, 如应力、降雨入渗、风化、地震等形成的各种类型的岩质或土质边坡; 另一类是人工边坡, 它泛指经过人工挖掘改造过的边坡 (如公路、铁路的许多边坡都是经过人工改造而形成的边坡)。人工堆砌的边坡和开挖而形成的边坡, 如尾矿坝、尾矿堆、矸石山都是人工堆筑而形成的边坡, 如露天矿边坡是人工采矿而形成的边坡。无论什么类型的边坡, 人们最关注的是边坡的稳定问题, "会不会滑坡, 什么时候滑坡", 尽管影响因素很多, 但最关键的无非三个, 即边坡岩土体的基本结构特征与力学特征, 固体应力与水的入渗. 也就是典型的岩体与水渗流的耦合作用的固流耦合问题。

有关各类边坡稳定性分析的文献相当多, 甚至无法一一浏览, 但不外乎是针对岩体工程对以上三点的具体分析。国内外学者早已认识到, 边坡稳定问题是固流耦合问题, 但真正通过建立耦合理论分析边坡稳定的文献不多。本书拟从固流耦合的学术思想与理论角度对边坡稳定做一分析与介绍。

针对不同岩土体结构、边坡稳定的数学模型, 可以选择连续介质 (13.1.4)、拟连续介质 (13.2.1)、裂隙介质 (13.3.1) 固流耦合模型中的一个结合具体的边坡结构, 给出固体边界条件与渗流边界条件, 通过数值分析方法, 如有限元法、有限差分法等, 即可给出每一个具体边坡的滑坡临界条件、应力场和渗流场的分布, 以及危险区域, 并对加固与防治提出措施。在考虑边坡稳定性分析时, 许多时候存在非饱和含水区或非饱和渗流, 在此情况下需要用饱和与非饱和渗流方程, 对上述固流耦合数学模型适当修改即可。

梁冰等 (2001) 建立了边坡失稳的固流耦合模型, 并对某露天矿的人工边坡稳定性进行了有限元数值模拟, 考虑降雨入渗作用。分析表明 (图 13.7.1 和图 13.7.2) 考虑固流耦合作

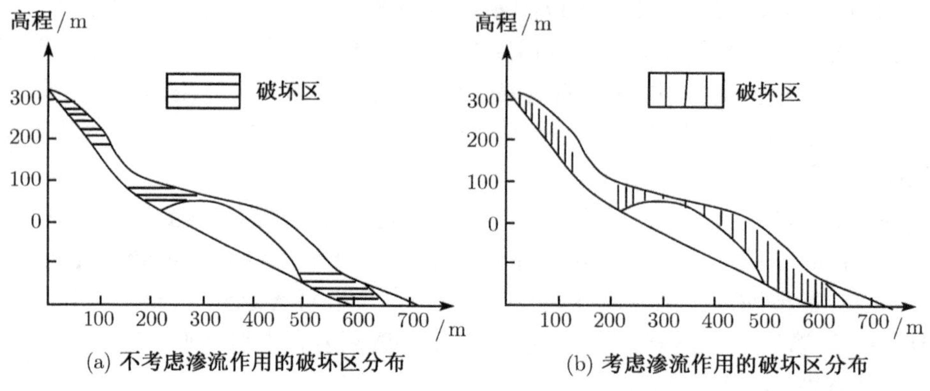

图 13.7.1 考虑与不考虑渗流作用的破坏区分布 (梁冰等, 2001)

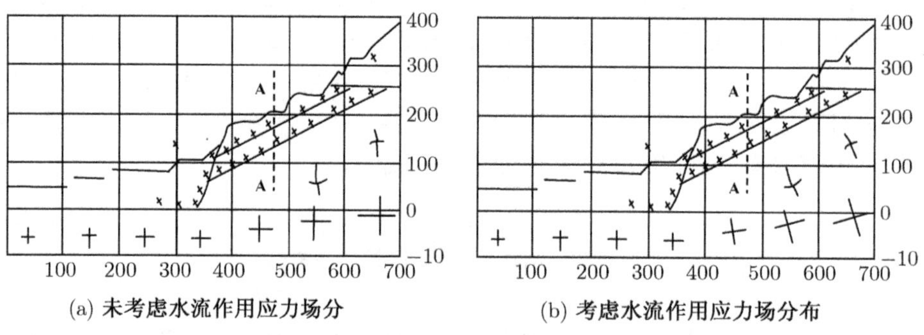

图 13.7.2 考虑与不考虑渗流作用的固体应力场分布 (梁冰等, 2001)

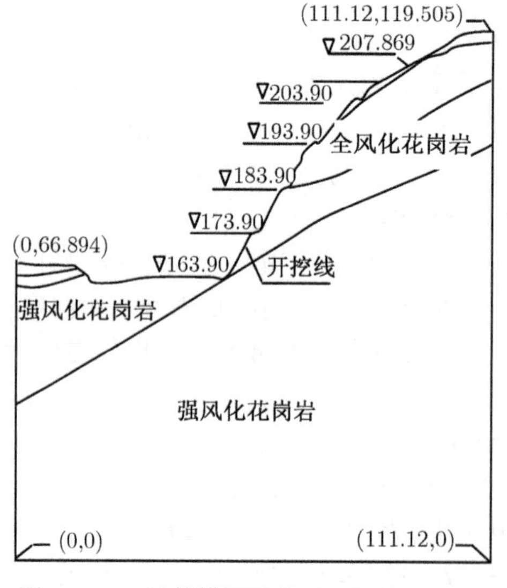

图 13.7.3 计算模型简化 (王剑等, 2006)

用, 边坡破坏区明显大于不考虑耦合作用, 而最大主应力的方向也因渗流的作用转向滑动方向。王剑等 (2006) 以单纯的非饱和渗流模型分析了水库边坡稳定性。其边坡简化为图 13.7.3, 初始和降雨 48h 时刻边坡渗流场水头分布如图 13.7.4 所示, 从图可见, 随着降雨入渗使得边坡中非饱和带含水量增加, 边坡内非饱和区首先从饱和区开始逐渐饱和, 边坡面出现饱和区, 再向边坡内部扩展, 影响范围逐渐扩大, 这就是暂态饱和区, 并出现正的水压力, 随着降雨的持续, 边坡安全性逐渐降低, 如图 13.7.5 所示。

此外水库蓄水水位变化对库岸边坡的影响, 也有许多研究者 (吴争光, 2009; 彭岸, 2007; 刘建军等, 2006) 进行了研究。从固流耦合作用角度分析边坡稳定, 就此机理与影响因素而言,

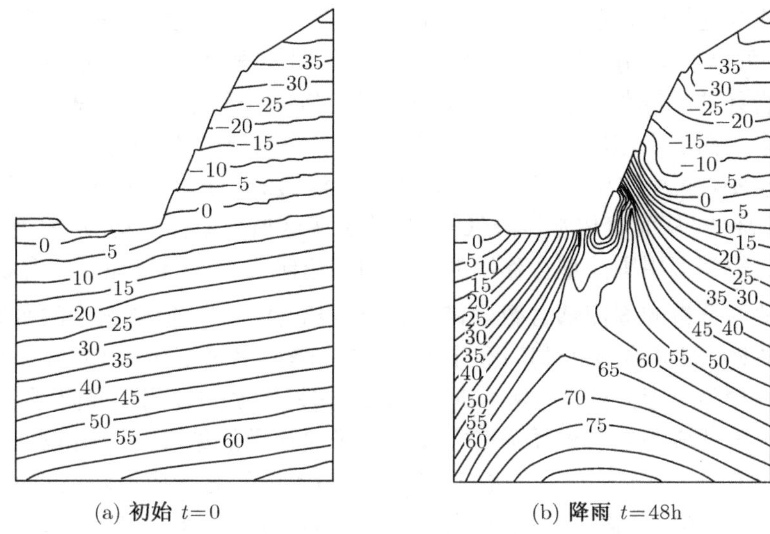

(a) 初始 $t=0$　　(b) 降雨 $t=48\mathrm{h}$

图 13.7.4　降雨各时刻渗流场压力水分布

单位：m

有如下几点：边坡稳定是在岩体应力场与水渗流场耦合作用下岩土结构体的变形与破坏问题。岩土体边坡体的结构特征主要是产状与边坡倾角的相对关系，以及岩土体结构的完整性，它对边坡的稳定性影响很大，岩土体的材料特性，主要是力学特性，如内摩擦角、抗剪强度，以及遇水软化特性，此外，化学流体作用对边坡稳定性的影响也反映在固体力学特性参数的变化，以及流体对固体的腐蚀作用。还有岩土体的渗透特性，岩土体孔隙与裂隙的发育与连通情况，它反映了渗流的速度和有效应力的变化，在 MH 耦合方程中的渗流方程与耦合作用方程中，岩土体遇水软化特性主要反映在固体变形模量及抗剪强度与摩擦角，此参数也反映在屈服准则中，地震等外载荷反映在固体变形方程中，水库水位的变化在渗流方程中反映。由此可见，固流耦合模型可以完整地描述边坡稳定问题。

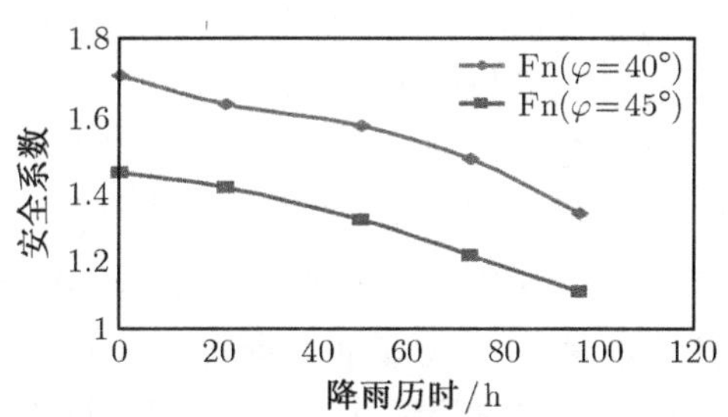

图 13.7.5　边坡稳定安全蓄水随降雨历时的变化 (王剑等, 2006)

13.8　水库诱发地震

水库诱发地震是指水库蓄水前库区属于强震区，地壳相对稳定，蓄水后库区地震获得频发的现象。最早的水库诱发地震发生于 1929 年希腊的马拉松水库。20 世纪 60 年代世界上先后发生四例六级以上的破坏性水库诱发地震：中国的新丰江水库，6.1 级；印度的柯依那水库，6.5 级；希腊的克利马斯塔水库，6.3 级；赞比亚 —— 津巴布韦的卡里巴水库，6.1 级。这些地震造成了较大损失，柯依那水库地震死伤近 2500 人。至 2003 年，全世界发生的水库诱发地震有 120 多例。因此水库诱发地震已成为一类自然灾害，并始终受到了全世界的关注，同时也作为大坝设计必须考虑的内容。

那么水库诱发地震的机理究竟是什么呢？学术界一直在争论. 水库蓄水与下覆地质体之间的相互作用, 可以归纳为库水载荷作用、水渗流作用和润滑作用。库水载荷作用指的是库水重力对库区岩体的加载作用和重力作用下岩体孔隙减小引起孔隙压增高的现象。库水渗流作用指的是库水在水头作用下向地下渗透, 导致水库区域岩体中孔隙压力升高与变化, 岩体有效应力的改变。润滑作用指库水向构造破碎带渗透时, 断层岩体软化、泥化、抗剪强度降低、摩擦系数降低, 从而岩体强度降低, 而导致水库区域地质体滑动, 从而诱发地震。因此, 国内外近些年比较强调用固流耦合作用的观点与理论研究水库诱发地震问题。

水库诱发地震分析的固流耦合数学模型为方程组 (13.3.1), 简化适当的水库区域地质体和相应的边界条件, 即可给出具体库区的诱震判断。陶振宇等 (1988; 1989) 采用较为简单的固流耦合数学模型与有限元法, 研究了新丰江水库诱发地震的预测预报问题。他认为：水库诱发地震是库区岩体应力场与岩体强度之间一对矛盾作用的结果, 水库蓄水后, 库水向深部岩体渗透, 使深部岩体饱水软化, 渗透产生的水压力改变了岩体应力场, 同时使岩体含水率提高, 改变了岩体的物理状态和强度特征, 在特定的岩性组合、构造展布与地应力水平下, 上述二因素作用的结果, 可能使库区或周围特殊部位岩体失稳破裂, 从而发生地震。

在上述机理分析的基础上, 陶振宇提出水库诱发地震的判别方法 —— 考虑渗流对固体应力的影响、固体应力对渗流的影响和岩体饱水软化的影响的固流耦合分析水库诱发地震的方法, 提高计算分析, 给出水库诱发地震的三要素：震中位置、震级和发震时间。作者认为, 这是国内外有关水库诱发地震的理论研究富有远见和具有重大意义的工作。采用固流耦合程序, 对新丰江水库诱发地震做了有限元数值模拟, 计算表明, 库区岩体仅是断层单元的剪应力超过了强度极限, 说明该地震仅是由断层的滑动引起的。并计算了岩体过量应力单元所积蓄的应变能与该单元破坏后应力重新分布所积蓄的应变能之差, 就是地震释放的能量。由此得出水位 $H = 115\text{m}$ 时, 所能积聚的能量为 $E = 2.75 \times 10^{19}\text{erg}$, 此能量对应的地震震级为 $M = 5.7$ 级, 而实际发生的最大震级为 $M = 6.1$ 级, 两者十分接近。

杨懋源曾按布辛涅斯克问题的解, 用有限元法对新丰江水库库水引起的变形场进行计算。计算表明, 水库载荷使库基产生弹性变形, 地表库心沉陷达到 100mm。这种认识已为精密水准仪重复测量所证实。计算认为, 沉陷的幅度由库心向边缘、由地表向库基深处都逐渐

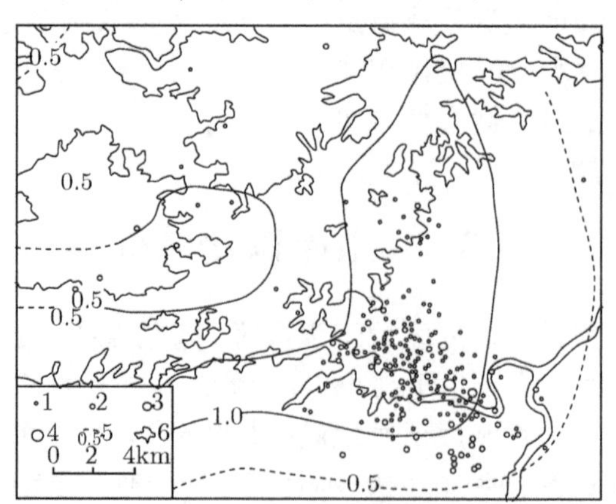

图 13.8.1 水库载荷造成的库基浅层 (取 0.5km 深为代表) 和深层 (取 9km 为代表) 各点位移矢量图 (丁原章等, 1983)

按杨懋源资料编绘

减小, 以致消失。差异沉降的各点还伴有不同程度的水平位移。地表的水平位移向水库中心收缩。水域边缘的水平位移量最大, 由边缘向库心和向库外围都逐渐减小。从地表向深部, 水平位移量迅速减小, 至地下 6km 处基本为零。6km 以下, 水平位移呈径向扩散, 地下水 9km 处水平位移约为地表对应位置水平位移的一半, 而矢量相反, 如图 13.8.1 所示。

13.9 开采地下水引起的地面沉降

1. 地面沉降的现实

地下水资源的超采导致水位下降, 从而产生地区性的地面沉降, 已成为全世界的一个重要环境问题。许多国家与地区都有很多实例。日本的东京市, 1961 年在执行控制抽水前, 大约有 1600 口井, 井深 100~200m, 抽水量 5×10^5t/d。从 1918 年开始逐年增加, 最大沉降已达 4m, 沉降面积 290km^2, 自 1950 年以来, 年沉降超过 100mm 的地区扩大到 47km^2, 沉降区内有 58km^2 区域低于海平面。中国的上海市的地面沉降开始于 20 世纪 20 年代, 由于地下水不合理的集中开采, 引起地面沉降的快速发展, 最大年沉降率曾超过 110mm, 最大累计沉降 2.63m。1960 年代中期, 开始对上海市地面沉降综合控制, 1966~1971 年地面平均回弹 3.2mm, 1972~1989 年平均沉降 3.5mm。但 1990 年后, 中心城区平均沉降量为 11.9mm/a, 这与产业结构调整引起的全市地下水彩管数量、布局改变及大规模城市建设密切相关, 见图 13.9.1。天津市因地下水超采, 沉降范围达到 2300km^2, 最大量 2.5m。美国西部的加利福尼亚州圣金华流域, 由于降雨量少, 大量开采地下水灌溉农田, 1940 年就发现了超采, 数以千计的深井大量抽水, 使水位下降 137m, 地面下沉影响范围达 9000km^2, 从 1920~1969 年的 50 年间共沉降 8.55m, 水位下降 2.44m, 地面下沉 0.305m。

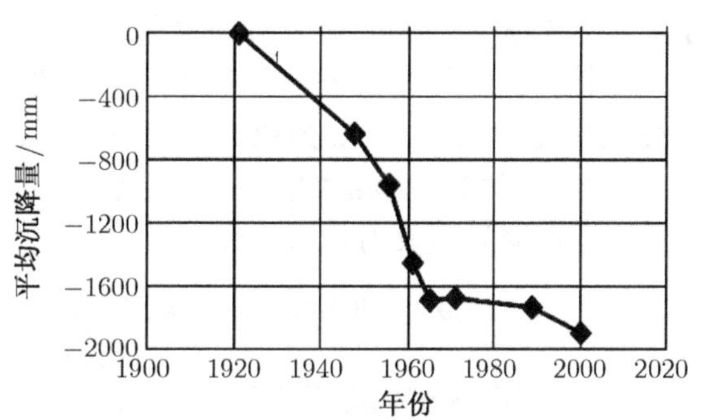

图 13.9.1 上海市地面沉降发展历程
(崔振东等, 2007)

地下水开采引起地面沉降的机理, 地下水从沉积含水层中, 特别是厚层的半固结淤泥、黏土层中采出, 含水层的孔隙体积减小, 总体蓄水能力大幅下降, 并且不能完全恢复, 最终表现为地面沉降。其机理为有效应力原理和固结理论。前者为含水层抽水过程中的压实引发的地面沉降, 后者解释了抽水以后的残余压实引发的地面沉降。根据有效应力理论, 抽水前上覆土层的重力由孔隙水压力和颗粒间有效应力共同平衡; 而抽水后上覆土层重力不变, 孔隙水压力降低, 有效应力增加, 土层被压缩, 颗粒间的孔隙度降低, 宏观表现为含水层变薄, 地面沉降。抽水停止后, 强透水层与弱透水层间的水位差异引起地下水含水层间的水的再迁移, 使弱透水层继续有压实作用, 表现为地面进一步沉降。

2. 数学模型

地下水超采引起地面沉降的固流耦合数学模型, 依然同一般的固流耦合模型一致, 由岩

体变形控制方程, 由岩体变形控制方程和水渗流控制方程, 再附加耦合方程组成:

$$(K(\Theta,p)p_{,i})_{,i}=\beta n\partial p/\partial t+\partial e/\partial t+W$$
$$(\lambda(p,\eta)+\mu(p,\eta))\,U_{j,ji}+\mu(p,\eta)U_{i,jj}+F_i+(\alpha p)_{,i}=0 \tag{13.9.1}$$

该模型较完整地描述了地下水超采引起整个土层固结的物理机制, 因排水而引起的土层固体力学特性变化反应在 $\lambda(p,\eta)$, $\mu(p,\eta)$ 中, 有效应力改变反应在 $(\alpha p)_{,i}$ 一项, 并且考虑有效应力系数 α 是地层应力与孔隙压的函数, 土层固结与变形引起的孔隙压变化等反应在 $\partial e/\partial t$ 一项, 表示体积变形随时间的变化的关系, 亦即固结变形, 和由此积累产生的地面沉降随时间的变化。

3. 沉降的固流耦合响应

陈崇希等 (2001) 采用耦合模型研究了苏州市因地下水开采而产生的地面沉降问题, 并对地面沉降的诸多理论问题做了十分深刻的讨论。陈崇希等将苏州市自然土层的主要压缩层及次压缩层细分, 确定计算模型中含 23 层土层, 总节点数为 21 528 个, 单元数 40 825 个, 通过模拟给出如下几个主要结论: ① 地面沉降漏斗中心与地下水降落漏斗中心不一致, 偏向软土层大厚度中心; ② 地面沉降的动态滞后于地下水头的动态, 当减少地下水开采量, 地下水水头上升时, 一段时间内地面仍将出于沉降状态。

于军、王晓梅等 (2006) 等统计研究了苏州 — 无锡 — 常州地区地面沉降与地下水位变化的相关规律, 给出了可贵的资料, 表 13.9.1 为苏锡常地区 1986~2000 年的地面沉降漏斗面积发展变化情况表。图 13.9.2 为该地区三个年代的地面沉降与水位变化图, 从图可见地下水位变化与地面沉降的密切相关性。并由此给出了以下结论: ① 地面沉降与地下水开采密切相关; ② 地面沉降发展具有累进性和不可逆性; ③ 地下水禁采后, 地面沉降趋势变缓。

表 13.9.1 苏锡常地区地面沉降发展情况统计一览表(于军等, 2006)

年份	地面沉降漏斗面积/km^2		
	累计沉降量 200~600mm	累计沉降量 600~1000mm	累计沉降量 >1000mm
1986	282	62	6
1991	1358	220	28
1998	3888	898	351
2000	4345	989	440

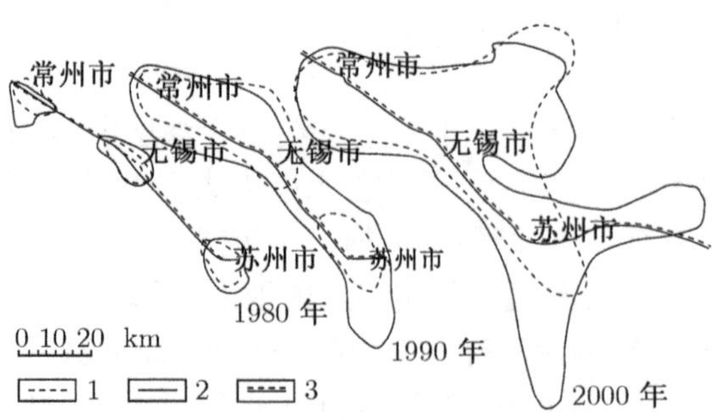

图 13.9.2 主采层 (II 承压含水层) 40m 水位埋深和 200mm 地面沉降等值线演变图 (于军等, 2004)

1-40m 水位埋深等值线; 2-200mm 地面沉深等值线; 3-沪宁铁路

第14章　岩体变形与气体渗流耦合作用与应用

14.1　煤层瓦斯渗流研究进展

在固体变形与气体渗流的耦合作用的工程与科学问题中，最复杂的问题莫过于煤岩体变形与瓦斯渗流的耦合作用，其典型的特征表现在煤体是孔隙裂隙极端发育的一类介质，尤其是微米级、纳米级孔隙，其比表面积非常大，瓦斯主要以吸附方式赋存于煤的微孔隙表面，而游离的瓦斯量很小，仅占 10%左右。因此，研究煤岩体变形与瓦斯渗流的耦合作用就要研究游离瓦斯和吸附瓦斯引起的变形，而瓦斯气体渗流中同步伴随着微细孔隙裂隙中吸附瓦斯的解吸与扩散和渗流。

矿井瓦斯生成于煤的变质阶段，以游离与吸附两种方式赋存于煤层中，尽管煤的透气性较差，但由于漫长的地质时代与孔隙瓦斯压力的存在，煤体中的大部分瓦斯还迁移与溢散于其他岩层和地层之外的大气中，而现赋存的煤体–围岩体系在瓦斯压力与岩体应力共同作用下处于相对静止的均衡状态。由于煤田的开采与其他生产活动的扰动，破坏了这种均衡状态，导致煤岩体应力场重新分布与煤岩层中瓦斯的重新迁移。人们所研究的正是煤田开采造成的瓦斯突出、涌出，以及为了防治以上事件而进行的瓦斯抽放、开采解放层等问题。大量的事实证明：这一切均是煤层变形与瓦斯压力共同构成的平衡体系的破坏及其发展的过程与结果。

煤体与瓦斯的相互作用表现在如下三个方面。首先，由于煤层开采与巷道掘进，煤体–围岩系统所受的总的作用力改变，这导致作用于煤岩体固体骨架所受的有效应力发生了变化，引起煤岩体应力重分布。其次，这种有效应力的变化，反映在固体孔隙体积的改变，使煤体中游离瓦斯压力升高。当煤体中瓦斯压力较低时，按照朗缪尔 (Langmuir) 结论，游离瓦斯转变成吸附瓦斯而赋存于煤体中。此时，煤层中的瓦斯并不会因固体应力变化而迁移，但当孔隙瓦斯压力较高时，煤体吸附性减弱，则游离瓦斯压力升高引起瓦斯在煤层中的迁移，达到新的均衡状态。最后，作用于煤体上的应力变化与孔隙压力的变化导致煤体–瓦斯透气系数的变化，从而影响了渗流规律，这几方面已被实验与工程实践所证实。

1953 年，苏联学者开始应用达西定律来描述煤层中瓦斯的流动。1965 年，我国周世宁假定煤层中瓦斯的流动基本上符合达西渗流定律，根据气体在多孔介质中的渗流理论，提出了煤层中瓦斯流动的方程，这一理论奠定了我国瓦斯研究的基础，对我国瓦斯流动理论的研究具有深刻的影响。20 世纪 80 年代，在周世宁指导下，郭勇义 (1984)、林柏泉 (1987)、姚宇平 (1988)、何学秋 (1990) 等研究了煤层透气系数的原位测量方法、地应力对煤层透气系数的影响、煤体吸附与解吸瓦斯的煤体特性变化等。20 世纪 80 年代开始，鲜学福等 (1993) 及其学生刘保县等 (2006)、张代钧等 (1990)、杜云贵等 (1993)、张广洋等 (1995a; 1995b) 等系统揭示了地球物理场对瓦斯渗流的影响。1986 年，王佑安、杨其銮等以 Fick 定律为基础，提出了煤层瓦斯扩散理论。1987 年，A.Saghafi 和 R.J.William 从扩散力学与渗流力学角度，提出了煤层瓦斯扩散与渗流的耦合方程。A.Saghafi 认为，煤块内部的瓦斯解吸，向裂隙扩散，因此煤层中瓦斯的渗透率和介质的扩散性共同决定了煤层瓦斯的流动状况。1982 年、1985 年郑哲敏院士从数量级与量纲分析角度阐述了瓦斯突出的机理, 详细论述了瓦斯突出的孕育、启动与停止的过程机制。赵阳升 (1990; 1992; 1994b)、章梦涛从固流耦合作用的学术思想, 提出了煤层瓦斯流动的连续均质介质固体变形与气体渗流的耦合理论和冲击地压和煤与瓦斯突出的统一失稳理论 (赵阳升, 靳钟铭, 1989; 赵阳升,1990; 1994a), 赵阳升及其学生贺军 (1993)、胡耀青等 (1998; 2000a; 2000b)、杨栋等 (2004) 通过实验, 揭示了固流耦合作用下煤体特性变化、非线性渗流规律、有效应力规律等瓦斯运移基本规律。1998 年, 孙培德与鲜学福提出了多煤层越流的固气耦合理论模型。赵阳升提出了裂隙介质的岩体变形与瓦斯渗流的耦合数学模型 (赵阳升, 胡耀青, 赵宝虎, 等, 2003; Zhao Y S, Hu Y Q, et al., 2004), 标志着煤层瓦斯流动理论由单一孔隙介质向孔隙裂隙双重介质的发展。2005 年, 冯增朝、赵阳升、文再明 (2005a; 2005b) 提出了非均质固气耦合模型, 并分析了水力割缝的瓦斯抽放问题。Zhu (2007) 研究了考虑黏滑效应的固气耦合问题。

14.2 拟连续介质煤体–瓦斯耦合作用数学模型

14.2.1 煤体瓦斯耦合理论的物理基础

煤体是孔隙、裂隙双重介质, 其裂隙包括宏观裂纹及微观裂纹、内生裂纹和外生裂纹。孔隙也包括大孔、中孔和微孔, 瓦斯在煤层中的赋存以游离与吸附方式, 游离瓦斯主要赋存于裂隙、大孔、中孔中, 而吸附瓦斯主要赋存于微孔隙和微裂纹表面。因此瓦斯在煤层中的迁移包括两种方式: ① 在毫米、微米级的孔隙裂隙中游离瓦斯的渗流; ② 在微米级以下的孔隙裂隙中的吸附瓦斯的解吸或游离瓦斯的吸附。前者由渗流方程来支配, 而后者则遵循扩散力学规律, 这就是煤矿瓦斯研究为什么出现两个学派的根本分支点, 可以说这两个学派研究的尺度是不一样的。我们仅从宏观角度来研究瓦斯的迁移性态, 因此假设在一般的渗流速度下, 在裂隙、孔隙中的游离瓦斯渗流而导致游离瓦斯压强降低时, 吸附瓦斯在瞬间即可转化为游离瓦斯。在这一假设下, 我们即可只研究瓦斯的宏观渗流性态。

裂缝 → 裂隙 → 微裂纹 → 大孔 → 中孔 → 微孔构成了煤体的渗流通道, 也就是说煤体瓦斯渗流是孔隙、裂隙渗流, 严格地讲, 二者遵循的物理规律也不一样。前面曾用大量的实例证明煤体是孔隙裂隙发育很强的一种介质, 为此用宏观统计的研究方法, 选择适当尺度的控制单元体 (即表征体积单元, REV), 而且这一尺度不会太大。研究该控制单元体的固体平衡方程与流体渗流均衡方程以及物理方程, 即可推广于任意尺度物体, 这样的假设使我们的理论建立在连续介质力学基础之上。

简化煤体为孔隙裂隙双重介质模型, 而孔隙与裂隙的物理规律是不一致的, 因此其渗流物理方程是通过宏观的试验得出的。试验证明 (赵阳升, 1992; 赵阳升等, 1998), 其渗流速度与压力梯度遵循非线性规律。为了方便计算, 我们假设在压力梯度变化的微段内是遵循达西线性定律的, 即 $q = K\mathrm{d}p/\mathrm{d}x$, 而通过试验数据拟合, 将渗透系数 K 写为 $K = K(p)$ 的函数关系, 这表明在不同的孔隙压下, 其斜率是不一致的, 若考虑固体应力对 K 的影响, 则 $K = K(\Theta, p)$。由于裂纹分布规律的 "自相似性", 以上物理规律在任何尺度下不会改变。基于以上物理基础, 我们引入以下假设。

(1) 煤体瓦斯含量遵守朗缪尔公式：

$$C = C_v + C_p = n\rho + ab\rho/(1+bp) \tag{14.2.1}$$

(2) 瓦斯在煤层中的渗流规律，在微段压力梯度上符合线性达西定律：

$$\Delta q_i = K_{ij}\Delta p_{,j}$$

整个区间符合下式：

$$q_i = K_{ij}p_{,j} \tag{14.2.2}$$

且 $K_{ij} = K(\Theta, p)$，即透气系数 K 是应力与孔隙压的函数 (赵阳升，1994a)。

$$K = a_0\exp(a_1\Theta' + a_2p^2 + a_3\Theta'p) \tag{14.2.3}$$

(3) 瓦斯可视为理想气体，且渗流可按等温过程处理，则气体状态方程为

$$\rho = p/RT \tag{14.2.4}$$

(4) 煤岩体处于弹性变形阶段，遵守广义胡克定律，即

$$\sigma_{ij} = \lambda\boldsymbol{\delta}_{ij}e + 2\mu\boldsymbol{\varepsilon}_{ij} \tag{14.2.5}$$

(5) 固体介质 (煤体) 被单相的瓦斯气体所饱和。

(6) 固体骨架的有效应力变化遵循修正的太沙基有效应力规律：

$$\boldsymbol{\sigma}_{ij} = \boldsymbol{\sigma}'_{ij} + \alpha p\delta_{ij} \tag{14.2.6}$$

且 Biot 系数 α 由实验获得

$$\alpha = a_1 - a_2\Theta + a_3p - a_4\Theta p \tag{14.2.7}$$

(7) 饱和孔隙裂隙介质的体积变形由两部分组成，即岩石固体骨架的变形与孔隙、裂隙的变形：

$$\alpha_{\rm b} = (1-n)\alpha_{\rm s} + n\alpha_{\rm p} \tag{14.2.8}$$

设 $(1-n)\alpha_{\rm s} \leqslant n\alpha_{\rm p}$，故饱和多孔介质的体积变形等于孔隙的变形。在式 (14.2.1)~(14.2.7) 中 T 为热力学温度；R 为气体常数；$\boldsymbol{\sigma}_{ij}$ 为应力张量；e 为体积变形；$\boldsymbol{\varepsilon}_{ij}$ 为应变张量；λ、μ 为拉梅常数；$\boldsymbol{\sigma}'_{ij}$ 为有效应力张量；p 为孔隙压；δ_{ij} 为 Kronecker 符号；α_b 为整体体积变形；$\alpha_{\rm s}$ 为实体体积变形；$\alpha_{\rm p}$ 为孔隙变形；q_i 为渗流速度；$p_{,j}$ 为瓦斯压力对 x_j 坐标的偏导数；$C_{\rm v}$ 为游离瓦斯含量；$C_{\rm p}$ 为吸附瓦斯含量；C 为总瓦斯含量；n 为孔隙率；a 和 b 为吸附常数；ρ 为气体密度。

14.2.2 瓦斯渗流方程

在以上假设下，研究任一控制体积单元 (表征体积单元 REV) 的瓦斯质量守恒，可以看到下列方程：

$$\mathrm{div}(\rho q) = \partial c/\partial t \tag{14.2.9}$$

将式 (14.2.1) 和 (14.2.2) 代入式 (14.2.9) 得

$$\frac{\partial}{\partial x}\left(\frac{K_x\partial p^2}{2\partial x}\right) + \frac{\partial}{\partial y}\left(\frac{K_y\partial p^2}{2\partial y}\right) + \frac{\partial}{\partial z}\left(\frac{K_z\partial p^2}{2\partial z}\right) = \frac{\partial c}{\partial t}RT \tag{14.2.10}$$

$$\begin{aligned}\frac{\partial c}{\partial t}RT &= n\frac{\partial \rho}{\partial t}+\rho\frac{\partial n}{\partial t}+\frac{ab}{(1+bp)^2}\frac{\partial \rho}{\partial t}\\ &=\frac{n}{2p}\frac{\partial p^2}{\partial t}+p\frac{\partial n}{\partial t}+\frac{ab}{2p(1+bp)^2}\frac{\partial p^2}{\partial t}\end{aligned}\tag{14.2.11}$$

结合式 (14.2.10) 与 (14.2.11), 并取 $\dfrac{\partial n}{\partial t}=\dfrac{\partial e}{\partial t}$, 得

$$\frac{\partial}{\partial x}\left(K\frac{\partial p^2}{\partial x}\right)+\frac{\partial}{\partial y}\left(K\frac{\partial p^2}{\partial y}\right)+\frac{\partial}{\partial z}\left(K\frac{\partial p^2}{\partial z}\right)=\left[\frac{n}{p}+\frac{ab}{p(1+bp)^2}\right]\frac{\partial p^2}{\partial t}+2p\frac{\partial e}{\partial t}\tag{14.2.12}$$

14.2.3 可变形多孔介质的运动方程

根据假设 (4) 和 (5), 煤岩体固体骨架发生的是小应变及小位移, 其固体骨架对于有效应力来讲是线弹性的。在这些假设下, 对于各向同性的材料, 其本构方程为

$$\begin{aligned}&\boldsymbol{\sigma}'_{ij}=\lambda e\delta_{ij}+2G\boldsymbol{\varepsilon}_{ij}\\ &\Theta'=\sigma'_x+\sigma'_y+\sigma'_z=Ke\end{aligned}\tag{14.2.13}$$

式中, λ 为拉梅常数; e 为体积变形; G 为剪切模量; $\boldsymbol{\sigma}'_{ij}$ 为有效应力张量; Θ' 为有效体积应力; K 为体积模量; λ 和 G 与 K 均为瓦斯含量的函数, 由实验获得; “′” 表示有效的含义。

总应力用有效应力表示的一般式为

$$\boldsymbol{\sigma}_{ij}=\boldsymbol{\sigma}'_{ij}+\alpha p\delta_{ij}\tag{14.2.14}$$

按总应力表示的平衡方程为

$$\sigma_{ij,j}+F_i=0\tag{14.2.15}$$

将式 (14.2.14) 代入式 (14.2.15) 则有

$$\sigma_{ij,j}+F_i+(\alpha p)_{,i}=0\tag{14.2.16}$$

将式 (14.2.13) 代入式 (14.2.16), 忽略 $\partial\lambda/\partial c\cdot\partial c/\partial x_i$ 和 $\partial G/\partial c\cdot\partial c/\partial x_i$ 相关联项, 则有

$$(\lambda+\mu)u_{j,ji}+\mu u_{i,jj}+F_i+(\alpha p)_{,i}=0\tag{14.2.17}$$

方程 (14.2.17) 即是以位移表示的考虑孔隙压力的煤岩体运动方程。

14.2.4 固气耦合数学模型

结合式 (14.2.12) 与 (14.2.17), 可以得到煤层瓦斯流动的固气耦合数学模型:

$$\begin{aligned}&(K_i p^2_{,i})_{,i}=\left(\frac{n}{p}+\frac{ab}{p(1+bp)^2}\right)\frac{\partial p^2}{\partial t}+2p\frac{\partial e}{\partial t}\\ &(\lambda(c)+\mu(c))\,u_{j,ji}+\mu(c)u_{i,jj}+F_i+(\alpha p)_{,i}=0\\ &e=u_{i,i}\end{aligned}\tag{14.2.18}$$

以下就方程 (14.2.18) 所涉及的问题作一讨论。煤层瓦斯流动的固气耦合数学模型中瓦斯渗流方程同一般的瓦斯渗流方程不同之处在于: ① 透气系数 K_i 受围岩应力与孔隙压力的影响, 即 $K_i=K(\Theta,p)$; ② 方程的右端项增加了 $2p\partial e/\partial t$ 一项, 这一项集中反映了固体骨

架有效应力改变而导致孔隙率的变化, 结果使瓦斯压力改变, 从而影响到瓦斯含量与瓦斯运动。在求解方程时, 必须已知透气系数与体积应力和孔隙压的关系, 并获得不同时刻的体积变形, 也就是说必须与固体变形方程耦合求解。若不考虑以上影响, 则该方程即为普通的不可变形固体骨架的瓦斯渗流方程。

耦合数学模型中所考虑的固体变形方程中, 考虑了瓦斯压力对骨架变形的影响, 即方程 (14.2.18) 中第二个方程中的 $(\alpha p)_{,i}$ 项, 这一项反映了瓦斯在煤层中迁移时, 孔隙压力的变化而引起固体骨架的变形, 突出地反映了煤体变形与孔隙压力的变化的相关关系。煤体瓦斯含量对煤体变形特征 (弹性模量与泊松比) 的影响, 瓦斯含量是瓦斯压力的函数, 而瓦斯压力又必须通过瓦斯渗流方程获得。从而建立了一个完整的煤岩体变形与瓦斯气体渗流的耦合数学模型。

煤体瓦斯固–气耦合数学模型是很复杂的, 正确的求解必须辅以定解条件, 即初始条件与边界条件, 这里的定解条件包括岩体与瓦斯的边界条件与初始条件。根据矿井瓦斯的不同流动情况, 可以用表 14.2.1 表示瓦斯迁移的边值条件与初始条件; 煤岩体骨架变形的边值与初值条件如表 14.2.2。

综合以上所给的数学模型、边界条件、初始条件, 即构成了固气耦合数学模型。

表 14.2.1 瓦斯渗流的边、初值条件

边界条件	流场特性	方程式
第一类	边界上压力恒定	$p_z = \text{const.}$
第二类	边界上流量恒定	$q = \text{const.}$
第三类	分界面上的流量相等	$K\partial p/\partial n\|_1 = K'\partial p'/\partial n'\|_2$
初始条件 (1)	原始压力恒定	$t = 0 \quad p = p_0$
初始条件 (2)	原始压力为空间的函数	$t = 0 \quad p = f(x, y, z)$

表 14.2.2 煤岩体变形的边、初值条件

边界条件	特征	方程式
第一类	物体表面力已知	$\boldsymbol{\sigma}_{ij} l_j = x_{vi} = f_i(x, y, z)$
第二类	物体表面位移已知	$u_i = \psi_i(x, y, z, t)$
第三类	混合条件: 部分边界已知应力; 部分边界已知位移	
初始条件	已知位移	$u_i = f_i(x, y, z, 0)$
	已知速度	$\partial u_i/\partial t = \varphi_i(x, y, z, 0)$

14.3 固体变形与气体渗流耦合数学模型的数值解法

煤体瓦斯固气耦合数学模型, 这是一个非线性的三维抛物型方程组。方程组中包含了函数 u, v, w, p 与自变量 x, y, z, t, 即使在最简单的一维情况下, 这一组方程也很难获得解析解答, 因此, 寻求这一数学模型的数值解法已势在必行。

这一数值解法的总体思路如下: 首先对瓦斯渗流方程作线性近似处理, 然后将固体变形与瓦斯渗流方程分别看成两大系统, 耦合求解。将 $t = t_0$ 时刻的固体变形 (体积变形 e, 体积应力 Θ) 代入瓦斯流动方程, 求得 $t_1 = t_0 + \Delta t$ 时刻, 区域内各点的瓦斯压力 $p(t_0 + \Delta t)$。将该值代入固体变形方程, 求得 $t_1 = t_0 + \Delta t$ 时刻的体积变形 $e(t_0 + \Delta t)$, 体积应力 $\Theta(t_0 + \Delta t)$。

再将 e 和 Θ 代入瓦斯渗流方程, 求得 $t_2 = t_1 + \Delta t$ 时刻的瓦斯压力 $p(t_2)$, 如此对时间序列作循环, 即可求得在该研究区域与时段内的煤岩体变形与瓦斯运移的相互作用规律。照这一思路求解, 为保证计算精度, 可采用两种方法: 第一, 将时间区段细分, 即适当选择时间增量; 第二, 在同一时段内, 两组方程迭代求解多次, 再进行下一个时间增量段计算。这些方法将视计算精度而定。

14.3.1 瓦斯渗流方程的线性近似

由于固气耦合数学模型中, 瓦斯渗流方程的极端非线性, 这里给出非线性方程的线性处理方法, 以供研究者们借鉴。为简便计, 研究二维情况, 耦合方程组中的瓦斯渗流方程为

$$\begin{aligned}&\frac{\partial}{\partial x}\left(K_x(\Theta,p)\frac{\partial p^2}{\partial x}\right)+\frac{\partial}{\partial y}\left(K_y(\Theta,p)\frac{\partial p}{\partial y}\right)\\&=\left[\frac{n}{p}+\frac{ab}{p(1+bp)^2}\right]\frac{\partial p^2}{\partial t}+2p\frac{\partial e}{\partial t}\end{aligned}\tag{14.3.1}$$

记 $p^2 = F$, 则方程 (14.3.1) 简化为

$$\frac{\partial}{\partial x}\left(K_x\frac{\partial F}{\partial x}\right)+\frac{\partial}{\partial y}\left(K_y\frac{\partial F}{\partial y}\right)=\left[\frac{n}{\sqrt{F}}+\frac{ab}{\sqrt{F}(1+b\sqrt{F})^2}\right]\frac{\partial F}{\partial t}+2\sqrt{F}\frac{\partial e}{\partial t}\tag{14.3.2}$$

先讨论方程 (14.3.2) 的左端项:

$$\frac{\partial}{\partial x}\left(K_x(\Theta,p)\frac{\partial F}{\partial x}\right)=K_x(\Theta,p)\frac{\partial^2 F}{\partial x^2}+\left(\frac{\partial K}{\partial \Theta}\frac{\partial \Theta}{\partial x}+\frac{\partial K}{\partial p}\frac{\partial p}{\partial x}\right)\frac{\partial F}{\partial x}\tag{14.3.3}$$

忽略二级微量项, $\dfrac{\partial K}{\partial \Theta}\dfrac{\partial \Theta}{\partial x}+\dfrac{\partial K}{\partial p}\dfrac{\partial p}{\partial x}$, 则 (14.3.3) 式简化为

$$\frac{\partial}{\partial x}\left(K_x(\Theta,p)\frac{\partial F}{\partial x}\right)=K_x(\Theta,p)\frac{\partial^2 F}{\partial x^2}$$

方程 (14.3.2) 的左端项为

$$\text{左端}=K_x(\Theta,p)\frac{\partial^2 F}{\partial x^2}+K_y(\Theta,p)\frac{\partial^2 F}{\partial y^2}\tag{14.3.4}$$

若忽略各向同性, $K(\Theta,p)=K_x(\Theta,p)=K_y(\Theta,p)$, 则

$$\text{左端}=K(\Theta,p)\frac{\partial^2 F}{\partial x^2}+K(\Theta,p)\frac{\partial^2 F}{\partial y^2}\tag{14.3.5}$$

以下研究方程的右端项, 从方程 (14.3.2) 中可见, 其右端项是典型的非线性, 这些项在求解时很难分离, 为此从时间近似角度对此作线性近似:

$$\sqrt{F}\Big|_{t=t}=\sqrt{F}\Big|_{t=t_0}+\frac{1}{2}\frac{1}{\sqrt{F}}\left.\frac{\partial F}{\partial t}\right|_{t_0}(t-t_0)$$

$$\frac{1}{\sqrt{F}}\Big|_{t=t}=\frac{1}{\sqrt{F}}\Big|_{t=t_0}-\frac{1}{2}\frac{1}{\sqrt{F^3}}\left.\frac{\partial F}{\partial t}\right|_{t_0}(t-t_0)$$

$$\left.\frac{1}{\sqrt{F}(1+b\sqrt{F})^2}\right|_{t=t}=\left.\frac{1}{\sqrt{F}(1+b\sqrt{F})^2}\right|_{t=t_0}-\frac{1+3b^2F+4b\sqrt{F}}{2\sqrt{F^3}\sqrt{F}(1+b\sqrt{F})4}\left.\frac{\partial F}{\partial t}\right|_{t_0}(t-t_0)$$

为方便计, 分别记以上各式为

$$\sqrt{F}\Big|_t = L_1|_{t_0} + L_2|_{t_0}(t-t_0)$$

$$\frac{1}{\sqrt{F}}\Big|_t = L_3|_{t_0} + L_4|_{t_0}(t-t_0)$$

$$\frac{1}{\sqrt{F}(1+b\sqrt{F})^2}\Big|_t = L_5|_{t_0} + L_6|_{t_0}(t-t_0)$$

则方程右端为

$$n[L_3+L_4(t-t_0)]\frac{\partial F}{\partial t} + ab[L_5+L_6(t-t_0)]\frac{\partial F}{\partial t} + [2L_1+L_2(t-t_0)]\frac{\partial e}{\partial t} = f_1\frac{\partial F}{\partial t} + f_2 \quad (14.3.6)$$

式中

$$f_1 = n[L_3+L_4(t-t_0)] + ab[L_5+L_6(t-t_0)]$$

$$f_2 = 2[L_1+L_2(t-t_0)]\partial e/\partial t$$

综合方程 (14.3.2) 与 (14.3.6) 即可得到各向异性的瓦斯渗流方程:

$$K_x(\Theta,p)\frac{\partial^2 F}{\partial x^2} + K_y(\Theta,p)\frac{\partial^2 F}{\partial y^2} = f_1\frac{\partial F}{\partial t} + f_2 \quad (14.3.7)$$

综合方程 (14.3.5) 与 (14.3.6) 即可得到各向同性的瓦斯渗流方程:

$$K(\Theta,p)\nabla^2 F = f_1\frac{\partial F}{\partial t} + f_2 \quad (14.3.8)$$

方程 (14.3.7) 与 (14.3.8) 就是从**时间近似角度线性化处理后的瓦斯渗流方程**。

14.3.2 瓦斯渗流方程的泛函及离散

按照前面所给出的初边值条件, 求解方程 (14.3.7) 与 (14.3.8)。首先将第二类边界条件也作线性近似: 给定流量边界表示为

$$K_x\frac{\partial p}{\partial x}n_x + K_y\frac{\partial p}{\partial y}n_y = -g \quad (14.3.9)$$

式中, $n_x = \text{const}(N,x)$ 和 $n_y = \text{const}(N,y)$ 为边界法线与坐标轴的方向余弦。

同理, 令 $p^2 = F$, 则式 (14.3.9) 变为

$$K_x\frac{\partial F}{\partial x}n_x + K_y\frac{\partial F}{\partial y}n_y = -2g\sqrt{F} \quad (14.3.10)$$

从时间近似角度对 $\sqrt{F}$ 作线性近似, 有

$$\sqrt{F}\Big|_t = L_1|_{t_0} + L_2|_{t_0}(t-t_0)$$

则方程 (14.3.10) 变为

$$K_x\frac{\partial F}{\partial x}n_x + K_y\frac{\partial F}{\partial y}n_y = -2g[L_1+L_2(t-t_0)] \quad (14.3.11)$$

$$K_x \frac{\partial F}{\partial x} n_x + K_y \frac{\partial F}{\partial y} n_y = -G \tag{14.3.12}$$

式中, $G = -2g[L_1 + L_2(t - t_0)]$。

为求解方程 (14.3.7) 或 (14.3.8), 宜采用数值解法, 其瓦斯渗流方程相应的泛函方程为

$$I(F) = \frac{1}{2} \iint\limits_{(D)} \left[K_x \left(\frac{\partial F}{\partial x} \right)^2 + K_y \left(\frac{\partial F}{\partial y} \right)^2 + 2\left(f_1 \frac{\partial F}{\partial t} + f_2 \right) F \right] \mathrm{d}x\mathrm{d}y - \int_l GF\mathrm{d}l \tag{14.3.13}$$

考虑到计算精度与简便, 整个计算采用三角形线性插值单元与四边形四结点等参单元离散, 前者作为辅助单元。

14.3.3 固体变形方程的泛函及离散

前面已经给出完整的固气耦合数学模型, 其中用位移表示的固体变形方程为

$$(\lambda + \mu) u_{j,ji} + \mu u_{i,jj} + F_{hi} + (\alpha p)_{,i} = 0 \tag{14.3.14}$$

根据实验证实, 在煤体这类岩体中, α 不是一个常数, 而是体积应力 Θ 与孔隙压 p 的函数。在二维情况下, $(\alpha p)_{,i} = \{\partial(\alpha p)/\partial x, \partial(\alpha p)/\partial y\}$, 由于 α 是 [0,1] 区间内的有界函数, 又 $\alpha = \alpha(\Theta, p)$, 则

$$\begin{aligned} \frac{\partial \alpha}{\partial x} &= \frac{\partial \alpha}{\partial \Theta}\frac{\partial \Theta}{\partial x} + \frac{\partial \alpha}{\partial p}\frac{\partial p}{\partial x} \\ \frac{\partial \alpha}{\partial y} &= \frac{\partial \alpha}{\partial \Theta}\frac{\partial \Theta}{\partial y} + \frac{\partial \alpha}{\partial p}\frac{\partial p}{\partial y} \end{aligned} \tag{14.3.15}$$

$$(\alpha p)_{,i} = \left[\alpha \frac{\partial p}{\partial x}, \alpha \frac{\partial p}{\partial y} \right]^{\mathrm{T}} + \left[\frac{\partial \alpha}{\partial x} p, \frac{\partial \alpha}{\partial y} p \right]^{\mathrm{T}} = \boldsymbol{Q}_1 + \boldsymbol{Q}_2 = \boldsymbol{Q}$$

方程 (14.3.14) 可以表示为

$$(\lambda + \mu) u_{j,ji} + \mu u_{i,jj} + F_{hi} + Q_i = 0 \tag{14.3.16}$$

该方程相应的泛函方程为

$$W = \frac{1}{2} \int_{(v)} \boldsymbol{\varepsilon}^{\mathrm{T}} \boldsymbol{\sigma} \mathrm{d}v - \int_{(v)} \boldsymbol{f}^{\mathrm{T}} \boldsymbol{q} \mathrm{d}s - \int_{(v)} \boldsymbol{f}^{\mathrm{T}} (\boldsymbol{Q} + \boldsymbol{F}_h) \mathrm{d}v \tag{14.3.17}$$

式中, $\boldsymbol{f}^{\mathrm{T}}$ 为位移矢量。该泛函方程与一般的线弹性力学的泛函方程相比, 差别仅有一项,

$$\int_{(v)} \boldsymbol{f}^{\mathrm{T}} \boldsymbol{Q} \mathrm{d}v$$

以下仅讨论这一项的离散处理。

这里采用三角形线性插值单元与等参单元进行离散。三角形单元离散:

$$\int_{(v)} \boldsymbol{f}^{\mathrm{T}} [\partial p/\partial x, \partial p/\partial y]^{\mathrm{T}} \mathrm{d}v = \int_{(v)} \boldsymbol{\delta}^{\mathrm{T}} \boldsymbol{N}^{\mathrm{T}} [\partial p/\partial x, \partial p/\partial y]^{\mathrm{T}} \mathrm{d}x\mathrm{d}y \tag{14.3.18}$$

泛函 W 关于位移 $\boldsymbol{\delta}^{\mathrm{T}}$ 求导数, 则有

$$\iint\limits_{(v)} \boldsymbol{N}^{\mathrm{T}} \left[\frac{\partial p}{\partial x}, \frac{\partial p}{\partial y} \right]^{\mathrm{T}} \mathrm{d}x\mathrm{d}y \tag{14.3.19}$$

式中

$$N_i = a_i + b_i x + c_i y \quad (i = 1, 2, 3)$$

令

$$F = \sum N_i F_i$$

$$p = \sqrt{F} = \sqrt{\sum N_i F_i|_{t=t_0}}$$

$$\begin{bmatrix} \partial p/\partial x \\ \partial p/\partial y \end{bmatrix} = \frac{1}{2\sqrt{F}} \begin{bmatrix} \sum b_i F_i \\ \sum c_i F_i \end{bmatrix}\Bigg|_{t=t_0}$$

则

$$\iint\limits_{(\Delta)} \boldsymbol{N}^{\mathrm{T}} \left[\frac{\partial p}{\partial x}, \frac{\partial p}{\partial y}\right]^{\mathrm{T}} \mathrm{d}x\mathrm{d}y$$

$$= \frac{1}{2\Delta} \iint\limits_{(\Delta)} \begin{bmatrix} N_1 & O & N_2 & O & N_3 & O \\ O & N_1 & O & N_2 & O & N_3 \end{bmatrix}^{\mathrm{T}} \times \begin{bmatrix} \sum b_i F_i \\ \sum c_i F_i \end{bmatrix} \frac{1}{\sqrt{F}} \mathrm{d}x\mathrm{d}y \tag{14.3.20}$$

方程 (14.3.19) 中 p 为 x 和 y 的函数, 由于 $\sqrt{F}$ 中含有变量 (x, y), 只有采用数值积分方法计算。由于在区域上采用线性插值, 式 (14.3.20) 的积分亦可以采用三角形单元形心的坐标按积分中值定理计算。从而获得作用于三角形单元三个结点上的力矢量:

$$\boldsymbol{F}_{q_1 \Delta} = [F_{q_1 x_1}, F_{q_1 y_1}, F_{q_1 x_2}, \cdots] \tag{14.3.21}$$

四边形等参单元离散的插值函数为

$$N_i = (1 + \xi_i \xi)(1 + \eta_i \eta)/4 \quad (i = 1, 2, 3, 4) \tag{14.3.22}$$

则位移及 $\boldsymbol{F}$ 可表示为

$$\boldsymbol{f} = \sum N_i u_i + \sum N_i v_i = \boldsymbol{N\delta} \tag{14.3.23}$$

$$\boldsymbol{F} = \sum N_i F_i$$

$$\boldsymbol{F}_{q_1} = \int \boldsymbol{f}^{\mathrm{T}} [\partial p/\partial x, \partial p/\partial y]^{\mathrm{T}} \mathrm{d}v$$

$$= \int_{(v)} \boldsymbol{\delta}^{\mathrm{T}} \boldsymbol{N}^{\mathrm{T}} \begin{bmatrix} \sum (\partial N_i/\partial x) F_i \\ \sum (\partial N_i/\partial y) F_i \end{bmatrix} \frac{1}{2\sqrt{F}} \mathrm{d}x\mathrm{d}y \tag{14.3.24}$$

关于 $\boldsymbol{\delta}^{\mathrm{T}}$ 求一阶导数, 则有

$$\int_{(v)} \begin{bmatrix} N_1 & O & N_2 & O & N_3 & O \\ O & N_1 & O & N_2 & O & N_3 \end{bmatrix} \times \begin{bmatrix} \sum (\partial N_i/\partial x) F_i \\ \sum (\partial N_i/\partial y) F_i \end{bmatrix} \frac{1}{2\sqrt{F}}\Bigg|_{t=t_0} \mathrm{d}x\mathrm{d}y$$

$$= \int_{(v)} \left(\frac{1}{2}\sqrt{F}\right) \left[\sum (\partial N_i/\partial x) N_1 F_i, \sum (\partial N_i/\partial y) N_1 F_i, \sum (\partial N_i/\partial x) N_2 F_i, \cdots\right]^{\mathrm{T}} \mathrm{d}x\mathrm{d}y$$

$$= \iint \left(\frac{1}{2}\sqrt{F}\right)\left[\sum (\partial N_i/\partial x)\, N_j F_i, \sum (\partial N_i/\partial y)\, N_j F_i, \cdots\right] |\boldsymbol{J}|\, \mathrm{d}\xi\, \mathrm{d}\eta|_{t=t_0} \tag{14.3.25}$$

式 (14.3.25) 一般只能采用数值积分的方法计算, 它即为作用于四边形单元四个结点上的 8 个力矢量, 这一项集中反映了孔隙压梯度引起的附加载荷。将此力矢量与一般的力矢量累加即可得总体载荷矢量:

$$\int_{(v)} \boldsymbol{f}^{\mathrm{T}} \boldsymbol{Q}_2 \mathrm{d}v = \int_{(v)} \boldsymbol{f}^{\mathrm{T}} \left[(\partial\alpha/\partial x)\, p, (\partial\alpha/\partial y)\, p\right]^{\mathrm{T}} \mathrm{d}v \tag{14.3.26}$$

一项一般的处理只需按 Biot 系数 $\alpha = \alpha(\Theta, p)$ 的形式, 做式中两项微分, 并把各插值函数式代入即可以得到相应的节点载荷。归结以上各顶, 则泛函方程 (14.3.17) 离散为下列代数方程组:

$$\boldsymbol{K}\boldsymbol{u} = \boldsymbol{F} \tag{14.3.27}$$

14.4 煤矿钻孔抽放瓦斯的数值分析

14.4.1 试验区概况及模型简化

1. 试验区概况

本书以阳煤一矿北头嘴井 $3^{\#}$ 煤层 1210 工作面瓦斯抽放试验区分析为例, 该面为一单斜构造, 煤层倾角为 3° ~ 7°。煤层赋存稳定, 平均厚度为 1.37m, 煤层顶部普通发育一层 0.1~0.2m 厚度劣质煤, 色暗淡, 煤质坚硬而性脆, 底部有一层 0.3m 左右受构造挤压的软煤, 煤层中部以镜煤及亮煤为主。工作面走向长 717m, 平均采长 148m, 采用法国采煤机, 德国 WS 双臂掩护式支架。煤层柱状图见图 14.4.1。盖山厚度等值线图和巷道分布如图 14.4.2 所示。

累厚 /m	层厚 /m	柱状	煤岩层
240.4	6.21	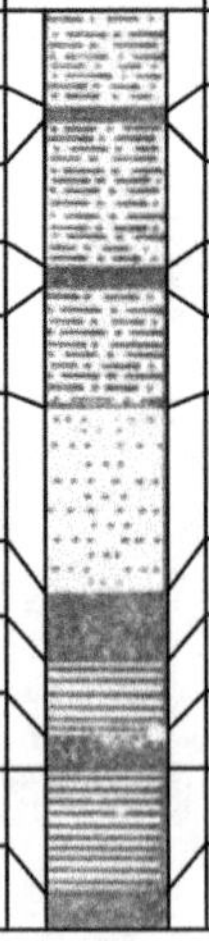	砂页岩
240.8	4.34		1#煤
247.6	6.88		砂质页岩
248.0	0.40		2#煤
254.3	6.33		砂页岩
275.0	2.06		砂岩
276.3	1.37		3#煤
279.7	3.35		页岩
280.3	0.59		4#煤
283.1	2.84		页岩
283.6	0.45		5#煤

图 14.4.1 1212 工作面柱状图

试验区共打了 30 个钻孔, 分为四组: 第一组 10 个钻孔, 孔间距 3m; 第二组 5 个钻孔, 孔间距 2m; 第三组 5 个钻孔, 孔间距 4m; 第四组 10 个钻孔, 孔间距 3m。钻孔上下两排重叠布置见图 14.4.3 与表 14.4.1。钻孔直径为 73mm, 深度为 70m 左右, 用聚胺酯封孔, 封孔深度 6m。

采用抚顺煤炭研究所研制的井下移动抽放泵站, 抽放泵为 SK-4.5 型水环式真空泵, 最大抽气量为 $4.5\mathrm{m}^3/\mathrm{min}$, 极限真空度为 −710mm 汞柱。

2. 模型简化

按照煤体瓦斯耦合数学模型 (14.2.18) 及试验区的情况, 假设沿抽放孔轴向的每一个截面煤体物理力学特性是一致的, 则取垂直于钻孔的单位厚度的截面作为计算的平面模型, 其

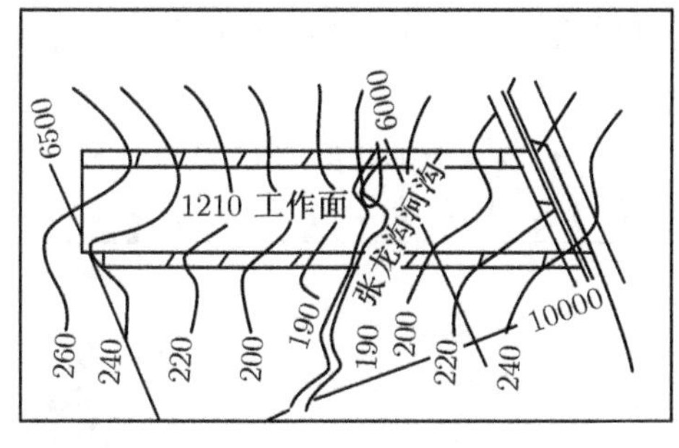

图 14.4.2　1210 工作面盖山厚度等值线图

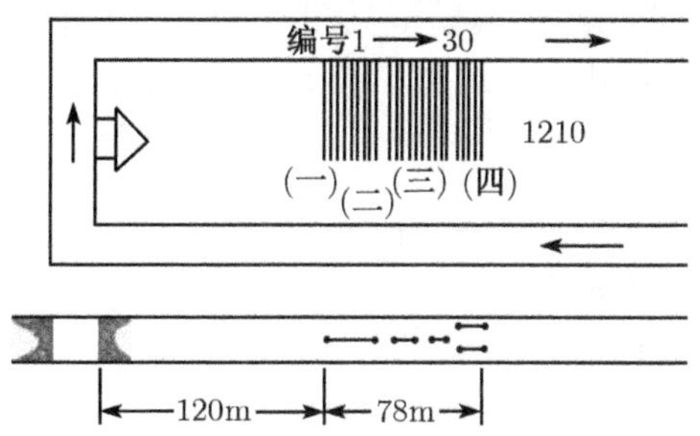

图 14.4.3　试验区钻孔布置示意图

表 14.4.1　1210 工作面试验抽放钻孔参数

组号	孔号	孔间距/m	孔长/m	孔口至顶板距离/m	备注
第一组	1		72.8	0.5	
	2	3.1	58.8	0.6	
	3	3.45	70	0.66	
	4	2.44	70	0.76	
	5	3.3	70	0.56	
	6	2.98	70	0.59	
	7	3.14	70	0.63	
	8	3.38	64.4	0.45	
	9	3.13	70	0.51	
	10	3.58	70	0.55	
第二组	11	5.03	71.4	0.48	灰色岩浆见岩石
	12	3.28	67.2	0.68	
	13	2.48	57.4	0.65	
	14	2.45	58.8	0.79	
	15	2.2	50.4	0.79	
第三组	16	5.1	68.6	0.94	见岩石见岩石
	17	3.5	72.8	0.8	
	18	3.65	53.2	0.59	
	19	4.25	58.8	0.59	
	20	3.95	72.8	0.85	
第四组	21	5.4	61.9	0.4	
	22		72.8	0.94	
	23	3.23	70	0.6	
	24		71.4	1.13	
	25	3.05	72.8	0.63	
	26		71.4	1.26	
	27	3.25	70	0.56	
	28		70	1.2	
	29	3.28	71.4	0.5	
	30		50.4	1.1	

具体的几何物理模型见图 14.4.4。计算模型中煤层埋藏深度 180m, 则自重应力为 4.5MPa, $3^{\#}$ 煤层基本物理力学参数见表 14.4.2。

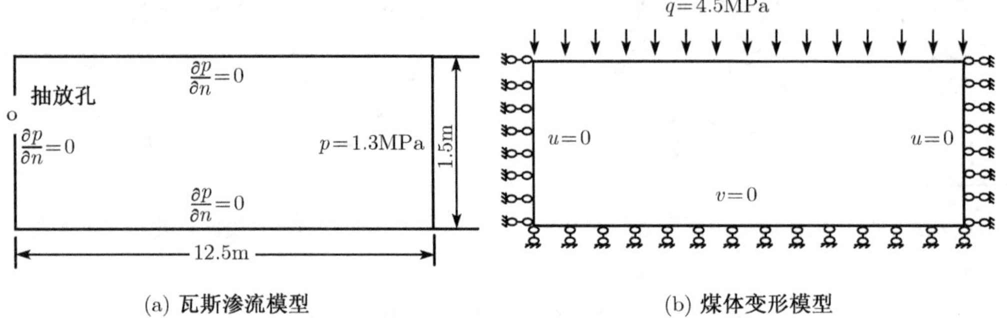

(a) 瓦斯渗流模型 (b) 煤体变形模型

图 14.4.4 钻孔抽放瓦斯简化计算模型

表 14.4.2 阳泉矿区 $3^{\#}$ 煤层基本物理力学参数

杨氏模量 E/MPa	泊松比 ν	密度 γ/g/cm^3	内摩擦角 φ/(°)	单轴强度 σ_c/MPa	孔隙率 n/%
2174.1	0.3145	1.4	33.7	8.2	6.07

阳泉矿区 $3^{\#}$ 煤层煤体瓦斯含量计算公式为

$$C = [n + ab/(1 + bp)]p$$

在工程单位下 $a = 38.17$ 和 $b = 0.079$, 煤层原始瓦斯压强一般为 1.3MPa, 瓦斯含量为 20.18m^3/t。由于在数值计算时, 长度单位取 cm 计算, 则煤的密度为 1.4g/cm^3, 故瓦斯含量:

$$C = \left(n + \frac{a \cdot b}{1 + bp} \cdot \gamma\right) p \quad (\mathrm{m}^3/\mathrm{m}^3)$$

$$C = \left(0.0607 + \frac{38.17 \times 0.079}{1 + 0.079p} \times 1.4\right) p$$

换算得 $a = 53.438, b = 0.079$。当 $p = 1.3$MPa 时, 瓦斯含量为 $C = 27.865\ \mathrm{m}^3/\mathrm{m}^3$。

按照煤体瓦斯渗透率的实验结果:

$$k = 24.2 \exp(-0.1158\Theta' + 0.0373p^2 - 0.0155\Theta' P)$$

式中, k 为煤体瓦斯渗透率, μD; Θ' 为有效体积应力, MPa; p 为孔隙压, MPa。将渗透率用透气系数 K 的工程单位制表示, 换算式为

$$K = k/\mu$$

$$1\mathrm{mD} = 331\mathrm{cm}^2/(\mathrm{atm} \cdot \mathrm{h})$$

则阳泉矿务局 $3^{\#}$ 煤的透气系数表达式为

$$K = 8.01 \exp(-0.01158\Theta' + 0.000373p^2 - 0.000155\Theta' P)$$

式中, K 为煤体瓦斯透气系数, cm^2/(atm·h); Θ' 为煤体有效体积应力, kg/cm^2; p 为孔隙瓦斯压, kg/cm^2; μ 为动力黏性系数, $\mu_{\text{瓦斯}} = 0.01087$cP (洛强斯基, 1957)。Biot 系数 α 按照第

11 章的实验结论为

$$\alpha = 0.3409 - 0.0155\Theta + 0.3096p - 0.0066\Theta p, \quad 0 < \alpha < 1$$

根据几何物理模型图 14.4.4, 采用四边形等参单元将区域离散, 共剖分 286 个节点, 250 个四边形等参单元。计算中, 固体应力计算的是有效应力, 则固体载荷边界 $q' = q - p(t)$ 为变化的边界。总的体积应力 $\Theta = \Theta' + 3\alpha p$。

14.4.2 钻孔抽放瓦斯的数值实验

按照上述模型, 分别分析如下方案, 以比较各抽放方案的优劣和考虑耦合作用的价值。

(1) 不考虑耦合作用, 采用双孔抽放瓦斯, 间距 d=2m。

(2) 考虑耦合作用, 埋深 h=180m, 双孔抽放, 间距 d=2m。

(3) 考虑耦合作用, 埋深 h=400m, 双孔抽放, 间距 d=2m。

过去的大量研究, 仅考虑钻孔抽放瓦斯过程中, 瓦斯抽放量与时间的关系, 而对孔隙压随抽放时间的变化规律, 抽放过程中引起的煤体有效应力变化规律, 煤体变形等很少有过研究, 尽管许多研究者发现煤层抽放瓦斯后, 引起煤体的收缩变形, 吸附瓦斯后引起煤体的膨胀变形。而固气耦合理论, 恰可以系统地研究这一过程。根据以上计算方案所得到的孔隙压与有效应力随时间的变化等值线分别整理为图 14.4.5 和图 14.4.6。

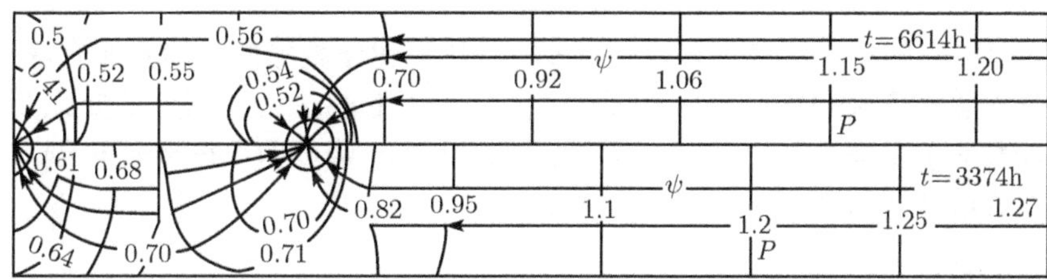

图 14.4.5 非耦合情况下, 双孔 (d=2m) 抽放, 瓦斯压力等值线

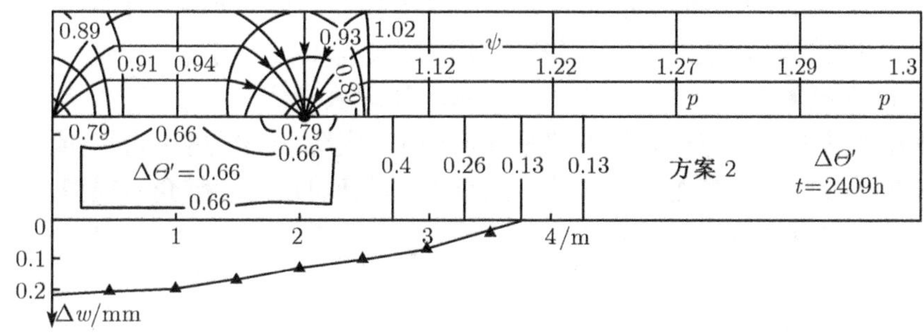

图 14.4.6 h=180m, d=2m, 双孔抽放, p, $\Delta\Theta'$, ΔW 随时间变化

通过对图 14.4.5 和图 14.4.6 计算方案等值线图的分析, 可以清楚地看到: ① 随着钻孔抽放瓦斯, 煤层瓦斯压强变化, 在半径约 1m 的区域内, 瓦斯为径向流动, 而其他区域为由由沿层的水平流动; ② 随着孔隙压的变化, 煤体中有效体积应力也随之增大, 其增大的幅度, 遵循煤体有效应力规律 (赵阳升等, 2003); ③ 伴随着煤体有效体积应力增加, 煤体固体骨架压缩变形增大, 因而宏观上表现为煤层顶板的下沉, 这一下沉量明显地依赖于煤层中瓦斯的压强与含量, 这些结论与过去许多观察现象是吻合的。

图 14.4.7 为煤层埋藏深度对抽放效果的影响。从图可以清楚地看到, 煤层埋藏深度对煤层抽放效果影响十分显著, 采深 180m 的情况下, 从 100h 到 3000 多小时, 与非耦合解的相对误差为 25%～35%, 而与 400m 的采深情况相比, 其相对误差达 59.2%～80%。其抽放瓦斯速度亦有十分明显的变化。由此可见, 耦合理论与工程实际更加吻合。

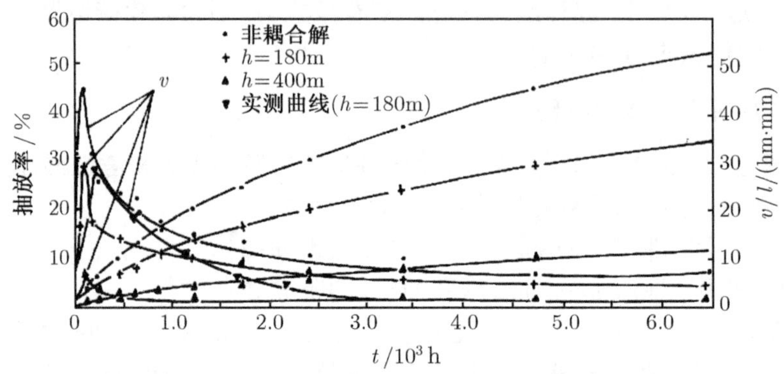

图 14.4.7　采深对抽放效果、抽放速度的影响曲线

14.5 裂隙介质岩体变形与气体渗流的耦合数学模型

由于天然岩体是由基质岩块和裂缝组成的, 以孔隙和微裂隙为主的基质岩块变形和渗流规律与裂缝的变形和渗流规律有很大的不同, 尤其对于低渗透岩层则更是如此, 这也是著名的奥地利岩石力学学派强调的岩体结构力学的基本思想, 因此众多学者认识到, 需要从孔隙和裂隙双重介质角度认识和研究这一类问题。

14.5.1 物理基础

研究表明裂隙介质岩体不存在表征体积单元 (REV), 或者说 REV 的尺度与工程尺度相当, 对于这一类岩体介质, 只能采取岩体结构力学的研究方法, 即将岩体看成由若干个基质岩块与裂缝组成的结构体, 通过考虑其相互作用来决定岩体工程性态。

为建立裂隙介质耦合数学模型, 引入以下基本物理假设。

(1) 岩体固体是由含孔隙与裂隙的双重介质的基质岩块和岩体裂缝所组成。

(2) 岩体基质岩块可以简化为拟连续介质模型, 裂缝简化为裂缝介质模型。

(3) 基质岩块中的气体含量遵守朗缪尔公式:

$$C = n\rho + ab\rho/(1 + bp) \tag{14.5.1}$$

(4) 裂缝介质中的气体主要以游离方式赋存:

$$C = n\rho \tag{14.5.2}$$

(5) 气体在基质岩块中的渗流规律在微段压力梯度上符合线性达西定律:

$$\Delta q_i = K_{ij}\Delta p_{,j} \tag{14.5.3}$$

在整个压力区间上符合下式:

$$q = K_{ij}p_{,j} \tag{14.5.4}$$

式中, $K_{ij}=(\Theta,p)$, 即基质岩块渗透系数 K 是体积应力 (Θ) 与孔隙压 (p) 的函数。按赵阳升提出的规律 (赵阳升, 胡耀青, 魏锦平, 等, 1999):

$$K=a_0p^{-\eta}\exp\left[b_0\left(\Theta-3\alpha p\right)\right] \tag{14.5.5}$$

(6) 甲烷等矿物气体可视为理想气体, 渗流可以按等温过程处理, 则气体状态方程为

$$\rho=p/RT \tag{14.5.6}$$

(7) 气体裂缝渗流规律为

$$q_i=k_{\mathrm{f}i}\frac{\partial p}{\partial s_i}\quad(i=1,2) \tag{14.5.7}$$

其渗透系数表达式为

$$k_{\mathrm{f}}=\frac{1}{12}\frac{g}{v}d_0^2p^{-\eta}\exp\left[-\frac{2(\sigma_n-\beta p)}{k_n}\right] \tag{14.5.8}$$

(8) 固体介质为单相的瓦斯所饱和。

(9) 基质岩块遵循修正的太沙基有效应力规律:

$$\boldsymbol{\sigma}'_{ij}=\boldsymbol{\sigma}_{ij}-\alpha p\delta_{ij} \tag{14.5.9}$$

$$\alpha=a_1+a_2\Theta+a_3p+a_4\Theta p \tag{14.5.10}$$

裂缝有效应力规律为

$$\sigma'_n=\sigma_n-\beta p \tag{14.5.11}$$

(10) 饱和孔隙裂隙介质的体积变形 α_{b} 由两部分组成, 即岩石固体骨架的变形 α_{s} 与孔隙裂隙的变形 α_{p}:

$$\alpha_{\mathrm{b}}=(1-n)\,\alpha_{\mathrm{s}}+n\alpha_{\mathrm{p}} \tag{14.5.12}$$

设 $(1-n)\,\alpha_{\mathrm{s}}\ll n\alpha_{\mathrm{p}}$, 故饱和多孔介质的体积变形等于孔隙的变形。

(11) 裂缝变形规律服从 Goodman 节理模型。

式 (14.5.1)~(14.5.12) 中, C 是气体含量; n 是孔隙率; ρ 是气体密度; a 和 b 是吸附系数; p 是空隙压, a_0, b_0, η 是实验常数; α 是 Biot 有效应力系数; $k_{\mathrm{f}i}$ 是裂缝主渗透系数; RT 是气体常数; q_i 是流速; s_i 是裂缝切向坐标; g 是重力加速度; d_0 是裂缝初始张开度; k_n 是裂缝法向刚度; β 是裂缝连通系数, σ'_n 和 σ_n 是裂缝法向有效应力和总应力; $\boldsymbol{\sigma}'_{ij}$ 和 $\boldsymbol{\sigma}_{ij}$ 分别为有效应力与总应力张量; δ_{ij} 为 Kronecker 记号; a_1, a_2, a_3, a_4 为实验常数; Θ 为体积应力; v 为运动黏滞系数。

14.5.2 气体渗流方程

1. *基质岩块气体渗流方程*

以甲烷气体为例, 研究基质岩块控制体积单元 (REV) 的气体质量守恒, 可以得到下列方程:

$$\mathrm{div}(\rho q)=\frac{\partial C}{\partial t} \tag{14.5.13}$$

将各物性方程代入式 (14.5.14), 则有

$$\frac{\partial}{\partial x}\left(K_x\frac{\partial p^2}{\partial x}\right)+\frac{\partial}{\partial y}\left(K_y\frac{\partial p^2}{\partial y}\right)+\frac{\partial}{\partial z}\left(K_z\frac{\partial p^2}{\partial z}\right)=\left[\frac{n}{p}+\frac{ab}{p\,(1+bp)^2}\right]\frac{\partial p^2}{\partial t}+2p\frac{\partial n}{\partial t} \tag{14.5.14}$$

2. 气体裂缝渗流方程

按照质量守恒定理

$$\mathrm{div}(\rho q)=\frac{\partial C}{\partial t} \tag{14.5.15}$$

式中, ρ 为气体密度; q 为比流量或流速; C 为气体含量。

按照研究, 气体在裂缝中渗流物性方程如下。对于一维裂缝有

$$q=k_{\mathrm{f}}\frac{\partial p}{\partial s} \tag{14.5.16}$$

式中, k_{f} 为气体裂缝渗透系数; s 为裂缝切向坐标。

对二维平面裂缝, 按主渗透方向有

$$q_1=k_{\mathrm{f1}}\frac{\partial p}{\partial s_1} \tag{14.5.17}$$

$$q_2=k_{\mathrm{f2}}\frac{\partial p}{\partial s_1} \tag{14.5.18}$$

按照气体状态方程, $\rho=p/RT$. 将式 (14.5.17) 与 (14.5.18) 代入式 (14.5.15), 则有

$$\mathrm{div}\left(\frac{p}{RT}k_{\mathrm{f}i}\frac{\partial p}{\partial s_i}\right)=\frac{\partial C}{\partial t} \tag{14.5.19}$$

$$\frac{\partial}{\partial s_1}\left(\frac{k_{\mathrm{f1}}}{2}\frac{\partial p^2}{\partial s_1}\right)+\frac{\partial}{\partial s_2}\left(\frac{k_{\mathrm{f2}}}{2}\frac{\partial p^2}{\partial s_2}\right)=RT\frac{\partial C}{\partial t} \tag{14.5.20}$$

对于甲烷气体, 煤岩体中甲烷含量遵守朗缪尔公式:

$$C=C_{\mathrm{v}}+C_{\mathrm{p}}=n\rho+ab\rho/(1+bp) \tag{14.5.21}$$

对于裂缝而言, 其气体主要以游离方式赋存, 以吸附方式赋存的气体量很少, 可以忽略不计, 故裂缝气体含量公式可以简化为

$$C=n\rho \tag{14.5.22}$$

将式 (14.5.22) 代入式 (14.5.20), 则有

$$\frac{\partial}{\partial s_1}\left(\frac{k_{\mathrm{f1}}}{2}\frac{\partial p^2}{\partial s_1}\right)+\frac{\partial}{\partial s_2}\left(\frac{k_{\mathrm{f2}}}{2}\frac{\partial p^2}{\partial s_2}\right)=n\frac{\partial p}{\partial t}+p\frac{\partial n}{\partial t} \tag{14.5.23}$$

整理式 (14.5.23), 得

$$\frac{\partial}{\partial s_1}\left(\frac{k_{\mathrm{f1}}}{2}\frac{\partial p^2}{\partial s_1}\right)+\frac{\partial}{\partial s_2}\left(\frac{k_{\mathrm{f2}}}{2}\frac{\partial p^2}{\partial s_2}\right)=\frac{n}{p}\frac{\partial p^2}{\partial t}+2p\frac{\partial n}{\partial t} \tag{14.5.24}$$

式中, n 为裂缝孔隙率。

3. 固体变形方程

基质岩块变形方程, 对于基质岩块, 有以下形式:

$$(\lambda+\mu)u_{j,ji}+\mu u_{i,jj}+F_{hi}+(\alpha p)_{,i}=0 \tag{14.5.25}$$

裂缝固体变形方程, 对于裂缝, 其变形服从 Goodman 节理模型:

$$\sigma_n' = k_n\varepsilon_n \quad \varepsilon_n = \delta_n/b$$

$$\sigma_s' = k_s\varepsilon_s \quad \varepsilon_s = \delta_s/b \tag{14.5.26}$$

岩石裂缝的有效应力规律为

$$\sigma_n' = \sigma_n - \beta p_{\mathrm{f}} \tag{14.5.27}$$

4. 裂隙介质固气耦合数学模型

基质岩块气体渗流方程:

$$\left(k_i p_{,i}^2\right)_{,i} = \left[\frac{n}{p} + \frac{ab}{p(1+bp)^2}\right]\frac{\partial p^2}{\partial t} + 2p\frac{\partial n}{\partial t} \tag{14.5.28}$$

裂缝气体渗流方程:

$$\left(k_{\mathrm{f}i} p_{,i}^2\right)_{,i} = \frac{n}{p}\frac{\partial p^2}{\partial t} + 2p\frac{\partial n}{\partial t} \tag{14.5.29}$$

基质岩块变形方程:

$$(\lambda+\mu)\,u_{j,ji} + \mu u_{i,jj} + F_i + (\alpha p)_{,i} = 0 \tag{14.5.30}$$

裂缝变形方程:

$$\sigma_n' = k_n\varepsilon_n, \quad \varepsilon_n = \delta_n/b$$

$$\sigma_s' = k_s\varepsilon_s, \quad \varepsilon_s = \delta_s/b \tag{14.5.31}$$

裂缝有效应力规律:

$$\sigma_n' = \sigma_n - \beta p, \quad \sigma_s' = \sigma_s \tag{14.5.32}$$

基质岩块有效应力规律:

$$\sigma_{ij}' = \sigma_{ij} - \alpha p\delta_{ij} \tag{14.5.33}$$

裂缝气体渗透系数公式:

$$k_{\mathrm{f}} = \frac{1}{12}\frac{g}{v}d_0^2 p^{-\eta}\exp\left[-\frac{2(\sigma_n - \beta p)}{k_n}\right] \tag{14.5.34}$$

$$K = a_0 p^{-\eta}\exp\left[b_0\left(\Theta - 3\alpha p\right)\right] \tag{14.5.35}$$

方程 (14.5.28)~(14.52.35) 构成了裂隙介质岩体固气耦合数学模型。

14.5.3 数值解法

1. 求解策略

与拟连续介质的固气耦合模型的求解策略相同。

2. 气体 (瓦斯) 渗流方程的线性近似

有关方程 (14.5.28) 的线性近似方法参见 14.3.1 节, 以下仅讨论方程 (14.5.29) 的线性近似方法, 类似于方程 (14.5.28) 的线性近似方法, 令 $p^2=F$, 则方程 (14.5.29) 简化为

$$\frac{\partial}{\partial s_1}\left(k_{\mathrm{f1}}\frac{\partial F}{\partial s_1}\right)+\frac{\partial}{\partial s_2}\left(k_{\mathrm{f2}}\frac{\partial F}{\partial s_2}\right)=\frac{n}{\sqrt{F}}\frac{\partial F}{\partial t}+2\sqrt{F}\frac{\partial n}{\partial t} \tag{14.5.36}$$

从时间近似的角度对 $\sqrt{F}$ 项做线性近似:

$$\frac{1}{\sqrt{F}_{t=t}}=\frac{1}{\sqrt{F}_{t=t_0}}-\frac{1}{2}\frac{1}{\sqrt{F}}\frac{\partial F}{\partial t}(t-t_0)$$

$$\sqrt{F}_{t=t}=\sqrt{F}_{t=t_0}+\frac{1}{2}\frac{1}{\sqrt{F}}\frac{\partial F}{\partial t_{t=t_0}}(t-t_0)$$

为简便记, 分别记以上两式为

$$\sqrt{F}_{t=t}=d_{3_{t=t_0}}+d_{4t=t_0}(t-t_0)$$

$$\frac{1}{\sqrt{F}_{t=t}}=d_{1_{t=t_0}}+d_{2t=t_0}(t-t_0)$$

则

$$g_1=n[d_1+d_2(t-t_0)]$$

$$g_2=n[d_3+d_4(t-l_0)]$$

则方程 (14.5.36) 可以写为

$$k_{\mathrm{f1}}\frac{\partial^2 F}{\partial s_1^2}+k_{\mathrm{f2}}\frac{\partial^2 F}{\partial s_2^2}=g_1\frac{\partial F}{\partial t}+g_2\frac{\partial n}{\partial t} \tag{14.5.37}$$

裂缝气体渗流的泛函方程为

$$\begin{aligned}I(F)=\frac{1}{2}\iint\limits_{(D)}&\left[k_{\mathrm{f1}}\left(\frac{\partial F}{\partial s_1}\right)^2+k_{\mathrm{f2}}\left(\frac{\partial F}{\partial s_2}\right)^2\right.\\&\left.+2\left(g_1\frac{\partial F}{\partial t}+g_2\right)F\right]\mathrm{d}s_1\mathrm{d}s_2-\int_{(L)}GF\mathrm{d}L\end{aligned} \tag{14.5.38}$$

在二维情况下, 则平面裂缝简化为线性裂缝, 方程 (14.5.37) 可以写为

$$k_{\mathrm{f1}}\frac{\partial^2 F}{\partial s^2}=g_1\frac{\partial F}{\partial t}+g_2 \tag{14.5.39}$$

相应的泛函方程为

$$I(F)=\frac{1}{2}\int_{(L)}\left[k_{\mathrm{f}}\left(\frac{\partial \mathrm{F}}{\partial s}\right)^2+2\left(g_1\frac{\partial \mathrm{F}}{\partial t}+g_2\right)F\right]\mathrm{d}s \tag{14.5.40}$$

泛函方程 (15.5.40) 对应的有限元离散方程同 14.3.2 节给出的平面气体渗流方程。

14.5.4 瓦斯抽放的数值模拟

本书应用裂隙介质的固体变形与气体渗流的耦合数学模型, 分析了裂缝存在导致煤层块体与裂缝的应力重分布, 以及不同的钻孔抽放方案导致的应力变化和气体流动。仍以阳泉矿区 3# 煤层瓦斯运移为例, 进行分析, 该煤层属于石炭二叠纪无烟煤层, 厚度 1.5m, 煤层瓦斯含量 20.18m^3/t, 压强 1.3MPa, 属于典型的低渗透煤层。数值分析的几何物理模型及边界条件, 如图 14.5.1 所示。

考虑了不同的抽放钻孔位置, 选择了 4 种计算分析方案, 即抽放孔位于裂缝交叉处、位于高应力区、位于低应力区等, 如图 14.5.2 所示。图 14.5.3~14.5.6 分别给出了对应于计算模型 1, 2, 3, 4, 瓦斯抽放 4927h, 气体等压力线和固体等应力线分布。

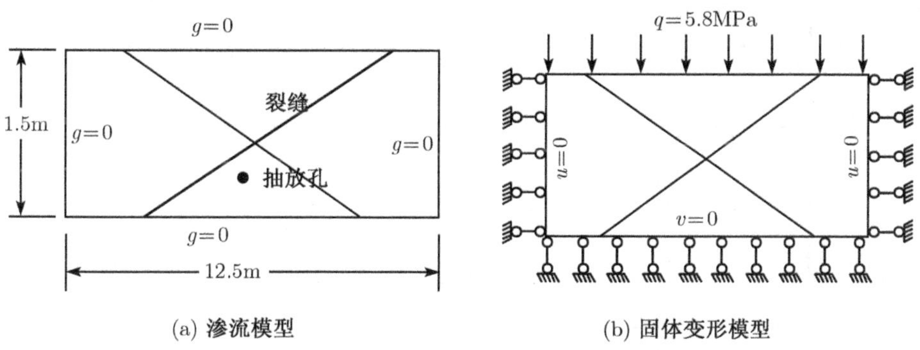

(a) 渗流模型 (b) 固体变形模型

图 14.5.1 瓦斯抽放的几何与物理模型

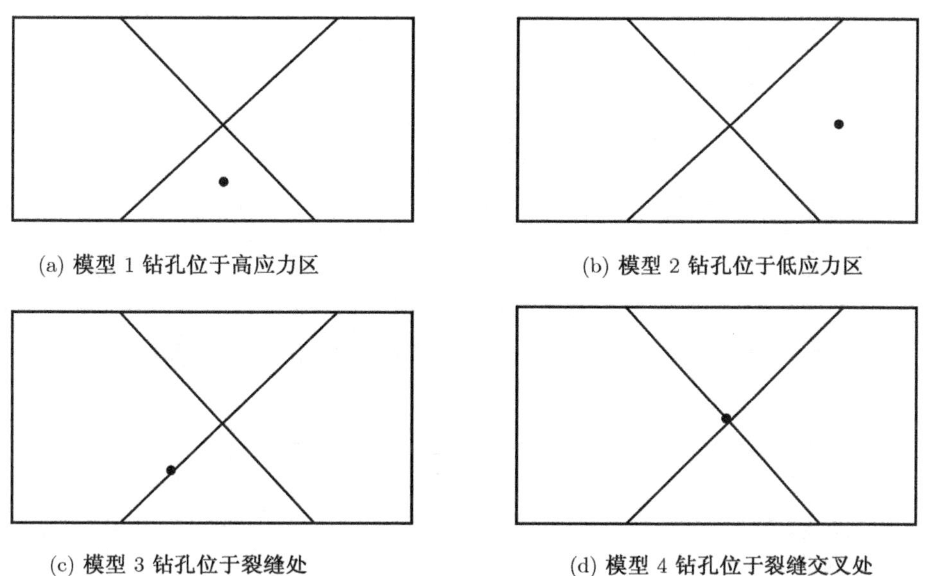

(a) 模型 1 钻孔位于高应力区 (b) 模型 2 钻孔位于低应力区

(c) 模型 3 钻孔位于裂缝处 (d) 模型 4 钻孔位于裂缝交叉处

图 14.5.2 不同方案的计算分析模型

从图可见, 在气体抽放过程中, 裂隙具有重要作用, 它直接影响了煤层的应力分布, 导致高应力区和低应力区的产生, 与均质模型相比, 有相当大的差异。由于裂隙的渗透性高于孔隙的渗透性, 气体沿孔隙首先运移至最近的裂隙通道, 然后再沿裂隙流入钻孔。抽放钻孔的位置对气体抽放速度和抽放率有很大的影响, 当钻孔位于高应力区 (模型 1) 时, 抽放率很低; 当抽放钻孔位于裂缝处 (模型 3) 时, 抽放率较高。在气体抽放过程中, 伴随着瓦斯压力的降低煤体有效应力同步增加, 而应力重新分布又影响到气体运移的变化, 裂隙介质固气耦合模型可以成功地描述这一类裂缝的固气耦合问题。

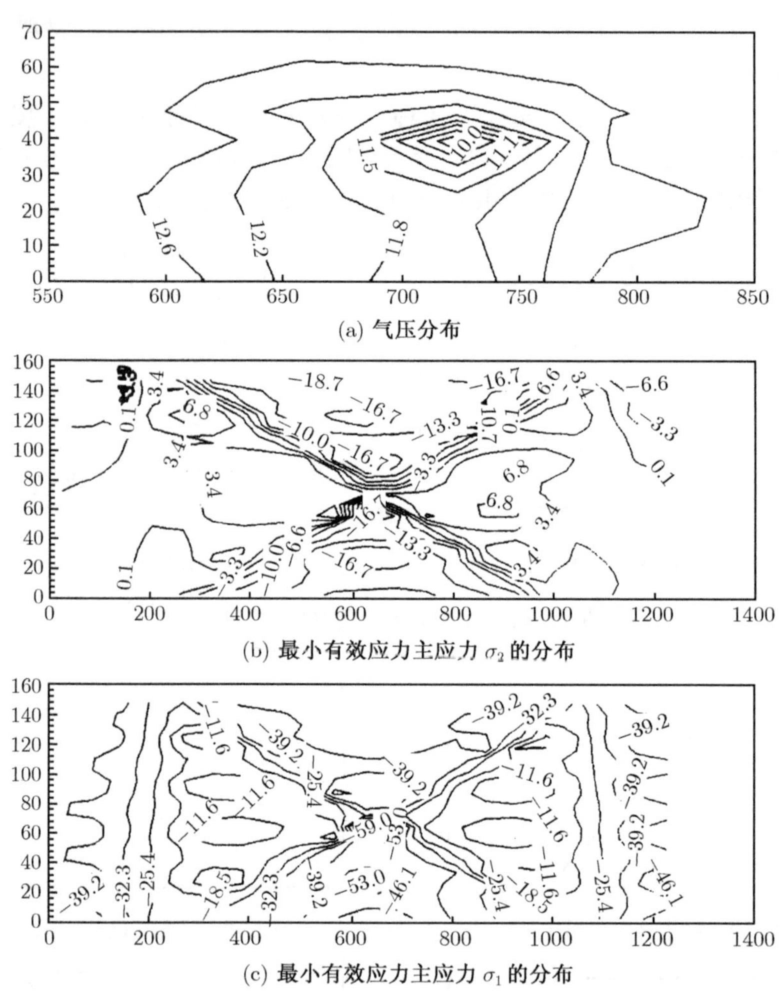

(a) 气压分布

(b) 最小有效应力主应力 σ_2 的分布

(c) 最小有效应力主应力 σ_1 的分布

图 14.5.3　模型 1 抽放 4927h 时, 气体压力和有效应力分布图

单位: 10^5Pa

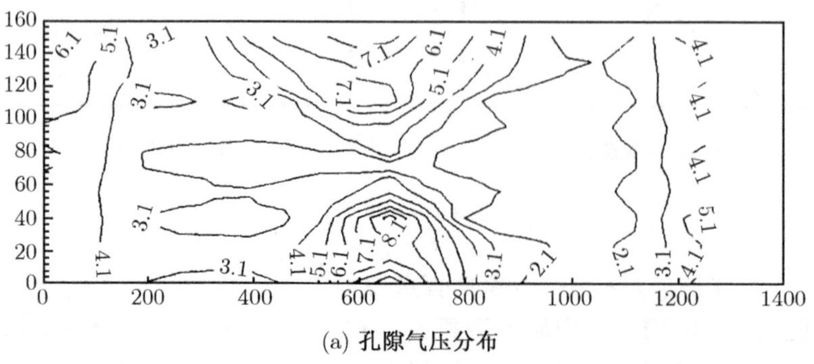

(a) 孔隙气压分布

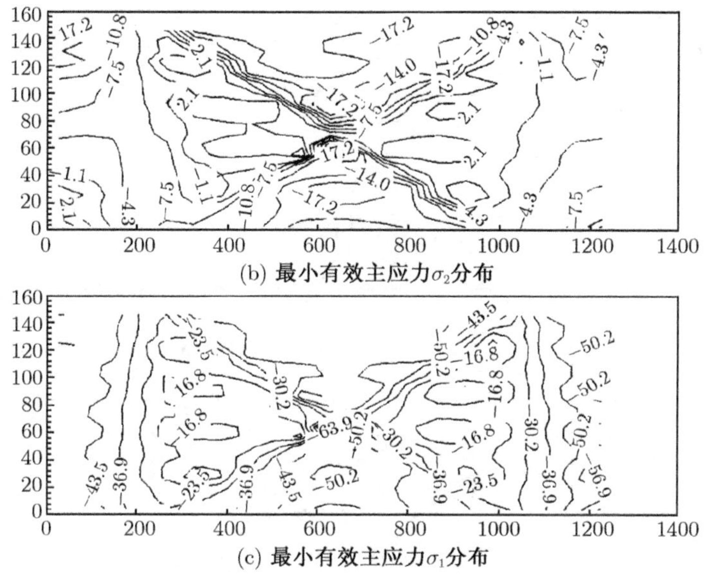

(b) 最小有效主应力σ_2分布

(c) 最小有效主应力σ_1分布

图 14.5.4 瓦斯抽放 4927h 时的瓦斯压力、有效应力分布曲线图 (模型 2)

单位：10^5Pa

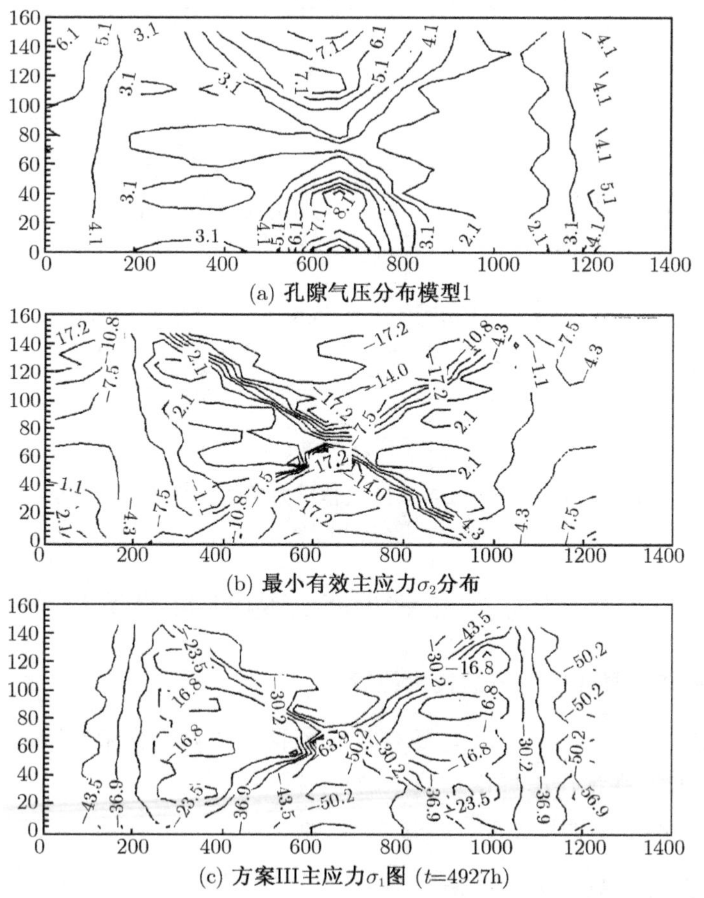

(a) 孔隙气压分布模型1

(b) 最小有效主应力σ_2分布

(c) 方案III主应力σ_1图 (t=4927h)

图 14.5.5 孔隙气压和有效应力分布, 在抽放 4927h (模型 3)

单位：10^5Pa

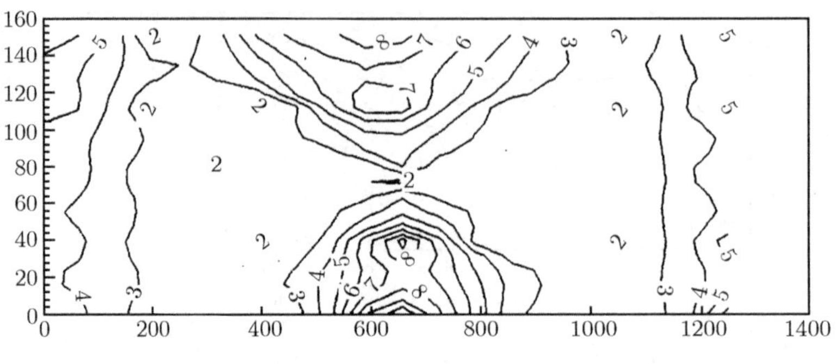

(a) 方案V气压等值线图 (t=4927h)

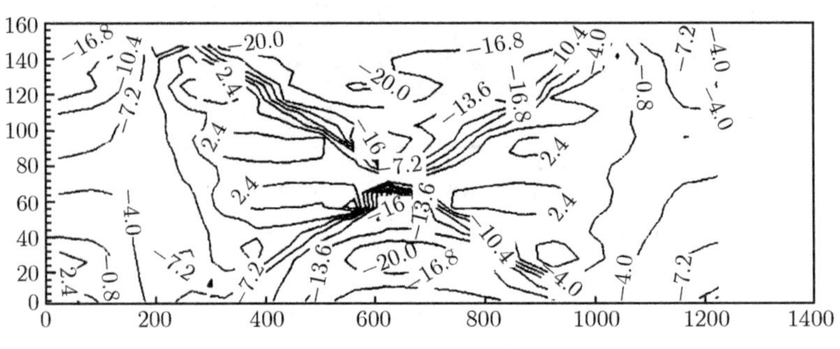

(b) 方案V主应力 σ_2 图 (t=4927h)

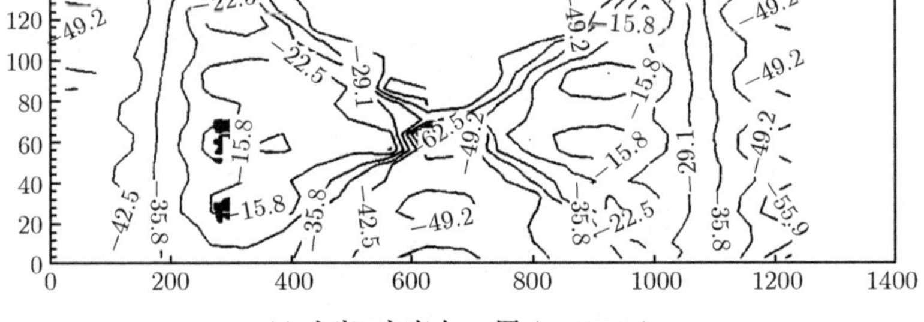

(c) 方案V主应力 σ_1 图 (t=4927h)

图 14.5.6　抽放 4927h 时, 气体压力和固体有效应力分布

单位: 10^5Pa

14.6　水力割缝改造低渗透煤层的理论与应用

14.6.1　强化低渗透煤层瓦斯抽放的技术原理

针对国内外矿业界一直关注的低渗透煤层瓦斯抽放的重大技术难题, 对如何强化低渗透煤层瓦斯抽放, 从固气耦合作用理论角度, 做如下科学分析。

有两个基本规律决定着煤层瓦斯抽放效率, 即

渗流本构规律: $q = k(\sigma_1, \sigma_2, \sigma_3, p)\dfrac{\partial p}{\partial l}$　　(14.6.1)

瓦斯赋存的朗缪尔公式: $C = n\rho + \dfrac{ab\rho}{1 + bp}$　　(14.6.2)

按照渗流本构规律分析，欲提高抽放速率 q，就是如何增加煤层透气系数 k 和提高压力梯度 $\partial p/\partial l$。而影响煤层透气系数的主要因素有孔隙率、裂隙发育程度、地层应力和孔隙压力，此外还必须清醒认识到在任何局部的小区域中，瓦斯几乎均匀地赋存于煤层中的每一个微小的孔隙与裂隙之中。如何改造煤层，使其透气性增加，是近几十年来国内外矿业科学工作者和工程技术人员一直为之努力的目标，也提出了相当多的技术方案。

增加煤层透气系数的技术方案有① 设法提高煤层孔隙率，如 2005 年刘生玉等进行了国家自然科学基金项目研究，探讨了煤层原位萃取、抽提部分煤中的有机成分，从而达到增加煤层孔隙率，提高透气系数 k 之目的，实验证明是有效的，也有实施方案，但抽提溶剂较贵，这导致工业实施成本很高，目前尚难以在工业中使用；② 设法提高煤层裂隙率，这是国内外研究和使用最活跃的方向，如水力压裂技术、水力压裂加支撑剂的技术、爆破预裂技术、振动增裂技术、脉冲振荡等一系列技术均是通过增加裂隙来增加低渗透煤层透气系数 k 的。开采解放层和本煤层水力割缝技术是通过强化煤层变形破裂和降低作用在煤体上的固体应力来提高渗透率的技术原理。

增加煤层瓦斯流动的压力梯度 $\partial p/\partial l$ 的技术方案有缩小钻孔间距，减小 l，即可使压力梯度增加，但无疑将大幅度增加工程成本，国内许多低渗透煤层的高瓦斯矿井，在井下煤层的水平钻孔间距已达到 5m 左右，有些试验区达到了 3m 左右，甚至更小。增加瓦斯压强 p 也是提高瓦斯抽放速率 q 的有效方法，如国内外进行的注水驱替、注二氧化碳驱替甚至注空气驱替都是围绕着增加煤层瓦斯的流动压力梯度而努力的。但是这些技术仍未见到可大面积工业应用的前景。

而提高煤层瓦斯压力的另外一个努力方向是源于瓦斯赋存方式，由于瓦斯在煤层中主要以吸附方式赋存，游离瓦斯仅占 10%左右，而只有游离瓦斯才可以通过渗流排到抽放钻孔，因此如何使吸附瓦斯转变为游离瓦斯，从而提高瓦斯压强以增加流动的压力梯度，也是一个努力的方向，如外加电磁场、声场甚至温度场均是正在努力的方向。

14.6.2 水力割缝抽放瓦斯的技术原理

水力割缝强化本煤层瓦斯抽放技术是利用高压水射流在煤层钻孔中切割一定宽度 (决定于煤层的厚度)、一定深度 (决定于水力压力) 的水平切割缝，其技术方案为图 14.6.1。一方

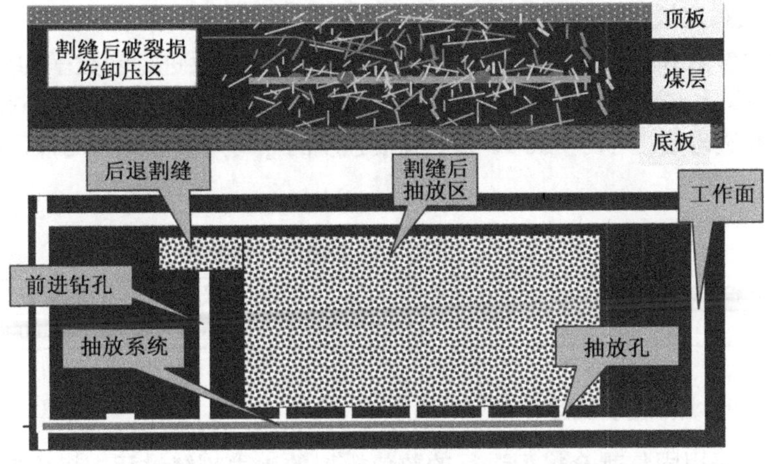

图 14.6.1 煤层水力割缝实施技术方案原理图

面, 水平割缝上下两侧的煤体向割缝中心移动, 形成一定区域的卸压区。卸压区内煤体变形, 使闭合的孔隙和微裂纹张开, 提高其渗透性。另一方面, 切割裂缝后, 煤层由原始的三维应力状态转变为二维应力状态, 在地应力作用下, 煤体发生破裂, 增加煤体中的裂隙数量, 从而大幅度提高煤层的渗透性。

1998 年, 我们进行了大型三轴压力下大型煤样 (0.5m×0.5m×0.5m) 在不同埋藏深度下钻孔和水力割缝抽放瓦斯的实验研究, 煤样取自潞安矿业集团常村煤矿 3# 煤层, 实验分别在 400m 埋深地压和在 800m 埋深地压下对两个煤样进行钻孔和割缝实验。在实验中发现, 地层应力越高, 割缝中煤与瓦斯、水突出现象越明显, 在 800m 地压作用下, 割缝排出的煤体量约为试件体积的 30%, 煤体卸压彻底, 抽放效果明显; 在 400m 地压作用下, 割缝排出煤体量仅为试件体积的 2%, 煤与气体喷出的剧烈程度明显小于 800m 地压状态。图 14.6.2 和图 14.6.3 为大型三轴试验机大煤样水力割缝的实验照片。

图 14.6.2 割缝中发生的气体、煤屑与水的喷出现象

图 14.6.3 割缝中煤屑与水缓慢的自由排出

14.6.3 水力割缝抽放瓦斯的数值分析

1. 模型简化

对煤层实施水力割缝时, 煤体产生较钻孔时更大的变形与破坏, 为了避免边界的影响, 计算模型中包含了与煤层厚度相当的顶板、底板。同时, 水平方向的计算宽度取到 36m, 煤层厚度取 6m, 顶板和底板取 6m (图 14.6.4)。

煤层的力学参数和瓦斯含量参数与前面相同, 顶板、底板进行参数平均, 取页岩的力学参数, 其中弹性模量 4000MPa, 抗拉强度 5MPa, 抗压强度 45MPa, 渗透率 0.000001md。与煤层相比视为不渗透岩层, 见表 14.6.1。顶、底板强度的非均质参数始终与煤层强度的非均质参数相同。

表 14.6.1 煤层的基本物理力学参数

弹性模量/MPa	泊松比	密度/(kg/m^3)	内摩擦角/(°)	单轴抗压强度/MPa	孔隙率/%	渗透率/md
1874.1	0.3	1400	33.7	15.0	4.00	14.445

2. 割缝导致的煤层破裂规律分析

图 14.6.5 是采用固气耦合模型进行的数值模拟的水力割缝过程中煤层裂隙扩展图。煤

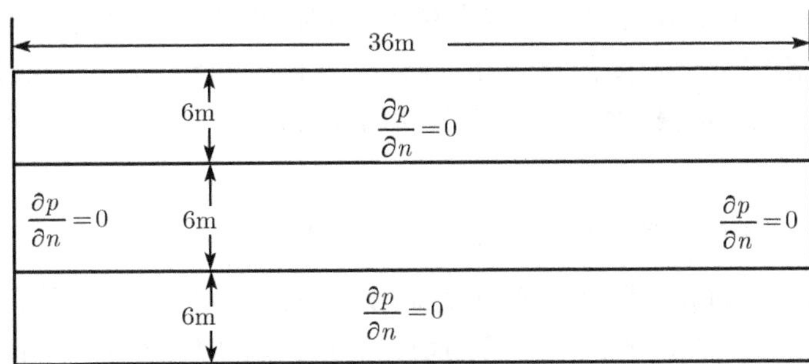

(a) 渗流简化模型

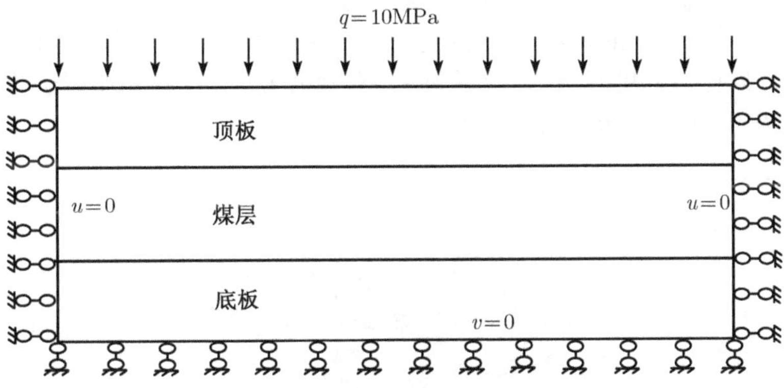

(b) 固体力学模型

图 14.6.4 水力割缝抽放瓦斯的计算模型

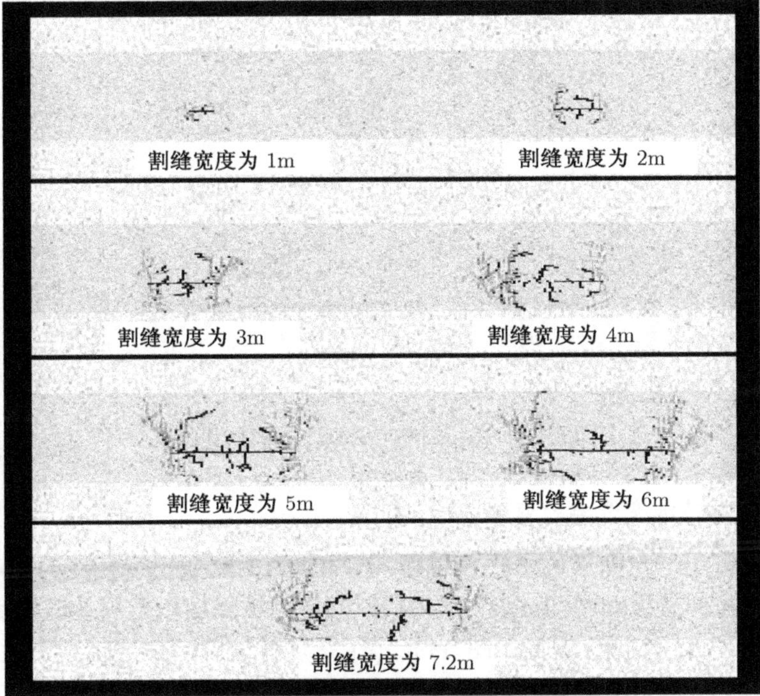

图 14.6.5 400m 埋深不同割缝长度导致的煤体破裂区分布

体被割缝后, 使割缝的上下煤层的原始应力释放, 同时, 割缝时产生的煤屑被水带走后, 为煤层变形提供空间。割缝上下两侧的煤体相向移动, 并出现裂隙。煤壁破裂后, 煤壁中的裂隙数量增加, 煤体的透气性提高, 使煤体排放瓦斯的速度提高。因此, 在割缝的过程中, 有瓦斯大量涌出的现象。

3. 水力割缝瓦斯抽放中瓦斯压力及流速变化规律

图 14.6.6 是 400m 埋深, 割缝长度为 7.2m 时, 割缝抽放瓦斯的瓦斯流速变化图。煤层实施割缝后, 煤层中产生大量的拉伸裂缝与剪切裂缝。这些裂隙与切割缝相连通, 从而大大地增加了瓦斯的流通通道。从抽放 1d 到抽放 10d 的瓦斯压力变化来看, 拉伸裂隙与剪切裂隙构成的裂隙网络控制着瓦斯的流动形式, 瓦斯总是由煤体流向最近的裂隙。在割缝抽放前 10d 内, 裂隙附近瓦斯压力梯度大, 裂隙区的瓦斯流速较大, 流速与裂隙面垂直; 抽放 30d 后, 在裂隙附近的瓦斯压力梯度减小, 流速减慢; 瓦斯抽放 60d 后, 在裂隙附近煤体中的瓦斯压力几乎等于 0, 煤层中的瓦斯流速趋于零。

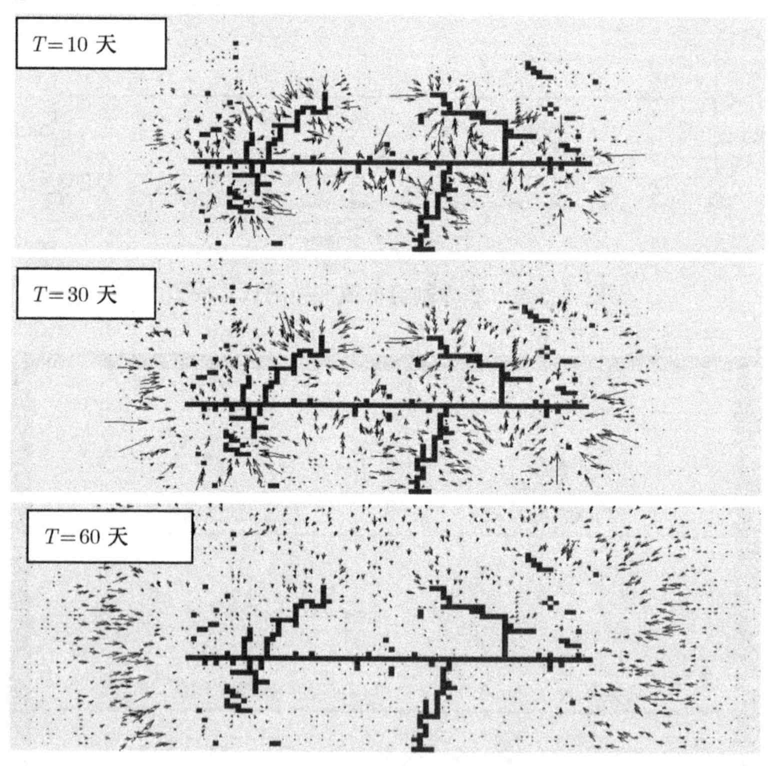

图 14.6.6 煤体割缝后瓦斯流速的变化趋势

4. 割缝区周围煤体渗透率的变化

当煤体被切割出一定宽度的水平裂缝后, 煤体应力的释放出现拉应力区和剪切应力区, 并导致煤体出现拉伸破裂和剪切破裂。煤体的原始应力被释放以及煤体破坏后, 必然导致的是煤体渗透系数增大, 渗透性提高。图 14.6.7(a) 是煤体破裂后煤层渗透系数的变化图。对破坏区进行统计得出, 当割缝长度 7.2m, 煤层埋深 400m 时, 原始煤层的平均渗透系数为 14.445mD; 煤体破裂后, 切割缝周围的平均渗透系数为 465.5mD, 增长了约 30 余倍; 在固

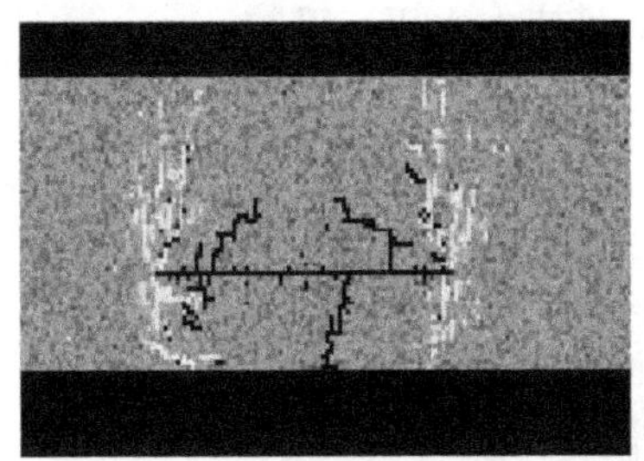

(a) 损伤引起的渗透系数变化

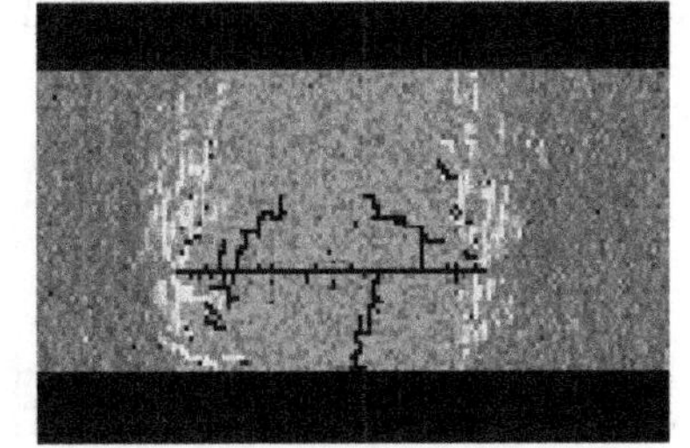

(b) 固体应力与损伤引起的渗透系数变化

图 14.6.7 煤体破坏后的渗透系数变化趋势

颜色越深, 渗透系数值越小

气耦合计算中, 渗透系数同时还受到煤体应力与孔隙压力的影响。在切割缝的两侧, 煤体原始压缩应力被释放, 部分煤体甚至处于拉伸应力状态, 使得煤层的渗透系数增大 (图 14.6.7(b))。割缝长度 7.2m, 煤层埋深 400m, 并考虑应力对渗透系数的影响时, 切割缝周围的渗透系数提高到 850.5mD, 比仅考虑破裂提高 1.8 倍, 比原始煤层的渗透系数提高 60 倍。

图 14.6.8 第三代低渗透煤层瓦斯抽放水力割缝钻机

14.6.4 水力割缝成套装备的研制

作者所在的课题组从 2000 年开始设计和研发水力割缝成套装备。先后研制, 并不断改进形成了三代水力割缝钻机及其配套装备, 见图 14.6.8。尽管每代设备在配置和功能上有较大改进, 但总的系统基本相同。水力割缝成套装备的主要组成有① 大排量高压水泵 (实验室使用 1 台高压泵, 现场使用 2 台高压泵); ② 水力割缝钻机, 包括连续钢管、水力割缝钻头 (第一二代为水力钻孔–割缝钻头); ③ 液压控制泵站。

现使用的水力割缝钻头具有冲孔与割缝两种状态。冲孔使用 10~20MPa 的水压, 用以对钻孔进行清理, 或冲开塌孔后的煤渣。割缝使用 60MPa 左右的水压。高压泵使用四川杰特机器有限公司生产的 3GQ-4/70 高压水泵。该泵为高压往复式柱塞泵, 单台功率为 110kW, 额定压力 70MPa, 流量 $4.2\text{m}^3/\text{h}$。

14.6.5 水力割缝强化本煤层瓦斯抽放的工业试验

1. *潞安矿区五阳煤矿水力割缝瓦斯抽放试验*

2004 年 5~11 月期间, 在五阳煤矿 7601 工作面回风顺槽进行了水力割缝的工业性试验, 进行了 4 个 50m 深的钻孔割缝, 效果明显。

图 14.6.9 为巷道帮壁割缝的素描图。7601 运巷为锚网支护, 相邻钢带间距为 900~1000mm。割缝钻孔位于两条钢带中间位置, 距离巷道底板的高度为 1.5m, 钻孔倾角为 2°~4° 割缝时钻头的行进速度 0.21m/min。经测量暴露在巷道壁外的割缝宽度为 30~50mm, 两侧的割缝深度分别为 850mm 和 900mm。在切割缝内垫有一些被压实的煤块, 表明水力割缝后

裂缝两侧的煤体发生了相对的移动。切割出的裂缝面基本水平、平整。

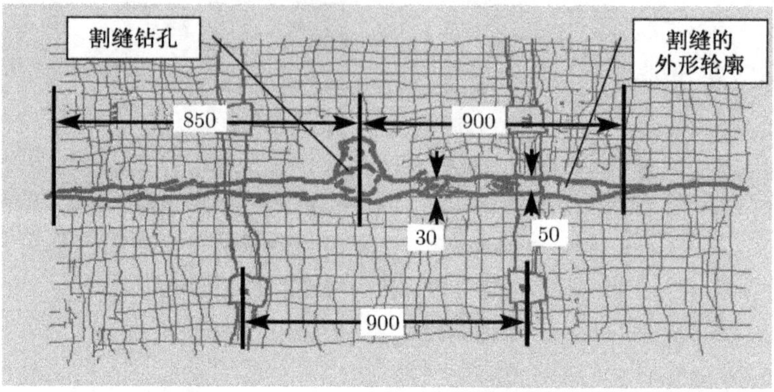

图 14.6.9 巷道帮煤壁割缝的素描图

2. 潞安矿区屯留煤矿水力割缝强化本煤层瓦斯抽放试验

水力割缝试验区为屯留煤矿 S2201 工作面的永久煤柱区的回风顺槽, 煤柱长 300m, 宽 200m。试验区共设计试验钻孔 32 个, 实际施工钻孔数量 46 个, 扇形布置钻孔用于对照抽放效果, 设计钻孔数量 7 个, 实际施工钻孔 11 个; 回风顺槽设计钻孔 15 个, 钻孔间距 5m, 实际施工钻孔 15 个, 钻孔平均间距 4m, 辅助运巷设计钻孔 10 个, 钻孔间距 3m, 实际施工钻孔 20 个, 钻孔间距 2m。

水力割缝的钻孔分以下三种布置方式 (图 14.6.10)。

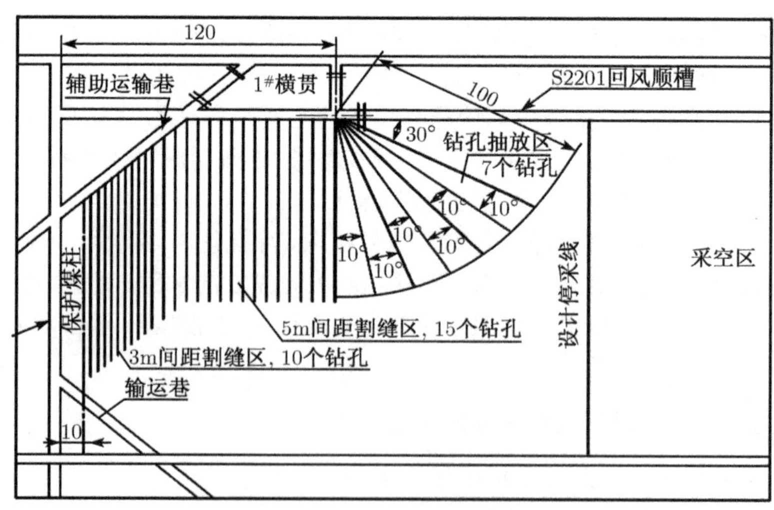

图 14.6.10 试验区钻孔布置设计图

区域 1, 伞形布置钻孔区 在密闭附近设置了 7 个对比钻孔。钻孔的开口之间距离为 1m, 钻孔之间的夹角为 10°。钻孔近似水平布置, 设计深度 100m。

区域 2, 间隔 5m 的平行水平钻孔 布置在 S2201 回风顺槽中, 平行水平钻孔, 钻孔间距 5m, 设计钻孔数量 15 个, 钻孔深度 100m, 用于水力割缝。钻孔近水平布置。

区域 3, 间隔 3m 的平行水平钻孔 布置在 S2201 与回风顺槽相连的辅助运巷中, 平行水平钻孔, 钻孔间距 3m, 设计钻孔数量 10 个, 钻孔深度 100m, 用于水力割缝。

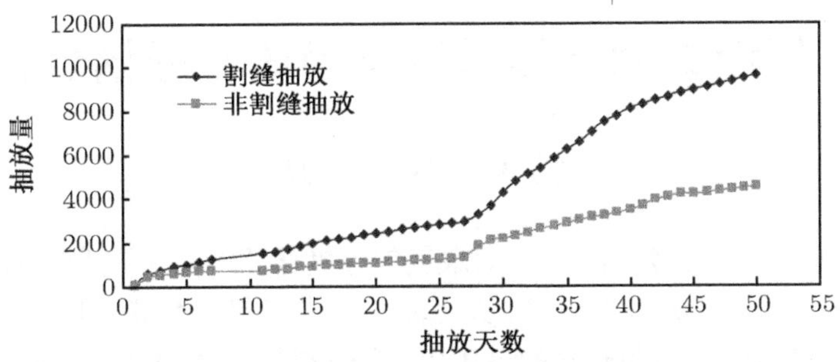

图 14.6.11 钻孔抽放和割缝抽放瓦斯抽放量曲线

在水力割缝的同时, 进行了割缝钻孔与非割缝钻孔的抽放瓦斯量观测, 在割缝后的第一个月内, 平均单个割缝钻孔的累计抽放量是非割缝钻孔的累计抽放量 2.28 倍。在割缝后两个月内, 单个割缝钻孔的累计抽放量是非割缝钻孔的累计抽放量的 2.0 倍, 如图 14.6.11 所示。

针对屯留煤矿 3# 煤层, 平均钻孔间距 4.28m, 割缝后第一个月单孔累计抽放量为 2947m^3, 抽放率达到 15.9%, 第二个月单孔累计抽放量为 6702m^3, 抽放率达到 36.4%, 两个月的累计抽放率达到 52.3%。

第 15 章　气液二相流体渗流与固体变形耦合作用与应用

15.1　概　　述

在石油开采中, 用注入天然气、空气、水蒸气等气体的方法, 来提高石油的回收率, 是目前常用的增产手段。采用泡沫压裂技术、火烧油层技术等都是气液二相流体渗流和岩体变形耦合作用的问题。我国已勘探和开发的气田中, 多数都是不同程度的有水气藏, 而又以边水气藏和底水气藏为主, 随着气田开发的不断进行, 天然气的不断采出, 气藏压力的不断下降, 将导致边水和底水侵入气区, 从而形成底层中的气水两相流动, 特别是水驱气藏开发的中后期, 出现气水两相渗流则是普遍现象, 这在世界气藏及我国气藏开发实践中得到证实。例如, 四川等地气藏都存在不同程度的水驱以及开发中后期部分产水或大量产水。根据国内外的研究结果, 纯气藏即弹性气藏的采收率是 80%~90%, 而水驱气藏的采收率仅为 40%~60%, 由于水驱气藏中存在气水两相渗流使气体的渗流阻力增大, 结果必然严重影响气藏的产量和最终采收率。

煤层气的开采是排水、降压、排气水的过程, 气水二相流体沿煤层的孔隙裂隙运移, 必须对排水、排气速度进行控制才能保证最大的和稳定的气体产量。同样气水二相流体渗流的存在使得煤层气的采收率受到严重影响, 甚至发生气井被水淹的现象。

地热水资源及高温岩体地热资源开采中, 由于温度、压强的变化, 地热流体以气态和液态形式在地热储层中运移, 特别是在气液临界转化态, 更是气液二相流体同时存在于多孔介质中, 其流动就更为复杂, 不能单纯考虑气相或液相的流动, 而且必须考虑相变, 甚至要考虑相变的潜能。

垃圾填埋场中气体的迁移常常伴随着水的渗流, 核废料处置场地中热量的传输导致地下水的汽化等, 都是气液二相流体渗流与固体变形的耦合问题, 很多时候也涉及热量的传输。

这类问题极为复杂, 国内外仅做了一些十分简单的研究, 没有对这类问题的进行深刻了解。从科学的层面讨论, 有如下几点：① 气液二相流体的相对渗透性、相对饱和度和孔隙、裂隙多孔介质的性态密切相关, 在多数情况下是对数值大小的影响, 而在有些情况下, 则导致质的变化, 如使流动停止, 使流动由层流转变为湍流; ② 气液相对饱和度随温度、压力在发生变化, 而单纯的体积变化, 尚较简单, 很多时候出现相变, 如溶解于石油中的液态气体转变为气体, 如水蒸气转变为水等, 都是十分复杂的; ③ 这类问题涉及固体的介质性态有单一孔隙介质, 也有孔隙裂隙双重介质, 二相流体在不同的介质中的传输性态差异很大。

15.2　裂缝中气液二相流体渗流的混沌现象与混合介质渗流模型

我们在进行低渗透煤层裂缝气水二相流渗透性实验的过程中, 发现当气水相对饱和度达到某一临界值时, 气液二相流体的相对渗透率都会迅速下降, 甚至发生二相流体的流动完全停止的现象。我们称这种现象为裂缝中气液二相流体渗流的临界现象。为了揭示这种现象的本质, 对气液二相流体在裂缝中的渗流机理进行了深入的分析研究, 建立了描述气液二相流体渗流的随机混合渗流数学模型, 并通过大量数值实验, 揭示了这种现象的本质。

15.2.1 气液二相流体的混合渗流数学模型

从气液二相流体在裂缝内渗流的细观形态来看, 气体与液体两种流体在渗流通道内互相包容、穿插, 杂乱分布, 其相界面是无数个散乱地分布于渗流场内部的、瞬息万变的移动的空间曲面, 根本无法确定某一时刻具体的相界面在哪里, 而且气液二相流体在渗流通道内的分布极不均匀, 某一区段内可能气体占优势, 而另一区段内则液体占优势, 在一区段内气液二相流体则基本均匀分布, 因此气液二相流体在渗流过程中是密不可分的。两种流体互相制约, 互相影响。界面的复杂性导致界面张力的大小难以确定, 因此传统的靠表面张力来联系两种流体的渗流双流体模型, 某种程度上确实难以很好地描述气液二相流体渗流的物理机制。

由于气液二相流体在渗流通道内分布的极不均匀性, 已有的单双流体模型很难描述这种复杂的分布形态。另外, 渗流区域内任一细观单元在同一时刻只能由气体或液体中的一种流体所占据, 无论气体或液体, 其压强是唯一的物理量。基于上述深刻的物理机制, 我们提出了气液二相流体渗流的混合渗流数学模型, 用一个统一的方程来反映气液二相流体在裂缝中的渗流的规律, 用随机分布来模拟气液二相流体在渗流通道内分布的随机性。这样用一个统一的方程来描述气液二相流体的渗流过程, 更加接近于实际。流体的流量、压力及分布都是由两种流体共同决定的。同时用随机分布可以更好地描述气液二相流体在裂缝渗流通道内的自然分布的不均匀性和随机性。

1. 基本假设

为了使建立的模型既能反映物理本质, 又不致使问题过于复杂, 引入如下基本的假设。

(1) 气液二相流体在裂缝中的渗流为饱和渗流, 即气液二相流体将整个渗流区间完全充满。

(2) 忽略气液二相流体间表面张力的影响, 认为在整个渗流区域内任一气液界面两侧的气体压力与液体压力相同。

(3) 根据多孔介质多相流中相对饱和度的定义, 定义裂缝中气液二相流体的相对饱和度分别为单位时间段内流过某一过流断面上的气体体积、液体体积与二相流体总体积之比。假设气体的体积为 Q_{g}, 液体的体积为 Q_{w}, 则气体和液体的相对饱和度分别定义为

$$S_{\mathrm{g}}=\frac{Q_{\mathrm{g}}}{Q_{\mathrm{g}}+Q_{\mathrm{w}}},\quad S_{\mathrm{w}}=\frac{Q_{\mathrm{w}}}{Q_{\mathrm{g}}+Q_{\mathrm{w}}}\tag{15.2.1}$$

式中, 气体的体积应为入口和出口平均压力下的体积。

由上述定义可知, 气液二相流体的相对饱和度存在如下关系:

$$S_{\mathrm{g}}+S_{\mathrm{w}}=1\tag{15.2.2}$$

(4) 气体为理想气体, 渗流过程为等温渗流, 其压力密度关系满足等温状态下的理想气体状态方程。

(5) 气体和液体在裂缝内的渗流, 在微段压力梯度上, 分别服从各自的达西定律。

(6) 液体为均质不可压缩流体, 测压水头为 $\varphi = z + p/\rho g$(每单位重量流体的压能和势能之和); 若为水平流动, 可以忽略重力的影响, 则均质不可压缩流体的测压水头变为

$$\varphi = p/\rho g \tag{15.2.3}$$

(7) 裂缝宽度足够小, 同一时刻每一个微单元在同一时刻只能由气体或液体中的一相占据。

2. 数学模型

基于上述假设, 建立气液二相流体临界渗流所涉及的数学方程汇总如下。

连续性方程:

$$\operatorname{div}(\rho_{\mathrm{w}} q_{\mathrm{w}} + \rho_{\mathrm{g}} q_{\mathrm{g}}) + \frac{\partial(\rho_{\mathrm{w}} S_{\mathrm{w}} + \rho_{\mathrm{g}} S_{\mathrm{g}})}{\partial t} + I = 0 \tag{15.2.4}$$

气体裂缝渗流达西定律:

$$q_{\mathrm{g}} = -\frac{b^2}{12\mu_{\mathrm{g}}} S_{\mathrm{g}} \frac{\partial p}{\partial s} \tag{15.2.5}$$

液体裂缝渗流达西定律:

$$q_{\mathrm{w}} = -\frac{b^2}{12\mu_{\mathrm{w}}} S_{\mathrm{w}} \frac{\partial p}{\partial s} \tag{15.2.6}$$

气液二相流体相对饱和度方程:

$$\begin{aligned} S_{\mathrm{g}} &= \frac{p_0 S_{g0}}{p(1 - S_{\mathrm{g0}}) + p_0 S_{\mathrm{g0}}} \\ S_{\mathrm{w}} &= 1 - S_{\mathrm{g}} \end{aligned} \tag{15.2.7}$$

理想气体状态方程:

$$\rho_{\mathrm{g}} = \frac{pM}{RT} \tag{15.2.8}$$

以上五个方程加上适当的定解条件, 构成了裂缝中气液二相流体混合渗流的数学模型。将上述五个方程合并, 得到裂缝中气液二相流体混合渗流最终的控制方程为

$$\begin{aligned} &\left[\frac{\rho_{\mathrm{w}} b^2}{24\mu_{\mathrm{w}}} \frac{(1 - S_{\mathrm{g0}})}{p(1 - S_{\mathrm{g0}}) + p_0 S_{\mathrm{g0}}} + \frac{M}{RT} \frac{b^2}{24\mu_{\mathrm{g}}} \frac{p_0 S_{\mathrm{g0}}}{p(1 - S_{\mathrm{g0}}) + p_0 S_{\mathrm{g0}}}\right] \left(\frac{\partial^2 p^2}{\partial x^2} + \frac{\partial^2 p^2}{\partial y^2}\right) \\ &= \left(\frac{M}{RT} p - \rho_{\mathrm{w}}\right) \frac{\partial}{\partial t} \left(\frac{p_0 S_{\mathrm{g0}}}{p(1 - S_{\mathrm{g0}}) + p_0 S_{\mathrm{g0}}}\right) + \frac{M}{RT} \frac{p_0 S_{\mathrm{g0}}}{p(1 - S_{\mathrm{g0}}) + p_0 S_{\mathrm{g0}}} \frac{\partial p}{\partial t} \end{aligned} \tag{15.2.9}$$

式中, ρ_{g} 和 ρ_{w} 分别为气体和液体的密度; S_{g} 和 S_{w} 分别为气体和液体的饱和度; R 为气体常数; T 为温度; p 为压力; μ_{g} 和 μ_{w} 分别为气体和液体的动力黏度; S_{g0} 为压力为 p_0 时的气体相对饱和度。

3. 整体求解策略

由式 (15.2.9) 可知, 裂缝中气液二相流体渗流数学模型的控制微分方程是一个非常复杂的非线性方程, 因为不仅方程本身是非线性的, 而且其系数中也含有非线性项, 所以只能借助数值求解的方法求解。

气液二相流体在裂缝中渗流时, 气体和水在某一时刻分别占据渗流通道内不同的空间位置。在同一时刻同一个位置只能由气液两种流体中的一种流体占据, 但该时刻是气体还是液

体占据该位置则是随机的，但裂缝内的气体和液体的总体积应该符合该区段内的气液二相流体的相对饱和度。为了在数值计算中模拟这种服从渗流规律的随机的气液二相流体分布，在数值求解过程中，引入了随机函数，即在计算出某一渗流子区域的气液二相流体的相对饱和度后，按该饱和度值随机分配该区域内各单元的气水特性，接着进行渗流方程的求解。具体的求解策略为① 将整个裂缝区域剖分成有限单元网格，给计算域施加初始条件及边界条件；② 对时间循环，求解渗流方程，得到计算区域内某一时刻的各节点流体压强；③ 进行迭代计算至计算稳定后，按照相对饱和度计算公式重新计算各子分区的相对饱和度；④ 按照子分区的相对饱和度，对子分区内各单元按照某一类型随机分布函数，随机生成各单元的气液属性；⑤ 重复步骤②，③，④ 直到满足设计的计算精度；⑥ 累加时间，重复②，③，④，⑤ 直到设定的计算时间。

15.2.2 裂缝中气液二相流体渗流的数值模拟

1. 数值实验模型

裂缝中气液二相流体渗流数值实验的物理模型为一尺寸为 500mm ×100mm 的长方形渗流区域。裂缝为光滑的平面裂缝，并且假设裂缝的张开度为常量，如图 15.2.1 所示。

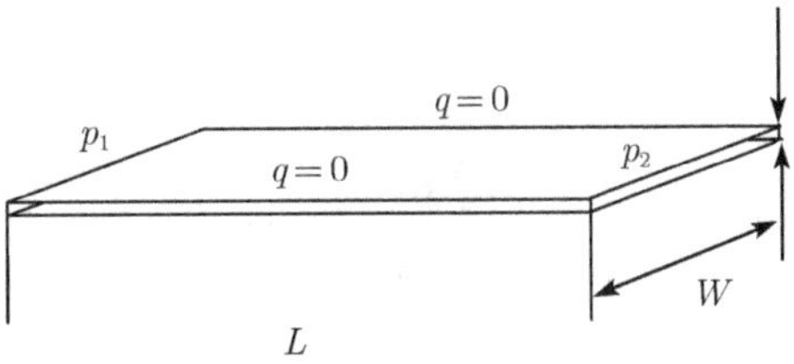

图 15.2.1 数值模拟实验计算模型示意图

实验所取初边值如下。

边界条件：裂缝的入口和出口均为给定压力边界，裂缝两侧为不透水边界。

初始条件：初始时刻裂缝内为气体，即气体相对饱和度 $S_{\rm g}=100\%$。

模拟实验中二相流体分别为空气和水。

2. 数值实验方案

为了能真实反映气水二相流体在裂缝中渗流时的气体微团与液体微团的分布，将上述计算区域共剖分 50 000 个单元进行数值实验计算。

数值实验主要考虑三个因素的变化：气体相对饱和度、裂缝宽度和压力梯度。

临界渗流现象出现的判据：临界渗流现象出现时，物理上表现为气液二相流体的流动停止，数学上则表现为方程求解过程的发散和失效。本模型中当流体压强的平方出现负值，即 $p_t^2<0$ 时，即认为二相流体流动进入了临界渗流的范围。

3. 临界渗流的概率分布研究

对裂缝宽度为 0.2mm，入口压强为 2.1MPa 的情况进行计算。气体饱和度在 40%～80% 范围以内时，以 1%速率递增计算，在其他范围内气体相对饱和度以 5%递增计算。每一气液相对饱和度下均计算 100 次，然后统计出该气液相对饱和度下临界渗流现象出现的概率，最终气体相对饱和度与临界现象发生概率的关系见图 15.2.2。

由图 15.2.3 可见，临界渗流现象在气体相对饱和度为 44%～70% 的范围内都可能出现，但出现临界渗流现象大于 0.8 的最大概率范围在气体相对饱和度为 47%～65%，在气体饱和度为 57%～60% 的范围内，则出现临界渗流现象的概率为 1。数值模拟揭示：在气液二相流体混合流动中，气体与液体连通团随机分布与变化 (图 15.2.2)，从而造成流动区域内压力大小与方向的急剧变化, 使流动的动力消耗于内耗, 从而出现二相流渗流的临界现象。

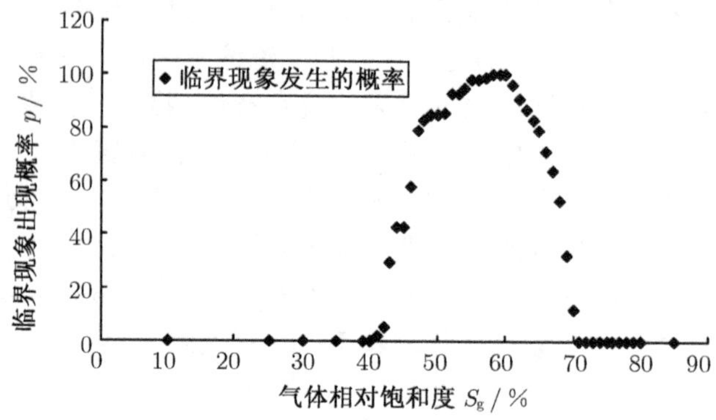

图 15.2.2 裂缝中气液二相流体临界渗流现象发生概率与气体相对饱和度的关系图

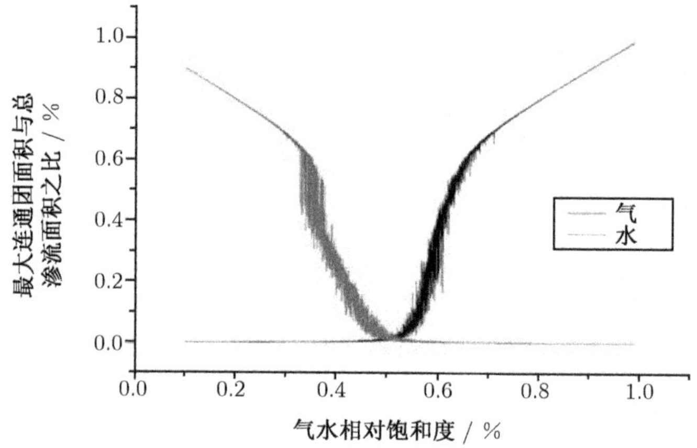

图 15.2.3 随机分布气液最大连通团面积占总渗流面积的比例与气体相对饱和度关系图

4. 流体连通团分布特征及压力梯度分布特征

对不同饱和度下的二相流体渗流进行渗流实验, 研究其内部气水各自的分布状态, 可以发现气体和液体互相穿插成不同的团, 图 15.2.4 展示了裂缝宽度为 0.2mm, 水相对饱和度为 60%时的气体连通团 (仅画出饱含单元较多的前十个团) 分布。由图可见, 气水两种流体在渗流过程中, 分布极其复杂, 形成复杂的多连通团, 互相包容, 互相为对方的边界, 制约着对方的流动。

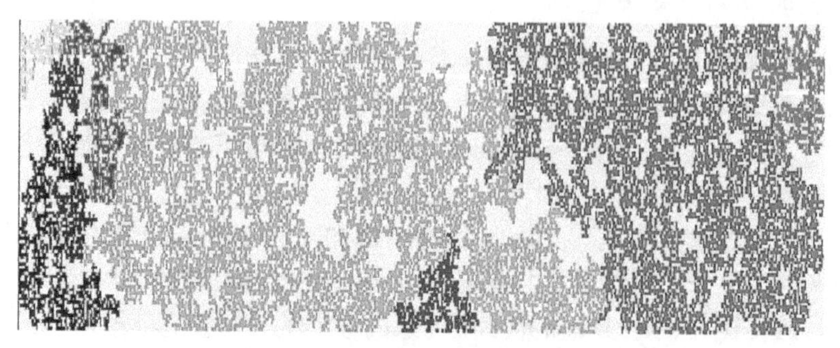

图 15.2.4 数值模拟得出的气体连通团分布图 (该图仅包含最大的 10 个团)

由于气体的可压缩性, 在气液二相流体流场的内部, 必然存在着复杂的局部体积收缩和膨胀, 从而导致流体沿流动方向上压力梯度的波动, 导致流动方向在局部发生复杂的变化。图 15.2.5 和图 15.2.6 给出了裂缝宽度为 0.2mm, 气相对饱和度为 60%时某一时刻的压力和压强梯度分布, 可以看到流体的流动方向呈现完全杂乱无章的分布, 呈现一种无序的紊流状态。这正是出现临界渗流现象的根本原因。

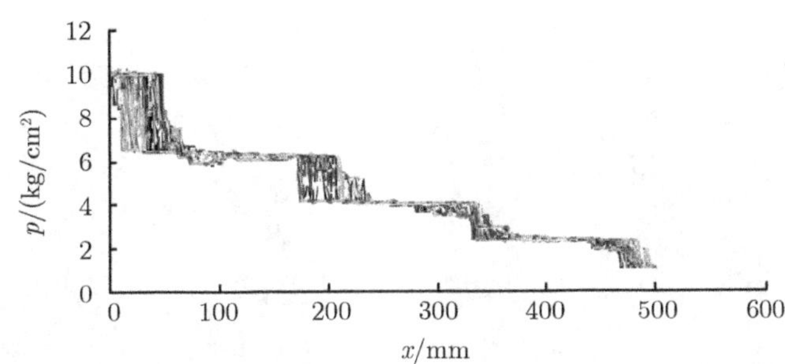

图 15.2.5 裂缝内压强分布曲线 (气体相对饱和度 60%)

图 15.2.6 裂缝内压力梯度分布图 (气体相对饱和度 60%)

5. 裂缝中气液二相流体临界渗流机理分析

通过大量数值实验, 证明了临界渗流现象存在的客观性, 同时确定临界渗流现象在气体相对饱和度为 44%～70%的范围内都可能出现, 但出现临界渗流现象大于 0.8 的最大概率范围在气体相对饱和度为 47%～65%, 在气体饱和度为 57%～60%的范围内, 则出现临界渗流现象的概率为 1。临界渗流现象产生的机理是由于气体和液体渗流特性的巨大差别和气体具有很大的可压缩性造成的。当气液二相流体在裂缝中渗流时, 如果气体相对饱和度值在出现临界渗流现象的饱和度之外, 虽然两种流体的存在会在一定程度上影响每一相流体的流动, 但此时两种流体整体的流动仍然是有序的。如果气体相对饱和度进入临界渗流相对饱和度范围内时, 二相流体的流动形态将发生完全的改变, 流体的流动将变得杂乱无章而进入混沌状态, 气体和液体互相交错分布, 使二相流体的流动方向变得杂乱无章, 大量流体前进所需的能量丧失, 导致流动停止, 出现临界渗流现象。

15.2.3 裂缝中气液二相流体渗流模拟实验

我们采用了水平的 Hele-Shaw 模拟装置, 对裂缝中气液二相流体的渗流规律和临界渗流现象进行了大量的实验研究, 实验装置见图 15.2.7。为了保证实验过程中得到稳定的持续的水量补给, 并保证气体和液体压力变化的平等性, 水压也通过气压压入, 二者通过各相各自的单向阀后, 直接混合进入模拟裂缝。在水路和气路里设置了多道过滤装置, 以防止气水中的杂质进入渗流通道, 影响测试结果。实验气体排量的测量, 采用了排水取气法。在测试气体和水的排量的同时, 记录入口及裂缝内各观测点的压力, 同时对典型渗流形态采用高分辨率数码相机拍照, 以便对其渗流形态作进一步的细观分析和研究。

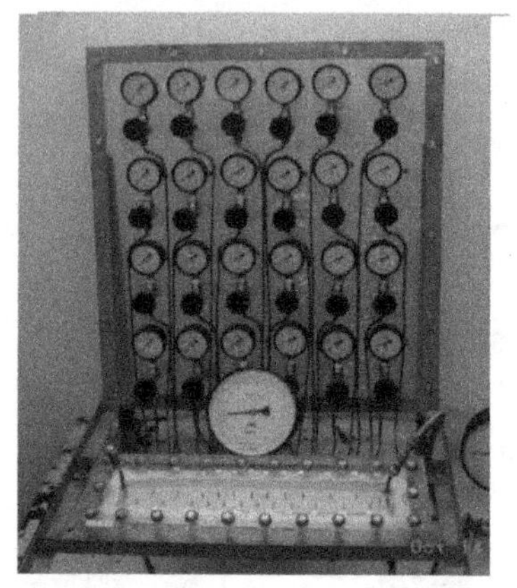

(a) Hele-Shaw 模拟实验装置及压力观测装置

(b) 气体和水的压力源

图 15.2.7　气液二相流体渗流模拟装置

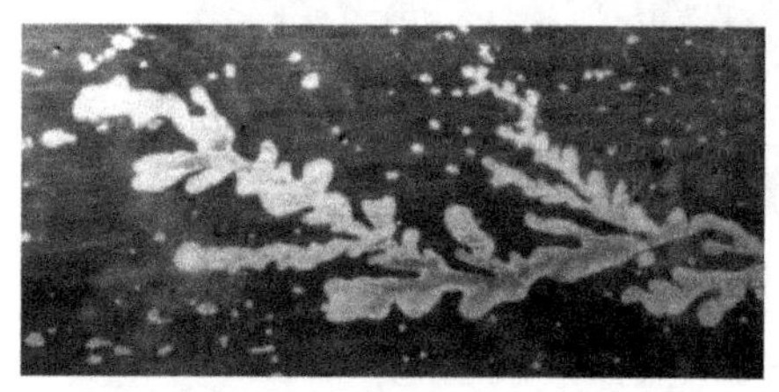

(a) 水中有油时出现的树枝状侵入

(b) 不规则气团散布在水中

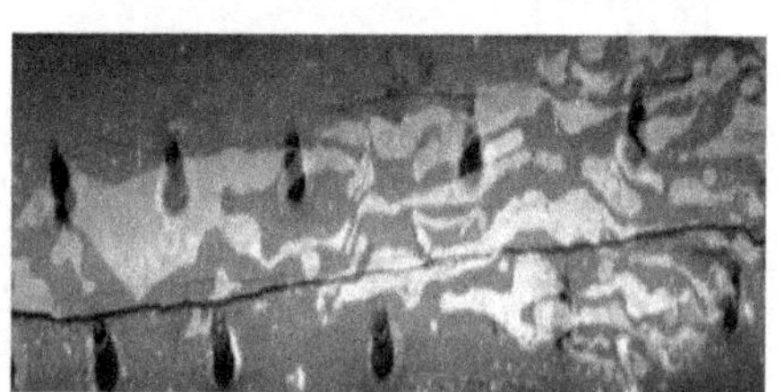

(c) 气体和水各自构成的弯曲的渗流通道

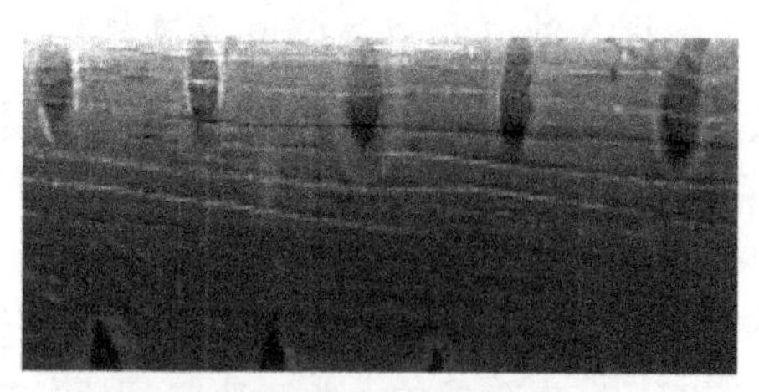

(d) 气体饱和度很高时形成的轨迹

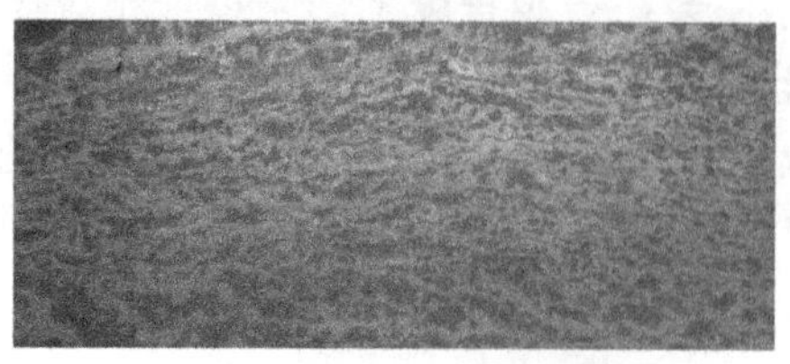

(e) 网络状气体和液体渗流通道

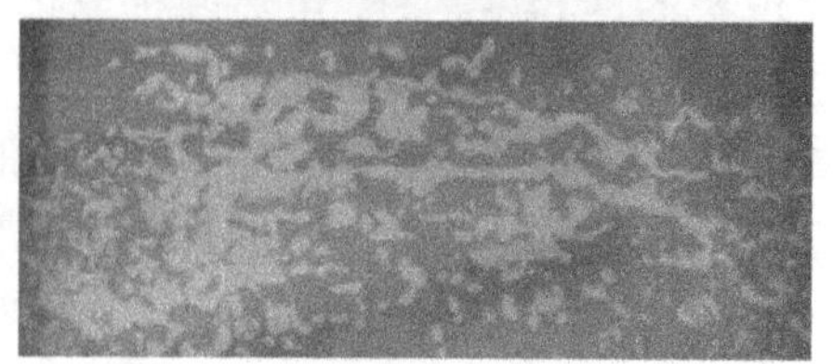

(f) 典型的临界状态气水分布

图 15.2.8　气液二相流裂缝流型图

裂缝中气液二相流体渗流形态细观研究 气体和液体在裂缝中的渗流有着巨大的不同。同样一条裂缝, 液体是均匀的层流, 而气体则会出现高流速的流动。当这两种流体在同一裂缝中流动时, 会出现既相互制约又相互促进的现象, 从而形成了多种多样复杂的、有时甚至是混沌的流动形态。图 15.2.8 是实验过程中观察到的一些气体和液体的分布。

通过图 15.2.8, 可以发现裂缝中气液二相流体的渗流, 随着两种流体饱和度的变化, 其渗流形态多种多样。当出现临界渗流现象时, 气水完全杂乱无章的分布在渗流通道内, 气体与水都未构成完整的渗流通道, 气体在压力作用下, 气团形状不断变化, 这样的流体分布形态, 完全不像单相流动流体的分布形态, 而更像是分形逾渗中流体的渗流形态。

15.3 拟连续介质气液二相流体渗流与固体变形的耦合数学模型

绝大部分多孔介质可以简化为拟连续介质, 即孔隙与随机分布的裂隙可以一起等效地用连续介质描述, 并按连续介质的思想与方法分别建立固体变形、气体渗流、液体渗流方程, 再增加耦合方程, 即可组成耦合数学模型。

由于这类问题十分复杂, 为方便计, 引入如下假设。

(1) 固体介质为弹性拟连续介质。

(2) 整个气液二相流体的渗流与变形过程为等温过程。

(3) 气体为理想气体, 即服从 $\rho = p/RT$。

(4) 气液二相流体一起完全充满了固体孔隙与裂隙, 即为饱和渗流问题, $S_{\mathrm{g}} + S_{\mathrm{l}} = 1$。

(5) 气液二相流体的流动分别服从达西定律:

液体的渗流本构方程: $q_{\mathrm{l}} = k_{\mathrm{l}}(S_{\mathrm{l}})\mathrm{grad}p$

气体的渗流本构方程: $q_{\mathrm{g}} = k_{\mathrm{g}}(S_{\mathrm{g}})\mathrm{grad}p$

在同一孔隙或裂隙微元中, 气体与液体的压力相等, 即忽略二者的界面张力, $p_{\mathrm{g}} = p_{\mathrm{l}} = p$。气液二相流体的质量守恒方程, 或连续性方程为

$$\frac{\partial(n\rho_\alpha S_\alpha)}{\partial t} + \nabla(n\rho_\alpha S_\alpha q_\alpha) = w_\alpha \tag{15.3.1}$$

式中, 下标 α 为 α 相 (液相或气相); ρ_α 为 α 相的密度; S_α 为 α 相的相对饱和度; n 为拟连续介质的孔隙率; q_α 为 α 相绝对渗流速度或称 α 相的比流量, w_α 为源汇项。

以方程 (15.3.1) 为基础, 讨论气体渗流方程。

第一项为

$$\begin{aligned}\frac{\partial(n\rho_{\mathrm{g}}S_{\mathrm{g}})}{\partial t} &= \rho_{\mathrm{g}}S_{\mathrm{g}}\frac{\partial n}{\partial t} + nS_{\mathrm{g}}\frac{\partial \rho_{\mathrm{g}}}{\partial t} + n\rho_{\mathrm{g}}\frac{\partial S_{\mathrm{g}}}{\partial t}\\ &= \frac{p}{RT}S_{\mathrm{g}}\frac{\partial n}{\partial t} + \frac{nS_{\mathrm{g}}}{RT}\frac{\partial p}{\partial t} + \frac{np}{RT}\frac{\partial S_{\mathrm{g}}}{\partial t}\\ &= \frac{p}{RT}S_{\mathrm{g}}\frac{\partial n}{\partial t} + \frac{nS_{\mathrm{g}}}{2pRT}\frac{\partial p^2}{\partial t} + \frac{np}{RT}\frac{\partial S_{\mathrm{g}}}{\partial t}\end{aligned} \tag{15.3.2}$$

将理想气体状态方程代入式 (15.3.1) 的第二项, 得

$$\boldsymbol{\nabla}(n\rho_\alpha S_\alpha q_\alpha) = \boldsymbol{\nabla}\left(nS_{\mathrm{g}}\frac{p}{RT}k_{\mathrm{g}}\mathrm{grad}p\right) = \boldsymbol{\nabla}\left(\frac{nS_{\mathrm{g}}}{2RT}k_{\mathrm{g}}\mathrm{grad}p^2\right) \tag{15.3.3}$$

将式 (15.3.2) 和式 (15.3.3) 代入式 (15.3.1), 并整理得

$$\nabla(nS_{\mathrm{g}}k_{\mathrm{g}}(S_{\mathrm{g}})\mathrm{grad}p^2)=2pS_{\mathrm{g}}\frac{\partial n}{\partial t}+\frac{nS_{\mathrm{g}}}{p}\frac{\partial p^2}{\partial t}+2np\frac{\partial S_{\mathrm{g}}}{\partial t}+w_{\mathrm{g}} \tag{15.3.4}$$

$$\nabla(k_{\mathrm{g}}(S_{\mathrm{g}})\mathrm{grad}p^2)=\frac{2p}{n}\frac{\partial n}{\partial t}+\frac{1}{p}\frac{\partial p^2}{\partial t}+\frac{2p}{S_{\mathrm{g}}}\frac{\partial S_{\mathrm{g}}}{\partial t}+w_{\mathrm{g}} \tag{15.3.5}$$

方程 (15.3.5) 为考虑气液二相流的渗流方程。

同理以 (15.3.1) 为基础, 整理获得液体的渗流方程:

第一项

$$\begin{aligned}\frac{\partial(n\rho_{\mathrm{l}}S_{\mathrm{l}})}{\partial t}&=\rho_{\mathrm{l}}S_{\mathrm{l}}\frac{\partial n}{\partial t}+nS_{\mathrm{l}}\frac{\partial \rho_{\mathrm{l}}}{\partial t}+n\rho_{\mathrm{l}}\frac{\partial S_{\mathrm{l}}}{\partial t}\\&=\rho_{\mathrm{l}}S_{\mathrm{l}}\frac{\partial n}{\partial t}+nS_{\mathrm{l}}\beta\rho_{\mathrm{l}}\frac{\partial p}{\partial t}+n\rho_{\mathrm{l}}\frac{\partial S_{\mathrm{g}}}{\partial t}\end{aligned} \tag{15.3.6}$$

将式 (15.3.6) 代入式 (15.3.1), 并按液体状态方程对第二项整理, 得

$$\begin{aligned}\nabla(nS_{\mathrm{l}}\rho_{\mathrm{l}}k_{\mathrm{l}}(S_{\mathrm{l}})\mathrm{grad}p)&=\rho_{\mathrm{l}}S_{\mathrm{l}}\frac{\partial n}{\partial t}+nS_{\mathrm{l}}\beta\rho_{\mathrm{l}}\frac{\partial p}{\partial t}+n\rho_{\mathrm{l}}\frac{\partial S_{\mathrm{l}}}{\partial t}+w_{\mathrm{l}}\\\nabla(k_{\mathrm{l}}(S_{\mathrm{l}})\mathrm{grad}p)&=\frac{1}{n}\frac{\partial n}{\partial t}+\beta\frac{\partial p}{\partial t}+\frac{1}{S_{\mathrm{l}}}\frac{\partial S_{\mathrm{l}}}{\partial t}+w_{\mathrm{l}}\end{aligned} \tag{15.3.7}$$

参照第 14 章, 考虑有效应力的拟连续介质固体变形方程 (各量含义同第 14 章) 为

$$(\lambda+\mu)u_{j,ji}+\mu u_{i,jj}+F_i+(\alpha p)_{,i}=0 \tag{15.3.8}$$

耦合方程:

$$S_{\mathrm{g}}+S_{\mathrm{l}}=1 \tag{15.3.9}$$

则方程 (15.3.5), (15.3.7)~(15.3.9) 组成了气液二相流体的固流耦合数学模型。方程中各量含义为下标 “l”, “g” 分别表示液体和气体, k_{l}, k_{g} 分别表示液体与气体相对渗透系数。液体、气体渗流方程和饱和度耦合方程中共三个未知变量, p, S_{l}, S_{g} 三个方程即可解出。

气液二相流体的固流耦合数学模型的耦合求解策略依然同前, 气体渗流方程的线性近似同第 14 章的方法, 采用有限元法离散求解即可对工程实施很好的模拟。

15.4 气液二相流体固流耦合作用的工程响应

薛强、梁冰与刘磊等 (2007) 研究了垃圾填埋场沉降变形的气水固耦合作用问题, 其简化的模型如图 15.4.1, 模拟的填埋场区域长 10m, 高 15m。数值模拟揭示: 随着填埋场内有机物的降解, 填埋场应力、降解气体与水流的规律描绘为图 15.4.2~15.4.4, 从图可见, 填埋场垃圾随着降解, 逐渐密实, 孔隙率降低 (图 15.4.3), 气体饱和度随时间的延续, 由底部向顶部, 逐渐增加, 如图 15.4.4, 填埋场底部的压力略有下降。

刘晓丽与梁冰等 (2005) 用水气二相流体渗流与双重介质固体变形耦合模型, 模拟研究了某生产气井的用水驱替的规律, 简化模型尺寸长宽各为 2000m, 中心为注水井, 四周四个角为产气井。区域内的初始水饱和度为 0.5, 初始压力为 1.25MPa。注水井的注水速率为 300m^3/d, 计算分析用的水驱气模型简化为图 15.4.5。图 15.4.6 与图 15.4.7 为注水一段时间后的气体饱和度和气体压力等值线图, 由图清楚可见, 在注水井周围较大范围气体饱和度较低, 随离开

注水井的距离饱和度逐渐增加，在产气井周围气体饱和度最高，达到 0.8 以上。图 15.4.8 和图 15.4.9 分别表示气相压力和水相压力随注水时间的延续变化规律，从图可见，压力呈波动变化，且范围较大，这就是典型的气液二相流体流动的特征与性态。

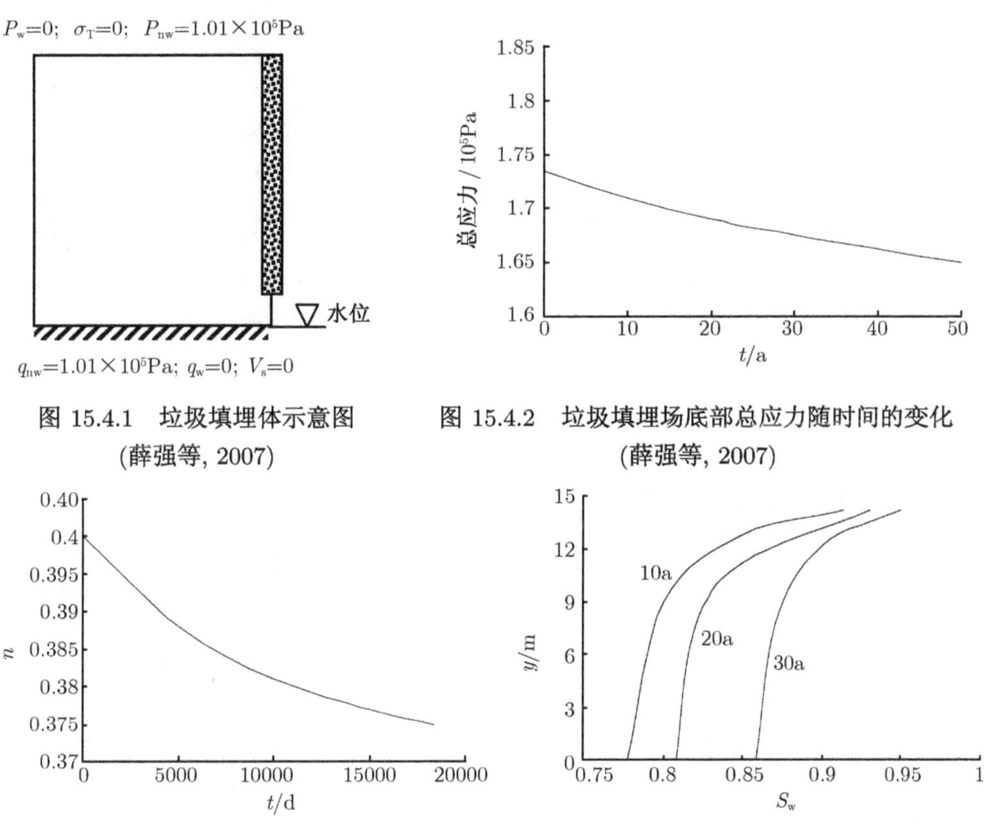

图 15.4.1　垃圾填埋体示意图（薛强等，2007）

图 15.4.2　垃圾填埋场底部总应力随时间的变化（薛强等，2007）

图 15.4.3　垃圾填埋场中填埋物孔隙度随时间的变化（薛强等，2007）

图 15.4.4　填埋场中气体饱和度随时间的变化（薛强等，2007）

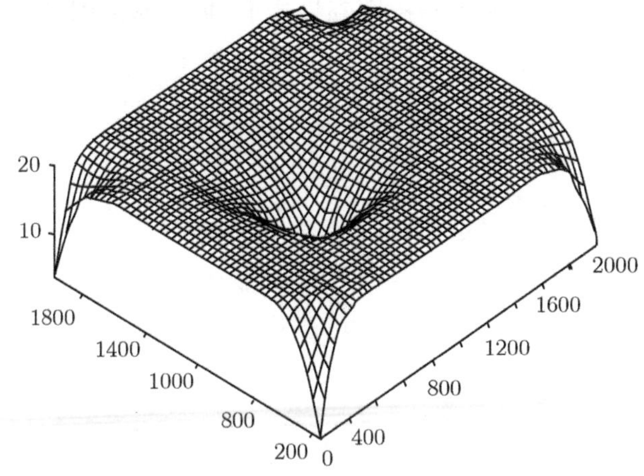

图 15.4.5　水驱气地质模型（刘晓丽等，2005）

单位：m

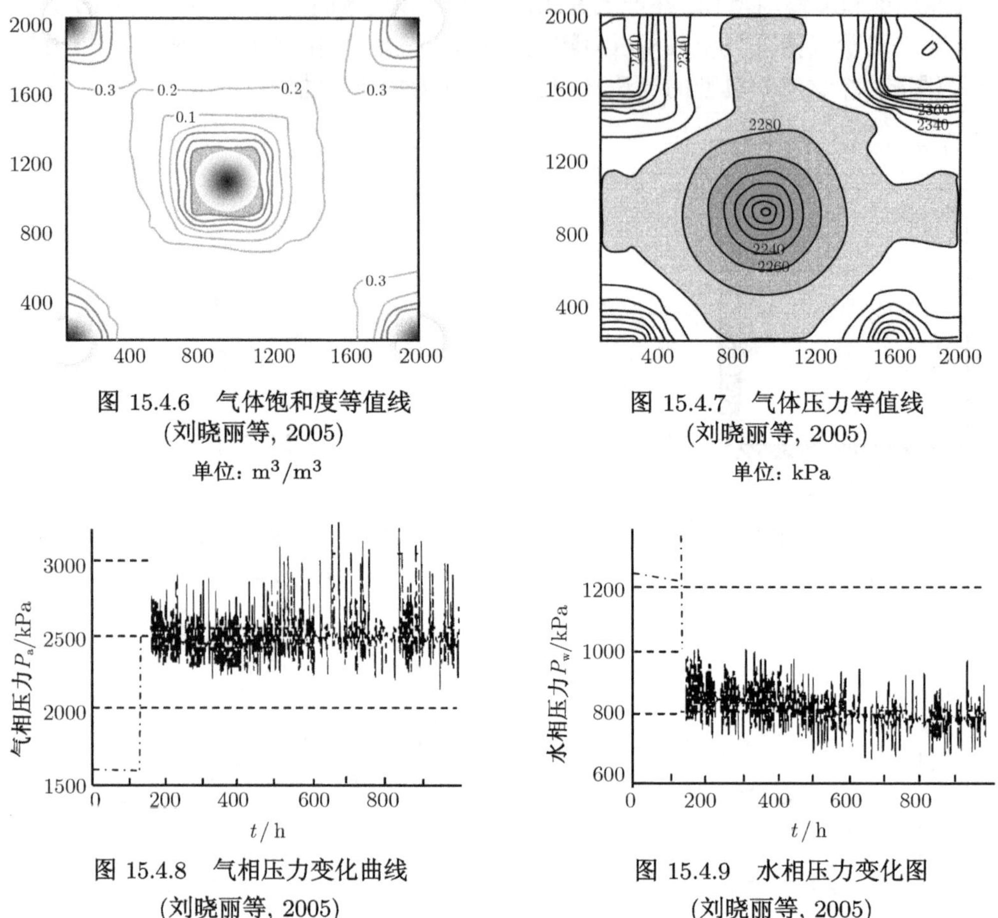

图 15.4.6 气体饱和度等值线（刘晓丽等, 2005）单位：m³/m³

图 15.4.7 气体压力等值线（刘晓丽等, 2005）单位：kPa

图 15.4.8 气相压力变化曲线（刘晓丽等, 2005）

图 15.4.9 水相压力变化图（刘晓丽等, 2005）

葛家理 (2003) 深入研究了石油开采过程中由于烃类气体的析出而形成的气液二相流体渗流的数学模型, 并给出了油气二相流体渗流的解析解, 讨论了饱和度、压力及析出气体的稳定流和非稳定流的规律。尽管假设不考虑固体变形, 但二相流的结果还是有相当的参考价值。

第 16 章 固热耦合作用与应用

由于温度变化而引起了固体应力重新分布和固体材料特性变化在许多工程中屡见不鲜，例如，用冻结法施工地下隧道，在修筑地下冷库，引起冷库周围岩石温度变化，从而导致岩体应力变化，有时导致岩体破坏，引起了工程界的广泛重视。许多这类问题在岩体、金属或非金属结构件中产生的温度场是非均匀的，因此必须分析其温度场的分布规律，进而确定固体内各点的特性参数，以此为基础，应用固体力学的方法分析其应力分布规律，这就构成了完整的固热耦合问题。

16.1 固热耦合数学模型与工程应用分析

16.1.1 数学模型

固热耦合数学模型包括以下三个方程：温度场方程、固体应力方程与耦合方程。

1. 温度场方程及边界条件

热传导温度场方程：

$$\frac{\partial}{\partial x}\left(\lambda\frac{\partial T}{\partial x}\right)+\frac{\partial}{\partial y}\left(\lambda\frac{\partial T}{\partial y}\right)+\frac{\partial}{\partial z}\left(\lambda\frac{\partial T}{\partial z}\right)=\rho c\frac{\partial T}{\partial t}+Q_0 \tag{16.1.1}$$

温度场的边界条件：

$$T_{\mathrm{r}}=\overline{T}_{\mathrm{r}} \qquad (\text{在 } \varGamma_1 \text{ 边界上})$$

$$\lambda\frac{\partial T_{\mathrm{r}}}{\partial x}n_x+\lambda\frac{\partial T_{\mathrm{r}}}{\partial y}n_y+\lambda\frac{\partial T_{\mathrm{r}}}{\partial z}n_z=q \qquad (\text{在 } \varGamma_2 \text{ 边界上})$$

$$\lambda\frac{\partial T_{\mathrm{r}}}{\partial x}n_x+\lambda\frac{\partial T_{\mathrm{r}}}{\partial y}n_y+\lambda\frac{\partial T_{\mathrm{r}}}{\partial z}n_z=h\left(T_{\mathrm{ra}}-T_{\mathrm{r}}\right) \qquad (\text{在 } \varGamma_3 \text{ 边界上})$$

式中，λ 为热传导系数；T 为温度；c 为热容系数；ρ 为密度；Q_0 为源汇项；n_x,n_y,n_z 是边界外法线的方向余弦，$\overline{T}_{\mathrm{r}}=\overline{T}_{\mathrm{r}}\left(\varGamma,t\right)$ 是 $\varGamma_1$ 边界上的给定温度；$q=q\left(\varGamma,t\right)$ 是 $\varGamma_2$ 边界上给定热流量，h 为放热系数，$T_{\mathrm{ra}}=T_{\mathrm{ra}}\left(\varGamma,t\right)$ 为自然对流条件下的外界环境温度；在强迫对流条件下的外界层的绝热边界的温度。而且其边界满足 $\varGamma=\varGamma_1+\varGamma_2+\varGamma_3$，其中，$\varGamma$ 是控制体 $\varOmega$ 域的全部边界。

2. 固体应力场方程

弹性力学方程：

$$\begin{cases}\text{平衡方程} & \sigma_{ij,j}+f_i=0\\ \text{几何方程} & \varepsilon_{ij}=\left(u_{i,j}+u_{j,i}\right)/2\\ \text{本构方程} & \sigma_{ij}=\dfrac{E}{1+\nu}\varepsilon_{ij}+\dfrac{E\nu}{(1+\nu)(1-2\nu)}\theta\delta_{ij}\end{cases} \tag{16.1.2}$$

式中，E 和 ν 为弹性模量与泊松比；u 为位移；f 为外力；θ 为体积应变。

3. 耦合方程

固体由于温度的作用而产生膨胀或收缩, 设其膨胀系数与温度之关系为 $L=L(T)$, 则热膨胀应变为

$$\varepsilon_i = L(T)T \quad (i=x,y,z) \tag{16.1.3}$$

16.1.2 冻结法凿井的固热耦合分析

1. 温度场方程 (热传导方程) 及边界条件

$$\frac{\partial}{\partial x}\left(\lambda\frac{\partial T}{\partial x}\right)+\frac{\partial}{\partial y}\left(\lambda\frac{\partial T}{\partial y}\right)=\rho c\cdot\frac{\partial T}{\partial t}+Q(x,y) \tag{16.1.4}$$

$$\begin{cases} T(x,y,0)=T_0 \\ T(x,y,t)=T_1 \\ T^-(x,y,t)=T^+(x,y,t)=T_f,(x,y)\in L \qquad (\text{相变线}) \\ q\dfrac{\mathrm{d}\xi_n}{\mathrm{d}t}=\lambda^-\dfrac{\partial T}{\partial n}-\lambda^+\dfrac{\partial T}{\partial n} \qquad (\text{相变线移动速度}) \end{cases} \tag{16.1.5}$$

式中, $\dfrac{\mathrm{d}\xi_n}{\mathrm{d}t}$ 为相变线移动速度; $-$ 和 $+$ 为冻融两相; n 为 1 的外法线。

求解以上方程, 即可得到冻结岩体的温度分布规律以及随时间变化情况。这个问题的求解, 已有不少人作过研究。

2. 岩体应力场方程

弹性力学方程或弹塑性力学方程如下。

平衡方程: $\sigma_{ij,j}+f_i=0$ (16.1.6)

几何方程: $\varepsilon_{ij}=(u_{i,j}+u_{j,i})/2$ (16.1.7)

本构方程: 弹性阶段 $\sigma_{ij}=\dfrac{E}{1+\nu}\varepsilon_{ij}+\dfrac{E\nu}{(1+\nu)(1-2\nu)}\theta\delta_{ij}$ (16.1.8)

塑性阶段 (塑性流动理论):

$$\begin{aligned} \mathrm{d}\varepsilon_{ij} &= \frac{1}{2G}\mathrm{d}s_{ij}+\mathrm{d}\lambda s_{ij} \\ \mathrm{d}\lambda &= \frac{3\mathrm{d}\varepsilon_i}{2\sigma_i} \end{aligned} \tag{16.1.9}$$

式中, G 为剪切模量; σ_i 为应力强度; $\mathrm{d}\varepsilon_i$ 为塑形应变强度增量; s_{ij} 为偏应力。

3. 耦合方程

由于所研究的问题不同, 其耦合方程亦不同, 耦合方程的获得依赖于大量的实验室实验与现场工业性试验。对于冻土而言, 有以下几种情况。

(1) 冻结作用使得被冻结的材料的特性发生变化 (液相变为固相或强度提高, e,v,φ 等改变)。如在我国煤矿目前使用的冻结法凿井中, 其流沙、黏土在冻结作用下:

$$\begin{aligned} E &= 17.0+24.7T-2.94T^2+1.3T^3 \\ \nu &= 0.415-0.00065T+1.3T^2 \\ \sigma_c &= K(2.0+1.4T-0.0153T^2) \end{aligned} \tag{16.1.10}$$

式 (16.1.10) 即表示由于冻结作用 E,ν,σ_c 随温度变化的函数关系。这是由大量实验得到。

(2) 由于冻结作用而使固体膨胀, 即所谓冻胀性. 冻土形成的过程, 实质上是土中水结冰并胶结固体颗粒的过程, 土中水的冻结与普通净水的冻结有一些不同, 在冻结土中存在未冻水。冻土中未冻水的含量与温度存在一定的关系 (图 16.1.1)。水变成冰时, 其体积增大 0.09 倍, 当这种体积膨胀足以引起土颗粒间的相对位移时, 就形成冻土的膨胀, 并随之产生冻结力。

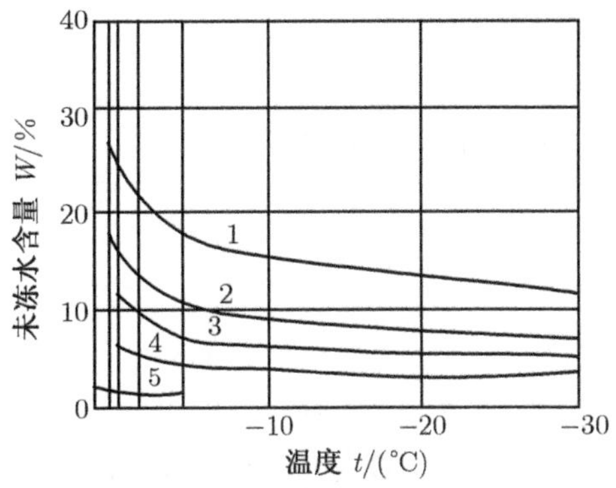

图 16.1.1 冻土中未冻水含量与温度的关系

1- 黏土; 2- 覆盖黏土; 3- 亚黏土; 4- 亚砂土; 5- 砂土

设冻土中含水率为 η, 冻结水与温度关系为 $\beta=\beta(T)$, 则冻胀体积变形为

$$\varepsilon_{Kk}^{0}=0.09\eta\beta(T) \tag{16.1.11}$$

则虚拟冻胀应力为

$$\sigma_{ij}^{0}=\frac{3K-2G}{3}e,\quad \sigma_{ij}=\frac{3K-2G}{3}(0.09\cdot\eta\cdot\beta(T))\cdot\delta_{ij}$$

(3) 热膨胀问题。弹性体由于热作用而产生膨胀, 设其膨胀系数与温度的关系为

$$L=L(T)$$

则热膨胀应变为

$$\varepsilon_i=L(T)\cdot T,\quad i=(x,y,z) \tag{16.1.12}$$

16.1.3 耦合分析方法

将所研究问题的几个场的基本方程和定解条件及相关条件全部给出, 就构成了固热耦合问题完整的数学模型。求解这样复杂的问题很难用解析方法, 本节详细介绍有限元解法。

考虑稳态的热传导方程 (非稳定的问题与稳定问题类似):

$$\begin{cases}\dfrac{\partial}{\partial x}\left(\lambda\dfrac{\partial T}{\partial t}\right)+\dfrac{\partial}{\partial y}\left(\lambda\dfrac{\partial T}{\partial y}\right)=Q(x,y)\\ T(x,y,z)=\overline{T}\qquad 在\ \Delta A_{\varphi}\ 上\\ \dfrac{\partial T(x,y,z)}{\partial n}=\overline{T}_v\qquad 在\ \Delta A_v\ 上\end{cases} \tag{16.1.13}$$

利用变分公式, 其相应的泛函方程为

$$\pi(T)=\frac{1}{2}\int_{(v)}\left[\lambda\left(\frac{\partial T}{\partial x}\right)^2+\lambda\left(\frac{\partial T}{\partial y}\right)^2+2Q(x,y)\cdot T\right]\mathrm{d}v+\int_{(\Delta A_v)}\overline{T}_v\cdot T\mathrm{d}s \tag{16.1.14}$$

在平面问题下, 用三角形单元离散, 则线性插值的离散方程为

$$\boldsymbol{\lambda T}=\boldsymbol{F}_1 \tag{16.1.15}$$

若考虑冻结或热膨胀等问题的有限元分析, 这一类问题一般的分析方法是视冻胀或热膨胀为等效初始应变或初始应力。对应的等效附加载荷为

$$f_{0i}=\int_{(v)}\boldsymbol{B}^{\mathrm{T}}\boldsymbol{D}\boldsymbol{\varepsilon}_0\mathrm{d}v \tag{16.1.16}$$

按结点写成求和的形式:

$$F=\sum_{i=1}^{n}f_{0i}=\boldsymbol{\alpha T} \tag{16.1.17}$$

式中

$$\boldsymbol{\varepsilon}_0=L(\boldsymbol{T})\cdot\boldsymbol{T}$$

$$\boldsymbol{D}=\begin{bmatrix}K/3&0&0\\0&K/3&0\\0&0&K/3\end{bmatrix}\quad \boldsymbol{\alpha}_e=\int_{(v)}\boldsymbol{B}^{\mathrm{T}}\boldsymbol{D}\begin{bmatrix}L(\boldsymbol{T})\\L(\boldsymbol{T})\\L(\boldsymbol{T})\end{bmatrix}\mathrm{d}v$$

则固体应力场方程为

$$\boldsymbol{Ku}+\boldsymbol{\alpha T}+\boldsymbol{F}_2=0 \tag{16.1.18}$$

将方程 (16.1.15) 与 (16.1.18) 联立, 即构成求解温度场与固体应力场的耦合方程:

$$\begin{cases}\boldsymbol{\lambda T}+\boldsymbol{ou}=\boldsymbol{F}_1\\\boldsymbol{\alpha T}+\boldsymbol{Ku}=\boldsymbol{F}_2\end{cases} \tag{16.1.19}$$

或写为

$$\begin{bmatrix}\boldsymbol{\lambda}&0\\\boldsymbol{\alpha}&\boldsymbol{K}\end{bmatrix}\begin{bmatrix}\boldsymbol{T}\\\boldsymbol{u}\end{bmatrix}=\begin{bmatrix}\boldsymbol{F}_1\\\boldsymbol{F}_2\end{bmatrix} \tag{16.1.20}$$

从方程 (16.1.20) 可见, 温度场不受应力场的影响, 可以单独求解, 而 $\boldsymbol{\alpha T}$ 可以作为载荷处理, 这样两个方程就可以分别求解, 即

$$\begin{cases}\boldsymbol{\lambda T}=\boldsymbol{F}_3\\\boldsymbol{Ku}=\boldsymbol{F}_4\end{cases} \tag{16.1.21}$$

以上就是温度场与固体应力场的耦合分析方法。在岩土工程中此类问题是很多的。而且我们发现, 如果耦合问题能像以上讨论的那样分开求解, 这将是十分理想而又简单的。一般来说, 求解以上问题, 只需分别编制各个场的计算程序, 再联合求解即可。但对于温度场问题, 其每个结点一个未知数, 而固体应力场问题, 每个结点有两个未知数。因此用一个程序求解, 需要考虑一些技巧。

对于稳定温度场, 其耦合问题的计算程序框图为图 16.1.2 所示。这是一个较粗略的程序框图, 具体应用还待细化。

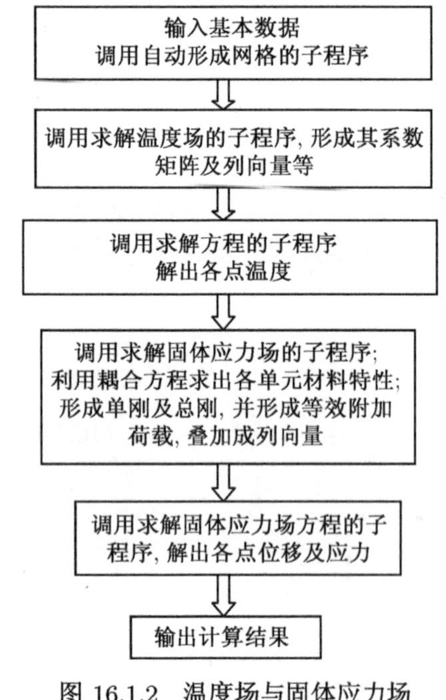

图 16.1.2　温度场与固体应力场耦合计算程序框图

16.1.4　固热耦合分析实例

冻结法凿井在我国煤矿矿井建设的特殊施工方法中占有重要地位。此方法耗资大, 而且直接影响矿井投产期。因而制定最优的施工方案和技术是非常重要的, 而能做到这一点的重

要基础是必须对冻结壁温度场和应力场有一个符合实际的了解。本书以潘集一号井为例，介绍其模型选择及结果分析。一号实验井冻结壁如图 16.1.3 所示，其温度场与应力场计算模型分别简化为图 16.1.4，图 16.1.5。图 16.1.6 表示冻结壁主面与界面的分布规律，可以看出采用线性近似或平均温度与实际温度分布的差异是很大的。图 16.1.7 与图 16.1.8 表示由耦合分

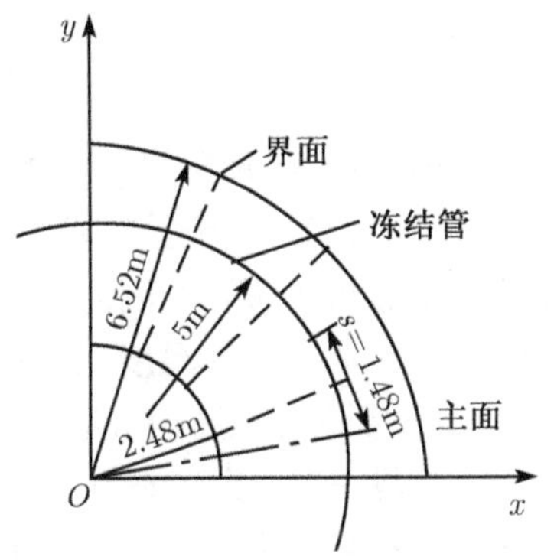

图 16.1.3 潘集一号实验井冻结壁

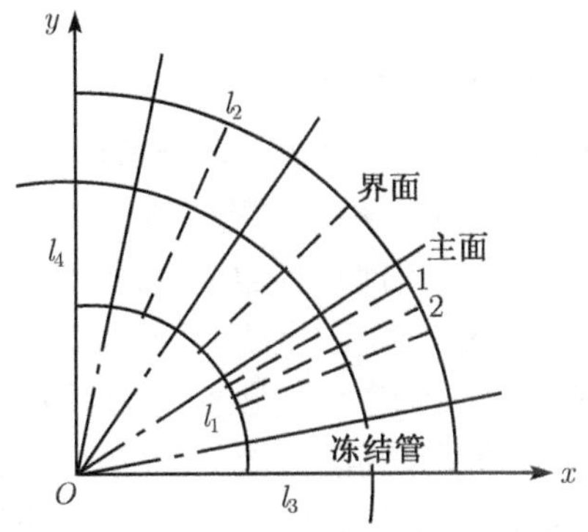

图 16.1.4 冻结壁温度场计算的几何模型

$T=T_0(x,y)\in l_1$ 或 l_2; $\partial T/\partial n=0(x,y)\in l_3$ 或 l_4

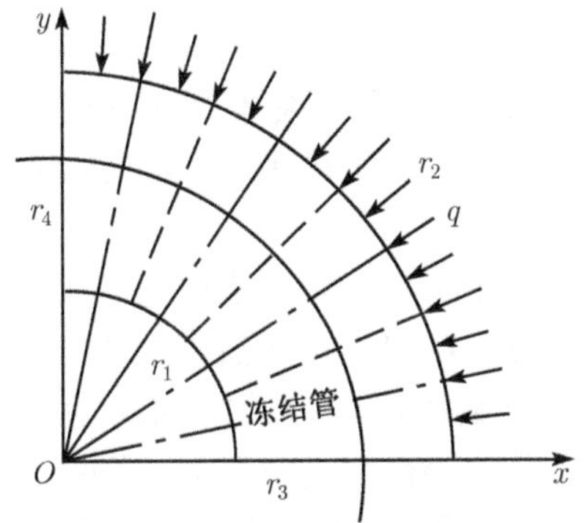

图 16.1.5 冻结壁平面应变模型

$\sigma_r=q(x,y)\in r_1;\sigma_r=0(x,y)\in r_2;v=0(x,y)\in r_3;u=0(x,y)\in r_4$

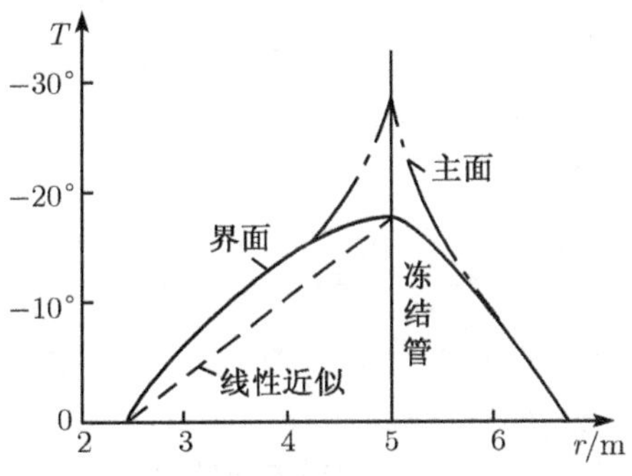

图 16.1.6 潘集一号实验井冻结壁主面和界面的分布规律

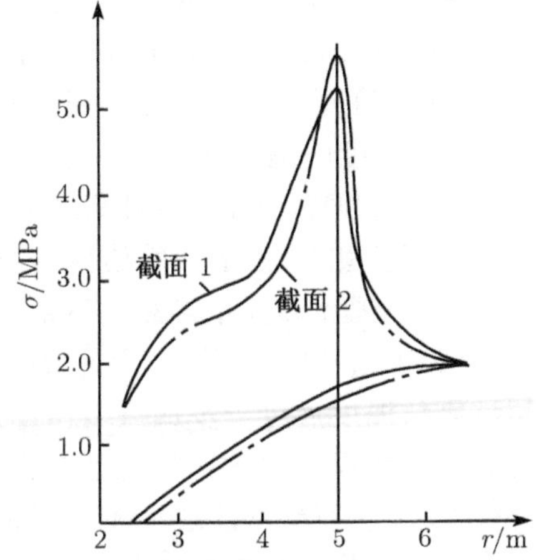

图 16.1.7 潘集一号实验弹性应力分布曲线

$q=1.8\text{MPa}$

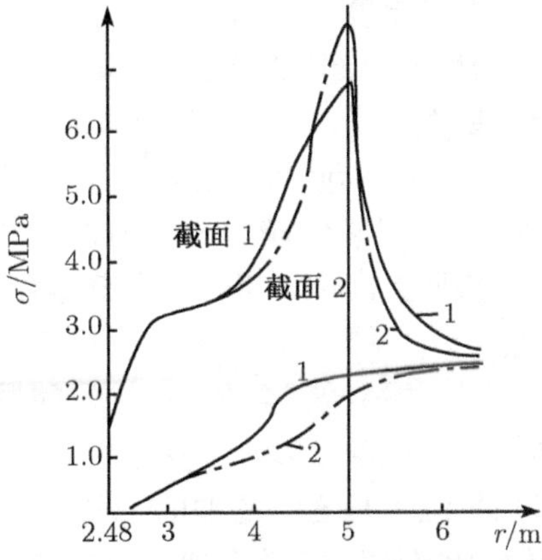

图 16.1.8 潘集一号实验弹塑性应力分布曲线

$q=2.4\text{MPa}$

析求得的应力分布规律, 从图可见, σ_θ 的分布与过去煤矿冻结壁设计所依据的厚壁筒解答相差很大, 甚至规律也不相同, 从而证明耦合分析的必要性。

16.2　岩石的热破裂分析

16.2.1　热破裂机理分析

岩石是由不同的矿物颗粒所组成的非均质体, 由于组成岩石的各种矿物颗粒的热膨胀系数不同, 岩石受热后, 各种矿物颗粒的变形也不同, 然而, 岩石作为一个连续体, 岩石内部各矿物颗粒不可能相应地按各自固有的热膨胀系数随温度变化而自由变形。因此, 矿物颗粒之间产生约束, 变形大的受压缩, 变形小受拉伸, 由此在岩石中形成一种由温度引起的热应力。应力最大值往往发生在矿物颗粒的边界处, 如果此处的应力达到或超过岩石的强度极限 (抗拉强度或抗剪强度), 则沿此边界面的矿物颗粒之间的连接断裂, 有时沿矿物颗粒内部破裂产生微裂纹, 随着温度的提高, 这些裂纹形成网络, 这就是岩石的热破裂现象。不同的岩石, 其门槛值温度不同, 同一种岩石, 由于其产地不同, 门槛值温度也差异很大, 这就迫使人们思考与研究岩石在温度作用下的热破裂机理。

当岩石在温度作用下发生变形时, 岩石内部许多强度较低的颗粒、孔隙与微裂纹的存在导致局部产生应力集中。从而导致更多的裂纹发生、发展、密集、连通, 形成更大的裂缝, 直至岩石整体结构破坏。由温度引起的热应力, 造成岩石结构的热破裂, 使其由原来的完整结构变成破裂结构。

Johnson(1978)、Wang 等 (1989) 对美国 Westerly 花岗岩的热破裂进行了研究, 同时系统地考察了声发射 (AE) 现象, 研究表明: 美国 Westerly 花岗岩在加热到约 75°C 时产生热破裂, 并伴随有声发射现象; 且加热速率越大, 声发射计数率越高, 但加热速率对声发射的阈值温度没有明显的影响。Simmons 等 (1970) 等研究了加热速率对火成岩热破裂的影响, 结果表明: 加热速率对火成岩的热破裂的影响是很大的, 由温度梯度和加热速率所产生的微裂纹和仅由高温所产生的不同, 加热速率超过每分钟几度, 微裂纹可在较低温度下产生, 加热速率更低时, 花岗岩在 300°C 以下都无明显的微裂纹生成; 并研究了混凝土的三维热应力数学模型。寇绍全 (1987) 对 Stripa 花岗岩变形和破坏特性进行了热破裂损伤的实验, 实验结果表明: 经过中等温度 (100°C 左右) 热处理后, Stripa 花岗岩的多数力学特性都出现极大值, 这与裂纹密度及声速比在温度下取极小值对应, 抗压强度随热处理温度的变化规律与抗拉强度和断裂韧性不同, Stripa 花岗岩的断裂韧性随拉伸强度的减少而减少; 热处理温度低于 200°C 时, 花岗岩中包含的裂纹较少, 主要在颗粒边界上, 随热处理温度升高, 颗粒边界更明显, 温度越高, 穿晶裂纹越普遍, 经过 450°C 和 600°C 处理的样品的颗粒边界常发现裂纹包围的碎片。陈颙等 (1999) 用山东东营碳酸盐岩样品进行实验, 首先把样品加热到给定的温度, 冷却至室温后, 测量其渗透率。岩石存在着 110~120°C 的温度阈值, 一旦达到或超过这个温度阈值, 岩样的渗透率会有 8~10 倍的增长, 超过阈值温度后进一步加热, 岩石的渗透率只是缓慢增加。这种渗透率的突变可用逾渗 (percolation) 模型来描述。按照逾渗模型, 岩石内部裂纹随加热温度是连续增加的, 只有裂纹连通网络时, 岩石整体渗透率才会有突然明显的变化。所做的部分岩石声发射率随温度变化的实验结果表明: 60~70°C 似乎是一个阈值温度, 一旦超过这个阈值温度, 岩石中就开始出现声发射, 尽管加热速率高时声发射率高, 但开始出现声发射的阈值温度与加热速率无关。通过检测岩石升温和降温时的纵波速度，也可以判断岩石是否发生破裂。周克群等 (2000) 将砂岩、碳酸岩盐和花岗岩等岩石从 30°C 加热到 120°C 以后再降温，对各温度点测量纵波速度，实验完成后利用核磁共振技术研究其孔隙度和渗透率。实验表明：某岩石加热再降温后，纵波速度不能恢复且出现较大下降，核磁共振实验表明孔隙度和渗透率增加。并研究热破裂对储集岩石的物性影响，系统地考察了声学检测、磁共振技术等方法在检测岩石热破裂中的效果。在实验中选择了一些沉积岩作为研究对象，采用磁共振技术和声学测量手段来研究热破裂对岩石性质的影响，并在热处理前后测量了岩样的孔隙度、渗透率值。许锡昌 (2003) 通过对花岗岩在 20~60°C 范围内基本力学性质的研究，探讨了弹性模量、单轴抗压强度以及泊松比随温度的变化规律，发现 75°C 和 200°C 分别为花岗岩弹性模量和单轴抗压强度的门槛温度。

16.2.2 花岗岩颗粒尺寸分析

采用太原理工大学的显微 CT 试验机，研究了花岗岩组构与热破裂的细观规律，岩石样品为山东平邑的花岗岩，它是在中国矿业大学 20MN 伺服控制高温高压试验机上进行过的花岗岩试验的试样，该试样为不同加热温度下采集的试样，对其进行了不同的加热温度下花岗岩热破裂的细观显微 CT 观测研究。

表 16.2.1 给出了 X-Y 剖面第 500 层的花岗岩热破裂单元尺度统计，表 16.2.2 给出了 X-Z 剖面第 512 层的花岗岩热破裂单元尺度统计。如表 16.2.1 所示，在 X-Y 剖面上，第 500 层的花岗岩剖面，可明显地判断岩石颗粒的绝对尺寸为 0.04~0.10mm，等效的圆形半径为 0.1~0.2mm。岩石颗粒不好区分的区域，这里未做统计，仅给出一些十分明显的、密度较大的岩石颗粒尺寸统计。

表 16.2.1 X-Y 剖面第 500 层花岗岩热破裂单元尺度统计

编号	单元所占的像素个数	单元的绝对尺寸/(mm×mm)	面积/mm^2	等效圆形的半径/mm
1	106×119	0.195 8×0.219 8	0.043 0	0.117 043
2	110×148	0.203 2×0.273 4	0.055 5	0.132 980
3	143×200	0.264 2×0.369 5	0.097 6	0.176 278
4	127×116	0.234 6×0.214 3	0.050 3	0.126 502

表 16.2.2 X-Z 剖面第 512 层花岗岩热破裂单元尺度统计

编号	单元所占的像素个数	单元的绝对尺寸/(mm×mm)	面积/mm^2	等效圆形的半径/mm
1	104×257	0.339 0×0.474 0	0.160 6	0.2261 6
2	113×146	0.208 8×0.269 7	0.056 3	0.1338 8
3	249×228	0.450 6×0.421 2	0.189 7	0.2457 9
4	169×227	0.312 2×0.419 4	0.130 9	0.2041 53
5	346×249	0.639 2×0.460 1	0.294 1	0.305 96

16.2.3 500°C 下花岗岩的高温热破裂特征分析

(1) 如图 16.2.1 所示为 X-Y 剖面的第 300,500,700 和 900 层的 CT 扫描图片，其热破裂的裂纹网络几乎全部是围绕花岗岩颗粒交界的弱面闭环的多边形分布，形成一个空间的裂隙网络，热破裂单元面积为 0.1~0.2mm^2，等效圆形半径为 0.15~0.25mm，这与花岗岩颗粒尺度是十分接近的。但破裂单元的等效圆形半径较颗粒尺寸半径大 0.05mm。

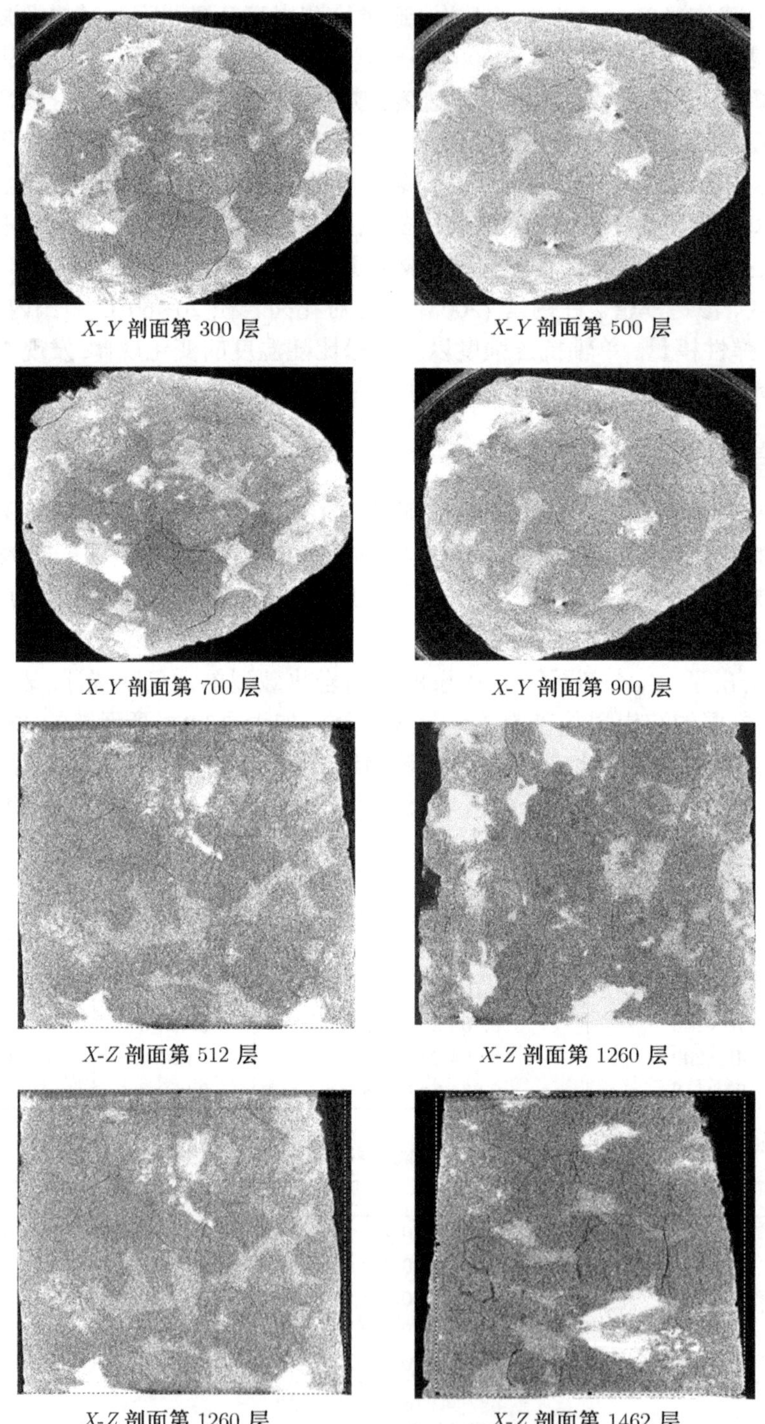

图 16.2.1　500°C 花岗岩热破裂特征

实验条件：电压 $V = 80\text{kV}$, 放大倍数 $M = 105$ 温度, $T = 500°\text{C}$

(2) 从岩石纵向剖面 X-Z 剖面与 Y-Z 剖面的 CT 扫描图像分析, 其 500°C 下的热破裂依然是沿岩石颗粒之间交界的相对较弱的胶结物发生, 其尺寸大致与 X-Y 剖面相一致。在

X-Z 剖面第 512 层, 其破裂单元的尺寸为 0.1~0.3mm; 在 Y-Z 剖面第 1260 层, 其破裂单元的尺寸为 0.1~0.3mm, 呈一个不规则的多边形。

(3) 由于缺乏高层次的试验仪器, 国内外长期以来对岩石破裂及颗粒分布的空间形态研究较少, 通过太原理工大学的显微 CT 试验系统, 清楚地看到花岗岩的岩石颗粒为 100~300μm 的一个不规则的空间结构体, 图 16.2.1 中的 XY, XZ 和 YZ 三个方向的剖面清楚地给出了花岗岩的空间结构形状及其轮廓。

(4) 500°C 温度下, 岩石发生热破裂, 其破裂主要发生在岩石颗粒之间的胶结物内。但也有一些穿过岩石颗粒的破裂, 如 X-Y 剖面的第 700 层右下角的白色的岩石颗粒的左侧的热破裂就穿越了该岩石颗粒, 左上角的裂纹也穿越了岩石颗粒。Y-Z 剖面第 1260 层的中部, 一个热破裂单元也穿越了细长形的岩石颗粒。由此可见, 岩石热破裂的发生还受其他因素的制约, 只是相对较小而已。

16.2.4 加热过程中花岗岩的热破裂演化

图 16.2.2 给出了不同温度下花岗岩热破裂演化 CT 图片。该试样放大倍数为 105~171 倍, 扫描单元尺寸为 1.09μm×1.09μm, 试样尺寸为 1.720mm×1.447mm。由图 16.2.2(a) 可见, 在常温下, 花岗岩细观上十分致密, 根本不存在明显的微裂纹, 该试样剖面基本上由三大部分组成, 右侧的高密度区, 其 X 射线的吸收系数为 0.0302749; 中部的低密度区, 其 X 射线的吸收系数为 0.0124444; 左侧的次低密度区, 其 X 射线的吸收系数为 0.0166752。夹在两侧的相对密度较高的区域的中部的低密度区的中间部分, 有一些较为明显的密度更低的扫描单元连成一些曲折的线, 貌似裂纹, 是花岗岩最先热破裂的区域。

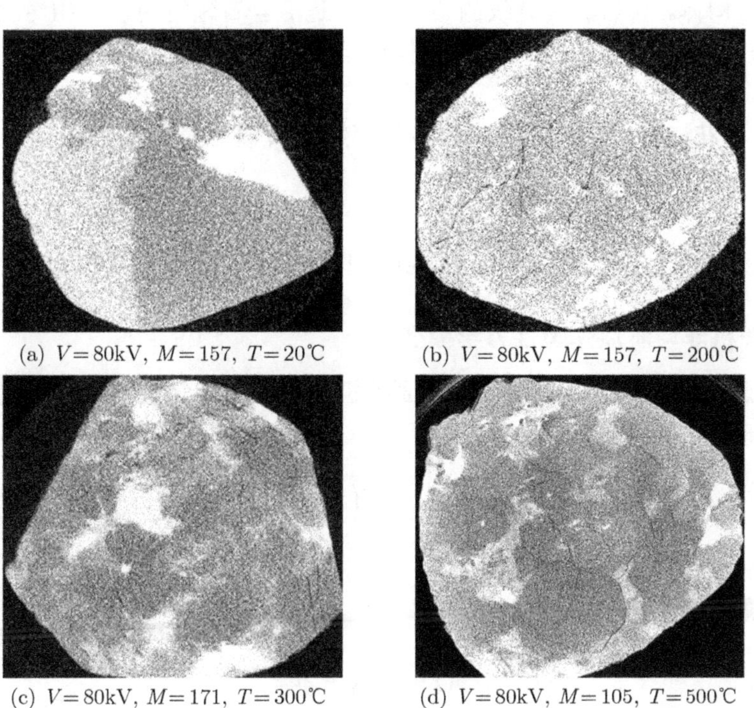

(a) $V=80\text{kV}$, $M=157$, $T=20$℃　(b) $V=80\text{kV}$, $M=157$, $T=200$℃

(c) $V=80\text{kV}$, $M=171$, $T=300$℃　(d) $V=80\text{kV}$, $M=105$, $T=500$℃

图 16.2.2 不同温度下花岗岩热破裂演化

由图 16.2.2(b) 可见, 在 200°C 时, 花岗岩晶体颗粒周围裂纹孕育, 多数出现了较明显的弱化连线, 但尚未开裂形成包围花岗岩颗粒的封闭多边形裂纹, 仅有极少数晶界微裂纹形成, 如左上侧的看似一条贯通的大裂纹, 是由许多间断的小裂纹组成的。自下而上, 其间断裂纹的长度分别为 23μm, 34μm, 45μm, 18μm, 32μm, 46μm, 104μm 和 18μm。

由图 16.2.2(c) 可见, 在 300°C 时, 微裂纹进一步扩展和产生, 部分搭接贯通形成更大的裂纹, 裂纹长度明显增加, 如右侧边界处, 裂纹长度为 316μm; 右侧上方, 裂纹长度为 308μm, 较 200°C 时热破裂裂纹长度增加了很多, 且环绕花岗岩晶体颗粒的裂纹也增加。

由图 16.2.2(d) 可见, 在 500°C 时, 微裂纹进一步扩展与贯通, 其长度贯穿整个岩石试样, 包围花岗岩晶体颗粒的封闭多边形裂纹几乎全部形成, 使花岗岩呈现麋棱状的晶体颗粒结构体, 与此同时, 还出现了一些穿晶裂纹, 这是其他温度段所不曾见到的, 花岗岩的热破裂达到了更高层次, 相应的宏观力学试验, 表现出声发射数量和能量的进一步增加, 这就是花岗岩热破裂的典型特征。

16.2.5 花岗岩热破裂特征

(1) 花岗岩是由密度差异较大的花岗岩晶体颗粒胶结而成的, 其颗粒尺寸为 100~300μm, 它是不规则的空间结构体, 常温下是致密的, 在显微 CT 观测下, 未见微裂纹的存在。

(2) 热作用下, 随温度升高, 花岗岩的热破裂逐渐演化与发展, 200°C 时, 已可见到极少数的很小的微裂纹出现。300°C 时, 部分裂纹搭接形成了较大的裂纹, 裂纹长度增加 10 倍左右。

(3) 500°C 时, 包围花岗岩晶体颗粒的封闭多边形裂纹几乎全部形成, 使花岗岩呈现麋棱状的晶体颗粒结构体。其热破裂裂纹的 90% 以上是沿岩石颗粒周边的相对弱的胶结界面发生的, 因此热破裂形成了一个三维的不规则的裂隙网络。同时, 裂纹搭接, 也出现了较多的贯穿整个试样的裂纹。

(4) 500°C 下花岗岩的热破裂出现了少数穿越岩石颗粒的裂纹, 其概率在 10% 以下, 这是其他温度段所不曾见到的。

16.3 岩石热破裂门槛值的数值实验

16.3.1 平面随机非均质热弹塑性力学模型

考虑热膨胀系数 β 为随机变量, 则平面随机非均质热弹塑性力学模型为考虑温度效应的用位移表达的岩体应力平衡方程为

$$(\lambda+\mu)\frac{\partial^2 u_j}{\partial x_i \partial x_j}+\mu\frac{\partial^2 u_i}{\partial x_j \partial x_j}+F_i=3K\left(\beta\frac{\partial T}{\partial x_i}+T\frac{\partial \beta}{\partial x_i}\right)\quad (i=1,2) \tag{16.3.1}$$

考虑温度作用的岩体本构关系, 有

弹性阶段:

$$\sigma_{ij}=\frac{E}{1+\nu}\varepsilon_{ij}+\frac{E\nu}{(1+\nu)(1-2\nu)}\theta\delta_{ij}-3K\beta T\delta_{ij} \tag{16.3.2}$$

塑性阶段:

$$\mathrm{d}\varepsilon_{ij}=\frac{1}{2G}\mathrm{d}s_{ij}+\mathrm{d}\lambda s_{ij}$$

$$\mathrm{d}\lambda = \frac{3\mathrm{d}\varepsilon_i^v}{2\sigma_i} \tag{16.3.3}$$

求解随机非均质固体变形控制方程组的有限元离散方程:

$$\boldsymbol{K\delta} + \boldsymbol{F}_T + \boldsymbol{F}_\beta + \boldsymbol{F}_q = 0 \tag{16.3.4}$$

式中, $\boldsymbol{F}_T$ 为温度作用项; $\boldsymbol{F}_\beta$ 为热膨胀作用项; $\boldsymbol{F}_q$ 为载荷项。

采用有限元法与物理学的逾渗研究方法结合, 并用随机均匀分布 (0, 1)/m、随机正态分布、随机韦伯分布、随机指数分布四种随机概率分布模拟岩石的热膨胀系数 β, 通过大量的数值实验, 以揭示: ① 岩石热破裂门槛值温度随热膨胀系数的变化规律与机理; ② 岩石热破裂门槛值温度与力学性质的变化规律; ③ 岩石热破裂的变化过程。

16.3.2 数值实验方法

1. 数值实验模型简化

本节的分析仅假设热膨胀系数服从随机分布, 其他力学参数不再假定随机分布, 如弹性模量、泊松比、内摩擦角、抗拉强度、抗剪强度、抗压强度等, 而认为都是常数。并假定整个分析模型的温度相同, 即这里的分析中, 不考虑温度梯度引起的热破裂, 而仅考虑非均匀热膨胀系数引起的热破裂。应力场的边界条件如图 16.3.1, 数值实验采用平面应力模型, 取平面模型的几何尺寸为 20cm×10cm, 共划分 400×200 个单元, 每个单元的尺度 0.5mm×0.5mm。

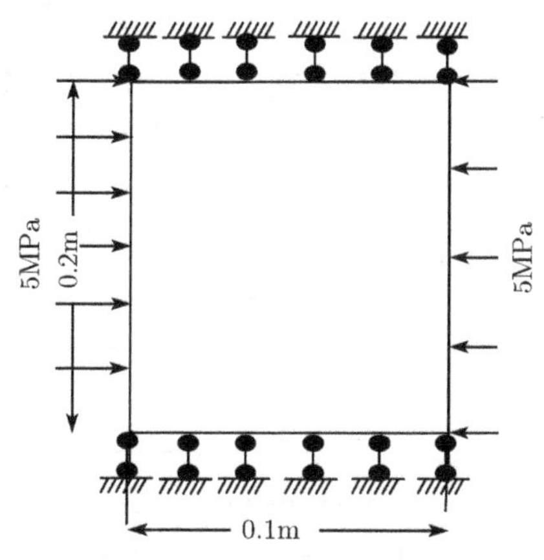

图 16.3.1 应力边界条件

2. 随机非均质参数分布模式

数值实验采用有限元分析方法, 热破裂的判断采用 Drucker-Prager 屈服准则, 数值实验的物理力学参数为表 16.3.1。采用增量加温的方式, 初始温度取为 $T_0 = 20°\mathrm{C}$。以下为用四种不同的概率分布模拟各单元的热膨胀系数。

(1) 区间 (0,1) 内随机均匀分布 $(0,1)/m$, 产生在 (0,1) 区间上均匀分布的随机数序列除以分布参数 m, 其中 $\sigma_0 = 1/m$ 表征非均质参数为 m 时岩石所表示的物理参数的平均值。

(2) $\sigma(\sigma_0, m) = \dfrac{1}{\sqrt{2\pi}m}\exp\left(-\dfrac{(\sigma-\sigma_0)^2}{2m^2}\right)$, m 设为随机分布参数, 模拟岩石各单元的非均质性。其中 $\sigma_0 = E(\sigma)$ 表征非均质参数为 m 时岩石所表示的物理参数的平均值, $E(\sigma)$ 为服从正态分布的期望值。

(3) 随机韦伯分布 $\tau(\sigma_0, m) = \dfrac{m}{\sigma_0}\left(\dfrac{\sigma}{\sigma_0}\right)^{m-1}\mathrm{e}^{-\left(\frac{\sigma}{\sigma_0}\right)^m}$, m 设为随机分布参数, 模拟岩石各单元的非均质性。其中 $\sigma_0 = E(\sigma)/\Gamma(1/m+1)$ 表征非均质参数为 m 时岩石所表示的物理参数的平均值, $E(\sigma)$ 为服从韦伯分布的期望值。

(4) 随机指数分布 $\lambda(\sigma_0, m) = m\mathrm{e}^{-m(x-\sigma_0)}$, m 设为随机分布参数, 模拟岩石各单元的非均质性。其中 $\sigma_0 = E(\sigma) - 1/m$ 表征非均质参数为 m 时岩石所表示的物理参数的平均值,

$E(\sigma)$ 为服从指数分布的期望值。

表 16.3.1 数值实验的物理力学参数

杨氏模量/MPa	泊松比	内摩擦角/(°)	单轴抗压强度/MPa	单轴抗拉强度/MPa
1000	0.25	35	80	5

16.3.3 岩石热破裂门槛值的数值实验研究

本节通过进行上述四种岩石热膨胀系数的概率分布下热破裂的数值实验, 得到了热破裂门槛温度与各热膨胀随机分布形式与参数的相关规律, 图 16.3.2~16.3.5 为岩石热破裂门槛温度值随分布参数 m 的变化曲线。

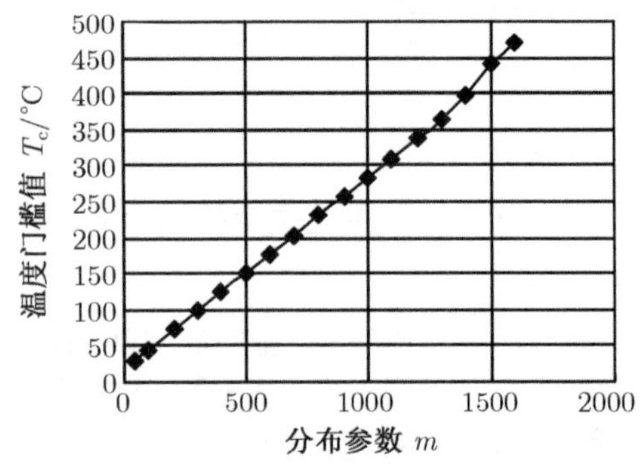

图 16.3.2 均匀分布情况下, 热破裂门槛值温度与分布参数的关系曲线

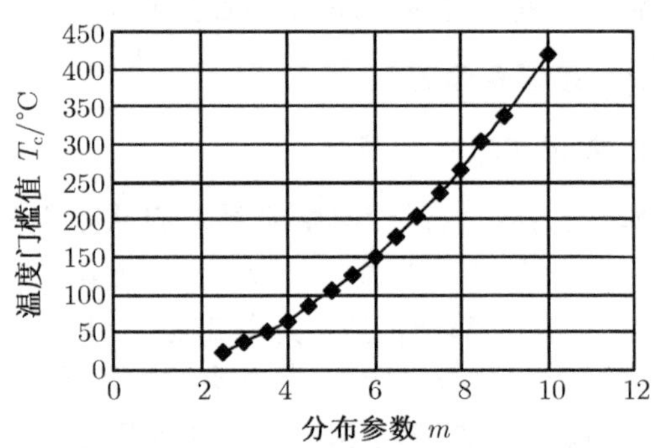

图 16.3.3 正态分布情况下, 热破裂门槛值温度与分布参数的关系曲线

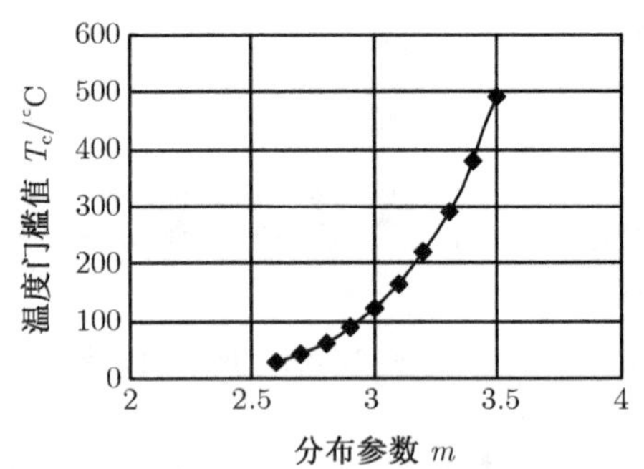

图 16.3.4 韦伯分布情况下, 热破裂门槛值温度与分布参数的关系曲线

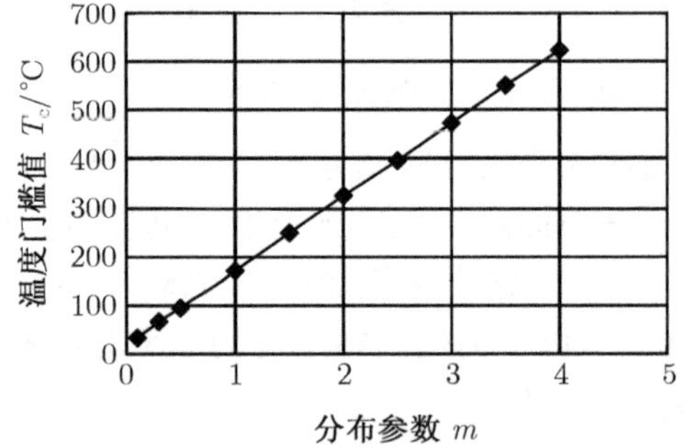

图 16.3.5 指数分布情况下, 热破裂门槛值温度与分布参数的关系曲线

(1) 均匀分布下热破裂的门槛值温度。如图 16.3.2 所示, 对于随机均匀分布, 当 m 增大时, 热膨胀系数的非均质性减小, 因而岩石的热应力差减小, 岩石破坏的概率降低, 因而门槛值温度升高。随着热膨胀系数的减小, 门槛值温度减少的速度较快, 分布参数 m 与门槛温度成严格的线性关系, $T_c = 0.2654m + 18.396$, 这种情况看来与实际不符。

(2) 正态随机分布的门槛值温度。如图 16.3.3 所示, 用正态概率分布来模拟各单元的热膨胀系数, 随着分布参数 m 的增加, 岩体热破裂门槛值温度逐渐缓慢增加, 二者呈幂函数关系, $T_c = 3.973m^{2.0246}$, 相关系数达 99%。

(3) 韦伯随机分布的门槛值温度。如图 16.3.4 所示, 用韦伯概率分布来模拟各单元的热膨胀系数, 热破裂门槛值温度随着分布参数 m 增大而明显增大, 当分布参数 m 有一微小变化时, 热破裂门槛值温度变化很快, 也就是说热破裂门槛值温度对分布参数 m 的敏感性非常强, 曲线的曲率较大, 仍然呈幂函数关系, $T_c = 0.0038m^{9.4172}$, 相关系数达 100%。

(4) 指数分布的门槛值温度。如图 16.3.5 所示, 用随机指数概率分布来模拟各单元的热膨胀系数, 随着热膨胀系数的减小, 门槛值温度减少的速度较快, 分布参数 m 与门槛温度成严格的线性关系, $T_c = 23.9684m + 6.859$, 这种情况看来也与实际不符。

16.4 随机介质固热耦合数学模型与应用分析

将所有的物理力学参数作为随机变量, 建立了三维随机介质的固热耦合数学模型, 采用有限元做数值模拟, 以研究随机非均质性和温度对岩石变形的影响, 进一步揭示岩石热破裂随温度、材料特性非均质分布的变化规律与机理。

16.4.1 基本假设

建立随机介质固热耦合数学模型, 进行岩石的热破裂的数值实验研究, 必须考虑岩石在细观上是由随机非均质的颗粒组成的, 运用概率统计学和有限元数值计算方法, 并采用弹塑性理论和热传导理论, 为研究方便起见, 引入如下假设。

(1) 岩石细观上是由随机非均质的颗粒结合而成的, 但对于分析简化的细观单元而言, 仍包含了较多的矿物颗粒, 细观单元宏观上是均质各向同性的弹性介质。

(2) 岩石中热的传输仅以传导的形式, 不考虑对流与辐射形式的传热。

(3) 由于这些细观单元尺寸很小, 已不具备宏观的统计特性, 因而用细观单元表示的单元特性, 整体上呈现随机非均质性。

(4) 由于细观单元的非均质性, 同时反映到弹性常数、热传导系数、热膨胀系数、热容系数、内摩擦角、内聚力和抗剪与抗压强度等特性也具有随机非均质特性, 并假设这些参数的随机性与非均质的随机性是统一的。

(5) 在上述随机非均质性的假设下产生的各向异性忽略不考虑。

16.4.2 随机介质固热耦合数学模型

考虑温度效应的用位移表达的岩体应力平衡方程为

$$(\lambda+\mu)\frac{\partial\varepsilon}{\partial x_i}+\mu\nabla^2 u+\frac{\partial\lambda}{\partial x_i}\varepsilon+\sum_{j=1}^{3}\frac{\partial G}{\partial x_j}\frac{\partial u_i}{\partial x_j}+\sum_{j=1}^{3}\frac{\partial\mu}{\partial x_j}\frac{\partial u_j}{\partial x_i}+F_i$$
$$=3\left(K\beta\frac{\partial T}{\partial x_i}+\frac{\partial\beta}{\partial x_i}+\beta T\frac{\partial K}{\partial x_i}\right)\quad(i=1,2,3)\tag{16.4.1}$$

考虑温度作用的岩体弹塑性本构关系为方程 (16.1.8) 和 (16.1.9)。

考虑非均质的非稳态热传导方程为

$$\lambda\nabla^2 T+\frac{\partial\lambda}{\partial x_1}\frac{\partial T}{\partial x_1}+\frac{\partial\lambda}{\partial x_2}\frac{\partial T}{\partial x_2}+\frac{\partial\lambda}{\partial x_3}\frac{\partial T}{\partial x_3}=\rho c\frac{\partial T}{\partial t}+Q_0\tag{16.4.2}$$

方程 (16.4.1), (16.1.8), (16.1.9) 和 (16.4.2) 构成了随机介质固热耦合数学模型。

随机介质固热耦合数学模型与均质的固热耦合数学模型相比, 有以下不同之处：岩体应力平衡方程中增加了四项, 即由于热膨胀系数 β 梯度引起的变形项 $3KT\dfrac{\partial\beta}{\partial x_i}$ 与弹性常量

E, v 梯度引起的三个变形项。以往的热弹性力学方程中仅考虑温度梯度引起的变形项, 而这四项未考虑, 在岩石热破裂研究中, 这四项占有相当的份量, 特别是热膨胀系数 β 梯度引起的变形项 $3KT\dfrac{\partial\beta}{\partial x_i}$, 这一项对岩石变形影响很大。而非均质的热传导方程中增加了一项, 即为热传导系数 λ 梯度引起的变形项 $\dfrac{\partial\lambda}{\partial x_1}\dfrac{\partial T}{\partial x_1}+\dfrac{\partial\lambda}{\partial x_2}\dfrac{\partial T}{\partial x_2}+\dfrac{\partial\lambda}{\partial x_3}\dfrac{\partial T}{\partial x_3}$。此外, 由于细观单元的非均质性, 同时反映到弹性常数也具有随机非均质特性, 从这种意义下讲, 上述固热耦合模型是一般意义下的随机介质固热耦合数学模型。

16.4.3 数值实验模型

这里仅给出热膨胀系数 β 和热传导系数 λ 服从随机概率分布的计算结果, 其他力学参数均认为是一常数, 取平面模型的几何尺寸为 20cm×10cm, 共划分 400×200 个单元, 每个单元的尺度 0.5mm×0.5mm。热破裂的判断仍然采用 Drucker-Prager 屈服准则, 数值实验采用平面应变模型, 温度场和应力场的边界条件如图 16.4.1 和图 16.4.2, 岩石试件左上角单元初始温度为 700°C, 其他单元的初始温度为 20°C。这样的分析不仅考虑温度梯度引起的热破裂, 而且考虑热膨胀系数非均匀引起的热破裂。采用随机介质的固热耦合数学模型的有限元数值解法, 考虑平面应变模型, 数值实验的物理力学参数为表 16.4.1。用以下三种不同的概率分布模拟各单元的热膨胀系数。

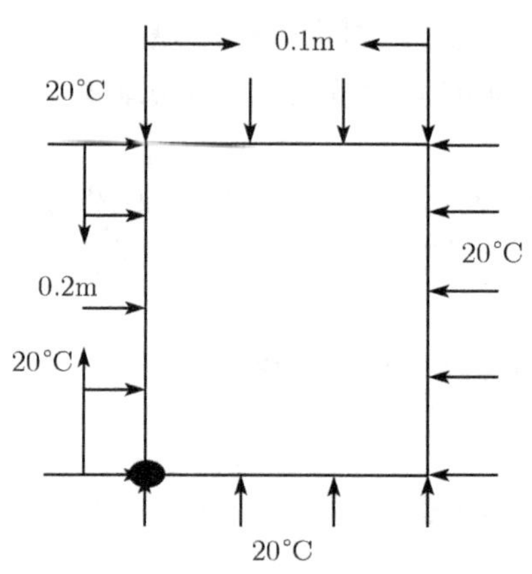

图 16.4.1 温度场边界条件

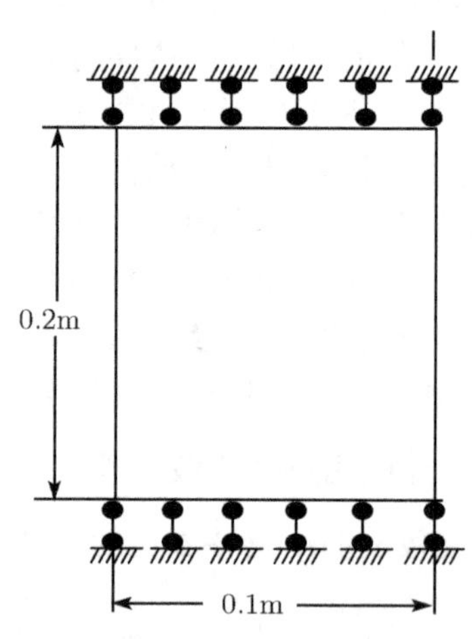

图 16.4.2 应力场边界条件

(1) 区间 (0,1) 内随机均匀分布 $(0,1)/m$。

(2) 随机韦伯分布 $\tau(\sigma_0,m)=\dfrac{m}{\sigma_0}\left(\dfrac{\sigma}{\sigma_0}\right)^{m-1}\mathrm{e}^{-\left(\frac{\sigma}{\sigma_0}\right)^m}$, m 设为随机分布参数。

(3) 随机指数分布 $\lambda(\sigma_0,m)=m\mathrm{e}^{-m(x-\sigma_0)}$, m 设为随机分布参数。

表 16.4.1 数值实验的物理力学参数

杨氏模量 /MPa	泊松比	内摩擦角 /(°)	内聚力 /MPa	单轴抗压强度 /MPa	单轴抗拉强度 /MPa	密度 /(kg/m^3)	比热 /(J·kg^{-1}·K^{-1})
7000	0.15	35	0.31	80	5	2700	1080

16.4.4 韦伯分布下岩石热破裂

通过有限元数值实验, 给出在随机韦伯分布形式下, 岩石热破裂数值实验结果, 在不同的随机分布和各分布参数 m 下, 得到了岩石的热破裂形式、破裂率和温度分布情况, 并给出了各分布形式下破裂率随时间的变化曲线。

在韦伯分布下, 从表 16.4.2~16.4.3 的图中可以看出, 在较短时间 (1.04~1.98h) 内岩石的热破裂变化明显, 岩石的热破裂从试件的温度最高处 (左上角) 开始, 向右下方逐渐扩展, 温度分布也是从试件左上角逐渐向下延伸形成一个扇形区域, 当分布参数 $m=1$ 时, 岩石热破裂率从 21.36%变化到 59%, 近似于一条直线, 破坏区域从小到大, 岩石在 0.8h 形成了少部分的裂纹发展到 1.3h 时已经形成了大部分裂纹, 当时间达到 1.6h 时, 这些裂纹才形成网

表 16.4.2 随机韦伯分布 $\tau(\sigma_0, m)(m=1)$ 下热破裂的数值实验结果

时间/h	热破裂形式	热破裂率/%	温度分布/°C
1.04	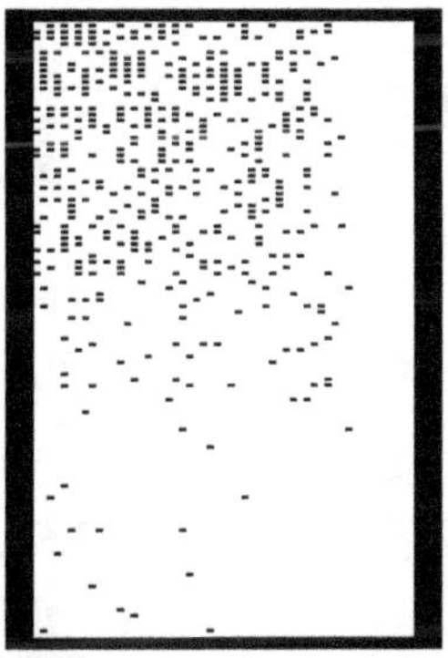	21.36	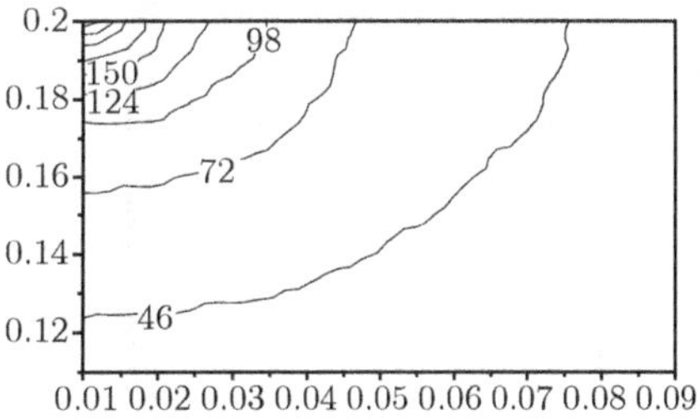
1.3	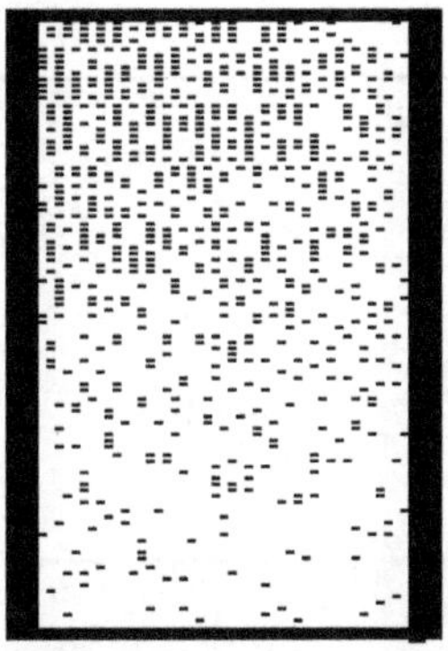	36.16	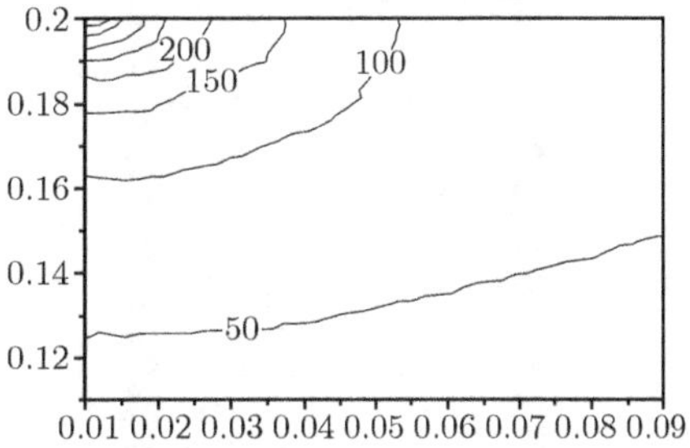
1.6	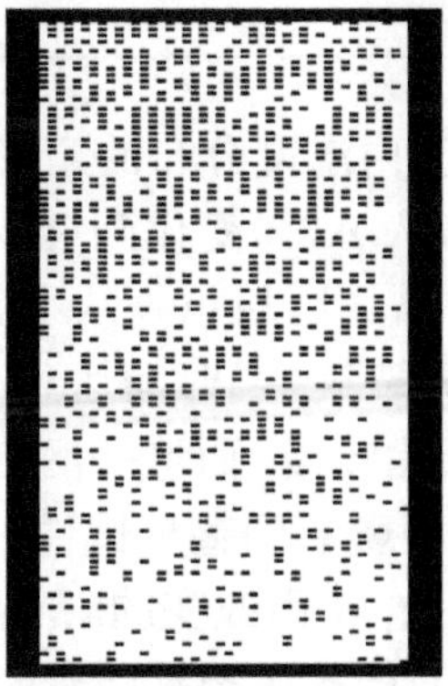	54.16	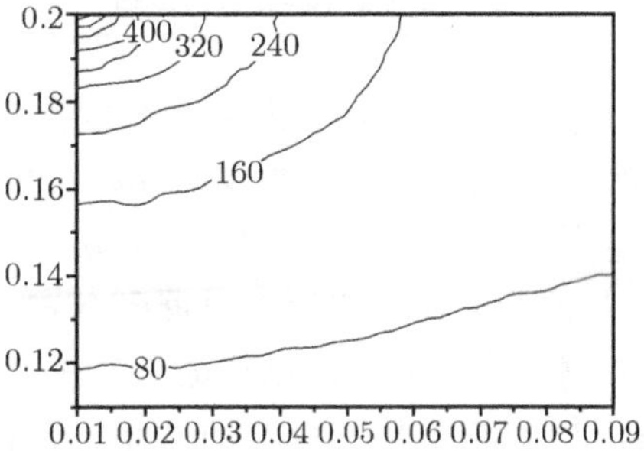

表 16.4.3 随机韦伯分布 $\tau(\sigma_0, m)(m=2)$ 下热破裂的数值实验结果

时间/h	热破裂形式	热破裂率/%	温度分布/°C
1.3	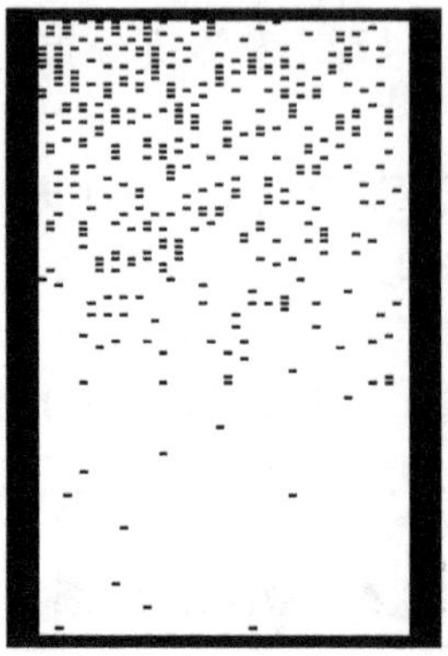	17.02	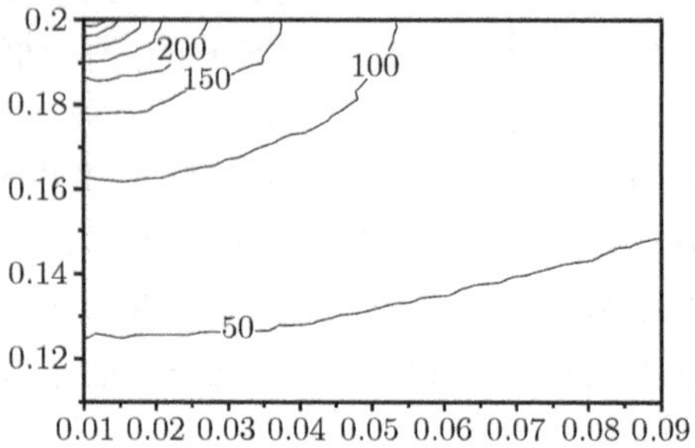
1.6	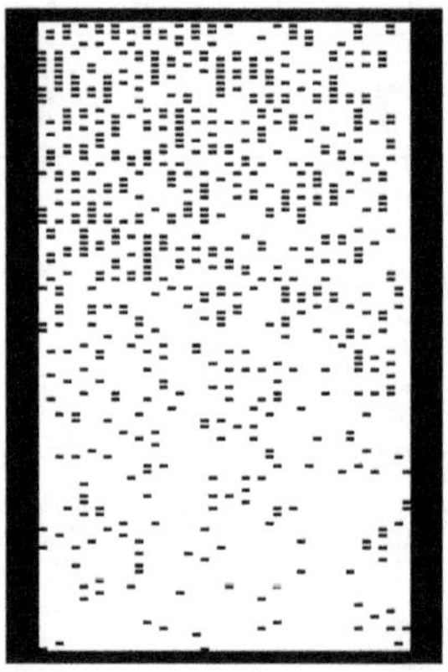	31.62	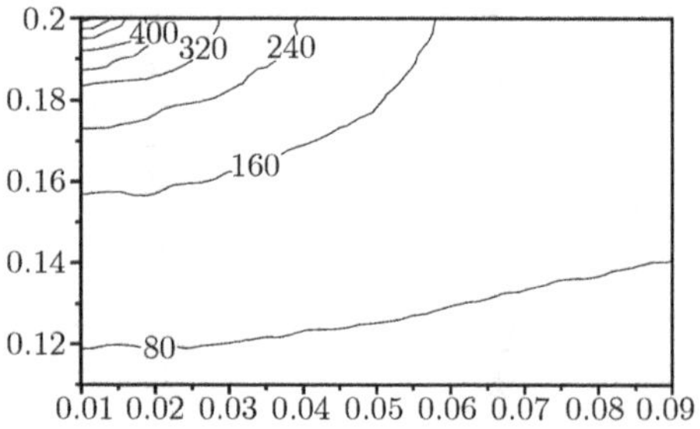
1.98	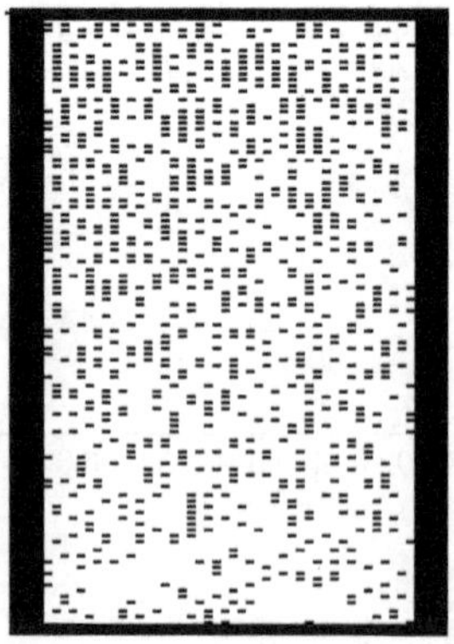	47.86	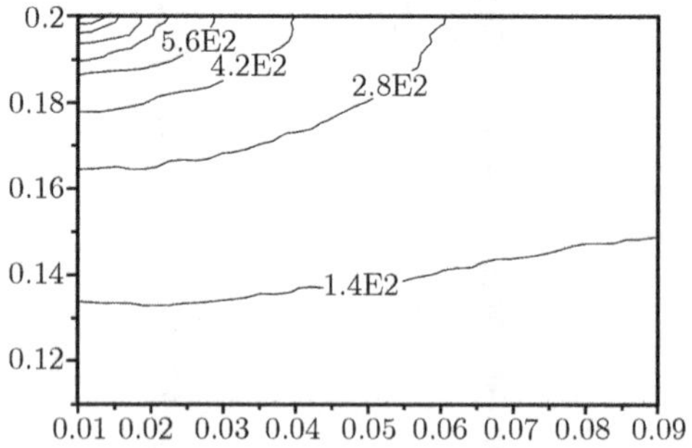

络，而这些网络主要形成在岩石试件的左下角，在这段时间内温度分布的扇形区域已经影响到整个试件；而当分布参数 $m=2$ 时，岩石的热破裂率从 8.5%变化到 48%，也近似于一条直线，热破裂率变化速度与 $m=1$ 的情况基本相同，破坏区域也是从小到大，岩石在 0.9h 形成了少部分的裂纹发展到 1.6h 时已经形成了大部分裂纹，当时间达到 1.98h 时，这些裂纹才形成网络，可见形成裂纹的速度与 $m=1$ 情况相比较慢，而这些网络主要形成在岩石试件的左下角，在这段时间内温度分布的扇形区域已经影响到整个试件。由此可以看出：① 岩石的热破裂形成网络的时间是随着非均质分布参数 m 而改变的，m 越小，形成区域的时间反而越短，即热破裂现象发生的时间越短；② 岩石的热破裂率随着温度和时间的

增加而显著上升, 接近于一条直线; ③ 随着时间的增加, 岩石热破裂发展过程是一个由微裂纹、小裂纹、大裂纹到网络状裂纹的过程, 热破裂率达到 55%左右时, 裂纹才形成网络, 这与物理学中的逾渗理论相符; ④ 这种裂纹的形成和扩展完全是由非均质度参数韦伯分布形式和分布参数值来决定的; ⑤ 用韦伯分布来模拟岩石的裂纹扩展, 能反映了岩石的裂纹扩展过程。

16.4.5 指数分布下岩石热破裂

在指数分布下, 从表 16.4.4 和表 16.4.5 的图中可以看出, 在相对较长的时间 (0.65~1.98h) 内岩石的热破裂变化明显, 岩石的热破裂细观变化规律与韦伯分布基本相同, 不同之处是: ① 岩石的热破裂率随时间的变化曲线不是一条直线而是一条复杂的曲线; ② 岩石的热破裂形式与韦伯分布相比不太一样, 这是随机分布不同造成的。

表 16.4.4 指数分布下 ($m = 1$) 热破裂的数值实验结果

时间/h	热破裂形式	热破裂率/%	温度分布/°C
0.65	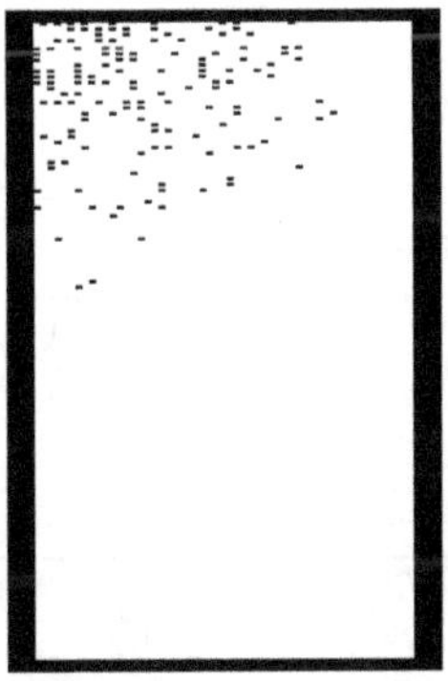	6.02	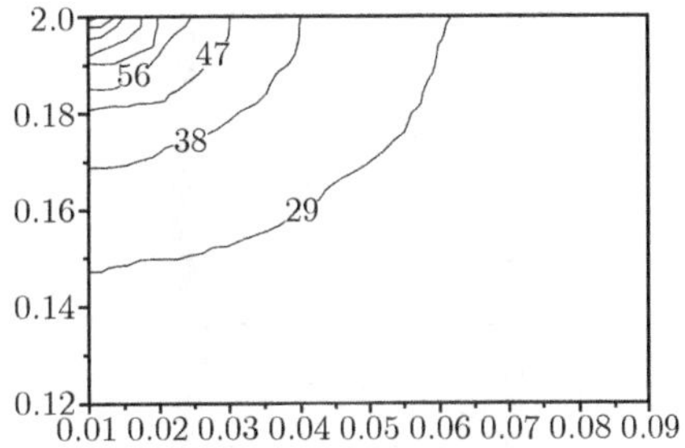
1.04	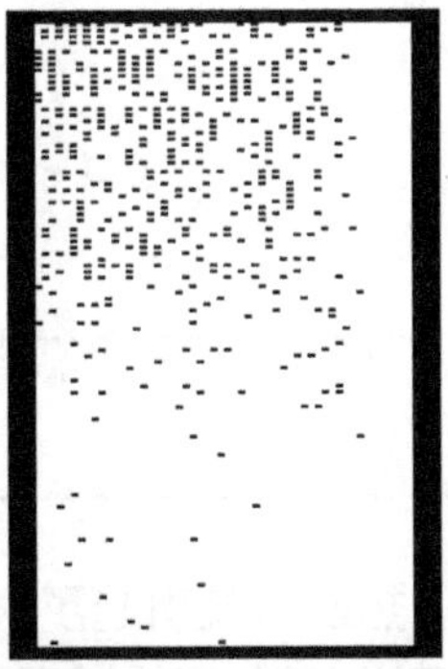	21.36	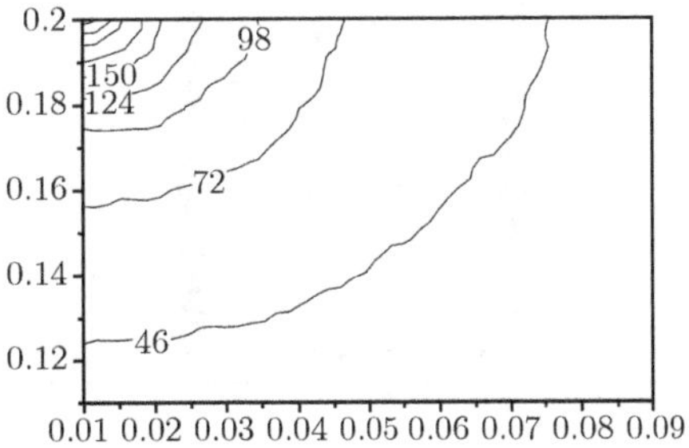
1.6	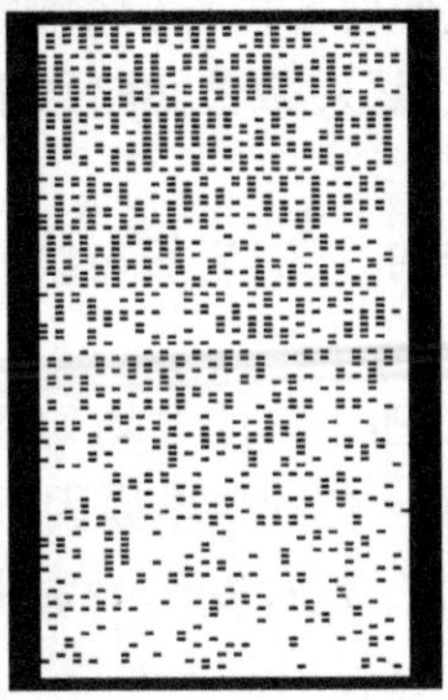	54.16	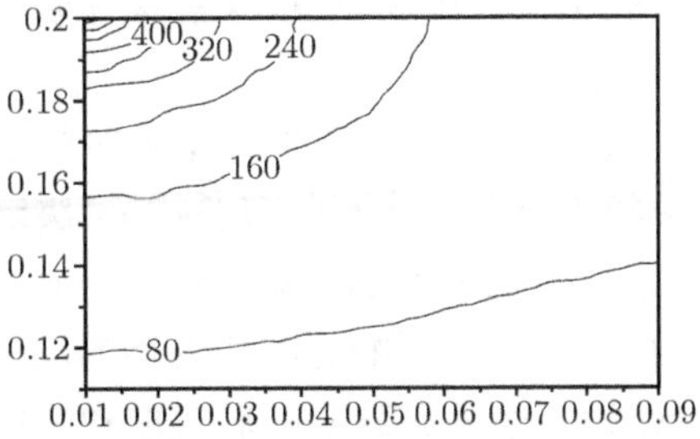

表 16.4.5　指数分布下 ($m = 3$) 热破裂的数值实验结果

时间/h	热破裂形式	热破裂率/%	温度分布/°C
1.04	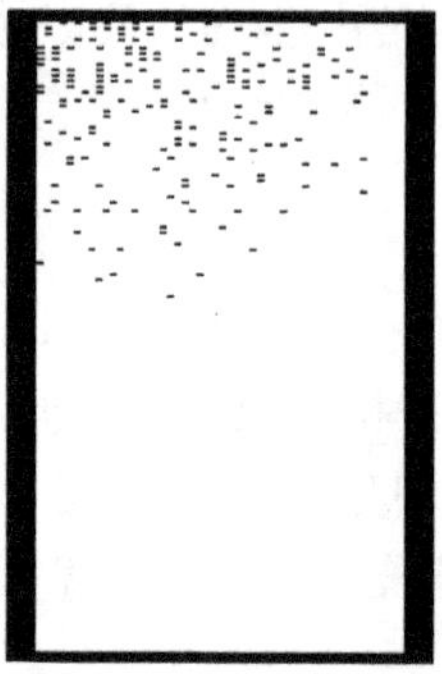	7.72	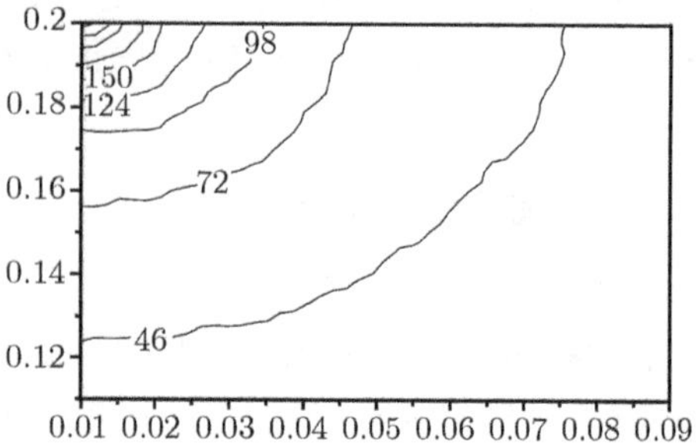
1.6	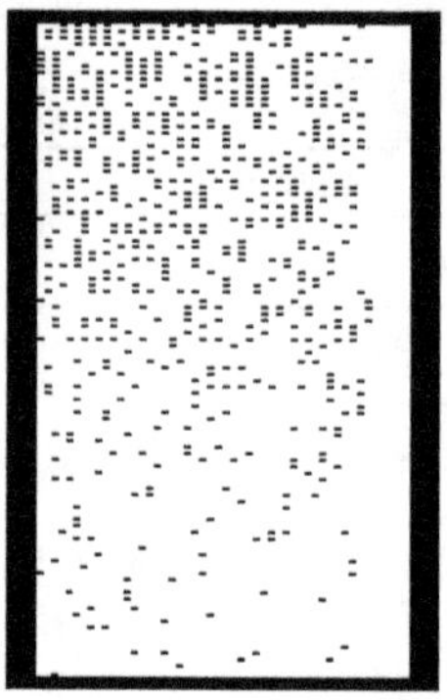	29	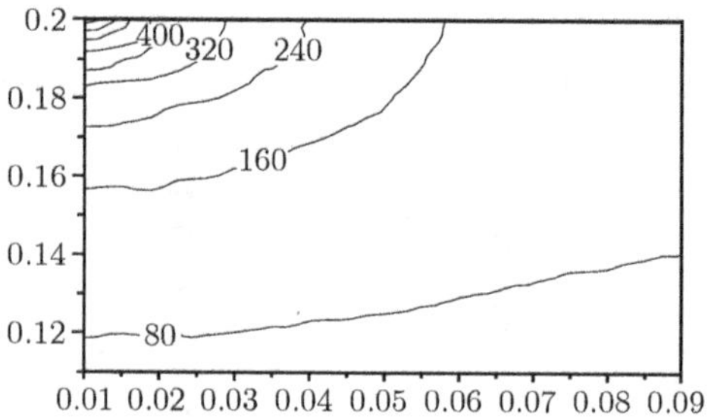
1.98	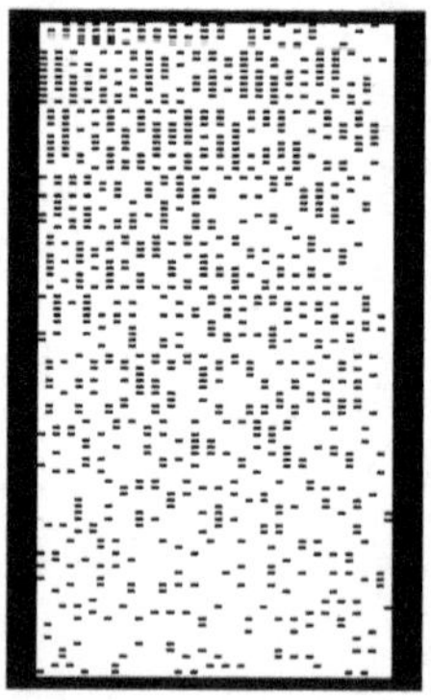	46.7	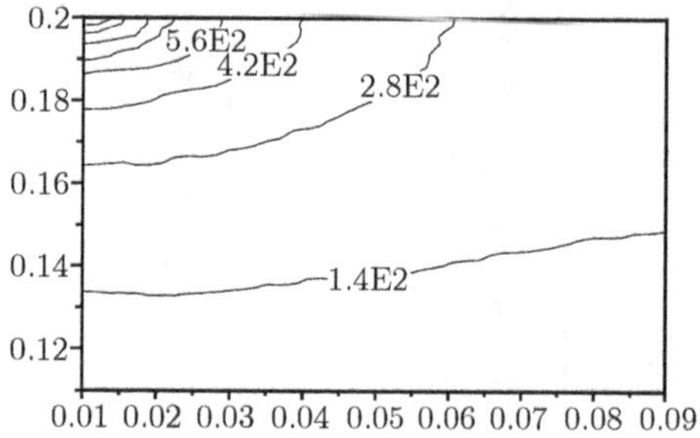

由温度和岩石的非均质性产生的非均匀热应力，而非均匀热应力又引起了岩石试件的破裂，由于温度的变化，热破裂现象逐渐形成，所以热破裂能改变岩石内部的微观结构，既能增加岩石裂隙的长度和宽度，又能增加岩石裂隙的密度。通过上述对数值实验结果的分析可以得出如下结论。

(1) 岩石的热破裂形成网络的时间是由分布参数 m 决定的，同时岩石裂纹的形成和扩展也是由随机分布形式和分布参数 m 决定的。

(2) 温度对岩石的热破坏起主导作用，这是高温造成的，而岩石的非均匀性的对岩石有一定的影响，这一影响是不能忽略的，它是造成热破裂形式不一样的根本原因。

(3) 岩石的热破裂率随着温度和时间的增加而显著上升的，这种变化关系曲线是由随机分布形式和分布参数确定的。

(4) 随着时间的增加, 在均匀分布情况下, 岩石在热破裂率达不到 40%时裂纹就已经形成网络, 这与物理学中的逾渗理论不一致; 而在用韦伯分布和指数分布情况下, 岩石热破裂发展过程是一个由微小裂纹、大部分裂纹到形成网络的过程, 这与物理学中的逾渗理论是相符合的。

(5) 岩石裂纹数量随着分布参数 m 增加而减少。

(6) 在韦伯分布和指数分布下, 岩石的热破裂细观机制的数值实验得出的结论很好地反映了实际情况。

第 17 章　固流热耦合作用与地热开采和核废料处置

固流热耦合作用是十分普遍的一类工程及物理问题，例如，在常规地热开采、高温岩体地热开采、核废料地下处置、高污染废料的地下处置、煤炭地下气化、稠油的注热开采等，都涉及流体的对流传热、固体与流体的传导传热、流体沿孔隙、裂隙的渗流和固体应力的变化，更主要的是应力场、渗流场和温度场的耦合作用，导致了许多特殊的物理与工程现象的发生，它们对工程的实施有时是有利的，有时是不利的。这就必须认真分析研究其相互作用的机理与规律，正确地把握和利用这些规律，用其巧妙地应对和解决工程技术难题。

高温岩体地热开发系统的设计与运行的关键技术参数有系统的出力与寿命，即在设计的服务年限内，地热开发系统在单位时间内允许提取的地热资源量；注水井与生产井的井口压力、注水流量、生产井的温度等都是直接的技术参数。与此紧密相关的是需要掌握人工储留层及其围岩在地热提取过程中温度场的变化、应力场的变化、人工储留层裂隙张开度的变化，更深入需要了解的是水、热、应力的复合作用下，人工储留层的二次破裂，而所有这些，都是由高温岩体人工储留层系统的固流热耦合作用所决定的。

核废料处置工程设计必须考虑的主要因素有核废料的残余能量、衰变周期、岩体的热破裂特性、核废料长期处置过程中岩体的热破裂范围及其对人类生存环境和空间的影响等，也需要通过固流热的耦合作用分析，回答上述问题。

17.1　裂隙介质固流热耦合数学模型与求解

17.1.1　物理基础

许多情况下，作为流体传输、热量传输的直接载体的岩体，可以简化为由基质岩块和裂缝组成的裂隙介质模型即认为岩体是由基质岩块与裂缝组成的结构体 (赵阳升，王瑞凤，胡耀青，等，2002)，采用岩体结构力学的研究方法，通过基质岩块与裂缝相互作用的均衡关系来建立控制方程。

岩体的变形由两部分组成：基质岩块的变形和裂缝的变形，基质岩块的变形与应力可以采用均质各向同性的弹性力学模型描述，裂缝的变形采用 Goodman 节理单元模型描述，其外力有三部分：自重应力和构造应力、裂缝中渗流压力和岩体中温度变化引起的热应力。

岩体系统中水渗流可以做如下分析：由于基质岩块孔隙极不发育，渗透性几乎为零，因此可以认为不具备储存流体和传导流体的能力。水力破裂形成的人工裂缝，构成了水渗流的裂缝网络通道，可以认为水仅沿裂缝渗流。在高水压作用下，水不能发生气化，因此，裂缝为单相水所饱和。

许多固流热耦合作用系统中的热交换可以做如下分析：基质岩块中，主要以热传导的形式发生热交换，而裂缝水以传导和对流的双重机理进行热量的交换和输运。其中，热对流是因流体的物质运动造成流体的各部分相混合，而产生的热传递；其次是由温度差导致的密度差异而造成，称为自由热传递。因此可以认为，岩体热量交换由基质岩块的热传导方程和裂缝水的热传导与对流混合方程所控制。

在建立裂隙介质固流热耦合数学模型时, 引入如下假设。

(1) 岩体是由含孔隙、裂隙的双重介质的基质岩块和岩体裂缝所组成的结构体。

(2) 岩体基质岩块可以简化为拟连续介质模型和均质各向同性的弹性体, 裂缝简化为裂缝介质模型。

(3) 与裂隙相比, 基质岩块的储水性能与透水性能均特别弱, 因而忽略基质岩块的储水性与透水性。

(4) 裂缝渗流服从达西定律:

$$q_i = K_{\mathrm{f}i} \frac{\partial p}{\partial s_i}, \quad i = (1, 2) \tag{17.1.1}$$

式中, $K_{\mathrm{f}i} = -\dfrac{b^2}{12}$ 为裂缝渗透系数, b 为裂缝宽度。

(5) 裂缝变形服从节理单元模型。

(6) 高压的作用使水不发生汽化, 故可认为岩体被单相水所饱和。

(7) 裂缝有效应力规律为 $\sigma' = \sigma - \alpha_{\mathrm{f}} p$, α_{f} 为裂缝内连通面积与总面积之比。

(8) 基质岩块遵循的热弹性本构规律为

$$\sigma'_{ij} = \lambda \delta_{ij} \varepsilon_{kk} + \frac{E}{1+\nu} \varepsilon_{ij} - \frac{E}{1-2\nu} \beta \Delta T \delta_{ij} \tag{17.1.2}$$

式中, β 为岩体的热膨胀系数 (1/°C); ΔT 为岩体的温度增量; E 为弹性模量; ν 为泊松比; λ 为拉梅常数; δ_{ij} 为 Kronecker 符号。

(9) 在温度和压力作用下, 水的密度不再是一个常数, 是压力与温度的函数, $\rho_{\mathrm{w}} = \rho_{\mathrm{w}}(p, T_{\mathrm{w}})$, 其表达式为

$$\rho_{\mathrm{w}} = \frac{1}{3.086 - 0.899017(3741 - T)^{0.147166} - 0.39(385 - T)^{-1.6}(p - 225.5) + \delta} \tag{17.1.3}$$

式中, ρ_{w} 为水的密度, g/cm^3; T 为水的温度; °C; p 为水的压力, 绝对大气压; δ 是关于 p 和 T 的某一函数, 但在一般情况下, δ 的值不超过 $\dfrac{1}{\rho_{\mathrm{w}}}$ 的 6%。

(10) 岩体中的热量可以通过传导、对流和辐射三种方式传递, 很多情况下, 辐射热量可以忽略不计。

(11) 假设水的流动属于强迫对流, 其流速不受密度与黏滞性的影响。

17.1.2　裂隙介质固流热耦合数学模型

1. *基质岩块变形控制方程*

根据假设 (2), 基质岩块是均质各向同性的弹性体, 按照弹性力学的基本理论, 基质岩块应力平衡方程为

$$\sigma_{ij,j} + F_i = 0$$

根据假设 (8), 考虑岩石热膨胀应力的影响, 用位移表示的应力平衡方程为

$$(\lambda + \mu) U_{j,ji} + \mu U_{i,jj} + F_i - \beta_T T_{,i} = 0 \tag{17.1.4}$$

上面两式中, σ_{ij} 为应力二阶张量; F_i 为体力; U 为位移; $\beta_T = \dfrac{\beta E}{1-2\nu}$; β 为岩体热膨胀系数; $T_{,i}$ 为岩体温度梯度; $\beta_T T_{,i}$ 表示其热膨胀应力; λ 与 μ 为拉梅常数。

2. 裂缝变形控制方程

根据假设 (5), 裂缝变形服从空间八结点 Goodman 节理模型, 由于节理单元的厚度与其他两个方向相比很小, 所以, 裂缝变形实际上为平面单元的变形, 由其法向应力和切向应力控制, 其控制方程为

$$\begin{aligned}\sigma_n' &= k_n\varepsilon_n \\ \sigma_s' &= k_s\varepsilon_s\end{aligned} \tag{17.1.5}$$

根据假设 (7), 裂缝有效应力规律:

$$\sigma_n' = \sigma_n - \alpha_{\mathrm{f}}p \tag{17.1.6}$$

式中, σ_n' 和 σ_s' 分别为裂缝的法向和切向有效应力; k_n 和 k_s 分别为裂缝法向与切向刚度; ε_n 和 ε_s 分别为裂缝法向与切向变形; p 为水压; α_{f} 为裂缝内连通面积与总面积之比。

3. 基质岩块温度场控制方程

根据假设 (6), 岩体被单相水所饱和, 其经典的热传导方程包括: 连续性方程、动量守恒方程、能量守恒方程:

$$\left.\begin{aligned}&\frac{\partial p}{\partial t}+\boldsymbol{\nabla}(\rho v)=0\\ &\rho\left[\frac{\partial v}{\partial t}+v_0\boldsymbol{\nabla}v\right]=-\boldsymbol{\nabla}p+\mu\boldsymbol{\nabla}^2v+\rho F\\ &\rho c\left[\frac{\partial T}{\partial t}+v_0\boldsymbol{\nabla}T\right]=\lambda\boldsymbol{\nabla}^2T+Q_0\end{aligned}\right\} \tag{17.1.7}$$

式中, v,T,t,p,F 和 Q_0 分别表示速度、温度、时间、压力、体力和热生成量; 而 ρ,μ,c 和 λ 分别表示密度、动力黏滞系数、比热和热传导系数等物理特性。但上述基本方程是描述可压缩的、特性稳定的牛顿流体; 而对于岩体热传导问题, 无速度项, 则上述方程组可以减少为只有能量方程:

$$\rho c\left(\frac{\partial T}{\partial t}+v_0\boldsymbol{\nabla}T\right)=\lambda\boldsymbol{\nabla}^2T+Q_0 \tag{17.1.8}$$

去掉速度项, 并引入特定的物理参数, 得

$$\rho_{\mathrm{r}}c_{p\mathrm{r}}\frac{\partial T_{\mathrm{r}}}{\partial t}=\lambda_{\mathrm{r}}\boldsymbol{\nabla}^2T_{\mathrm{r}}+W \tag{17.1.9}$$

式 (17.1.9) 即为基质岩块温度场控制方程。式中, ρ_{r} 为岩石密度; $c_{p\mathrm{r}}$ 为岩石比定压热容, T_{r} 为岩体温度; λ_{r} 为岩石热传导系数; W 为热量源汇项。

4. 裂缝水温度场控制方程

前面已经描述了基质岩块的温度控制方程, 式 (17.1.2)~(17.1.9) 是只有热传导项的瞬态热传导方程, 而在裂缝中, 主要介质为水, 热的输送是通过对流和传导的双过程实现的。从对流的成因来分析, 热对流可以分为自由对流和强迫对流两类, 水由于热胀冷缩造成的自身密度差异而引起沉浮所产生的对流称为自由对流; 水受外力作用而造成压力差异所产生的定向运动称为强迫对流, 当考虑自由对流时, 造成热传递过程求解困难的因素是水的速度, 因为自由对流引起流速的流动力是不同部位受热水的密度和黏滞度差异所造成的, 而水的密度和

黏滞度又是介质温度的函数, 因而必须同时联立求解介质体内部水的速度和介质体温度场。强迫对流引起水的速度的流动力则是作用在水上的外界压力差异, 因而水的速度不依赖于介质体的温度场。从运动学的观点看可以在热传输方程中把水的速度场当成已知函数给出。在高温岩体地热开发系统, 水的运动主要受注水井和生产井之间的压力所控制, 而受温度变化引起的自由对流因素所起作用相对较小, 一般可以忽略不计, 从而热传递方程和流体运动方程可以独立求解。所以, 在以下建立的热传递方程中, 是仅考虑其强迫对流因素。

从能量守恒的观点出发, 传导作用进入控制体的热流量 Q_1 为

$$Q_1 = -\lambda_{\mathrm{w}} \nabla^2 T_{\mathrm{w}} \tag{17.1.10}$$

流体运动带出控制体的净热量 Q_2 为

$$Q_2 = c_{p\mathrm{w}} \cdot \rho_{\mathrm{w}} \nabla (v_i \cdot T_{\mathrm{w}}) \tag{17.1.11}$$

水与裂缝边缘岩块的热传递是通过从岩块到裂缝水的对流而实现的, 其热流量 Q_3 为

$$Q_3 = -\frac{\lambda_{\mathrm{r}}}{\delta}(T_{\mathrm{r}b} - T_{\mathrm{w}}) \tag{17.1.12}$$

考虑控制体热量的平衡得

$$c_{v\mathrm{w}} \rho_{\mathrm{w}} \frac{\partial T_{\mathrm{w}}}{\partial t} + Q_1 + Q_2 + Q_3 = 0 \tag{17.1.13}$$

把式 (17.1.10)~(17.1.12) 代入式 (17.1.13) 则得

$$c_{v\mathrm{w}} \rho_{\mathrm{w}} \frac{\partial T_{\mathrm{w}}}{\partial t} = \lambda_{\mathrm{w}} \boldsymbol{\nabla}^2 T_{\mathrm{w}} - c_{p\mathrm{w}} \cdot \rho_{\mathrm{w}} \cdot \boldsymbol{\nabla}(v_i \cdot T_{\mathrm{w}}) + \frac{\lambda_{\mathrm{r}}}{\delta}(T_{\mathrm{r}b} - T_{\mathrm{w}}) \tag{17.1.14}$$

根据假设 (9), 高温高压下, 水的密度不再是常数, 而是水压和温度的函数。根据假设 (4) 与 (11), 水的渗流服从达西定律, 即

$$v_i = q_i = k_{\mathrm{f}} \boldsymbol{\nabla} p, \quad i = x, y, z \tag{17.1.15}$$

所以, 将式 (17.1.15) 代入式 (17.1.14) 可以得到完整的裂缝水温度场控制方程:

$$c_{v\mathrm{w}} \frac{\partial(\rho_{\mathrm{w}} T_{\mathrm{w}})}{\partial t} = \lambda_{\mathrm{w}} \boldsymbol{\nabla}^2 T_{\mathrm{w}} - c_{p\mathrm{w}} \cdot \boldsymbol{\nabla}(\rho_{\mathrm{w}} \cdot k_{\mathrm{f}} \cdot \boldsymbol{\nabla} p \cdot T_{\mathrm{w}}) + \frac{\lambda_{\mathrm{r}}}{\delta}(T_{\mathrm{r}b} - T_{\mathrm{w}})$$

写成张量的形式, 则可以写为

$$c_{p\mathrm{w}} \frac{\partial(\rho_{\mathrm{w}} T_{\mathrm{w}})}{\partial t} = \lambda_{\mathrm{w}} \boldsymbol{\nabla}^2 T_{\mathrm{w}} - c_{p\mathrm{w}} \cdot (\rho_{\mathrm{w}} \cdot k_{\mathrm{f}i} \cdot p_{,i} \cdot T_{\mathrm{w}})_{,i} + \frac{\lambda_{\mathrm{r}}}{\delta}(T_{\mathrm{r}b} - T_{\mathrm{w}}) \tag{17.1.16}$$

以上各式中符号的意义为 λ_{w} 为水的热传导系数; $c_{v\mathrm{w}}$ 为水的比定容热容; $c_{p\mathrm{w}}$ 为水的比定压热容; ρ_{w} 为水的密度; λ_{r} 为岩石的热传导系数; δ 为裂缝宽度的一半; $T_{\mathrm{r}b}$ 为岩体裂缝边缘的温度; T_{w} 为水的温度; v_i 为水的流速; q_i 为比流量; $k_{\mathrm{f}i}$ 为裂缝的渗透系数。

5. *裂缝水渗流控制方程*

根据假设 (3) 和 (4), 岩体被单相水所饱和, 且在微段上服从达西定律, 按照质量守恒定律, 研究任一裂缝控制体积单元的质量守恒, 可以得到如下方程:

$$\mathrm{div}(\rho_{\mathrm{w}} q_i) + \frac{\partial(n\rho_{\mathrm{w}})}{\partial t} = 0 \tag{17.1.17}$$

$$q_i = k_{\mathrm{f}i} \frac{\partial p}{\partial s_i} \tag{17.1.18}$$

考虑到水的微可压缩性, 有关系式:

$$\frac{\partial \rho_{\mathrm{w}}}{\partial t} = \beta_{\mathrm{w}} \cdot \rho_{\mathrm{w}} \frac{\partial p}{\partial t} \tag{17.1.19}$$

且根据假设岩体变形为孔隙、裂隙变形, 则

$$\frac{\partial e}{\partial t} = \frac{\partial n}{\partial t} \tag{17.1.20}$$

所以, 将式 (17.1.18)~(17.1.20) 代入式 (17.1.17), 则可以得到

$$\mathrm{div}(\rho_{\mathrm{w}} q_i) + n \cdot \beta_{\mathrm{w}} \cdot \rho_{\mathrm{w}} \frac{\partial p}{\partial t} + \rho_{\mathrm{w}} \cdot \frac{\partial e}{\partial t} = 0 \tag{17.1.21}$$

式 (17.1.21) 即为裂缝水渗流的控制方程, 式中, n 为裂缝孔隙率, β_{w} 为水的压缩系数。

6. 裂隙介质固流热耦合数学模型

基于前几节的分析和对控制方程的研究, 裂隙介质固流热耦合数学模型可以写成下列形式。

基质岩块变形控制方程:

$$(\lambda + \mu) U_{j,ji} + \mu U_{i,jj} + F_i - \beta_T T_{,i} = 0 \tag{17.1.22}$$

裂缝变形控制方程:

$$\begin{aligned} \sigma_n' &= k_n \varepsilon_n \\ \sigma_s' &= k_s \varepsilon_s \\ \sigma_n' &= \sigma_n - \alpha_{\mathrm{f}} p \end{aligned} \tag{17.1.23}$$

基质岩块温度场方程:

$$\rho_{\mathrm{r}} c_{\mathrm{pr}} \frac{\partial T_{\mathrm{r}}}{\partial t} = \lambda_{\mathrm{r}} T_{\mathrm{r},ii} + W \tag{17.1.24}$$

裂缝水温度场方程:

$$c_{p\mathrm{w}} \frac{\partial(\rho_{\mathrm{w}} T_{\mathrm{w}})}{\partial t} = \lambda_{\mathrm{w}} \boldsymbol{\nabla}^2 T_{\mathrm{w}} - c_{p\mathrm{w}} \cdot (\rho_{\mathrm{w}} \cdot k_{\mathrm{f}i} \cdot p_{,i} \cdot T_{\mathrm{w}})_{,i} + \frac{\lambda_{\mathrm{r}}}{\delta}(T_{\mathrm{r}b} - T_{\mathrm{w}}) \tag{17.1.25}$$

裂缝水渗流控制方程:

$$\mathrm{div}(\rho_{\mathrm{w}} q_i) + n \cdot \beta_{\mathrm{w}} \cdot \rho_{\mathrm{w}} \frac{\partial p}{\partial t} + \rho_{\mathrm{w}} \cdot \frac{\partial e}{\partial t} = 0 \tag{17.1.26}$$

裂缝渗流的物性方程:

$$q_i = k_{\mathrm{f}i} \frac{\partial p}{\partial s_i} \tag{17.1.27}$$

方程 (17.1.22)~(17.1.27), 再辅以初始条件和边界条件, 即构成了裂隙介质固流热 (THM) 耦合数学模型。

这一模型具有如下特点。

(1) 固体变形方程考虑了热应力的影响, 方程 (17.1.22) 比普通的弹性力学方程增加了一项温度作用项 $\beta T_{,i}$, 而由于基质岩块的渗透率极低, 不考虑渗流作用项。

(2) 水的密度不再按常数处理, 而是水压和温度的函数, $\rho_\text{w}=\rho_\text{w}(p,T_\text{w})$。

(3) 在裂缝水的温度场控制方程中, 考虑了传导和对流共同存在时的热传递过程, 比一般单纯的传导或对流更符合实际。

(4) 裂缝水热传递方程含有空隙压力项, 裂缝水渗流方程中含有压力项, 裂缝变形方程含有压力项, 因此水渗流、热传递和基质岩块与裂缝变形相互作用, 成为一个不可分割的耦合作用的整体, 构成了固流热多场耦合数学模型。

17.1.3 求解策略与计算程序设计

前面已就耦合数学模型中的岩体变形方程、裂缝水渗流方程、岩体热传导方程和裂缝水温度场方程的离散进行了详细分析, 并给出了具体的表达式, 但要对其数学模型进行求解的关键是编制计算机源程序, 即程序设计。就本书建立的固流热耦合数学模型, 利用 PowerStation Fortran 90 计算机语言强大的计算功能, 编制了一套裂隙介质三维固流热耦合数学模型的源程序, 以进行工程实际模拟。在实际编制过程中, 根据模型特征, 对其进行简化: 因为基质岩块的渗透性极低, 可以认为基质岩块中不储存流体, 把基质岩块热传导与裂缝传导与对流方程合二为一, 编制一个子程序, 只是对不同类型的单元调用对应的方程。其程序框图如图 17.1.1 所示。

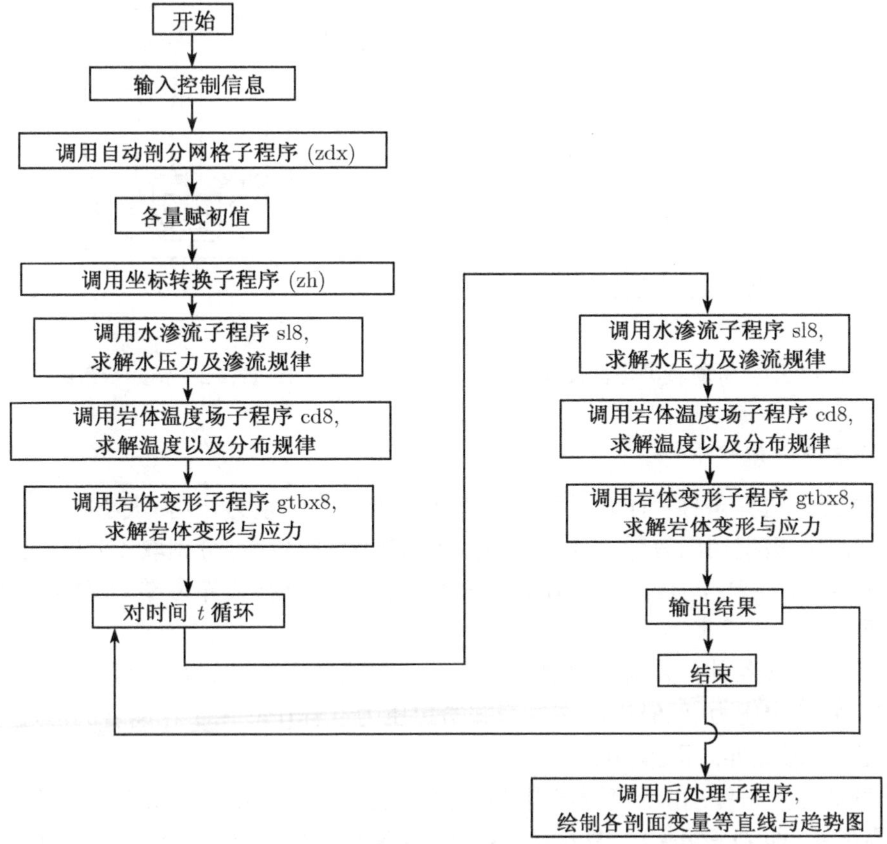

图 17.1.1 THM 耦合数学模型的数值计算程序框图

17.2　高温岩体地热开采的数值实验

以云南腾冲高温岩体地热开采为例，详细分析深层高温岩体地热开采系统固流热耦合的作用规律。

17.2.1　数值试验的模型简化

1. 试验区概况与模型简化

云南腾冲地区是一个典型的高温岩体地热十分丰富的地区，本节拟选一高温岩体地热区域进行分析。模型简化为地表 4km 以下，5.0km×5.0km×5.0km 的立方体模型，见图 17.2.1，为数值模拟研究的简单起见，采用水平井、垂直裂缝的理想计算模型，如图 17.2.1 与 17.2.2 所示；沿垂直最小主应力方向 (X 方向) 设置两条平行的裂缝面，其坐标位置为 $X_1 = 2250\text{m}$，$X_2 = 2750\text{m}$，即裂缝垂直间距 500m；注入井和生产井垂直于裂缝面布置，注水井孔布置在较深岩层中，其坐标为 (2000~3000m, 2750m, 2250m)，生产井坐标为 (2000~3000m, 2250m, 2750m)，两井垂直间距 500m，其布置如图 17.2.1 所示。

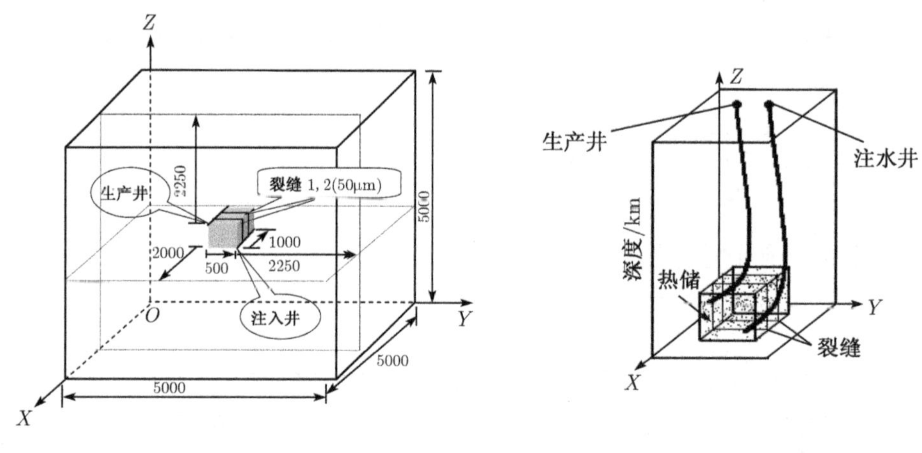

图 17.2.1　计算模型坐标设置　　图 17.2.2　钻井示意图

2. 边界条件与初始条件

(1) 固体变形边界条件：计算模型的上部受上覆岩层的重力作用，大小按其岩层厚度确定 $P_z = 100\text{MPa}$；模型周围有围岩作用，考虑构造应力场的影响，分别取 1.2 与 0.8 的侧压系数，即 $P_x = 80\text{MPa}$，$P_y = 120\text{MPa}$；在其他三个方向给定位移边界为零，其边界条件简化如图 17.2.3 所示。

(2) 渗流场边界条件：为满足地热开发系统中水循环系统的运行，采用给定压力边界条件，即在注水井给定压力 27.3MPa，在生产井给定压力 9.8MPa；由于花岗岩的渗透性非常低，其他外部取不渗透边界，即 $q = 0$。

(3) 温度场边界条件：由于模型周围仍然是很大规模的热储，可以认为有热量补给，所以，取热流边界条件，即 $Q = \rho_{\rm r} \cdot \lambda_{\rm r} \cdot \boldsymbol{\nabla} T_{\rm r}$；注入水给定温度 30°C；地热梯度为 50°C/km。

(4) 计算分析用花岗岩物理参数表，如表 17.2.1 所示。

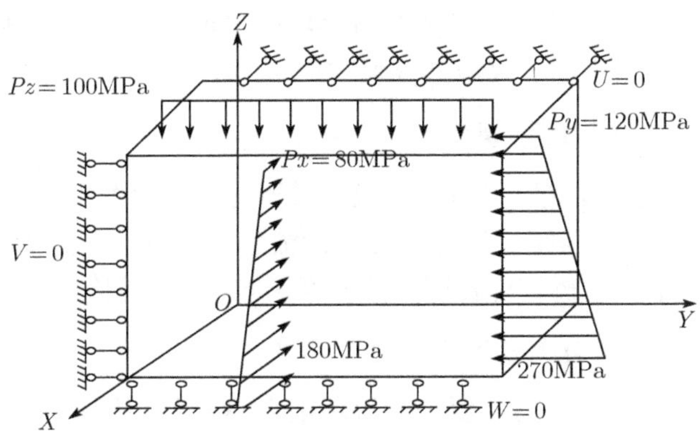

图 17.2.3 计算模型边界条件简化

表 17.2.1 花岗岩物理参数表

变量	单位	基质岩块	裂缝 (水)
储水系数	—	—	7.0×10^{-3}
密度	$kg\cdot m^{-3}$	2.7×10^{3}	1.07×10^{3}
杨氏模量	MPa	4.84×10^{4}	2.84×10^{4}
泊松比	—	0.15	0.25
热传导系数	$W\cdot m^{-1}\cdot K^{-1}$	0.68	2.58
热容系数	$J\cdot kg^{-1}\cdot K^{-1}$	1.08×10^{3}	4.05×10^{3}
热膨胀系数	K^{-1}	1.0×10^{-5}	—
渗透系数	$m\cdot s^{-1}$	1.15×10^{-9}	0.111

3. 耦合模型的解算方法

针对固流热多场耦合数学模型, 采取将固体变形、流体渗流与温度场方程看成独立的子系统, 耦合迭代的数值解法为利用有限元离散 (Galerkin) 方法将控制方程在几何域上离散, 并用差分法得到时间域上的离散方程, 并在此基础上, 编制了相应的计算机源程序。

有限元求解中, 为减小边界效应的影响, 在计算中采取粗细网格结合的方法, 顺利地实现了高温岩体地热开发三维巨系统的数值仿真。原则上, 网格剖分越密, 计算精度越高, 但工作量和计算量也就越大, 考虑区域中心和钻孔附近为重点研究区域, 采用先粗后细的计算方法, 即先利用粗算模型 (图 17.2.4) 计算 5km 区域的整个地热系统, 然后利用细算模型 (图 17.2.5) 计算 1000m×500m×500m 区域的 (钻孔和裂缝附近) 地热系统, 即粗算方法得到的值

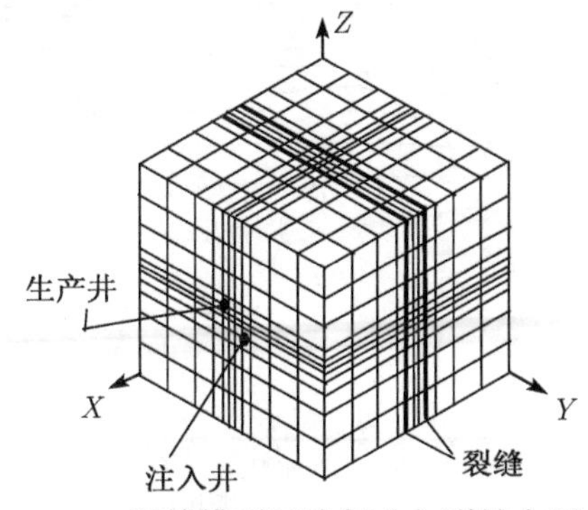

图 17.2.4 粗算模型网格剖分与裂缝布置

5000m×5000m×5000m

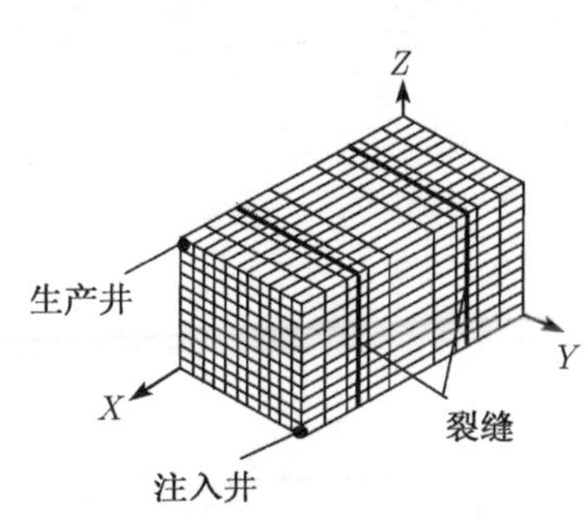

图 17.2.5 细算模型网格剖分与裂缝布置

作为分区计算的边界条件, 以减少边界效应对系统的影响。同时考虑减小工作量和计算量, 钻孔直接布置在结点上, 网格剖分采用部分加密型, 如图 17.2.4、图 17.2.5 所示。

17.2.2　地热开采过程中热能迁移规律

以前面建立的高温岩体地热开发系统的数学模型与地质模型为基础, 并利用我们编制的有限元程序, 进行模拟计算, 获得了地热岩体内渗流场、应力场、温度场的耦合作用以及变化规律与影响因素, 以下将分析讨论各因素的相互影响与相互制约的规律。

1. *注入井与生产井的剖面上岩体温度变化规律*

从数学模型可以知道, 温度场主要与渗流场耦合, 热量以传导与对流的方式来迁移, 而且针对地热岩体的开发, 又以对流为主要方式进行热量的输送, 是以水的流动为基础进行的, 其相互的耦合作用表现在: 地热岩体裂缝中有渗流发生时, 注入水在从注入井到生产井的流动过程中, 与围岩进行热交换, 在提高本身温度的同时把围岩中的热量带走, 从而促成了岩体热能以对流的方式发生转移, 进而使岩体内温度场得以重新分布; 地热岩体温度场的变化导致注入水的赋存环境 (温度) 的相应变化, 改变了岩体的热物理性能、岩体渗透性能, 发生渗流场的改变, 相辅相成达到一种动态稳定状态。

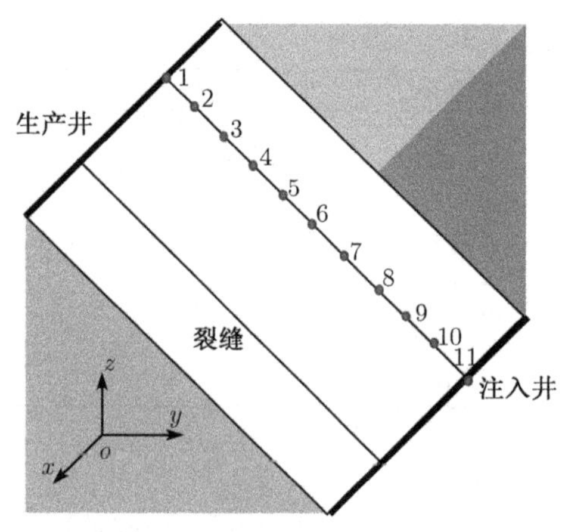

图 17.2.6　选取面、点的位置

在高温岩体地热开发系统中, 热能的运移主要通过裂缝与两井的连接平面而发生, 所以选取连接注入井与生产井的剖面为研究对象, 且在此剖面上选择裂缝面点 1~11, 如图 17.2.6 所示。

图 17.2.7~17.2.12 给出了此剖面上的温度分布, 通过分析, 可以清楚地看到, 注入的低温水经由裂缝, 流向生产井, 岩体温度以对流、传导方式使水温升高, 在生产井获得过热水。在系统运行初期的温度, 由于注入的低温水与高温地热岩体温差比较大, 注入井周围岩体温度下降很快, 形成一个相对低温区, 并随开采时间的变化, 系统温度逐渐降低, 其低温区域逐渐扩大, 如在运行 37d 时, 注入井周围岩体温度为 388K, 到 86d 时, 其温度下降到 372K, 然

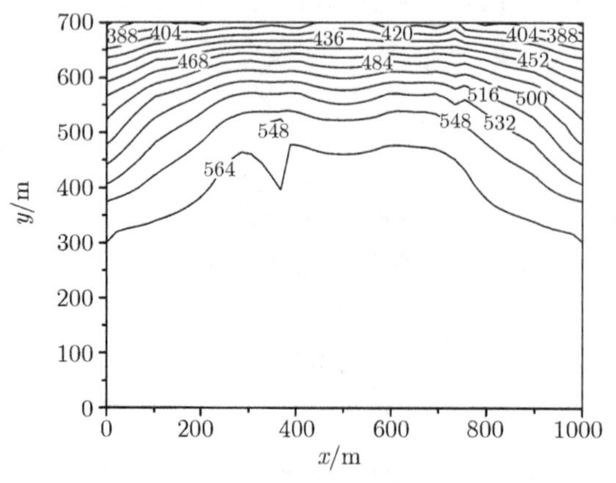

图 17.2.7　斜面温度分布 ($t = 37$d)

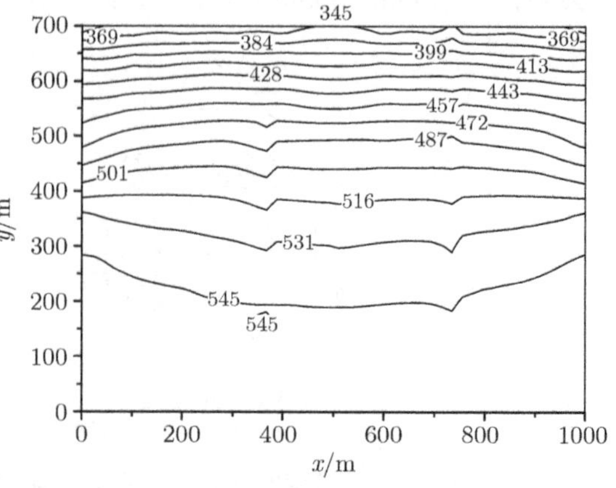

图 17.2.8　斜面温度分布 ($t = 345$d)

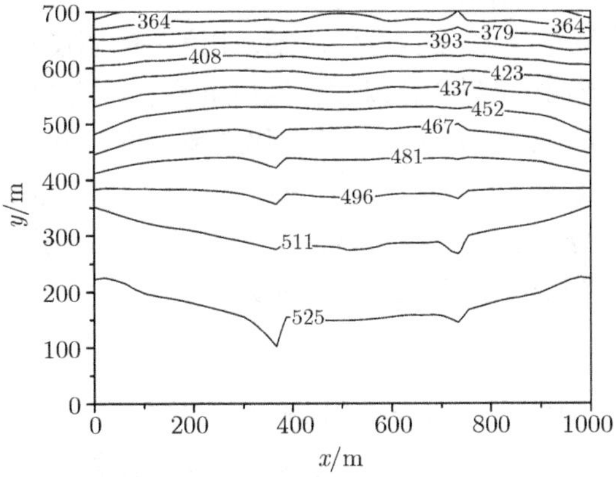

图 17.2.9 斜面温度分布 ($t = 694\text{d}$)

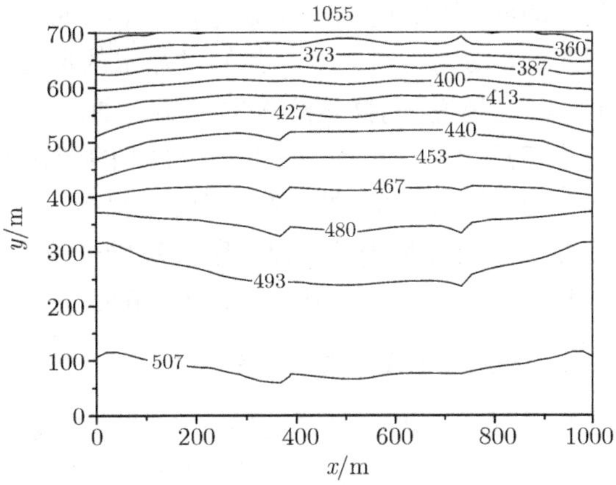

图 17.2.10 斜面温度分布 ($t = 1055\text{d}$)

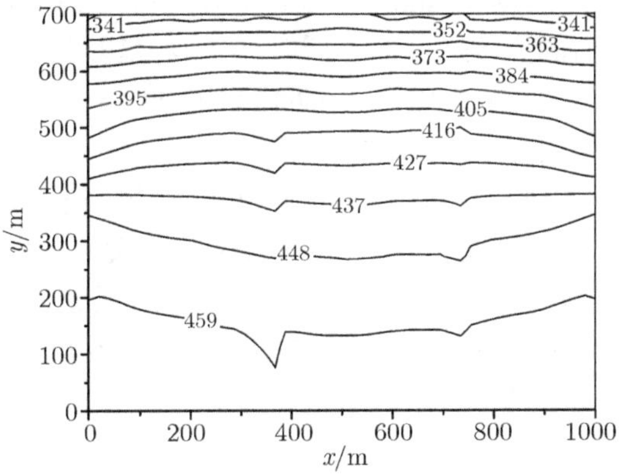

图 17.2.11 斜面温度分布 ($t = 1846\text{d}$)

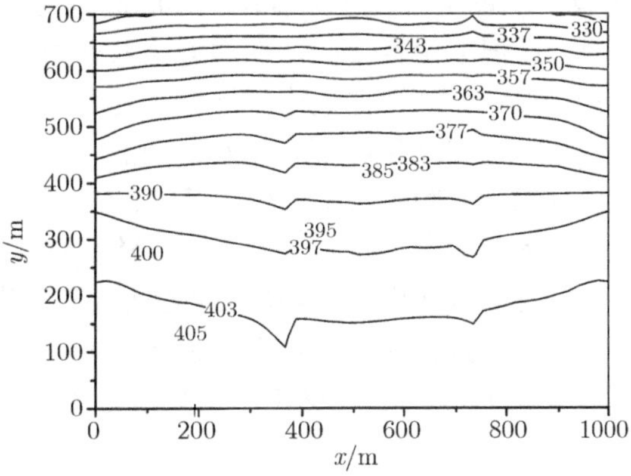

图 17.2.12 斜面温度分布 ($t = 3229\text{d}$)

后一段时间基本保持不变, 在大约一年左右时间, 下降到 369K, 而在大约两年 (694d) 后, 温度下降到 364K 并继续缓慢下降, 到 9a 左右时间下降到 330K, 生产井区域 573K 的高温区, 到系统运行 9a 后, 下降到 405K。

为了更进一步说明其生产井与注入井之间的温度分布及地热运移规律, 图 17.2.13 给出了此剖面上不同时间段的温度随距离的变化曲线, 由图可见, 总体来说, 注入的低温水在流入生产井的过程中温度升高, 但升温的过程与热能运移规律是随时间而改变的, 在系统开始运

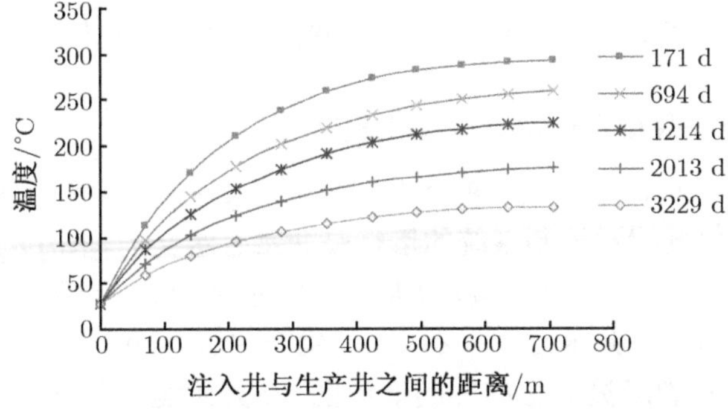

图 17.2.13 注入井与生产井之间, 水温变化规律

行的一段时间内, 在生产井能得到 573K 的高温热水, 并保持 170 多天仍然有 570K, 然后随开采时间的延长, 到达生产井的过热水的温度会逐渐下降, 运行到 9a 后, 生产井的温度只有 330K, 也就是说, 同样是注入的低温水通过裂缝流向生产井的过程, 但随时间变化, 其温度升高的速率是逐渐减小的, 很明显, 171d 的变化斜率远远大于 3229d 的变化斜率, 而且, 可以分注入井与生产井之间的距离为三段, 分别记为 I (0~200m)、II (200~500m)、III (500~700m), 温度在 I 段会急骤升高, 到 II 段升高的速率会平缓一点, 在III段温度变化很小, 几乎趋于稳定。由上所述, 说明了高温岩体地热开发系统温度场的分布变化和运移规律。

2. 岩体温度随开采时间的变化

为了说明高温岩体温度随开采时间的变化, 如图 17.2.6 所示的剖面上与裂缝面相交处选择 $1^{\#} \sim 11^{\#}$ 点, 并对其温度变化规律进行研究, 如图 17.2.14 所示。由于本计算模型区域大, 计算时间跨度大, 为避免引起不便, 时间步长又不能太大, 所以本计算先仅考虑 9a 左右时间。从图中可以明显看出, 9a 时间内随开采时间延长, 温度整体呈下降趋势, $11^{\#}$ 点为注水井点, 温度保持 300K, 在靠近注入井的区域内的点 ($6^{\#} \sim 11^{\#}$) 其下降趋势呈对数规律, 都是在开始骤降后变得平缓, 且相互之间的差异较大, 而在生产井附近区域的 $1^{\#} \sim 5^{\#}$ 点其温度下降呈线性规律变化, 相互之间的变化也不很明显。同时, 在不同区域遵循的变化规律不同, 这就形成图中所示的变化趋势, 在系统运行大约一个季度, $10^{\#}$ 点温度下降很快, 只有 400K, 并继续降低, 而 $1^{\#}$, $2^{\#}$, $3^{\#}$ 仍然保持 570K 的高温, 所以按时间来划分的话, 在系统运行 3a 左右时间内, 注入井附近区域温度下降的速率很快, 远远超过生产井附近区域, 而随开采时间的延长, 注入井附近区域温度下降变得平缓, 生产井附近区域的温度下降变得平缓, 生产井附近区域的温度变化速率又相对较大, 并逐渐趋于一致。

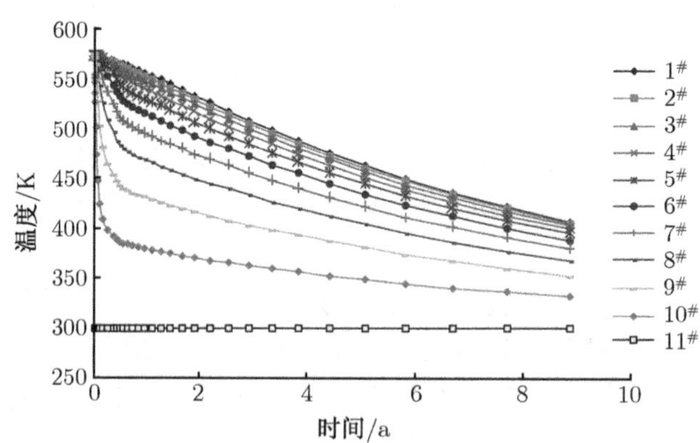

图 17.2.14 $1^{\#} \sim 11^{\#}$ 点温度随开采时间的变化

17.2.3 地热开采过程中裂缝水压及宽度变化规律

从模型上看, 温度场直接受渗流场的影响, 渗流场水的流速、流量等都将影响温度场的变化, 研究渗流场的变化规律对控制系统的运行是非常有意义的。图 17.2.15~17.2.19 给出了图 17.2.6 所示剖面的水压分布规律, 单位为 kg/cm^2。前面已述, 为保证系统运行, 采取固定地面井口压力的措施, 即注入井压力 273 kg/cm^2, 生产井压力 98kg/cm^2。很明显注入的低温水会在高压的作用下, 沿裂缝流向生产井的低压区, 在开始运行阶段, 水大部分通过裂缝而流动, 基岩中水压几乎不受扰动, 仍保持 500 kg/cm^2, 而随着渗流的发生, 基岩水压逐渐升高,在大约半年左右时间, 几乎与裂缝水压趋于一致, 同时沿生产井方向压力降低区域逐渐扩大, 并于一年左右时间, 整个系统水压保持稳定, 以固定的压力梯度循环流动, 以维持高温岩体地热开发系统的运行。

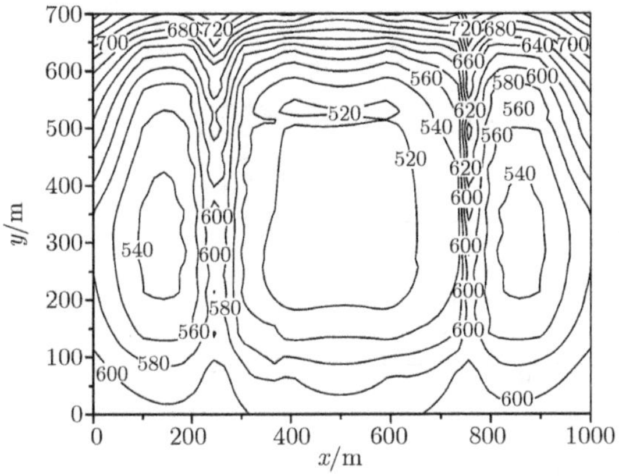

图 17.2.15　水压分布规律 ($t = 11.7$d)

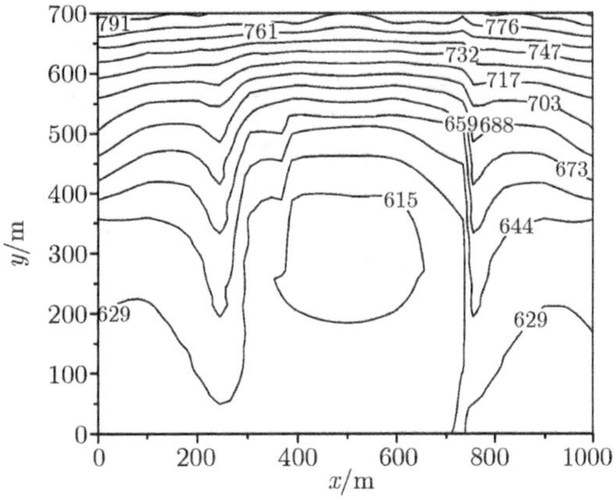

图 17.2.16　水压分布规律 ($t = 58$d)

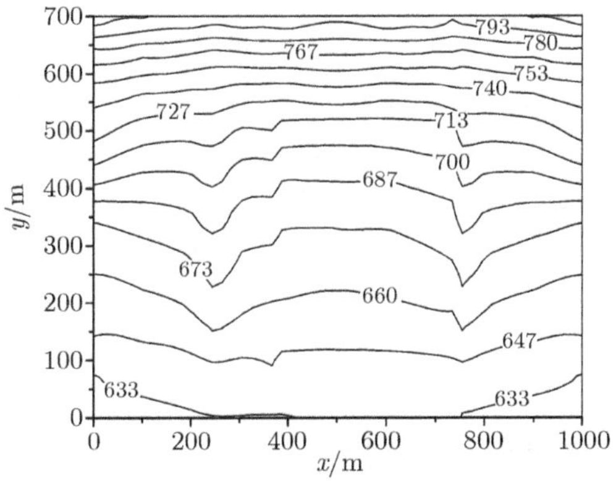

图 17.4.17　水压分布规律 ($t = 130$d)

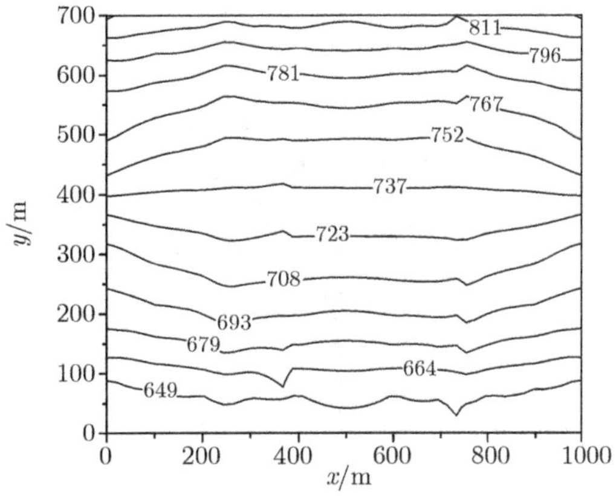

图 17.2.18　水压分布规律 ($t = 300$d)

同样以图 17.2.6 中 $1^{\#}$~$11^{\#}$ 点为研究对象, 图 17.2.20 给出了其水压随开采时间的变化规律, 从图可见, 在开采的前半年时间内, 水压骤增, 其后逐渐变得平缓, 运行到 1a 后, 系统保持稳定。再者, 我们可以看出, 在靠近注入井与生产井的区域压力梯度大, 而在中间区域则比较小, 从 $8^{\#}$ 到 $11^{\#}$ 压力降低大约 100kg/cm^2, 从 $1^{\#}$ 到 $4^{\#}$ 也降低大约 100kg/cm^2, 而从 $4^{\#}$ 到 $7^{\#}$ 只降低大约 25kg/cm^2。图 17.2.21 给出了井孔之间不同位置在不同时间段的压力变化情况, 也可以得到同样的结果, 在 0~200m 与 500~700m 区域压力梯度较大, 而在中间区域相对平缓。而且可以知道系统最终形成了图示的 694d 曲线变化

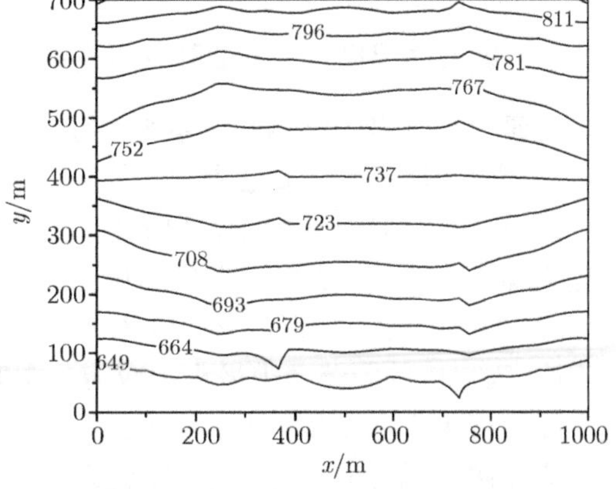

图 17.2.19　水压分布规律 ($t = 456$d)

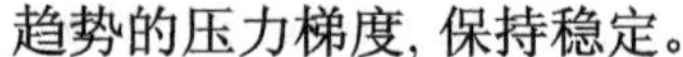
趋势的压力梯度, 保持稳定。

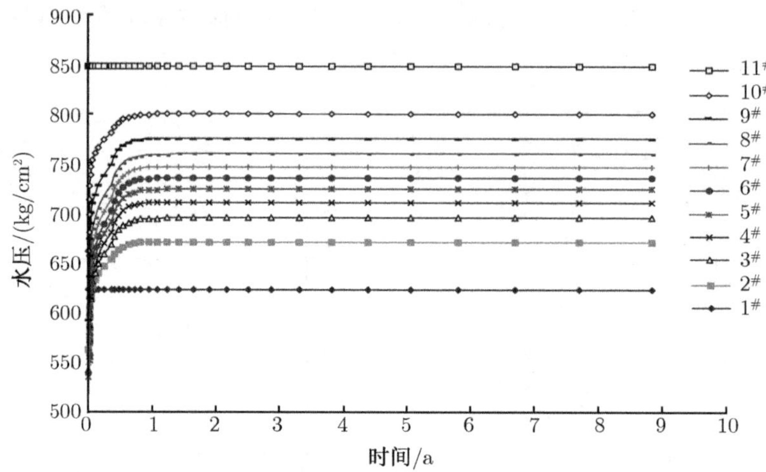

图 17.2.20 裂缝面水压随开采时间的变化规律

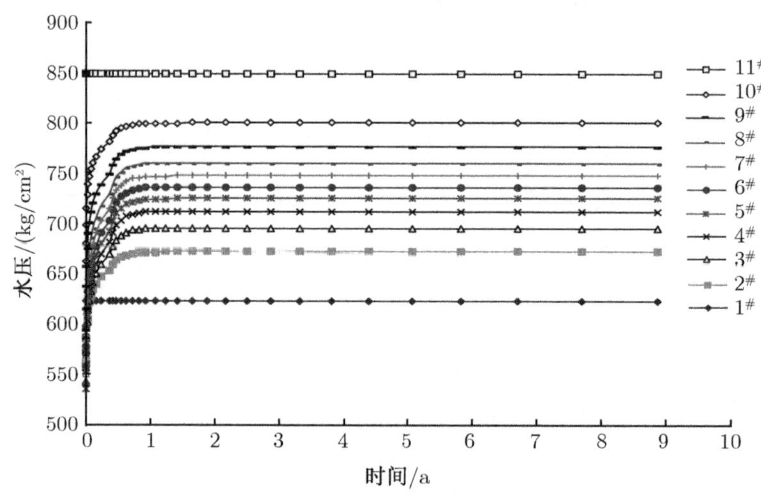

图 17.2.21 井孔之间不同位置在不同时间段的压力变化

17.2.4 裂缝面温度、应力随开采时间的变化规律

为研究高温岩体地热开发系统运行中的耦合规律, 取图 17.2.2 中标明的裂缝面 1 为研究对象, 其最小主应力分布见图 17.2.22~17.2.27, 单位为 kg/cm^2, 温度分布图 17.2.28~17.2.33 给出, 单位为 K, 从这些图中可以看出, 注入的低温水使得围岩温度下降, 围岩发生收缩变形, 引起岩体应力下降, 形成一个应力降低区, 随开采时间的延长, 裂缝面温度以注入井为中心的低温区域逐渐扩大, 形成一个注入井围岩温度最低、沿生产井方向温度逐渐升高的温度分布规律, 而对应的裂缝面上最小主应力分布的降低区域也是逐渐扩大, 但从图中可以看出, 并没有按照温度分布规律一样, 注入井附近区域为低应力区, 生产井附近区域为高应力区, 而是形成如图所示的应力分布形式: 注入井并不是应力最低区, 在运行 9a 后, 是新的应力最高区, 而在生产井附近区域有应力降低的趋势。我们知道应力的变化并不是受岩体温度的高低的影响, 而是随温度变化率的改变而改变。为具体说明其应力变化的规律, 取裂缝面上具有

代表性的 $1^{\#} \sim 5^{\#}$ 单元来研究, 其位置如图 17.2.34 所示, 温度变化见图 17.2.35。

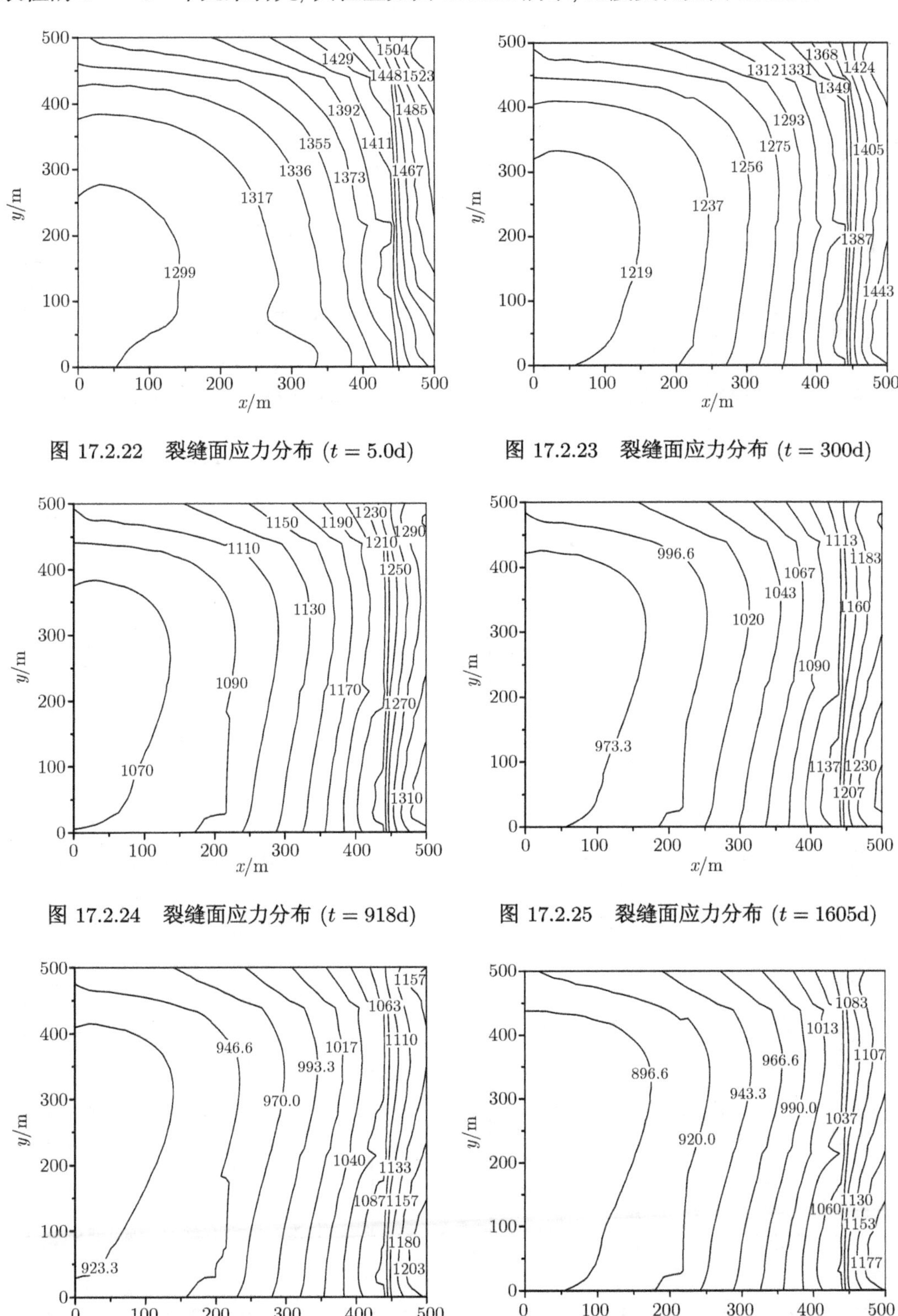

图 17.2.22 裂缝面应力分布 ($t = 5.0$d)

图 17.2.23 裂缝面应力分布 ($t = 300$d)

图 17.2.24 裂缝面应力分布 ($t = 918$d)

图 17.2.25 裂缝面应力分布 ($t = 1605$d)

图 17.4.26 裂缝面应力分布 ($t = 2123$d)

图 17.2.27 裂缝面应力分布 ($t = 3229$d)

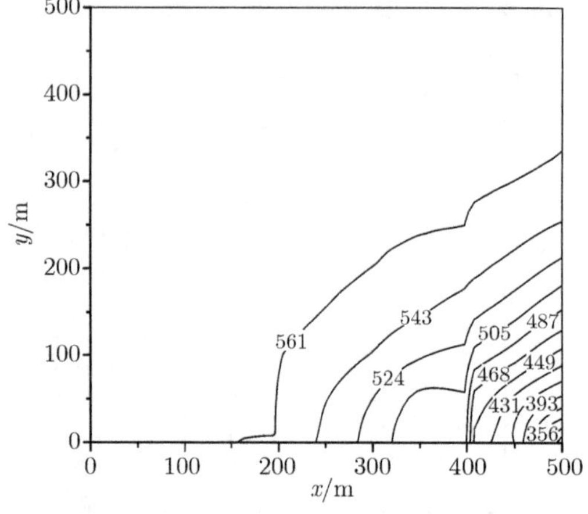

图 17.2.28 裂缝面温度分布 ($t = 37\text{d}$)

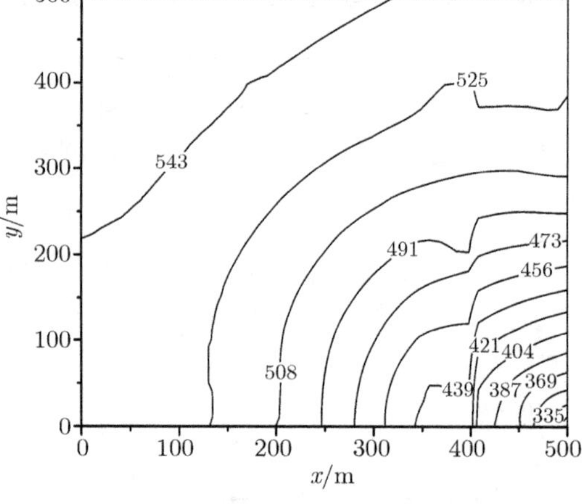

图 17.2.29 裂缝面温度分布 ($t = 345\text{d}$)

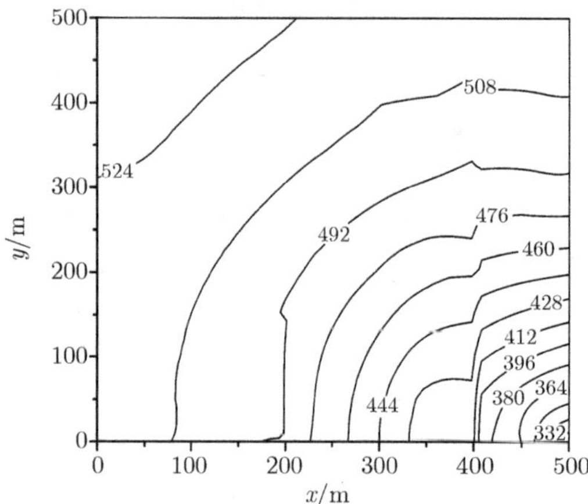

图 17.2.30 裂缝面温度分布 ($t = 694\text{d}$)

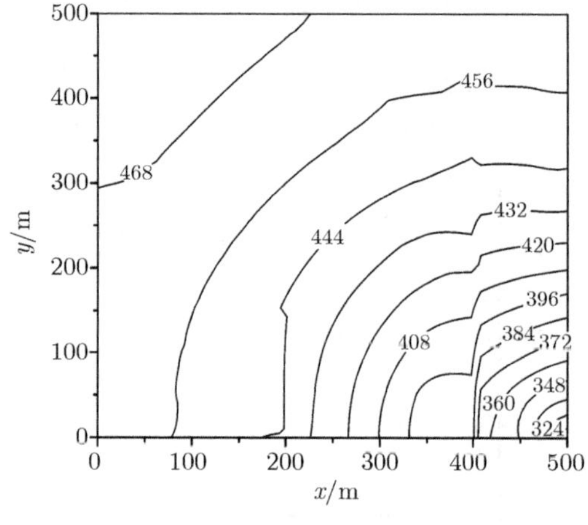

图 17.2.31 裂缝面温度分布 ($t = 1605\text{d}$)

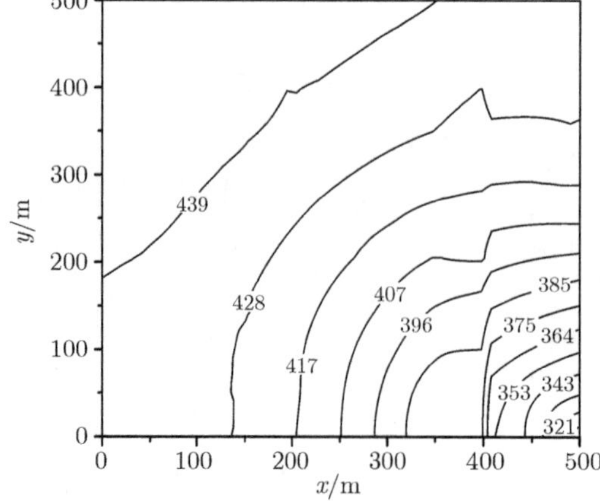

图 17.2.32 裂缝面温度分布 ($t = 2123\text{d}$)

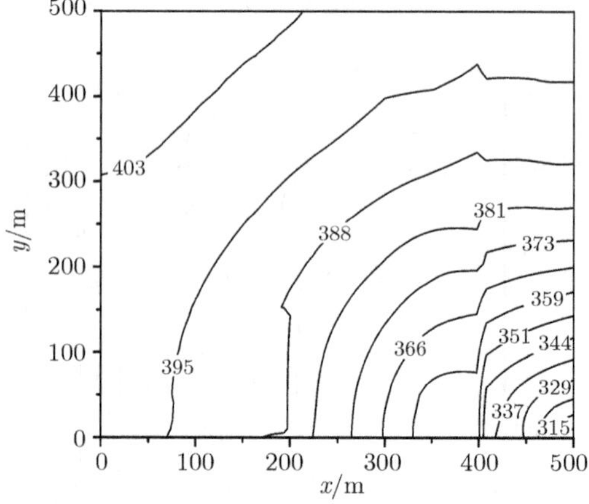

图 17.2.33 裂缝面温度分布 ($t = 3229\text{d}$)

从图 17.2.35 可见, 在系统开始运行的一个月左右时间内, $3^{\#}$, $2^{\#}$ 单元温度急剧下降, 温度变化率远远大于 $1^{\#}$, $4^{\#}$, $5^{\#}$ 单元, 导致注入井附近应力下降比较快, 形成一个较低的应力区, 如图 17.2.22~17.2.27 所示, 而随着开采时间的延长, 可以看出, $1^{\#}$ 单元呈指数规律变化, $3^{\#}$ 单元则呈对数规律变化, 其 $1^{\#}$, $4^{\#}$, $5^{\#}$ 的变化率又相对较大, 所以有如图所示的应力分布形式, 注入井附近区域为高应力区, 而生产井附近区域为低应力区。同时, 图 17.2.36 给出了裂缝面应力随开采时间的变化, 由此可见, $1^{\#}$ 单元应力下降最快, $3^{\#}$ 单元应力下降最慢, 这与前面结论是吻合的。

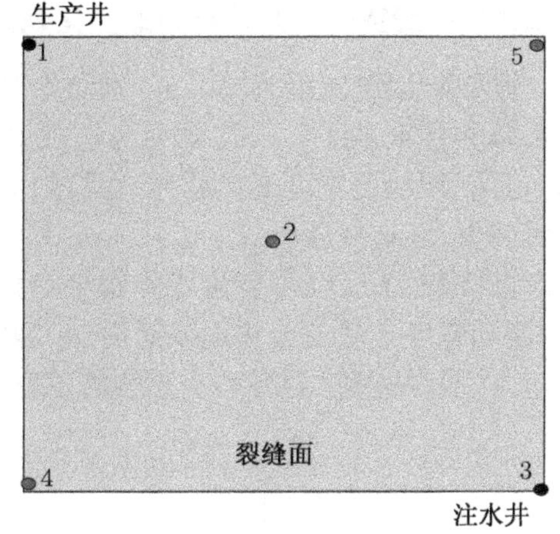

图 17.2.34 代表性单元 $1^{\#}\sim5^{\#}$ 位置示意图

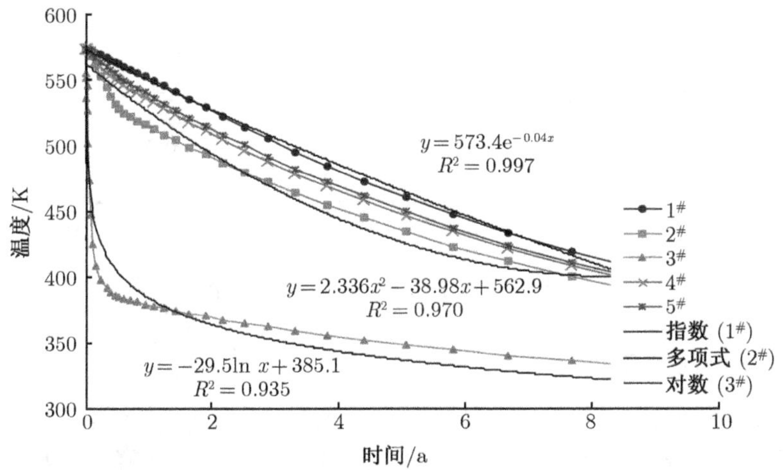

图 17.2.35 裂缝面温度随开采时间的分布变化规律

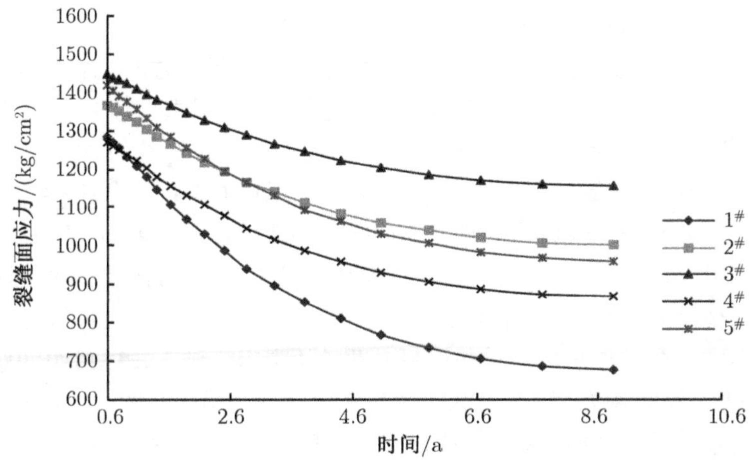

图 17.2.36 裂缝面应力随开采时间的分布变化

17.2.5 裂缝宽度随开采时间的变化规律

取初始裂缝宽度为 50μm, 通过数值实验研究宽度随开采时间的变化规律。同样以图 17.2.34 中注明的 1# ~ 5# 单元为例来说明, 图 17.2.37 给出裂缝面宽度随开采时间的变化规律, 可见, 裂缝面宽度变化总体上呈增加的趋势, 呈对数规律变化, 而且在系统开始运行的一年时间内, 其宽度骤增, 达到 110μm, 增长率达到 100% 以上, 然后, 随开采时间的延长, 增长率逐渐降低, 3a 以后, 宽度逐渐趋于稳定, 保持在 150μm 左右。由此可见, 随开采时间的延长, 裂缝宽度会随着地热提取而增加, 裂缝渗透阻力下降, 渗透系数增加, 实际上可以降低注水压力, 减少能耗, 更有利于热能的提取。

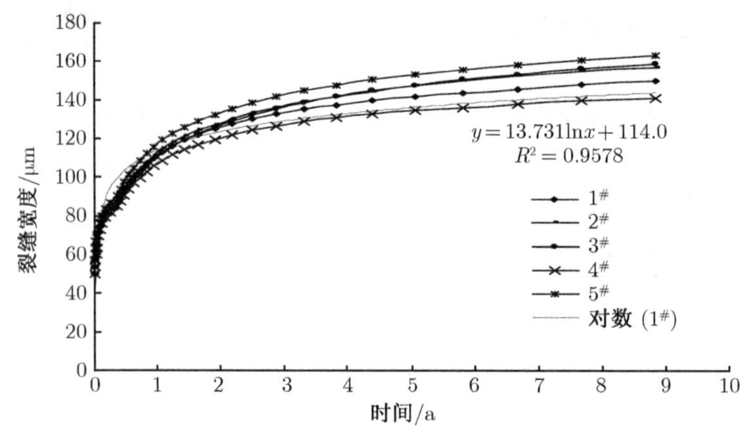

图 17.2.37 裂缝单元宽度随开采时间的变化

17.2.6 出力与寿命的研究

在地壳深部高温岩体中通过钻井, 并进行巨型水压致裂, 建造人工储留层, 进而注水井、生产井、人工储留层和地热电站 (或其他地热利用设施) 构成了完整的高温岩体地热开发系统。所谓出力指的是, 该开发系统在设计的服务年限内, 单位时间内所允许提取的地热资源量, 更具体地讲, 出力指的是该地热开发系统所允许的地面电厂的装机容量, 寿命指的是该电厂的服务年限, 也就是该地热系统可提取资源量的枯竭期限。

影响高温岩体地热开发系统出力与寿命的主要原因有两个方面: ① 地壳岩体的热容系数、原始温度与温度梯度、高温岩体的空间展布范围等客观因素; ② 钻井深度、人工储留层的空间规模等主观因素。前者主要涉及地球物理、大地构造、选址与勘探等工程, 后者主要涉及定向井深钻、地应力测量与巨型水压致裂等工程。通过深钻, 可以获取很高温度的岩体地热区域, 通过巨型水压致裂, 可以形成巨大的热交换区域, 一方面可以保证注入水的迅速升温, 另一方面可以保证人工储留层有足够的传热面积, 使其长期维持高温运行。

因此, 高温岩体地热开发系统出力与寿命的评价方法, 实际上是通过连续模拟冷水沿注入井注入人工储留层, 经过加热形成过热水后从生产井排出, 进入发电机组的水热交换过程。通过研究不同的热水提取量方案, 研究人工储留层及其围岩温度降低过程及其分布, 以及对应的人工储留层热量提取枯竭期限。反复数值实验后, 即可以获得出力与寿命参数, 进而用于高温岩体地热开发系统的设计。在一个巨型人工储留层建造完成后, 还需要通过实际的地热提取的循环运行, 最终确定出可靠的出力与寿命参数。

上述分析可以清楚看出：高温岩体地热开发系统出力与寿命的相关性，可以用函数关系式给出：

$$t_{\mathrm{a}}=f(T_0,\mathrm{d}T/\mathrm{d}h,V_0,E_{\mathrm{t}}) \tag{17.2.1}$$

式中，t_{a} 表示寿命年限；T_0 表示人工储留层原始温度；$\mathrm{d}T/\mathrm{d}h$ 表示地热梯度；V_0 表示人工储留层体积；E_{t} 表示系统出力，即高温岩体地热开发系统服务期限内单位时间内提取的能量，MW·a/a(兆瓦 · 年/年)。

针对本书提出的模拟模型，我们进行了高温岩体地热提取的数值实验，计算结果绘制为图 17.2.38，它表示地热提取量随时间发生的变化。从图看出，该地热开发系统的地热提取量随时间呈负指数规律衰减，拟合的函数关系式为 $y=1114.6\mathrm{e}^{-0.1112x}$，在 9a 内，提取的地热资源总量为 5977MW·a，合 5.977×10^6kW·a。也就是可以在地面建造一个服务年限 10a 的 5×10^5kW 的地热电站。

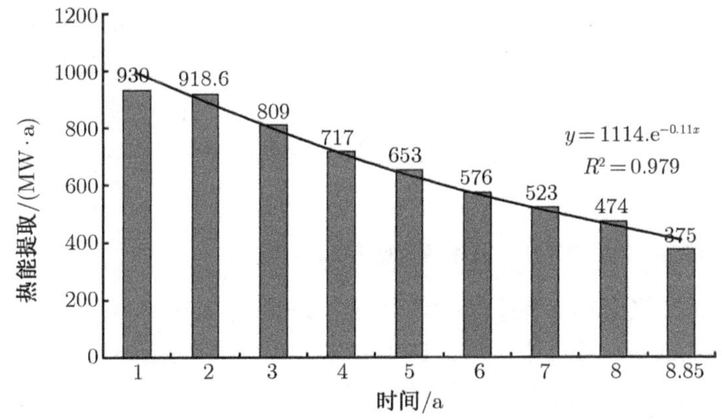

图 17.2.38　地热系统每年热能提取量

通过对人工储留层温度变化的分析，可以看出，地热提取量的衰减主要取决于人工储留层的体积，当人工储留层的体积相对较小，而地热提取速率又很高，即出力比较大，则人工储留层周围岩体热流传导补给速度难以满足地热提取速度，导致高温岩体地热开发系统迅速衰竭。但是，当停止地热提取一段时间后，该人工储留层的热能又迅速恢复，又可以维持较长时期的地热提取。针对本书简化的高温岩体地热开发系统，在提取 9a 热量后，该系统继续提取热量的效率已很低。于是，数值模拟研究时，停止地热提取，研究了该高温岩体地热开发系统人工储留层及其围岩热储恢复过程，其计算结果如图 17.2.39 所示。从图可见，该热储大约 4a 的时间恢复热储量达 3815.5MW·a，占数值模拟 9a 提取热量的 63.8%，比前 4a 地热提取量高出 13%，尤其是恢复的第一年，该地热开发系统恢复速度非常高，达 2205MW·a，占 9a 提取地热量的 36.89%，占 4a 恢复地热资源的 58%。

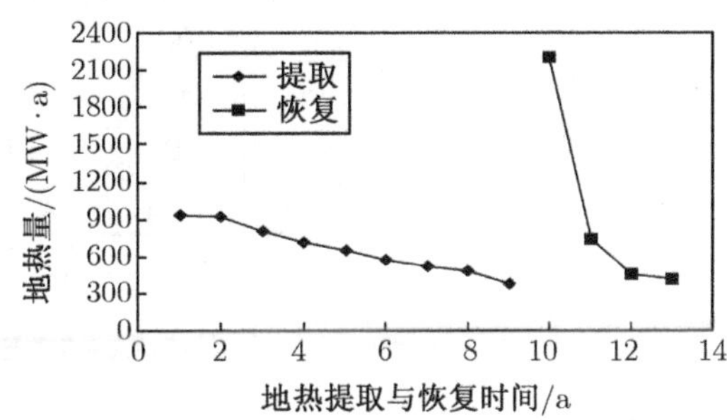

图 17.2.39　地热量提取与恢复随时间的变化

上述分析表明，人工储留层地热开发系统的恢复是很快的，因此，在设计高温岩体地热开发系统时，应充分考虑系统热量提取与恢复的交替，在建造一个高温岩体地热电站，至少应由两套地热提取系统供给热能, 两套系统提取与恢复交替进行, 从而大幅度提高高温岩体地热开发系统的出力与寿命。

17.3　核废料处置的固流热耦合分析

核废料的地下深埋处置是科学与工业界高度关注的问题之一, 它涉及核能的和平利用和对人类生存环境的影响, 因此国际界很早就开展了大规模的深入研究。高放射性核废料处置于地下深处, 在处置库的近场内, 由于核废料依然有一定的放射性, 因此其围岩被加热、热量传输, 而导致围岩破裂, 涉及地下水与污染物的迁移与扩散, 而且这些因素是耦合作用的, 形成了复杂的固流热耦合作用现象。

一个高放射性核废料地质处置库的布局分为天然阻隔和人工屏障两大部分, 天然阻隔主要是围岩阻隔, 人工屏障包括了储存容器与其外侧的缓冲层。为了有效地防止核污染, 欧美等发达地区已进行了许多原位试验与若干类型的理论研究, 如瑞士的 FEBEX、瑞典的 STRIPA、比利时的 BACCHUS、加拿大的 URL 和日本的釜山试验等项目, 理论方面还实施了 DECOVALEX 国际研究计划 (Jing, 1995), 深入研究了 THM 耦合作用的许多模型, 编制了若干计算软件 (张玉军, 2007)。这类问题的数学模型同前。以下给出一些 THM 耦合计算分析的实例。

17.3.1　FEBEX 原位试验 THM 耦合数值模拟

FEBEX 原位试验位于瑞士的阿尔卑斯山脉, 海拔 1725m, 埋深 450m, 基岩为花岗岩和片麻岩等组成的结晶岩类, 且规模巨大。试验隧道的平均直径 2.28m, 长度 70.4m。在隧道内模拟核废料储存的加热器水平放置, 周围填充膨润土块作为缓冲层, 见图 17.3.1。先期采用 1200W 的功率加热, 后期采用 2000W 的功率加热, 以使钢衬的表面温度达到 100°C。

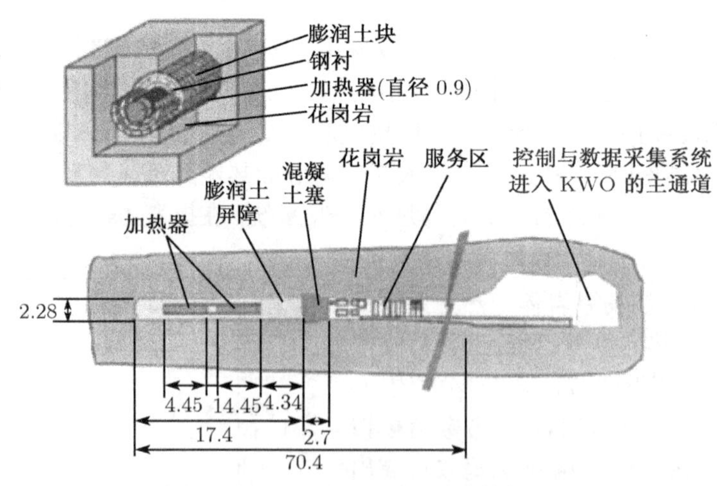

图 17.3.1　FEBEX 原位试验的概要图

单位：m

图 17.3.2 为沿水平方向围岩中半径不同的若干点的计算与实测温度随时间变化, 对比分析可见, 二者吻合较好。图 17.3.3 为核废料处置区地层总应力随时间的变化, 从图可见, 大约 3a 时间, 地层总应力上升了 4MPa。其变化规律与温度相似, 呈指数规律, 前 1a 几乎呈线

性增加, 以后逐渐变缓。但计算与实测的规律有较大差异, 说明计算模型还待改进。图 17.3.4 为地下水位随核废料处置时间的上升曲线, 其规律与温度上升规律一致, 但计算与实测有较大差异。

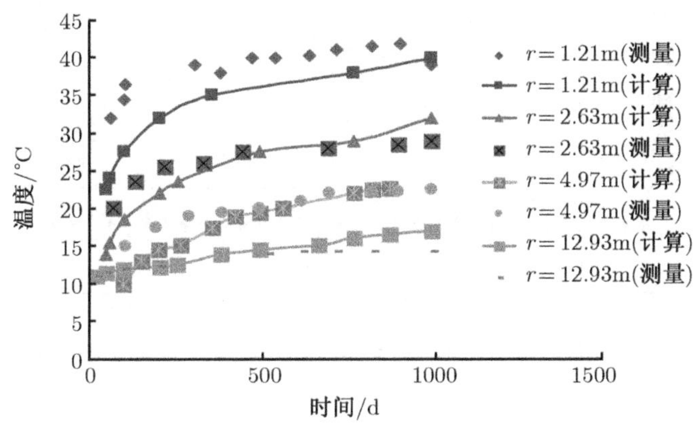

图 17.3.2 模拟储罐外侧不同距离的温度升高随时间的变化 (张玉军, 2007)

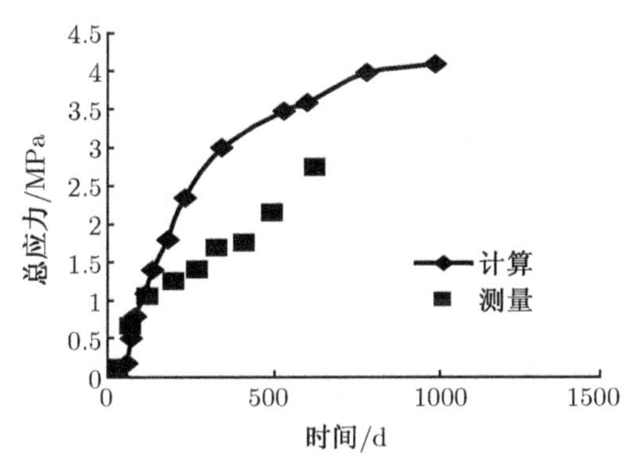

图 17.3.3 核废料处置区地层总应力随时间的变化 (张玉军, 2007)

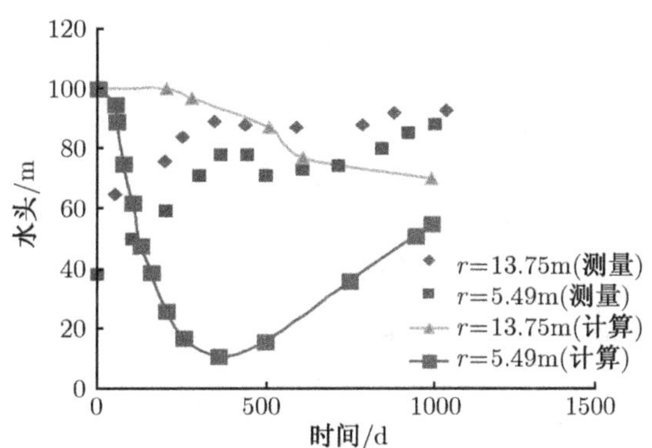

图 17.3.4 核废料放射热引起的地下水位变化 (张玉军, 2007)

17.3.2 DECOVALEX 计划的 BMT1 模型的 THM 耦合数值模拟

1992 年 ~1994 年, 分为三个阶段执行了三期计划, 研究了 BMT 和 TC 模型。第一阶段的 BMT1 计划简化模型如图 17.3.5 所示, 分析区域为 3000m×1000m, 区域内含有两组正交裂隙, 核废料储存区为 500m×60m。采用二维有限元计算分析。1995 年 DECOVALEX 项目研究组发表了一系列该项目的研究结果。刘亚晨依然采用 BMT1 模型, 计算了核废料储存区的 THM 耦合的相关参量分布规律。

图 17.3.6 分别为储存 50a 和 200a 时的温度分布等值线, 由图可见, 核废料储存 100a 的高温区域比 50a 的大一些, 但温度高于 100°C 的区域较小, 因此, 不会超过花岗岩的热破裂门槛值, 即使有一些破裂, 其区域也很小, 不会波及较大的地下水系统, 而造成大的污染。图 17.3.7 为地下水位等值线分布图, 由图可见, 在 100a 时, 仅有水平 1000m, 高度 500m 范围内水位变化了 0.1kPa, 如此小的水位变化, 对于渗透性很低的花岗岩来说, 不会有多大的渗流迁移, 因此核废料的污染很可能是扩散迁移造成的。

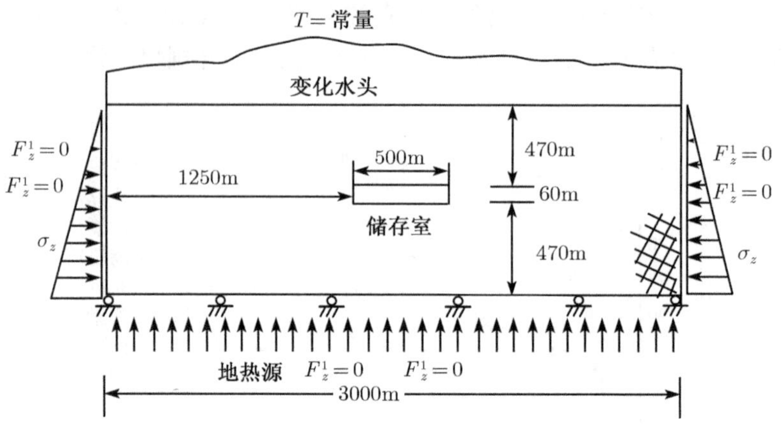

图 17.3.5 BMT1 模型, 核废料储存计算模型及边界条件

单位：m

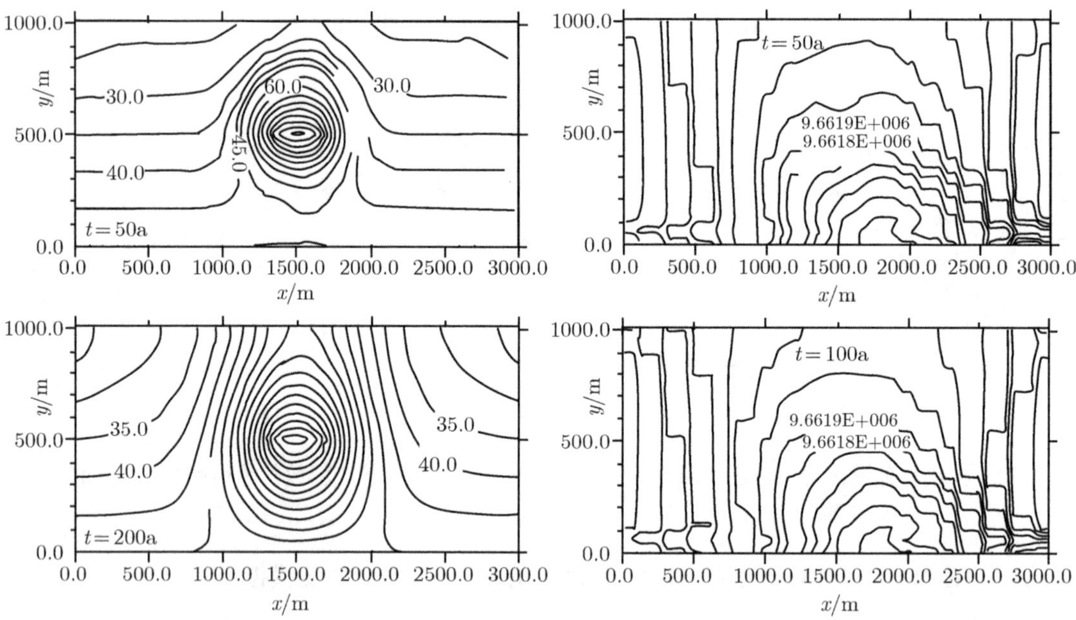

图 17.3.6 核废料储存 50a 和 200a 时, 储存区围岩温度分布 (刘亚晨等, 2003)

图 17.3.7 核废料储存 50a 和 100a 时的引起的地下水位变化等值线 (刘亚晨等, 2003)

第 18 章　岩体控制压裂

由于石油与天然气的开发, 岩层水力压裂理论及其技术而迅速发展起来, 之后这一技术被广泛应用于其他工程领域。如高温岩体 (HDR) 地热开采、核废料处置、地应力测量、煤层气开采等。近十几年来, 岩层水力压裂工艺与理论都有了重大的进展, 其特征是压裂流体多样化 (诸如泡沫压裂液、胶质压裂液、氮气压裂、液体二氧化碳压裂等)。压裂方式的多样化 (Kiel 压裂、裁剪脉冲压裂、聚能高能气体压裂、水压爆破压裂法等), 其目的都是围绕着如何尽可能地提高岩体体积渗透能力, 在低渗透岩层中产生更多的裂缝, 从而提高油气田的回采率和地热的开发效益。而在核废料处置等工程措施中, 又特别注意人工制造的裂缝的范围与展布特征 (一般均希望获得水平裂缝)。总之, 近年的压裂工艺是以增加致裂裂缝数目, 并较严格控制其致裂裂缝性态为主要特征的新型压裂工艺, 所有这些内容, 已远远超出了经典水力压裂的范畴, 因此本书引入 “岩体控制压裂” 这一新的术语, 系统阐述这一研究的几个方面。

18.1　经典水力压裂法及其地应力测量

在水力压裂法最初的发展阶段, 是单纯的用水作为压裂介质, 在设定的钻孔封隔段内, 岩体在高压水的作用下发生破裂。这种破裂形成的裂缝是沿岩体中最小阻抗方向的, 而产生的岩体裂缝一般是垂直于最小主应力方向的两条径向裂纹。

可以看出这是最简单的一种压裂方式。其典型的特点是裂纹的开裂方向主要受岩体的应力场控制, 很难达到人为的控制目的, 尽管如此, 这一方法仍然被广泛应用, 特别是用于深部地应力的测量。而近期的发展, 则是以控制裂纹数目与发展方向为目的的工艺技术。我们称这种最初的水力压裂法为经典的水力压裂法。

只有详细了解经典水力压裂方法的基本原理、理论方法及其压裂裂纹性态, 才有可能更深刻地了解近代的控制压裂技术。为此本节拟对经典水力压裂方法及其应用进行详细的剖析。

18.1.1　压裂方法

压裂方法及应力测试装置如图 18.1.1 所示。在需要进行压裂地应力测量的深度上, 用两个水力密闭式膨胀封隔器封隔一段井孔作为压裂段, 通过高压泵以一定的流量向压裂段注液, 增压至井壁破裂, 记录压力和流量随时间的变化, 并用压印塞和井下电视测定孔壁上新裂缝的方位。

在加压过程中, 我们可以记录到图 18.1.2 所示的泵压时间曲线。设地层初始空隙水压为 p_0, 则泵压由初始的 p_0 迅速增至初始岩体开裂压力 p_{b}^0, 岩体发生第一次破裂, 其泵压迅速衰减至裂缝稳定开裂压力 p_{a}。当关闭泵站, 水压降至 p_{s}, 继而下降为 p_0, 再开泵, 水压又迅速上升到 p_{b}^1。第二次开裂压力 (开启压力), 继而下降为稳定开裂压力 p_{a}。这就是典型的水力压裂泵压时间曲线, 它是水压、岩体应力状态与岩体特性的综合反映。下面从一般的理论详细分析其 p-t 曲线的特性。

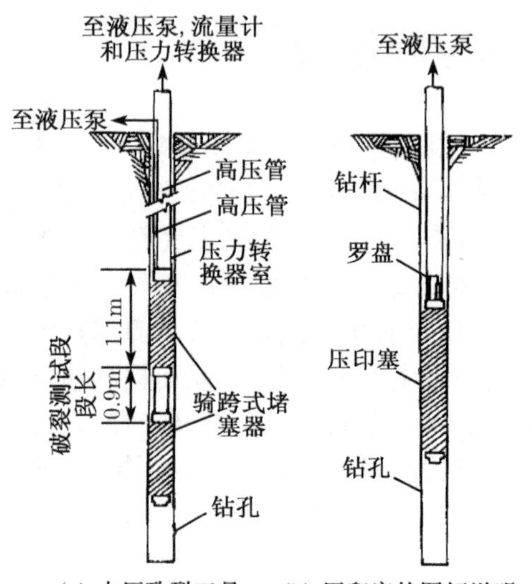

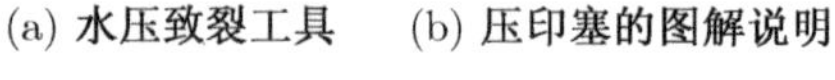
(a) 水压致裂工具　(b) 压印塞的图解说明

图 18.1.1　水压致裂系统组成

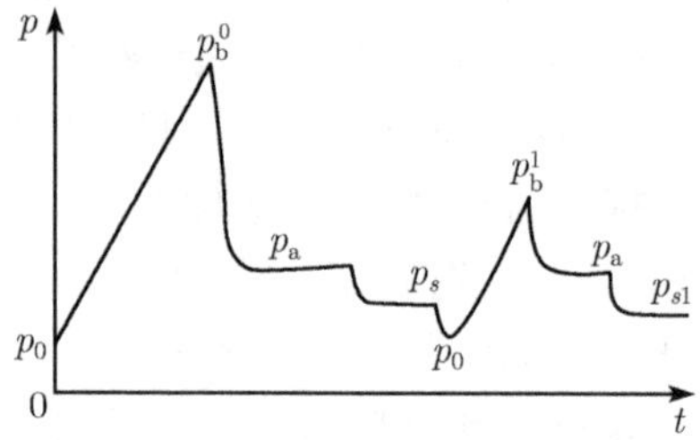

图 18.1.2　压裂过程泵压变化及特征压力

p_b^0- 初始开裂压力; p_a- 稳定开裂压力; p_s- 关闭压力;

p_0- 底下水压; p_b^1- 重新开启压力

18.1.2　理论分析

1957 年, M.K. 休伯特和 D.G. 威利斯讨论了水压致裂产生的张破裂与应力场的关系。其后, A.E. 夏德格、R.O. 凯尔、C. 费尔赫斯特和 B.C. 海姆森等对水压致裂法应力测量原理进行了一步的研究和探讨。水压致裂法应力测量的基本假设是岩石是脆性、线弹性、均匀和各向同性及非渗透性的, 而且作用于岩石的一个主应力方向与钻孔轴平行。这样就可以将水力压裂模型简化为具有圆孔的无限大平板在两个水平主应力 σ_{Hmax} 和 σ_{Hmin} 作用的问题, 如图 18.1.3 所示。

图 18.1.3 所示模型的弹性力学的解答为

$$\sigma_{\mathrm{r}}=\frac{1}{2}(\sigma_1+\sigma_2)\left(1-\frac{a^2}{r^2}\right)+p_{\mathrm{b}}\frac{a^2}{r^2}+\frac{1}{2}(\sigma_1-\sigma_2)\left(1-\frac{4a^2}{r^2}+\frac{3a^4}{r^4}\right)\cos 2\varphi \tag{18.1.1}$$

$$\sigma_{\varphi}=\frac{1}{2}(\sigma_1+\sigma_2)\left(1+\frac{a^2}{r^2}\right)-p_{\mathrm{b}}\frac{a^2}{r^2}-\frac{1}{2}(\sigma_1-\sigma_2)\left(1+\frac{3a^4}{r^4}\right)\cos 2\varphi \tag{18.1.2}$$

在 $r=a$ 的孔壁处

$$\sigma_{\mathrm{r}}=p_{\mathrm{b}}$$

$$\sigma_{\varphi}=(\sigma_1+\sigma_2)-p_{\mathrm{b}}-2(\sigma_1-\sigma_2)\cos 2\varphi \tag{18.1.3}$$

当 $\varphi=0$ 时, σ_{φ} 有最小值, 即

$$\sigma_{\varphi}=3\sigma_2-\sigma_1-p_{\mathrm{b}} \tag{18.1.4}$$

当孔壁发生破裂时, 则

$$\sigma_{\varphi}\approx T_0 \tag{18.1.5}$$

T_0 为岩体抗拉强度, 此时成立的破裂条件为

$$3\sigma_2-\sigma_1-p_{\rm b}^0+T_0=0$$

$$\sigma_1=3\sigma_2-p_{\rm b}^0+T_0 \tag{18.1.6}$$

当岩体存在孔隙水压力 p_0 时, 可写为

$$\sigma_1=3\sigma_2-p_0-p_{\rm b}^0+T_0 \tag{18.1.7}$$

岩体开裂后, 又重新加压, 开启压力为 $p_{\rm b}^1$, 则式 (18.1.7) 可写为

$$\sigma_1=3\sigma_2-p_{\rm b}^1-p_0 \tag{18.1.8}$$

由式 (18.1.7) 和 (18.1.8) 可得

$$p_{\rm b}^1-p_{\rm b}^0=T_0 \tag{18.1.9}$$

岩体内稳定开裂的应力条件见图 18.1.4。

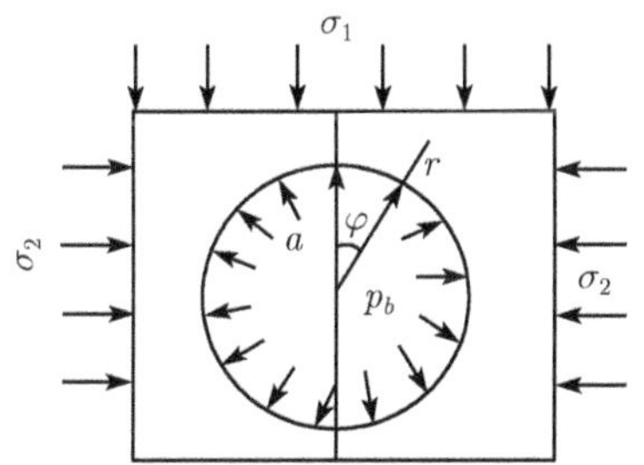

图 18.1.3　孔壁开裂力学模型图

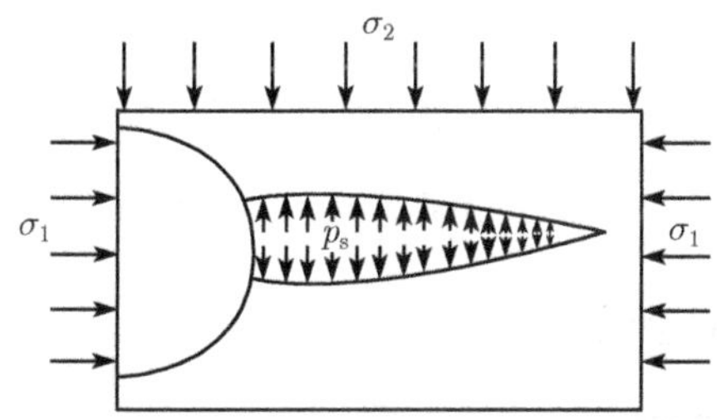

图 18.1.4　岩体内稳定开裂力学模型

大量的理论研究及室内试验和野外测量的资料表明, 使用橡胶封隔器封隔没有破裂的孔段时, 无论垂直应力 σ_v 值的大小如何, 初始破裂总是铅直的, 且垂直于最小水平主应力, 这是由于橡胶封隔器的约束所致。因此, 只要确定了水压致裂的方法, 最大、最小水平主应力的方向也就可以确定了。

但是大量实验证明, 当铅直裂缝扩展一段后, 又受岩体空间应力场的控制, 此时如果垂直应力 σ_v 是最小主应力, 则裂缝发生转向, 逐渐转变为水平裂缝。

停泵时, 使水压破裂保持张开的关闭压力 ($p_{\rm s}$) 等于垂直于破裂面的压应力, 因此假设 σ_v 不是最小主应力, 则 $\sigma_{\rm Hmin}=p_{\rm s}$, 垂直应力是根据上覆岩石的重量计算出来的: $\sigma_v=\gamma H$, 式中, γ 是岩石的比重; H 是深度。

若 σ_v 为最小压应力, 虽然仍首先产生垂直破裂, 但得出的是第一次关闭压力 ($p_{\rm s1}$)。破裂很快变成水平方向, 并将记录到第二次关闭压力 ($p_{\rm s2}$), 显然 $p_{\rm s1}>p_{\rm s2}$, 且 $p_{\rm s1}=\sigma_{\rm H\,min}$, $p_{\rm s2}=\sigma_v$。这种情况下, 最小水平应力与垂直应力均可由泵压时间曲线上的破裂压力确定。而最大水平主应力 $\sigma_{\rm Hmax}$ 可以用 $\sigma_{\rm Hmax}=3\sigma_2-p_{\rm b}^1-p_0$ 计算。

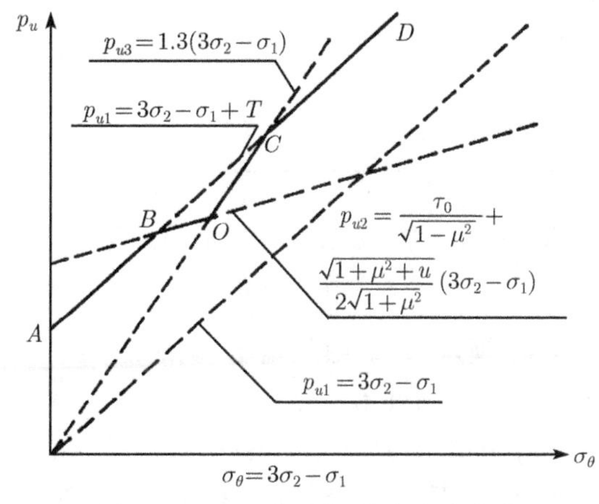

图 18.1.5　压裂压力–周向应力曲线
(李自强, 1984)

李自强等 (1984) 经过研究认为上述岩石水力压裂的理论仅适用于地下 500m 以内的地应力测量与计算。超过这个深度后, 张性破裂理论就暴露了局限性与不完全性。在超过 500m 深度时, 首先出现的是剪切破裂, 然后再沿此面发生张性破裂。佐巴克曾在美国圣安德烈斯断裂带附近进行野外水压致裂地下应力测量试验, 在他所取得的 27 个记录中, 深度大于 500m 的压裂泵压时间曲线, 临界破裂压力和重张破裂压力一样, 500m 深度之后的两个峰压相等的这一事实, 也可作为先剪切后张裂理论的一个有力证据。我国天津大港地区的 2000~4000m 的实测结果也是如此。其临界破裂压力与重张破裂压力相等。破裂顺序为先剪切后张裂。基于上述分析, 李自强等给出了压裂压力–周向应力理论曲线 (图 18.1.5), 并说明破裂压力曲线是三条线段组成的折线。$\overline{AB} \to \overline{BO} \to \overline{OC} \to \overline{CD}$ 段, 其相应的数学表达式为

$$\overline{AB}\text{ 段}\qquad \bar{p}_{u1} = 3\sigma_2 - \sigma_1 + T \tag{18.1.10}$$

$$\overline{BO}\text{ 段}\qquad \bar{p}_{u2} = \frac{\tau_v}{\left(1-\nu^2\right)^{1/2}} + \frac{\left(1+\nu^2\right)^{1/2}+\nu}{2\left(1+\nu^2\right)^{1/2}}\left(3\sigma_2-\sigma_1\right) \tag{18.1.11}$$

$$\overline{OC}\text{ 段}\qquad \bar{p}_{u3} = \frac{\left(1+\nu^2\right)^{1/2}+\nu}{2\nu}\left(3\sigma_2-\sigma_1\right) \tag{18.1.12}$$

$$\overline{CD}\text{ 段}\qquad \bar{p}_{u1} = 3\sigma_2 - \sigma_1 + T \tag{18.1.13}$$

式中, ν 为泊松比。

18.1.3 试验资料

为了清楚地说明水力压裂裂缝开裂规律, 并给出泵压时间曲线的详细解释, 本书采用李方全等的试验资料加以说明。

这次试验测量孔直接打在岩石露头上, 开孔直径为 152mm, 终孔深度 95.7m。根据所取岩芯及井下电视对孔壁的观察, 选择了没有节理和微破裂的四个孔段作为压裂段。由于岩石完整, 渗透性差, 试验中采用清水作为压裂液。试验按自下而上的顺序进行。

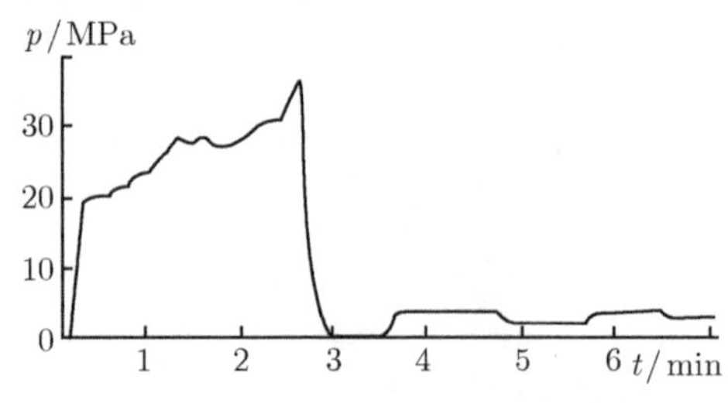

图 18.1.6 第一压裂段压力–时间曲线
(李方全等, 1982)

(1) 一压裂段 (82.00~84.45m)。封隔段为 2.45m, 封隔器坐封压力 15MPa, 由于在初始破裂发生时压力泵出了故障, 因而没有准确地记录到破裂起始压力。待泵修好后进行第二次试验, 压力只上升到 4.2MPa, 重复几次均为 4.3MPa, 推断这就是裂缝重新张开的压力。测得的关闭压力为 4.1MPa 见图 18.1.6。

印模器两次压印结果显示, 印痕一次为 N95°E, 倾向 NW, 倾角 85°; 另一次为 N48°E, 倾向 NW, 倾角 85°。由此确定, 新裂缝的平均方向为 N54°±5°E。通过井下电视观测, 裂缝走向为 N60°E 到近东西方向, 与印模器印痕基本一致。

(2) 第二压裂段 (70.98~73.28m)。封隔段为 2.3m, 破裂压力为 10.1MPa, 关闭压力约 5.9MPa (图 18.1.7) 停泵后, 压力曲线持续下降, 关闭压力 p_s 很难准确确定, 裂缝重新张开的压力大致为 5.9MPa。

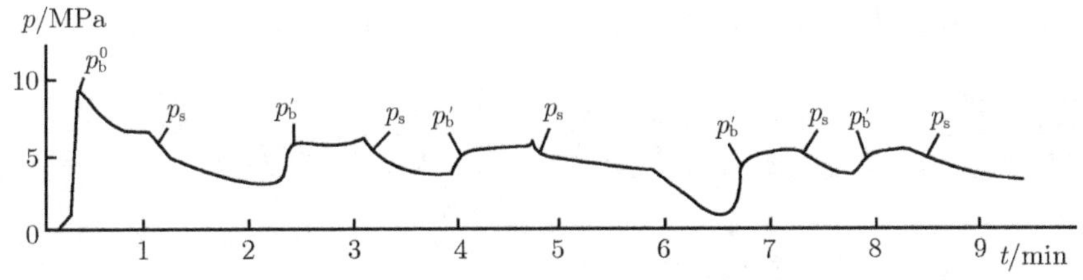

图 18.1.7 第二压裂段压力–时间曲线 (李方全等, 1982)

印模器第一次印下一条铅直裂缝印痕, 假定它通过钻孔中心, 则裂缝走向为 N58°W。第二次印出的裂缝走向为 N71°W, 倾向 NE, 倾角 85°, 裂缝平均走向为 N65°±6°W。

井下电视观测裂缝走向为 N80°~100°E, 裂缝长约 1.18m。

(3) 第三压裂段 (38.49~40.81m)。该段采用的压裂液流量为 0.4~2.0L/s, 临界破坏压力 p_b^0 为 9.1MPa, 关闭压力 p_s 为 3.5MPa, 裂缝重新张开的压力 p_b^1 为 4.2MPa (图 18.1.8)。

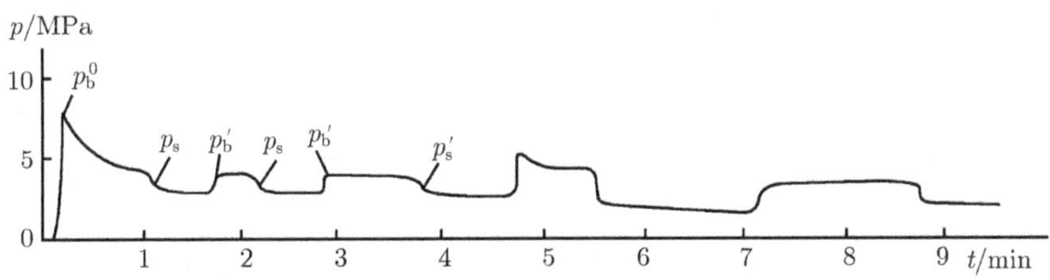

图 18.1.8 第三压裂段压力–时间曲线 (李方全等, 1982)

为了弄清不同流量对压力的影响, 在完成正常观测后, 又采用 5.5L/s 的大流量压裂发现, 流量增大, 使裂缝重新张开的压力 p_b^1 也相应增高。这可能由于裂缝重新张开后又有扩展。停泵后 p_s 减小。再以小流量注入, 则裂缝重新张开的压力变小, 约为 3.3MPa。这似乎是随着裂缝的扩展, 压裂液的渗透作用增加了岩石的孔隙压力, 从而使裂缝重新张开的压力降低。反复实验表明, 确实存在渐近关闭压力, 其数值约为 1.8MPa。

印模器清晰地印下了一条近铅直的裂缝, 但在接近胶筒端部处拐了弯。由此推断裂缝的走向为 N42°E。井下电视观测到的裂缝走向为 N60°E。

(4) 第四压裂段 (18.05~20.36m)。压裂时流量为 1.3~2.0L/s, 压力为 8.8MPa, 瞬时关闭压力为 2.9MPa, 使裂缝重新张开的压力约为 3.1MPa(图 18.1.9)。以 6.0L/s 的平均流量泵入压裂液约 30min 后, 渐近关闭压力为 1.7MPa。

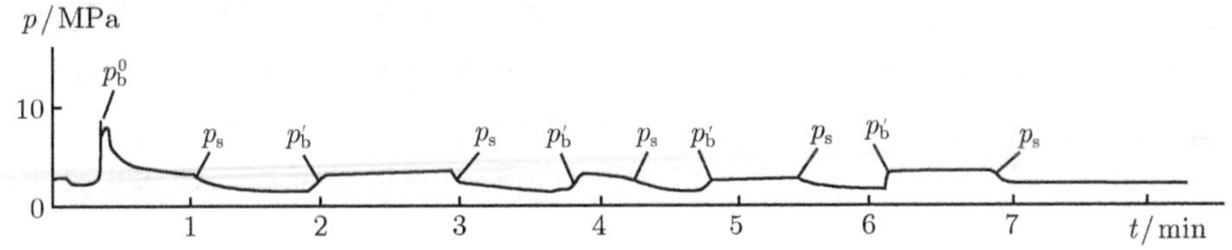

图 18.1.9 第四压裂段压力–时间曲线 (李方全等, 1982)

印模器的印痕反映出这一段压得很破。由图 18.1.10 大致可看出两组平行的铅直裂缝,方向约为 N71°W, 井下电视观测的裂缝方向约为 N80°~95°E, 即近东西向。

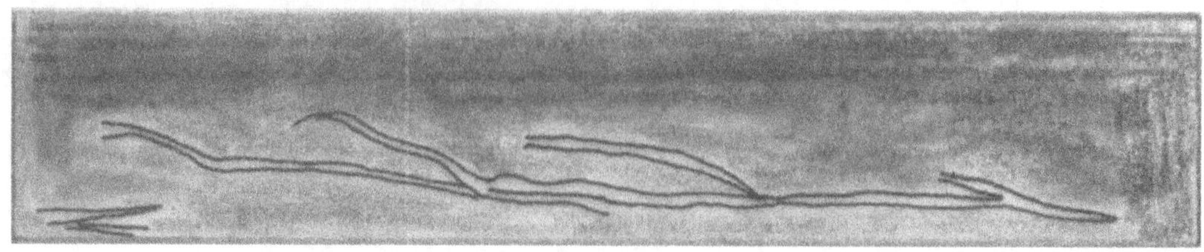

图 18.1.10 第四次压裂印痕 (李方全等, 1982)

根据四次水压致裂的资料, 对岩石抗张强度及测点应力状态等进行了计算, 其结果见表 18.1.1、表 18.1.2。

表 18.1.1 水压致裂压力参数及流量 (李方全等, 1982)

序号	深度/m	破裂压力 p_b^0/MPa	裂缝重张压力 p_b^1/MPa	关闭压力 p_s/MPa	渐进关闭压力/MPa	平均流量 /(L/s)
1	82.00~84.45		4.3	4.1	3.2	2.4~2.6
2	70.98~73.29	10.1	5.9	5.9	3.9	1.0~2.0
3	38.49~40.81	9.1	3.5	3.5	1.8	1.4~2.0
4	18.05~20.36	8.8	2.9	2.9	1.7	1.3~2.0

表 18.1.2 原地应力状态及岩石抗张强度 (李方全等, 1982)

序号	最大水平主应力/MPa	最小水平主应力/MPa	铅直主应力/MPa	岩石抗张度/MPa	最大水平主应力方向
1	7.2	4.1	3.2		N54°±N5°E
2	11.1	5.9	3.9	4.2	N65°±N6°E
3	5.9	3.5	1.8	4.9	N42°E
4	5.4	2.9	1.7	5.7	N71°W

注: 计算中取孔隙压力近似等于钻孔水头的静水压力。

18.1.4 经典水力压裂裂缝的扩展规律

水力压裂研究与应用中遇到的主要问题是 ① 当裂缝扩展远离井壁之后是否仍将保持起裂时的原有方向继续延伸; ② 裂缝扩展过程中遇到地层岩性的变化、岩层交界面、断裂面, 裂隙等会不会中止扩展或改变延伸方向。

1. 裂缝的扩展方向

裂缝在岩体中传播, 始终沿着最小阻抗的路径扩展, 即裂缝在延伸过程中裂缝面始终垂直于最小主应力的方向, 这已经为大量的实验与现场试验所证实。正如前面所论述, 在垂直孔的封隔段内, 由于应力集中的影响, 裂纹的起裂方向始终是垂直于水平最小主应力的, 当垂直主应力小于最小水平主应力时, 在孔壁上起裂的垂直裂缝扩展后会转变为水平裂缝。

2. 裂缝失稳扩展所需的压力

根据线弹性断裂力学的理论, 对水力压裂裂纹的扩展规律进行如下讨论。一般情况下, 可将垂直裂缝看成在无限长大平板中的一条高度为 $2L$ 的 I 型穿透性裂纹。裂纹内承受有很

高的压裂液的压力 p, 在与裂纹面相垂直的方向上作用着最小的水平主应力 σ_2。

线弹性断裂力学研究表明, 裂纹尖端附近的应力场与应变场正比于裂纹端部的 "应力强度子"K_{I}, 当 K_{I} 达到临界值 K_{Ic} 时, 则裂纹发生失稳扩展。K_{Ic} 是一个材料常数, 又称断裂韧性, 其值可由实验确定:

$$K_{\mathrm{Ic}}=\sqrt{\frac{2E\gamma}{1-\nu^2}} \tag{18.1.14}$$

式中, E,ν,γ 分别表示岩石的弹性模量、泊松比与比表面能。根据线弹性断裂力学理论, 格里菲斯裂纹 (相当于垂直裂纹) 的应力强度因子为

$$K_{\mathrm{I}}=(p-\sigma_2)\sqrt{\pi L} \tag{18.1.15}$$

对于半径为 R 的圆盘型裂纹 (相当于水平裂纹) 有

$$K_{\mathrm{I}}=\frac{2}{\pi}(p-\sigma_3)\sqrt{\pi L} \tag{18.1.16}$$

式中, σ_3 表示垂直方向的地应力。

当裂纹失稳扩展时, 由式 (18.1.14)~(18.1.16) 可以求得使裂纹扩展的压力为

对于垂直裂纹:

$$p=\sigma_2+\sqrt{\frac{2E\gamma}{\pi L(1-\nu^2)}} \tag{18.1.17}$$

对于水平裂纹:

$$p=\sigma_3+\sqrt{\frac{\pi E\gamma}{2L(1-\nu^2)}} \tag{18.1.18}$$

式 (18.1.17) 与 (18.1.18) 说明, 裂缝扩展压力除了取决于最小地应力外, 还与裂缝类型、尺寸及岩石材料的性质有关。从裂缝的类型分析可知, 圆盘型裂缝扩展较格里菲斯裂纹的扩展需要更高的压力。裂缝的扩展所需要的内压将随着裂缝尺寸的增大而减小。

3. *岩性变化对裂缝扩展的影响* (黄荣樽, 1981)

某一层岩石中的裂缝扩展是否可以延伸到另外一种岩层中呢? 这也是一个复杂而又特别重要的问题。假定相邻两层岩石的泊松比相同, 但弹性模量差别较大, 按照式 (18.1.14) 计算表明, 当邻层的弹性模量比本层的弹性模量小得多时, 裂缝向界面逼近, 导致其端部的 K_{I} 不断增大, 因此裂缝便更容易扩展, 并最后穿过界面延伸到邻近层。相反, 当邻近层的岩石杨氏模量比本层岩石大得多时, 导致 $K_{\mathrm{I}}\to 0$, 则要求更高的液体压力 p, 这就意味着裂纹不能向邻近层扩展, 最终使裂缝终止于界面上。

A.A. Daneshy 等的研究指出, **岩层界面的性质**对裂缝的扩展有很大的作用, 并提出可用界面的抗剪强度衡量其性质。弱的界面能中止裂缝的扩展, 而不论界面两边岩石的相对性质如何, 连接强的界面最终能使裂缝穿过界面而延伸到弹性模量较小的岩层。这一结论可用如下实验说明: 用有机玻璃和英地安纳灰岩 (前者的抗拉强度和弹性模量均较后者大) 以环氧树脂黏结, 界面的黏结强度高于灰岩的强度, 但小于有机玻璃的强度, 裂纹能从有机玻璃穿过界面延伸进灰岩中去; 反之则不能, 裂纹到达界面后, 便沿界面扩展, 没有延伸进有机玻璃中去。

18.1.5　水力压裂的剪切破裂机理

目前国际界研究压裂机理的另一个趋向是剪切压裂, 即在一定的地层特性 (原生裂隙, 分布特征, 应力状况) 下, 注入的压力水引起岩体剪切破裂, 沿地层原生裂缝诱发剪切滑动比导致一般的张力破裂更为容易, 特别是在最大与最小地应力相差较大, 节理方位与主应力成 30°~60°, 注入像水这样的低黏度流体的时候更是如此。

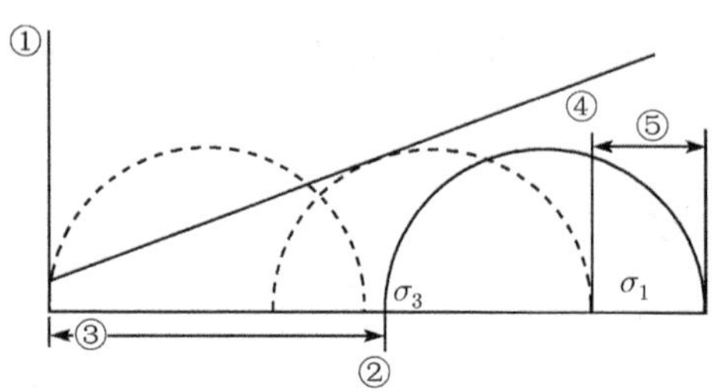

图 18.1.11　说明与节理分裂相比, 剪切压裂需要低流体压力的 Mohr 应力图 (Murphy et al., 1986)

① 剪切应力; ② 有效闭合应力; ③ 产生节理分裂所需的压力; ④ 破坏线; ⑤ 产生剪切压裂所需的流体压力

以三维应力状态为例讨论, 如图 18.1.11 所示。在此状态下最大、最小主应力分别是 $\sigma_{\max}$ 与 $\sigma_{\min}$, 假定 $\sigma_{\max}$ 大约为 $\sigma_{\min}$ 的两倍。节理中的压力 p, 使有效闭合应力减小。最后, 在有效闭合应力为零或 $p=\sigma_{\min}$ 的时候, 节理发生张裂。如图 18.1.11 所示, 张破裂需要 Mohr 圆完全移到左侧, 使它的左边与初始点相一致。而剪破裂仅需要 Mohr 向左移动, 接触到 Coulomb-Mohr 破坏包络线即可。如果裂缝处于最佳方位, 那么 Mohr 圆刚接触破坏包络线即发生破坏, 即使不处在最佳方位, 大多数节理都会在它分裂之前产生剪切滑动。

美国新墨西哥州 Jemez 山脉的 Valles 休眠火山口西侧的一个高温岩体地热储集层和英格兰的 Cornwall 部 Rosemanoues-Quarry 地热储集层的两个钻井地热开发试验证明, 在节理性地层中, 水力压裂形成了多节理裂缝剪切破裂带, 如图 18.1.12 和 18.1.13 所示, 并用数值模拟方法重现了此过程。Daneshy 用岩石流体相互作用的方法, 分析了节理方向与主应力方向重合及斜交的情况, 重合时预测的结果与经典水力压裂理论相符。当节理方向与主应力方向旋转 30° 时, 并且注入水进行压裂, 发生两种类型的破裂。当阻止剪切滑动的摩擦较小或者剪切引起的扩张度较大时, 只有单个节理发生破裂, 如图 18.1.14 所示。而伴随着高剪阻力或小张开度, 则发生多节理破裂。沿节理的剪切滑动伴随着剪应力的下降, 并

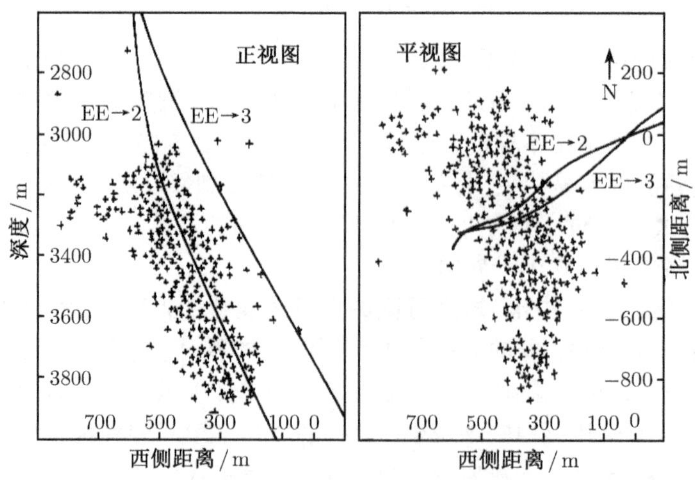

图 18.1.12　EE~2# 巨型水力压裂引起的微地震震源位置 (Murphy et al., 1986)

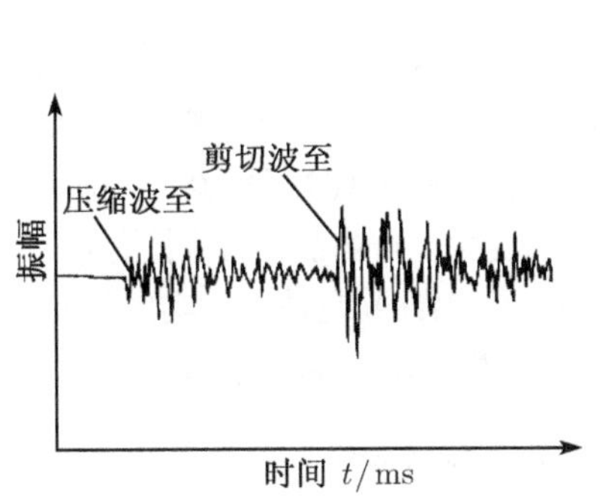

图 18.1.13 典型微地震地震波曲线

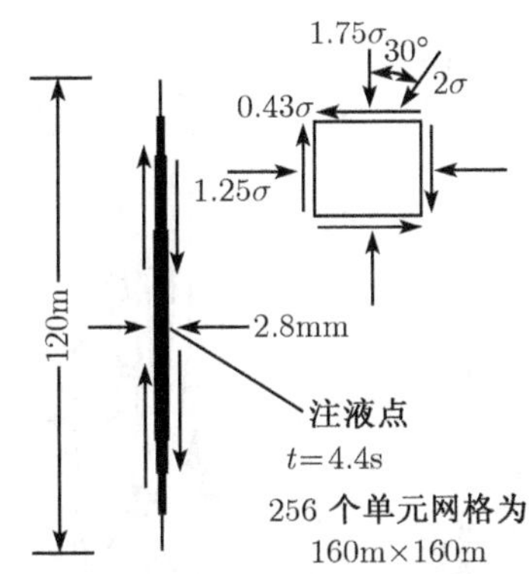

图 18.1.14 阻止剪滑动的摩擦力较低或剪切滑动节理张开能力较高时, 只有单个节理发生破裂 (Murphy et al., 1986)

且与作用在节理上的地应力相互作用, 导致节理垂直于最大主应力方向张开。从而发生树枝状的节理破裂, 如图 18.1.15 所示。

通过上述分析, 可以给出 Kiel 压裂的另一种解释, 那就是剪切破裂机理, 如图 18.1.16 所示。

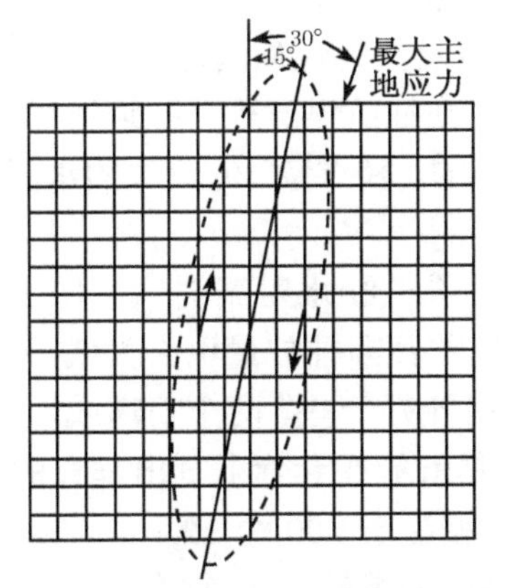

图 18.1.15 剪切阻力较高或剪切扩张度较低时发生的多节理剪切压裂 (Murphy et al., 1986)

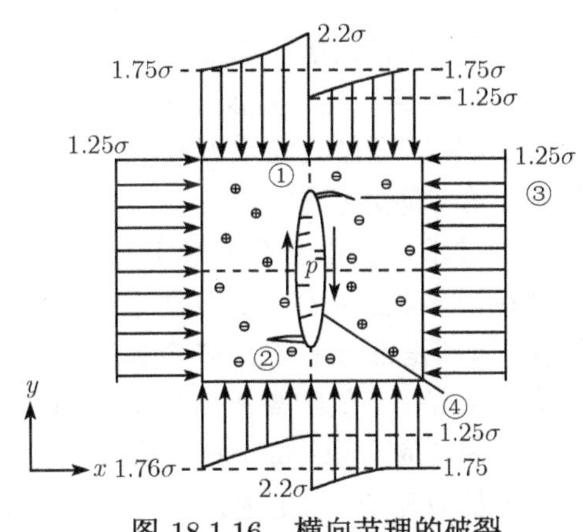

图 18.1.16 横向节理的破裂 (Murphy et al., 1986)

关于岩体水力压裂剪切破裂的机理尚研究不多。看来这是岩体控制压裂的又一个难题, 但也是很有吸引力的难题, 因为按照这一机理所使用的压裂工艺可以在岩体中产生更多的裂纹。

18.2 地面钻孔控制压裂的应用

不论是以何种目的进行的岩层压裂, 都希望能尽量增加岩层的裂缝条数, 对于石油和天然气开发、地热流体开发, 其体积排放远比面积排放更为有利, 对于废料储放也是如此, 即增加体积储放量, 见图 18.2.1, 因而在国际较为流行的是树枝状压裂技术, 1977 年最先是由基尔 (Kiel) 提出的。

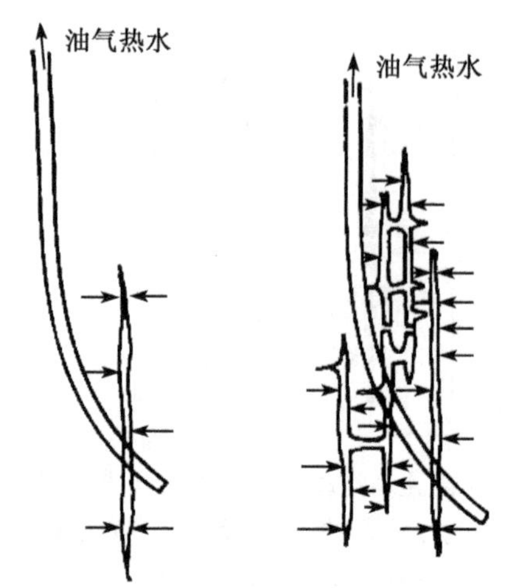

图 18.2.1 体积泄流比面积泄流有利示意图

18.2.1 煤层气开采

采用这项技术, 把小直径垂直钻孔打入煤层, 煤层瓦斯通过钻孔排出地面, 由于一般煤层的渗透率比较低, 煤层瓦斯流入钻孔的数量较少, 为解决这个问题, 在许多煤层中采用了控制压裂技术。实践证明, 煤层压裂后, 瓦斯流出量有较大增加。

1. 工程方法

钻孔直径取决于深度, 欧洲一般采用 ϕ200mm 钻孔, 美国大多使用 ϕ165mm 的钻孔。排放钻孔可以穿过一个或多个煤层。穿过单一煤层的抽放钻孔的典型固井方法是从顶板到地面均下套管灌水泥浆 (图 18.2.2)。开放型钻孔完成固井的方法有两个: 一是钻孔穿透煤层后, 在煤层顶板位置下一个塞子, 然后下套管灌水泥, 以免孔内的煤层暴露地段被水泥污染; 二是钻孔打到顶板位置即停止钻进, 下套管灌水泥, 固井之后再继续钻进穿过煤层, 这样不但可以防止煤层被水污染, 而且在煤层内打钻还可以取煤芯作瓦斯含量直接测定及其他煤质测定。

如抽放钻孔穿过几个煤层, 那么钻孔全长都下套管, 在抽放煤层处开孔连通煤层抽放瓦斯, 孔内煤层暴露面是要同水泥接触的, 必须使用质量好的、轻重量、低流失的水泥, 而且操作要特别小心处理水泥的污染。

有两种技术可以用于在套管上开口通向煤层: ① 射孔; ② 水射流割 (图 18.2.3)。射孔技术已经在许多煤层中使用, 但是即使水压致裂后, 它们的瓦斯抽放量也大大低于开放型的抽放钻孔, 原因是部分射流孔被堵塞。水射流割槽就比射孔好一些。两个喷嘴或四个喷嘴的割槽工具下入钻孔, 供给高压带砂的水流, 上下移动工具就能在套管上割出垂直的槽口, 通到煤层。四槽口的面积 (每个槽口宽 12.7mm, 长 1.5m) 相当于 300 个 12.7mm 的直径射孔, 因此更易于抽放瓦斯。与上述射孔与割槽相比, 开放型钻孔使用最成功, 它有最大的煤层暴露

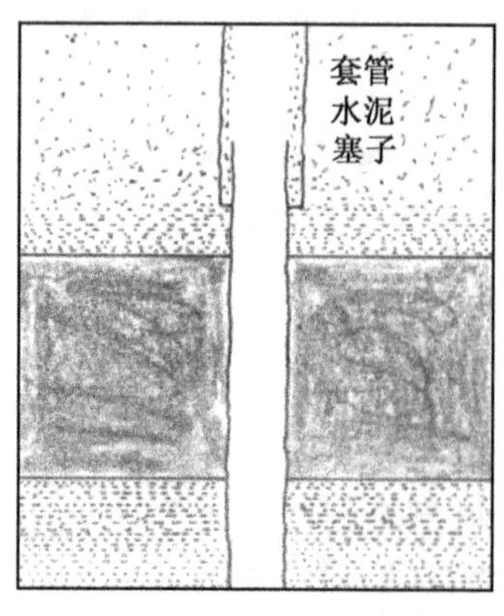

图 18.2.2 垂直抽放钻孔的单煤层开放型固井

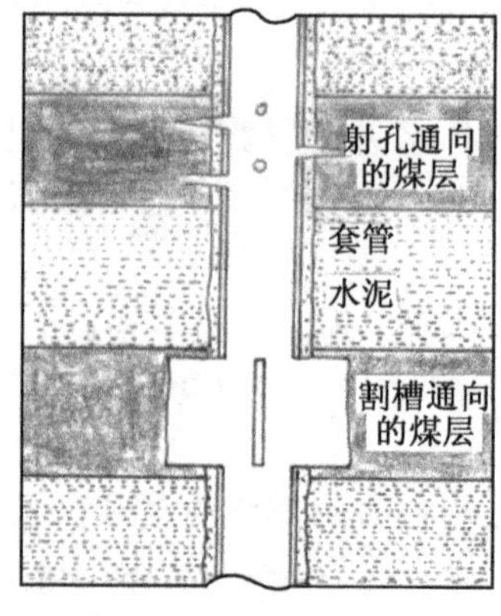

图 18.2.3 穿过多煤层的垂直抽放孔的固井

面积, 不在煤层中下套管, 因而对井下开采没有妨碍。但当煤层层次多, 煤层太厚时, 不能使用开放型固井, 则使用水射流割槽就比较合适。

2. 水力压裂

水力压裂的基本原理是选定压裂的煤层后, 在地面上用泵产生高压水流, 从钻孔进入煤层, 在煤层中压开裂缝并扩展。与此同时, 在水中加入筛过的砂子, 把它作为支撑剂, 送进煤层中被压开的裂缝中。当压裂结束, 压裂用水返回之后, 砂子仍然留在煤层中支撑张开的裂缝, 从而大大增加了煤层的渗透性能, 提高生产能力。

压裂液有多种类型, 水、胶状水及泡沫是常用的几种压裂液, 它们各有优缺点。固体支撑剂是用以支撑压裂所造成的裂缝的, 10 目到 40 目的砂子作为标准支撑材料。

胶状水压裂已经被广泛使用。它是水与植物胶的混合物, 用它携带砂子可以减少水份流失。预先设计好, 在水力压裂完成之后, 胶状水回复到水的黏度。胶状水压裂工作中含有一种 "破胶" 成分, 它能降低流体的黏度。

在煤层压裂中所使用的泡沫是水、氮气、泡沫剂及砂子的混合物。它比胶状水有较多优点, 可以减少压裂液在煤层中的流失, 也可使砂堵减少, 操作干净, 一天之内压裂液都会大部分从煤层中流出来。而使用的水量比胶状水压裂少 60%~80%, 从而节约了动力设备与能耗。压裂液流速也比较低, 用 200 多立方米的泡沫压裂钻孔, 只需要一台平常的水泥固井所使用的压裂车。

美国曾试验过一次不加砂的泡沫压裂。由于不加砂, 所以压裂流量低, 因而造成的裂缝都在煤层内, 对顶板影响小。回流砂子问题也没有, 排水不困难, 操作费用低。试验是在玛丽李煤层中进行的, 压入 230m^3 的 75%泡沫 (25%水及 75%氮), 在里面加入萤光染料和颜料, 来观察井下的压裂裂缝。在 5 个月的期间内, 钻孔瓦斯量为 $283\sim2265\text{m}^3/\text{d}$, 在井下观察到压裂液分布的范围近似椭圆形, 长轴 67m, 平行于主裂隙, 短轴 35m, 平行于次生裂隙。

大量实践证明, 压裂液的黏度比压裂液的速度对裂缝宽度的影响更为重要。例如, 用黏性大的胶液, 压裂流量为 $1.2\text{m}^3/\text{min}$, 其裂缝宽度为 60 多毫米; 而用黏性小的压裂液时, 同样的压裂流量产生的裂缝宽度只有 3~9mm。

为了提高压裂效果, 美国曾应用了许多控制压裂技术。较为成功的是基尔 (Kiel) 压裂, 它是 1877 年由基尔提出的一种采用加压与卸压交替进行的压裂技术, 可以增加压裂裂缝数与裂缝长度。正如上节所述关于压裂的机理如何, 现尚有争议, 但是大量实践证明, 这一方法的确提高了岩体的渗透性。美国曾在匹兹堡煤层采用这种方法压入 250t 清水与 10t 砂子, 在井下生产中, 距钻孔 30 多米就看到压入的砂子。同时还在玛丽李煤层中用过, 压入 364t 水和 14t 砂子, 作了 8 个加压和卸压循环, 压裂后最大瓦斯量为 $6654\text{m}^3/\text{d}$, 平均为 $2831.7\text{m}^3/\text{d}$。

18.2.2 水压致裂法地下处置核废料

随着科学技术的发展, 可以预见在我国将会面临很多高污染废料处置问题, 国内外大量研究成果表明, 储存高污染废料的场地应该具备几个条件: 首先是区域地质体是稳定的; 其次是储放高污染废料的岩层渗透性很低, 对废料有很强的吸附性; 第三是其地应力状态与岩层特性适宜在水力压裂后形成水平裂缝。这三个条件中第三个条件更为重要, 为此先讨论形成水平裂缝的条件。

对储放废料的注射井要全井下套管, 并注水泥固井. 注射前用水砂喷射造成 360° 水平切口, 切口深入基岩约 30cm, 成为压裂的薄弱面。注射时, 井口封闭, 注射流体进入切口产生垂直应力。由于套管和水泥环提供了附加的抗拉强度 (至少几十兆帕), 并且在井壁处已存在一个切割好的薄弱水平面, 因此形成的裂缝开始时是水平裂缝, 尽管许多情况下水平应力是最小主应力。根据岩体压裂理论知, 当裂缝离开钻孔一段距离后, 在地应力的控制下扩展, 若在水平主应力最小的地区, 则水平裂缝将会转变成垂直裂缝。

1. 适于用水力压裂方法储放废物的岩层条件

用于废物注射的基岩, 其本身及裂隙的渗透率应非常低 (小于 10^{-6}D), 因而注射区内地下水的活动极其微弱。用于注射的岩层其垂直层面的抗张强度应比平行层面的抗张强度明显低, 因而通过水力压裂能够形成层面裂缝。讨论各类岩石是否适用于水力压裂法处置废物就是基于上述两点要求。国内外大量研究表明, 页岩是最好的选择。无密集分布的裂隙和节理的页岩, 其渗透率是低的, 通常是 10^{-6}~10^{-9}D。

层状沉积岩不同方向的抗张强度通常具有不同的值。而且, 层状页岩中垂直层面和平行层面的抗张强度的差别比其他沉积岩更为明显。野外实际情况表明, 页岩岩体中的节理或裂隙通常终止于层理发育和胶结不良的层带。

沉积岩中现场应力直接测量表明, 在地质稳定区域, 页岩岩体中最小水平主应力约等于覆盖层的压力, 而在其他沉积岩中测得的水平应力一般比覆盖层压力小得多。

页岩还含有大量黏土矿物, 这些黏土矿物通常具有巨大的吸附核素的能力。因此, 即使某些核素从灰浆层被浸出, 页岩中的黏土矿物仍能进一步阻碍核素的迁移。

总之, 页岩典型具备适宜用水力压裂法处置放射性废物的下述性质: ① 易于形成接近水平的层面裂缝; ② 页岩的层面有可能制止已有的垂直裂隙和节理延伸; ③ 极微弱的地下水活动; ④ 从灰浆中浸出的大部分核素可被黏土矿物滞留。因此可以得出结论: 对于用水力压裂灰浆注射处置放射性废物来说, 页岩是极好的基岩。

砂岩与石灰岩的渗透率比页岩高 5 个数量级, 且垂直于层面与平行层面的抗拉强度差异小, 而不能作为储放废料的基岩。而对于结晶火成岩, 尽管其渗透率比页岩还小, 但同样由于垂直于层面与平行于层面的抗拉强度差异很小, 容易产生垂直裂缝, 不能被选用。

大量的试验表明, 页岩层形成水平裂缝所需的压力远比形成垂直裂缝的压力低。如果原有的节理或高倾角的天然裂隙与压裂的层面裂缝相交, 节理或天然的裂缝有可能延伸, 但一旦遇薄弱层, 垂直延伸即终止延伸。因此可以得出如下结论: 在深度小于 1000m 的近水平的层状页岩层中水力压裂可以形成水平的层面裂缝。

2. 美国田纳西州橡树岭国立实验室的试验

橡树岭国立实验室的研究证明: 水力压裂法可以在层状页岩中形成层面裂纹, 并用于处置中放废料, 而这一结果与油井水力压裂结果相反。为此美国原子能委员会在纽约州政府的许可下, 主持了一项由橡树岭国立实验所和美国地质调查所联合进行的实验计划, 在纽约州西谷进行了类似的试验, 并获得了完全同样的结果。以下就橡树岭国立实验室在田纳西州的试验情况作一介绍。

橡树岭国立实验所废物处置场地位于田纳西州橡树岭的梅尔顿谷美国能源部的保留地内, 面积约 220km^2, 从 1959 年至 1966 年, 先后进行了八次试验注射, 结果说明, 用注射灰浆方法在页岩层处置废物是安全和经济的。从 1966 年开始做实际运行注射, 到 1978 年底先后进行 17 次运行注射。5000m^3 废液配成 8100m^3 灰浆被安全注入地下 244~266m, 深度范围内。

图 18.2.4 和图 18.2.5 分别为田纳西州橡树岭与纽约州西谷注射井及注射观测系统。表 18.2.1 为 1960 年 9 月的注浆试验灰浆的物理性质及注射参数。从表中数据, 我们可以了解到有关参数与技术。图 18.2.6 是 1974 年的一次注浆试验时间–压力曲线。

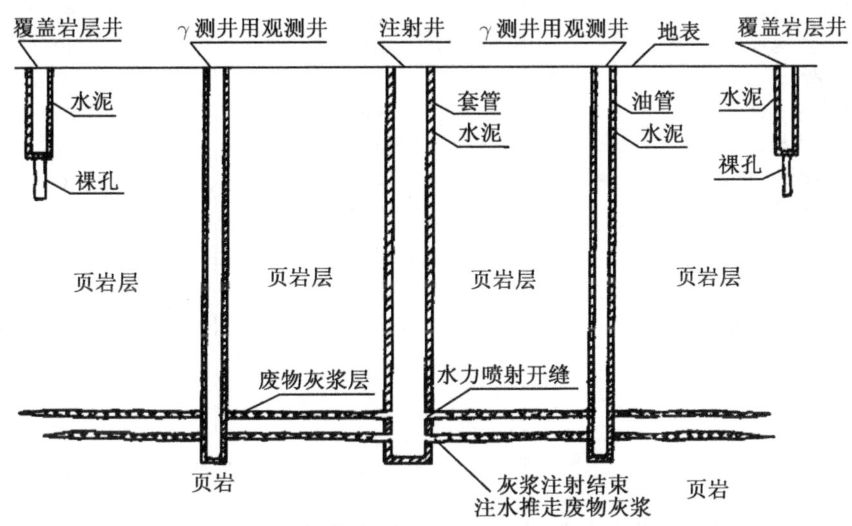

图 18.2.4 橡树岭注射井, 观测井和页岩层中废物浆示意图 (森, 1987)

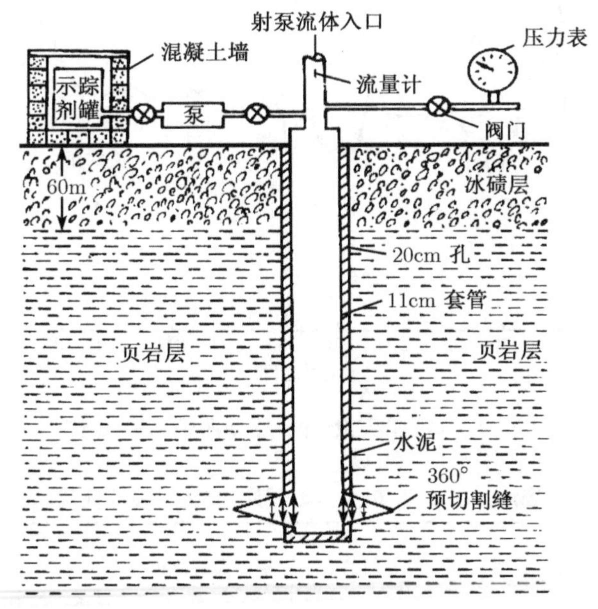

图 18.2.5 纽约州西谷注射井示意图 (森, 1987)

从图 18.2.6 的时间–压力曲线可以看出裂缝起裂、扩展、重张等过程。注射后利用观测井采用 γ 射线观测, 证明水力压裂注浆形成的基本是水平裂缝。表 18.2.2 说明灰浆层在距注射井 70m 时, 与注射标高仅偏离 15m, 而页岩层层面是有一定倾斜的。此外, 在页岩层中注浆后, 观测到了显著的地面抬升。

表 18.2.1　田纳西州橡树岭国立实验所 1960 年 9 月注浆试验灰浆物理性质、注射压力、计算灰浆半径和最大裂缝宽度 (森, 1987)

注射日期	9 月 3 日	9 月 10 日
注入深度/m	285	212
注射套管内径/mm	104	104
注射率/(m^3/s)	0.009	0.016
注射体积/m^3	346	503
井口破裂压力/MPa	15.89	15.2
井口注射压力/MPa	12.75	14.91
孔低注射压力/MPa	16.28	17.56
计算垂直地应力/MPa	13.58	10.10
假设的杨氏模量/MPa	18,000	18,000
假设泊松比	0.1	0.1
流体密度/(kg/m^3)	1.38×10^3	1.44×10^3
n'	0.109	0.065
$K'/[(\mathrm{N\cdot s}^n)'/\mathrm{m}^2]$	16.04	29.69
计算灰浆半径/m	77	65
计算最大破裂缝宽度/mm	29	62
实测灰浆厚度/mm	8	12

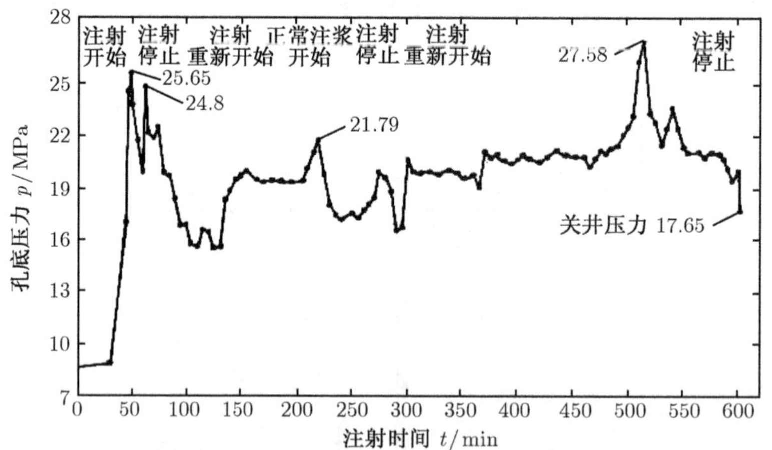

图 18.2.6　注浆实验时间–压力曲线 (森, 1987)

表 18.2.2　橡树岭拟建场地 1974 年 6 月 14 日深 332m 注浆实验与观测井相交的灰浆层

井	沿套管测量深度/m	垂直深度经井斜修/m	标高海拔高度/m	水平位置/m Y (N S)	水平位置/m X (W E)	备注
新东观测井	341.1	335.0	−93.8	19.7	31.4	注射标高 = −83.7m(海拔高度)
南观测井	349.0	340.8	−97.3	31.5	61.4	
	349.6	341.4	−97.8	31.5	61.6	
	349.9	342.7	−98.1	31.1	61.7	

续表

井	沿套管测量深度/m	垂直深度经井斜修/m	标高海拔高度/m	水平位置/m Y N S	水平位置/m X W E	备注
西观测井	328.0	320.3	−81.8	23.3	54.9	
	330.1	322.4	−83.9	23.7	55.1	
	330.4	322.7	−84.2	23.7	55.2	
	331.0	323.3	−84.8	23.8	55.2	
	331.3	323.6	−85.1	23.9	55.3	
	331.9	324.1	−85.7	24.0	55.4	

18.2.3 高温岩体地热开采的巨型水力压裂

开发高温岩体的设想, 是美国在 20 世纪 60 年代提出来的。此后, 日本、欧洲都进行了高温岩体技术开发。美国在 1978 年到 1986 年在 FentonHill 进行了试验, 英国在 Cornwall 郡 Rosemanowes-Quarry 进行了试验, 日本 1984 年在肘折地区也进行了试验, 均取得了一定的效果。

高温岩体地热储集层不同于我们熟悉的热液地热储集层。前一类储层, 一般都必须用水力压裂才能产生渗透性和孔隙性; 而在热液储集层中这些本身就已存在, 并且实际上孔隙常被水或蒸气所饱和。钻井后, 可将水和蒸气作为开采热能的工作液并可用来发电。在高温岩体地热储层中基本上没有水, 所以须将水注入地热储层。因此, 在 HDR 的开发中, 我们面临着技术困难的挑战。至少要有两口井钻至地温为 200~300°C 的地层深处, 才适合用于发电, 见图 18.2.7。甚至在具有较高地温梯度的地区, 这样高的温度也要在 3~5km 的地层深处才能找到, 此处地层的当地主应力为 35~100MPa。为了使渗透率保持高值, 流动阻力保持低值, 必须用水力压裂压开岩层以连通各井, 并使节理呈张开状。然后, 用流动水充分地冲洗大面积的高温岩体层, 就能长期获得高热液体。

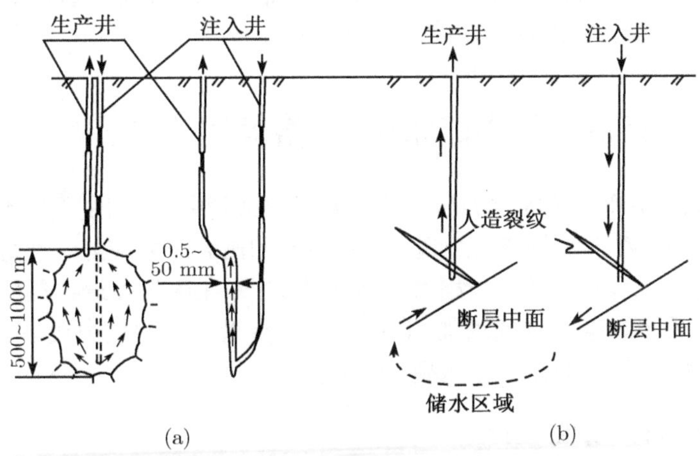

图 18.2.7 地热开发中人工裂缝示意图

在 Fenton Hill 所做的早期试验证实了原始高温岩体层可供开发, 它位于美国新墨西哥州 Jemez 山脉的 Valles 休眠火山口西侧。两口井钻至 3000m, 并用水力压裂使之相互连通, 如图 18.2.7 所示。从 1978 年到 1980 年断断续续的试验中, 总共九个月内就生产了 3~5MW

的地热能。由于流动阻力很低, 把水注入地层直到从另一口井产出来所用的能量还不到所产热能的 2%。

为了探讨开发这个大储层的 HDR 开发的工程模式, 又打了两个深度 3000m 与 4000m 的新井。1983 年 12 月进行了一次巨型水力压裂, 在较低的一口井 3500m 深处, 该处地层压力为 83MPa, 以平均泵速 $0.1\text{m}^3/\text{s}$ 注入了 21000m^3 的水。微地震表明, 这次水力压裂并没有形成一个像传统水力压裂理论所预测的平面裂缝, 而是引起了一个 800m 高、在南北方向 800m 宽, 约 250m 厚的巨大岩体的破裂。地震检波器对微地震的定位精度为 30m, 所以压裂破裂岩体的厚度 250m 并非是人工的测量误差, 破裂体的体积是注入水体积的 4000 倍。

日本 1984 年在工业技术院 "阳光" 计划之下, 在山形县肘折地区开展了高温岩体的现场试验。试验场地位于比较新的火山活动 (约 9600 年前) 形成的肘折火山口南端。火山口直径约 2km, 标高 400m。在火山口内钻了两个地热调查井: SKG-1 井 (深 1500m) 和 SKG-2 井 (深 1800m, 温度达 280°)。以后又打了 HDR-1 井 (1800m) 和 HDR-2 井 (2000m), 其孔底相距约 40m。1988 年 7 月与 1989 年实施了两个循环试验, 将 SKG-2 井作为注水井, HDR-1 与 HDR-2 井作为生产井。1988 年 7 月用流量为 33100kg/s 向 SKG-2 井注入 2000m^3 的水, 在 HDR-1 井用 PTS 检测的结果表明, 在深度 1503m、1625m、1742m、1762m、1788m 和 1800m 处温度异常, 可以认为是 SKG-2 井的水流过岩体内的裂面, 向 HDR-1 井处的这些深度流入。而 1788~1800m 范围内的流量占全流量的 55%。1989 年的循环试验中从 SKG-2 井注水, 从 HDR-2 井内 PTS 检测结果为在深度为 1560~1580m、1653m、1665m、1756m 和 1764m 处流入 HDR-2 井, 其中 1756m 和 1764m, 占全流量的 70% 以上。

水压致裂 SKG-2 井后用钻孔电视观察了 SKG-2 井的裸露段, 发现有模切孔井壁面 (走向 N159, 倾角 60°) 和平行于孔井轴向的大致东西向延伸的裂面存在。根据水压致裂前后孔内流量检测结果推断, 水压致裂形成了沿孔井轴的破裂面。

1989 年其用一个月左右的循环试验证明, HDR-1 井与 HDR-2 井的生产水温均在 150°C, 且试验获得了 6MWt 的热能。形成的裂面是比较理想的, 阻抗仅为 0.6~0.7MPa/(kg/s)。从而证明在日本开发高温岩体的地下热能是有前景的。

18.3 盐类矿床压裂–溶解理论与应用

在盐类矿床原位溶浸开采的水力压裂连通的工业试验中, 我们发现压裂水注水井的压力随着压裂范围的扩大, 并不像传统的断裂力学所表现的压裂压力应随着裂缝的扩展而逐渐升高, 经详细研究发现: 其原因是一类相对易溶解的矿床, 在压裂裂缝扩展的同时裂缝两侧的矿物被溶解, 而导致了裂缝宽度的增加, 从而压裂水头沿裂缝的损失很小。后来发现这是一类十分普遍的现象, 于是我们命名为压裂–溶解现象。

18.3.1 盐类矿床压裂 – 溶解理论

1. 裂缝起裂方程 (水力压裂方程)

水力压裂理论, 实质上为一弹性平面理论, 在无限大的岩石平板中有一圆孔, 当内部有水压 p 作用时, 垂直于最小主应力方向的孔壁上, 切向应力 $\sigma_\theta = \sigma_{\text{Hmax}} - 3\sigma_{\text{Hmin}} + p$, 随孔内水压的增大, 切向应力 σ_θ 也逐渐增大, 当 σ_θ 达到岩石的抗拉强度 σ_t 时, 岩石在孔壁处产生破裂, 形成垂直裂缝。形成垂直裂缝的水压为：$p_{\mathrm{b}}=3\sigma_{\mathrm{Hmin}}-\sigma_{\mathrm{Hmax}}+\sigma_t$。形成水平裂缝的压力为 $p_{\mathrm{b}}=\sigma_v-\sigma_t+\sigma_t'$, 在不考虑水平向构造应力的情况下, $\sigma_v+\sigma_t'\leqslant 3\sigma_{\mathrm{Hmin}}-\sigma_{\mathrm{Hmax}}+\sigma_t$。因此, 在水力压裂的过程中, 水平裂缝较垂直裂缝更易形成。用方程表示为

$$p_{\mathrm{b}}=\sigma_v+\sigma_t \tag{18.3.1}$$

式中, σ_{Hmax} 为最大水平主应力; σ_{Hmin} 为最小水平主应力; σ_t 为矿层的水平抗拉强度; p_{b} 为水压; σ_v 为垂直方向地应力; σ_t' 为岩层垂直方向的抗拉强度。

2. *裂缝中水渗流方程*

假设裂缝中水的流动状态为层流, 且不可压缩, 用一维渗流模型模拟裂缝中水的运动。裂缝中水的流动依赖于随时间变化的裂缝张开度, 用方程表示为

$$\frac{\partial q}{\partial x}-\frac{\partial w}{\partial t}=0 \tag{18.3.2}$$

$$q=\frac{w^3}{12\mu}\cdot\frac{\partial p}{\partial x} \tag{18.3.3}$$

式中, q 为沿裂缝长度的水流速度; μ 为水的动力黏度; p 为裂缝中的水压; w 为裂缝张开度; $\dfrac{w^3}{12\mu}$ 为裂缝渗透系数 (沟槽流模型)。

3. *裂缝扩展准则*

水力压裂形成的裂纹为张开型, 对于 I 型张开型裂纹, 裂缝的扩展是一个裂纹尖端岩体脆性断裂的过程, 实验表明, 具有初始裂纹的岩体, 其应力强度因子 K_{I} 随外加应力的增加而增加, 当 K_{I} 增大到临界值 K_{Ic} 时, 裂纹体处于由稳定向不稳定扩展的临界状态。因此裂纹扩展脆性断裂的条件为

$$K_{\mathrm{I}}\geqslant K_{\mathrm{Ic}} \tag{18.3.4}$$

式中, K_{I} 为岩体应力强度因子; K_{Ic} 为岩体临界应力强度因子。

4. *岩体变形方程*

按照连续介质岩体的应力平衡方程与本构关系, 可得由位移表示的应力平衡方程为

$$(\lambda+\mu)u_{j,ij}+\mu u_{i,jj}+F_i=0 \tag{18.3.5}$$

式中, λ 和 μ 为岩体的拉梅常数; u 为岩体位移; F_i 为体积力。

5. *裂缝溶解 —— 扩散控制方程*

水力压裂形成裂缝的同时, 水还溶解裂缝两侧矿体, 致使裂缝宽度增加, 从而更有利于裂缝的扩展与延伸, 裂缝两侧被溶解, 压力水逐渐变成高浓度的化学流体, 其扩散过程服从 FICK 扩散定律, 可以写成张量的形式：

$$J_i=-D_{ij}\frac{\partial C}{\partial x_j} \tag{18.3.6}$$

式中, J 是扩散通量的分量; C 是浓度, 且为空间和时间的函数; D_{ij} 是扩散系数分量。根据扩散定律及质量守恒定律, 可以得到盐类矿床化学溶液在水流中的对流扩散方程为

$$\frac{\partial C}{\partial t}=\frac{\partial}{\partial x_i}\left(D_{ij}\frac{\partial C}{\partial x_j}\right)-\frac{\partial}{\partial x_i}(CV_i)+I \tag{18.3.7}$$

式中, t 为时间; $I=(\xi,C,T)$ 称为浓度源汇项, 它取决于单位固体矿物可溶解度 ξ、化学流体浓度 C 和温度 T, 此规律可以通过实验获得。

当流场已知, 盐溶液在水流中运移问题的解就是未知浓度 $C(x,t)$, 要确定这个解, 还需给出初始条件与边界条件: 给定浓度分布的空间区域 R (裂缝化学流体渗流区域) 和时间区间; 给定方程的定解条件。

初始条件: $C=C_0(x_i),t=0$, 在 R 内。

边界条件: 在区域 R 的边界上给定, 一种是已知浓度的边界条件, 另一种是已知扩散通量的边界条件, 其形式为

$$C=C_i(x_i,t) \qquad \text{在 } S_1 \text{ 上}$$

$$\left(CV_i-D_{ij}\frac{\partial C}{\partial x_j}\right)n_i=g(x_i,t) \qquad \text{在 } S_2 \text{ 上}$$

式中, S_1 和 S_2 分别为浓度已知及通量已知的边界; C_0,C_1 与 g 均为已知函数; n_i 为边界外法线方向余弦。

对流扩散中的扩散系数: 在笛卡儿坐标系中对各向同性的裂隙介质, 其流体扩散系数为

$$D_{ij}=\alpha_{\rm T}V\delta_{ij}+(\alpha_{\rm L}-\alpha_{\rm T})V_iV_j/V \tag{18.3.8}$$

式中, V 为流场平均速度; V_i 和 V_j 为坐标方向的分速度; $\alpha_{\rm L}$ 和 $\alpha_{\rm T}$ 为横向及纵向的扩散度; δ_{ij} 为 Kronecker 记号。结合方程和边界条件, 即可以给出盐溶液在裂缝流场中浓度场的数学模型为

$$\begin{cases}\dfrac{\partial C}{\partial t}=\dfrac{\partial}{\partial x_i}\left(D_{ij}\dfrac{\partial C}{\partial x_j}\right)-\dfrac{\partial}{\partial x_i}(CV_i)+I\\ C=C_i(x_i,t)\\ \left(CV_i-D_{ij}\dfrac{\partial C}{\partial x_j}\right)n_i=g(x_i,t)\\ D_{ij}=\alpha_{\rm T}V\delta_{ij}+(\alpha_{\rm L}-\alpha_{\rm T})V_iV_j/V\end{cases} \tag{18.3.9}$$

6. 盐类矿床致裂–溶解连通的固流传质耦合数学模型

将固体、液体两相介质进行耦合, 分析水力压裂过程中裂纹的起裂、扩展规律更为切合实际, 因为裂纹内水压的变化会改变裂纹的法向应力, 从而影响裂纹的张开度; 而张开度的变化受应力场的控制, 同时也影响裂纹中的水压, 这种相互作用的压裂–溶解 HMC 耦合模型为

$$\begin{cases}\dfrac{\partial C}{\partial t}=\dfrac{\partial}{\partial x_i}\left(D_{ij}\dfrac{\partial C}{\partial x_j}\right)-\dfrac{\partial}{\partial x_i}(CV_i)+I\\ p_{\rm b}=\sigma_v+\sigma_t\\ (\lambda+\mu)u_{j,ij}+\mu u_{i,jj}+F_i=0\\ \dfrac{\partial q}{\partial x}-\dfrac{\partial w}{\partial x}=0\\ q=-\dfrac{w^3}{12\mu}\cdot\dfrac{\partial p}{\partial x}\\ K_{\rm I}\geqslant K_{\rm Ic}\end{cases} \tag{18.3.10}$$

18.3.2　水压致裂形成水平裂缝的机理

山西运城盐湖界村 $1^{\#}$ 晶质芒硝矿层埋藏于 80m 左右深度的地层中, 面积 $4.9km^2$, 平均厚度 2.6m, 质量优良, 主要含 $Na_2SO_4 \cdot 10H_2O$ 矿物, 其他杂质很少。矿层分层发育, 小分层厚度 50~150mm, 中间夹泥层, 一般都较薄, 厚度为 2~3mm, 但局部也有厚度达 300mm 左右者。该矿层埋藏于深厚土层中, 顶板为 $2^{\#}$ 泥质钙芒硝矿, 底板为 $3^{\#}$ 泥质钙芒硝矿层。整个运城盐湖湖面宽阔, 位于中条山前缘的大地堑, 土层厚度 2000m 以上。根据盐岩的强流变特性和巨厚的土层覆盖, 我们判定, 盐湖 300m 以浅地层不存在构造应力, 仅有自重应力, 而且水平应力等于垂直应力, 三个方向的地应力相等。

上覆土地层容重 $1.95g/cm^3$, $1^{\#}$ 晶质芒硝矿体密度 1.4 g/cm^3, 抗拉强度 0.362MPa, 抗压强度 1.15MPa, 抗剪强度 0.574MPa, 内摩擦角 $40°20'$。

地层深部应力计算:

垂直应力　$\sigma_z = \gamma h$

水平应力　$\sigma_x = \sigma_y = \lambda\gamma h$

式中, γ 为土层密度, λ 为侧压系数, 本地层为 $1.95g/cm^3$。在埋藏深度为 80m 的地层, 其地应力为 $\sigma_x = \sigma_y = \sigma_z = 15.6kg/cm^2 = 1.56MPa$。

根据水力压裂理论, 在三维不等地层应力场中, 在水压作用下, 压裂裂缝面扩展方向垂直于最小主应力方向。

裂缝开裂水压为

$$p_{\max} = \sigma_{\min} + \sigma_t \tag{18.3.11}$$

式中, $p_{\max}$ 为裂缝开裂水压; $\sigma_{\min}$ 为地层最小主应力; σ_t 为矿层抗拉强度。对于 $1^{\#}$ 晶质芒硝矿层而言, 三个方向地层应力相等, 由于矿层水平分层发育, 因此, 形成水平裂缝的条件为

$$p_{\max} = \sigma_{\min} + \sigma_t = \gamma h + 0 \tag{18.3.12}$$

因为矿层夹泥层抗拉强度很低, 可以近似地取为 0。例如, 在矿层埋深为 80m 的条件下, 矿层形成水平裂缝的水压为 1.56MPa。

而形成垂直裂缝的条件为

$$p_{\max} = \sigma_{\min} + \sigma_t = \gamma h + 0.362 \tag{18.3.13}$$

因为矿层的抗拉强度为 0.362MPa, 所以取抗拉强度为 0.362MPa。例如, 在矿层埋深为 80m 的条件下, 矿层形成垂直裂缝的水压为 1.922MPa。

由此可见, 在同样深度条件下, 在界村 $1^{\#}$ 晶质芒硝矿层更容易形成水平裂缝。只要水压不超过 1.9MPa, 水压致裂只能形成水平裂缝, 不会形成垂直裂缝。而这正是实现群井致裂形成矿层水平溶解通道的基础。

18.3.3　芒硝矿开采的群井致裂工业实施

矿层群井致裂形成水平裂缝的完整技术方案是, 钻井进入矿层, 通过水泥注浆固管, 在矿层下部形成一封闭的压裂环境, 在合适的水压作用下, 矿层沿水平分层开裂, 形成水平裂

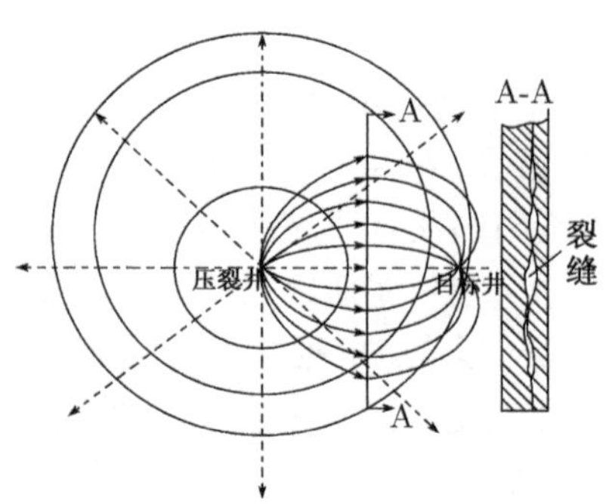

图 18.3.1 水力压裂过程示意图
虚线箭头表示未连通目标井时的水流方向;
实线箭头表示连通目标井后的水流方向

缝。在水压作用下, 淡水沿水平层理向外扩展, 其形状基本是以钻孔为圆心的圆。当然, 因为矿层及软弱夹层的不均匀性, 压裂渗流的区域不一定是绝对的圆。在无泄漏点的情况下, 水一直向外渗流扩展, 圆盘型水平裂缝逐渐向外扩展, 扩展的结果使圆盘型裂缝越来越大。裂缝扩展过程中, 在遇到泄水处, 即目标井, 水就会迅速向 "汇", 即泄水处集中, 边渗边溶解, 最后溶解形成很好的水溶采矿通道, 如图 18.3.1 所示。

2000 年 6 月, 在运城盐湖二工段门前, 实施了 S 井网。先后施工了 0001 号、0002 号、0003 号、0004 号、0005 号、0006 号、0007 号、0008 号 8 个井, 各井施工技术见表 18.3.1。

表 18.3.1 S 井网各钻井施工技术参数表

井 号	0001	0002	0003	0004	0005	0006	0007	0008
钻孔施工时间	2000/7/5	2000/7/15	2000/8/5	2000/8/15	2000/9/13	2000/9/25	200010/15	2001/5/3
终孔深度/m	80	80.5	79.8	78.10	79.10	78.00	79.20	78.2
见矿深度/m	77	77.3	76.7	75.51	75.00	75.50	76.80	77.10
下管深度/m	79.0	79.8	79.0	77.53	78.54	77.40	78.48	78.00
套管进矿深度/m	2.0	2.5	2.3	2.02	3.54	1.90	1.68	1.1
压裂连通时间	2000/9/20	2000/8/27	2000/8/27	2000/9/20	2000/10/6	2000/10/15	2000/11/5	2001/5/13

钻孔及揭露地层情况: 矿层埋深 77~80m, 矿层全部取芯, 从取芯情况看, 该处矿层厚度为 3.0~3.5m, 矿层上部 1m 左右, 分层夹泥较厚, 最厚者达 200~300mm, 下部为纯净的晶质芒硝矿, 分层厚度 50~150mm, 分层间夹有很薄的夹泥层, 基本呈近水平。

钻孔注浆固井与封闭矿层: 钻孔钻进至深入 $1^{\#}$ 矿层 2.0m, 下 ϕ114mm 焊接管, 至孔底。为保证井管耐压, 顺利实施压裂与长期水溶采矿, 要求管间采用焊接连接, 并保证焊接质量, 能耐压 3.0MPa 以上。为保证水泥与钢管凝固质量与强度, 要求最底部的一根钢管外侧 (长度约 4.0m) 间隔 0.3~0.4m, 焊接 ϕ10mm 的钢筋环。

(1) 一次注浆。在孔口焊接法兰, 装设阀门、压力表、高压胶管、泥浆泵和泥浆池构成注浆系统, 结构如图 18.3.2 所示。采用 $425^{\#}$ 矿渣硅酸盐水泥 2t, 按水灰重量比 0.5~0.6 搅拌泥浆, 用泥浆泵将水泥沿井管注入, 最后压入适量清水, 其体积为 50~60m 井管的体积, 清水注完后, 遂即关闭阀门。整个注浆过程中和注浆完成后, 要观测记录孔口压力表变化。

一次注浆使井管与整个地层固结, 基本达到了固井的目的, 但由于一次注浆属于开放型注浆, 井管外侧环型空间与大气相通, 无法提高注浆压力, 因此注浆效果、固井质量都很难达到水压致裂的技术要求。尤其是水泥浆在凝固过程中, 析出的水会溶解矿体, 从而在矿体与水泥之间形成缝隙, 在采用水压致裂矿体时, 压力水极有可能沿该缝隙串入矿层以上地层, 致使水压致裂矿体失败。因此, 必须实施二次注浆, 我们把它称为压裂注浆。

(2) 二次注浆。二次注浆属于封闭型注浆, 注浆压力可以提高, 在较高的注浆压力下, 水泥浆一方面注入一次注浆遗留的缝隙、空隙等缺陷处, 充填矿层与一次注浆凝固后的水泥之间的缝隙, 更主要的是水泥浆沿软弱夹泥层进入矿层, 形成如图 18.3.2 所示的水泥结构, 使矿层、井管与水泥形成一个整体，且压裂水无法破坏这一结构，最终造成良好的压裂环境。因此，二次注浆对于群井致裂水溶采矿技术来说，是至关重要的环节，二次注浆的成败，直接决定矿层控制压裂的成败。

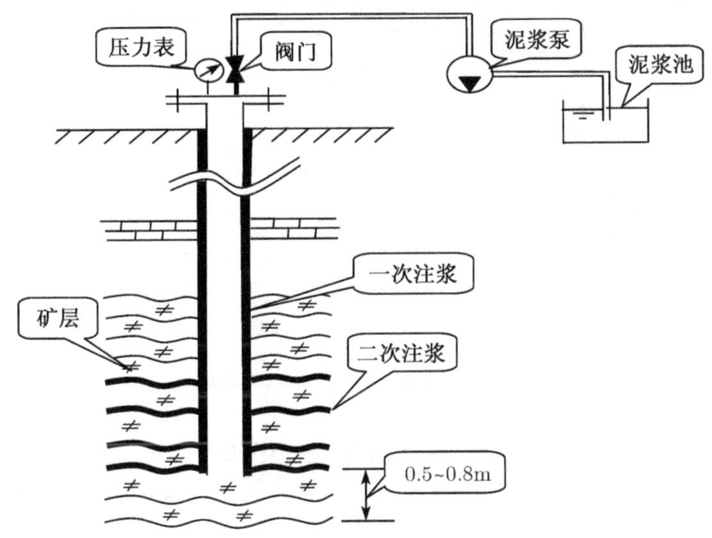

图 18.3.2 井筒注浆结构及一、二次注浆示意图

图 18.3.3 为 0003 号钻孔的二次注浆压力随注浆时间的变化曲线。这是典型的二次注浆曲线，正常的注浆过程，其曲线性态必须是这样，否则，必须查找原因，予以处理，若在压入清水时，孔口没有压力，或压力低，这说明注浆效果不好，或矿层有泄露点。必要时，可以实施三次注浆。一、二次注浆后形成的井筒结构见图 18.3.2。

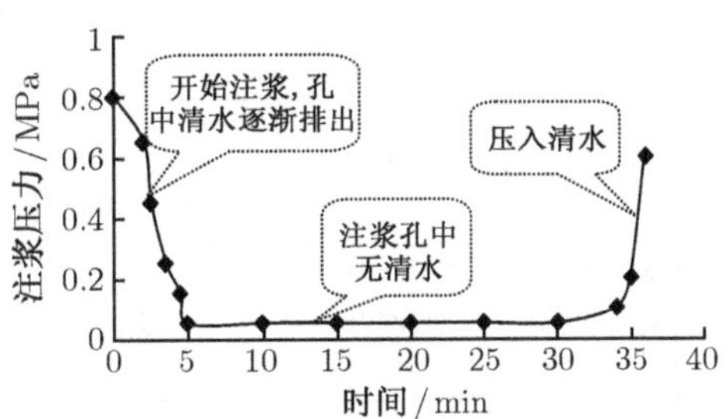

图 18.3.3 二次注浆压力–时间曲线

(3) 矿层水压控制致裂。二次注浆完成后，凝固 7d 左右，使水泥完全凝固。2000 年 8 月 26 日下午 3:20，从 0003 号钻孔注水，压裂矿层，目标井为 0002 号孔和 0001 号孔。开始时，孔口压力高达 2MPa，瞬间降低至 0.85MPa，以后一直稳定在 0.85MPa。刚开始，钻孔渗水通道不畅，采用小排量注水，4t/h，注水 4h。然后改用 6t/h 的注水量，以后根据孔口压力稳定情况，改用 10t/h 的注水量，其注水量掌握在使孔口压力不超过 0.95MPa 为宜。8 月 26 日下午 6：40，0001 号孔显示出水，并逐渐增大。为保证 0002 号与 0001 号孔同连通，晚 10:00 关闭 0001 号井，一直到 27 日上午，与 0002 号孔连通。8 月 27 日上午，从 0001 号井采集出水样，化验结果，进水浓度 4 度，出水浓度 18 度，Na_2SO_4 含量 146g/L，这说明从 0002 号井注入的水完全经矿层，由 0001 号井排出。用水压致裂形成的水溶采矿通道是一条通过矿层的水平裂缝式的通道压力变化见表 18.7.2。

9 月至 11 月初，0001 号、0002 号、0003 号、0004 号、0005 号、0006 号、0007 号、0008 号 8 个井全部压裂连通，形成了 S 开采井网，如表 18.7.3 成功地实现了群井致裂连通水溶采矿。

(4) 0001 号井网压裂连通实施。0001 号井网布置在一工段大荒圈一带，先后布置了 14

口井, 其平面关系为等边三角形布置, 2001 年 6 月 1 日至 2001 年 11 月 15 日, 历时 5 个半月, 全部完成了 14 口井的钻井–压裂作业过程, 压裂连通的技术参数为表 18.7.4。

表 18.7.2　0003 井注水压力变化情况

时间 (2000 年)	孔口压力/MPa	单位注水量/(t/h)	总注入水量/t	备　注
8 月 26 日 15:20	2.0	4	—	瞬间开裂压力
15:22	0. 80	4	—	
18:20	0. 85	6	16	0001 号井显示出水
23:20	0. 85	10	40	
8 月 27 日 17:00	0. 78	15	—	压裂基本完成
22:00	0. 55	15	—	溶解通道
8 月 28 日 7:00	0. 35	15	—	与 0001 号井连通
9:00	0. 30	15	300	
16:00	0. 28	15	—	
20:00	0. 17	—	450	与 0001 号井完全连通

表 18.7.3　S 井网各井压裂作业参数表

压裂井	目标井	压裂井与目标井距离/m	压裂时间/h	破裂压力/MPa	泵正常压力/MPa	停泵前泵压/MPa
0004	0003	42m	9.0	1.5	0.8~0.85	0
0005	0004	29.5m	1.4	1.2	0.75	1
0006	0005	39.2m	3.0	1.2	0.80	1
0007	0002	120.2m	27.0	1.0	0.7~0.80	0
0002	0001	26.54m	49.0	1.4	0.80	0.2
0008	0003	22.5m	0.5	1.0	0.8	0.1

表 18.7.4　001 号井网压裂连通技术参数统计结果表

压裂连通井距/m	平均压裂连通时间/h	平均注水量/t	裂缝初次破裂压力/MPa	裂缝扩展压力/MPa	钻井连通压力/MPa	出水浓度增加量/°Bé
45~88	32.0	112	1.8	0. 8	0.2	10

注：°Bé=144.3–(144.3/密度)。

第 19 章　极不完全热解反应的热流固化学耦合作用及油页岩油气开采

19.1　引　　言

一类固体矿物, 例如, 油页岩、油砂、煤等, 在常温下是固体, 人类为了开采这些矿物中的有用组分, 如油页岩矿物中蕴藏的页岩油气、油砂中蕴藏的石油以及煤中蕴藏的煤焦油和烃气, 而采用原位注热热解开采其中油气的技术。但这类矿床中可热解的有用矿物组分仅占整个固体的很少部分, 如表 19.1.1 所示, 我国油页岩中的油气含量最多的吉林桦甸油页岩的含油率仅为 8.03%, 挥发分 20.12%, 而灰分要占到 72%。油砂的含油率仅为 10%左右, 各

表 19.1.1　我国几个油页岩矿区油页岩的工业分析数据表

矿区名称	平均含油率/%	挥发分/%	灰分/%	发热量/(kJ/kg)	矿层面积/km^2	储量/10^{8}t	累计厚度/m
抚顺	5.85	17. 45	75. 41	5704	35	31/2	49.2
广东茂名	6.03	20. 12	72. 10	7298	193	67	46
吉林桦甸	8.30	19. 10	73. 70	6566	40	6/0.5	7.23~22.32
甘肃窑街	6.95	17. 62	67. 51	6950			
吉林农安	5.0	12. 53	81. 28	4487		156	
巴盟	6.21		88		16	12.8/0.8	42.77

类煤中唯褐煤挥发分最高, 也仅为 30%左右。即使能够将其中的挥发分全部热解提取出, 其残留的固体部分仍然是完好的多孔骨架, 如图 19.1.1 所示的热解前后的油页岩结构对比。热解所产生的液态、气态的流体在热解产生的裂隙和孔隙中传输, 固体作为整体依然存在, 仅表现在力学参数的变化。这类问题所遵循的各类规律依然是多孔介质的质量、动量、热量传输和变形, 它与后面介绍的不完全溶解反应问题在物理本质上类似, 后者温度的考虑不是最主要的, 而且二者工艺与对应的工程完全不同, 因此本书将这类问题称为**极不完全热解反应问题**。

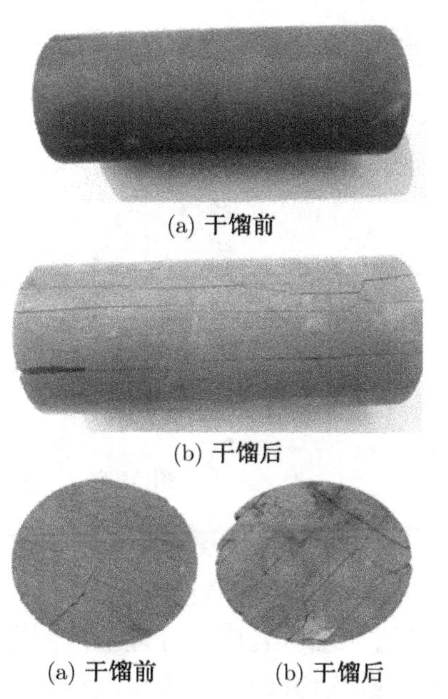
(a) 干馏前
(b) 干馏后
(a) 干馏前　　(b) 干馏后
图 19.1.1　干馏前后油页岩试样对比图

极不完全热解反应问题的工程与科学分析中, 必须考虑以下几个方面: 无论以何种方式加热, 始终存在传导与对流两种方式的热量传输, 只不过是何种为主的问题。而且随着固体中有用组分被热解的进行, 要考虑相变潜热, 要考虑固体热传导系数的变化、固体性态的变化、固体力学参数的变化、渗透系数随热解的

进行而不断增加、流体中由于热解产物的溶混与不溶混; 必须考虑多孔介质中流体的性态与质量变化; 更必须考虑随温度变化流体的相态转变和对应的控制方程的变化。因此这是一类极为复杂, 而又有重大应用前景的热流固化学 (THMC) 耦合作用问题。由于这类研究仅是刚刚起步, 本章在数学模型方面仅考虑热流固耦合作用, 而化学作用仅反应在固体骨架热解变形而引起的固体力学参数与渗流参数的变化。本章以油页岩矿床原位热解开采为例介绍相关的科学与工程分析方法。

我国的油页岩资源丰富, 已探明和预测的油页岩总储量为 4.8317×10^{11}t, 按含油率 6% 计算, 油页岩所含的页岩油的地质储量达 2.899×10^{10}t, 烃气达 5.78×10^{10}t。若以每 33~35t 油页岩生产 1t 页岩油计算, 可生产 1.4×10^{10}t 页岩油, 接近我国到目前为止累计探明的天然石油储量的总和。我国的广东茂名、辽宁抚顺及吉林、内蒙、新疆等地有较广的分布, 储量很大, 其作为国家的重要战略资源, 极具开发前景。

19.2 油页岩原位开采技术

到目前为止, 已有的所有的油页岩油气开采与提取的方法, 唯荷兰壳牌石油公司采用电加热原位开采油气的方法, 在成本、效率和环境诸方面最好。壳牌公司于 1992 年获准了中国发明专利授权。荷兰壳牌石油公司采用电加热原位开采油气的技术 (又称传导型加热开采油页岩油气的方法), 就技术层面而言, 有如下重要缺陷: ① 在地下钻孔中用电加热方式实施加热, 工艺复杂, 故障多, 而且故障难以排除; ② 受钻孔大小限制, 加热元件较小, 以至加热功率较小, 产量较小; ③ 尽管壳牌公司专利技术称: 电加热使油页岩中的干葛根热解, 页岩破裂, 有油气对流传输传热的能力, 但毕竟是以传导加热为主, 因此加热矿层的同时, 也有大量热量用以加热非油页岩矿层, 导致热量的浪费与损失; ④ 热传导形式加热非常缓慢, 如图 19.2.1, 孔间距 25m 时, 加热 8251h, 才使半径 2m 范围内的油页岩矿层达到了 400°C 以上, 开始热解油气。

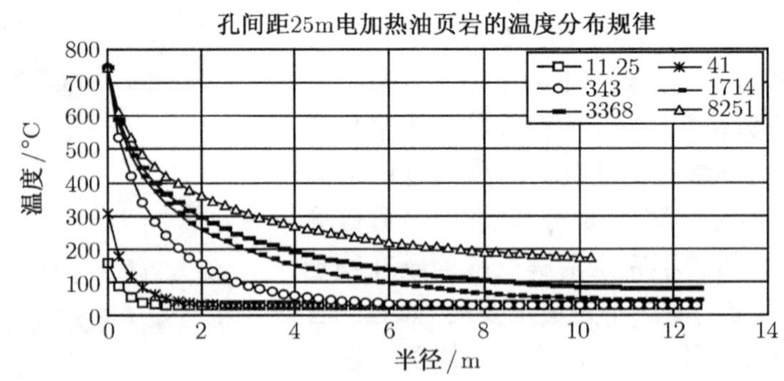

图 19.2.1 电加热方式开采油页岩油气的热量传输规律

按照太原理工大学采矿工艺研究所的发明专利 “对流加热油页岩开采油气的方法”(赵阳升等, 2005b), 一种对流加热油页岩开采油气的方法, 其步骤: 首先, 在地面布置、施工群井, 钻井进入油页岩矿层处理层段, 采用群井压裂方式, 产生巨型的沿矿层展布方向的裂缝, 使群井内所有井眼沿油页岩层连通; 其次, 间隔轮换选择注热井与生产井, 将过热蒸气沿注热井注入油页岩层加热, 使油页岩层中的干酪根热分解后形成油气, 通过低温蒸气或水携带油气从生产井排至地面, 如图 19.2.2 所示。

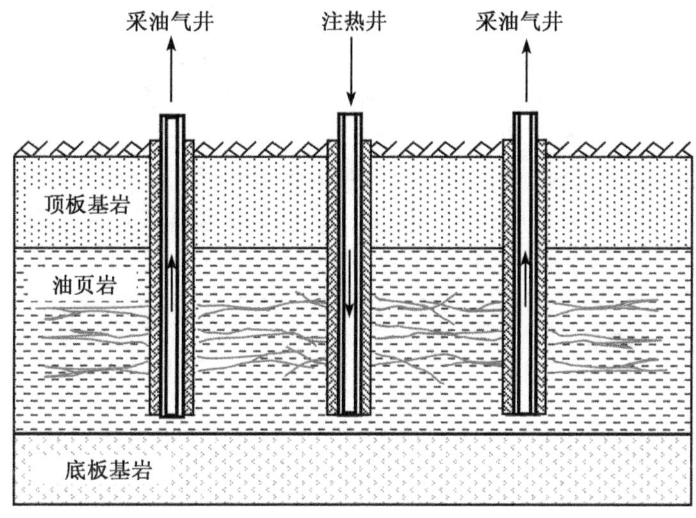

图 19.2.2 油页岩原位注蒸气开采油气技术方案示意图

锅炉产生的高温高压蒸气通过管道直接从注气井注入矿层, 加热矿体, 使油、气分离, 并随蒸气及冷凝水从产油井自流出地面。根据太原理工大学矿业工程学院的实验, 并参考其他类似矿床的理化参数, 油页岩的最佳分离温度为 350~550°C, 热容为 1.08kJ/(kg·K) 左右。锅炉蒸气不断供给, 足可以逐步将岩层加热到较理想的分离温度。产油井产出的是蒸气、水、原油、石油气及天然气的混合物, 经地面分离后作为产品销售。

分析上述技术原理可知, 在油页岩原位注蒸气开采过程中, 渗流场、应力场和温度场之间存在着复杂的相互联系、相互作用、相互制约关系, 该过程是一个典型的热流固耦合问题, 耦合因素主要表现在以下几个方面。

(1) 当流体在油页岩地层中渗流时, 高温流体携带热量主要以对流的方式, 辅以传导的方式使岩体加热, 直接决定了岩体内温度场的分布; 另一方面, 流体通过孔隙压力的作用, 使岩体发生变形与破裂, 必然引起地层应力场的变化。

(2) 油页岩地层中温度场的改变, 使油页岩内部的孔隙、裂隙结构发生显著变化, 改变了地层的孔隙率和渗透率, 同时还造成流体密度、动力黏度等参数的变化, 直接影响了流体渗流场的分布; 另一方面, 温度变化使岩体中产生附加热应力, 同时油页岩的密度、弹性模量、比热都是温度的函数, 因此温度变化将导致应力场重新分布。

(3) 油页岩地层中应力场的变化, 改变了裂隙和孔隙的张开度, 影响了地层的孔隙率和渗透率, 导致渗流场发生改变。

19.3 油页岩原位注蒸气开采的热流固耦合数学模型

19.3.1 基本假设

油页岩原位注蒸气开采过程是一个极其复杂的物理化学过程, 其中涉及水蒸气、水和油气的多相混合渗流、热量的传递、固体变形、热破裂、流体相变、各相流体和油页岩物性参数随温度的变化以及油页岩高温热解等复杂机理。因此, 为了使建立的数学模型既能反映物理本质, 又不致使问题过于复杂而难以求解, 引入以下基本假设。

(1) 由于油页岩的含油气率较低 (平均为 8%左右), 所以在油页岩原位注蒸气开采过程中产出的少量页岩油气与蒸气或水混合, 在流体流动性质和质量上影响较小, 而在本书中忽略, 依然仅考虑水或水蒸气的流动。

(2) 流动流体的性态完全按纯水的相态转变温度条件决定。

(3) 忽略气液两相界面处表面张力的影响, 假定气液两相界面两侧的气体压力与液体压力相同。

(4) 气体和液体在油页岩地层中的渗流, 在微段压力梯度上符合线性达西定律。按主渗透方向, 其渗流本构方程为

$$\Delta q_i = \frac{k_i}{\mu_{\mathrm{h}}}\Delta p_i$$

在整个渗流区间上符合下式:

$$q_i = \frac{k_i}{\mu_{\mathrm{h}}}p_i \tag{19.3.1}$$

且 $k_i = k(\Theta, p, T)$, 即渗透率 k_i 是体积应力 Θ、孔隙压力 p 和温度 T 的函数; μ_{h} 为气液两相混合流体的动力黏度。

(5) 水蒸气按非等温过程处理, 则气体状态方程为

$$\rho_{\mathrm{g}} = \frac{Mp}{RTZ} \tag{19.3.2}$$

式中, M 是水蒸气的相对分子质量; R 是气体常数; Z 为压缩因子。

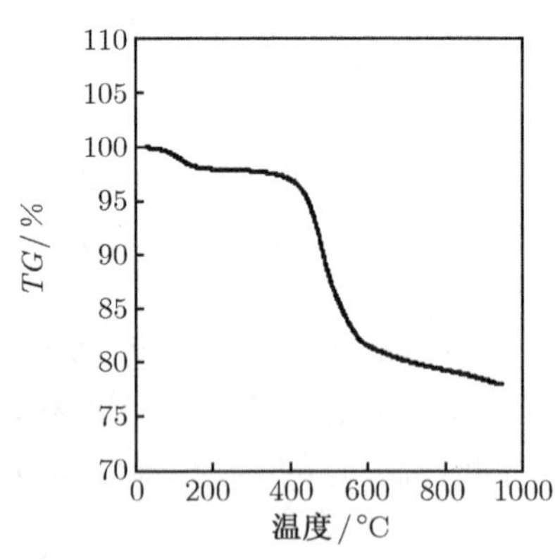

图 19.3.1 油页岩热解失重的 TG 曲线

(6) 水蒸气和水的密度、动力黏度、热传导率、比热随温度变化遵循实验结果。

(7) 油页岩热解过程中导致的孔隙率、密度、热传导率、比热随温度变化由实验确定。

(8) 流体与固体之间瞬间达到局部热平衡, 认为在同一位置两者温度相同。

(9) 油页岩在不同温度下的热解率唯一由温度确定 (图 19.3.1)。

(10) 油页岩可简化为连续介质弹性体, 并遵循修正的太沙基有效应力规律 (Zhao Y S, Hu Y Q, Zhao B H, et al., 2003), 则有

$$\boldsymbol{\sigma}'_{ij} = \boldsymbol{\sigma}_{ij} - \alpha\delta_{ij}p \tag{19.3.3}$$

式中, $\boldsymbol{\sigma}'_{ij}$ 为有效应力张量; $\boldsymbol{\sigma}_{ij}$ 为应力张量; α 为 Biot 有效应力系数; δ_{ij} 为 Kronecker 符号。

19.3.2 气液两相混合物渗流方程

在高温、高压及化学反应参与的环境下, 气液两相的渗流非常复杂, 用已有的双流体模型进行单独描述存在很大误差, 而且耦合参数多, 难于求解。因此, 这里拟建立气液两相混合物渗流的数学模型, 用统一的方程来反映气液两相在油页岩原位注蒸气开采过程中的渗流规律。

多孔介质中的两相流体被处理成一种二元混合物, 蒸气和水被定义为不可分离的两组分, 因此, 它们的混合物可看成一种物理组成稳定变化的单一流体介质。两相混合物模型的优点显而易见: 这样处理将更加接近实际, 流体的流量、压力都是由两种流体共同决定的; 同时, 两相混合物模型与双流体模型相比, 需要求解的方程数目至少减少一半, 而且保留了两相混合组元, 求解过程也相对简单。两相混合物的等效物理参数, 如密度、动力黏度、传导率、比热容等, 都与其相对饱和度紧密相关, 可通过两组分的对应参数加权平均得到。

下面是气液两相混合物渗流数学模型的详细推导过程。

根据质量守恒原理可以得到流体的渗流连续性方程为

$$\operatorname{div}(\rho q_i) = \frac{\partial (n\rho_{\mathrm{h}})}{\partial t}$$

写成分量的形式为

$$\frac{\partial (\rho_{\mathrm{h}} q_x)}{\partial x} + \frac{\partial (\rho_{\mathrm{h}} q_y)}{\partial y} + \frac{\partial (\rho_{\mathrm{h}} q_z)}{\partial z} = \frac{\partial (n\rho_{\mathrm{h}})}{\partial t} \tag{19.3.4}$$

式中, $q_i\,(i = x, y, z)$ 分别为 x, y, z 方向单位时间内两相流体的流量; ρ_{h} 为气液两相混合流体的密度; n 为油页岩的孔隙率; t 为时间。

两相混合流体的密度、动力黏度可由以下两式表示:

$$\rho_{\mathrm{h}} = S_{\mathrm{g}}\rho_{\mathrm{g}} + S_{\mathrm{w}}\rho_{\mathrm{w}} \tag{19.3.5}$$

$$\mu_{\mathrm{h}} = S_{\mathrm{g}}\mu_{\mathrm{g}} + S_{\mathrm{w}}\mu_{\mathrm{w}} \tag{19.3.6}$$

式中, ρ_{g} 和 ρ_{w} 分别为水蒸气和水的密度; μ_{g} 和 μ_{w} 分别为水蒸气和水的动力黏度; S_{g} 和 S_{w} 分别为气和水的饱和度。

将式 (19.3.1), (19.3.5), (19.3.6) 代入式 (19.3.4) 得

$$\left(\frac{S_{\mathrm{g}}\rho_{\mathrm{g}} + S_{\mathrm{w}}\rho_{\mathrm{w}}}{S_{\mathrm{g}}\mu_{\mathrm{g}} + S_{\mathrm{w}}\mu_{\mathrm{w}}}\right)\left(k_x\frac{\partial^2 p}{\partial x^2} + k_y\frac{\partial^2 p}{\partial y^2} + k_y\frac{\partial^2 p}{\partial z^2}\right) = n\frac{\partial (S_{\mathrm{g}}\rho_{\mathrm{g}} + S_{\mathrm{w}}\rho_{\mathrm{w}})}{\partial t} \tag{19.3.7}$$

代入水蒸气状态方程 (19.3.2) 得

$$\left(\frac{S_{\mathrm{g}}Mp + S_{\mathrm{w}}\rho_{\mathrm{w}}RTZ}{S_{\mathrm{g}}\mu_{\mathrm{g}}RTZ + S_{\mathrm{w}}\mu_{\mathrm{w}}RTZ}\right)\left(k_x\frac{\partial^2 p}{\partial x^2} + k_y\frac{\partial^2 p}{\partial y^2} + k_y\frac{\partial^2 p}{\partial z^2}\right) = n\frac{\partial}{\partial t}\left(\frac{MS_{\mathrm{g}}}{RTZ}p + S_{\mathrm{w}}\rho_{\mathrm{w}}\right) \tag{19.3.8}$$

考虑到水的可压缩性, 则有

$$\frac{\partial \rho_{\mathrm{w}}}{\partial t} = \beta_{\mathrm{w}}\rho_{\mathrm{w}}\frac{\partial p}{\partial t} \tag{19.3.9}$$

式中, β_{w} 为水的压缩系数。

把式 (19.3.4) 代入式 (19.3.8) 后整理得

$$\left(\frac{S_{\mathrm{g}}Mp + S_{\mathrm{w}}\rho_{\mathrm{w}}RTZ}{S_{\mathrm{g}}\mu_{\mathrm{g}}RTZ + S_{\mathrm{w}}\mu_{\mathrm{w}}RTZ}\right)\left(k_x\frac{\partial^2 p}{\partial x^2} + k_y\frac{\partial^2 p}{\partial y^2} + k_y\frac{\partial^2 p}{\partial z^2}\right) = \left(\frac{nS_{\mathrm{g}}M}{RTZ} + nS_{\mathrm{w}}\beta\rho_{\mathrm{w}}\right)\frac{\partial p}{\partial t} \tag{19.3.10}$$

式 (19.3.10) 即为气液两相混合物渗流数学模型的最后形式。

19.3.3 热量传输方程

在油页岩原位注蒸气开采过程中, 高温加热后的油页岩矿床会产生大量孔隙、裂隙, 因此固体骨架和流体共同存在于同一个体积空间, 但它们具有不同的热动力特性, 如比热容、热传导系数等。为此, 固体骨架和流体的热量传输方程需要分别定义。

油页岩固体骨架的热量传输方程定义如下:

$$(1-n)\left(\rho_{\mathrm{s}} c_{\mathrm{s}}\right) \frac{\partial T}{\partial t}=(1-n) \lambda_{\mathrm{s}} \boldsymbol{\nabla} T^{2}+q_{\mathrm{s}} \tag{19.3.11}$$

式中, ρ_{s} 为油页岩的密度; c_{s} 为油页岩的比热容; λ_{s} 为油页岩的热传导系数; q_{s} 为固体热源汇项。

对于气液两相流体, 其热量传输方程为

$$n \rho_{\mathrm{h}} c_{\mathrm{h}} \frac{\partial T}{\partial t}+\rho_{\mathrm{h}} c_{\mathrm{h}} v_{\mathrm{h}} \cdot \boldsymbol{\nabla} T+n \rho_{\mathrm{w}} l_{\mathrm{w}} \frac{\partial S_{\mathrm{w}}}{\partial t}=n \lambda_{\mathrm{h}} \cdot \boldsymbol{\nabla} T^{2}+q_{\mathrm{h}} \tag{19.3.12}$$

式中, c_{h} 为气液两相混合物流体的比热容; λ_{h} 为气液两相混合流体的热传导系数; v_{h} 气液两相混合流体的流速; l_{w} 为水的汽化潜热; q_{h} 为流体热源汇项。

同理, 两相混合流体的比热容、热传导率可由以下两式表示:

$$c_{\mathrm{h}}=S_{\mathrm{g}} c_{\mathrm{g}}+S_{\mathrm{w}} c_{\mathrm{w}} \tag{19.3.13}$$

$$\lambda_{\mathrm{h}}=S_{\mathrm{g}} \lambda_{\mathrm{g}}+S_{\mathrm{w}} \lambda_{\mathrm{w}} \tag{19.3.14}$$

渗流服从达西定律, 即

$$v_{\mathrm{h}}=q_{i}=\frac{k_{i}}{\mu_{\mathrm{h}}} p_{i} \tag{19.3.15}$$

所以, 将式 (19.3.5), (19.3.6), (19.3.13)~(19.3.15) 代入式 (19.3.12) 后整理得

$$\begin{aligned} & n\left(S_{\mathrm{g}} \rho_{\mathrm{g}}+S_{\mathrm{w}} \rho_{\mathrm{w}}\right)\left(S_{\mathrm{g}} c_{\mathrm{g}}+S_{\mathrm{w}} c_{\mathrm{w}}\right) \frac{\partial T}{\partial t}+\frac{\left(S_{\mathrm{g}} \rho_{\mathrm{g}}+S_{\mathrm{w}} \rho_{\mathrm{w}}\right)\left(S_{\mathrm{g}} c_{\mathrm{g}}+S_{\mathrm{w}} c_{\mathrm{w}}\right)}{S_{\mathrm{g}} \mu_{\mathrm{g}}+S_{\mathrm{w}} \mu_{\mathrm{w}}} \\ & \left(k_{i} \boldsymbol{\nabla} p \cdot \boldsymbol{\nabla}\right) T+n \rho_{\mathrm{w}} l_{\mathrm{w}} \frac{\partial s_{\mathrm{w}}}{\partial t}=n\left(S_{\mathrm{g}} \lambda_{\mathrm{g}}+S_{\mathrm{w}} \lambda_{\mathrm{w}}\right) \cdot \boldsymbol{\nabla} T^{2}+q_{\mathrm{h}} \end{aligned} \tag{19.3.16}$$

根据假设 (8) 可知, 固体骨架和两相混合流体之间总是处于热平衡状态, 因此, 将 (19.3.10) 式、(19.3.16) 式叠加, 即可获得统一的热量传输方程:

$$(\rho c)_{t} \frac{\partial T}{\partial t}+\frac{\left(S_{\mathrm{g}} \rho_{\mathrm{g}}+S_{\mathrm{w}} \rho_{\mathrm{w}}\right)\left(S_{\mathrm{g}} c_{\mathrm{g}}+S_{\mathrm{w}} c_{\mathrm{w}}\right)}{S_{\mathrm{g}} \mu_{\mathrm{g}}+S_{\mathrm{w}} \mu_{\mathrm{w}}}\left(k_{i} \boldsymbol{\nabla} p \cdot \boldsymbol{\nabla}\right) T+n \rho_{\mathrm{w}} l_{\mathrm{w}} \frac{\partial s_{\mathrm{w}}}{\partial t}=\lambda_{t} \nabla T^{2}+q_{t} \tag{19.3.17}$$

式中, $(\rho c)_{t}, \lambda_{t}, q_{t}$ 分别为油页岩中充满两相流体的等效热容、等效热传导系数和等效源汇项, 其中,

$$(\rho c)_{t}=n\left(S_{\mathrm{g}} \rho_{\mathrm{g}}+S_{\mathrm{w}} \rho_{\mathrm{w}}\right)\left(S_{\mathrm{g}} c_{\mathrm{g}}+S_{\mathrm{w}} c_{\mathrm{w}}\right)+(1-n)\left(\rho_{\mathrm{s}} c_{\mathrm{s}}\right) \tag{19.3.18}$$

$$\lambda_{t}=n\left(S_{\mathrm{g}} \lambda_{\mathrm{g}}+S_{\mathrm{w}} \lambda_{\mathrm{w}}\right)+(1-n) \lambda_{\mathrm{s}} \tag{19.3.19}$$

$$q_{t}=q_{\mathrm{h}}+q_{\mathrm{s}} \tag{19.3.20}$$

式 (19.3.17) 中, 第 1 项为温度变化引起的热量变化; 第 2 项为流体对流引起的热量变化; 第 3 项为水蒸气相变引起的热量变化; 第 4 项为热传导引起的热量变化; 第 5 项为源汇项。

因此, 式 (19.3.17)~(19.3.20) 共同构成了油页岩原位注蒸气开采的热量传输方程。

19.3.4　岩体变形方程

按照弹性力学的基本理论, 基质岩块静力平衡方程为

$$\sigma_{ij,j}+F_i=0 \tag{19.3.21}$$

根据假设 (10), 考虑孔隙压力和热膨胀应力的影响, 用位移表示应力平衡方程为

$$(\lambda+\mu)\,u_{j,ji}+\mu u_{i,jj}+(\alpha\delta_{ij}p)_{,i}+(\beta\delta_{ij}T)_{,i}+F_i=0 \tag{19.3.22}$$

式 (19.3.21) 和 (19.3.22) 中, $\boldsymbol{\sigma}_{ij}$ 为应力张量分量; F_i 为体积力分量; λ 与 μ 为拉梅常数; α 为 Biot 系数; β 为热膨胀系数; u 为位移向量; δ_{ij} 为 Kronecker 符号。

19.3.5　油页岩原位注蒸气开采的热流固耦合数学模型

基于前面对流体流动、热量传输、岩体变形等多场耦合作用的分析, 建立了油页岩原位注蒸气开采的热流固耦合控制方程, 可表示为

$$\begin{cases}\left(\dfrac{S_{\mathrm{g}}Mp+S_{\mathrm{w}}\rho_{\mathrm{w}}RTZ}{S_{\mathrm{g}}\mu_{\mathrm{g}}RTZ+S_{\mathrm{w}}\mu_{\mathrm{w}}RTZ}\right)\left(k_x\dfrac{\partial^2p}{\partial x^2}+k_y\dfrac{\partial^2p}{\partial y^2}+k_y\dfrac{\partial^2p}{\partial z^2}\right)=\left(\dfrac{nS_{\mathrm{g}}M}{RTZ}+nS_{\mathrm{w}}\beta\rho_{\mathrm{w}}\right)\dfrac{\partial p}{\partial t}\\ (\rho c)_t\dfrac{\partial T}{\partial t}+\dfrac{(S_{\mathrm{g}}\rho_{\mathrm{g}}+S_{\mathrm{w}}\rho_{\mathrm{w}})(S_{\mathrm{g}}c_{\mathrm{g}}+S_{\mathrm{w}}c_{\mathrm{w}})}{S_{\mathrm{g}}\mu_{\mathrm{g}}+S_{\mathrm{w}}\mu_{\mathrm{w}}}(k_i\boldsymbol{\nabla}p\cdot\boldsymbol{\nabla})T+n\rho_{\mathrm{w}}l_{\mathrm{w}}\dfrac{\partial S_{\mathrm{w}}}{\partial t}=\lambda_t\boldsymbol{\nabla}T^2+q_t\\ (\rho c)_t=n(S_{\mathrm{g}}\rho_{\mathrm{g}}+S_{\mathrm{w}}\rho_{\mathrm{w}})(S_{\mathrm{g}}c_{\mathrm{g}}+S_{\mathrm{w}}c_{\mathrm{w}})+(1-n)(\rho_{\mathrm{s}}c_{\mathrm{s}})\\ \lambda_t=n(S_{\mathrm{g}}\lambda_{\mathrm{g}}+S_{\mathrm{w}}\lambda_{\mathrm{w}})+(1-n)\lambda_{\mathrm{s}}\\ q_t=q_{\mathrm{h}}+q_{\mathrm{s}}\\ \qquad(\lambda+\mu)\,u_{j,ji}+\mu u_{i,jj}+(\alpha\delta_{ij}p)_i+(\beta\delta_{ij}T)_i+F_i=0\\ S_{\mathrm{g}}+S_{\mathrm{w}}=1\\ S_{\mathrm{g}}=\dfrac{T-T_0}{T_1-T_0}\\ S_{\mathrm{w}}=1-S_{\mathrm{g}}=\dfrac{T_1-T}{T_1-T_0}\\ \rho_{\mathrm{g}}=\dfrac{Mp}{RTZ}\\ k_i=k(\varTheta,p,T)\end{cases} \tag{19.3.23}$$

式中, 各量含义同前。

对上述数学模型辅以必要的初始、边界条件, 就构成了完整的油页岩原位注蒸气开采的热流固耦合数学模型。以上模型都是非常复杂的非线性方程, 而且其系数中也含有非线性项, 对于这样复杂的微分方程, 一般无法直接求得其解析解, 只能采用数值方法求解, 寻求其近似解。

这一耦合模型与非耦合模型相比, 具有如下特点。

(1) 渗透率 k_1 是体积应力、孔隙压力、温度的函数, 且由温度引起的热破裂和热解形成的孔隙率变化均由实验给出, 用温度作为自变量反映, 其形式为 $k_i=k(\varTheta,p,T)$。

(2) 热量传输方程考虑了固体传导、流体对流传热和水蒸气相变传热的影响。

(3) 固体变形方程考虑了孔隙压力和热应力的影响。

(4) 耦合控制方程中的流体与油页岩的物理参数如, 水蒸气和水的饱和度、密度、动力黏度、比热容、热传导率; 油页岩的密度、比热容、热传导率、孔隙率都是温度的函数。

19.4 油页岩原位注蒸气开采的热流固耦合数学模型的数值解法

耦合数学模型具体的有限元离散方法不再介绍, 简单介绍程序设计思路。

程序设计的主要思路是对不同场进行时间循环, 在每一个循环内, 对各场进行单独分析, 然后对相关参数进行耦合迭代来求解。具体设计过程如下: ① 根据已有的初始、边界条件, 首先计算 t_0 时刻油页岩内部的温度场分布, 以此获得气液两相流体的相对饱和度, 同时根据温度大小, 对流体及油页岩的物理性质参数重新赋值, 并将以上参数代入渗流方程; ② 通过渗流方程计算流体的压力、流速, 代入岩体变形方程; ③ 计算自重应力、孔隙压力、热应力共同作用下的岩体应力场分布, 获得考虑体积应力、孔隙压力和温度作用下的油页岩地层的渗透系数; ④ $t = t_0 + \Delta t$, 重复上述步骤进行计算。如此循环, 即可获得油页岩原位注蒸气开采过程中, 各物理场在多种耦合因素作用下的分布与变化规律。按照以上方法给出计算程序设计框图如图 19.4.1 所示。

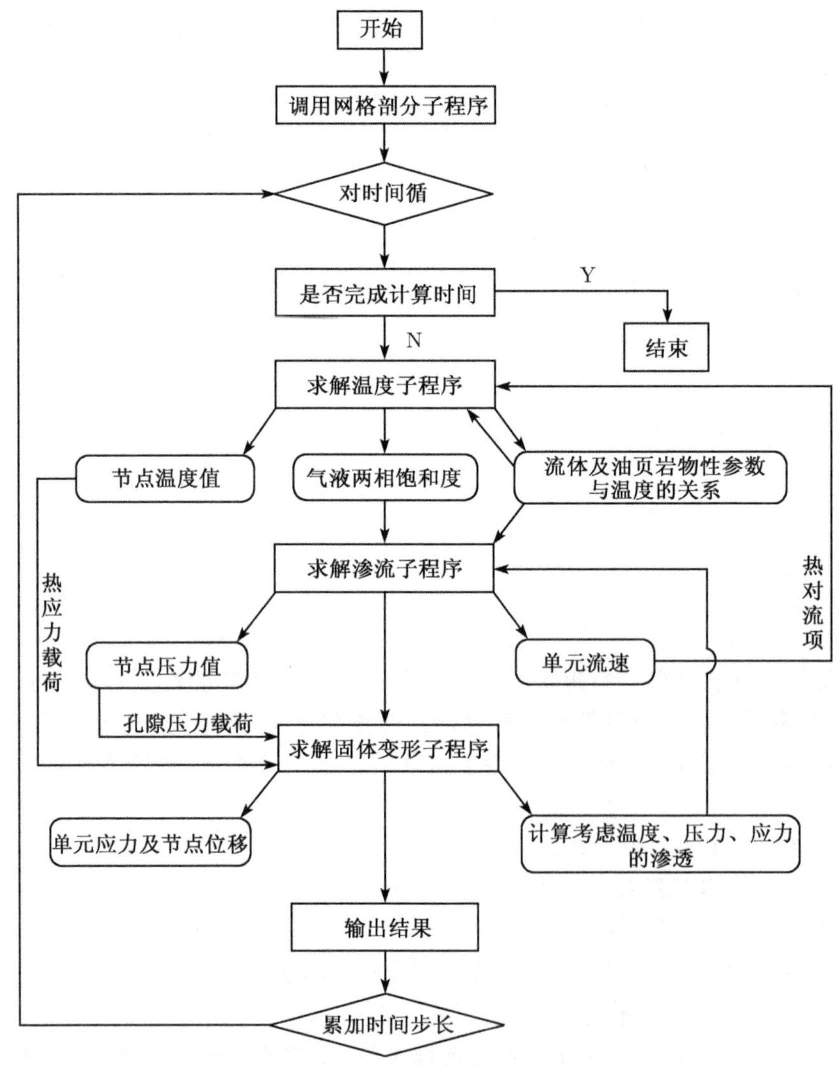

图 19.4.1 程序设计框图

19.5 油页岩原位注蒸气开采油气的数值模拟

油页岩原位注蒸气投入现场开采以后, 油页岩地层内的流体压力、岩体变形和地层温度都将不断变化并相互影响, 受其作用, 流体和油页岩的物性也会不断变化, 从而影响到油气的开采效果。而所有这些, 都是由油页岩原位注蒸气系统的热流固耦合作用所决定。

本节应用前面建立的数学模型, 及 Fortran 语言编制的相应计算机程序, 对用 "九点法" 布井的一个井组 (一口注气井和八口采油井) 进行注蒸气开采情况下的数值模拟。油页岩原位注蒸气开采过程是一个完全三维问题, 二维的模拟势必造成较大的误差, 甚至错误。因此, 这里给出三维状态下, 该井组油气开采过程中温度场、渗流场和应力场的变化规律, 为油页岩原位注蒸气开采的现场工程实践提供参考与指导。

19.5.1 水蒸气、水及油页岩物理参数

"物性参数" 耦合是三场耦合作用机理的重要组成部分, 在三场耦合理论的实际应用中, 需要考察温度和压力对流体和岩石的诸多物性参数的影响, 尤其是对密度、黏度、导热系数、比热容等参数的影响。

1. 温度、压力对流体物理性质的影响

(1) 温度、压力对水蒸气和水密度的影响

$$\rho_{\mathrm{g}} = 2272.7\frac{p\times 10^{-6}}{T+273} \tag{19.5.1}$$

$$\rho_{\mathrm{w}} = \left(0.9967 - 4.615\times 10^{-5}T - 3.063\times 10^{-6}T^2\right)\times 10^3 \tag{19.5.2}$$

式中, ρ_{g} 和 ρ_{w} 分别为水蒸气和水的密度, $\mathrm{kg/m^3}$; p 为压力, Pa; T 为温度, °C。

(2) 温度对水蒸气和水动力黏度的影响

水蒸气和水的动力黏度随温度和压力而异, 但随压力变化甚微, 对温度很敏感。

$$\mu_{\mathrm{g}} = (0.36T + 88.37)\times 10^{-7} \tag{19.5.3}$$

$$\mu_{\mathrm{w}} = \left(\frac{1743 - 1.8T}{47.7T + 759}\right)\times 10^{-3} \tag{19.5.4}$$

式中, μ_{g} 和 μ_{w} 分别为水蒸气和水的动力黏度, Pa·s; T 为温度, °C。

(3) 温度对水蒸气和水的比热容的影响

$$c_{\mathrm{g}} = -0.0001T^3 + 0.0948T^2 - 27.103T + 9246.8 \tag{19.5.5}$$

$$c_{\mathrm{w}} = 0.0165T^2 - 1.4878T + 4207.4 \tag{19.5.6}$$

式中, c_{g} 和 c_{w} 分别为水蒸气和水的比热容, $\mathrm{J\cdot kg^{-1}\cdot {}^\circ C^{-1}}$; T 为温度, °C。

(4) 温度对水蒸气和水的热传导率的影响

$$\lambda_{\mathrm{g}} = 1.0\times 10^{-8}T^3 - 4.0\times 10^{-6}T^2 + 0.0006T + 0.0078 \tag{19.5.7}$$

$$\lambda_{\mathrm{w}} = -1.26\times 10^{-5}T^2 + 2.56\times 10^{-3}T + 0.5513 \tag{19.5.8}$$

式中, λ_{g} 和 λ_{w} 分别为水蒸气和水的热传导率, $\mathrm{W\cdot m^{-1}\cdot {}^\circ C^{-1}}$; T 为温度, °C。

2. 温度、压力对岩体物理性质的影响

(1) 油页岩密度、孔隙率随温度的变化

$$\rho_s = 8.0 \times 10^{-9}T^3 - 9.0 \times 10^{-6}T^2 + 0.0018T + 2.0919 \tag{19.5.9}$$

$$n_s = -5.0 \times 10^{-7}T^3 + 0.0005T^2 - 0.1028T + 7.2611 \tag{19.5.10}$$

式中, ρ_s 为油页岩的密度, kg/m^3; n_s 为油页岩的孔隙率, %; T 为温度, °C。

(2) 油页岩热传导率和比热容随温度的变化

$$\lambda_s = \lambda_{s0} - (\lambda_{s0} - 2.01)\left[\exp\left(\frac{T - 293.15}{T + 403.15}\right) - 1\right] \tag{19.5.11}$$

$$c_s = c_{s0}\,(1 + aT) \tag{19.5.12}$$

式中, λ_s 为油页岩的热传导率, W·m^{-1}·°C^{-1}; λ_{s0} 为油页岩在常温时的热传导率 W·m^{-1}·°C^{-1}; c_s 为油页岩的比热容, J·kg^{-1}·°C^{-1}; c_{s0} 为油页岩常温在常温时的比热容, J·kg^{-1}·°C^{-1}; a 为岩石比热的温度影响系数, 一般取 $a = 3 \times 10^{-3}$°C^{-1}; T 为温度, °C。

19.5.2 计算模型简化

1. 计算模型简化

基于以上分析, 数值模拟选择 300m×300m×100m 立方体区域内油页岩矿层的原位注蒸气开采分析模型。该模型在地面布置有 9 口井, 其中注气井 1 口, 采油井 8 口, 井间距都为 50m, 且采油井与模型边界的距离为 100m, 如图 19.5.1 所示。根据模型的对称性, 只研究整个区域的 1/4 即可。图 19.5.2 为该 1/4 区域内油页岩原位注蒸气开采的物理模型。为避免最小的热量损失, 在模型中仅在油页岩层 60m 作为注蒸气加热段。

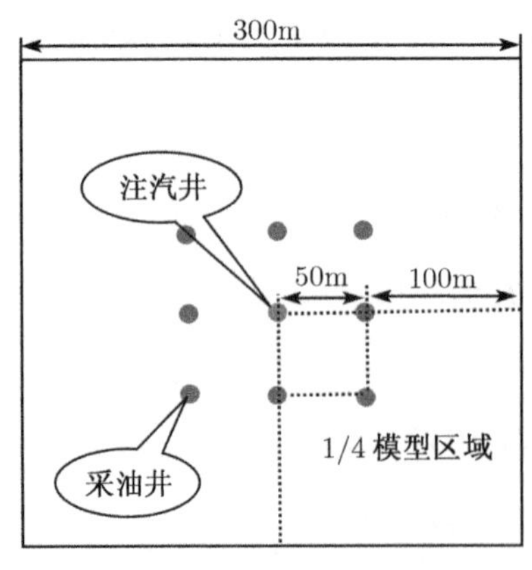

图 19.5.1 地面布井方案图

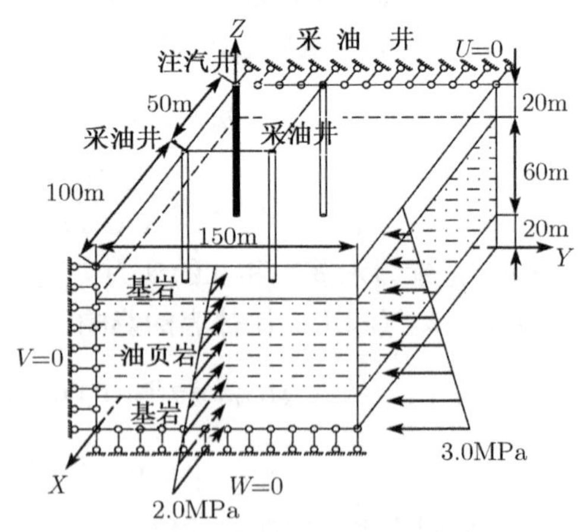

图 19.5.2 油页岩原位注蒸气开采物理模型

图 19.5.3 为该物理模型的网格剖分图。采用有限元网格剖分方法, 以空间六面体 8 节点等参单元对该模型进行剖分, 在计算中, 原则上网格较疏, 计算方便, 但不能反映细部循序渐进的变化; 如果网格较密, 造成计算繁冗, 耗时较多。为了解决这个问题, 在网格剖分中, 采用粗、细网格结合的方法, 在加热井和采油井附近, 网格较密; 其他部位网格较粗, 从而实现

了整体计算上的统筹兼顾, 能较细致反映模型关键部位各个场的变化。表 19.5.1 为常温下油页岩和基岩的基本物理性质参数。

表 19.5.1 常温下油页岩和基岩的物性参数

变量	单位	油页岩	基岩
密度	$kg \cdot m^{-3}$	2.2×10^{3}	2.19×10^{3}
弹性模量	Pa	2.5×10^{10}	3.3×10^{10}
泊松比	—	0.19	0.14
热传导系数	$W \cdot m^{-1} \cdot K^{-1}$	2.4	1.2
热容系数	$J \cdot kg^{-1} \cdot K^{-1}$	2.0×10^{3}	1.2×10^{3}
热膨胀系数	K^{-1}	$5.\times10^{-19}$	$1.\times10^{-19}$
渗透率	m^{2}	2.2×10^{-15}	2.0×10^{-17}

2. *定解条件*

(1) 固体应力场变形条件。计算模型的上边界为地表, 不受自重应力的作用, 取 $p_z = 0\text{MPa}$; 模型的右边界和前边界有围岩作用, 并考虑构造应力的作用, 取 0.8 和 1.2 的折减系数, 有 $p_{x(\max)} = 2.0\text{MPa}$, $p_{y(\max)} = 3.0\text{MPa}$; 在其他三个边界, 由于边界上的变形受到约束, 给定边界位移为零, 其边界条件简化如图 19.5.3 所示。

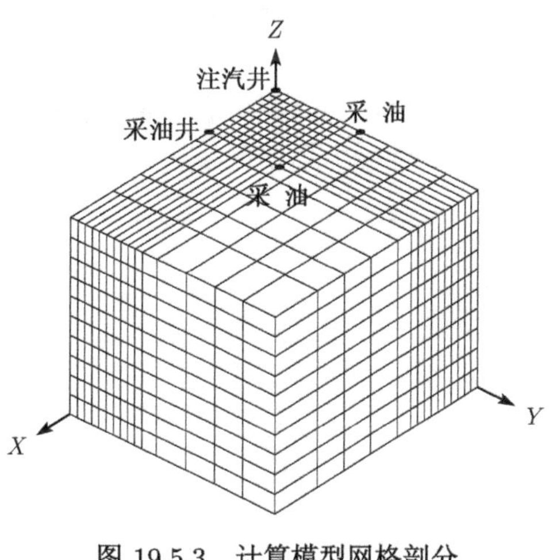

图 19.5.3 计算模型网格剖分 (150m×150m×100m)

(2) 渗流场边界条件。为保证注蒸气开采过程中流体循环系统的运行, 采用给定压力条件, 即在注气井给定压力 3.0MPa; 模型上边界和生产井与大气连通, 给定压力 0.1MPa; 同时, 模型内部的初始孔隙压力取 0.1MPa。根据模型的对称性, 其外部取不渗透边界条件。

(3) 温度场边界条件。取模型初始地层温度为 30°C; 注气井拟注入温度为 650°C 的过热水蒸气, 所以注气井温度固定为 650°C。模型上边界因与大气接触, 热交换迅速, 可限定为 30°C, 其余边界为绝热边界条件。

19.5.3 数值模拟结果及分析

为全面、详细地研究油页岩原位注蒸气开采过程中各场分布的规律, 在上述模型中选取 2 个剖面, 具体空间位置见图 19.5.4。

1. *温度场动态变化规律*

图 19.5.5 和图 19.5.6 分别给出了剖面 I 和剖面 II 在 0~2.5a 间的加热温度变化情况, 从图可见, 在相同的开采时间内, 距离加热井越近, 温度越高, 所以距离加热井越近的地方肯定会首先达到油页岩的热解温度, 从而发生热解反应, 产出页岩油。如在运行 1a 时, 注气井和采油井之间的大部分油页岩地层温度都小于 400°C, 由于油页岩的主要热解温度范围是 400~500°C, 所以在前 1a 时间内, 页岩油气的产量较小, 主要为地层的预热时间。随着时间延长到 2.5a 时, 该区域内油页岩地层的温度大部分都达到了 500°C, 可见, 1~2.5a 期

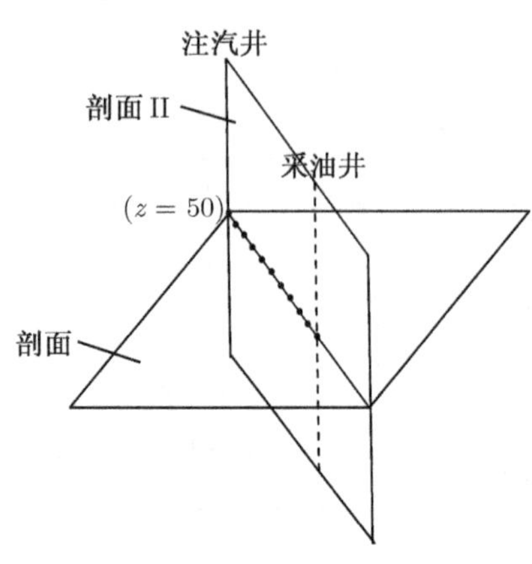

图 19.5.4 选取面、线、点的位置

间, 为页岩油和热解气体的大量产出期。由此可见, 原位注蒸气技术实施的 2.5a 中, 已使注气井和采油井区域内的大部分油页岩完全热解, 所以, 可确定井间距 50m 的注热采油页岩油气的方案运作周期为 2.5a。

由图 19.5.5 可见, 在 3 个生产井附近区域的温度上升迅速, 是固定采油井的压力 (0.1MPa) 使得采油井附近区域孔隙压力梯度很大, 流体对流传热明显, 这体现了渗流场对温度场的耦合。由图 19.5.6 可见, 由于顶、底板岩石距离热源较远, 加之其渗透系数远低于油页岩地层的渗透系数, 流体对流换热远不如在油页岩地层中明显, 致使顶、底板岩石内部的温度明显低于油页岩。所以, 顶、底板岩石的存在起到了明显的保温效果, 减少了热量的损失。另外, 一个值得注意的现象是, 在距离地表 30m 处的油页岩地层, 温度上升最快, 除了与距离热源较近有关外, 还与低地应力形成高渗透系数有关, 从而有利于流体的对流换热。

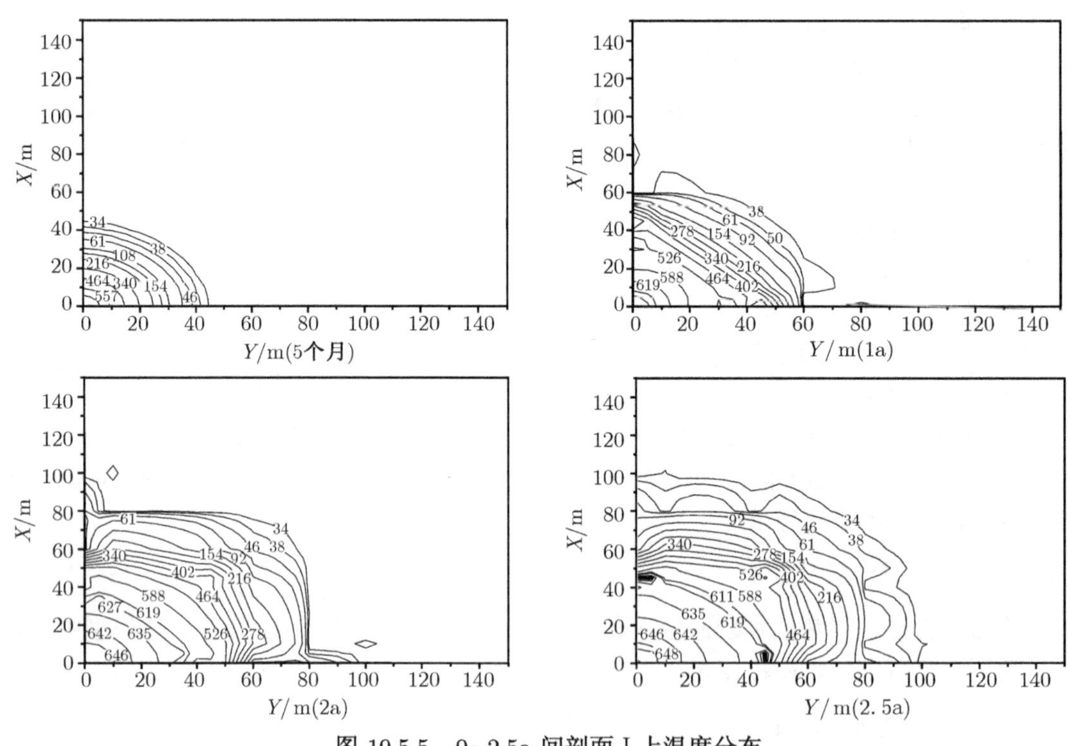

图 19.5.5 0~2.5a 间剖面 I 上温度分布

单位: °C

2. *渗流场动态变化规律*

温度场直接受渗流场的影响, 渗流场流体的流速、流量等都将影响温度场的变化, 研究渗流场的变化规律对控制系统的运行是非常有意义的。

图 19.5.7 给出了剖面 II 在 0~2.5a 间流体孔隙压力的分布情况。从图中可见, 很明显

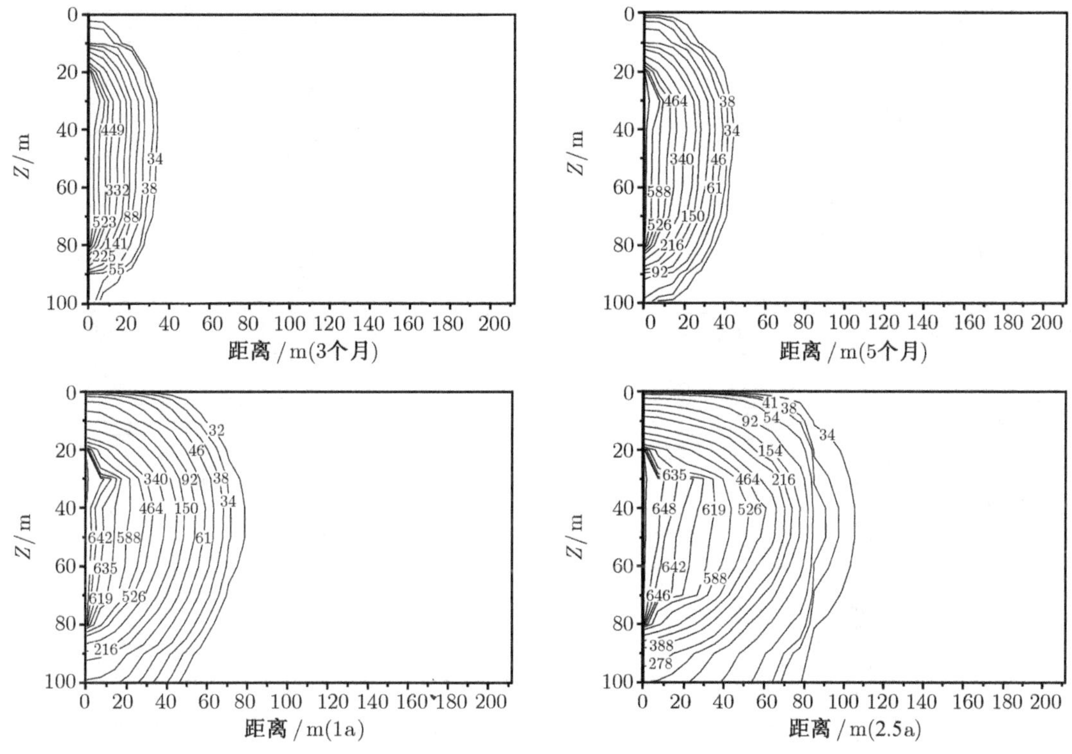

图 19.5.6 0~2.5a 间剖面Ⅱ上温度分布

单位：°C

孔隙压力以注气井为峰值以圆盘状向四周逐渐降低, 并随着时间的延长, 压力波及的范围逐渐扩大到采油井以外的区域。从总体上看, 采取了固定井口压力的措施 (即注气井压力为 3MPa, 采油井压力为 0.1MPa) 使得在两井附近区域的压力梯度很大, 流速较快; 中间区域的压力梯度较低, 流速稳定。同时, 由图 19.5.7 可见, 顶、底板岩石的渗透性较油页岩弱, 最初孔隙压力上升缓慢, 压力明显落后于中部油页岩地层, 出现明显滞后现象。随着时间增长, 油页岩地层中压力上升速度减缓, 与之相比, 顶、底板岩石内压力上升速度增快, 到 1a 左右时, 两者压差已很小, 达到稳定状态。

由图可见, 在注蒸气的前 10 个月内, 压力急剧升高, 各点均在 5 个月到 10 个月间达到最大值, 随后曲线迅速跌落, 分析其原因, 主要是在注蒸气初期, 从注气井到采油井的渗流通道上, 地层的渗透性能存在很大差异：在注气井附近区域, 油页岩在高温作用下, 孔隙率急剧增大, 热破裂也十分明显, 因而其渗透性较好; 而在采油井附近区域, 油页岩的温度虽然有所上升, 但其物理结构较常温状态并没有发生大的变化, 因而其渗透性仍旧很差, 所以整个渗流通道并不通畅, 流体容易积聚, 这是造成孔隙压力在注蒸气初期迅速上升的主要原因。而后, 随着时间的延长, 地层温度继续升高, 采油井附近油页岩的渗透性得到较大改观, 因而整个渗流通道在突破该 “瓶颈” 后, 变得十分通畅, 因此, 积聚的孔隙压力会在较短的时间内迅速释放。

3. *应力场动态变化规律*

三场耦合作用下, 孔隙压力和温度变化将产生附加节点载荷, 注入的高温蒸气使得注气

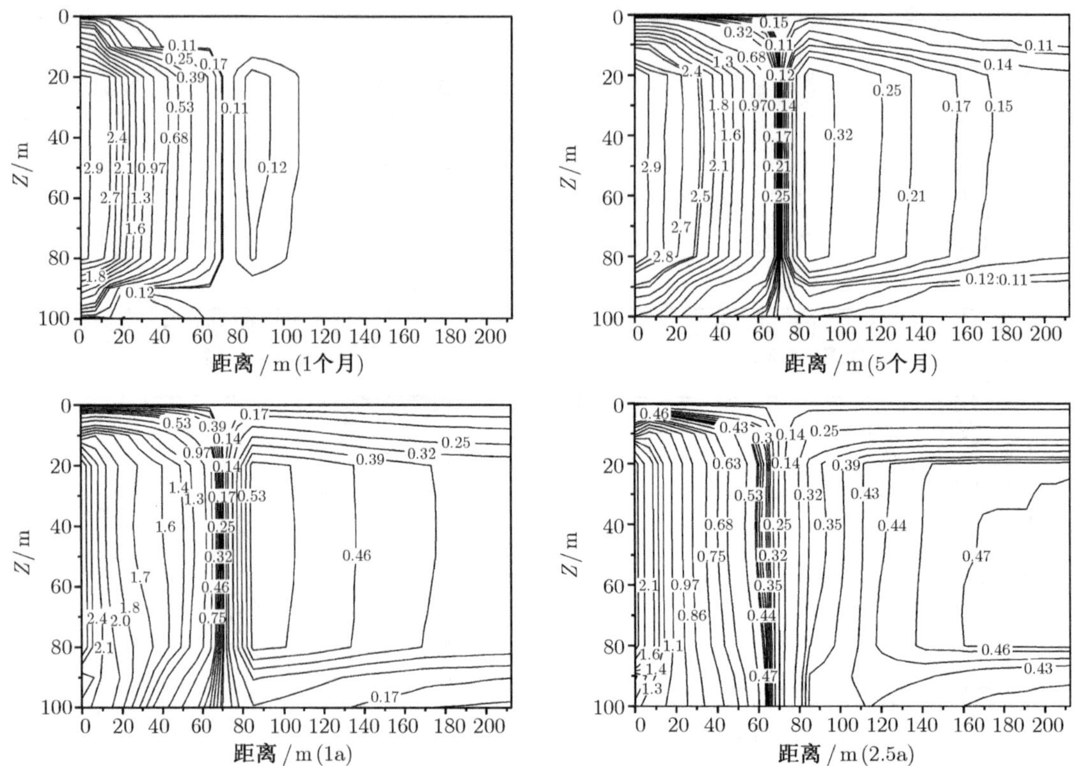

图 19.5.7　0~2.5a 间剖面 II 上压力分布

单位：MPa

井附近围岩的温度上升, 围岩发生膨胀变形, 产生热应力, 影响了岩体原应力场的分布, 造成孔隙、裂隙张开度发生改变, 进而导致渗流场发生变化。图 19.5.8 为 0~2.5a 间剖面 II 上 σ_z 的分布情况。从图中可以看出, 随着温度的上升, 岩体发生膨胀变形, 产生热应力, 且膨胀热应力与地层自重应力的方向相反, 两者相互抵消, 所以 $\sigma_x,\sigma_y,\sigma_z$ 逐步由压应力向拉应力演化, 并随着时间的延长, 拉应力作用范围以注气井位为中心不断向外扩张。如在运行 5 个月时, 注气井附近的应力 $\sigma_x,\sigma_y,\sigma_z$ 分别为 0.82MPa, 0.40MPa, 0.45MPa, 到 2.5a 时, 已逐渐增加到 1.519MPa, 1.03MPa, 2.19MPa, 增幅很大。另外, 剖面 I 上 σ_x 和 σ_y 分别在 x 和 y 方向上存在十分明显的应力集中区域, 随时间的延长, 该区域逐步由注气井向生产井转移。分析认为是, 在应力集中区靠近注气井的一侧, 会受到来自注气井方向岩石的膨胀挤压, 而另一侧则会受到来自边界上压应力的作用, 因此, 在其中部产生应力集中是必然的。从剖面 II 可见, $\sigma_x,\sigma_y,\sigma_z$ 具有相似的分布规律。随时间延长, 拉应力区域均是以注气井上距离地表 20m 处的地层为中心, 以近似圆弧状的形态向外扩展。如在运行 5 个月时, 该中心处应力 $\sigma_x,\sigma_y,\sigma_z$ 分别为 0.92MPa, 0.38MPa, 0.91MPa, 到 2.5a 时, 已逐渐增加到 1.97MPa, 1.51MPa, 2.89MPa, 增幅明显。拉应力的提高, 使孔隙体积扩大的同时, 增加了裂隙的宽度, 为高温蒸气的进一步注入创造了有利条件。

4. 渗透系数、位移的动态变化

在注蒸气初期, 由于地层温度较低, 大部分蒸气进入地层后会凝析成热水, 除了注气井附近蒸气饱和度较高外, 其他区域都很低, 因此采油井主要以热水产出为主; 到注蒸气后期,

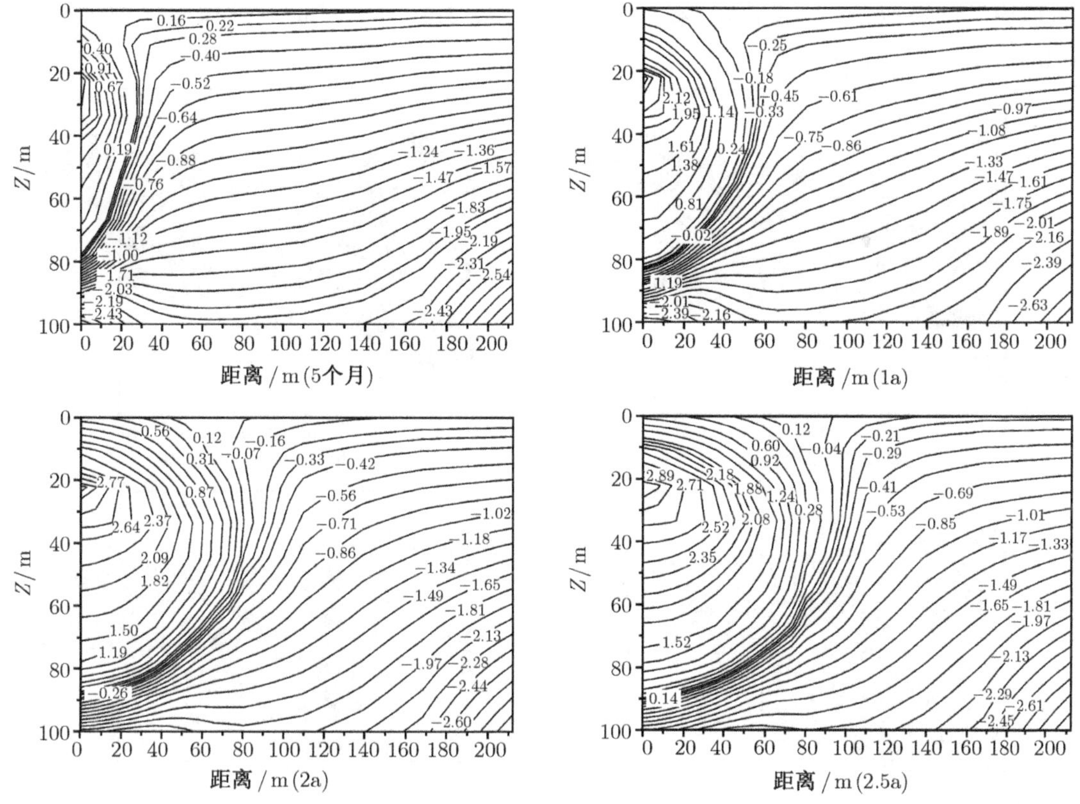

图 19.5.8 0~2.5a 间剖面Ⅱ上 σ_2 分布规律

单位：MPa

地层温度很高，从注气井到采油井之间，蒸气已占据了绝对优势，采油井主要以蒸气的产出为主。如在运行 5 个月时，注气井和采油井附近的蒸气饱和度分别为 81%和 0.0%，到 2.5a 时，已逐步增加到 100%和 80%。

在油页岩原位注蒸气开采过程中，渗透系数的大小是多重因素共同作用的结果，主要表现在以下三个方面。

(1) 应力场对渗透系数的耦合作用主要体现在：地层的渗透系数是有效体积应力的负指数函数，压应力使其降低，拉应力使其增加。

(2) 温度场对渗透系数的耦合作用主要体现在：温度升高可使油页岩的物理结构发生本质的变化，孔隙率和热破裂程度的提高促进了渗透系数的增加。

(3) 渗透系数对流体黏度的变化十分敏感。一般情况下，水的黏度是蒸气黏度的上千倍，所以，随着蒸气的不断注入，流体黏度不断降低，地层渗透系数会显著提高。

图 19.5.9 为 0~2.5a 间剖面Ⅱ上地层渗透系数的变化情况。从图中可以清楚地看出，最初，在地应力的控制下，渗透系数除在局部区域有所起伏外，整体上呈现明显的分层性，表现为随地层深度增加而减小的规律，顶、底板岩石渗透系数变化范围为 $0.01 \times 10^{-12} \sim 0.1 \times 10^{-12}$m/s，油页岩地层透系数变变化范围为 $1.0{\times}10^{-12} \sim 3.0 \times 10^{-12}$m/s。随着蒸气的不断注入，在上述三重因素的共同作用下，地层渗透系数得到了质的飞跃，并打乱了原来层状分布的规律，而是以近似圆弧状的形态以注气井为中心向四周扩展，到 2.5a 时，注气井到采油

井区域内地层渗透系数的变化范围为 $30 \times 10^{-12} \sim 212 \times 10^{-12}\mathrm{m/s}$, 比原始状态增加了近 100 倍。

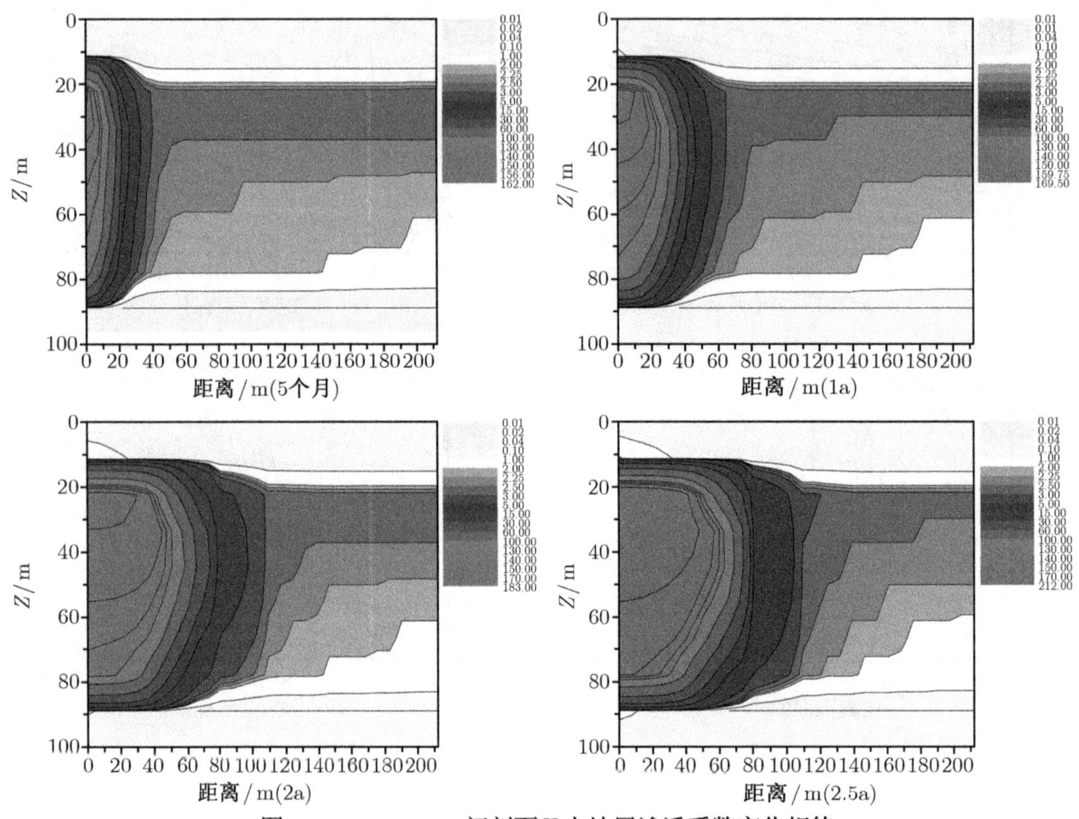

图 19.5.9　0~2.5a 间剖面 II 上地层渗透系数变化规律

单位: $10^{-12}\mathrm{m/s}$

图 19.5.10 为 0~2.5a 间剖面 II 上地层垂直位移的变化情况。由图可知, 在运行初期, 地层垂直位移等值线几乎为水平直线, 只是在图像右上角存在部分弯曲, 说明此时地层是整体下沉的。而后, 随着蒸气的不断注入, 注气井和采油井之间的地层出现了明显的膨胀变形, 且随时间延长, 鼓起量呈不断增加的趋势。由图可知, 地表 0~120m 的范围内出现了明显的鼓起, 并随时间延长, 鼓起量逐渐加大; 而在 120~212m 的范围内, 地表基本上未发生变形。经计算, 到 2.5a 时, 地表注气井处鼓起量为 1.29cm, 采油井处鼓起量为 0.51cm。

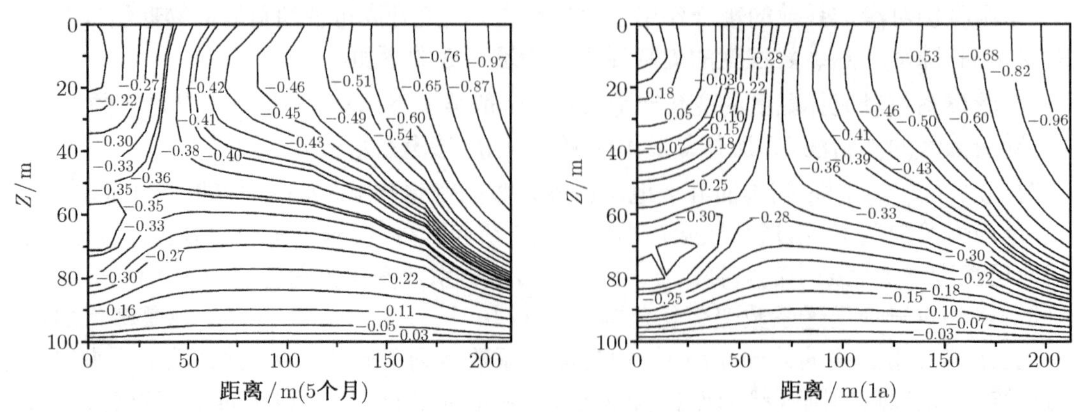

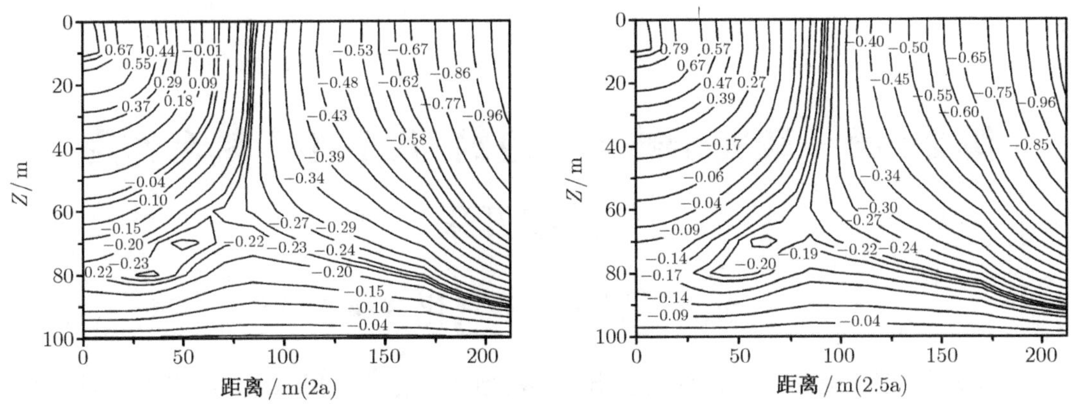

图 19.5.10　0~2.5a 间剖面Ⅱ上地层垂直位移分布

单位：cm

模拟结果显示, 与壳牌公司的电加热油页岩原位开采技术相比, 油页岩原位注蒸气开采技术, 是一项理论科学、技术可行, 可以实现油页岩低污染、低成本、高效率的大规模商业开采的技术。

第20章　较完全热解反应的 THMC 耦合作用与矿物开采

20.1　煤炭地下气化开采

19 世纪末, 俄国化学家门捷列夫提出了煤炭地下气化的设想, 1912 年在该设想提出 25 年后, 英国进行了有井式煤炭地下气化试验。20 世纪 30 年代, 在苏联开始了正规的试验, 取得了成功, 开展的有井式和无井式 (确切地是按有无工作人员进入地下与否划分的) 两大类气化方法, 均得到了发展和提高, 苏联在 1942 年实现了钻孔式地下气化, 1955 年开始在多处矿区建立了煤炭地下气化企业, 计划至 1965 年地下气化煤气产量达 $4 \times 10^{10}\text{m}^3$。虽工艺和技术均可以进行煤炭地下气化, 但均不成熟, 生产的煤气热值较低, 产量也不大, 结果其产量仅为 $2.5 \times 10^9\text{m}^3$, 是计划的 1/16, 至 1980 年代因成本居高不下, 在天然气的竞争下, 仅剩下两家进行地下气化的试验研究 (章梦涛, 1999)。英、美、法、波兰等国均开展了此项研究工作, 也都取得了一定成功, 形成了各国的特色。

20 世纪 50 年代末, 中国曾在鹤岗、抚顺、大同、蛟河、沈北等 16 个矿区进行了煤炭地下气化的试验, 也取得了一定的成果。至 60 年代初停止了试验。90 年代初期, 余力教授大力推行与开展了煤炭地下气化研究, 先后在徐州、开滦、山东等矿区成功地完成了试验 (孙宝铮等, 2002)。杨兰和、梁杰等近年在余力之后, 又进行了几个矿区的煤炭地下气化工业试验, 都取得了较好的效果。但地下气化煤气热值低, 产量低依然是这一技术发展的主要障碍。

尽管如此, 这一风靡全球的工业门类的指导理论与技术, 应该作为重要的科学命题而深入研究, 以期解决其技术瓶颈, 推动这一工业的发展。

煤炭地下气化是利用煤的地下控制燃烧而使固体煤炭转变为气体采出的一种技术, 由于煤的灰分较低, 最高在 30%左右, 因此在控制燃烧下, 煤炭经热解与气化两种反应, 其有机质几乎全部转变成气体, 残留的灰分不再能维持固体骨架形态, 而仅以散体态残留在气化采场中, 气化流体在燃空区运移、传质、热量交换完全服从自由空间的气体运移、传质、对流传热的规律, 而气化的效率与质量完全由这种规律所支配, 当燃空区较大时, 其顶板要垮塌, 这与第 19 章讲的极不完全热解反应在物理上有本质的区别, 因此本书称这类问题为**较完全热解反应问题**。

科学地分析煤炭地下气化, 应该包括两类问题：一类是气化流体在外部鼓风外力和控制燃烧共同作用下的化学反应与传质、热量传输、流体运移的 THC 耦合作用过程; 另一类是由于煤体表面燃烧而引起煤体内部传热、热解化学反应、渗流和围岩在地层应力及热力的作用下的 THMC 的耦合作用过程。前者是控制煤炭地下气化的主要环节。严格地讲, 这两类问题应该, 也必须一起研究, 但那会使得问题极为复杂, 而结果的精度提高不大, 因此最可行的办法是分解成如上所述的两类问题去研究。但由于这类问题十分复杂, 国内外仍未见提出较完善的模拟理论。仅是一些相对分散的研究, 本章拟引述、归纳、粗略地做一介绍。

20.2　煤炭地下气化空间 THC 耦合作用分析

按照煤炭地下气化工程的设计、实验与实际测试分析, 煤炭地下气化空间沿通道方向由进气口到产气口可以划分为以下三个区 (图 20.2.1)。

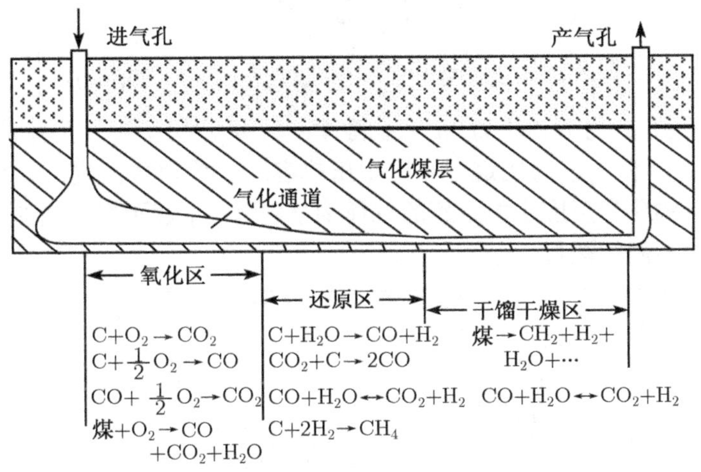

图 20.2.1　地下气化空间沿通道剖面分区形态示意图

(1) 氧化区, 或燃烧区, 该区发生的化学反应为

$$C+O_2\rightarrow CO_2;\quad C+\frac{1}{2}O_2\rightarrow CO;\quad CO+\frac{1}{2}O_2\rightarrow CO_2;\quad 煤+O_2\rightarrow CO_2+CO+H_2O$$

(2) 还原区, 或称气化区, 该区发生的化学反应为

$$CO_2+C\rightarrow 2CO;\quad CO+H_2O\rightarrow CO_2+H_2;\quad C+2H_2\rightarrow CH_4$$

(3) 干馏干燥区, 或加热区, 该区发生的化学反应为

$$煤\rightarrow CH_2+H_2+H_2O+\cdots+CO+H_2O\rightarrow CO_2+H_2$$

煤炭地下气化工程的工艺流程大致为预先建造一个气化通道 (钻孔巷道), 进而鼓风点火; 使气化通道周围煤炭燃烧后, 则进入正常的地下气化流程。氧化区是剧烈的化学反应区, 该区域中煤体发生如上化学反应, 空间增大较快, 传热传质十分剧烈, 其氧化区的垂直于气化通道的剖面如图 20.2.2, 大致又可分为四个区域。① 析空区：主要由堆积于底部的少部分未燃烧的煤块和大量煤灰区域与其上较大的自由空间组成。② 燃烧区：此区域煤体可能已破碎成一些较大煤块的堆积, 燃烧表面积较大, 是剧烈的氧化区。③ 松动区：燃烧区的高温以传导形式传热至煤体内部, 在靠近燃烧表面的小区域内, 因高温热解和热破裂, 同时析出大量热解气, 而使少部分煤体破裂, 形成破裂的松动区。④ 原煤区：松动区以外的煤体仅有温度升高, 其他变化较弱, 从气化的角度则称为原煤区。

煤在地下气化的全过程中, 若忽略应力场导致的气化空间变形, 乃至垮塌, 则气化空间的形状与大小可以唯一看成受气化反应的控制, 则其气化反应的完整过程可以用对流传热、传质与流动传输的 THC 耦合控制方程 (20.2.1) 描述, 章梦涛 (1999) 曾提出了该数学模型的粗略表示形式。

$$
\left.\begin{aligned}
&K_i\frac{\partial^2 p}{\partial x_i^2}=p\frac{\partial n}{\partial t}+n\frac{\partial p}{\partial t}+I_s \qquad (\text{渗流区域})\\
&-\frac{1}{\rho}\frac{\partial p}{\partial x_i}=\frac{\partial V_i}{\partial t}+V_j\frac{\partial V_i}{\partial x_j} \qquad (\text{非渗流区域})\\
&\frac{\partial C}{\partial t}=\frac{\partial}{\partial x_i}\left(D_{ij}\frac{\partial C}{\partial x_j}\right)-\frac{\partial}{\partial x_i}(CV_i)+I_{\mathrm{d}}\\
&\frac{\partial(\rho c_{v\mathrm{w}}T_{\mathrm{w}})}{\partial t}=\lambda_{\mathrm{w}}\nabla^2 T_{\mathrm{w}}-(\rho c_{p\mathrm{w}}T_{\mathrm{w}}k_i p_{,i})_{,i}+Q(x,y)
\end{aligned}\right\} \tag{20.2.1}
$$

式中, K_i 为渗透系数; p 为流体压力; n 为孔隙率; V_i 为流体速度; ρ 为流体密度; C 为浓度; D_{ij} 为扩散系数; $c_{v\mathrm{w}}$ 和 $c_{p\mathrm{w}}$ 为比定容和比定压热容; T_{w} 为流体温度; λ_{w} 为热传导系数; I_s 表示固体煤和氧气的化学反应生成了新的气体物质的量; I_{d} 表示新的气体物质的量; $Q(x,y)$ 表示氧化反应产生的新的热量。

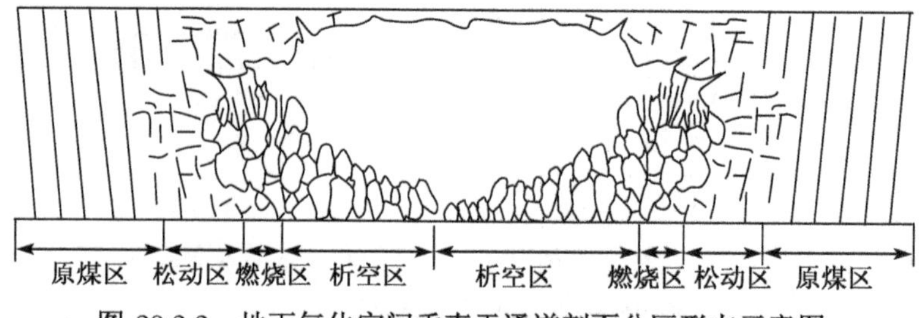

图 20.2.2　地下气化空间垂直于通道剖面分区形态示意图

方程组 (20.2.1) 的第一个方程主要描述析空区、燃烧区和松动区的煤块空隙与裂隙区域中流体的渗流传输; 第二个方程表示气化空间中的自由空间中流体的流动传输; 第三个方程表示不同气体组分间气体的质量传输; 第四个方程表示气化空间中热量的传输。

事实上, 上述反应传输主要发生在氧化区, 当氧气消耗殆尽后, 进入还原区, 该区域中, 随着气体的流动, 温度逐渐降低, 而发生缓慢的还原反应, 气化空间在该区域中变化很小; 干馏区主要是利用高温气体加热气化通道周围的煤体, 使其发生绝氧状态的热解, 或称干馏, 部分干馏气通过渗流排入气化通道而混入气化气中排到地面, 作为气体产品。

由于这些研究仅是刚刚开始, 方程 (20.2.1) 的数值解法, 可以借用其他相关章节的 THC 耦合算法, 并适当改进。相信由此获得的数值解会对煤炭地下气化工艺的改进有较大的指导价值。

杨兰和等 (2000a; 2000b; 2000c; 2003) 采用相对单一的对流扩散数学模型, 通过数值计算, 给出了沿气化通道长度方向的温度分布 (图 20.2.3)、气化气体的热值分布 (图 20.2.4) 和氧气

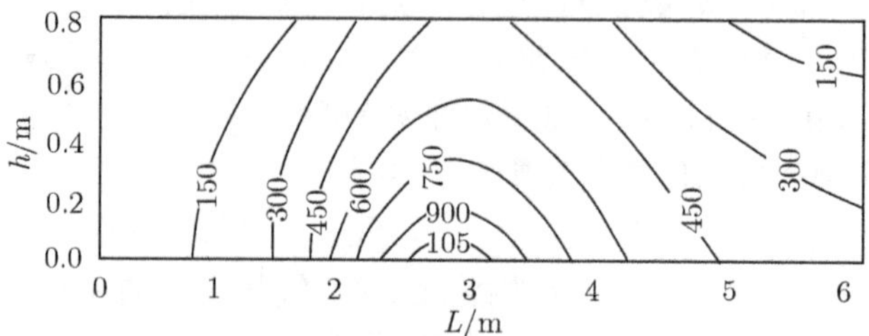

图 20.2.3　气化通道长度方向的温度分布 (杨兰和等, 2003)

单位: °C

消耗曲线 (图 20.2.5), 并证明其结果与实验室模拟结果较吻合。从图 20.2.5 可见, 在 0~3.5m 段为氧化区, 在该区域氧气逐渐消耗, 浓度随气化通道延伸逐渐降低到零 (图 20.2.5); 而对应的气体中可燃组分逐渐增加, 以致其热值逐渐增加 (图 20.2.4)。

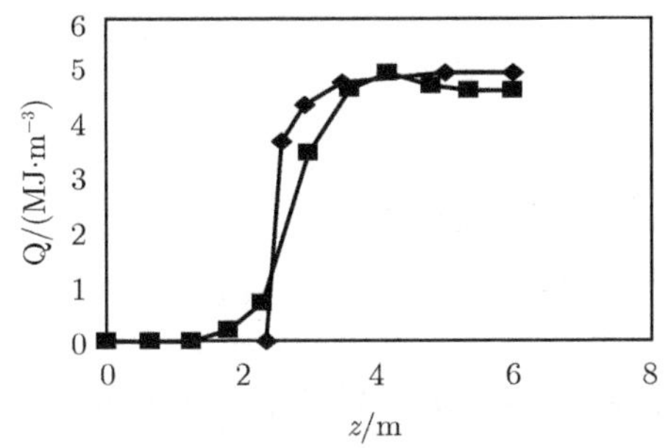

图 20.2.4 气化通道长度方向的煤气热值变化曲线 (杨兰和等, 2003)

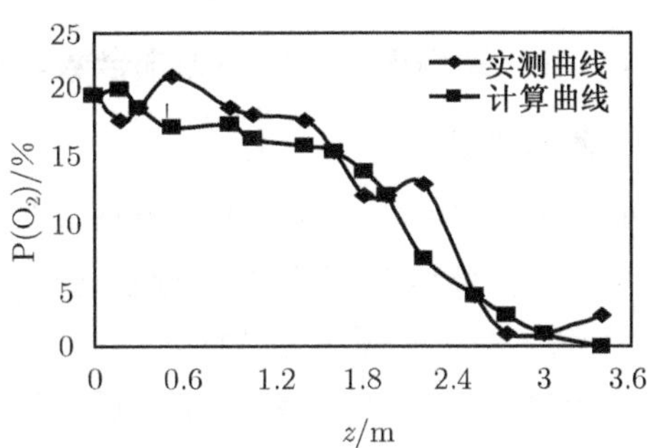

图 20.2.5 气化通道长度方向的氧气消耗曲线 (杨兰和等, 2000a)

20.3 煤炭地下气化煤体 THM 耦合作用分析

如图 20.2.2 所示, 在气化采场燃烧区以外是煤体破裂区与温度升高的原煤区, 燃烧区温度很高, 达 1000°C 以上, 这以致热量以传导形式使燃烧区以外煤体被加热, 而使其热解与热破裂, 从而产生干馏气与原生瓦斯气体, 主要向气化空间流动, 从而达到有益于气化反应的进行, 因此分析该区域的性态十分有意义。该区域实际发生着如下变化, 煤体内热量的传输, 致使煤体温度不断升高, 热的作用使煤体产生干馏气 (热解气), 与原生瓦斯一起发生渗流运动, 而煤层受热变形、气化空间大小与形状变化导致煤体应力变化, 同时煤体因热解及温度的作用, 力学参数改变, 从而构成了一个完整的传热、渗流传输与岩体变形的耦合作用问题。事实上, 煤体发生热解化学反应产出气体, 形成了渗流的源汇项, 由于热解消耗热量形成了传热方程的热量源汇项。在整个耦合作用中, 热解气体组分间的扩散十分微弱。渗流流动气体所携带的热量较小, 因此可以忽略对流传热, 而仅考虑传导传热, 忽略传质的作用, 而不考虑传质方程, 化学反应仅用渗流方程的源汇项表示则可。由此则可以建立煤炭地下气化煤体的 THM 耦合数学模型 (20.3.1)。

$$\left.\begin{aligned}
&k_i\frac{\partial^2 p}{\partial x_i^2}=p\frac{\partial n}{\partial t}+n\frac{\partial p}{\partial t}+I_s\\
&\frac{\partial(\rho c_{v\mathrm{w}}T_{\mathrm{w}})}{\partial t}=\lambda_{\mathrm{w}}\nabla^2T_{\mathrm{w}}-(\rho c_{p\mathrm{w}}T_{\mathrm{w}}k_ip_{,i})_{,i}+Q(x,y)\\
&(\lambda(p,\eta)+\mu(p,\eta))u_{j,ij}+\mu(p,\eta)u_{i,jj}+F_i+(\alpha p)_{,i}=0\\
&\quad\sigma_n'=k_n\varepsilon_n\\
&\quad\sigma_s'=k_s\varepsilon_s\\
&\quad\sigma_n'=\sigma_n-p
\end{aligned}\right\}\tag{20.3.1}$$

式中, 渗流方程与对流方程的符号含义同 20.2.1, 固体变形方程的符号同 15.2 节。

该模型的数值解法, 借用相关章节的方法适当改进即可。具体的模拟分析还待以后进行。其解算的规律与非完全耦合的结果有一些类似处, 温度分布如图 20.4.4, 应力分布见图 20.4.5

和图 20.4.6。

20.4 煤炭地下气化采场围岩热力耦合作用分析

20.4.1 气化采场煤体围岩热力耦合数学模型

1. 基本假设

在建立地下气化采场围岩热力耦合数学模型时, 引入如下假设。

(1) 气化炉始终处于稳定运行状态, 并保持气化煤壁温度恒定。

(2) 气化炉内部无其他热源。

(3) 岩体内部只考虑热传导形式的热量传输, 岩体边界与采场只考虑对流形式的热量传输。

(4) 气化炉围岩体简化为连续均质各向同性的弹性体。

2. 岩体热力耦合数学模型

岩体变形控制方程:

$$(\lambda+\mu)U_{j,ji}+\mu U_{i,jj}+F_i-\beta T_{r,i}=0 \tag{20.4.1}$$

岩体温度场方程:

$$\rho_{\mathrm{r}}c_{p\mathrm{r}}\frac{\partial T_{\mathrm{r}}}{\partial t}=\lambda_{\mathrm{r}}T_{\mathrm{r},ii}+W \tag{20.4.2}$$

式中, 各量含义同前, 下标 r 表示岩石, W 为热量源汇项。

方程 (20.4.1) 和 (20.4.2), 再辅以初始条件和边界条件, 即构成了岩体热力耦合数学模型。

20.4.2 气化采场围岩温度场数值模拟

1. 数值模拟模型

煤层埋深 150m, 简化模型水平方向长度为 160m, 铅直方向高度为 60m, 各岩层分布如图 20.4.1. 煤层厚度 3m, 直接底为厚度 6m 的泥岩, 老底为厚度 21m 的砂质页岩, 直接顶为厚度 3m 的砂岩, 老顶为厚度 6m 的砂质泥岩, 其上还有厚度 21m 的砂岩。

边界条件与初始条件: 模型下部为给定位移边界, $U_y=0$; 上边界为应力边界, 应力为上覆岩层的平均载荷 3.0MPa。两侧边也是应力边界, 不考虑构造应力, 当岩层平均泊松比取 0.25 时的侧压系数为 0.33, 则最上端的水平应力为 1.0MPa, 最下端为 1.5MPa; 初始通道及扩展后的燃空区内无支护。考虑工作面向一个方向推进, 通道后方煤柱宽度为 30m, 通道初始高度为 3m, 宽度为 1.6m, 截面积为 4.8m^2。

气化采场为给定温度边界, 温度值为 1200°C(1473K), 宽度 (氧化带) 为 0.8m; 模型四周为热流边界, 其数值由具体温度值计算确定 ($q=\lambda_{\mathrm{r}}\boldsymbol{\nabla}T_{\mathrm{r}}$); 围岩内无其他热源; 地下气化采场煤与围岩的参考温度取 30°C(303K)。气化采场移动速率取为 2.83cm/h。

简化的模拟模型如图 20.4.1, 一共划分 24 000 个单元进行数值分析。各岩层物理力学参数取值见表 20.4.1, 并考虑了随温度的变化规律 (万志军, 2006)。

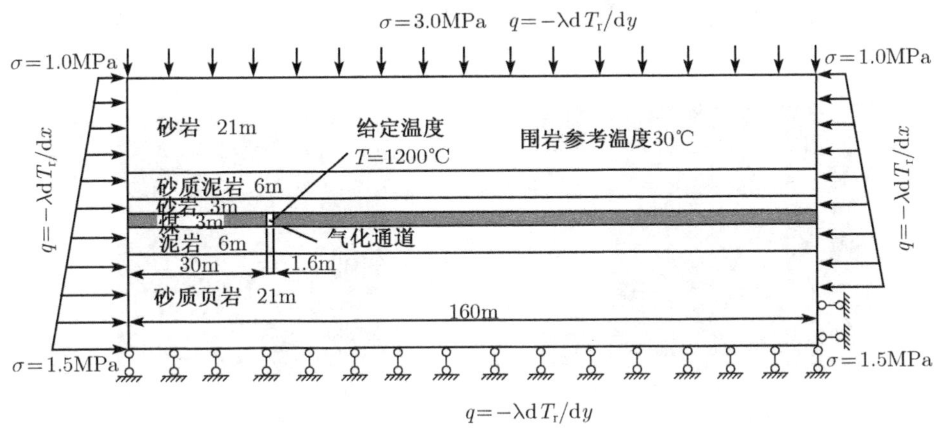

图 20.4.1 计算模型及边界和初始条件

表 20.4.1 数值模拟用煤和岩层的物理力学参数

煤/岩层名称	厚度/m	密度/(g/cm^3)	比热容/[J·(kg·K)$^{-1}$]	热传导系数/[J·(cm·h·K)$^{-1}$]
覆岩/砂岩	21.0	2.600	0.8778	93.29
老顶/砂质泥岩	6.0	2.500	0.9196	72.23
直接顶/砂岩	3.0	2.570	1.0154	36.20
煤层	3.0	1.200	1.0900	25.20
直接底/泥岩	6.0	2.480	1.0154	36.70
老底/砂质页岩	21.0	2.600	0.8778	92.76

2. 气化采场围岩温度场的分布特征

图 20.4.2 是沿走向所作气化炉围岩的垂直剖面内不同时刻 (或工作面推进距离) 的温度等值线分布图。由图可知, 气化炉围岩温度场分布特点如下: ① 气化炉围岩温度等值线形状像个喇叭, 气化采场前方一侧小, 燃空区一侧大; ② 随着气化采场的逐渐远离, 燃空区顶底板表面温度不断下降, 而其深部温度则升高, 温度影响范围明显增大; ③ 顶底板中的温度等值线不完全对称, 这主要与顶底板的热传导系数、比热容等热物理参数不同有关; ④ 燃空区始终处于高温状态。

从图 20.4.3 和图 20.4.4 可得如下结论。① 气化采场前方煤体内水平热流密度随时间的增长变化不显著, 而随着深入采场前方煤体内, 热流密度下降非常快。热流密度在空间上分布的不均匀性远大于时间上的分布不均匀性。② 随着工作面煤体的燃烧, 气化采场前方煤体内温度逐步升高。燃烧 14.2h 时, 采场前方煤体内最高温度达到约 239°C, 燃烧 8.6d 后, 采场前方煤体内最高温度达到 599°C, 此后的温度只有小幅度的升高。同样, 随着深入工作面前方煤体内, 温度下降很快, 温度梯度很大, 最大值达到 625°C/m。③ 气化采场前方煤体内最高温度不足 700°C, 按照有关 “三带” 的温度划分标准, 勉强可以进入还原带, 其深部可以进入干馏干燥带。由此可见, 气化采场前方煤体内 “三带” 分布范围很小, 除了设定的氧化带为 0.8m 外, 还原带宽度也是 0.8m, 干馏干燥带的宽度也仅 0.8m。实验表明: 在垂直气化通道方向的气化采场前方, 氧化带和还原带都非常短, 氧化带的宽度只有 3~25cm, 还原带的宽度只有 7~50cm, 干馏干燥带的宽度也只有 13~85cm。

本次模拟在 X(水平) 方向划分的单元尺寸为 0.8m, 大于实际氧化带和还原带的长度, 加之气化采场前方煤体内的温度梯度很大, 温度衰减非常快, 模拟出的“三带”宽度可能误差大一些。

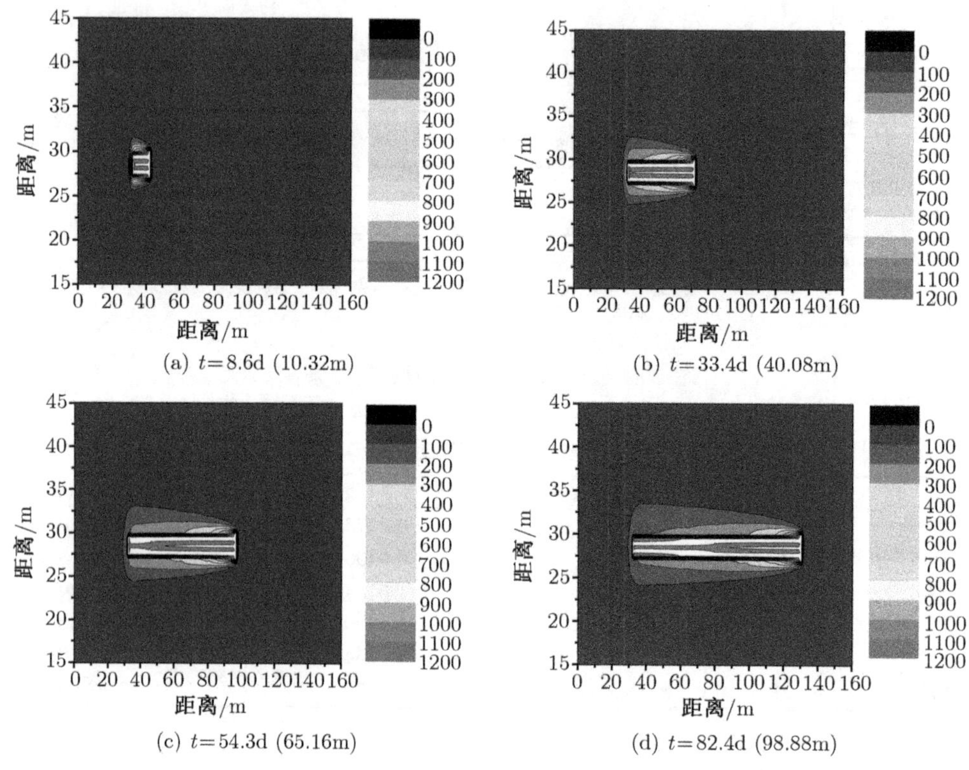

图 20.4.2　气化采场及燃空区温度场演化过程

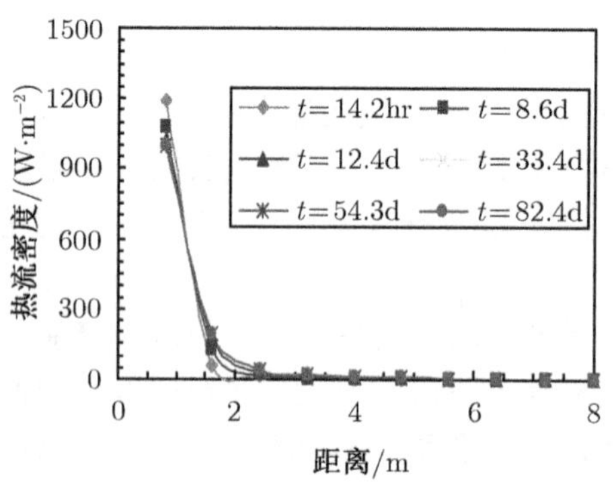

图 20.4.3　采场前方煤体内水平热流密度分布

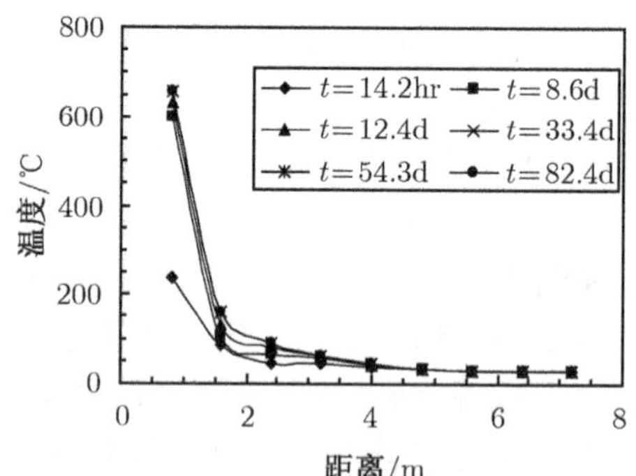

图 20.4.4　采场前方煤体内温度分布

20.4.3　煤炭地下气化采场矿山压力分布规律的数值模拟

沿走向作气化采场围岩垂直剖面, 研究采场围岩应力场和位移场及塑性区的分布和演化特征。

1. 应力场分布特征

图 20.4.5 表示不同时刻 (或推进距离) 采场围岩垂直应力的变化过程。① 在气化进行的初期, 气化采场周围岩层中的垂直应力等值线除气化通道附近外, 基本呈水平直线, 说明此

时气化炉对采场周围岩层中的应力分布影响很小, 应力场还基本处于原岩应力场状态。② 随着气化的进行, 燃空区逐渐扩大, 气化通道周围产生应力集中, 形成 "应力泡"。在燃空区前方和后方煤/岩体内产生应力升高区, 而在顶板和底板中则产生应力降低区。③ 随着气化的进行, 燃空区逐渐扩大, 应力影响范围逐步扩大。气化进行 33.4d(推进 40.08m) 时, 应力升高区扩展到气化采场前方煤体内约 40m, 而整个顶底板均进入应力降低区。

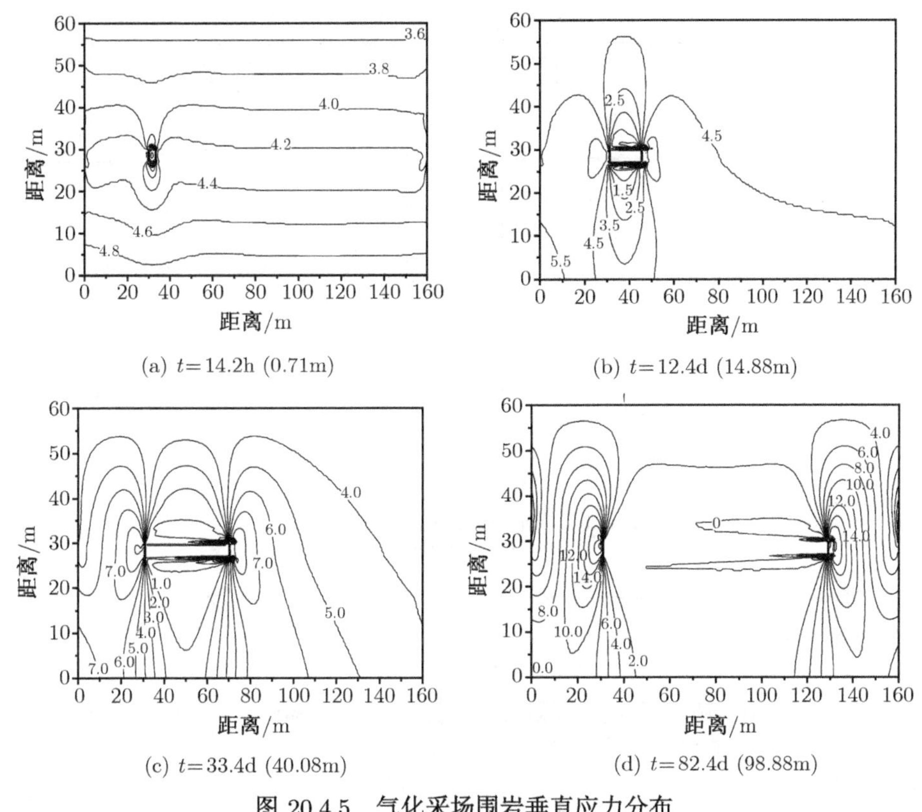

图 20.4.5 气化采场围岩垂直应力分布

单位: MPa

图 20.4.6 表示气化采场围岩水平应力场的变化过程。随着气化的进行, 水平应力影响范围的变化特征与垂直应力具有类似的变化趋势。燃空区底板是应力降低区, 而顶板内是应力升高区, 其中直接顶板内是水平拉伸区; 燃空区的老顶及其上部岩层则处于水平压缩区。顶板内水平拉伸区与水平压缩区的最大应力绝对值很大, t = 82.4d(推进 98.88m) 时水平拉伸应力达到 15MPa, 而水平压缩应力更是达到 25MPa, 所以直接顶产生严重的拉破坏, 产生破断垮落。在顶板中产生了较大的剪切应力升高区, 其范围基本扩展到燃空区上方所有顶板中。而气化采场煤壁与顶底板相交处有很大的剪切应力, 可能发生剪切破坏, 导致煤壁片帮的发生。

2. 位移场分布特征

图 20.4.7 表示气化采场围岩垂直位移的变化过程。由图可知: 在地下气化运行的初期, 由于燃空区很小, 其周围岩层中的垂直位移等值线几乎为水平直线, 只在燃空区上方略有弯曲, 说明此时岩层是整体下沉的。随着燃空区的扩大, 燃空区上方的顶板剧烈下沉,

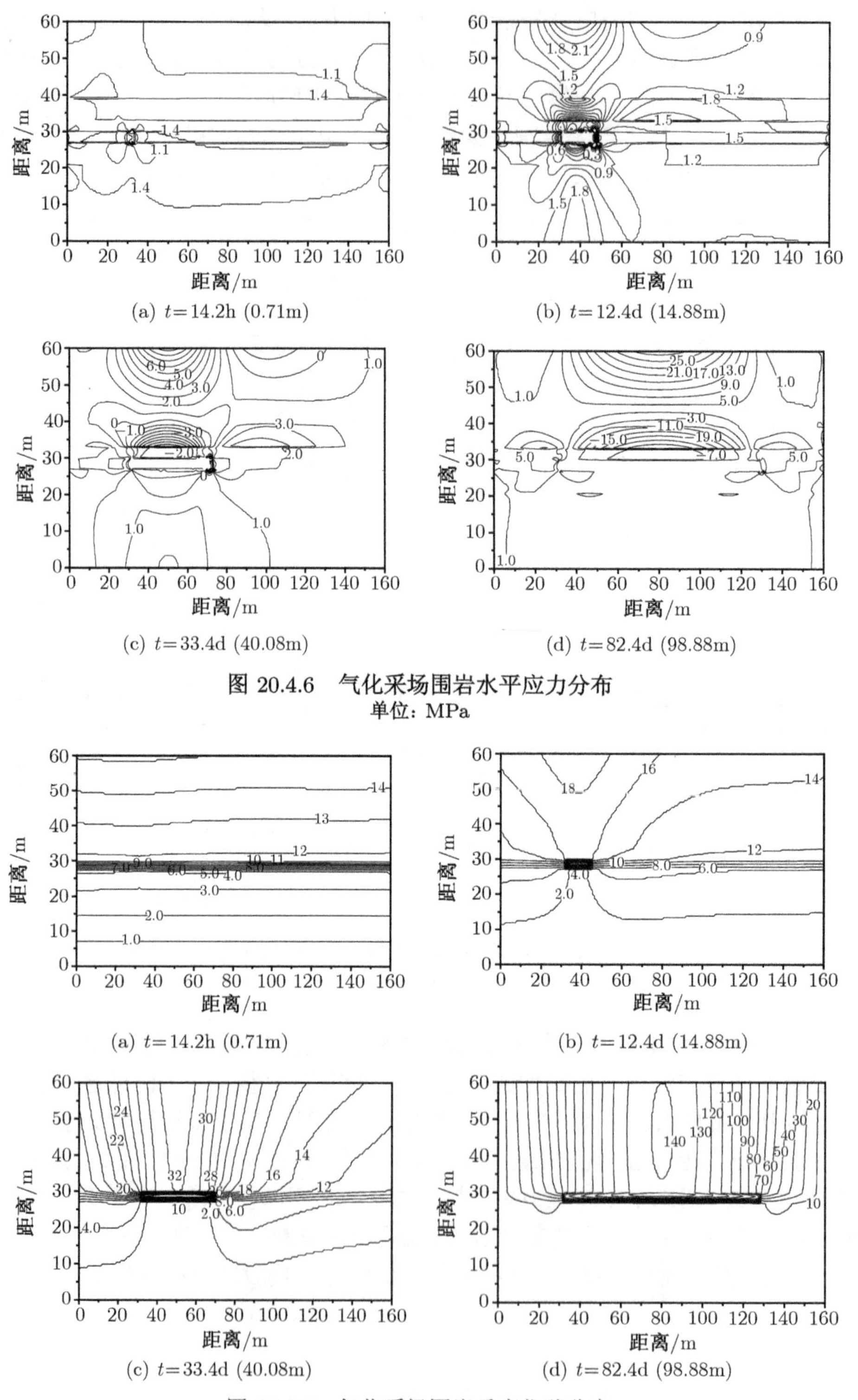

(a) t=14.2h (0.71m)　(b) t=12.4d (14.88m)

(c) t=33.4d (40.08m)　(d) t=82.4d (98.88m)

图 20.4.6 气化采场围岩水平应力分布

单位：MPa

(a) t=14.2h (0.71m)　(b) t=12.4d (14.88m)

(c) t=33.4d (40.08m)　(d) t=82.4d (98.88m)

图 20.4.7 气化采场围岩垂直位移分布

垂直位移等值线逐渐由水平变成垂直, 燃空区上方的顶板发生很大下沉量, 在 t=82.4d(推进 98.88m) 时顶板中心最大下沉量 140mm, 应是顶板发生破断垮落。在 t=54.3d(推进 65.16m)

时采场前方煤体内 40m 范围内也出现明显的垂直位移。

3. 采场前方支承压力分布

图 20.4.8 所示是气化采场前方煤体内支承压力的分布及变化情况。气化采场前方煤体内支承压力的峰值和分布范围是随着气化进程逐步扩大的。在 t=82.4d(推进 98.88m) 时，支承压力峰值达到 20.4MPa，应力集中系数 4.8，支承压力影响范围为采场前方煤体内 40m 之内。应力集中系数比常规采场的大。

4. 采场前方煤体的非均质性与热破裂

分别假设煤和岩石的热膨胀系数和热传导系数服从韦伯分布，讨论煤的非均质热膨胀系数和非均质温度场对气化采场前方煤体的热破裂机理和规律。

通过对比分析可知：考虑非均质时采场围岩的拉破坏区和塑性区与不考虑非均质时采场围岩的拉破坏区和塑性区分布特点有明显的差异。当考虑煤和岩石为均质时，采场围岩内的拉破坏区和塑性区是连续分布的，而随着非均质参数减小，即非均质分布程度增大，煤和岩石逐渐过渡到非均质状态，采场围岩内的拉破坏区和塑性区变成非连续分布，分布范围也有所扩大 (图 20.4.9)，在不同时间，非均质分布程度较强时 (m=1.1,1.5) 的拉破坏区均比均质程度较弱时 (m=5.0, 30.0) 的拉破坏区大。m=5.0 似乎是一个分界点。煤体非均质时的破裂区范围比均质时大 10~15cm。

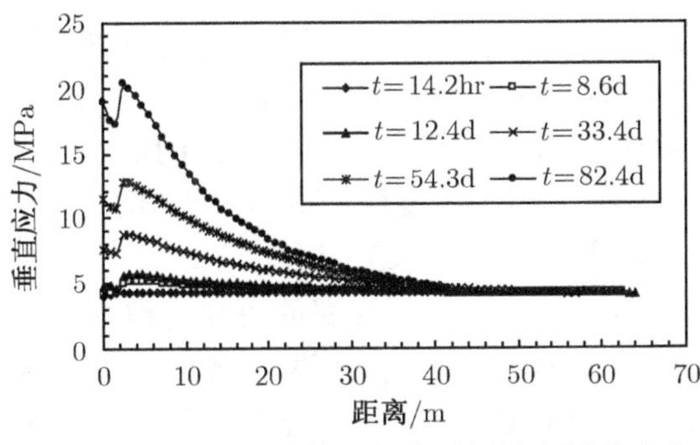

图 20.4.8 不同时间，气化采场前方煤体内支承压力分布及变化情况

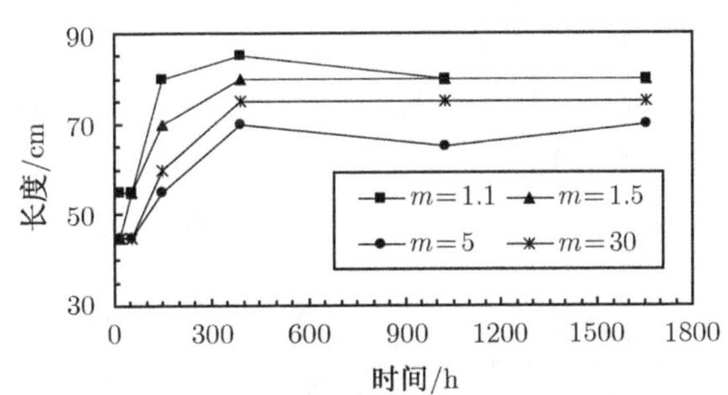

图 20.4.9 采场前方煤体破裂区范围随时间的变化

(1) 非均质温度场分布对热破裂的影响。当热传导系数非均质分布时，在煤体内会产生非均质的温度场分布，引起应力场分布的非均质，进而可能引起热破裂的产生。

(2) 气化采场前方煤体内支承压力分布。图 20.4.10 是 m = 1.1 时气化采场前方煤体内支承压力分布的变化情况。由图可见，气化采场前方煤体内支承压力分布曲线总体形状与常规采场前方煤体内支承压力分布曲线形状相似，呈"驼峰"形，应力集中系数约 1.68~2.64. 但由于受热传导系数非均质分布的影响，气化采场前方煤体内温度非均质，导致支承压力分布曲线不平滑，出现一定的起伏，但仅限于采场前方 80cm 之内。

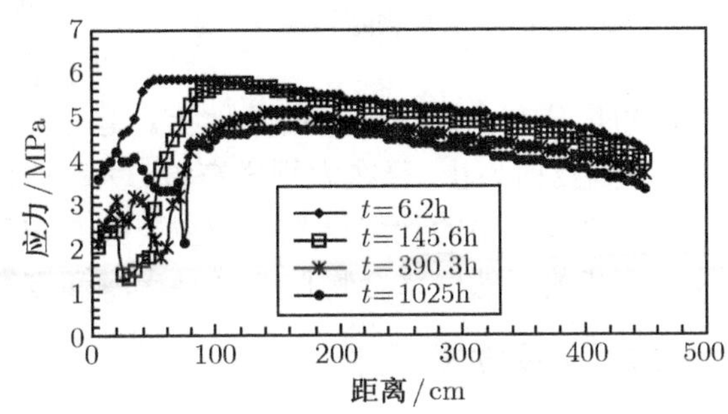

图 20.4.10 非均质系数 m = 1.1 时，不同时刻气化采场前方煤体内支承压力分布

(3) 拉破坏区与塑性区的变化。通过对比分析可知：考虑非均质时采场围岩的拉破坏区和塑性区比不考虑非均质时采场围岩的拉破坏区和塑性区大 (图 20.4.11)。

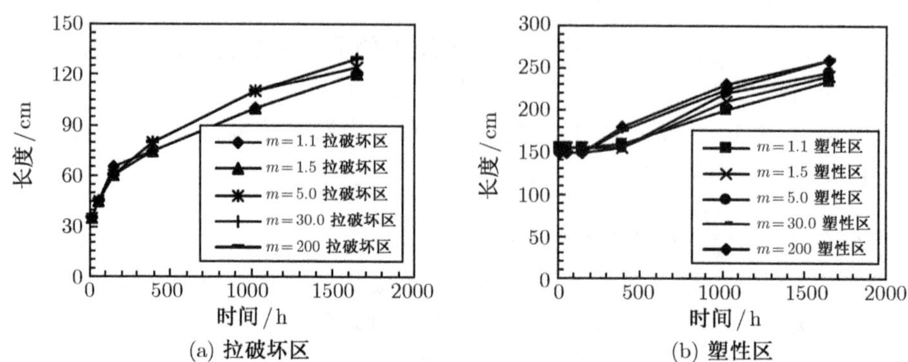

(a) 拉破坏区　　(b) 塑性区

图 20.4.11 不同非均质参数时采场前方煤体塑性区与拉破坏区的变化

20.5 天然气水合物开采

20.5.1 天然气水合物

天然气水合物 (gas hydrate) 是一种白色固体结晶物质, 外形像冰, 有极强的燃烧力, 可作为优质清洁能源, 俗称为 “可燃冰”。天然气水合物由水分子和燃气分子构成, 外层是水分子格架, 核心是燃气分子 (图 20.5.1)。燃气分子可以是低烃分子、二氧化碳或硫化氢, 但绝大多数是低烃类的甲烷分子 (CH_4), 所以天然气水合物往往称之为甲烷水合物 (methane hydrate)。据理论计算, $1m^3$ 的天然气水合物可释放出 $164m^3$ 的甲烷气和 $0.8m^3$ 的水。这种固体水合物只能存在于一定的温度和压力条件下, 一般它要求温度低于 0~10°C, 压力高于 10MPa, 一旦温度升高或压力降低, 甲烷气则会逸出, 固体水合物便趋于崩解。

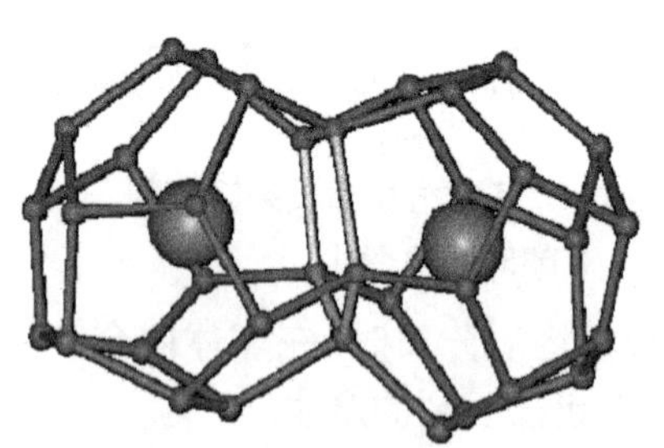

图 20.5.1 水合物结构图

天然气水合物往往分布于深海的海底沉积物中或寒冷的永冻土中。埋藏在海底沉积物中的天然气水合物要求该处海底的水深大于 300m, 依赖巨厚水层的压力来维持其固体状态。但它只可存在于海底之下 500m 或 1000m 的范围以内, 再往深处则由于地温升高其固体状态易遭破坏。储藏在寒冷永冻土中的天然气水合物大多分布在四季冰封的极圈范围以内。

世界上绝大部分的天然气水合物分布在海洋里, 储存在深水的海底沉积物中, 只有极其少数的天然气水合物是分布在常年冰冻的陆地上。世界海洋里天然气水合物的资源量是陆地上的 100 倍以上。到目前为止, 已在太平洋海域、大西洋海域、印度洋海域发现了海底天然气水合物, 陆上寒冷永冻土中的天然气水合物主要分布在西伯利亚、阿拉斯加和加拿大的北极圈内。我国最有可能的天然气水合物储存区是南海和东海的深水海底。

20.5.2 开采方法

固结在海底沉积物中的天然气水合物, 一旦条件发生变化, 释放出甲烷气体, 将会明显改变海底沉积物的环境, 诱发极大的自然灾害, 因此国际上对天然气水合物的开采非常慎重。目前提出的天然气水合物开采方法大致归纳为如下三种：减压法、加热法和注抑制剂法。

1. 减压法

通过降低压力而引起天然气水合物稳定地向平衡曲线移动, 从而达到促使水合物分解的目的。其一般是通过在水合物层之下的游离气聚集层中 “降低” 天然气压力或形成一个天然气 “囊”(由热激发或化学试剂作用人为形成), 与天然气接触的水合物变得不稳定并且分解为天然气和水。其实, 开采水合物层之下的游离气是降低储层压力的一种有效方法, 另外通过调节天然气的提取速度可以达到控制储层压力的目的, 进而达到控制水合物分解的效果。减压法最大的特点是不需要昂贵的连续激发, 因而其可能成为今后大规模开采天然气水合物的有效方法之一。但是, 单使用减压法开采天然气是很慢的。

2. 加热法

此方法主要是将蒸气、热水、热盐水或其他热流体从地面注入水合物地层, 也可采用开采重油时使用的火驱法或利用钻柱加热器。热开采技术的不足主要是会造成大量的热损失, 效率很低。近年来人们为了提高热激发法的效率采用井下装置加热技术, 如井下电磁加热方法。

3. 注抑制剂法

某些化学试剂, 如盐水、甲醇、乙醇、乙二醇、丙三醇等可以改变水合物形成的相平衡条件, 降低水合物稳定温度。当将上述化学试剂从井孔注入后, 就会引起水合物的分解。化学试剂法较热激发法作用缓慢, 但确有降低初始能源输入的优点。化学试剂法最大的缺点是费用太昂贵。由于大洋中水合物的压力较高, 因而不宜采用此方法。化学试剂法曾被在俄罗斯的梅索雅哈气田使用过, 并在美国阿拉斯加的永冻层水合物中做过实验, 它在成功移动相边界方面是有效的, 获得明显的气体回收。

20.5.3 天然气水合物减压法开采的数学模型

减压法费用较低, 不需要连续激发, 对具有下覆游离天然气层的水合物矿床尤为适用, 通过调节采气速度还可控制储层压力保证安全稳定开采, 其经济效益好。

1. 物理基础

水合物矿床的降压开采是一个复杂的物理化学过程, 其中涉及水合物分解与再结晶、热量传输、孔隙介质变形、气水产出与运移等多个方面。更全面的方程建立还待进一步研究。

为了使建立的数学模型既能反映物理本质, 又不致使问题过于复杂而难以求解, 引入以下基本假设：① 将固态的水合物视为孔隙中的一部分, 考虑气、水、水合物三相; ② 水合物相不参与流动, 气水渗流服从达西定律; ③ 不考虑重力和毛细管力作用; ④ 不考虑分解后水合物在合适温压条件下的再生成以及分解过程中的热效应。

2. 基本控制方程

水合物矿床开采过程中水合物由于分解不断减少, 气水作为分解产物因为渗流也在不断

变化。由连续性条件, 在 Δt 时间内单元体内各相累积质量增量应该等于其分解及流入流出质量差, 即

$$\begin{cases} \nabla\left(\rho_{\mathrm{g}}\dfrac{kk_{\mathrm{rg}}}{\mu_{\mathrm{g}}}\nabla p\right)+q_{\mathrm{g}}+m_{\mathrm{g}}=\dfrac{\partial}{\partial t}(\rho_{\mathrm{g}}nS_{\mathrm{g}}) \\ \nabla\left(\rho_{\mathrm{w}}\dfrac{kk_{\mathrm{rw}}}{\mu_{\mathrm{w}}}\nabla p\right)+q_{\mathrm{w}}+m_{\mathrm{w}}=\dfrac{\partial}{\partial t}(\rho_{\mathrm{w}}nS_{\mathrm{w}}) \\ -m_{\mathrm{H}}=\dfrac{\partial}{\partial t}(\rho_{\mathrm{H}}nS_{\mathrm{H}}) \end{cases} \tag{20.5.1}$$

式中, S_{g}, S_{w}, S_{H} 分别为气、水、水合物的饱和度; k_{rg} 和 k_{rw} 为气水相对渗透率; μ_{g} 和 μ_{w} 为气水动力黏度; n 为孔隙率; q_{g} 和 q_{w} 为气水比流量; m_{g}, m_{w}, m_{H} 为源汇项。

该方程组考虑流体、水合物和孔隙介质的可压缩性及相对渗透率的影响, 方程中各参数如密度、孔隙度、相对渗透率都是未知量的函数, 因而有着显著的非线性性质, 各参数之间满足以下关系式:

$$\begin{cases} \rho_\alpha=\rho_\alpha(p) \\ \mu_\alpha=\mu_\alpha(p) \\ k_{\mathrm{r}\alpha}=k_{\mathrm{r}\alpha}(S_{\mathrm{w}}) \\ n=n(p) \end{cases} \quad (\alpha=\mathrm{w},\mathrm{g},\mathrm{H}) \tag{20.5.2}$$

另外, 根据假设②, 孔隙中为气、水、水合物所充填, 因而又有

$$S_{\mathrm{g}}+S_{\mathrm{w}}+S_{\mathrm{H}}=1 \tag{20.5.3}$$

方程 (20.5.1) 联立式 (20.5.3) 即构成水合物矿床开采控制方程组, 其中独立未知量个数等于方程个数, 因此方程组是可以求解的。再增加一些补充方程和边界条件, 即可获得完整的数学模型。

20.5.4 减压法开采天然气水合物的数值模拟

水合物矿床开采控制方程是一组高度非线性的方程组, ρ, p, μ, k_{r} 都是求解变量的函数, 其中 k_{r} 引起的非线性性质更为强烈。在传统的 IMPES 即隐式压力显式饱和度求解方法中, 采取的线性化方法是显式处理方法, 即统一取上一时间步的值。由于除了达西渗流项外, 产量项和分解项本身也都是求解变量的函数, 因而采用 IMPES 法无疑将引起较大的物质平衡误差, 有时甚至由于解的振荡而导致无法求解。该方程组的求解采用全隐式差分方法。

根据水合物矿床的实际地质情况, 选取计算模型如图 20.5.2 所示。模型中央为给定井底压力的生产井。考虑到模型的对称性, 选取 X-Y 剖面的 1/4 进行计算。模型四周根据地质条件及对称性设置为封闭边界条件。

计算中根据实际情况取孔隙率为 0.25, 初始水合物饱和度 0.4, 含气饱和度 0.6; 无水合物存在时绝对渗透率 $1\mu\mathrm{m}^2$, 其下降指数取 5; 气水相对渗透率按式 (20.5.2) 计算, 其中束缚水饱和度取 0.2, 临界气饱和度取 0.1, 拟合参数 m 取 0.6; 水、气的初始黏度分别为 1mPa ·s、0.018mPa·s; 孔隙、水合物、水的压缩系数分别取 $1\times10^{-4}\mathrm{MPa}^{-1}$, $2\times10^{-4}\mathrm{MPa}^{-1}$ 和 $4\times10^{-4}\mathrm{MPa}^{-1}$; 原始地层压力取 4MPa, 产气井以定井底流压的方式进行生产, 井底压力

为 3MPa。地层初始温度为 4.5°C(对应水合物相平衡压力为 3.875MPa), 水合物矿床厚度取 10m, 分解常数为 $0.124\times10^{-13}\text{kg/m}^2\cdot\text{Pa}\cdot\text{s}$, 水合数为 6。

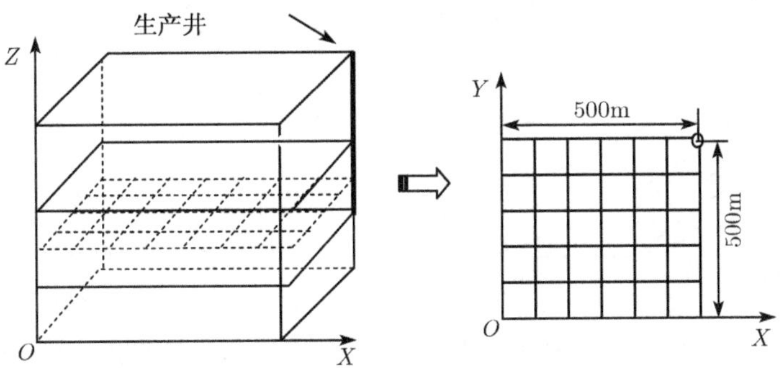

图 20.5.2 计算模型简化图

开采初期渗流场分布矢量图如图 20.5.3 所示。孔隙内充满的高压状态的气体在压力梯度作用下最先发生流动, 井筒周围等压力梯度较大的地方, 渗流速度也较快, 压力下降更明显, 当压力降低至水合物分解压力以下时, 孔隙中的水合物由于相平衡条件被打破发生分解, 分解出的气和水作为产出物参与渗流, 向井筒方向移动, 最终经生产井产出。而远离井筒的地方由于压力梯度为零, 气体还未开始流动, 压力保持不变, 孔隙中的水合物也未发生分解。

图 20.5.4 为开采 120d 时压力分布情况, 从图中可见, 储层压力下降并不大 (初始压力为 4MPa), 压力梯度的空间变化也较小。由于水合物分解伴随有气体产出, 水合物矿床开采过程中的储层压力下降无疑要较常规气藏下降缓慢。

图 20.5.5 为水合物饱和度分布图。可以看出, 开采 120d 时井筒周围等压力降低较快的地方水合物已经分解完毕, 分解前缘 (该处水合物饱和度等于初始值) 逐渐远离井筒, 分解范围也进一步扩大。数值计算结果表明, 开采进行至 10 个月左右时, 模型范围内的水合物将全部分解完毕, 孔隙中残余的气、水将继续在压力梯度作用下向井筒方向渗流。

图 20.5.6 为不同井底压力条件下, 水合物矿床分解总量随开采时间变化关系。从图中可以看出, 井底压力越低, 水合物矿床整体分解速度也越快。原因在于较低的井底压力下, 形成气体渗流梯度越大, 从而加快储层压力下降, 引发水合物分解, 其分解前缘向外移动速度也显著加快。

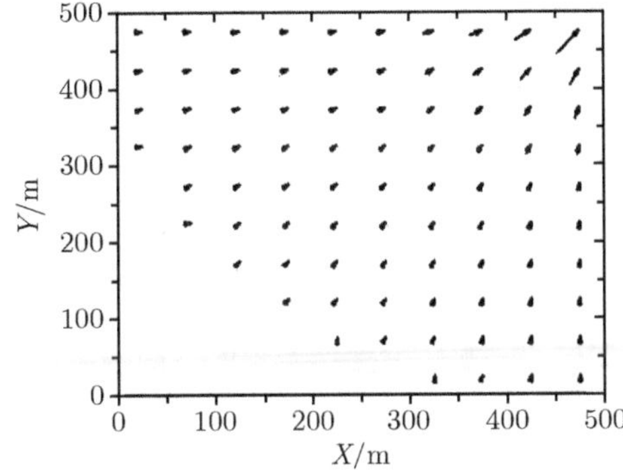

图 20.5.3 开采 60d 时渗流矢量分布

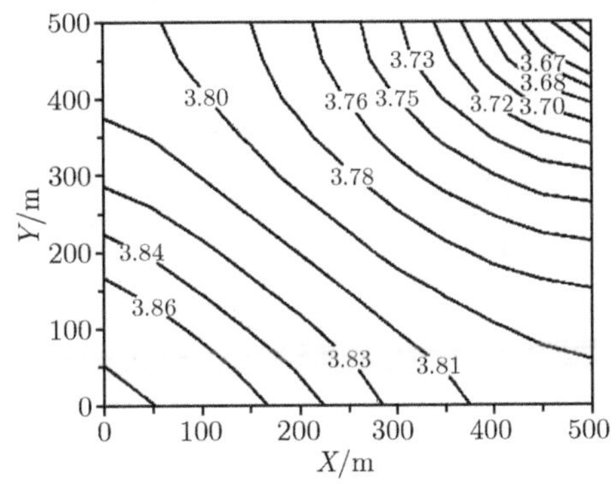

图 20.5.4 开采 120d 时压力分布

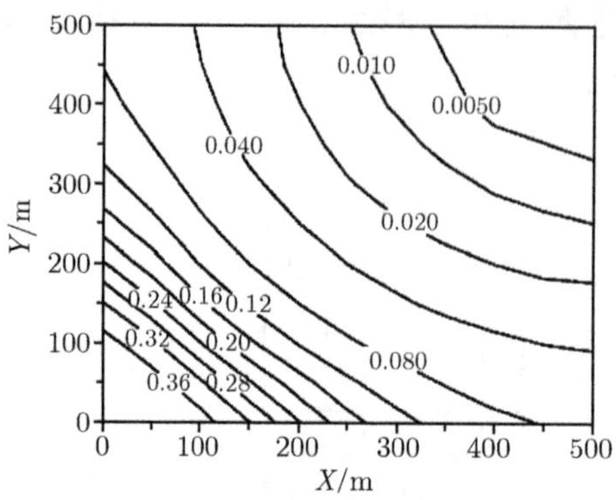

图 20.5.5 开采 120d 时水合物饱和度

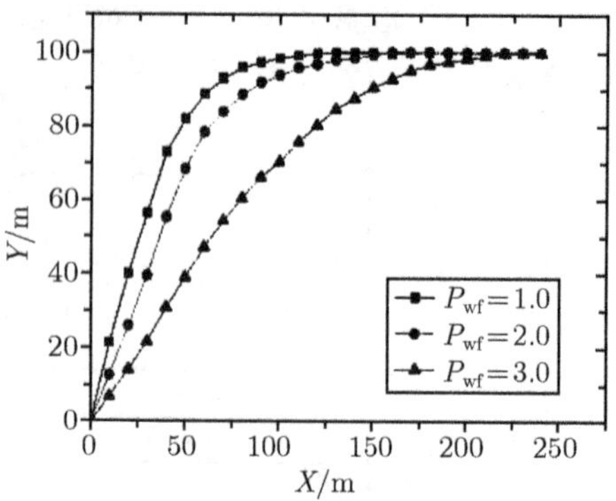

图 20.5.6 不同井底压力下开采过程曲线

第 21 章　较完全溶解反应的 THMC 耦合作用与盐矿水溶开采

21.1　引　　言

固体矿物, 例如, 氯化钠、硫酸钠、硫酸钾等, 如图 21.1.1 所示, 在常态下是固体, 而且非常致密, 不渗透或渗透性极低, 为了某种目的, 采用水或其他化学流体溶解矿物固体实施开采时, 除去极少量的不溶物以外, 其余全部被溶解, 变成化学溶液或称化学流体, 此种情况下, 固体骨架完全被溶解掉, 仅剩余少量不溶物残留于通道底部, 此类物理化学现象称为**较完全溶解反应问题**。

(a) 运城盐湖芒硝矿

(b) 江苏洪泽无水芒硝

(c) 湖北应城氯化钠矿

图 21.1.1　盐矿岩芯

固体矿物被溶解的同时, 化学溶液被抽提到地面的这一过程, 涉及因化学反应而产生的放热或吸热反应, 对流或传导热交换, 而固体矿物被溶解, 必然导致溶液中浓度的差异, 于是同步发生着传质, 即分子扩散与对流扩散。化学溶液在溶解空间中渗流传输流动, 固体矿物被溶解, 溶解空间逐渐扩大, 形状变化, 甚至破坏。始终是一个固体变形、流动空间变化、化学流体传输与传热与传质的相互作用的耦合过程, 忽略任何一个因素都会影响工程状态与过程的正确判断, 有些时候是误差较大, 但较多的时候是判断的失误。

此类科学问题, 涉及多类水溶开采工程, 也涉及合理建造与利用岩盐洞穴建造地下储库的诸多工程。

盐类矿床是氯化物、硫酸盐、碳酸盐、钾盐等盐类物质在地质作用过程中, 在适宜的地质条件和干旱的气候条件下, 水盐体系天然蒸发、浓缩而形成的化学沉积矿床, 其开发利用的主要对象就是其中的盐类矿物及矿床本身, 见表 21.1.1。

盐类矿床水溶开采是水在岩盐溶腔中运移溶解矿床, 盐类化学矿物溶解, 在水中对流、扩散、传热传质, 使淡水逐渐变成化学溶液, 其浓度和温度不断变化, 矿层不断溶解变形甚至破坏，溶腔形状大小都在不断改变的一个水运移 —— 化学矿物溶解、传热传质 —— 矿层及其溶腔变形的复杂的物理化学、力学的相互作用过程。这一过程是一个流体运移、矿物溶解、吸热或放热、溶质扩散、固体变形的复杂的固流热传质耦合作用过程。从科学角度，进行盐类矿床水溶开采的固流热传质耦合理论研究，无论对于盐类矿床水溶开采理论的完善，以此指导水溶开采技术的发展，仍研究甚少。

表 21.1.1 中国盐类矿床工业类型(王清明, 2003)

工业类型		矿床实例
大类	亚类	
碳酸盐岩系型石盐矿床	I_1 硬石膏–石盐矿床	四川威西盐矿，陕西镇川堡绥德盐矿
碎屑岩系型石盐矿床	硬石膏–石盐矿床	河南叶舞盐矿
	硬石膏–钙芒硝 (无水芒硝)–石盐矿床	江西清江盐矿
	泥砾质–石盐矿床	云南磨黑盐矿
	泥砾质–钙芒硝–石盐矿床	云南元永井盐矿
	泥砾质–钾石盐–石盐矿床	云南勐野井甲石盐矿
	天然碱–石盐矿床	河南吴城盐碱矿
次生及变形石盐矿床	次生淋滤沉积石盐矿床	新疆吐孜塔格盐矿
	盐丘矿床	新疆阿其克苏盐矿
盐湖型石盐矿床	盐湖石盐矿床	青海茶卡盐湖矿床
	盐湖芒硝矿–石盐矿床	内蒙古吉兰泰盐湖矿床，山西运城盐湖矿床
	盐湖钾石盐、光卤石–石盐矿床	青海察布尔汗盐湖矿床
	盐湖硝酸钾盐–芒硝–石盐矿床	新疆乌尊布达拉克盐湖矿床
	盐湖硼酸盐–芒硝–石盐矿床	西藏扎仓茶卡盐湖矿床
	盐湖天然碱–芒硝–石盐矿床	内蒙古盐海子盐湖矿床

21.2 盐类矿床水溶开采机理

21.2.1 盐矿水溶机理

盐类矿物易溶于水是其固有的自然特性。由化学分子式 H_2O 可知，水是由 1 个带负电的氧离子和 2 个带正电的氢离子组成的。在分子结构上，由于氢和氧的分布不对称性，在接近氧离子一端形成负极，氢离子一端形成正极，水分子为一个偶极分子。当水与盐类矿物接触时，组成结晶格架的离子被水分子带有相反电荷的一端所吸引；当水分子对离子的引力足以克服结晶格架中离子间的引力时，盐类矿物结晶格架遭到破坏，离子进入水中。这就是盐类矿物被水溶解的过程。

从化学动力学的观点分析，盐类矿物在水中的溶解过程，可以视为盐类矿物与水在固液接触表面上发生的一种非均质反应，包括水浸入盐矿物表面、与矿物间的相互作用，以及溶解后的盐矿物从固液接触表面向水中扩散的过程。扩散是溶解得以继续进行的保证，而盐矿物扩散的基本动力是盐溶液在空间上的浓度差，当浓度差为零时，扩散及相应的溶解就被中止。从物理化学的角度看，盐类矿物与水接触时，在固液交界面及溶液中，同时发生着两种相反的作用：固体矿物的溶解作用与液态溶液的结晶作用。当水作用到盐类矿物表面时，矿物结晶格架中的离子由于本身的运动和水分子对它的吸引，离子逐渐离开盐矿物表面，再通过扩散作用转移到溶液中去；与此同时，溶解到水中的盐类矿物离子，在运动的过程中遇到尚未溶解的盐矿物, 又可以被吸引, 重新由溶液回到盐类矿物结晶格架上, 此即结晶作用。在原理上, 盐类矿物开始溶解时, 溶液中盐类物质的离子少, 溶液浓度低, 盐类矿物的溶解速度大于结晶速度, 表现为盐类矿物的溶解过程; 随着溶解过程的继续进行, 溶液中盐类离子量逐渐增多, 溶液浓度增大, 水分子吸附盐矿物结晶格架上的离子的能力减弱, 溶解作用变慢, 相反盐类离子吸附于矿物晶体表面的概率增大, 结晶作用加快。当单位时间内溶解与析出盐类物质数量相等时, 盐溶液达到饱和。这种溶解与结晶达到动态平衡的溶液, 即是盐类矿物的饱和溶液。图 21.2.1 所示为无水芒硝岩盐试件在双井对流溶解模拟实验过程中, 接近饱和的高浓度溶液中硫酸钠晶体重结晶的情形。

另外, 在水溶开采的过程中, 往往伴随有热力学现象的发生, 即有热量的放出和吸收。盐类矿物的溶解过程, 是一个晶格破坏的过程, 溶质离子与晶体分离并向溶液中扩散, 这是一个吸收热量的物理过程; 相反地, 在溶液中溶质分子和水分子结合生成水化物是一个放热的化学过程。可见, 盐类矿物溶解过程, 是一个物理化学过程, 与各项物理化学条件有密切的关系。

图 21.2.1 无水芒硝试样溶解过程中的结晶现象

21.2.2 盐类矿物的溶解特性

描述盐类矿物溶解特性的两个重要参数是矿物的溶解度及溶解速度。

溶解度通常指的是, 在一定的温度和压力条件下, 单位体积溶剂中所溶解某种盐类矿物的饱和盐量, 其单位为 g/L。不同盐类矿物的溶解度大小各不相同, 从盐类化合物类型上看, 其溶解度由大到小的顺序为氯化物＞硫酸盐＞碳酸盐＞硼酸盐。温度和压力的变化对溶解度的大小也有不同程度的影响。一般地, 盐类矿物的溶解度随温度或压力的升高而增大。但是, 不同盐类矿物随温度或压力的升高, 其溶解度增大的幅度不同, 甚至同一盐类矿床随温度和压力的升高, 其溶解度的增大幅度也会有所不同。

溶解速度指的是, 单位时间内在盐类矿物某个方向的溶解长度 (距离), 其单位为 cm/h。在生产实际中, 由于对某个方向的溶解长度 (距离) 难以确定, 常常以 “溶解速率” 替代 “溶解速度”, 其定义为单位时间内单位面积上盐类矿物的溶解量, 单位为 $g/(cm^2 \cdot h)$。影响盐类矿物溶解速率的因素很多, 既有矿物本身决定的内在因素, 又有可以调控的外部因素。

通常, 以下为影响盐类矿物溶解速度的内在因素。

(1) 盐类矿物的水溶性不同盐类矿物的水溶性不同, 其溶解速度也不相同。通常, 溶解度大的盐类矿物属易溶盐, 其溶解速度快, 溶解速率高。如石盐、钾石盐、芒硝等; 溶解度小的盐类矿物, 属难溶盐或较难溶解的盐类矿物, 其溶解速度慢、溶解速率低。如钙芒硝等缓慢溶于水, 石膏、硬石膏等难溶于水。

(2) 盐类矿物的品位矿石品位越高, 矿物的溶解速度越快, 溶解速率越大; 反之亦然。

(3) 盐类矿物组分盐类矿床往往是多种矿物组分共生的矿床。通常所讲的溶解速度, 是指某种单盐而言。对于多种盐类矿物共生的矿床, 其主要盐类矿物的溶解速度要受其他组分的影响。

(4) 盐类矿物的结构矿物结构致密, 水与其接触的面积较小, 溶解速度就慢; 相反, 结构疏松或裂隙发育的矿物，水与矿物接触面积大，其溶解速度就快。现代盐湖沉积的盐类矿物，未经硬结成岩作用，矿石结构疏松，孔隙度较高，其溶解速度一般较快。

以下为影响盐类矿物溶解速度的外部因素。

(1) 溶液的运动状态将水注入井内对矿物进行静溶，矿物的溶解速度较慢；相反，如果注入井内的水不断运动、循环，可以加速已溶盐离子的扩散，加快盐类矿物的溶解速度。

(2) 溶液的浓度溶液浓度的高低对盐类矿物的溶解速度影响较大。溶液的浓度越低，盐矿物的溶解速度越快；相反，浓度越高，溶解速度越慢。

(3) 溶液的温度和压力提高溶液温度，可以加快分子的扩散运动；增大压力，可以增强溶剂对矿物的渗透力，增加溶解面积。因此，一般来说，盐类矿物的溶解速度随温度和压力的升高而提高。但是，不同盐类矿物，其溶解速度随温度和压力的升高的影响会有所不同。

(4) 溶解面的空间位置在水溶开采的过程中，溶液在溶腔内呈现垂直分带性：由于受重力的作用，下部溶液的浓度高，上部溶液的浓度低。因此，在溶腔内不同方位，岩盐的溶解速度有所不同。一般，顶部溶解速度最快，侧壁溶解速度次之，底部溶解速度最慢。试验表明，溶腔内岩盐上溶速度约为侧溶速度的 2 倍，由于底部溶液浓度高，加之一定量不溶物的沉淀覆盖，阻碍了矿物的溶解，所以底部溶速最慢。

(5) 溶剂的性质水溶开采的主要溶剂是水。据电子工业部第七所分析资料，水经过交变磁场磁化后，水的溶解度增大约为 50%，电导率增大 45%，渗透压增大约 10%，酸碱度碱移约 12%，溶解氧增大约 11%，双氧水增大约 10%，臭氧增大约 11%。П. М. 杜德科指出，可以靠注入井内水的磁化，来加速溶液的溶解能力，在这种情况下，溶解速度可提高 25%～27%。此外，在水中添加辅助溶剂，也可以提高某些盐类矿物的溶解速度。例如，在水中加入 3%～5% 的烧碱 (NaOH)，可提高天然碱的溶解速度和溶液浓度。

用数学表达式描述如上所述盐类矿物水溶开采机理，可表示为

$$f = f(\rho_1, \omega) \tag{21.2.1}$$

$$\omega = \omega(g, V, T, p, x_i, \rho_2) \tag{21.2.2}$$

式中，f 为水溶开采机理函数；ρ_1 为盐类矿物的溶解度；ω 为盐类矿物的溶解速度；g 为矿石品级；V 为水的流速；T 为温度；p 为压力；x_i 为空间位置；ρ_2 为溶液的含盐度。

21.2.3 水溶开采的动力学原理

盐类矿物的溶解是一个物理化学过程，同时也是一个溶质扩散过程，加之水流运动，水溶开采就可以视为是一个遵循动力学原理的对流扩散过程。

由于盐类矿物的极其致密性，溶解作用主要发生在矿物的表层，即矿物由表及里逐渐溶解。在初始溶解阶段，溶液的含盐度极低，矿物溶解速度快。随时间的延续、溶解的进行，在矿物表层附近的溶液浓度逐渐增大，溶液溶解和接收盐类物质的能力逐渐减弱，溶解速度就逐步变慢，而远离矿物表面的溶液浓度依然较低。这样，靠近矿物表层与远离矿物区域的溶液就存在一定的浓度差。根据溶质扩散原理，这一浓度差要促使高浓度卤水区域的盐类物质向低浓度的方向扩散，从而降低矿物表层附近区域溶液的浓度，增强其继续溶解的能力，直至整个溶液达到饱和，扩散作用才停止进行。这就是盐类矿物溶解过程中的溶质扩散。

根据 Fick 扩散定理，物质扩散的质量传输速度，即单位时间内通过单位面积的盐类物质

的量, 与溶液的浓度梯度成正比。其关系表达式如下:

$$J_{\mathrm{D}} = -D \cdot \mathrm{grad}C \tag{21.2.3}$$

式中, J_{D} 为扩散的质量通量, $g/(\mathrm{cm}^2\mathrm{s})$; D 为扩散系数, cm/s; $\mathrm{grad}C$ 为溶液的浓度梯度, $\mathrm{g}/(\mathrm{cm}^3\cdot\mathrm{cm})$。

在水溶开采的过程中, 伴随溶质扩散作用的还有溶液中物质在水流作用下的对流。溶解到溶液中的盐类物质, 在水流运动的作用下, 产生对流运动。在水流方向上, 被流动的水溶液带走的盐类物质可近似的表示为

$$J_V = CV \tag{21.2.4}$$

式中, J_V 为溶解于水中的盐类物质的对流速度, $\mathrm{g}/(\mathrm{cm}^2\cdot\mathrm{s})$; C 为盐溶液的浓度, $\mathrm{g/cm^3}$; V 为水溶液的运移速度, cm/s。

21.3 水溶开采固流热传质耦合数学模型

盐类矿床水压致裂连通, 在井间首先形成了一个相互贯通的扁平裂缝, 在控制水溶开采初期, 水溶液在裂缝中的流动可以近似为裂缝流, 应用裂缝渗流理论来分析其中溶液的运移状况。在渗流裂缝通道上, 水压的作用使得岩盐溶腔 (初始阶段为水压裂缝) 围岩应力发生改变, 因此水溶开采溶腔围岩的受力与变形, 要受裂缝中水压的影响, 反过来岩体受裂缝水压影响的变形, 又使得裂缝宽度发生改变, 从而导致裂缝渗透规律的改变, 因此水溶开采初期岩体的变形和裂缝内流体运移的相互作用, 就形成了一个固体变形和流体运移 (固–流) 耦合的问题。

水溶液在裂缝中运移, 溶解裂缝上下表面的岩盐, 由于流体的运移和重力的作用, 使得溶液浓度分布不均匀, 由此引起溶液内部的扩散对流, 裂缝溶腔的溶解场就成为一个对流扩散场; 同时, 由于岩盐的溶解过程是一个吸 (放) 热的过程, 使得盐溶液的温度升高或降低, 溶解扩散场同时也是一个温度场, 而实验结果表明, 不同温度及浓度作用下, 盐溶液的溶解速度不同, 从而导致了溶解扩散场的时变性。这样, 岩盐的溶解扩散和溶液温度间的相互作用, 形成了一个流体扩散和温度变化 (流–热) 耦合的问题。

溶液的运移是导致浓度扩散的主要原因, 因此上述两个不同的耦合问题就形成了一个群井控制水溶开采的固体变形、流体运移、矿物溶解、传质传热的多场耦合问题, 也即固流热传质耦合问题。综合应用岩体力学、渗流力学、传热传质学理论, 结合实验研究结果, 对上述问题进行耦合分析, 可以获得群井控制水溶开采的整体规律。下面就各个问题进行逐一分析研究。

21.3.1 流体运移方程

在水溶开采的初期, 由于裂缝状溶腔高度较小, 水流速度较低, 裂缝中水的流动可视为不可压缩层流, 可以用平面渗流模型模拟裂缝中水的运动。

1. 渗流方程

对于三维流动, 采用推广的达西定律:

$$\boldsymbol{q} = KJ = -K\mathrm{grad}p \tag{21.3.1}$$

式中, $\boldsymbol{q}$ 是比流量向量, 在笛卡儿坐标系中沿 x, y, z 方向的分量为 q_x, q_y, q_z; K 为渗透系数; p 是势函数; $J=-\mathrm{grad}\,p$ 是水力梯度, 它沿下 x, y, z 方向的分量分别为

$$J_x=-\frac{\partial p}{\partial x},\quad J_y=-\frac{\partial p}{\partial y},\quad J_z=-\frac{\partial p}{\partial z} \tag{21.3.2}$$

由于岩盐结构致密及本质不渗透性, 盐类矿床群井致裂控制水溶开采初期, 水力裂缝可以视为块裂介质岩体当中的单一裂缝。由于裂缝宽度远远小于延展度, 同时绝大部分水流集中在裂缝较宽的地段, 因此水渗流模型可以视为单一裂缝的沟槽流水力学模型。其渗透系数 K 为

$$K=\frac{\rho g d^3}{12\mu} \tag{21.3.3}$$

渗流方程可以写为

$$q=\frac{\rho g d^3}{12\mu}J \tag{21.3.4}$$

式中, ρ 为溶液密度, $\mathrm{kg/m^3}$; g 为重力加速度, $\mathrm{m/s^2}$; d 为裂缝宽度, cm; μ 为流体的动力黏度, Pa·s。

2. 流体运移的连续性方程

根据质量守恒定律, 流体的微分形式的连续性方程:

$$\frac{\partial(\rho n)}{\partial t}+\boldsymbol{\nabla}\cdot(\rho V)=w \tag{21.3.5}$$

式 (21.3.5) 右端 w 为源汇项。对于多孔介质不变形的情形, 孔隙度 n 保持恒定, 则 n 可从偏导数中提出来。方程 (21.3.5) 是非稳态有源流动连续性方程的一般形式。

而对于有源稳态渗流, 连续性方程化为

$$\boldsymbol{\nabla}\cdot(\rho V)=w \tag{21.3.6}$$

对于有源稳态渗流, 且流体不可压缩, 即 $\rho=$常数, 则式 (21.3.6) 简化为

$$\boldsymbol{\nabla}\cdot V=w \tag{21.3.7}$$

在水压致裂控制水溶开采初期, 岩盐溶腔为裂缝状, 流体的运移为渗流。由于岩盐的溶解特性, 因此在渗流通道上, 溶液的密度是变化的, 其变化时间梯度正比于岩盐的溶解速度。另外, 除在注水点和出水点处分别有源和汇存在外, 其余位置均不考虑源汇问题。

耦合渗流连续性方程与渗流物性方程, 可得流体渗流控制方程为

$$k_{\mathrm{f}}\frac{\partial^2 p}{\partial s_1^2}+k_{\mathrm{f}}\frac{\partial^2 p}{\partial s_2^2}=p\frac{\partial n}{\partial t}+n\frac{\partial p}{\partial t}+I \tag{21.3.8}$$

式中, p 为裂缝中的水压, Pa; k_{f} 为裂缝渗透系数 (沟槽流模型); n 为裂缝孔隙率; I 为源汇项; s_1 与 s_2 为裂缝切向自然坐标。

3. N-S 方程

随注水量的增加, 初始裂缝状溶腔的通道上, 岩盐不断溶解, 使得裂缝状溶腔高度逐渐

增大。当溶腔高度达到一定值时, 溶腔内的溶液流动不再服从达西定律, 而应用 N-S 方程来求解水流运动规律:

$$-\frac{1}{\rho}\frac{\partial p}{\partial x_i}=\frac{\partial V_i}{\partial t}+V_j\frac{\partial V_i}{\partial x_j} \tag{21.3.9}$$

式中, V 为溶液流速, m/s; p 为水压, Pa。

21.3.2 固体变形及裂缝变形方程

1. 固体变形方程

在岩体力学中, 对于固体的变形通常采用经典弹塑性力学或经典弹性力学的理论。在盐类矿床群井致裂控制水溶开采的过程中, 岩体的变形视为服从弹塑性变形理论, 而且岩盐是一种均质各向同性材料。因此, 岩体的变形方程可采用均质各向同性弹性模型。

应力平衡方程:

$$\sigma_{ij,j}+F_i=0 \tag{21.3.10}$$

本构方程:

$$\begin{aligned}&\sigma_{ij}=\lambda\delta_{ij}e+2\mu\varepsilon_{ij}\\&e=\frac{1-2\nu}{E}\varTheta\end{aligned} \tag{21.3.11}$$

几何方程:

$$\varepsilon_{ij}=\frac{1}{2}(u_{i,j}+u_{j,i})\quad(i,j=x,y,z) \tag{21.3.12}$$

边界条件:

$$T_i=\sigma_{ij}n_j,\quad u_i=\bar{u} \tag{21.3.13}$$

λ 和 μ 为拉梅常数:

$$\lambda=\frac{E}{(1+\nu)(1-2\nu)},\quad \mu=\frac{E}{2(1+\nu)}$$

$e=u_{i,i}$ 为体积变形, $\varTheta=\sigma_x+\sigma_y+\sigma_z$ 为体积应力。

当岩体中存在孔隙流体时, 按照有效应力公式 $\sigma'_{ij}=\sigma_{ij}-\alpha p\delta_{ij}$, 则用有效应力表示的应力平衡方程为

$$\sigma'_{ij,j}+F_i+(\alpha p)_{,i}=0 \tag{21.3.14}$$

为使用方便, 将本构方程 (21.3.11) 代入应力平衡方程 (21.3.10), 则得到用位移表示的平衡方程:

$$(\lambda+\mu)u_{j,ji}+\mu u_{i,jj}+F_i+(\alpha p)_{,i}=0 \tag{21.3.15}$$

方程 (21.3.15) 就是以位移表示的考虑孔隙压作用的固体变形方程, 式中, u 为位移; F_i 为体积应力; α 为 Biot 系数 (致密岩盐为 0)。

2. 裂缝变形方程

对于岩盐矿层中, 初始的裂缝状溶腔的变形, 除上述固体变形之外, 还有裂缝自身的变形, 采用 Goodman 节理单元模型, 其裂缝的变形方程为

$$\begin{aligned} \sigma_n' &= K_n \varepsilon_n \\ \sigma_s' &= K_s \varepsilon_s \\ \sigma_n' &= \sigma_n - p \end{aligned} \tag{21.3.16}$$

式中, σ_n' 和 σ_s' 分别为裂缝的法向应力和切向有效应力; K_n 和 K_s 分别为裂缝壁岩体的法向变形模量和切向变形模量; ε_n 和 ε_s 为裂缝法向与切向变形; p 为裂缝水压。

21.3.3 溶质扩散方程

水溶解矿层, 在矿层附近的水逐渐形成高浓度的化学流体, 然后通过扩散和对流的两种传输方式, 使化学流体浓度趋于均衡。扩散定律是 1855 年由 Fick 提出的, 可以写成张量的形式:

$$J_i = -D_{ij} \frac{\partial C}{\partial x_j} \tag{21.3.17}$$

式中, J_i 是扩散通量的分量; C 是浓度, 且为空间和时间的函数; D_{ij} 是扩散系数分量。根据扩散定律及质量守恒定律, 可以得到盐类矿床化学溶液在水流中的对流扩散方程为

$$\frac{\partial C}{\partial t} = \frac{\partial}{\partial x_i}\left(D_{ij}\frac{\partial C}{\partial x_j}\right) - \frac{\partial}{\partial x_i}(CV_i) + I \tag{21.3.18}$$

方程右端第一项为扩散造成的化学溶液的运移; 第二项为对流产生的化学溶液的运移, 称为对流扩散项。t 为时间, $I = f(\xi, C, T)$ 称为浓度源汇项, 它取决于单位固体矿物可溶解度 ξ 和化学流体浓度 C 和温度 T, 此规律可以通过实验获得。

对流扩散中的扩散系数: 在笛卡儿坐标系中对各向同性的裂隙介质, 其流体扩散系数为

$$D_{ij} = \alpha_{\mathrm{T}} V \delta_{ij} + (\alpha_{\mathrm{L}} - \alpha_{\mathrm{T}}) V_i V_j / V \tag{21.3.19}$$

式中, V 为流场平均速度; V_i 和 V_j 为坐标方向的分速度; α_{L} 和 α_{T} 为横向及纵向的扩散度; δ_{ij} 为 Kronecker 记号。

21.3.4 溶腔中化学流体的热传输方程

根据传热学理论可知, 物体间或物体内部热量的传递有三种基本方式: 传导、对流和辐射。其中, 传导是指物体各部分之间不发生相对位移时, 依靠分子、原子及自由电子等微观粒子的热运动而产生的热量传递, 表征材料热传导能力的量为热导率 λ(或称导热系数); 对流是指由于流体的宏观运动, 从而流体各部分之间发生相对位移、冷热流体相互掺混所引起的热量传递过程; 而辐射是物体通过电磁波来传递能量的方式。在盐类矿床水溶开采的过程中, 由于岩盐的溶解本身是一个吸 (放) 热的过程, 固体的岩盐和水溶液之间存在热量的交换, 溶腔内溶液的流动又使得热量在液体内部传导、对流。因此, 溶腔内化学流体内部同时存在着传导和对流两种热传输方式, 而且对流换热起着热量传输的主要作用。

影响对流换热的因素有多个方面: 流体流动的起因 (自然对流、强制对流)、流体有无相变、流体的流动状态 (层流、湍流)、换热表面几何因素及流体的物理性质 (密度 ρ、动力黏

度 η、导热系数 λ 及比定压热容 c_p 等)。研究对流换热的常见方法有分析法、实验法、比拟法、数值法四种。由于数学上的困难, 仅有少数简单的对流换热问题能获得分析解。因此, 仅能在数学分析的基础上, 通过数值方法来研究水溶开采中的热传输。

对流换热问题完整的数学描写包括对流换热微分方程及定解条件, 微分方程组包括质量守恒、动量守恒及能量守恒三大守恒定律数学表达式。其中质量守恒与动量守恒方程在流体运动方程中做过分析, 因此, 此处主要分析能量守恒微分方程。

根据热力学第一定律所得出的二维、常物性、无内热源的能量微分方程为

$$\frac{\partial T}{\partial t}+u\frac{\partial T}{\partial x}+v\frac{\partial T}{\partial y}=\frac{\lambda}{\rho c_p}\left(\frac{\partial^2 T}{\partial x^2}+\frac{\partial^2 T}{\partial y^2}\right) \tag{21.3.20}$$

式中, T 为温度; u 和 v 为速度; λ 为热传导系数; ρ 为密度; c_p 为比定压热容。

方程 (21.3.20) 左端第一项为非稳态项, 第二、三项为对流项; 右端则为扩散项。对于地下盐类矿床水溶开采, 溶液密度 ρ 为非定常量, 其取决于盐矿溶解速度及溶解量的多少; 同时由渗流方程可知, 溶液流速 $v_i=k_{\mathrm{f}i}\cdot p_{,i}$; 加之矿物的溶解为溶液提供了热源, 在方程 (21.3.20) 的右端应加上 $Q(x,y,\eta)/(\rho c_p)$。这样就获得了如下所示的盐矿水溶开采溶腔的温度场方程:

$$\frac{\partial(\rho_{\mathrm{w}}c_{v\mathrm{w}}T_{\mathrm{w}})}{\partial t}=\lambda_{\mathrm{w}}\boldsymbol{\nabla}^2T_{\mathrm{w}}-(\rho_{\mathrm{w}}c_{p\mathrm{w}}T_{\mathrm{w}}k_{\mathrm{f}i}p_{,i})+Q(x,y,\eta) \tag{21.3.21}$$

方程 (21.3.21) 为溶腔中盐溶液的传热方程。式中, ρ_{w} 为化学流体的密度; $c_{v\mathrm{w}}$ 和 $c_{p\mathrm{w}}$ 分别为水的比定容热容和比定压热容; λ_{w} 为化学流体热传导系数; T_{w} 为流体温度。方程左端即为非稳态项; 方程中右端第一项为热传导项, 第二项为对流传热项, 第三项为热源汇项, 它表示单位固体溶解吸收或释放的热量, 可以通过实验获得。

21.3.5 水溶开采固流热传质耦合数学模型

将液体流动、岩盐溶解扩散、温度传输及固体裂缝变形等多因素进行耦合, 分析水溶开采过程中的多因素作用规律, 更加切合实际情形。因此, 岩盐水溶开采的耦合数学模型可表示为

$$\left.\begin{aligned}
&k_i\frac{\partial^2 p}{\partial x_i^2}=p\frac{\partial n}{\partial t}+n\frac{\partial p}{\partial t}+I \qquad (\text{渗流区域})\\
&-\frac{1}{\rho}\frac{\partial p}{\partial x_i}=\frac{\partial V_i}{\partial t}+V_j\frac{\partial V_i}{\partial x_j} \qquad (\text{非渗流区域})\\
&\frac{\partial C}{\partial t}=\frac{\partial}{\partial x_i}\left(D_{ij}\frac{\partial C}{\partial x_j}\right)-\frac{\partial}{\partial x_i}(CV_i)+I\\
&\frac{\partial(\rho_{\mathrm{w}}c_{v\mathrm{w}}T_{\mathrm{w}})}{\partial t}=\lambda_{\mathrm{w}}\nabla^2T_{\mathrm{w}}-(\rho_{\mathrm{w}}c_{p\mathrm{w}}T_{\mathrm{w}}k_{\mathrm{f}i}p_{,i})_{,i}+Q(x,y.\eta)\\
&(\lambda(p,\eta)+\mu(p,\eta))u_{j,ij}+\mu(p,\eta)u_{i,jj}+F_i+(\alpha p)_{,i}=0\\
&\quad\sigma_n'=k_n\varepsilon_n\\
&\quad\sigma_s'=k_s\varepsilon_s\\
&\quad\sigma_n'=\sigma_n-p
\end{aligned}\right\} \tag{21.3.22}$$

上述数学模型辅以必要的初始、边界条件, 并采用数值方法求解, 即可以获得盐矿水溶开采过程中, 固体变形、矿物溶解、溶液运移、传质传热规律, 可以有效地指导盐矿水溶开采以及岩盐溶腔的建造。

21.4　盐矿水溶开采的 THMC 耦合作用的数值模拟

对上述耦合数学模型, 应用有限元方法来分析。对不同场进行时间循环, 每一个循环内, 各种场进行单独分析, 然后对相关参数进行耦合迭代来求解问题。即在时刻 t_i 计算水压和自重应力作用下的固体变形与应力场, 确定裂纹变形宽度; 将其代入裂缝流方程, 计算裂缝中水传输速度、规律及水压分布; 然后将溶液流速代入此传质方程, 获取溶液的浓度分布; 根据溶液浓度分布确定矿物溶解速度及溶解厚度、与此同时可根据矿物溶解情况, 可获得矿物溶解放热或吸热的多少, 从而获得温度场分布; 最后, 将温度场与浓度场耦合分析, 并将所得结果, 作为相关参数代入下一次时间循环, 来确定矿层的溶解厚度、裂缝宽度、渗流速度等。如此循环, 即可获得盐矿水溶开采过程中, 各种场的分布与变化规律。

具体计算程序框图见图 21.4.1。

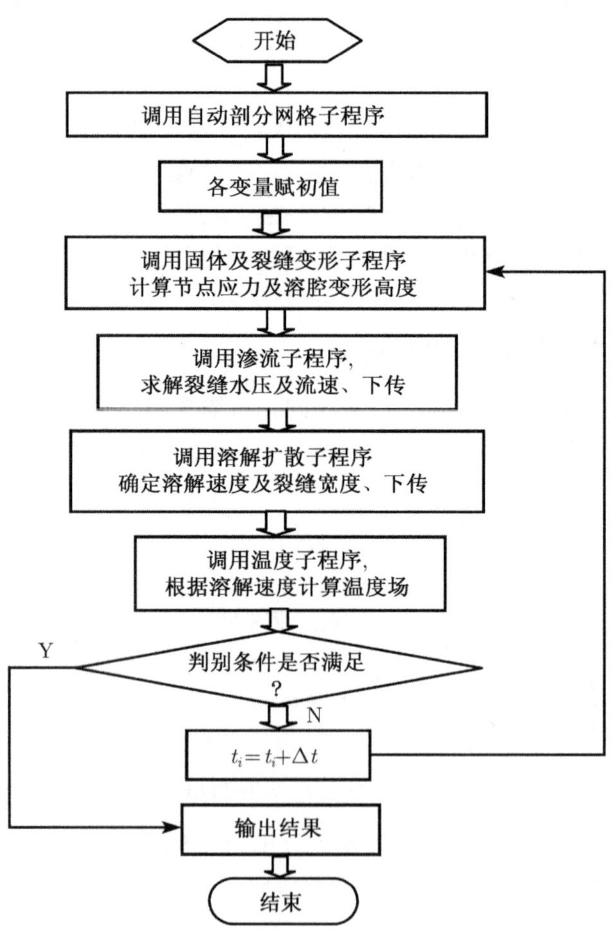

图 21.4.1　盐矿水溶开采多场耦合计算程序框图

21.4.1　双井对流水溶开采的数值模拟

本节的物理力学模型全部按运城盐湖芒硝矿的开采与矿床条件简化。

1. 模拟模型及初始、边界条件

对一井注水、一井出水的双井水力压裂连通水溶开采模型 (图 21.4.2、图 21.4.3), 进行了数值模拟。下面是各求解方程的初始、边界条件。

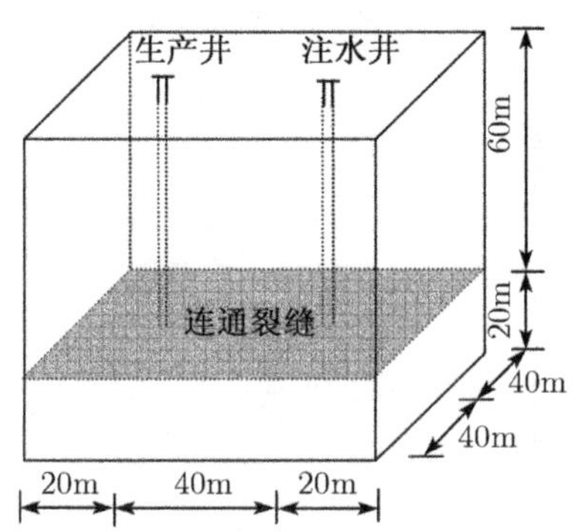

图 21.4.2　双井对流水溶开采物理模型

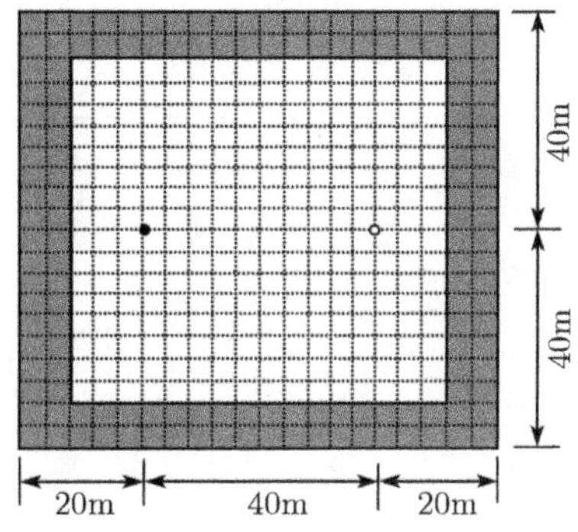

图 21.4.3　沿连通裂缝平面网格剖分图

1) 固体变形方程

边界条件：上部边界给定载荷 q, 为 80m 埋深的上覆岩层重量; 前后左右为给定的相应侧向地应力约束 $\sigma_{\mathrm{h1}} = \sigma_{\mathrm{h2}} = \sigma_v$; 底部为限定位移约束。

在裂缝内给定水压：$p = \sigma_v$。

2) 流动方程

初始条件：注水点处注水量 $Q = 50\mathrm{m}^3/\mathrm{h}$, 生产井处给定水压 $p= 0.8\mathrm{MPa}$。

边界条件：固体单元几乎不渗透, 给定渗透系数, $k_{\mathrm{f}}=1.0\times10^{-4}\mathrm{cm/d}$; 裂缝单元渗透系数 k_{f}, 由立方定律 $k_{\mathrm{f}} = b^3/12\mu$ 给出。

3) 扩散方程

初始条件：注水井溶液浓度为 0.1°Be′。

边界条件：岩体与溶液接触面浓度为饱和浓度 20°Be′。

4) 温度方程

初始条件：注水井温度为 100°C; 矿体所处 80m 深处地温为 20°C。

边界条件：出水井为自由边界条件。

由十水芒硝溶解实验获得, 溶解单位质量 (1kg) 的十水芒硝岩盐, 吸收的热量为 241.96kJ, 即 $Q= 241.96M$, Q 为热量 (kJ), M 为岩盐的溶解质量 (kg)。

5) 溶解速度

根据无水芒硝岩盐溶解实验, 获得十水芒硝岩盐溶解速度与溶液温度和浓度的关系为 $V_{\mathrm{S}} = -10\ln\mathrm{C}^*(0.005\mathrm{T})[\mathrm{g}/(\mathrm{dm}^2\cdot\mathrm{h})]$。

数值计算参数见表 21.4.1.

表 21.4.1　数值计算参数

变量	单位	基质岩块	水
密度	$\mathrm{kg\cdot m^{-3}}$	2600	1070.0
杨氏模量	MPa	218400	—
泊松比	—	0.45	—
热传导系数	$\mathrm{W\cdot m^{-1}\cdot K^{-1}}$	0.68	2.58
热容系数	$\mathrm{J\cdot kg^{-1}\cdot K^{-1}}$	1080	21180

2. 数值模拟结果

在上述初始、边界条件的约束下，对多场耦合作用下十水芒硝岩盐的溶解进行了数值模拟，在溶解 50h 时，其溶腔内水压、流速、溶液浓度、温度、溶速和溶解厚度分布如图 21.4.4~21.4.9。

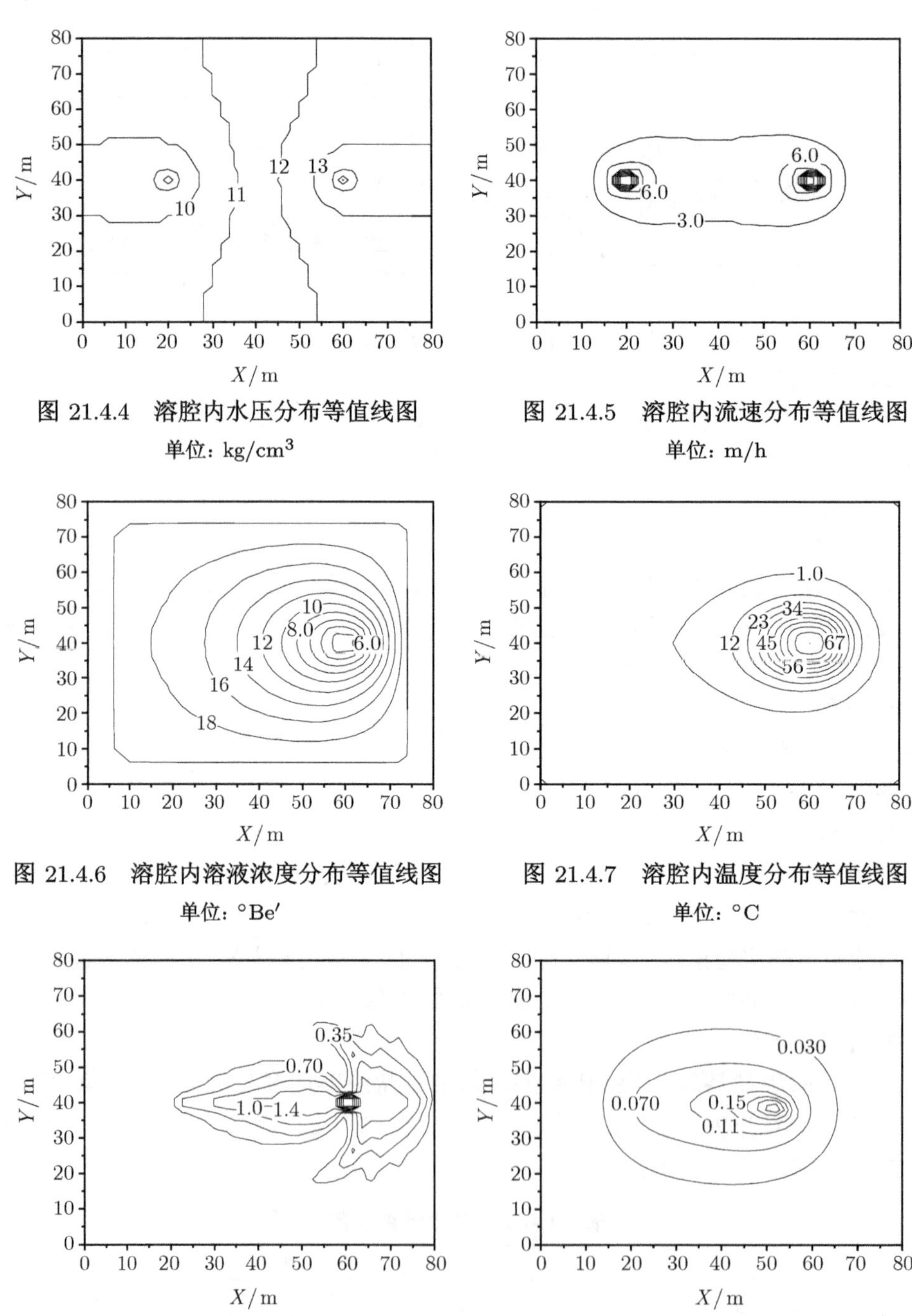

图 21.4.4 溶腔内水压分布等值线图

单位：kg/cm^3

图 21.4.5 溶腔内流速分布等值线图

单位：m/h

图 21.4.6 溶腔内溶液浓度分布等值线图

单位：°Be′

图 21.4.7 溶腔内温度分布等值线图

单位：°C

图 21.4.8 溶腔内溶速分布等值线图

单位：$g/(dm^2 \cdot h)$

图 21.4.9 矿床溶解厚度等值线图

单位：m

(1) 数值模拟结果表明, 在相距 40m 的双井对流水溶开采通道上, 随时间的延长及溶解的进行, 由于溶液浓度的差异, 注水井处岩盐的溶解速度明显高于出水井。在溶解 50h 后, 注水井处岩盐的溶解厚度约为 0.3m, 而出水井点处的溶解厚度则为 0.1m(图 21.4.10). 从注水井到出水井之间, 溶解厚度逐渐减小。图 21.4.11 为模拟开采 50h 后岩盐溶腔的立体图, 从图中可以明显看出不同位置的溶解厚度, 在溶腔中部岩盐的溶解厚度较大, 而在四周部位溶解厚度则较小。图 21.4.11 所示为在水溶开采过程中, 过注、出水井连线铅垂剖面上岩盐溶解厚度随时间的变化曲线, 从中可以清楚地看到双井对流溶腔铅垂方向的剖面形状, 在注水井附近岩盐溶解厚度明显大于出水井附近。

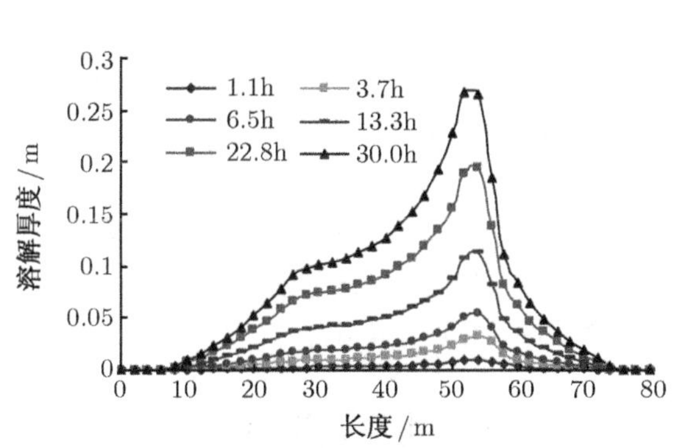

图 21.4.10　过注出水井剖面的溶解厚度变化曲线

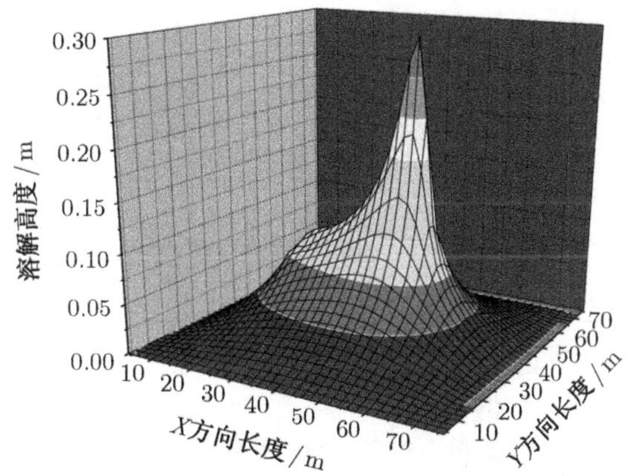

图 21.4.11　双井对流水溶开采数值模拟溶腔立体图 (30h)

(2) 如图 21.4.12 所示, 为过注、出水井剖面上溶腔内溶液浓度随时间的变化曲线。由图可见, 沿水流运动通道上, 由于岩盐不断溶解的作用, 溶液浓度逐渐升高。注水井处溶液浓度最低, 到达出水井时达到最高并接近饱和。另外, 在水溶开采的初期, 整个溶腔内的溶液浓度普遍较低, 随时间的延长及溶解的进行, 溶液浓度整体升高。溶解一段时间之后, 溶腔内溶液浓度随时间的变化不明显, 基本趋于稳定。

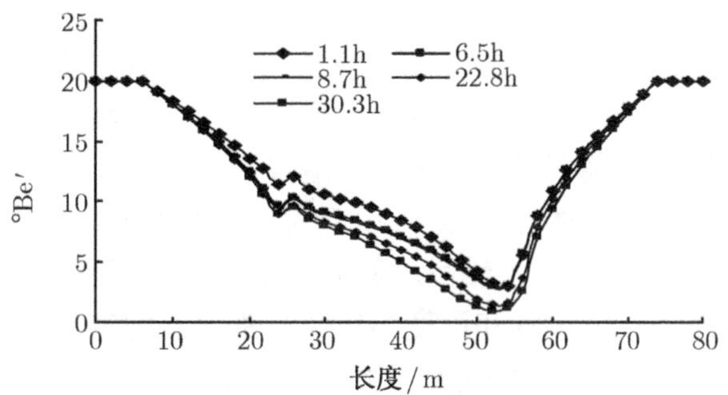

图 21.4.12　过注、出水井剖面的溶液浓度变化

(3) 在水溶开采的过程中, 在单位时间内注水量给定的情况下, 溶腔内水压及溶液流速变化情况为在水溶开采的初期, 溶解通道狭窄, 注出水井间阻力较大, 两井间水力梯度 (水压差) 较大, 溶液流速较高; 随溶解的进行, 溶解通道逐渐通畅, 两井间的水力梯度变小, 溶液流速降低。另外, 由于注水井附近溶腔空间比出水井附近较大, 因此注水井附近的溶液流速低于出水井附近。

(4) 在水溶开采的过程中, 由于十水芒硝溶解吸热, 因此, 随十水芒硝岩盐溶解的进行, 溶液的温度降低很快, 同时岩盐溶解速度也逐步降低, 当溶液温度降低到 5°C 以下时, 矿物溶解的速度趋于零。

21.4.2 群井控制水溶开采数值模拟

1. 数值模拟的初始、边界条件

对一种中央井注水、四周井出水的群井控制水溶开采模型 (图 21.4.13), 进行了数值模拟。以下为各求解方程的初始、边界条件。

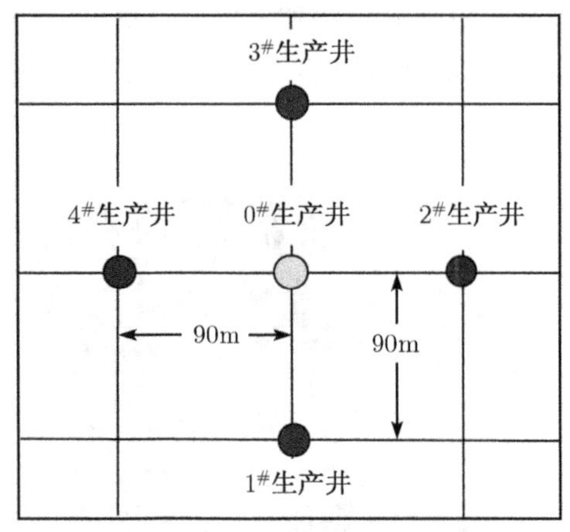

图 21.4.13 群井控制水溶开采系统

1) 固体变形方程

边界条件：上部边界给定载荷 q, 为 80m 埋深的上覆岩层重量; 前后左右为给定的相应侧向地应力约束, $\sigma_{h1}=\sigma_{h2}=\sigma_v$; 底部为限定位移约束。

在溶腔内给定水压：$p=\sigma_v$。

2) 渗流方程

初始条件：注水点处注水量 $Q=50\text{m}^3/\text{h}$, 生产井处给定水压 P=0.8MPa。

边界条件：固体单元几乎不渗透, 给定渗透系数, $k_\text{f}=1.0\cdot10^{-4}$; 裂缝单元渗透系数 k_f, 由立方定律 $k_\text{f}=b^3/12\mu$ 给出。

3) 扩散方程

初始条件：注水井溶液浓度为 0.1°Be′. 边界条件：岩体与溶液接触面浓度为饱和浓度 20°Be′。

4) 温度方程

初始条件：注水井温度为 100°C。

边界条件：出水井为自由边界条件。

由十水芒硝溶解实验获得, 溶解单位质量 (1kg) 的十水芒硝岩盐, 吸收的热量为 241.96kJ, 即 $Q=241.96M$, Q 为热量 (kJ), M 为岩盐的溶解质量 (kg)。

5) 溶解速度

$V_\text{S}=-10\ln C\cdot(0.005\text{T})[\text{g}/(\text{dm}^2\cdot\text{h})]$。

2. 数值模拟结果

在上述初始、边界条件的约束下, 对在多场耦合作用下溶腔内流场、浓度场、温度场进行了数值模拟, 结果如下。图 21.4.14~21.4.19 分别给出了溶采 100h 时的溶腔内水压、流速、温度、溶液浓度、溶速和溶解厚度分布图。

由图 21.4.14~21.4.19 可见, 在以中央井注水, 四周井同时出水的情况下, 在溶腔内各种场均以中央井为轴呈对称分布。其中, 由于溶解厚度的不断变化, 溶腔内溶液流速不断发生变化外, 浓度场和温度场的分布基本呈稳定状态。由于矿物的溶解与浓度呈反比关系, 因此, 在中央靠近注水井附近溶液浓度低、溶解速度快; 同时, 由于溶解吸热, 使得温度降低也较快; 温度的降低减缓了矿物的溶解。如图 21.4.20 所示为 300h 范围内矿物溶解厚度变化图, 坐标轴的单位为 cm。

图 21.4.21 所示为群井控制水溶开采 100h 后, 岩盐溶解厚度的立体图。由图可见, 在中央井注水、四周井同时出水的群井控制水溶开采条件下, 不考虑矿层变形的岩盐溶腔形状为一以注水井为中心轴的稳态圆锥体, 该数值模拟结果与群井控制溶解实验结果相吻合。

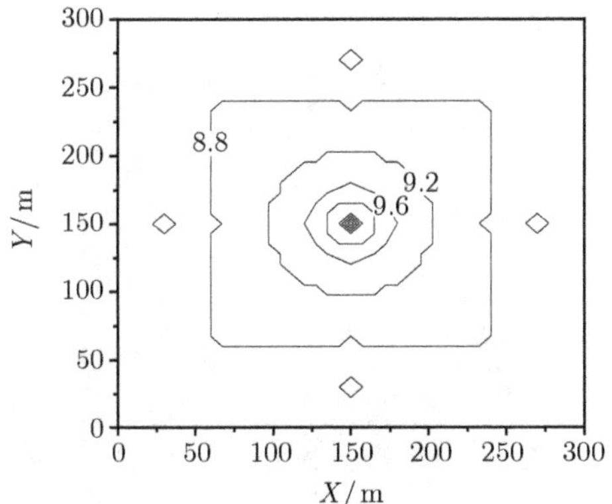

图 21.4.14 群井控制水溶开采溶腔内水压分布等值线图 (100h)

单位：kg/cm^2

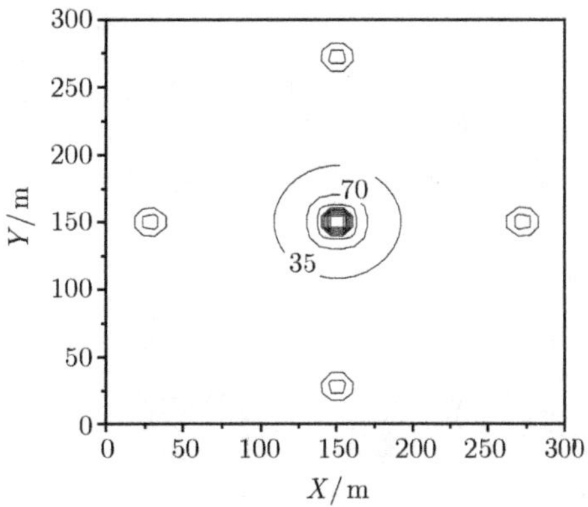

图 21.4.15 群井控制水溶开采溶腔内流速分布等值线图 (100h)

单位：m/h

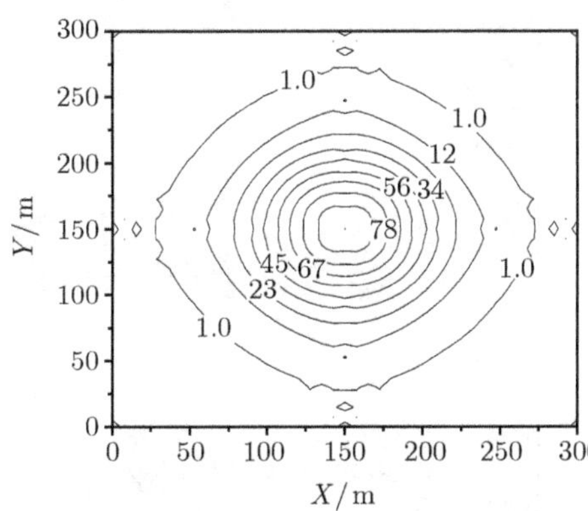

图 21.4.16 群井控制水溶开采溶腔内溶液温度分布等值线图 (100h)

单位：°C

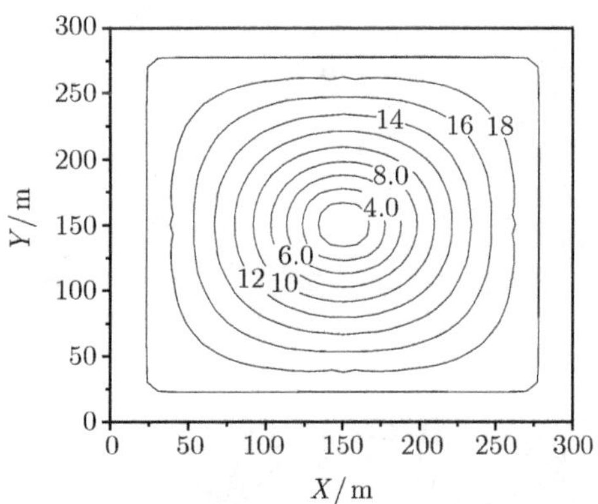

图 21.4.17 群井控制水溶开采溶腔内溶液浓度分布等值线图 (100h)

单位：°Be′

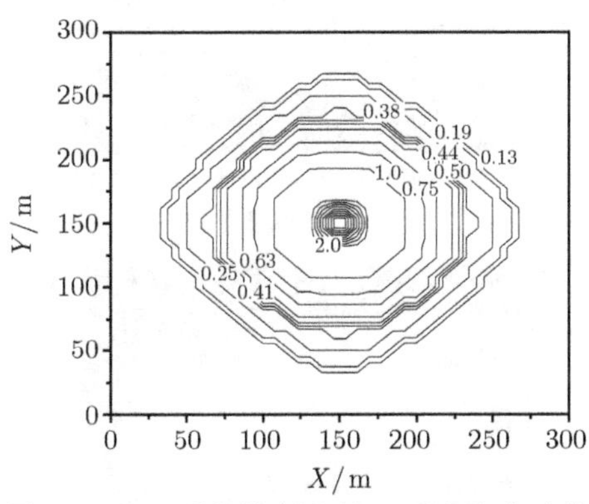

图 21.4.18 群井控制水溶开采溶腔内矿物溶速分布等值线图 (100h)

单位：g/(dm^2·h)

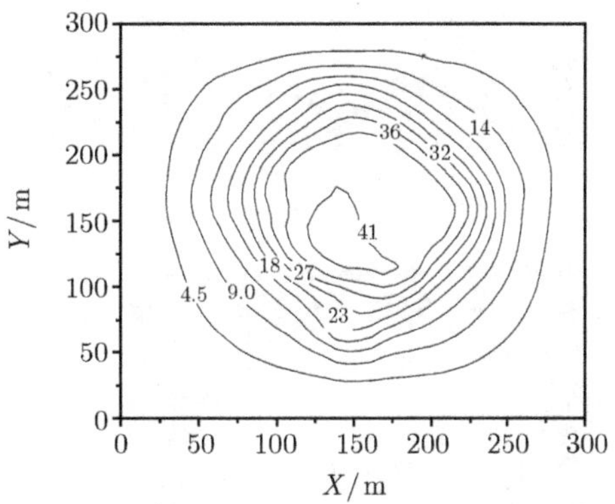

图 21.4.19 群井控制水溶开采溶腔内溶解厚度分布等值线图 (100h)

单位：cm

模拟结果表明，在水溶开采 100h 后，在注水井周围近 60m 范围内，有一个溶解厚度较大的区域，岩盐溶解厚度平均 60cm 左右，其中中心附近达 95cm 左右。而在四个生产井周围，由于溶液浓度高，溶解速度低，溶解厚度仅为 30cm 左右，约为平均溶解厚度的 50%。

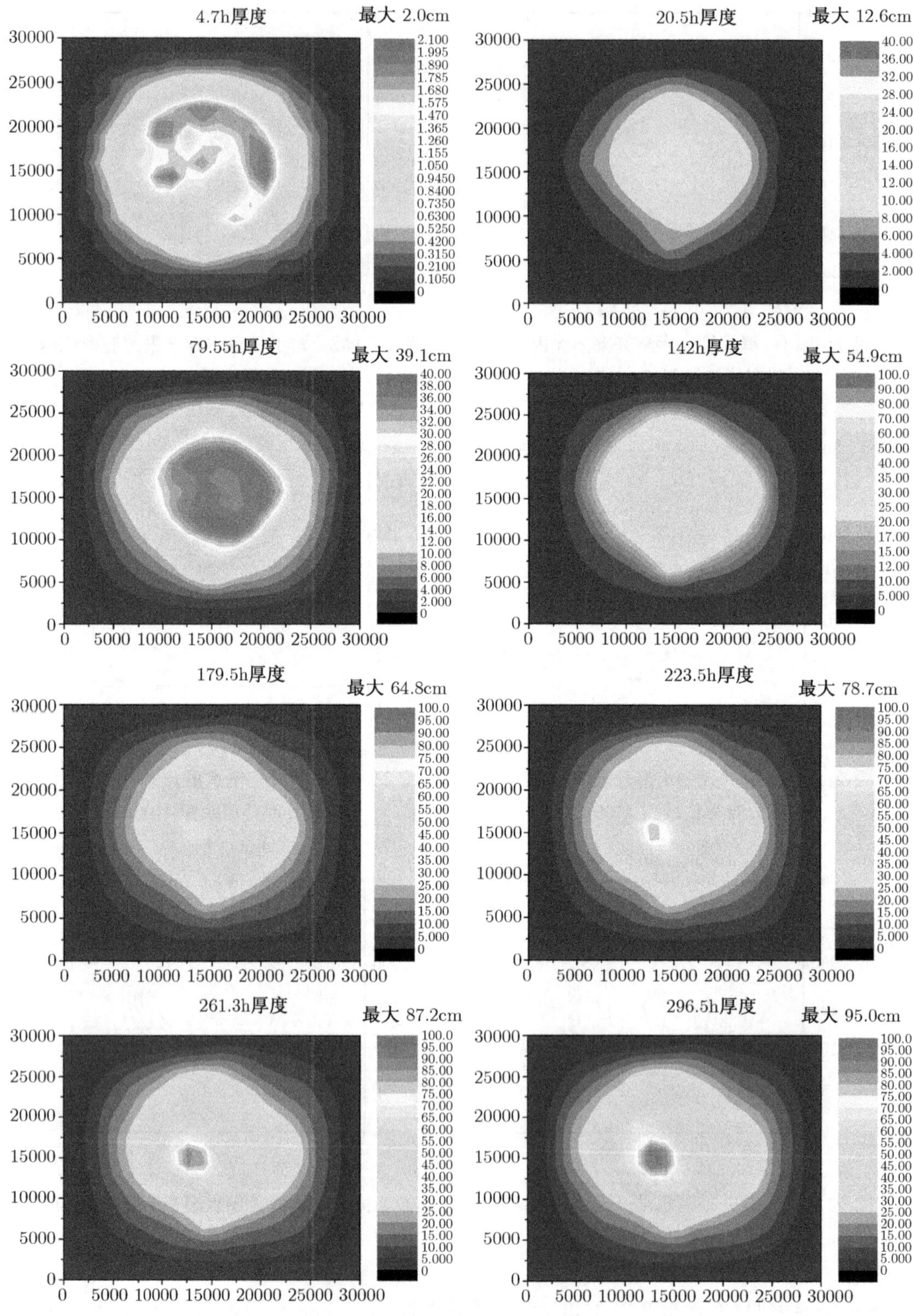

图 21.4.20　群井控制水溶开采溶解厚度变化图

图 21.4.22 所示为群井控制水溶开采过程中，前 300h 内过注水井和 2#、4# 出水井轴向的岩盐溶解厚度断面变化图。由图可见，在水溶开采的初期，整个溶腔内岩盐溶解速度相近，岩盐溶腔在整个断面上向上均匀发展。但随开采时间的增长，溶腔内靠近出水井附近盐溶液浓度逐渐增高，因此岩盐溶解速度逐步降低。从而导致岩盐溶腔形状由裂缝形的扁平盘状、过渡为倒盆状、最后逐渐变为锥形形状。

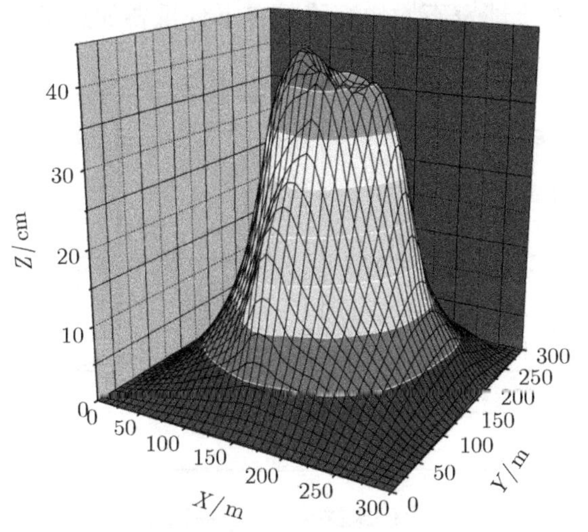

图 21.4.21 群井控制水溶开采溶解厚度的立体图 (100h)

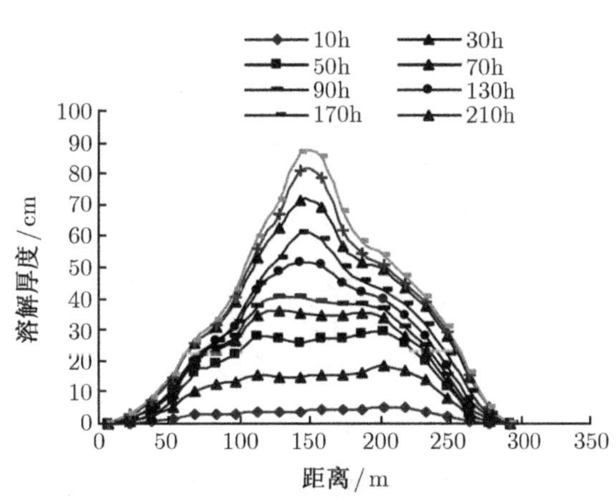

图 21.4.22 群井控制水溶开采岩盐溶解厚度剖面图

由此可见，群井控制水溶开采形成的岩盐溶腔为一稳定的圆锥体结构。该结构与单井对流的倒圆锥体以及双井对流形成的椭圆体相比，更有利于岩盐溶腔的稳定，从而可以保证生产的顺利进行，以及岩盐溶腔油气储库的建造。

图 21.4.23 所示为溶腔内注出水井处矿层的溶解速度变化曲线，由图可见，注水井周围的溶解速度明显高于出水井周围，约为出水井周围溶解速度的 2~3 倍；随时间的延长，整个溶腔内岩盐矿层的溶解速度都在降低。在溶采约 100h 后，出水井周围的溶解速度几乎为零，在溶采约 300h 后，注水井周围的溶解速度降为 0.1cm/h 以下。故在生产中，应当根据溶采情况，即时进行调井，这样加快溶解速度，提高溶液浓度，提高生产效率及资源回采率。

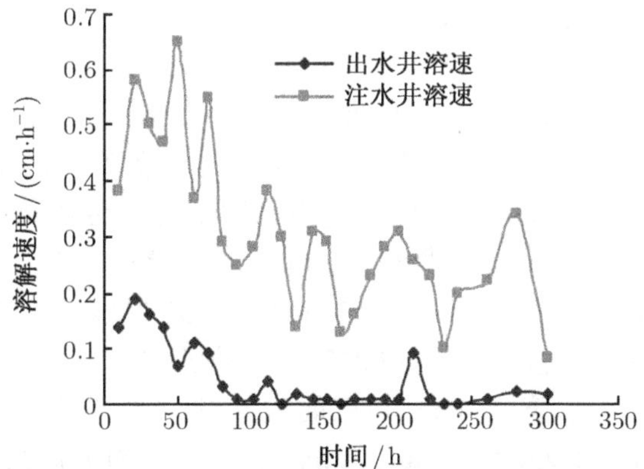

图 21.4.23 注出水井周围岩盐溶解速度曲线

21.5 芒硝矿群井致裂控制水溶开采技术及应用

21.5.1 群井致裂控制水溶开采的技术原理

群井致裂控制水溶开采方法则可以克服上述水溶开采方法的不足，该技术利用水力压裂裂缝可沿破裂面大面积扩展，以及地下水溶液的运移可在群井间实施调控的特点，在盐类矿床内同时布置多口井 (图 21.5.1、图 21.5.2), 选择靠近中央的一口井作为压裂井, 其余全部为目标井, 实施群井水力压裂连通; 群井连通形成井网之后, 开始生产卤水, 中央原压裂井注淡水、周围原目标井全部出卤; 在生产过程中, 根据岩盐矿层的溶解厚度、盐溶液浓度、注出水井压力、井间对流溶采时间等参数, 不断调控注水井和生产井, 实施对岩盐矿层的控制溶解开采。与其他开采方法相比, 群井致裂控制水溶开采可大大降低生产成本、提高资源回采率; 同时, 由于它可以控制岩盐溶腔的发展, 所以, 对防止地表不均匀沉陷具有十分重要的意义。

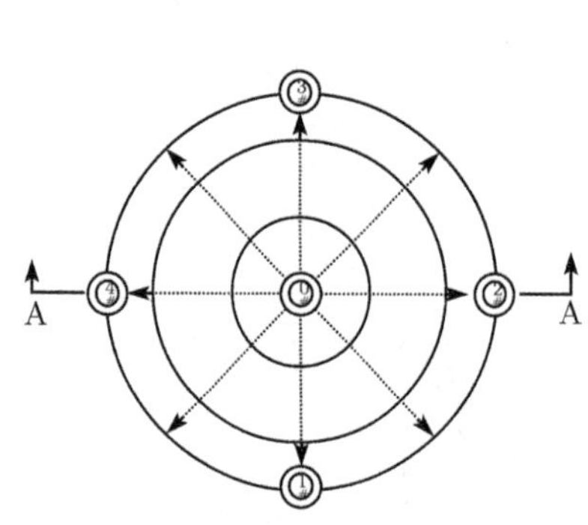

图 21.5.1 群井致裂控制水溶开采技术原理图

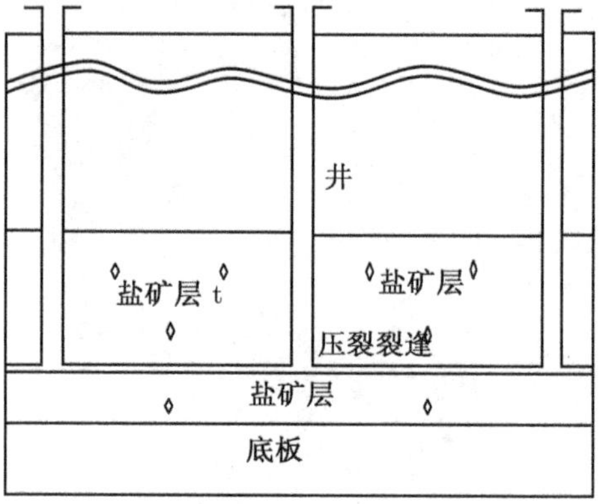

图 21.5.2 盐类矿床群井水力压裂剖面图 (A-A)

21.5.2 运城盐湖芒硝矿区地质简介

运城盐湖界村芒硝矿床, 位于盐湖东北部, 旧盐化五厂 —— 东郭一线之北, 长 5km, 宽约 2km。固体矿层赋存于上更新统 —— 全新统含盐岩系中, 呈层状、似层状, 共有大小 28 个矿体, 其中以 1 号、2 号、3 号、6 号矿体为主, 位于地表以下 69.30~113.06m, 层状、层位稳定, 规模大, 为优良的晶质芒硝矿层, 顶底板为泥质钙芒硝。主要矿体分述如下。1 号矿体: 层状, 似水平, 分布于 2~22 线之间, 有 80 个钻孔控制, 长 4500m, 宽 1600m, 最大厚度 5.44m, 最小厚度 0.50m, 平均厚 2.60m。各组分含量分别为 $Na_2SO_4$39.96%, $MgSO_4$ 3.34%, NaCL0.93%, B+C 级组分储量为 7.7976×10^6t, 占该矿层总储量的 46.33%。2 号矿体: 为泥质钙芒硝, 局部夹白钠镁矾, 是 1 号矿体的顶板, 呈层状, 有 65 个钻孔控制, 长 4500m, 宽 1600m, 最大厚度 21.96m, 最小厚度 0.5m, 平均厚 1.63m, 可采面积 21.16km^2。各组分含量分别为 $Na_2SO_4$27.27%, $MgSO_4$1.74%, NaCL2.07%, B+C 级组分储量为 3.1893×10^6t, 占该矿层总储量的 18.95%。3 号矿体: 为泥质钙芒硝, 是 1 号矿体的底板, 有无矿天窗, 长 2800m, 宽 1600m, 可采面积 2.68km^2, 平均厚度 1.79m。各组分含量分别为 $Na_2SO_4$27.54%, $MgSO_4$2.62%, NaCL21.04%, B+C 级组分储量为 2.2782×10^6t, 占该矿层总储量的 13.54%。6 号矿体: 由晶质石盐组成, 似层状、近水平, 平面形如哑铃, 长 2200m, 宽 1200m, 面积 1.18km^2, 埋深 13.50~221.50m, 平均厚 1.93m。各组分含量分别为 $Na_2SO_4$2.94%, $MgSO_4$ 0.95%, NaCL45.83%, B+C 级组分储量为 1.952×10^6t, 占该矿层总储量的 11.60%。

21.5.3 群井致裂连通的工业实施

2000 年在运城盐湖深层芒硝矿试验成功群井致裂控制水溶采矿法, 从 2001 年开始, 在运城盐湖芒硝矿区开始进行大面积的工业实施推广，先后在一工段布置Ⅰ号井网，钻井 14 口；三工段布置Ⅲ号井网，钻井 11 口。全部采用群井致裂连通技术，形成控制溶采井网。2002 年又在Ⅰ号井网与Ⅲ号井网的基础上，扩展井网，到 6 月底，Ⅰ号井网已施工 0201, 0202, 0203, 0204, 0205, 0206, 0207 共 7 口井，Ⅲ井网已施工 0201, 0202, 0203, 0204, 0205, 0206 共 6 口井。并全部通过压裂连通，井网运行。到目前为止，已经完成近 70 余口井的施工，并且全部成功水力压裂连通。70 余口井的控制面积为 $2\times10^5\text{m}^2$，控矿量 $1.04\times10^6\text{t}$。成功实现了运城盐湖深部芒硝矿的高效、高回采率、低成本开采。

图 21.5.3 为Ⅰ号井网的群井布置图。其中，$1^\#\sim5^\#$, $6^\#\sim9^\#$, $10^\#\sim13^\#$ 分别为 3 个小型连通井网，在布置上符合群井致裂的布井原则。同时，在后期的水溶开采过程中，有利于岩盐溶腔的控制溶解和变形。图中给出的数据分别为每一口井的见矿深度及完井深度。

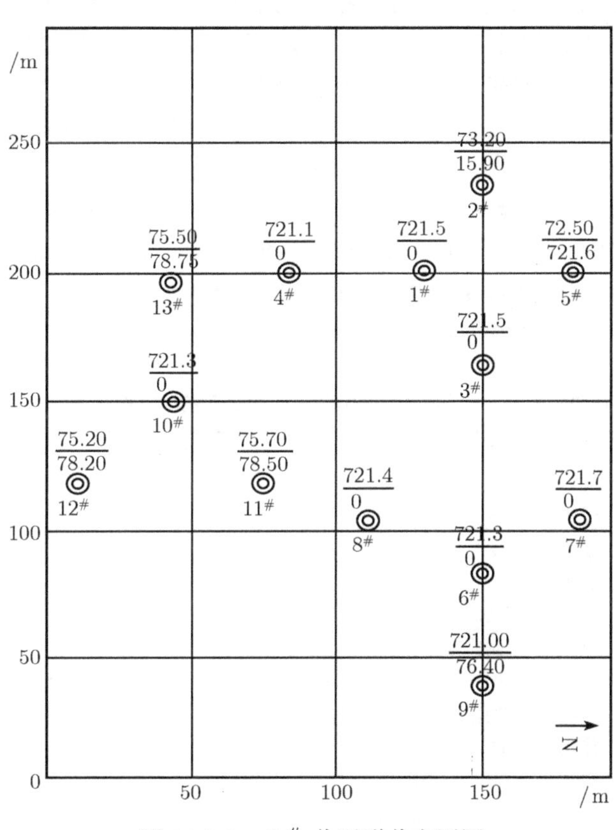

图 21.5.3 Ⅰ# 井网群井布置图

721.50 - 见矿深度/m
77.50 - 完井井深/m
1# - 井号

21.5.4 群井控制水溶开采实施

在群井水力压裂连通完成之后，即可开始进行群井间的控制水溶开采。在水溶开采的初期，为形成良好的溶腔雏形，确保溶腔在水力裂缝的基础上均匀发展，必须选择合理的注出水生产系统方案，并严密监控各注出水井的生产运行状况，包括各井口水压力、注出水量、溶液的浓度及温度等。通常，在注水泵流量满足的情况下，可以选择中央井注水，四周井同时出水的开采生产系统。也可以采用单井注、单井出周期性循环调控的生产方案。在本次运城盐湖芒硝矿开采过程中, 两种方案均被采用。

1) 中央井注水、周围井出水的控制溶解开采方案

在选择中央井注水、周围井出水的生产过程中, 观测各出水井口的运行参数, 包括井口压力、出水流量、溶液浓度等。在井距相当的情况下, 各出水井口上述运行参数接近时, 说明各方向溶解状况相当, 溶腔发展均匀。当某一井口压力偏高、出水浓度偏低或出水量偏小时, 说明该出水井和注水井之间, 溶解状况不良。此时, 需要关闭或关小其他出水井, 加强该出水井和注水井之间的溶解贯通, 运行一段时间之后, 继续比较观察, 直至各出水井运行参数接近, 溶腔发展均匀。

2) 不同注出水井间周期性循环的控制溶解开采方案

这是一对注出水井间周期性调控的双井对流生产方案, 在水溶开采的后期, 由于溶腔空间已经发展到一定程度, 溶腔空间比较大, 原注水泵排量明显不足, 单井注、多井出的生产方案不能满足。同时, 延长矿物在溶腔内的静溶时间可以提高溶液浓度, 所以采取多个出水井间循环出水的调控方案。每隔 24h 或 48h, 调换一次, 各出水井循环启闭, 同样保证溶腔的均匀发展。对于出水情况较差的井, 开启流通溶解的时间可以适当放长。

如表 21.5.1 所示, 为 $I^{\#}$ 井网 2001 年 8 月至 11 月间群井控制水溶开采芒硝矿床的一段实时记录。在水溶开采初期, 为加快溶解空间的建造, 群井间的注出水调控主要考虑时间因素, 因此在一个井网内有两口井同时注水、其余井同时产卤的情形。为保证矿层的均匀溶解, 一般情况下, 注出水井调换的时间循环为一周左右。

表 21.5.1 $I^{\#}$ 井网群井控制水溶开采实录(单位: °Bc′)

日期	$1^{\#}$	$2^{\#}$	$3^{\#}$	$4^{\#}$	$5^{\#}$	$6^{\#}$	$7^{\#}$	$8^{\#}$	$9^{\#}$	$10^{\#}$	$11^{\#}$	$12^{\#}$	$13^{\#}$
8.6	注水	19	注水	19	—	—	—	—	—	—	—	—	—
8.12	注水	14	注水	13	—	—	—	—	—	—	—	—	—
8.16	注水	12	注水	12	—	—	—	—	—	—	—	—	—
8.20	注水	11	注水	12	—	—	—	—	—	—	—	—	—
8.24	12	注水	14	注水	14	—	—	—	—	—	—	—	—
8.28	13	注水	14	注水	13	—	—	—	—	—	—	—	—
8.30	13	注水	13	注水	12	—	—	—	—	—	—	—	—
9.2	14	注水	13	注水	14	—	—	—	—	—	—	—	—
9.6	注水	13	注水	13	13	—	—	—	—	—	—	—	—
9.10	注水	13	注水	13	13	—	—	—	—	—	—	—	—
9.14	注水	13	注水	13	13	—	—	—	—	—	—	—	—
9.18	13	注水	13	注水	14	—	—	—	—	—	—	—	—
9.22	12	注水	13	注水	13	—	—	—	—	—	—	—	—
9.26	12	注水	12	注水	13	—	—	—	—	—	—	—	—
9.30	12	12	注水	14	注水	—	—	—	—	—	—	—	—
10.4	12	12	注水	13	注水	—	—	—	—	—	—	—	—
10.8	11	11	注水	12	注水	—	—	—	—	—	—	—	—
10.12	14	注水	16	注水	17	注水	—	—	—	—	—	—	—
10.16	13	注水	16	注水	16	注水	—	—	—	—	—	—	—
10.20	注水	14	注水	14	16	15	注水	注水	14	—	—	—	—
10.24	注水	14	注水	15	16	12	注水	注水	14	—	—	—	—
10.28	注水	14	注水	14	14	14	注水	注水	13	—	—	—	—

续表

日期	1#	2#	3#	4#	5#	6#	7#	8#	9#	10#	11#	12#	13#
11.2	13	注水	14	注水	13	13	14	15	注水	13	注水	—	—
11.6	13	注水	13	注水	12	12	12	14	注水	12	注水	—	—
11.10	12	注水	12	注水	11	11	12	13	注水	11	注水	—	注水
11.14	注水	9	注水	11	10	注水	注水	11	10	注水	12	—	注水
11.18	注水	8	注水	10	10	注水	注水	10	9	注水	10	—	注水
11.22	注水	7	注水	10	9	注水	注水	9	8	注水	10	—	注水
11.24	注水	7	注水	9	8	注水	注水	8	7	注水	9	—	注水
11.26	10	注水	9	9	注水	7	7	注水	8	11	注水	—	9
11.28	10	注水	9	9	注水	7	7	注水	8	11	注水	—	9
11.30	10	注水	8	9	注水	7	7	注水	7	10	注水	—	9

在实际的控制溶解中, 除按时间周期性的调井外, 还要综合分析各井口观测的运行参数结果, 决定井的关停与注出。另外, 可以根据井口所测的井网运行参数, 进行矿床溶解溶腔的反演分析, 对井下溶腔的发展变化情形有个粗略的认识, 以便增强群井控制水溶开采的科学性。

第 22 章　极不完全溶解反应的 THMC 耦合作用与溶浸采矿

22.1 引　言

一类盐类固体, 例如, 钙芒硝矿床, 其富矿中硫酸钠的含量 30%～40%, 而贫矿的含量仅 20%左右。而有色金属矿床, 例如, 铜矿、铅锌矿、铀矿等, 其含量仅百分之几, 甚至千分之几, 人们在研究此类矿物的开采时, 采用了溶浸采矿方法, 即采用水或化学溶液, 将固体矿物中的有用矿物组分溶解, 然后通过溶解和化学破裂、热破裂、物理破裂形成的孔隙裂隙通道, 排到地面或矿体之外, 将高浓度的化学溶液送入化工厂, 提取有用矿物。上述物理过程涉及部分盐矿和金属矿床的原位溶浸采矿和湿法冶金两大工程领域。

其物理本质是致密不渗透的矿物固体中的有用矿物成分被溶解, 而残留了不溶解的固体骨架, 由于迫使矿物溶解的物理化学作用和矿物固体的组构, 该固体骨架包含了连通的孔隙裂隙, 孔隙率有的高达 30%～40%, 而有的则仅百分之几, 按照逾渗理论, 百分之几的孔隙是无法连通形成大的连通团的, 这种极低孔隙率固体的孔隙, 实际上是通过裂隙导通的。我们把一类经过溶解而残留较完整固体骨架的溶解问题定义为**极不完全溶解反应问题**。

其典型的特征是不溶解的固体部分根本不参与溶解反应, 维持原始固体骨架形态与结构, 或参与溶解反应的同时, 形成了新的不溶物, 并迅速结晶成新的固体骨架, 其共同的力学特征是, 残留的固体骨架仍能维持较好的形状与结构, 且具有较好的抗变形能力。并且固体骨架所包含的物理化学作用下形成的孔隙裂隙有较好的导通能力, 在资源开采工程上, 为溶解反应的继续提供了通道, 我们称这类物理化学力学现象为**溶解渗流现象**。传统的渗流力学研究的是流体在天然的孔隙裂隙中如何传输的规律与理论。而本章所研究的则是采用什么样的物理化学方法, 在渗透的、低渗透的甚至不渗透的矿物固体上提取有用的矿物, 同时建造出新的孔隙与裂隙, 以及流体在原生的和新建造的孔隙裂隙中如何传输的理论与规律。

22.2 极不完全溶解反应动力学与物化实验

22.2.1 钙芒硝矿溶解机理分析

钙芒硝矿是一种以硫酸钠 (Na_2SO_4)、硫酸钙 ($CaSO_4$) 和泥质为主要成分的矿物, 在我国四川、湖南、广西等省 (自治区) 分布极广, 是我国硫酸钠化工原料的主要来源。钙芒硝矿中的硫酸钠矿物易溶于水, 溶解时略微放热。

其溶解反应的化学方程式为

$$Na_2SO_4 \cdot CaSO_4 + H_2O \rightarrow Na_2SO_4 \cdot 10H_2O + CaSO_4 \cdot 2H_2O$$

2003 年 10 月, 我们对钙芒硝溶解进行了细观分析, 采用正交偏光分析技术, 放大 100 倍、250 倍、400 倍下, 分别观测了不同溶解时间钙芒硝内部细观结构变化, 清楚地揭示出钙芒硝水化反应，硫酸钠与硫酸钙分离，溶解通道形成，硫酸钙重新结晶的规律。对深刻理解钙芒硝水化反应，溶解及结晶过程中，细观变化规律，如图 22.2.1。初步实验可以得出如下结论。

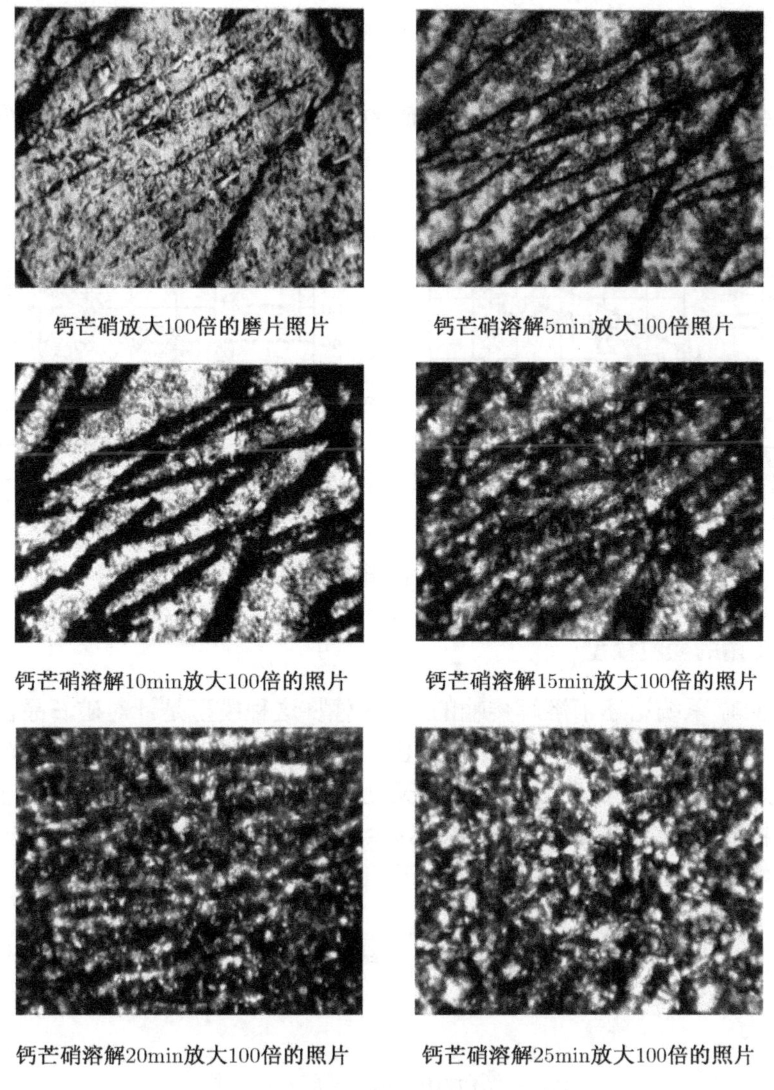

钙芒硝放大100倍的磨片照片　　钙芒硝溶解5min放大100倍照片

钙芒硝溶解10min放大100倍的照片　　钙芒硝溶解15min放大100倍的照片

钙芒硝溶解20min放大100倍的照片　　钙芒硝溶解25min放大100倍的照片

图 22.2.1　钙芒硝矿磨薄片溶解的显微照片

(1) 细观尺度下，清晰可见存在明显的解理和非均匀的矿物颗粒。

(2) 钙芒硝发生水化反应，硫酸钠被溶解，沿解理开始并逐步发展，随着时间的延续，沿解理的溶解通道逐渐增大。在溶解的前 20min 内，以溶解为主；20min 后，结晶为主。

(3) 溶解前期，随着溶解时间延续，溶解通道畅通，由于硫酸钠被溶解，样本内残余的不溶物及其硫酸钙骨架孔隙发育，其通道也很好。

(4) 矿物内部溶解通道、残留的不溶物和硫酸钙骨架形成的孔隙依然是良好的渗流通道，它为钙硝矿原位水溶开采，提供了良好的物理基础。

上述细观结论，很好地佐证了溶解渗透的宏观实验结论。

22.2.2 钙芒硝矿溶解实验研究

2003 年 10 月, 针对四川同庆钙芒硝矿样, 进行了溶解实验, 历时 350h, 共 4 块试件, 溶解实验中, 每天至少测量一次溶解重量。溶解 336h 后, 溶解硫酸钠达 30% 以上, 而矿体内硫酸钠原始含量仅 35% 左右。**实验明确表明: 可以用水溶方法从钙芒硝矿中顺利溶解出硫酸钠矿物。**

根据实验数据, 作图 22.2.2, 由图可见, 矿物的溶解率随溶解时间呈非线性变化, 前期溶解速度较快, 后期稍慢。

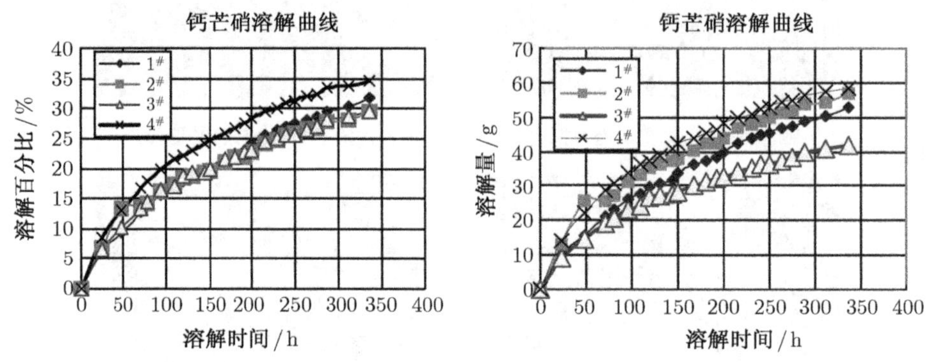

图 22.2.2 钙芒硝矿溶解曲线

22.2.3 溶解传输的颗粒模型

陈家庸 (2005) 系统论述了溶解传输的颗粒模型, 这种模型是针对矿石品位较低, 反应物均匀分散在脉石中的矿物而提出的。最初是由矢木荣和国井大藏于 1955 年提出用于气固反应。它的概念是, **固体颗粒在反应前是致密无孔的, 当流体反应剂和固体反应剂反应后, 反应界面不断向核心收缩, 生成的固体产物及残余的惰性物质构成疏松多孔的灰层。**其代表性反应仍符合浸取本征反应的数学表达式, 如下:

$$\mathrm{A}(aq) + b\mathrm{B}(s) = c\mathrm{C}(aq) + d\mathrm{D}(s) \tag{22.2.1}$$

A 的反应速度:

$$r_{\mathrm{A}} = (\mathrm{d}m/\mathrm{d}t)/bV = k_{\mathrm{s}}4\pi r^2 C_{\mathrm{A}}^n$$

式中, k_{s} 为表面反应速度常数; r 为颗粒半径; b 为固体反应剂的化学计量数; C_{A} 为流体反应剂浓度; m 为固体反应剂摩尔数; V 为反应体积; t 为反应时间; n 为反应级数 (通常反应级数为一级)。

由于流体反应剂穿过灰层的阻力较小, 扩散速度较快, 同时流体产物也能以同样的速度向外扩散。而流体反应剂与固体反应剂之间化学反应速度相对较慢, 由表面逐渐向内推移, 而只在灰层和未反应核的交界处的壳层内发生。其物理图像如图 22.2.3(a) 所示。这种模型与大多数矿物颗粒的浸取过程接近。例如矿粉的加压氧化浸取、块矿的堆浸等。图 22.2.3(b) 描述收缩模型在反应剂 A 与固体反应组分 B 在反应中期在固体颗粒内外的浓度分布。若 B 组分能与反应剂 A 完全反应, 则灰层内 B 的浓度为零。

在建立收缩核模型时, 为使条件简化, 便于求解, 常作如下假设。

(1) 颗粒为球形, 浸取过程中颗粒大小不变, 组分在颗粒内分布均匀。

(2) 反应不可逆, 对流体反应剂为一级, 对固体反应剂为零级。

(3) 流体反应剂与反应产物的扩散均服从 Fick 定律。

(4) 原始固体颗粒致密, 孔隙近于零, 反应后形成的灰层疏松多孔, 孔隙率及曲折因子不随时间而变。

(5) 反应热效应可忽略不计, 过程在等温下进行。

根据图 22.2.3(b), 在灰层内取一微元, 其厚度为 dr, 作流体反应剂 A 的物料平衡, 则有

$$D_{\mathrm{e}}\left(\frac{\partial^2 C_{\mathrm{A}}}{\partial r^2}+2\frac{\partial C_{\mathrm{A}}}{r\partial r}\right)=\varepsilon\frac{\partial C_{\mathrm{A}}}{\partial t} \quad (22.2.2)$$

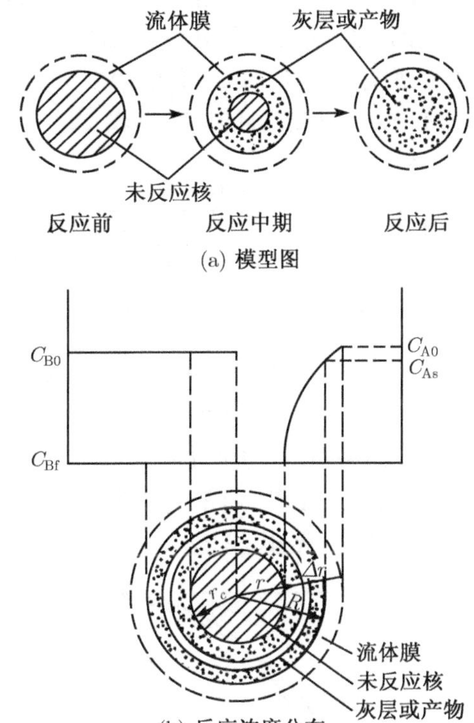

(a) 模型图

(b) 反应浓度分布

图 22.2.3　未反应收缩核模型历程图

该式的初始条件如下:

$$t=0\text{时}\quad C_{\mathrm{A}}=0$$

$$r=R\text{时}\quad D_{\mathrm{e}}\left(\frac{\partial C_{\mathrm{A}}}{\partial r}\right)=k_{\mathrm{f}}(C_{\mathrm{A0}}-C_{\mathrm{A}})$$

$$r=r_{\mathrm{c}}\text{时}\quad D_{\mathrm{e}}\left(\frac{\partial C_{\mathrm{A}}}{\partial r}\right)=k_{\mathrm{s}}C_{\mathrm{A}}$$

若浸取过程处于流体膜扩散控制, 则

$$t=(RC_{\mathrm{B}}/3bk_{\mathrm{f}}D_{\mathrm{e}}C_{\mathrm{A0}})(1-\xi_{\mathrm{c}}^3)=\tau_{\mathrm{f}}X_{\mathrm{B}} \quad (22.2.3)$$

式中, $\tau_{\mathrm{f}}=RC_{\mathrm{B}}/3bk_{\mathrm{f}}D_{\mathrm{e}}C_{\mathrm{A0}}$ 为液膜扩散控制的完全转化时间。

若过程为流体反应剂在灰层内的扩散控制, 即 $k_{\mathrm{f}}, k_{\mathrm{s}}\gg D_{\mathrm{e}}$, 则

$$t=(R^2C_{\mathrm{B}}/6bD_{\mathrm{e}}C_{\mathrm{A0}})(1-3\xi_{\mathrm{c}}^2+2\xi_{\mathrm{c}}^3)=\tau_{\mathrm{ash}}(1-3\xi_{\mathrm{c}}^2+2\xi_{\mathrm{c}}^3) \quad (22.2.4)$$

式中, $\tau_{\mathrm{ash}}=R^2C_{\mathrm{B}}/6bD_{\mathrm{e}}C_{\mathrm{A0}}$ 为灰层扩散控制的完全转化时间。

若过程为收缩核上的表面反应控制, $k_{\mathrm{f}}, D_{\mathrm{e}}\gg k_{\mathrm{s}}$, 则

$$t=(RC_{\mathrm{B}}/bk_{\mathrm{s}}D_{\mathrm{e}}C_{\mathrm{A0}})(1-\xi_{\mathrm{c}})=\tau_{\mathrm{R}}(1-\xi_{\mathrm{c}}) \quad (22.2.5)$$

式中, $\tau_{\mathrm{R}}=RC_{\mathrm{B}}/bk_{\mathrm{s}}D_{\mathrm{e}}C_{\mathrm{A0}}$ 为表面化学反应控制下的完全转化时间。

假稳态近似系指流体反应剂在灰层内的扩散与未反应收缩核界面上的反应速度基本相等, 因而在灰层内无流体反应剂的积聚。这种处理使该模型便于求解及应用, 但亦有其局限

性。对气固反应, 但单位体积内气体反应剂的摩尔浓度远低于固体反应剂的浓度时, 若忽略流体反应剂的积累项则不会引起太大的误差。但对液体反应剂, 情况则显著不同。当液体反应剂的浓度远高于固体反应组分的浓度时, 假稳态近似会产生较大误差。

USCM 三种假稳态解的比较见表 22.2.1。

表 22.2.1 USCM 三种假稳态解的比较

条件	完全转化时间	转化率表达式
流体膜扩散控制	$\tau_{\mathrm{f}}=RC_{\mathrm{B}}/3bk_{\mathrm{f}}D_{\mathrm{e}}C_{\mathrm{A0}}$	$t=\tau_{\mathrm{f}}(1-\xi_{\mathrm{c}}^3)=\tau_{\mathrm{f}}X_{\mathrm{B}}$
灰层扩散控制	$\tau_{\mathrm{ash}}=R^2C_{\mathrm{B}}/6bD_{\mathrm{e}}C_{\mathrm{A0}}$	$t=\tau_{\mathrm{ash}}(1-3\xi_{\mathrm{c}}^2+2\xi_{\mathrm{c}}^3)$ $3-2X_{\mathrm{B}}-3(1-X_{\mathrm{B}})^{2/3}=t/\tau_{\mathrm{ash}}$
化学反应控制	$\tau_{\mathrm{R}}=RC_{\mathrm{B}}/bk_{\mathrm{s}}D_{\mathrm{e}}C_{\mathrm{A0}}$	$t=\tau_{\mathrm{R}}(1-\xi_{\mathrm{c}})$ $X_{\mathrm{B}}=1-(1-t/\tau_{\mathrm{R}})^2$

反应机理的判别: 利用上述结果, 结合实际数据来判别反应机理时, 可根据下列原则进行。

(1) 当有灰层产生时, 通常流体膜的阻力可忽略不计。根据表 22.2.1 的结果绘图, 以初步判断属于哪种类型, 见图 22.2.4、图 22.2.5。

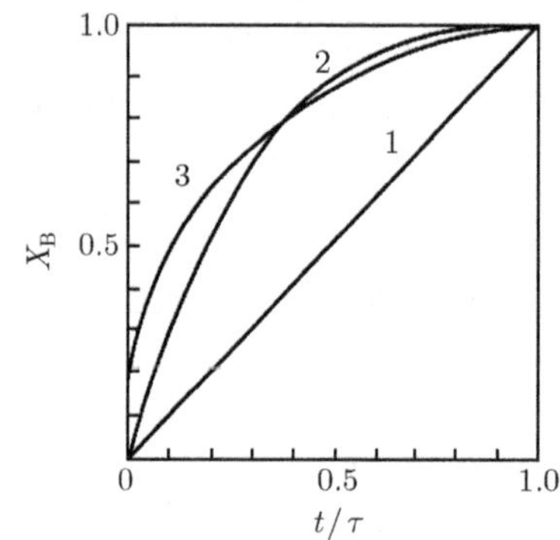

图 22.2.4 未反应收缩核模型转化率与时间的关系

1-液膜扩散控制; 2-表面反应控制; 3-灰层扩散控制

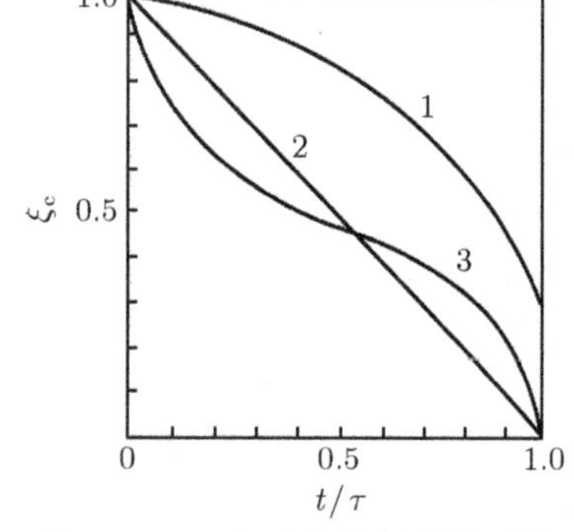

图 22.2.5 未反应收缩核模型核半径随时间的变化

1-液膜扩散控制; 2-表面反应控制; 3-灰层扩散控制

(2) 根据对温度的敏感程度及所求的活化能的大小以判别属于哪种控制。

(3) 由式 (22.2.3)~(22.2.5) 可知：若为灰层扩散控制, 则

$$t\propto R^2$$

若为液体膜扩散控制或表面反应控制, 则

$$t\propto R$$

22.3 钙芒硝矿床原位水溶开采的 HMC 耦合数学模型

22.3.1 HMC 耦合数学模型

由于在钙芒硝矿床原位水溶开采过程中, 溶液的温度变化不大, 因此在整个水溶过程中, 可以把溶液看成恒温的。在不考虑溶液温度变化的情况下, 将以上溶液的流动、钙芒硝的溶解扩散及固体变形、裂缝变形等多因素进行耦合分析, 便可以得到钙芒硝矿床原位水溶开采

的溶解-渗透耦合数学模型。其平面问题的耦合数学模型如下：

$$\left.\begin{aligned}
&k_i p_{,ii} = P\frac{\partial n}{\partial t} + n\frac{\partial p}{\partial t} + I \\
&\frac{\partial C}{\partial t} = \frac{\partial}{\partial x_i}(D_{ij}\frac{\partial C}{\partial x_j}) - \frac{\partial}{\partial x_i}(CV_i) + I \\
&(\lambda(p,\eta) + \mu(p,\eta))u_{j,ij} + \mu(p,\eta)u_{i,jj} + F_i + (\alpha p)_{,i} = 0 \\
&\quad \sigma'_n = k_n\varepsilon_n \\
&\quad \sigma'_s = k_s\varepsilon_s \\
&\quad \sigma'_n = \sigma_n - p
\end{aligned}\right\} \tag{22.3.1}$$

式中，各量含义同前。

22.3.2 钙芒硝矿床原位水溶开采的数值模拟

我国四川彭山某矿钙芒硝矿床分为上、中、下三个矿段。上矿段以钙芒硝、石膏岩为主，厚度为 60~200m；中矿段以石盐岩为主；下矿段以泥岩、含钙芒硝白云质泥岩为主。按储量计算为一特大型矿床。该钙芒硝矿床的地质简化剖面见图 22.3.1(a)。

根据某矿的地质简化剖面图与原位水溶开采工艺，该钙芒硝矿原位水溶开采的计算简化模型如图 22.3.1(b)，其固体变形边界条件：模型上边界为地面，底面与两侧面取为给定位移边界，渗流边界条件：裂缝两端给定水压，一端给定注水压，为 3MPa；一端给定出水压，为 0.4MPa。基质岩体单元表现为不渗透，给定渗透系数 k 很小，裂缝单元的渗透系数由立方定律给定。

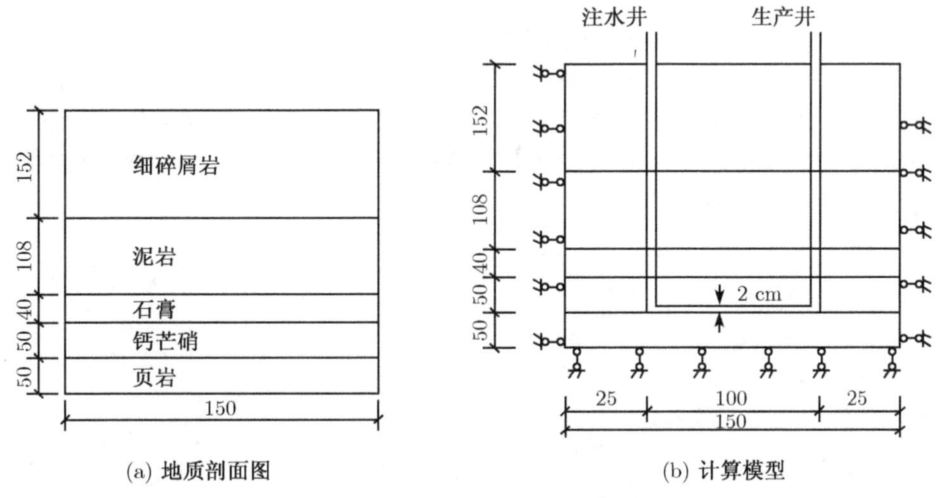

(a) 地质剖面图　　(b) 计算模型

图 22.3.1　数值模拟简化模型

单位：m

溶解的边界条件：初始时裂缝的溶液浓度为 0.0001，靠近底部有一薄层边界层，是饱和溶液，由于是饱和溶液，则溶液不溶解其下面的矿层，也不向下面的矿层进行渗透。

22.3.3 数值模拟结果

在上述条件下，对所建立的数学模型进行数值计算，所得结果如下。

1. 水压变化的数值模拟结果

注水井 (x=25m, y=350m) 处保持水压为 3MPa, 生产井 (x=125m, y=350m) 处保持水压为 0.4MPa, 则不同时刻裂缝内的水压变化见图 22.3.2, y=349.95m 处的水压变化见图 22.3.3。

从图 22.3.2、图 22.3.3 中可以看到, 注水井处水压最高, 生产井处水压最低; 在注水井与生产井之间, 水压随着离注水井距离的增加而减小; 当水溶进行到 240h、288h 时, 水压降低速度随着离注水井距离的增加而减小, 当水溶进行到 960h、1200h 时, 水压随着离注水井距离的增加而基本呈线性递减。

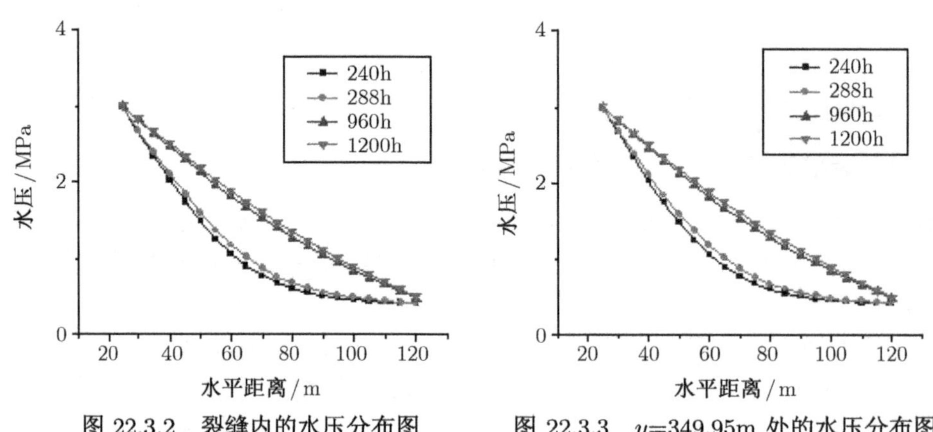

图 22.3.2　裂缝内的水压分布图　　图 22.3.3　y=349.95m 处的水压分布图

2. 渗流速度变化的数值模拟结果

由于不同地方的水压不一样, 而溶液渗流的动力就是压差, 所以在有压差之处会发生渗流。通过数值模拟, 其渗流速度在裂缝中的变化见图 22.3.4, 在 y = 349.95m 处的变化见图 22.3.5。从图 22.3.4、22.3.5 中可以看到, 注水井处渗流速度最高, 生产井处渗流速度最低; 在注水井与生产井之间, 渗流速度随着离注水井距离的增加而减小; 当水溶进行到 240h、288h 的时候, 渗流速度的降低速度随着离注水井距离的增加而减小, 当水溶进行到 960h、1200h 的时候, 渗流速度变化的幅度很小。

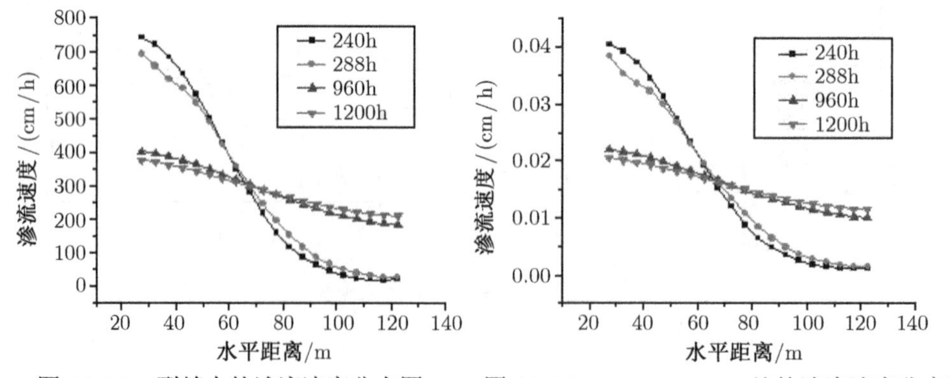

图 22.3.4　裂缝内的渗流速度分布图　　图 22.3.5　y = 349.95m 处的渗流速度分布图

3. 溶液浓度变化的数值模拟结果

在注水井与生产井之间, 当水溶进行到 240h、288h 时, 注水井处的浓度最低, 溶液浓度随着离注水井距离的增加而增大, 在生产井附近达到峰值, 但生产井处的溶液浓度略低于溶液浓度的峰值; 当水溶进行到 960h、1200h 时, 注水井处的浓度也是最低, 溶液浓度先是随着离注水井距离的增加而增大, 而后溶液浓度在离注水井 70m 左右的地方开始下降。溶液浓度在垂向方向上随着离裂缝距离的增加而增加。

4. 钙芒硝上溶高度变化的数值模拟结果

钙芒硝溶解的高度变化如图 22.3.6 所示。从图可见, 在注水井与生产井之间, 生产井处的上溶高度最大, 生产井附近的上溶高度最小, 且注水井处的上溶高度远远大于其他地方的上溶高度; 其上溶高度随着离注水井距离的增大而减小, 但生产井附近的上溶高度略微有所增加。

5. 岩体垂向变形的数值模拟结果

水溶 1200h 的垂向变形如图 22.3.7 所示, 从图可见, 当钙芒硝矿床进行原位水溶开采时, 其在水溶开采的区域附近对岩体变形产生的影响较大, 在远离的地方产生的影响较小。

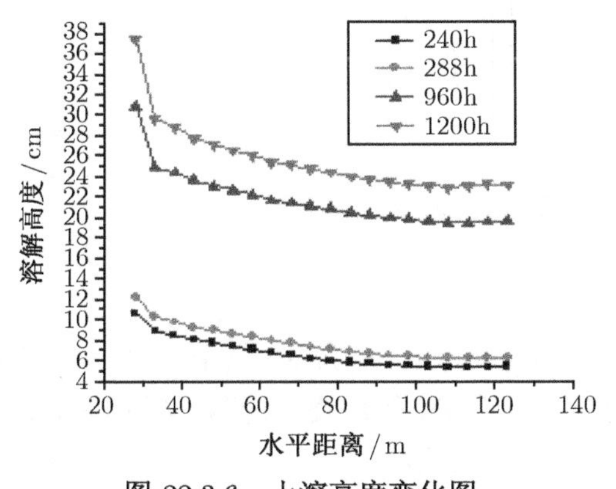

图 22.3.6 上溶高度变化图

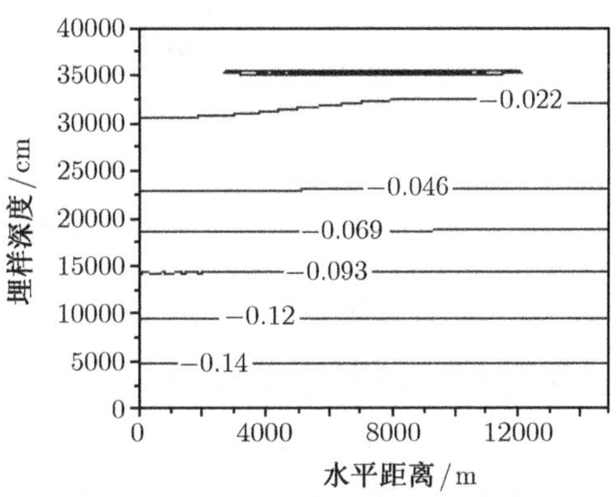

图 22.3.7 水溶 1200h 的垂向变形图

22.4 钙芒硝矿群井致裂压力浸泡原位水溶开采的工业试验

22.4.1 钙芒硝矿的原位溶浸开采方法

钙芒硝矿是一种以硫酸钠、硫酸钙和泥质为主要成分的矿物, 在我国四川、湖南、广西等省 (自治区) 分布极广, 是我国硫酸钠化工原料的主要来源。由于钙芒硝矿极难溶解, 因此国内外长期采用高污染、高成本、低效率的井工开采方法, 为寻求安全、高效、低污染的原位溶浸采矿技术, 我们进行了大量理论、技术及工业试验的研究, 取得了很好的效果。

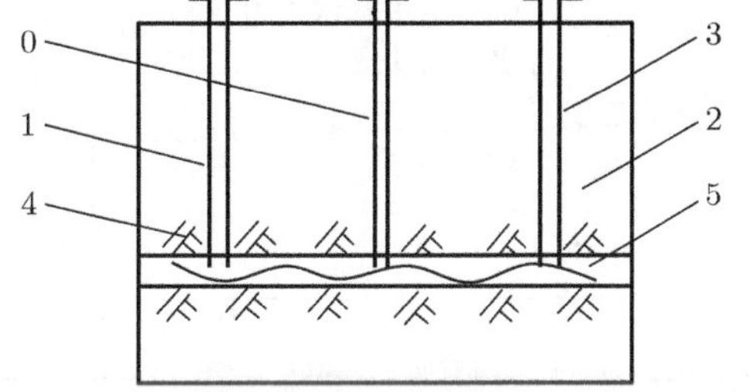

图 22.4.1 钙芒硝矿群井致裂压力浸泡水溶开采技术示意图

0-注水井; 1 和 3-生产井 (对压裂而言, 也称目标井); 2-上覆岩层; 4-矿层顶板; 5-矿层

按照赵阳升等的发明专利 (赵阳升, 梁卫国, 徐素国, 等, 2004), 钙芒硝矿群井致裂控制压力浸泡的水溶开采方法 (图 22.4.1), 其步骤为① 在矿床内同时布置、钻进多个注水井、目标井; ② 固井后选择注水井、目标井, 用高压水泵由注水

井进行注水压裂, 与目标井连通; ③ 群井连通后, 在不排水的条件下向矿床内注入高压水, 进行控制压力浸泡溶解; ④ 压力浸泡溶解一段时间后, 开启目标井排出卤水; ⑤ 排卤完毕后, 进行二次注水压力浸泡; ⑥ 压力浸泡溶解一段时间后, 再开启目标井二次排抽卤水; 以此循环至矿层采完。

从 2004 年 5 月开始, 太原理工大学在同庆南风有限责任公司一车间展开钙芒硝矿地面水溶开采的工业试验, 试验阶段, 共施工 5 口井, 各钻井的相对位置和井间距如图 22.4.2 所示, 到 2004 年 10 月底, 取得了显著的效果, 试验获得成功, 正式揭开了钙芒硝矿地面水溶开采的新的一页。

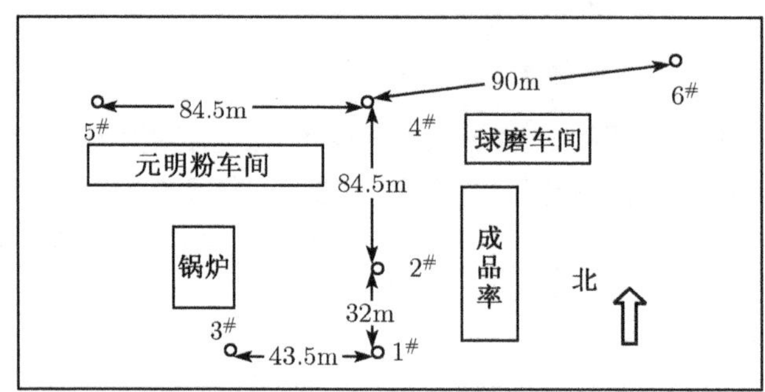

图 22.4.2 钙芒硝矿原位溶浸开采工业试验钻井布置图

22.4.2 群井致裂实施

1#井与 2#井压裂连通过程描述: 1# 与 2# 井间距 32m, 7 月 30 日上午 9: 50 开始压裂, 初张压裂压力为 5~7MPa, 此压力持续时间 20min 左右, 然后逐渐降落, 大约持续 2h, 即转变为正常压裂过程, 压裂 9h 有连通显示, 12h 已完全连通。

3#井压裂过程描述: 10 月 4 日上午 9: 00, 用 15MPa 的高压水泵对 3# 井实施压裂, 最高压强 5MPa, 以后稳定在 4.7MPa, 注水速度 $1m^3/h$。到上午 11: 00, 注水速度达 $3m^3/h$。此时, 孔口压力降至 3.5MPa, 以后稳定注水 3h, 孔口注水压力降至 2.8MPa, 1# 与 2# 井均有压力显示, 表明 3# 井已压裂成功。10 月 4 日下午 3# 井改用大排量多级水泵注水, 至 10 月 5 日早 8: 00, 共计注水 650 方, 1# 井压力达到 1.5MPa, 2# 井压力达到 2MPa。

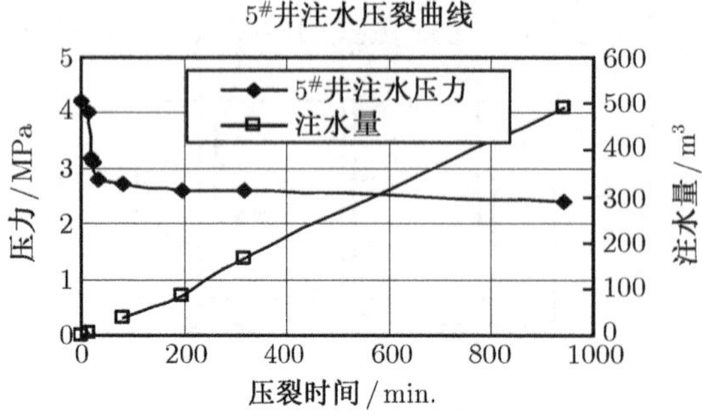

图 22.4.3 5# 井与 4# 井的压裂时间曲线

4# 与 5# 井为多矿层同采井, 裸孔段长度 9m 左右, 其压裂过程描述如下: 采用多级大排量水泵压裂。

由于水泵排量大, 压裂的初张压力较高, 达 4.2MPa, 大约 20min 降低到 4.0MPa。进入正常压裂期间, 从 17: 00 至 22: 00, 5h, 使压裂压力降低到 2.6MPa, 4# 井有明显的出卤显现, 表明 4# 与 5# 井已完全连通, 压裂过程的压力与注入水量见图 22.4.3。

2004 年 10 月中旬开始, 在四川同庆公司进行本项目的扩大工业试验, 施工新井 6# ~ 19#; 布置井网进出水管线; 探索完善钙芒硝矿群井致裂压力浸泡水溶开采的技术及具体的工艺参数。

22.4.3 钙芒硝矿压力浸泡原位溶采

从 2004 年 7 月 ~2007 年 12 月, 进行了长期的原位溶采的使用, 取得了较好效果, 已部分满足了该厂的需要。生产期间, 注水井和采卤井的压力随着注水与采卤有较大变化, 反映了矿层溶采连通的变化情况, 如 12 月 8 日 17:00 从 5# 井注水, 到 12 月 9 日 8:00, 共注水量 502m^3, 平均注水速度 33.5m^3/h; 水期 5# 井注间各井压力变化见表 22.4.1。

表 22.4.1 5# 井注水期间其余各井的压力反应测试数据 单位: MPa

时间	5#	4#	6#	8#	9#	10#	11#
17:00	4.2	0	0	0	0	0	0
18:00	3.0	0	1.4	0.8	0.8	0	0
19:00	2.6	0	1.4	0.8	0.8	0	2.1
20:00	2.6	0	1.4	0.8	0.8	0	2.1
21:00	2.6	1.8	1.6	1.7	0.9	0	2.1
22:00	2.6	1.8	1.8	1.8	0.9	0	2.1
23:00	2.6	1.8	1.9	1.8	1.1	0	2.1
0:00	2.6	1.8	1.9	1.8	1.4	0	2.1
1:00	2.6	1.8	1.9	1.8	1.5	0	2.1
2:00	2.6	1.8	1.9	1.8	1.7	0	2.1
3:00	2.6	1.8	1.9	1.8	1.8	0	2.1
4:00	2.6	1.8	1.9	1.8	1.9	0	2.1
7:00	2.7	1.8	1.9	1.8	1.9	1.0	2.1
8:00	2.7	1.8	1.9	1.8	1.9	1.0	2.1

本次试验基本确定了动溶静溶相结合的钙芒硝矿溶采技术与工艺参数; 11 口井的平均出卤量可达 300m^3/d 以上, 采注比达到 40%, 硝水浓度在 20°Be′ 以上, 采出的卤水化验分析见表 22.4.2. 试验表明: 连续注入热水, 硝水的出水温度由最初的 19~20°C, 提高到 24°C, 为提高硝水浓度创造了条件。

表 22.4.2 卤水化验分析

井 号	化验成分/(g/L)	
	Na_2SO_4	NaCL
6#	180.6	27.24
4#	184.18	19.85
11#	175.58	21.60
7# 和 10#	144.73	18.98
9#	136.25	21.11
混合 1	163.39	19.27
混合 2	156.96	22.77

表 22.4.3 钙芒硝矿群井致裂压力浸泡原位水溶开采工业试验实测数据表(2004.12~2005.1)

注水					排卤				
日期	时间/h	水量/m^3	温度/°C	井号	日期	时间/h	浓度/°Be′	水量/m^3	井号
12.8.17 : 00 ~ 12.9.8 : 00	15	502	42~58	5#	—	—	—	—	—
12.10.11 : 50 ~ 12.11.8 : 00	20	600	42~51	3#	12.11.9 : 00 ~ 12.12.21 : 00	36	19~21	259.6	6#, 8#, 9#, 10#

续表

注水					排卤				
日期	时间/h	水量/m^3	温度/°C	井号	日期	时间/h	浓度/°Be′	水量/m^3	井号
12.14.12 : 00 ～ 12.14.18 : 00	16	667	40～52	3#, 5#	12.15.9 : 00 ～ 12.17.16 : 00	53	19～21	224.4	6#, 8#, 9#, 10#, 11#
12.18.9 : 00 ～ 12.19.9 : 30	24.5	996	38～50	10#,11#	—	—	—	—	—
12.20.1 : 20 ～ 12 : 20.18 : 00	16.3	736	41～53	3#,5#	12.21.11 : 00 ～ 12.23.8 : 00	45	19～20	485.3	4#, 5#, 6#, 7# 8#, 9#, 10#
12.23.8 : 10 ～ 12.24.17 : 00	22	907	31～52	4#,7#	12.25.10 : 40 ～ 12.26.17 : 30	30	19～20	330. 6	5#, 6#, 8#, 9#
12.26.17 : 30 ～ 12.27.17 : 15	24	970	32～51	2#.5#	12.27.9 : 45 ～ 12.28.8 : 00	22	19～21	160.2	4#, 6#, 7#, 9#, 10#, 11#
12.29.8 : 00 ～ 12.30.8 : 00	5.5	195	31～48	3#,8#	12.29.8 : 00 ～ 12.30.8 : 00	24	20～21	133.2	4#,5#
12.30.8 : 00 ～ 12.30.14 : 00	6	235	30～46	2#, 6#, 7# 8#, 11#	12.30.9 : 00 ～ 12.30.22 : 00	14	20～21	98	4#,5#
1.2.8 : 00 ～ 1.3.8 : 00	24	1054	32～51	2#, 3#, 7# 8#, 11#	1.2.9 : 00 ～ 1.3.8 : 00	24	19～21	252	4#, 5#, 6#, 10#
13.8 : 00 ～ 1.3.17 : 00	9	407	32～52	1#,2#,3#	1.3.8 : 00 ～ 1.4.8 : 00	24	18～21	298	4#, 6#, 8#, 10#
1.4.8 : 00 ～ 1.4.17 : 00	9	378	30～47	1#,2#,3#	1.4.8 : 00 ～ 1.5.8 : 00	24	18～21	182	4#, 5#, 6#, 8#, 10#
1.5.8 : 00 ～ 1.5.19 : 00	9	354	31～48	7#	1.5.8 : 00 ～ 1.6.8 : 00	24	20～21	228	9#

22.5 金属矿的溶浸开采

22.5.1 铀钍矿的资源特征

有色金属矿、稀有金属矿及贵金属矿常常采用溶浸提取与开采的方法, 而且应用范围日益扩大, 其中铀钍矿及铜矿采用溶浸开采技术更多。铀钍均属于锕系元素, 是重要的战略金属, 主要在原子能工业中用作核燃料。铀广泛分布于自然界, 在地壳中铀的平均含量 $(3\sim4)\times10^{-4}\%$, 与钼、钨、砷、铍的含量相近, 高于金、银、镉、铋等金属。据此测算地壳表层 (地表下 20km 以浅) 内所含铀的总量为 10^{15}t, 但铀的存在相当分散, 真正具有工业开采价值的铀矿床并不多。目前已知的含铀矿物近 200 种, 具有工业价值的只有 20～30 种, 主要的工业铀钍矿物列于表 22.5.1。

铀矿物具有如下特征: 其化学成分组成中含有氧, 而不含硫、卤素或氮。沥青铀矿、晶质铀矿和铀黑均为 UO_2 和 UO_3 的混合物, 沥青铀矿和晶质铀矿为原生铀矿物, 铀黑则属次生铀矿物, 是由沥青铀矿或晶质铀矿原地氧化生成的。矿石中的铀品位低。1948 年以前仅开采高于 1%的铀矿石。1958～1959 年起, 90%的采出矿石中铀含量低于 0.3%, 而现在一般处理含铀约 0.1%的铀矿石。铀矿物在脉石中嵌布细小而分散, 呈细浸染状, 通常小于 10～100μm 的铀矿物颗粒被脉石矿物所包裹。

表 22.5.1 主要工业铀、钍矿物

矿物名称	英文名称	化学式	比重	硬度 (莫氏)
沥青铀矿	Pitchblende	$xUO_2 \cdot yUO_3 \cdot zPbO$	6.7~7.7	3.5
晶质铀矿	Uraninite	$x(U,Th)O_2 \cdot yUO_3 \cdot zPbO$	7.5~10.9	5.0~6.0
钙铀云母	Autunite	$Ca(UO_2)_2(PO_4)_2 \cdot 10\sim 12H_2O$	3.05~3.2	2
铜铀云母	Torbernite	$Ca(UO_2)_2(PO_4)_2 \cdot 12H_2O$	3.2	2.0~2.5
钒钾铀矿	Carnotite	$K_2(UO_2)_2(VO_4)_2 \cdot 3H_2O$	4.7	1~2
水硅铀矿	Coffinite	$U(SiO_4)_{1-x}(OH)_{4x}$	2.2~5.1	5~6
铀黑	Uraninite Blacks	$(U^{4x}_{1-x},U^{6x}_{x})O_2$	3~4.8	1~4
方钍石	Thorisnite	$(Th,U)O_2$	9.3~9.8	
钍石	Thorite	$ThSiO_4$	4.3~5.4	
独居石	Monazite	$(Ce,La,Th,\cdots)PO_4$		

22.5.2 铀矿的堆浸

由于铀矿石大多数属于致密的、孔隙极不发育的矿体, 开采出来的铀矿石在浸出前必须进行破碎与细磨以将铀矿物从矿石中部分暴露出来。一般磨细到 0.3~0.7mm 的最佳粒径, 则可以保证浸出时能提取 90%~98% 的铀。湿法冶金中最常用的铀矿的浸取工艺是粉碎、选矿、进而在水冶厂冶炼。水冶又分为常压碱浸与酸浸、加压热酸浸与加压热碱浸。加压热浸取的工艺可以较大幅度地降低酸碱的消耗, 并缩短时间, 而且铀的浸取率还可以适当提高, 这一类已完全属于湿法冶金工艺了, 而铀矿堆浸则又是一个渗流–扩散的耦合过程。

近年来堆浸法采矿广泛应用于低品位铀矿、含铀表外矿和铀矿选矿的尾矿中的提取。堆浸法适用于处理含铀 0.01%~0.08% 的矿石。

1987 年, 我国 "七一九" 在铀矿石堆浸方法取得成效, 该铀矿石为花岗岩类 (碎裂花岗岩) 和变质类矿石。铀以沥青铀矿为主, 充填于岩石裂隙中, 矿石易破碎、渗透性能好, 含铀品位为 0.1168%, 矿石中 SiO_2 和 Al_2O_3 的含量大于 75%。矿石破碎至 −300mm, 在堆浸场地垫层上筑堆, 平均堆高约 5m。浸取剂为 10~100g/L 的 H_2SO_2 溶液, 平均流量 $50m^3/d$。布液方式为旋转式喷淋器自动均匀布液, 浸至温度为 16~36°C, 铀浓度大于 1g/L 的浸出液即作为堆浸成品液。用溶剂萃取提取铀, 制取铀的化学浓缩物。铀浓度小于 1g/L 的浸出液经补加酸后返回堆浸循环。堆浸尾渣含铀 0.0104%, 铀浸出率达到 91.1%。与常规酸浸工艺相比, 堆浸成本降低 40%左右, 耗酸节省 50%~60%。

现代堆浸的规模不断扩大, 堆高一般达 10~12m, 个别高达 30m, 每堆处理矿石量万吨以上, 甚至高达百万吨。实践证明是处理低品位矿石的较好方法。

尽管如此, 铀矿的浸出机理与理论研究尚很少, 大量是化学浸出过程中, 铀矿石的细观结构演化特征更是如此。

姜元勇、徐曾和 (2006) 研究了均匀填充床气固反应的渗流传质问题, 其模型为图 22.5.1。由均匀大小的颗粒, 或块状物, 填充形成了大量的填充孔隙, 溶剂流体以均匀速度流过, 与固体颗粒化学反应, 其作用机理见图 22.5.2。颗粒溶浸速率可以参照 22.2.3 节的动力学方程式决定。溶剂流体以渗流方式浸入颗粒内部。与固体中的铀矿物反应, 生成最高浓度的铀溶液, 以分子扩散的方式迁移到颗粒表层, 以渗流方式经过床层, 以对流扩散的方式, 使床层流体浓度趋于均匀, 最后排到填充库外部。这就是完整的填充床反应过程。

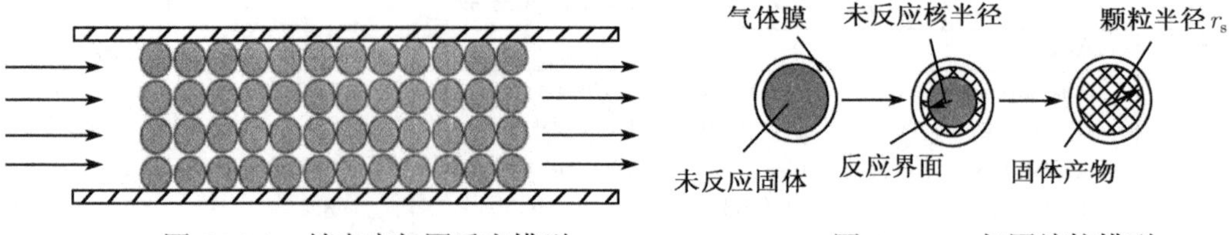

图 22.5.1 填充床气固反应模型 图 22.5.2 气固缩核模型

参照徐曾和 (2006)(气体反应物 A) 与姜元勇 (2006) 的工作, 做适当的修改, 即可给出铀矿堆浸的渗流扩散数学模型:

$$n\frac{\partial C_{\mathrm{A}}}{\partial t}=\frac{\partial}{\partial t}\left(D_b\frac{\partial C_{\mathrm{A}}}{\partial x}\right)-\frac{\partial}{\partial t}(VC_{\mathrm{A}})+Q_{\mathrm{A}} \tag{22.5.1}$$

式中, Q_{A} 是填充床中的单位体积气体反应生成速率, 由实验获得, 一般取决于颗粒直径、反应后残留固体的孔隙发育情况, 反应界面的反应速率, 以及颗粒表面的液体膜性态等因素十分复杂。Q_{A} 也称为扩散方程的源汇项。

不可压流体的溶剂传输的渗流方程为 (不考虑固体骨架变形):

$$n\frac{\partial \rho_{\mathrm{A}}}{\partial t}+\mathrm{div}(\rho_{\mathrm{A}}V_{\mathrm{A}})=I_{\mathrm{A}} \tag{22.5.2}$$

溶剂流体的密度是溶剂与扩散的函数, 也是压力的函数:

$$\rho=C_{\mathrm{A}}\rho_{\mathrm{A}}+C_{\mathrm{I}}\rho_{\mathrm{I}}$$

$$\rho=n\beta p,\quad V_{\mathrm{A}}=-k\frac{\partial p}{\partial x}$$

代入式 (22.5.2), 即可得到流体在堆浸固体矿堆中的流动方程:

$$S\frac{\partial p}{\partial t}+\rho\left(\frac{\partial^2 p}{\partial x^2}+\frac{\partial^2 p}{\partial y^2}+\frac{\partial^2 p}{\partial z^2}\right)=I_{\mathrm{A}} \tag{22.5.3}$$

方程 (22.5.1) 和 (22.5.3) 组成了铀矿堆浸的 HC 耦合数学模型。经过数值求解, 可以给出铀矿堆浸的化学反应、渗流传质的规律, 并有效地指导工程实施与工艺参数优化。姜元勇、徐曾和 (2006) 给出了填充床中气固反应浓度变化曲线, 也揭示出耦合与非耦合的差异 (图 22.5.3)。从图可见, 作为气体的反应溶剂的浓度在填充床中运行, 有不同的衰减规律, 也表明了反应的速率随距离的变化。

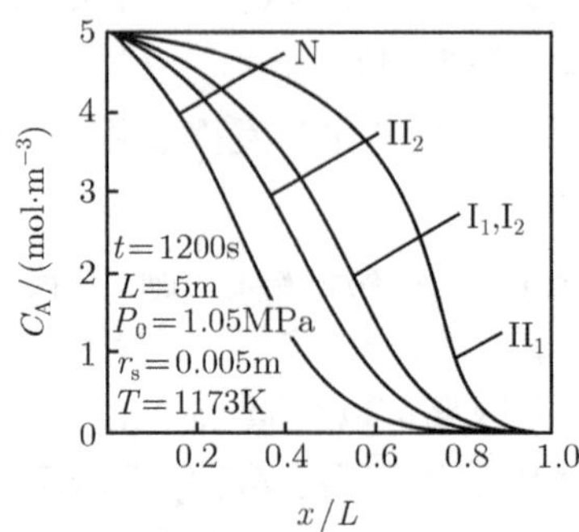

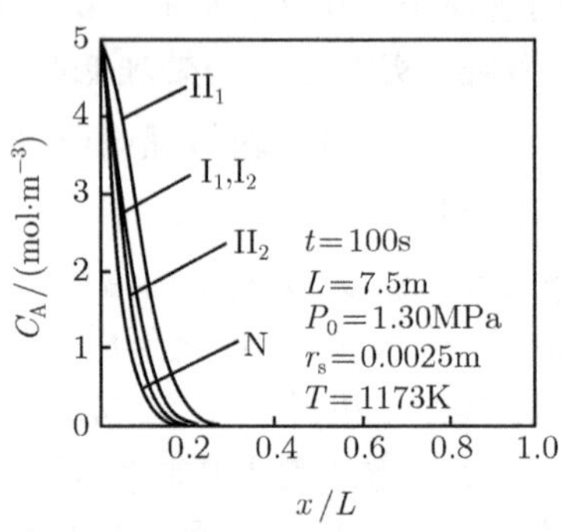

图 22.5.3 填充床中固气反应的渗流速度变化曲线

22.5.3 铀矿的原位溶浸开采

原位溶浸采铀的基本要求是矿体、矿石有较高的渗透性。我国第一个采用原位浸取的铀矿山, 其铀矿层是含砾砂岩和砂砾岩层, 以石英和长石为主, 其次是黑云母、水云母和绿泥石, 还有黄铁矿、泥质、炭质和有机质等。铀矿物为沥青铀矿和铀黑。矿石的渗透系数大于 0.72m/d, 埋藏深度几十米到几百米。溶浸液用硫酸、过氧化氢和地下水配制。孔间距 15m, 按三角形和长方形布置。

苏联开发原位溶浸采矿始于 1970 年代, 用酸法地浸铀, 回收率一般为 70%～75%, 碱法一般为 60%～70%。乌其库都克铀矿山地浸矿床总共有钻孔 5000 个, 其中注液孔 3500 个, 抽液孔 1500 个。钻孔深 120～130m, 间距 15m, 钻孔抽液能力平均为 5～10m^3/h, 矿石品位为 0.021%～0.07%(平均 0.03%), 含矿岩石属浅海相沉积岩, 矿层埋深从几十米到 200m, 厚度十几米到几十米, 矿层渗透系数 1.6～4 m/d。用 5～15 g/L 的 H_2SO_2 溶液作溶浸剂。采出 15～30 mg/L 的浸出液, 输送到集液池提取铀。

原位溶浸开采的数学模型包含了渗流、扩散与固体变形的相互作用, 若存在溶解或反应热, 则需考虑热量传输, 即为 THMC 耦合, 相关的理论模型非常类似于钙芒硝矿原位开采, 具体的理论与分析方法研究工作甚少, 还待开展相关研究。

22.5.4 铜矿的原位溶浸开采

湿法浸取是铜的主要冶炼方法, 由于铜矿的品位一般很低, 因此多采用破碎浸取的方法。堆浸是处理低品位铜矿的主要方法。

矿块堆浸的浸出过程中, 浸取液经过矿块间的空洞和矿石的孔隙向矿块内渗透, 溶解的金属也要经矿石的孔隙向外扩散, 和沿矿块间的空洞向外传输。因此, 矿石的原生孔隙和溶浸产生的新的孔隙决定了矿石的浸取速度。试验证明, 渗透速度不是恒定的, 而是随时间呈指数下降, 即越往矿块内渗透越慢, 用硫酸浸矿块, 起始速度可达到 0.2mm/h, 在离表层 50mm 处, 仅为 0.03mm/h, 而在 100mm 处为 0.005mm/h, 渗透一块直径 200mm 孔隙率为 1%的矿块约需一年时间。

铜矿的堆浸工艺及技术参数与铀矿十分相似, 例如, 智利大型铜矿厂圣曼纽尔采用 90%, −10cm 的矿块堆浸, 堆高 3m。而美国青诺矿山采用 60%、−15m 的矿块, 堆高 9m。喷淋速度 5～10t/m^2·h, 堆浸 300 天左右, 铜的回收率可达到 90%左右。浸取率与时间的关系如图 22.5.4。

原位溶浸也是铜提取的主要技术之一, 其明确的优点是省去了采矿的所有成本, 不破坏地表, 也不需要大量输送矿石。缺点是铜回收率低, 工艺较难控制, 溶浸剂 (硫酸、强碱) 对地下水污染严重。

美国玛格玛公司的圣曼纽尔矿做了较好的原位溶浸铜矿的试验。1988 年开始原位浸出试验, 1989 年重新设计布井方式, 井场中井的分布采用七井一组, 集液井在中间, 六个注液井以六边形分布在周围, 如图 22.5.5 所示, 注入井间距 12m, 注液井直径 38cm, 集液井直径 15.25cm, 井深 100～150m, 注入速度 1147L/min, 集液井流速 1000L/min, 以 13.5%的溶液流失。而在浸取后期, 矿体渗透率增大, 是由于矿物被溶解的结果, 但靠近集液井的渗透率反而下降, 其原因可能是溶液中的沉积物沉淀。浸取 551d, 获取铜 1000t, 耗酸 5900t, 酸溶铜回收率 60%左右。

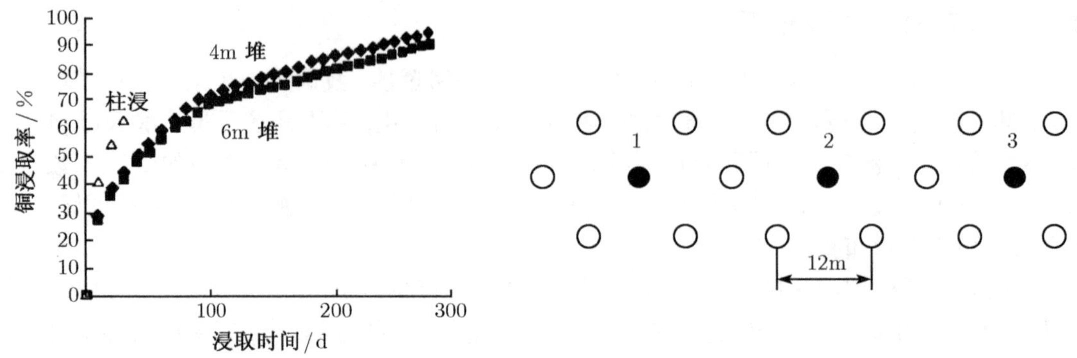

图 22.5.4　数学模型对不同浸取情况的预测　　图 22.5.5　圣曼纽尔矿地浸井场布置

这都是典型的渗流–变形–传质 (HMC) 耦合作用过程, 其理论模型仍可用铀的原位溶浸采矿模型来分析求解。

参考文献*

白矛, 刘天泉. 1999. 孔隙裂隙弹性理论及应用导论. 北京：石油工业出版社.

白武明, 王中言, 等. 1999. 砂岩孔隙结构及其同孔隙度、渗透率的关系. //中国岩石力学与工程学会第四次学术大会论文集. 北京：中国科学出版社.

包科达. 2001. 热物理学基础. 北京：高等教育出版社.

北野晃一, 新孝一, 木下直人, 等. 1988. 高温下岩石の力学特性熱特性および透水特性に関すゐ文献調查. 応用地質, 29(3): 36-47.

布朗, 等. 1992. 地下采矿岩石力学. 葛修润, 等译. 北京：煤炭工业出版社.

布雷迪 B H G, 布郎 E T. 1990. 地下采矿岩石力学. 冯树仁, 等译. 北京：煤炭工业出版社.

柴军瑞, 仵彦卿. 2000. 岩体渗流场与应力场耦合分析的多重裂隙网络模型. 岩石力学与工程学报, 19(6): 712-717.

柴军瑞, 李守义. 2004. 三峡库区泄滩滑坡渗流场与应力场耦合分析. 岩石力学与工程学报, 23(8): 1280-1284.

常宗旭, 赵阳升. 2004. 三维应力作用下单一裂缝渗流规律的理论与试验研究. 岩石力学与工程学报, 23(4): 620-624.

陈颙, 吴晓东, 张福勤. 1999. 岩石热开裂的实验研究. 科学通报, 44(8): 880-883.

陈颙, 黄庭芳. 2001. 岩石物理学. 北京：北京大学出版社.

陈崇希, 裴顺平. 2001. 地下水开采–地面沉降模型研究. 水文地质工程地质, 2: 5-8.

陈家庸. 2005. 湿法冶金手册. 北京：冶金工业出版社.

陈晋南. 2004. 传递过程原理. 北京：化学工业出版社.

陈懋章. 2002. 黏性流体动力学基础. 北京：高等教育出版社.

陈勉, 金衍, 张广清. 2008. 石油工程岩石力学. 北京：科学出版社.

陈鹏. 2001. 中国煤炭性质、分类和利用. 北京：化学工业出版社.

陈平, 唐修义. 2001. 低温氮解吸方法研究煤的微观孔隙特性. 煤炭学报, 26(5): 552-556.

陈有亮, 徐梁. 2002. 水与岩体的耦合作用及其对高边坡稳定性的影响. 上海大学学报 (自然科学版), 8(3): 273-277.

陈征宙, 胡伏生, 方磊. 1998. 岩体裂隙网络模拟技术研究. 岩土工程学报, 20(1): 22-25.

陈钟秀, 顾飞燕, 胡望明, 等. 2001. 化工热力学. 北京：化学工业出版社.

谌伦建, 吴忠、秦本东, 等. 2005. 煤层顶板砂岩在高温下的力学特性及破坏机理. 重庆大学学报, 28(5): 123-126.

程鸿鑫. 1986. 岩石全过程曲线性态研究. 岩石力学, 12, 13: 1-6.

程瑞端, 陈海焱, 鲜学福, 等. 1998. 温度对煤样渗透系数影响的试验研究. 煤炭工程师, 1: 13-16.

出口. 1996. グリーンタフ地域の变质岩の热传导率 —— 多孔质岩石の热传导率に关する研究. 日本地热学会志, 18(3): 345-359.

崔振东, 唐益群. 2007. 国内外地面沉降现状与研究. 西北地震学报, 29(3): 275-278.

德赛 C S, 阿贝尔 J F. 1978. 有限元素法引论. 江伯南, 尹泽勇译. 北京: 科学出版社.

德赛 C S. 1981. 岩土工程数值方法. 北京：中国建筑工业出版社.

邓英尔, 刘慈群. 2001. 低渗油藏非线性渗流规律数学模型及其应用. 石油学报, 22(4): 72-77.

* 本书参考文献第一作者相同时, 按照出版年由远及近的规则进行排序.

丁原章, 潘建雄, 肖安予, 等. 1983. 新丰江水库诱发地震的构造条件. 地震地质, 5(3): 63-74.
董平. 1979. 有限单元方法与实施. 北京：国防工业出版社.
杜守继, 刘华, 职洪涛, 等. 2004. 高温后花岗岩力学性能的试验研究. 岩石力学与工程学报, 23(14): 2359-2364.
杜云贵, 鲜学福, 等. 1993. 南桐煤的导电性质研究. 重庆大学学报, 16(3)：145-148.
段珏峰, 周毅, 陈晓平, 等. 2005. 煤气化半焦的孔隙结构. 东南大学学报 (自然科学版), 35(1): 135-139.
段康廉, 赵阳升. 1991. 山西统配矿主采煤层导水特性的分类研究. 山西矿业学院学报, 10(4): 342-346.
段康廉, 赵阳升, 胡耀青. 1995. 孔隙水压引起的煤体固结变形的研究. 煤炭学报, 20(2): 139-143.
段康廉, 冯增朝, 赵阳升, 等. 2002. 低渗透煤层钻孔与水力割缝瓦斯排放的实验研究, 27(1): 52-55.
冯康. 1978. 数值计算方法. 北京：国防工业出版社.
冯康, 石钟慈. 1981. 弹性结构的数学理论. 北京：科学出版社.
冯夏庭. 2000. 智能岩石力学导论. 北京：科学出版社.
冯增朝, 赵阳升. 2003. 岩石非均质性与冲击倾向的相关规律研究. 岩石力学与工程学报, 22(11): 101-103.
冯增朝, 赵阳升, 段康廉. 2004. 岩石的细胞元特性及其非均质分布对岩石全曲线性态的影响. 岩石力学与工程学报, 23(11): 1819-1823.
冯增朝, 赵阳升, 文再明. 2005a. 煤岩体孔隙裂隙双重介质逾渗机理研究. 岩石力学与工程学报, 24(2): 236-240.
冯增朝, 赵阳升, 文再明. 2005b. 岩体裂缝面数量三维分形分布规律研究. 岩石力学与工程学报, 24(4): 601-609.
冯增朝, 赵阳升, 杨栋, 等. 2005. 割缝与钻孔排放煤层气的大煤样试验研究. 天然气工业, 3: 153-155.
冯增朝, 赵阳升. 2005. 岩体裂隙分维数与岩体强度的相关性研究. 岩石力学与工程学报, 23(sl): 2180-2182.
冯增朝, 赵阳升, 吕兆兴. 2006. 强随机分布裂隙介质的二维逾渗规律研究. 岩石力学与工程学报, 25(s2): 3904-3908.
冯增朝, 赵阳升, 杨栋, 等. 2006. 瓦斯排放与煤体变形规律试验研究. 辽宁工程技术大学学报, 25(1): 23-25.
冯增朝, 赵阳升, 吕兆兴. 2007. 二维孔隙裂隙双重介质逾渗规律研究. 物理学报, 56(5): 2796-2801.
冯增朝. 2008. 低渗透煤层瓦斯强化抽采理论与应用. 北京：科学出版社.
傅献彩, 沈文霞, 等. 1990. 物理化学. 第 4 版. 北京：高等教育出版社.
傅雪海, 秦勇, 等. 2003. 多相介质煤层气储层渗透率预测理论与方法. 徐州: 中国矿业大学出版社.
高尔夫拉特范 T D. 1989. 裂缝油藏工程基础. 中译本. 北京：石油工业出版社.
高延法, 李白英. 1992. 受奥灰承压水威胁煤层底板变形破坏规律研究. 煤炭学报, 17(2): 33-38.
郜进海, 康天合, 靳钟铭, 等. 2004. 巨厚薄层状顶板回采巷道围岩裂隙演化规律的相似模拟试验研究. 岩石力学与工程学报, 23(19): 3292-3297.
葛家理. 2003. 现代油藏渗流力学原理. 北京：石油工业出版社.
弓培林, 胡耀青, 赵阳升, 等. 2005. 带压开采底板变形破坏规律的三维相似模拟研究. 岩石力学与工程学报, 24(23): 198-204.
龚钢延, 等. 1989. 岩石渗透率变化的实验研究. 岩石力学与工程学报, 8(3): 219-227.
古德生, 李夕兵, 等. 2006. 现代金属矿床开采科学技术. 北京：冶金工业出版社.
谷超豪, 等. 1978. 数学物理方程. 北京：人民教育出版社.
郭德勇, 韩德磬, 冯志亮. 1998. 围压下构造煤的孔隙度和渗透率特征实验研究. 煤田地质与勘探, 26(4): 31-34.
郭尚平, 等. 1986. 渗流力学的新进展. 力学进展, 16(4): 441-454.

郭尚平, 等. 1990. 物理化学微观渗流. 北京：科学出版社.
郭尚平, 等. 1996. 渗流研究和应用的一些动态. 北京：石油工业出版社.
郭尚平, 李士伦, 杜志敏, 等. 2004. 低渗透油藏注气提高采收率评价. 西南石油学院学报, 24(5): 46-50.
郭勇义, 周世宁. 1984. 煤层瓦斯一维流场流动规律的完全解. 中国矿业大学学报, 14(2)：19-28.
国家自然科学基金委员会. 1997. 冶金与矿业学科//自然科学发展战略调研报告. 北京：科学出版社.
韩德馨, 等. 1996. 中国煤岩学. 徐州: 中国矿业大学出版社.
郝琦. 1987. 煤的显微孔隙形态特征及其成因探讨. 煤炭学报, 12(4): 51-57.
何学秋. 1990. 含瓦斯煤流变特性及其对煤与瓦斯突出的影响. 中国矿业大学博士学位论文.
何学秋, 王恩元, 聂百胜, 等. 2003. 煤岩流变电磁动力学. 北京：科学出版社.
荷兰国际壳牌研究有限公司. 1992. 加热油页岩的采油方法. 中国, CN1016001B.
贺军, 赵阳升, 张文, 等. 1993. 煤与瓦斯突出的软化分析与失稳研究. 工程力学, 10(2): 79-87.
侯祥麟. 1984. 中国页岩油工业. 北京：石油工业出版社.
胡耀青, 等. 1989a. 孔隙水压对煤样变形特性的影响. 山西矿业学院学报, 8 (3).
胡耀青, 等. 1998b. 煤层注水降低综采工作面煤尘浓度的研究. 中国安全科学学报, 8(3): 47-50.
胡耀青, 等. 1998c. 煤层动压注水的现场实验研究. 太原理工大学学报, 29(2): 156-158.
胡耀青, 等. 2000a. 矿区突水监控理论及模型. 煤炭学报, 25(s1): 134-137.
胡耀青, 等. 2000b. 承压水上采煤突水的区域监控理论与方法. 煤炭学报, 25(3): 252-255.
胡耀青, 赵阳升, 杨栋, 等. 2002a. 承压水上采煤巷道围岩变形规律试验研究. 岩石力学与工程学报, 21(s).
胡耀青, 赵阳升, 杨栋, 等. 2002b. 煤体的渗透性与裂隙分维的关系. 岩石力学与工程学报, 21(10): 1452-1456.
胡耀青, 赵阳升, 杨栋, 等. 2003a. 带压开采顶板破坏规律的三维相似模拟研究. 岩石力学与工程学报, 22(8): 1239-1243.
胡耀青, 赵阳升, 杨栋, 等. 2003b. 煤体渗透性与裂隙分形关系研究. 岩石力学与工程学报, 21(1): 20-24.
胡耀青, 赵阳升, 杨栋. 2007. 三维固流耦合相似模拟理论与方法. 辽宁工程技术大学学报, 26(2): 204-206.
胡耀青, 严国超, 石秀伟. 2008. 承压水上采煤突水监测预报理论的物理与数值模拟研究. 岩石力学与工程学报, 27(1): 9-15.
胡英. 1999. 物理化学. 第 4 版. 北京：高等教育出版社.
黄荣樽. 1981. 水力压裂裂缝的起裂和扩展. 石油勘探与开发, 5: 62-74.
黄运飞, 孙广忠, 成彬芳. 1993. 煤–瓦斯介质力学. 北京：煤炭工业出版社.
姜波, 秦勇, 金法礼. 1997. 煤变形的高温高压实验研究. 煤炭学报, 22(1): 80-84.
姜元勇, 徐曾和. 2006. 填充床中气体流动与气固反应的相互作用. 化工学报, 57(9): 2091-2098.
姜振泉, 季梁军, 左如松, 等. 2002. 岩石在伺服条件下的渗透性与应力、应变的关联特征. 岩石力学与工程学报, 21(10): 1442-1446.
蒋承林, 俞启香. 1998. 煤与瓦斯突出的球壳失稳机理及防治技术. 徐州: 中国矿业大学出版社.
蒋生健. 2004. 稠油热力开采理论与工艺技术. 北京：石油工业出版社.
蒋中明, Hoxha D, Homand F. 2007. 核废料地质储存介质黏土岩的三维各向异性热–水–力耦合数值模拟. 岩石力学与工程学报, 26(3): 493-500.
靳钟铭, 赵阳升, 贺军. 1991. 含瓦斯煤层力学特性的实验研究. 岩石力学与工程学报, 10(3): 271-280.
靳钟铭, 赵阳升, 张惠轩. 1991. 采场老顶变形与破坏的时效特性研究. 煤炭学报, 16(3): 21-29.
靳钟铭, 赵阳升, 张惠轩, 等. 1991. 预注水软化顶板岩石在多分层开采中的实践. 岩土工程学报, 13(1): 68-74.
靳钟铭, 徐林生. 1994. 煤矿坚硬顶板控制. 北京：煤炭工业出版社.
卡佳霍夫 Φ И. 1956. 油层物理基础. 张朝琛译. 北京: 石油工业出版社, 1958.

康健. 2004. 随机介质固热耦合数学模型与岩石热破裂数值实验. 辽宁工程技术大学博士学位论文.

康健, 赵明鹏, 赵阳升. 2004. 随机非均质热弹性力学模型与岩石热破裂门槛值的数值实验研究. 岩石力学与工程学报, 23(14): 2331-2335.

康健, 赵明鹏, 赵阳升, 等. 2004. 非均质细胞元随机分布对高温岩石介质中裂纹扩展影响的数值试验研究. 岩石力学与工程学报, 23(s2): 236-239.

康健, 赵明鹏, 赵阳升, 等. 2005. 随机介质固热耦合模型与高温岩体地热开发人工储留层二次破裂数值模拟. 岩石力学与工程学报, 24(6): 969-974.

康健. 2005. 高温下岩石力学性质的数值试验研究. 辽宁工程技术大学学报, 24(5): 683-685.

康健. 2008. 岩石热破裂的研究及应用. 大连: 大连理工大学出版社.

康健, 赵阳升, 赵峥嵘. 2009. 随机介质固热耦合模型平面轴对称问题的解析解. 辽宁工程技术大学学报, 2009, 28(3): 404-406.

康天合, 赵阳升, 靳钟铭. 1995. 煤体裂隙尺度分布的分形研究. 煤炭学报, 20(4): 393-398.

康志勤, 赵建忠, 赵阳升. 2006. 冻土带天然气水合物稳定性研究. 辽宁工程技术大学学报, 25(2): 132-135.

康志勤. 2008. 油页岩热解特性及原位注热开采油气的模拟研究. 太原理工大学博士学位论文.

康志勤, 赵阳升, 杨栋. 2008. 利用原位电法加热技术开发油页岩的物理原理及数值分析. 石油学报, 29(4): 592-595.

康志勤, 吕兆兴, 杨栋, 等. 2008. 油页岩原位注蒸气开发的固流热化学耦合数学模型. 西安石油大学学报, 23(4): 30-34.

康志勤, 赵阳升, 孟巧荣, 等. 2009. 油页岩热破裂规律显微 CT 实验研究. 地球物理学报, 52(3): 842-848.

柯斯乐 E L. 2002. 扩散流体系统中的传质. 北京: 化学工业出版社.

科兹洛夫斯基 E A. 1989. 科拉超深钻井. 张秋生, 译. 北京: 地质出版社.

孔祥言. 1999. 高等渗流力学. 合肥: 中国科学技术大学出版社.

孔祥言, 李道伦, 徐献芝, 等. 2005. 热 - 流 - 固耦合渗流的数学模型研究. 水动力学研究与进展, 20(2): 269-275.

寇绍全. 1987. 热开裂损伤对花岗岩变形及破坏特性的影响. 力学学报, 19(6): 550-555.

郎兆新. 2001. 油气地下渗流力学. 北京: 石油工业出版社.

李成江. 1989. 膨胀性地层中洞室围岩数值分析模型//中国岩石力学与工程学会第二次大会论文集. 北京: 知识出版社.

李方全, 等. 1982. 水压致裂发原地应力测量试验//地应力研究文集. 北京: 地震出版社.

李海燕, 张增刚, 田贯三. 2002. 低热值煤炭地下气化煤气的应用研究. 山东建筑工程学院学报, 17(3): 54-57.

李洪桂, 等. 2002. 湿法冶金学. 长沙: 中南大学出版社.

李世平. 1986. 岩石力学简明教程. 徐州: 中国矿业学院出版社.

李树刚, 钱鸣高, 石平五. 2001. 煤样全应力应变过程中的渗透系数 —— 应变方程. 煤田地质与勘探, 29(1): 22-24.

李义, 高国付, 赵阳升. 2004. 基于特征锚杆工作荷载无损检测的巷道围岩稳定性评估初步研究. 岩石力学与工程学报, 23(s2): 231-235.

李玉彬, 李向良, 张奎祥, 等. 2000. 用微焦点 X 射线计算机层析 (CMT) 及其在石油领域的应用. CT 理论与应用研究, 9(3): 35-40.

李志强, 等. 1984. 水压致裂法地下绝对应力测量, 中国诱发地震. 北京: 地震出版社.

梁冰. 1994. 煤与瓦斯突出的固流耦合失稳理论研究. 东北大学博士学位论文.

梁冰, 薛强, 王起新. 2001. 边坡失稳系统的岩体与水固流耦合作用机理研究. 中国地质灾害与防治学报, 12(1): 18-21.

梁冰, 高红梅, 兰永伟. 2005. 岩石渗透率与温度关系的理论分析和试验研究. 岩石力学与工程学报, 24(12): 2009-2012.
梁杰, 朗庆田, 余力, 等. 2003. 缓倾斜薄煤层地下气化试验研究. 煤炭学报, 28(3): 126-130.
梁昆淼. 1979. 数学物理方法. 北京：高等教育出版社.
梁卫国, 赵阳升. 2002. 盐类矿床群井水压致裂连通理论与实践. 岩石力学与工程学报, 21(s1): 295-298.
梁卫国, 李志萍, 赵阳升. 2003. 盐矿水溶开采室内试验研究. 辽宁工程技术大学学报, 22(1): 54-57.
梁卫国, 杨栋, 赵阳升, 等. 2003. 运城盐湖晶质芒硝矿层群井致裂连通开采. 中国井矿盐, 6: 23-26.
梁卫国, 赵阳升, 杜新生, 等. 2003. 盐类矿床群井致裂连通理论及试验研究. 化工矿物与加工, 32(1): 25-27.
梁卫国, 赵阳升, 李志萍. 2003a. 岩盐水压致裂溶解耦合数学模型与数值模拟. 岩石力学与工程学报, 25(4): 427-430.
梁卫国, 赵阳升, 李志萍. 2003b. 盐类矿床群井致裂控制水溶开采溶腔变形数值模拟. 化工矿物与加工, 32(3): 16-19.
梁卫国, 赵阳升, 李志萍. 2003c. 盐岩水压致裂溶解耦合数学模型与数值模拟. 岩土工程学报, 4: 43-46.
梁卫国. 2004. 盐类矿床水压致裂水溶开采的多场耦合理论及应用研究. 太原理工大学博士论文.
梁卫国, 徐素国, 李志萍, 等. 2004. 盐矿水溶开采固–液–热–传质耦合数学模型与数值模拟. 自然科学进展, 8(14): 945-949.
梁卫国, 徐素国, 赵阳升. 2004. 损伤岩盐高温再结晶剪切特性的试验研究. 岩石力学与工程学报, 23(20): 3413-3417.
梁卫国, 赵阳升. 2004. 岩盐力学特性的实验研究. 岩石力学与工程学报, 23(3): 391-394.
梁卫国, 赵阳升, 徐素国. 2004. 240°C 内盐岩物理力学特性的实验研究. 岩石力学与工程学报, 23(14): 2365-2369.
梁卫国, 赵阳升, 徐素国, 等. 2005. 盐岩矿床水平峒室型油气储库及其建造方法. 中国, ZL200510012470.0.
梁卫国, 徐素国, 赵阳升. 2006. 钙芒硝岩盐溶解渗透力学特性研究. 岩石力学与工程学报, 25(5): 951-955.
梁卫国, 徐素国, 赵阳升, 等. 2006. 盐岩蠕变特性的试验研究. 岩石力学与工程学报, 25(5): 94-98.
梁卫国. 2007. 盐类矿床控制水溶开采理论及应用. 北京：科学出版社.
林柏泉, 周世宁. 1987. 煤样瓦斯渗透率的实验研究. 中国矿业大学学报, 1: 21-28.
林睦曾. 1991. 岩石热物理学及其工程应用. 重庆: 重庆大学出版社.
刘保县, 熊德国, 鲜学福. 2006. 电场对煤瓦斯吸附渗流特性的影响. 重庆大学学报, 29(2): 83-85.
刘大有. 1994. 关于二相流、多相流、多流体模型和非牛顿流等概念的探讨. 力学进展, 24(1): 66-73.
刘嘉麒. 1999. 中国火山. 北京：科学出版社.
刘建军, 冯夏庭. 2003. 我国油藏渗流–温度–应力耦合的研究进展, 24(s): 645-650.
刘建军, 高玮, 薛强, 等. 2006. 库水位变化对边坡地下水渗流的影响. 武汉工业学院学报, 25(3): 68-71.
刘静波, 赵阳升, 胡耀青, 等. 2009. 剪应力对煤体渗透性的影响. 岩土工程学报, 31(10): 1631-1635.
刘磊, 梁冰, 薛强, 等. 2008. 水相作用下填埋场气体迁移仿真及参数灵敏性研究. 系统仿真学报, 20(22): 114-117.
刘连峰, 王泳嘉. 1997. 三维节理岩体计算模型的建立. 岩石力学与工程学报, 16(1): 36-42.
刘泉声, 许锡昌, 山口勉. 2001. 三峡花岗岩与温度及时间相关的力学性质试验研究. 岩石力学与工程学报, 20(5): 715-719.
刘伟, 范爱武, 黄晓明. 2006. 多孔介质传热传质理论与应用. 北京：科学出版社.
刘晓丽, 梁冰, 王思敬, 等. 2005. 水气二相流体与双重介质变形的流固耦合数学模型. 水利学报, 36(4): 405-412.
刘亚晨, 席道瑛. 2003. 核废料储存裂隙岩体中 THM 耦合过程的有限元分析. 水文地质工程地质, 3:

81-87.
刘中华, 杨栋, 薛晋霞, 等. 2006. 干馏后油页岩渗透规律的实验研究. 太原理工大学学报, 37(04): 35-37.
刘中华, 康殿海, 赵阳升. 2007. 钙芒硝岩盐溶解机理的实验研究. 化工矿物与加工, 36(2): 4-6.
吕兆兴, 冯增朝, 赵阳升. 2005. 孔隙介质中渗流团分形维数的模拟计算方法. 地下空间与工程学报, 6: 58-61.
吕兆兴, 冯增朝, 赵阳升. 2007. 孔隙介质三维逾渗机制数值模拟研究. 岩石力学与工程学报, 26(s2): 4019-4023.
罗焕炎. 1988. 地下水运动的数值模拟. 北京: 中国建筑工业出版社.
罗志明. 1989. 煤比表面积和煤与瓦斯突出关系的研究. 煤炭学报, 14(1): 44-53.
骆祖江, 陈艺南, 付延玲. 2001. 水–气二相渗流耦合模型全隐式联立求解. 煤田地质与勘探, 29(6): 36-38.
骆祖江, 郑飞, 童学平. 2009. 地下水渗流沉降的三维耦合模型及程序的研制. 资源调查与环境, 30(1): 55-61.
马光第, 赵阳升. 1990. 煤体渗透性及其应用的研究. 山西矿业学院学报, 8(3): 145-155.
马荣骏. 2007. 湿法冶金原理. 北京: 冶金工业出版社.
马宇, 赵阳升, 段康廉. 1999a. 岩体裂隙分布的二维分形仿真. 太原理工大学学报, 30(5): 479-481.
马宇, 赵阳升, 段康廉. 1999b. 岩体裂隙网络的三维分形仿真. 岩石力学与工程学报, 18(s): 1255-1257.
孟召平, 李明生, 陆鹏庆, 等. 2006. 深部温度、压力条件及其对砂岩力学性质的影响. 岩石力学与工程学报, 25(6): 1177-1181.
缪协兴, 刘卫群, 陈占清. 2004. 采动岩石渗流理论. 北京: 科学出版社.
诺曼 R 莫罗. 1994. 石油开采中的界面现象. 北京: 石油工业出版社.
潘一山, 唐巨鹏, 李成全. 2008. 煤层中气水两相运移的 NMRI 试验研究. 地球物理学报, 51(5): 1620-1626.
彭岸. 2007. 库水位骤降对边坡稳定性的影响. 山西建筑, 33(35): 356-357.
彭英利, 马承恩. 2005. 超临界流体技术应用手册. 北京: 化学工业出版社.
钱家麟, 尹亮. 2008. 油页岩 —— 石油的补充能源. 北京: 中国石化出版社.
钱鸣高, 石平五. 2003. 矿山压力与岩层控制. 徐州: 中国矿业大学出版社.
钱鸣高, 许家林, 缪协兴. 2003. 煤矿绿色开采. 中国矿业大学学报, 32(4): 343-348.
钱伟长, 叶开源. 1957. 弹性力学. 北京: 科学出版社.
钱学森. 2007. 物理力学讲义. 上海: 上海交通大学出版社.
秦积舜, 李爱芬. 2001. 油层物理学. 山东: 石油大学出版社.
秦勇, 徐志伟, 张井. 1995. 高煤级煤孔径结构的自然分类及其应用. 煤炭学报, 20(3): 266-270.
秦允豪. 1999. 热学. 北京: 高等教育出版社.
曲方. 2007. 原位状态煤体热解及力学特性的实验研究. 中国矿业大学博士学位论文.
曲永新. 1994. 中国东部膨胀岩的地质分类及其分布规律的研究//中国岩石力学与工程学会第三次大会论文集. 北京: 中国科学技术出版社.
森 R J. 1987. 水力压裂法地下处置放射性废物. 北京: 原子能出版社.
申晋, 赵阳升, 段康廉. 1997. 低渗透煤岩体水力压裂的数值模拟. 煤炭学报, 22(6): 580-585.
申晋, 朱维申, 赵阳升. 1998. 三峡永久船闸高边坡岩体裂隙分布的分形研究. 岩土工程学报, 20(5): 97-100.
沈芳, 梁新星, 毛伟志, 等. 2008. 中国煤炭地下气化的近期研究与发展. 能源工程, 1: 5-10.
盛金昌. 2006. 多孔介质流 – 固 – 热三场全耦合数学模型及数值模拟. 岩石力学与工程学报, 25(s1): 3028-3033.
施明恒, 虞维平, 王补宣. 1994. 多孔介质传热传质研究的现状和展望. 东南大学学报, 24(s): 1-7.

石必明. 2000. 煤低温氧化的微观结构分析. 煤炭学报, 25(3): 294-298.
石定贤, 赵建忠, 赵阳升. 2006a. 煤层气固态储运的可行性. 天然气工业, 4: 137-139.
石定贤, 赵建忠, 赵阳升. 2006b. 水合物合成喷雾强化机理研究. 辽宁工程技术大学学报, 25(1): 133-135.
氏平增之, 通口澄志.1988.“癸破による炭层に癸生. 动的应力の现场测定事例よ破坏条件に考察. 日本矿业会志, 104(2): 12-18.
宋选民, 康天合, 靳钟铭, 等. 1995. 顶煤冒放性影响因素研究. 矿山压力与顶板管理, 3(4): 85-89.
苏承东, 郭文兵, 李小双. 2008. 粗砂岩高温作用后力学效应的实验研究. 岩石力学与工程学报, 27(6): 1162-1170.
速水博秀. 1986a. 多孔質物体の材料力学 —— その 1. 採礦と保安, 32(9): 477-486.
速水博秀. 1986b. 多孔質物体の材料力学 —— その 2. 採礦と保安, 32(11): 592-601.
速水博秀. 1987. 多孔質物体の材料力学 —— その 3. 採礦と保安, 33(1): 34-43.
孙宝铮, 许振良, 张彬. 2002. 煤炭地下气化的走势. 煤, 11(3): 1-4.
孙广忠. 1981. 岩体破坏机制及强度研究//陶振宇. 岩石力学的理论与实践. 北京：北京水利出版社.
孙广忠. 1988. 岩体结构力学. 北京：科学出版社.
孙钧, 汪炳鉴. 1985. 地下结构有限元解析. 上海: 同济大学出版社.
孙钧. 2007. 岩石流变力学及其工程应用研究的若干进展. 岩石力学与工程学报, 26(6): 1081-1106.
孙可明, 梁冰, 王锦山. 2001. 煤层气开采中两相流阶段的流固耦合渗流. 辽宁工程技术大学学报 (自然科学版), 20(1): 36-39.
孙可明, 赵阳升, 杨栋. 2008. 非均质热弹塑性损伤模型及其在油页岩地下开发热破裂分析中的应用. 岩石力学与工程学报, 27(1): 42-52.
孙讷正. 1981. 地下水流的数学模型与数值方法. 北京: 地质出版社.
孙培德, 鲜学福. 1999. 煤层气越流的固气耦合理论及其应用. 煤炭学报, 24(1): 60-64.
孙天泽. 1996. 高围压条件下岩石力学性质的温度效应. 地球物理学进展, 11(4): 63-70.
孙卫, 曲志浩, 李劲峰. 1999. 安塞特低渗透油田见水后的水驱油机理及开发效果分析. 石油实验地质, 21(3): 256-260.
唐春安. 1993. 岩石破裂过程中的灾变. 北京：煤炭工业出版社.
陶文铨. 2001. 数值传热学. 第 2 版. 西安: 西安交通大学出版社.
陶振宇. 1981. 岩石力学的理论与实践. 北京：水利出版社.
陶振宇, 沈小莹. 1988. 库区应力场的耦合分析. 武汉水利电力学院学报, 1: 8-14.
陶振宇, 唐方福. 1989. 东江水库诱发地震的预测研究. 四川水力发电, 3: 40-45.
陶振宇. 1994. 岩石水力学模型. 力学进展, 24(3): 409-417.
天津大学物理化学教研室编. 2001. 物理化学. 第 4 版. 北京：高等教育出版社.
万志军, 赵阳升, 康建荣. 2005. 高温岩体地热资源模拟与预测方法. 岩石力学与工程学报, 24(6): 945-949.
万志军. 2006. 非均质岩体热力耦合作用及煤炭地下气化通道稳定性研究. 中国矿业大学博士学位论文.
万志军, 赵阳升, 董付科, 等. 2008. 高温及三轴应力下花岗岩体力学特性的实验研究. 岩石力学与工程学报, 27(1): 72-77.
王慧明, 王恩志, 韩小妹, 等. 2003. 低渗透岩体饱和渗流研究进展. 水科学进展, 14(2): 242-248.
王剑, 沈振中, 聂琴. 2006. 降雨入渗非饱和渗流对水库边坡稳定的影响. 贵州水力发电, 20(6): 32-34.
王来贵, 黄润秋, 张倬元, 等. 1998. 滑坡灾害发生的动力学模型. 自然科学进展, 8(2): 224-227.
王来贵, 刘向峰, 吕明海, 等. 2005. 资源枯竭城市衍生灾害中环境岩石力学问题. 岩石力学与工程学报, 24(15): 2715-2717.
王龙甫. 1979. 弹性理论. 北京：科学出版社.
王清明. 2003. 盐类矿床水溶开采. 北京：化学工业出版社.

王瑞凤. 2002. 高温岩体地热开发的固流热多场耦合与数值仿真. 太原理工大学硕士学位论文.
王尚庆, 等. 1999. 长江三峡滑坡监测预报. 北京：地震出版社.
王思志. 1993a. 裂隙渗流与离散单元耦合分析//第二届全国青年岩石力学与工程学术研讨会论文集. 北京：中国科学技术出版社.
王思志. 1993b. 岩体裂隙的网络分析及渗流模型. 岩石力学工程学报, 12(3): 214-221.
王新海, 郭尚平. 1994. 聚合物驱油机理和应用. 石油学报, 15(1): 83-91.
王颖轶, 张宏峻, 黄醒春, 等. 2002. 高温作用下大理岩应力–应变全过程的试验研究. 岩石力学与工程学报, 21(S2): 2345-2349.
王媛. 2002. 单裂隙面渗流与应力的耦合特性. 岩石力学与工程学报, 21(1): 83-87.
王媛, 速宝玉. 2002. 单裂隙面渗流特性及等效水力隙宽. 水科学进展, 13(1): 61-68.
王作宇, 等. 1993. 承压水上开采. 北京：煤炭工业出版社.
魏锦平, 张建平, 靳钟铭. 2005. 裂隙煤体压裂机理的分形研究. 矿山压力与顶板管理, 2: 112-113.
吴海青. 1989. 孔隙水对岩石变形特性的影响及其工程意义//中国岩石力学与工程学会第二次大会论文集. 北京：知识出版社.
吴家龙. 2001. 弹性力学. 北京：高等教育出版.
吴俊, 金奎励, 童有德, 等. 1991. 煤孔隙理论及在瓦斯突出和抽放评价中的应用. 煤炭学报, 16(3): 86-94.
吴争光. 2009. 库水位变化对库岸边坡稳定性影响研究. 灾害与防治工程, 1: 1-6.
仵彦卿, 张卓元. 1995. 岩体水力学导论. 成都：西南交通大学出版社.
仵彦卿, 丁卫华, 蒲毅彬, 等. 2000. 压缩条件下岩石密度损伤增量的 CT 动态观测. 自然科学进展, 10(9): 830-835.
仵彦卿, 曹广祝, 丁卫华. 2005. 砂岩渗透系数随渗透水压变化的 CT 试验. 岩土工程学报, 27(7): 780-785.
仵彦卿. 2007. 多孔介质污染物迁移动力学. 上海：上海交通大学出版社.
郤保平, 赵阳升, 万志军, 等. 2008. 高温静水应力状态花岗岩中钻孔围岩的流变实验研究. 岩石力学与工程学报, 27(8): 1659-1666.
郤保平, 赵阳升, 赵金昌, 等. 2008. 层状盐岩温度应力耦合作用蠕变特性研究. 岩石力学与工程学报, 27(1): 90-96.
郤保平, 赵阳升, 万志军, 等. 2009. 热力耦合作用下花岗岩流变模型的本构关系研究. 岩石力学与工程学报, 28(5)956-967.
夏元友, 朱端赓. 1997. 关于分形理论在结构岩体的应用研究. 岩土工程学报, 16(4): 362-367.
鲜学福, 许江. 1993. 煤层中原始瓦斯压力的探讨. 中国矿业, 2(2)：38-41.
向银花, 王洋, 张建民, 等. 2002. 煤焦气化过程中比表面积和孔容积变化规律及其影响因素研究. 燃料化学学报, 30(2): 108-112.
谢和平, 陈至达. 1988. 分形几何与岩石断裂. 力学学报, 20(3): 246-271.
谢和平. 1989. 岩石类材料裂纹分叉非规律性的分形效应. 力学学报, 21(5): 613-618.
谢和平, 等. 1993. 断层分形分布之间的相关关系. 煤炭学报, 19(5)445-448.
谢和平. 1995. 岩石节理的分形描述. 岩土工程学报, 17(2): 18-23.
谢和平. 1999. 分形–岩石力学导论. 北京：科学出版社.
谢克昌. 2002. 煤的结构与反应性. 北京：科学出版社.
徐秉业, 陈森灿. 1981. 塑性理论简明教程. 北京：清华大学出版社.
徐龙君, 张代钧, 鲜学福. 1995. 煤微孔的分形结构特征及其研究方法. 煤炭转化, 18(1): 31-37.
徐素国, 梁卫国, 赵阳升. 2004. 钙芒硝岩盐化学溶解特性的实验研究. 矿业研究与开发, 24(2): 13-17.
徐小荷, 余静. 1984. 岩石破碎学. 北京：煤炭工业出版社.
徐曾和. 1999. 渗流的流固耦合问题与应用. 东北大学博士学位论文.

徐芝纶. 1990. 弹性力学. 第 3 版. 北京：高等教育出版社.

许锡昌. 2003. 花岗岩热损伤特性研究. 岩土力学, 24(s): 188-191.

薛定谔 A E. 1982. 多孔介质中的渗流物理. 北京：石油工业出版社,

薛强, 刘磊, 梁冰, 等. 2007. 填埋场沉降变形条件下气–水–固耦合动力学模型研究. 岩石力学与工程学报, 26(S1): 3473-3478.

杨栋, 赵阳升. 1998. 裂隙状采场底板固流耦合作用的数值模拟. 煤炭学报, 23(1)37-41.

杨栋, 赵阳升, 郑少河. 2000. 广义双重介质岩体水力学模型及有限元模拟. 岩石力学与工程学报, 19(2): 182-185.

杨栋, 冯增朝, 赵阳升. 2004. 大煤样瓦斯抽放试验研究及尺寸效应现象. 岩石力学与工程学报, 23(s2): 250-253.

杨栋. 2005. 裂缝中气液二相流体临界渗流机理与理论研究. 太原理工大学博士学位论文.

杨栋, 胡耀青, 赵阳升, 等. 2005. 3D 应力下气体裂缝渗流规律实验研究. 岩石力学与工程学报, 23(6): 999-1003.

杨栋, 薛晋霞, 康志勤, 等. 2007. 抚顺油页岩干馏渗透实验研究. 西安石油大学学报 (自然科学版), 22(2): 23-25.

杨栋, 赵阳升. 2008. 裂缝中气液二相流体临界渗流现象及其随机混合渗流数学模型研究. 岩石力学与工程学报, 27(1): 84-89.

杨栋, 赵阳升, 胡耀青, 等. 2008. 三维应力作用下单一裂缝中气体渗流规律的理论与实验研究. 岩石力学与工程学报, 24(06): 999-1003.

杨桂通. 1980. 弹塑性力学. 北京：人民教育出版社.

杨兰和. 2000a. 煤炭地下气化三维非线性动态温度场数值模拟. 中国矿业大学学报, 29(2): 140-143.

杨兰和. 2000b. 煤炭地下气化三维渗流数学模型的研究. 中国矿业大学学报, 29(5): 528-531.

杨兰和. 2000c. 煤炭地下气化三维非稳定对流扩散的数学模型. 西安交通大学学报, 34(1): 44-48.

杨兰和. 2002. 煤炭地下气化干馏气渗流运动多场耦合数值模拟. 西安交通大学学报, 36(7): 752-756.

杨兰和, 梁杰. 2003. 急倾斜煤层地下气化数学模型的研究. 燃料化学学报, 31(3): 193-198.

杨其銮, 王佑安, 等. 1986. 煤屑瓦斯扩散理论及其应用. 煤炭学报, 11(3): 87-94.

杨士教, 等. 2003. 原地破碎浸铀理论与实践. 长沙：中南大学出版社.

杨世铭, 陶文铨. 2006. 传热学. 第 4 版. 北京：高等教育出版社.

杨松岩, 俞茂宏. 2000. 多相孔隙介质的本构描述. 力学学报, 32(1): 11-24.

杨天鸿. 2005. 岩石破裂与渗流耦合过程细观力学模型. 固体力学学报, 03.

杨显万, 沈庆峰, 郭玉霞. 2003. 微生物湿法冶金. 北京：冶金工业出版社.

姚宇平, 周世宁. 1988. 含瓦斯煤的力学性质. 中国矿业学院学报, 17(1): 1-7.

耶格 J C, 库克 N G W. 1981. 岩石力学基础 (中译本). 北京：科学出版社.

尹光志, 李小双, 赵洪宝. 2009. 高温后粗砂岩常规三轴压缩条件下力学特性试验研究. 岩石力学与工程学报, 28(3): 598-604.

尤明庆. 2007. 岩石的力学性质. 北京：地质出版社.

于军, 武健强, 王晓梅, 等. 2004. 基于 “区域分解” 思想的苏锡常地区地面沉降相关预测模型研究. 水文地质工程地质, 31(4): 92-95.

于军, 王晓梅, 武健强, 等. 2006. 苏锡常地区地面沉降特征及其防治建议. 高校地质学报, 12(2): 179-184.

余进, 李允. 2003. 水驱气藏气水两相渗流及其应用研究的进展. 西南石油学院学报, 25(3): 36-39.

余力. 2009. 两阶段煤炭地下气化工艺的应用. 煤炭学报, 34(7): 1008.

郁伯铭. 2003. 多孔介质输运性质的分形分析研究进展. 力学进展, 33(3): 333-346.

约翰 M 普劳斯尼茨, 等. 2006. 液体相平衡的分子热力学. 陆小华, 等译. 北京：化学工业出版社.

曾云. 1994. 盘道岭隧洞软弱岩石浸水软化对强度和变形特性的影响. 陕西水力发电, 10(1): 29-33.

翟云芳. 1999. 渗流力学. 北京：石油工业出版社.

张代钧, 鲜学福. 1990. 煤结构的 X 射线分析. 西安矿业学院学报, 3: 42-49.

张广洋, 等. 1995a. 煤的瓦斯渗透性影响因素的探讨. 重庆大学学报 (自然科学版), 18(3): 27-30.

张广洋, 等. 1995b. 煤的渗透性实验研究. 贵州工学院学报, 24(4): 65-68.

张慧. 2001. 煤孔隙的成因类型及其应用. 煤炭学报, 26(1): 40-44.

张慧, 李小彦, 郝琦, 等. 2003. 中国煤的扫描电子显微镜研究. 北京：地质出版社.

张金铸, 林天健. 1979. 岩石三轴试验中应力状态和破坏性质的转化. 力学学报, 2: 99-106.

张镜澄. 2000. 超临界流体萃取. 北京：化学工业出版社.

张军, 徐益谦, 汉春林, 等. 2000. 显微组分及其他因素对煤焦孔隙结构的影响. 燃料化学学报, 28(6): 513-517.

张宁, 赵阳升, 万志军, 等. 2009a. 高温三维压力下花岗岩三维蠕变的模型研究. 岩石力学与工程学报, 28(5): 875-881.

张宁, 赵阳升, 万志军, 等. 2009b. 高温作用下花岗岩三轴蠕变特征的实验研究. 岩土工程学报, 31(8): 1309-1313.

张世雄, 蒋国安. 2005. 固体矿物资源开发工程. 武汉：武汉理工大学出版社.

张琰, 肖迎春. 2000. 砂砾性低渗透气层水锁效应及减轻方法的实验研究. 地质与勘探, 36(1): 92-94.

张永利, 郁英楼, 徐颖. 2000. 王营子矿煤层中水 - 煤层气两相流体渗流规律的研究. 实验力学, 15(1): 92-96.

张有天. 1990. 裂隙岩体渗流的理论与实践//第二届岩石力学数值计算与相似模拟学术讨论会论文集. 上海: 同济大学出版社.

张玉军. 2007. 核废料地质处置近场热–水–应力–迁移耦合二维有限元分析. 岩土工程学报, 29(10): 1553-1557.

张玉军. 2007. 气液二相非饱和岩体热–水–应力耦合模型及二维有限元分析. 岩土工程学报, 29(6): 901-906.

张渊, 张贤, 赵阳升. 2005. 砂岩的热破裂过程. 地球物理学报, 48(3): 656-659.

张渊, 曲方, 赵阳升. 2006. 岩石热破裂的声发射现象. 岩土工程学报, 28(1): 73-75.

张渊, 万志军, 赵阳升. 2007. 细砂岩热破裂规律的细观实验研究. 辽宁工程技术大学学报, 26(4): 529-531.

张渊, 赵阳升, 万志军, 等. 2008. 不同温度条件下孔隙压力对长石细砂岩渗透率影响试验研究. 岩石力学与工程学报, 27(1): 53-58.

张云峰, 于建成, 李蓬, 等. 2001. 饱和水条件下天然气在岩石中扩散系数的测定. 大庆石油学院学报, 25(4): 4-7.

章梦涛. 1987. 冲击地压的失稳理论与数值模拟的研究. 岩石力学与工程学报, 6(3): 197-204

章梦涛, 王景炎, 梁栋. 1987. 采场大气中沼气运用过程的数值模拟. 煤炭学报, 12(3): 23-30.

章梦涛. 1989. 变形与渗流相互影响的岩石力学问题. 岩石力学与工程学报, 8(2): 189-190.

章梦涛, 徐曾, 潘一山, 等. 1991. 冲击地压和突出的统一失稳理论. 煤炭学报, 16(4): 48-53.

章梦涛, 潘一山, 梁冰, 等. 1995. 煤岩流体力学. 北京：科学出版社.

章梦涛. 1999. 煤地下气化流体流动状况的研究. 辽宁工程技术大学学报, 18(5): 449-451.

赵宝虎, 赵阳升, 杨栋. 1999. 岩体三维应力控制压裂实验研究. 岩石力学与工程学报, 18(s): 1317-1318.

赵坚. 1999. 岩石裂隙中的水流–岩石热传导. 岩石力学与工程学报, 18(2): 119-123.

赵建忠, 石定贤, 赵阳升. 2006. 水合物生成影响因素与实验研究. 辽宁工程技术大学学报, 25(3): 147-149.

赵建忠, 赵阳升, 石定贤. 2006. 喷雾法合成气体水合物的实验研究. 辽宁工程技术大学学报, 25(2): 128-131.

赵建忠. 2008. 煤层气水合物储运与提纯的基础研究. 太原：太原理工大学博士学位论文.

赵建忠, 赵阳升, 石定贤. 2008. THF 溶液水合物技术提纯含氧煤层气的实验. 煤炭学报, 33(12): 1419-1424.

赵金昌, 万志军, 李义, 等. 2009. 高温高压条件下花岗岩切削破碎实验研究. 岩石力学与工程学报, 28(7): 1432-1438.

赵延林, 赵阳升, 郤保平. 2006. 裂隙岩体的固气耦合模型及其在岩盐储气库中的应用. 矿业研究与开发, 26(2): 43-45.

赵阳升, 梁纯升, 章梦涛. 1985. 冻结壁温度场与弹塑性应力场的耦合分析. 煤炭学报, 10(3): 40-47.

赵阳升. 1988. 煤层压力注水后采场矿压规律的研究. 山西矿业学院学报, 6(1).

赵阳升, 靳钟铭, 张惠轩. 1988. 浸湿软化控制坚硬顶板的试验研究. 山西矿业学院学报, 6(s): 15-20.

赵阳升, 靳钟铭. 1989. 围压与注水压力对煤体含水率影响的研究. 山西矿业学院学报, 7(3): 163-171.

赵阳升. 1990. 煤层瓦斯流动的固结数学模型. 山西矿业学院学报, 8(1): 16-22.

赵阳升. 1992. 煤体–瓦斯耦合理论及其应用. 同济大学博士学位论文.

赵阳升. 1993. 瓦斯压力在突出中作用的数值模拟研究. 岩石力学与工程学报, 12(4): 328-337.

赵阳升, 宋选民, 等. 1993. 岩体–流体系统的失稳研究. 山西矿业学学报, 11(2): 131-137.

赵阳升. 1994a. 矿山岩石流体力学. 北京：煤炭工业出版社.

赵阳升. 1994b. 煤体–瓦斯耦合数学模型及数值解法. 岩石力学与工程学报, 13(3): 229-239.

赵阳升. 1994c. 岩石流体力学的发展动向. 东北大学学报, 15(s): 9-13.

赵阳升, 潘一山, 等. 1994. 有限元法及其在采矿工程中的应用. 北京：煤炭工业出版社.

赵阳升, 秦惠增, 白其峥. 1994. 煤层瓦斯流动的固气耦合数学模型及数值解法的研究. 固体力学学报, 15(1): 49-57.

赵阳升, 胡耀青. 1995. 孔隙瓦斯作用下煤体有效应力规律的实验研究. 岩土工程学报, 17(3): 26-31.

赵阳升. 1997. 矿山工程力学学科及相关工程发展的若干问题. 煤炭学报, 22(s): 192-195.

赵阳升, 王笑海, 段康廉. 1997. 岩体裂缝数量分布特征的尺度不变性//现代力学与科技进步 • 中国力学学会成立 40 周年庆祝论文集. 北京：清华大学出版社.

赵阳升, 王笑海, 杨栋. 1997. 岩体裂缝走向分组分布特征的分形研究. 岩土力学, 18(s): 50-53.

赵阳升. 1998a. 21 世纪岩石流体力学及其相关岩石工程的发展讨论. 世界科技研究与发展, 20(3): 141-143.

赵阳升. 1998b. 岩石流体力学及其发展. 中国科学基金, 12(3): 176-181.

赵阳升, 段康廉, 胡耀青, 等. 1999. 块裂介质岩石流体力学的研究进展. 辽宁工程技术大学学报, 18(5): 459-462.

赵阳升, 胡耀青, 魏锦平, 等. 1999. 三维应力下吸附作用对煤岩体气体渗流规律影响的实验研究. 岩石力学与工程学报, 18(6): 651-653.

赵阳升, 胡耀青, 杨栋, 等. 1999a. 底板岩层水力学特性原位测试研究. 工程地质学报, 7(4): 315-320.

赵阳升, 胡耀青, 杨栋, 等. 1999b. 气液二相流体裂缝渗流规律的模拟实验研究. 岩石力学与工程学报, 18(3): 354-356.

赵阳升, 靳钟铭, 杨栋, 等. 1999. 带压分段后退式开采布局的研究. 煤炭学报, 24(4): 355-359.

赵阳升, 杨栋, 郑少河, 等. 1999. 三维应力作用下岩石裂缝水渗流物性规律的实验研究. 中国科学 E 辑, 29(1): 82-86.

赵阳升. 2000. 高温岩体地热开发的岩石力学问题//第六次全国岩石力学与工程学术会议论文集. 武汉：科学技术出版社.

赵阳升, 杨栋, 胡耀青, 等. 2001. 低渗透煤储层煤层气开采有效技术途径的研究. 煤炭学报, 26(5): 455-458.

赵阳升, 康殿海, 杨栋, 等. 2002. 盐类矿床群井致裂控制水溶开采方法. 中国, ZL02135356.5.
赵阳升, 冯增朝, 常宗旭. 2002. 试论岩体动力破坏的最小能量原理与岩爆发生机理. 岩石力学与工程学报, 21(s): 1931-1933
赵阳升, 冯增朝, 杨栋. 2002. 岩体缺陷层次对岩体变形与破坏的控制作用//中国岩石力学与工程学会第七次学术大会论文集. 北京：中国科学出版社.
赵阳升, 马宇, 段康廉. 2002. 岩层裂缝分形分布相关规律研究. 岩石力学与工程学报, 21(2): 219-222.
赵阳升, 王瑞凤, 胡耀青, 等. 2002. 高温岩体地热开发的块裂介质固流热耦合三维数值模拟. 岩石力学与工程学报, 21(12): 1751-1755.
赵阳升, 王笑海, 段康廉, 等. 2002. 岩体各向异性的尺度变换不对称性. 岩石力学与工程学报, 21(11): 1594-1597.
赵阳升, 冯增朝, 万志军. 2003. 岩体动力破坏的最小能量原理. 岩石力学与工程学报, 22(11): 1781-1783.
赵阳升, 胡耀青, 冯增朝, 等. 2003. 一种改造低渗透矿物储层的方法. 中国, Zl03122734.1.
赵阳升, 胡耀青, 赵宝虎, 等. 2003. 块裂介质固体变形与气体渗流的耦合数学模型及数值解法. 煤炭学报, 28(1): 41-45.
赵阳升, 冯增朝, 文再明. 2004. 煤体瓦斯愈渗机理与研究方法. 煤炭学报, 29(3): 38-41.
赵阳升, 胡耀青. 2004. 承压水上采煤的理论与技术. 北京：煤炭工业出版社.
赵阳升, 梁卫国, 徐素国, 等. 2004. 钙芒硝矿群井致裂压力浸泡控制水溶开采方法. 中国, Zl20041004913.7.
赵阳升, 万志军, 康建荣. 2004. 高温岩体地热开发导论. 北京：科学出版社.
赵阳升, 等. 2005a. 岩体裂隙面数量的三维分形分布仿真理论与技术. 岩石力学与工程学报, 24(6): 994-998.
赵阳升, 等. 2005b. 对流加热油页岩开采油气的方法. 中国, ZL200510012473.4.
赵阳升, 朱旺喜, 等. 2006. 国家自然科学基金学科发展战略研究报告. 矿产资源科学与工程, 北京：科学出版社.
赵阳升, 孟巧荣, 康天合, 等. 2008. 显微 CT 试验技术与花岗岩热破裂特征的细观研究. 岩石力学与工程学报, 27(1): 28-34.
赵阳升, 万志军, 张渊, 等. 2008. 20MN 伺服控制高温高压岩体三轴试验机的研制. 岩石力学与工程学报, 27(1): 1-8.
赵阳升, 杨栋, 冯增朝, 等. 2008. 多孔介质多场耦合作用理论及其在资源与能源工程中的应用. 岩石力学与工程学报, 27(7): 1321-1328.
赵阳升, 郤保平, 万志军, 等. 2009. 高温高压下花岗岩中钻孔变形失稳临界条件研究. 岩石力学与工程学报, 28(5): 865-874.
赵瑜, 赵阳升. 2004. 块裂结构岩质边坡渗流模型及数值模拟. 太原理工大学学报, 35(2): 13-17.
郑少河, 赵阳升, 杨栋. 1999. 三维应力作用下天然裂隙渗流规律的实验研究. 岩石力学与工程学报, 18(2): 133-136.
郑少河, 朱维申, 赵阳升. 1999. 复杂裂隙岩体水力学模型的研究. 人民长江, 9: 33-35.
钟玲文, 张慧, 等. 2002. 煤的比表面积、孔体积及其对煤吸附能力的影响. 煤田地质与勘探, 30(3): 26-28.
重庆大学与南京航空学院. 1980. 弹性力学基础. 重庆：重庆大学出版.
周创兵. 1995. 裂隙岩体渗流场与应力场耦合研究. 武汉：武汉水利电力学院博士论文.
周创兵, 陈益峰, 姜清辉. 2007. 岩体表征单元体与岩体力学参数. 岩土工程学报, 29(8): 1135-1142.
周创兵, 陈益峰, 姜清辉, 等. 2008. 论岩体多场广义耦合及其工程应用. 岩石力学与工程学报, 27(7): 1329-1340.
周翠英, 邓毅梅, 谭祥韶, 等. 2005. 饱水软岩力学性质软化的试验研究与应用. 岩石力学与工程学报, 24(1): 33-38.

周公度. 2000. 结构与物性. 第 2 版. 北京：高等教育出版社.

周光炯, 等. 1993. 流体力学. 北京：高等教育出版社.

周辉, 汤艳春, 冯夏庭. 2006. 岩盐裂隙渗流溶解耦合模型及实验研究. 岩石力学与工程学报, 25(5): 946-950.

周克明, 李宁, 张清秀, 等. 2002. 气水两相渗流及封闭气的形成机理实验研究. 天然气工业, 22(s): 122-125.

周克群, 楚泽涵, 张元中, 等. 2000. 岩石热开裂与检测方法研究. 岩石力学与工程学报, 19(4): 412-416.

周瑞光, 曲永新, 成彬芳, 等. 1996. 山东龙口北皂煤矿软岩力学特性实验研究. 工程地质学报, 4(4): 55-60.

周世宁, 孙辑正. 1965. 煤层瓦斯流动理论及其应用. 煤炭学报, 2(1): 24-37.

周世宁, 林柏泉. 1999. 煤层瓦斯赋存与流动理论. 北京：煤炭工业出版社.

周世宁, 林柏泉. 2007. 煤矿瓦斯导论灾害防治理论及控制技术. 北京：科学出版社.

周维垣. 1990. 高等岩石力学. 北京：水利电力出版社.

周维垣, 杨若琼, 尹建民, 等. 1997. 三维岩体构造网络生成的自协调法及工程应用. 岩石力学与工程学报, 16(1): 29-35.

周志芳, 王锦国. 2004. 裂隙介质水动力学. 北京：中国水利水电出版社.

朱合华, 阎治国, 邓涛, 等. 2006. 3 种岩石高温后性质的实验研究. 岩石力学与工程学报, 25(10): 1945-1950.

朱维申, 申晋, 赵阳升. 1999. 裂隙岩体渗流耦合模型及在三峡船闸分析中的应用. 煤炭学报, 24(3): 67-71.

朱珍德, 刘立民. 2003. 脆性岩石动态渗流特性试验研究. 煤炭学报, 2003, 28(6): 588-592.

朱珍德, 邢福东, 刘汉龙, 等. 2005. 红砂岩膨胀力学特性试验研究. 岩石力学与工程学报, 24(4): 596-600.

朱之芳, 等. 1985. 用煤 (岩) 刚度建立冲击性指标的研究. 阜新矿业学院学报, (s): 43-56.

左建平, 谢和平, 周宏伟, 等. 2007. 不同温度作用下砂岩热开裂的实验研究. 地球物理学报, 50(4): 1150-1155.

佐佐木久郎, 等. 1987. 石炭におけるガス透过性と孔隙构造の关连性. 日本矿业会志, 12: 847-852.

Adachi J, Siebrits E, Peirce A, et al. 2007. Computer simulation of hydraulic fractures. Int. J. Rock Mech. & Min. Sci., 44: 739-757.

Aizenman M, Grimmett G R. 1991. Strict monotonicity for critical points in percolation and ferromagnetic models. Journal of Statistical Physics, 63: 817-835.

Alberiz M A, et al. 1994. European project of underground coal gasification in Spain. Mines Carrieres Tech. 1: 29-31.

American society for metals. 1973. Diffusion Metals Park: ASM.

Amitava A, Ghosh I, Daemen J K. 1993. Fractal characteristics of rock discontinuities. Engineering Geology, 34: 1-9.

Ankur Roy, et al. 2007. Fractal characterization of fracture networks: An improved box-counting technique. Journal of Geophysical Research, 112: 1.

Ates & K Barron. 1988. Effect of gas sorption on the strength of coal. Min. Sci. Tech., 6, 3: 291-300.

Aviles C A, Scholz C H, Boatwright J. 1987. Fractal analysis applied to characteristic segments of the san andreas fault. Journal of Geophysical Research, 92: 331-344.

Avraam D G, Payatakes A C. 1995. Flow regimes and relative permeabilities during steady-state two-phase flow in porous media. Transport Porous Media, 20: 207-236.

Avraam D G, Payatakes A C. 1995. Generalized relative permeability coefficients during steady-state two-phase flow in porous media. Transport Porous Media, 20: 135-168.

BÜttner B, Blumm Z J. 1998. Thermal conductivity of a volcanic rock material (olivine-melilitite) in the temperature range between 288 and 1470 K. Journal of Volcanology and Geothermal Research, 80: 293-302.

Baghbanan A, Jing L. 2007. Hydraulic properties of fractured rock masses with correlated fracture length and aperture. Int. J. Rock. Mech. & Min. Sci., 44: 704-719.

Bai M, Elsworth D. 1994. Modeling of subsidence and stress-dependent hydraulic conductivity for intact and fractured porous media. Rock. Mech. Rock. Engng., 27: 209-234.

Bai M, Meng F, Elsworth D, et al. 1999. Analysis of stress-dependent permeability in nonorthogonal flow and deformation fields. Rock Mech. Rock Engng., 32(3): 195-219.

Balek V, de Koranyi A. 1990. Diagnostics of structural alterations in coal porosity changes with pyrolysis temperature. Fuel, 69: 1502-1506.

Barenblatt G L. 1964. On the motion of a gas-liquid mixture in a porous fissured media(In Russian). Mekhanica I mashinostroismic Izvestial Akademii Nauk USSR, 3: 47-50.

Baria R, Baumgärtner J, Gérard A. 1994. Status of the European hot dry rock geothermal programmer. Geothermal Engineering, 19(1/2): 33-48.

Barrer R M. 1941. Diffusion in and Through Solids. New York: Macmillam.

Barton C C, et al. 1985. Fractal geometry of two-dimensional fracture networks at Yucca Mountain. Southwestern Nevada. Proc. Int. Symp. on Fundamentals of Rock Joints, Bjorkliden, Sweden: 77-84.

Bear J. 1972. Dynamics of Fluids in Porous Media. New York: Elsevier.

Bear J. 1983. 多孔介质流体动力学. 李竞生, 陈崇希译. 北京：中国建筑工业出版社.

Beek W J, Muttzall K M K, van Heuven J W. 2003. Transport Phenomena. 北京：化学工业出版社.

Berchenko A, Detournay E, chandler N, et al. 2004. An in-situ thermo-hydraulic experiment in a saturated granite I: Design and results. Int. J. Rock Mech. & Min. Sci., 41: 1377-1394.

Berlyand L, Wehr J. 1995. The probability distribution of the percolation threshold in a large system. Journal of Physics A: Mathematical and General, 28: 7127-7133.

Billaux D, Chiles J P, Hestir K, et al. 1989. Three dimensional statistical modeling of a fractured rock mass—an example from the fanay-augeres mine. Int. J. Rock Mech. Min. Sci. Geomech. Abstr., 26: 281-299.

Biot M A. 1941. General theory of three-dimensional consolidation. J. Appl. Phys., 12: 155-164.

Biot M A, Willis D G. 1957. The elastic coefficients of the theory of consolidation. J. Appl. Mech., 24: 594-601.

Boadu F K, Long L T. 1994. The fractal character of fracture spacing and RQD. Int. J. Rock Mech. Min. Sci., 31(2): 127-134.

Boricenko A A. 1985. Effect of Gas pressure on stress in coal seam. Soviet Mining Science, 1: 88-91.

Broadbent S R, Hammersley J M. 1957. percolation process I. crystals and mazes. Proceeding of Cambridge Philosophical Society, 53: 629-641.

Bruel D. 1998. Heat extraction modeling from forced fluid through stimulated fractured rock. Geothermics, 24(3): 361-374.

Bustin R M, Ross J V, Moffat I. 1986. Vitrinite anisotropy under differential stress and high confining pressure and temperature: Preliminary observation. Int. J. Coal Geol., 6(4): 343-351.

Butterfield I M, Mrat K. 1995. Thomas. Some aspects of changes in the macromolecular structure of coals in relation to thermoplastic properties. Fuel, 74(12): 1780-1785.

Cao L, Ian J. 1996. Seismic-frequency laboratory measurements of shear mode viscoelasticity in crustal rocks I: Competition between cracking and plastic flow in thermally cycled carrara marble. Physics of Earth and Planetary Interiors, 94: 105-119.

Care S. 2008. Effect of temperature on porosity and on chloride diffusion in cement pastes. Construction and Building Material, 22: 1560-1573.

Carrera J. 1993. An overview of uncertainties in modeling groundwater solute transport. J. Contaminant Hydrology, 13: 23-48.

Carroll M M. 1979. A effective stress law for anisotropic elastic deformation. J. Geophys Res., 84(13): 7510-7512.

Chaki S, Takarli M, Agbodjan W P. 2008. Influence of thermal damage on physical properties of a granite rock: Porosity, permeability and ultrasonic wave evolutions. Construction and Building Material, 22: 1456-1461.

Chalkey J W, Cornfield J, Park H. 1949. A method of estimating volume-surface ratios. Science, 110:295.

Chan T, Khair K, Jing L. 1995. International comparison of coupled thermo-hydro-mechanical models of a multiple-fracture bench mark problem: Decovale phase I, bench mark test 2. Int. J. Rock. Mech. & Min. Sci., 32(5): 435-452.

Chan K S, Munson D E, Bonder S R, et al. 1996. Cleavage and creep of rock salt. Acta Materialia, 44(9): 3553-3565.

Chan K S, Munson D E, Bonder S R. 1998. Recovery and healing of damage in WIPP salt. International Journal of Damage Mechanics, 7(2): 143-166.

Charland J P, MacPhee J A, Giroux L, et al. 2003. Application of TG-FTIR to the determination of oxygen content of coals. Fuel Processing Technology, 81: 211-221.

Chen M, Bai M. 1998. Modeling stress-dependent permeability for anisotropic fractured porous rocks. Int. J. Rock. Mech. & Min. Sci., 35(8): 1113-1119.

Chen S P, Narayan Z Yang, Rahman S S. 2000. An experimental investigation of hydraulic behaviour of fractures and Joints in granitic rock. Int. J. Rock Mech. & Min. Sci., 37: 1061-1071.

Chen W L, Twu M C, Pan C. 2002. Gas-liquid two phase flow in micro-channels. Int. J. of Multiphase Flow, 28: 1235-1247.

Cheng J T, Morris J P, Tran J, et al. 2004. Single-phase flow in a rock fracture: micro-model experiments and network flow simulation. Int, J. Rock Mech. & Min. Sci., 41: 687-693.

Chuang K. 1982. 实用有限元分析导论. 中译本. 北京：人民交通出版社.

Clarkson R, Bustin R M. 1999. The effect of pore structure and gas pressure upon the transport properties of coal: A laboratory and modeling study. Fuel, 78: 1333-1344.

Clerc J P, Zekri L Zekri N. 2005. Statistical and finite size scaling behavior of the red bonds near the percolation threshold. Physics Letters A, 338: 169-174.

Coniglio A. 2001. Percolation approach to phase transitions. Nuclear Physics A, 681: 450c-457c.

Connelly R, Rybnikov K, Volkov S. 2001. Percolation of the loss of tension in an infinite triangular lattice. J. Statistical Physics, 105(1/2): 143-171.

Cook N G W. 1992. Natural joints in rock mechanical hydraulic and seismic behaviour and properties under normal stress. Int. J. Rock Mech. & Min. Sci., 29(3): 198-223.

Corey A T. 1954. The interrelation between gas and oil relative permeabilities. Prod. Mon., 31: 533-546.

Cornet H, Berard T H, Bourouis S. 2007. How close to failure is granite rock mass at 5km depth? Int. J. Rock Mech. Min. Sci., 44(2): 47-66.

Cuevas C D L, Miralles L, Pukyo J J. 1996. The effect of geological parameters on radiation da mage in rock salt: Application to rock salt repositories . Nuclear Technology, 114(3): 325-336.

Cussler E L. 1976. Multicomponent Diffusion. American: Eisevier.

Dana E, Skoczylas F. 1999. Gas relative permeability and pore structure of sandstones. Int. J. Rock Mech. & Min. Sci., 36: 613-625.

Dekking F M, Meeser R W J. 1990. On the structure of Mandelbrot's percolation process and other random cantor sets. Journal of Statistical Physics, 58: 1109-1126.

Detournay E, Senjuntichai T, Berchenko I. 2004. An in-situ thermo-hydraulic experiment in a saturated granite II, analytical and parameter estimation. Int. J. Rock Mech. & Min. Sci., 41: 1395-1411.

Dokholyan N V, et al. 1998. Scaling of the distribution of shortest paths in percolation. J. Stat. Phys., 93: 603.

Dokholyan N V, et al. 1999. Distribution of shortest paths in percolation. Physic A, 266: 55.

Duchane D. 1991. International programes in hot dry rock technology development. Geothermal Resources Council Bulletin, 5: 135-142.

Dullien F A L. 1975. Single phase flow through porous media and pore structure(invited review). The Chemical Engineering J., 10: 1-34.

Edwards D J S. 1986. The effects of stress and fracturing on permeability of coal. Mining Science and Technology, 3.

Edwars W W. 1921. The dynamics of capillary flow. Physical Review, 17(3): 273-283.

Elsworth D. 1989. Thermal permeability enhancement of blocky rocks one-dimension flows. Int. J. Rock Mech. Min. Sci., 26(3/4): 84-87.

Elsworth D, Xiang J. 1989. A reduced degree of freedom model for thermal permeability enhancement in blocky rock. Geothermics. 18: 691-709.

Essam J W. 1980. Percolation theory. Reports on Progress in Physics, 43: 833-949.

Ettinger A L. 1979. Swelling stress in the Gas-coal system as an energy source in the development of Gas bursts. Soviet Mining Science, 5: 494-501

Feder J. 1987. Fractals. San Francisco: Freeman Press.

Feng B, Bhatia S K. 2003. Variation of pore structure of coal chars during gasification. Carbon, 41(3): 507-523.

Feng X T, Chen S L, Zhou H. 2004. Real-time computerized tomography(CT) experiments on sandstone damage evolution during triaxial compression with chemical corrosion. Int. J. Rock Mech. & Min. Sci., 41: 181-192.

Feng Z C, Zhao Y S, Lv Z X. 2007. Study on percolation law of 2D porous and fractured double-medium. ACTA Physica Sinica, 56(5): 2796-2801.

Gan H, Nandi S P, Lwalker P. 1972. Nature of the porosity in American coals. Fuel, 51(6): 272-277.

Gangi A F. 1987. Variation of whole and fractured, porous rock permeability with confining pressure. Int. J. Rock Mech. & Min. Sci., 15: 249-259.

Gavrilenko P, Gueguen Y. 1998. Flow in fractured media, A modified renormalization method. Water resource Research, 34(2): 177-191.

Geertsma J. 1957. The effect of fluid pressure decline on volumetric changes of porous rock. Trans. AIME, 331-340.

Haimson C, et al. 1982. 地应力测量与研究. 中译本. 北京：地震出版社.

Haimson C. 2007. Micromechnisms of borehole instability leading to breakouts in rocks. Int. J. Rock Mech, Min, Sci., 44(2): 157-173.

Hanson D R. Methane release from actively yielding coal and its implications for yield zone determination. Int. J. Rock Mech. Min. Sci. & Geomech., Abstr., 27(3): 175-187.

Hirata T. 1989. Fractal dimension of fault systems in Japan. Pageoph., 131: 157-170.

Hirschfelder J, Curtiss C F, Bird R B. 1954. Molecular Theory of Gases and Liquids. New York: Wiley.

Hu P S, Yakorn, Pinder G. 1983. Computational Methods in Subsurface Flow. New York: Academic Press.

Hu Y Q, Zhao Y S, Duan K L, 1993. The coupled model and numerical method of water seepage in earth dams. Proc. Int. Symp Application of Computer Method in Rock Mechanics, Wuhan, China.

Hu Y Q, Zhao Y S, Yang D. 1998. The theory of water-inrush out-of-flow and analyse of FEM. The Progress of Strength and Applications and 21st Development: 325-330.

Hudson J A. 1989. 岩石力学原理. 岩石力学与工程学报, 8(3): 252-268.

Hudson J A, Stephansson O, Andersson J, et al. 2001. Coupled T-H-M issues relating to radioactive waste repository design and performance. Int. J. Rock Mech. & Min. Sci., 38: 143-161.

Ian J, Paterson M S. 1987. Shear modulus and internal friction of calcite rocks at seismic frequencies: pressure, frequency and grain size dependence. Phys. Earth Planet Inter., 45: 349-367

Ian M B, Mrat K. 1995. Thomas some aspects of changes in the macromolecular structure of coals in relation to thermoplastic properties. Fuel, 74(12): 1780-1785.

Incropera F P, DeWitt D P, et al. 2007. 传热和传质基本原理. 葛新石, 叶宏译. 北京: 化学工业出版社.

Irmay S. 1954. On the hydraulic conductivity of unsaturated soils. Trans. Amer. Geophys. Union (35): 463-468.

Ishii M. 1975. Thermo-Fluid Dynamics Theory of Two-Phase Flow. Paris: Eyrolles,

Jin J, Cristescu N D. 1998. An elastic/viscoplastic model for transient creep of rock salt. Int. J. Plasticity, 14: 85-107.

Jing L, Tsang C F, Stephanson O. 1995. Decovales—An international co-operative research project on mathematical models of couple THM processes for safety analysis of radioactive waste repositories. J. Rock Mech. & Min. Sci., 32(5): 389-398.

Johnson B, Gangi A F, Handin J. 1978. Thermal cracking of rock subject to slow uniform temperature changes. Proc. 19th US Symp. Rock Mech., 259-267.

Jones F G. 1975. A laboratory study of the effects of confining pressure of fracture flow and storage capacity in carbonate rocks. J. petroleum technology, 21-29.

Jones C, Keaney Meredith P G, et al. 1997. Acoustic emission and fluid permeability measurements on thermally cracked rocks. Phys. Chem. Earth., 22(1-2): 13-17.

Kök M V, Guner G, Bagci S. 2008. Laboratory steam injection applications for oil shale fields of Turkey. Oil Shale, 25(1): 37-46.

Kesten H. 1982. Percolation Theory for Mathematicians. Boston: Birkhäuser.

Kohl T, Evans K F, Hopkirk R J, et al. 1995. Coupled hydraulic, thermal and mechanical considerations for the simulation of hot dry rock reservoirs. Geothermics, 24(3): 345-359.

Kolditz O. 1995. Modelling flow and heat transfer in frecture rocks: Dimensional effect of matrix heat diffusion. Geothemics, 24(3): 421-437.

Korsnes R I, Wersland E, Austad T, et al. 2008. Anisotropy in chalk studied by rock mechanics. J. Petroleum Science and Engineering, 62: 28-35.

Kulatilake P H S W, Wathugala D N, Stephanson O. 1993. Joint network modeling with a validation exercise in Stripa mine. Int. J. Rock Mech. & Min. Sci., 30(5): 503-526.

La Pointe P R. 1988. Fractal fracture density characterization. Int. J. Rock Mech. & Min. Sci., 25(6): 421-429.

La Pointe P R. 1990. A method to characterize fracture density and connectivity through fractal geometry. Int. J. Rock Mech. & Min, Sci., 27(3).

Liang W G, Xu S G, Zhao Y S. 2006. Experimental study of temperature effects on physical and mechanical characteristics of salt rock. Rock Mechanics Rock Enging., 39(5): 469-482.

Liang W, Zhao Y, Xu S. 2008. Dissolution and seepage coupling effect on transport and Mechanical properties of glauberite salt rock. Transport in Porous Media, 74(2): 185-199.

Liggett J A, Liu P L F. 1983. The boundary integral equation method for porous media flow. London: George Allen & Unwin.

Liu J, Elsworth D, Brady B H. 1999. Linking stress-dependent effective porosity and hydraulic conductivity fields to RMR. Int. J. Rock Mech. & Min. Sci., 36: 581-596.

Lloret V A, Villar M V. 2007. Advances on the knowledge of thermo-hydro-mechanical behaviour of heavily compacted "FEBEX" bentonite. Physics and Chemistry of the Earth, 32: 701-715.

Louis C. 1974. Rock Hydraulics, Rock Mechanics. New-York: Springer-Verlag.

Lowell R P, et al. 1993. Silica Precipitation in fractures and the evolution of permeability in hydro thermal up flow zones. Science. 260(9): 192-194.

Lu P, Latham J P. 1999. Developments in the assessment of in-situ block size distributions of rock mass. Rock Mech, Rock Engng., 32(1): 29-49.

Mandelbrot B B. 1982. The Fractal Geometry of Nature. San Francisco: Freeman.

Marrero T R, Mason E A. 1972. Journal of Physical Chemical Reference Data, (1): 1.

Mauldon M. 1998. Estimating mean fracture trace length and density from observations in convex windows. Rock Mechanics Rock Enging., 31(4): 201-216.

Mauldon M, Dunne W M, Rohrbaugh M B. 2001. Jr. Circular scanlines and circular windows: New tools for characterizing the geometry of fracture. J. Struct. Geol., 23: 247-258.

McConnell H A B. 1992. Sensitivity of sandstong strength and deformability to changes in moisture content. J. Eng. Geol., 25: 115-130.

Menéndez D B, Darot M. 1999. Influence of stress-induced and thermal cracking on physical properties and microstructure of La Peyratte granite. International J. Rock. Mech. & Min. Sci., 36: 433-448.

Min K B, Rutqvist J, Elsworth D. 2009. Chemically and mechanically mediated influences on the transport and mechanical characteristics of rock fracture. Int. J. Rock Mech. & Min. Sci., 46: 80-89.

Monceau P, Hsiao P Y. 2004. Percolation transition in fractal dimensions. Physics Letters A, 332: 310-319.

Muhammad Sahimi. 1994. Application of Percolation Theory. London: Taylor & Francis.

Murphy H D, et al. 1986. 节理性地层的水力压裂//第二次国际石油工程会议论文集. SPE14088.

Nolte D D, Pyrak L J, Cook N G W. 1989. The fractal geometry of flow paths in natural fractures in rock and approach to percolation. Pageoph, 131(1,2): 111-138.

Nur A, Byerlee J D. 1971. An extract effective stress law for elastic deformation of rock with fluid. J.

Geophys Res., 76(26): 6414-6419.

Ohmura T, Tsuboi M, Tomimura T. 2002. Estimation of the mean thermal conductivity of anisotropic materials. International Journal of Thermophysics, 23(3): 843-853.

Pai S I. 1977. Two-Phase Flow. Braunschweig: Vieweg-Verlag.

Popov Y A, Pribnow D F C, Sass J H, 1999. Characterization of rock thermal conductivity by high-resolution optical scanning. Geothermics, 28: 253-276.

Porto M, et al. 1998. Probability distribution of the shortest path on the percolation cluster, its backbone, and skeleton. Phys. Rev. E, 58: 85205.

Priest S D. 2004. Determination of discontinuity size distributions from scanline data. Rock Mech. Rock Enging., 37(5): 347-368.

Rabinovitch A, Bahat D, Melamed Z. 1999. A note on joint spacing. Rock Mech. Rock Engng., 32(1): 71-75.

Rangel-German E R, Kovscek A R. 2002. Experimental and analytical study of multidimensional imbibition in fractured porous media. J. Petro. Sci. & Engn., 36: 45-60.

Razvigorova M, Budinova T, Petrova B, et al. 2008. Steam pyrolysis of Bulgarian oil shale kerogen. Oil Shal, 25(1): 27-36.

Reid B, et al. 1977. High velocity gas flow effects in porous gas water system. SPE, 39978.

Reid R C, Sherwood T K, prausnitz J M, 1977. Properties of Gases and Liquid. 3rd ed. New York:McGraw-Hill.

Robin P Y F. 1973. Note on effective pressure. J. Geophys Res, 78(14): 2434-2437.

Romm E S. 1966. Fluid Flow in Fractured Rocks. Moscow: Nedra.

Rutqvist J, Börgesson L, Chijimatsu M, et al. 2001. Coupled thermo-hydro-mechanical analysis of a heater test in fractured rock and bentonite at Kamaishi Mine-comparison of field results to predictions of four finite element codes. Int. J. Rock Mech. & Min. Sci., 38: 129-142.

Rutqvist J, Tsang C F. 2003. Analysis of thermal-hydrologic-mechanical behavior near an emplacement drift at Yucca mountain. J. Contaminant Hydrology, 63: 637-653.

Rutqvist J, Freifeld B, Min K B, et al. 2008. Analysis of thermally induced changes in fractured rock permeability during 8 years of heating and cooling at the Yucca mountain drift scale test. Int. J. Rock Mech. & Min. Sci.: 1-17.

Saffman P G, Taylor S G. 1958. The penetration of fluid into a porous medium or Hele-Shaw cell containing a more viscous liquid. Proc. Roy. Soc. A, London Ser., A, 245: 312-329.

Sewell P A, Chang N Y, Ko H Y. 1979. Radial permeability of oil shale and coal. 20th U. S. Symp. on Rock Mech., 565-572.

Shackelford C D. 1991. Laboratory diffusion testing for waste disposal-review. J. Contaminant Hydrology, 7: 177-217.

Shao Y, Hudson J A. 1995. The fully-coupled model for rock engineering systems. Int. J. Rock Mech. & Min. Sci., 32(5): 491-512.

Sherwood T K, Pigford R L, Wilke C R. 1975. Mass Transfer. New York: McGraw-Hill.

Simmons G, Wang H. 1971. Single Crystal Elastic Constants and Calculated Aggregate Properties: A Handbook. Boca Raton: MIT Press.

Skempton A W. 1960. Effective Stress in Solid Concrete and Rock Pore Pressure and Suction in Soils. London: Butterworths.

Skoczylas F, Henry J P. 1995. A study of intrinsic permeability to gas. Int. J. Rock Mech. Sci., 32(2):

171-179.

Smithells C J. 1976. Metals Reference Book, Vol. II. London:Butterworth.

Snow D T. 1965. A paralled model of fractured permeable Media. Ph. D. thesis, Berkely, 330.

Snow D T. 1969. Anisotropic Permeability of Fractured media. Water Resource Research, 5(6): 1273-1289.

Somerton W H, Soylemezoglu I M, Dudley R C. 1975. Effect stress on permeability of coal. Int. J. Rock Mech. & Min. Sci., 12: 129-145.

Song J J, Lee C I. 2001. Estimation of joint length distribution using window sampling. Int. J. Rock Mech. & Min. Sci., 38(4): 519-528.

Song J J. 2006. Estimation of area frequency and mean trace length of discontinuities observed in non-planar surfaces. Rock Mech. Rock Engng., 39(2): 131-146.

Stauffer D, Aharony A. 1991. Introduction to Percolation Theory. 2nd ed. London: Taylor and Francis.

Steve Zou D H, Chuxin Y U, Xian X F. 1999. Dynamic nature of coal permeability ahead of long wall face. Int. J. Rock Mech. & Min. Sci., 36: 693-699.

Sukop M C, Perfect E, Bird N R A. 2001. Water retention of prefractal porous porous media generated with the homogeneous and heterogeneous algorithms. Water Resources Research, 37(10): 2631-2636.

Sun J, Wang S. 2000. Rock mechanics anf rock engineering in China:developments and current state-of-the-art. Int. J. Rock Mech. & Min. Sci., 37: 1267-1275.

Suzuki K, Oda M, Yamazaki M, et al. 1998. Permeability changes in granite with crack growth during immersion in hot water. Int. J. Rock Mech. & Min. Sci., 35(7): 907-921.

Tang C A, Kou S, Lindqvist P A. 1998. Numerical simulation of loading inhomogeneous rock. Int. J. Rock Mech. & Min. Sci., 35(7): 1001-1006.

Tang C A. 2000a. Numerical tests on micro-macro relationship of rock failure under uniaxial compression, Part II: Slenderness end Size Effect. Int. J. Rock Mech. & Min. Sci., 37(5): 555-569.

Tang C A. 2000b. Numerical, tests on micro-macro relationship of rock failure under uniaxial compression, Part I: Effect of heterogeneity. Int. J. Rock Mech. & Min. Sci., 37(5): 570-583.

Tangren R F, Dodge C H, Seifert H S. 1949. Compressibility effects in two-phase flow. J. Appl. Phys., 20: 637-645.

Terzaghi K. 1943. Theoritical Soil Mechanics. New York: John Wile and Sons Inc.

Timoshenko S P, Goodier J N. 1956. Theory of Elastic. 2nd ed. NY: McGraw-Hill Book Co.

Todd D K. 1959. Ground Water Hydrology. New York:John Wiley.

Tomeczek J, Gil S. 2003. Volatiles release and porosity evolution during high pressure coal pyrolysis. Fuel, 82: 285-292.

Tsang Y W. 1987. Channel model of flow through fracture media. Water Resources Research, 23(3): 198-223.

Tsang C F. 1991. Coupled hydromechanical-thermochenical processes in rock fractures. Reviews of Geophysics, 29(4): 537-551.

Turcotte D L. 1986. Fractal and fragmentation. J. Geophys Res., 91: 1921-1926.

Turcotte D L. 1989. Fractals and Chaos in Geology and Geophysics. London: Cambridge University Press.

Turcotte D L. 1997. Fractals in geology and geophysics. Pageoph, 131(1/2): 171-196.

Vasarhelyi B. 2003. Some observations reganding the strength and deformability of sandstones in case of dry and saturated conditions. Bull Eng. Geol Env., 62: 245-249.

Vasarhelyi B. 2005. Staistical analysis of the influence of water content on the strength of the mi cene limestone. Rock Mech. Rock Eng., 38: 69-76.

Verruijt. 1969. An elastic storage of aquifers//Flow through Porous Media. New York: Academic Press.

Villar M V, Lloret V A. 2004. Influence of temperature on the hydro-mechanical behavior of a compacted bentonite. Applied Clay Science, 26: 337-350.

Villar M V, Sanchez M, Gens A. 2008. Behaviour of barrier in the laboratory: Experimental results up to 8 years and numerical simulation. Physics and Chemistry of the Earth, 33: 5476-5485.

Vinokurova B, Ketslakh A I. 1985. Influnce of gas compositionon the modulus of elasticity of gas-impregnated anthracites. Sovict Mining Science, 5: 458-460.

Vladimir Balek, Alexandra de Koranyi. 1990. Diagnostics of structural alterations in coal porosity changes with pyrolysis temperature. Fuel, 69(12): 1502-1506.

Walsh J B. 1965. The effect of cracks on the compressibility of rock. J. Geophys Res., 70: 381-389.

Walsh J B. 1981. Effect of pore pressure and confining pressure on fracture permeability. Int. J. Rock Mech. & Min. Sci., 18: 429-435.

Wan Z J, Zhao Y S, Kang J R. 2005. Forecast and evalution of hot dry rock geothermal resource in China. Renewable Energy, 30(12): 1831-1846.

Wang H F, Bonner B P, Carlson S R, et al. 1989. Thermal stress cracking in granite. Journal of Geophysical Research, 94(B2): 1745-1758.

Warren J E, Root P J. 1963. The behaviour of naturally fractured reservoir. Soc. Petrol. Eng. J., 245-255.

Wawersik W R, Fairhurst C. 1970. A study of brittle rock fracture in laboratory compression experiments. Int. J. rock Mech. Min. Sci., (7): 561-575.

Wibberley C A J, Shimamoto T. 2003 T. Internal structure and permeability of major strike-slip fault zones:the media tectonic line in mie prefecture, southwest Japan. J. Structural Geology, 25: 59-78.

Witherspoon P A, Wang J S Y, Iwai K, et al. 1980. Validity of cubic law for fluid flow in a deformable rock fracture. Water Resources, 16(6): 1016-1024.

X о д о T B B. 1966. 煤与瓦斯突出. 宋世钊, 王佑安译. 北京：中国工业出版社.

Xian X F. 1986. the main rules to prevent the dynamic phenomeanon occiring in the cross-tunel through coal seam in mines,Int. Symp. On Modern Coal Mining Technology, Fuxin Min. Institute, proc. I.

Xie H. 1993. Fractals in rock mechanics. Netherlands.

Xu Z H, Song Y T, Cheng P. 2006. An analysis of compressible fluid flows in a packed bed with gas-solid reactions. Int. Communications in Heat and Mass Transfer, 33: 278-286.

Yang C H, Daemen J K, Yin J H. 2000. Experimental investigation of creep behavior of salt rock. Int. J. Rock Mech. & Min. Sci., 36(2): 336-341.

Yang D, Zhao Y S , Zhao B H. 1999. Mathematical model of solid and gas coupling in block-fractured medium and applications on gas extraction. Int. Symp.on Coupled Phenomena in Civil. Petroleum Engineering Sanya, Hainan Island, China, 1-3.

Yang D, Zhao Y S, Hu Y Q. 2006. The constitute law of gas seepage in rock fracture undergoing three dimensional stress. Transport in Porous Media, 63(3): 463-472.

Yeo I W, De Fraitas M H, Zimmerman R W. 1998. Effect of shear displacement on the aperture and permeability of a rock. Int. J. Rock Mech. & Min. Sci., 35(8): 1051-1070.

Yong C, Wang C Y. 1980. Thermally induced acoustic emission in westerly granite. Geophysical

Research Letters, 7(12): 1089-1092.

Yuri I T. 2001. Porous structure and adsorption properties of natural porous coal. Colloids and Surfaces A: Physicochm. Eng. Aspects, 176: 267-272.

Yves Geraud. 1994. Variations of connected porosity and inferred permeability in a thermally cracked grantie. Geophysical Research Letters, 21: 979-982.

Zhang H. 2001 Genetical type of pores in coal reservoir and its research significance. J. China Coal Society, 26(1): 40-43.

Zhang J, Standifird W B, Roegiers J C, Zhang Y. 2007. Stress-dependent fluid flow and permeability in fractured media: From lab experiments to engineering applications. Rock Mech. Rock Engng., 40(1): 3-21.

Zhang L, Einstein H H. 1998. Estimating the mean trace length of rock discontinuities. Rock Mech. Rock Enging., 31(4): 217-235.

Zhao P, Jin J, Dor J, et al. 1997. Deep geothermal resources in the Yangbajing geothermal field. Tibet, GRC Transaction, 17: 227-230.

Zhao Y S, 1988. An experimental study of water infusion at pressure in coal specimens. Int. J. Min. & Geol Engng., 6: 81-83.

Zhao Y S, Jin Z M, Sun J. 1994. Mathematical for coupled solid deformation and methane flow in coal seams. Appl. Math. Modelling, 18(6): 328-333.

Zhao Y S, Kang T H, Hu Y Q. 1995. Permeability classification of coal seam in China. Int. J. Rock Mech. & Min. Sci., 32(4): 365-369.

Zhao Y S, Yang D, Zheng S H. 1997. The rock hydraulics model and FEM of blocked medium of mining above confined aquifer. 9th Int. Symp. for Computer Methods and Advances in Geomechanics, IACMAG97, Wuhan, China, 1581-1586.

Zhao Y S, Yang D, Zheng S H, et al. 1999. Experimental study on water seepage constitute law of fracture in rock under 3D stress. Science in China(series E), 42(1): 108-112.

Zhao Y S, Hu Y Q, Yang O. 1999. An experimental research on the seepage law of gas-liquid two-phase fluid in rock fracture. 9th Int Congress of rock mechanics, Paris, 805-807.

Zhao Y S, Hu Y Q, et al. 2002. Nonlinear coupled mathematical model for solid deformation and gas seepage in fractured media. Transport in Porous Media, 55(2): 119-136.

Zhao Y S, Hu Y Q, Zhao B H, et al. 2003. The experimental Approach to effective stress law of coal mass by effect of methane. Transport in Porous Media, 53(3): 235-244.

Zhao Y S, Hu Y Q, et al. 2004. Nonlinear coupled mathematical model for solid deformation and gas seepage in fractured Media. Transport in porous media, 55(2): 119-136.

Zhao Y S, Feng Z C, Liang W G, et al. 2009. Investigation of fractal distribution law for the trace number of random and grouped fractures in a geological mass. Engineering Geology.

Zhao Y S, Qu F, Wan Z J, et al. 2009. Experimental investigation on correlation between permeability variation and pore structure during coal pyrolysis. Transport in Porous Media, DOI:10.1007/s11242-009-9436-8.

Zhi W, Jan F Y. 1998. Prediction of fingering in porous media. Water Resource Research, 34(9): 2183-2190.

Zhu W C, Liu J, Sheng J C, et al. 2007. Analysis of coupled gas flow and deformation process with desorption and Klinkenberg effects in coal seams. Int. J. Rock Mech. & Min. Sci., 44: 971-980.

Zimmerman R W. 2000. Coupling in poroelasticity and thermoelasticity. Int. Rock Mech. & Min. Sci., 37: 79-87.

附 录

表 附录.1 热力学与传热学单位

物理量	书中使用符号	单位符号			备注
		国际单位制 (SI)	米 · 千克 · 秒制 (MKS)	厘米 · 克 · 秒制 (CGS)	
热力学温度	T	K(开 [尔文])	K(开 [尔文])	K(开 [尔文])	1K=273.15°C
摄氏温度	T	°C(摄氏度)	°C(摄氏度)	°C(摄氏度)	
线胀系数	α, β	1/K(1/开 [尔文])	1/°C(1/摄氏度)	1/°C(1/摄氏度)	
热量	Q	J(焦 [耳]); erg (尔格)	kcal(千卡)	cal(卡)	1W·s = 1J = 1N·m 1J=10^{7}erg=4.1868cal 1cal=4.1868J 1Wh=3600J
热流量	Φ	W(瓦 [特])	kcal/s(千卡/秒)	erg/s(尔格/秒); cal/s(卡/秒)	
热流密度	q	W/m^2(瓦 [特]/米 ^{2})	kcal/(s·m^2){千卡/(秒 · 米 ^{2})}	erg/(s·cm^2){尔格/(秒 · 厘米 ^{2})}; cal/(s·cm^2){卡/(秒 · 厘米 ^{2})}	
热传导率 (导热系数)	λ	W/(m·K){瓦 [特]/ (米 · 开 [尔文])}	kcal/(m·s·°C) {千卡/(米 · 秒 · 摄氏度)}	erg/(cm·s·°C) {尔格/(厘米 · 秒 · 度)}; cal/(cm·s·°C) {卡/(厘米 · 秒 · 摄氏度)}	1W/(m·K)=0.859845kcal /(h·m·°C); 1kcal/(h·m·°C)= 1.163 W/(m·K)
传热系数	h	W/(m^2·K) {瓦 [特]/(米 ^{2}· 开 [尔文])}	kcal/(s·m^2·°C) {千卡/(秒 · 米 ^{2}· 摄氏度)}	erg/(s·cm^2·°C) {尔格/(秒 · 厘米 ^{2}· 摄氏度)}; cal/(s·cm^2·°C) {卡/(秒 · 厘米 ^{2}· 摄氏度)}	
热阻	R	K/W(开 [尔文]/瓦 [特])	s·°C/kcal(秒 · 摄氏度/千卡)	s·°C/cal(秒 · 度/卡)	
热扩散率	α	m^2/s(米 ^{2}/秒)	m^2/s(米 ^{2}/秒)	cm^2/s(厘米 ^{2}/秒)	
热容	C	J/K(焦 [耳]/ 开 [尔文])	kcal/°C(千卡/摄氏度)	erg/°C(尔格/摄氏度); cal/°C(卡/摄氏度)	1J=4.1868cal

续表

物理量	书中使用符号	单位符号			备注
		国际单位制 (SI)	米 · 千克 · 秒制 (MKS)	厘米 · 克 · 秒制 (CGS)	
比热容	c	J/(kg·K) {焦 [耳]/(千克 · 开 [尔文])}	kcal/(kg·°C){千卡/(千克 · 摄氏度)}	erg/(g·°C){尔格/(克 · 摄氏度)}; cal/(g·°C){卡/(克 · 摄氏度)}	
比定压热容	c_p	J/(kg·K) {焦 [耳]/(千克 · 开 [尔文])}	kcal/(kg·°C){千卡/(千克 · 摄氏度)}	erg/(g·°C){尔格/(克 · 摄氏度)}; cal/(g·°C){卡/(克 · 摄氏度)}	
比定容热容	c_v	J/(kg·K) {焦 [耳]/(千克 · 开 [尔文])}	kcal/(kg·°C){千卡/(千克 · 摄氏度)}	erg/(g·°C){尔格/(克 · 摄氏度)}; cal/(g·°C){卡/(克 · 摄氏度)}	
熵	S	J/K{焦 [耳]/ 开 [尔文]}	kcal/°C (千卡/摄氏度)	cal/°C(卡/摄氏度)	
比熵	s	J/(kg·K) {焦 [耳]/(千克 · 开 [尔文])}	kcal/(kg·°C){千卡/(千克 · 摄氏度)}	cal/(g·°C){卡/(克 · 摄氏度)}	
内能	$U,(E)$	J{焦 [耳]}	kcal (千卡)	cal(卡)	
比内能	$u,(e)$	J/kg{焦 [耳]/千克}	kcal/kg(千卡/千克)	cal(卡)	
焓	H	J{焦 [耳]}	kcal (千卡)	cal(卡)	
比焓	h	J/kg{焦 [耳]/千克}	kcal/kg(千卡/千克)	cal/g(卡/克)	
辐射力	E	W/m^2	W/m^2	W/cm^2	

表 附录.2 力学单位

物理量	书中使用符号	量纲	常用符号	备注
质量	m	M	kg(千克)；g(克)	1kg=1000g
密度	ρ	$M\cdot L^{-1}$，$F\cdot T^2\cdot L^{-4}$	kg/m^3(千克/米 ^{3})；g/cm^3(克/厘米 ^{3})	
相对密度	γ	1(量纲为一)		
力	$F,(f)$	F	N(牛 [顿])；dyn(达因)	$1\ N = 1kg\cdot m/s^2$ $1\ dyn = 1g\cdot cm/s^2$ $1\ N = 10^6\ dyn$
重力	$W,(P,G)$	F	N；dyn	
重率	γ	$M\cdot L^{-2}\cdot T^{-2}$，$F\cdot L^{-3}$	dyn/cm^3(达因/立方厘米)	
动量	p	$M\cdot L\cdot T^{-1}$	kg·m/s；g·cm/s	
冲量	I	F·T	N·s(牛 [顿]· 秒)；g·cm/s(克 · 厘米/秒)	
压力 (压强)	p	$F\cdot L^{-2}$	Pa(帕 [斯卡])；N/m^2(牛 [顿]/米 ^{2})；dyn/cm^2(达因/厘米 ^{2})；kg/cm^2	$1kp/cm^2$=9.81N
正应力	σ	$F\cdot L^{-2}$	Pa；N/m^2；dyn/cm^2 ；kg/cm^2	$1MPa=9.81kg/cm^2$
剪 (切) 应力	τ	$F\cdot L^{-2}$	Pa；N/m^2；dyn/cm^2 ；kg/cm^2	$1MPa=9.81kg/cm^2$
线应变	ε	1(量纲为一)		
切应变	γ	1(量纲为一)		
体积应变	θ	1(量纲为一)		
体积应力	Θ	$F\cdot L^{-2}$	Pa, MPa；N/m^2；dyn/cm^2；kg/cm^2	$1MPa=9.81kg/cm^2$
泊松比	ν	1(量纲为一)		
弹性模量 (杨氏模量)	E	$F\cdot L^{-2}$	Pa；MPa；N/m^2；dyn/cm^2 ；kg/cm^2	
剪切弹性模量	G	$F\cdot L^{-2}$	Pa；MPa；N/m^2；dyn/cm^2 ；kg/cm^2	
体积弹性模量	K	$F\cdot L^{-2}$	Pa；MPa；N/m^2；dyn/cm^2 kg/cm^2	
拉梅常数	λ,μ	$F\cdot L^{-2}$	Pa；MPa；N/m^2；dyn/cm^2 kg/cm^2	
压缩系数	β	$L^2\cdot F^{-1}$	1/P(1/帕 [斯卡])；m^2/N(米 ^{2}/牛 [顿])；cm^2/dyn(厘米 ^{2}/达因)	
功	$W,(A)$	F·L	N·m (牛米)；kgf.m(千克力米)；J(焦 [耳])；erg(尔格)	
能	$E,(W)$	F·L	N·m；kgf.m；J；erg	
势能	$E_p,(V)$	F·L	N·m；kgf.m；J；erg	
动能	$E_k,(T)$	F·L	N·m；kgf.m；J；erg	
功率	$P,(N)$	$F\cdot L\cdot T^{-1}$	$N\cdot m/s^1$；W(瓦 [特])；erg/s(尔格/秒)	
单轴抗压强度	σ_c,R_c	$F\cdot L^{-2}$	Pa；MPa；N/m^2；dyn/cm^2；kg/cm^2	
抗拉强度	σ_t,R_t	$F\cdot L^{-2}$	Pa,MPa；N/m^2；dyn/cm^2；kg/cm^2	
抗剪强度	$C,\tau C$	$F\cdot L^{-2}$	Pa, MPa；N/m^2；dyn/cm^2；kg/cm^2	
内摩擦角	φ		°(度)	

表 附录.3 渗流力学单位

物理量	书中符号	量纲	常用单位符号	备注
孔隙率	n	1(量纲为一)		
有效孔隙率	n_e	1(量纲为一)		
空隙比	e	1(量纲为一)		
比面	M	$L^2 \cdot L^{-3}$	m^2/m^3；cm^2/cm^3 ；cm^2/g	
比质量储存系数	S_{op}	L^{-1}	$1/m$	
储水系数	S	1(量纲为一)		
流量	Q	$L^3 \cdot T^{-1}$	m^3/s；cm^3/s；m^3/h	
比流量	q	$L^3 \cdot T^{-1} \cdot L^{-2}$	$m^3/m^2 \cdot s$；$cm^3/cm^2 \cdot s$；$m^3/h.m^2$	
渗透系数	K	$L \cdot T^{-1}$	m/s；cm/s；m/d	对于 20°C 的水 1mD=0.9613cm/s
水力传导系数	K	$L \cdot T^{-1}$	m/s；cm/s；m/d	
渗透率	k	L^2	m^2；cm^2；μm^2；D(达西)；mD(毫达西)	$1mD = 9.8697\mu m^2$
气体相对渗透率	K_{rg}	L^2	m^2；cm^2；μm^2；D；mD	
液体相对渗透率	k_{rl}	L^2	m^2；cm^2；D；mD	
导水系数	T	$L^2 \cdot T^{-1}$	m^2/d；m^2/s；cm^2/s；m^2/d	
动力黏滞系数 (动力黏度)	$\mu(\eta)$	$M \cdot L^{-1} \cdot T^{-1}$，$F \cdot L^{-2}T$	Pa·s(帕 [斯卡]· 秒)； $dyn \cdot s/cm^2$；P(泊)，cP(厘泊)	1P=0.1 Pa·s $1P=1\ dyn \cdot s/cm^2$ 1P=100cP
运动黏滞系数 (运动黏度)	ν	$L^2 \cdot T^{-1}$	m^2/s(米 ^{2}/秒)；cm^2/s(厘米 ^{2}/秒)； St(斯托克斯)	$1cm^2/s = 1\ St$
有效应力系数 (比奥系数)	α	1(量纲为一)		
孔隙压	p	$F \cdot L^{-2}$	Pa(帕 [斯卡])，MPa；N/m^2(牛 [顿]/米 ^{2}) dyn/cm^2(达因/厘米 ^{2})；kg/cm^2	
饱和度	S	1(量纲为一)		
气体饱和度	S_g	1(量纲为一)		
液体饱和度	S_l	1(量纲为一)		
压力梯度	J	$F \cdot L^{-2} \cdot L^{-1}$	Pa/m；Pa/cm；$(kg/cm^2)/cm$；atm/cm	
水力梯度	J	$L \cdot L^{-1}$	m/m	

表 附录.4 能量单位换算

单位	J(焦耳)	K·J(千焦耳)	kgf·m (千克力 · 米)	erg(尔格)	W·h(瓦 · 时)	kW·h(千瓦 · 时)	ps·h (米制马力 · 时)	hp·h (英制马力 · 时)
焦耳	1	1×10^{-3}	0.1019716	1×10^{7}	2.777778×10^{-4}	2.777778×10^{-7}	3.776727×10^{-7}	3.72506×10^{-7}
千焦耳	10^{3}	1	1.01972×10^{2}	10^{10}	2.777778×10^{-1}	2.777778×10^{-4}	3.776727×10^{-4}	3.72506×10^{-4}
千克力 · 米	9.80665	9.80665×10^{-3}	1	9.80665×10^{7}	2.724069×10^{-3}	2.724069×10^{-6}	3.703704×10^{-6}	3.65304×10^{-6}
尔格	1×10^{-7}	10^{-10}	1.019716×10^{-8}	1	2.777778×10^{-11}	2.777778×10^{-14}	3.776727×10^{-14}	3.72506×10^{-14}
瓦 · 时	3600	3600×10^{-3}	3.67098×10^{2}	3600×10^{7}	1	10^{-3}	1.359622×10^{-3}	1.34102×10^{-3}
千瓦 · 时	3.6×10^{6}	3600	3.670978×10^{5}	3.6×10^{18}	10^{3}	1	1.359622	1.34102
米制马力 · 时	2.647796×10^{6}	2.647796×10^{8}	2.7×10^{5}	2.647796×10^{13}	735.499	735.49875×10^{-3}	1	0.986319
英制马力 · 时	2.68452×10^{6}	2.68452×10^{8}	2.73745×10^{5}	2.68452×10^{13}	745.700	745.700×10^{-3}	1.01387	1
国际蒸气表千卡 ($kcal_{IT}$)	4.1868×10^{3}	4.1868	4.269348×10^{2}	4.1868×10^{10}	1.163	1.163×10^{-3}	1.581240×10^{-3}	1.55961×10^{-3}
热化学千卡 ($kcal_{th}$)	4.184×10^{3}	4.184	4.266493×10^{2}	4.184×10^{10}	1.162222	1.162222×10^{-3}	1.580182×10^{-3}	1.55857×10^{-3}
20°C 千卡 ($kcal_{20}$)	4.1816×10^{3}	4.1816	4.2640×10^{2}	4.1816×10^{10}	1.1616	1.1616×10^{-3}	1.5793×10^{-3}	1.55767×10^{-3}
15°C 千卡 ($kcal_{15}$)	4.1855×10^{3}	4.1855	4.2680×10^{2}	4.1855×10^{10}	1.16264	1.1626×10^{-3}	1.5807×10^{-3}	1.55912×10^{-3}

表 附录.5 物理化学和分子物理学单位

物理量	书中使用符号	国际单位制 (SI) 单位符号	备注
物质的量	$M,(v)$	mol(摩 [尔])	$N_A=(6.022045\pm0.000031)\times10^{23}/mol$ m 为物质的质量 $R=(8.31441\pm0.00026)$ J/(mol·K) $k=(1.380662\pm0.000044)\times10^{-23}$ J/K
阿伏伽德罗常数量	$N_A,(N_0)$	1/mol(1/摩 [尔])	
摩尔质量	M	kg/mol(千克/摩 [尔])	
摩尔体积	V_m	m^3/mol(米 ^{3}/摩 [尔])	
摩尔内能	$U_m,(E_m)$	J/mol(焦 [耳]/摩 [尔])	
摩尔热容	C_m	J/(mol·K){焦 [耳]/(摩 [尔]· 开 [尔文])}	
摩尔熵	S_m	J/(mol·K){焦 [耳]/(摩 [尔]· 开 [尔文])}	
分子 (或粒子) 数密度	n	$1/m^3$(1/米 ^{3})	
质量分数	w	1(量纲为一)	
体积分数	φ	1(量纲为一)	
摩尔浓度	C	mol/m^3(摩 [尔]/米 ^{3})	
质量浓度	ρ	kg/m^3(千克/米 ^{3})	
摩尔分数	x	1(量纲为一)	
质量摩尔浓度	m	mol/kg(摩 [尔]/千克)	
(摩尔) 气体常数	R	J/(mol·K)(焦 [耳]/(摩 [尔]· 开 [尔文]))	
玻耳兹曼常数	k	J/K(焦 [耳]/开 [尔文])	
平均自由度	l,λ	m(米)	
扩散系数	D	m^2/s(米 ^{2}/秒)	
热扩散系数	D_T	m^2/s(米 ^{2}/秒)	
扩散的质量通量	J	g/(cm^2·s){kg/(m^2·s)}	
扩散的摩尔通量	j	kmol/(cm^2·s){kmol/(m^2·s)}	

表 附录.6 一些基本常用数值

物理量	数值
摄氏温标零度 T_0	273.15K
摄氏温标零度 RT_0	2.27108×10^3 J/mol
标准大气压 p_0	1.01325×10^3 Pa
理想气体标准摩尔体积 V_0	$2.241383\times10^{-2}m^3$/mol
(摩尔) 气体常数 R	8.314411/(mol·K)
玻耳兹曼常数 $k=R/N_A$	1.380662×10^{-23} J/K
引力常数 G	$6.6720\times10^{-11}m^3/(kg\cdot s^2)$
标准重力加速度 g_n	$9.80665m/s^2$
真空中光速 $e_0=(\mu_0c^2)^{-1}$	2.99792485 m/s
普朗克常量 h	6.626176×10^{-34} J·s